机械制图手册

第6版

焦永和　张　彤　张　昊　主编

U0179216

机械工业出版社

本书全面阐述了技术制图和机械制图现行的有关标准及其应用，综合了零件的标准要素、常用标准件和标准部件的标准数据，以及极限与配合、几何公差和表面粗糙度等主要基础标准，并介绍了 ISO 和国外几个主要工业国家的机械制图标准，可供读者阅读国外机械图样时参考。

本书内容以机械图为主，除正投影图外，对轴测图和各种简图也进行了较全面的介绍，同时对厂房建筑图及有关标准进行了简要叙述。在作图方法上，包括规定画法、通用画法和简化画法，并介绍了有关 CAD 制图和 CAD 文件管理方面的内容。

本书是在 2012 年第 5 版的基础上进行修订的，修订中力求全部采用现行的国家标准。

本书可供从事机械设计、制造和标准化工作的工程技术人员使用，也可供工科院校相关专业师生参考。

图书在版编目（CIP）数据

机械制图手册/焦永和，张彤，张昊主编. —6 版. —北京：机械工业出版社，2022.6

ISBN 978-7-111-70838-4

Ⅰ. ①机…　Ⅱ. ①焦…②张…③张…　Ⅲ. ①机械制图-手册　Ⅳ. ①TH126-62

中国版本图书馆 CIP 数据核字（2022）第 088330 号

机械工业出版社（北京市百万庄大街 22 号　邮政编码 100037）

策划编辑：雷云辉　　责任编辑：雷云辉

责任校对：李　杉　王明欣　封面设计：马精明

责任印制：常天培

天津嘉恒印务有限公司印刷

2022 年 11 月第 6 版第 1 次印刷

184mm×260mm · 44.75 印张 · 1 插页 · 1112 千字

标准书号：ISBN 978-7-111-70838-4

定价：149.00 元

电话服务　　网络服务

客服电话：010-88361066　　机　工　官　网：www.cmpbook.com

010-88379833　　机　工　官　博：weibo.com/cmp1952

010-68326294　　金　书　网：www.golden-book.com

封底无防伪标均为盗版

机工教育服务网：www.cmpedu.com

前　言

自本书第5版2012年出版以来，已经时隔10年，期间随着我国制造业的快速发展、标准体系的不断完善，以及国际标准的更新，本书涉及的不少国家标准和行业标准均发布了新的版本。因此，我们也适时起动了本书的修订工作。

本次修订对本书进行了全面更新，主要工作有：

1）更新了书中的绝大部分图例，以保证图例质量。更新的图例绝大部分来自现行标准，图例具有权威性。

2）对第7章、第12章、第20章、第22章内容及结构按现行标准进行了重新编排和调整，变化较大。

3）鉴于计算机制图技术的快速发展和普及，我们对第14章~第17章在保持结构不变的前提下，进行了部分精简。

本次更新涉及标准共计50余项，在书中相应位置均列出了相关标准的标准编号及标准名称，在此不再赘述。

本次修订工作由焦永和、张彤、张昊共同主持，参加本次修订工作的有焦永和、张彤、张昊、李雪原、李弘恺、刘燕斐、郭良平、张硕、刘涛涛、陈泰然。机械工业出版社编辑雷云辉为全书的质量保证付出了巨大的心血，在此深表感谢。

本书修订力求全部采用现行标准，如有疏漏或不当之处，恳请读者批评指正。

参加本书第1版编写工作的有：张洪镳、窦墨林、高重兰、齐信民、王睿、范文斌、张炳华、董国跃、邹宜侯、陆瑞新、陈培泽、阎守礼、严宗美、魏宗仁、周克绳、丁泉初、陈笑琴、高政一、施寅、刘述忠、蒋知民、舒发青。主编：梁德本、叶玉驹，副主编：陆瑞新、张洪镳。

参加本书第2版修订工作的有：梁德本、叶玉驹、陆瑞新、张洪镳。主编：梁德本、叶玉驹。

参加本书第3版修订工作的有：叶玉驹。主编：梁德本、叶玉驹。

参加本书第4版修订工作的有：焦永和、张彤、张京英、樊红丽、罗军、罗会甫、李莉、陈梅、冯欣欣、陈军。主编：叶玉驹、焦永和、张彤。

参加本书第5版修订工作的有：焦永和、张彤、张京英、樊红丽、罗军、罗会甫、李莉、张辉、陈军。主编：叶玉驹、焦永和、张彤。

欢迎扫描以下二维码进行交流以及获取勘误信息。

编　者

目　录

第 1 章　技术制图与机械制图国家标准基本规定

1.1　图纸幅面和格式

1.1.1　图纸幅面尺寸

根据 GB/T 14689—2008《技术制图　图纸幅面和格式》的规定，绘制技术图样时优先采用表 1-1 所规定的基本幅面（第一选择），如图 1-1 中粗实线所示。

表 1-1　图纸基本幅面尺寸（第一选择）　（单位：mm）

幅面代号	A0	A1	A2	A3	A4
尺寸 *B*×*L*	841×1189	594×841	420×594	297×420	210×297

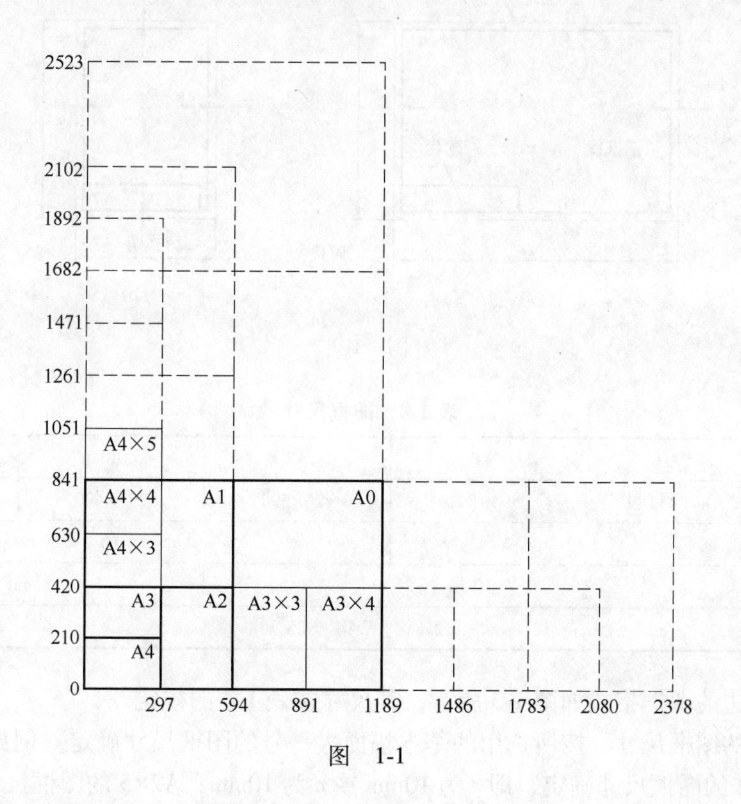

图　1-1

必要时，也允许选用表 1-2 所规定的加长幅面（第二选择），如图 1-1 中细实线所示。

表 1-2　图纸加长幅面尺寸（第二选择）　（单位：mm）

幅面代号	A3×3	A3×4	A4×3	A4×4	A4×5
尺寸 *B*×*L*	420×891	420×1189	297×630	297×841	297×1051

必要时，还允许选用表 1-3 所规定的加长幅面（第三选择），如图 1-1 中虚线所示。

表 1-3　图纸加长幅面尺寸（第三选择）　　（单位：mm）

幅面代号	A0×2	A0×3	A1×3	A1×4	A2×3
尺寸 $B\times L$	1189×1682	1189×2523	841×1783	841×2378	594×1261
幅面代号	A2×4	A2×5	A3×5	A3×6	A3×7
尺寸 $B\times L$	594×1682	594×2102	420×1486	420×1783	420×2080
幅面代号	A4×6	A4×7	A4×8	A4×9	
尺寸 $B\times L$	297×1261	297×1471	297×1682	297×1892	

1.1.2　图框格式及标题栏位置

图框格式分为不留装订边和留装订边两种，但同一产品的图样只能采用同一种格式。图框线用粗实线绘制。

不留装订边的图框格式如图 1-2 所示，其尺寸按表 1-4 的规定。

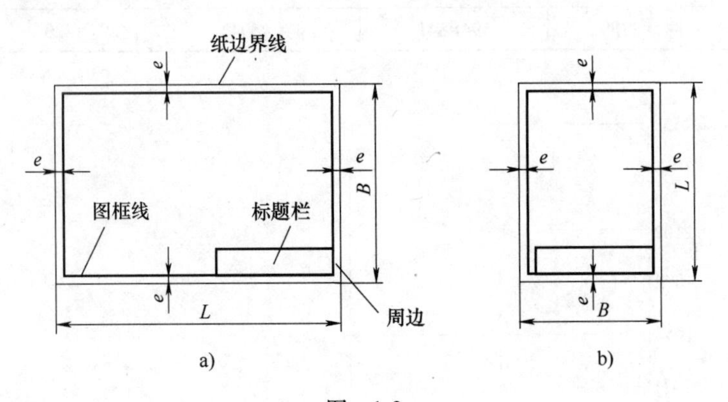

图　1-2

表 1-4　图框尺寸　　（单位：mm）

幅面代号	A0	A1	A2	A3	A4
$B\times L$	841×1189	594×841	420×594	297×420	210×297
e	20		10		
c	10			5	
a	25				

留有装订边的图框格式如图 1-3 所示，其尺寸按表 1-4 的规定。

加长幅面的图框尺寸，按所选用的基本幅面大一号的图框尺寸确定。例如 A3×4 的图框尺寸，应按 A2 的图框尺寸确定，即 e 为 10mm 或 c 为 10mm；A2×5 的图框尺寸，应按 A1 的图框尺寸绘制，即 e 为 20mm 或 c 为 10mm。

标题栏位于图纸的右下角。标题栏的格式和尺寸按 GB/T 10609. 1—2008《技术制图　标题栏》的规定绘制（见本书第 23 章）。当标题栏的长边为水平方向，且与图纸的长边平行时，构成 X 型图纸，如图 1-2a 及图 1-3a 所示。若标题栏的长边与图纸的长边垂直，则构成 Y 型图纸，如图 1-2b 及图 1-3b 所示，在此情况下，看图的方向与看标题栏的方向一致。

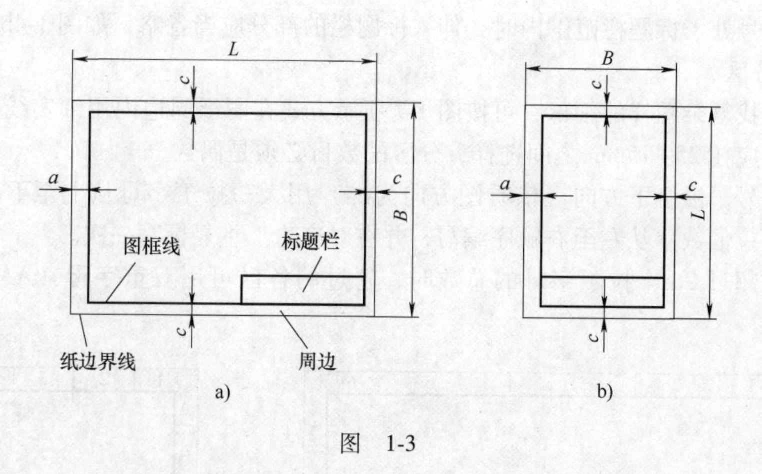

图　1-3

为了利用预先印制好图框及标题栏的图纸画图，允许将 X 型图纸的短边放成水平位置（见图 1-4a）或将 Y 型图纸的长边放成水平位置（见图 1-4b）使用，但需明确其看图方向，此时应在图纸的下边对中符号处画出方向符号，如图 1-4 所示。

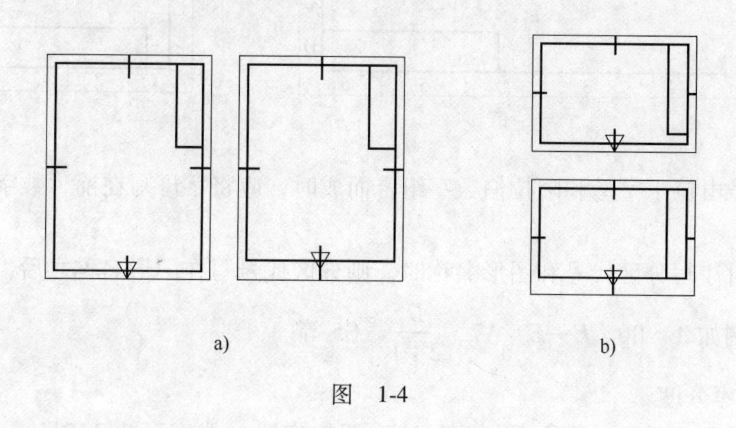

图　1-4

方向符号是用细实线绘制的等边三角形，其尺寸如图 1-5 所示。

为复制或缩微摄影时便于定位，在表 1-1 和表 1-2 所列的各号图纸上，均应在各边长的中点处用粗实线（线宽不小于 0. 5mm）分别画出对中符号，其长度是从纸边开始直至伸入图框内约 5mm，如图 1-6 所示。

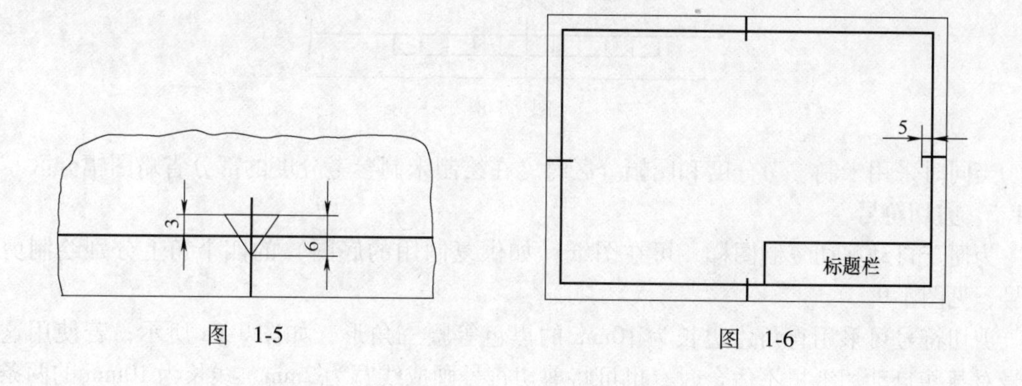

图　1-5　　　　图　1-6

若对中符号处于标题栏范围内时，伸入标题栏的部分应当省略，如图 1-4b 所示。

1.1.3 图幅分区

为便于查找复杂图样的细部，可按图 1-7 所示方式在图纸周边内用细实线画出分区。每一分区的长度应在 25~75mm 之间选择，分区的数目必须是偶数。

分区的编号，沿上下方向（依看图方向为准）用大写拉丁字母从上至下顺序编写；沿水平方向用阿拉伯数字从左至右顺序编写，并在对应边上重复标写一次。

当分区数超过 26 个拉丁字母的总数时，超过的各区可用双重字母（AA、BB、……）依次编写。

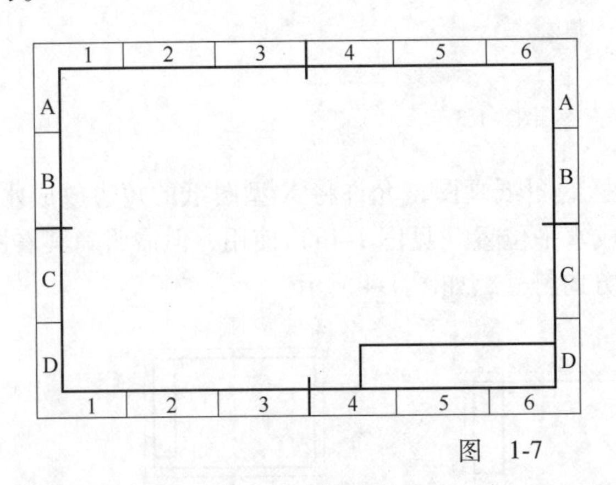

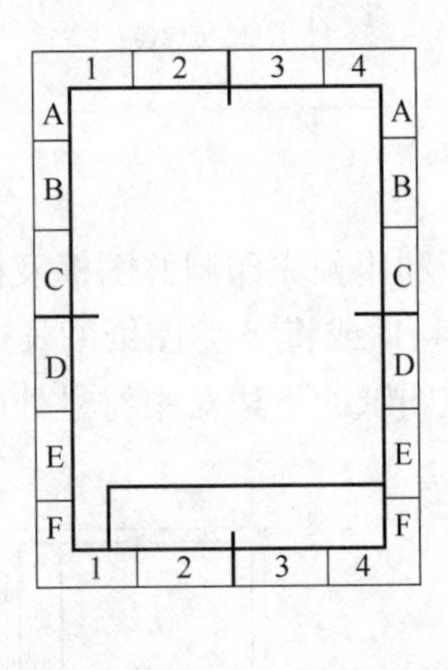

图 1-7

当分区代号由拉丁字母和阿拉伯数字组合而成时，应将字母写在前，数字写在后，例如 B6、D2 等。

当需要同时注写分区代号和图形名称时，则分区代号写在图形名称之后，中间空出一个字母的宽度，例如 A B6、$E—E$ A7、$\frac{D}{2:1}$ C5 等。

1.1.4 米制参考分度

用于缩微摄影的原件，可在图纸下周边内用粗实线（线宽不小于 0.5mm）绘制不注尺寸的米制参考分度，用以识别缩微摄影的放大或缩小的倍率。

如图 1-8 所示，米制参考分度每格长 10mm，高 5mm；在对中符号两侧各画 5 格，总长为 100mm。

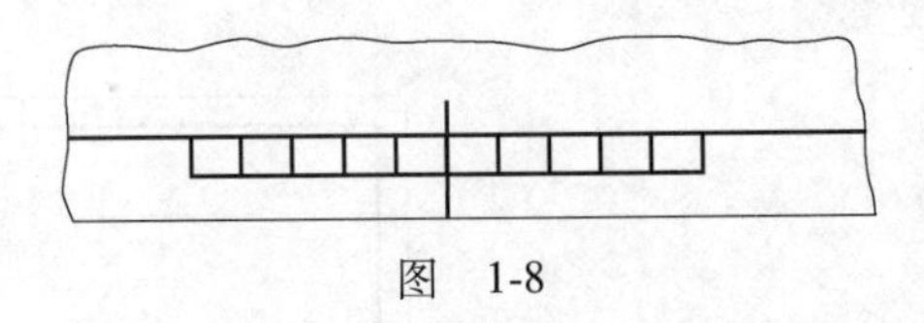

图 1-8

当同时采用米制参考分度和图幅分区时，在绘制米制参考分度的部分省略图幅分区。

1.1.5 剪切符号

为便于自动剪切复制图样，可在图纸（如供复制用的底图）的四个角上分别绘制剪切符号，见图 1-9。

剪切符号可采用直角边边长为 10mm 的黑色等腰三角形，如图 1-9a 所示；若使用这种符号对某些自动切纸机不适合时，也可将剪切符号画成线宽为 2mm、线长为 10mm 的两条粗线段，如图 1-9b 所示。

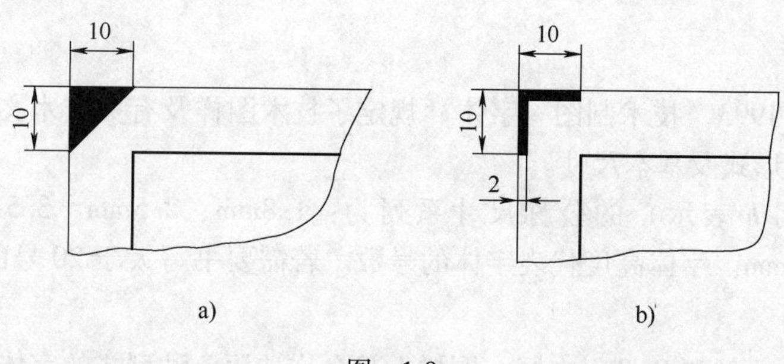

图　1-9

1.2　比例

根据 GB/T 14690—1993《技术制图　比例》的规定，图样中的图形与其实物相应要素的线性尺寸之比，称为比例。绘制技术图样时一般应在表 1-5 规定的系列中选取适当的比例。

表 1-5　一般选用的比例

种类	比例		
原值比例	1 : 1		
放大比例	5 : 1 5×10^n : 1	2 : 1 2×10^n : 1	1×10^n : 1
缩小比例	1 : 2 1 : 2×10^n	1 : 5 1 : 5×10^n	1 : 10 1 : 1×10^n

注：n 为正整数。

必要时也允许在表 1-6 规定的比例系列中选用。

表 1-6　允许选用的比例

种类	比例				
放大比例		4 : 1 4×10^n : 1		2.5 : 1 2.5×10^n : 1	
缩小比例	1 : 1.5 1 : 1.5×10^n	1 : 2.5 1 : 2.5×10^n	1 : 3 1 : 3×10^n	1 : 4 1 : 4×10^n	1 : 6 1 : 6×10^n

注：n 为正整数。

一般情况下，比例应填写在标题栏中的比例栏内。当某个视图采用不同于标题栏内的比例时，可在视图名称的下方标注比例，如图 1-10 所示；或在视图名称的右侧标注比例，例如平面图 1 : 100”。

必要时，图样的比例也可采用比例尺的形式，在图样内水平方向或垂直方向画出比例尺。

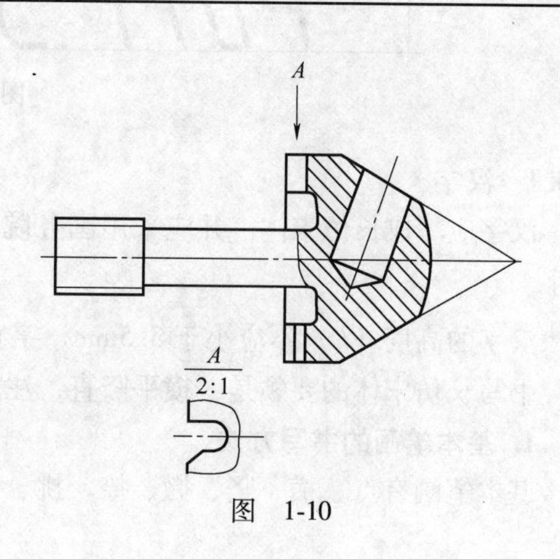

图　1-10

1.3 字体

GB/T 14691—1993《技术制图　字体》规定了技术图样及有关技术文件中书写的汉字、字母和数字的结构形式及基本尺寸。

字体高度（用 h 表示）的公称尺寸系列为：1.8mm、2.5mm、3.5mm、5mm、7mm、10mm、14mm、20mm。字体高度代表字体的号数。若需要书写大于 20 号的字，其字体高度应按$\sqrt{2}$的比率递增。

字母和数字分 A 型和 B 型，在同一图样上只允许选用一种型式的字体。

A 型字体的笔画宽度（d）为字高（h）的 1/14。

B 型字体的笔画宽度（d）为字高（h）的 1/10。

字母和数字可写成斜体或直体。斜体字的字头向右倾斜，与水平基准线成 75°。

汉字只能写成直体。

当汉字、拉丁字母、希腊字母、阿拉伯数字和罗马数字等组合书写时，其排列格式和间距应符合图 1-11 ~ 图 1-14 及表 1-7、表 1-8 的规定。

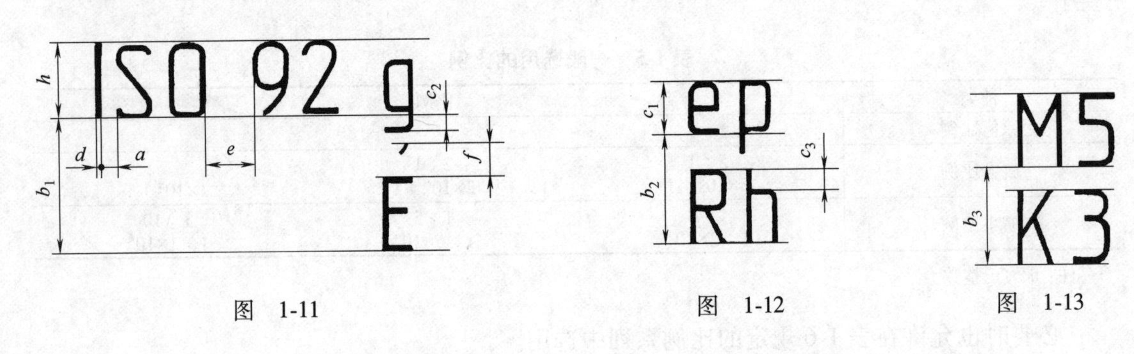

图　1-11　　图　1-12　　图　1-13

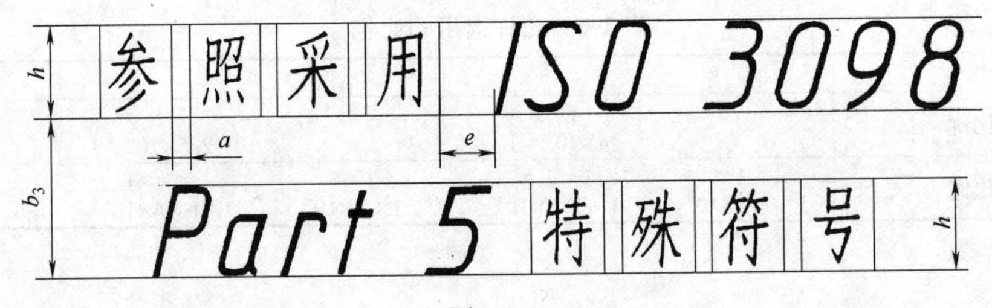

图　1-14

1.3.1　汉字

汉字应写成长仿宋体，并应采用国务院正式公布推行的《汉字简化方案》中规定的简化字。

汉字的高度（h）不应小于 3.5mm，字宽一般为 $h/\sqrt{2}$（即约等于字高的 2/3）。

书写长仿宋体的要领是：横平竖直，注意起落，结构匀称，填满方格。

1. 基本笔画的书写方法

基本笔画有点、横、竖、撇、捺、挑、钩、折八种，写法示例如图 1-15 所示。

表 1-7　A 型字体　（单位：mm）

书写格式		基本比率	尺寸							
大写字母高度	h	$(14/14)h$	1.8	2.5	3.5	5	7	10	14	20
小写字母高度	c_1	$(10/14)h$	1.3	1.8	2.5	3.5	5	7	10	14
小写字母伸出尾部	c_2	$(4/14)h$	0.5	0.72	1	1.43	2	2.8	4	5.7
小写字母出头部	c_3	$(4/14)h$	0.5	0.72	1	1.43	2	2.8	4	5.7
发音符号范围	f	$(5/14)h$	0.64	0.89	1.25	1.78	2.5	3.6	5	7
字母间间距①	a	$(2/14)h$	0.26	0.36	0.5	0.7	1	1.4	2	2.8
基准线最小间距（有发音符号）	b_1	$(25/14)h$	3.2	4.46	6.25	8.9	12.5	17.8	25	35.7
基准线最小间距（无发音符号）	b_2	$(21/14)h$	2.73	3.78	5.25	7.35	10.5	14.7	21	29.4
基准线最小间距（仅为大写字母）	b_3	$(17/14)h$	2.21	3.06	4.25	5.95	8.5	11.9	17	23.8
词间距	e	$(6/14)h$	0.78	1.08	1.5	2.1	3	4.2	6	8.4
笔画宽度	d	$(1/14)h$	0.13	0.18	0.25	0.35	0.5	0.7	1	1.4

① 特殊的字符组合，如 LA、TV、Tr 等，字母间间距可为 $a=(1/14)h$。

表 1-8　B 型字体　（单位：mm）

书写格式		基本比率	尺寸							
大写字母高度	h	$(10/10)h$	1.8	2.5	3.5	5	7	10	14	20
小写字母高度	c_1	$(7/10)h$	1.26	1.75	2.5	3.5	5	7	10	14
小写字母伸出尾部	c_2	$(3/10)h$	0.54	0.75	1.05	1.5	2.1	3	4.2	6
小写字母伸出头部	c_3	$(3/10)h$	0.54	0.75	1.05	1.5	2.1	3	4.2	6
发音符号范围	f	$(4/10)h$	0.72	1	1.4	2	2.8	4	5.6	8
字母间间距①	a	$(2/10)h$	0.36	0.5	0.7	1	1.4	2	2.8	4
基准线最小间距（有发音符号）	b_1	$(19/10)h$	3.42	4.75	6.65	9.5	13.3	19	26.6	38
基准线最小间距（无发音符号）	b_2	$(15/10)h$	2.7	3.75	5.25	7.5	10.5	15	21	30
基准线最小间距（仅为大写字母）	b_3	$(13/10)h$	2.34	3.25	4.55	6.5	9.1	13	18.2	26
词间距	e	$(6/10)h$	1.08	1.5	2.1	3	4.2	6	8.4	12
笔画宽度	d	$(1/10)h$	0.18	0.25	0.35	0.5	0.7	1	1.4	2

① 特殊的字符组合，如 LA、TV、Tr 等，字母间间距可为 $a=(1/10)h$。

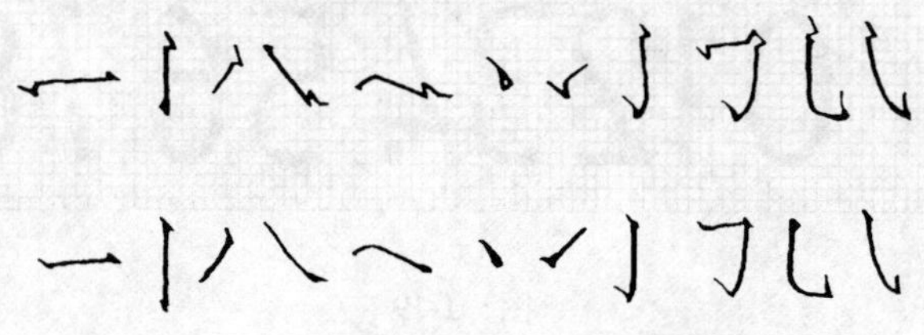

图　1-15

2. 常用部首的书写方法（见图 1-16）

3. 汉字的字形结构

汉字除单体字外，一般由上、下或左、右几部分组成，常见的情况是分别占整个汉字宽度或高度的 1/2、1/3、2/3、2/5、3/5 等，如图 1-17 所示。

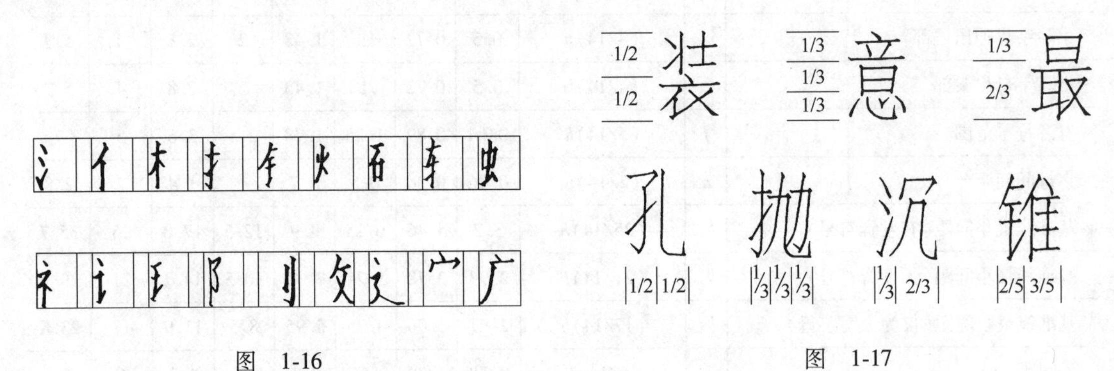

图 1-16　　　　图 1-17

在不同的字中，相同的部首可占不同的比例，如“铸”字中的“钅”约占 2/5，而“锻”字中的“钅”只占 1/3 的位置。书写时各部分的比例关系应适当。

4. 长仿宋体汉字示例（见图 1-18）

字体工整　笔画清楚　间隔均匀　排列整齐

横平竖直注意起落结构均匀填满方格

图 1-18

1.3.2 数字

工程上常用的数字有阿拉伯数字和罗马数字，并经常用斜体书写。

1. 阿拉伯数字示例（见图 1-19）

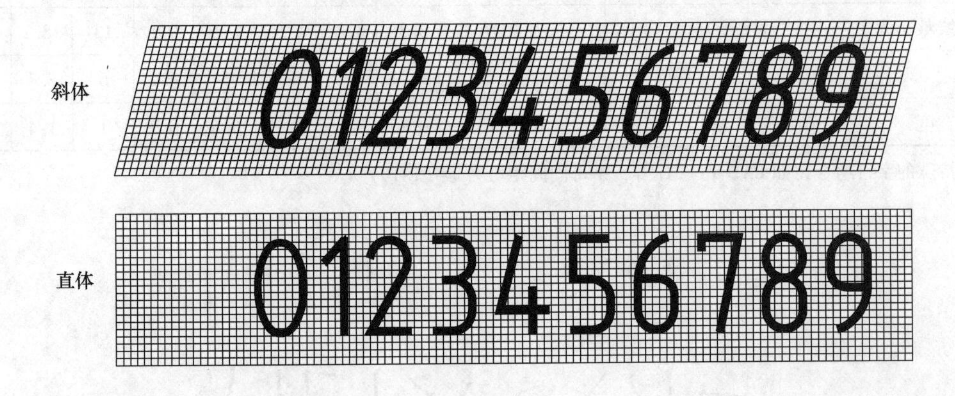

图 1-19

2. 罗马数字示例（见图 1-20）

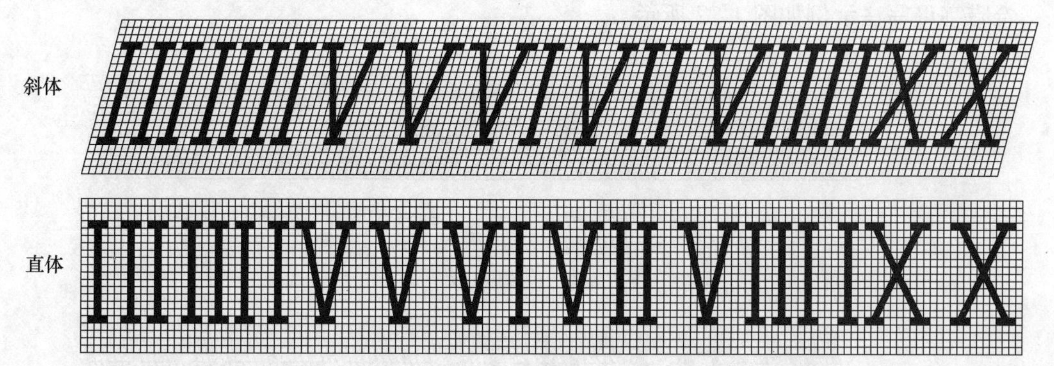

图 1-20

1.3.3 拉丁字母

拉丁字母的大写和小写均有斜体和直体两种，写法示例如图 1-21 所示。汉语拼音字母来源于拉丁字母，两者字形完全相同。

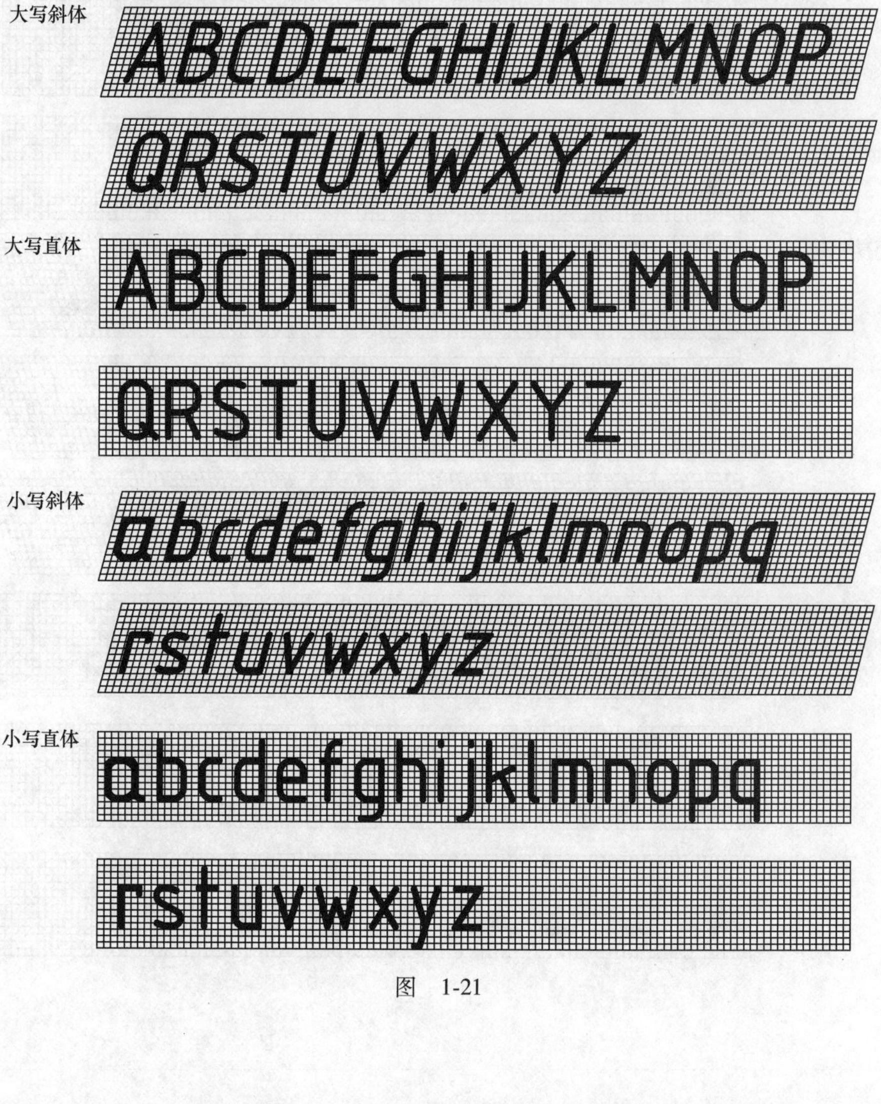

图 1-21

1.3.4 希腊字母

希腊字母写法示例如图 1-22 所示。

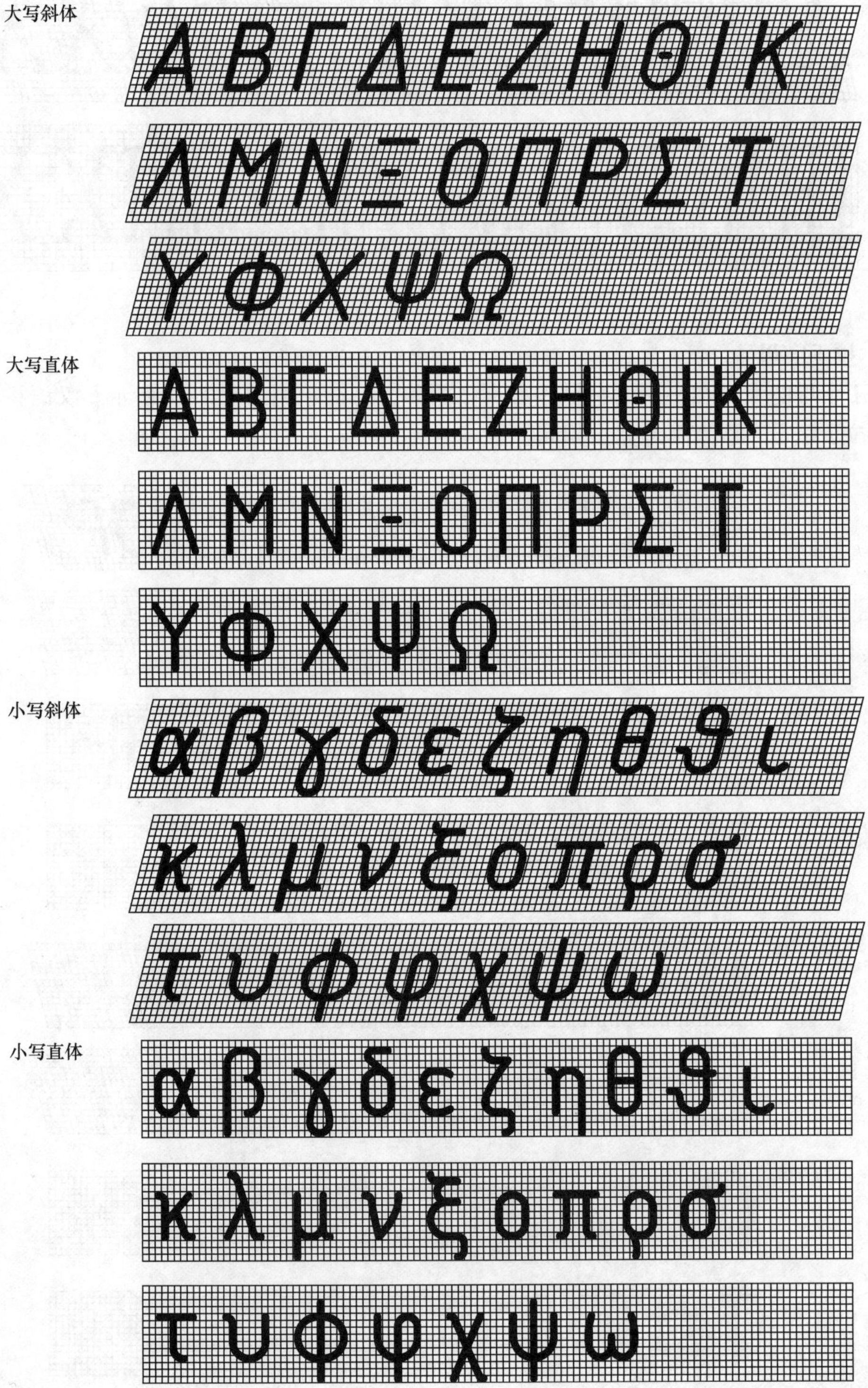

大写斜体

Α Β Γ Δ Ε Ζ Η Θ Ι Κ

Λ Μ Ν Ξ Ο Π Ρ Σ Τ

Υ Φ Χ Ψ Ω

大写直体

Α Β Γ Δ Ε Ζ Η Θ Ι Κ

Λ Μ Ν Ξ Ο Π Ρ Σ Τ

Υ Φ Χ Ψ Ω

小写斜体

α β γ δ ε ζ η θ ϑ ι

κ λ μ ν ξ ο π ρ σ

τ υ ϕ φ χ ψ ω

小写直体

α β γ δ ε ζ η θ ϑ ι

κ λ μ ν ξ ο π ρ σ

τ υ ϕ φ χ ψ ω

图 1-22

用作指数、分数、极限偏差、注脚等的数字及字母一般应采用小一号的字体，如图 1-23 所示。

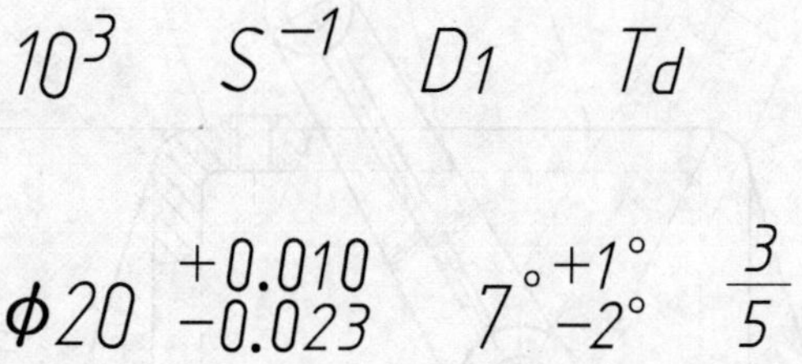

$$10^{3} \quad S^{-1} \quad D_{1} \quad T_{d}$$

$$\phi 20^{+0.010}_{-0.023} \quad 7^{\circ}{}^{+1^{\circ}}_{-2^{\circ}} \quad \frac{3}{5}$$

图 1-23

1.4 图线

GB/T 17450—1998《技术制图　图线》和 GB/T 4457.4—2002《机械制图　图样画法　图线》规定了图样中图线的线型、尺寸和画法。

1.4.1 线型

国标 GB/T 17450—1998《技术制图　图线》中规定了 15 种基本线型，以及多种基本线型的变形和图线的组合。GB/T 4457.4—2002《机械制图　图样画法　图线》列出了机械制图中常用的 9 种线型，见表 1-9。

表 1-9　图线

代码 NO.	名称		线型	一般应用
01	实线	粗实线		可见棱边线、轮廓线、相贯线、螺纹牙顶线、螺纹长度终止线、齿顶线等
		细实线		过渡线、尺寸线、尺寸界线、剖面线、弯折线、螺纹牙底线、齿根线、指引线、辅助线等
02	虚线	细虚线		不可见棱边线、轮廓线
		粗虚线		允许表面处理的表示线
04	点画线	细点画线		轴线、对称中心线、齿轮分度圆线等
		粗点画线		限定范围表示线
05	细双点画线			轨迹线、相邻辅助零件的轮廓线、可动零件的极限位置的轮廓线、剖切面前的结构轮廓线等
基本线型的变形	波浪线			断裂处的边界线；视图与剖视图的分界线
图线的组合	双折线			断裂处的边界线；视图与剖视图的分界线

各种图线的应用举例示于图 1-24～图 1-27。

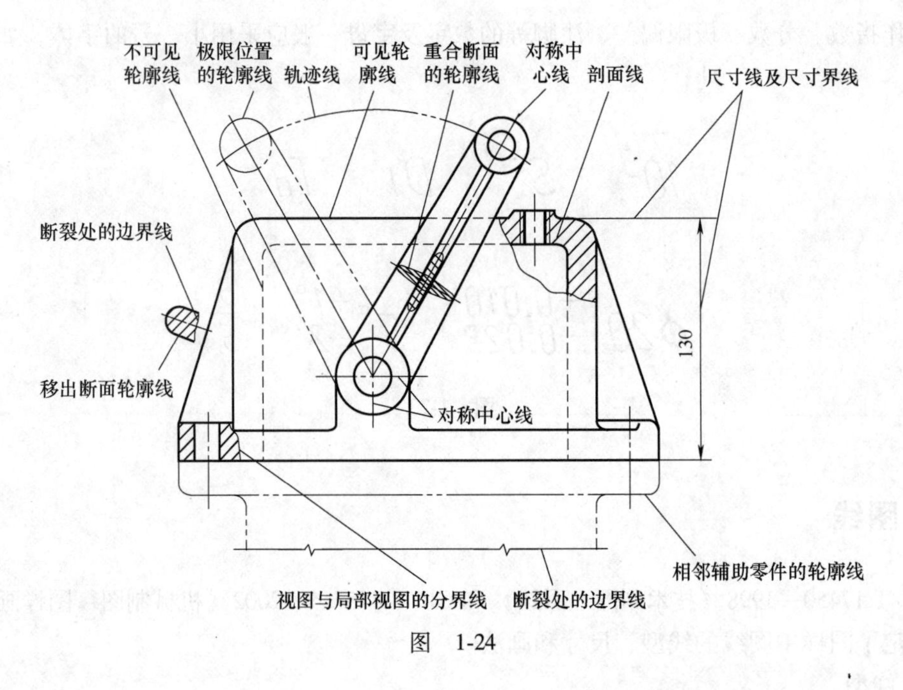

图 1-24

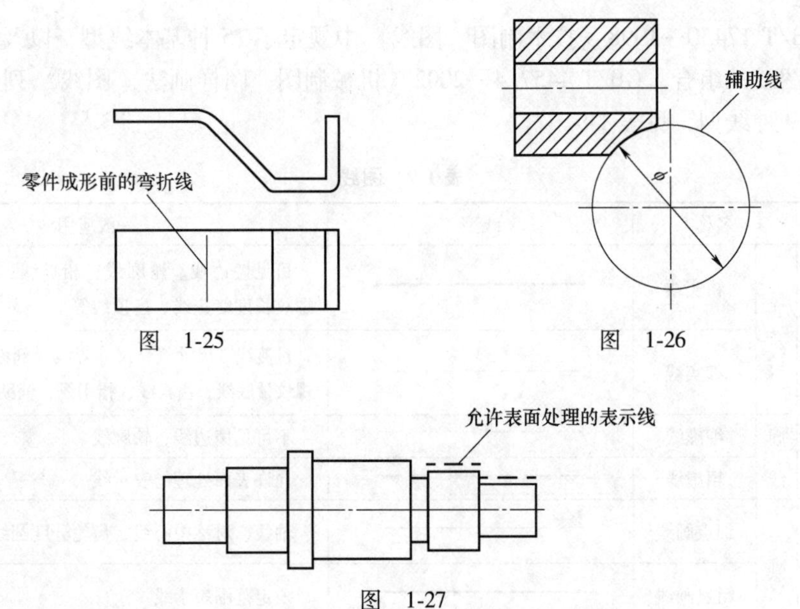

图 1-25

图 1-26

图 1-27

1.4.2 图线的尺寸

GB/T 17450—1998《技术制图　图线》规定，所有线型的图线宽度（d），应按图样的类型和尺寸大小在下列数系中选择（数系公比为 $1:\sqrt{2}$，单位为 mm）：0.13、0.18、0.25、0.35、0.5、0.7、1、1.4、2。

粗线、中粗线和细线的宽度比率为 4：2：1。在同一图样中，同类图线的宽度应一致。

在机械制图中常用的图线见表 1-9，除粗实线、粗虚线和粗点画线以外均为细线，粗细线的线宽比率为 2：1。

在绘制虚线和点（双点）画线时，其线素（点、画、长画和短间隔）的长度如图 1-28 所示。

1.4.3　图线的画法

1）除非另有规定，两条平行线间的最小间隙不得小于 0.7mm。

2）在较小的图形中绘制细点画线或细双点画线有困难时，可用细实线代替。

3）细点画线、细双点画线、细虚线、粗实线彼此相交时，应交于画线处，不应留空（见图 1-29）。

4）两种图线重合时，只需画出其中一种，优先顺序为可见轮廓线、不可见轮廓线、对称中心线、尺寸界线。

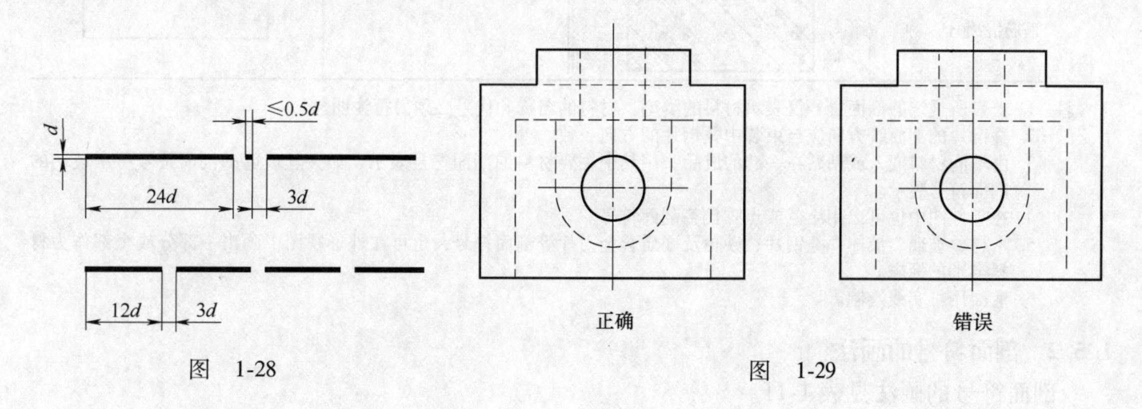

图　1-28　　　图　1-29

1.5　剖面符号

1.5.1　规定的剖面符号

根据 GB/T 17453—2005《技术制图　图样画法　剖面区域的表示法》和 GB/T 4457.5—2013《机械制图　剖面区域的表示法》规定，在剖视图和断面图中，应采用表 1-10 中的剖面符号。

表 1-10　剖面符号

材料	剖面符号	材料		剖面符号
金属材料（已有规定剖面符号者除外）		型砂、填砂、粉末冶金、砂轮、陶瓷刀片、硬质合金刀片等		
线圈绕组元件		玻璃及供观察用的其他透明材料		
转子、电枢、变压器和电抗器等的叠钢片		木材	纵断面	
非金属材料（已有规定剖面符号者除外）			横断面	

（续）

木质胶合板 （不分层数）		砖	
基础周围的泥土		格网 （筛网、过滤网等）	
混凝土		液体	
钢筋混凝土			

注：1. 上表所规定的剖面符号仅表示材料的类型，材料的名称和代号必须另行注明。
2. 叠钢片的剖面线方向应与束装中叠钢片的方向一致。
3. 由不同材料嵌入或粘贴在一起的成品，用其中主要材料的剖面符号表示，如夹丝玻璃的剖面符号可用玻璃的剖面符号表示。
4. 在零件图中也可以用涂色或点阵代替剖面符号。
5. 木材、玻璃、液体、叠钢片、砂轮及硬质合金刀片等剖面符号，也可在外形视图中画出一部分或全部作为材料类别的标志。
6. 液面用细实线绘制。

1.5.2 剖面符号的画法

剖面符号的画法见表 1-11。

表 1-11 剖面符号的画法

图例	画法说明
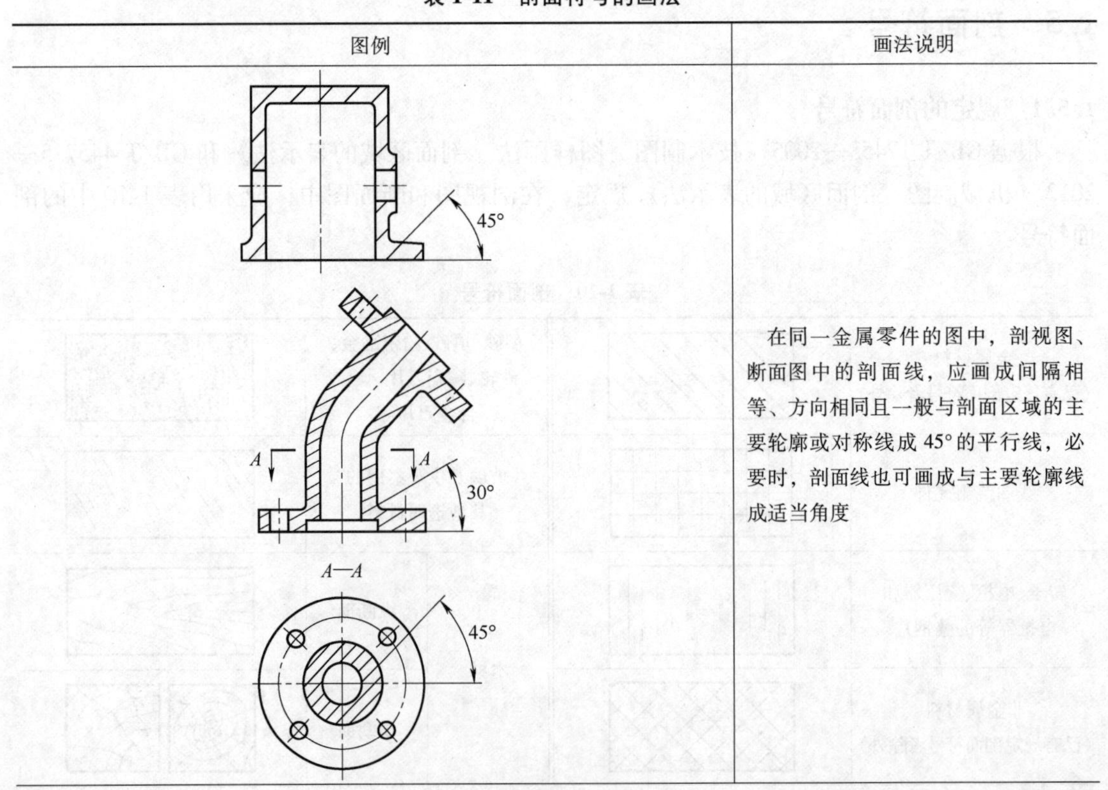	在同一金属零件的图中，剖视图、断面图中的剖面线，应画成间隔相等、方向相同且一般与剖面区域的主要轮廓或对称线成 45° 的平行线，必要时，剖面线也可画成与主要轮廓线成适当角度

（续）

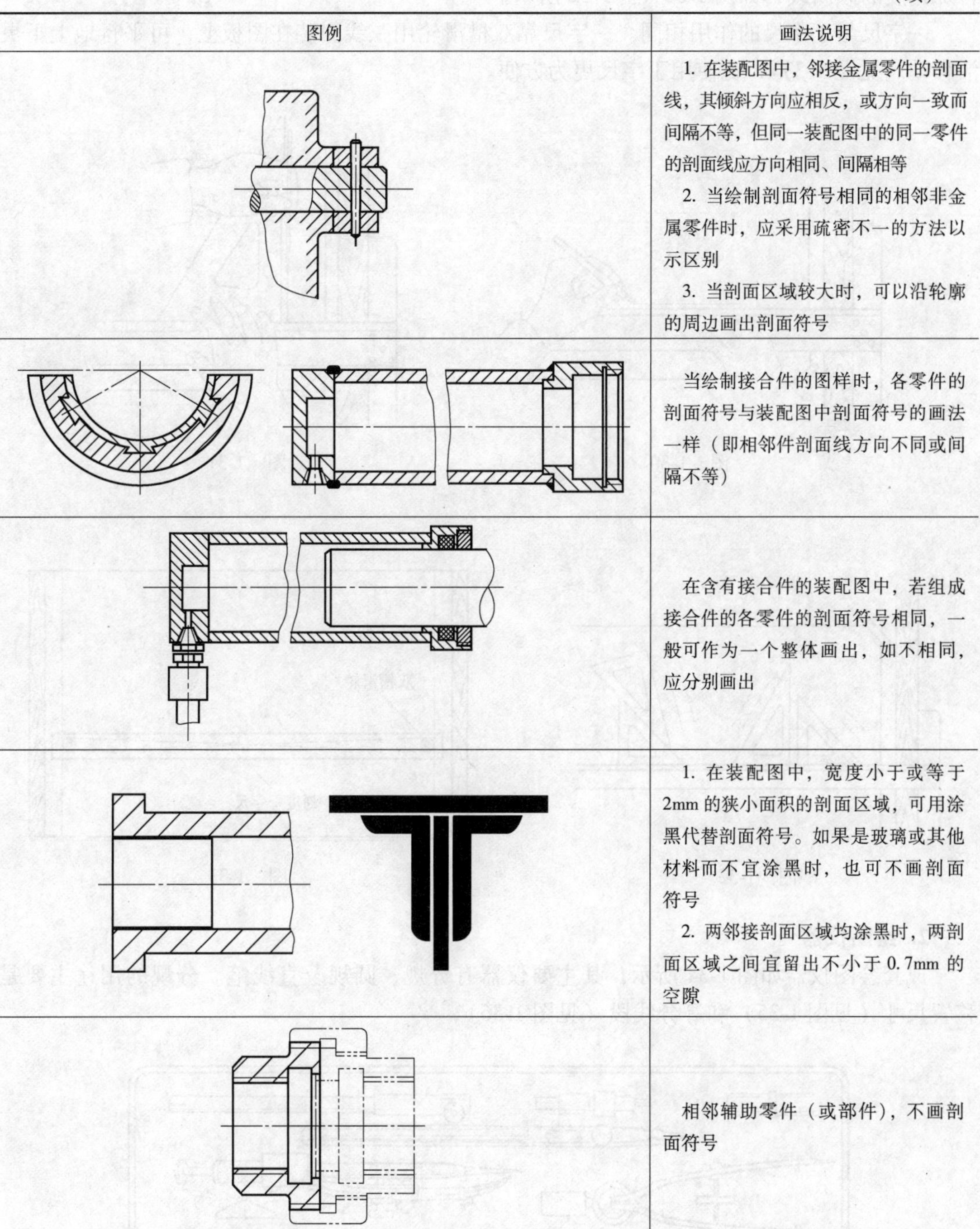

图例	画法说明
	1. 在装配图中，邻接金属零件的剖面线，其倾斜方向应相反，或方向一致而间隔不等，但同一装配图中的同一零件的剖面线应方向相同、间隔相等 2. 当绘制剖面符号相同的相邻非金属零件时，应采用疏密不一的方法以示区别 3. 当剖面区域较大时，可以沿轮廓的周边画出剖面符号
	当绘制接合件的图样时，各零件的剖面符号与装配图中剖面符号的画法一样（即相邻件剖面线方向不同或间隔不等）
	在含有接合件的装配图中，若组成接合件的各零件的剖面符号相同，一般可作为一个整体画出，如不相同，应分别画出
	1. 在装配图中，宽度小于或等于2mm的狭小面积的剖面区域，可用涂黑代替剖面符号。如果是玻璃或其他材料而不宜涂黑时，也可不画剖面符号 2. 两邻接剖面区域均涂黑时，两剖面区域之间宜留出不小于0.7mm的空隙
	相邻辅助零件（或部件），不画剖面符号

附录　常用绘图工具的使用

1. 丁字尺（或一字尺）及三角板

丁字尺（或一字尺）常用来绘制水平线，与三角板配合使用时，可绘制垂直线和各种特殊角度的倾斜线，如图 1-30~图 1-32 所示。

一字尺与丁字尺的作用相同。一字尺靠双槽滑轮用弦线安装在图板上，可平行地上下灵活移动（见图 1-33），比使用丁字尺更为方便。

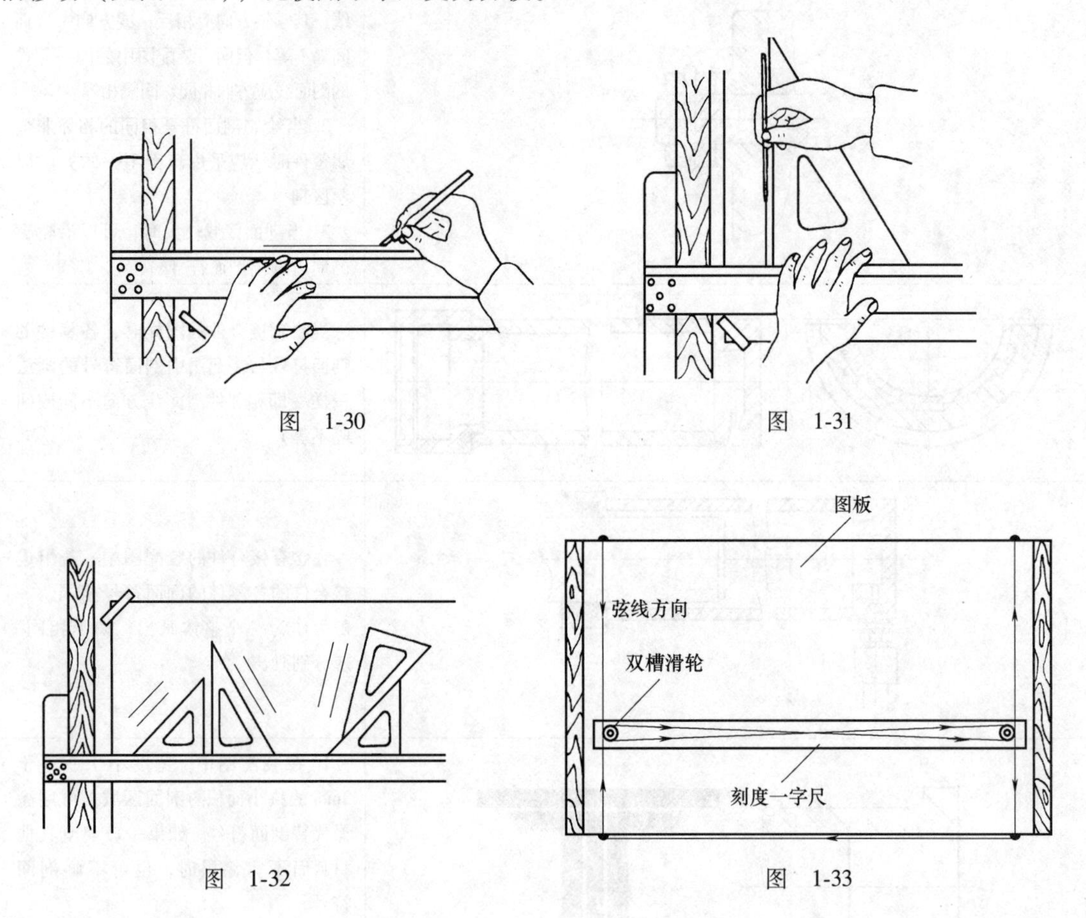

图 1-30

图 1-31

图 1-32

图 1-33

2. 绘图仪器

成套绘图仪器如图 1-34 所示，其主要仪器有分规、圆规及直线笔。分规的用途主要是移置尺寸（见图 1-35）和等分线段（见图 1-36）。

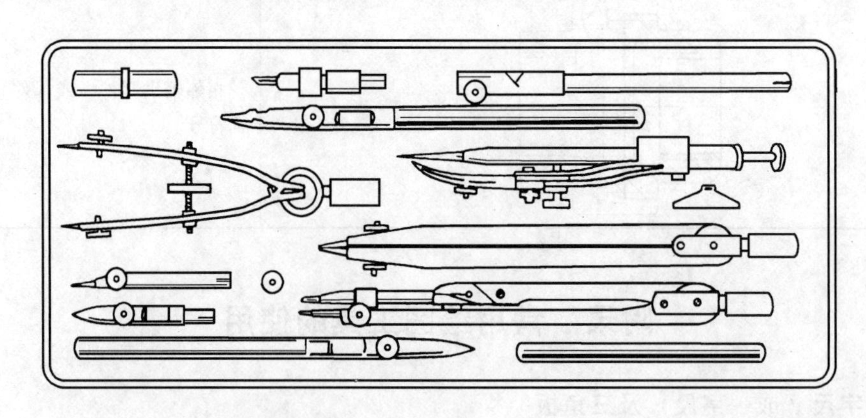

图 1-34

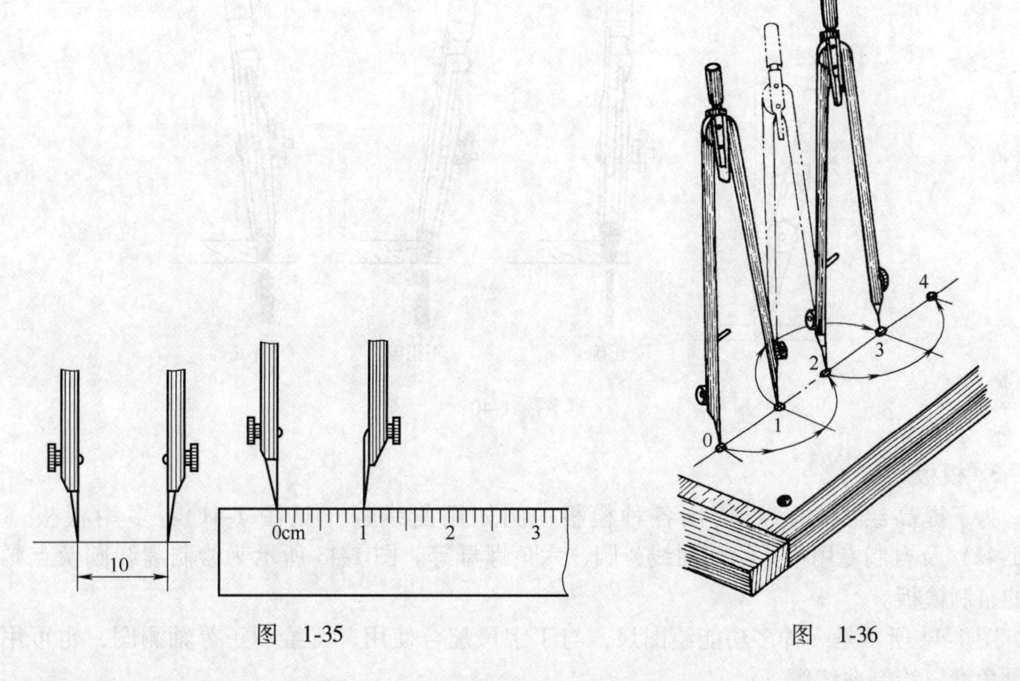

图 1-35 图 1-36

圆规的用途是画圆。绘制较大直径的圆时，应调节圆规的针尖及铅芯尖各约垂直于纸面（见图 1-37）。将圆规的针尖置于圆心位置（见图 1-38）。画一般直径圆和大直径圆时，手持圆规的姿势如图 1-39 所示。

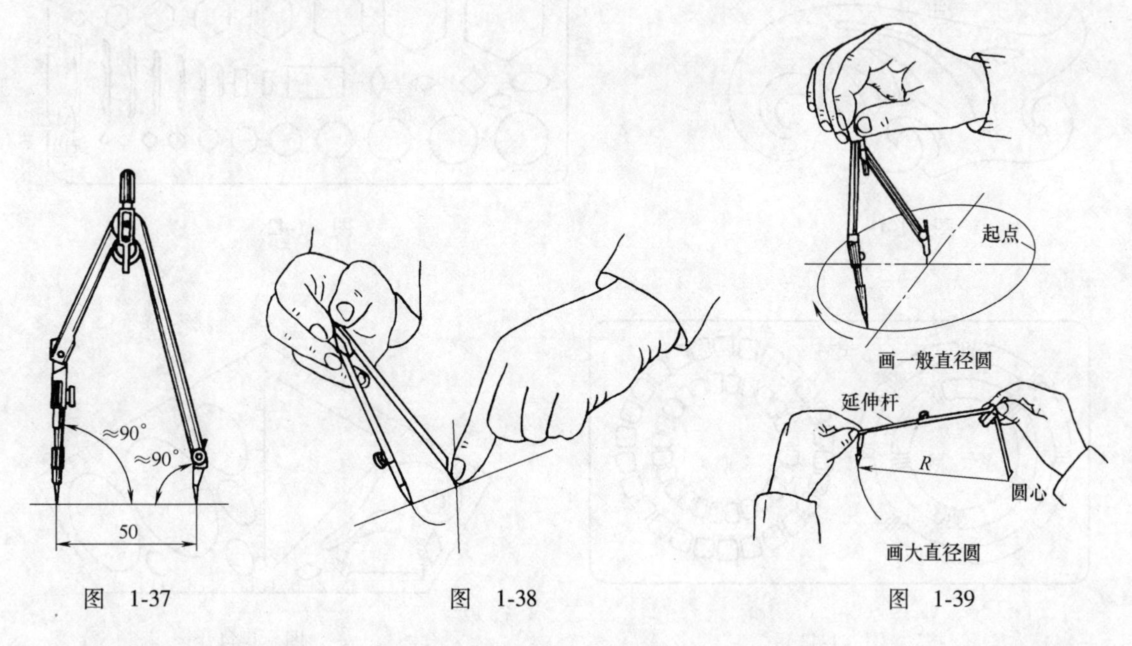

图 1-37 图 1-38 图 1-39

直线笔用于上墨或描图。画图时直线笔与直尺的相对位置如图 1-40 所示。直线笔应保持在垂直于纸面的平面内，并向笔的运动方向稍有倾斜（15°~20°）。

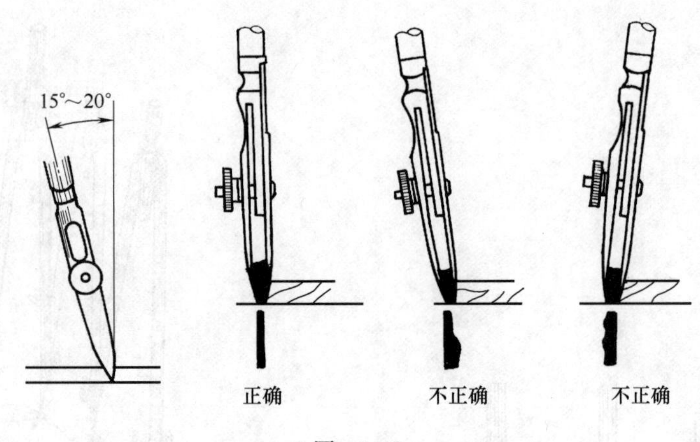

图 1-40

3. 模板

为了提高绘图效率可使用各种模板，例如用曲线板（见图 1-41）、多用模板（见图 1-42）及自制专用模板绘制曲线、圆、六角螺母等。图 1-43 所示为绘制虚线圆及点画线圆的自制模板。

图 1-44 所示是一种多功能绘图尺，与丁字尺配合使用，可绘制正等轴测图，也可用来度量角度、绘制曲线等。

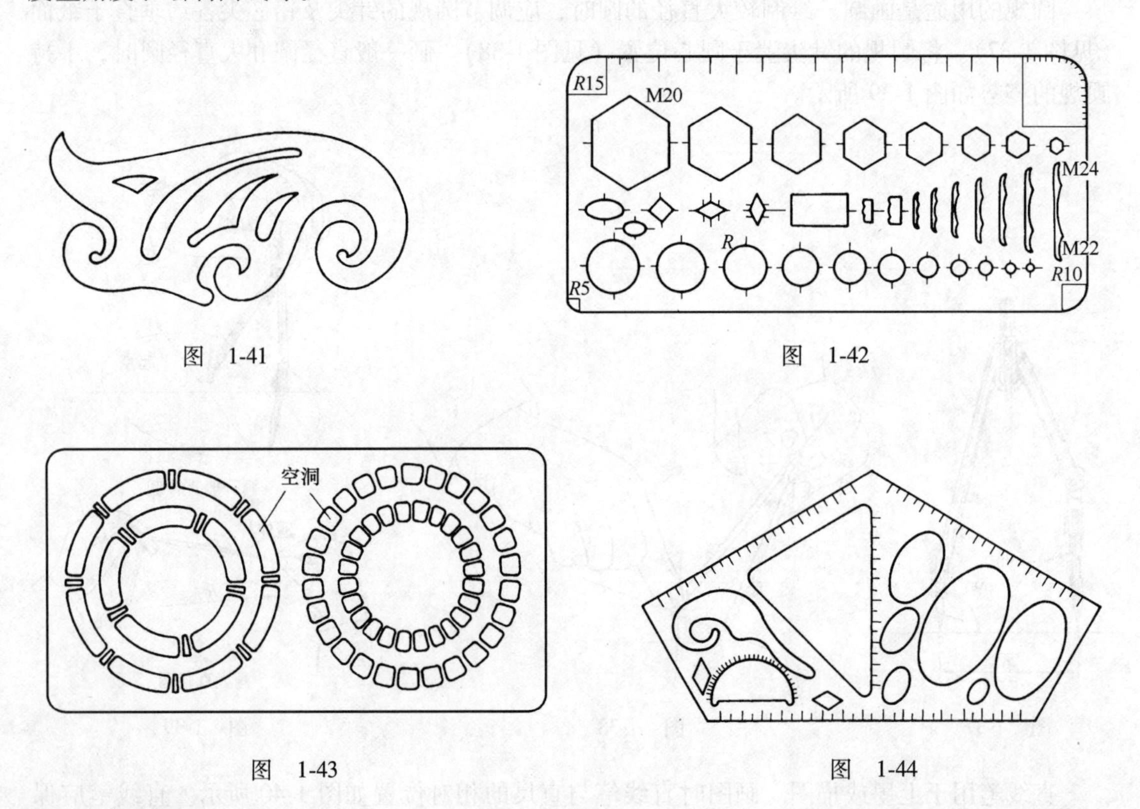

图 1-41

图 1-42

图 1-43

图 1-44

4. 绘图机

图 1-45 所示为钢带式绘图机，固接在一起的横直尺及纵直尺可在桌面上自由移动，因

而可以画出任一位置的水平线及垂直线；调节分度盘，可以改变两条直尺的角度，从而画出各种位置的斜线。

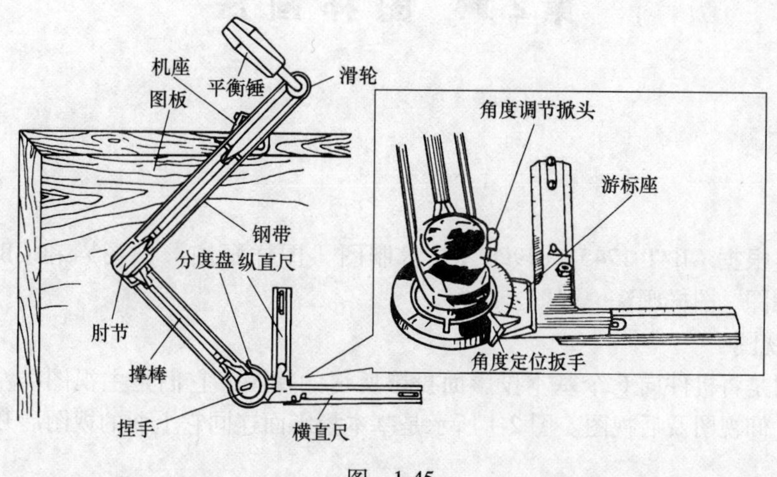

图 1-45

第 2 章　图样画法

2.1　视图

本节内容根据 GB/T 17451—1998《技术制图　图样画法　视图》和 GB/T 4458.1—2002《机械制图　图样画法　视图》编写。

2.1.1　基本视图

基本视图是将机件向 6 个基本投影面投影所得的视图，它们是主视图、左视图、右视图、俯视图、仰视图及后视图。图 2-1 所示是基本投影面连同它上面的视图展开的方式。

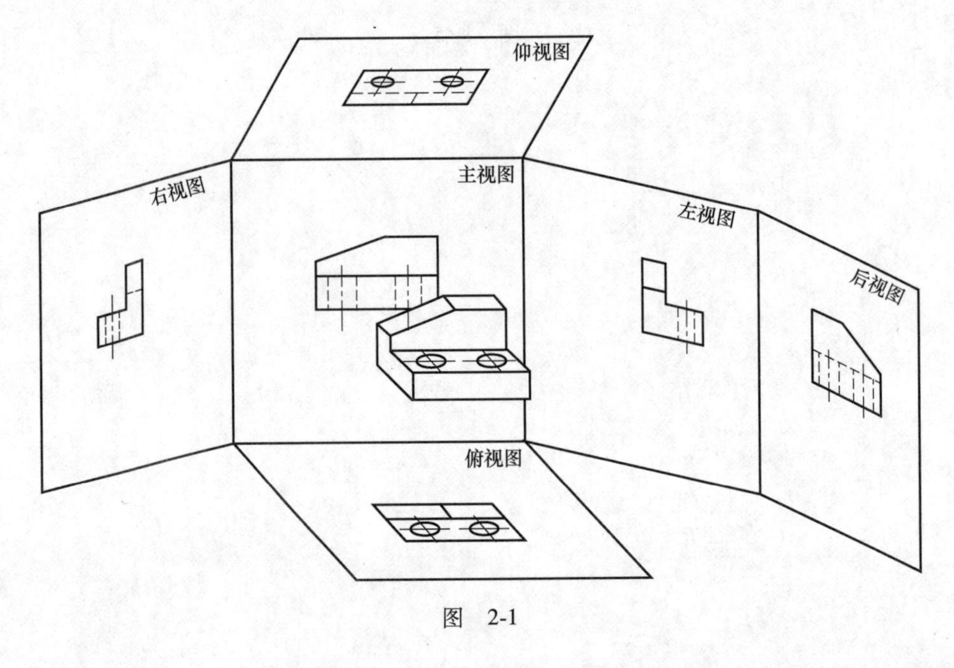

图　2-1

在同一张图样内，6 个基本视图按图 2-2 所示配置关系配置视图时，可不标注视图名称。

2.1.2　向视图

向视图是可自由配置的视图。

绘图时应在向视图上方标注“×”（“×”为大写拉丁字母），在相应视图的附近用箭头指明投射方向，并标注相同的字母。图 2-3 是将图 2-2 中的右视图、仰视图和后视图三个视图画成 *A*、*B*、*C* 三个向视图，并自由配置在图纸的适当位置。

2.1.3　局部视图

局部视图是将物体的某一部分向基本投影面投射所得的视图。有如下两种情况：

1）用于表达机件的局部形状，如图 2-4 和图 2-5 所示。

画局部视图时，一般可按向视图的配置形式配置（见图 2-4*A*、*B* 视图）。

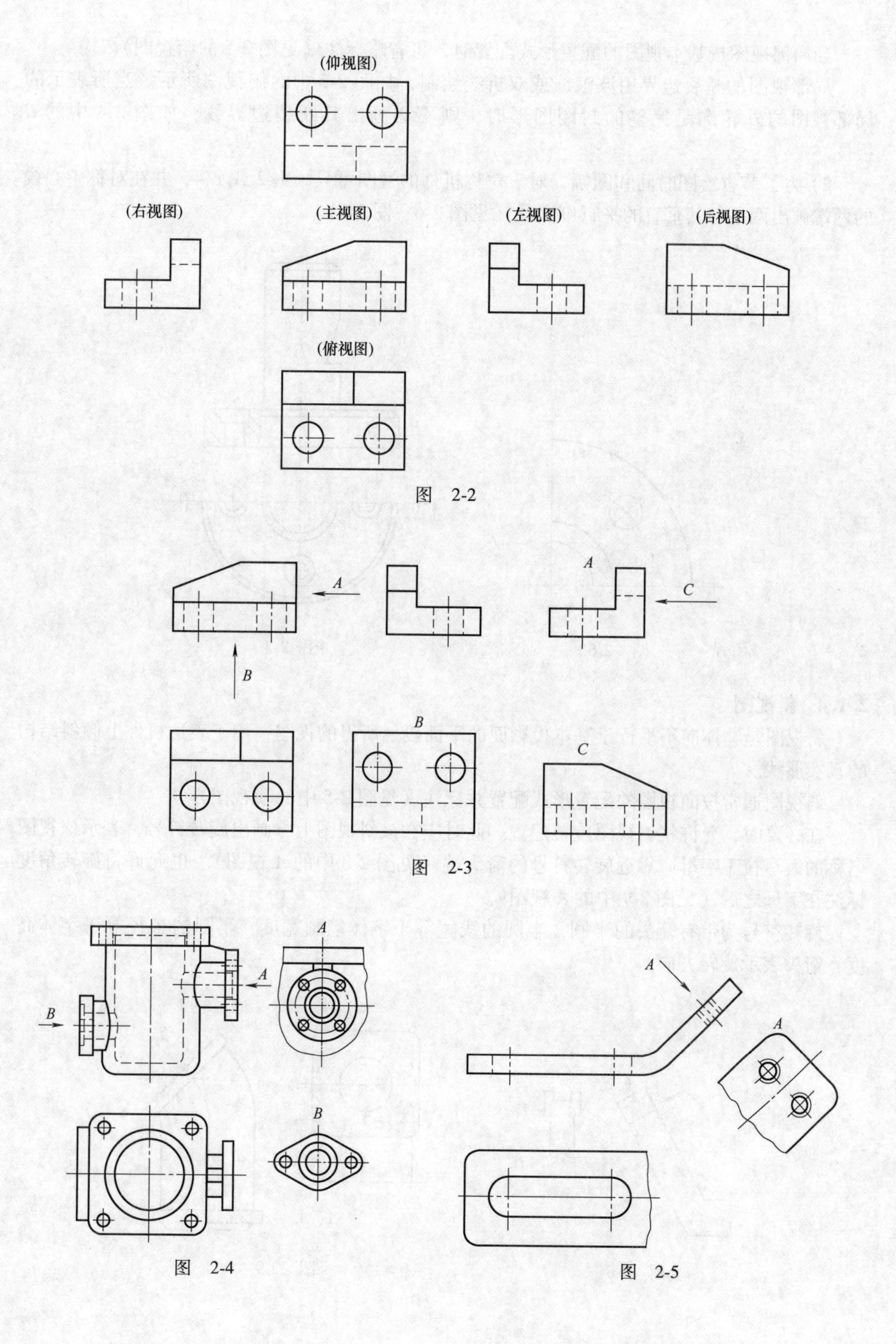

图 2-2

图 2-3

图 2-4

图 2-5

当局部视图按基本视图的配置形式配置时，可省略标注（见图2-5的俯视图）。

局部视图的断裂边界用波浪线或双折线绘制，如图2-5中的俯视图所示。当所表示的局部视图的外轮廓是完整的封闭图形时，则不必画出其断裂边界线，如图2-4中的*B*视图。

2）为了节省绘图时间和图幅，对于对称机件的视图可只画1/2或1/4，并在对称中心线的两端画出两条与其垂直的平行细实线（见图2-6、图2-7）。

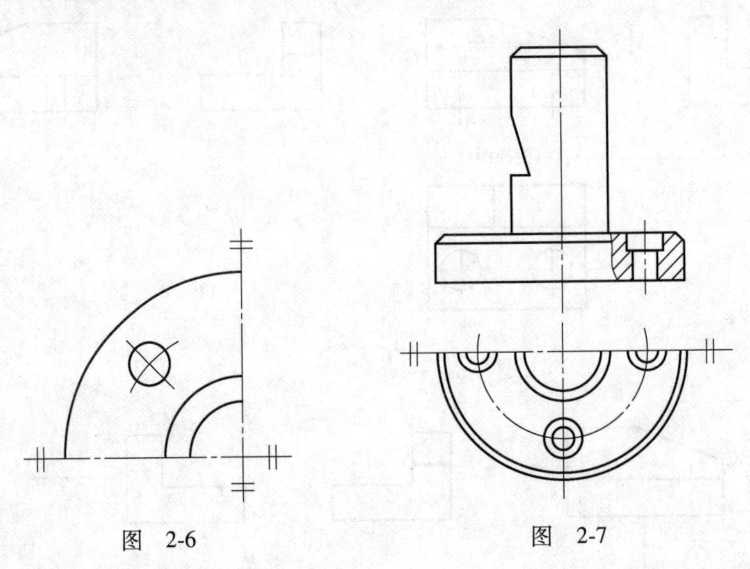

图 2-6　　　　图 2-7

2.1.4 斜视图

斜视图是物体向不平行于基本投影面的平面投射所得的视图，用于表达机件上倾斜结构的真实形状。

斜视图通常按向视图的配置形式配置并标注（见图2-5中的*A*视图）。

在必要时，允许将斜视图旋转配置。此时应在该斜视图上方画出旋转符号，表示该视图名称的大写拉丁字母应靠近旋转符号的箭头端（见图2-8中的*A*视图）。也允许将旋转角度标注在字母之后（见图2-9中的*A*视图）。

旋转符号为带有箭头的半圆，半圆的线宽等于字体笔画宽度，半圆的半径等于字体高度，箭头表示旋转方向。

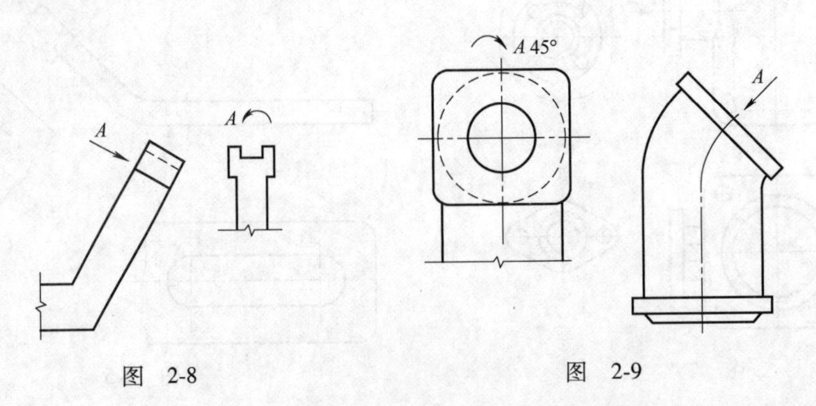

图 2-8　　　　图 2-9

2.2　剖视图

本节根据 GB/T 17452—1998《技术制图　图样画法　剖视图和断面图》和 GB/T 4458.6—2002《机械制图　图样画法　剖视图和断面图》编写。

2.2.1　剖切面

1. 单一剖切面

单一剖切面可以是平行于某一基本投影面的平面，如图 2-10 所示，也可以是不平行于任何基本投影面的平面（斜剖切面）。

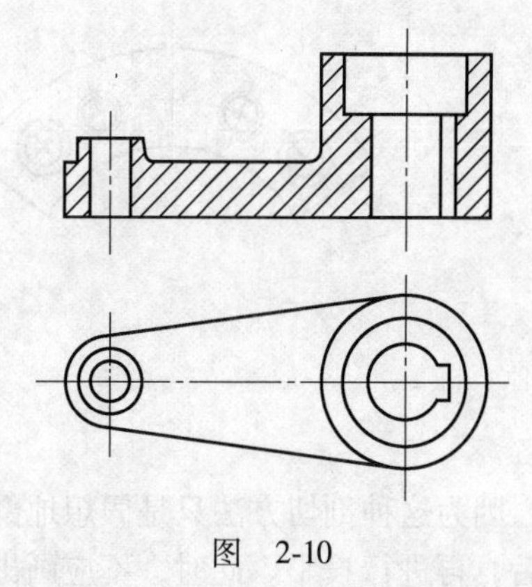

图　2-10

采用斜剖切面所画剖视图常称为斜剖视，其配置和标注方法通常如图 2-11 所示。必要时，允许将斜剖视旋转配置，但必须在剖视图上方标注出旋转符号（同斜视图），剖视图名称应靠近旋转符号的箭头端，如图 2-12 所示。

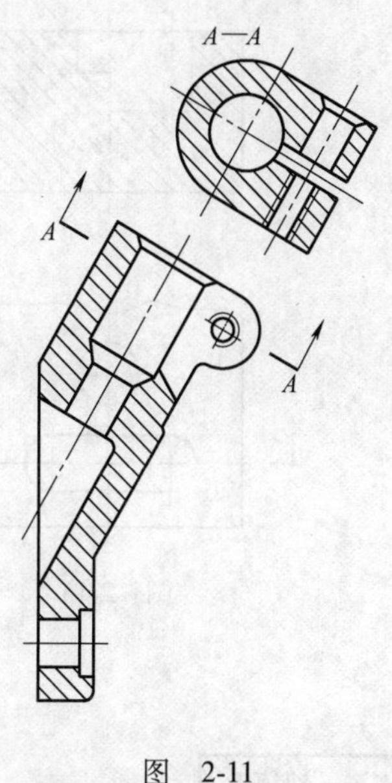

图　2-11

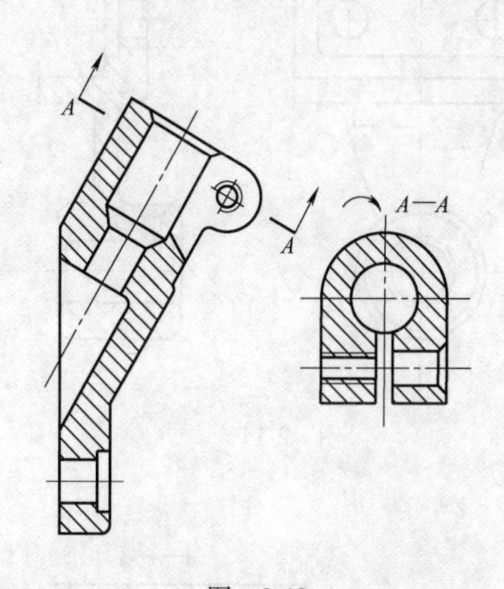

图　2-12

单一剖切面还可采用柱面剖切机件，此时剖视图应按展开的形式绘制，如图 2-13 所示。

2. 几个平行的剖切面

几个平行的剖切面如图 2-14 所示。

采用这种方法画剖视图时，各剖切平面的转折处必须为直角，并且要使表达的内形不相互遮挡，在图形内不应出现不完整的要素。仅当两个要素在图形上具有公共对称中心线或轴线时，可以各画一半，此时应以对称中心线或轴线为界（见图 2-15）。

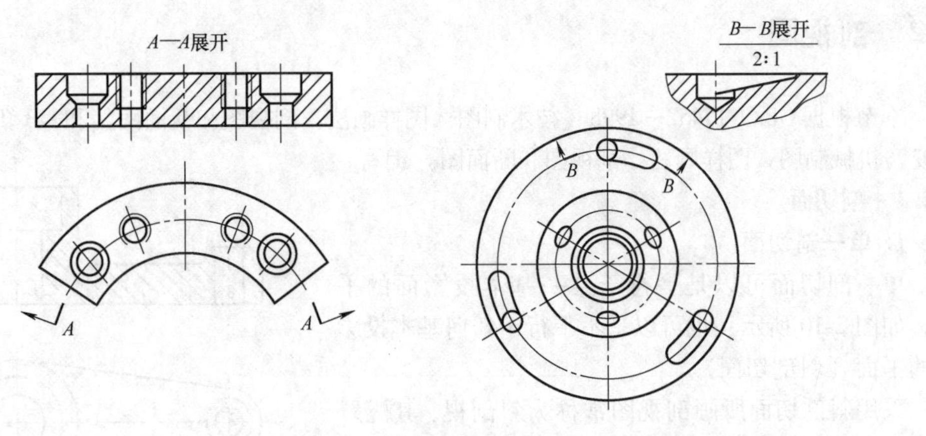

图 2-13

因为这种剖切方法只是假想地剖开机件，所以设想将几个平行的剖切平面平移到同一位置后，再进行投影。此时，不应画出剖切平面转折处的交线（见图 2-16）。

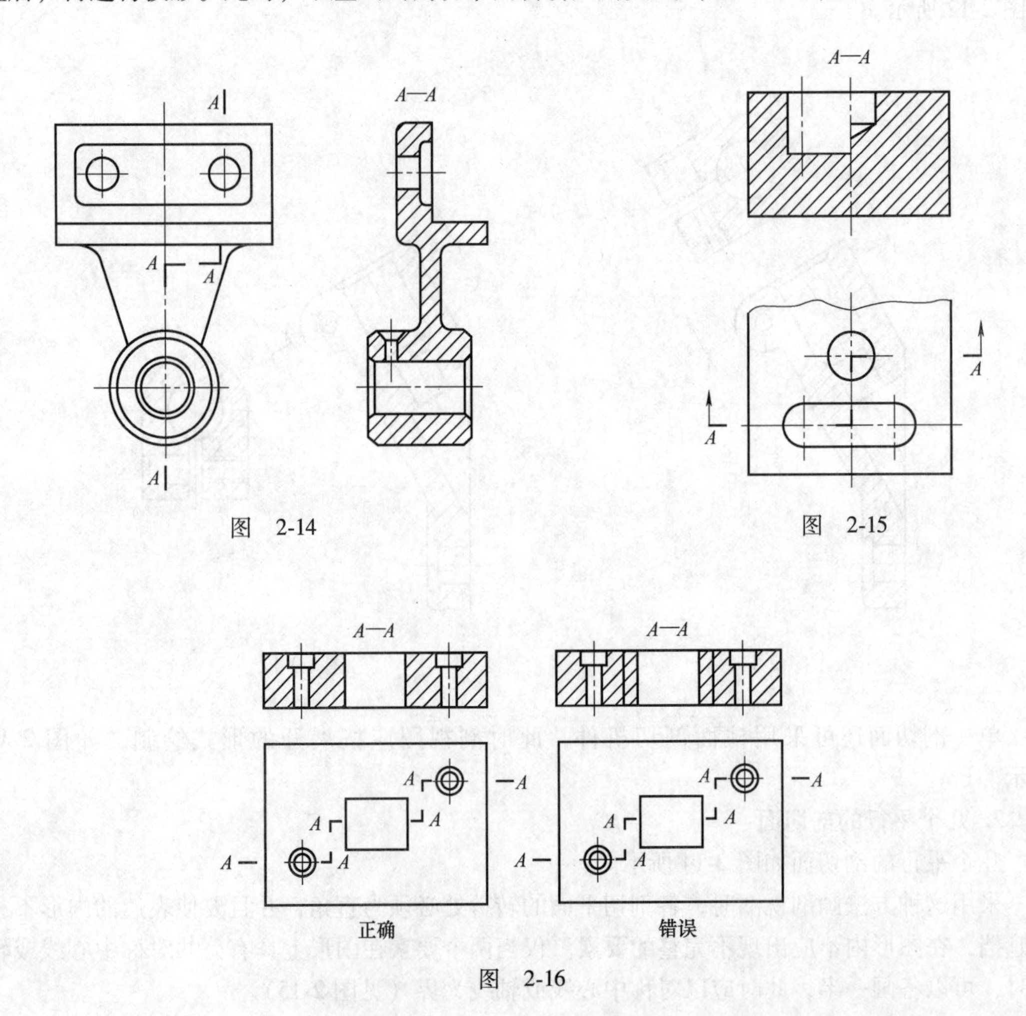

图 2-14

图 2-15

图 2-16

为清晰起见，各剖切平面的转折处不应重合在图形的实线或虚线上（见图 2-17）。

3. 几个相交的剖切面（交线垂直于某一投影面）

有如下三种情况：

1）两个相交的平面剖切机件，这种方法称为旋转剖。

采用这种方法画剖视图时，先假想按剖切位置剖开机件，然后将剖开后所显示的结构及其有关部分旋转到与选定的投影面平行，再进行投射（见图 2-18、图 2-19）。

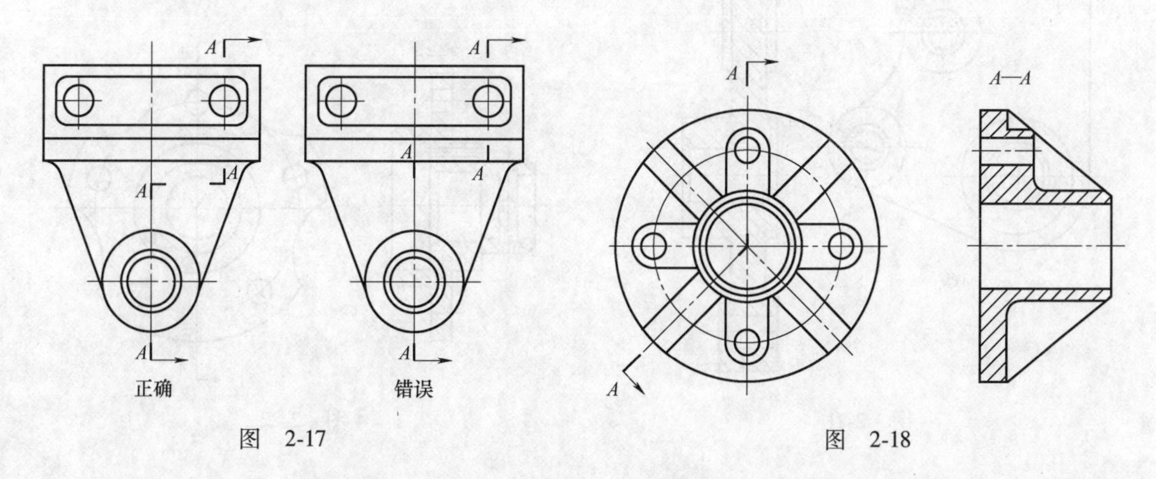

图 2-17　　图 2-18

在剖切平面后的结构仍按原来的位置投影，如图 2-19 中的油孔。当剖切后产生不完整要素时，应将此部分按不剖绘制，如图 2-20 中的臂。

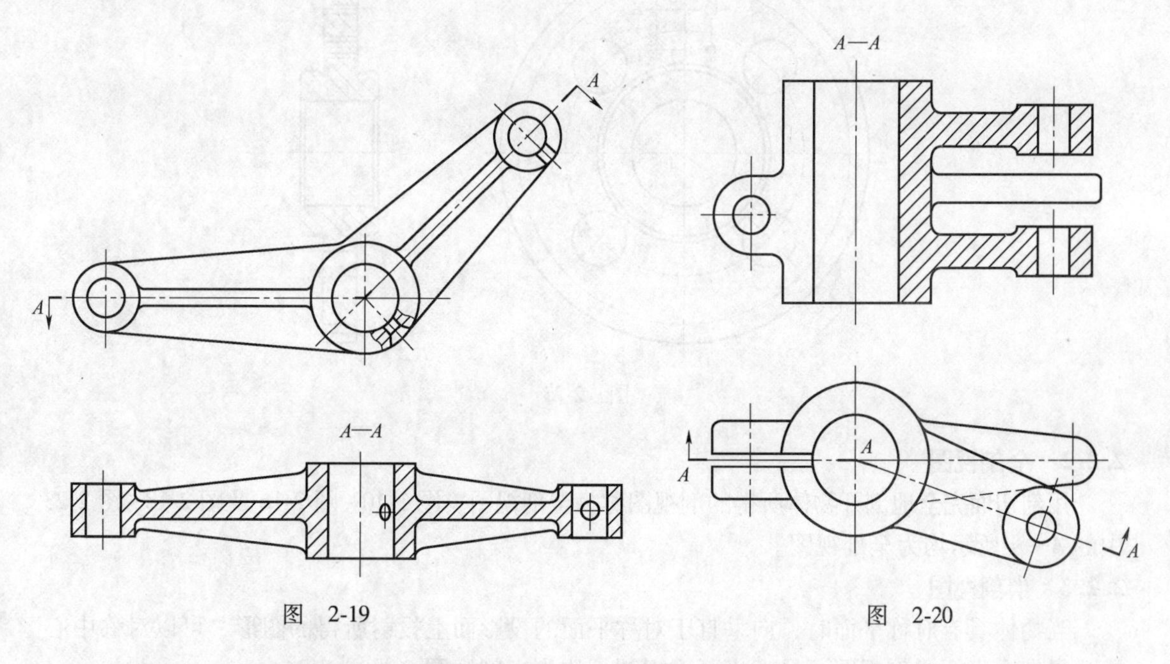

图 2-19　　图 2-20

2）连续几个相交的剖切平面进行剖切，此时剖视图应采用展开画法，并在剖视图上方标注“×—×展开”（见图 2-21）。

3）相交的剖切面与其他剖切面组合（见图 2-22、图 2-23）。

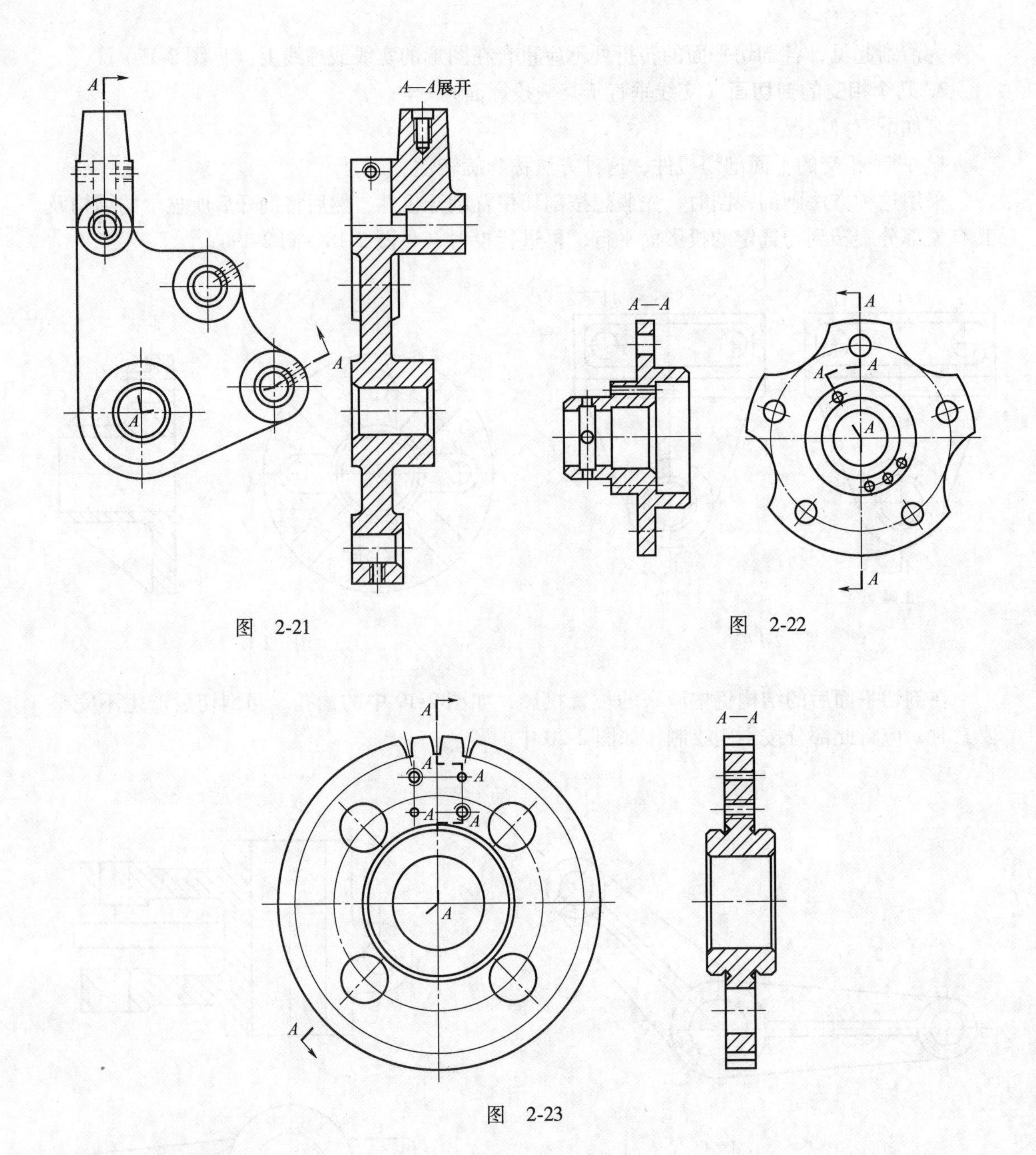

图　2-21

图　2-22

图　2-23

2.2.2　全剖视图

用剖切面完全地剖开物体所得的剖视图称为全剖视图。图 2-10~图 2-16 及图 2-18~图 2-23 中的 *A*—*A* 所示均为全剖视图。

2.2.3　半剖视图

当物体具有对称平面时，向垂直于对称平面的投影面上投射所得的图形，可以对称中心线为界，一半画成剖视图，另一半画成视图，称为半剖视图（见图 2-24）。

2.2.4　局部剖视图

用剖切面局部地剖开物体所得的剖视图称为局部剖视图（见图 2-25）。

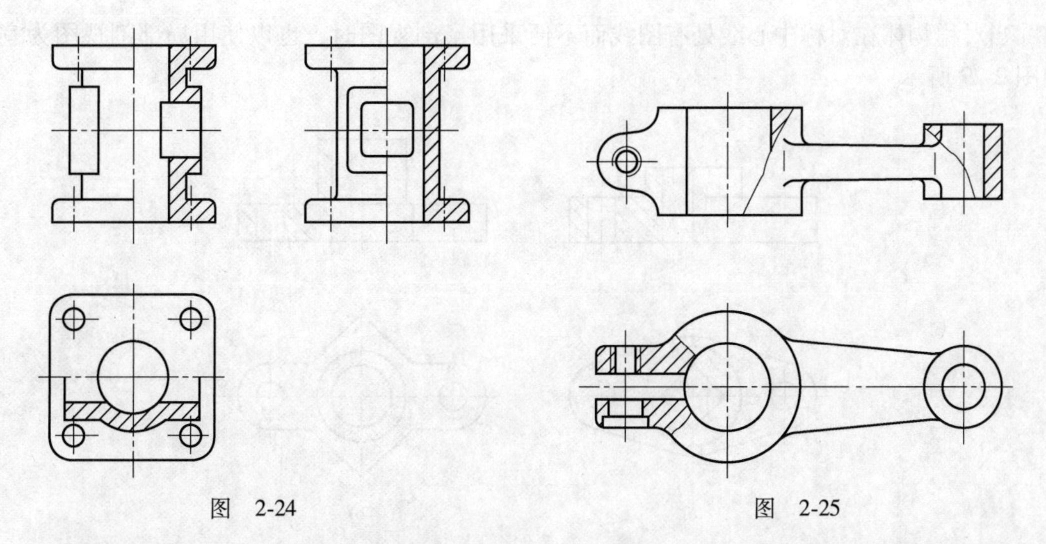

图 2-24　　图 2-25

局部剖视图中剖与不剖部分用波浪线或双折线分界，波浪线和双折线不应和图样上其他图线重合，也不应超出物体的实体（见图 2-26）。

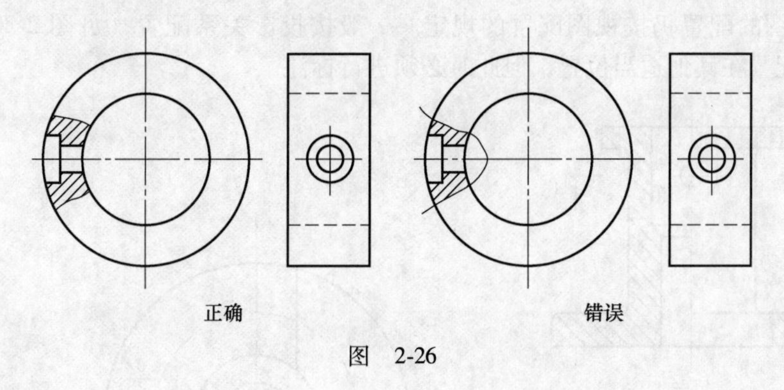

图 2-26

当被剖切结构为回转体时，允许将该结构的轴线作为局部剖视与视图的分界线（见图 2-27）。

当需要表达诸如轴、连杆、螺钉等实心零件上的某些孔或槽时，经常使用局部剖视图，如图 2-28 所示。

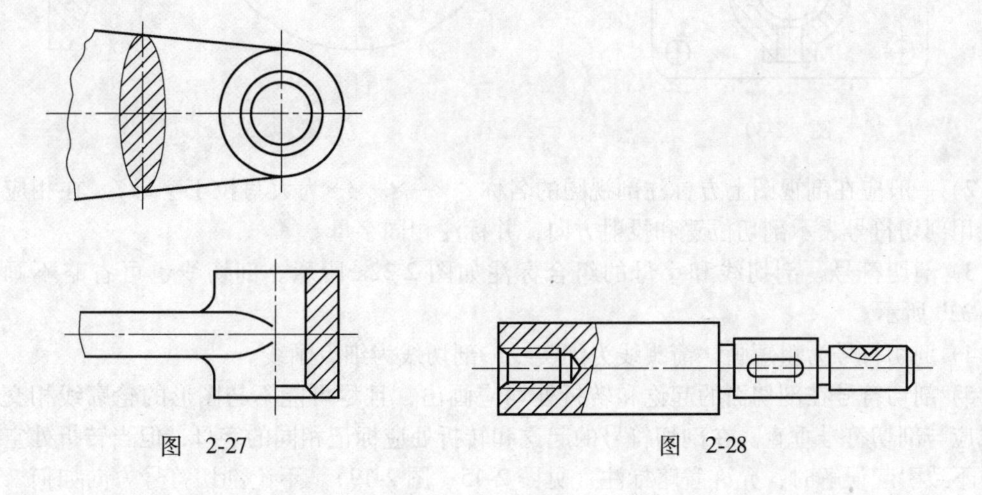

图 2-27　　图 2-28

当对称物体在对称中心线处有图线而不便采用半剖视图时，也以使用局部剖视图为宜，如图 2-29 所示。

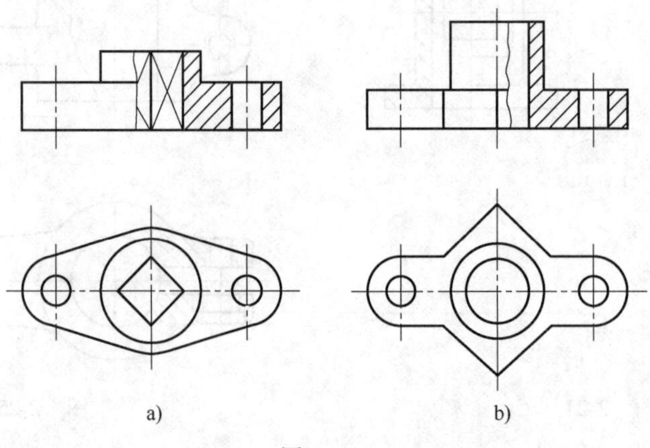

图 2-29

2.2.5 剖视图的配置及标注

1）剖视图的配置仍按视图配置的规定。一般按投影关系配置（见图 2-30、图 2-31）；必要时允许配置在其他适当位置，但此时必须进行标注。

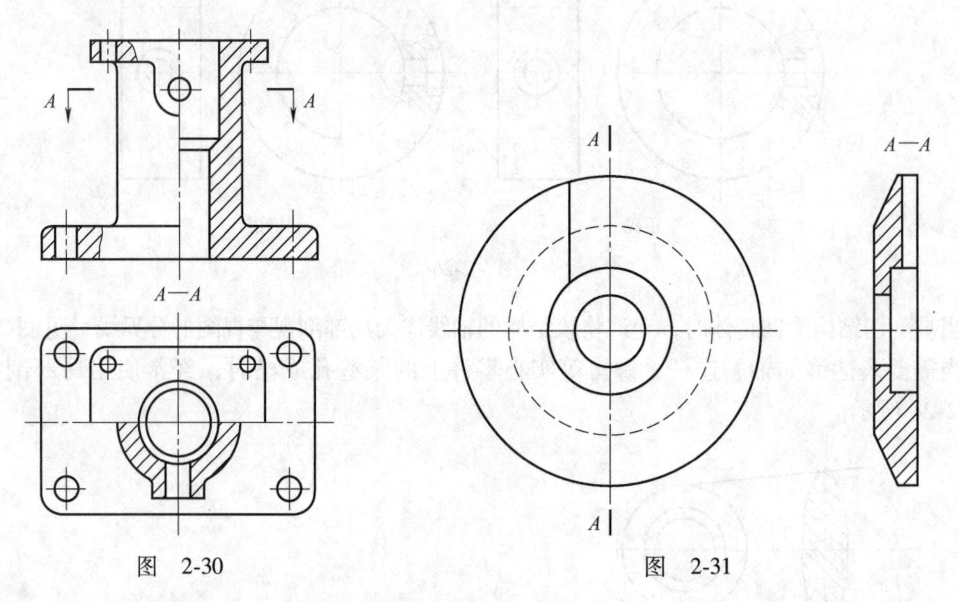

图 2-30　　图 2-31

2）一般应在剖视图上方标注剖视图的名称“×—×”（×为大写拉丁字母）。在相应的视图上用剖切符号表示剖切位置和投射方向，并标注相同字母。

3）剖切符号、剖切线和字母的组合标注如图 2-32a 所示。剖切线也可省略不画，如图 2-32b 所示。

4）剖切符号为粗短画，箭头线为细实线，剖切线为细点画线。

5）剖切符号在剖切面的起讫和转折处均应画出，且尽可能不与图形的轮廓线相交。箭头线应与剖切符号垂直。在剖切符号的起讫和转折处应标记相同的字母，但当转折处空间有限且不致引起误解时，允许省略标注（见图 2-15、图 2-19）。不论剖切符号方向如何，字母总是水平书写。

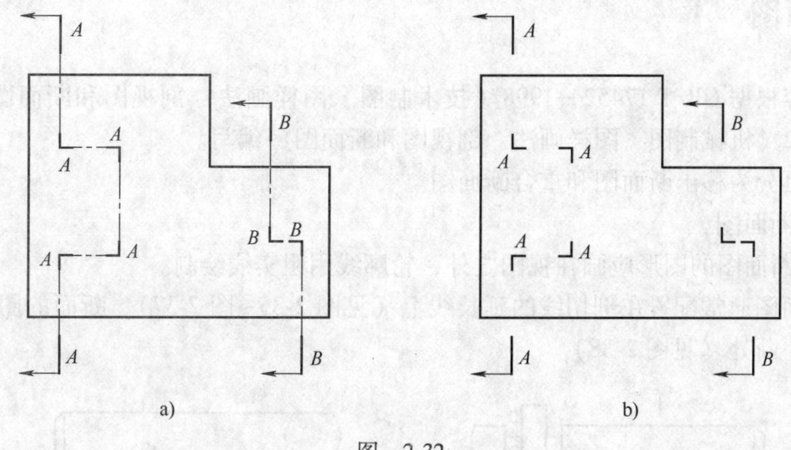

图 2-32

6）当剖视图按投影关系配置，中间又无其他图形隔开时，可省略箭头（见图 2-31）。

7）当单一剖切平面通过机件的对称平面或基本对称的平面，并且剖视图是按投影关系配置，中间又无其他图形隔开时，可省略标注（见图 2-10、图 2-24）。

8）当单一剖切平面的剖切位置明确时，局部剖视图的标注可省略（见图 2-30 主视图上的两个小孔）。

9）用几个剖切平面分别剖开机件，得到的剖视图为相同的图形时，按图 2-33 的形式标注。

10）用一个公共剖切平面剖开机件，按不同方向投射得到的两个剖视图，按图 2-34 的形式标注。

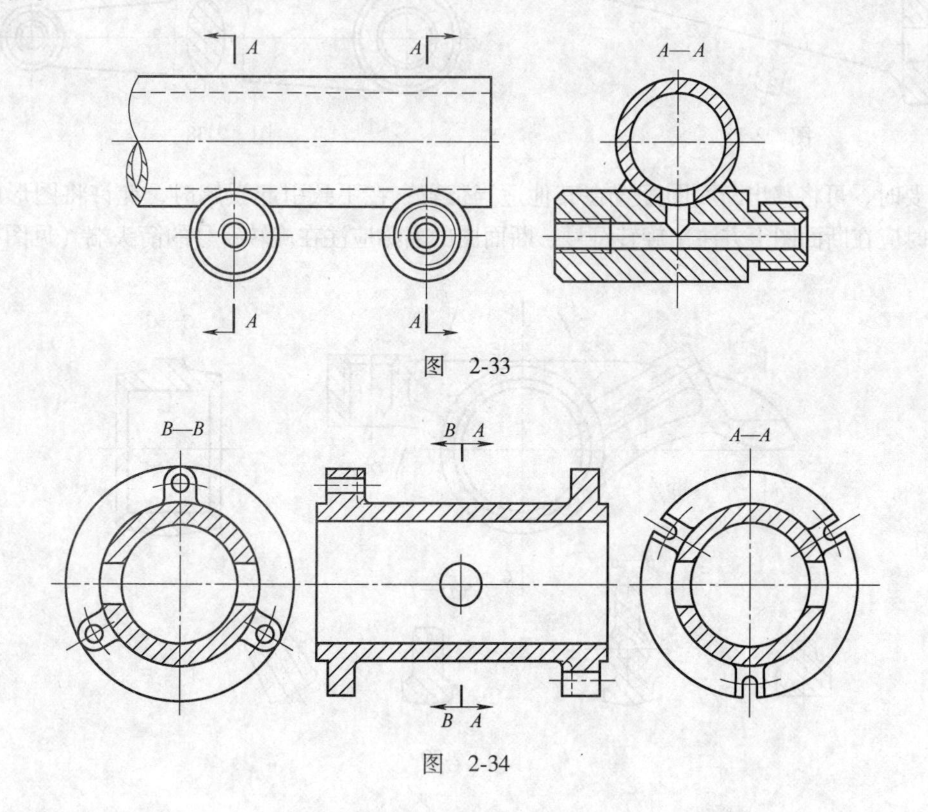

图 2-33

图 2-34

2.3 断面图

本节内容根据 GB/T 17452—1998《技术制图　图样画法　剖视图和断面图》和 GB/T 4458.6—2002《机械制图　图样画法　剖视图和断面图》编写。

断面图可分为移出断面图和重合断面图。

2.3.1 移出断面图

1）移出断面图的图形应画在视图之外，轮廓线用粗实线绘制。

移出断面图通常配置在剖切线的延长线上（见图 2-35 ~ 图 2-37），断面的图形对称时也可画在视图中断处（见图 2-38）。

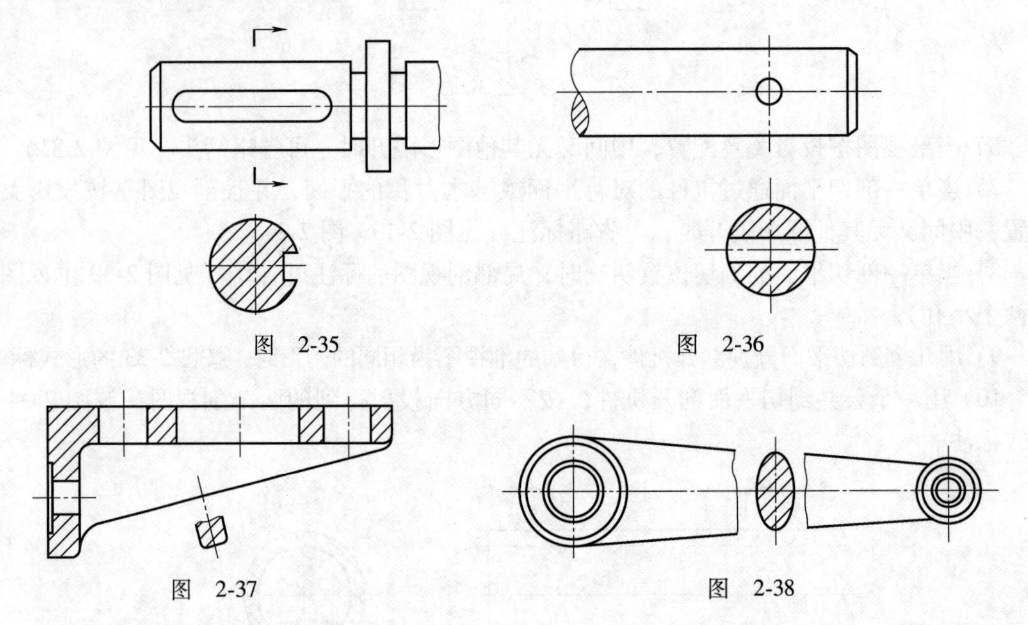

图　2-35

图　2-36

图　2-37

图　2-38

必要时，可将移出断面图配置在其他适当位置；在不致引起误解时，允许将图形旋转配置，此时应在断面图上方注出旋转符号，断面图的名称应注在旋转符号的箭头端（见图 2-39）。

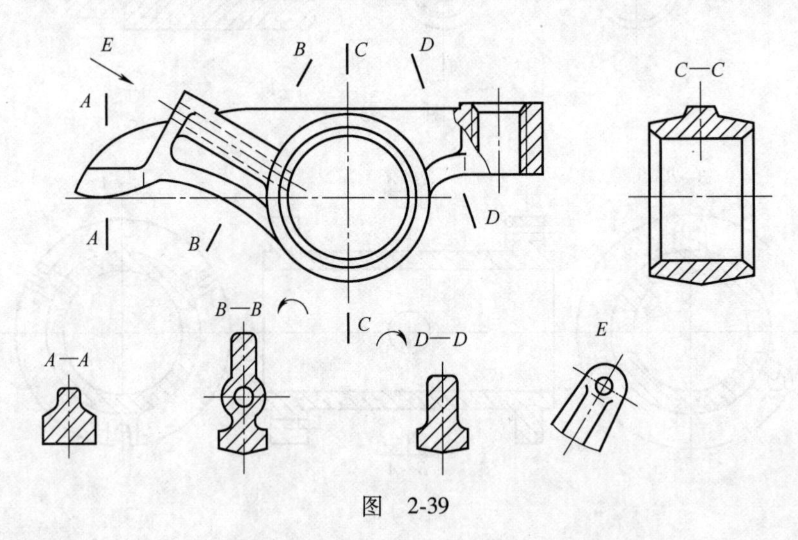

图　2-39

2）由两个或多个相交的剖切平面剖切机件而得到的移出断面图，图形的中间一般应断开（见图 2-40）。

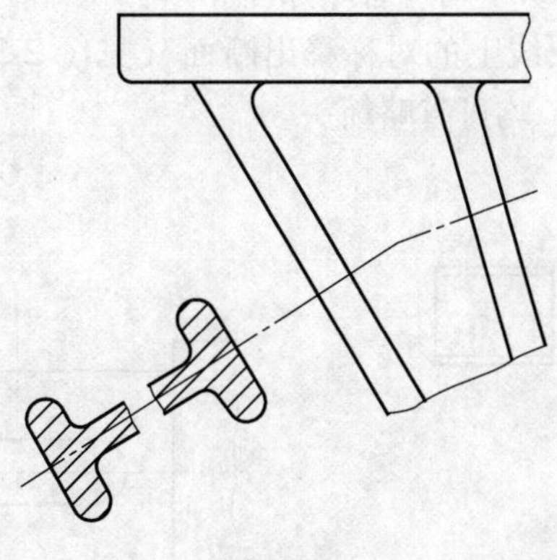

图 2-40

3）当剖切平面通过回转形成的孔或凹坑的轴线时，或者通过非圆孔会导致出现完全分离的断面时，这些结构应按剖视图绘制（见图 2-41）。

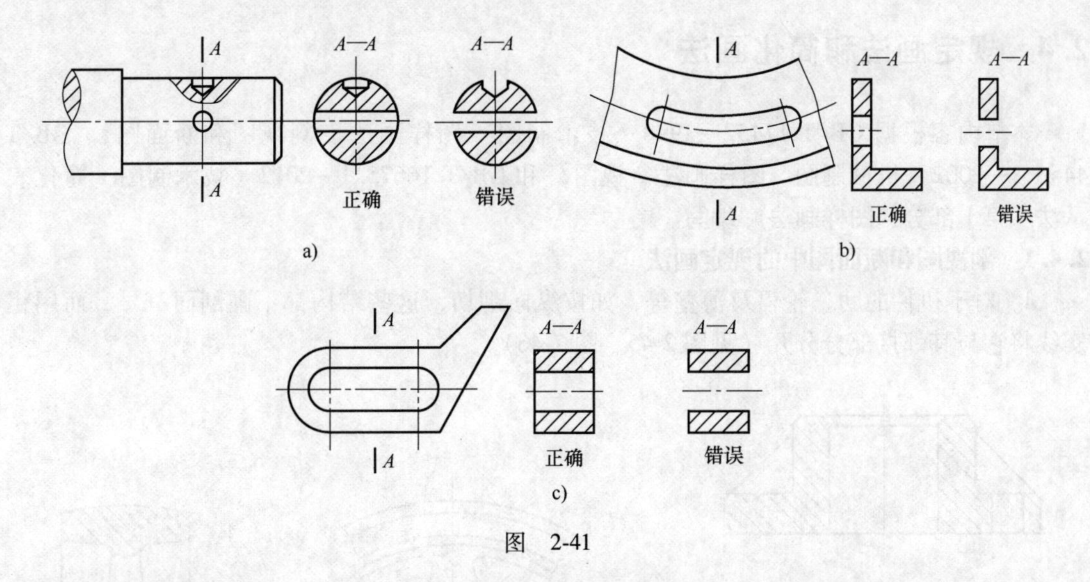

图 2-41

2.3.2 重合断面图

重合断面图的图形应画在视图之内，断面轮廓用细实线绘制。

当视图中的轮廓线与重合断面图的图形重叠时，视图中的轮廓线仍应连续画出，不可间断（见图 2-42），重合断面图一律不标注。

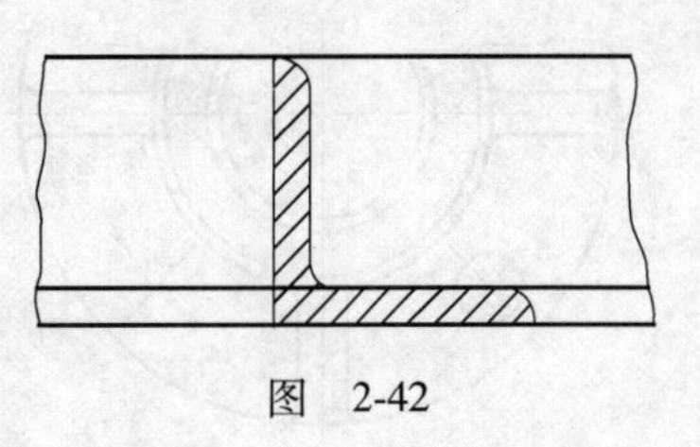

图 2-42

2.3.3 断面图的标注

1）一般应在断面图上方标注断面图的名称“×—×”（×为大写拉丁字母）。在相应的视图上用剖切符号表示剖切位置和投射方向，并标注相同字母（见图 2-43）。

2）配置在剖切符号延长线上的不对称移出断面，可省略字母（见图 2-35）。

3）配置在剖切线延长线上的对称移出断面（见图 2-36、图 2-37），以及配置在视图中断处的对称移出断面（见图 2-38）均可省略标注。

4）不配置在剖切符号延长线上的对称移出断面（见图 2-39），以及按投影关系配置的不对称移出断面（见图 2-44），均可省略箭头。

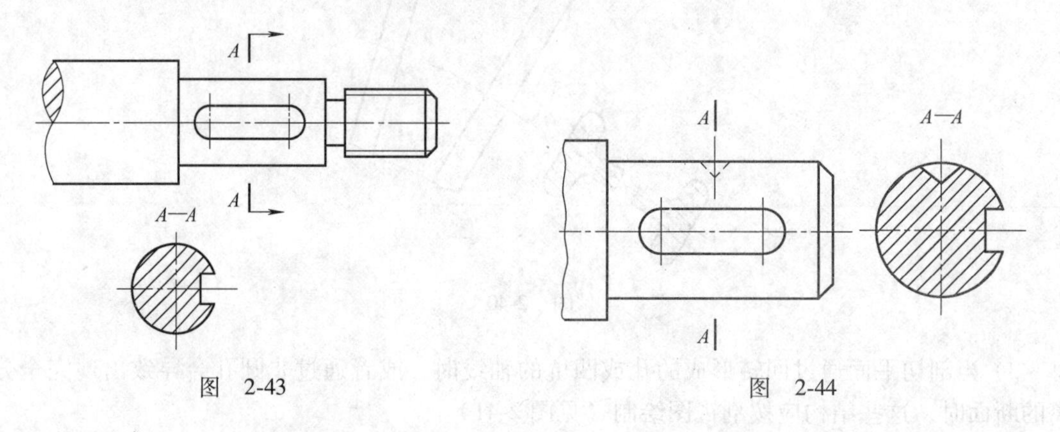

图 2-43　　　　图 2-44

2.4　规定画法和简化画法

本节内容根据 GB/T 17452—1998《技术制图　图样画法　剖视图和断面图》、GB/T 4458. 1—2002《机械制图　图样画法　视图》和 GB/T 16675. 1—2012《技术制图　简化表示法　第 1 部分：图样画法》编写。

2.4.1　剖视图和断面图中的规定画法

1）对于机件的肋、轮辐及薄壁等，如按纵向剖切，这些结构都不画剖面符号，而用粗实线将它与其邻接部分分开（见图 2-45、图 2-46）。

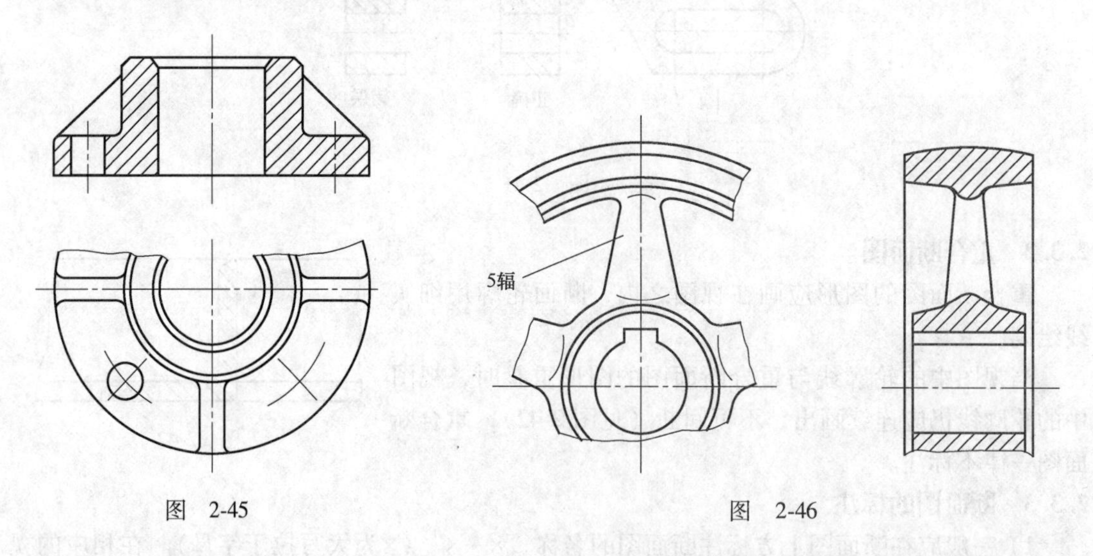

图 2-45　　　　图 2-46

当肋板或轮辐上的部分内形需要表示时，可画成局部剖视图，如图 2-47 所示的斜孔。

2）当零件回转体上均匀分布的肋、轮辐、孔等结构不处于剖切平面上时，可将这些结构旋转到剖切平面上画出，如图 2-45 所示小孔的画法和图 2-47 所示肋的画法。

3）在剖视图的剖面区域中可再做一次局部剖，两个剖面区域的剖面线应同方向、同间隔，但要互相错开，并用引出线标注局部剖视图的名称，如图 2-48 所示。

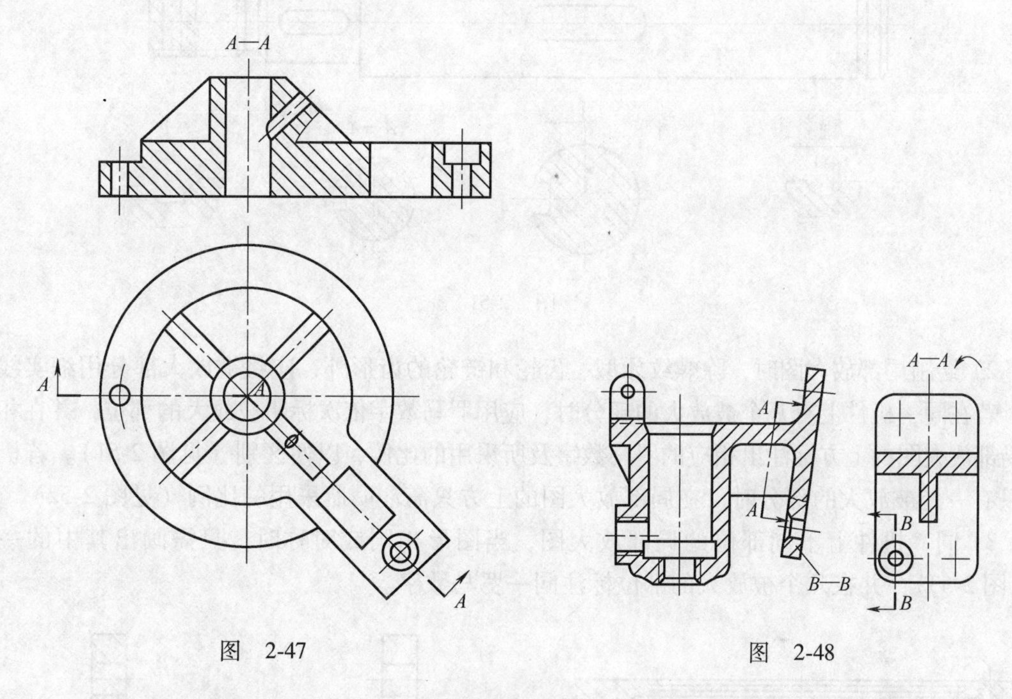

图 2-47　　　　图 2-48

4）在不致引起误解的情况下，剖面符号可省略，如图 2-49 所示。

5）用一系列剖面表示机件上较复杂的曲面时，可只画出剖面轮廓，并可配置在同一个位置上（见图 2-50）。

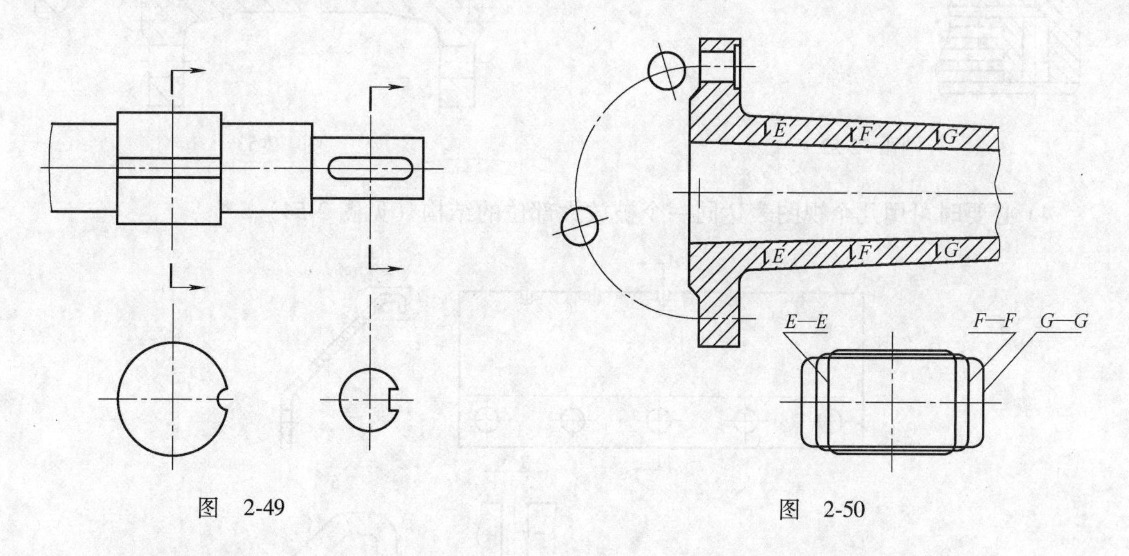

图 2-49　　　　图 2-50

2.4.2 局部放大图

1）局部放大图可画成视图、剖视图或断面图，与原视图上被放大部分的表达方式无关

（见图 2-51）。局部放大图应尽量配置在被放大部位的附近。

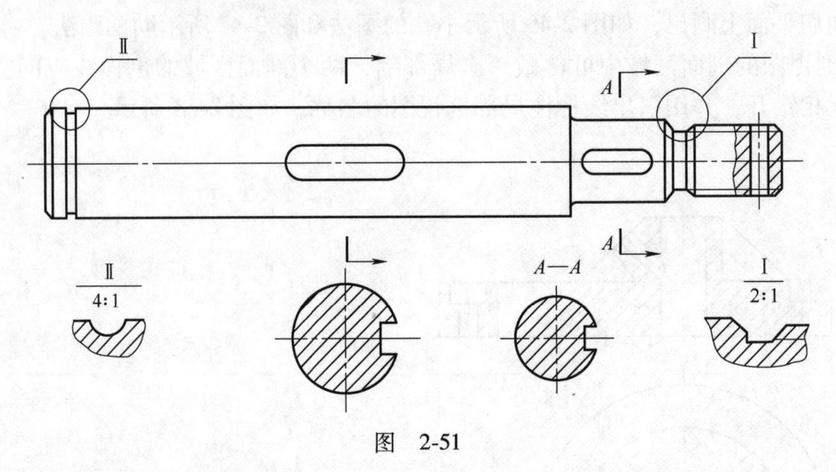

图　2-51

2）绘制局部放大图时，除螺纹牙型、齿轮和链轮的齿形外，应将被放大部分用细实线圈出。若在同一机件上有几个被放大的部分时，应用罗马数字依次标明被放大的部位，并在相应的局部放大图的上方标注出相应的罗马数字及所采用的比例，以便区别（见图 2-51）。若机件上只有一处被放大的部分时，在局部放大图的上方只需注明所采用的比例（见图 2-52）。

3）同一机件上不同部位的局部放大图，当图形相同或对称时，只需画出其中的一个（见图 2-53），并在几个被放大的部位标注同一罗马数字。

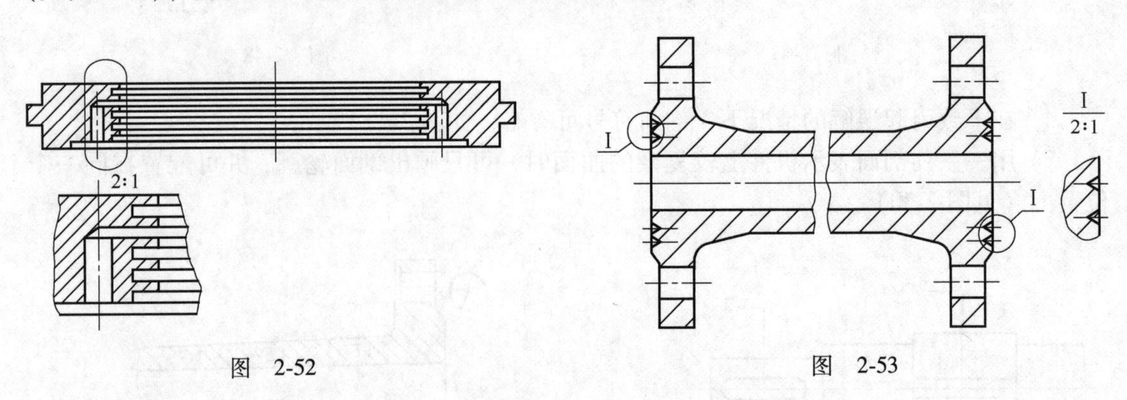

图　2-52　　　　图　2-53

4）必要时可用几个视图表达同一个被放大部位的结构（见图 2-54）。

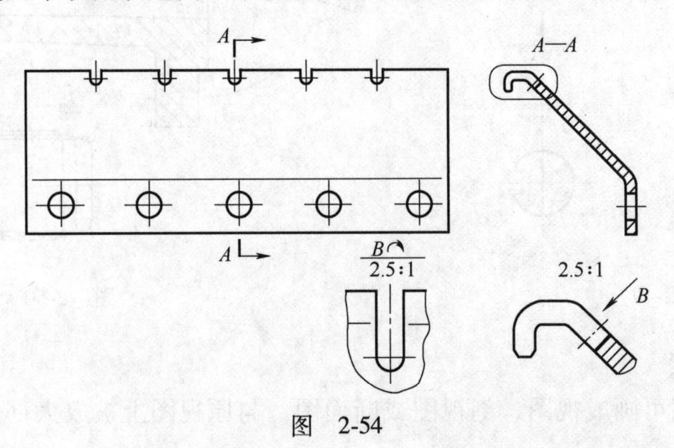

图　2-54

5）在局部放大图表达完整的前提下，允许在原视图中简化被放大部位的图形（见图 2-55）。

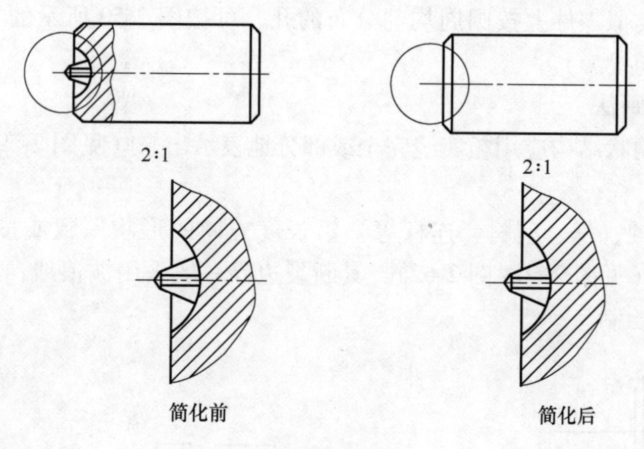

图 2-55

2.4.3 重复性结构的画法

1）当机件具有若干相同结构（如齿、槽等），并按一定规律分布时，只需画出几个完整的结构，其余用细实线连接，在零件图中则必须注明该结构的总数（见图 2-56）。

在剖视图中，类似牙嵌式离合器的齿等相同结构，可按图 2-57 所示的方式表示。

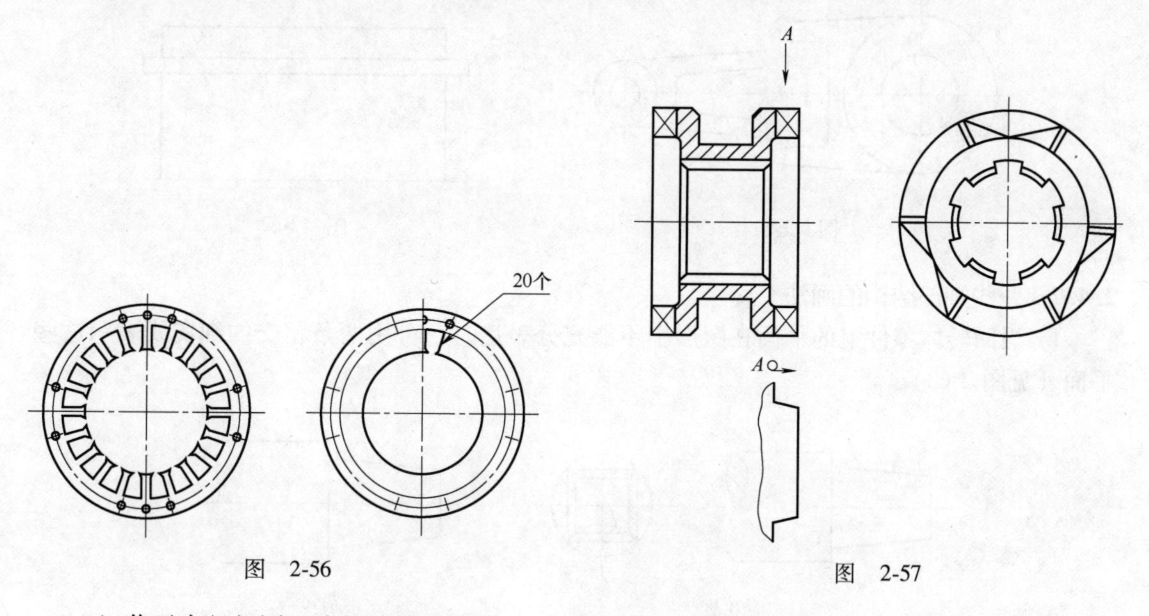

图 2-56

图 2-57

2）若干直径相同且成规律分布的孔，可以仅画出一个或少量几个，其余只需用细点画线或“+”表示其中心位置（见图 2-58）。

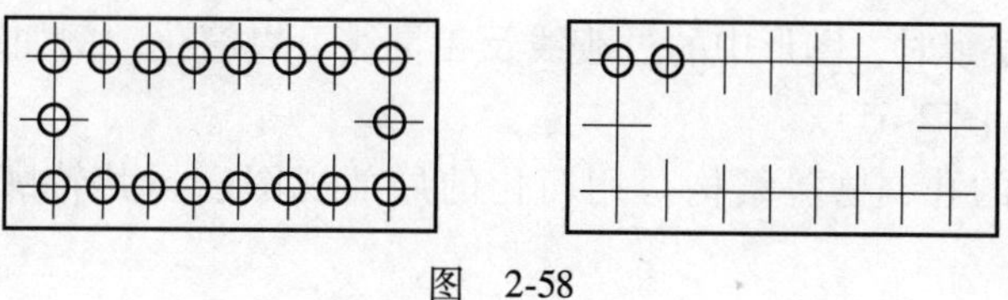

图 2-58

2.4.4 按圆周分布的孔的画法

圆柱形法兰和类似零件上按圆周均匀分布的孔，可按图 2-50 所示的方式表示（由机件外向该法兰端面方向投影）。

2.4.5 网状结构的画法

滚花、槽沟等网状结构应用粗实线完全或部分地表示出来（见图 2-59）。

2.4.6 断裂的画法

较长的机件（轴、杆、型材、连杆等）沿长度方向的形状一致或按一定规律变化时，可断开后缩短绘制（见图 2-60~图 2-62），其断裂边界一般采用波浪线、双折线或细双点画线（均为细实线）绘制。

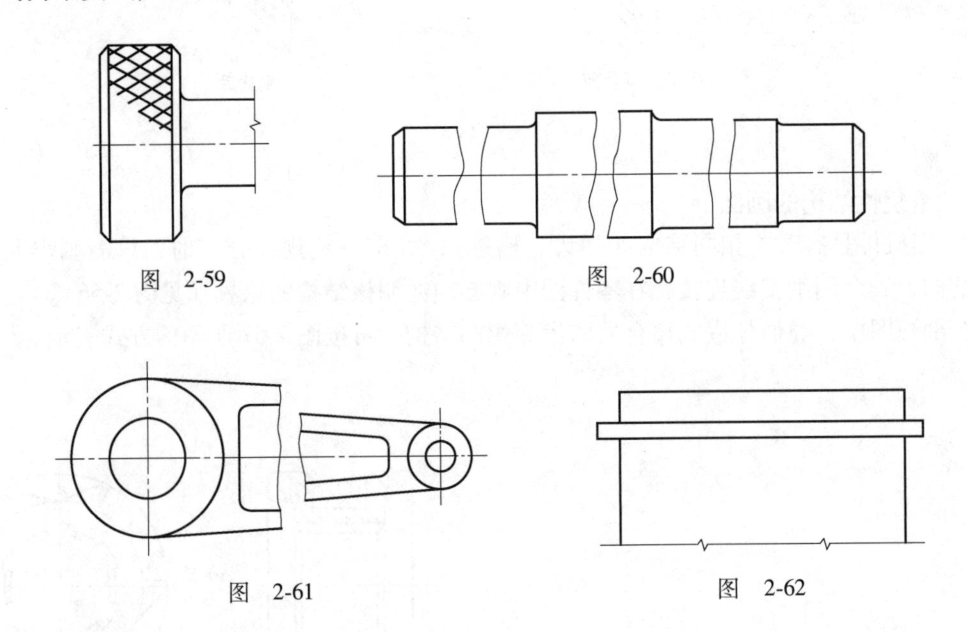

图 2-59　　图 2-60

图 2-61　　图 2-62

2.4.7 一些细部结构的画法

1）当回转体零件上的平面在图形中不能充分表达时，可用两条相交的细实线表示这些平面（见图 2-63）。

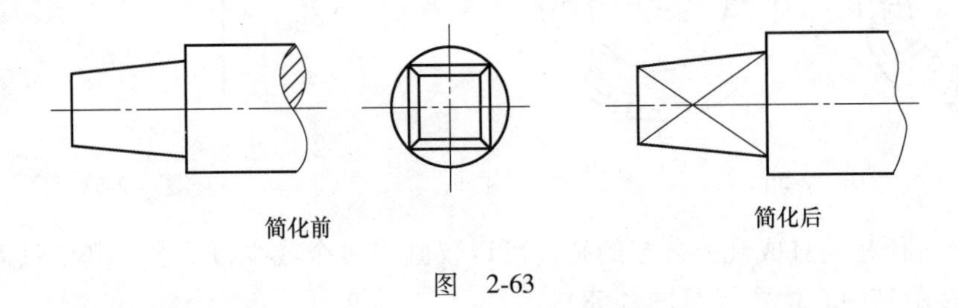

图 2-63

2）在不致引起误解时，图形中的过渡线及相贯线可以简化，例如用圆弧或直线代替非圆曲线（见图 2-64、图 2-65）。

3）零件上个别的孔、槽等结构可用简化的局部视图表示其轮廓实形（见图 2-66 和图 2-67）。

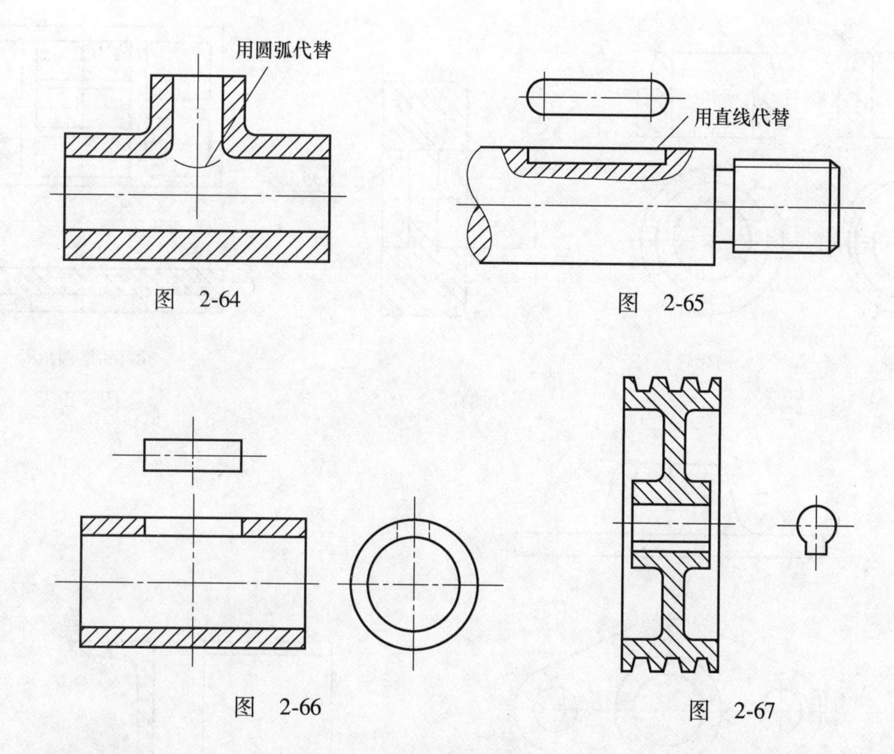

图 2-64

图 2-65

图 2-66

图 2-67

4）与投影面倾斜角度小于或等于 30°的圆或圆弧，手工绘图时，其投影可用圆或圆弧代替（见图 2-68）。

5）当机件上较小的结构及斜度等已在一个图形中表示清楚时，在其他图形中可简化或省略（见图 2-69、图 2-70）。

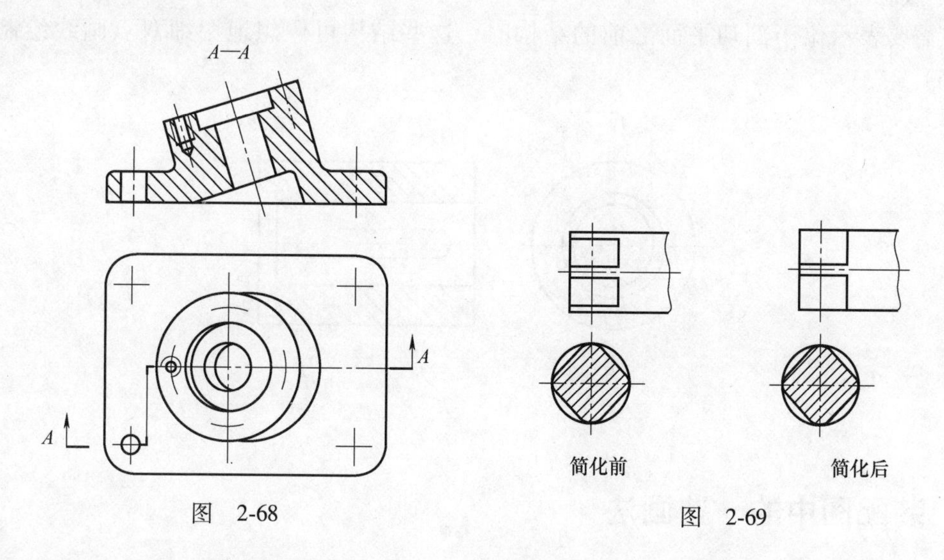

图 2-68

图 2-69

6）除确属需要表示的某些结构圆角外，其他圆角在零件图中均可不画，但必须注明其尺寸或在技术要求中加以说明（见图 2-71、图 2-72）。

7）机件上斜度和锥度等较小的结构，如在一个图形中已表达清楚时，其他图形可按小端画出（见图 2-73、图 2-74）。

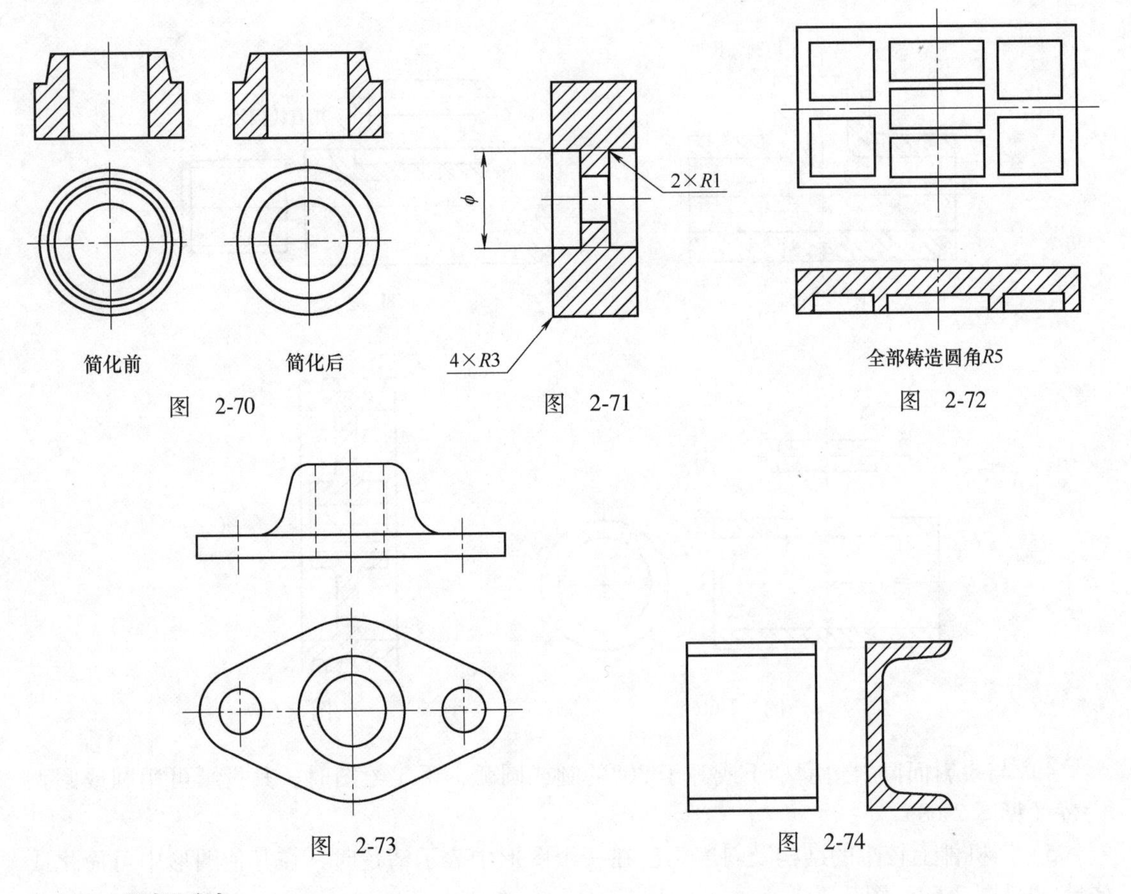

图 2-70　图 2-71　图 2-72

图 2-73　图 2-74

2.4.8 假想画法

在需要表示位于剖切平面之前的结构时，这些结构可假想地用细双点画线绘制（见图2-75）。

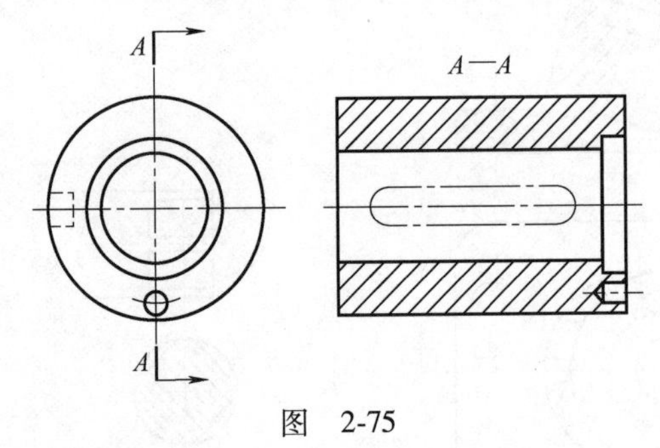

图 2-75

2.5 装配图中的一些画法

2.5.1 装配图中视图和剖视图的几种特定画法

1）在装配图中，对于紧固件以及轴、连杆、球、钩子、键、销等实心零件，若按纵向剖切，且剖切平面通过其对称平面或轴线时，则这些零件均按不剖绘制；若需要特别表明这些零件的某些结构，如凹槽、键槽、销孔等，则可采用局部剖视表示（见图2-76）。

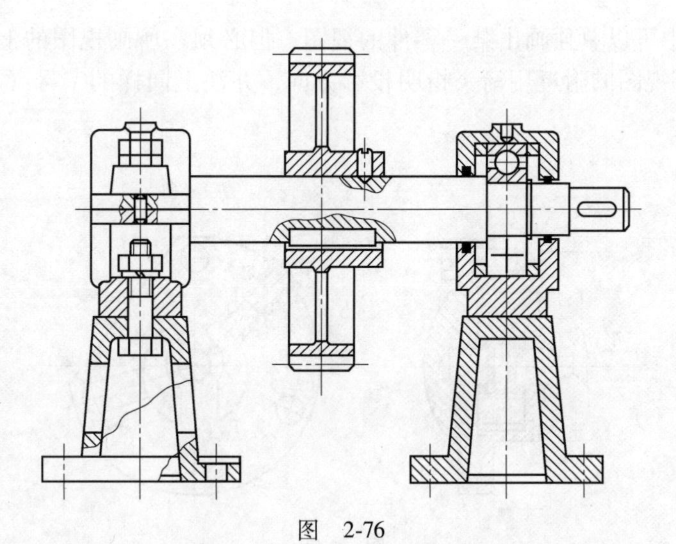

图 2-76

2）在装配图的剖视图中，可假想沿某些零件的结合面剖切（见图 2-77 中 *A—A*）。在这种情况下，对于沿其结合面剖切的零件不应画剖面符号，犹如只把部件沿结合面分开。也可假想将某些零件拆卸后画出，需要说明时可加注“拆去××等”（见图 2-78）。

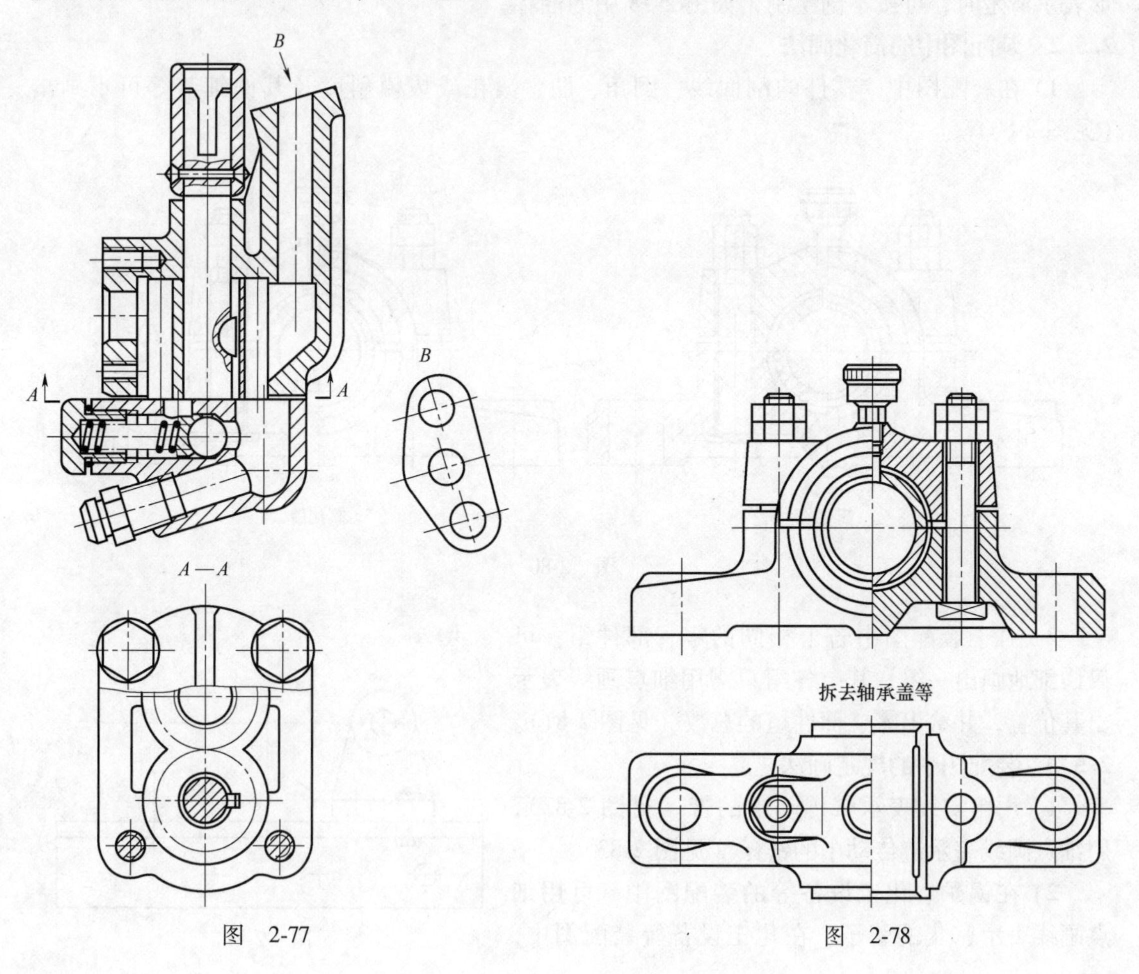

图 2-77

图 2-78

3）在装配图中可以单独画出某一零件的视图，但必须在所画视图的上方注出该零件的视图名称，在相应视图的附近用箭头指明投影方向，并注上同样的字母（见图 2-79 中的泵盖 B 向视图）。

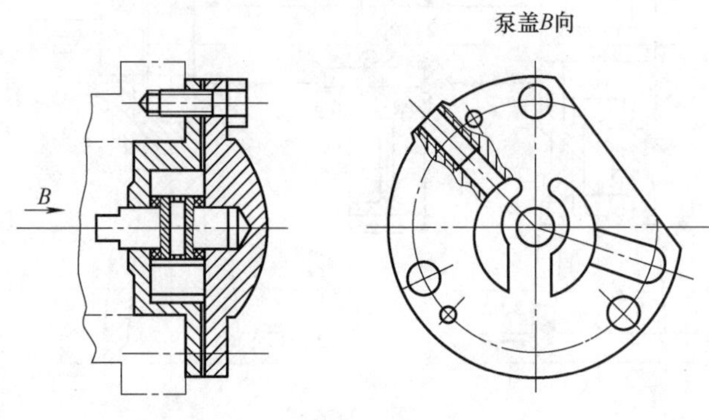

图 2-79

4）被网状物挡住的部分按不可见轮廓绘制。

5）在装配图的剖视图中，当剖切平面通过的某些部件为标准产品或该部件已由其他图形表示清楚时，可按不剖绘制，如图 2-78 中的油杯。

2.5.2 装配图中的简化画法

1）在装配图中，零件的剖面线、倒角、肋、滚花或拔模斜度及其他细节等可不画出（见图 2-80）。

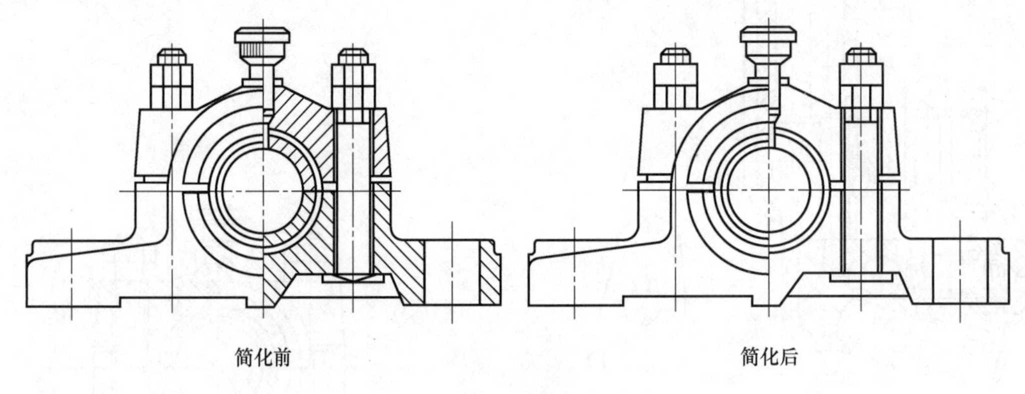

图 2-80

2）对于装配图中若干相同的零、部件组，可仅详细地画出一组，其余各组只需用细点画线表示出其位置，并给出零、部件组的总数（见图 2-81）。

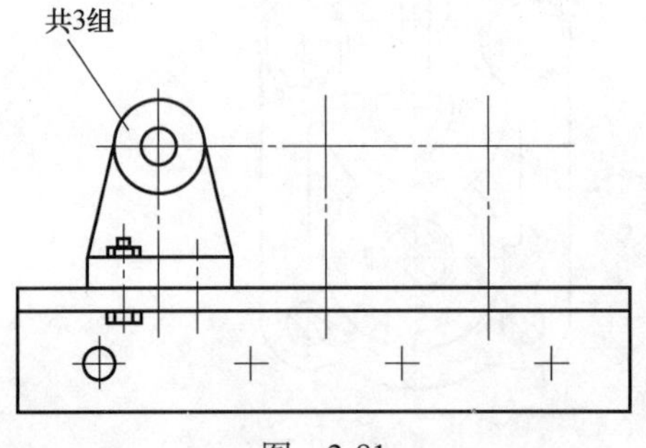

图 2-81

2.5.3 装配图中的规定画法

1）用粗实线表示带传动中的带（见图 2-82），用细点画线表示链传动中的链条（见图 2-83）。

2）在锅炉、化工设备等的装配图中，可用细点画线表示密集的管子。在化工设备等装配图中，如果连接管口等结构的方位已在其他图形表示清楚时，可以将这些结构分别旋转到与投影面平行再进行投影，但必须标注（见图 2-84）。

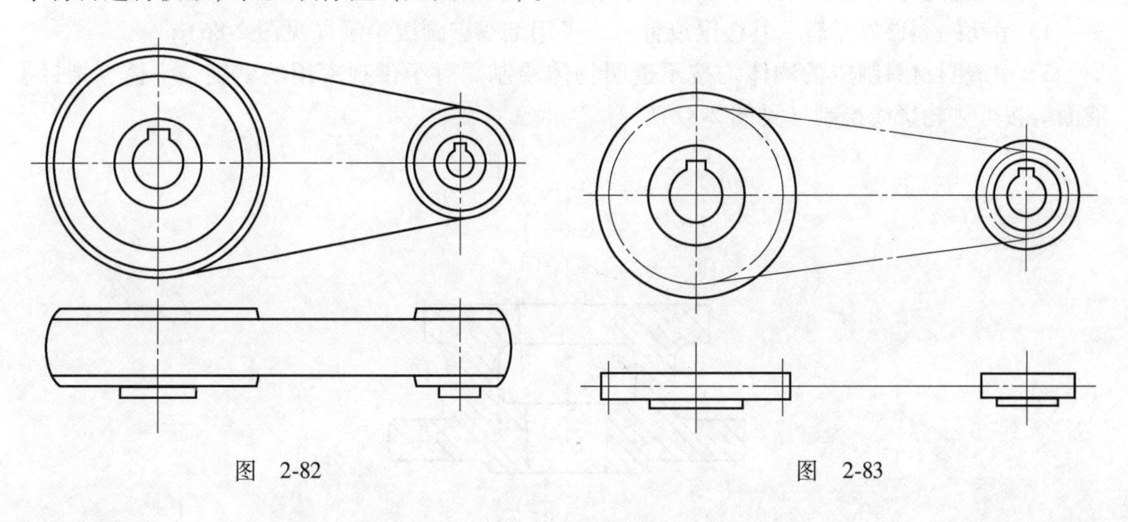

图 2-82　　图 2-83

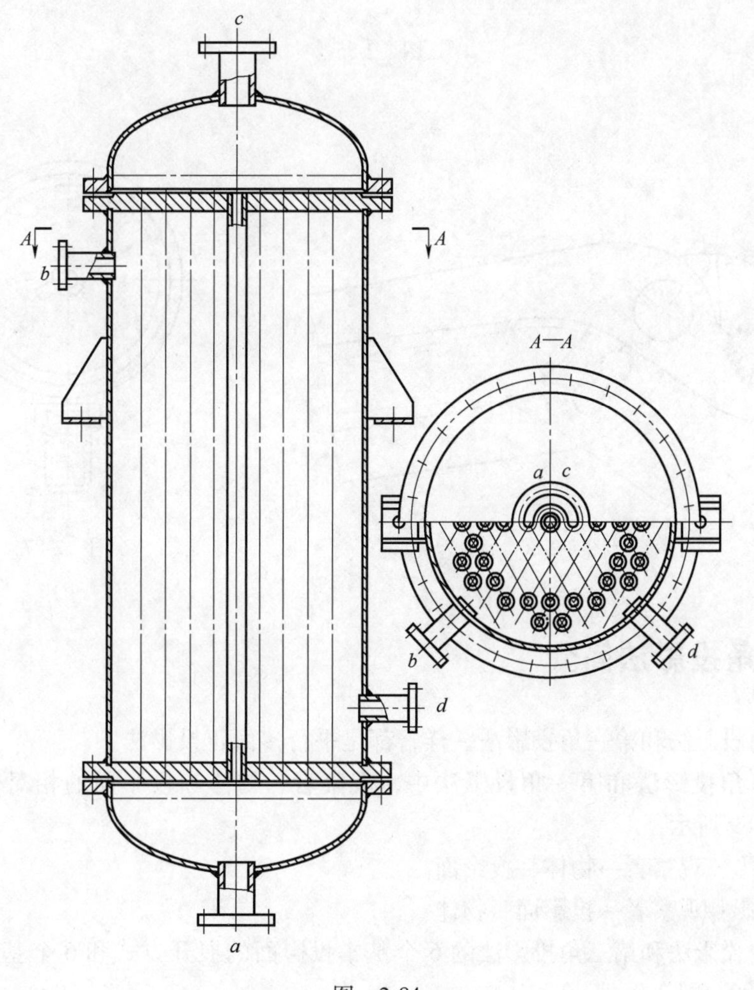

图 2-84

3）必要时，用细双点画线画出相邻的辅助零件。这些辅助零件不应覆盖为主的零件，而可以被为主的零件遮挡，且辅助零件的断面不画剖面线（见图 2-85）。

4）运动的零件如需表示其极限位置时，可用细双点画线绘制（见图 2-86）。

5）由透明材料制成的物体均按不透明物体绘制。对于供观察用的刻度、字体、指针、液面等按可见轮廓线绘制（见图 2-87）。

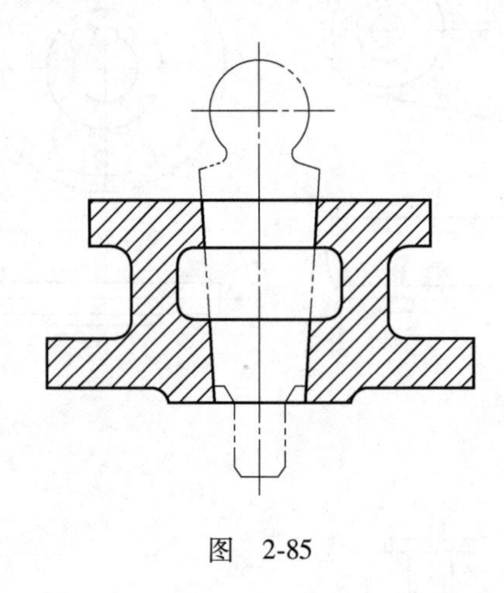

图 2-85

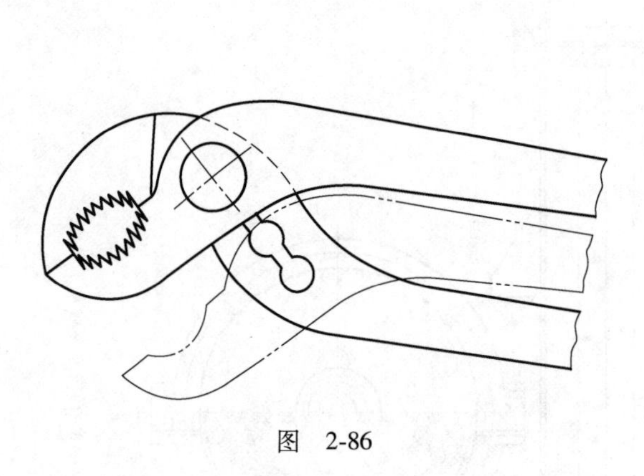

图 2-86

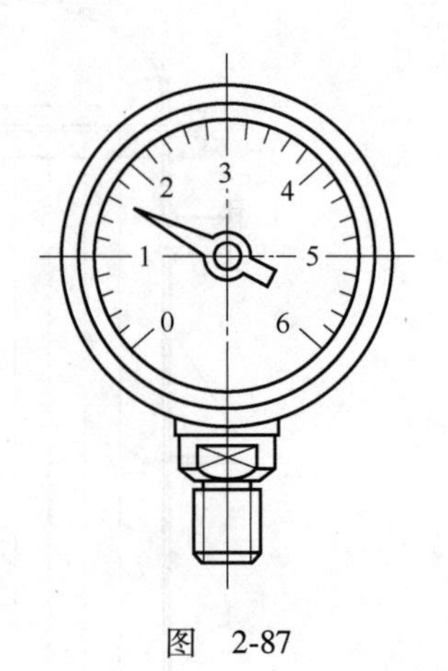

图 2-87

2.6 第三角投影法简介

1）第三角投影法和第一角投影法一样，都是平行多面正投影法。

2）在第三角投影法和第一角投影法中，观察者、物体和投影面的相对位置不同，如图 2-88、图 2-89 所示：

第一角投影：观察者→物体→投影面

第三角投影：观察者→投影面→物体

3）第一角投影法和第三角投影法的 6 个基本投影面的展开方式和 6 个基本视图的配置不同，如图 2-90、图 2-91 所示。

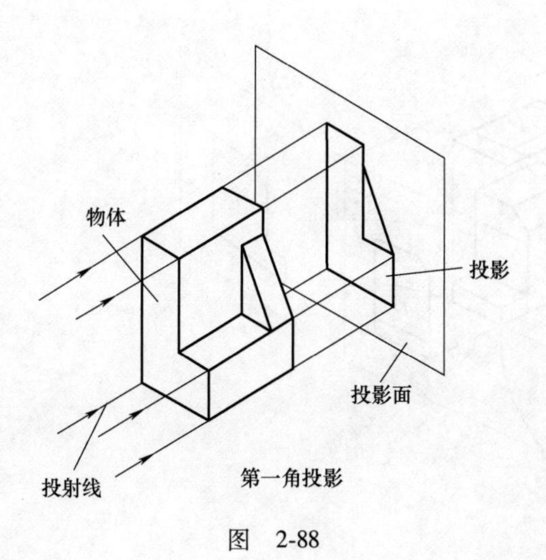

图 2-88

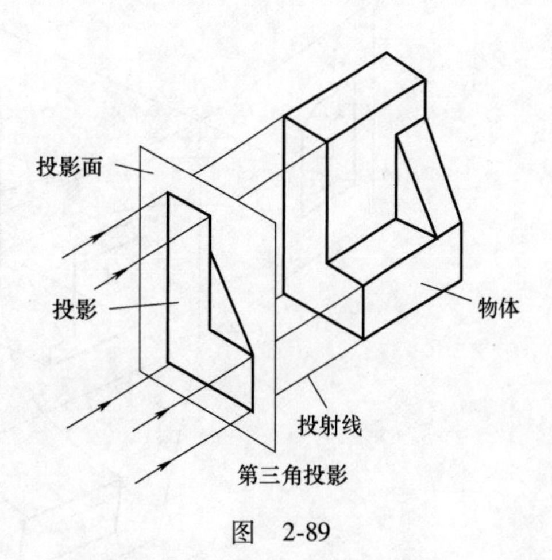

图 2-89

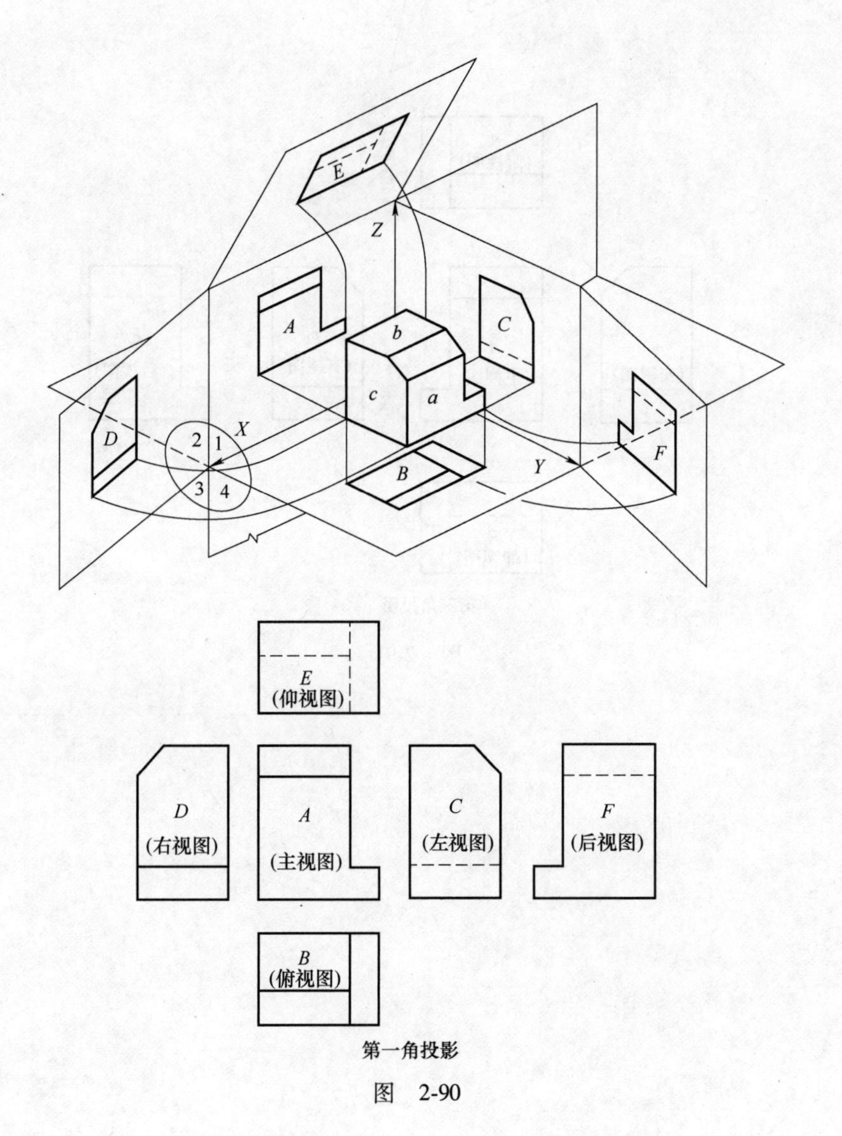

图 2-90

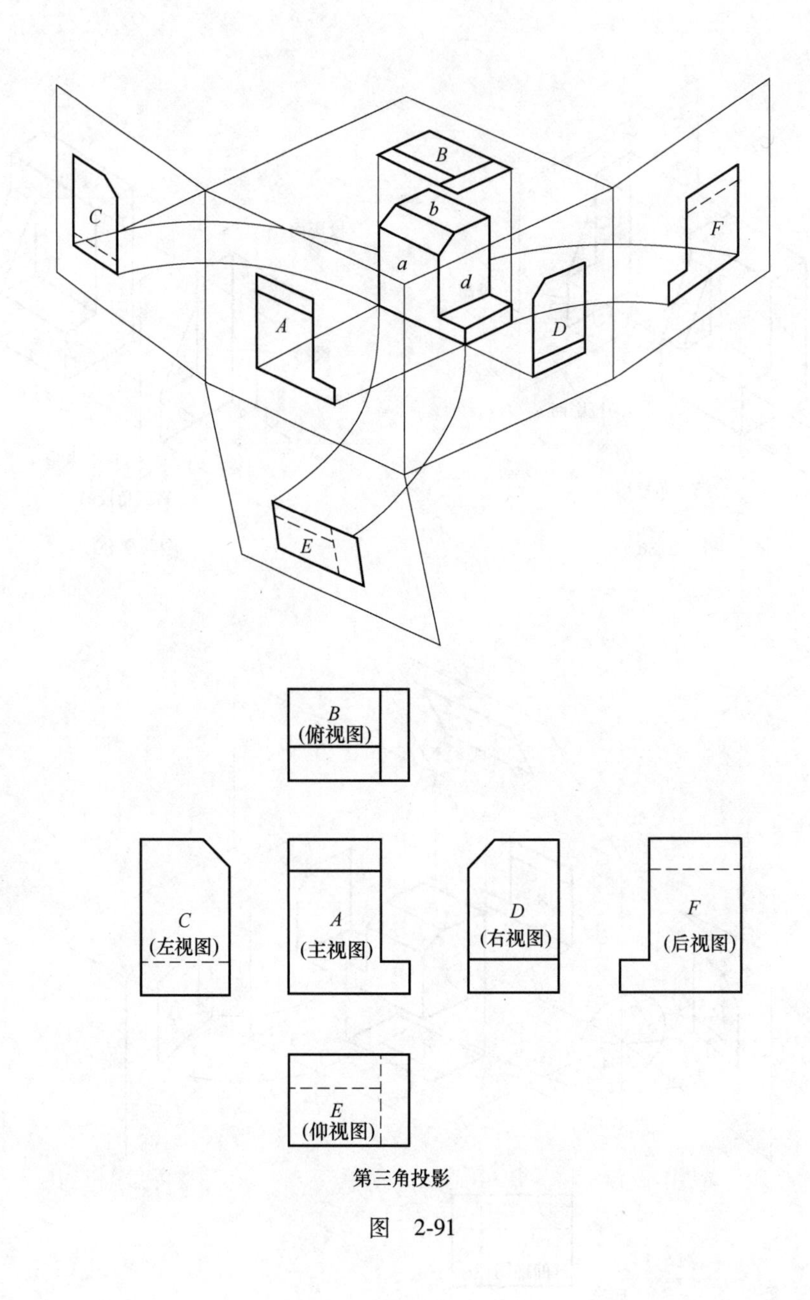

第三角投影

图 2-91

第3章　尺寸注法

3.1　尺寸标注的基本规定

本章内容主要根据 GB/T 4458.4—2003《机械制图　尺寸注法》和 GB/T 16675.2—2012《技术制图　简化表示法　第2部分：尺寸注法》编写。

3.1.1　尺寸线、尺寸界线

1）尺寸线和尺寸界线均以细实线画出。

2）线性尺寸的尺寸线应平行于所表示长度（或距离）的线段（见图3-1a）。

3）图形的轮廓线、轴线或对称中心线及它们的延长线，均可以用作尺寸界线，但不能用作尺寸线（见图3-1）。

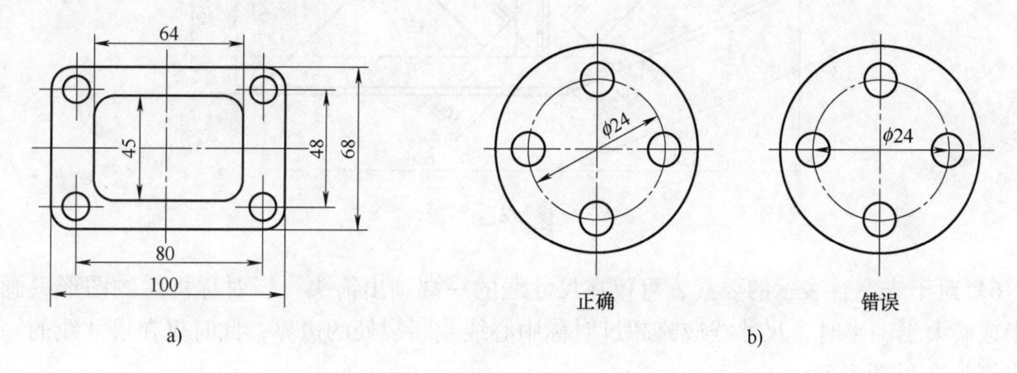

图　3-1

4）尺寸界线一般应与尺寸线垂直。当尺寸界线过于贴近轮廓线时，允许将其倾斜画出。在光滑过渡处，应用细实线将轮廓线延长，从其交点引出尺寸界线（见图3-2）。

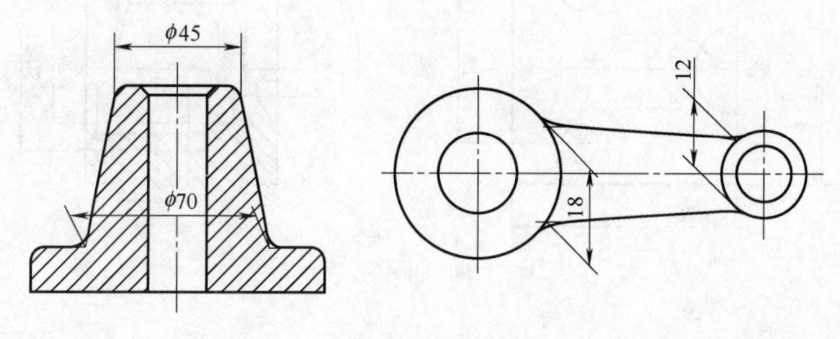

图　3-2

5）尺寸线的终端为箭头，箭头的形式见图3-3a，图中 d 为粗实线的宽度。线性尺寸线的终端允许采用斜线，其画法如图3-3b所示，图中 h 为字高。当采用斜线时，尺寸线与尺寸界线应相互垂直（见图 3-4）。同一张图样，尺寸线的终端只能采用一种形式。

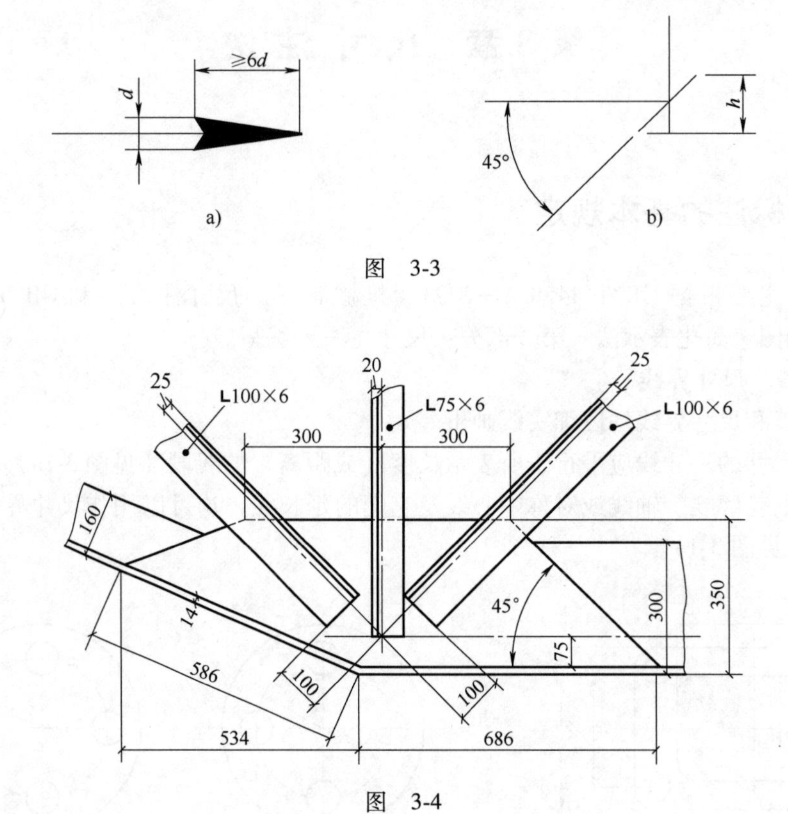

图 3-3

图 3-4

6）对于未完整表示的要素，可仅在尺寸线的一端画出箭头。当对称机件的图形只画出一半或略大于一半时，尺寸线应略超过对称中心线或断裂处的边界，此时仅在尺寸线的一端画出箭头（见图 3-5）。

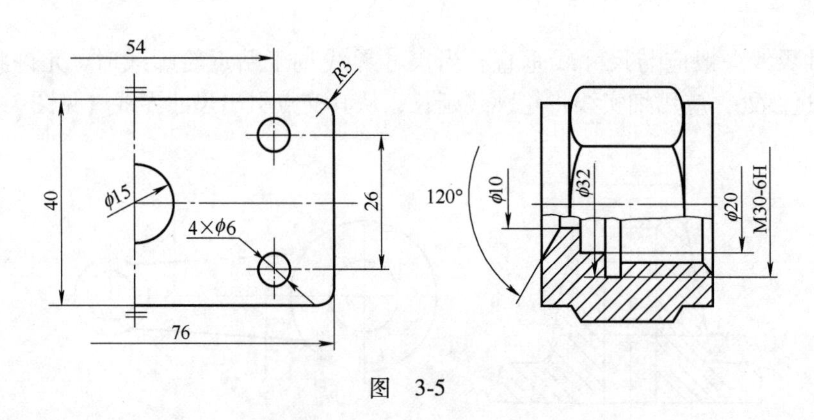

图 3-5

3.1.2 尺寸数字

1）线性尺寸数字的方向应按图 3-6 所示的方式注写，并尽量避免在图上所示 30°范围内标注尺寸，无法避免时，可按图 3-7 所示的方式标注。

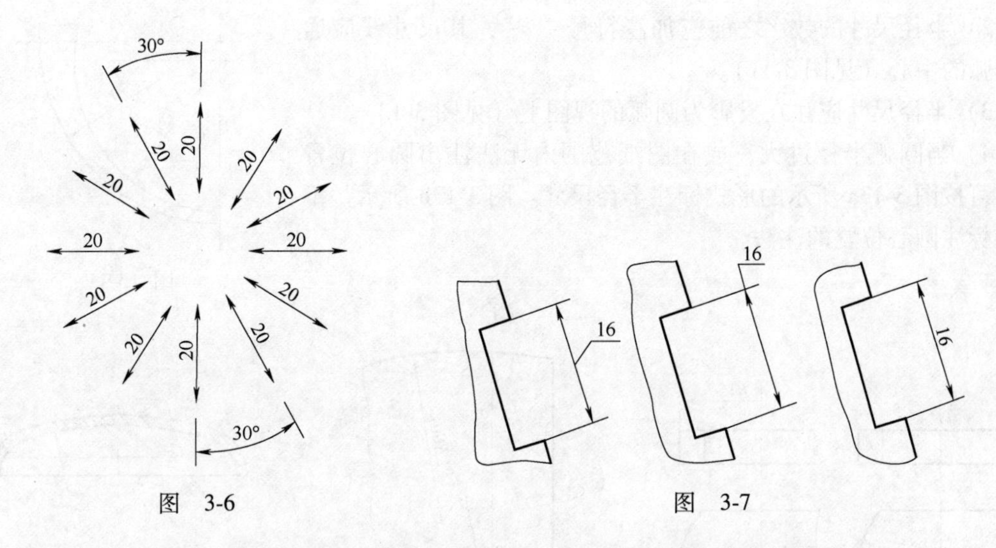

图 3-6　　　　图 3-7

允许将非水平方向的尺寸数字水平地注写在尺寸线的中断处（见图 3-8）。

2）尺寸数字不可被任何图线通过。不可避免时，需把图线断开（见图 3-9）。

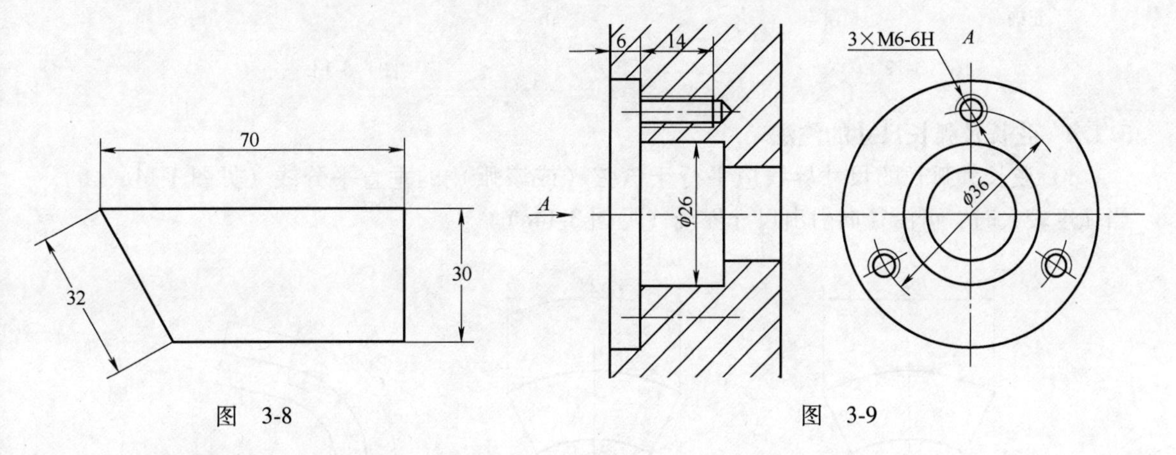

图 3-8　　　　图 3-9

3.1.3 直径及半径尺寸的注法

1）直径尺寸的数字之前应加注符号“ϕ”（见图 3-10）。

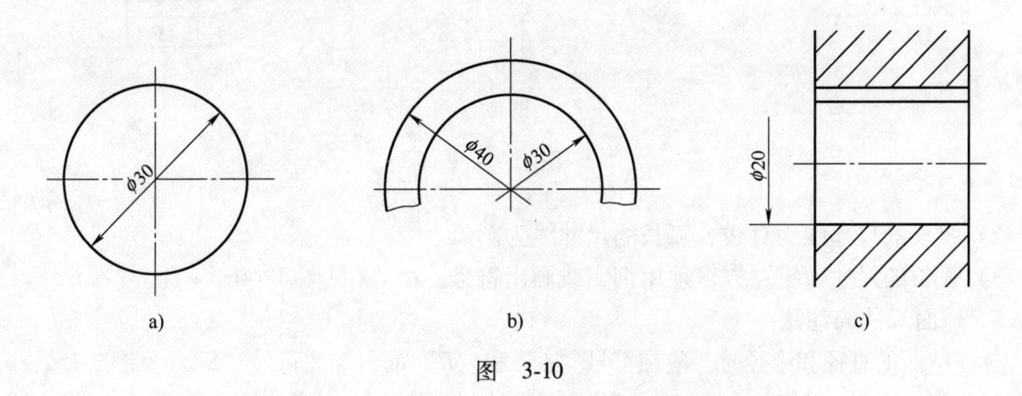

图 3-10

2）半径尺寸的数字之前应加注符号“*R*”，其尺寸线应通过圆弧的中心（见图 3-11）。

3）半径尺寸应注在投影为圆弧的视图上（见图 3-12）。

4）当圆弧半径过大，或在图纸范围内无法注出圆心位置时，可按图 3-13a 所示的形式标注半径尺寸。图 3-13b 所示是不需要标注圆心位置的注法。

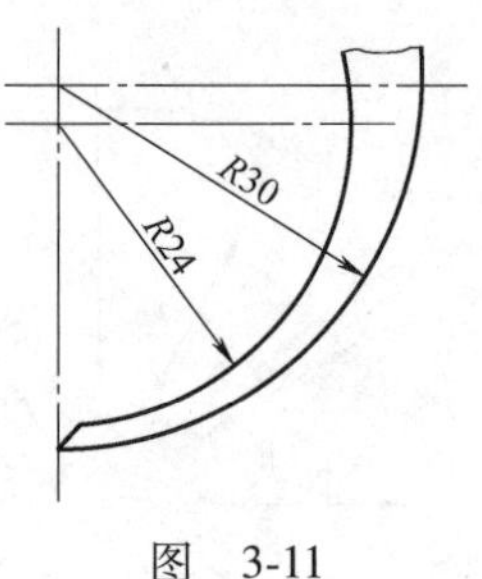

图　3-11

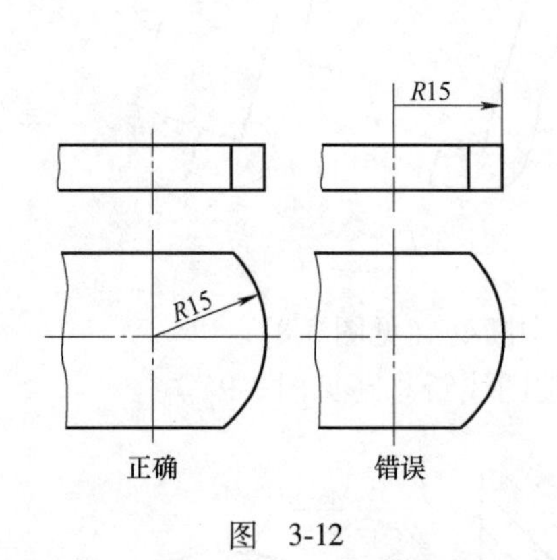

正确　　错误

图　3-12

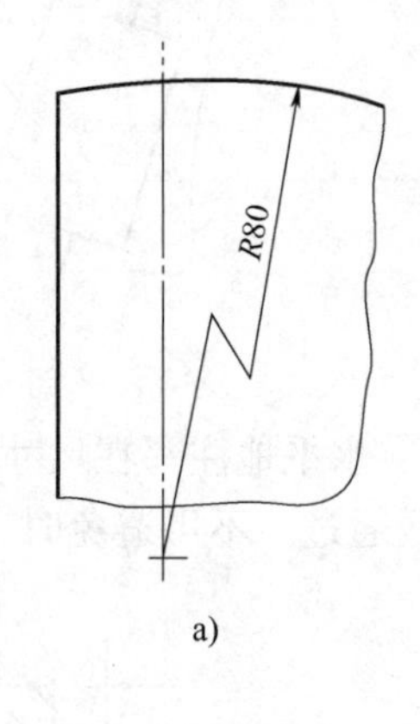

a)

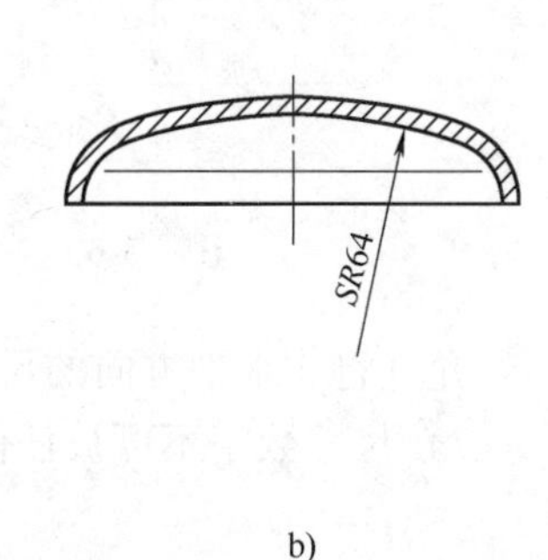

b)

图　3-13

3.1.4　弦长及弧长尺寸的注法

1）弦长和弧长的尺寸界线应平行于该弦（或该弧）的垂直平分线（见图 3-14a、b）。当弧度较大时，可沿径向引出尺寸界线（见图 3-14c）。

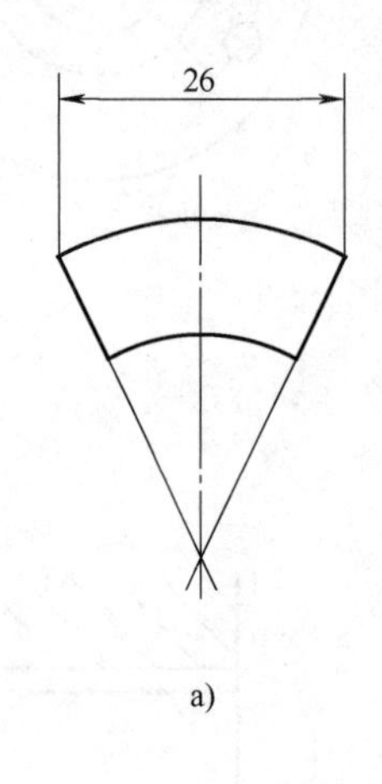

a)

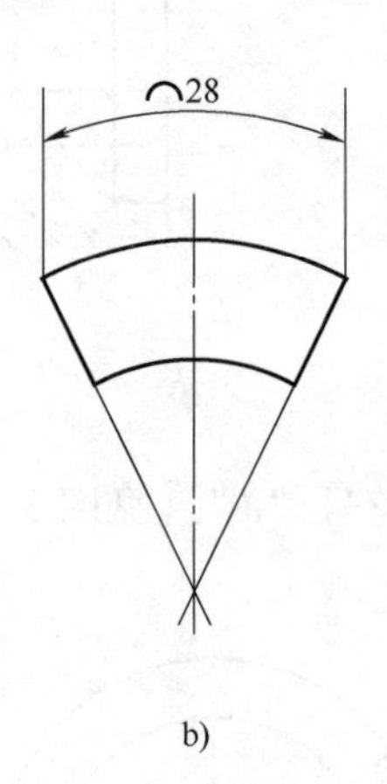

b)

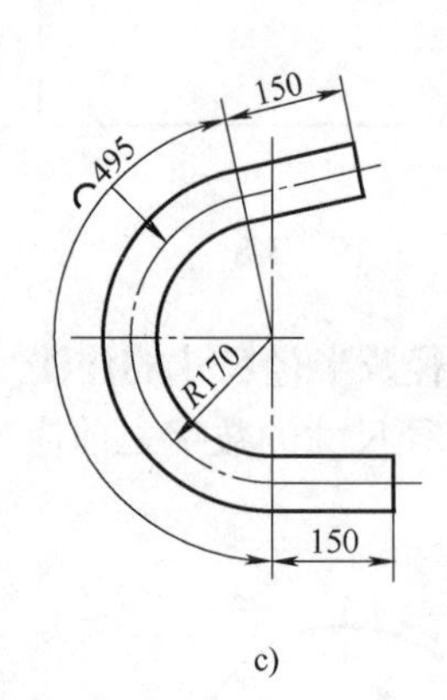

c)

图　3-14

2）弦长的尺寸线为直线，弧长的尺寸线为圆弧。

3）弧长的尺寸数字左方，须用细实线画出符号“⌒”（见图 3-14b、c）。

3.1.5　球面尺寸的注法

标注球面的直径和半径时，应在符号“ϕ”和“*R*”前再加注符号“*S*”（见图 3-15a、b）。对于轴、螺杆、铆钉及手柄等的端部，在不致引起误解时，可省略符号“*S*”（见图 3-15c）。

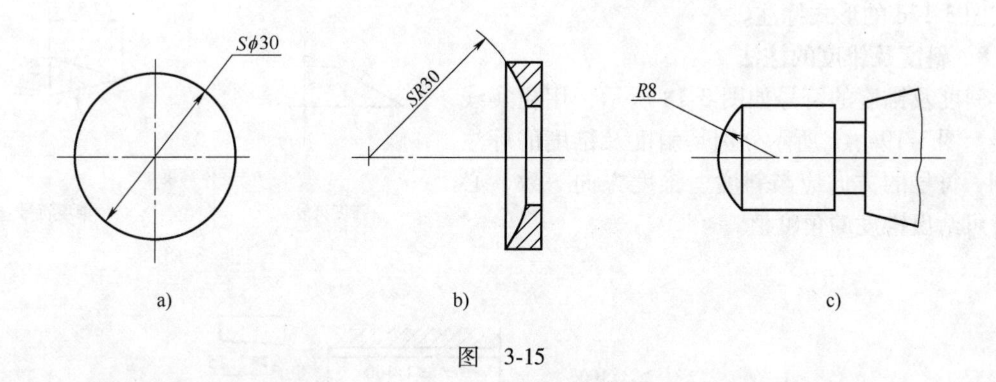

图 3-15

3.1.6 正方形结构尺寸的注法

标注剖面为正方形结构的尺寸时，可在正方形边长尺寸数字前加注符号“□”或以“边长×边长”的形式标注（见图 3-16）。

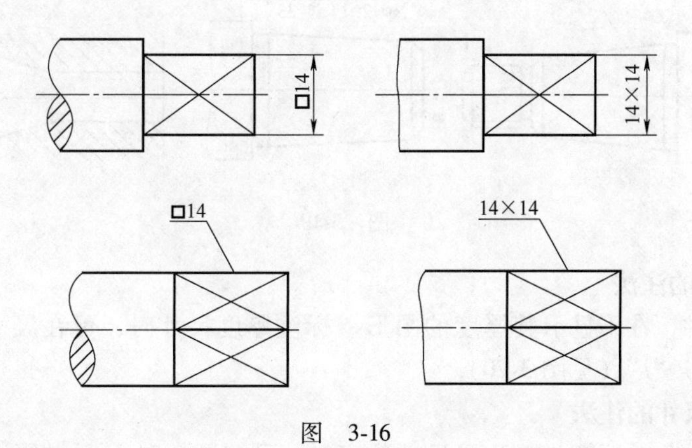

图 3-16

3.1.7 角度尺寸的注法

1）角度尺寸的尺寸界线应沿径向引出，尺寸线应画成圆弧，其圆心是该角的顶点，尺寸线的终端应画成箭头（见图 3-17a）。

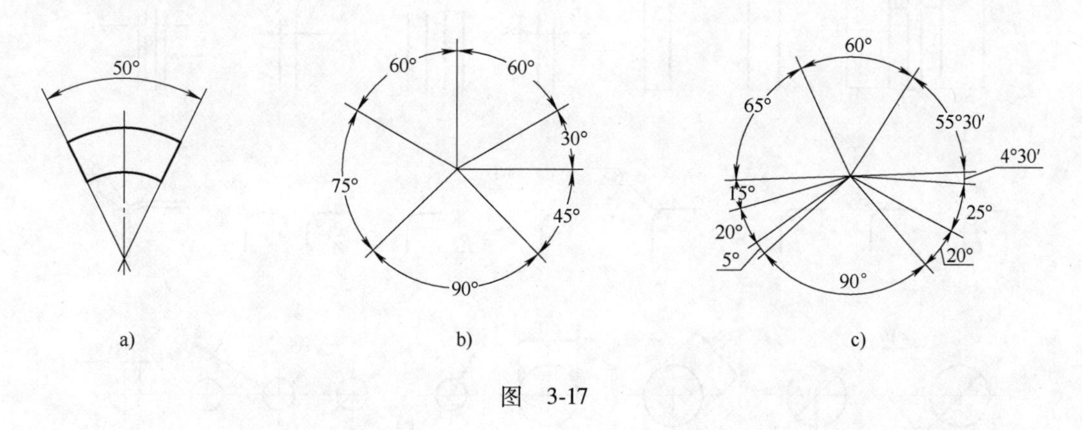

图 3-17

2）角度的数字一律写成水平方向，一般注写在尺寸线的中断处（见图 3-17b），必要时可按图 3-17c 的形式标注。

3.1.8 斜度及锥度的注法

斜度及锥度的符号如图 3-18 所示，用粗实线画出。图 3-19a、b 所示分别是斜度及锥度的标注示例，符号的方向应与斜度、锥度方向一致，必要时可给出锥度的角度值。

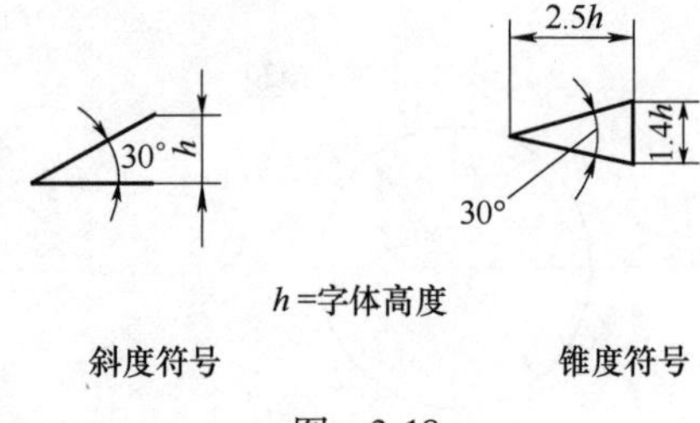

图 3-18

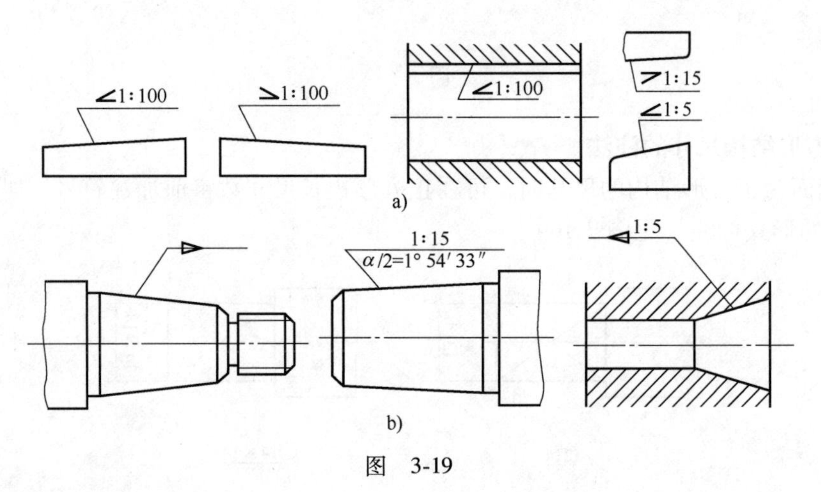

图 3-19

3.1.9 厚度尺寸的注法

对于板状零件，在不显示其厚度的图形上标注厚度尺寸时，可在尺寸数字之前加注符号“t”（见图 3-20）。

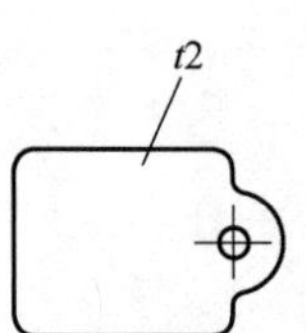

图 3-20

3.1.10 小部位尺寸的注法

在没有足够的位置画箭头或注写尺寸数字时，可按图 3-21 所示的形式标注，此时，允许用圆点或斜线代替箭头。

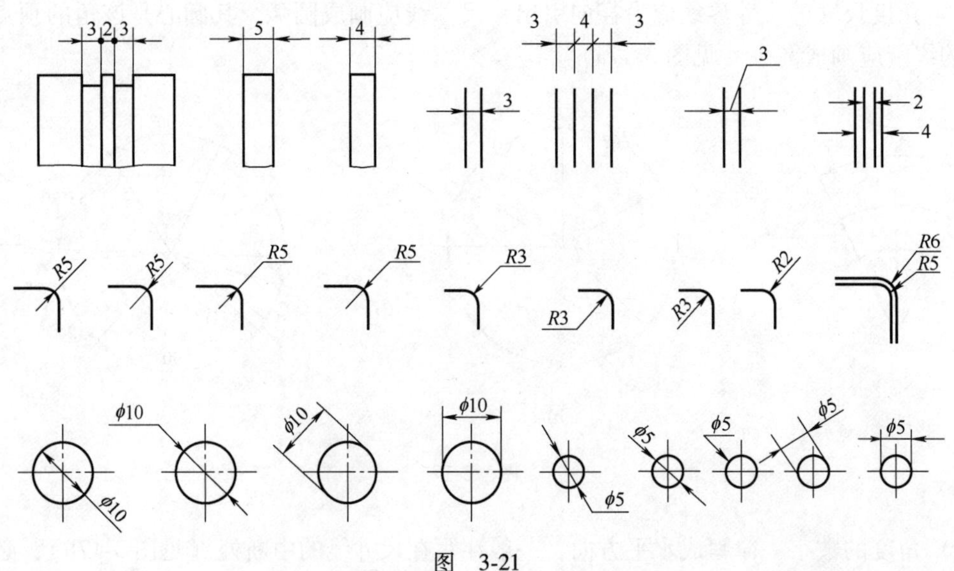

图 3-21

3.1.11　参考尺寸的注法

标注参考尺寸时，应将尺寸数字加上圆括号（见图 3-22）。

3.1.12　对称结构尺寸的注法

当图形具有对称中心线时，分布在对称中心线两边的相同结构，可仅标注其中一边的结构尺寸，如图 3-23 中所示的 *R*64、12、*R*9、*R*5 等。

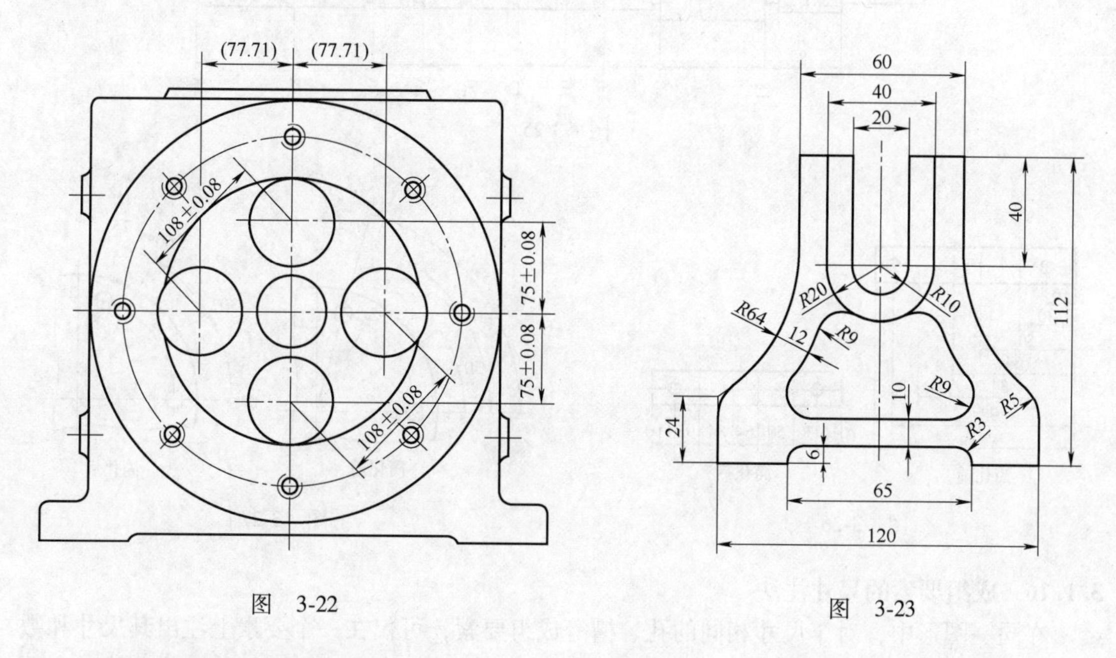

图　3-22　　　　图　3-23

3.1.13　曲线轮廓尺寸的注法

标注曲线轮廓上各点的坐标时，可用尺寸线或其延长线作为尺寸界线（见图 3-24）。

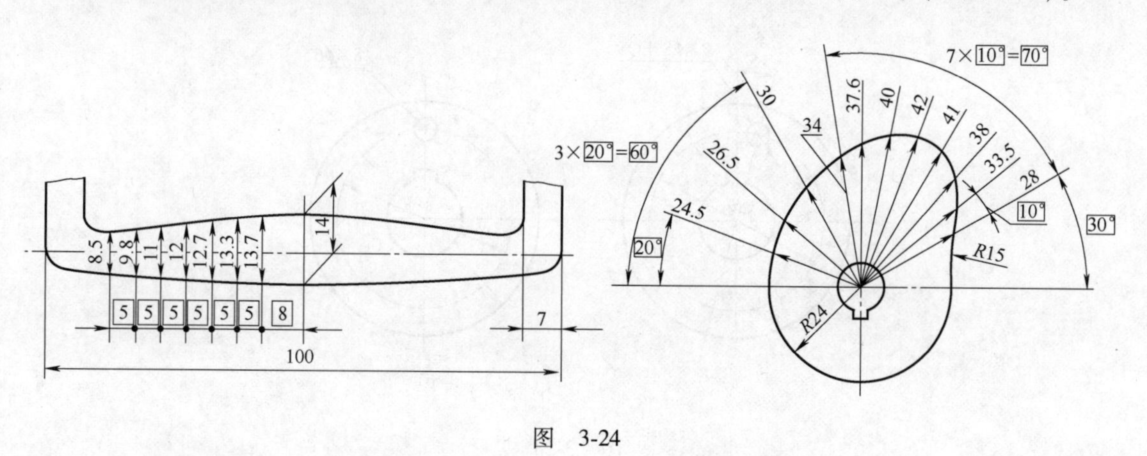

图　3-24

3.1.14　断续的同一表面尺寸的注法

对于不连续的同一表面，可用细实线连接后标注一次尺寸，如图 3-25 中的 $\phi 7$ 所示。

3.1.15　同一基准的尺寸注法

由同一基准出发的尺寸，可按照图 3-26、图 3-27 所示的形式注出。

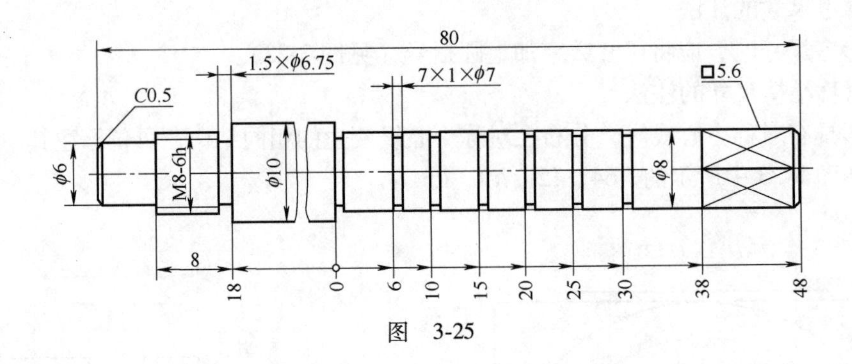

图 3-25

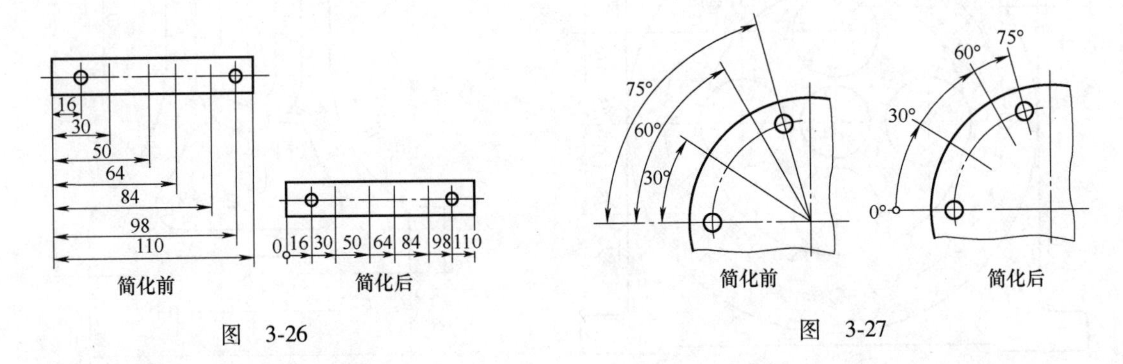

图 3-26　　图 3-27

3.1.16 成组要素的尺寸注法

在同一图形中，对于尺寸相同的孔、槽等成组要素，可仅在一个要素上注出其尺寸和数量（见图 3-28a）。图 3-28a 中的“EQS”表示“均布”。当成组要素的定位和分布情况在图形中已明确时，可不标注其角度，并省略缩写词“EQS”（见图 3-28b）。

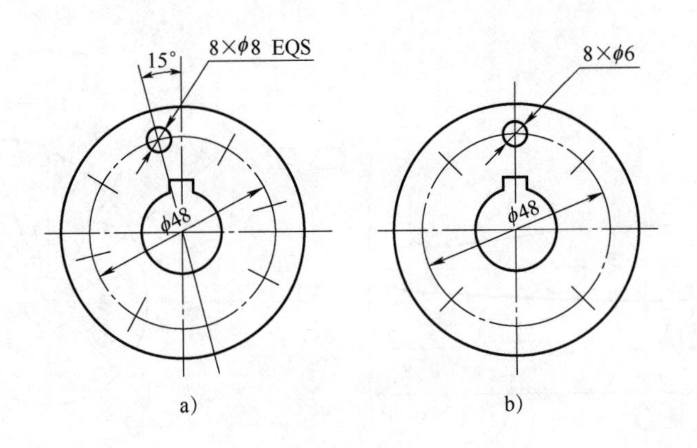

图 3-28

3.1.17 大小不同之同类要素的尺寸注法

在同一图形中，如有几种尺寸数值相近而又重复的同类要素（如孔等）时，可采用标记（如涂色等）或用标注字母的方法来区分（见图 3-29）。同类型或同系列的零件或构件，可采用表格图绘制（见图 3-30）。

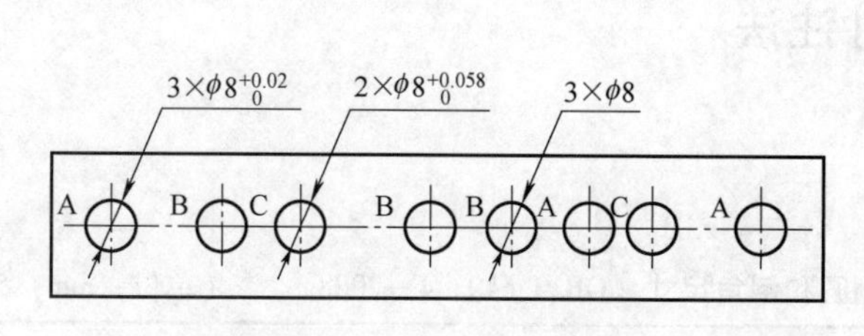

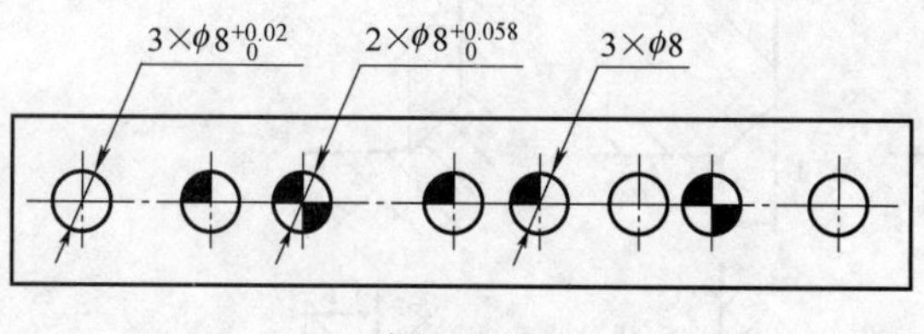

图 3-29

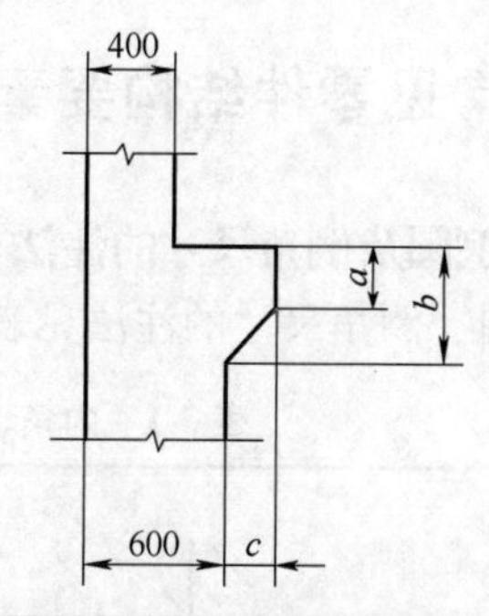

No.	*a*	*b*	*c*
Z1	200	400	200
Z2	250	450	200
Z3	200	450	250

图 3-30

3.1.18 形状相同而大小不同之零件的尺寸注法

两个形状相同但尺寸不同的构件或零件，可共用一张图表示，但应将另一件名称和不相同的尺寸列入括号中表示（见图 3-31）。

3.1.19 结合件的尺寸注法

对于结合件，可用双点画线画出与其结合的零件，注出其整体尺寸（见图 3-32）。

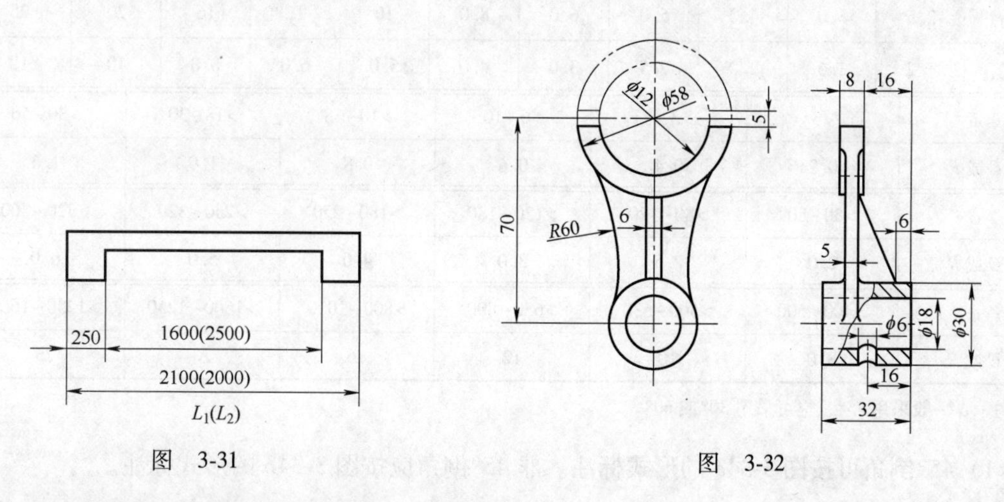

图 3-31　　　　图 3-32

3.1.20 装配时进行加工之结构要素的尺寸注法

零件上在装配时进行加工的结构要素，其尺寸可用旁注法的形式注出（见图 3-33）。

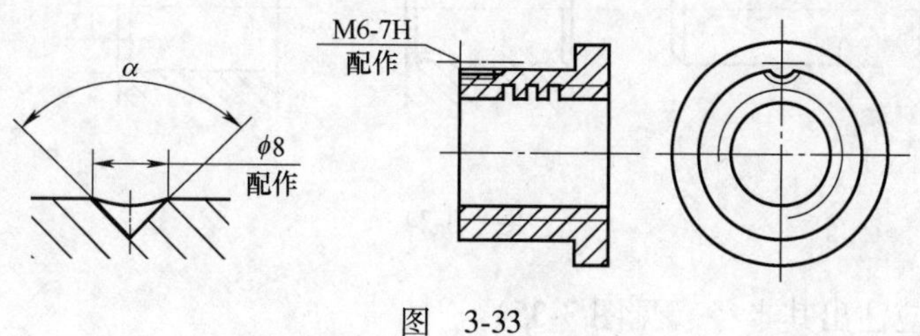

图 3-33

3.2 常见零件结构要素的尺寸注法

3.2.1 倒圆及倒角尺寸的注法

倒圆、倒角尺寸的注法见表 3-1。

表 3-1 内角、外角的倒圆和倒角尺寸（GB/T 6403.4—2008）（单位：mm）

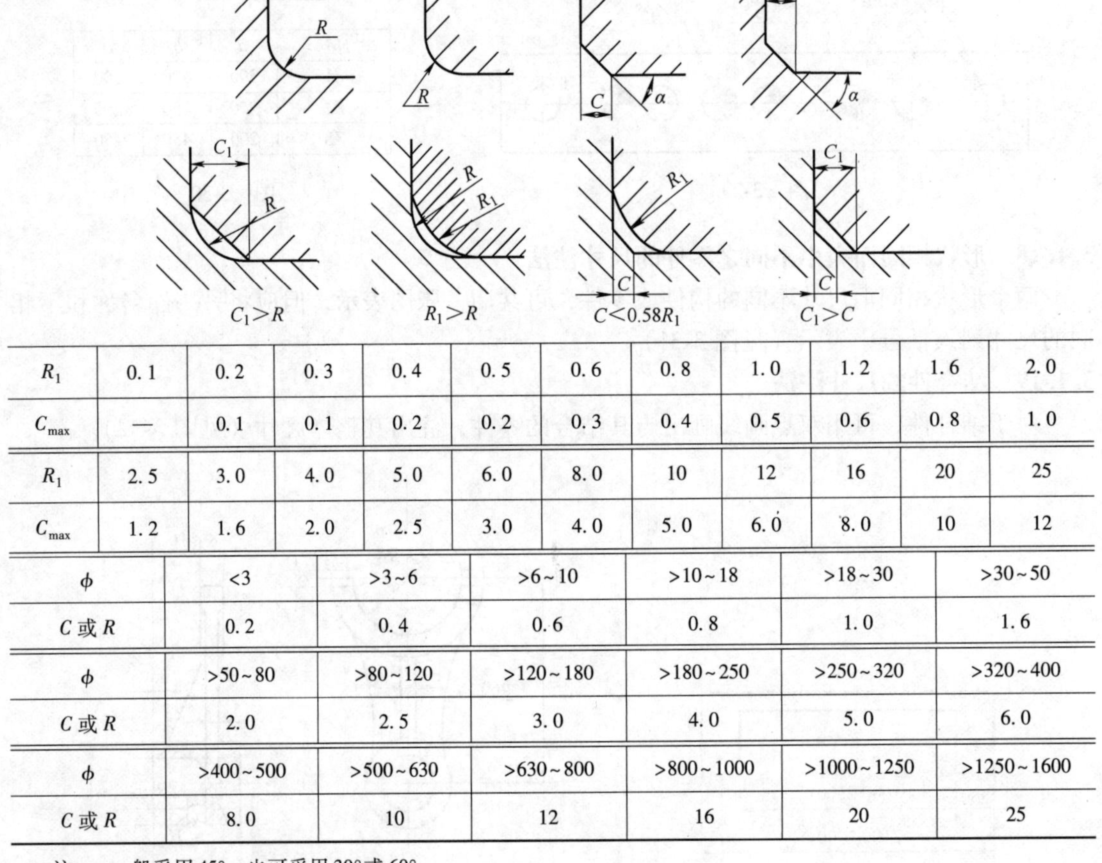

R_1	0.1	0.2	0.3	0.4	0.5	0.6	0.8	1.0	1.2	1.6	2.0
C_{max}	—	0.1	0.1	0.2	0.2	0.3	0.4	0.5	0.6	0.8	1.0
R_1	2.5	3.0	4.0	5.0	6.0	8.0	10	12	16	20	25
C_{max}	1.2	1.6	2.0	2.5	3.0	4.0	5.0	6.0	8.0	10	12

ϕ	<3	>3~6	>6~10	>10~18	>18~30	>30~50
C 或 R	0.2	0.4	0.6	0.8	1.0	1.6
ϕ	>50~80	>80~120	>120~180	>180~250	>250~320	>320~400
C 或 R	2.0	2.5	3.0	4.0	5.0	6.0
ϕ	>400~500	>500~630	>630~800	>800~1000	>1000~1250	>1250~1600
C 或 R	8.0	10	12	16	20	25

注：α 一般采用 45°，也可采用 30° 或 60°。

1）45°倒角可按图 3-34a 的形式标注。非 45°倒角应按图 3-34b 的形式标注。

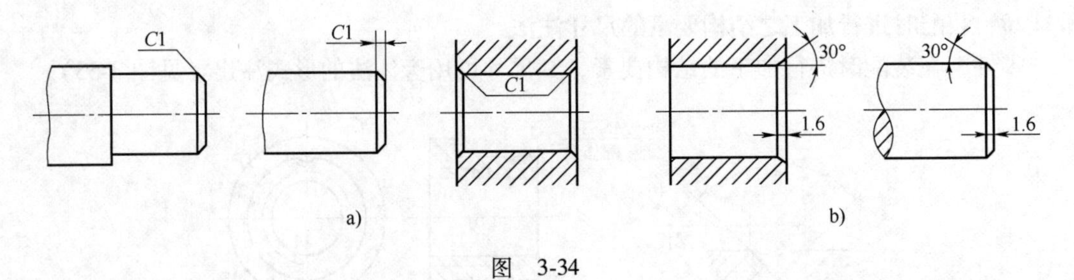

图 3-34

2）加工圆角应注出其半径（见图 3-35）。

3）若所画零件的倒角或圆角尺寸全部相同或某个尺寸占多数时，可在图样空白处给予总的说明，如“全部倒角 C1.6”“其余圆角 R4”等（见图 3-36）。

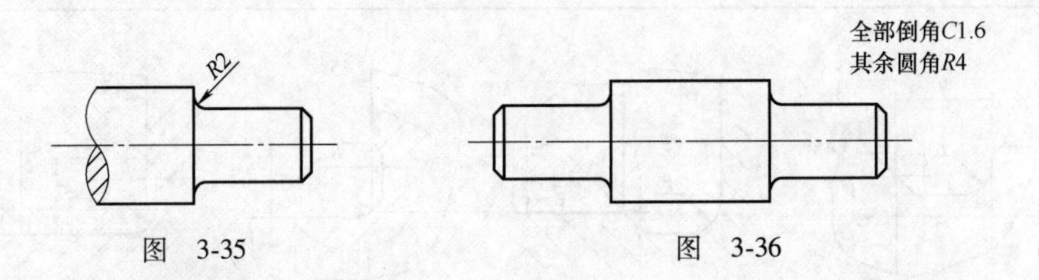

图 3-35　　图 3-36

3.2.2 退刀槽及砂轮越程槽尺寸的注法

一般退刀槽的尺寸可按“槽宽×直径”或“槽宽×槽深”的形式标注（见图 3-37a）。若图形较小，也可用不带箭头的指引线的形式标注，指引线从轮廓线引出（见图 3-37b、c）。

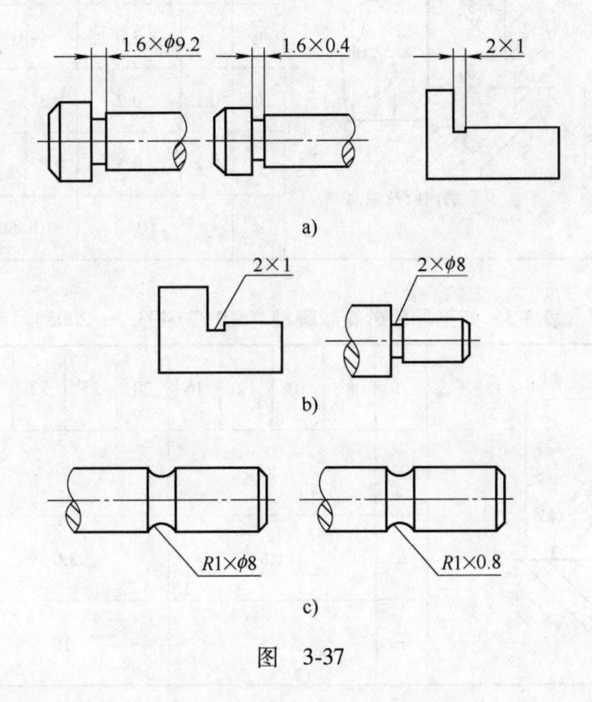

图 3-37

对于半圆形退刀槽，也可注出半径作为参考尺寸（见图 3-38）。

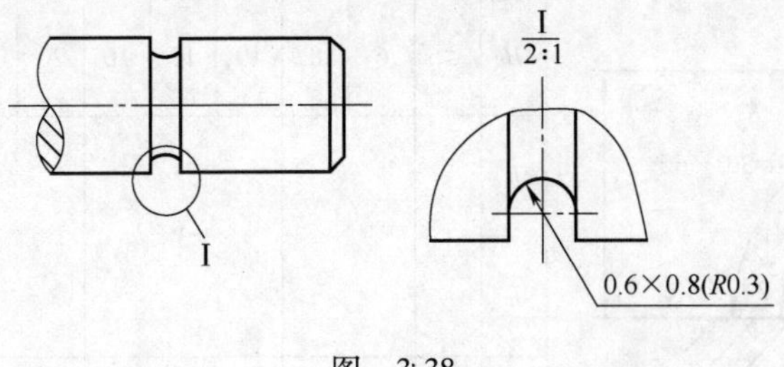

图 3-38

砂轮越程槽尺寸的注法一般与退刀槽相同，必要时可单独注出槽宽与槽深或直径（见

表 3-2～表 3-6)。

表 3-2　回转面及端面砂轮越程槽（GB/T 6403.5—2008）　　（单位：mm）

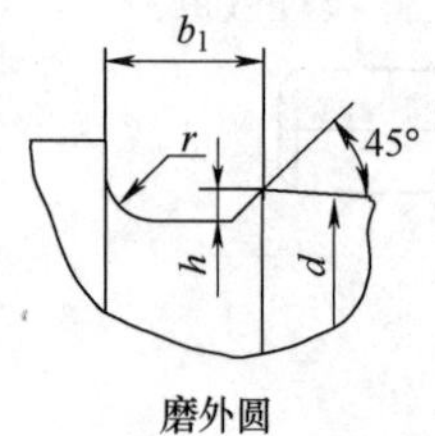

磨外圆

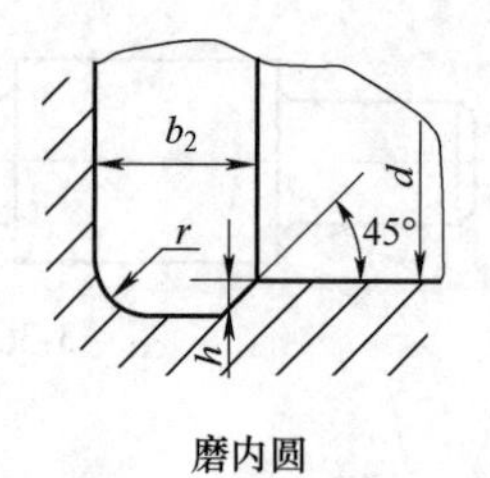

磨内圆

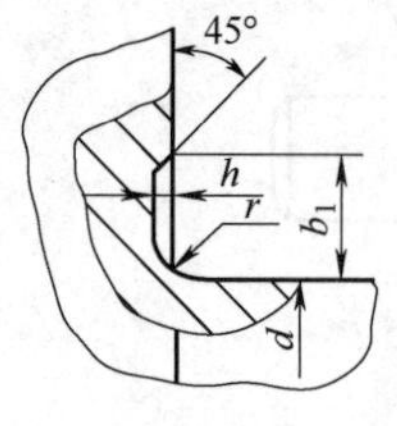

磨外端面

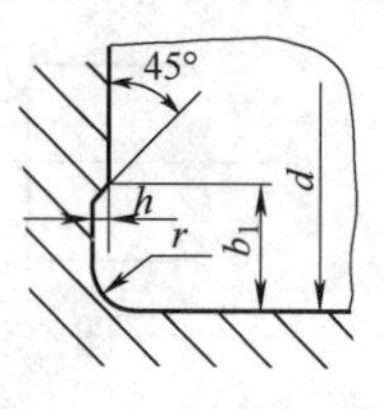

磨内端面

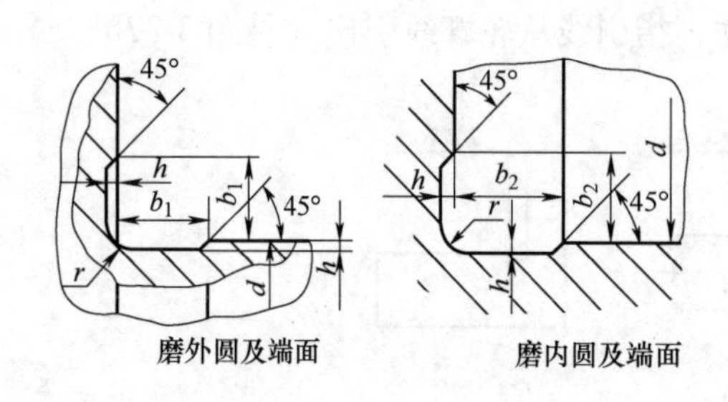

磨外圆及端面　　磨内圆及端面

b_1	0.6	1.0	1.6	2.0	3.0	4.0	5.0	8.0	10
b_2	2.0	3.0		4.0		5.0		8.0	10
h	0.1	0.2		0.3	0.4		0.6	0.8	1.2
r	0.2	0.5		0.8	1.0		1.6	2.0	3.0
d	~10			10~50		50~100		100	

表 3-3　矩形导轨砂轮越程槽（GB/T 6403.5—2008）　　（单位：mm）

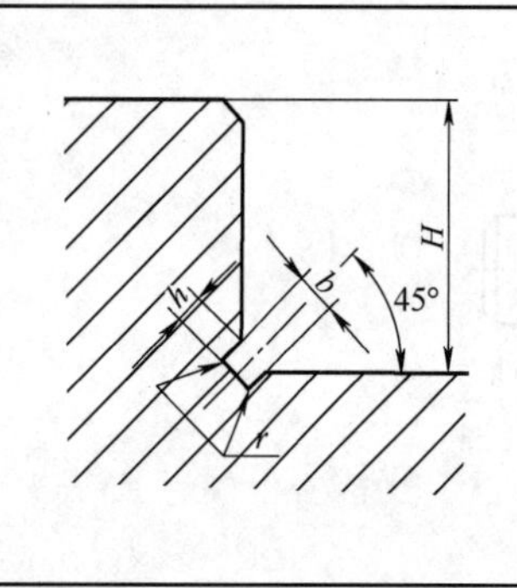

H	8	10	12	16	20	25	32	40	50	63	80	100
b	2				3				5		8	
h	1.6				2.0				3.0		5.0	
r	0.5				1.0				1.6		2.0	

表 3-4　燕尾导轨砂轮越程槽（GB/T 6403.5—2008）　　（单位：mm）

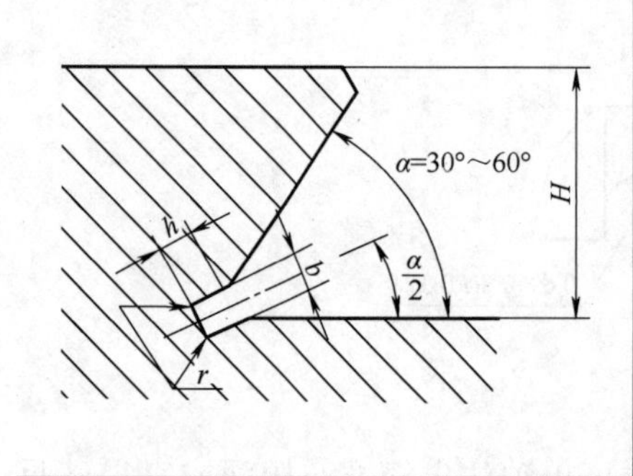

H	≤5	6	8	10	12	16	20	25	30	40	50	63	80
b h	1	2		3			4			5			6
r	0.5	0.5		1.0			1.6			1.6			2.0

表 3-5　平面砂轮越程槽（GB/T 6403. 5—2008）　　（单位：mm）

b	2	3	4	5
r	0. 5	1. 0	1. 2	1. 6

表 3-6　V 形砂轮越程槽（GB/T 6403. 5—2008）　　（单位：mm）

b	2	3	4	5
h	1. 6	2. 0	2. 5	3. 0
r	0. 5	1. 0	1. 2	1. 6

3. 2. 3　V 形槽尺寸的注法

V 形槽一般应注出其槽宽、角度以及与加工测量有关的尺寸，如图 3-39 所示。图中 D、H 为检验所需的尺寸；h、b 为加工所需的尺寸。

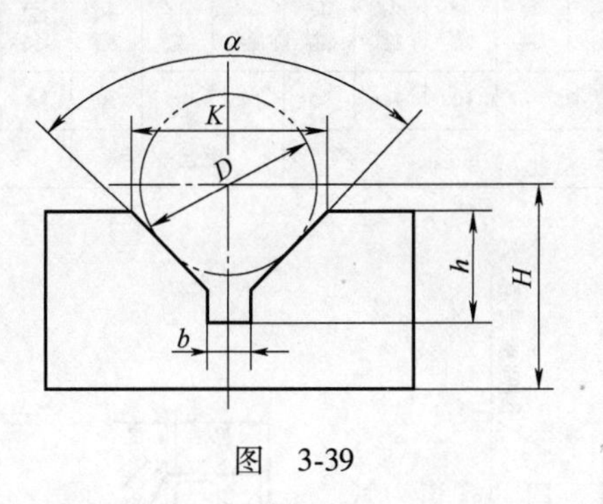

图　3-39

3. 2. 4　T 形槽尺寸的注法

T 形槽应注出与所用螺栓有关的尺寸，如图 3-40 所示（见表 3-7）。

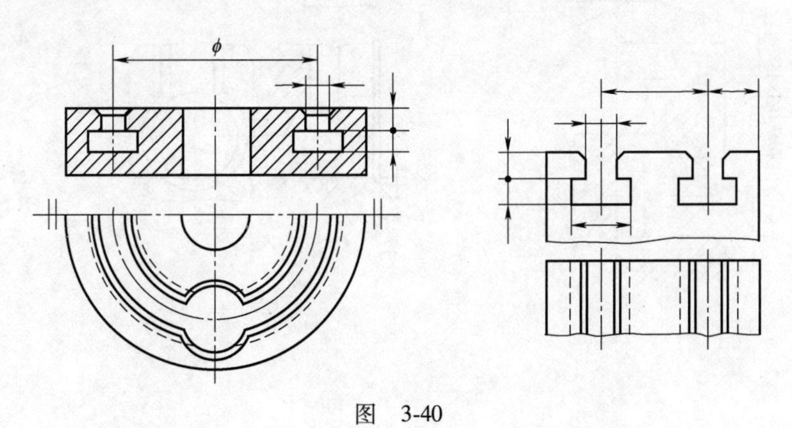

图　3-40

表 3-7 T 形槽（GB/T 158—1996）

（单位：mm）

T形槽　螺栓头部

最大0.3×45°

倒圆或倒角

不通端的形式

K=H+2

E、F、G 为 45°倒角或倒圆

T形槽	A	公称尺寸	5	6	8	10	12	14	18	22	28	36	42	48	54
	B	最小尺寸	10	11	14.5	16	19	23	30	37	46	56	68	80	90
		最大尺寸	11	12.5	16	18	21	25	32	40	50	60	72	85	95
	C	最小尺寸	3.5	5	7	7	8	9	12	16	20	25	32	36	40
		最大尺寸	4.5	6	8	8	9	11	14	18	22	28	35	40	44
	H	最小尺寸	8	11	15	17	20	23	30	38	48	61	74	84	94
		最大尺寸	10	13	18	21	25	28	36	45	56	71	85	95	106
	E	最大尺寸	1					1.6				2.5			
	F	最大尺寸	0.6						1				1.6	2	
	G	最大尺寸	1					1.6		2.5			4	6	
螺栓头部	d	最大尺寸	4	5	6	8	10	12	16	20	24	30	36	42	48
	S	最大尺寸	9	10	13	15	18	22	28	34	43	53	64	75	85
	c	最大尺寸	3	4	6	6	7	8	10	14	18	23	28	32	36
不通端	K	公称尺寸	12	15	20	23	27	30	38	47	58	73	87	97	108
	D	基本尺寸	15	16	20	22	28	32	42	50	62	76	92	108	122
		极限偏差	+1 0		+1.5 0					+2 0					
	e	公称尺寸	0.5		1				1.5		2				

注：1. T 形槽宽度 A 的极限偏差：对于有配合要求的基准槽为 H8，对于无配合要求的基准槽和固定槽为 H12。

2. T 形槽两侧的表面粗糙度最大允许值：基准槽为 Ra3.2，固定槽为 Ra6.3，其余为 Ra12.5。

3. T 形槽直接铸出时，其尺寸极限偏差自行决定。

3.2.5 燕尾槽及燕尾导轨尺寸的注法

燕尾槽及燕尾导轨尺寸的注法如图 3-41 所示。

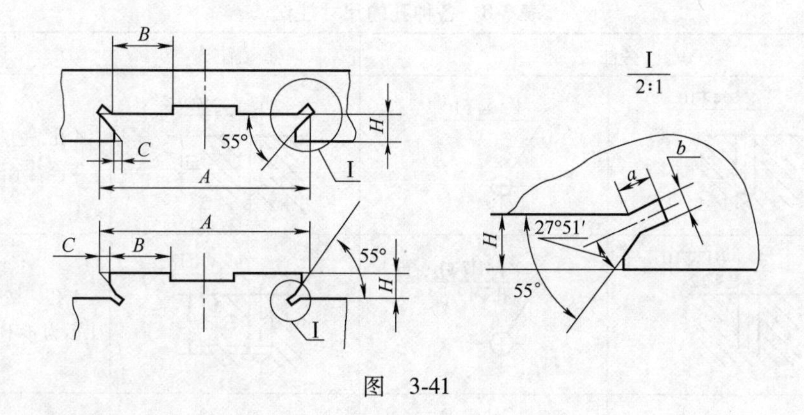

图 3-41

3.2.6 方槽、半圆槽尺寸的注法

方槽、半圆槽尺寸的注法如图 3-42 所示。

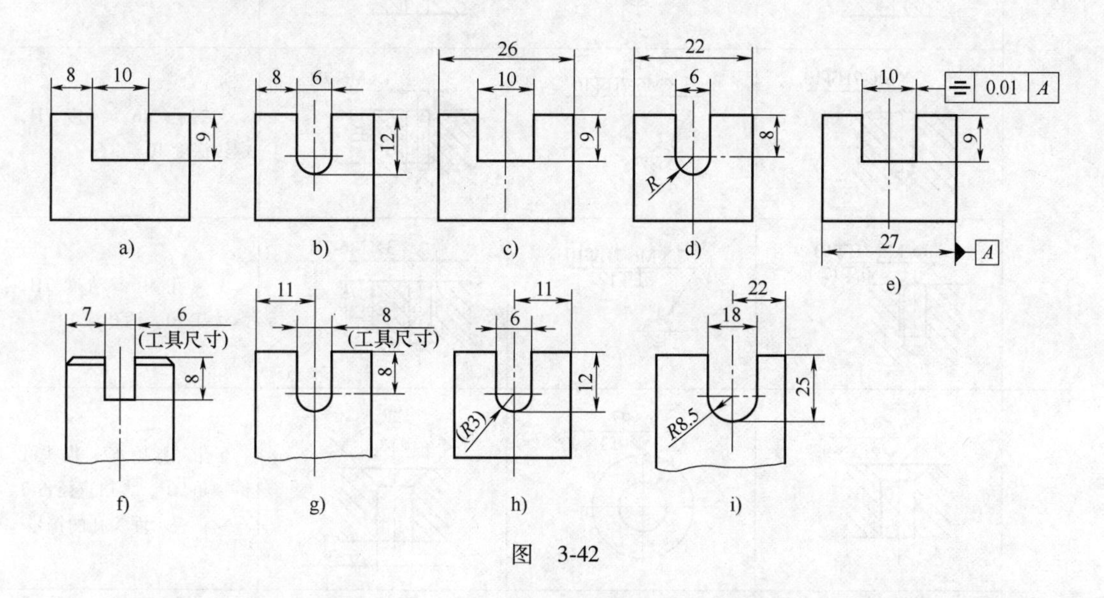

图 3-42

1）一般是注出槽宽、槽深，并以一个侧面为基准注出定位尺寸（见图 3-42a、b）。

2）当槽的位置要求对称时，应以对称中心平面为基准注出对称尺寸（见图 3-42c、d）。对称度要求高时，应注出对称度公差（见图 3-42e）。

3）大批量生产中，宽度尺寸由刀具保证而无须检验时，可在尺寸线下方注明“（工具尺寸）”字样，并确定其对称中心线的位置（见图 3-42f、g）。由刀具行程控制槽深时，半圆槽深度尺寸的注法如图 3-42g 所示。

4）半圆槽半径尺寸的注法：

若半径等于槽宽的一半，根据具体要求可不注半径尺寸（见图 3-42b），也可将其作为参考尺寸注出（见图 3-42h），或只注符号 R 而不注尺寸数字（见图 3-42d）。

若半径不等于槽宽的一半，应注出半径尺寸（见图 3-42i）。

3.2.7 各种孔的尺寸注法

各种孔的尺寸注法见表3-8。

表3-8 各种孔的尺寸注法

类型	旁注法		普通注法	说明
光孔	4×ϕ4↧10	4×ϕ4↧10	4×ϕ4 10	4孔，直径ϕ4，深10 ↧：表示深度的符号
	4×ϕ4H7↧10 孔↧12	4×ϕ4H7↧10 孔↧12	4×ϕ4H7 10 12	4孔，钻孔深12，精加工后为ϕ4H7，深度10
螺孔	3×M6-7H	3×M6-7H	3×M6-7H	3螺孔M6，精度7H
	3×M6-7H↧10	3×M6-7H↧10	3×M6-7H 10	3螺孔M6，精度7H，螺纹深度10
	3×M6-7H↧10 孔↧12	3×M6-7H↧10 孔↧12	3×M6-7H 10 12	3螺孔M6，精度7H，螺纹深10，钻孔深12
沉孔	6×ϕ7 ⌵ϕ13×90°	6×ϕ7 ⌵ϕ13×90°	90° ϕ13 6×ϕ7	6孔，直径ϕ7，埋头孔锥顶角90°，大口直径ϕ13 ⌵：表示埋头孔的符号
	4×ϕ6.4 ⌴ϕ12↧4.5	4×ϕ6.4 ⌴ϕ12↧4.5	ϕ12 4.5 4×ϕ6.4	4孔，直径ϕ6.4，柱形沉孔直径ϕ12，深4.5 ⌴：表示沉孔或锪平的符号
	4×ϕ9 ⌴ϕ20	4×ϕ9 ⌴ϕ20	ϕ20 4×ϕ9	4孔，直径ϕ9，锪平直径ϕ20，锪平深度一般不注，锪去毛面为止

3.2.8　凸耳尺寸的注法

凸耳的轮廓尺寸一般与孔有关，常见的尺寸注法如图 3-43 所示。

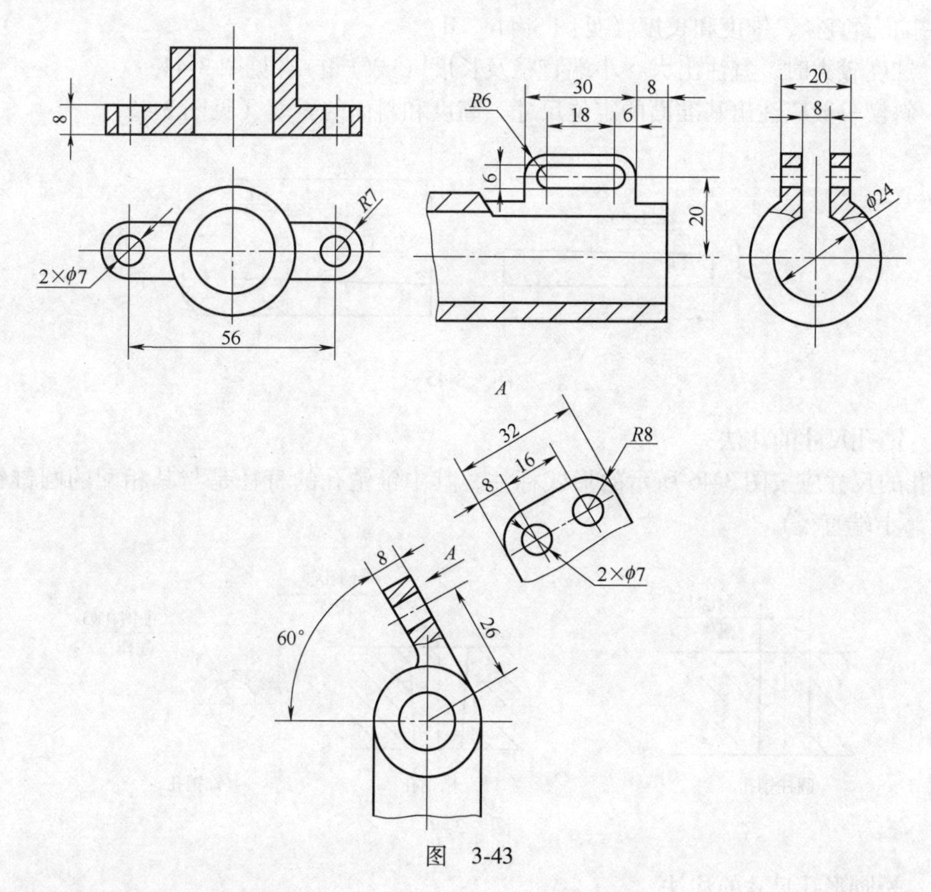

图　3-43

3.2.9　锥面、斜面尺寸的注法

锥面尺寸的注法如图 3-44 所示。

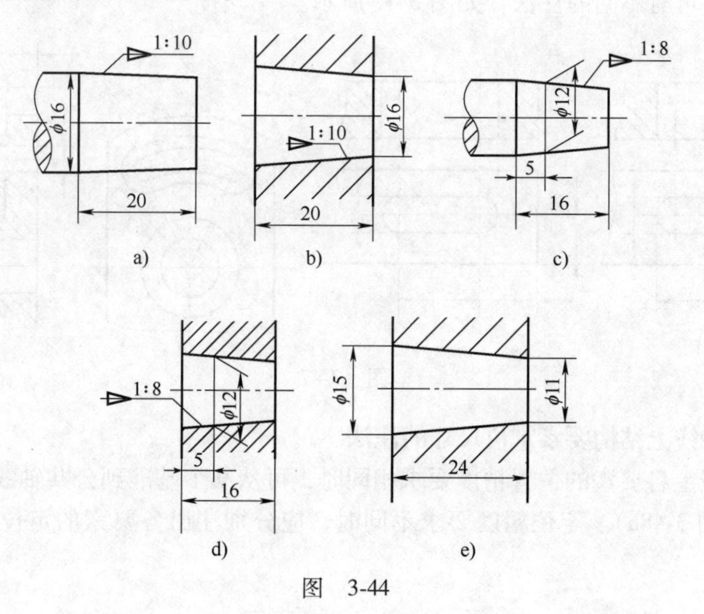

图　3-44

1）刀具、工具上的锥面，应尽量采用标准锥度。外锥面注大端直径、锥度、长度（见图 3-44a）；内锥面注小端直径、锥度、长度（见图 3-44b）。要求保证一定的配合长度时，应注出基准面直径、锥度和长度（见图 3-44c、d）。

2）锥度较大时，宜注出大、小端直径及长度（或锥角）（见图 3-44e）。

3）斜楔一般应注出基准面的定位尺寸、高度和斜面的斜度（见图 3-45）。

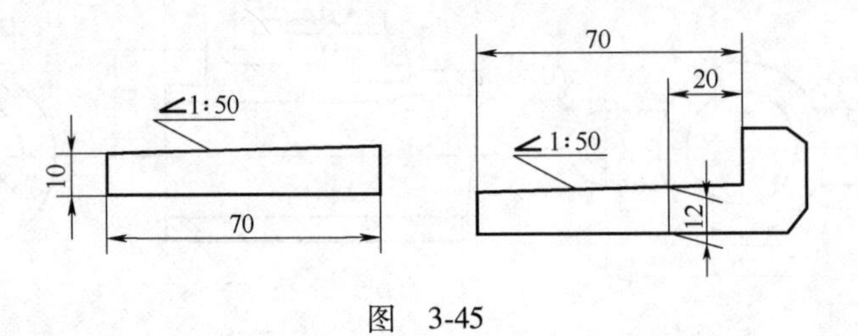

图 3-45

3.2.10 销孔尺寸的注法

销孔的尺寸应按图 3-46 所示的形式标注，其中锥销孔的直径是与其相配的圆锥销的公称尺寸（小端直径）。

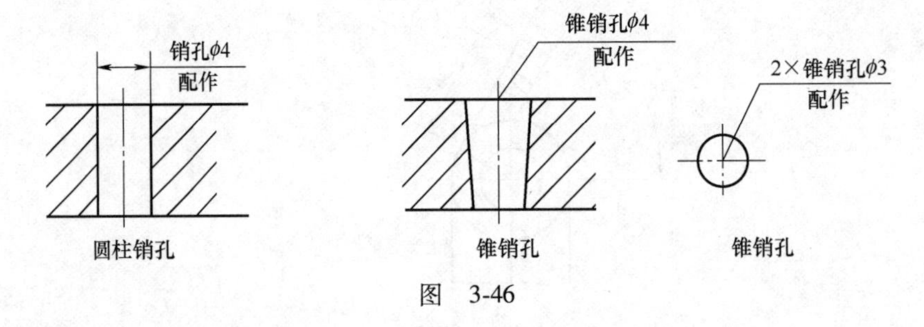

图 3-46

3.2.11 长圆形孔尺寸的注法

对于长圆形孔，应注出宽度尺寸，以便选择刀具直径。根据设计要求和加工方法的不同，其长度尺寸可有不同的注法，如图 3-47 所示。

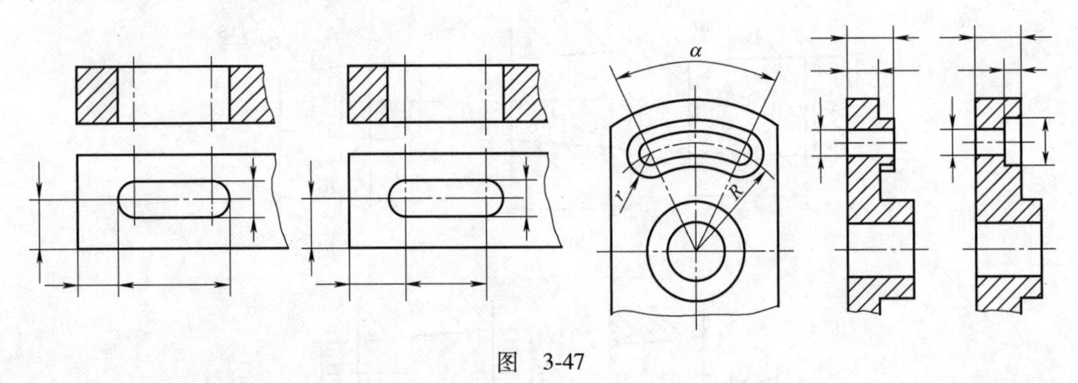

图 3-47

3.2.12 同一轴线上结构要素定位尺寸的注法

当同一轴线上各要素的位置精度要求相同时，可从某个基准到公共轴线标注一个公共的定位尺寸（见图 3-48a）。定位精度要求不同时，应分别注出各要素的定位尺寸及公差（见图 3-48b）。

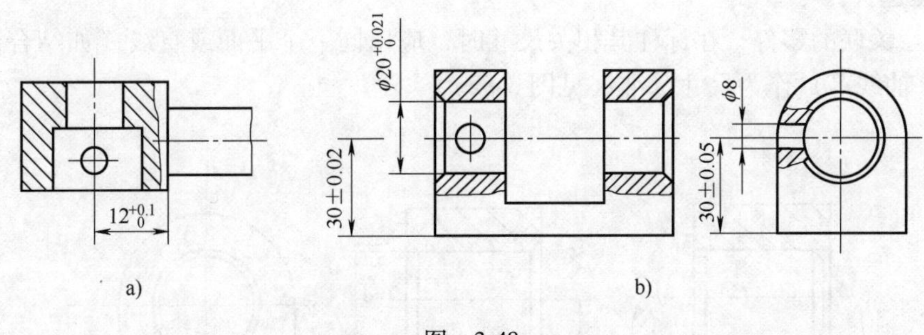

图 3-48

3.2.13 共面的不同要素的尺寸注法

共面的不同要素，其尺寸应分别注出（见图 3-49）。在不致引起误解的情况下，也可只标注一个尺寸，如图 3-50 中锪平面及凸耳的尺寸 $\phi22$。

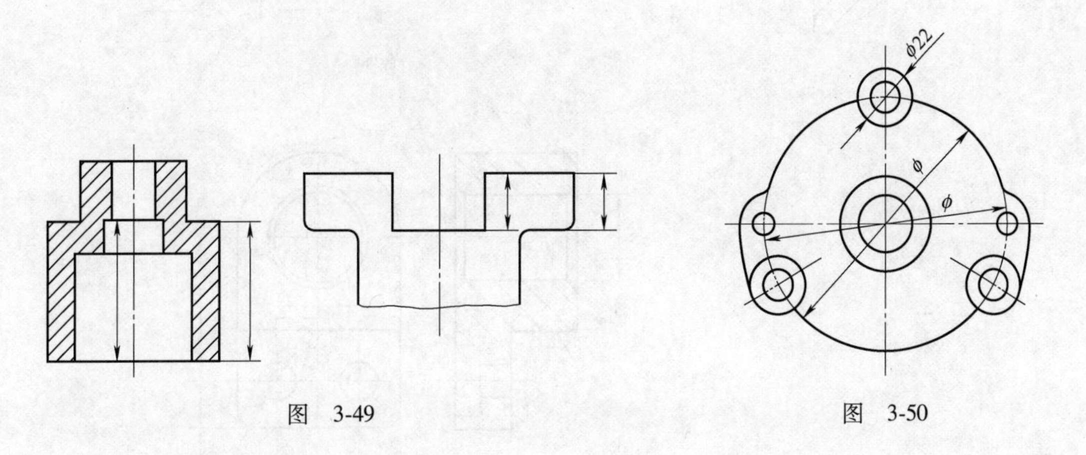

图 3-49

图 3-50

3.3 合理标注零件尺寸的要点

1. 直接注出功能尺寸

如图 3-51 中尺寸 40 直接注出是合理的，而不应由计算得出。

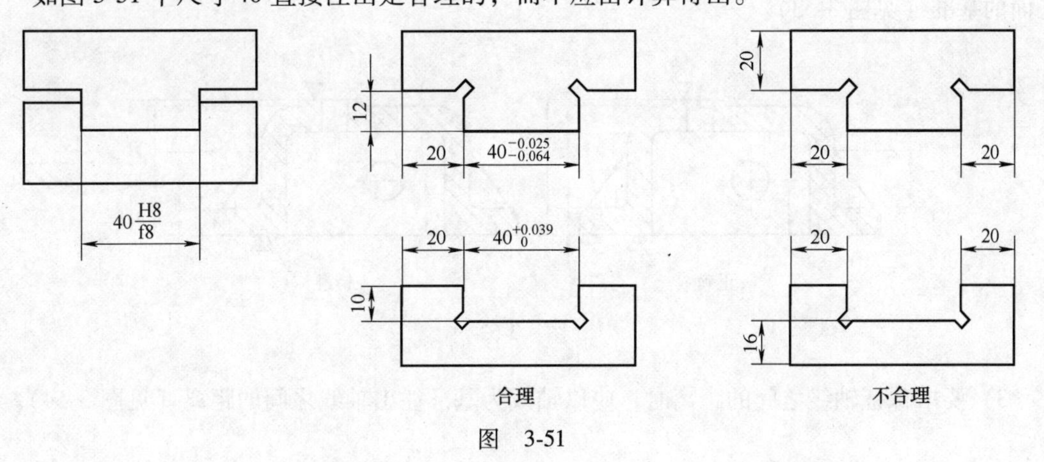

图 3-51

2. 合理选择尺寸基准

1）相互关联的零件，在标注其相关尺寸时，应以同一个平面或直线（如结合面、对称中心平面、轴线等）作为尺寸基准（见图 3-52）。

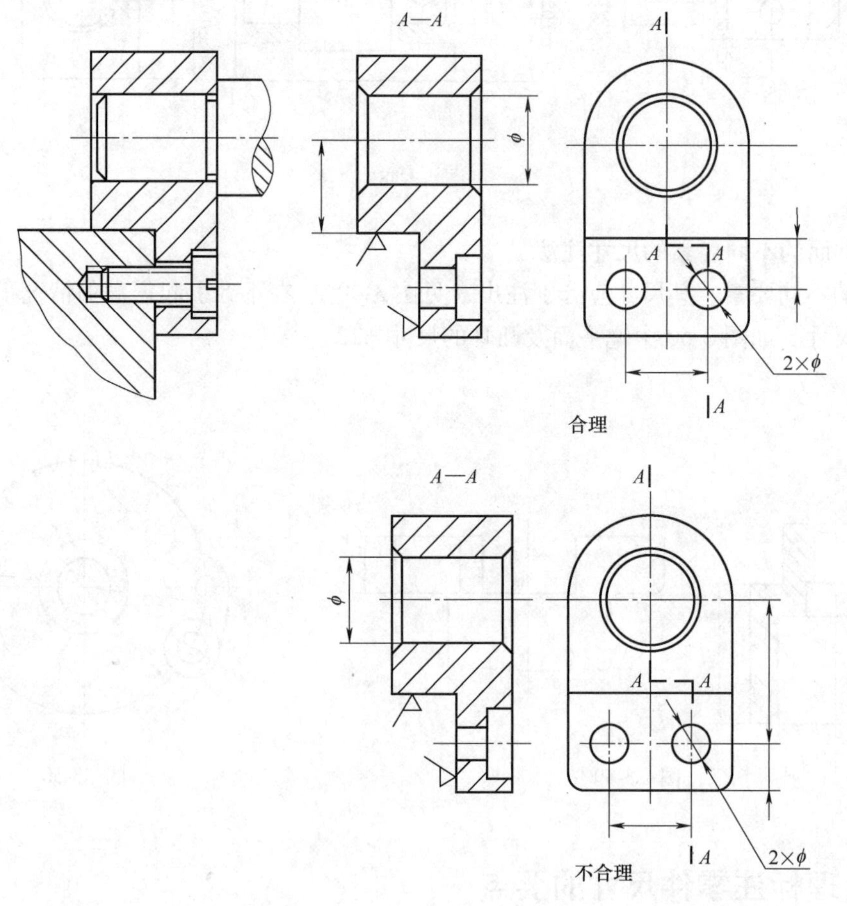

图 3-52

2）以加工面作为基准。但在同一方向内，同一加工表面不能作为两个或两个以上非加工面的基准（见图 3-53）。

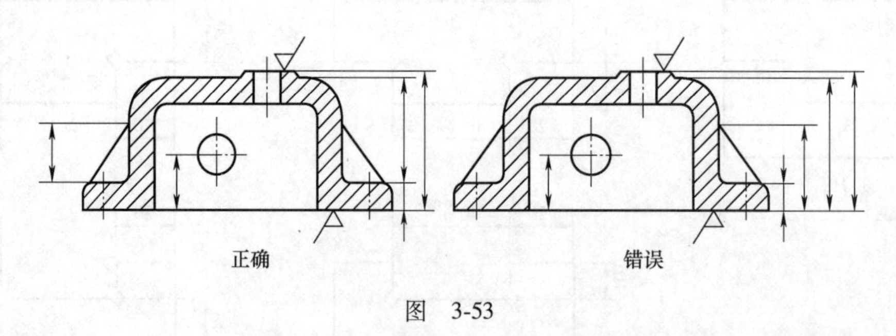

图 3-53

3）要求保证轴线之间的距离时，应以轴线为基准注出轴线之间的距离（见图 3-54）。

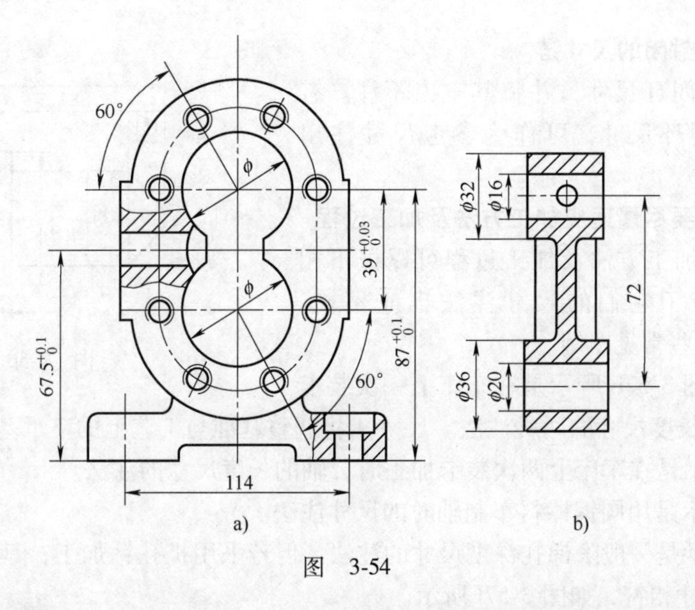

图 3-54

4）要求对称的要素，应以对称中心平面（或中心线）为基准注出对称尺寸（见图 3-55a）；对称度要求高时，应注出对称度公差（见图 3-55b）；若对称度要求很低，可以某个实际平面为基准（见图 3-55c）。

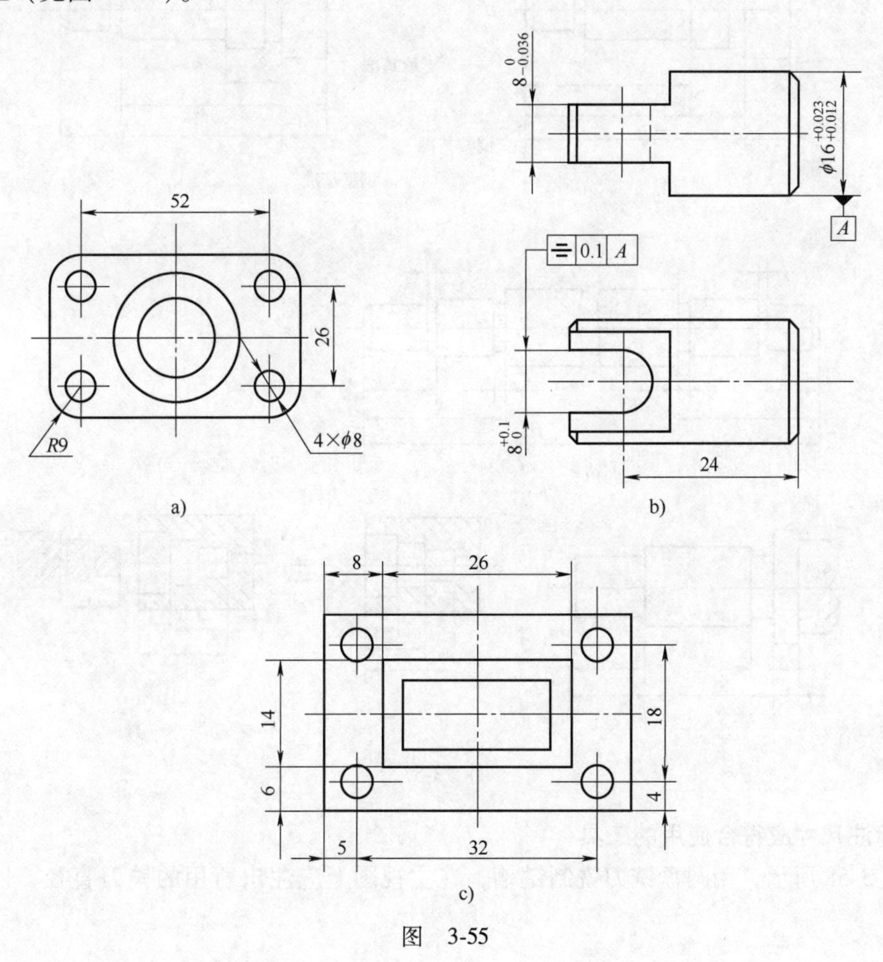

图 3-55

3. 避免出现封闭的尺寸链

合理选择封闭环尺寸，并将其空出不注。有参考价值的封闭环尺寸，可作为参考尺寸注出（见图 3-56）。

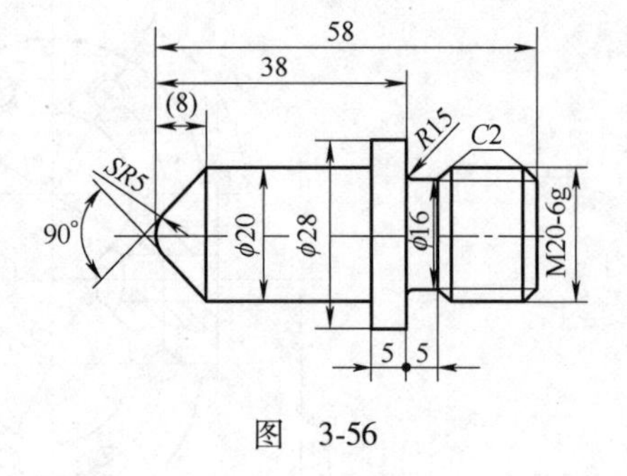

图 3-56

4. 标注尺寸要尽量适应加工方法及加工过程

同一零件的加工方法及加工过程可以极不相同，所以，适应于它们的尺寸注法也应不同。图 3-57 所示是一些常见图例。

图 3-57a 及图 3-57b 所示是在车床上一次装卡加工阶梯轴时，长度尺寸的两种注法。尺寸 *A* 将调整基准与工艺上的支承基准联系起来。

图 3-57c 所示是在车床上两次装卡加工时，轴的长度尺寸的注法。

图 3-57d 所示是用圆钢棒料车制轴时的尺寸注法。

图 3-57e 所示是一般阶梯孔深度尺寸的注法。但若采用扩孔钻加工，其深度尺寸的注法需与扩孔钻的尺寸相符，如图 3-57f 所示。

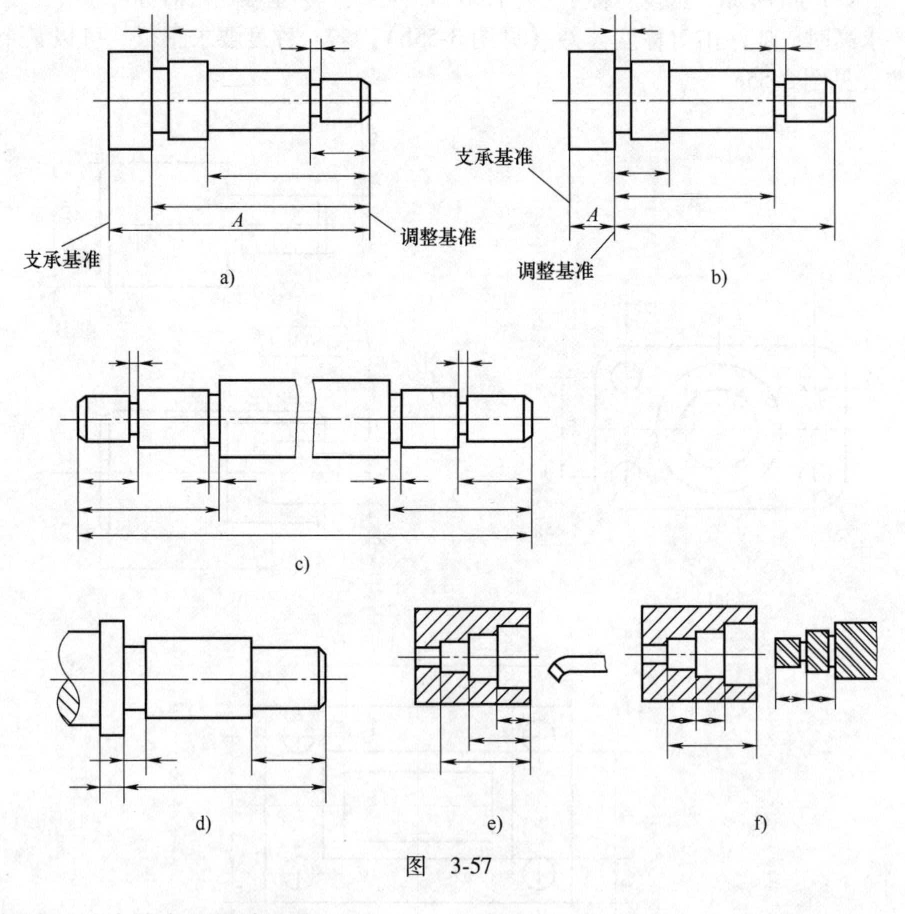

图 3-57

5. 标注尺寸应符合使用的工具

如图 3-58 所示，用圆盘铣刀铣制键槽，在主视图上应注出所用的铣刀直径，以便选定铣刀。

6. 标注尺寸应考虑加工的可能性

如图 3-59 所示，右图中所注斜孔的定位尺寸是错误的，因为无法按此尺寸由大孔内部确定斜孔的位置。

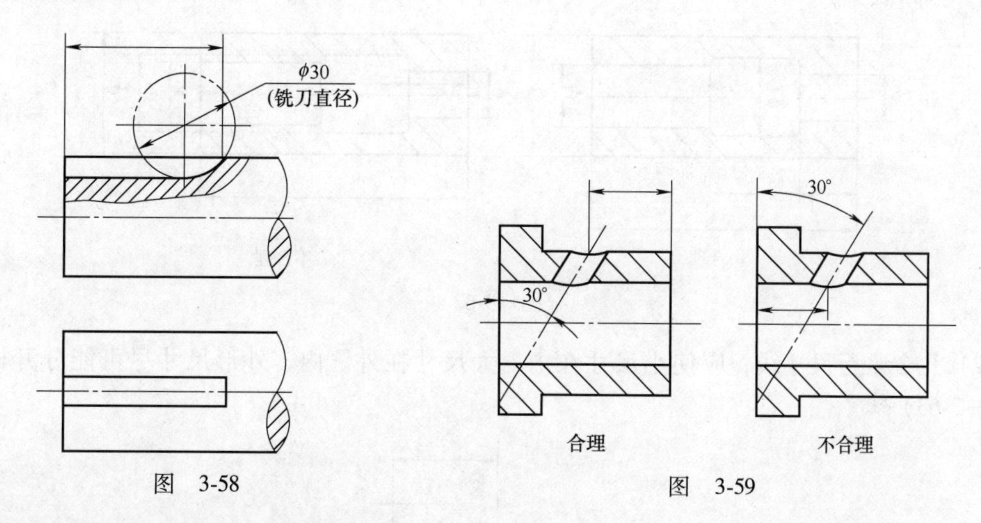

图 3-58　　图 3-59

7. 尽可能不注不便于测量的尺寸

图 3-60 所示孔深尺寸的合理标注，除了便于直接测量，也便于调整刀具的进给量。半球圆杆以标注其全长而便于测量为合理。

弯曲零件应直接注出其实际表面的尺寸，而不应标注中心线的尺寸，以便于设计模具及检验（见图 3-61）。

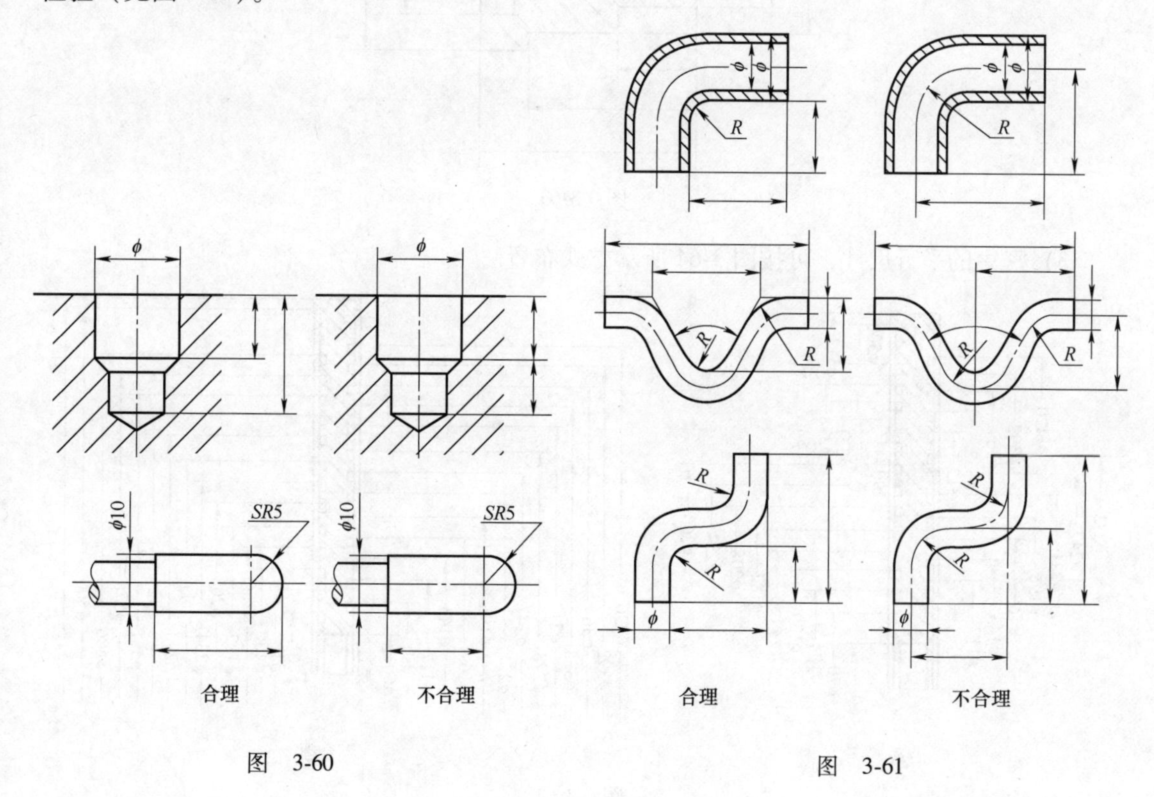

图 3-60　　图 3-61

8. 尺寸布置力求清晰醒目

1）尽量将尺寸布置在图形之外（见图 3-62），但个别尺寸注在图内反而更清晰，如图中的尺寸 ϕA。

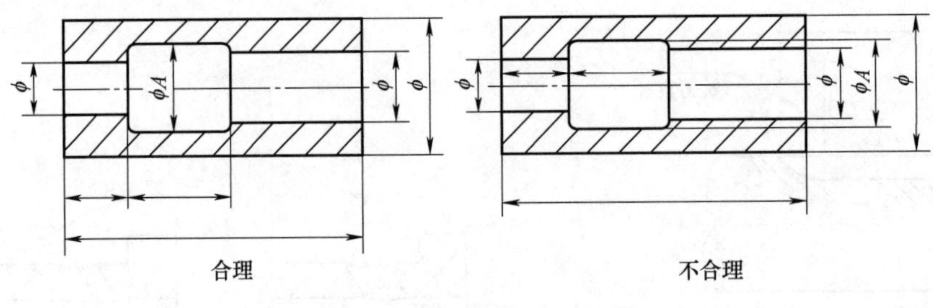

图 3-62

2）几个平行尺寸线，应使小尺寸在内，大尺寸在外。内、外形尺寸尽可能分开标注（见图 3-63）。

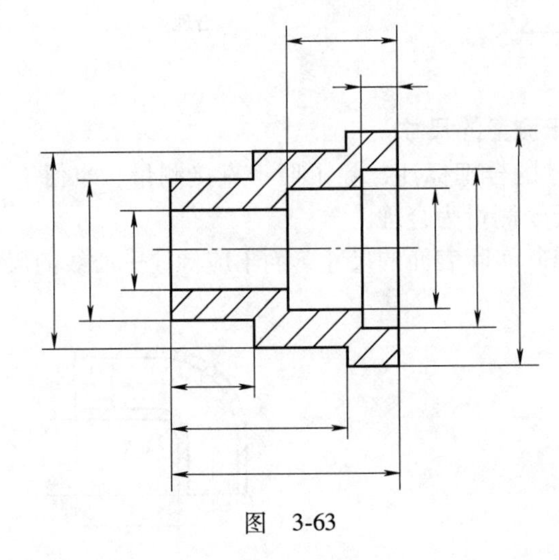

图 3-63

3）密集的平行尺寸，可按图 3-64 所示方式布置。

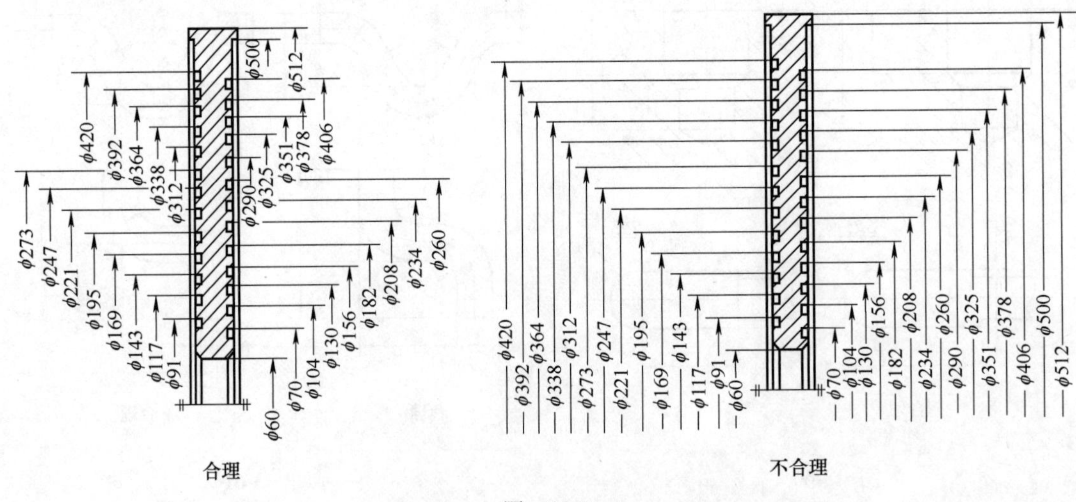

图 3-64

4）几个同轴回转面的尺寸应注在非圆投影上（见图3-65）。

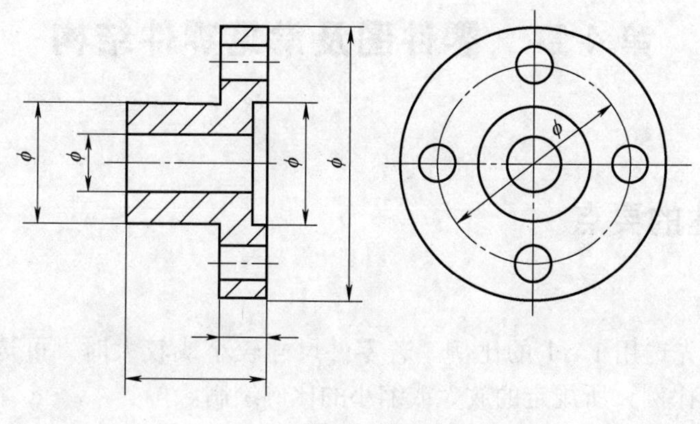

图　3-65

5）同一个工序的尺寸应集中标注（见图3-66）。

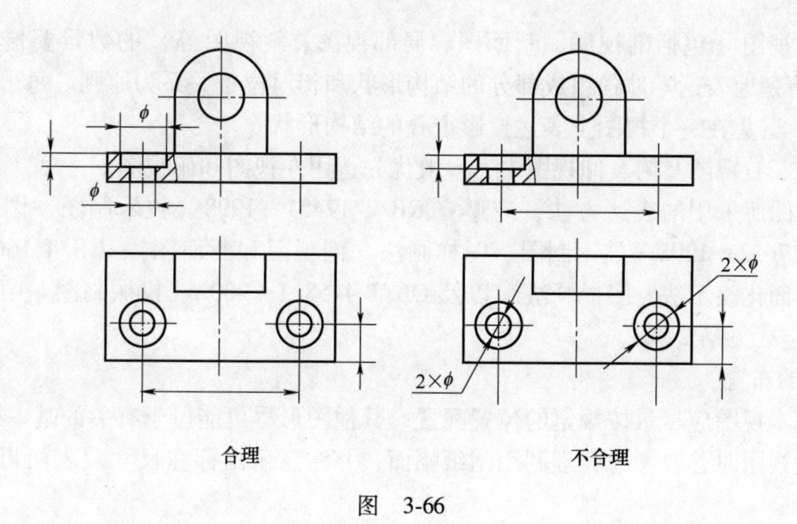

图　3-66

第 4 章　零件图及常见零件结构

4.1　零件表达的要点

1. 比例的选择

画零件图，优先选用 1∶1 的比例。若零件尺寸较小或较大时，可选用 GB/T 14690—1993《技术制图　比例》所规定的放大或缩小的比例绘制。

2. 视图的选择

1）零件一般是按它的工作位置或加工位置或安装位置，并取零件信息量最多的那个视图作为主视图。

2）所取视图（包括剖视图、断面图、局部视图、斜视图等）的数量要恰当，以能完全、正确、清楚地表达零件各组成部分的结构形状和相对位置关系为原则。每个视图应有它的表达重点，避免在一个视图上表达投影重叠的结构形状。

3）在左、右视图及俯、仰视图中，一般优先选用左视图和俯视图。

4）各视图所采用的表达方法，应遵守 GB/T 17451—1998《技术制图　图样画法　视图》、GB/T 17452—1998《技术制图　图样画法　剖视图和断面图》、GB/T 16675. 1—2012《技术制图　简化表示法　图样画法》以及 GB/T 4458. 1—2002《机械制图　图样画法　视图》中的规定（见第 2 章）。

3. 视图的布置

1）各基本视图应尽量按规定的位置配置，其他图形尽可能位于有关的基本视图附近。

2）布置视图时，要考虑合理利用图纸幅面，并注意留出标注尺寸及表面粗糙度等要求的空间。

4.2　几种典型零件的表达举例

1. 轴、套类零件的表达特点

1）轴、套类零件的主要工序是在车床和磨床上加工，选择主视图时，一般将其轴线放置成水平位置，并将先加工的一端放在右边。

2）轴、套类零件的主要结构是回转体，一般只用一个基本视图（作为主视图）表示其主要结构形状。而用剖视图、断面图、斜视图、局部视图及局部放大图等表示零件的内部结构和局部结构的形状。对于形状为有规律变化且比较长的轴、套类零件，还可采用折断画法。

图 4-1 所示为车床主轴的视图方案。图 4-2 所示为滑动轴承调节帽的视图方案。

2. 轮、盘类零件的表达特点

1）轮、盘类零件有较多的工序在车床上加工，选择主视图时，一般多将轴线水平放置。可根据加工方便或工作时的位置确定其左、右两端的方向。

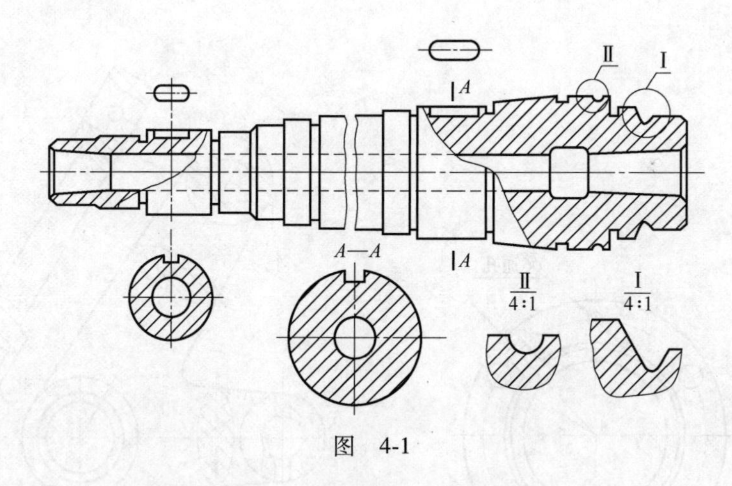

图 4-1

2）轮、盘类零件常由轮辐、辐板、键槽和连接孔等结构组成，一般用两个基本视图表示其主要结构形状，再选用剖视图、断面图、局部视图和斜视图等表示其内部结构和局部结构。对于结构形状比较简单的轮、盘类零件，有时只需一个基本视图，再配以局部视图或局部放大图等即能将零件的内、外结构形状表达清楚。

图 4-3 所示为 V 带轮的视图方案。图 4-4 所示为端盖的视图方案。

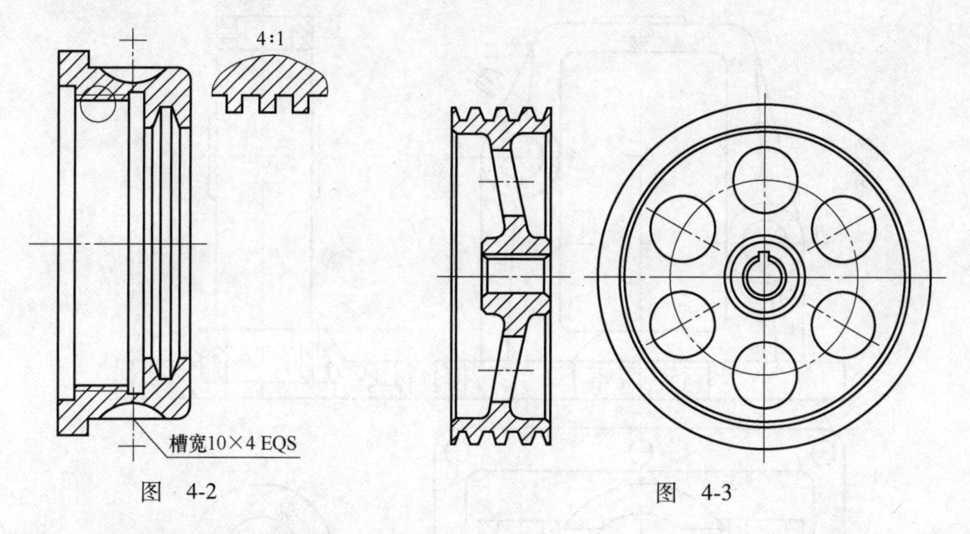

图 4-2　　图 4-3

3. 叉、架类零件的表达特点

1）叉、架类零件的形状一般较为复杂且不规则，常具有不完整和歪斜的几何形体。其加工工序较多，主要加工位置不明显，所以一般是按它的工作位置来选择主视图，或使主轴线水平或垂直放置。

2）叉、架类零件一般用两个以上的基本视图表示其主要结构形状，而用局部视图和斜视图表示不完整的及歪斜的外部形体结构。常选用局部剖视图、断面图等表示内部结构和断面的形状。

图 4-5、图 4-6 所示分别为杠杆和支架的视图方案。

4. 壳体类零件的表达特点

1）壳体类零件的毛坯多为铸件，加工工序较多，一般是按它的工作位置选择主视图。

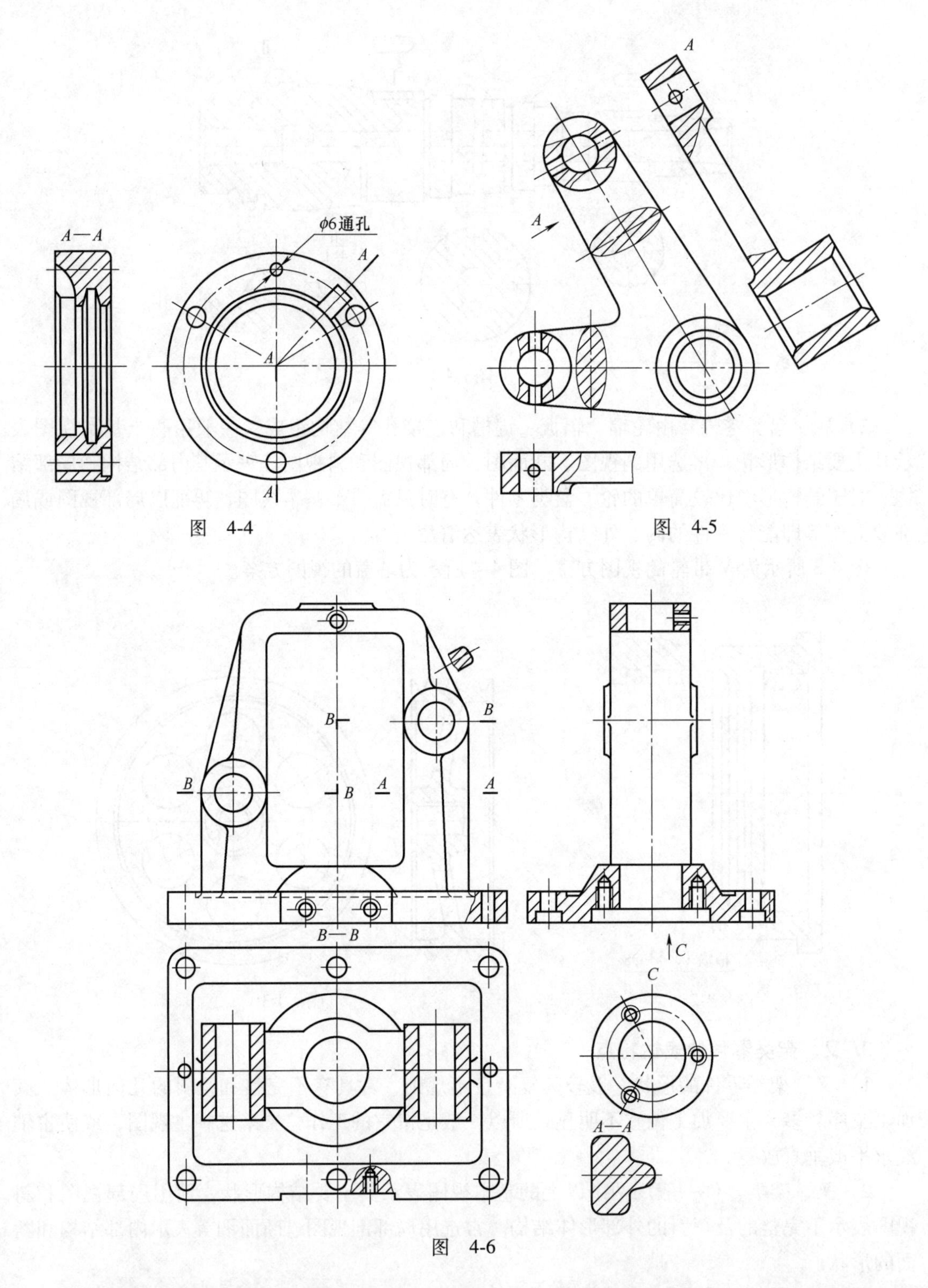

图 4-4

图 4-5

图 4-6

2）壳体类零件的结构形状较为复杂，一般需三个以上的基本视图表示其内外部结构形状。并常要选用一些局部视图、斜视图、断面图等表示其局部结构形状。

图 4-7、图 4-8 所示分别为机油泵体和方位镜主体的视图方案。

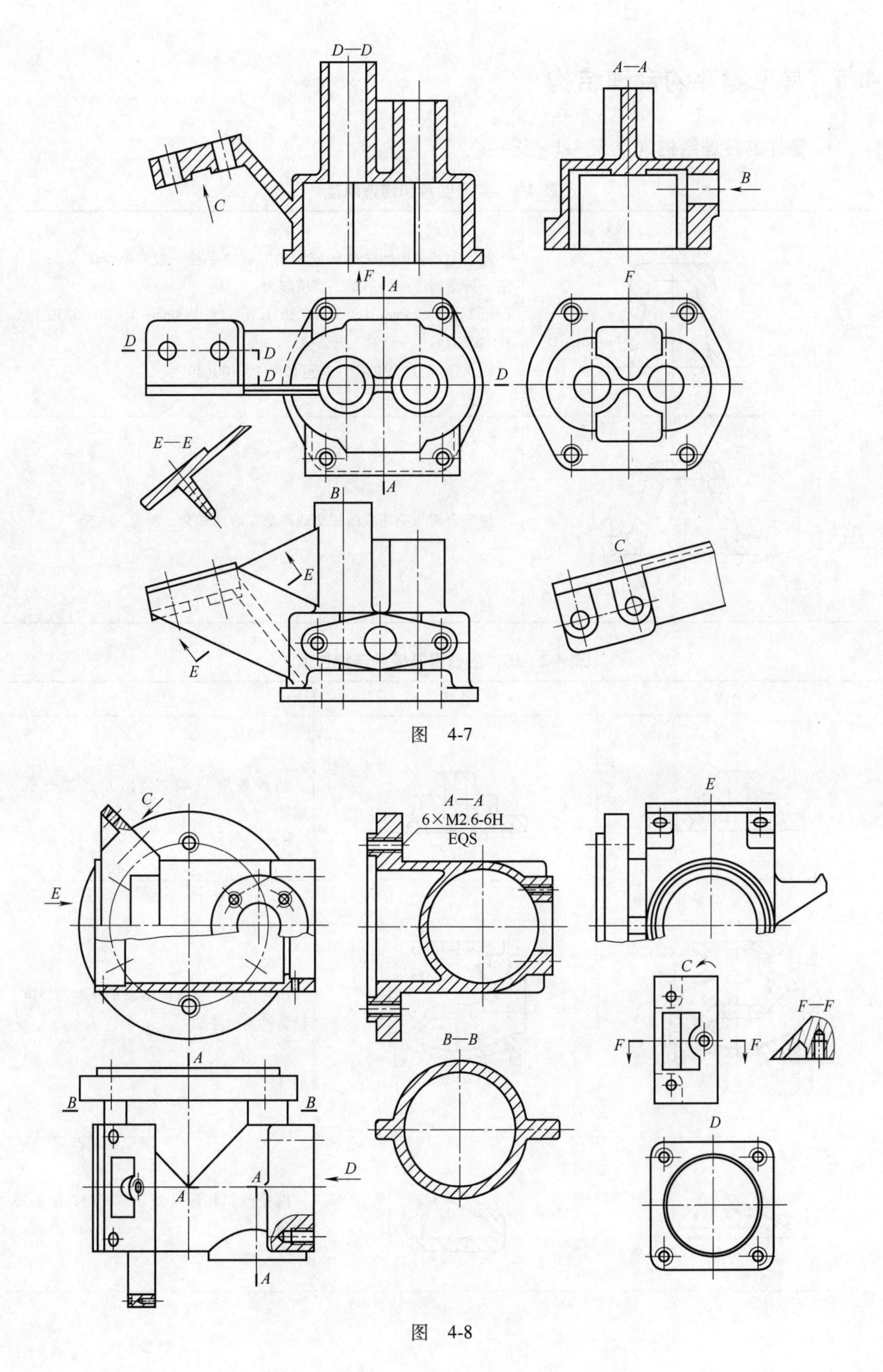

图 4-7

图 4-8

4.3 常见零件的合理结构

1. 铸件的合理结构（见表4-1~表4-4）

表 4-1 铸造圆角和铸造斜度

加工前	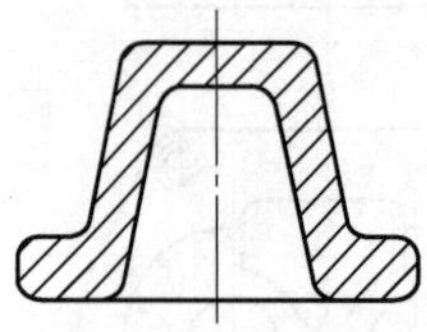	铸造毛坯表面相交处画成圆角。圆角半径一般取壁厚的0.2~0.4倍，铸造斜度一般不画，其值取为： h(高度)<25mm：1∶5(11°30′)，h=25~500mm：1∶10(5°30′)或1∶20(3°) h>500mm：1∶50(1°)，有色金属1∶100(30′)
加工后	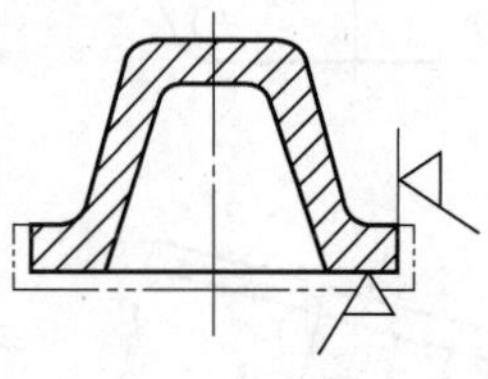	加工表面与毛坯表面相交或两加工表面相交，均画为尖角

表 4-2 铸件的壁厚及壁的连接过渡

不合理	合理	说明
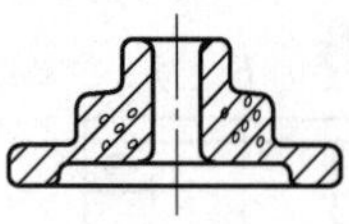	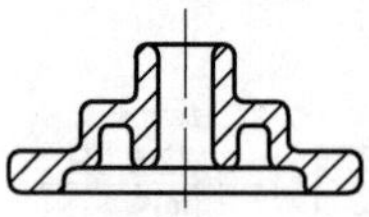	铸件壁厚应均匀，防止产生气孔、缩孔
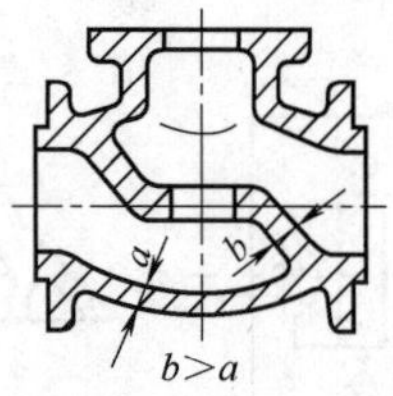 $b>a$	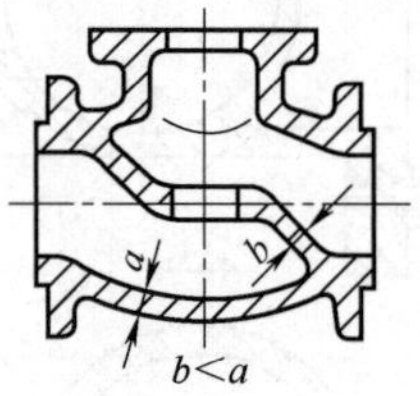 $b<a$	铸件内壁的厚度应略小于外壁的厚度，使铸件均匀冷却
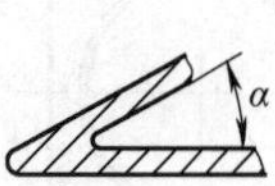 α	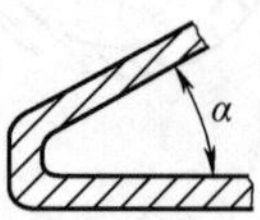 α	两壁倾斜相连且当α<75°时，应去掉尖角

（续）

不合理	合理	说明
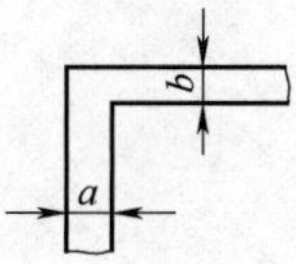	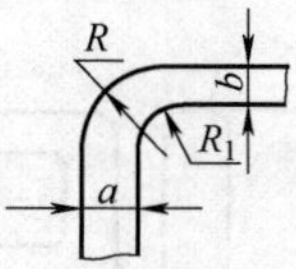	两壁垂直相交时，应使 $R>R_1$，一般取 $R \geqslant R_1+\frac{a+b}{2}$
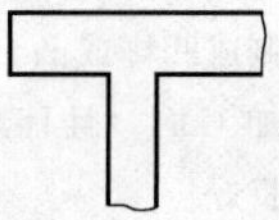	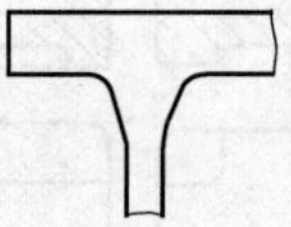	相交两壁厚度相差悬殊时，应逐渐过渡

表 4-3　铸件的凸台和凹坑

不合理	合理	说明
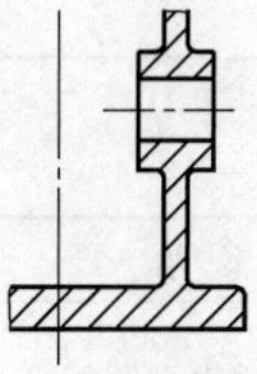	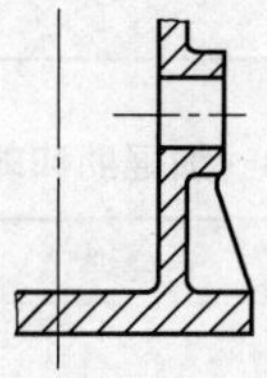	为减少金属积聚及便于造型，将双面凸台改为单面凸台并加肋板，以增强刚性
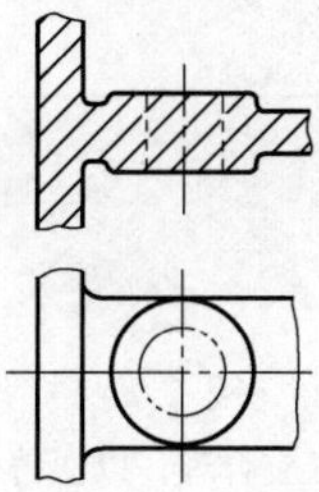	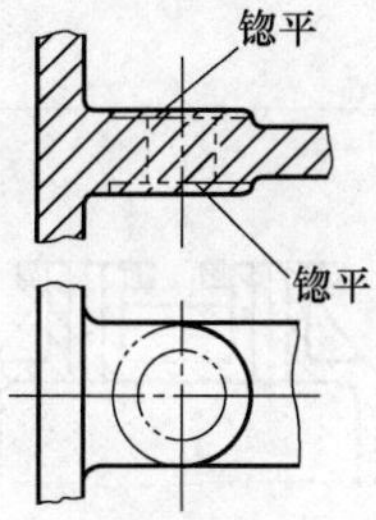	凸台与壁间的小凹槽，容易掉砂，造成铸件夹砂。应将凸台与壁连成一体，便于铸造
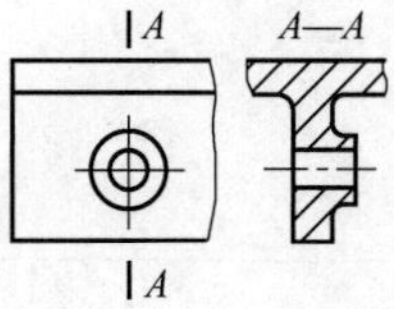	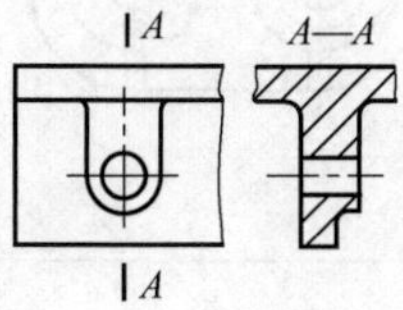	为避免木模上采用活块，可将凸台加长到分型面。如凸台需要加工，可采用锪平措施
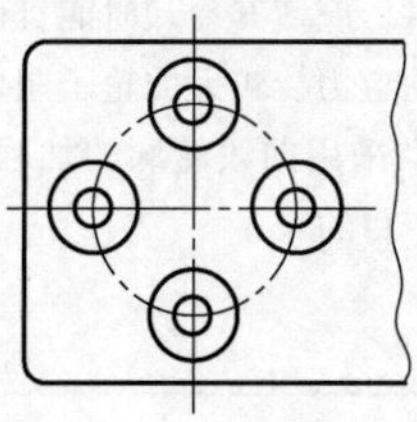	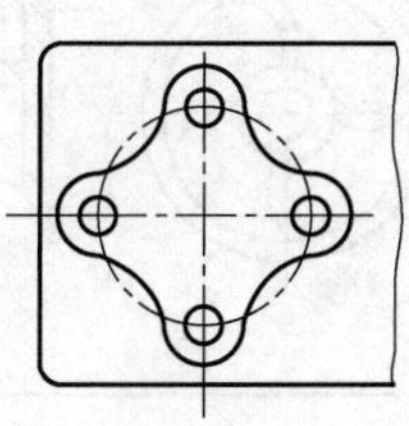	铸件外壁的若干凸台或凹坑应连成一体，便于制模和铸造

（续）

不合理	合理	说明
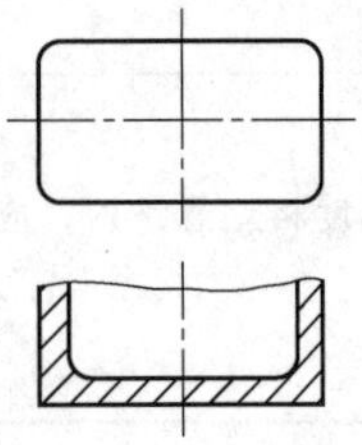	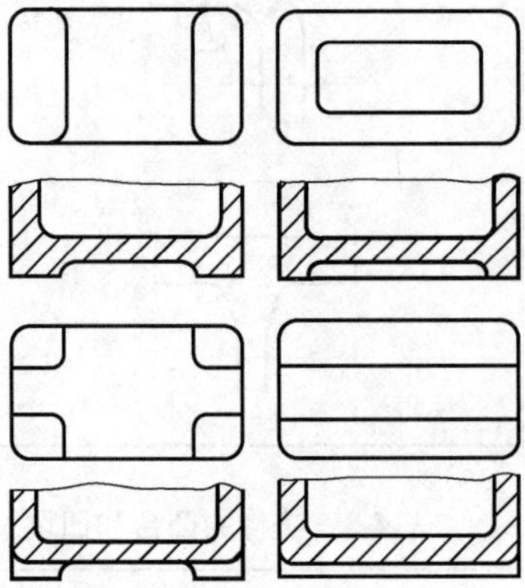	壳体的较大接触面，应制成凹槽或凸台，以减少加工面，且能保证接触良好

表 4-4　加强肋和轮辐的构形

不合理	合理	说明
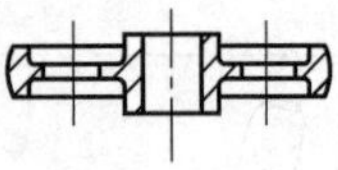	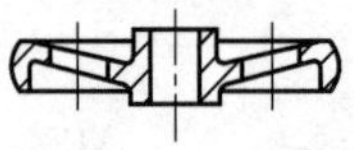	尽量避免较大的水平肋板平面，以便于排除金属中的杂质和气体，并减小内应力
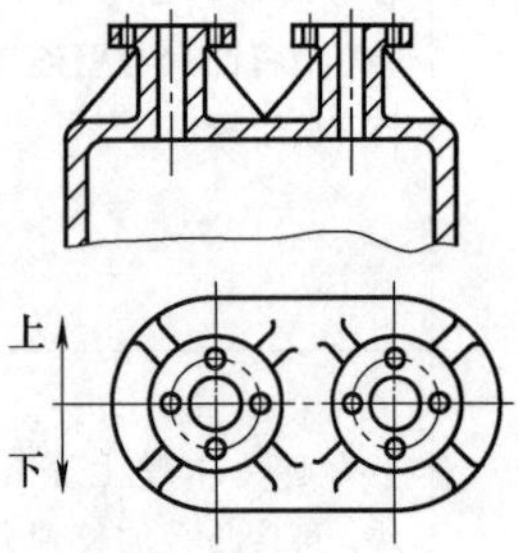 上 下	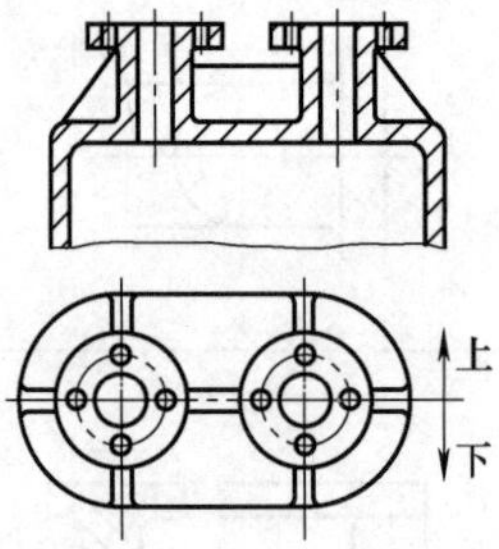 上 下	加强肋的布置应合理，以便铸造时选择分型面
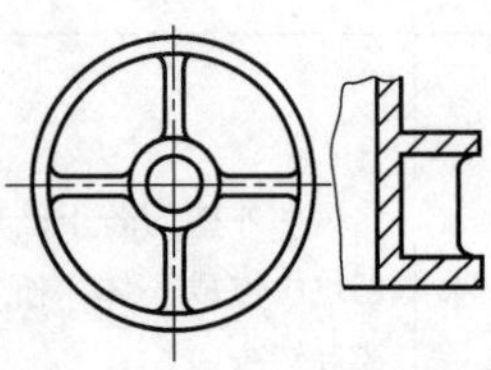		较大的铸件，应使其冷却时能自由收缩，以减小内应力。较大的轮子制成曲线轮辐，以及采用曲线轮廓的加强肋，都是为了这一目的

2. 机械加工的工艺结构（见表 4-5~表 4-12）

表 4-5　倒角和倒圆

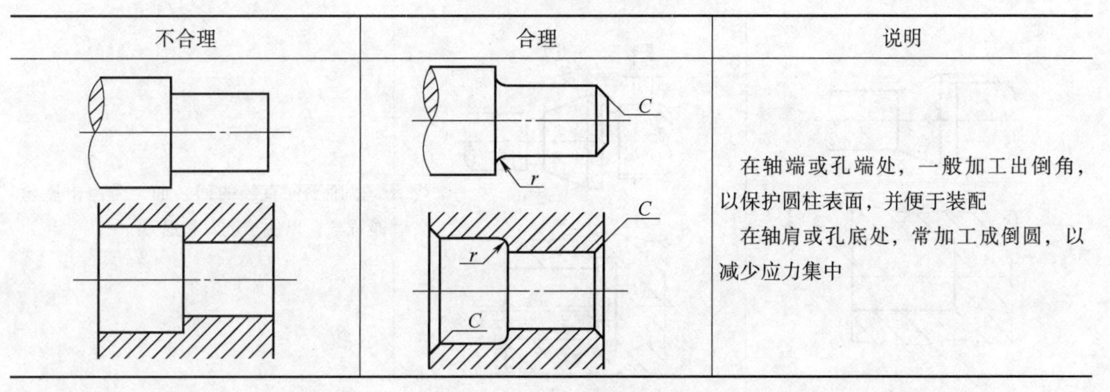

不合理	合理	说明
		在轴端或孔端处，一般加工出倒角，以保护圆柱表面，并便于装配 在轴肩或孔底处，常加工成倒圆，以减少应力集中

表 4-6　退刀槽与越程槽

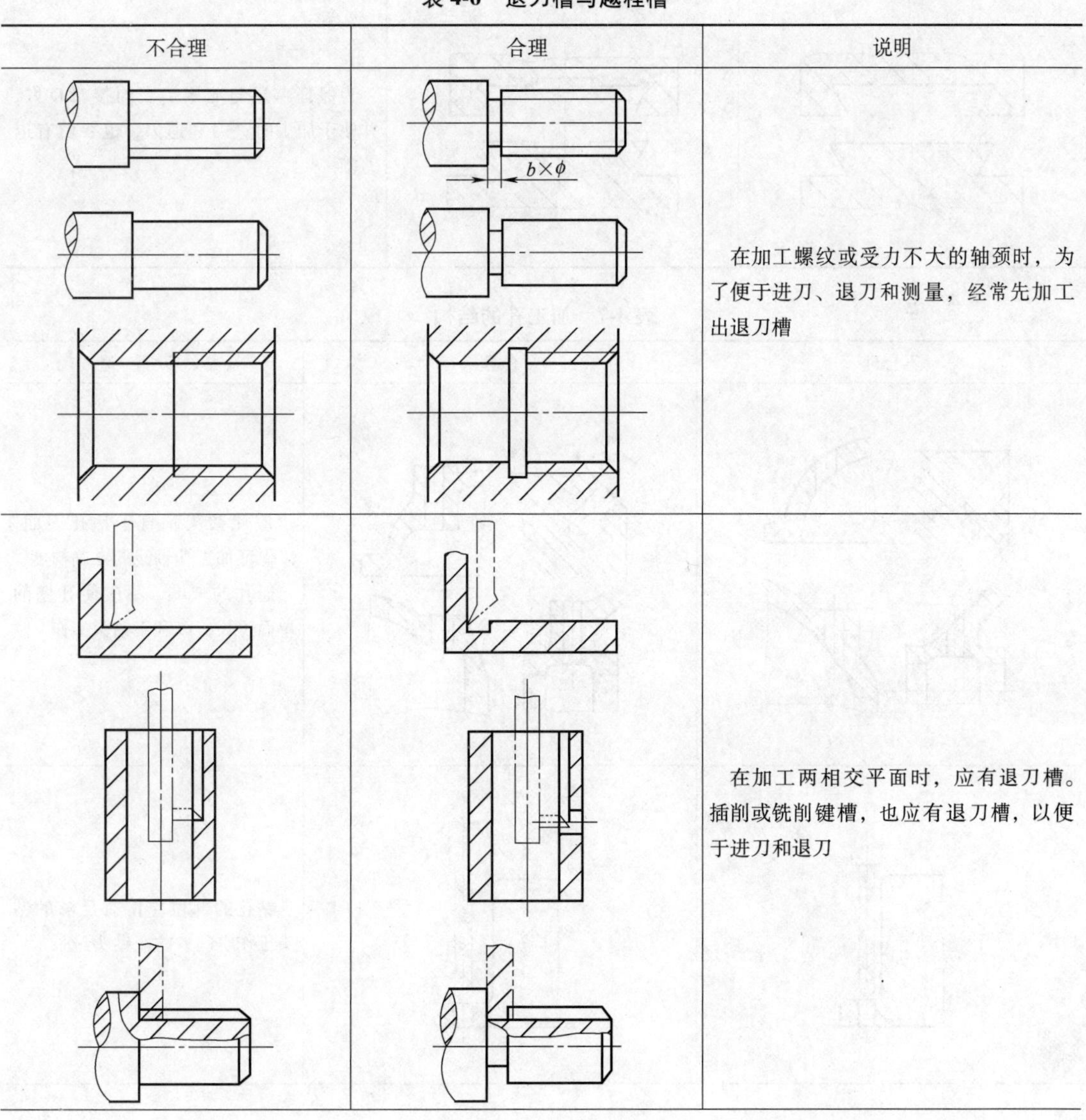

不合理	合理	说明
		在加工螺纹或受力不大的轴颈时，为了便于进刀、退刀和测量，经常先加工出退刀槽
		在加工两相交平面时，应有退刀槽。插削或铣削键槽，也应有退刀槽，以便于进刀和退刀

（续）

不合理	合理	说明
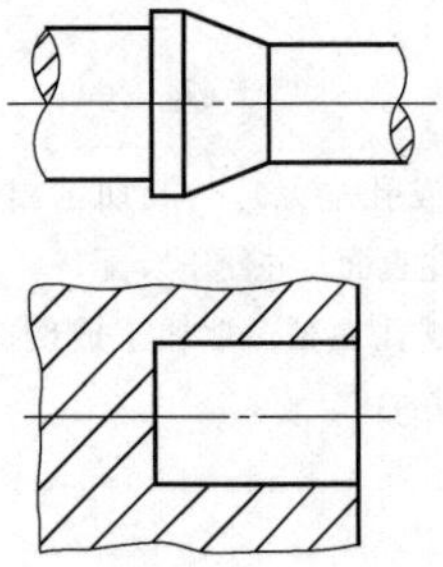	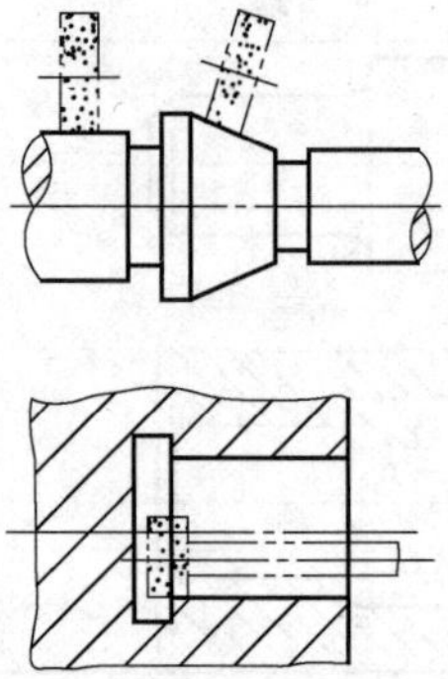	磨削不同直径的回转面，需留出砂轮越程槽，以便于进刀和退刀
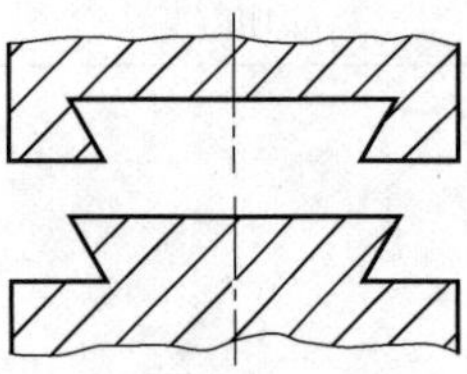	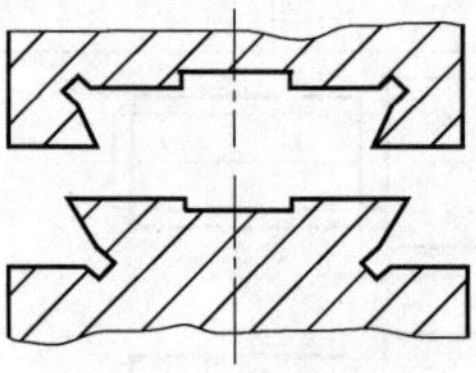	为保证燕尾与燕尾槽表面接触良好，并便于加工时进刀和退刀，也要留有退刀槽

表 4-7　加工孔的结构

不合理	合理	说明
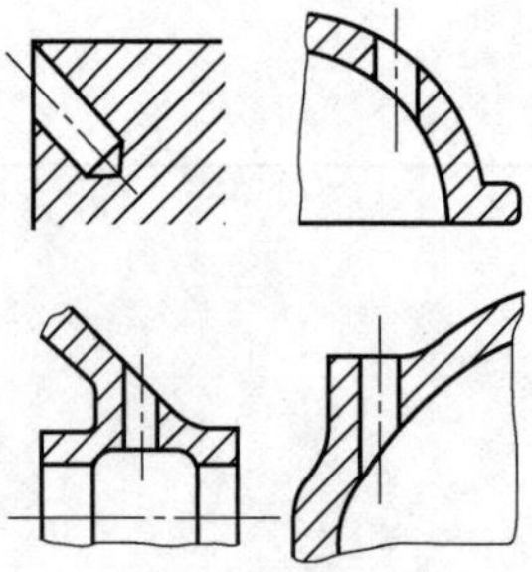	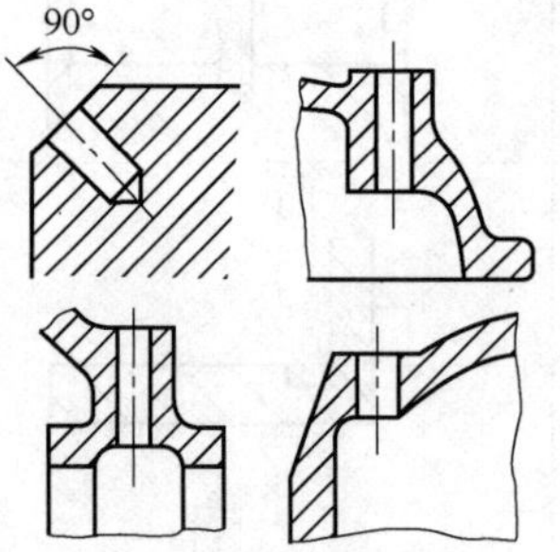 90°	应使钻头垂直于钻孔表面，以保证加工孔轴线的准确精度 通孔的末端，不应使孔壁的单面过长，以利于钻头工作
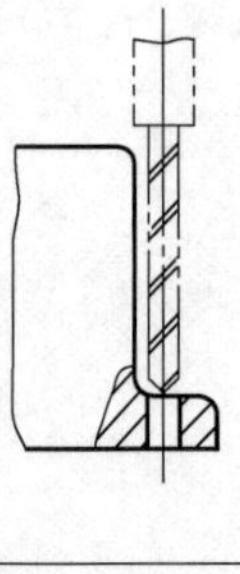	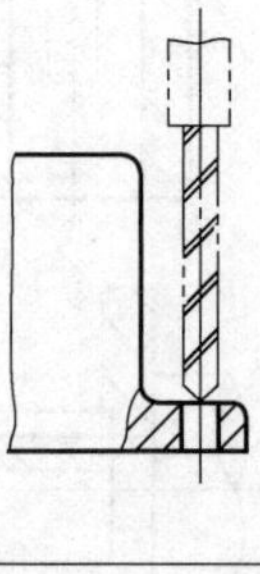	钻孔的部位应留有足够的钻头工作空间，防止钻头过长

（续）

不合理	合理	说明
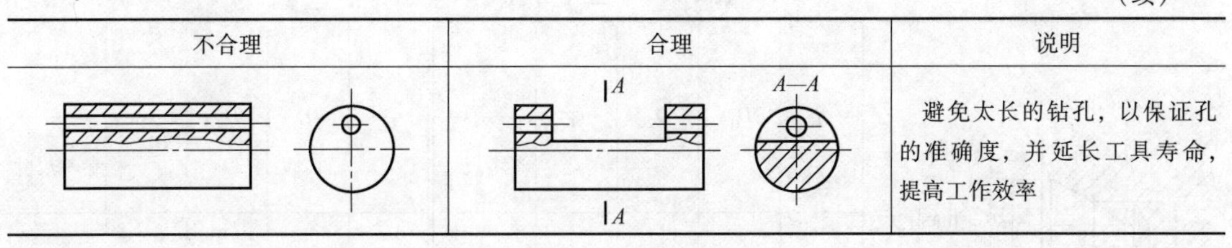		避免太长的钻孔，以保证孔的准确度，并延长工具寿命，提高工作效率

表 4-8　中心孔

型式	说明
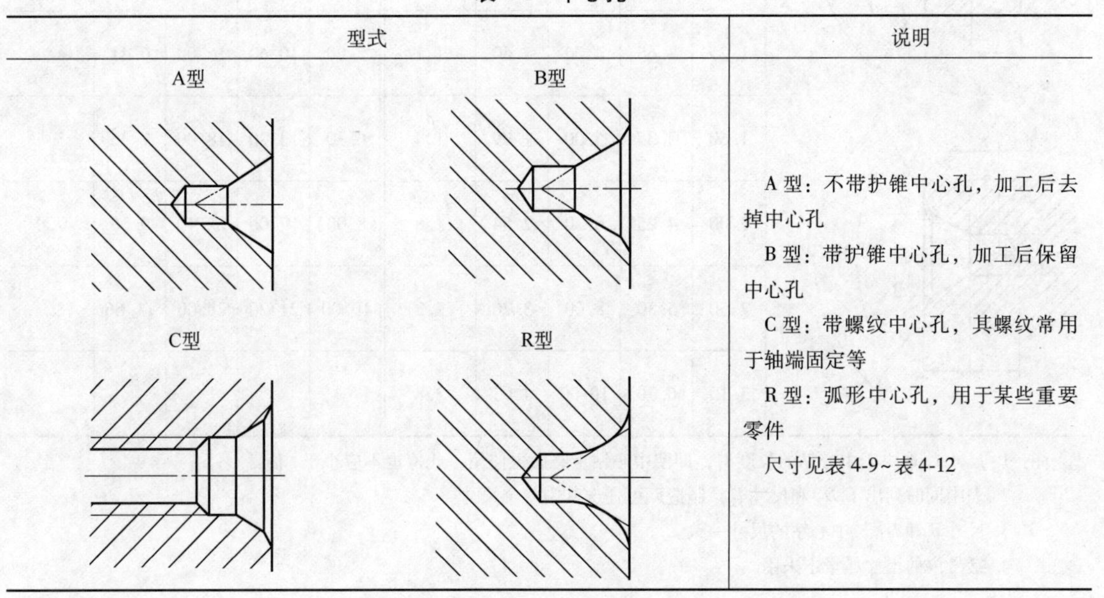	A 型：不带护锥中心孔，加工后去掉中心孔 B 型：带护锥中心孔，加工后保留中心孔 C 型：带螺纹中心孔，其螺纹常用于轴端固定等 R 型：弧形中心孔，用于某些重要零件 尺寸见表 4-9~表 4-12

表 4-9　A 型中心孔

d	D	l_2	t 参考尺寸	d	D	l_2	t 参考尺寸
(0.50)	1.06	0.48	0.5	2.50	5.30	2.42	2.2
(0.63)	1.32	0.60	0.6	3.15	6.70	3.07	2.8
(0.80)	1.70	0.78	0.7	4.00	8.50	3.90	3.5
1.00	2.12	0.97	0.9	(5.00)	10.60	4.85	4.4
(1.25)	2.65	1.21	1.1	6.30	13.20	5.98	5.5
1.60	3.35	1.52	1.4	(8.00)	17.00	7.79	7.0
2.00	4.25	1.95	1.8	10.00	21.20	9.70	8.7

注：1. 尺寸 l_1 取决于中心钻的长度 l_1，即使中心钻重磨后再使用，此值也不应小于 t 值。

2. 表中同时列出了 D 和尺寸 l_2，制造厂可任选其中一个尺寸。

3. 括号内的尺寸尽量不采用。

表 4-10　B 型中心孔

d	D_1	D_2	l_2	t 参考尺寸	d	D_1	D_2	l_2	t 参考尺寸
1.00	2.12	3.15	1.27	0.9	4.00	8.50	12.50	5.05	3.5
(1.25)	2.65	4.00	1.60	1.1	(5.00)	10.60	16.00	6.41	4.4
1.60	3.35	5.00	1.99	1.4	6.30	13.20	18.00	7.36	5.5
2.00	4.25	6.30	2.54	1.8	(8.00)	17.00	22.40	9.36	7.0
2.50	5.30	8.00	3.20	2.2	10.00	21.20	28.00	11.66	8.7
3.15	6.70	10.00	4.03	2.8					

注：1. 尺寸 l_1 取决于中心钻的长度 l_1，即使中心钻重磨后再使用，此值也不应小于 t 值。
2. 表中同时列出了 D_2 和尺寸 l_2，制造厂可任选其中一个尺寸。
3. 尺寸 d 和 D_1 与中心钻的尺寸一致。
4. 括号内的尺寸尽量不采用。

表 4-11　C 型中心孔（GB/T 145—2001）　　　　（单位：mm）

d	D_1	D_2	D_3	l	l_1（参考尺寸）
M3	3.2	5.3	5.8	2.6	1.8
M4	4.3	6.7	7.4	3.2	2.1
M5	5.3	8.1	8.8	4.0	2.4
M6	6.4	9.6	10.5	5.0	2.8
M8	8.4	12.2	13.2	6.0	3.3
M10	10.5	14.9	16.3	7.5	3.8
M12	13.0	18.1	19.8	9.5	4.4
M16	17.0	23.0	25.3	12.0	5.2
M20	21.0	28.4	31.3	15.0	6.4
M24	26.0	34.2	38.0	18.0	8.0

表 4-12　R 型中心孔

d	D	l_{min}	r		d	D	l_{min}	r	
			max	min				max	min
1.00	2.12	2.3	3.15	2.50	4.00	8.50	8.9	12.50	10.00
(1.25)	2.65	2.8	4.00	3.15	(5.00)	10.60	11.2	16.00	12.50
1.60	3.35	3.5	5.00	4.00	6.30	13.20	14.0	20.00	16.00
2.00	4.25	4.4	6.30	5.00	(8.00)	17.00	17.9	25.00	20.00
2.50	5.30	5.5	8.00	6.30	10.00	21.20	22.5	31.50	25.00
3.15	6.70	7.0	10.00	8.00					

注：括号内的尺寸尽量不采用。

第5章　表面结构

5.1　术语介绍

本节摘自 GB/T 3505—2009《产品几何技术规范（GPS）　表面结构　轮廓法　术语、定义及表面结构参数》。

1）表面结构：是在有限区域上的表面粗糙度、表面波纹度、纹理方向、表面几何形状及表面缺陷等表面特征的总称。它是出自几何表面的重复或偶然的偏差，这些偏差形成该表面的三维形貌。表面结构相关参数符号中的第一个大写字母表示被评定轮廓的类型，如 P 参数、R 参数、W 参数分别表示在原始轮廓、粗糙度轮廓、波纹度轮廓上计算得到的参数。

2）取样长度 lp、lr、lw 与评定长度 ln：取样长度为在 X 轴方向判别被评定轮廓不规则特征的长度；评定长度用于评定被评定轮廓在 X 轴方向上的长度，包括一个或几个取样长度。

3）中线：具有几何轮廓形状并划分轮廓的基准线。

4）评定轮廓的算术平均偏差 Pa、Ra、Wa：在一个取样长度内，纵坐标 $Z(x)$ 绝对值的算术平均值。

$$Pa、Ra、Wa = \frac{1}{l}\int_0^l |Z(x)| \mathrm{d}x$$

5）轮廓最大高度 Pz、Rz、Wz：在一个取样长度内，最大轮廓峰高 Zp 和最大轮廓谷深 Zv 之和（见图 5-1）。

$$Rz=Zp+Zv \text{（以粗糙度轮廓为例）}$$

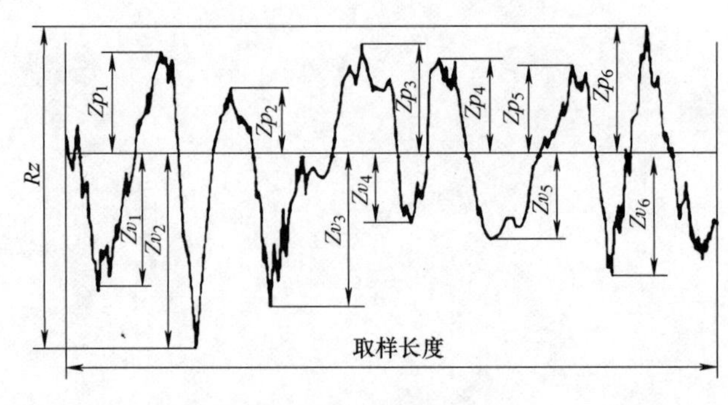

图　5-1

6）轮廓单元的平均宽度 Psm、Rsm、Wsm：在一个取样长度内，轮廓单元宽度 Xs 的平均值（见图 5-2）。

$$Psm、Rsm、Wsm = \frac{1}{m}\sum_{i=1}^{m} Xs_i$$

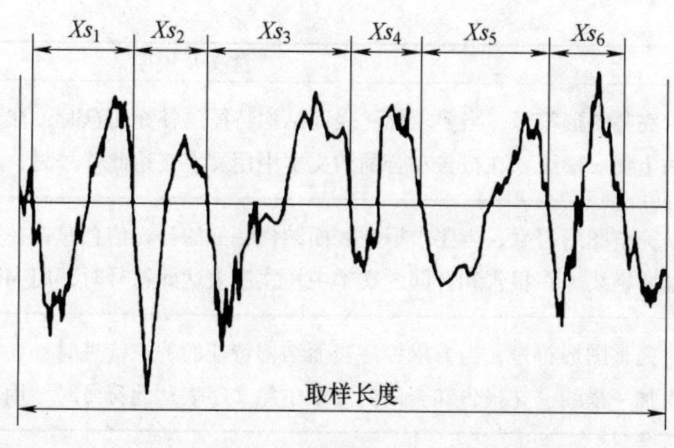

图 5-2

7）轮廓支承长度率 $Pmr(c)$、$Rmr(c)$、$Wmr(c)$ 与轮廓支承长度率曲线：轮廓支承长度率为在给定水平截面高度 c 上轮廓的实体材料长度 $Ml(c)$ 与评定长度的比率。轮廓支承长度率曲线表示轮廓支承率随水平截面高度 c 变化关系的曲线（见图 5-3）。

$$Pmr(c)、Rmr(c)、Wmr(c)=\frac{Ml(c)}{ln}$$

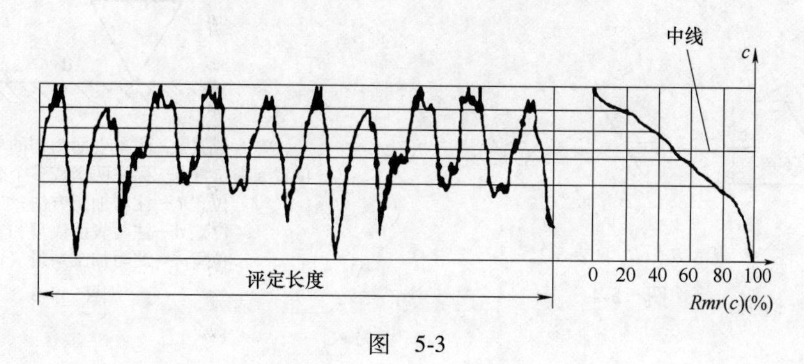

图 5-3

5.2 表面结构的图形符号

本节摘自 GB/T 131—2006《产品几何技术规范（GPS） 技术产品文件中表面结构的表示法》。

1. 表面结构符号的意义（见表 5-1）

表 5-1 表面结构符号的意义

符号	意义及说明
√	基本图形符号，对表面结构有要求的图形符号，简称基本符号。基本图形符号仅用于简化代号标注（见表 5-3），没有补充说明时不能单独使用
▽√	扩展图形符号，基本符号上加一短横，表示指定表面是用去除材料的方法获得，如通过机械加工获得的表面。仅当其含义为“被加工表面”时可单独使用
○√	扩展图形符号，基本符号上加一个圆圈，表示表面是用不去除材料的方法获得，如铸、锻、冲压变形、热轧、冷轧、粉末冶金等，也可用于表示保持上道工序形成的表面，不管这种状况是通过去除材料或不去除材料形成的

（续）

符号	意义及说明
	完整图形符号，当要求标注表面结构特征的补充信息时，在允许任何工艺图形符号的长边上加一横线。在报告和合同的文本中用文字表达此符号时，用 APA 表示
	完整图形符号，当要求标注表面结构特征的补充信息时，在去除材料图形符号的长边上加一横线。在报告和合同的文本中用文字表达此符号时，用 MRR 表示
	完整图形符号，当要求标注表面结构特征的补充信息时，在不去除材料图形符号的长边上加一横线。在报告和合同的文本中用文字表达此符号时，用 NMR 表示

2. 表面结构符号的画法（见图 5-4）

3. 表面结构的数值及有关规定在符号中注写的位置（见图 5-5）

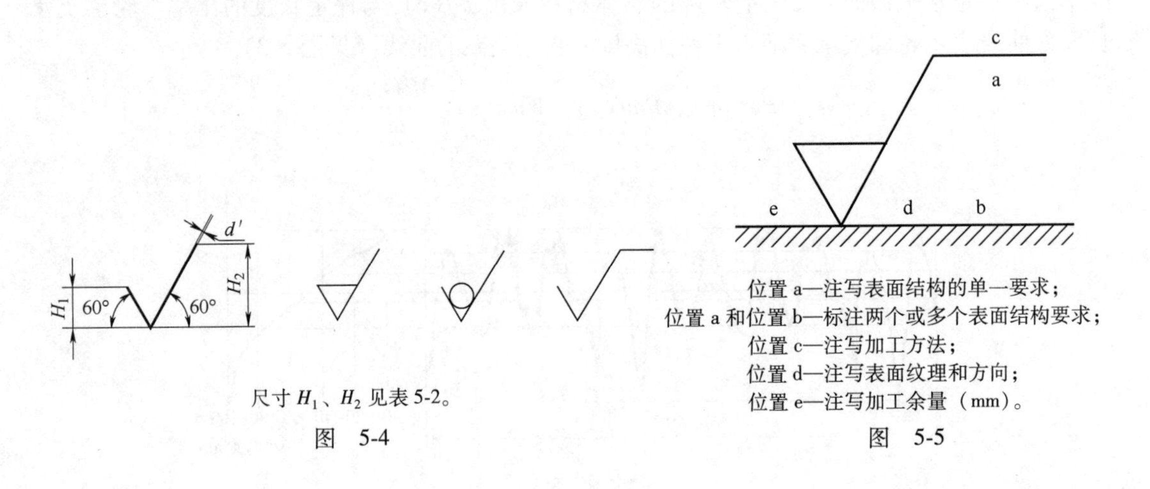

尺寸 H_1、H_2 见表 5-2。

图 5-4

位置 a—注写表面结构的单一要求；
位置 a 和位置 b—标注两个或多个表面结构要求；
位置 c—注写加工方法；
位置 d—注写表面纹理和方向；
位置 e—注写加工余量（mm）。

图 5-5

4. 表面结构符号的尺寸（见表 5-2）

表 5-2 表面结构符号的尺寸（单位：mm）

数字和字母高度 h	2.5	3.5	5	7	10	14	20
符号线宽 d' 表面纹理符号字母线宽	0.25	0.35	0.5	0.7	1	1.4	2
高度 H_1	3.5	5	7	10	14	20	28
高度 H_2（最小值）①	7.5	10.5	15	21	30	42	60

① H_2 取决于标注内容。

5.3 表面结构符号、代号的标注

本节摘自 GB/T 131—2006《产品几何技术规范（GPS） 技术产品文件中表面结构的表示法》。表面结构标注图例见表 5-3。

表 5-3　表面结构标注图例

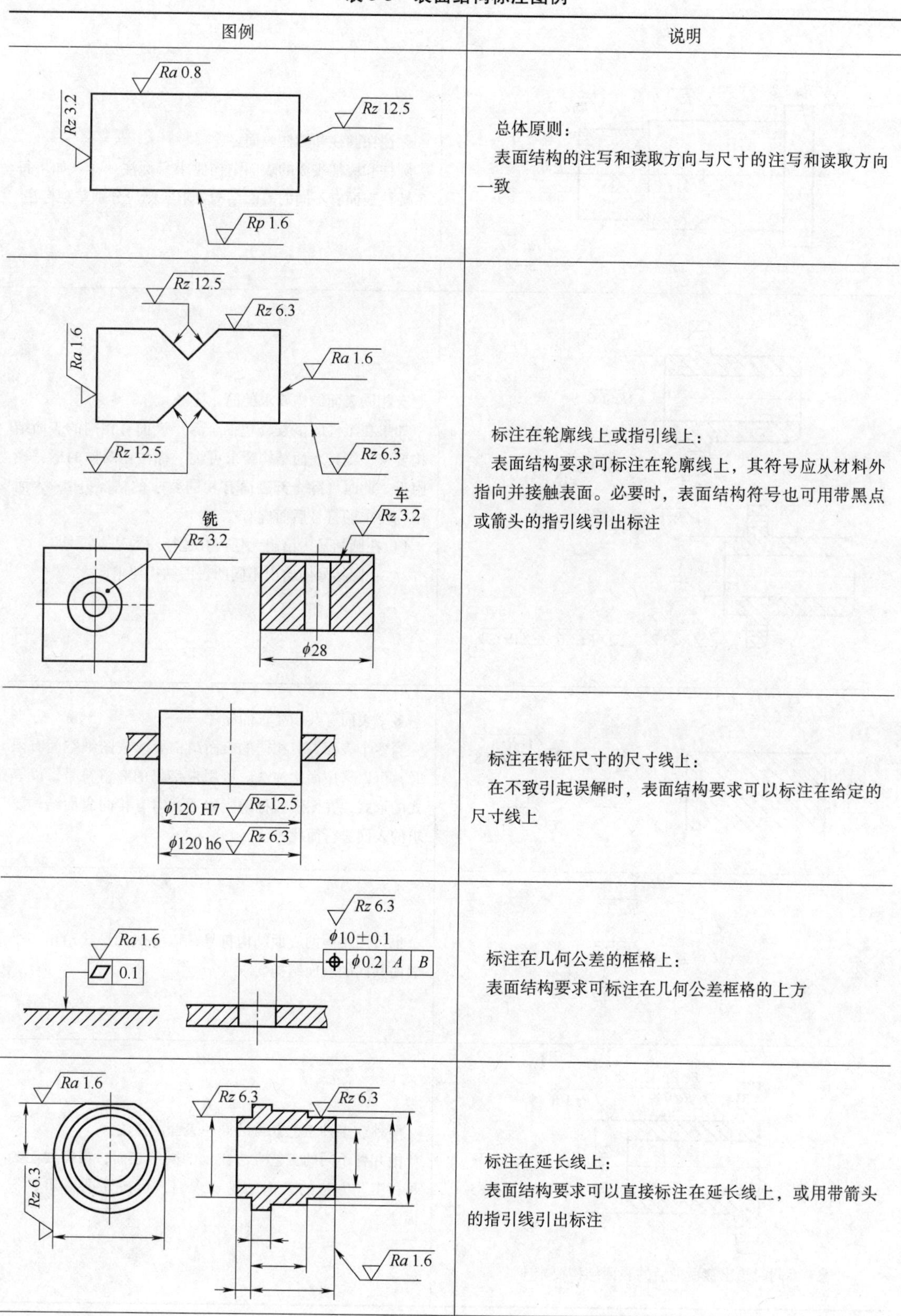

图例	说明
	总体原则： 表面结构的注写和读取方向与尺寸的注写和读取方向一致
	标注在轮廓线上或指引线上： 表面结构要求可标注在轮廓线上，其符号应从材料外指向并接触表面。必要时，表面结构符号也可用带黑点或箭头的指引线引出标注
	标注在特征尺寸的尺寸线上： 在不致引起误解时，表面结构要求可以标注在给定的尺寸线上
	标注在几何公差的框格上： 表面结构要求可标注在几何公差框格的上方
	标注在延长线上： 表面结构要求可以直接标注在延长线上，或用带箭头的指引线引出标注

（续）

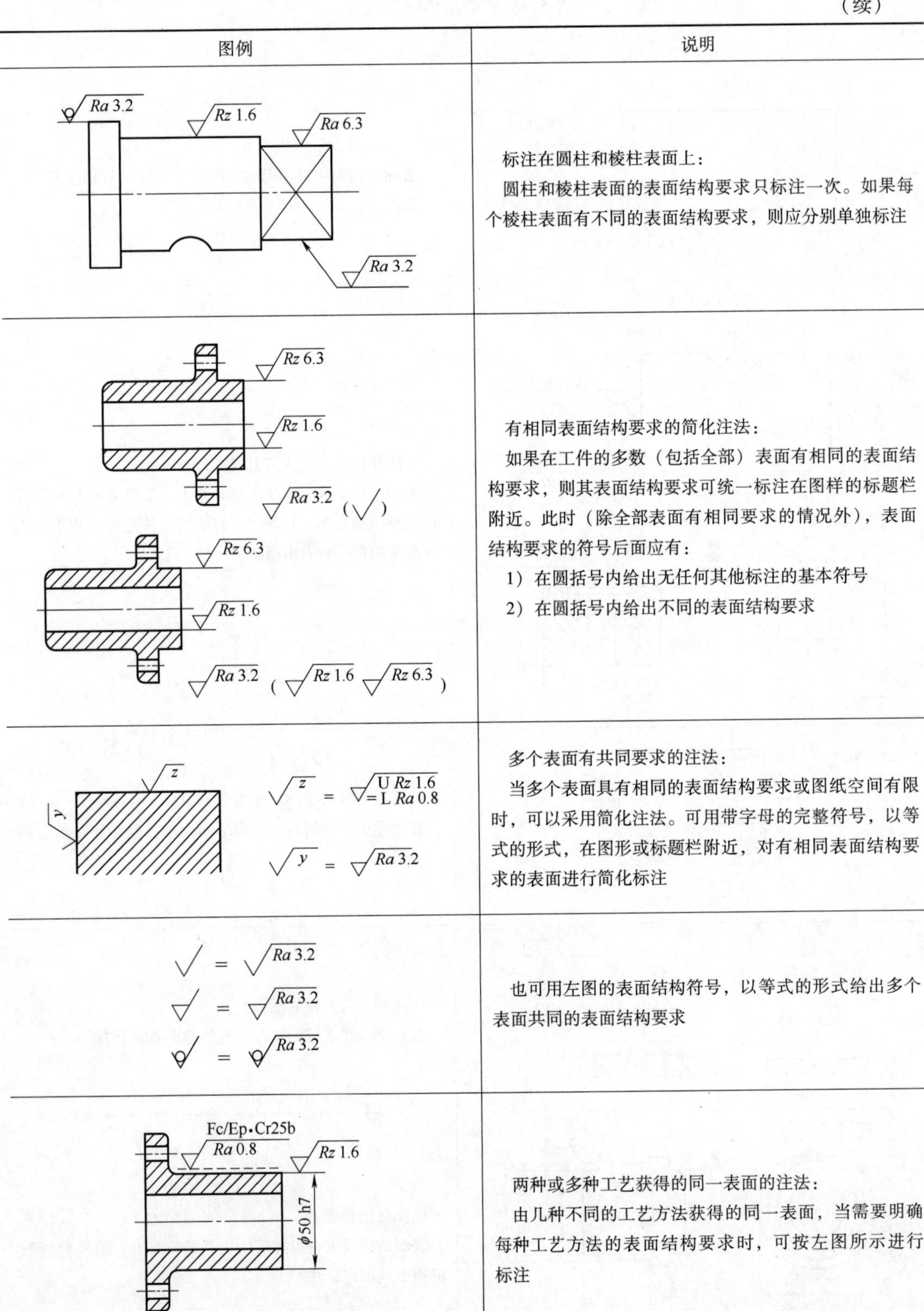

图例	说明
	标注在圆柱和棱柱表面上： 圆柱和棱柱表面的表面结构要求只标注一次。如果每个棱柱表面有不同的表面结构要求，则应分别单独标注
	有相同表面结构要求的简化注法： 如果在工件的多数（包括全部）表面有相同的表面结构要求，则其表面结构要求可统一标注在图样的标题栏附近。此时（除全部表面有相同要求的情况外），表面结构要求的符号后面应有： 1）在圆括号内给出无任何其他标注的基本符号 2）在圆括号内给出不同的表面结构要求
	多个表面有共同要求的注法： 当多个表面具有相同的表面结构要求或图纸空间有限时，可以采用简化注法。可用带字母的完整符号，以等式的形式，在图形或标题栏附近，对有相同表面结构要求的表面进行简化标注
	也可用左图的表面结构符号，以等式的形式给出多个表面共同的表面结构要求
同时给出镀覆前后的表面结构要求	两种或多种工艺获得的同一表面的注法： 由几种不同的工艺方法获得的同一表面，当需要明确每种工艺方法的表面结构要求时，可按左图所示进行标注

当需要控制表面加工纹理方向时，可在符号的右边加注加工纹理方向符号，常见的各种加工纹理方向符号见表 5-4。

表 5-4　表面纹理的标注

符号	说明	示意图
=	纹理平行于视图所在的投影面	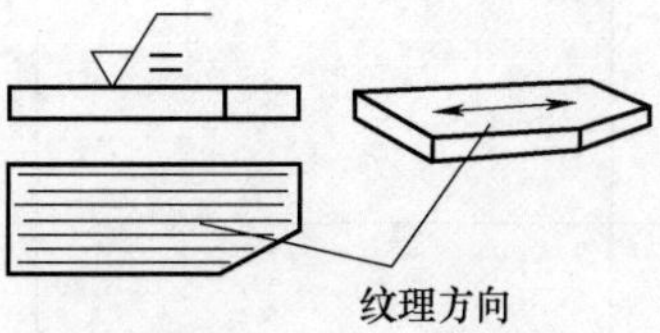 纹理方向
⊥	纹理垂直于视图所在的投影面	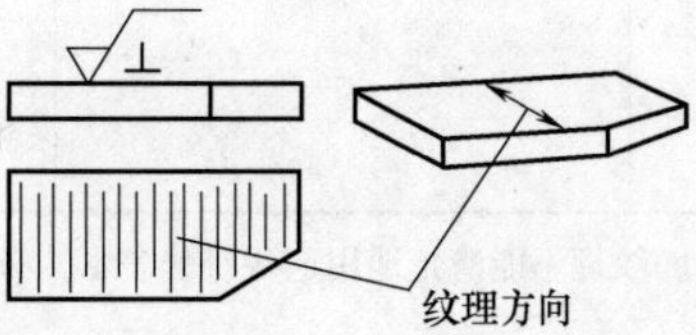 纹理方向
X	纹理呈两斜向交叉且与视图所在的投影面相交	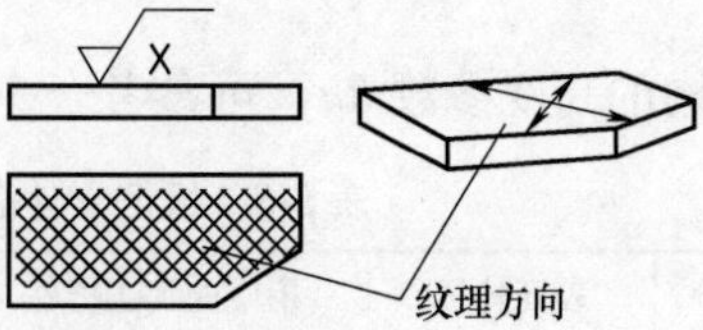 纹理方向
M	纹理呈多方向	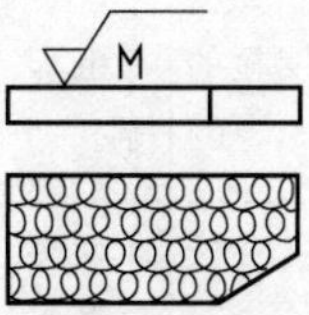
C	纹理呈近似同心圆且圆心与表面中心相关	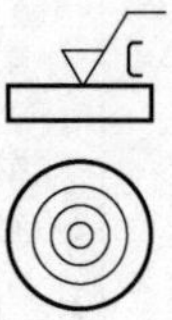

（续）

符号	说明	示意图
R	纹理呈近似放射状且与表面圆心相关	
P	纹理呈微粒、凸起，无方向	

注：如果表面纹理不能清楚地用这些符号表示，必要时，可以在图样上加注说明。

5.4 确定表面结构高度参数 *Ra* 的参考因素

表面结构的高度参数 *Ra*，可参考表 5-5~表 5-8 予以确定。

表 5-5 根据零件表面的作用确定 *Ra* 的参考值

表面结构代号	表面特征	相应的加工方法	适用范围
NMR	除净毛口	铸、锻、冷轧、热轧、冲压	非加工的平滑表面，如砂型铸造的零件表面、冷铸压力铸造、轧材、锻压、热压及各种型锻的表面等
MRR *Ra*50 MRR *Ra*25	可见明显的刀痕	粗车、镗、刨、钻等	粗制后所得到的粗加工表面，为粗糙度最高的加工面，一般很少采用
MRR *Ra*12.5	微见刀痕	粗车、刨、立铣、平铣、钻等	比较精确的粗加工表面，一般非结合的加工表面均采用此级粗糙度；如轴端面、倒角、钻孔、齿轮及带轮的侧面，键槽的非工作面，垫圈的接触面积和轴承的支承面等
MRR *Ra*6.3	可见加工痕迹	车、镗、刨、钻、平铣、立铣、锉、粗铰、磨、铣齿	半精加工表面，用于不重要零件的非配合表面，如支柱、轴、支架、外壳、衬套、盖等的端面；紧固件的自由表面，如螺栓、螺钉和螺母等表面；不要求定心及配合特性的表面，如用钻头钻的螺栓孔、螺钉孔及铆钉孔；固定支承表面，如与螺栓头及铆钉头相接触的表面 带轮、联轴器、凸轮、偏心轮的侧面，平键及键槽的上下面，斜键侧面等

（续）

表面结构代号	表面特征	相应的加工方法	适用范围
MRR *Ra*3. 2	微见加工痕迹	车、镗、刨、铣、刮 1～2 点/cm²、拉、磨、锉、滚压、铣齿	半精加工表面，用于和其他零件连接但不是配合表面，如外壳、座架盖、凸耳、端面和扳手及手轮的外圆；要求有定心及配合特性的固定支承表面，如定心的轴肩、键及键槽的工作表面；不重要的紧固螺纹的表面，非传动用的梯形螺纹、锯齿形螺纹表面，轴毛毡圈摩擦面，燕尾槽的表面等
MRR *Ra*1. 6	看不见加工痕迹	车、镗、刨、铣、铰、拉、磨、滚压、刮 1～2 点/cm²、铣齿	接近于精加工表面，用于要求有定心（不精确的定心）及配合特性的固定支承表面，如衬套、轴承和定位销压入孔；不要求定心及配合特性的活动支承面；如活动关节、花键结合、8 级齿轮齿面、传动螺纹工作表面、低速（30～60r/min）的轴颈（d<50mm）、楔形键及槽的上下面、轴承盖凸肩表面（对中心用）、端盖内侧面等
MRR *Ra*0. 8	可辨加工痕迹的方向	车、镗、拉、磨、立铣、铰、刮 3～10 点/cm²、滚压	要求保证定心及配合特性的表面，如锥形销和圆柱销的表面、G 级与 F 级精度球轴承的配合面、中速（60～120r/min）转动的轴颈、静连接 IT7 公差等级的孔、动连接 IT9 公差等级的孔；不要求保证定心及配合特性的活动支承面，如高精度的活动球状接头表面、支承垫圈、套齿叉形件、磨削的轮齿
MRR *Ra*0. 4	微辨加工痕迹的方向	铰、磨、刮3～10点/cm²、镗、拉、滚压	要求能长期保持所规定的配合特性的 IT5～IT6 的轴和孔的配合表面；高速（120r/min 以上）工作下的轴颈及衬套的工作面；间隙配合中 IT7 公差等级的孔、7 级精度的齿轮工作面、蜗杆齿面（7～8 级精度）、与滚动轴承相配合的轴颈 要求保证定心及配合特性的表面，如滑动轴承轴瓦的工作表面；不要求保证定心及结合特性的活动支承面，如导杆、推杆表面；工作时受反复应力作用的重要零件，在不破坏配合特性下，工作要保证其耐久性和疲劳强度所要求的表面，如受力螺栓的圆柱表面、曲轴和凸轮轴的工作面
MRR *Ra*0. 2	不可辨加工痕迹的方向	布轮磨、磨、研磨、超级加工	工作时承受反复应力的重要零件表面，保证零件的疲劳强度、防腐性和耐久性，并在工作时不破坏配合特性的表面，如轴颈表面、活塞和柱塞表面（30r/min）等 IT5～IT6 公差等级配合的表面，3、4、5 级精度齿轮的工作表面，与 C 级精度滚动轴承相配合的轴颈
MRR *Ra*0. 1	暗光泽面	超级加工	工作时承受较大反复应力的重要零件表面，保证零件的疲劳强度、耐蚀性及在活动接头工作中的耐久性的一些表面，如活塞销的表面、液压传动用孔的表面
MRR *Ra*0. 05	亮光泽面	超级加工	精密仪器及附件的摩擦面、量具工作面
MRR *Ra*0. 025	镜状光泽面		
MRR *Ra*0. 012	雾状镜面		
MRR *Ra*0. 01	镜面		

表 5-6　公差等级与 *Ra* 的对应关系

公差等级 IT	轴		孔	
	基本尺寸/mm	表面结构代号	基本尺寸/mm	表面结构代号
5	≤6	MRR *Ra*0. 1	≤6	MRR *Ra*0. 1
	>6~30	MRR *Ra*0. 2	>6~30	MRR *Ra*0. 2
	>30~180	MRR *Ra*0. 4	>30~180	MRR *Ra*0. 4
	>180~500	MRR *Ra*0. 8	>180~500	MRR *Ra*0. 8
6	≤10	MRR *Ra*0. 2	≤50	MRR *Ra*0. 4
	>10~80	MRR *Ra*0. 4		
	>80~250	MRR *Ra*0. 8	>50~250	MRR *Ra*0. 8
	>250~500	MRR *Ra*1. 6	>250~500	MRR *Ra*1. 6
7	≤6	MRR *Ra*0. 4	≤6	MRR *Ra*0. 4
	>6~120	MRR *Ra*0. 8	>6~80	MRR *Ra*0. 8
	>120~500	MRR *Ra*1. 6	>80~500	MRR *Ra*1. 6
8	≤3	MRR *Ra*0. 4	≤3	MRR *Ra*0. 4
	>3~50	MRR *Ra*0. 8	>3~30	MRR *Ra*0. 8
			>30~250	MRR *Ra*1. 6
	>50~500	MRR *Ra*1. 6	>250~500	MRR *Ra*3. 2
9	≤6	MRR *Ra*0. 8	≤6	MRR *Ra*0. 8
	>6~120	MRR *Ra*1. 6	>6~120	MRR *Ra*1. 6
	>120~400	MRR *Ra*3. 2	>120~400	MRR *Ra*3. 2
	>400~500	MRR *Ra*6. 3	>400~500	MRR *Ra*6. 3
10	≤10	MRR *Ra*1. 6	≤10	MRR *Ra*1. 6
	>10~120	MRR *Ra*3. 2	>10~180	MRR *Ra*3. 2
	>120~500	MRR *Ra*6. 3	>180~500	MRR *Ra*6. 3
11	≤10	MRR *Ra*1. 6	≤10	MRR *Ra*1. 6
	>10~120	MRR *Ra*3. 2	>10~120	MRR *Ra*3. 2
	>120~500	MRR *Ra*6. 3	>120~500	MRR *Ra*6. 3
12	≤80	MRR *Ra*3. 2	≤80	MRR *Ra*3. 2
	>80~250	MRR *Ra*6. 3	>80~250	MRR *Ra*6. 3
	>250~500	MRR *Ra*12. 5	>250~500	MRR *Ra*12. 5
13	≤30	MRR *Ra*3. 2	≤30	MRR *Ra*3. 2
	>30~120	MRR *Ra*6. 3	>30~120	MRR *Ra*6. 3
	>120~500	MRR *Ra*12. 5	>120~500	MRR *Ra*12. 5

表 5-7　与常用、优先公差带相适应的 *Ra* 值

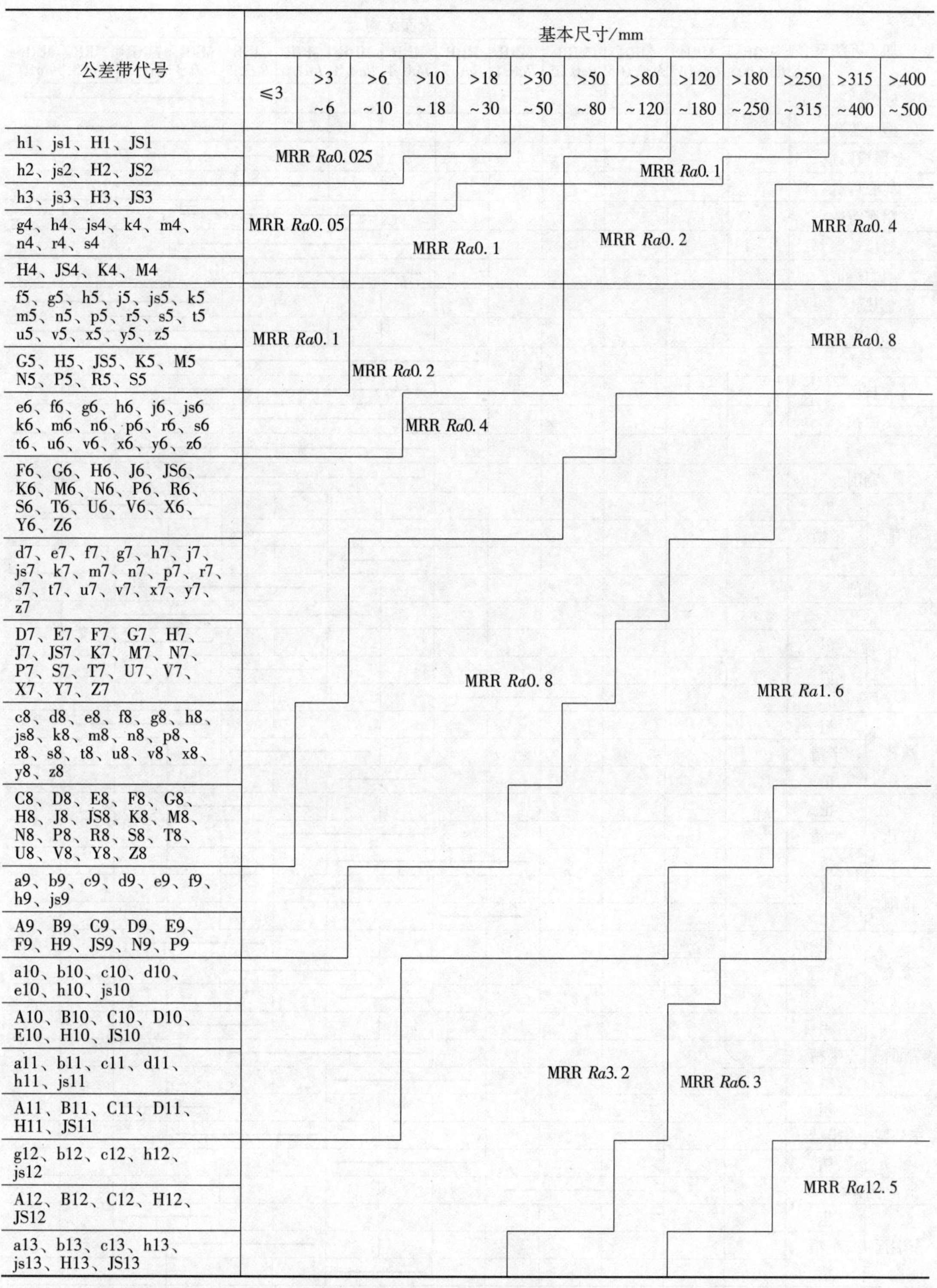

公差带代号	基本尺寸/mm												
	≤3	>3~6	>6~10	>10~18	>18~30	>30~50	>50~80	>80~120	>120~180	>180~250	>250~315	>315~400	>400~500
h1、js1、H1、JS1	MRR *Ra*0.025	MRR *Ra*0.025	MRR *Ra*0.025	MRR *Ra*0.025	MRR *Ra*0.025	MRR *Ra*0.05	MRR *Ra*0.05	MRR *Ra*0.05	MRR *Ra*0.1	MRR *Ra*0.1	MRR *Ra*0.1	MRR *Ra*0.2	MRR *Ra*0.2
h2、js2、H2、JS2	MRR *Ra*0.025	MRR *Ra*0.025	MRR *Ra*0.025	MRR *Ra*0.05	MRR *Ra*0.05	MRR *Ra*0.05	MRR *Ra*0.1	MRR *Ra*0.1	MRR *Ra*0.1	MRR *Ra*0.2	MRR *Ra*0.2	MRR *Ra*0.2	MRR *Ra*0.2
h3、js3、H3、JS3	MRR *Ra*0.05	MRR *Ra*0.05	MRR *Ra*0.05	MRR *Ra*0.05	MRR *Ra*0.1	MRR *Ra*0.1	MRR *Ra*0.2	MRR *Ra*0.2	MRR *Ra*0.2	MRR *Ra*0.2	MRR *Ra*0.4	MRR *Ra*0.4	MRR *Ra*0.4
g4、h4、js4、k4、m4、n4、r4、s4	MRR *Ra*0.05	MRR *Ra*0.05	MRR *Ra*0.1	MRR *Ra*0.1	MRR *Ra*0.1	MRR *Ra*0.1	MRR *Ra*0.2	MRR *Ra*0.2	MRR *Ra*0.2	MRR *Ra*0.2	MRR *Ra*0.4	MRR *Ra*0.4	MRR *Ra*0.4
H4、JS4、K4、M4	MRR *Ra*0.05	MRR *Ra*0.05	MRR *Ra*0.1	MRR *Ra*0.1	MRR *Ra*0.1	MRR *Ra*0.1	MRR *Ra*0.2	MRR *Ra*0.2	MRR *Ra*0.2	MRR *Ra*0.2	MRR *Ra*0.4	MRR *Ra*0.4	MRR *Ra*0.4
f5、g5、h5、j5、js5、k5 m5、n5、p5、r5、s5、t5 u5、v5、x5、y5、z5	MRR *Ra*0.1	MRR *Ra*0.1	MRR *Ra*0.2	MRR *Ra*0.2	MRR *Ra*0.2	MRR *Ra*0.2	MRR *Ra*0.4	MRR *Ra*0.4	MRR *Ra*0.4	MRR *Ra*0.4	MRR *Ra*0.8	MRR *Ra*0.8	MRR *Ra*0.8
G5、H5、JS5、K5、M5 N5、P5、R5、S5	MRR *Ra*0.1	MRR *Ra*0.1	MRR *Ra*0.2	MRR *Ra*0.2	MRR *Ra*0.2	MRR *Ra*0.2	MRR *Ra*0.4	MRR *Ra*0.4	MRR *Ra*0.4	MRR *Ra*0.4	MRR *Ra*0.8	MRR *Ra*0.8	MRR *Ra*0.8
e6、f6、g6、h6、j6、js6 k6、m6、n6、p6、r6、s6 t6、u6、v6、x6、y6、z6	MRR *Ra*0.2	MRR *Ra*0.2	MRR *Ra*0.2	MRR *Ra*0.4	MRR *Ra*0.4	MRR *Ra*0.4	MRR *Ra*0.4	MRR *Ra*0.8	MRR *Ra*0.8	MRR *Ra*0.8	MRR *Ra*1.6	MRR *Ra*1.6	MRR *Ra*1.6
F6、G6、H6、J6、JS6、K6、M6、N6、P6、R6、S6、T6、U6、V6、X6、Y6、Z6	MRR *Ra*0.4	MRR *Ra*0.4	MRR *Ra*0.4	MRR *Ra*0.4	MRR *Ra*0.4	MRR *Ra*0.4	MRR *Ra*0.8	MRR *Ra*0.8	MRR *Ra*0.8	MRR *Ra*0.8	MRR *Ra*1.6	MRR *Ra*1.6	MRR *Ra*1.6
d7、e7、f7、g7、h7、j7、js7、k7、m7、n7、p7、r7、s7、t7、u7、v7、x7、y7、z7	MRR *Ra*0.4	MRR *Ra*0.4	MRR *Ra*0.8	MRR *Ra*0.8	MRR *Ra*0.8	MRR *Ra*0.8	MRR *Ra*0.8	MRR *Ra*0.8	MRR *Ra*1.6	MRR *Ra*1.6	MRR *Ra*1.6	MRR *Ra*1.6	MRR *Ra*1.6
D7、E7、F7、G7、H7、J7、JS7、K7、M7、N7、P7、S7、T7、U7、V7、X7、Y7、Z7	MRR *Ra*0.4	MRR *Ra*0.4	MRR *Ra*0.8	MRR *Ra*0.8	MRR *Ra*0.8	MRR *Ra*0.8	MRR *Ra*0.8	MRR *Ra*1.6	MRR *Ra*1.6	MRR *Ra*1.6	MRR *Ra*1.6	MRR *Ra*1.6	MRR *Ra*1.6
c8、d8、e8、f8、g8、h8、js8、k8、m8、n8、p8、r8、s8、t8、u8、v8、x8、y8、z8	MRR *Ra*0.4	MRR *Ra*0.8	MRR *Ra*0.8	MRR *Ra*0.8	MRR *Ra*0.8	MRR *Ra*0.8	MRR *Ra*1.6	MRR *Ra*1.6	MRR *Ra*1.6	MRR *Ra*1.6	MRR *Ra*1.6	MRR *Ra*1.6	MRR *Ra*1.6
C8、D8、E8、F8、G8、H8、J8、JS8、K8、M8、N8、P8、R8、S8、T8、U8、V8、Y8、Z8	MRR *Ra*0.4	MRR *Ra*0.8	MRR *Ra*0.8	MRR *Ra*0.8	MRR *Ra*0.8	MRR *Ra*1.6	MRR *Ra*1.6	MRR *Ra*1.6	MRR *Ra*1.6	MRR *Ra*1.6	MRR *Ra*3.2	MRR *Ra*3.2	MRR *Ra*3.2
a9、b9、c9、d9、e9、f9、h9、js9	MRR *Ra*0.8	MRR *Ra*0.8	MRR *Ra*1.6	MRR *Ra*1.6	MRR *Ra*1.6	MRR *Ra*1.6	MRR *Ra*1.6	MRR *Ra*1.6	MRR *Ra*3.2	MRR *Ra*3.2	MRR *Ra*3.2	MRR *Ra*6.3	MRR *Ra*6.3
A9、B9、C9、D9、E9、F9、H9、JS9、N9、P9	MRR *Ra*0.8	MRR *Ra*0.8	MRR *Ra*1.6	MRR *Ra*1.6	MRR *Ra*1.6	MRR *Ra*1.6	MRR *Ra*1.6	MRR *Ra*1.6	MRR *Ra*3.2	MRR *Ra*3.2	MRR *Ra*3.2	MRR *Ra*6.3	MRR *Ra*6.3
a10、b10、c10、d10、e10、h10、js10	MRR *Ra*1.6	MRR *Ra*1.6	MRR *Ra*1.6	MRR *Ra*3.2	MRR *Ra*3.2	MRR *Ra*3.2	MRR *Ra*3.2	MRR *Ra*3.2	MRR *Ra*3.2	MRR *Ra*6.3	MRR *Ra*6.3	MRR *Ra*6.3	MRR *Ra*6.3
A10、B10、C10、D10、E10、H10、JS10	MRR *Ra*1.6	MRR *Ra*1.6	MRR *Ra*1.6	MRR *Ra*3.2	MRR *Ra*3.2	MRR *Ra*3.2	MRR *Ra*3.2	MRR *Ra*3.2	MRR *Ra*6.3	MRR *Ra*6.3	MRR *Ra*6.3	MRR *Ra*6.3	MRR *Ra*6.3
a11、b11、c11、d11、h11、js11	MRR *Ra*1.6	MRR *Ra*1.6	MRR *Ra*1.6	MRR *Ra*3.2	MRR *Ra*3.2	MRR *Ra*3.2	MRR *Ra*3.2	MRR *Ra*3.2	MRR *Ra*6.3	MRR *Ra*6.3	MRR *Ra*6.3	MRR *Ra*6.3	MRR *Ra*6.3
A11、B11、C11、D11、H11、JS11	MRR *Ra*1.6	MRR *Ra*1.6	MRR *Ra*1.6	MRR *Ra*3.2	MRR *Ra*3.2	MRR *Ra*3.2	MRR *Ra*3.2	MRR *Ra*3.2	MRR *Ra*6.3	MRR *Ra*6.3	MRR *Ra*6.3	MRR *Ra*6.3	MRR *Ra*6.3
g12、b12、c12、h12、js12	MRR *Ra*3.2	MRR *Ra*3.2	MRR *Ra*3.2	MRR *Ra*3.2	MRR *Ra*3.2	MRR *Ra*3.2	MRR *Ra*3.2	MRR *Ra*6.3	MRR *Ra*6.3	MRR *Ra*6.3	MRR *Ra*12.5	MRR *Ra*12.5	MRR *Ra*12.5
A12、B12、C12、H12、JS12	MRR *Ra*3.2	MRR *Ra*3.2	MRR *Ra*3.2	MRR *Ra*3.2	MRR *Ra*3.2	MRR *Ra*3.2	MRR *Ra*3.2	MRR *Ra*6.3	MRR *Ra*6.3	MRR *Ra*6.3	MRR *Ra*12.5	MRR *Ra*12.5	MRR *Ra*12.5
a13、b13、c13、h13、js13、H13、JS13	MRR *Ra*3.2	MRR *Ra*3.2	MRR *Ra*3.2	MRR *Ra*3.2	MRR *Ra*3.2	MRR *Ra*6.3	MRR *Ra*6.3	MRR *Ra*6.3	MRR *Ra*12.5	MRR *Ra*12.5	MRR *Ra*12.5	MRR *Ra*12.5	MRR *Ra*12.5

注：1. 本表适用于一般机械，并且不考虑形状公差对表面结构的要求。

2. 对特殊的配合件，如孔、轴公差等级相差较大时，应按较高等级公差带选取 *Ra* 值。

3. *Ra* 的单位为 μm。

表 5-8　各种加工方法所能达到的 *Ra* 值

加工方法		表面结构													
		MRR *Ra*0.006	MRR *Ra*0.012	MRR *Ra*0.025	MRR *Ra*0.05	MRR *Ra*0.1	MRR *Ra*0.2	MRR *Ra*0.4	MRR *Ra*0.8	MRR *Ra*1.6	MRR *Ra*3.2	MRR *Ra*6.3	MRR *Ra*12.5	MRR *Ra*25	MRR *Ra*50
砂模铸造												—	—	—	—
型壳铸造												—	—	—	—
金属模铸造										—	—	—	—	—	
离心铸造										—	—	—	—		
精密铸造									—	—	—	—			
蜡模铸造								—	—	—	—	—			
压力铸造								—	—	—	—				
热轧												—	—	—	—
模锻										—	—	—	—	—	—
冷轧							—	—	—	—	—	—			
挤压								—	—	—	—	—			
冷拉							—	—	—	—	—				
锉								—	—	—	—	—	—		
刮削								—	—	—	—	—	—		
刨削	粗											—	—	—	
	半精									—	—				
	精							—	—						
插削										—	—	—	—		
钻孔									—	—	—	—	—		
扩孔	粗											—	—		
	精									—	—				
金刚镗孔					—	—	—								
镗孔	粗											—	—	—	
	半精								—	—	—				
	精							—	—						
铰孔	粗									—	—	—			
	半精							—	—	—					
	精					—	—	—	—						
拉削	半精							—	—	—					
	精					—	—								
滚铣	粗										—	—	—		
	半精								—	—	—				
	精							—	—						
端面铣	粗										—	—			
	半精							—	—	—	—				
	精						—	—	—						
车外圆	粗											—	—		
	半精									—	—	—			
	精						—	—	—						
金刚车				—	—	—									
车端面	粗											—	—		
	半精									—	—	—			
	精							—	—						
磨外圆	粗								—	—	—				
	半精						—	—	—						
	精			—	—	—	—								

（续）

加工方法		表面结构													
		MRR *Ra*0.006	MRR *Ra*0.012	MRR *Ra*0.025	MRR *Ra*0.05	MRR *Ra*0.1	MRR *Ra*0.2	MRR *Ra*0.4	MRR *Ra*0.8	MRR *Ra*1.6	MRR *Ra*3.2	MRR *Ra*6.3	MRR *Ra*12.5	MRR *Ra*25	MRR *Ra*50
磨平面	粗									—					
	半精							—	—						
	精			—	—	—	—								
珩磨	平面			—	—	—	—	—	—						
	圆柱		—	—	—	—	—								
研磨	粗						—	—	—						
	半精				—	—	—								
	精		—	—	—										
抛光	一般					—	—	—	—						
	精		—	—	—										
滚压抛光					—	—	—	—	—	—					
超精加工	平面		—	—	—	—	—								
	圆柱	—	—	—	—	—	—								
化学磨									—	—	—	—	—		
电解磨			—	—	—	—	—	—	—						
电火花加工									—	—	—	—	—		
切割	气割											—	—	—	—
	锯									—	—	—	—	—	—
	车										—	—	—		
	铣												—	—	
	磨									—	—				
螺纹加工	丝锥板牙								—	—	—				
	梳铣								—	—	—				
	滚						—	—							
	车								—	—	—	—			
	搓螺纹								—	—	—				
	滚压							—	—	—					
	磨						—	—	—						
	研磨				—	—	—	—	—						
齿轮及花键加工	刨								—	—	—				
	滚								—	—	—				
	插								—	—	—				
	磨					—	—	—	—						
	剃						—	—	—						

注：本表适用于钢及有色金属加工。

第 6 章　极限与配合

6.1　术语介绍

本节摘自 GB/T 1800.1—2020《产品几何技术规范（GPS）　线性尺寸公差 ISO 代号体系　第 1 部分：公差、偏差和配合的基础》。

1）尺寸要素：线性尺寸要素或者角度尺寸要素。

2）公称尺寸：由图样规范定义的理想形状要素的尺寸。

3）实际尺寸：拟合组成要素的尺寸。

4）极限尺寸：尺寸要素的尺寸所允许的极限值。

5）偏差：某值与其参考值之差。对于尺寸偏差，参考值是公称尺寸，某值是实际尺寸。极限偏差为相对于公称尺寸的上极限偏差和下极限偏差。极限偏差为带符号的值，其可以是负值、零值或正值。上极限偏差代号：内尺寸要素为 ES，外尺寸要素为 es；下极限偏差代号：内尺寸要素为 EI，外尺寸要素为 ei。

6）公差：上极限尺寸和下极限尺寸之差。公差是一个没有符号的绝对值，也可以是上极限偏差与下极限偏差之差。

7）标准公差（IT）：线性尺寸公差 ISO 代号体系中的任一公差。缩略语字母“IT”代表“国际公差”。

8）标准公差等级：用常用标示符表征的线性尺寸公差组。在线性尺寸公差 ISO 代号体系中，标准公差等级标示符由 IT 及其之后的数字组成（如 IT7）。同一公差等级对所有公称尺寸的一组公差被认为具有同等精确程度。各级标准公差的数值见本章附表 6-1。

9）公差带：公差极限之间（包括公差极限）的尺寸变动值。对于 GB/T 1800，公差带包含在上极限尺寸和下极限尺寸之间，由公差大小和相对于公称尺寸的位置确定。如图 6-1 所示。

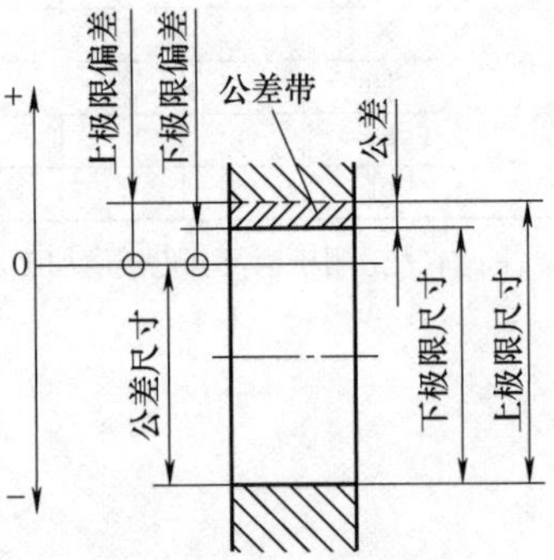

10）公差带代号：基本偏差和标准公差等级的组合。在线性尺寸公差 ISO 代号体系中，公差带代号由基本偏差标示符与公差等级组成（如 D13、h9 等）。

11）基本偏差：确定公差带相对公称尺寸位置的那个极限偏差。基本偏差是最接近公称尺寸的那个极限偏差，用字母表示，如 B、d。

图　6-1

基本偏差的标示符用拉丁字母表示。大写字母代表孔，小写字母代表轴。在 26 个字母中，除去容易与其他含义混淆的 I、L、O、Q、W（i、l、o、q、w）5 个字母外，再加上用两个字母 CD、EF、FG、JS、ZA、ZB、ZC（cd、ef、fg、js、za、zb、zc）表示的 7 个，共有 28 个标示符，其中 H 代表基准孔，h 代表基准轴。基本偏差系列如图 6-2 所示。

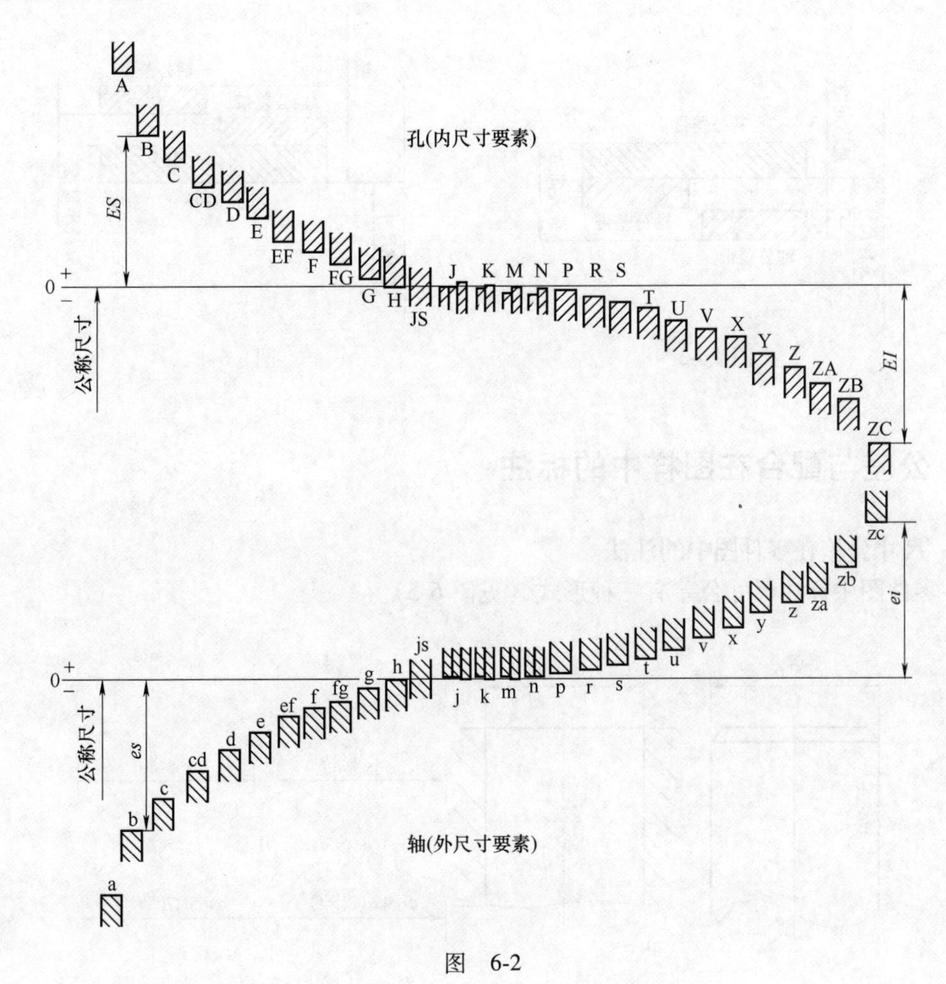

图 6-2

12）配合：类型相同且待装配的外尺寸要素（轴）和内尺寸要素（孔）之间的关系。

13）间隙或过盈：孔的尺寸减去相配合的轴的尺寸所得的代数差。此值为正时是间隙，为负时是过盈。

14）间隙配合：孔和轴装配时总是存在间隙的配合。此时，孔的下极限尺寸大于或在极端情况下等于轴的上极限尺寸，如图 6-3 所示。

15）过盈配合：孔和轴装配时总是存在过盈的配合。此时，孔的上极限尺寸小于或在极端情况下等于轴的下极限尺寸，如图 6-4 所示。

16）过渡配合：孔和轴装配时可能具有间隙或过盈的配合。

17）配合公差：组成配合的两个尺寸要素的尺寸公差之和。配合公差是一个没有符号的绝对值，其表示配合所允许的变动量。间隙配合公差等于最大间隙与最小间隙之差，过盈配合公差等于最大过盈与最小过盈之差，过渡配合公差等于最大间隙与最大过盈之和。

18）基孔制配合：孔的基本偏差为零的配合，即其下极限偏差等于零。

19）基轴制配合：轴的基本偏差为零的配合，即其上极限偏差等于零。

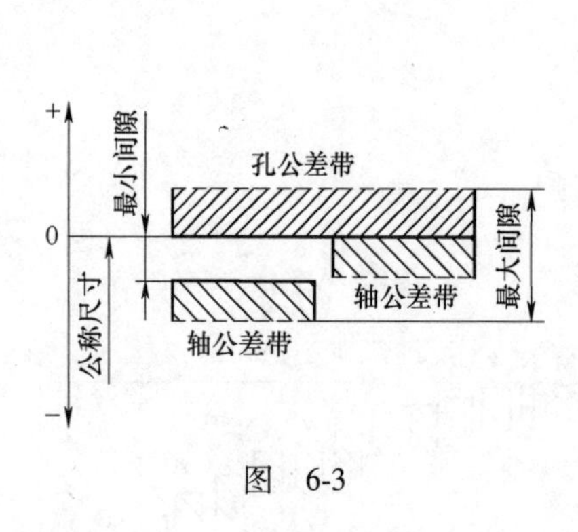

图 6-3

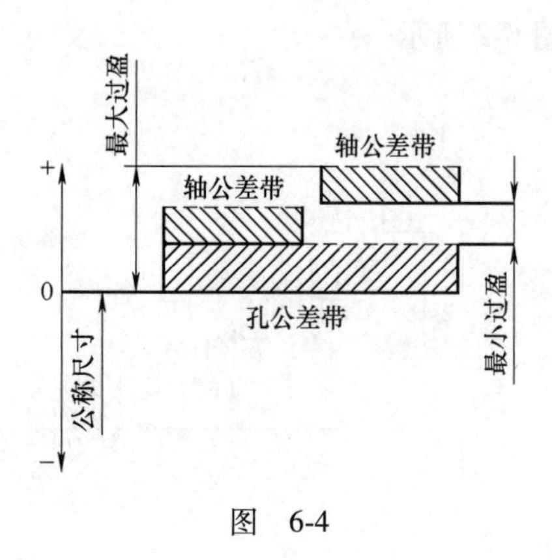

图 6-4

6.2 公差与配合在图样中的标注

6.2.1 尺寸公差在零件图中的注法

在零件图中标注尺寸公差有三种形式（见图 6-5）。

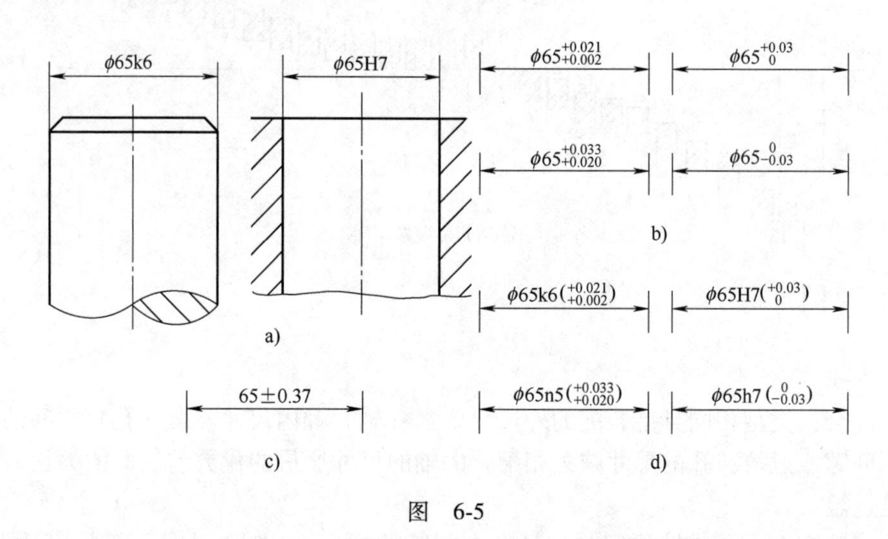

图 6-5

1）标注公差带代号（见图 6-5a）。公差带代号由基本偏差标示符及代表标准公差等级的数字组成，注在公称尺寸的右边，代号字体与尺寸数字字体的高度相同。这种注法一般用于大批量生产，由专用量具检验零件的尺寸。

2）标注极限偏差（见图 6-5b）。上极限偏差注在公称尺寸的右上方，下极限偏差与公称尺寸注在同一底线上，偏差数字的字号应比公称尺寸数字的字号小一号，小数点必须对齐，小数点后右端的“0”一般不予注出，如果为了使上、下极限偏差值的小数点后的位数相同，可以用“0”补齐。当某一偏差为“零”时，用数字“0”标出，并与上极限偏差或下极限偏差的小数点前的个位数对齐。这种注法用于少量或单件生产。

当上、下极限偏差的绝对值相同时，偏差数字可以只注写一次，并应在偏差数字与公称尺寸之间注出“±”符号，偏差数字的高度与公称尺寸数字的高度相同（见图 6-5c）。

3）公差带代号与相应极限偏差一起标注（见图 6-5d）。偏差数字注在尺寸公差带代号之后，并加圆括号。这种注法在设计过程中因便于审图，故使用较多。

6.2.2 配合关系在装配图中的注法

在装配图中标注两个零件线性尺寸的配合时有两种形式。

1）标注公差带代号（见图 6-6a）。在公称尺寸的右边用分数的形式注出，分子位置注孔的公差带代号，分母位置注轴的公差带代号。

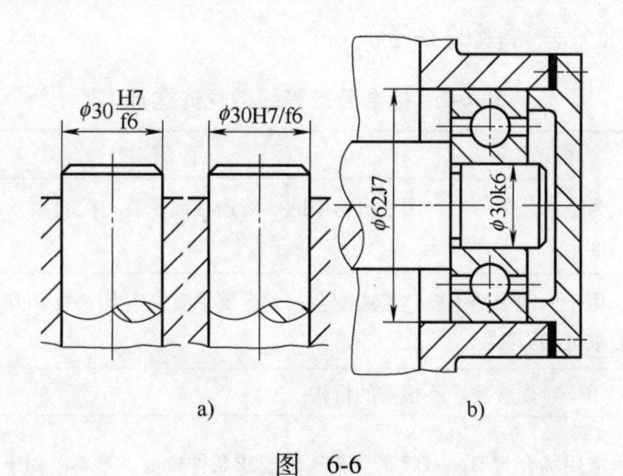

图 6-6

当标注与标准件配合的零件（轴或孔）的配合要求时，可仅标注该零件的公差带代号（见图 6-6b）。

2）标注极限偏差（见图 6-7）。尺寸线的上方为孔的公称尺寸和极限偏差，尺寸线的下方为轴的公称尺寸和极限偏差。图 6-7c 明确指出了装配件的代号。

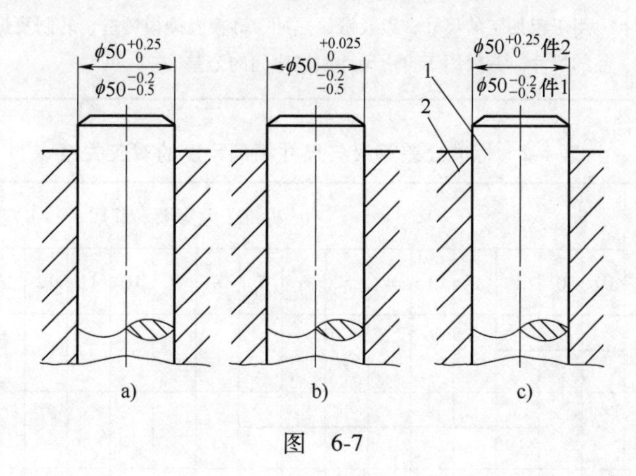

图 6-7

6.3 基准制、公差及配合的选择

6.3.1 基准制的选择

1）在机器制造业中（例如机床、汽车、拖拉机、动力机械、机车制造等）广泛使用的是基孔制。采用基孔制可以节省生产劳动量及减少孔加工刀具与尺寸系列，从而降低生产成本。

2）基轴制常用于纺织机械及农业机械的制造业中。在这类机器中，经常见到在一根光轴上装有几个不同的零件。因此，采用基轴制可以使同一轴径与不同零件的孔（公称尺寸相同）有不同的配合要求。

有时，为了与外购件相配，也需采用基轴制。例如，与滚动轴承外圈相配的轴承孔。

6.3.2 标准公差等级的选择

标准公差等级的选择既取决于使用要求，也要考虑加工的经济性，表 6-1、表 6-2、表 6-3 可以作为选择标准公差等级的参考。

表 6-1 标准公差等级的优先选择

选择顺序	标准公差等级	说明
优先选择	IT9	为基本公差等级，用于机构中的一般连接或配合；配合要求有高度互换性；装配为中等精度
	IT6 IT7	用于机构中的重要连接或配合；配合要求有高度均匀性和互换性；装配要求精确，使用要求可靠
	IT11	用于对配合要求不很高的机构
	IT7 IT8	应用场合与 IT6、IT7 的类似，但要求条件较低，基本上用于过渡配合
其次选择	IT12	用于要求较低机构中的次要连接或配合；虽间隙较大而不致影响使用
再次选择	IT10	应用场合与 IT9 的类似，但要求可较低
	IT5 IT6	用于机构中极精确的配合处；配合公差要求很小，而且形状精度很高
IT14 IT15 IT16		用于粗加工的尺寸，以及锻、热冲、砂模及硬模铸造、轧制及焊接所成的毛坯和半制成品的尺寸。一般用于自由尺寸或工序间的公差

表 6-2 标准公差等级与尺寸精确程度的对应关系

应用	标准公差等级（IT）																			
	01	0	1	2	3	4	5	6	7	8	9	10	11	12	13	14	15	16	17	18
量块	—	—	—																	
量规			—	—	—	—	—	—	—											
配合尺寸							—	—	—	—	—	—	—	—	—					
特别精密的配合				—	—	—	—													
非配合尺寸														—	—	—	—	—	—	—
原材料尺寸										—	—	—	—	—	—	—				

表 6-3　标准公差等级与加工方法的对应关系

加工方法	标准公差等级（IT）																			
	01	0	1	2	3	4	5	6	7	8	9	10	11	12	13	14	15	16	17	18
研磨	—	—	—	—	—	—	—													
珩						—	—	—	—											
圆磨							—	—	—	—										
平磨							—	—	—	—										
金钢石车							—	—	—											
金钢石镗							—	—	—											
拉削							—	—	—	—										
铰孔								—	—	—	—	—								
车									—	—	—	—	—							
镗									—	—	—	—	—							
铣										—	—	—	—							
刨、插												—	—							
钻												—	—	—	—					
滚压、挤压												—	—							
冲压												—	—	—	—	—				
压铸													—	—	—	—				
粉末冶金成形								—	—	—										
粉末冶金烧结									—	—	—									
砂型铸造、气割																		—	—	—
锻造																	—	—		

6.3.3　配合的选择

配合的选择见表 6-4、表 6-5。

表 6-4　优先配合的选用

优先配合		说明
基孔制	基轴制	
$\frac{H11}{c11}$	$\frac{C11}{h11}$	间隙非常大的配合。用于装配方便、很松、转动很慢的间隙配合；要求大公差与大间隙的外露组件
$\frac{H9}{d9}$	$\frac{D9}{h9}$	间隙很大的自由转动配合。用于精度非主要要求，或温度变动大、高速或大轴颈压力时
$\frac{H8}{f7}$	$\frac{F8}{h7}$	间隙不大的转动配合。用于速度及轴颈压力均为中等的精确转动；也用于中等精度的定位配合

（续）

优先配合		说明
基孔制	基轴制	
$\frac{H7}{g6}$	$\frac{G7}{h6}$	间隙很小的转动配合。用于要求自由转动、精密定位时
H7/h6 H8/h7 H9/h9 H11/h11	H7/h6 H8/h7 H9/h9 H11/h11	均为间隙定位配合。零件可以自由装拆，而工作时一般相对静止不动。在最大实体条件下间隙为零；在最小实体条件下间隙由公差等级决定
H7/k6	K7/h6	过渡配合。用于精密定位
$\frac{H7}{n6}$	$\frac{N7}{h6}$	过渡配合。允许有较大过盈的更精密定位
$\frac{H7}{p6}$	$\frac{P7}{h6}$	过盈定位配合，即小过盈配合。用于定位精度特别重要时，能以最好的定位精度达到部件的刚性及对中性要求，而对内孔承受压力无特殊要求，不依靠配合的紧固传递摩擦载荷
$\frac{H7}{s6}$	$\frac{S7}{h6}$	中等压入配合。用于一般钢件或薄壁件的冷缩配合。用于铸铁可得到最紧的配合
$\frac{H7}{u6}$	$\frac{U7}{h6}$	压入配合。用于可以受高压力的零件，或不宜承受大压力的冷缩配合

表 6-5　一些典型配合的特性及应用实例

配合种类	装配方法	配合特性及使用条件	应用实例
$\frac{H7}{z7}$	温差法	用于传递巨大转矩或承受较大冲击载荷。配合处不用其他连接件或紧固件。零件材料的许用应力较大	钢与轻合金或塑料等不同材料的配合；中小型交流电动机轴壳上绝缘体与接触环的配合
$\frac{H7}{u6}$ $\frac{U7}{h6}$ $\frac{H8}{u8}$ $\frac{U8}{h8}$			车轮轮箍与轮心、联轴器与轴、轧钢设备中辊子与心轴、轧钢机的主传动联轴节的配合
$\frac{H7}{s6}$ $\frac{R7}{h6}$ $\frac{S7}{h6}$	压力机压入或温差法	多用于传递较小转矩。传递较大转矩时，要分组选择装配才可靠。也用于承受反复载荷的薄壁轴套与孔的配合。当零件材料强度不够时用以代替重级过盈配合，但要加紧固件	H7/s6 为优先配合，应用极为广泛。例如，减速器中的轴与蜗轮、空压机的连杆头与衬套、辊道辊子与轴、大中型减速器中低速级齿轮与轴的配合（当键联结为辅助固定装置时）
$\frac{H8}{s7}$			H8/s7 为常用配合，当分组装配时可代替 H7/s6，如蜗轮青铜轮缘与轮心、轴套与轴承座的配合
$\frac{H7}{r6}$		多用于承受很小的转矩和轴向力的地方，或不受转矩和轴向力但要求无相对运动，或偶有移动亦无大影响的地方。传递转矩时需加紧固件。用于材料强度较低的零件	受反复载荷的薄壁套筒、重型载荷的齿轮与轴的连接（附加键）、软填料的圆柱形填料壳体与衬套、车床齿轮箱中的齿轮与衬套、蜗轮青铜轮缘与轴心、轴与联轴器的配合

（续）

配合种类	装配方法	配合特性及使用条件	应用实例
$\frac{H7}{n6}$ $\frac{N7}{h6}$ $\frac{H8}{n7}$ $\frac{N8}{h7}$	压力机压入	可承受很大转矩、振动及冲击，但需加紧固件。同轴度及配合紧密性很好，不经常拆卸	爪形联轴器与轴的配合、链轮轮缘与轮心、蜗轮青铜轮缘及轮心、破碎机等振动机械的齿轮与轴的配合
$\frac{H7}{m6}$ $\frac{M7}{h6}$ $\frac{H8}{m7}$ $\frac{M8}{h7}$	锤子打入	用于零件必须绝对紧密而不经常拆卸的地方。当配合长度超过直径的 1.5 倍时，可代替 H7/n6、N7/h6，同轴度好	减速器的轴与锥齿轮、定位销、蜗轮青铜轮缘与轴心、齿轮与轴的配合
$\frac{H6}{k5}$ $\frac{K6}{h5}$	锤子轻轻打入	用于承受不大的冲击载荷。转矩和冲击很大时，应加紧固件。同轴度很好，用于经常拆卸的部位	精密螺纹车床的主轴箱体与主轴前轴承的配合
$\frac{H7}{k6}$ $\frac{K7}{h6}$			转动的齿轮与轴、中型电机轴端与联轴器或带轮、减速器蜗轮与轴的配合
$\frac{H8}{k7}$ $\frac{K8}{h7}$			空压机连杆头与十字头销、循环泵活塞与活塞杆的配合
$\frac{H7}{js6}$ $\frac{J7}{h6}$ $\frac{H8}{js7}$ $\frac{J8}{h7}$	手装或木锤卸	用于频繁拆卸、同轴度要求不高的部位。当配合面很宽时，可代替 K7/h6、H7/k6，保持轴孔的同轴度	机床变速箱中的齿轮与轴、滚动轴承与箱体孔、轴端部可拆卸的带轮或手轮的配合
$\frac{H7}{h6}$ $\frac{H8}{h7}$	加油后用手旋进	间隙较小、用于经常拆卸（或在调整时需移动或转动）、对同轴度有一定要求、通过紧固件传递转矩的固定连接	齿轮轴与轴套、定心的凸缘、机床的变速齿轮与轴、风钻气缸与活塞、空压机的连杆与十字头的配合
$\frac{H9}{h9}$ $\frac{H10}{h10}$		用于同轴度要求不高、工作时零件没有相对运动的连接。承受载荷不大而平稳，易于拆卸，通过键、销等传递转矩	齿轮与轴、带轮与轴、剖分式滑动轴承与轴瓦、螺旋搅拌机的轴与桨叶、滑块与导向轴的配合
$\frac{H11}{h11}$		用于精度低、工作时没有相对运动（附加紧固件）、定心要求不高的连接	起重吊车的链轮与轴、对开轴瓦与轴承座两侧的配合；一般的铰链连接
$\frac{H7}{g6}$ $\frac{G7}{h6}$	手旋进	间隙较小、在工作中有相对运动的配合。用于运动速度不高而对运动精度要求较高时；或运动可能有冲击，但能保证零件同轴度或紧密性时	精密机床的主轴与轴承、分度头轴颈与轴套、拖拉机的曲轴与连杆头、安全阀的阀杆与套筒的配合
$\frac{H7}{f6}$ $\frac{F8}{h7}$ $\frac{H8}{f7}$	手推滑进	中等间隙、转速不高而又具有相对运动的配合	在轴上自由转动的齿轮与轴，中速、中等载荷的滑动轴承与轴，柱塞与缸体的配合
$\frac{H8}{f8}$ $\frac{F8}{h8}$		间隙较大，能保证良好的润滑，允许在工作中发热，故可用于高速旋转的轴承；也用于支承较远或有几个支承的转轴。同轴度要求不高	含油轴承与轴、球体滑动轴承与轴承座及轴、活塞环与活塞环槽宽度的配合；滑块与凹槽、带传动导轮及链传动张紧轮与轴的配合
$\frac{H11}{d11}$ $\frac{D11}{h11}$ $\frac{H12}{d12}$ $\frac{B12}{h12}$		间隙较大，配合粗糙	滚动轴承压盖与箱体的环形槽、粗糙机构中轴上联轴器及非固定的齿轮与轴的配合；拉杆、杠杆等的铰链

（续）

配合种类	装配方法	配合特性及使用条件	应用实例
$\frac{H8}{e7}$　$\frac{E8}{h7}$	手轻推进	间隙较大的精确配合。用于高速转动、载荷不大、方向不变的轴与轴承；或中等转速而轴较长，或有三个以上轴承的连接。实践中常用H7/f6代替	外圆磨床的主轴、涡轮发电机的轴、柴油机的凸轮轴与轴承的配合
$\frac{H11}{c11}$　$\frac{C11}{h11}$		应用条件同H12/b12	同H12/b12
$\frac{H8}{d8}$　$\frac{D9}{h9}$		间隙大、精度不高的配合。用于因装配不够精确而发生轴孔偏斜的连接	空压机、蒸汽机的活塞与气缸；长的滑动轴承与轴的配合

6.3.4　混合配合的选择及应用

在保证两个零件间的配合公差情况下，除了按标准型选择配合外，还可以采用非标准型的混合配合，即采用不同公差等级的混合配合或不同基准制的混合配合。

1）采用不同公差等级的混合配合可以降低两个配合零件之一的公差等级，从而达到所要求的配合公差。

推荐采用的基孔制不同公差等级的混合配合有

$$\frac{H8}{h6},\frac{H8}{g6},\frac{H8}{f6},\frac{H8}{e6},\frac{H8}{d6}$$

$$\frac{H9}{g7},\frac{H9}{n7},\frac{H9}{m6},\frac{H9}{k6}$$

$$\frac{H10}{h11},\frac{H10}{d11},\frac{H10}{b11}$$

推荐采用的基轴制不同公差等级的混合配合有

$$\frac{H9}{h7},\frac{F9}{h7}$$

$$\frac{H11}{h9},\frac{H8}{h9},\frac{N8}{h9},\frac{JS8}{h9}$$

$$\frac{A11}{h10},\left(\frac{B11}{h10}\right),\frac{H12}{h10},\left(\frac{H13}{h10}\right)$$

2）采用不同基准制的混合配合可便于装配工作。推荐的不同基准制的混合配合见表6-6。

表6-6　不同基准制的混合配合

各种配合	代用的混合配合	各种配合	代用的混合配合
$\frac{H7}{s6}$或$\frac{S7}{h6}$	$\frac{R7}{n6}$或$\frac{R7}{m6}$	$\frac{H7}{m6}$或$\frac{M7}{h6}$	$\frac{G7}{n6}$或$\frac{R7}{f6}$
$\frac{R7}{h6}$	$\frac{N7}{m6}$或$\frac{M7}{n6}$	$\frac{H7}{k6}$或$\frac{K7}{h6}$	$\frac{J7}{j6}$或$\frac{F7}{r6}$
$\frac{H7}{r6}$	$\frac{K7}{m6}$或$\frac{M7}{m6}$	$\frac{H7}{js6}$或$\frac{JS7}{h6}$	$\frac{K7}{g6}$
$\frac{H7}{n6}$或$\frac{N7}{h6}$	$\frac{G7}{r6}$或$\frac{M7}{js6}$	$\frac{H7}{h6}$	$\frac{G7}{js6}$或$\frac{F7}{m6}$

（续）

各种配合	代用的混合配合	各种配合	代用的混合配合
$\frac{H7}{g6}$或$\frac{G7}{h6}$	$\frac{K7}{f6}$	$\frac{H8}{k7}$或$\frac{K8}{h7}$	$\frac{M7}{g6}$或$\frac{J8}{j7}$
$\frac{H7}{f6}$或$\frac{F7}{h6}$	$\frac{N7}{e6}$	$\frac{H8}{js7}$或$\frac{JS8}{h7}$	$\frac{N7}{f6}$
$\frac{H7}{e6}$或$\frac{E7}{h6}$	$\frac{F8}{f7}$或$\frac{N7}{d6}$	$\frac{H8}{h7}$	$\frac{R8}{e8}$
$\frac{H7}{d6}$或$\frac{D7}{h6}$	$\frac{E8}{f7}$	$\frac{H9}{h9}$	$\frac{M8}{f8}$
$\frac{H8}{n7}$或$\frac{N8}{h7}$	$\frac{J8}{k7}$	$\frac{H9}{f9}$或$\frac{F9}{h9}$	$\frac{K7}{d6}$
$\frac{H8}{m7}$或$\frac{M8}{h7}$	$\frac{R8}{f7}$	$\frac{H9}{d9}$或$\frac{D9}{h8}$	$\frac{E9}{e8}$或$\frac{F8}{d8}$

附　　表

附表 6-1　标准公差数值（GB/T 1800.1—2020）

公称尺寸/mm	标准公差等级																			
	IT01	IT0	IT1	IT2	IT3	IT4	IT5	IT6	IT7	IT8	IT9	IT10	IT11	IT12	IT13	IT14	IT15	IT16	IT17	IT18
	μm													mm						
≤3	0.3	0.5	0.8	1.2	2	3	4	6	10	14	25	40	60	0.10	0.14	0.25	0.40	0.60	1.0	1.4
>3~6	0.4	0.6	1	1.5	2.5	4	5	8	12	18	30	48	75	0.12	0.18	0.30	0.48	0.75	1.2	1.8
>6~10	0.4	0.6	1	1.5	2.5	4	6	9	15	22	36	58	90	0.15	0.22	0.36	0.58	0.90	1.5	2.2
>10~18	0.5	0.8	1.2	2	3	5	8	11	18	27	43	70	110	0.18	0.27	0.43	0.70	1.10	1.8	2.7
>18~30	0.6	1	1.5	2.5	4	6	9	13	21	33	52	84	130	0.21	0.33	0.52	0.84	1.30	2.1	3.3
>30~50	0.6	1	1.5	2.5	4	7	11	16	25	39	62	100	160	0.25	0.39	0.62	1.00	1.60	2.5	3.9
>50~80	0.8	1.2	2	3	5	8	13	19	30	46	74	120	190	0.30	0.46	0.74	1.20	1.90	3.0	4.6
>80~120	1	1.5	2.5	4	6	10	15	22	35	54	87	140	220	0.35	0.54	0.87	1.40	2.20	3.5	5.4
>120~180	1.2	2	3.5	5	8	12	18	25	40	63	100	160	250	0.40	0.63	1.00	1.60	2.50	4.0	6.3
>180~250	2	3	4.5	7	10	14	20	29	46	72	115	185	290	0.46	0.72	1.15	1.85	2.90	4.6	7.2
>250~315	2.5	4	6	8	12	16	23	32	52	81	130	210	320	0.52	0.81	1.30	2.10	3.20	5.2	8.1
>315~400	3	5	7	9	13	18	25	36	57	89	140	230	360	0.57	0.89	1.40	2.30	3.60	5.7	8.9
>400~500	4	6	8	10	15	20	27	40	63	97	155	250	400	0.63	0.97	1.55	2.50	4.00	6.3	9.7

注：公称尺寸小于 1mm 时，无 IT14~IT18。

附表 6-2　轴的基本偏差数值（GB/T 1800. 1—2020）

基本偏差标示符	a①	b①	c	cd	d	e	ef	f	fg	g	h	js
标准公差等级	所有等级											
公称尺寸/mm	上极限偏差/μm											
≤3	-270	-140	-60	-34	-20	-14	-10	-6	-4	-2	0	偏差 = $\pm\frac{ITn}{2}$，式中，n 是标准公差等级数
>3~6	-270	-140	-70	-46	-30	-20	-14	-10	-6	-4	0	
>6~10	-280	-150	-80	-56	-40	-25	-18	-13	-8	-5	0	
>10~14	-290	-150	-95	-70	-50	-32	-23	-16	-10	-6	0	
>14~18												
>18~24	-300	-160	-110	-85	-65	-40	-25	-20	-12	-7	0	
>24~30												
>30~40	-310	-170	-120	-100	-80	-50	-35	-25	-15	-9	0	
>40~50	-320	-180	-130									
>50~65	-340	-190	-140	—	-100	-60	—	-30	—	-10	0	
>65~80	-360	-200	-150									
>80~100	-380	-220	-170	—	-120	-72	—	-36	—	-12	0	
>100~120	-410	-240	-180									
>120~140	-460	-260	-200	—	-145	-85	—	-43	—	-14	0	
>140~160	-520	-280	-210									
>160~180	-580	-310	-230									
>180~200	-660	-340	-240	—	-170	-100	—	-50	—	-15	0	
>200~225	-740	-380	-260									
>225~250	-820	-420	-280									
>250~280	-920	-480	-300	—	-190	-110	—	-56	—	-17	0	
>280~315	-1050	-540	-330									
>315~355	-1200	-600	-360	—	-210	-125	—	-62	—	-18	0	
>355~400	-1350	-680	-400									
>400~450	-1500	-760	-440	—	-230	-135	—	-68	—	-20	0	
>450~500	-1650	-840	-480									

基本偏差标示符	j			k		m	n	p	r	s	t	u	v	x	y	z	za	zb	zc
标准公差等级	5、6	7	8	4~7	≤3 >7	所有等级													
公称尺寸/mm	下极限偏差/μm																		
≤3	−2	−4	−6	0	0	+2	+4	+6	+10	+14	—	+18	—	+20	—	+26	+32	+40	+60
>3~6	−2	−4	—	+1	0	+4	+8	+12	+15	+19	—	+23	—	+28	—	+35	+42	+50	+80
>6~10	−2	−5	—	+1	0	+6	+10	+15	+19	+23	—	+28	—	+34	—	+42	+52	+67	+97
>10~14	−3	−6	—	+1	0	+7	+12	+18	+23	+28	—	+33	—	+40	—	+50	+64	+90	+130
>14~18													+39	+45	—	+60	+77	+108	+150
>18~24	−4	−8	—	+2	0	+8	+15	+22	+28	+35	—	+41	+47	+54	+63	+73	+98	+136	+188
>24~30											+41	+48	+55	+64	+75	+88	+118	+160	+218
>30~40	−5	−10	—	+2	0	+9	+17	+26	+34	+43	+48	+60	+68	+80	+94	+112	+148	+200	+274
>40~50											+54	+70	+81	+97	+114	+136	+180	+242	+325
>50~65	−7	−12	—	+2	0	+11	+20	+32	+41	+53	+66	+87	+102	+122	+144	+172	+226	+300	+405
>65~80									+43	+59	+75	+102	+120	+146	+174	+210	+274	+360	+480
>80~100	−9	−15	—	+3	0	+13	+23	+37	+51	+71	+91	+124	+146	+178	+214	+258	+335	+445	+585
>100~120									+54	+79	+104	+144	+172	+210	+254	+310	+400	+525	+690
>120~140	−11	−18	—	+3	0	+15	+27	+43	+63	+92	+122	+170	+202	+248	+300	+365	+470	+620	+800
>140~160									+65	+100	+134	+190	+228	+280	+340	+415	+535	+700	+900
>160~180									+68	+108	+146	+210	+252	+310	+380	+465	+600	+780	+1000
>180~200	−13	−21	—	+4	0	+17	+31	+50	+77	+122	+166	+236	+284	+350	+425	+520	+670	+880	+1150
>200~225									+80	+130	+180	+258	+310	+385	+470	+575	+740	+960	+1250
>225~250									+84	+140	+196	+284	+340	+425	+520	+640	+820	+1050	+1350
>250~280	−16	−26	—	+4	0	+20	+34	+56	+94	+158	+218	+315	+385	+475	+580	+710	+920	+1200	+1550
>280~315									+98	+170	+240	+350	+425	+525	+650	+790	+1000	+1300	+1700
>315~355	−18	−28	—	+4	0	+21	+37	+62	+108	+190	+268	+390	+475	+590	+730	+900	+1150	+1500	+1900
>355~400									+114	+208	+294	+435	+530	+660	+820	+1000	+1300	+1650	+2100
>400~450	−20	−32	—	+5	0	+23	+40	+68	+126	+232	+330	+490	+595	+740	+920	+1100	+1450	+1850	+2400
>450~500									+132	+252	+360	+540	+660	+820	+1000	+1250	+1600	+2100	+2600

① 公称尺寸≤1mm 时，不使用基本偏差 a 和 b。

附表 6-3　孔的基本偏差数值（GB/T 1800.1—2020）

基本偏差标示符	A①	B①	C	CD	D	E	EF	F	FG	G	H	JS	J			K③		M②③		N③④		P～ZC③
标准公差等级	所有等级												6	7	8	≤8	>8	≤8	>8	≤8	>8	≤7
公称尺寸/mm	下极限偏差/μm												上极限偏差/μm									
≤3	+270	+140	+60	+34	+20	+14	+10	+6	+4	+2	0		+2	+4	+6	0	0	−2	−2	−4	−4	
>3～6	+270	+140	+70	+46	+30	+20	+14	+10	+6	+4	0		+5	+6	+10	−1+Δ		−4+Δ	−4	−8+Δ	0	
>6～10	+280	+150	+80	+56	+40	+25	+18	+13	+8	+5	0		+5	+8	+12	−1+Δ		−6+Δ	−6	−10+Δ	0	
>10～14	+290	+150	+95	+70	+50	+32	+23	+16	+10	+6	0		+6	+10	+15	−1+Δ		−7+Δ	−7	−12+Δ	0	
>14～18																						
>18～24	+300	+160	+110	+85	+65	+40	+28	+20	+12	+7	0		+8	+12	+20	−2+Δ		−8+Δ	−8	−15+Δ	0	
>24～30																						
>30～40	+310	+170	+120	+100	+80	+50	+35	+25	+15	+9	0		+10	+14	+24	−2+Δ		−9+Δ	−9	−17+Δ	0	在>IT7的标准公差等级的基本偏差数值上增加一个Δ值
>40～50	+320	+180	+130																			
>50～65	+340	+190	+140	—	+100	+60	—	+30	—	+10	0	偏差=±ITn/2，式中，n为标准公差等级数	+13	+18	+28	−2+Δ		−11+Δ	−11	−20+Δ	0	
>65～80	+360	+200	+150																			
>80～100	+380	+220	+170	—	+120	+72	—	+36	—	+12	0		+16	+22	+34	−3+Δ		−13+Δ	−13	−23+Δ	0	
>100～120	+410	+240	+180																			
>120～140	+460	+260	+200	—	+145	+85	—	+43	—	+14	0		+18	+26	+41	−3+Δ		−15+Δ	−15	−27+Δ	0	
>140～160	+520	+280	+210																			
>160～180	+580	+310	+230																			
>180～200	+660	+340	+240	—	+170	+100	—	+50	—	+15	0		+22	+30	+47	−4+Δ		−17+Δ	−17	−31+Δ	0	
>200～225	+740	+380	+260																			
>225～250	+820	+420	+280																			
>250～280	+920	+480	+300	—	+190	+110	—	+56	—	+17	0		+25	+36	+55	−4+Δ		−20+Δ	−20	−34+Δ	0	
>280～315	+1050	+540	+330																			
>315～355	+1200	+600	+360	—	+210	+125	—	+62	—	+18	0		+29	+39	+60	−4+Δ		−21+Δ	−21	−37+Δ	0	
>355～400	+1350	+680	+400																			
>400～450	+1500	+760	+440	—	+230	+135	—	+68	—	+20	0		+33	+43	+66	−5+Δ		−23+Δ	−23	−40+Δ	0	
>450～500	+1650	+840	+480																			

基本偏差标示符	P	R	S	T	U	V	X	Y	Z	ZA	ZB	ZC	Δ/μm					
标准公差等级	>7												3	4	5	6	7	8
公称尺寸/mm	上极限偏差/μm																	
≤3	-6	-10	-14	—	-18	—	-20	—	-26	-32	-40	-60	0	0	0	0	0	0
>3~6	-12	-15	-19	—	-23	—	-28	—	-35	-42	-50	-80	1	1.5	1	3	4	6
>6~10	-15	-19	-23	—	-28	—	-34	—	-42	-52	-67	-97	1	1.5	2	3	6	7
>10~14	-18	-23	-28	—	-33	—	-40	—	-50	-64	-90	-130	1	2	3	3	7	9
>14~18						-39	-45	—	-60	-77	-108	-150						
>18~24	-22	-28	-35	—	-41	-47	-54	-63	-73	-98	-136	-188	1.5	2	3	4	8	12
>24~30				-41	-48	-55	-64	-75	-88	-118	-160	-218						
>30~40	-26	-34	-43	-48	-60	-68	-80	-94	-112	-148	-200	-274	1.5	3	4	5	9	14
>40~50				-54	-70	-81	-97	-114	-136	-180	-242	-325						
>50~65	-32	-41	-53	-66	-87	-102	-122	-144	-172	-226	-300	-405	2	3	5	6	11	16
>65~80		-43	-59	-75	-102	-120	-146	-174	-210	-274	-360	-480						
>80~100	-37	-51	-71	-91	-124	-146	-178	-214	-258	-335	-445	-585	2	4	5	7	13	19
>100~120		-54	-79	-104	-144	-172	-210	-254	-310	-400	-525	-690						
>120~140	-43	-63	-92	-122	-170	-202	-248	-300	-365	-470	-620	-800	3	4	6	7	15	23
>140~160		-65	-100	-134	-190	-228	-280	-340	-415	-535	-700	-900						
>160~180		-68	-108	-146	-210	-252	-310	-380	-465	-600	-780	-1000						
>180~200	-50	-77	-122	-166	-236	-284	-350	-425	-520	-670	-880	-1150	3	4	6	9	17	26
>200~225		-80	-130	-180	-258	-310	-385	-470	-575	-740	-960	-1250						
>225~250		-84	-140	-196	-284	-340	-425	-520	-640	-820	-1050	-1350						
>250~280	-56	-94	-158	-218	-315	-385	-475	-580	-710	-920	-1200	-1550	4	4	7	9	20	29
>280~315		-98	-170	-240	-350	-425	-525	-650	-790	-1000	-1300	-1700						
>315~355	-62	-108	-190	-268	-390	-475	-590	-730	-900	-1150	-1500	-1900	4	5	7	11	21	23
>355~400		-114	-208	-294	-435	-530	-660	-820	-1000	-1300	-1650	-2100						
>400~450	-68	-126	-232	-330	-490	-595	-740	-920	-1100	-1450	-1850	-2400	5	5	7	13	23	34
>450~500		-132	-252	-360	-540	-660	-820	-1000	-1250	-1600	-2100	-2600						

① 公称尺寸≤1mm 时，不适用基本偏差 A 和 B。

② 特例：对于公称尺寸 250~315mm 段的公差带代号 M6，$ES=-9\mu m$（计算结果不是$-11\mu m$）。

③ 为确定 K、M、N 和 P~ZC 的值，见 GB/T 1800.1—2020 第 4.3.2.5 节。

④ 公称尺寸≤1mm 时，不使用标准公差等级>IT8 的基本偏差 N。

附表 6-4　基孔制配合的优先配合（GB/T 1800.1—2020）

基准孔	轴公差带代号																	
	间隙配合							过渡配合				过盈配合						
H6						g5	h5	js5	k5	m5		n5	p5					
H7					f6	g6	h6	js6	k6	m6	n6		p6	r6	s6	t6	u6	x6
H8				e7	f7		h7	js7	k7	m7					s7		u7	
			d8	e8	f8		h8											
H9			d8	e8	f8		h8											
H10	b9	c9	d9	e9			h9											
H11	b11	c11	d10				h10											

附表 6-5　基轴制配合的优先配合（GB/T 1800.1—2020）

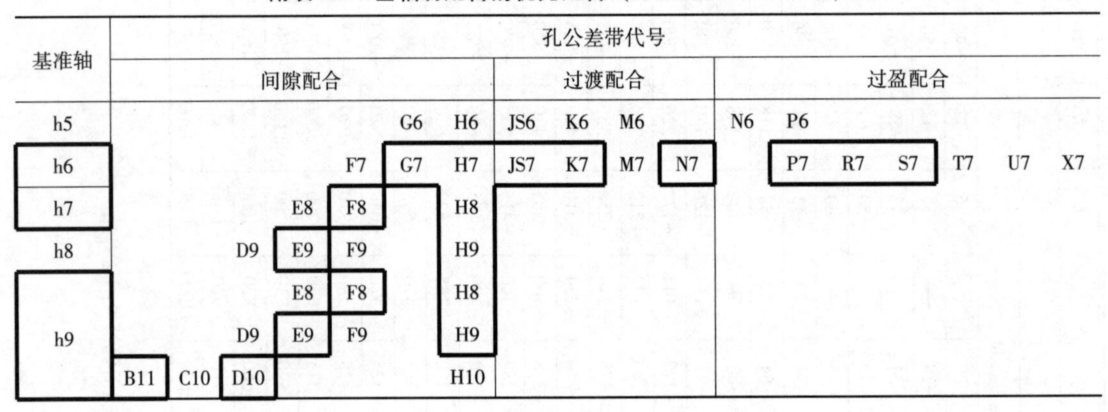

基准轴	孔公差带代号																	
	间隙配合							过渡配合				过盈配合						
h5						G6	H6	JS6	K6	M6		N6	P6					
h6					F7	G7	H7	JS7	K7	M7	N7		P7	R7	S7	T7	U7	X7
h7				E8	F8		H8											
h8			D9	E9	F9		H9											
h9				E8	F8		H8											
			D9	E9	F9		H9											
	B11	C10	D10				H10											

第 7 章　几 何 公 差

7.1　有关术语简介

7.1、7.2、7.3 三节的内容根据 GB/T 1182—2018《产品几何技术规范（GPS） 几何公差　形状、方向、位置和跳动公差标注》及 GB/T 16671—2018《产品几何技术规范（GPS） 几何公差　最大实体要求、最小实体要求和可逆要求》编写。

1. 要素

指工件上的特殊部位，如点、线、面。要素可以按不同的角度进行分类如下。

1）组成要素：面或面上的线。

2）导出要素：由一个或几个组成要素得到的中心点、中心线或中心面。例如圆柱的中心线是由圆柱面得到的导出要素，该圆柱面为组成要素。

3）公称组成要素：由技术制图或其他方法确定的理论正确组成要素。

4）公称导出要素：由一个或几个公称组成要素导出的中心点、轴线或中心平面。

5）实际（组成）要素：由接近实际（组成）要素所限定的工件实际表面的组成要素部分。没有实际导出要素。

6）被测要素：在零件设计图样上给定了几何公差要求的要素。

7）基准要素：图样上规定用来确定被测要素方向或（和）位置的要素。

8）单一要素：仅对其本身给出形状公差要求的要素。

9）关联要素：对其他要素有功能关系的要素。

2. 几何公差

1）几何公差：单一实际要素的形状所允许的变动全量。

2）方向公差：关联实际要素对基准在方向上允许的变动全量。

3）位置公差：关联实际要素对基准在位置上允许的变动全量。

4）跳动公差：关联实际要素绕基准轴线回转一周或连续回转时所允许的最大跳动量。

3. 公差带

指由一个或两个理想的几何线要素或面要素所限定的、由一个或多个线性尺寸表示公差值的区域。公差带的主要形状见表 7-1。

4. 相交平面

由工件的提取要素建立的平面，用于标识提取面上的线要素（组成要素或中心要素）或标识提取线上的点要素。

5. 定向平面

由工件的提取要素建立的平面，用于标识公差带的方向。

表 7-1　公差带的主要形状

1. 两平行直线间的区域		4. 一个圆内的区域		7. 两同轴圆柱面间的区域	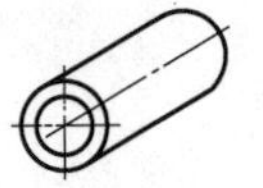
2. 两等距曲线间的区域		5. 一个圆球面内的区域		8. 两平行平面间的区域	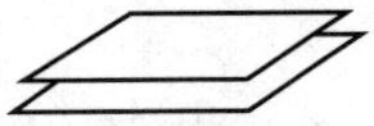
3. 两同心圆间的区域		6. 一个圆柱面内的区域	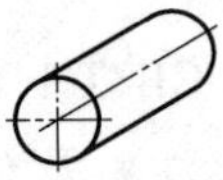	9. 两等距曲面间的区域	

6. 方向要素

由工件的提取要素建立的理想要素，用于标识公差带宽度（局部偏差）的方向。

7. 组合平面

由工件上的要素建立的平面，用于定义封闭的组合连续要素。

8. 理论正确尺寸

指用于定义要素理论正确几何形状、范围、位置与方向的线性或角度尺寸。

9. 基准与三基面体系

1）基准：用来定义公差带的位置和（或）方向或用来定义实体状态的位置和（或）方向的一个或一组方位要素，有基准点、基准线（轴线）和基准平面（表面、中心面）。

2）三基面体系：定向公差通常仅需一个或两个基准，而定位公差则常需由三个相互垂直的平面组成的基准体系，即三基面体系。

3）基准目标：指零件上与加工或检验设备相接触的点、线或局部区域，用来体现满足功能要求的基准。就一个表面而言，基准要素可能大大偏离其理想形状，所以若用整个表面做基准要素，则会在加工或检测过程中带来较大的误差，或缺乏再现性。因此，需要引入基准目标。

10. 延伸公差带

根据零件的功能要求，为防止干涉需要将控制被测要素的几何公差带从被测要素本体上延伸出去，以控制被测要素在其延伸形状或位置的公差带，称为延伸公差带。延伸公差带一般用于保证键和螺栓、螺柱、螺钉、销等紧固件在装配时避免干涉，必须与几何公差联合使用，主要用于位置度和对称度。

11. 独立原则

图样上给定的每一个尺寸和几何（形状、方向或位置）要求均是独立的，应分别满足要求。如果对尺寸和几何（形状、方向或位置）要求之间的相互关系有特定要求，应在图样上规定。

独立原则是几何公差和尺寸公差相互关系遵循的基本原则。

12. 相关要求

1）包容要求：尺寸要素的非理想要素不得违反其最大实体边界的一种尺寸要素要求。

2）最大实体要求：尺寸要素的非理想要素不得违反其最大实体实效状态的一种尺寸要

素要求，也即尺寸要素的非理想要素不得超越其最大实体实效边界[1]的一种尺寸要素要求。

3）最小实体要求：尺寸要素的非理想要素不得违反其最小实体实效状态的一种尺寸要素要求，也即尺寸要素的非理想要素不得超越其最小实体实效边界[2]的一种尺寸要素要求。

4）可逆要求：最大实体要求（MMR）或最小实体要求（LMR）的附加要求，表示尺寸公差可以在实际几何误差小于几何公差之间的差值内相应地增大。

7.2 几何公差符号

几何公差符号的内容包括几何特征符号、附加符号等。

1. 几何特征符号（见表 7-2）

表 7-2 几何特征符号

公差类型	几何特征	符号	有无基准
形状公差	直线度	—	无
	平面度	⏥	无
	圆度	○	无
	圆柱度	⌭	无
	线轮廓度	⌒	无
	面轮廓度	⌓	无
方向公差	平行度	//	有
	垂直度	⊥	有
	倾斜度	∠	有
	线轮廓度	⌒	有
	面轮廓度	⌓	有

---

[1] 与最大实体要求相关的术语：

1）最大实体状态：当尺寸要素的提取组成要素的局部尺寸处处位于极限尺寸且使其具有材料量最多（实体最大）时的状态，例如圆孔最小直径和轴最大直径。

2）最大实体尺寸：确定要素最大实体状态的尺寸。即外尺寸要素的上极限尺寸，内尺寸要素的下极限尺寸。

3）最大实体实效状态：拟合要素的尺寸为其最大实体实效尺寸（MMVS）时的状态。

4）最大实体实效尺寸：尺寸要素的最大实体尺寸（MMS）与其导出要素的几何公差（形状、方向或位置）共同作用产生的尺寸。

5）最大实体实效边界：最大实体实效状态对应的极限包容面。

[2] 与最小实体要求相关的术语：

1）最小实体状态：假定提取组成要素的局部尺寸处处位于极限尺寸且使其具有材料量最少（实体最小）时的状态，例如圆孔最大直径和轴最小直径。

2）最小实体尺寸：确定要素最小实体状态的尺寸。即外尺寸要素的下极限尺寸，内尺寸要素的上极限尺寸。

3）最小实体实效状态：拟合要素的尺寸为其最小实体实效尺寸（LMVS）时的状态。

4）最小实体实效尺寸：尺寸要素的最小实体尺寸（LMS）与其导出要素的几何公差（形状、方向或位置）共同作用产生的尺寸。

5）最小实体实效边界：最小实体实效状态对应的极限包容面。

（续）

公差类型	几何特征	符号	有无基准
位置公差	位置度	⌖	无
			有
	同心度（中心点）	◎	有
	同轴度（中心线）	◎	有
	对称度	⌯	有
	线轮廓度	⌒	有
	面轮廓度	⌓	有
跳动公差	圆跳动	↗	有
	全跳动	⌰	有

2. 常用附加符号（见表 7-3）

表 7-3　常用附加符号

描述	符号	描述	符号
组合公差带	CZ	中心要素	Ⓐ
独立公差带	SZ	延伸公差带	Ⓟ
（规定偏置量的）偏置公差带	UZ	区间	⟷
（未规定偏置量的）线性偏置公差带	OZ	联合要素	UF
（未规定偏置量的）角度偏置公差带	VA	小径	LD
任意横截面	ACS	大径	MD
相交平面框格	◁ // B	中径/节径	PD
定向平面框格	◁ // B ▷	全周（轮廓）	
方向要素框格	← // B	全表面（轮廓）	
组合平面框格	○ // B	无基准的几何规范标注	
理论正确尺寸（TED）	50	有基准的几何规范标注	D
最大实体要求	Ⓜ	基准要素标识	E
最小实体要求	Ⓛ	基准目标标识	ϕ4 / A1
可逆要求	Ⓡ	仅方向	><
自由状态（非刚性零件）	Ⓕ	包容要求	Ⓔ

7.3 被测要素

按下列方式之一用指引线连接被测要素和公差框格。指引线引自框格的任意一侧，终端带一箭头。

1）若指引线终止在要素的轮廓或其延长线上，则以箭头终止（应与尺寸线明显错开，见图7-1和图7-2）；箭头也可放在指引横线上，并使用指引线指向该面要素（见图7-3）。

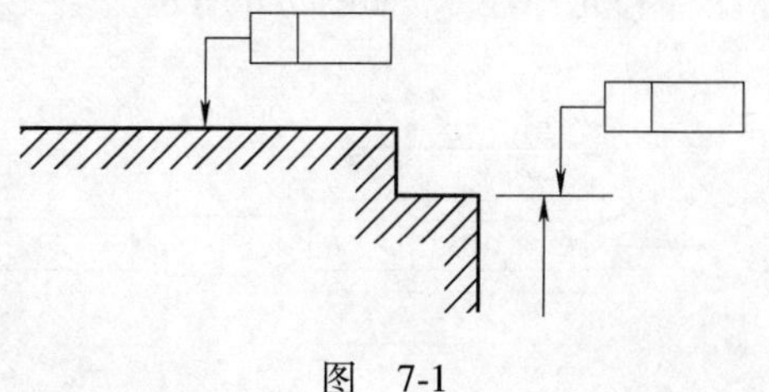

图 7-1

当标注要素是组成要素且指引线终止在要素的界限以内，则以圆点终止（见图7-3）。当该面要素可见时，此圆点是实心的，指引线为实线；当该面要素不可见时，该圆点是空心，指引线为虚线。

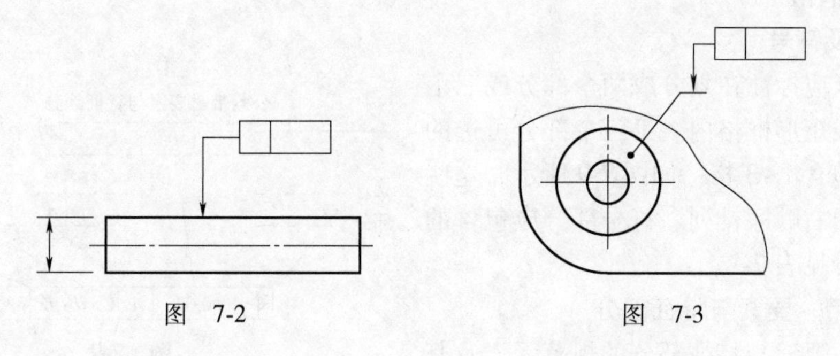

图 7-2　　图 7-3

2）当几何公差规范适用于导出要素（中心线、中心面或中心点）时，指引线箭头应终止在尺寸要素的尺寸延长线上（见图7-4~图7-6）；可将修饰符Ⓐ（中心要素，只可用于回转体）放置在回转体公差框格内的公差带、要素与特征部分，此时，指引线应与尺寸线不对齐，可在组成要素上用圆点或箭头终止（见图7-7）。

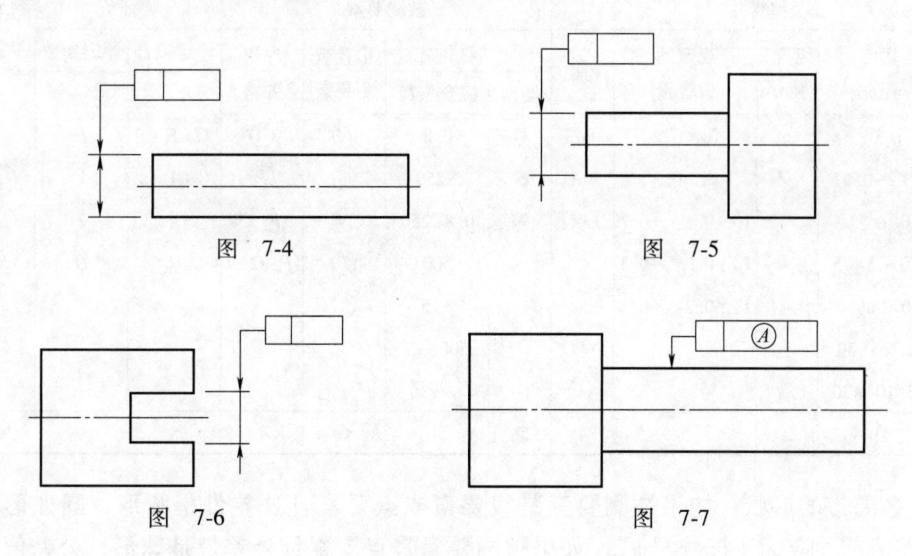

图 7-4　　图 7-5

图 7-6　　图 7-7

7.4 几何公差规范标注

几何公差规范标注的组成包括公差框格、可选的辅助平面和要素标注，以及可选的相邻标注（补充标注），如图 7-8 所示。

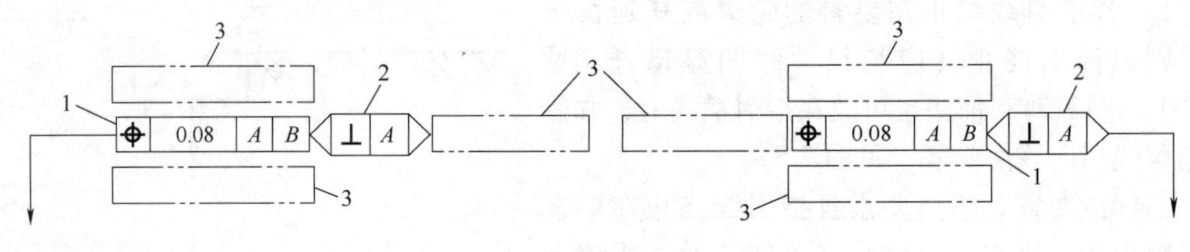

图 7-8

1—公差框格 2—辅助平面和要素框格（见 7.4.2） 3—相邻标注

7.4.1 公差框格

1. 框格及符号

公差要求应标注在划分成两个部分或三个部分的细实线矩形框格内。第三个部分可选的基准部分可包含 1~3 格。如图 7-9 所示，这些部分为自左向右顺序排列。符号部分应包含的几何特征符号见表 7-2。

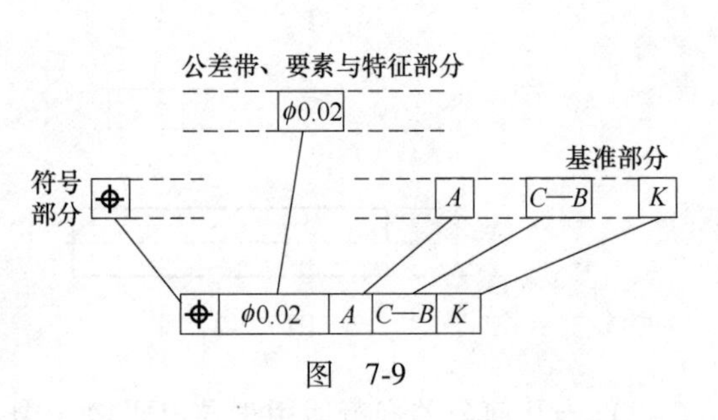

图 7-9

2. 公差带、要素与特征部分

公差带、要素与特征部分的规范元素及其组别和顺序见表 7-4，除了宽度元素以外，所有规范元素都是可选的。

表 7-4 公差带、要素与特征部分的规范元素及其组别和顺序

公差带					被测要素				特征值		实体状态	状态
形状	宽度与范围	组合/独立	规定的偏置量	约束	滤波		拟合被测要素	导出要素	评定拟合	评定参数		
					类型	嵌套指数						
ϕ	0.02	CZ	UZ+0.2	OZ	G	0.8	Ⓒ	Ⓐ	C CE Cl	P		
$S\phi$	0.02-0.01	SZ	UZ-0.3	VA	S	-250	Ⓖ	Ⓟ	G GE Cl	V	Ⓜ	
	0.1/75		UZ+0.1：+0.2	><	等	0.8-250	Ⓝ	Ⓟ25	X	T	Ⓛ	Ⓕ
	0.1/75×75		UZ+0.2：-0.3			500	Ⓣ	Ⓟ32-7	N	Q	Ⓡ	
	0.2/ϕ4		UZ-0.2：-0.3			-15	Ⓧ					
	0.2/75×30°					500-15						
	0.3/10°×30°					等						
1a	1b	2	3	4	5a	5b	6	7	8	9	10	11

1）公差带的形状：如果被测要素是线要素或点要素且公差带是圆形、圆柱形或圆管形，公差值前面应标注符号“ϕ”；如果被测要素是点要素且公差带是球形，公差值前面应

标注符号“$S\phi$”。

2）公差带的宽度：公差带默认具有恒定的宽度。如果公差带的宽度在两个值之间线性变化，此两数值应采用“-”分开表示，如图 7-10 所示。公差带的中心默认位于理论正确要素（TEF）上（偏置公差带相关介绍略）。

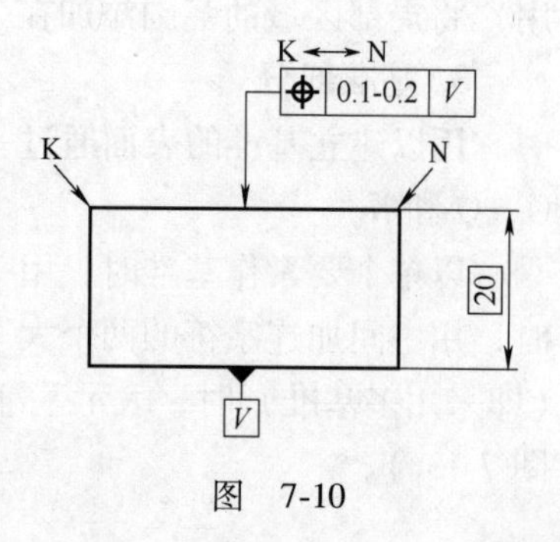

图 7-10

3）公差带的方向：除非另有说明（见图 7-11，应标注出图中的 α 角，即使它等于 90°，由公差框格所定义的基准要素与用于构建方向要素的要素相同时，可省略方向要素），公差带的宽度默认垂直于被测要素（见图 7-12）。

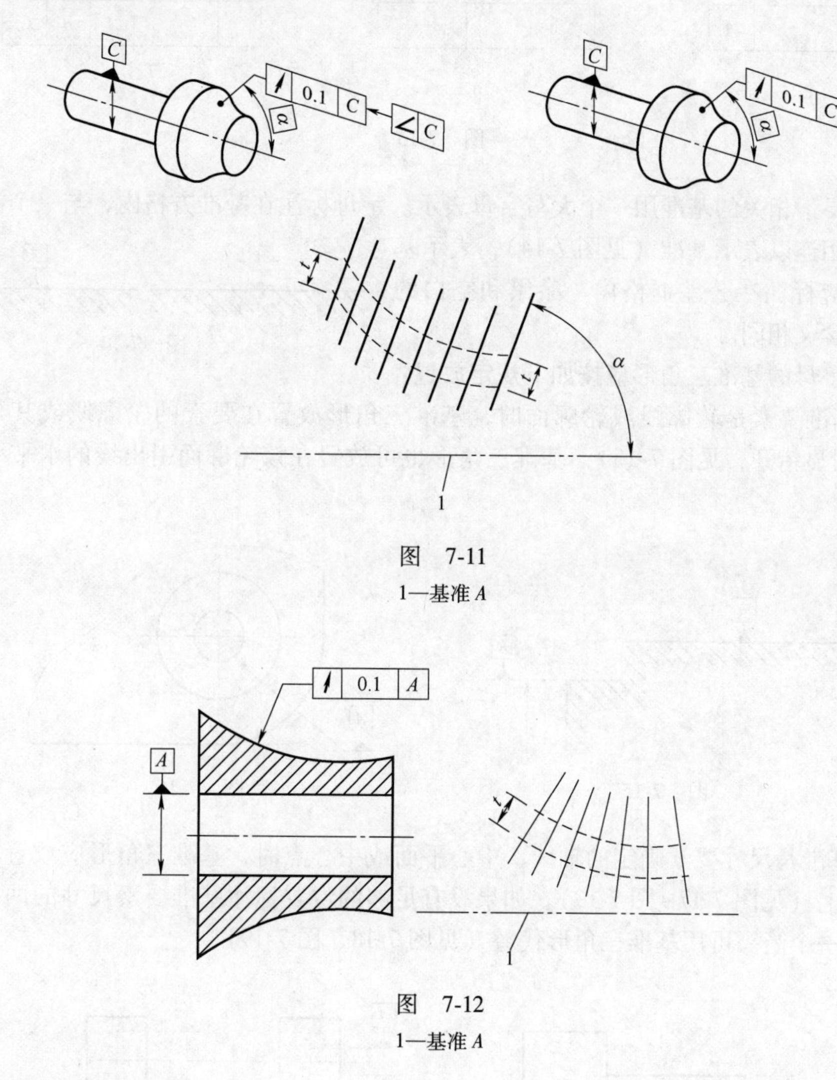

图 7-11

1—基准 A

图 7-12

1—基准 A

4）公差带的范围：

公差默认适用于整个被测要素。

如果公差适用于要素内部的某个局部区域，标注方式见 7.5 节。

如果公差适用于整个要素内的任何局部区域，则应使用线性与（或）角度单位（如适用）将局部区域的范围添加在公差值后面，并用斜杠分开，标注方式见 7.7 节。

3. 基准部分

用以建立基准的表面通过一个位于基准符号内的大写字母来表示，建议不要用字母 I、O、Q 和 X。

以单个要素作基准时，用一个大写字母表示（见图 7-13a）；以两个要素建立公共基准时，用中间加连字符的两个大写字母表示（见图 7-13b）；以两个或三个基准建立基准体系（即采用多基准）时，表示基准的大写字母按基准的优先顺序自左向右填写在各框格内（见图 7-13c）。

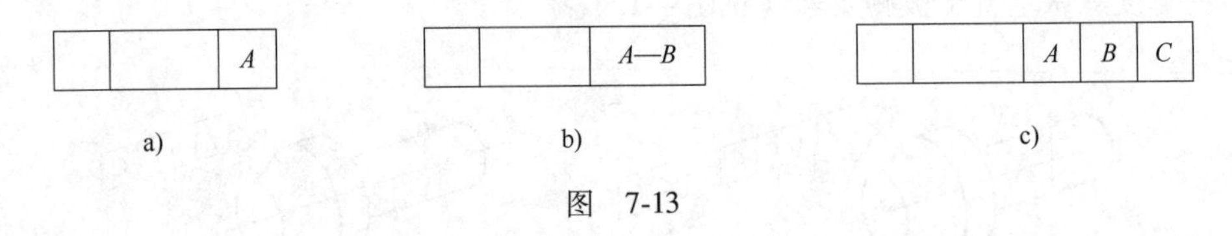

a)　　b)　　c)

图　7-13

与被测要素相关的基准用一个大写字母表示。字母标注在基准方格内，与一个涂黑或空白的三角形相连以表示基准（见图 7-14），表示基准的字母还应标注在公差框格内。涂黑和空白的基准三角形含义相同。

图　7-14

带基准字母的基准三角形应按如下规定放置：

1）当基准要素是轮廓线或轮廓面时，基准三角形放置在要素的轮廓线或其延长线上（与尺寸线明显错开，见图 7-15）；基准三角形也可放置在该轮廓面引出线的水平线上（见图 7-16）。

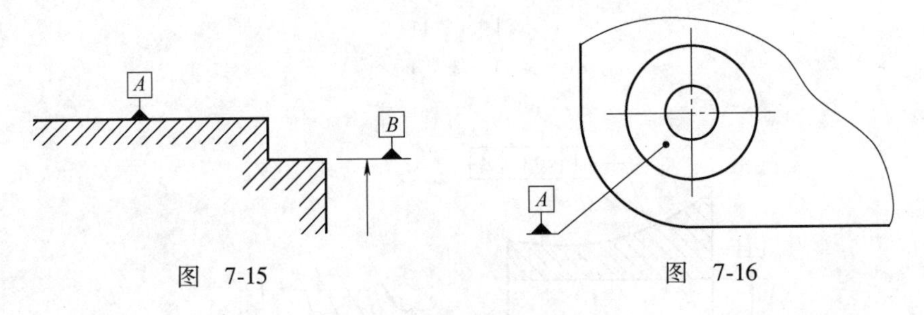

图　7-15　　图　7-16

2）当基准是尺寸要素确定的轴线、中心平面或中心点时，基准三角形应放置在该尺寸线的延长线上（见图 7-17~图 7-19）。如果没有足够的位置标注基准要素尺寸的两个尺寸箭头，则其中一个箭头可用基准三角形代替（见图 7-18、图 7-19）。

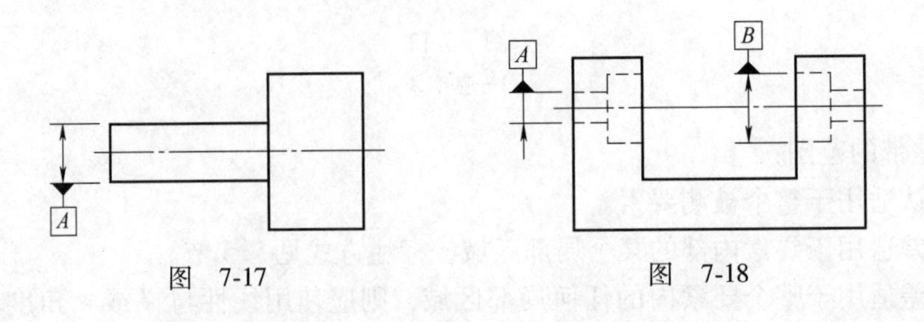

图　7-17　　图　7-18

如果只以要素的某一局部作基准，则应用粗点画线示出该部分并加注 TED 尺寸（见图 7-20）。

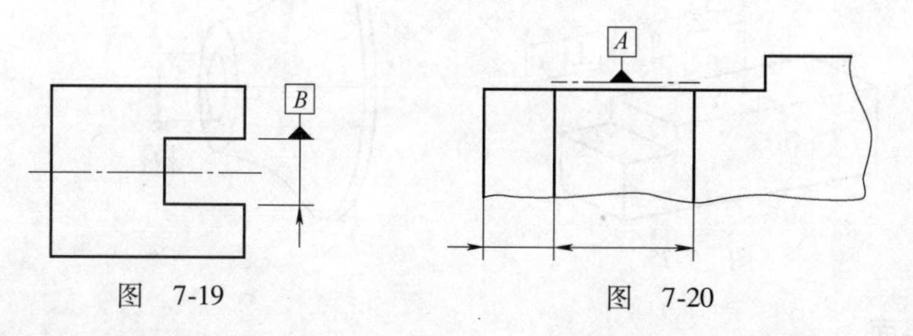

图 7-19　　图 7-20

7.4.2　辅助平面和要素框格

辅助平面和要素框格可单独标注在公差框格的右侧，如果需要标注其中的若干个时，应按相交平面框格、定向平面框格或方向要素框格（此两个不应一同标注）、组合平面框格的顺序标注。

1. 相交平面

1）相交平面图样标识如图 7-21 所示，分别表示平行于、垂直于、保持特定的角度于和对称于（包含）。

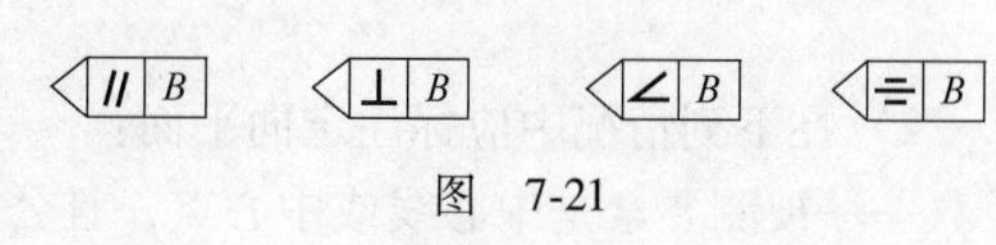

图 7-21

2）在下列情况中应标注相交平面：

标识线要素要求的方向，例如在平面上线要素的直线度、线轮廓度、要素的线素的方向，以及在面要素上的线要素的“全周”规范。

3）相交平面应符合的规则：

——当被测要素是组成要素上的线要素时，应标注相交平面，以免产生误解，除非被测要素是圆柱、圆锥或球的母线，标注的是其直线度或圆度。

——当被测要素是在一个给定方向上的所有线要素，而且特征符号并未明确表明被测要素是平面要素还是该要素上的线要素时，应使用相交平面框格表示出被测要素是要素上的线要素，以及这些线要素的方向。如图 7-22 所示，此时被测要素是该面要素上与基准 *C* 平行的所有线要素。

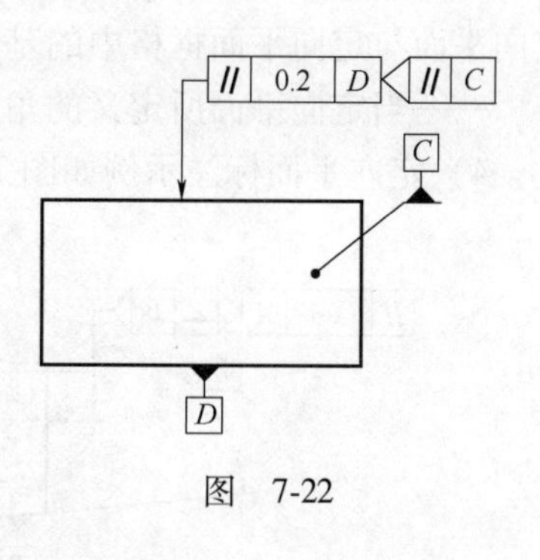

图 7-22

4）相交平面标注示例如图 7-23～图 7-24 所示。

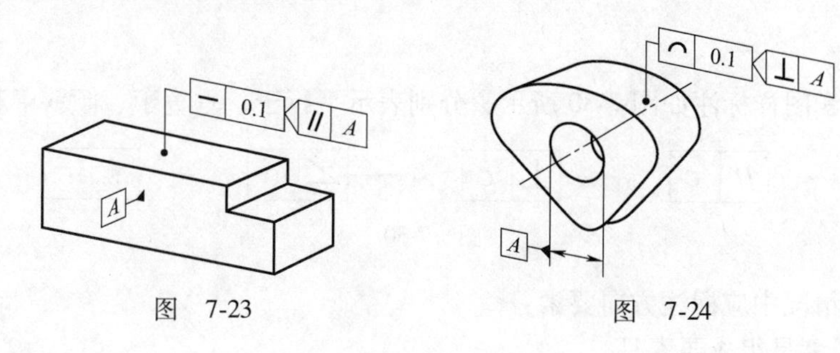

图 7-23　　图 7-24

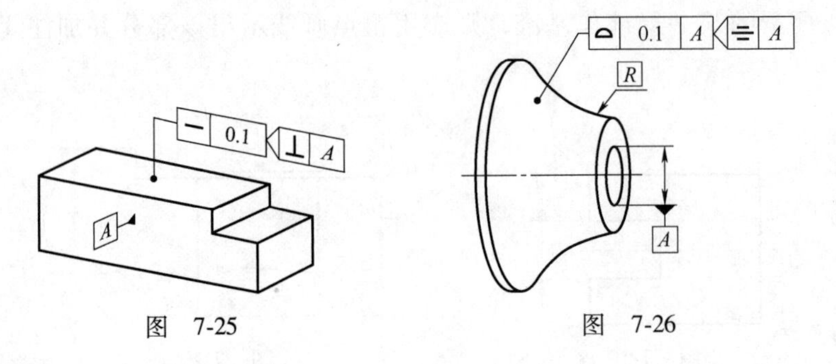

图 7-25　　　　图 7-26

2. 定向平面

1）定向平面图样标注如图 7-27 所示，分别表示平行于、垂直于和倾斜于。

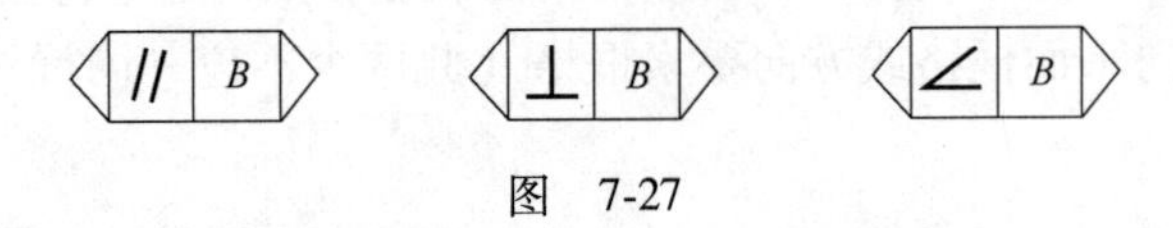

图 7-27

2）在下列情况中应标注定向平面：

——被测要素是中心线或中心点，且公差带的宽度是由两平行平面限定的，或

——被测要素是中心点，公差带是由一个圆柱限定的，且

——公差带要相对于其他要素定向，且该要素是基于工件的提取要素构建的，能够标识公差带的方向。

3）定向平面应符合的规则：

——当定向平面所定义的角度不是 0°或 90°时，应使用倾斜度符号，并且应明确定义出定向平面与定向平面框格中的基准之间的理论夹角。

——当定向平面所定义的角度等于 0°或 90°时，应分别使用平行度符号或垂直度符号。

4）定向平面标注示例如图 7-28、图 7-29 所示。

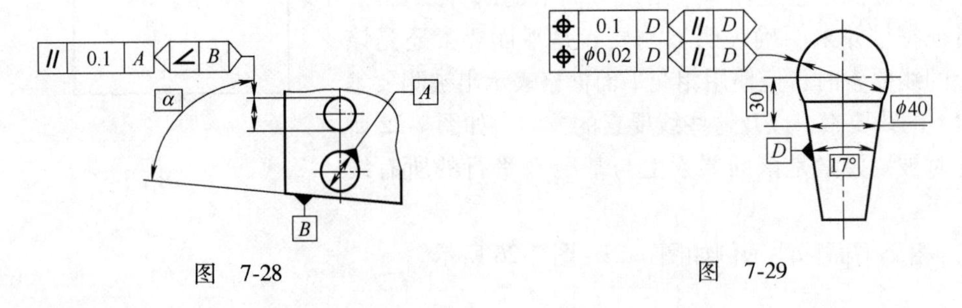

图 7-28　　　　图 7-29

3. 方向要素

1）方向要素图样标注如图 7-30 所示，分别表示平行于、垂直于、倾斜于和跳动于。

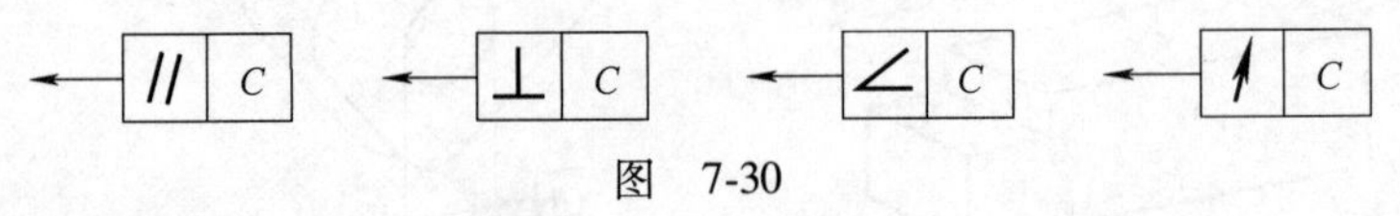

图 7-30

2）在下列情况中应标注方向要素：

——被测要素是组成要素且

——公差带宽度的方向与规定的几何要素不垂直时，或

——对非圆柱体或球体的回转体表面使用圆度公差，如图 7-31 所示。

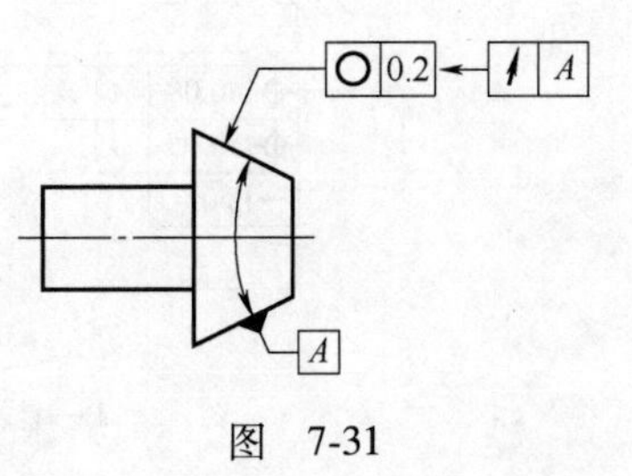

图 7-31

3）方向要素应符合的规则：

——当方向定义为与被测要素的面要素垂直时，应使用跳动符号，并且被测要素（或其导出要素）应在方向要素框格中作为基准要素。

——当方向所定义的角度为 0°或 90°时，应分别使用平行度符号或垂直度符号。

——当方向所定义的角度不是 0°或 90°时，应使用倾斜度符号，而且应明确定义出方向要素与方向要素框格的基准之间的 TED 夹角。

4）方向要素标注示例如图 7-11 所示。

4. 组合平面

1）组合平面图样标注如图 7-32 所示。

2）在下列情况中应标注组合平面：

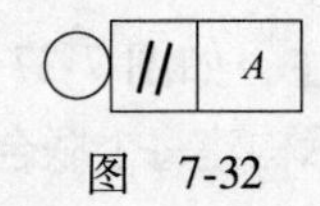

图 7-32

当标注“全周”符号○时，应使用组合平面。组合平面可标识一个平行平面族，可用来标识“全周”标注所包含的要素。

3）组合平面标注示例如图 7-33、图 7-34 所示。

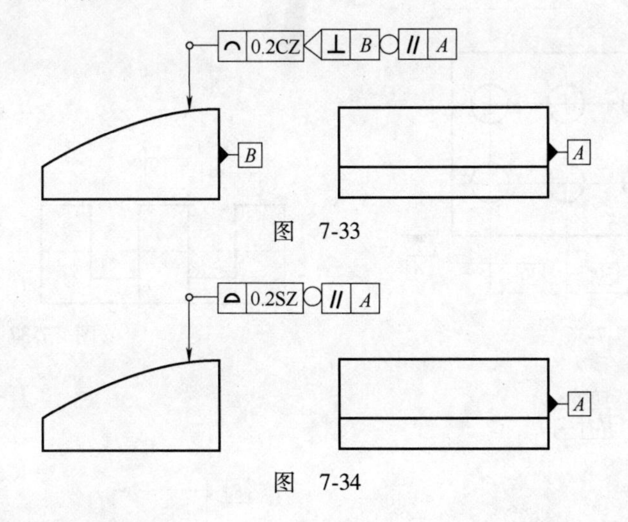

图 7-33

图 7-34

7.4.3 公差框格相邻区域的标注

在与公差框格相邻的两个区域内可标注补充的标注，如图 7-35 所示。

1）适用于所有带指引线的公差框格的标注应给出在上或下部相邻的标注区域内。上下相邻标注区域的标注意义一致且应仅使用这些相邻区域中的一个；仅适用于一个公差框格的标注应给出在此公差框格的水平相邻标注区域内。

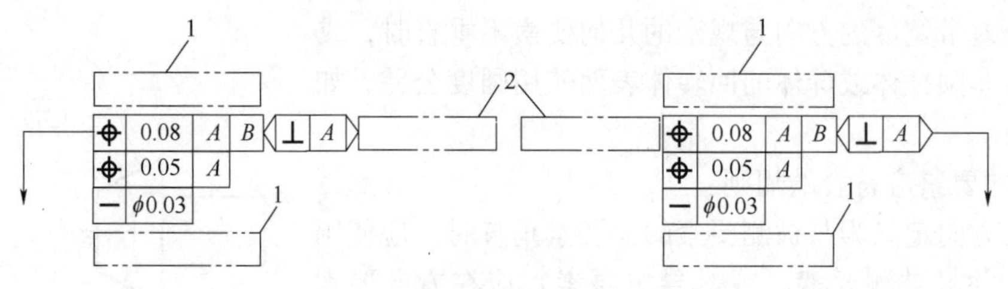

图　7-35

1—上、下相邻的标注区域　2—水平相邻的标注区域

2）当只有一个公差框格时，在上下相邻标注区域内与水平相邻标注区域内的标注具有相同意义。此时，应仅使用一个相邻标注区域，并且如适用，优先选择上相邻的标注区域。

3）在上下相邻标注区域内的标注应左对齐。在水平相邻标注区域内的标注，如果位于公差框格的右侧，则应左对齐，如果位于公差框格的左侧，则应右对齐。

4）如果在相邻标注区域内有不止一个标注，这些标注应按照以下顺序给出，在每个标注之间应留间隔：

——多个被测要素的标注，如 n× 或 n×m×，如图 7-36 所示。

——尺寸公差标注，如图 7-36 所示。

——与联合要素无关的“区间”标注，如图 7-37 所示。

——表示联合要素的 UF 以及用来表示构建每个联合要素的要素数量的 n×，如图 7-38 所示。

——表示截面的 ACS，如图 7-39 所示。

——表示螺纹与齿轮的 LD、PD 或 MD，如图 7-40 所示。

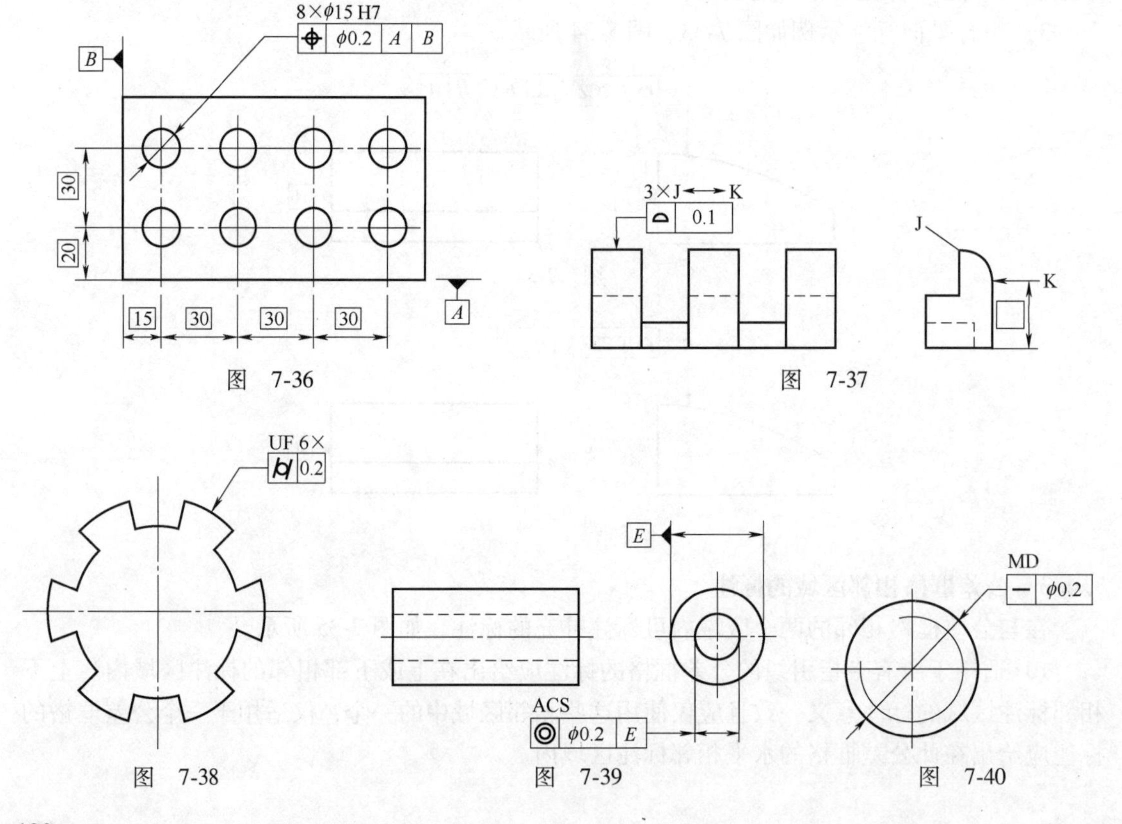

图　7-36

图　7-37

图　7-38

图　7-39

图　7-40

7.4.4 多层公差标注

若需要为要素指定多个几何特征，为了方便，要求可在上下堆叠的公差框格中给出，如图 7-41 所示。此时，推荐将公差框格按公差值从上到下依次递减的顺序排布。参照线应连接于公差框格左侧或右侧的中点，而非公差框格中间的延长线。

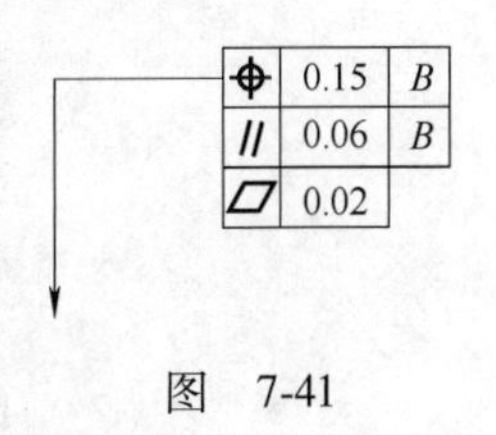

图 7-41

7.5 附加标注

1. 全周与全表面——连续的封闭被测要素

1）如果将几何公差规范作为单独的要求应用到横截面的轮廓上，或将其作为单独的要求应用到封闭轮廓所表示的所有要素上时，应使用“全周”符号○标注，并放置在公差框格的指引线与参考线的交点上，如图 7-33 和图 7-34 所示。

2）如果将几何公差规范作为单独的要求应用到工件的所有组成要素上，应使用“全表面”符号◎标注，如图 7-42 所示。

3）除非基准参照系可锁定所有未受约束的自由度，否则“全周”或“全表面”应与 SZ（独立公差带）、CZ（组合公差带）或 UF（联合要素）组合使用。

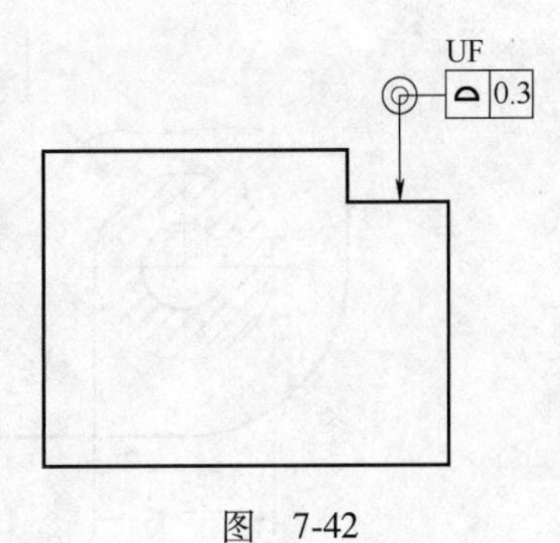

图 7-42

2. 局部区域被测要素

应使用以下方法之一定义局部区域：

——用粗长点画线来定义部分表面，应使用理论正确尺寸定义其位置与尺寸，如图 7-43a 所示。

——用阴影区域定义，可用粗长点画线来定义部分表面，应使用理论正确尺寸定义其位置与尺寸，如图 7-43b、图 7-44a、图 7-45 所示。

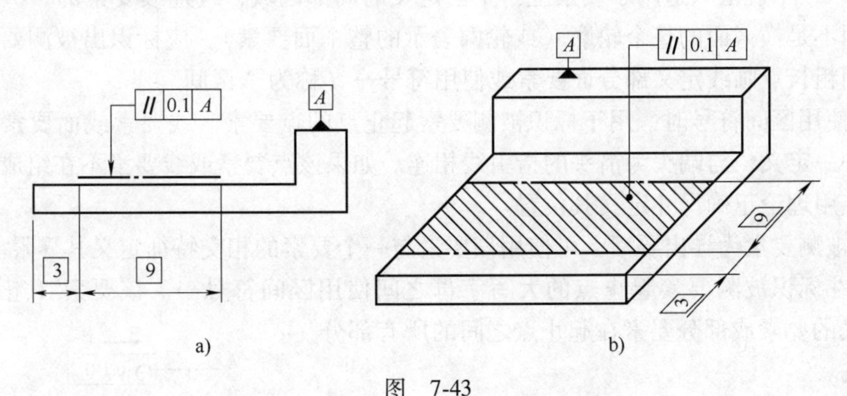

图 7-43

——将拐角点定义为组成要素的交点（拐角点的位置用理论正确尺寸定义），并且用大写字母及端头是箭头的指引线定义。字母可标注在公差框格的上方，最后两个字母之间可布置“区间”符号，如图 7-44b 所示。

——用两条直的边界线、大写字母及端头是箭头的指引线来定义（边界线的位置用理论正确尺寸定义），并且与“区间”符号标注组合使用，如图 7-37 和图 7-46 所示。

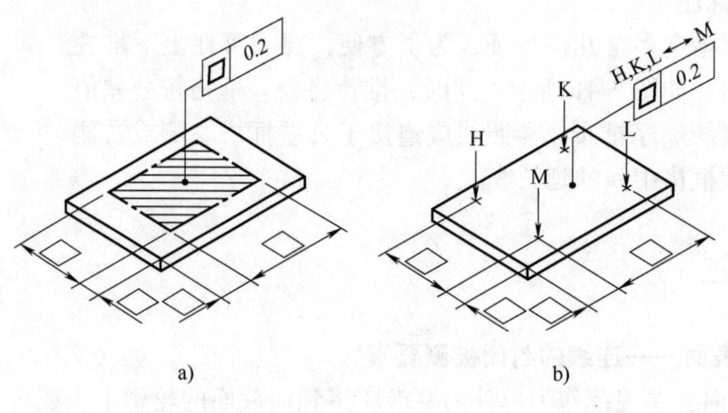

图 7-44

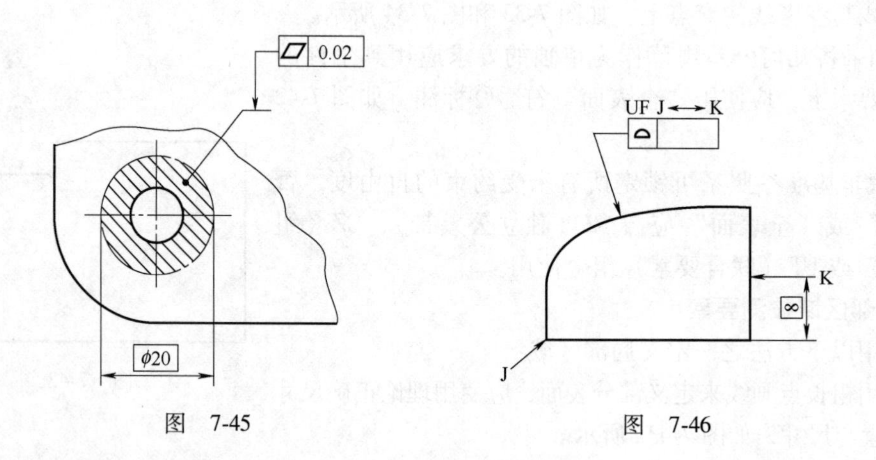

图 7-45

图 7-46

3. 连续的非封闭被测要素

1）如果一个规范只适用于要素上一个已定义的局部区域，或连续要素的一些连续的局部区域，而不是横截面的整个轮廓（或轮廓表示的整个面要素），应标识出被测要素的起止点，并且用粗长点画线定义部分面要素或使用符号↔（称为“区间”）。

2）当使用区间符号时，用于标识被测要素起止点的点要素、线要素或面要素都应使用大写字母一一定义，与端头为箭头的指引线相连。如果该点要素或线要素不在组成要素的边界上，则应用理论正确尺寸定义其位置。

3）若被测要素为导出要素，可使用该要素与一个要素的相交特征定义其界限。

4）应在标识被测要素起止点的大写字母之间使用区间符号↔。该要素（组合被测要素）由定义的要素或部分要素在起止点之间的所有部分或区域组成。

5）公差要求均独立地适用于每一个面或线素，除非另有规定，如使用符号 CZ 将公差带进行组合或使用 UF 修饰符将组合要素视为一个要素。

6）如果公差值沿着相关的组合被测要素变化，标注方法如图 7-47 所示。

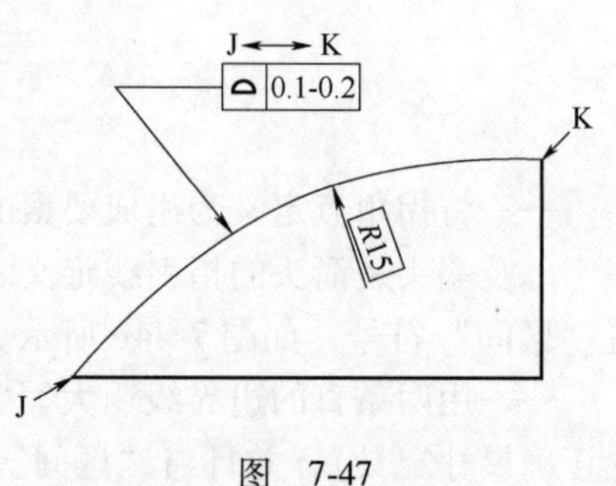

图 7-47

如果同一个规范适用于一组组合被测要素，可将该组合标注于公差框格的上方，如图 7-37 所示。

7.6 理论正确尺寸（TED）

对于在一个要素或一组要素上所标注的位置、方向或轮廓规范，将确定各个理论正确位置、方向或轮廓的尺寸称为理论正确尺寸（TED）。基准体系中基准之间的角度也可用 TED 标注。TED 不应包含公差，应使用方框将其封闭，如图 7-48、图 7-49 所示。

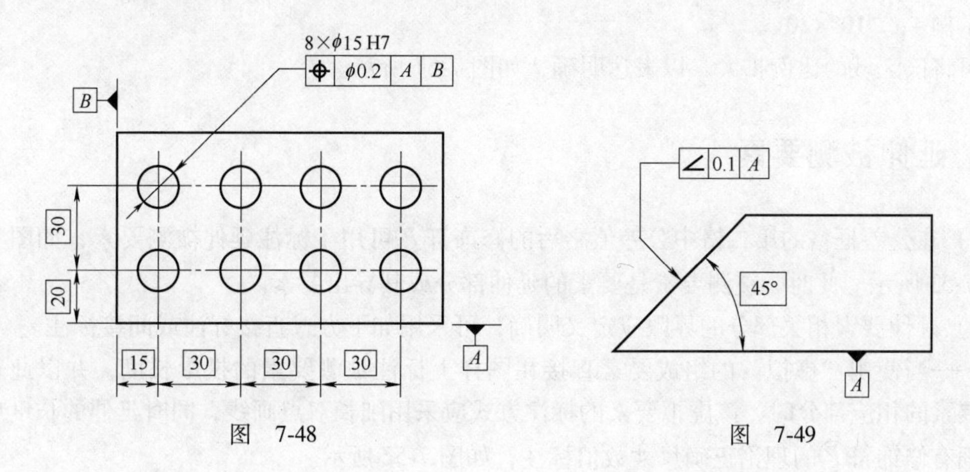

图 7-48　　图 7-49

7.7 局部规范

1）如果特征相同的规范适用于在要素整体尺寸范围内任意位置的一个局部长度，则该局部长度的数值应添加在公差值后面，并用斜杠分开（见图 7-50a）。如果要标注两个或多个特征相同的规范，组合方式如图 7-50b 所示。

2）可用下列局部区域形状标注特征相同的规范，该规范适用于局部区域，且处于该要素整体尺寸范围内的任意位置：

——任意矩形局部区域，标有用“×”分开的长度与高度。该区域在两个方向上都可移动。应使用定向平面框格表示第一个数值所适用的方向，如图 7-51 所示。

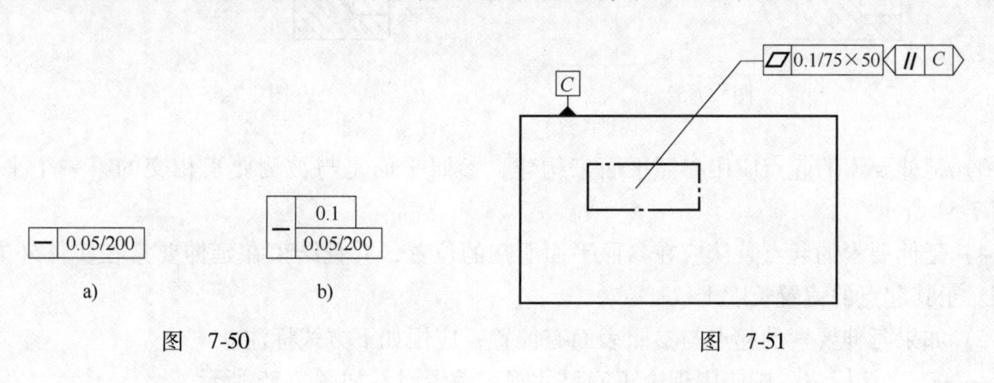

图 7-50　　图 7-51

示例 1："75×50"

——任意圆形局部区域，使用直径符号加直径值来标注。

示例 2："ϕ4"

——任何圆柱区域，使用在该圆柱轴线方向上的长度定义，并且有"×"以及相对于圆周尺寸的角度。该区域可沿圆柱的轴线方向移动或圆周方向旋转。

示例 3："75×30°"

——任意球形区域，使用两个角度尺寸定义，并用"×"分开。该区域在两个方向上都可移动。应使用定向平面框格表示第一个数值所适用的方向。

示例 4："10°×20°"

可将该区域的比例扩大，以表达明确，如图 7-51 所示。

7.8 延伸被测要素

1）在公差框格的第二格中公差值之后的修饰符Ⓟ可用于标注延伸被测要素，如图 7-52 和图 7-53 所示。此时，被测要素是要素的延伸部分或其导出要素。

2）延伸要素相关部分的界限应定义明确，可采用如下方式直接标注或间接标注。

——当使用"虚拟"的组成要素直接在图样上标注被测要素的投影长度，并以此表示延伸要素的相应部分时，该虚拟要素的标注方式应采用细长双点画线，同时延伸的长度应使用前面有修饰符Ⓟ的理论正确尺寸数值标注，如图 7-52 所示。

——当间接地在公差框格中标注延伸被测要素的长度时，数值应标注在修饰符Ⓟ的后面，如图 7-53 所示。此时，可省略代表延伸要素的细长双点画线。这种间接标注的使用仅限于盲孔。

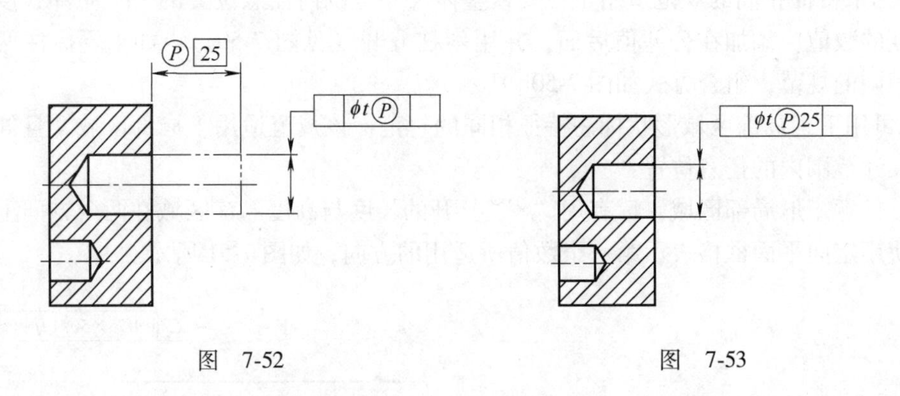

图 7-52　　　　图 7-53

3）延伸要素的起点应用参照平面来构建，参照平面是与被测要素相交的第一个平面，如图 7-54 所示。

4）延伸要素的起点默认应在参照平面所在的位置，并且结束在延伸要素在实体外方向上相对于其起点的偏置长度上。

5）如果延伸要素的起点与参照表面有偏置，应用如下方式标注。

——若直接标注，应使用理论正确尺寸规定偏置量，如图 7-55 所示。

——若间接标注，修饰符后的第一个数值表示到延伸要素最远界限的距离，而第二个数值（偏置量）前面有减号，表示到延伸要素最近界限的距离（延伸要素的长度为这两个数值的差值），如图 7-56 所示。偏置量若为零则应不标注，此时也可省略减号，如图 7-53 所示。

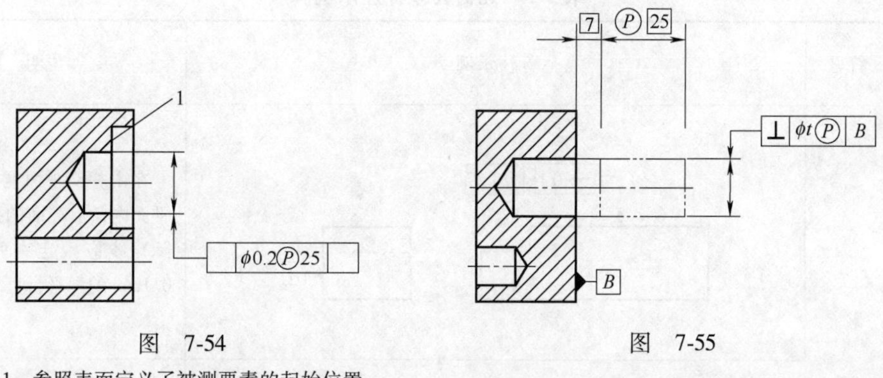

图 7-54

1—参照表面定义了被测要素的起始位置

图 7-55

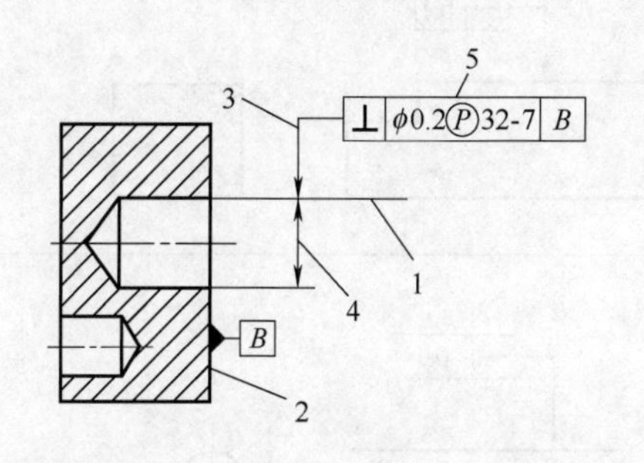

图 7-56

1—延长线 2—参照表面 3—与公差框格相连的指引线

4—表明被测要素为中心要素的标注（与修饰符Ⓐ等效）

5—修饰符定义了公差适用于部分延伸要素

6）修饰符Ⓟ可以根据需要与其他形式的规范修饰符一起使用，如图 7-57 所示。

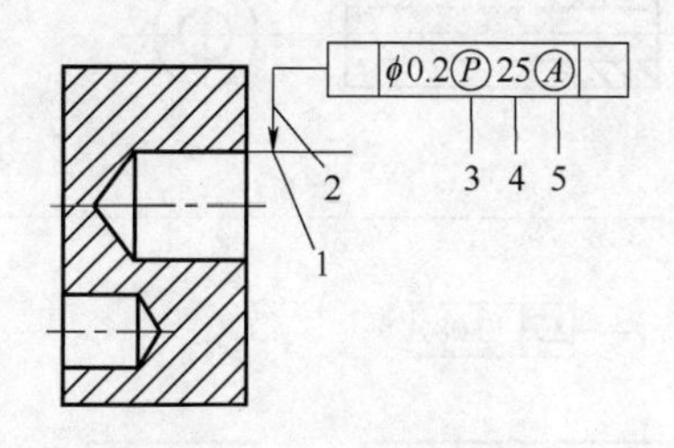

图 7-57

1—延长线 2—与公差框格相连的指引线 3—修饰符定义了公差适用于部分延伸要素，并由下面说明 4 所限定 4—延伸被测要素的长度，本例中为 25mm 5—修饰符定义了被测要素为中心要素

7.9 几何公差标注示例

几何公差标注示例见表 7-5。

表 7-5 几何公差标注示例

公差几何特征	符号	标注示例	说明
直线度	—	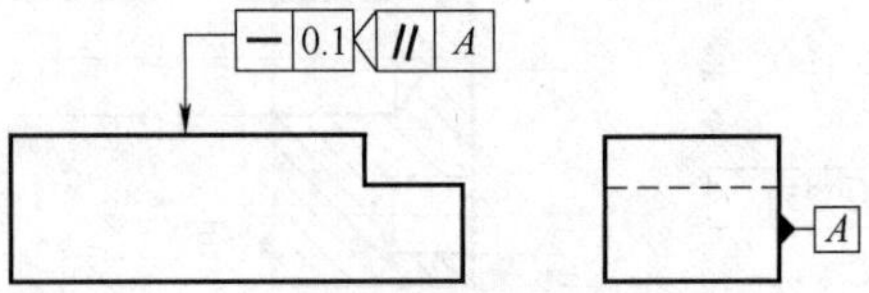 — 0.1 // A；A	在由相交平面框格规定的平面内，上表面的提取（实际）线应限定在间距等于 0.1mm 的两平行直线之间
		不推荐的标注方式：— 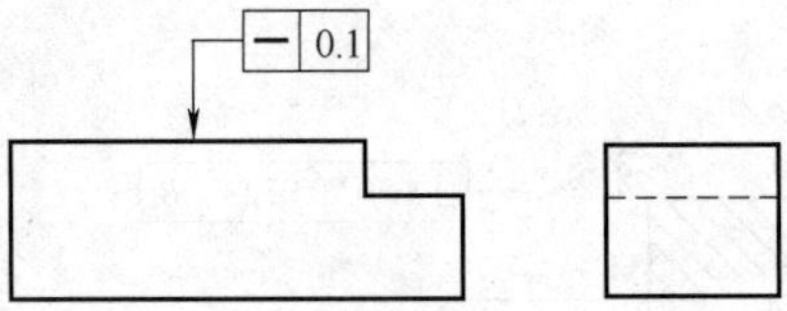 0.1	不推荐使用图样平面定义相交平面
		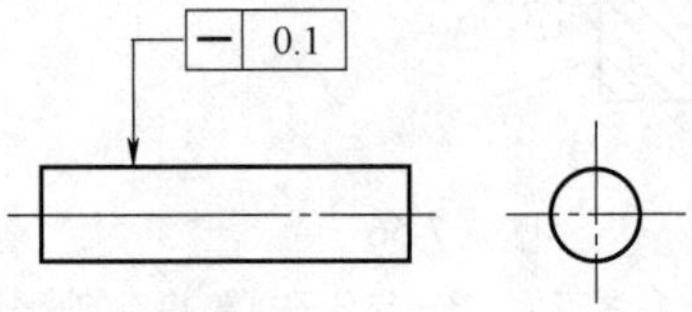 — 0.1	圆柱表面的提取（实际）棱边应限定在间距等于 0.1mm 的两平行平面之间
		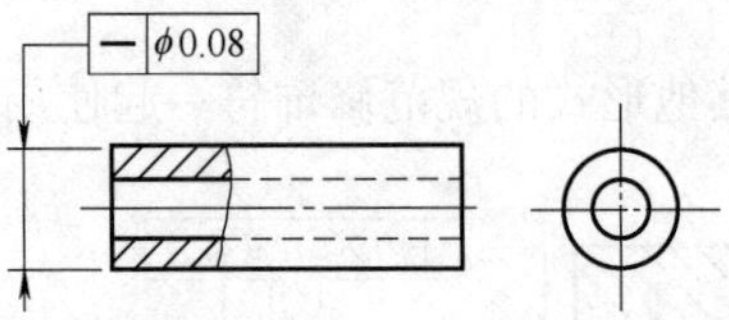 — ϕ0.08	圆柱面的提取（实际）中心线应限定在直径等于 ϕ0.08mm 的圆柱面内
平面度	⏥	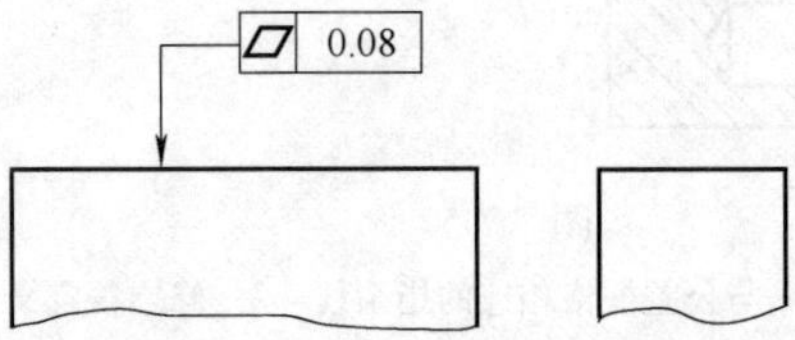 ⏥ 0.08	提取（实际）表面应限定在间距等于 0.08mm 的两平行面之间

（续）

<table>
<tr><th>公差
几何特征</th><th>符号</th><th>标注示例</th><th>说明</th></tr>
<tr><td rowspan="4">圆度</td><td rowspan="4">○</td><td>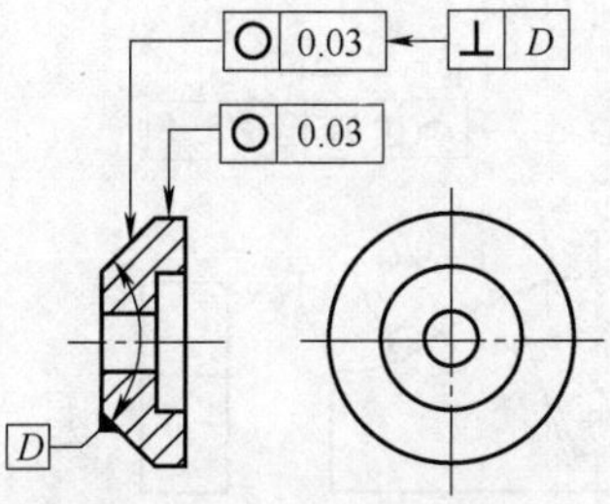</td><td>在圆柱面与圆锥面的任意横截面内，提取（实际）圆周应限定在半径差等于0.03mm的两共面同心圆之间</td></tr>
<tr><td>已废止的标注方式：
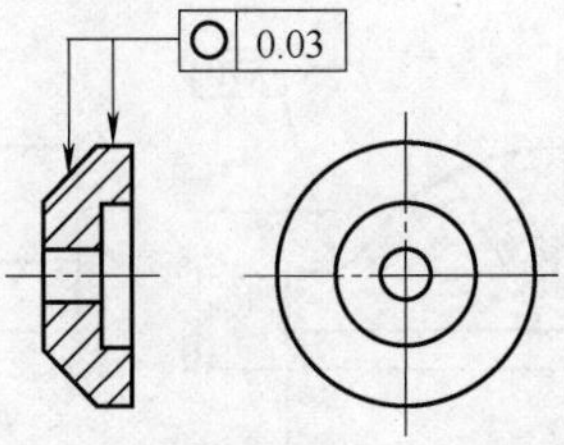</td><td>非圆柱形与非球形要素的回转体表面应标注方向要素框格，可用于表示垂直于被测要素表面或与被测要素轴线成一定角度的圆度</td></tr>
<tr><td>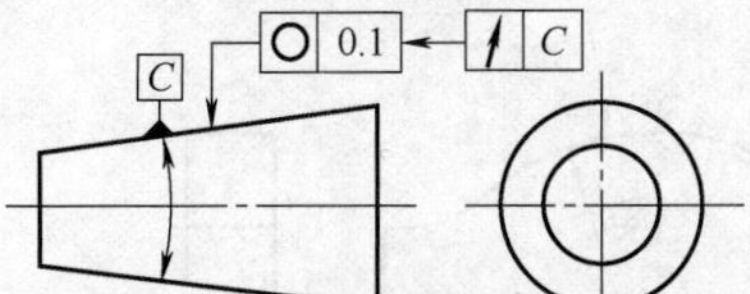</td><td>提取圆周线位于该表面的任意横截面上，由被测要素和与其同轴的圆锥相交所定义，并且其锥角可确保该圆锥与被测要素垂直。该提取圆周线应限定在距离等于0.1mm的两个圆之间，这两个圆位于相交圆锥上</td></tr>
<tr><td>已废止的标注方式：
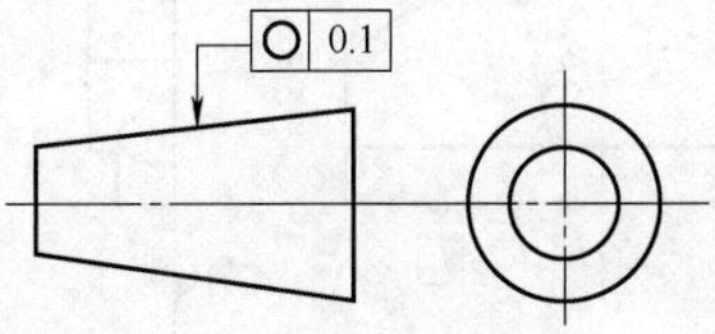</td><td>圆锥表面应使用方向要素框格进行标注</td></tr>
<tr><td>圆柱度</td><td>⌭</td><td>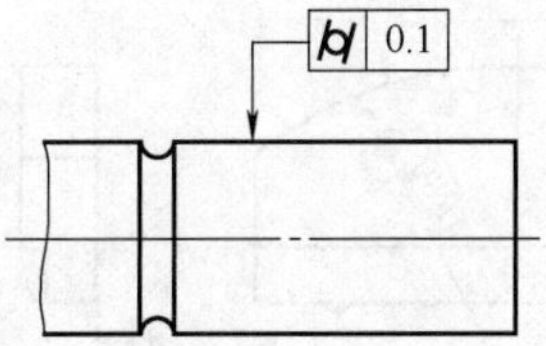</td><td>提取（实际）圆柱表面应限定在半径差等于0.1mm的两同轴圆柱面之间</td></tr>
</table>

（续）

公差几何特征	符号	标注示例	说明
线轮廓度	⌒	与基准不相关的线轮廓度公差 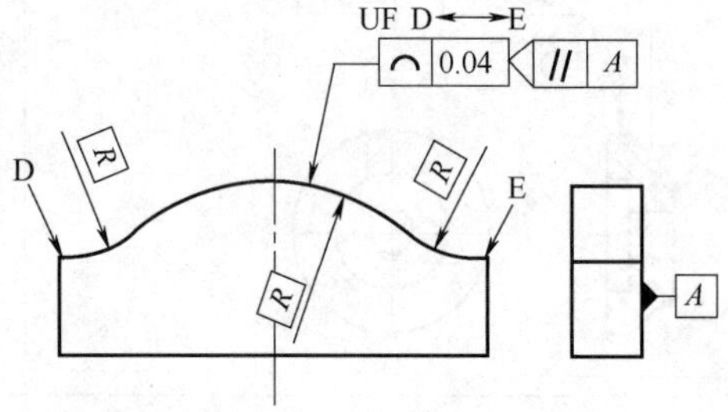	在任一平行于基准平面 *A* 的截面内，如相交平面框格所规定的，提取（实际）轮廓线应限定在直径等于 0.04mm，圆心位于理论正确几何形状上的一系列圆的两等距包络线之间。可使用 UF 表示组合要素上的三个圆弧部分应组成联合要素
		不推荐的标注方式： 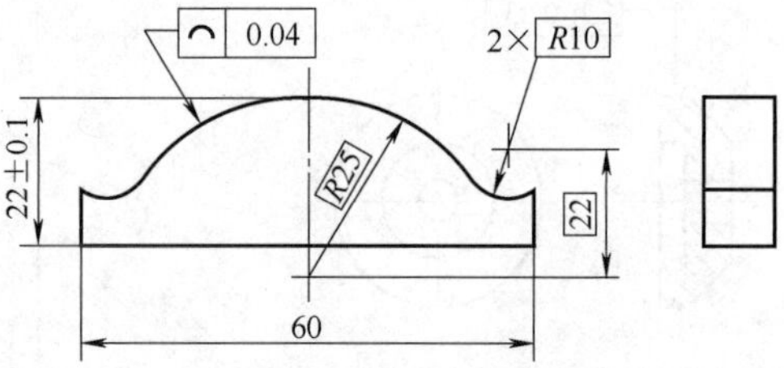	不推荐使用图样平面定义相交平面
		已废止的标注方式： 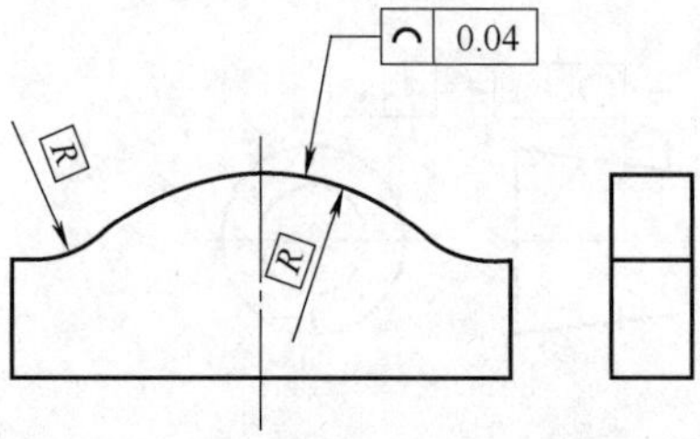	曾经将面轮廓度公差的应用范围解释为“从边界到边界”，并且即使违反要素原则以及组成边界的要素并不明确，也默认此规范标注了联合要素 UF
		相对于基准体系的线轮廓度公差 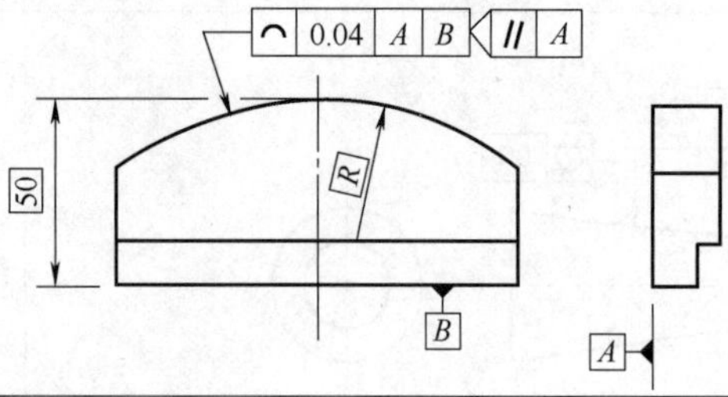	在任一由相交平面框格规定的平行于基准平面 *A* 的截面内，提取（实际）轮廓线应限定在直径等于 0.04mm、圆心位于由基准平面 *A* 与基准平面 *B* 确定的被测要素理论正确几何形状线上的一系列圆的两等距包络线之间
		不推荐的标注方式： 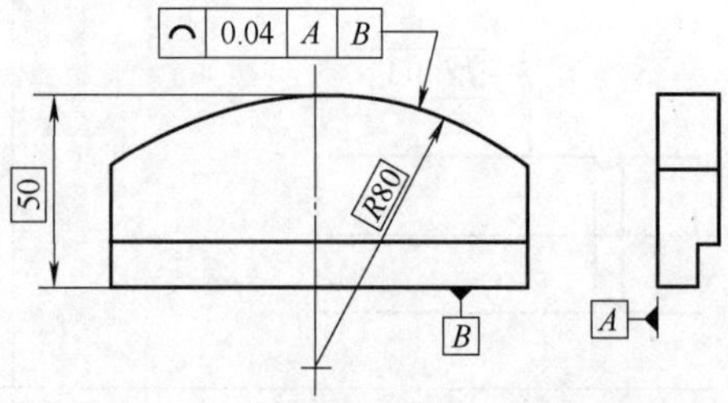	不推荐使用图样平面定义相交平面

（续）

公差 几何特征	符号	标注示例	说明
面轮廓度	⌓	与基准不相关的面轮廓度公差 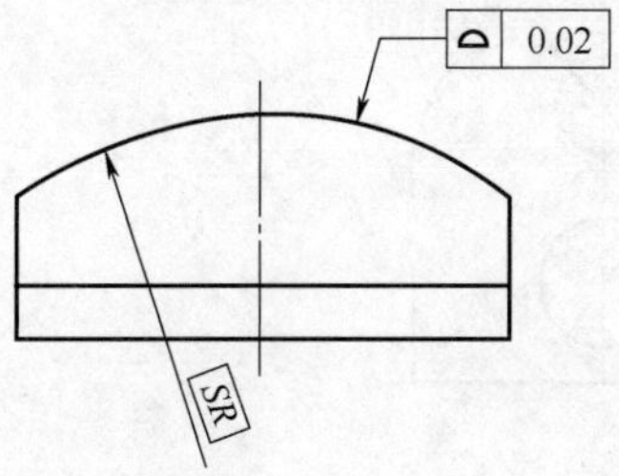	提取（实际）轮廓面应限定在直径等于 0.02mm、球心位于被测要素理论正确几何形状表面上的一系列圆球的两等距包络面之间
		相对于基准的面轮廓度公差 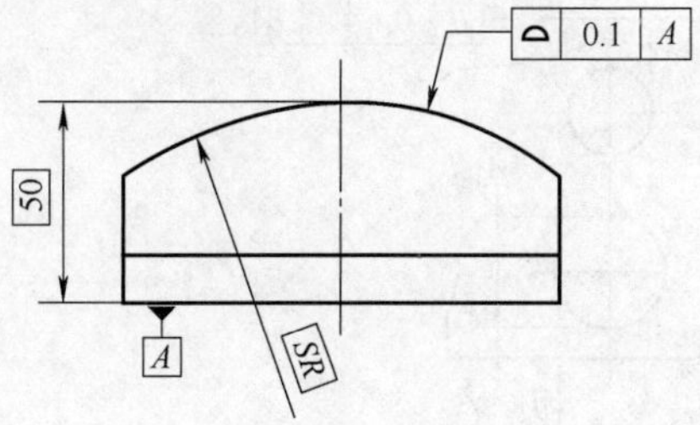	提取（实际）轮廓面应限定在直径距离等于 0.1mm、球心位于由基准平面 *A* 确定的被测要素理论正确几何形状上的一系列圆球的两等距包络面之间
平行度	//	相对于基准体系的中心线平行度公差 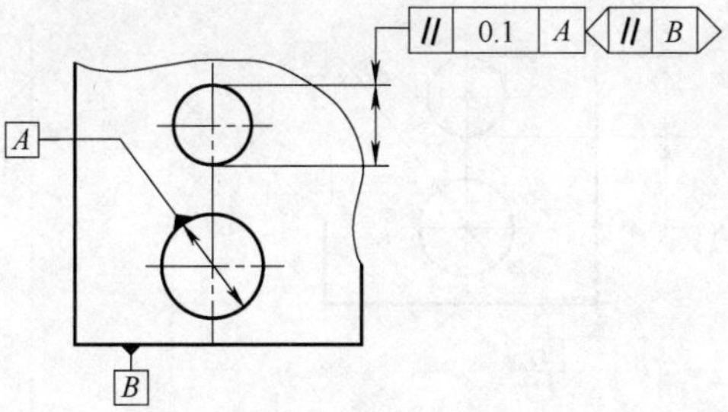	提取（实际）中心线应限定在间距等于 0.1mm、平行于基准轴线 *A* 的两平行平面之间。限定公差带的平面均平行于由定向平面框格规定的基准平面 *B*。基准 *B* 为基准 *A* 的辅助基准
		已废止的标注方式： 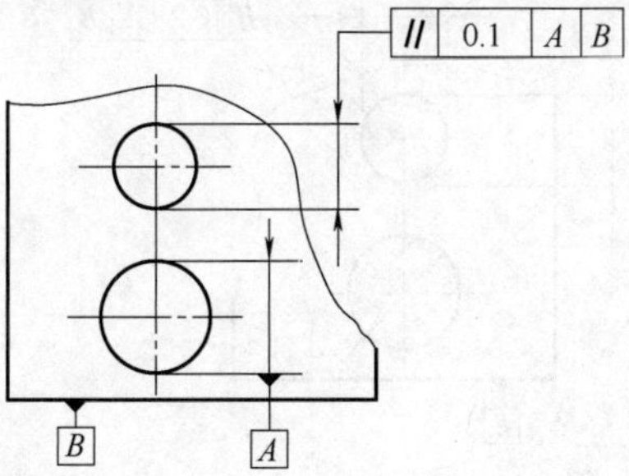	只在一个方向上需要测量的中心要素（中点、中线、中心面），曾经使用指引线的箭头给出这个方向，在一些情况中还包含第二基准。这种标注方式在二维环境下无法准确表达，在三维环境下含义模糊

（续）

公差几何特征	符号	标注示例	说明
平行度	//	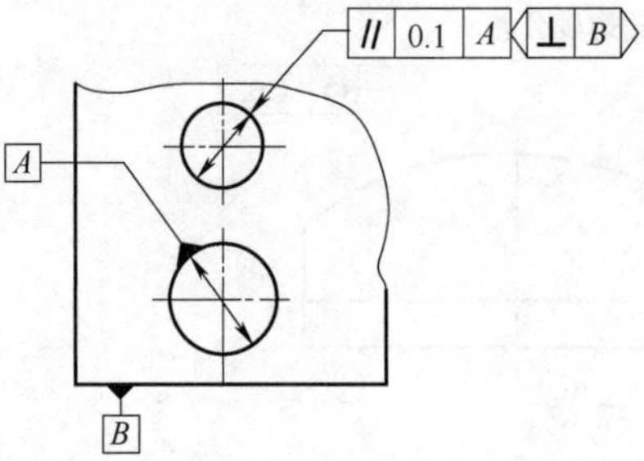 // 0.1 A ⊥ B；A；B	提取（实际）中心线应限定在间距等于 0.1mm、平行于基准轴线 A 的两平行平面之间。限定公差带的平面均垂直于由定向平面框格规定的基准平面 B。基准 B 为基准 A 的辅助基准
		已废止的标注方式：// 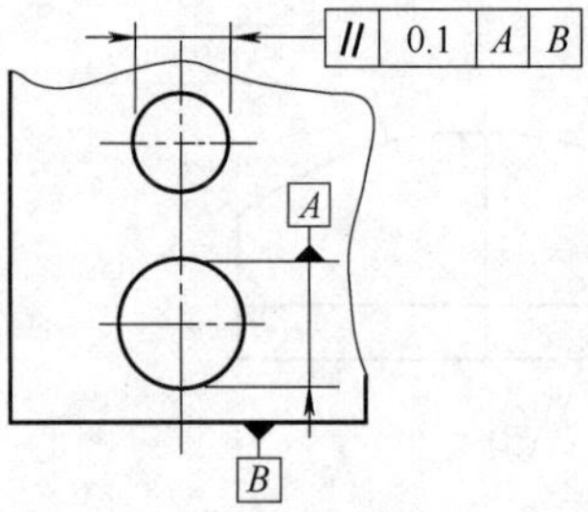 0.1 A B；A；B	只在一个方向上需要测量的中心要素（中点、中线、中心面），曾经使用指引线的箭头给出这个方向，在一些情况中还包含第二基准。这种标注方式在二维环境下无法准确表达，在三维环境下含义模糊
		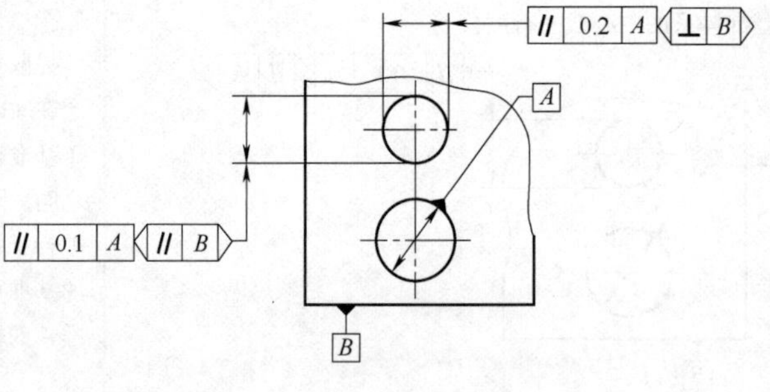 // 0.2 A ⊥ B；// 0.1 A // B；A；B	提取（实际）中心线应限定在两对间距分别等于公差值 0.1mm 和 0.2mm 且平行于基准轴线 A 的平行平面之间
		已废止的标注方式：// 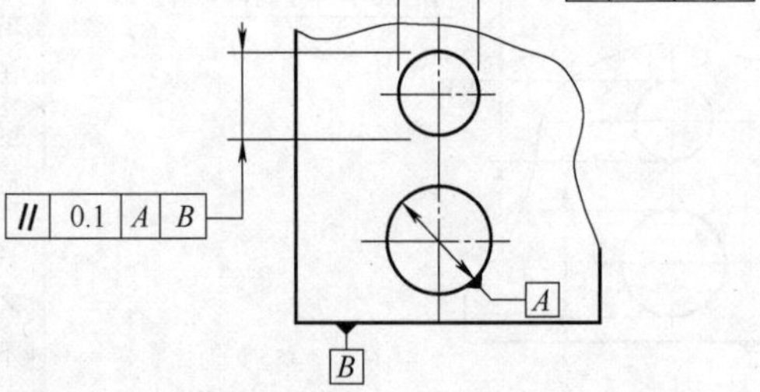 0.2 A B；// 0.1 A B；A；B	只在一个方向上需要测量的中心要素（中点、中线、中心面），曾经使用指引线的箭头给出这个方向，在一些情况中还包含第二基准。这种标注方式在二维环境下无法准确表达，在三维环境下含义模糊

（续）

公差几何特征	符号	标注示例	说明
平行度	//	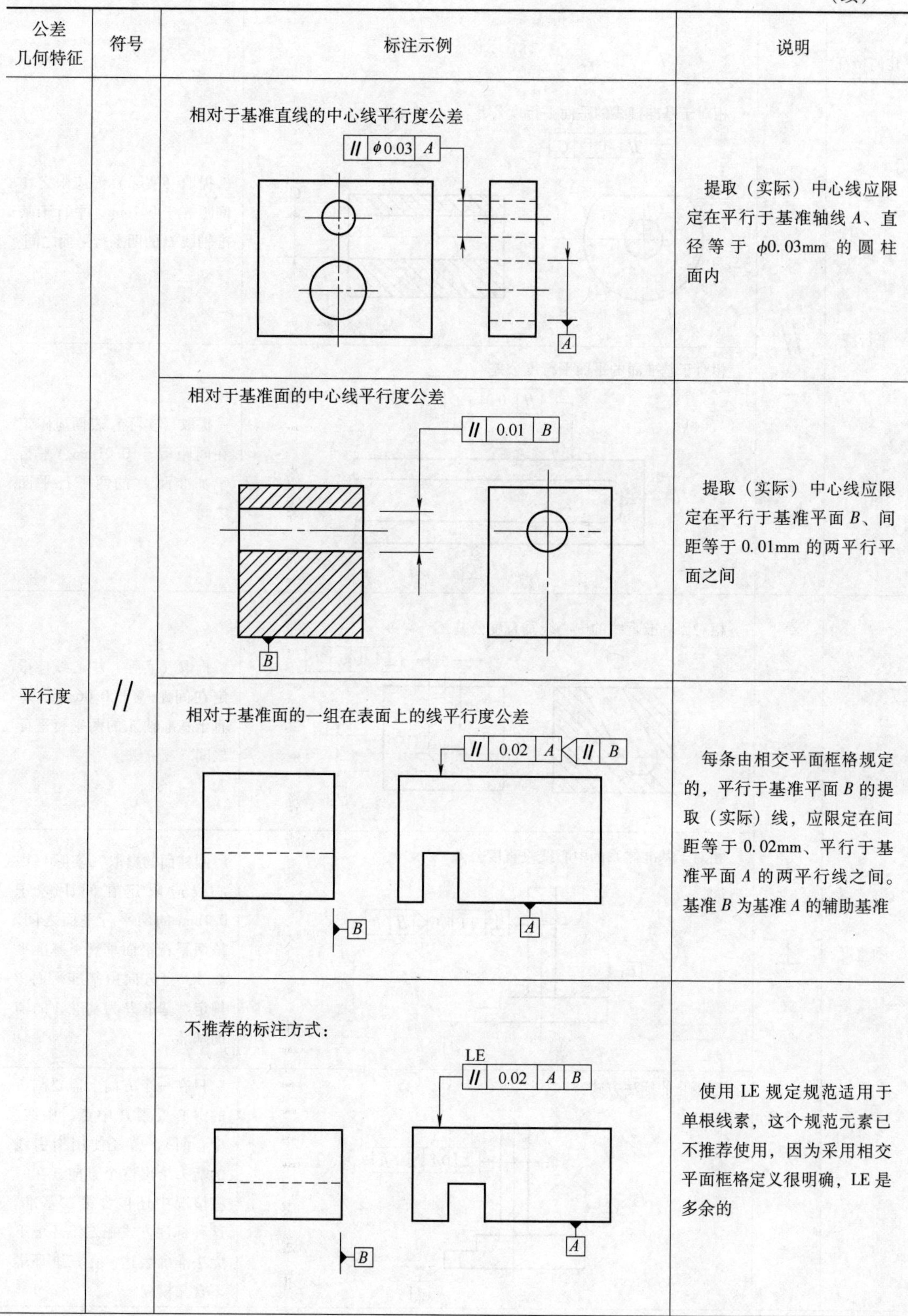 	提取（实际）中心线应限定在平行于基准轴线 A、直径等于 ϕ0.03mm 的圆柱面内
			提取（实际）中心线应限定在平行于基准平面 B、间距等于 0.01mm 的两平行平面之间
			每条由相交平面框格规定的，平行于基准平面 B 的提取（实际）线，应限定在间距等于 0.02mm、平行于基准平面 A 的两平行线之间。基准 B 为基准 A 的辅助基准
			使用 LE 规定规范适用于单根线素，这个规范元素已不推荐使用，因为采用相交平面框格定义很明确，LE 是多余的

（续）

公差几何特征	符号	标注示例	说明
平行度	//	相对于基准直线的平面平行度公差 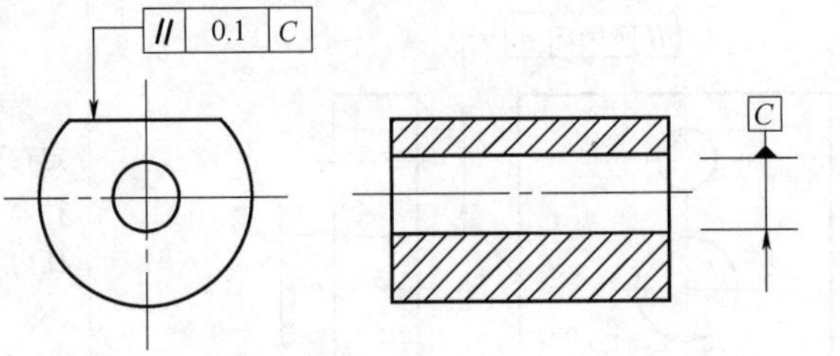	提取（实际）面应限定在间距等于 0.1mm、平行于基准轴线 C 的两平行平面之间
		相对于基准面的平面平行度公差 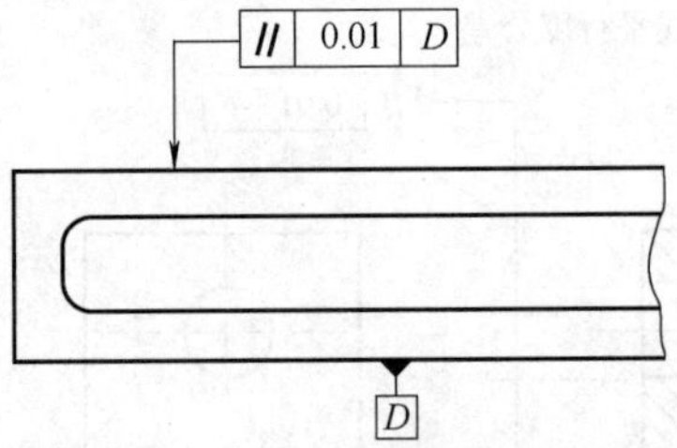	提取（实际）表面应限定在间距等于 0.01mm、平行于基准面 D 的两平行平面之间
垂直度	⊥	相对于基准直线的中心线垂直度公差 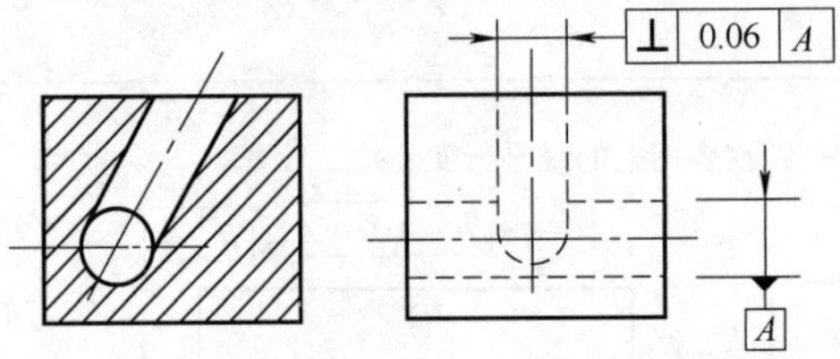	提取（实际）中心线应限定在间距等于 0.06mm、垂直于基准轴 A 的两平行平面之间
		相对于基准体系的中心线垂直度公差 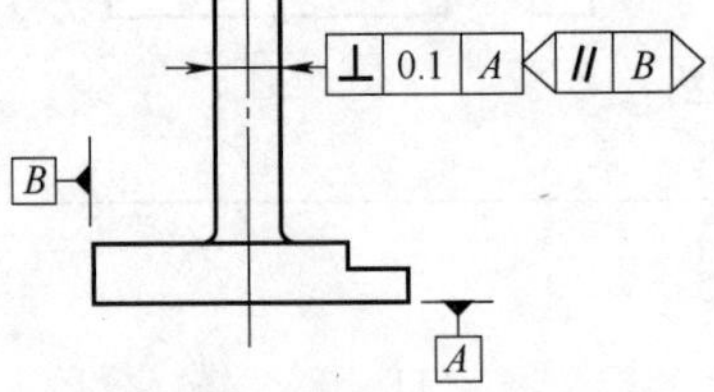	圆柱面的提取（实际）中心线应限定在间距等于 0.1mm 的两平行平面之间。该两平行平面垂直于基准平面 A，且方向由基准平面 B 规定。基准 B 为基准 A 的辅助基准
		已废止的标注方式： 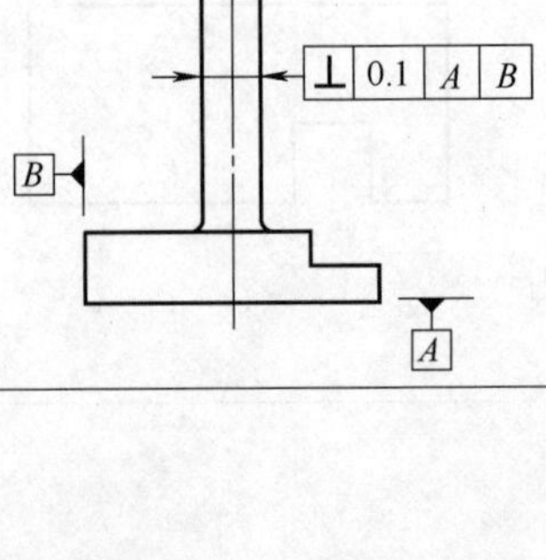	只在一个方向上需要测量的中心要素（中点、中线、中心面），曾经使用指引线的箭头给出这个方向，在一些情况中还包含第二基准。这种标注方式在二维环境下无法准确表达，在三维环境下含义模糊

（续）

公差 几何特征	符号	标注示例	说明
		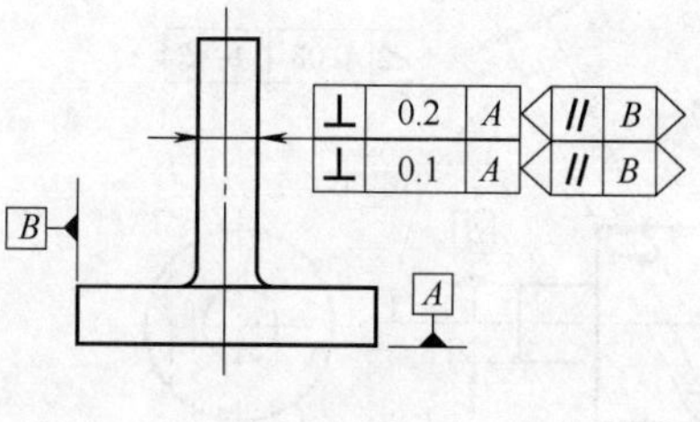 ⊥ 0.2 A ‖ B ⊥ 0.1 A ‖ B B A	圆柱的提取（实际）中心线应限定在间距分别等于0.1mm和0.2mm且垂直于基准平面A的两组平行平面之间。公差带的方向使用定向平面框格由基准平面B规定
		已废止的标注方式： 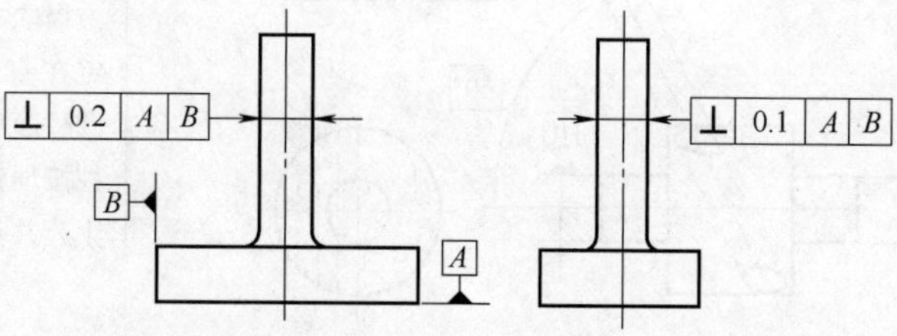 ⊥ 0.2 A B B A ⊥ 0.1 A B	只在一个方向上需要测量的中心要素（中点、中线、中心面），曾经使用指引线的箭头给出这个方向，在一些情况中还包含第二基准。这种标注方式在二维环境下无法准确表达，在三维环境下含义模糊
垂直度	⊥	相对于基准面的中心线垂直度公差 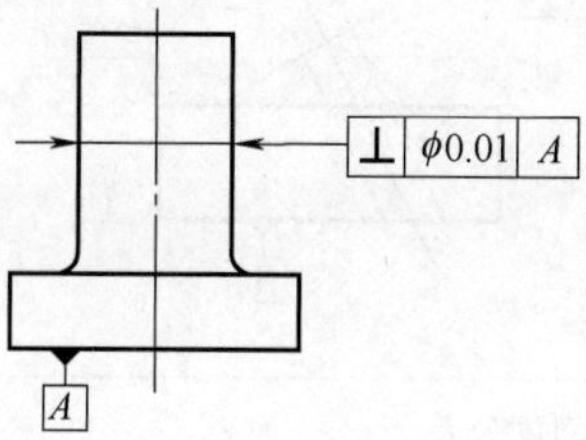 ⊥ ϕ0.01 A A	圆柱面的提取（实际）中心线应限定在直径等于ϕ0.01mm、垂直于基准平面A的圆柱面内
		相对于基准直线的平面垂直度公差 A ⊥ 0.08 A	提取（实际）面应限定在间距等于0.08mm的两平行平面之间。该两平行平面垂直于基准轴线A
		相对于基准面的平面垂直度公差 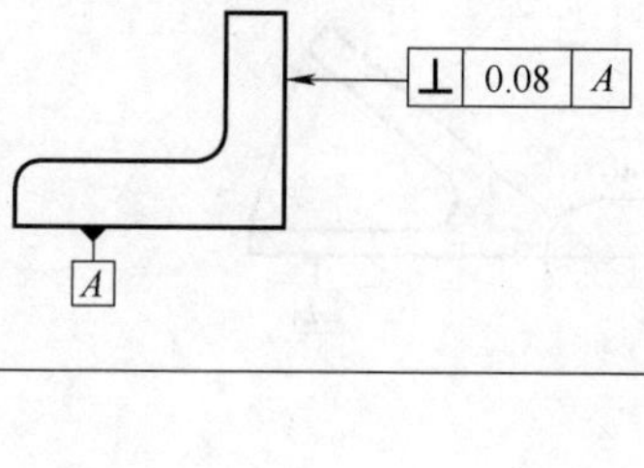 ⊥ 0.08 A A	提取（实际）面应限定在间距等于0.08mm、垂直于基准平面A的两平行平面之间

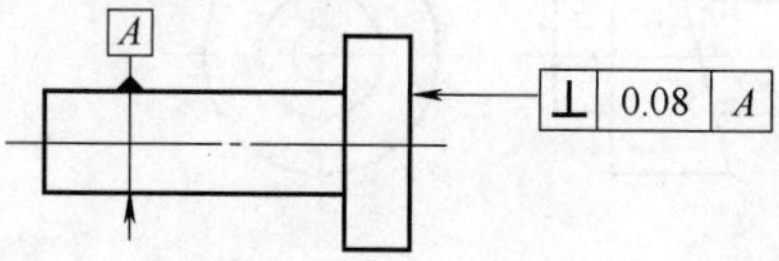

（续）

公差几何特征	符号	标注示例	说明
倾斜度	∠	相对于基准直线的中心线倾斜度公差 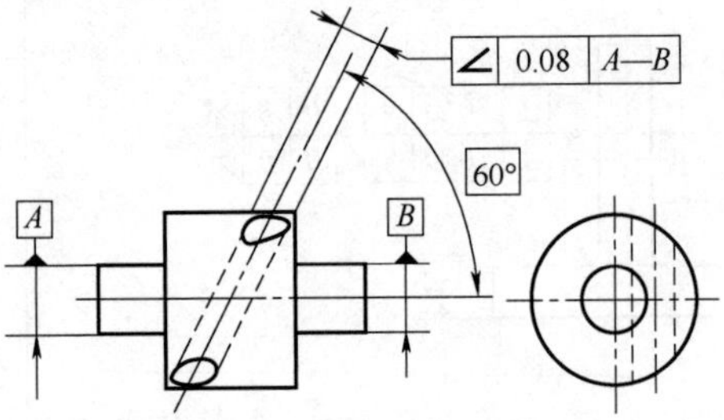 ∠ 0.08 A—B；60°；A；B	提取（实际）中心线应限定在间距等于 0.08mm 的两平行平面之间。该两平行平面按理论正确角度 60°倾斜于公共基准轴线 A—B
		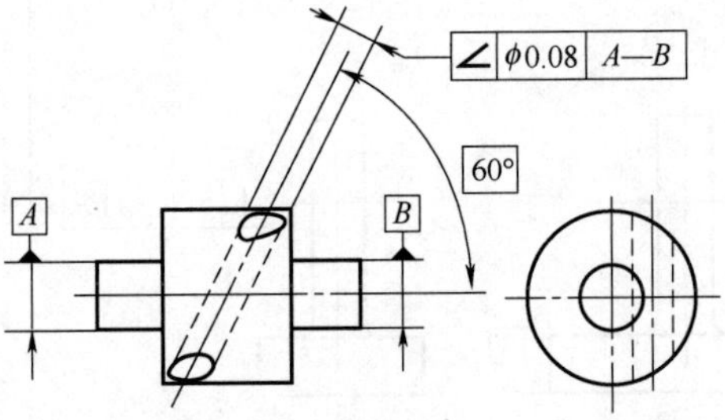 ∠ φ0.08 A—B；60°；A；B	提取（实际）中心线应限定在直径等于 φ0.08mm 的圆柱面所限定的区域。该圆柱按理论正确角度 60°倾斜于公共基准轴线 A—B
		相对于基准体系的中心线倾斜度公差 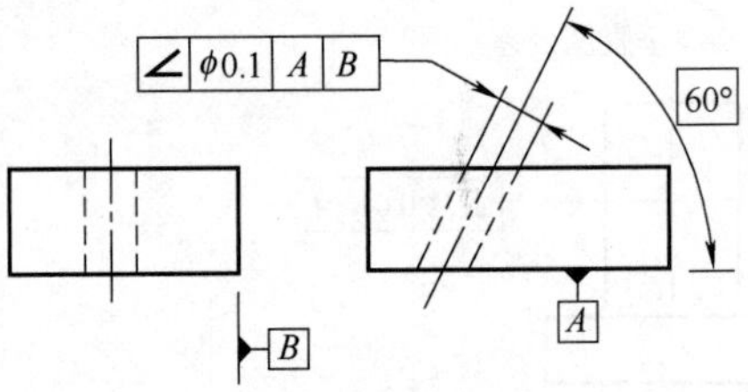 ∠ φ0.1 A B；60°；A；B	提取（实际）中心线应限定在直径等于 φ0.1mm 的圆柱面内。该圆柱面的中心线按理论正确角度 60°倾斜于基准平面 A 且平行于基准平面 B
		相对于基准直线的平面倾斜度公差 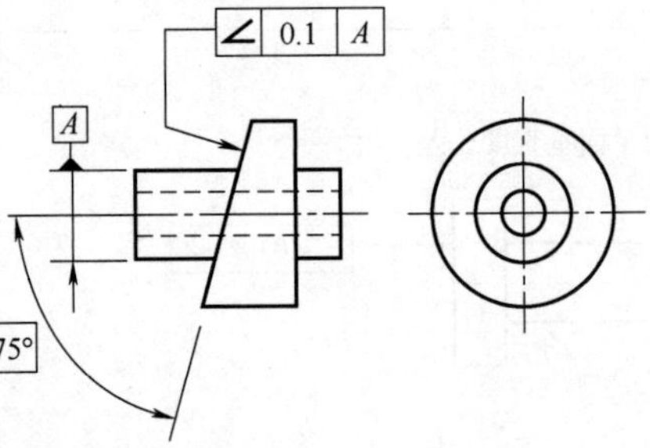 ∠ 0.1 A；A；75°	提取（实际）表面应限定在间距等于 0.1mm 的两平行平面之间。该两平行平面按理论正确角度 75°倾斜于基准轴线 A
		相对于基准面的平面倾斜度公差 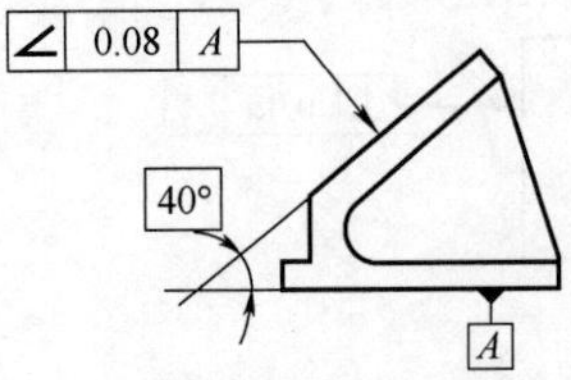 ∠ 0.08 A；40°；A	提取（实际）表面应限定在间距等于 0.08mm 的两平行平面之间。该两平行平面按理论正确角度 40°倾斜于基准平面 A

（续）

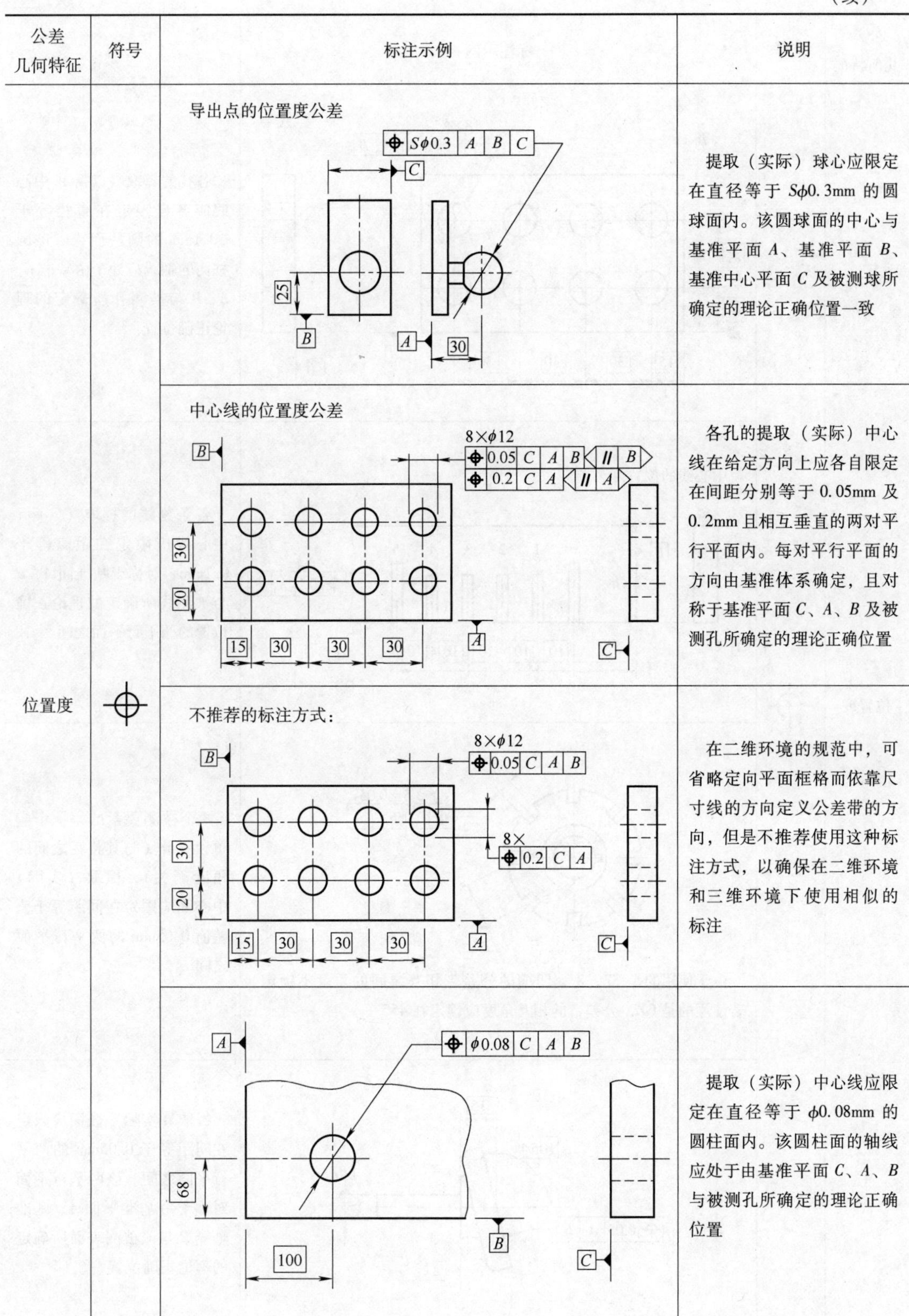

公差几何特征	符号	标注示例	说明
位置度	⌖	导出点的位置度公差	提取（实际）球心应限定在直径等于 $S\phi0.3$mm 的圆球面内。该圆球面的中心与基准平面 A、基准平面 B、基准中心平面 C 及被测球所确定的理论正确位置一致
		中心线的位置度公差	各孔的提取（实际）中心线在给定方向上应各自限定在间距分别等于 0.05mm 及 0.2mm 且相互垂直的两对平行平面内。每对平行平面的方向由基准体系确定，且对称于基准平面 C、A、B 及被测孔所确定的理论正确位置
		不推荐的标注方式：	在二维环境的规范中，可省略定向平面框格而依靠尺寸线的方向定义公差带的方向，但是不推荐使用这种标注方式，以确保在二维环境和三维环境下使用相似的标注
			提取（实际）中心线应限定在直径等于 $\phi0.08$mm 的圆柱面内。该圆柱面的轴线应处于由基准平面 C、A、B 与被测孔所确定的理论正确位置

（续）

公差 几何特征	符号	标注示例	说明
位置度	⌖	8×ϕ12 ⌖ ϕ0.1 C A B B 30 20 15 30 30 30 A C	各孔的提取（实际）中心线应各自限定在直径等于ϕ0.1mm的圆柱面内。该圆柱面的轴线应处于由基准C、A、B与被测孔所确定的理论正确位置
		中心线的位置度公差 0 1 2 3 4 5 6×0.4 ⌖ 0.1 A B B A 25 10 10 10 10 10	各条刻线的提取（实际）中心线应限定在距离等于0.1mm、对称于基准面A、B与被测线所确定的理论正确位置的两平行平面之间
		8×3.5±0.05 ⌖ 0.05SZ A A 由于使用的是SZ，8个凹槽的公差带相互之间的角度不锁定。若使用的是CZ，公差带的相互角度应锁定在45°	8个被测要素的每一个应单独考量（与其相互之间的角度无关），提取（实际）中心面应限定在间距等于公差值0.05mm的两平行平面之间
		15 105° B ϕD ⌖ 0.05 A B A	提取（实际）表面应限定在间距等于0.05mm的两平行平面之间。该两平行平面对称于由基准平面A、基准轴线B与该被测表面所确定的理论正确位置

（续）

公差几何特征	符号	标注示例	说明
同心度和同轴度	◎	点的同心度公差（当所标注的要素的公称状态为直线，且被测要素为一组点时，应标注 ACS，ACS 仅适用于回转体表面、圆柱表面或棱柱表面） 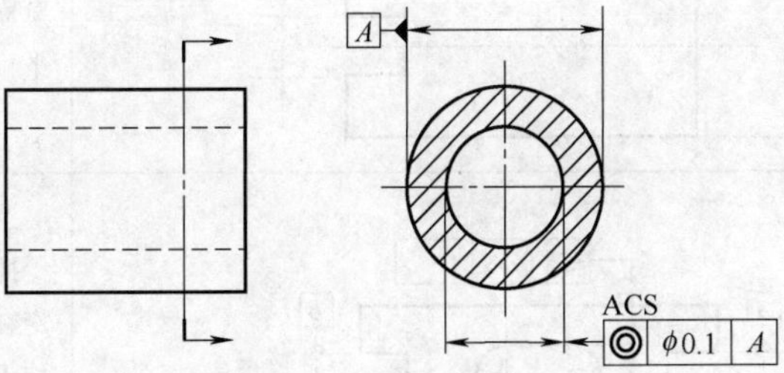 A　ACS　◎ ϕ0.1 A	在任意横截面内，内圆的提取（实际）中心应限定在直径等于 ϕ0.1mm、以基准点 A（在同一横截面内）为圆心的圆周内
		中心线的同轴度公差 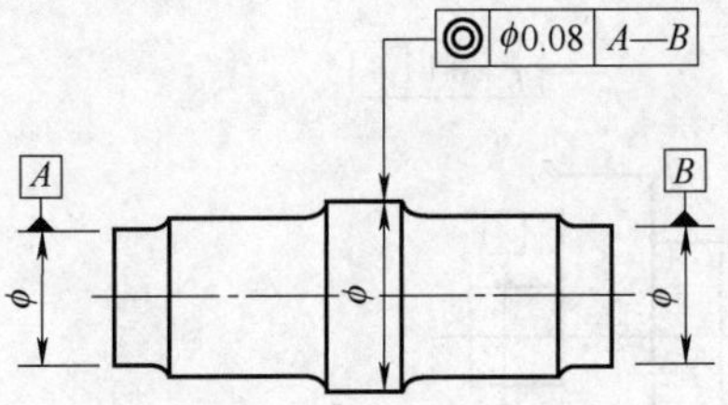 ◎ ϕ0.08 A—B　A　B	被测圆柱的提取（实际）中心线应限定在直径等于 ϕ0.08mm、以公共基准轴线 A—B 为轴线的圆柱面内
		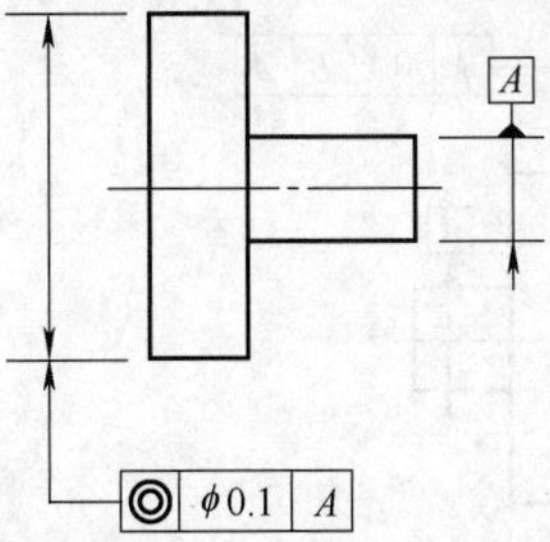 A　◎ ϕ0.1 A	被测圆柱的提取（实际）中心线应限定在直径等于 ϕ0.1mm、以基准轴线 A 为轴线的圆柱面内
		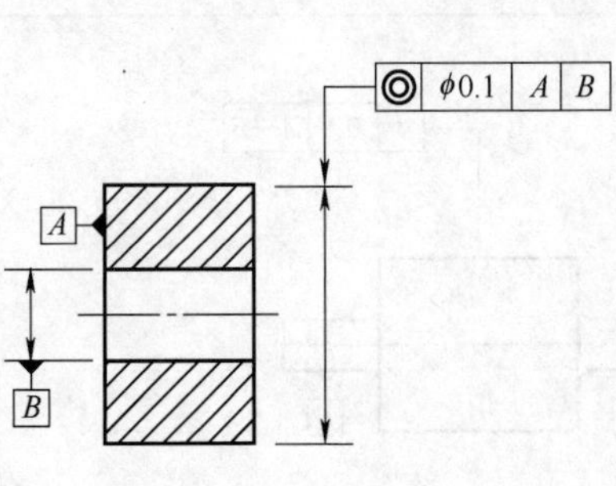 ◎ ϕ0.1 A B　A　B	被测圆柱的提取（实际）中心线应限定在直径等于 ϕ0.1mm、以垂直于基准平面 A 的基准轴线 B 为轴线的圆柱面内

（续）

公差几何特征	符号	标注示例	说明
对称度	⌯	中心平面的对称度公差 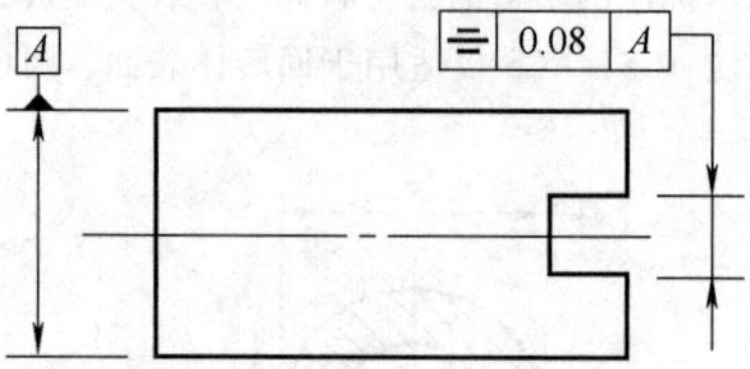 ⌯ 0.08 A	提取（实际）中心表面应限定在间距等于 0.08mm、对称于基准中心平面 *A* 的两平行平面之间
		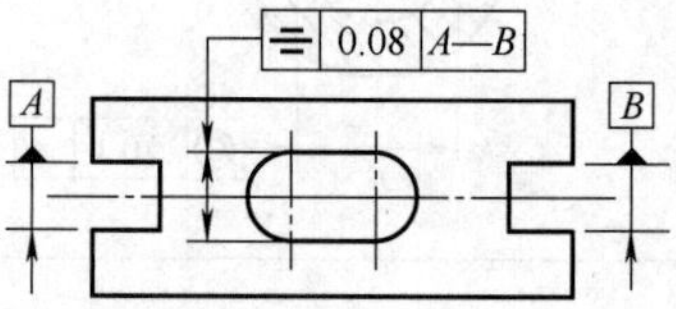 ⌯ 0.08 A—B	提取（实际）中心面应限定在间距等于 0.08mm、对称于公共基准中心平面 *A*—*B* 的两平行平面之间
圆跳动	↗	径向圆跳动公差 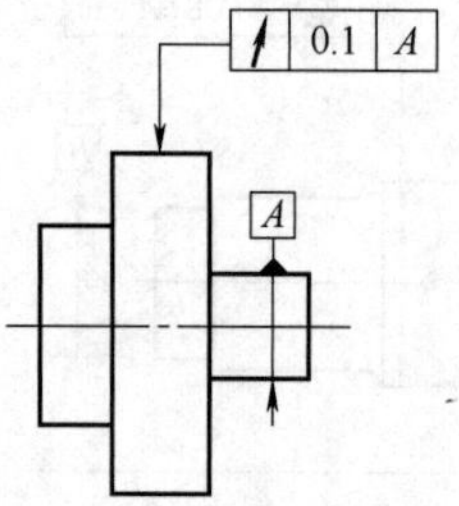 ↗ 0.1 A	在任一垂直于基准轴线 *A* 的横截面内，提取（实际）线应限定在半径差等于 0.1、圆心在基准轴线 *A* 上的两共面同心圆之间
		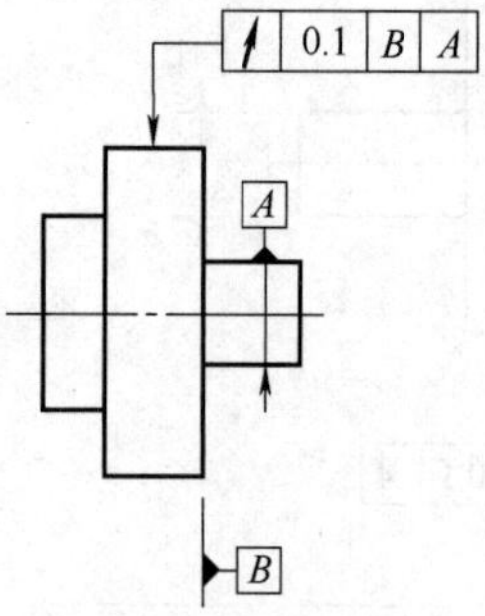 ↗ 0.1 B A	在任一平行于基准平面 *B*、垂直于基准轴线 *A* 的横截面上，提取（实际）圆应限定在半径差等于 0.1mm、圆心在基准轴线 *A* 上的两共面同心圆之间
		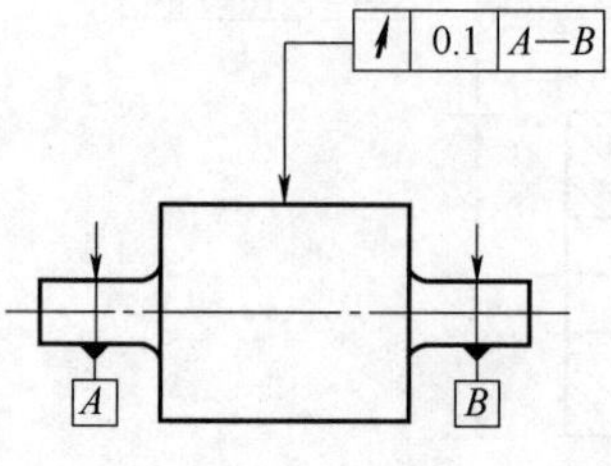 ↗ 0.1 A—B	在任一垂直于公共基准直线 *A*—*B* 的横截面内，提取（实际）线应限定在半径差等于 0.1mm、圆心在基准轴线 *A*—*B* 上的两共面同心圆之间

（续）

公差 几何特征	符号	标注示例	说明
圆跳动	↗	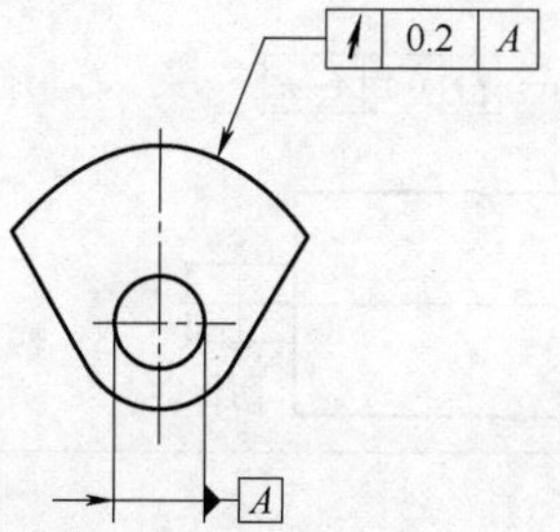	在任一垂直于基准轴线 A 的横截面内，提取（实际）线应限定在半径差等于 0.2mm 的共面同心圆之间
		轴向圆跳动公差 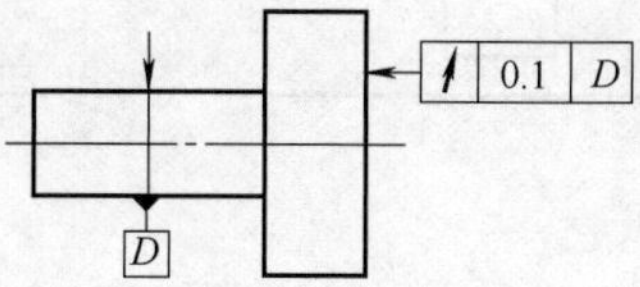	在与基准轴线 D 同轴的任一圆柱形截面上，提取（实际）圆应限定在轴向距离等于 0.1mm 的两个等圆之间
		斜向圆跳动公差 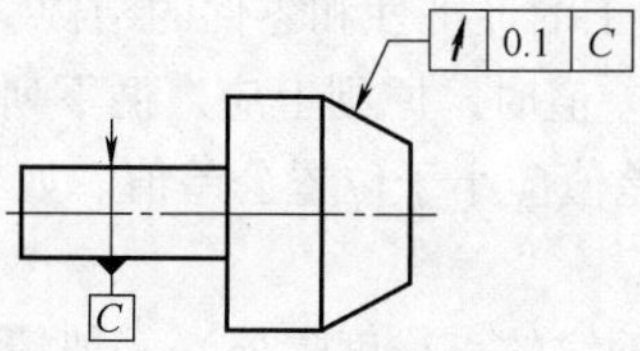	在与基准轴线 C 同轴的任一圆锥截面上，提取（实际）线应限定在素线方向间距等于 0.1mm 的两不等圆之间，并且截面的锥角与被测要素垂直
		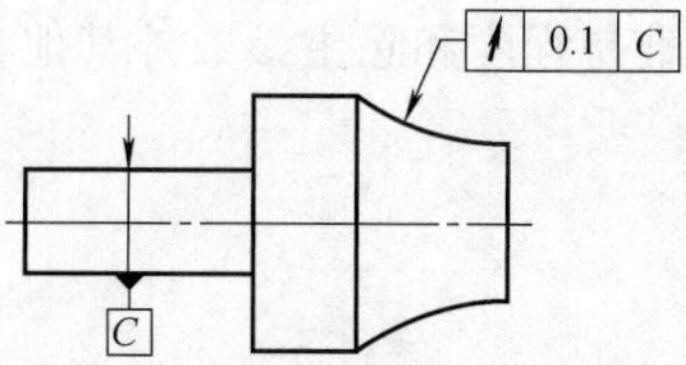	当被测要素的素线不是直线时，圆锥截面的锥角要随所测圆的实际位置而改变，以保持与被测要素垂直
		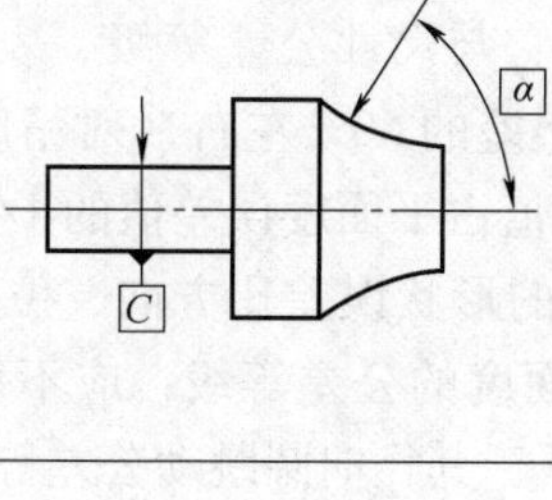	在相对于方向要素（给定角度 α）的任一圆锥截面上，提取（实际）线应限定在圆锥截面内间距等于 0.1mm 的两圆之间

（续）

公差 几何特征	符号	标注示例	说明
全跳动	⌰	径向全跳动公差 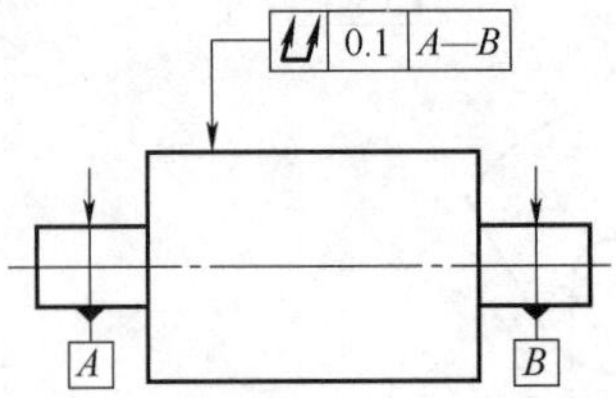	提取（实际）表面应限定在半径差等于 0.1mm、与公共基准轴线 $A—B$ 同轴的两圆柱面之间
		轴向全跳动公差 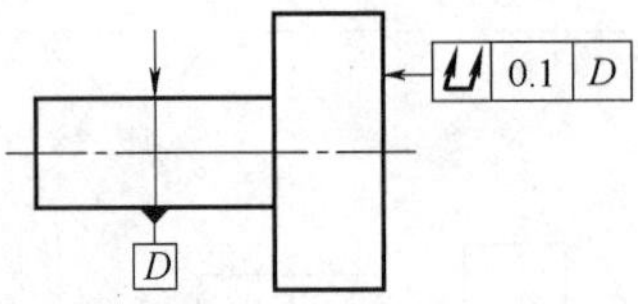	提取（实际）表面应限定在间距等于 0.1mm、垂直于基准轴线 D 的两平行平面之间

7.10 几何公差等级的选用

7.10.1 几何公差等级的选用原则

根据零件的功能要求，并考虑加工的经济性和零件的结构、刚性等情况，按公差数值表（见本章附表）中数系确定要素的公差值时，原则上应遵循下列各项：

1）在同一要素上给出的形状公差值应小于位置公差值。如零件上要求平行的两个平面，其平面度公差值应小于平行度公差值。

2）圆柱形零件的形状公差值（轴线的直线度除外）一般情况下应小于其尺寸公差值。

3）平行度公差值应小于其相应的距离公差值。

4）对于下列情况，考虑加工的难易程度和除主参数外其他参数的影响，在满足零件功能的要求下，适当降低 1~2 级选用：

孔相对于轴；

细长比较大的轴或孔；

距离较大的轴或孔；

宽度较大（一般大于长度的二分之一）的零件表面；

线对线和线对面相对于面对面的平行度；

线对线和线对面相对于面对面的垂直度。

5）选用几何公差等级时，应注意它与尺寸公差等级、表面粗糙度等之间的协调关系。例如，一般情况下，形状误差占直径误差的 50%左右（对精度高的零件约占 30%，对精度低的零件约占 70%），表面粗糙度的数值占平面度误差值的 1/5~1/4。

6）在通常情况下，零件被测要素的形状误差比方向、位置误差小得多。因此，给定平行度或垂直度公差的两个平面，其平面度的公差等级，应不低于平行度或垂直度的公差等级；同一圆柱面的圆度公差等级应不低于其径向圆跳动公差等级。

7.10.2 几何公差等级与加工方法的关系

几何公差等级与加工方法的关系见表 7-6~表 7-11。

表 7-6 平行度加工经济精度

尺寸范围/mm	公差等级 5	公差等级 6	公差等级 7	公差等级 8	公差等级 9
	加工方法				
≤100	外圆磨	内圆磨	车床 卧式铣镗床	多刀半自动车床 拉削	转塔车床
≤250					
≤400	内圆磨 平面磨		牛头刨 铣床		
≤800					
≤1600		龙门铣	龙门刨	落地车床 立车	卧式车床
≤3200					
≤16000					

表 7-7 圆柱度加工经济精度

尺寸范围/mm	公差等级 6		公差等级 7		公差等级 8		公差等级 9
	加工方法						
≤160	无心磨 外圆磨	卧式精车	外圆磨 内圆磨		卧式铣镗		
≤200							
≤400							
≤800					立车	卧式车	
≤1600			落地车				
≤2500							
≤3150				立车			
≤4000							
≤6300							
≤8000							
≤10000							

表 7-8 各种加工方法所能达到的直线度、平面度公差等级

加工方法			1	2	3	4	5	6	7	8	9	10	11	12
车	卧式车 立车 自动车	粗											○	○
		细									○	○		
		精					○	○	○	○				

（续）

加工方法			公差等级											
			1	2	3	4	5	6	7	8	9	10	11	12
铣	万能铣	粗											○	○
		细										○	○	
		精						○	○	○	○			
刨	龙门刨 牛头刨	粗											○	○
		细									○	○		
		精						○	○	○	○			
磨	无心磨 外圆磨 平磨	粗										○	○	○
		细								○	○			
		精		○	○	○	○	○	○					
研磨	机动研磨 手工研磨	粗				○	○							
		细			○									
		精	○	○										
刮		粗						○	○					
		细				○	○							
		精	○	○	○									

表 7-9　各种加工方法所能达到的圆度、圆柱度公差等级

表面	加工方法		公差等级											
			1	2	3	4	5	6	7	8	9	10	11	12
轴	车	自动、半自动车							○	○	○			
		立车、六角车						○	○	○	○			
		卧式车					○	○	○	○	○	○	○	○
		精车			○	○	○							
	磨	无心磨			○	○	○	○	○	○				
		外圆磨	○	○	○	○	○	○	○					
	研磨		○	○	○	○	○							
孔	普通钻孔								○	○	○	○	○	○
	铰、拉孔							○	○	○				
	车（扩）孔						○	○	○	○	○			
	镗	普通镗					○	○	○	○	○			
		精镗			○	○	○							
	珩磨						○	○	○					
	磨孔					○	○	○						
	研磨		○	○	○	○	○							

表 7-10　各种加工方法所能达到的平行度、垂直度和轴向跳动公差等级

加工方法	公差等级											
	1	2	3	4	5	6	7	8	9	10	11	12
	面/面											
拉								○	○	○	○	○
插							○	○	○	○	○	○
刨						○	○	○	○	○	○	○
铣					○	○	○	○	○	○		
磨			○	○	○	○	○	○				
刮	○	○	○									
研	○	○	○									
	面/线											
钻（铰）								○	○	○	○	○
铣						○	○	○	○	○		
车（镗）					○	○	○	○	○			
坐标镗				○	○	○	○					
磨			○	○	○	○	○	○				
	线/线											
钻（铰）								○	○	○		
铣							○	○	○			
车（镗）						○	○	○				
磨					○	○	○	○				
坐标镗			○	○	○	○						

表 7-11　各种加工方法所能达到的同轴度、径向跳动公差等级

加工方法		公差等级											
		1	2	3	4	5	6	7	8	9	10	11	12
铰							○	○	○				
车、镗	孔					○	○	○	○	○	○		
	轴				○	○	○	○	○	○			
磨	孔			○	○	○	○	○	○				
	轴		○	○	○	○	○	○					
珩磨				○	○	○							
研磨		○	○	○	○								

7.10.3　几何公差等级的选用举例

几何公差等级的选用举例见表 7-12～表 7-15。

表 7-12　直线度、平面度公差等级应用举例

公差等级	应用举例
1、2	用于精密量具、测量仪器以及精度要求很高的精密机械零件。如 0 级样板平尺、0 级宽平尺、工具显微镜等精密测量仪器的导轨面等

（续）

公差等级	应用举例
3	用于0级及1级宽平尺的工作面、1级样板平尺的工作面、测量仪器圆弧导轨、测量仪器测杆等
4	用于高精度平面磨床的V形导轨和滚动导轨、轴承磨床及平面磨床床身导轨、1级宽平尺、0级平板、测量仪器的V形导轨等
5	用于平面磨床的纵导轨、垂直导轨、立柱导轨和平面磨床的工作台，液压龙门刨床导轨面、转塔车床床身导轨面，1级平板、2级宽平尺等
6	用于卧式车床床身导轨面、龙门刨床导轨面、滚齿机立柱导轨、床身导轨以及工作台，自动车床床身导轨，平面磨床垂直导轨，卧式镗床、铣床的工作台，以及机床主轴箱的导轨，1级平板等
7	用于机床的主轴箱体、滚齿机床身导轨、镗床的工作台、摇臂钻底座工作台，以及0.02游标卡尺尺身的直线度，2级平板等
8	用于车床溜板箱体、机床主轴箱体、机床传动箱体的结合面、自动车床底面，2级平板等
9	用于机床溜板箱、立钻底面的工作台、螺纹磨床的挂轮架及3级平板等
10	用于自动车床床身底面的平面、车床挂轮架的平面等
11、12	用于易变形的薄片、薄壳零件，如离合器的摩擦片等

表7-13　平行度、垂直度及轴向跳动公差等级应用举例

公差等级	面/面 平行度举例	面/线、线/线 平行度举例	垂直度和轴向跳动举例
1	高精度机床、高精度测量仪器以及量具等的主要基准面和工作面		高精度机床、高精度测量仪器以及量具等的主要基准面和工作面
2、3	精密机床、精密测量仪器、量具以及夹具的基准面和工作面	精密机床上重要箱体主轴孔对基准面及对其他孔的要求	精密机床导轨，普通机床重要导轨，机床主轴轴向定位面，精密机床主轴肩端面；滚动轴承座圈端面；齿轮测量仪的心轴，光学分度头心轴端面，精密刀具、量具工作面和基准面
4、5	卧式车床，测量仪器、量具的基准面和工作面，高精度轴承座圈，端盖，挡圈的端面	机床主轴孔对基准面要求，重要轴承孔对基准面要求，主轴箱体重要孔间要求，齿轮泵的端面等	普通机床导轨，精密机床重要零件，机床重要支承面，普通机床主轴偏摆，测量仪器、刀、量具，液压传动轴瓦端面，刀、量具工作面和基准面
6、7	一般机床零件的工作面和基准面，一般刀、量、夹具的工作面	机床一般轴承孔对基准面要求；主轴箱一般孔间要求；主轴花键对定心直径要求；刀、量、模具	普通精度机床主要基准面和工作面，回转工作台端面，一般导轨，主轴箱体孔、刀架、砂轮架及工作台回转中心，一般轴肩对其轴线

注：1. 在满足设计要求的前提下，考虑到零件加工的经济性，对于线对线和线对面的平行度及垂直度公差等级，应选用低于面对面的平行度及垂直度的公差等级。

2. 使用本表选择面对面平行度、垂直度时，宽度应不大于1/2长度，若大于1/2，则建议降低一级公差等级。

表 7-14 圆度、圆柱度公差等级应用举例

公差等级	应用举例
1	高精度机床主轴，滚动轴承滚珠和滚柱，高精度测量仪主轴等
2	精密机床主轴轴颈、针阀圆柱表面，精密测量仪主轴、外套、阀套，高压油泵柱塞、柱塞套等
3	高精度外圆磨床、轴承磨床砂轮主轴套筒，高精度微型滚动轴承内外圈等
4	较精密机床主轴，精密机床主轴箱孔，较高精度滚动轴承配合轴等
5	一般测量仪主轴，一般机床主轴，较精密机床主轴箱孔，较低精度滚动轴承配合轴等
6	一般机床主轴箱孔，通用减速器轴颈等

表 7-15 同轴度、径向跳动公差等级应用举例

公差等级	应用举例
1、2	用于同轴度或旋转精度要求很高、尺寸公差高于 1 级的零件，如精密测量仪器的主轴和顶尖
3、4	用于同轴度或旋转精度要求高、尺寸公差为 1 级或高于 1 级的零件，如机床主轴轴颈、砂轮轴轴颈、高精度滚动轴承内、外圈等
5、6	应用范围比较广的公差等级。用于精度要求较高、尺寸公差为 2 级的零件，如机床主轴轴颈、主轴箱孔（不同轴度）及一般精度轴承内、外圈等

注：选用公差等级时，除根据零件使用要求外，还应注意零件结构特征，如细长的零件或两孔距离较大的零件，应相应地降低公差等级 1~2 级。

7.11 图样上的未注公差值及其表示法

1. 未注公差值

GB/T 1184—1996《形状和位置公差 未注公差值》对图样上未注公差的公差值的规定如下：

1）直线度和平面度（见表 7-16）。选取直线度和平面度的公差值时，对于直线度应按其相应线的长度选择；对于平面度应按其表面的较长一侧或圆表面的直径选择。

表 7-16 直线度和平面度的未注公差值（单位：mm）

公差等级	基本长度范围					
	≤10	>10~30	>30~100	>100~300	>300~1000	>1000~3000
H	0.02	0.05	0.1	0.2	0.3	0.4
K	0.05	0.1	0.2	0.4	0.6	0.8
L	0.1	0.2	0.4	0.8	1.2	1.6

2）圆度。圆度的未注公差值等于标准的直径公差值，但不能大于表 7-19 中的径向圆跳动值。

3）圆柱度。圆柱度的未注公差值不做规定。

4）平行度。平行度的未注公差值等于给出的尺寸公差值，或是直线度和平面度未注公差值中的相应公差值取较大者。应取两要素中的较长者作为基准，若两要素的长度相等则可选任一要素为基准。

5）垂直度（见表7-17）。选取垂直度的未注公差值时，取形成直角的两边中较长的一边作为基准，较短的一边作为被测要素；若两边的长度相等则可取其中的任意一边作为基准。

表 7-17　垂直度未注公差值（单位：mm）

公差等级	基本长度范围			
	≤100	>100~300	>300~1000	>1000~3000
H	0.2	0.3	0.4	0.5
K	0.4	0.6	0.8	1
L	0.6	1	1.5	2

6）对称度（见表7-18）。选取对称度的未注公差值时，应取两要素中的较长者作为基准，较短者作为被测要素；若两要素长度相等则可选任一要素为基准。

表 7-18　对称度未注公差值（单位：mm）

公差等级	基本长度范围			
	≤100	>100~300	>300~1000	>1000~3000
H	0.5			
K	0.6		0.8	1
L	0.6	1	1.5	2

7）同轴度。同轴度的未注公差值未进行规定。在极限状况下，同轴度的未注公差值可以和表7-19中规定的径向圆跳动的未注公差值相等。应选两要素中的较长者为基准，若两要素长度相等则可选任一要素为基准。

8）圆跳动（径向、轴向和斜向）（见表7-19）。选取圆跳动的未注公差值时，应以设计或工艺给出的支承面作为基准，否则取两要素中较长的一个作为基础；若两要素的长度相等则可选任一要素为基准。

表 7-19　圆跳动的未注公差值（单位：mm）

公差等级	圆跳动公差值
H	0.1
K	0.2
L	0.5

2. 未注公差值的图样表示法

当采用GB/T 1184—1996标准规定的未注公差值，应在标题栏附近或在技术要求、技术文件（如企业标准）中注出标准号及公差等级代号，例如GB/T 1184—K（K为公差等级）。

附 表

附表 7-1 直线度、平面度的公差值

（GB/T 1184—1996）

主参数 L /mm	公差等级											
	1	2	3	4	5	6	7	8	9	10	11	12
	公差值/μm											
≤10	0.2	0.4	0.8	1.2	2	3	5	8	12	20	30	60
>10~16	0.25	0.5	1	1.5	2.5	4	6	10	15	25	40	80
>16~25	0.3	0.6	1.2	2	3	5	8	12	20	30	50	100
>25~40	0.4	0.8	1.5	2.5	4	6	10	15	25	40	60	120
>40~63	0.5	1	2	3	5	8	12	20	30	50	80	150
>63~100	0.6	1.2	2.5	4	6	10	15	25	40	60	100	200
>100~160	0.8	1.5	3	5	8	12	20	30	50	80	120	250
>160~250	1	2	4	6	10	15	25	40	60	100	150	300
>250~400	1.2	2.5	5	8	12	20	30	50	80	120	200	400
>400~630	1.5	3	6	10	15	25	40	60	100	150	250	500
>630~1000	2	4	8	12	20	30	50	80	120	200	300	600
>1000~1600	2.5	5	10	15	25	40	60	100	150	250	400	800
>1600~2500	3	6	12	20	30	50	80	120	200	300	500	1000
>2500~4000	4	8	15	25	40	60	100	150	250	400	600	1200
>4000~6300	5	10	20	30	50	80	120	200	300	500	800	1500
>6300~10000	6	12	25	40	60	100	150	250	400	600	1000	2000

主参数 *L* 图例：

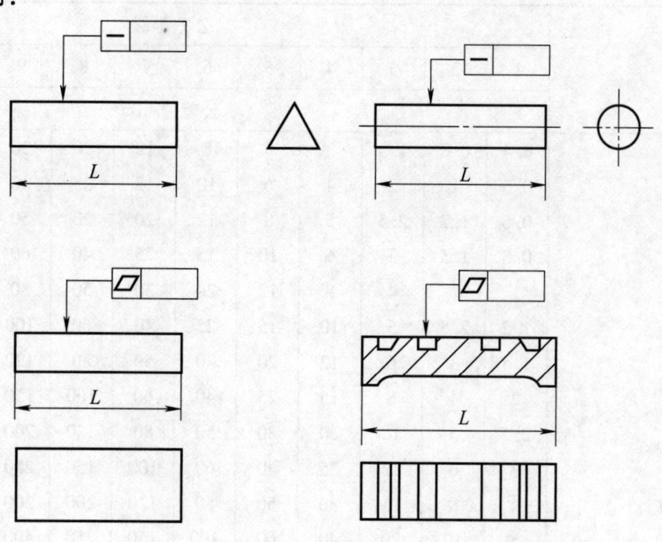

附表 7-2 圆度、圆柱度的公差值

（GB/T 1184—1996）

主参数 d (D) /mm	公差等级												
	0	1	2	3	4	5	6	7	8	9	10	11	12
	公差值/μm												
≤3	0.1	0.2	0.3	0.5	0.8	1.2	2	3	4	6	10	14	25
>3~6	0.1	0.2	0.4	0.6	1	1.5	2.5	4	5	8	12	18	30
>6~10	0.12	0.25	0.4	0.6	1	1.5	2.5	4	6	9	15	22	36
>10~18	0.15	0.25	0.5	0.8	1.2	2	3	5	8	11	18	27	43
>18~30	0.2	0.3	0.6	1	1.5	2.5	4	6	9	13	21	33	52
>30~50	0.25	0.4	0.6	1	1.5	2.5	4	7	11	16	25	39	62
>50~80	0.3	0.5	0.8	1.2	2	3	5	8	13	19	30	46	74
>80~120	0.4	0.6	1	1.5	2.5	4	6	10	15	22	35	54	87
>120~180	0.6	1	1.2	2	3.5	5	8	12	18	25	40	63	100
>180~250	0.8	1.2	2	3	4.5	7	10	14	20	29	46	72	115
>250~315	1.0	1.6	2.5	4	6	8	12	16	23	32	52	81	130
>315~400	1.2	2	3	5	7	9	13	18	25	36	57	89	140
>400~500	1.5	2.5	4	6	8	10	15	20	27	40	63	97	155

主参数 d (D) 图例：

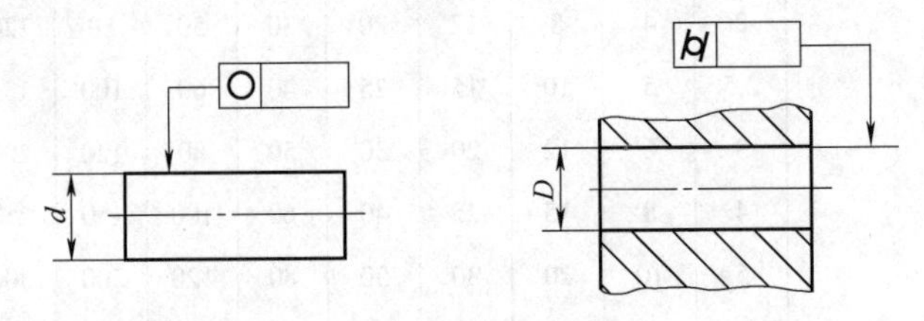

附表 7-3 平行度、垂直度、倾斜度的公差值

（GB/T 1184—1996）

主参数 L、d (D) /mm	公差等级											
	1	2	3	4	5	6	7	8	9	10	11	12
	公差值/μm											
≤10	0.4	0.8	1.5	3	5	8	12	20	30	50	80	120
>10~16	0.5	1	2	4	6	10	15	25	40	60	100	150
>16~25	0.6	1.2	2.5	5	8	12	20	30	50	80	120	200
>25~40	0.8	1.5	3	6	10	15	25	40	60	100	150	250
>40~63	1	2	4	8	12	20	30	50	80	120	200	300
>63~100	1.2	2.5	5	10	15	25	40	60	100	150	250	400
>100~160	1.5	3	6	12	20	30	50	80	120	200	300	500
>160~250	2	4	8	15	25	40	60	100	150	250	400	600
>250~400	2.5	5	10	20	30	50	80	120	200	300	500	800
>400~630	3	6	12	25	40	60	100	150	250	400	600	1000
>630~1000	4	8	15	30	50	80	120	200	300	500	800	1200
>1000~1600	5	10	20	40	60	100	150	250	400	600	1000	1500

（续）

主参数 L、d（D）/mm	公差等级											
	1	2	3	4	5	6	7	8	9	10	11	12
	公差值/μm											
>1600~2500	6	12	25	50	80	120	200	300	500	800	1200	2000
>2500~4000	8	15	30	60	100	150	250	400	600	1000	1500	2500
>4000~6300	10	20	40	80	120	200	300	500	800	1200	2000	3000
>6300~10000	12	25	50	100	150	250	400	600	1000	1500	2500	4000

主参数 L、d（D）图例：

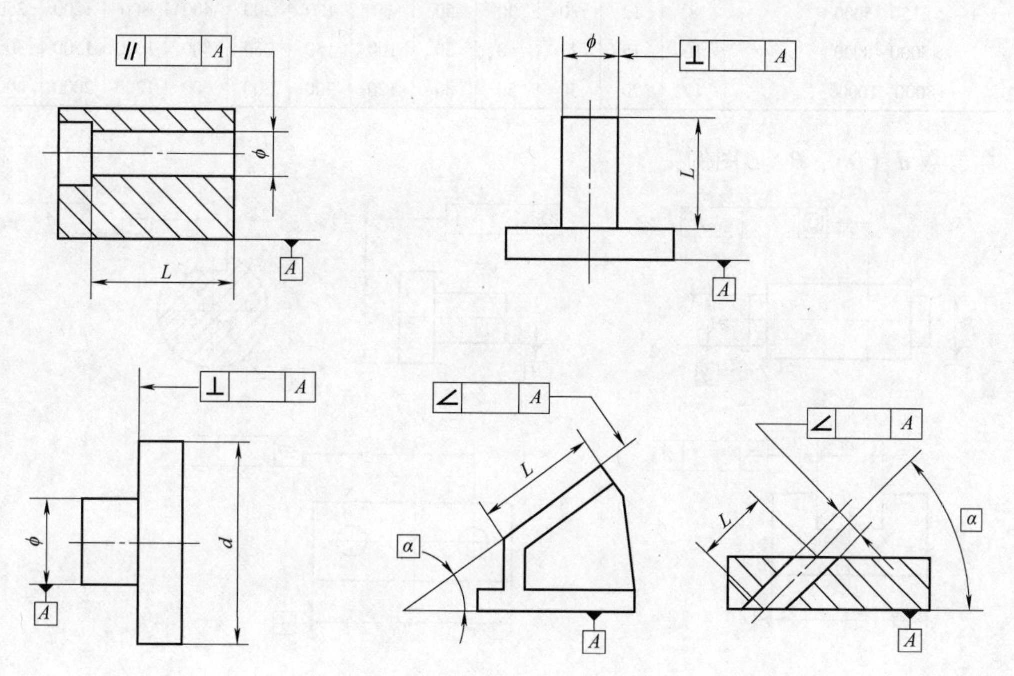

附表 7-4　同轴度、对称度、圆跳动和全跳动的公差值

（GB/T 1184—1996）

主参数 d（D）、B、L /mm	公差等级											
	1	2	3	4	5	6	7	8	9	10	11	12
	公差值/μm											
≤1	0.4	0.6	1.0	1.5	2.5	4	6	10	15	25	40	60
>1~3	0.4	0.6	1.0	1.5	2.5	4	6	10	20	40	60	120
>3~6	0.5	0.8	1.2	2	3	5	8	12	25	50	80	150
>6~10	0.6	1	1.5	2.5	4	6	10	15	30	60	100	200
>10~18	0.8	1.2	2	3	5	8	12	20	40	80	120	250
>18~30	1	1.5	2.5	4	6	10	15	25	50	100	150	300
>30~50	1.2	2	3	5	8	12	20	30	60	120	200	400
>50~120	1.5	2.5	4	6	10	15	25	40	80	150	250	500
>120~250	2	3	5	8	12	20	30	50	100	200	300	600

（续）

主参数 d（D）、B、L /mm	公差等级											
	1	2	3	4	5	6	7	8	9	10	11	12
	公差值/μm											
>250~500	2.5	4	6	10	15	25	40	60	120	250	400	800
>500~800	3	5	8	12	20	30	50	80	150	300	500	1000
>800~1250	4	6	10	15	25	40	60	100	200	400	600	1200
>1250~2000	5	8	12	20	30	50	80	120	250	500	800	1500
>2000~3150	6	10	15	25	40	60	100	150	300	600	1000	2000
>3150~5000	8	12	20	30	50	80	120	200	400	800	1200	2500
>5000~8000	10	15	25	40	60	100	150	250	500	1000	1500	3000
>8000~10000	12	20	30	50	80	120	200	300	600	1200	2000	4000

主参数 d（D）、B、L 图例：

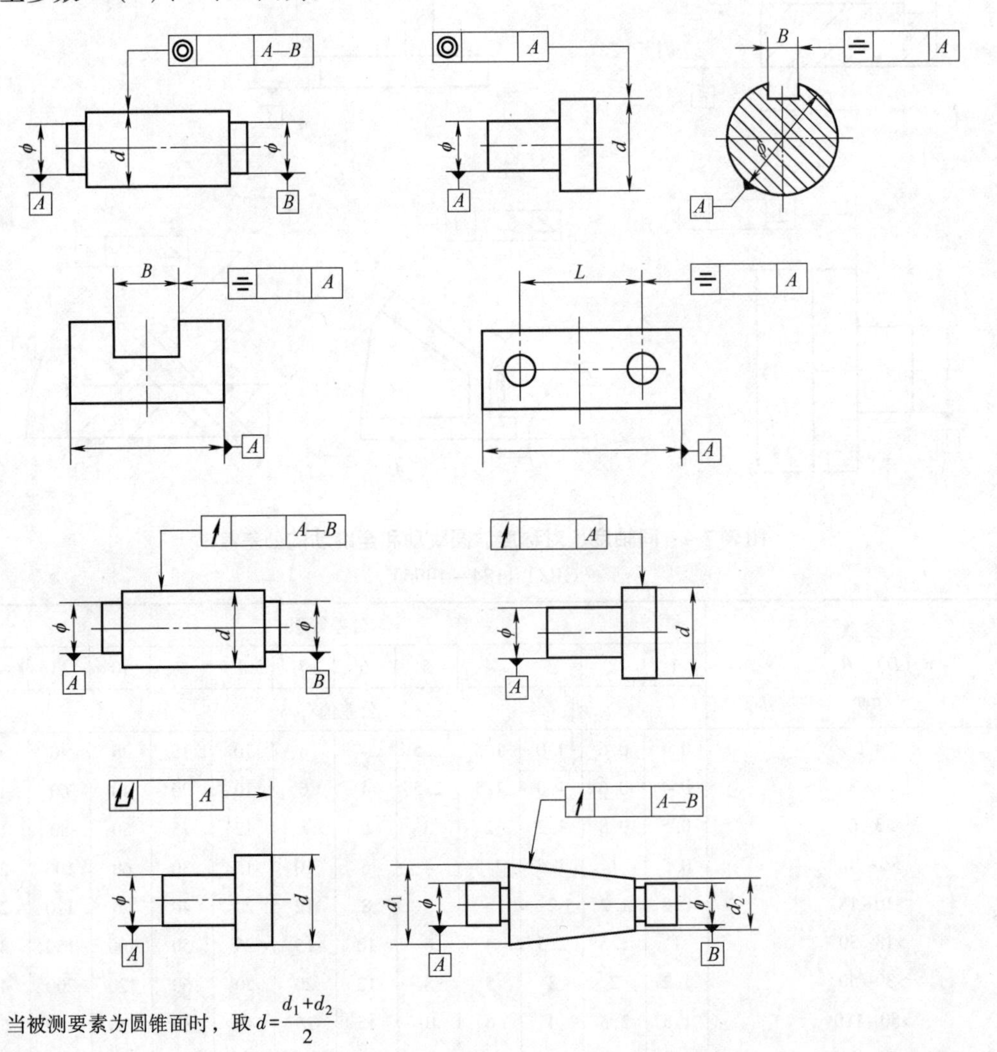

当被测要素为圆锥面时，取 $d=\dfrac{d_1+d_2}{2}$

附表 7-5　公差框格及其有关尺寸（B 型字体）　　（单位：mm）

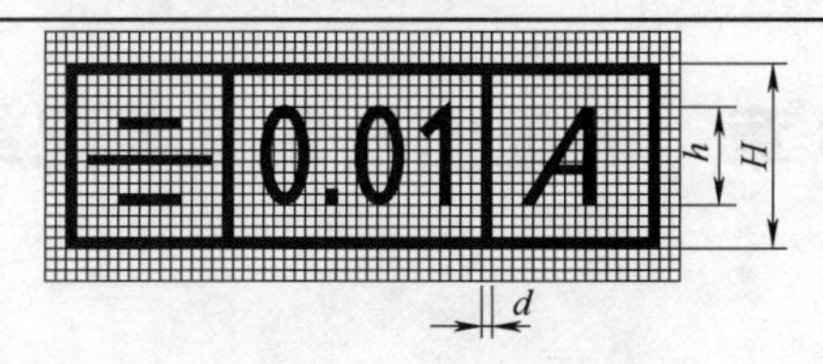

特征	推荐尺寸						
框格高度 H	5	7	10	14	20	28	40
字体高度 h	2.5	3.5	5	7	10	14	20
直径 D	10	14	20	28	40	56	80
线条粗细 d	0.25	0.35	0.5	0.7	1	1.4	2

注：D 为基准目标直径，见附图 7-1。

几何特征符号与部分附加符号和公差框格的图例：

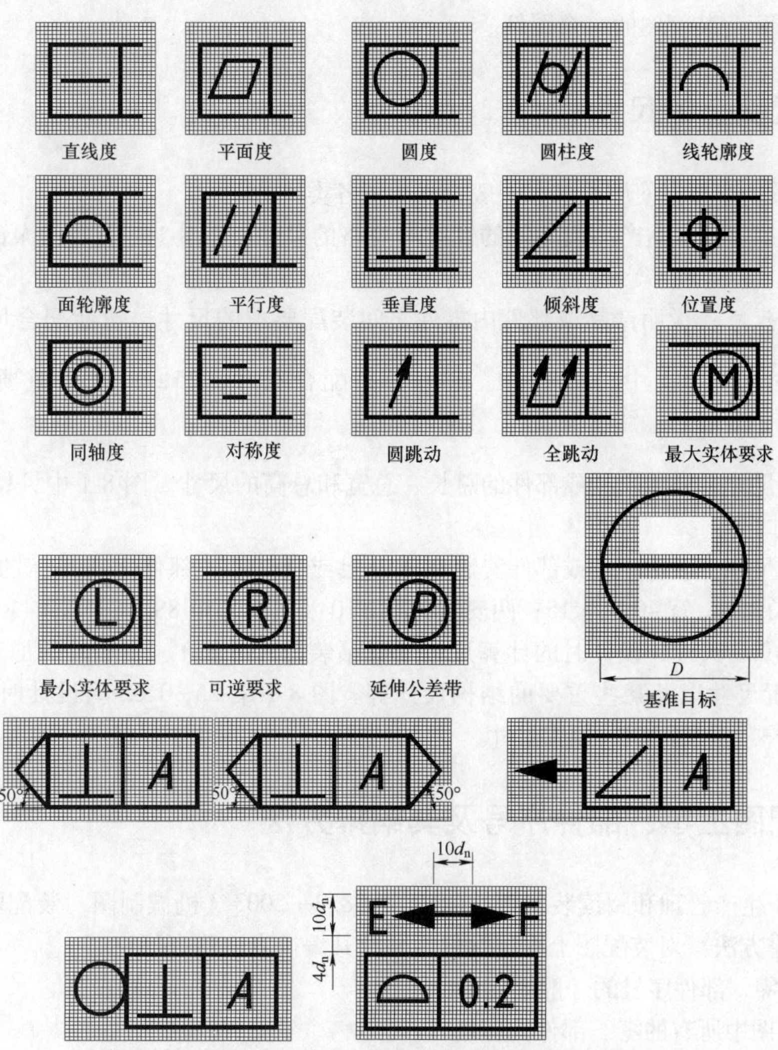

附图 7-1　几何特征符号与部分附加符号和公差框格图例

注：d_n 为细线的宽度。

第 8 章　装配图及常见装配结构

8.1　装配图的表示方法

装配图是用来表达产品或部件中的各部件之间、部件与零件之间、各零件之间装配关系的图样。

在装配图中，除了采用各种视图、剖视图、断面图等表示方法以外，还可采用装配图中的一些特定表示法。这些表示法详见第 2 章。

图 8-1 所示为装配图的一个图例。

8.2　装配图上的尺寸

在装配图中，根据使用要求，一般标注如下各类尺寸。

1）规格尺寸：表达产品或部件的性能和规格的尺寸。图 8-1 中齿轮油泵的进出口管螺纹标记 G3/8。

2）装配尺寸：说明产品或部件内零件之间装配要求的尺寸，包括配合尺寸和重要的相对位置尺寸。图 8-1 中，$\phi 14\ \frac{H8}{f7}$、$\phi 30\ \frac{H8}{f7}$是配合尺寸；25±0.02 是重要的相对位置尺寸。

3）外形尺寸：表示产品或部件的总长、总宽和总高的尺寸。图 8-1 中，172、120、110 均为外形尺寸。

4）安装尺寸：表示产品或部件安装在基础上或其他零、部件上所必需的尺寸。图 8-1 中安装板的长 120、宽 40、厚 15；两安装孔径 ϕ10 及其中心距 88。

5）其他重要尺寸：设计时的计算尺寸（包括装配尺寸链）、装配时的加工尺寸、运动件的极限位置尺寸以及某些重要的结构尺寸等。图 8-1 中 25±0.02 为设计时的计算尺寸；“销孔 ϕ3 配作”为装配时的加工尺寸。

8.3　装配图上零、部件序号及其编排方法

为了便于生产管理和阅读装配图，GB/T 4458.2—2003《机械制图　装配图中零、部件序号及其编排方法》对装配图上零、部件序号及其编排方法均有规定。

8.3.1　编排零、部件序号的一般规定

1）装配图中所有的零、部件均应编号。

2）装配图中一个部件可以只编写一个序号；同一装配图中相同的零、部件用一个序号，一般只标注一次；多处出现的相同的零、部件，必要时也可重复标注。

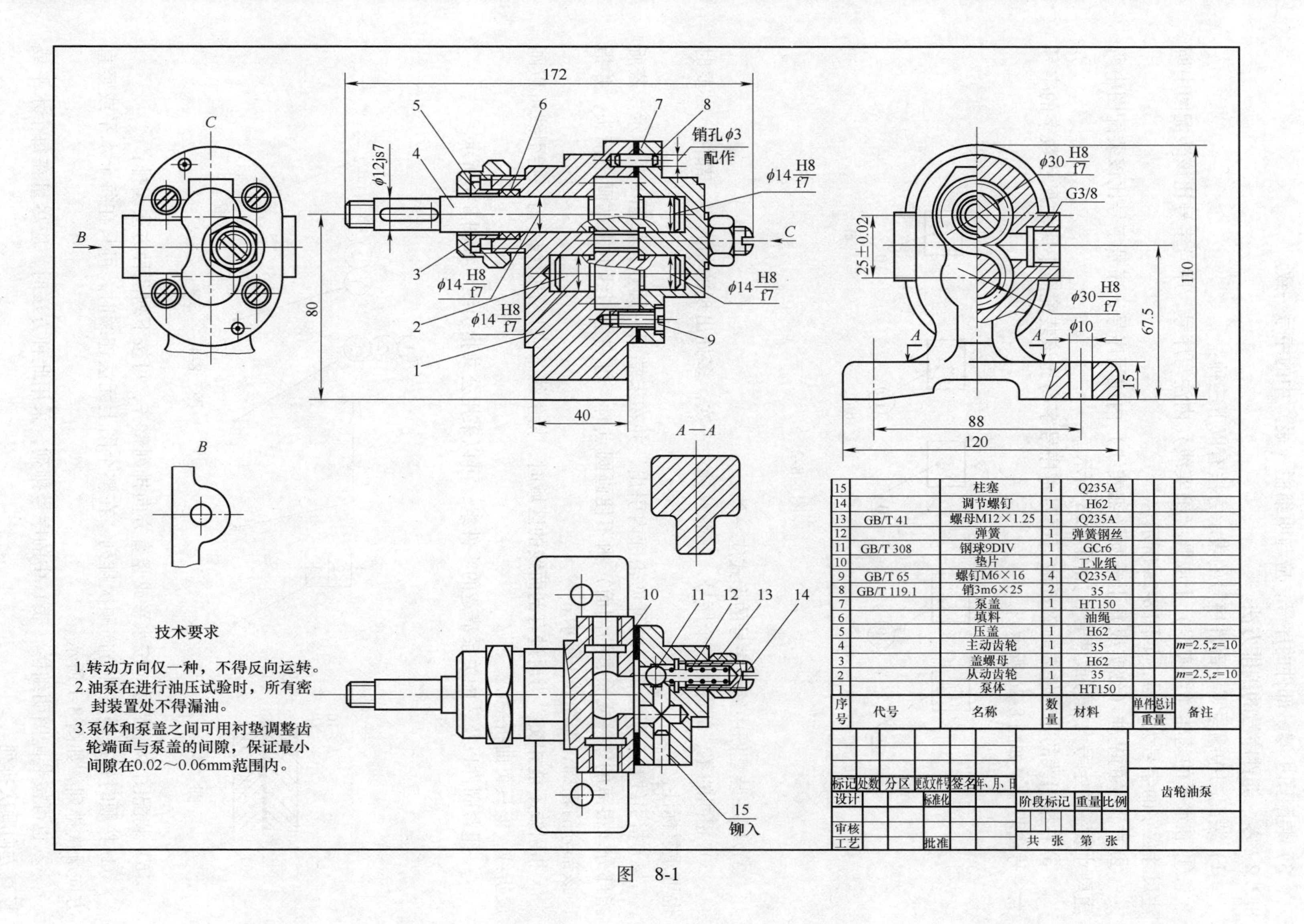

序号	代号	名称	数量	材料	单件重量	总计重量	备注
15		柱塞	1	Q235A			
14		调节螺钉	1	H62			
13	GB/T 41	螺母M12×1.25	1	Q235A			
12		弹簧	1	弹簧钢丝			
11	GB/T 308	钢球9DIV	1	GCr6			
10		垫片	1	工业纸			
9	GB/T 65	螺钉M6×16	4	Q235A			
8	GB/T 119.1	销3m6×25	2	35			
7		泵盖	1	HT150			
6		填料	1	油绳			
5		压盖	1	H62			
4		主动齿轮	1	35			m=2.5,z=10
3		盖螺母	1	H62			
2		从动齿轮	1	35			m=2.5,z=10
1		泵体	1	HT150			

图 8-1

3）装配图中零、部件的序号，应与明细栏（表）中的序号一致。

8.3.2 零、部件序号的编排方法

1）装配图中编写零、部件序号的表示方法有以下三种：

① 在水平的基准（细实线）上或圆（细实线）内注写序号，序号字号比该装配图中所注尺寸数字的字号大一号，如图 8-2a 所示。

② 在水平的基准（细实线）上或圆（细实线）内注写序号，序号字号比该装配图中所注尺寸数字的字号大一号或两号，如图 8-2b 所示。

③ 在指引线的非零件端的附近注写序号，序号字高比该装配图中所注尺寸数字的字号大一号或两号，如图 8-2c 所示。

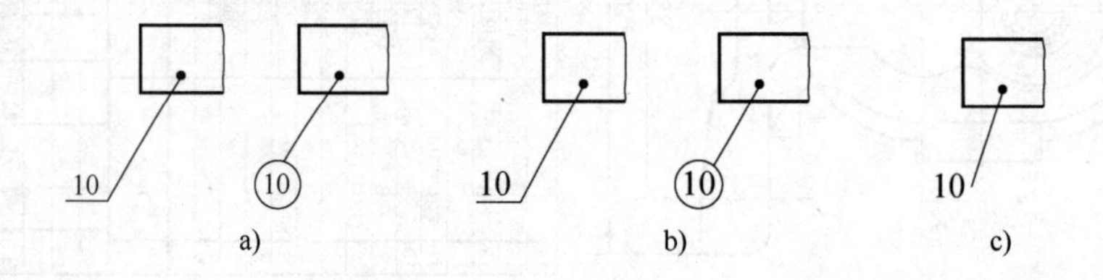

图 8-2

2）同一装配图中编注序号的形式应一致。

3）相同的零、部件用一个序号，一般只标注一次。多处出现的相同零、部件，必要时也可重复标注。

4）指引线应自所指部分的可见轮廓内引出，并在末端画一圆点，如图 8-2 所示。若所指部分（很薄的零件或涂黑的剖面）内不便画圆点时，可在指引线的末端画出箭头，并指向该部分的轮廓，如图 8-3 所示。

指引线不能相交。当通过有剖面线的区域时，指引线不应与剖面线平行。指引线可以画成折线，但只可曲折一次。

一组紧固件以及装配关系清楚的零件组，可以采用公共指引线，如图 8-4 所示。

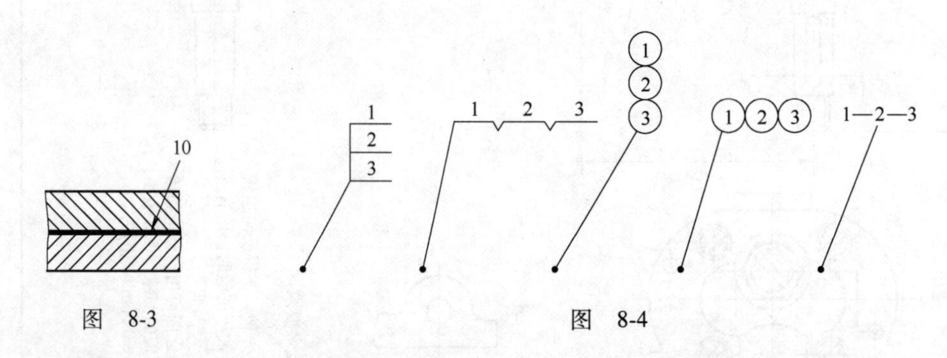

图 8-3　　图 8-4

5）装配图中的序号应按水平或竖直方向排列整齐，可按下列两种方法编排：

① 按顺时针或逆时针方向顺次排列。在整个图上无法连续时，可只在每个水平或竖直方向顺次排列，如图 8-1 所示。

② 也可按装配图明细栏（表）中的序号排列，采用此种方法时，应尽量在每个水平或竖直方向顺次排列。

8.4 装配工艺结构

8.4.1 接触面及配合面

两零件以平面接触时，在同一个方向上只能有一个接触面（见图 8-5a、b）。两零件以圆柱面接触（见图 8-5c、d）时，接触面转折处必须制有倒角或圆角、退刀槽，以保证接触良好。

锥面配合时，两配合件的端面必须留有间隙（见图 8-5e）。

为使螺栓或螺钉联接可靠，应有沉孔或凸台（见图 8-5f、g）。

较长的接触平面（见图 8-5h）或圆柱面（见图 8-5i）应制出凹槽，以减少加工面。

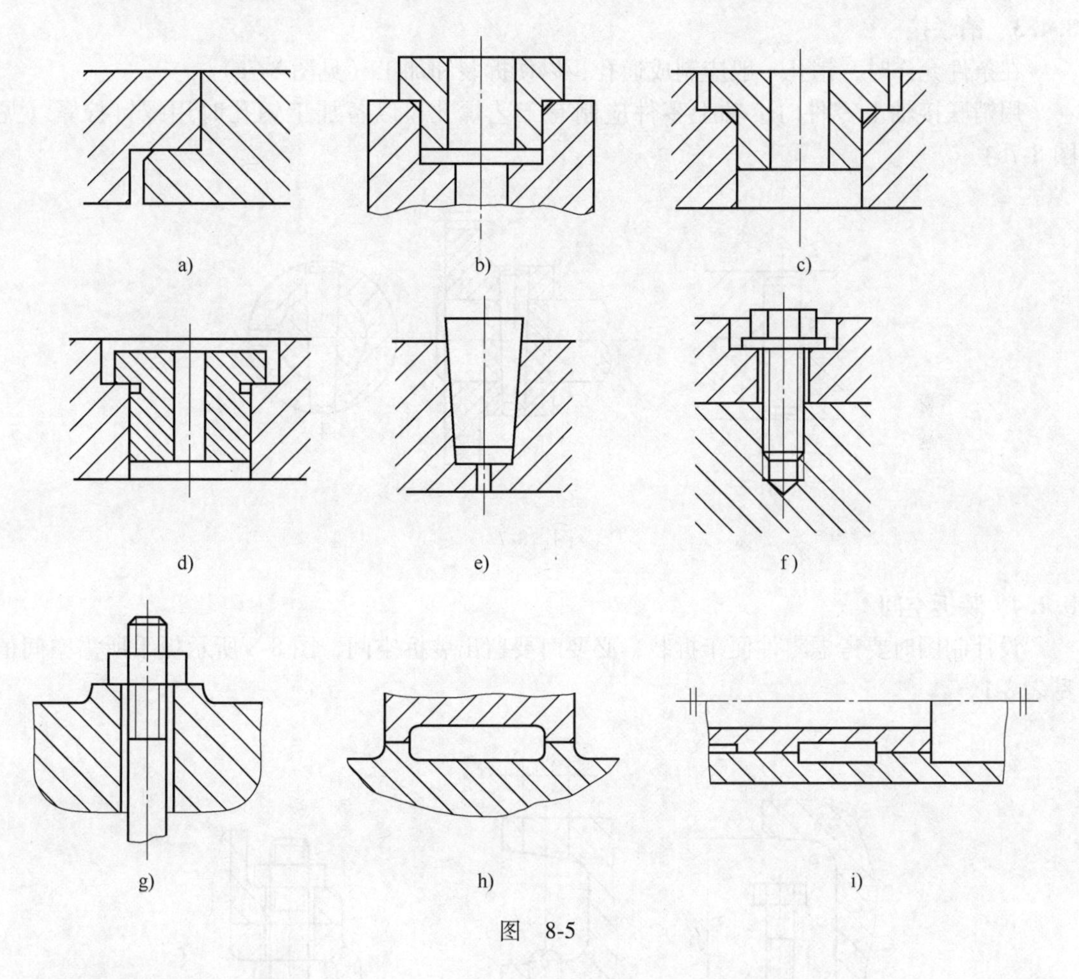

图 8-5

8.4.2 螺纹联接

如图 8-6 所示，为保证拧紧，螺杆上螺纹终止处应制出退刀槽（见图 8-6a），或在螺孔上制出凹坑（见图 8-6b）或倒角（见图 8-6c）。

螺纹的大径应小于定位柱面的直径（见图 8-6d）。

螺钉头与沉孔之间的间隙应大于螺杆与过孔之间的间隙（见图 8-6e）。

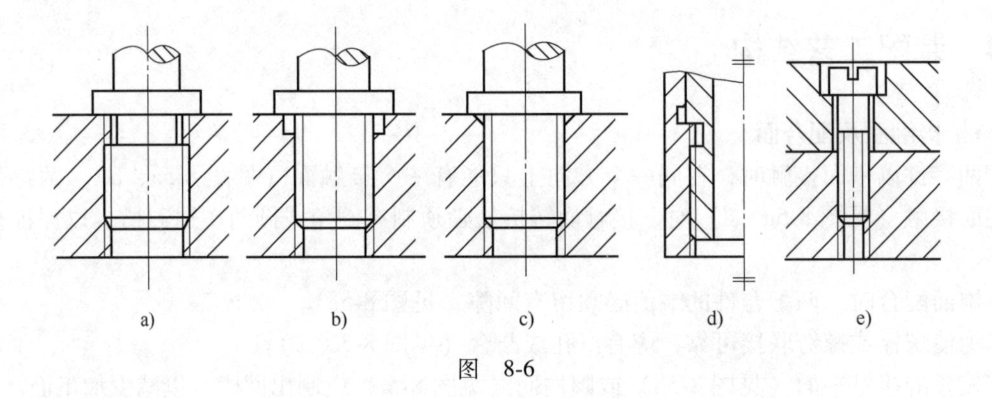

图 8-6

8.4.3 销联接

在条件允许时，销孔一般应制成通孔，以便拆装和加工（见图 8-7a）。

用销联接轴上零件时，轴上零件应制有工艺螺孔，以备加工销孔时用螺钉拧紧（见图 8-7b）。

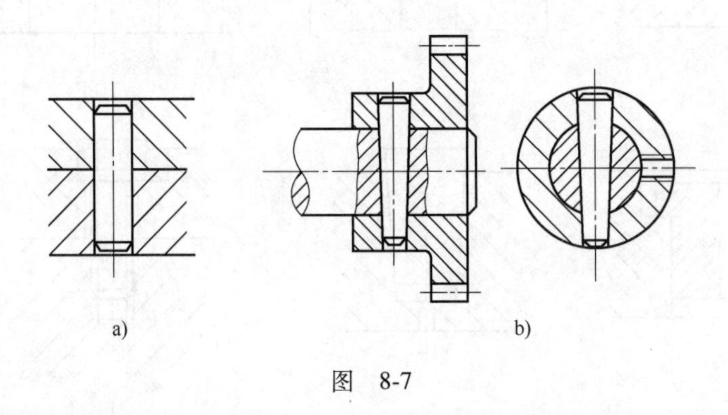

图 8-7

8.4.4 装拆空间

设计制图时要考虑零件便于拆装，必要时要留出装拆空间，图 8-8 所示扳手所需空间值见表 8-1。

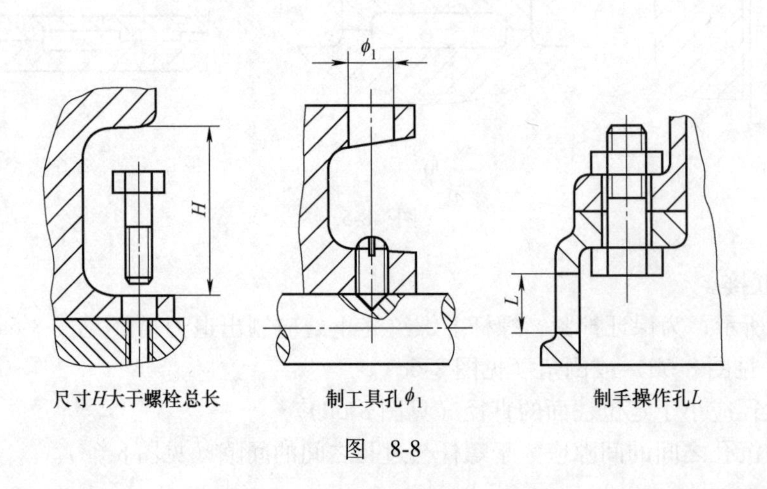

图 8-8

表 8-1　扳手空间值

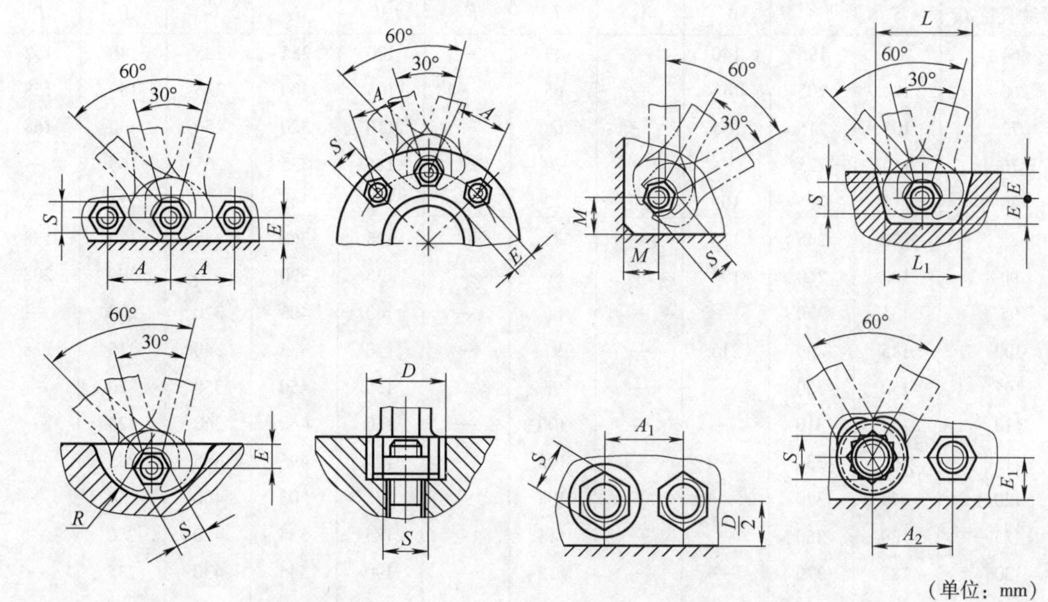

（单位：mm）

螺纹直径 d	S	A	A_1	A_2	E	E_1	M	L	L_1	R	D
3	5.5	18	12	12	5	7	11	30	24	15	14
4	7	20	16	14	6	7	12	34	28	16	16
5	8	22	16	15	7	10	13	36	30	18	20
6	10	26	18	18	8	12	15	46	38	20	24
8	13	32	24	22	11	14	18	55	44	25	28
10	16	38	28	26	13	16	22	62	50	30	30
12	18	42	—	30	14	18	24	70	55	32	—
14	21	48	36	34	15	20	26	80	65	36	40
16	24	55	38	38	16	24	30	85	70	42	45
18	27	62	45	42	19	25	32	95	75	46	52
20	30	68	48	46	20	28	35	105	85	50	56
22	34	76	55	52	24	32	40	120	95	58	60
24	36	80	58	55	24	34	42	125	100	60	70
27	41	90	65	62	26	36	46	135	110	65	76
30	46	100	72	70	30	40	50	155	125	75	82
33	50	108	76	75	32	44	55	165	130	80	88
36	55	118	85	82	36	48	60	180	145	88	95
39	60	125	90	88	38	52	65	190	155	92	100
42	65	135	96	96	42	55	70	205	165	100	106
45	70	145	105	102	45	60	75	220	175	105	112
48	75	160	115	112	48	65	80	235	185	115	126
52	80	170	120	120	48	70	84	245	195	125	132
56	85	180	126	—	52	—	90	260	205	130	138
60	90	185	134	—	58	—	95	275	215	135	145

（续）

螺纹直径 d	S	A	A_1	A_2	E	E_1	M	L	L_1	R	D
64	95	195	140	—	58	—	100	285	225	140	152
68	100	205	145	—	65	—	105	300	235	150	158
72	105	215	155	—	68	—	110	320	250	160	168
76	110	225	—	—	70	—	115	335	265	165	—
80	115	235	165	—	72	—	120	345	275	170	178
85	120	245	175	—	75	—	125	360	285	180	188
90	130	260	190	—	80	—	135	390	310	190	208
95	135	270	—	—	85	—	140	405	320	200	—
100	145	290	215	—	95	—	150	435	340	215	238
105	150	300	—	—	98	—	155	450	350	220	—
110	155	310	—	—	100	—	160	460	360	225	—
115	165	330	—	—	108	—	170	495	385	245	—
120	170	340	—	—	108	—	175	505	400	250	—
125	180	360	—	—	115	—	185	535	420	270	—
130	185	370	—	—	115	—	190	545	430	275	—
140	200	385	—	—	120	—	205	585	465	295	—
150	210	420	310	—	130	—	215	625	495	310	350

8.5 密封结构

8.5.1 静密封

静密封结构的图例及画法见表 8-2。

表 8-2 静密封结构

类别	图例	画法
垫片密封	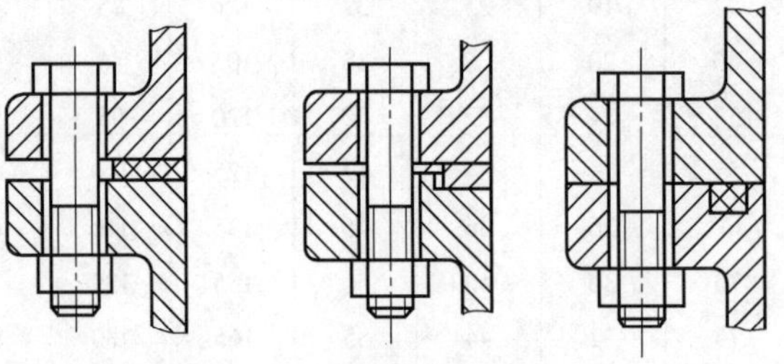 a)　b)　c)	密封垫片两端面应分别与被密封件端面接触，被密封的两零件端面一般画为不接触（见图 a、图 b） 密封件为软材料时，应充满凹槽，即四周均无缝隙（见图 c）
填料密封	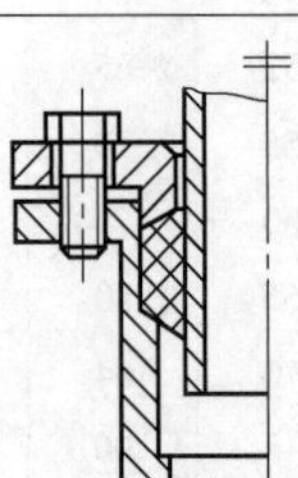	填料应充满密封槽，壳体与法兰盘在轴向应有间隙

（续）

类别	图例	画法
管道连接密封	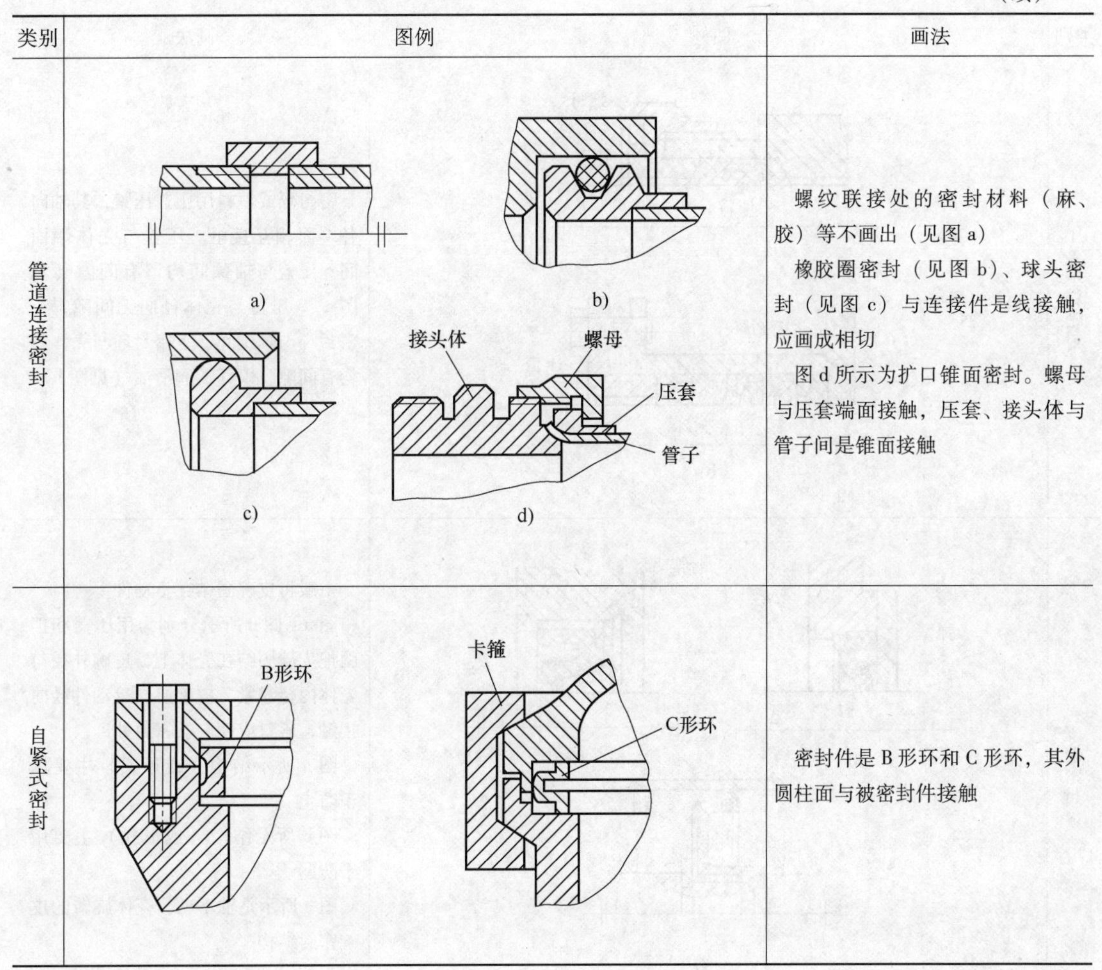	螺纹联接处的密封材料（麻、胶）等不画出（见图 a） 橡胶圈密封（见图 b）、球头密封（见图 c）与连接件是线接触，应画成相切 图 d 所示为扩口锥面密封。螺母与压套端面接触，压套、接头体与管子间是锥面接触
自紧式密封		密封件是 B 形环和 C 形环，其外圆柱面与被密封件接触

8.5.2 接触式动密封

接触式动密封的图例及画法见表 8-3。

表 8-3 接触式动密封

类别	图例	画法
毛毡密封	压盖 b) 压盖 密封盖 a) c)	毛毡应充满密封槽，与轴颈相接触，密封盖与轴颈间画出间隙（见图 a）。压盖与壳体端面可接触（见图 b），也可画出间隙（见图 c）。用螺纹压盖时，毛毡画法如图 c 所示

（续）

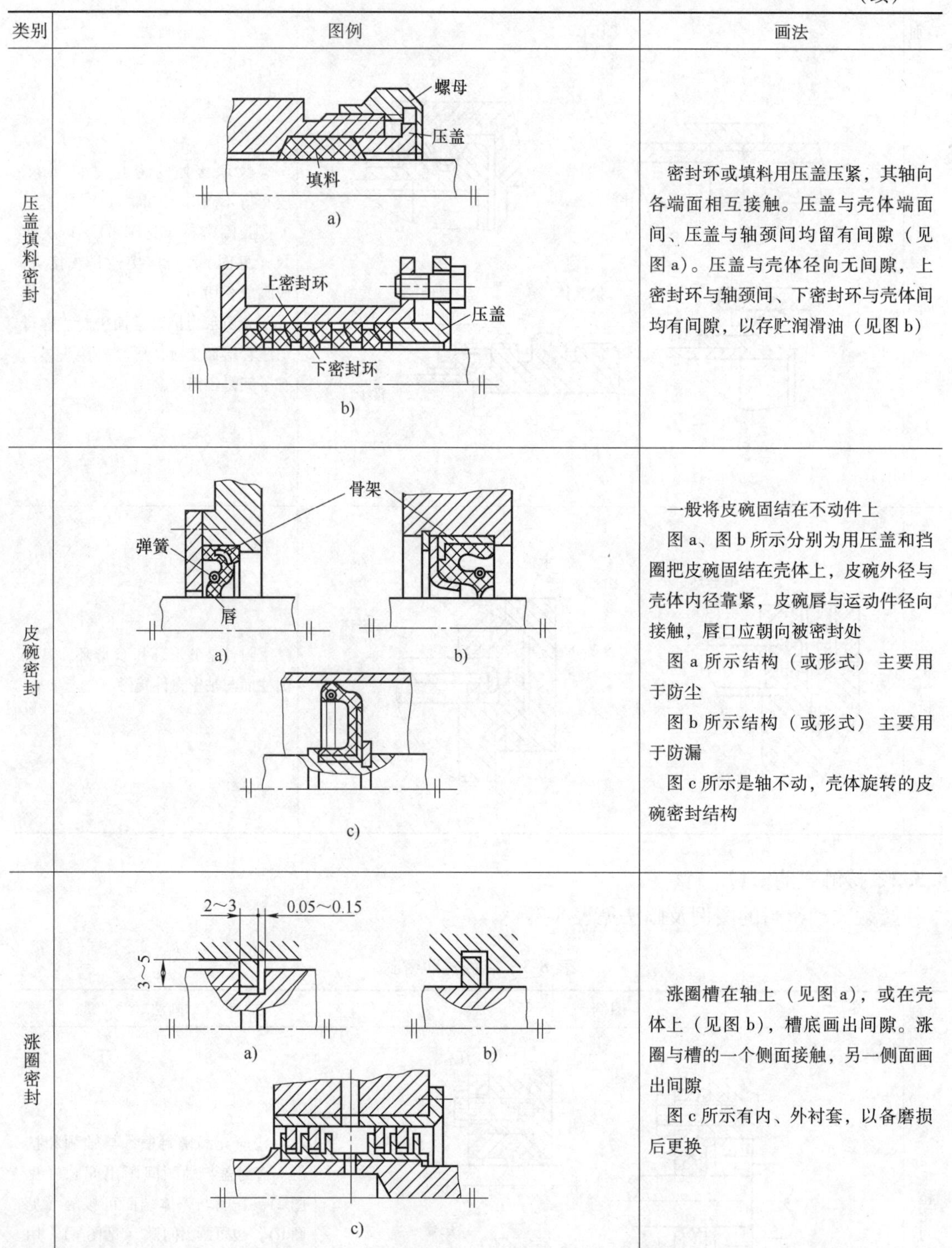

类别	图例	画法
压盖填料密封	a) b)	密封环或填料用压盖压紧，其轴向各端面相互接触。压盖与壳体端面间、压盖与轴颈间均留有间隙（见图 a）。压盖与壳体径向无间隙，上密封环与轴颈间、下密封环与壳体间均有间隙，以存贮润滑油（见图 b）
皮碗密封	a) b) c)	一般将皮碗固结在不动件上 图 a、图 b 所示分别为用压盖和挡圈把皮碗固结在壳体上，皮碗外径与壳体内径靠紧，皮碗唇与运动件径向接触，唇口应朝向被密封处 图 a 所示结构（或形式）主要用于防尘 图 b 所示结构（或形式）主要用于防漏 图 c 所示是轴不动，壳体旋转的皮碗密封结构
涨圈密封	a) b) c)	涨圈槽在轴上（见图 a），或在壳体上（见图 b），槽底画出间隙。涨圈与槽的一个侧面接触，另一侧面画出间隙 图 c 所示有内、外衬套，以备磨损后更换

8.5.3 非接触式动密封

非接触式动密封的结构及画法见表 8-4。

表 8-4　非接触式动密封　（单位：mm）

类别	结构及画法
间隙密封	初始结构；防尘节流环；螺纹槽
甩油环密封	回油孔在轴下方；甩油环与壳体有间隙
曲路迷宫密封	轴向曲路；径向曲路

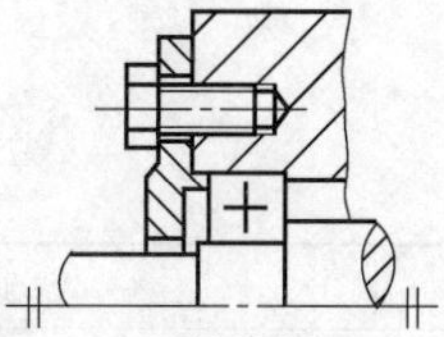

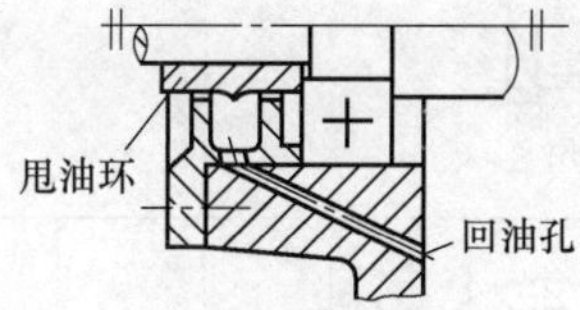

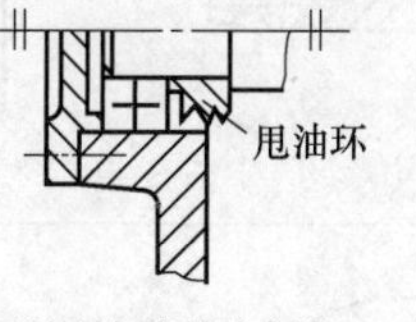

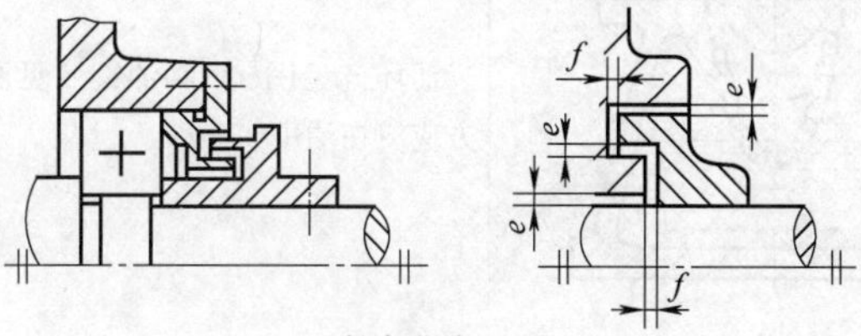

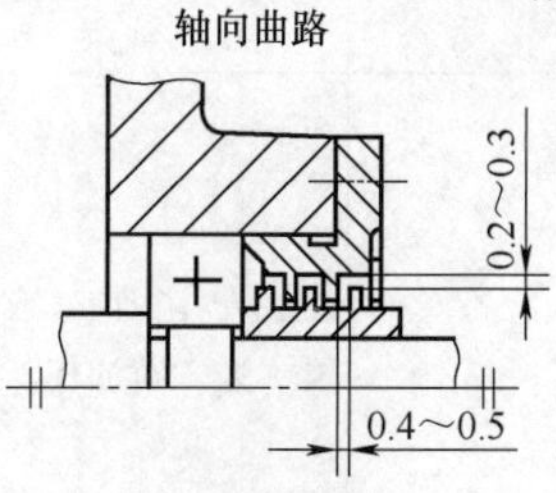

初始结构

轴直径	轴与轴承盖间隙
≤50	0.25~0.4
>50	0.5~1

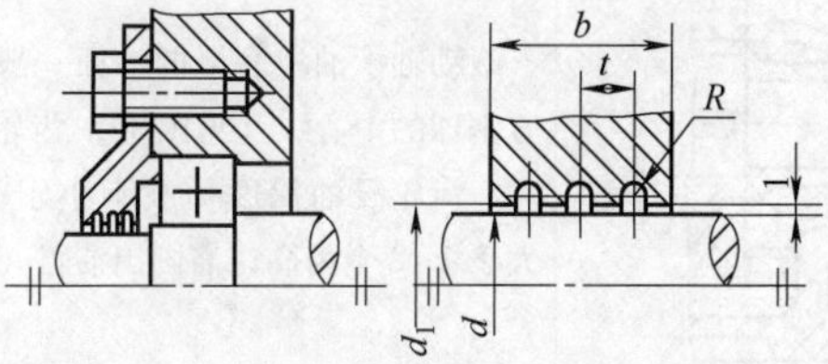

防尘节流环

d	>50~80	>80~120	>120~180	>180
R	1.5	2	2.5	3
t	4.5	6	7.5	9
d_1	d+1			
b_{min}	nt+R			
n（槽数）	一般 n=2~4			

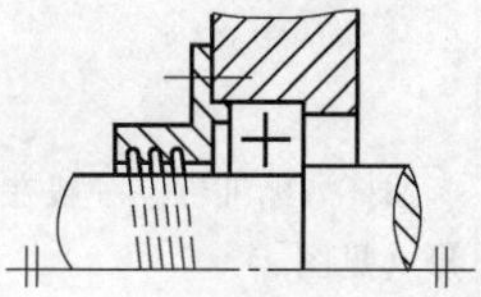

螺纹槽

轴直径	直径间隙	螺距	线数	螺纹槽宽	槽深
10~18	0.045~0.094	3 5	1	1	0.5
>18~30	0.060~0.118	7 10	2	1	0.5
>30~50	0.075~0.142	7 10	2	1.5 2	1.0
>50~80	0.095~0.175	10	3	1.5	1.0
>80~120	0.120~0.210	16 24	4	2	1.0

甩油环、回油孔

曲路迷宫密封（径向曲路标注：0.2~0.3，0.4~0.5）

轴径 d	10~50	>50~80	>80~110	>110~180
e	0.2	0.3	0.4	0.5
f	1	1.5	2	2.5

8.6 润滑结构

常见的润滑结构及画法见表 8-5。

表 8-5 润滑结构

类别	图例	画法
飞溅及油浴润滑	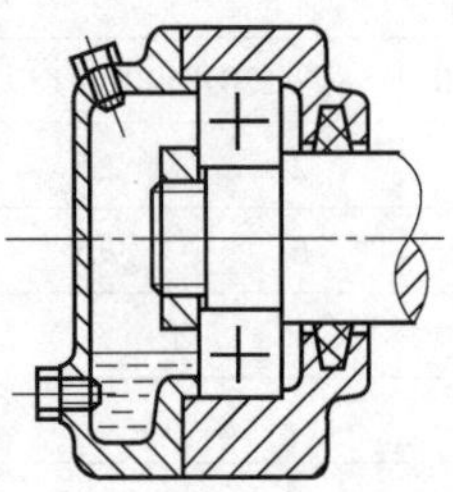 a) 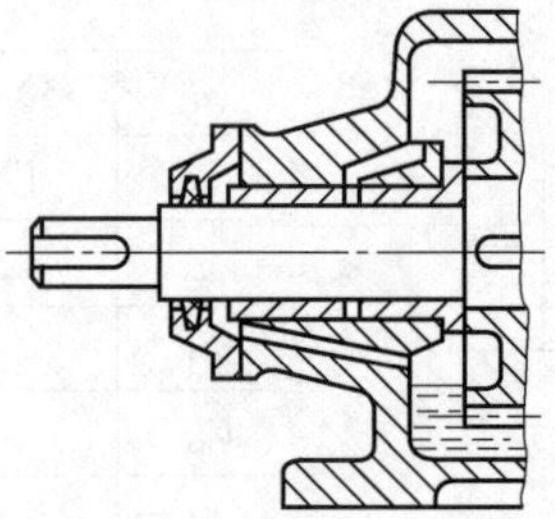 b)	滚动轴承油浴润滑的油面一般不超过下方钢球的中心线（见图 a）。齿轮油浴润滑时，齿轮浸油深度一般不小于 10mm，不大于 1~2 个齿高，需画出油路（见图 b）
滴油润滑	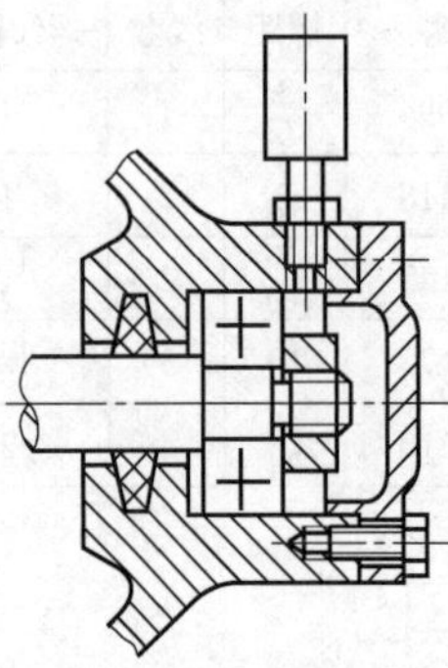 a) 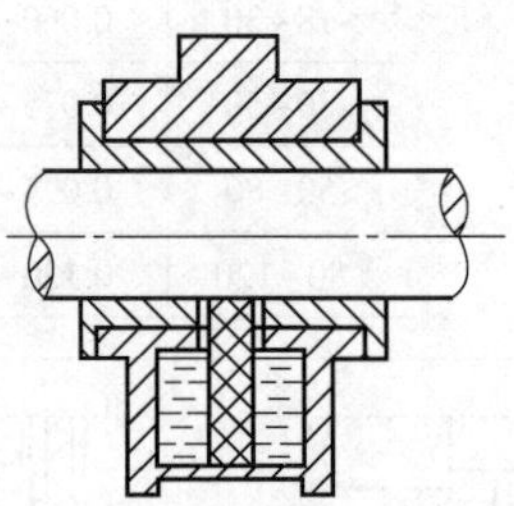 b)	油杯为标准件，一般在装配图上只画外形（见图 a） 油垫紧靠在油池底面和转动轴的表面（见图 b）
带油润滑	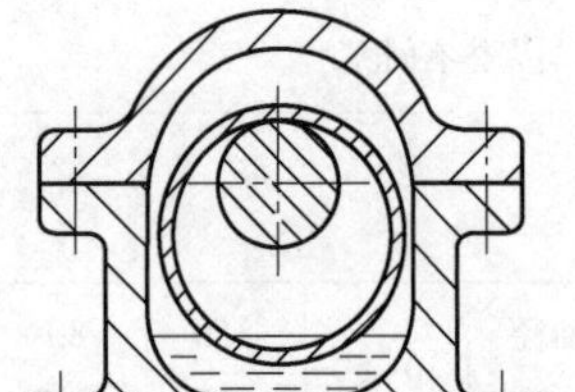 a) 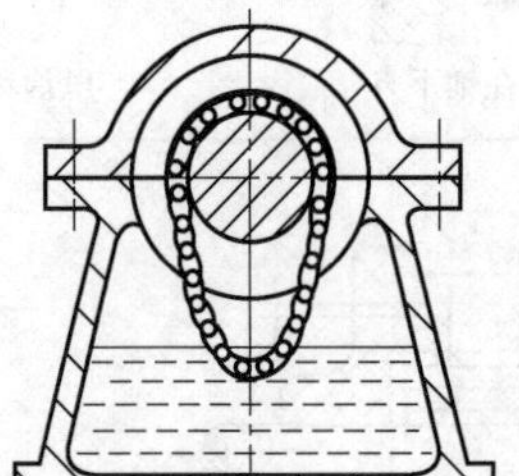 b)	油环（见图 a）和油链（见图 b）的下方应浸在油中
脂润滑	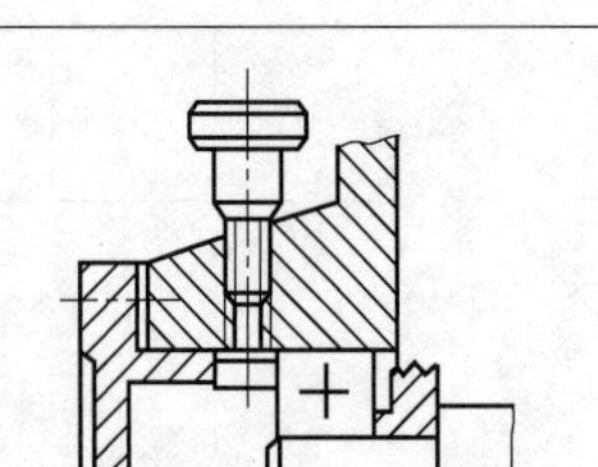	在壳体径向，或在压盖轴线上留有注油孔，装入黄油杯。油杯只画外形

8.7 螺纹联接的防松结构

8.7.1 螺纹联接的摩擦防松结构

图 8-9 所示为螺母防松结构，图 8-10 所示为垫圈防松结构。

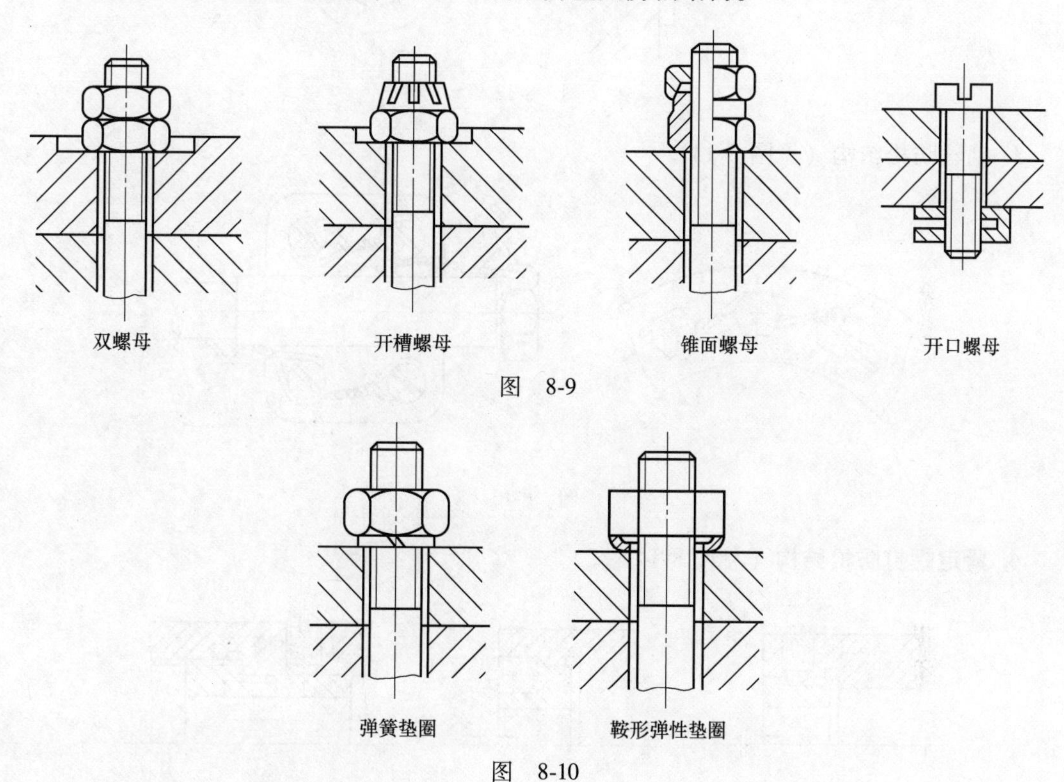

图 8-9

图 8-10

8.7.2 螺纹联接的机械防松结构

1. 止动垫圈防松结构（见图 8-11）

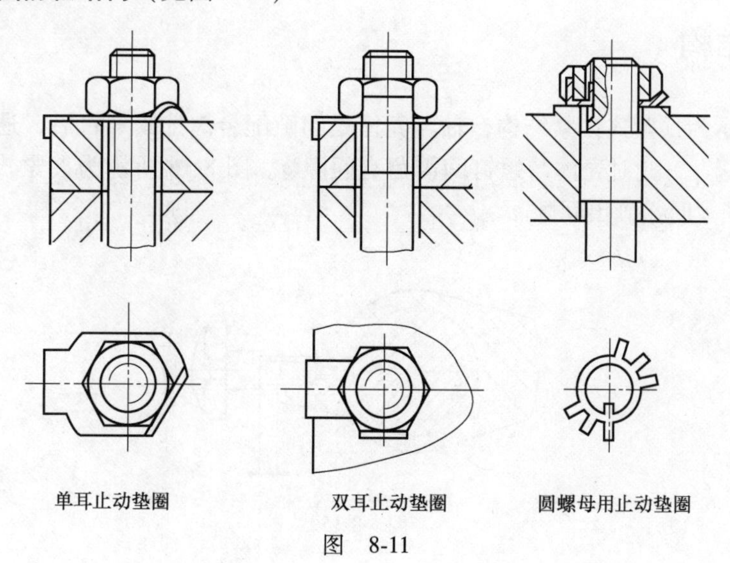

图 8-11

2. 开口销防松结构（见图 8-12）

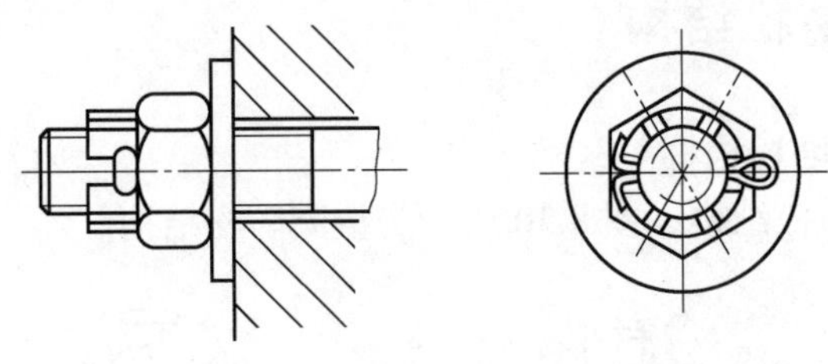

图 8-12

3. 钢丝防松结构（见图 8-13）

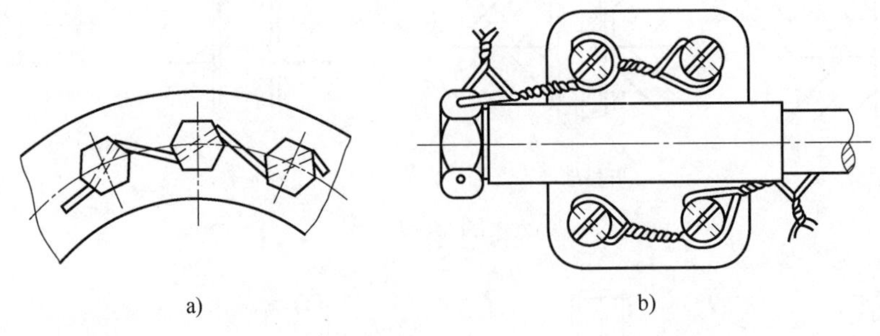

图 8-13

4. 紧定螺钉防松结构（见图 8-14）

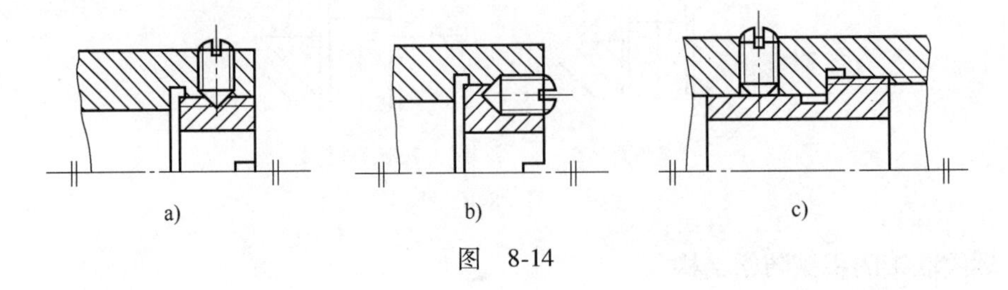

图 8-14

8.8 锁紧结构

图 8-15 所示为顶紧式锁紧结构，轴与壳体是间隙配合。拧紧螺钉后，通过垫将轴锁紧（图示为锁紧状态），此时壳体与螺钉间需留有间隙 a。图 8-16 所示为夹紧式锁紧结构，轴与壳体配合，锁紧时需画出间隙 b。

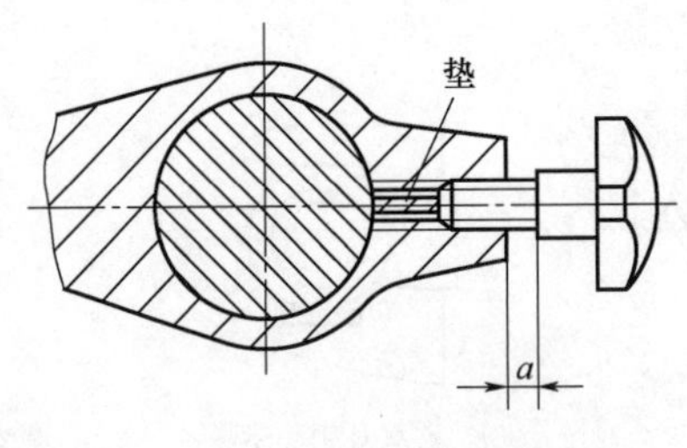

图 8-15

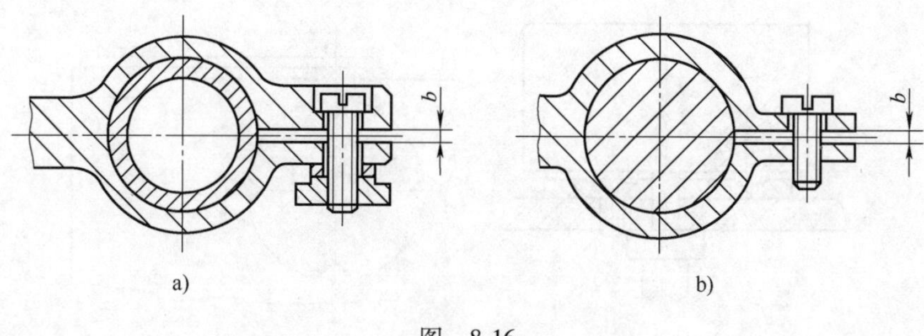

图　8-16

8.9　定位和限位结构

8.9.1　刚性定位结构

图 8-17 所示为刚性定位结构。图中定位件与定位槽两侧面间应为间隙配合。

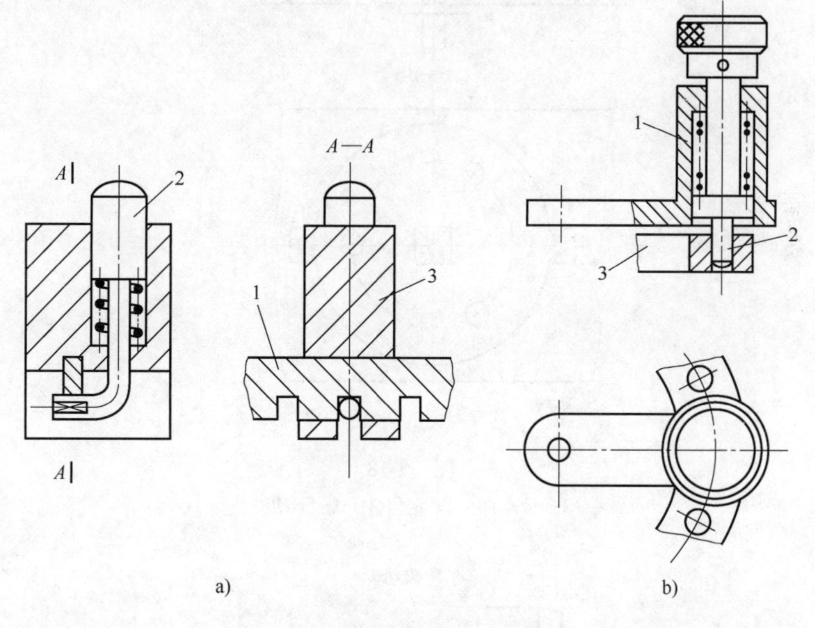

图　8-17

1—运动件　2—定位件　3—不动件

8.9.2　弹性定位结构

图 8-18 所示为弹性定位结构。图示为定位状态，定位件的凸起应与不动件的凹坑接触。图 8-18a 中钢球球心应高出不动件表面。

8.9.3　垫圈限动结构

图 8-19 所示为垫圈限动结构。拨环 1 用销固结在轴上，止动环 3 用螺钉固定在壳体上。限动垫圈 2 与轴是间隙配合，拨环、止动环以及限动垫圈端面也是间隙配合。限动齿示意画出。

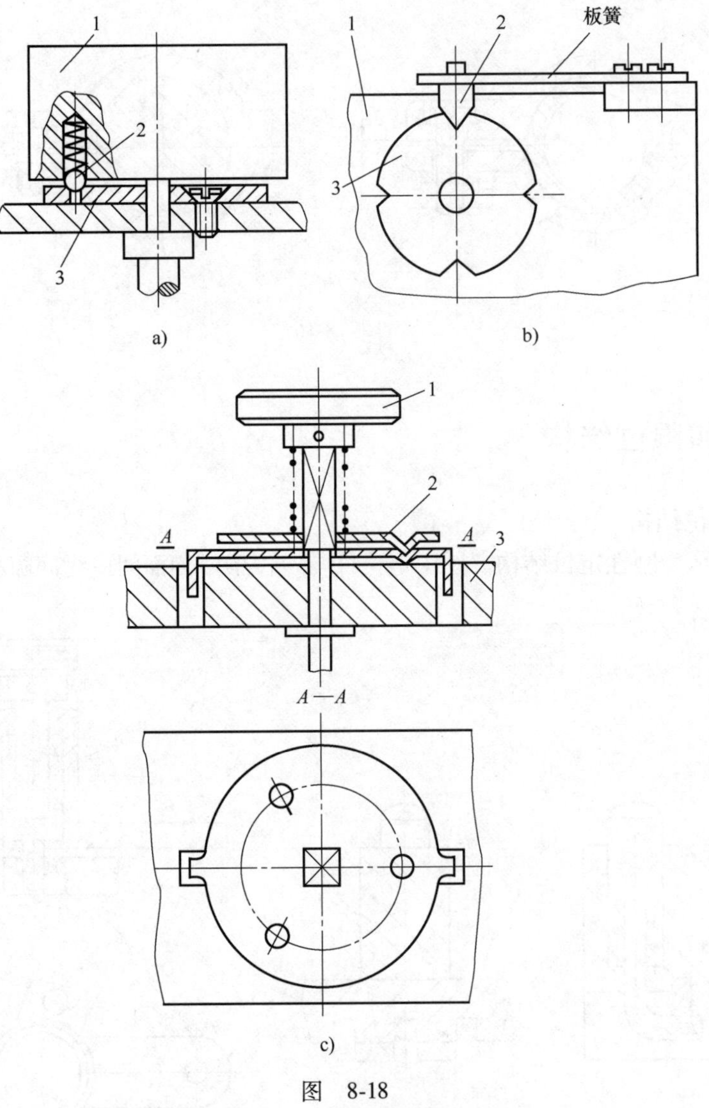

图 8-18

1—运动件 2—定位件 3—不动件

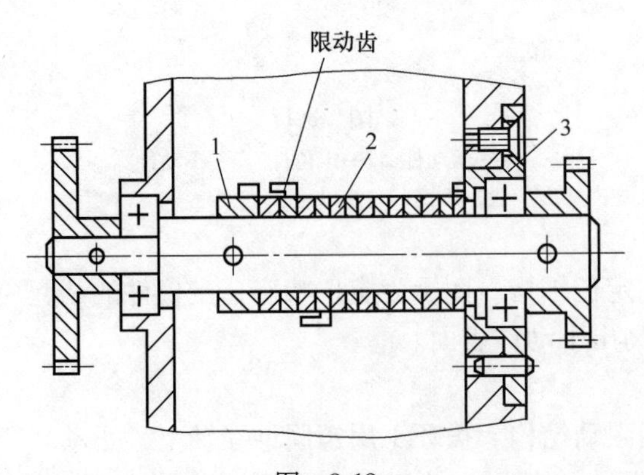

图 8-19

1—拨环 2—限动垫圈 3—止动环

8.9.4 限位槽结构

图 8-20 所示为目镜视度调节结构。由目镜座 1 上的凸缘 2 和转螺 3 上的凹槽限制转螺轴向移动范围。凸缘 2 与凹槽间应画出缝隙。尺寸 L 应小于尺寸 M。

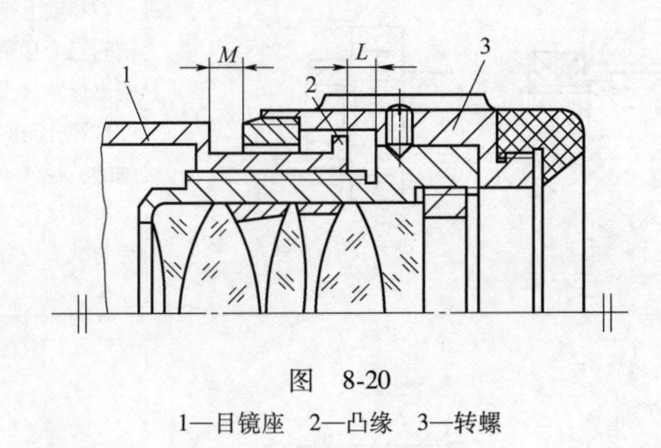

图 8-20

1—目镜座　2—凸缘　3—转螺

8.10 轴上零件的连接和固定

轴上零件连接和固定的类别、图例及画法见表 8-6。

表 8-6 轴上零件连接和固定的类别、图例及画法

类别	图例	画法
紧定螺钉	a)　b)	螺钉直径一般取 $(0.15\sim0.25)d$ 用平端紧定螺钉时，轴上应加工出平台（见图 a） 用锥端紧定螺钉时，轴上应制有承钉孔（见图 b）
销		销直径一般取 $\left(\frac{1}{6}\sim\frac{1}{4}\right)d$

（续）

类别	图例	画法
键和螺母	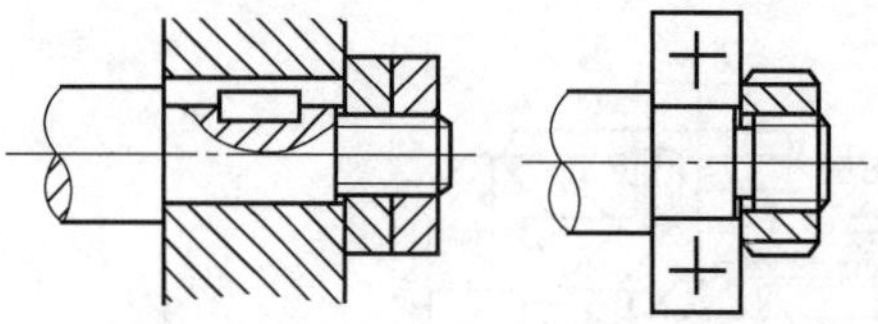 a)　b)	键和轴上键槽一般取局部剖视。键和槽间三面接触。键顶面和孔的键槽间应画出缝隙（见图 a） 轴和孔是间隙配合，螺纹大径应小于轴的直径（见图 a） 被联接件与螺母端面应靠紧，螺母端面与轴肩应有间隙（见图 b）
挡圈	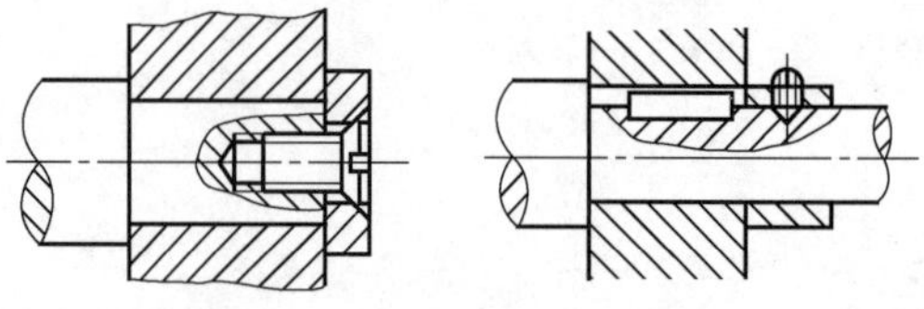 a)　b) 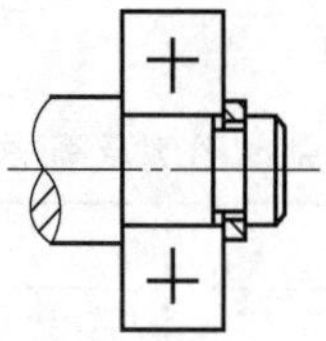　c)	轴向端面必须靠紧 轴端挡圈见图 a 锁紧挡圈见图 b 弹性弹圈见图 c
开口销	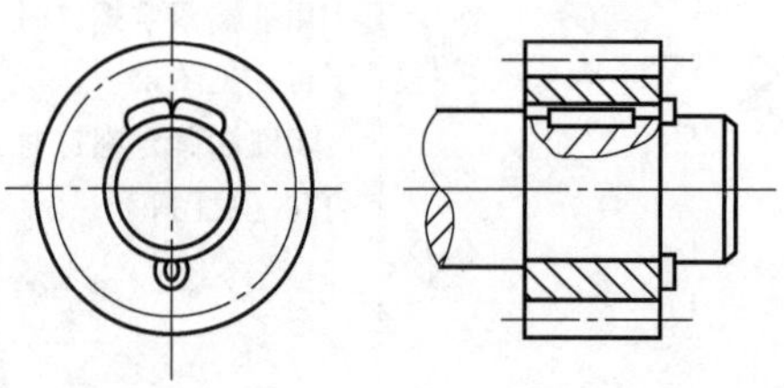	一般将开口销示意画出
锥形轴头	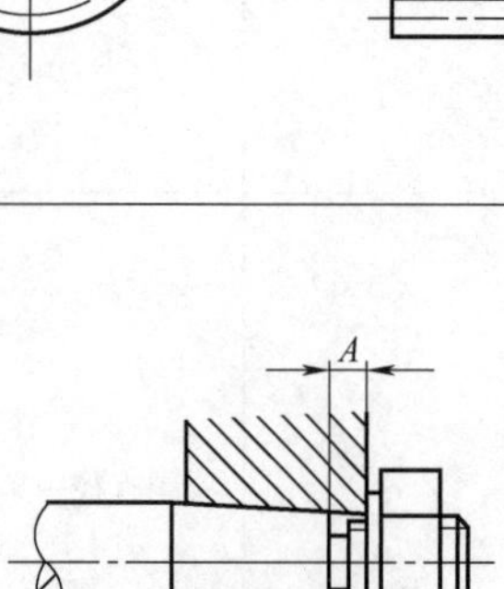 A	必须留有间隙 *A*

（续）

类别	图例	画法
非圆形截面	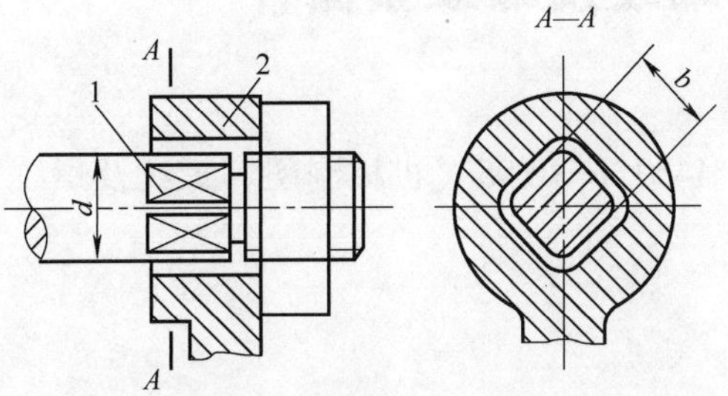 A—A 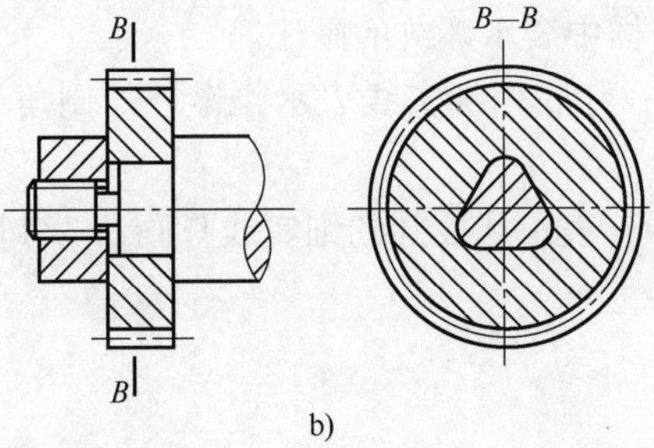 a) B—B b)	图 a 所示轴 1 和件 2 是用方孔连接。为便于拆卸，方孔与轴间留有间隙，一般取 $b \approx 0.75d$。断面 A—A 可不画出 图 b 所示连接孔是三角形，必须画出断面 B—B
弹性环	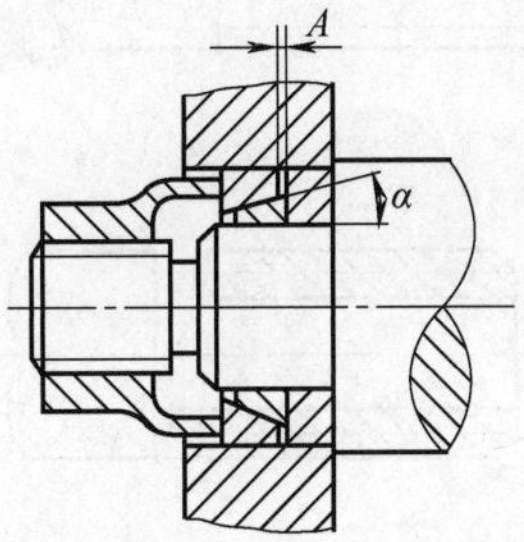	弹性环是以锥面配合的钢环，通常取 $\alpha = 12.5° \sim 17°$ 为保证锥面靠紧，必须留有间隙 A

第 9 章　螺纹及螺纹紧固件

本章内容（附表除外）根据 GB/T 4459. 1—1995《机械制图　螺纹及螺纹紧固件表示法》编写。

9.1　螺纹的规定画法

GB/T 4459. 1—1995 规定了在机械图样中表示螺纹的画法。

1）内、外螺纹的牙顶用粗实线表示；牙底用细实线表示，螺杆的倒角或倒圆部分均应画出。

在垂直于螺纹轴线的投影面的视图中，表示牙底圆的细实线只画约 3/4 圈，此时，螺杆或螺孔上的倒角的投影则不应画出。

有效螺纹的终止线用粗实线表示。

外螺纹的规定画法如图 9-1 所示。

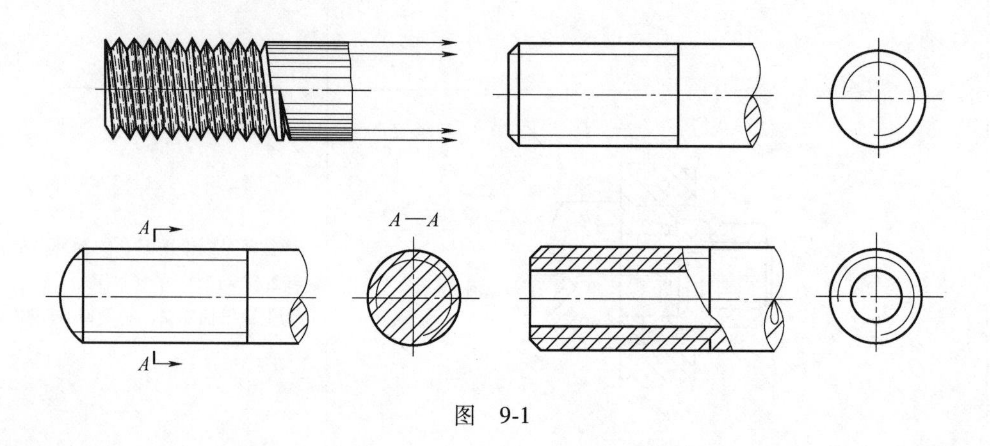

图　9-1

内螺纹的规定画法如图 9-2 所示。

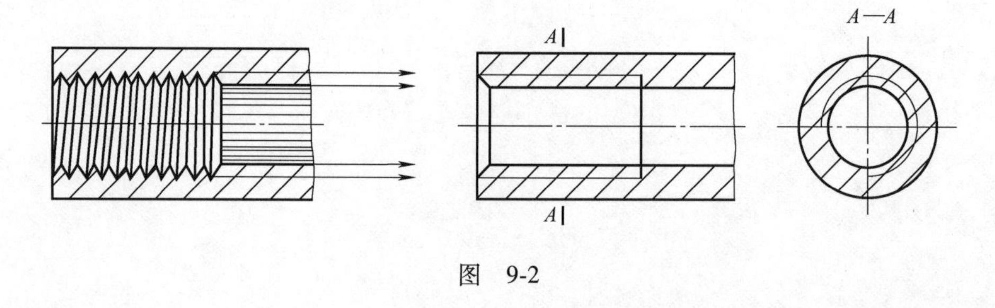

图　9-2

2）螺尾部分一般不必画出，当需要表示螺尾时，螺尾部分的牙底用与轴线成 30°的细实线绘制，如图 9-3 所示。

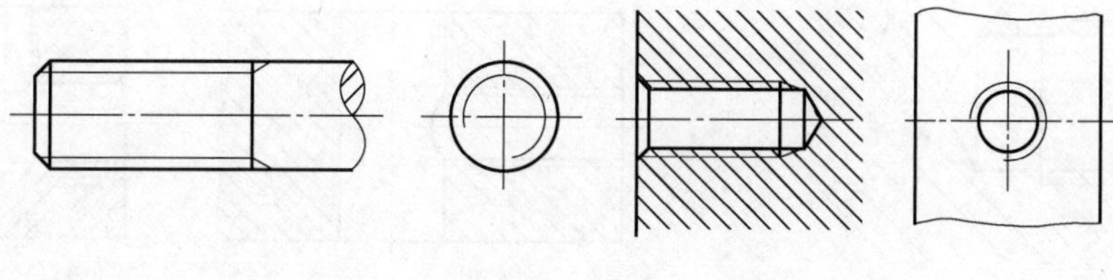

图 9-3

3）不可见螺纹的所有图线用虚线绘制，如图 9-4 所示。

4）圆锥外螺纹和圆锥内螺纹的画法如图 9-5 所示，左视图按左侧大端螺纹画出，右视图按右侧小端螺纹画出。

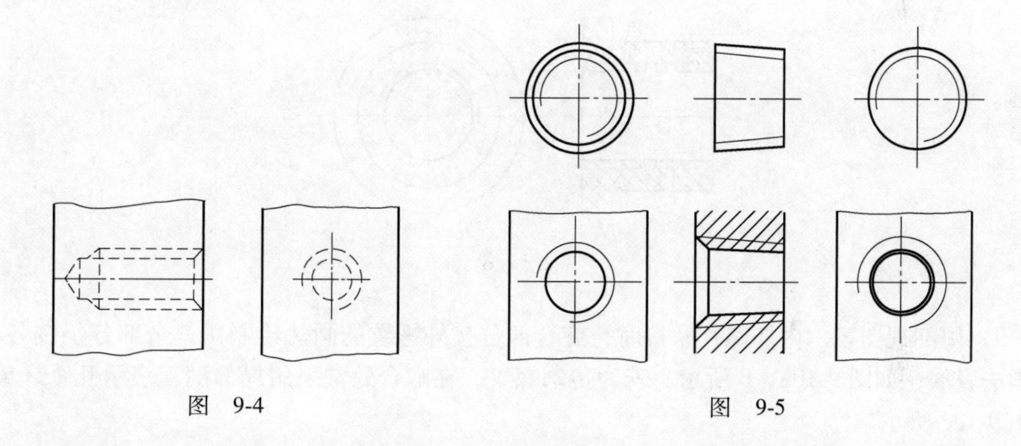

图 9-4　　　　图 9-5

5）梯形、锯齿形等传动螺纹的画法，是用局部剖视或局部放大图表示出几个牙型，如图 9-6 所示。

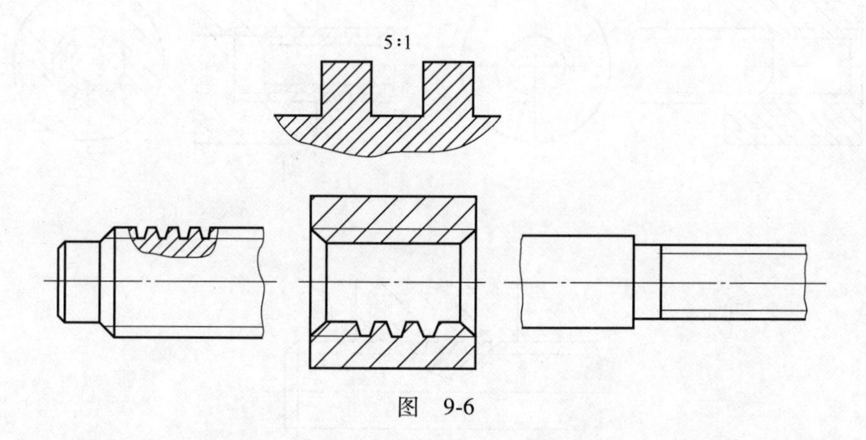

图 9-6

6）对于不穿通螺孔，绘制时一般应将钻孔深度与螺纹深度分别画出，并注意孔底按钻头的锥角面为 120°，如图 9-7 所示。

7）用剖视图表示螺纹孔相贯时，在钻孔处仍应画出相贯线，如图 9-8 所示。

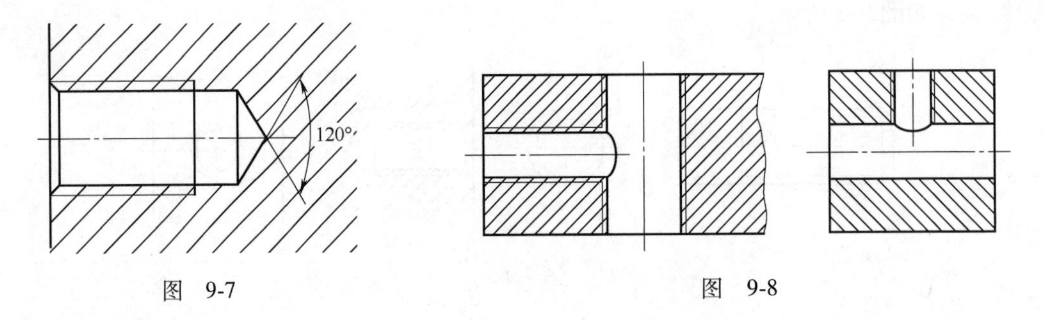

图 9-7　　图 9-8

8）表示部分螺纹时，在垂直于螺纹轴线的投影面的视图中，表示牙底圆的细实线也应适当地空出一段距离，如图 9-9 所示。

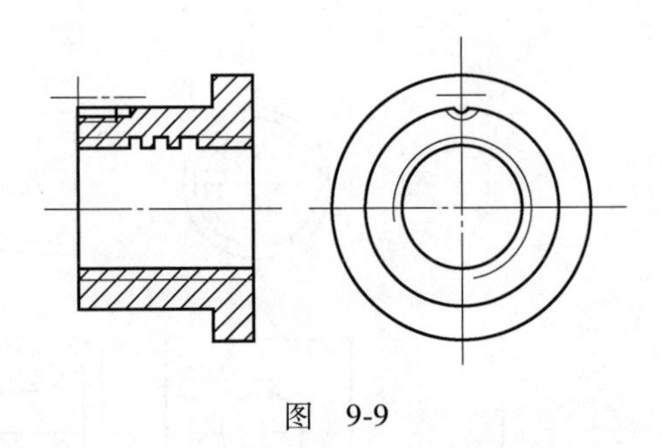

图 9-9

9）用剖视图表示内外螺纹联接时，旋合部分按外螺纹的画法绘制，其余部分仍按各自的画法表示，如图 9-10a、b 所示。若为传动螺纹，在啮合处常采用局部剖视表示几个牙型，如图 9-10c 所示。

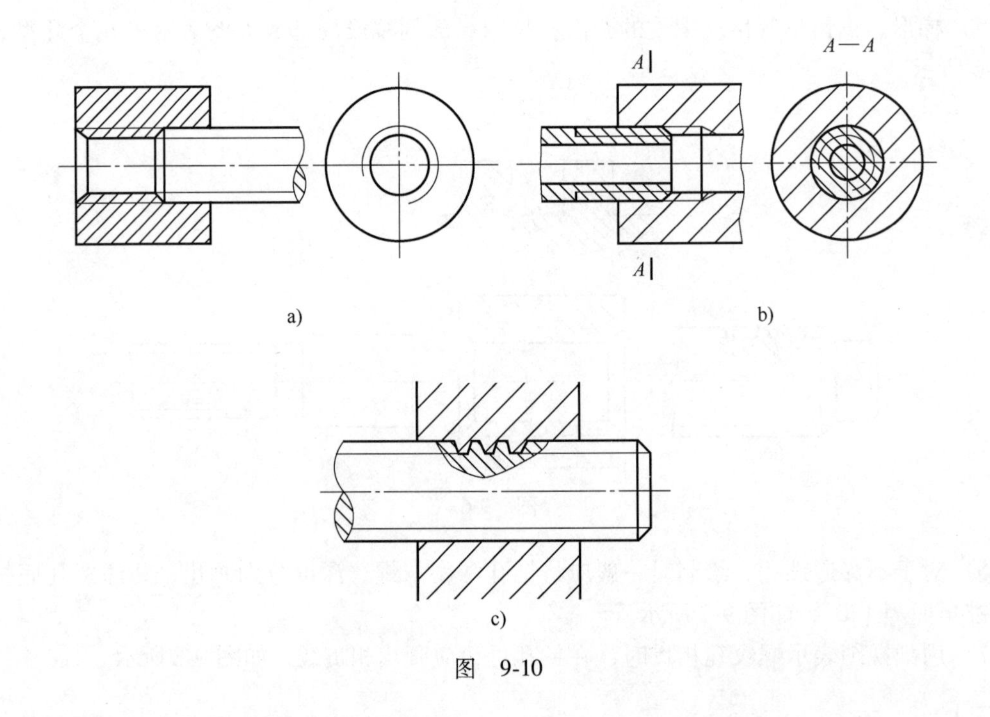

图 9-10

9.2 螺纹的规定标注

螺纹的规定标注分标准螺纹和非标准螺纹两种。

标准螺纹有规定的特征代号，列于表 9-1 中。

表 9-1 标准螺纹的规定代号

螺纹类别		特征代号	标准代号
普通螺纹		M	GB/T 197—2018
小螺纹		S	GB/T 15054. 2—2018
梯形螺纹		Tr	GB/T 5796. 2—2005
锯齿形螺纹		B	GB/T 13576. 2—2008
米制密封螺纹	圆锥螺纹	Mc	GB/T 1415—2008
	圆柱内螺纹	Mp	
60°密封管螺纹	圆锥管螺纹	NPT	GB/T 12716—2011
	圆柱内螺纹	NPSC	
55°非密封圆柱管螺纹		G	GB/T 7307—2001
55°密封管螺纹	圆锥外螺纹	R_1 或 R_2	GB/T 7306. 1—2000 GB/T 7306. 2—2000
	圆锥内螺纹	Rc	
	圆柱内螺纹	Rp	
自攻螺钉用螺纹		ST	GB/T 5280—2002
自攻锁紧螺钉用螺纹(粗牙普通螺纹)		M	GB/T 6559—1986

9.2.1 标准螺纹的规定标记及标注

1. 普通螺纹的规定标记及标注

普通螺纹的完整标记由螺纹特征代号、尺寸代号、公差带代号、螺纹旋合长度组代号和旋向代号组成。螺纹公差带代号包括中径公差带代号和顶径公差带代号。螺纹的标注方法是将规定标记注写在尺寸线或尺寸线的引出线上，尺寸线的箭头指向螺纹大径（见图 9-11）。

标记示例：

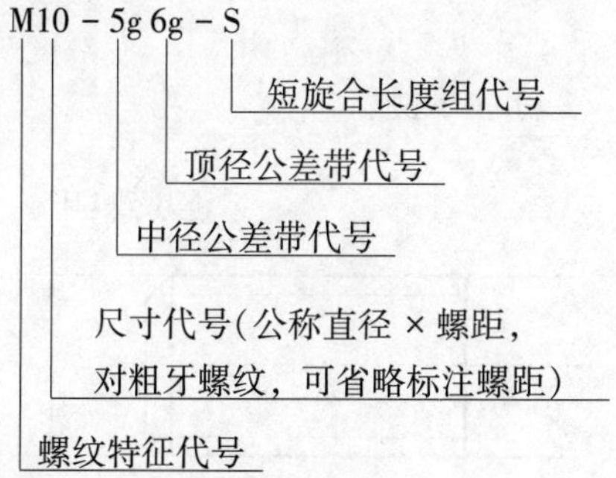

M10 - 5g 6g - S

短旋合长度组代号

顶径公差带代号

中径公差带代号

尺寸代号(公称直径 × 螺距，对粗牙螺纹，可省略标注螺距)

螺纹特征代号

标注示例：

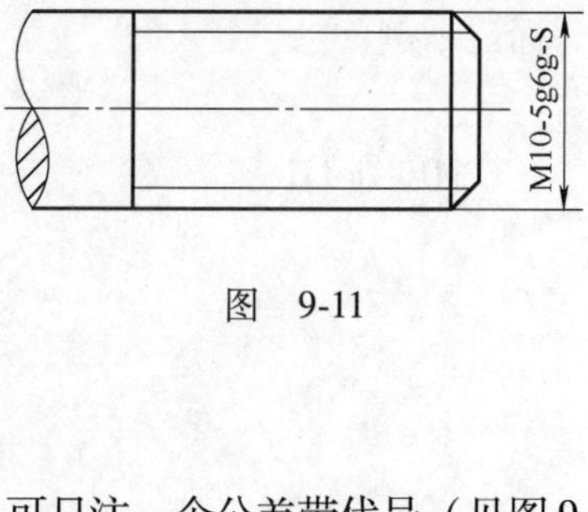

M10-5g6g-S

图 9-11

当螺纹的中径公差带代号与顶径公差带代号相同时，可只注一个公差带代号（见图 9-12）。

标记示例：

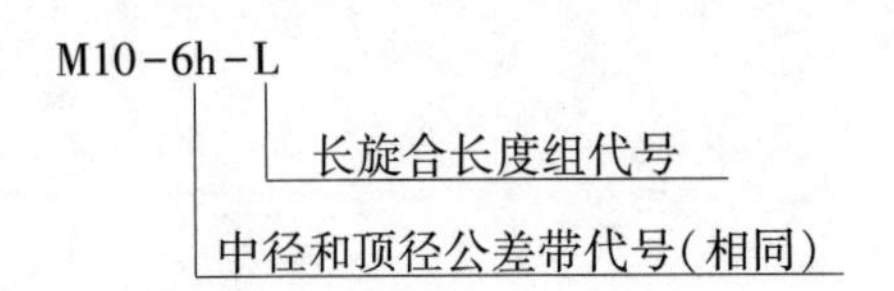

标注示例：

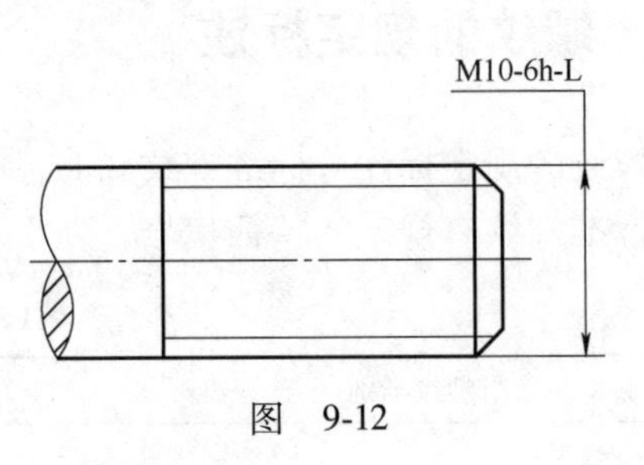

图 9-12

在一般情况下，不标注螺纹的旋合长度组代号，螺纹的公差带按中等旋合长度确定（见图 9-13）。

标记示例：

M10-6g

标注示例：

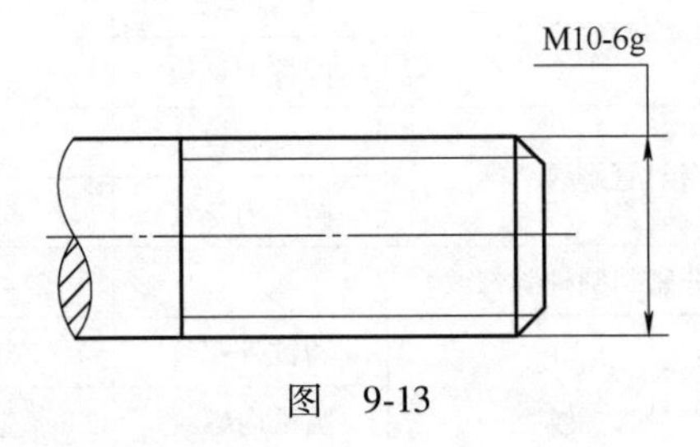

图 9-13

若为细牙螺纹，应在螺纹公称直径数值之后加注螺距数值（见图 9-14）。

标记示例：

M10×1. 25-6h

标注示例：

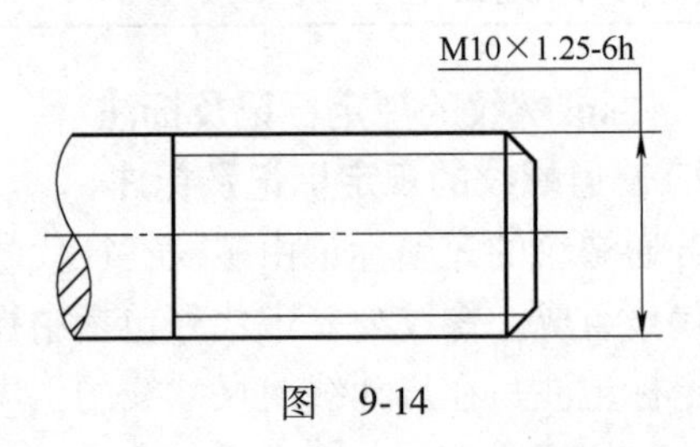

图 9-14

当螺纹为右旋时，不标注旋向代号；但当螺纹为左旋时，应加注代号“LH”（见图 9-15）。

标记示例：

M10-7h-LH

标注示例：

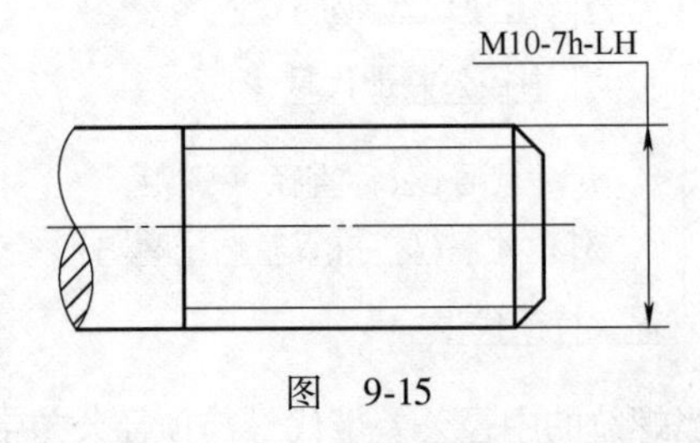

图 9-15

2. 小螺纹的规定标记

小螺纹的完整标记应包括小螺纹特征代号 S、公称直径（毫米值）、公差带代号及其他有必要说明的信息。公称直径与公差带代号间用“-”分开。

公差带代号包含：中径公差等级数值，中径公差带位置字母（内螺纹用大写字母，外螺纹用小写字母），顶径公差等级数值（内螺纹小径或外螺纹大径）。

表示内、外螺纹配合时，内螺纹公差带代号在前，外螺纹公差带代号在后，中间用“/”分开。

对左旋螺纹，在公差带代号后增加左旋代号“LH”，公差带与左旋代号间用“-”分开。

标记示例：

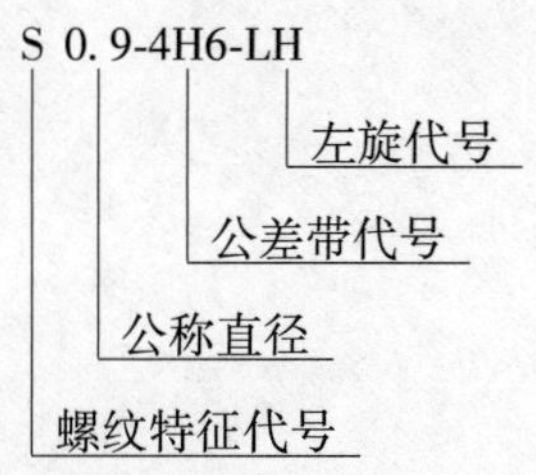

3. 梯形螺纹的规定标记及标注

梯形螺纹的标记由螺纹特征代号、公称直径和导程的毫米值、螺距代号“P”和螺距毫米值组成。公称直径和导程之间用“×”号分开，螺距代号“P”和螺距值用圆括号括上。对单线梯形螺纹，其标记应省略圆括号部分。左、右旋的标记规则如同普通螺纹。梯形螺纹的标注方法也如同普通螺纹。

单线梯形螺纹（见图 9-16）。

标记示例：

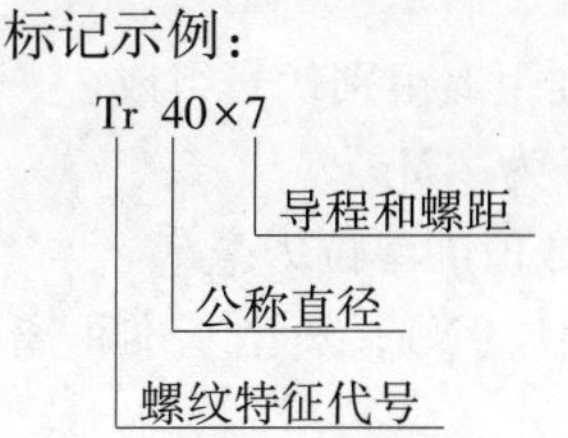

标注示例：

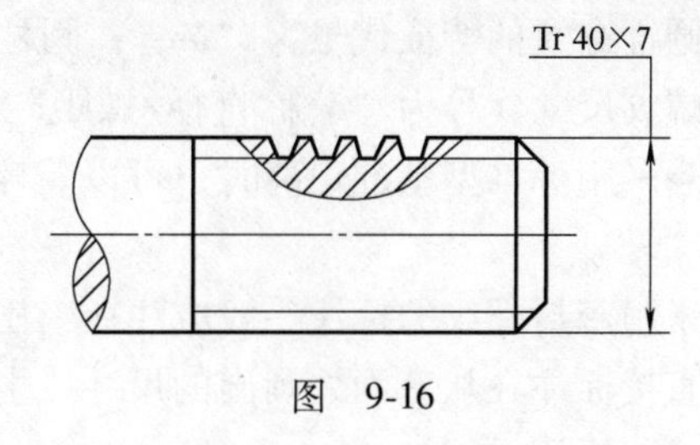

图 9-16

双线梯形螺纹（见图 9-17）。

标记示例：

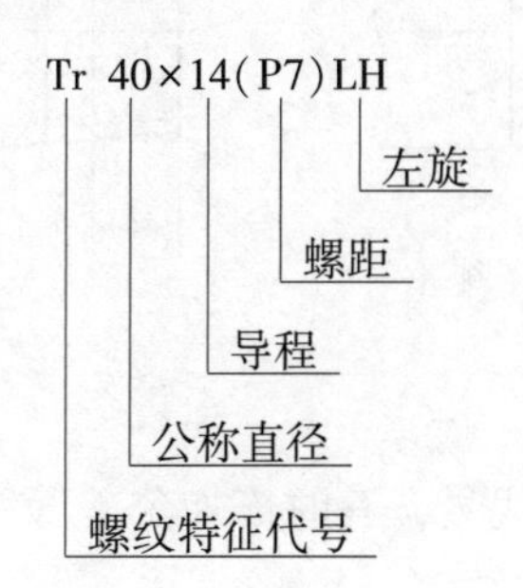

标注示例：

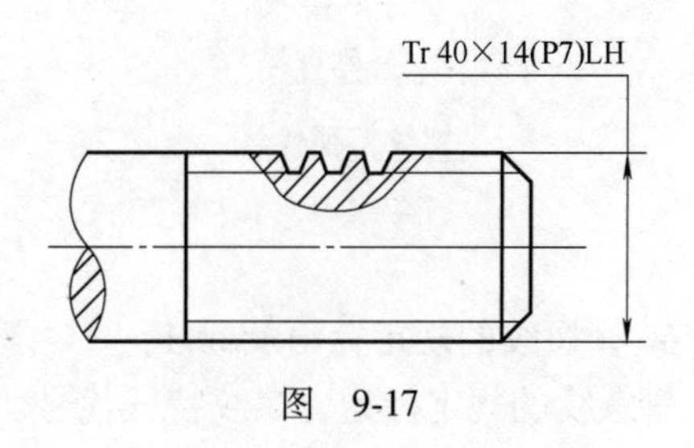

图 9-17

4. 锯齿形螺纹的规定标记及标注

锯齿形螺纹的标记及在图上的标注方法同梯形螺纹。

单线锯齿形螺纹（见图9-18）。

标记示例：

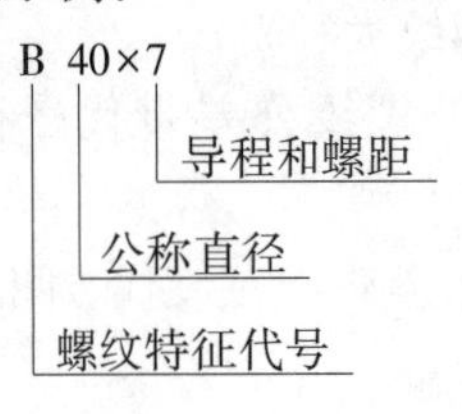

标注示例：

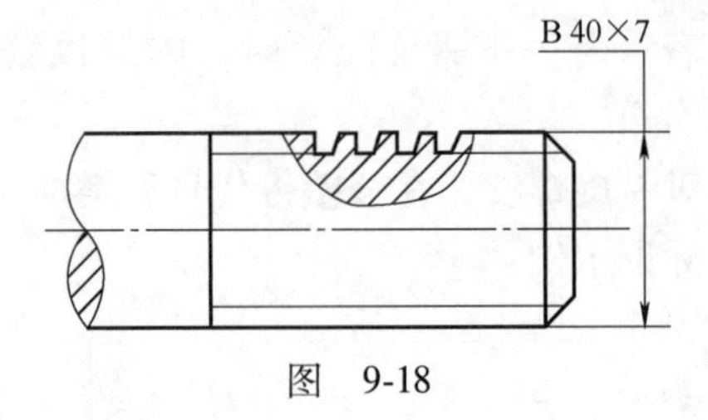

图 9-18

双线锯齿形螺纹（见图9-19）。

标记示例：

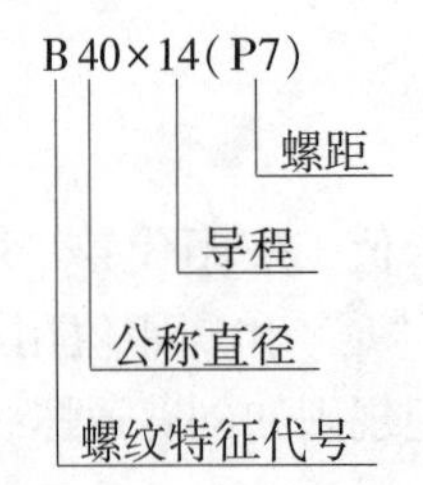

标注示例：

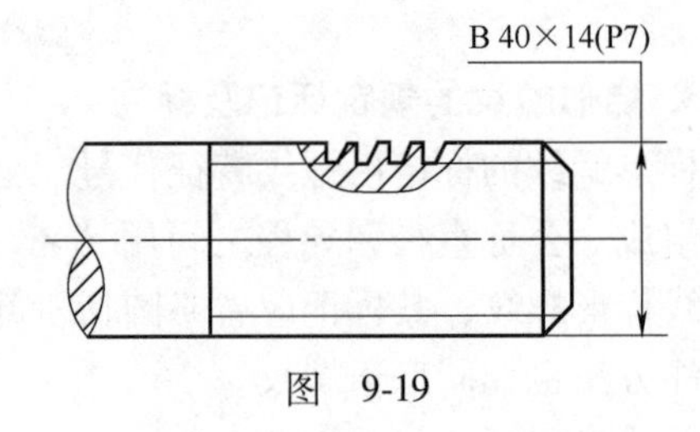

图 9-19

5. 米制密封螺纹的规定标记及标注

米制密封螺纹的标记由螺纹特征代号、尺寸代号和基准距离组别代号组成。

圆锥螺纹的特征代号为“Mc”；圆柱内螺纹的特征代号为“Mp”。

螺纹尺寸代号为“公称直径×螺距”，公称直径和螺距数值的单位为毫米。

当采用标准型基准距离时，可以省略基准距离组别代号（N）；短型基准距离的组别代号为“S”。

米制密封螺纹的标注一般应注在引出线上。引出线由大径引出或由对称中心线引出；也可以直接标注在从基面处画出的尺寸线上（见图9-20）。

标记示例：　　　　标注示例：

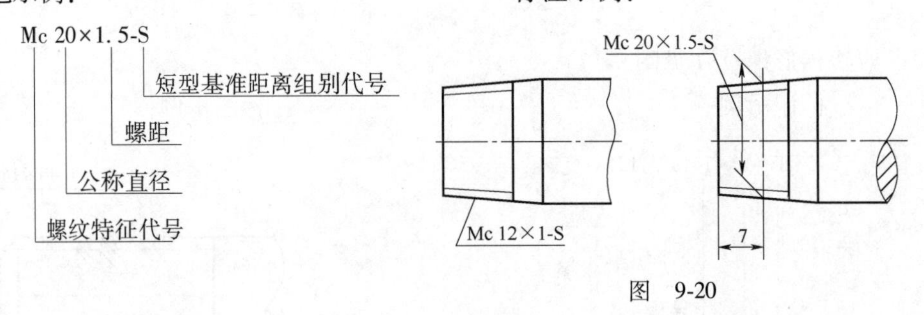

图 9-20

6. 管螺纹的规定标记及标注

管螺纹的规定标记含螺纹特征代号、尺寸代号和旋向代号，有时需加公差等级代号。其标注一律注在引出线上，引出线应由螺纹大径处或对称中心处引出，另一端引一横向细实线，将螺纹标记注写在横线上侧。

（1）60°密封管螺纹　60°密封管螺纹的标记由螺纹特征代号、尺寸代号、螺纹牙数和旋向代号组成。

标记示例：

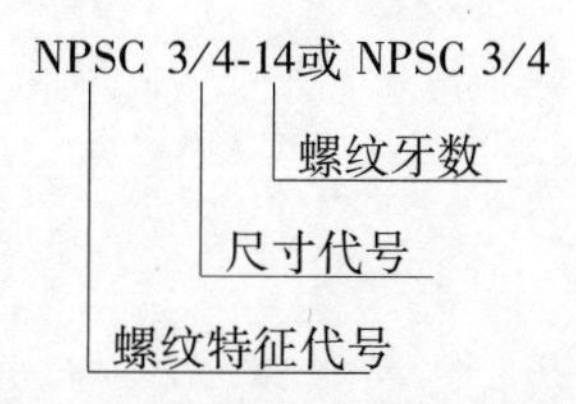

（2）55°非密封圆柱管螺纹

1）55°非密封的圆柱内管螺纹（见图 9-21）。对圆柱内管螺纹，不标记公差等级代号。

标记示例：

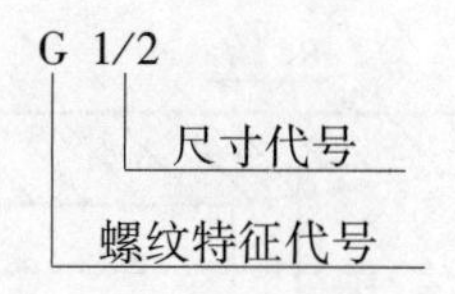

标注示例：

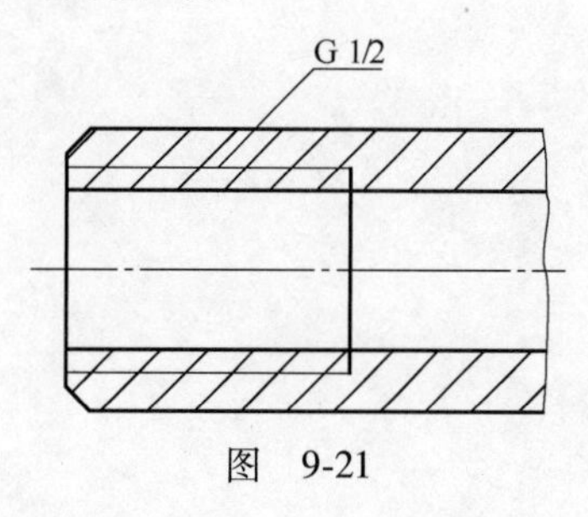

图　9-21

2）55°非密封的圆柱外管螺纹（见图 9-22）。对圆柱外管螺纹，公差等级代号分 A、B 两级进行标记。

标记示例：

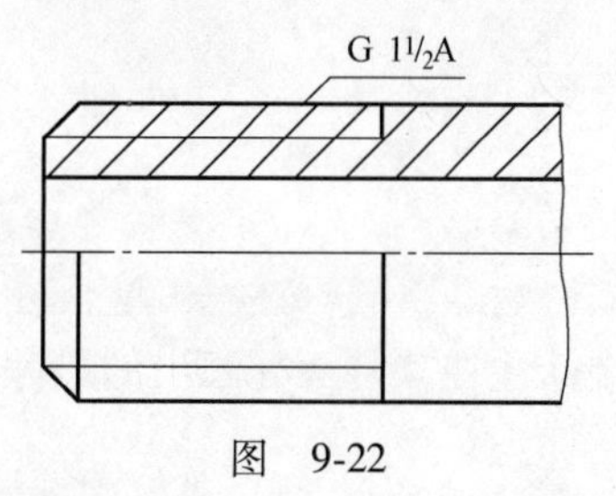

标注示例：

G 1½A
公差等级代号

图　9-22

（3）55°密封管螺纹

1）55°密封的圆柱内管螺纹（见图 9-23）

标记示例：

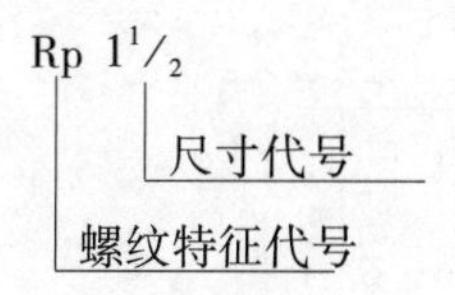

标注示例：

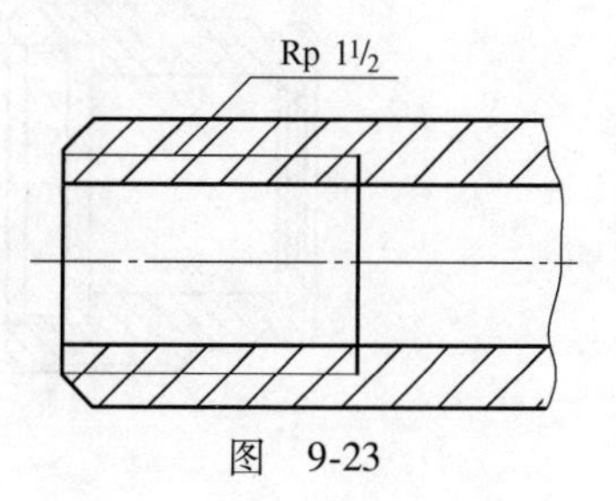

图　9-23

2）55°密封的与圆柱内管螺纹相配合的圆锥外管螺纹（见图 9-24）。

标记示例：

R_1 1/2

标注示例：

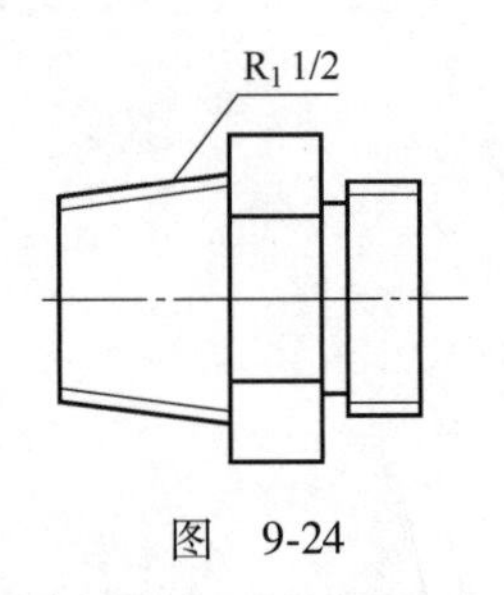

图　9-24

3）55°密封的圆锥内管螺纹（见图 9-25）。

标记示例：

Rc $1^1/_2$

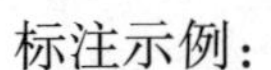

标注示例：

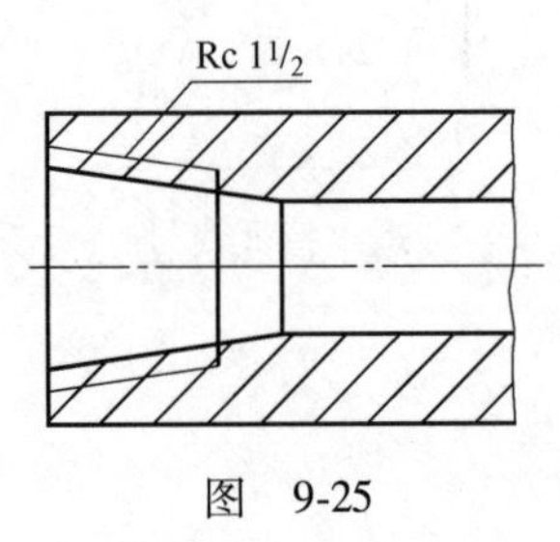

图　9-25

4）55°密封的与圆锥内管螺纹相配合的圆锥外管螺纹（见图 9-26）。

标记示例：

R_2 1/2

标注示例：

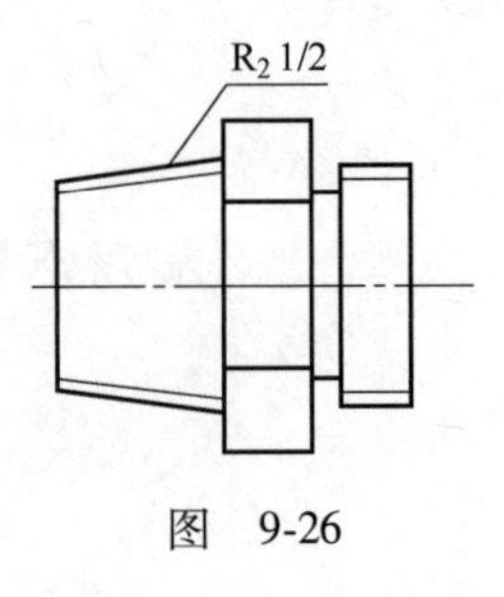

图　9-26

9.2.2　非标准螺纹的规定标记及标注

绘制非标准牙型螺纹时，应画出螺纹的牙型，并注出所需要的尺寸和有关要求（见图 9-27）：

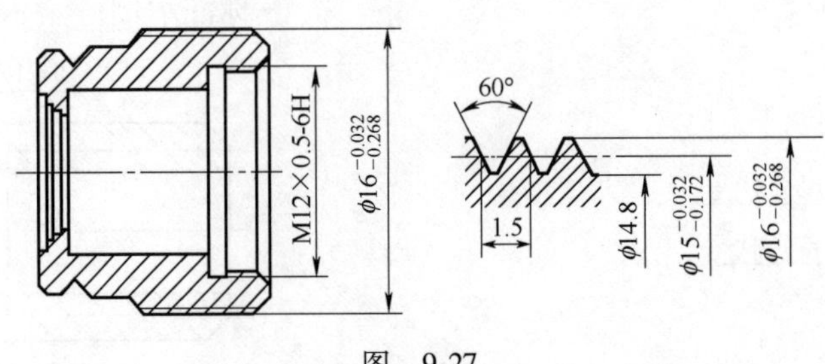

图　9-27

9.2.3 螺纹长度的规定标注

1）图样中所标注的螺纹长度，均为不包括螺尾在内的完整螺纹长度，其标注方法如图 9-28 所示。

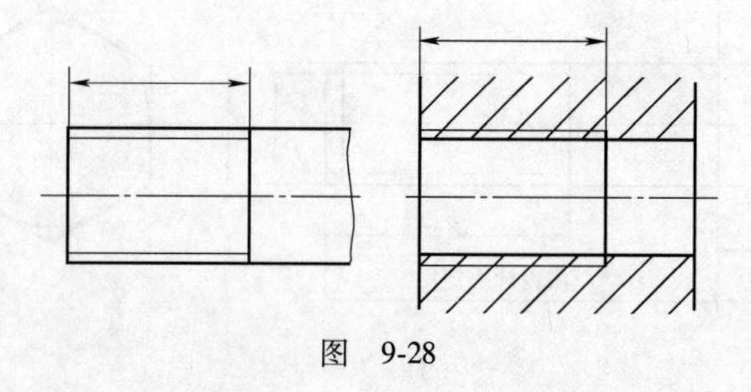

图 9-28

2）当需要标出螺尾长度时，其标注方法如图 9-29 所示。

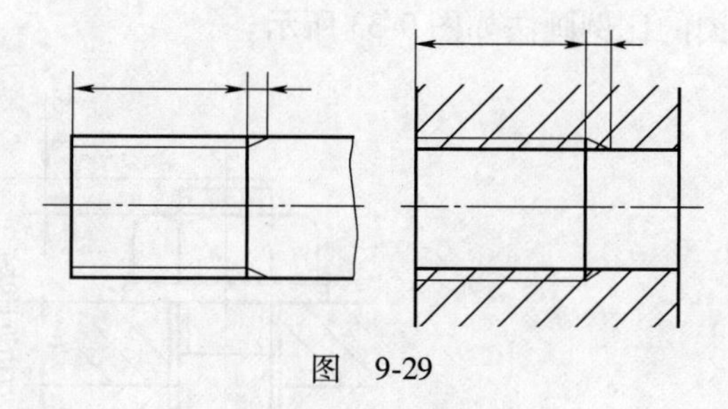

图 9-29

9.3 螺纹紧固件及其联接的比例画法

常用螺纹紧固件如螺栓、双头螺柱、螺钉、螺母、垫圈等都已标准化。在装配图中，为了作图方便，常将螺纹紧固件各部分尺寸，取其与螺纹大径（d）成一定的比例画出。

9.3.1 六角头螺栓及其联接的比例画法

六角头螺栓的装配结构，常由螺母、垫圈及螺栓等组成，其比例画法如下：

1）六角螺母的比例画法如图 9-30 所示。

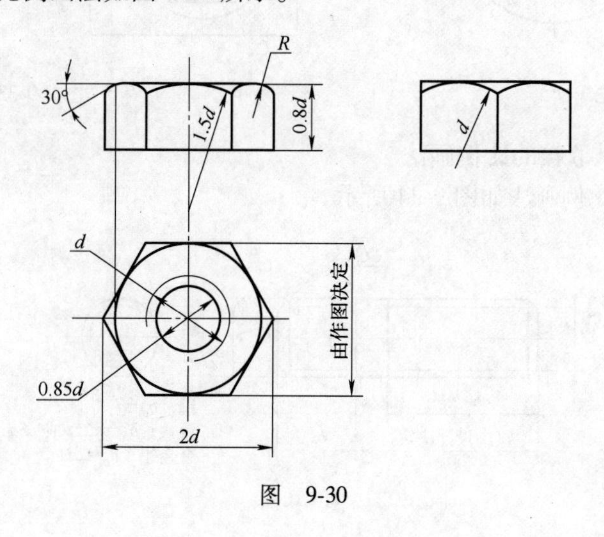

图 9-30

2）六角头螺栓的比例画法如图 9-31 所示。

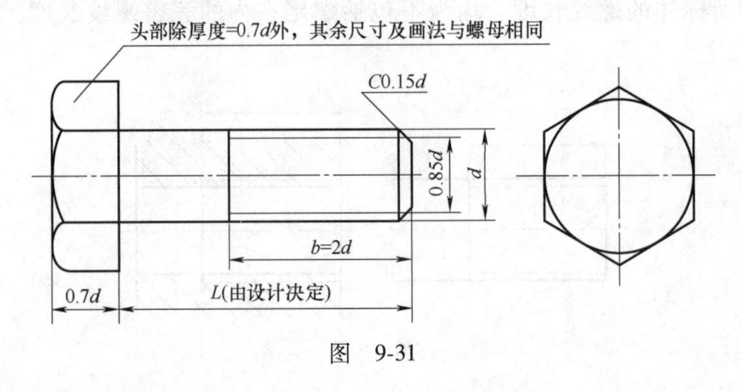

图 9-31

3）垫圈的比例画法如图 9-32 所示。

4）六角头螺栓装配图的比例画法如图 9-33 所示。

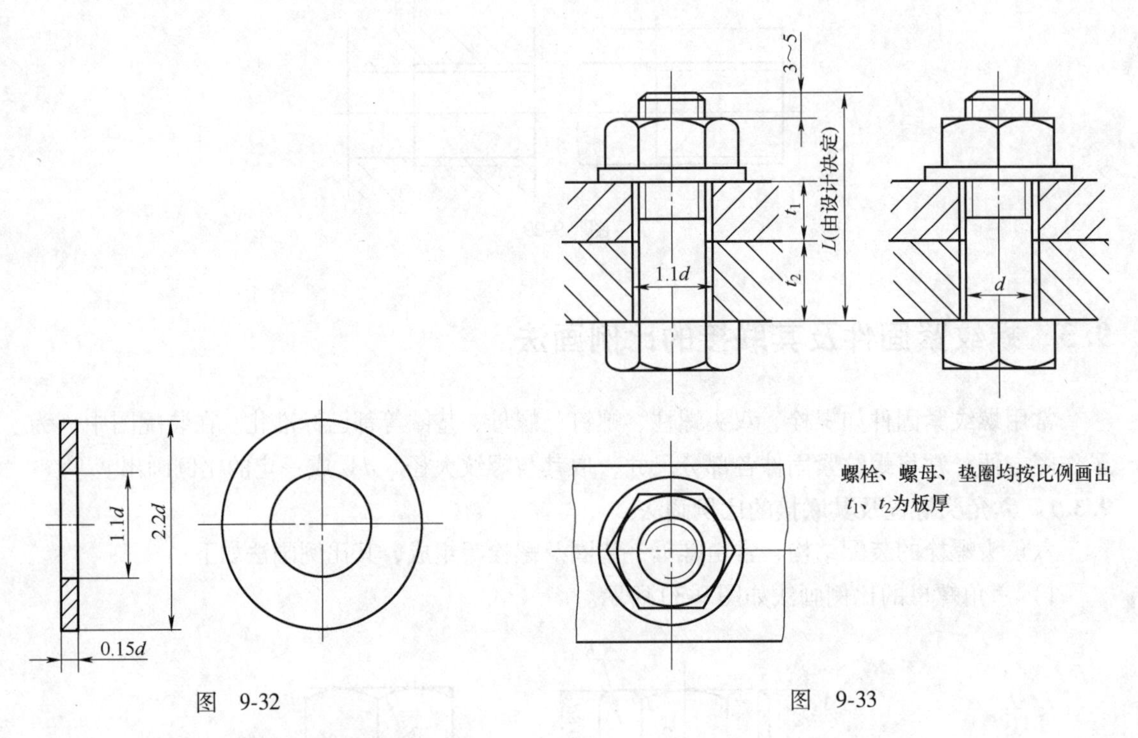

图 9-32　　图 9-33

9.3.2 双头螺柱及其联接的比例画法

1）双头螺柱的比例画法如图 9-34 所示。

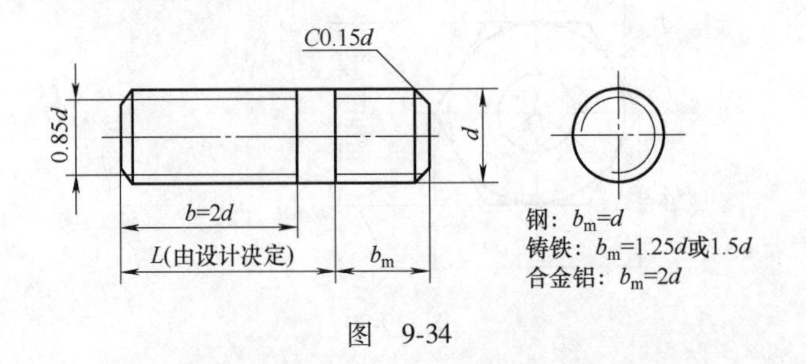

图 9-34

2）双头螺柱装配图的比例画法如图 9-35 所示。

9.3.3 常用金属螺钉及其联接的比例画法

1）常用金属螺钉的比例画法如图 9-36 所示。

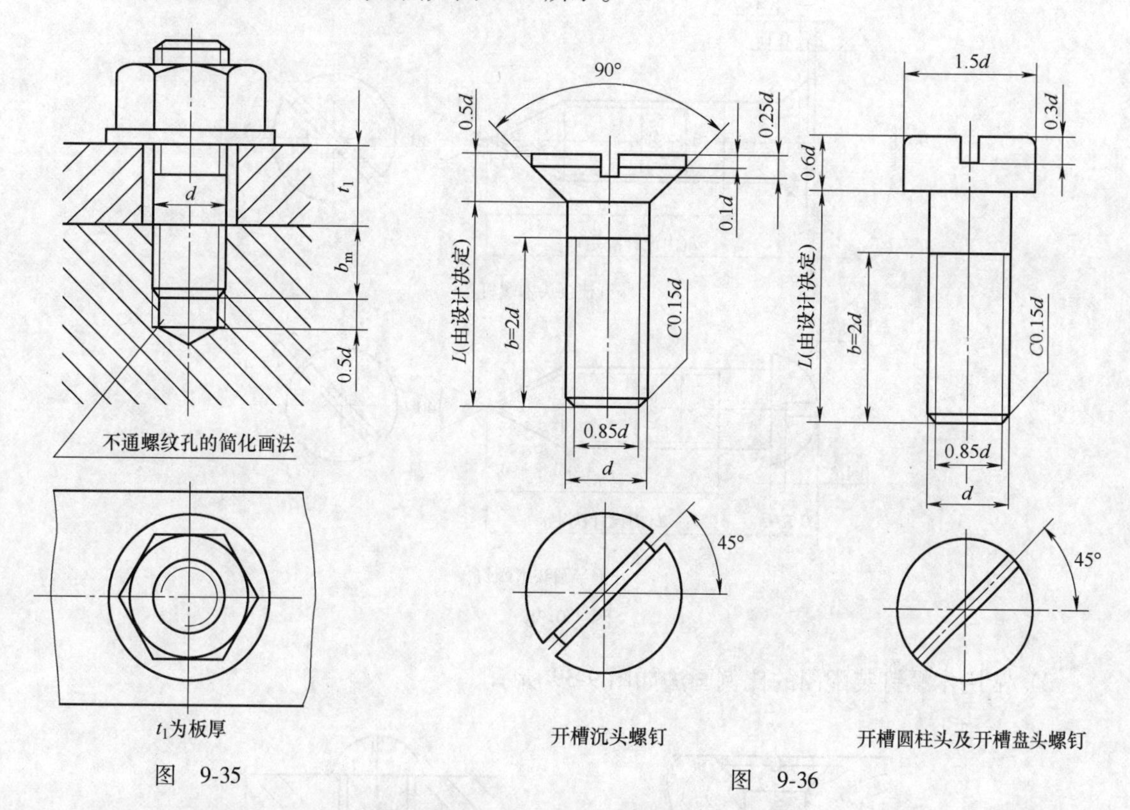

图 9-35

图 9-36

2）常用金属螺钉装配图的比例画法如图 9-37 所示。

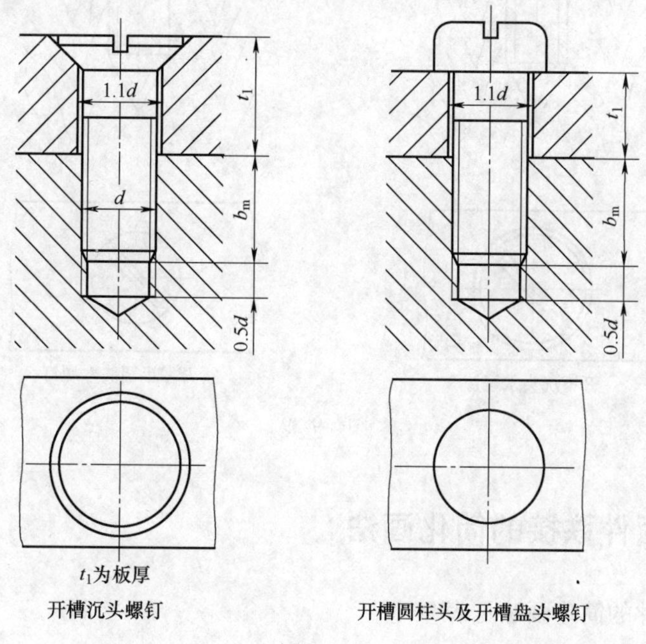

图 9-37

9.3.4 常用木螺钉及其联接的比例画法

1）常用木螺钉的比例画法如图9-38所示。

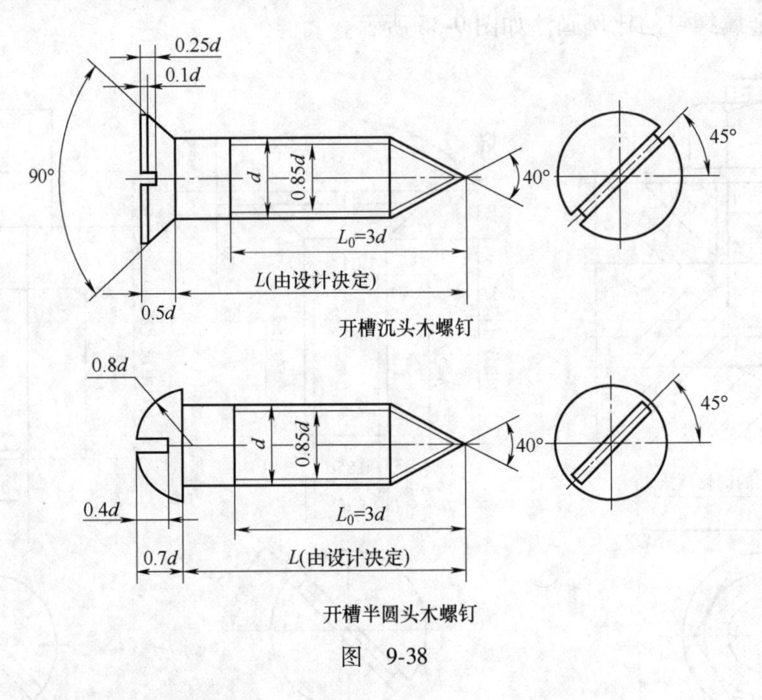

图 9-38

2）常用木螺钉装配图的比例画法如图9-39所示。

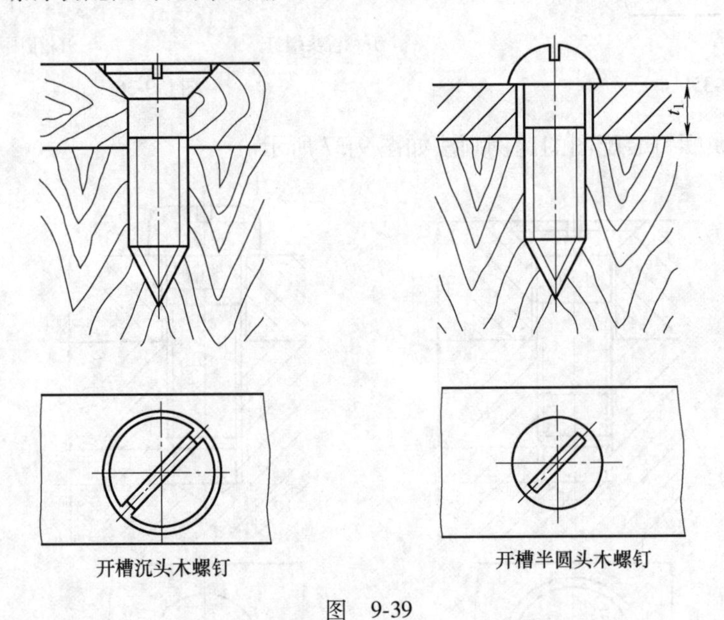

图 9-39

9.4 螺纹紧固件联接的简化画法

1）螺纹紧固件的简化画法见表9-2。

表 9-2　螺纹紧固件的简化画法

形式	简化画法	形式	简化画法
六角头螺栓	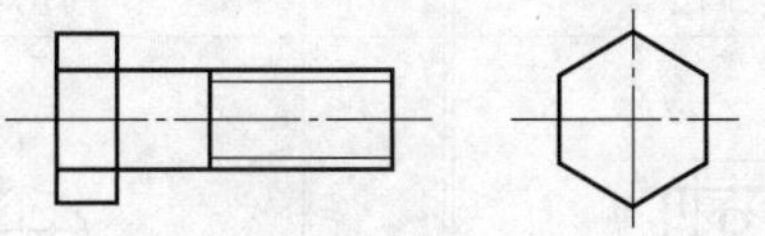	六角螺母	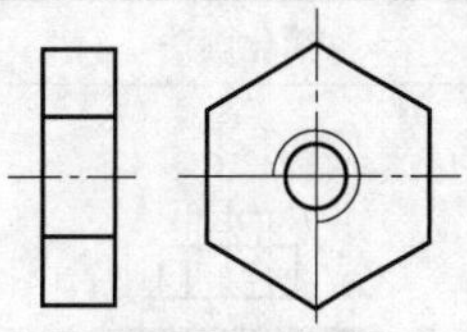
方头螺栓	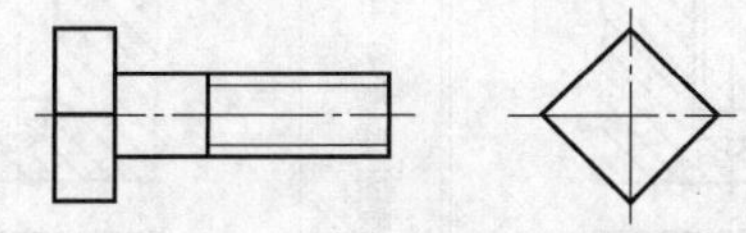	方头螺母	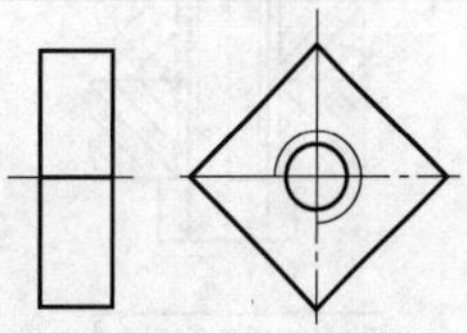
圆柱头内六角螺钉	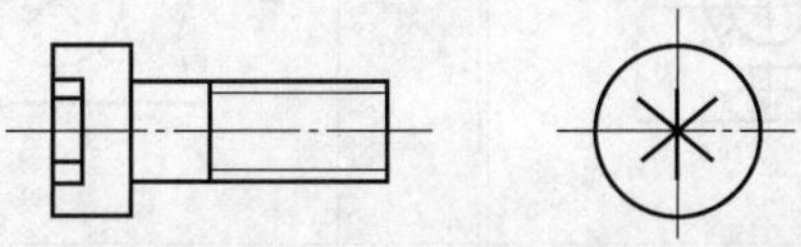	六角开槽螺母	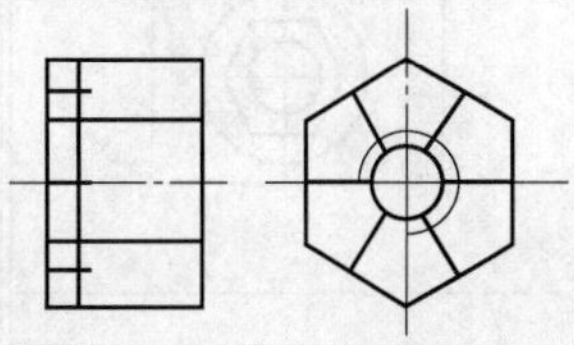
无头内六角螺钉	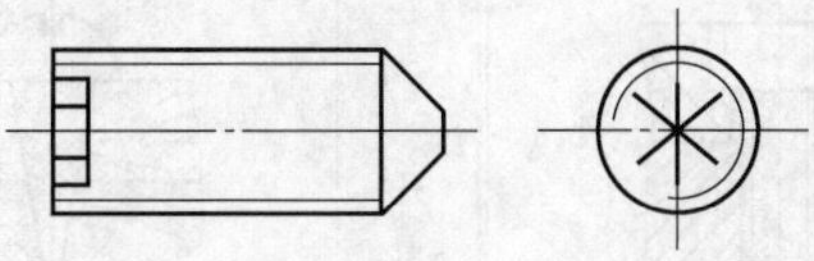	六角法兰面螺母	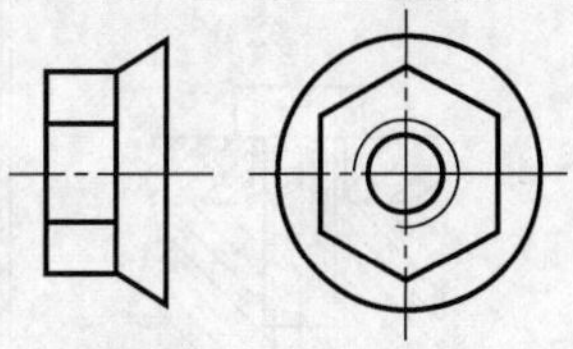
无头开槽螺钉	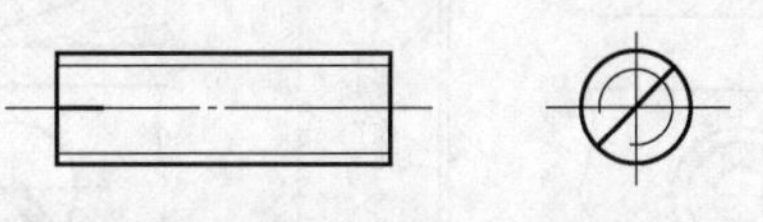	蝶形螺母	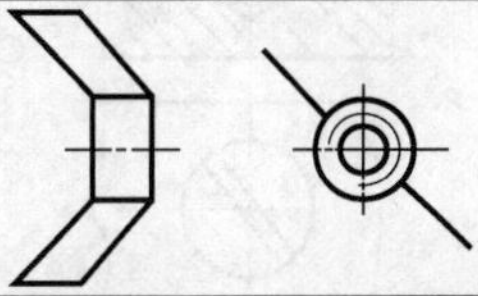
沉头开槽螺钉	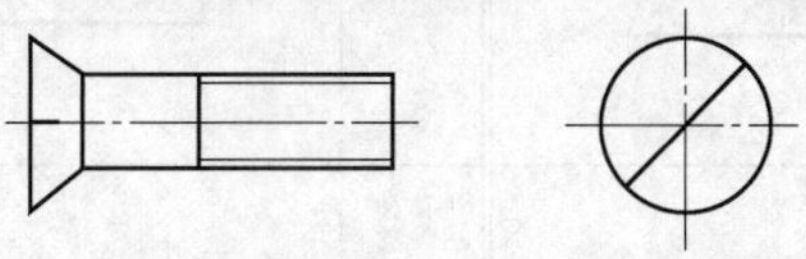	沉头十字槽螺钉	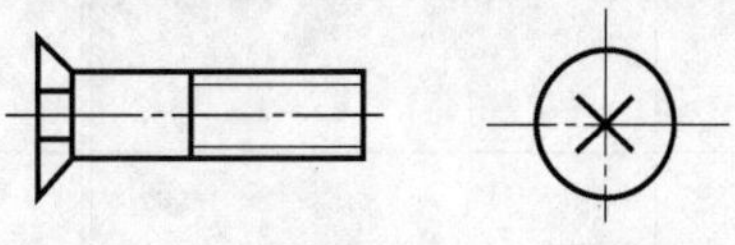
半沉头开槽螺钉	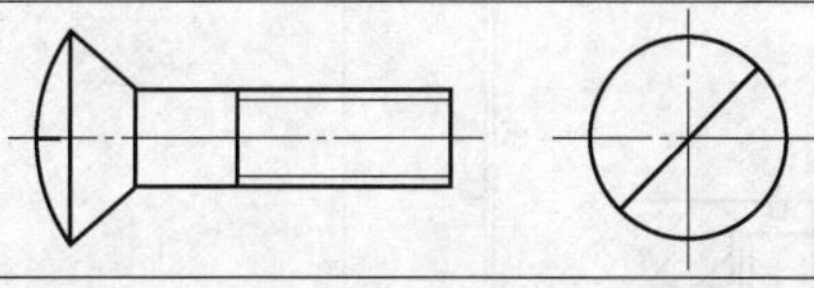	半沉头十字槽螺钉	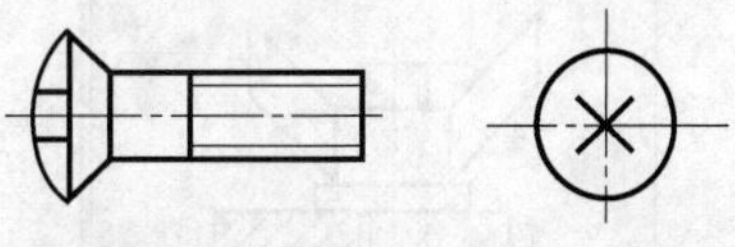
圆柱头开槽螺钉	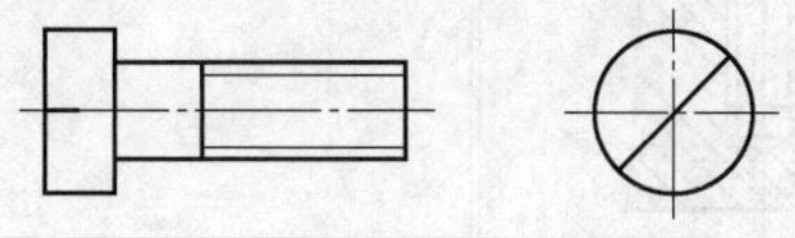	盘头十字槽螺钉	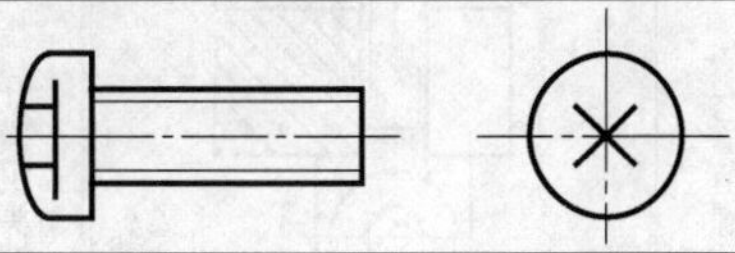
盘头开槽螺钉	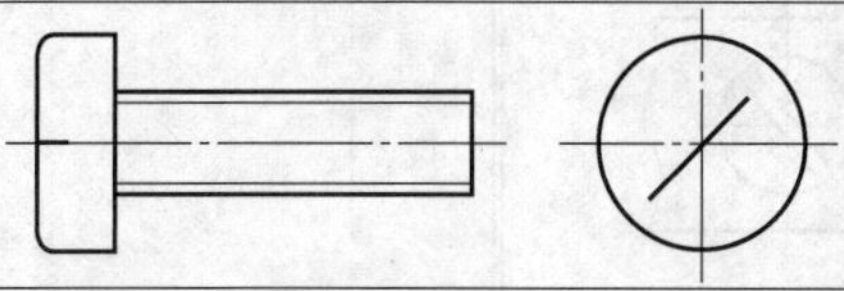	六角法兰面螺栓	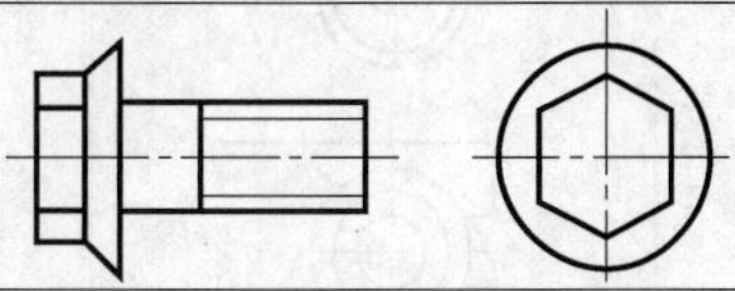
沉头开槽自攻螺钉	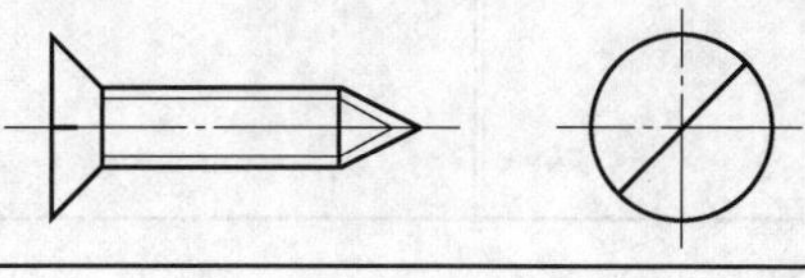	圆头十字槽木螺钉	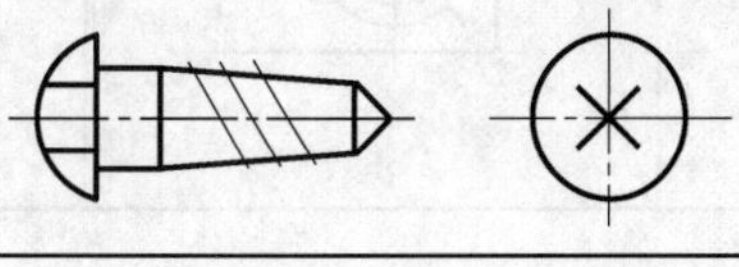

2）螺纹紧固件在装配图中的简化画法见表 9-3。

表 9-3　螺纹紧固件装配图的简化画法

名称	简化画法	名称	简化画法	名称	简化画法
六角头螺栓	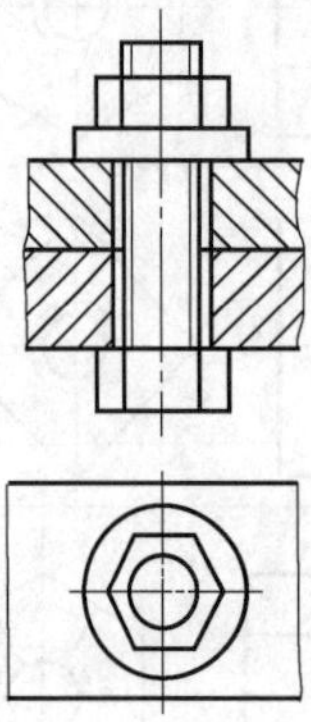	双头螺柱	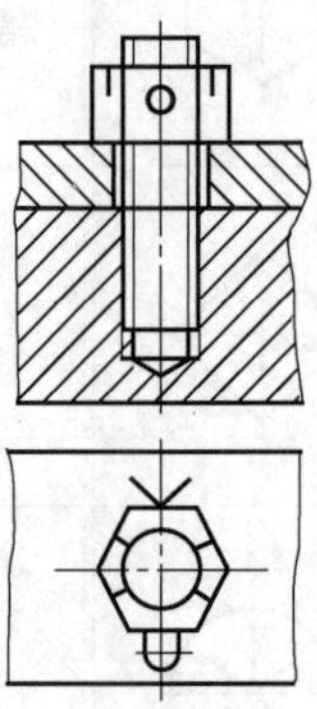	十字槽球面螺钉	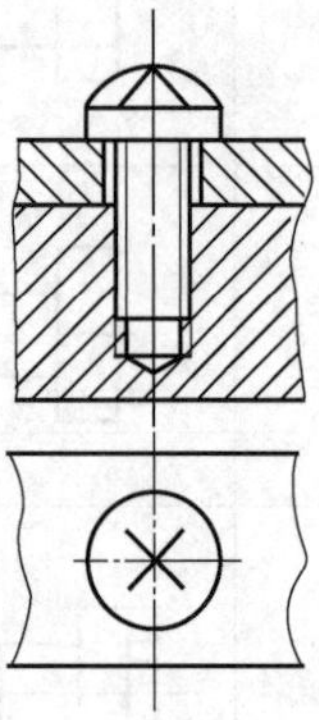
开槽圆柱头螺钉	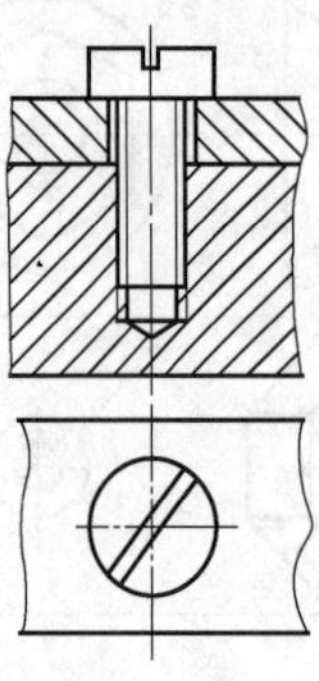	内六角螺钉	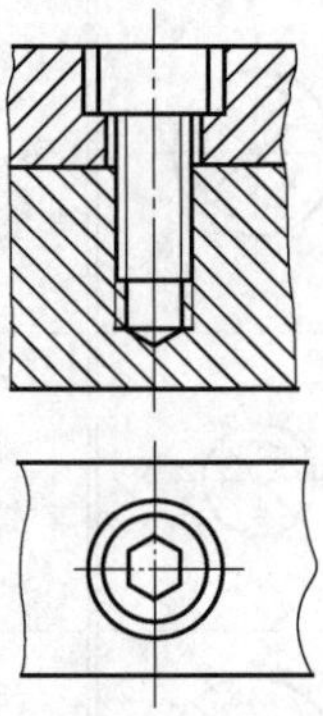	开槽半圆头木螺钉	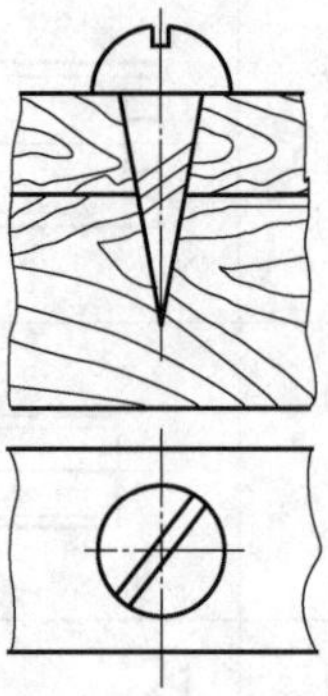
活节螺栓	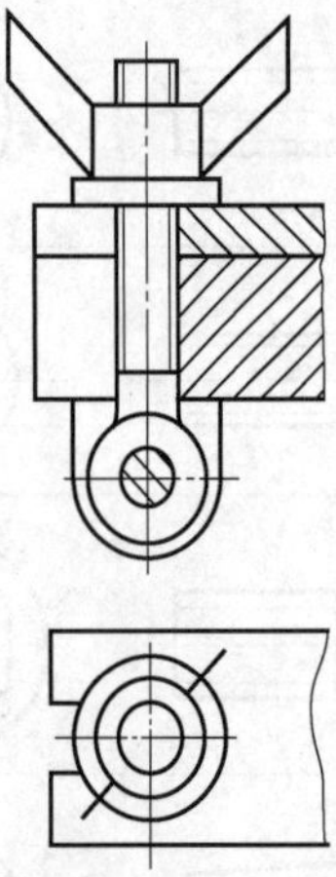	开槽沉头螺钉	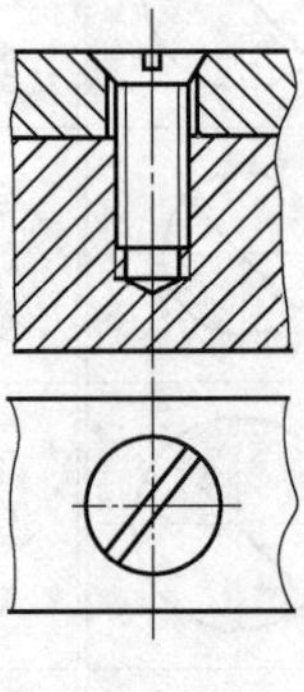		

9.5 常用螺纹紧固件的简化规定标记

由于常用螺纹紧固件已标准化，当采用这些标准件时，其简化规定标记见表 9-4。

表 9-4 常用螺纹紧固件的简化规定标记

名称	规定标记示例	名称	规定标记示例
六角头螺栓 C 级 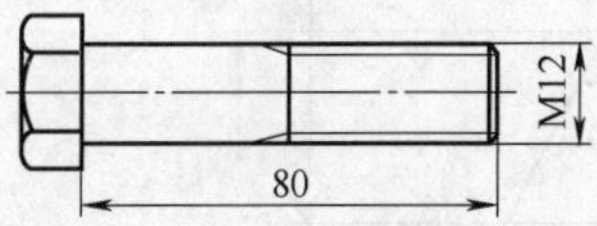 M12 80	螺栓 GB/T 5780 M12×80	开槽长圆柱端紧定螺钉 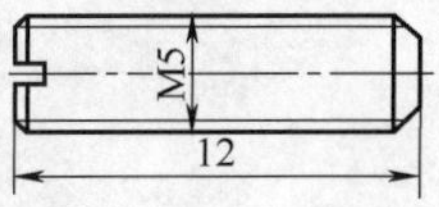 M5 12	螺钉 GB/T 75 M5×12
双头螺柱 A 型 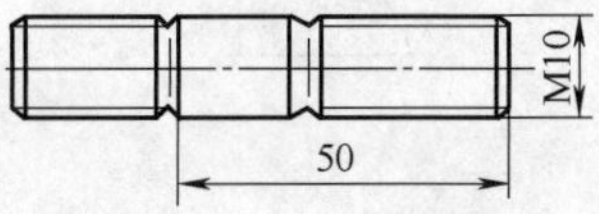 M10 50	螺柱 GB/T 897 M10×50	1 型六角螺母 C 级 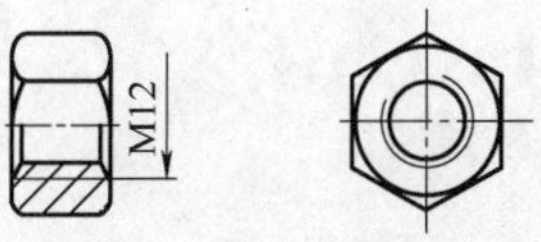 M12	螺母 GB/T 41 M12
开槽圆柱头螺钉 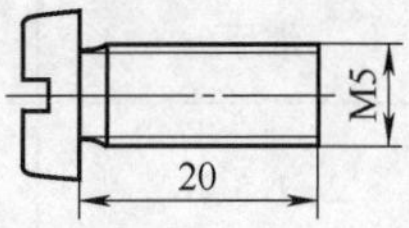 M5 20	螺钉 GB/T 65 M5×20	1 型六角开槽螺母 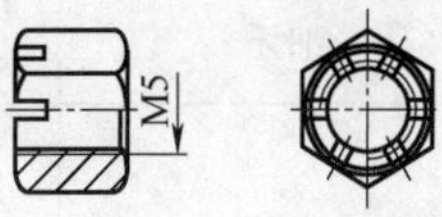 M5	螺母 GB/T 6178— 1986—M5
开槽盘头螺钉 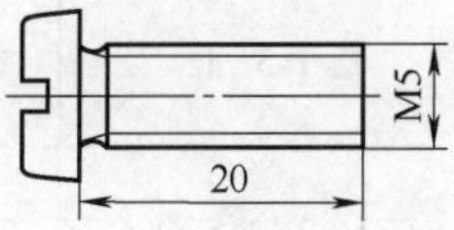 M5 20	螺钉 GB/T 67 M5×20	十字槽沉头螺钉 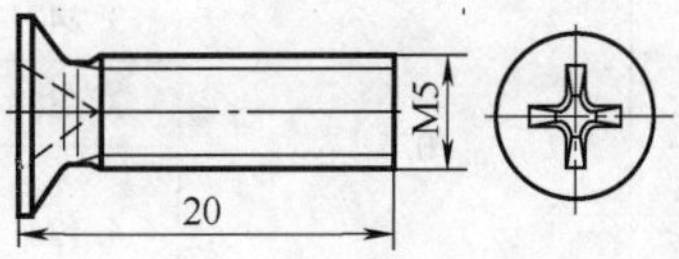 M5 20	螺钉 GB/T 819.1 M5×20
开槽沉头螺钉 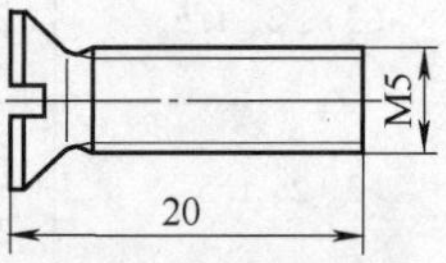 M5 20	螺钉 GB/T 68 M5×20	内六角圆柱头螺钉 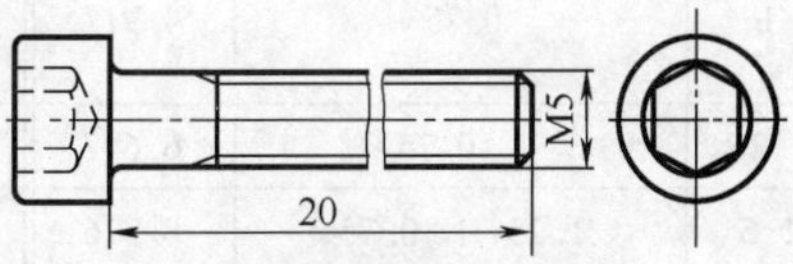 M5 20	螺钉 GB/T 70.1 M5×20
开槽半圆头木螺钉 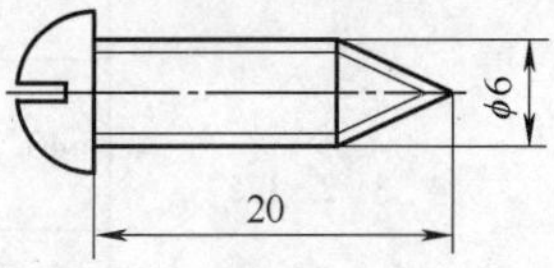 ϕ6 20	木螺钉 GB/T 99— 1986 6×20	垫圈 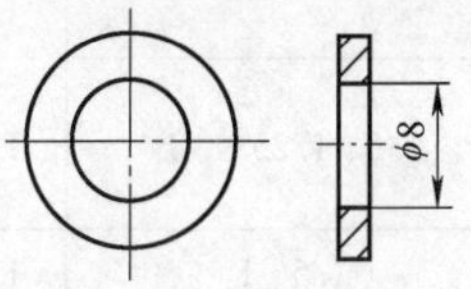 ϕ8	垫圈 GB/T 97.1 8
开槽锥端紧定螺钉 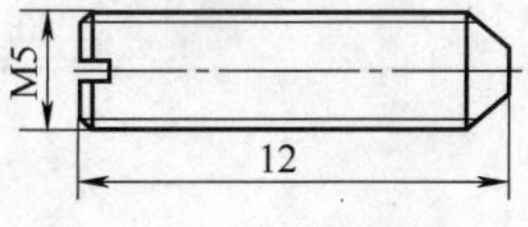 M5 12	螺钉 GB/T 71 M5×12	标准型弹簧垫圈 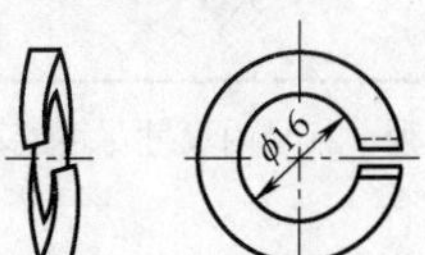 ϕ16	垫圈 GB/T 93—1987 16

附 表

附表 9-1 普通螺纹（GB/T 193—2003、GB/T 196—2003） （单位：mm）

标记示例见 9.2.1 节

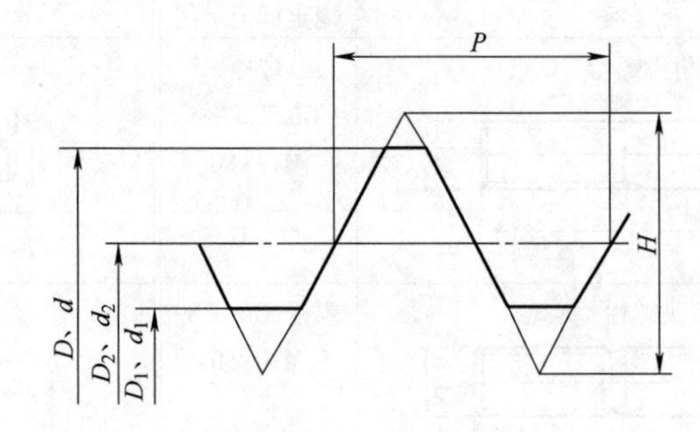

公称直径 D、d		螺距 P		粗牙小径	公称直径 D、d		螺距 P		粗牙小径
第一系列	第二系列	粗牙	细牙	D_1、d_1	第一系列	第二系列	粗牙	细牙	D_1、d_1
3		0.5	0.35	2.459		22	2.5	2、1.5、1	19.294
	3.5	0.6	0.35	2.850	24		3	2、1.5、1	20.752
4		0.7	0.5	3.242		27	3	2、1.5、1	23.752
	4.5	0.75	0.5	3.688	30		3.5	(3)、2、1.5、1	26.211
5		0.8	0.5	4.134		33	3.5	(3)、2、1.5	29.211
6		1	0.75	4.917	36		4	3、2、1.5	31.670
8		1.25	1、0.75	6.647		39	4	3、2、1.5	34.670
10		1.5	1.25、1、0.75	8.376	42		4.5	4、3、2、1.5	37.129
12		1.75	1.5、1.25、1	10.106		45	4.5	4、3、2、1.5	40.129
	14	2	1.5、1.25①、1	11.835	48		5	4、3、2、1.5	42.587
16		2	1.5、1	13.835		52	5	4、3、2、1.5	46.587
	18	2.5	2、1.5、1	15.294	56		5.5	4、3、2、1.5	50.046
20		2.5	2、1.5、1	17.294					

注：1. 优先选用第一系列，括号内尺寸尽可能不用。

2. 第三系列未列入。

① 仅用于发动机的火花塞。

附表 9-2　梯形螺纹（GB/T 5796. 1—2005、GB/T 5796. 2—2005）　（单位：mm）

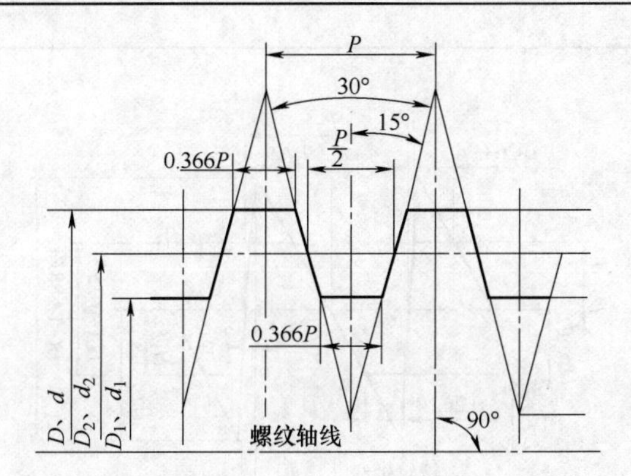

标记示例见 9. 2. 1 节

公称直径 d		螺距 P														
第一系列	第二系列	20	18	16	14	12	10	9	8	7	6	5	4	3	2	1.5
8																1. 5
	9														2	1. 5
10															2	1. 5
	11													3	2	
12														3	2	
	14													3	2	
16													4		2	
	18												4		2	
20													4		2	
	22								8			5		3		
24									8			5		3		
	26								8			5		3		
28									8			5		3		
	30						10		8		6			3		
32							10				6			3		
	34						10				6			3		
36							10				6			3		
	38						10			7				3		
40							10			7				3		
	42						10			7				3		
44						12				7				3		
	46					12			8					3		
48						12			8					3		
	50					12			8					3		
52						12			8					3		
	55				14			9						3		
60					14			9						3		

注：1. 直径优先选用第一系列，其次选用第二系列，第三系列未列入。

2. 螺距优先选用粗线框内的。

3. d 为外螺纹大径（公称直径）。

附表 9-3 锯齿形（3°、30°）螺纹（GB/T 13576.1—2008、GB/T 13576.2—2008）

（单位：mm）

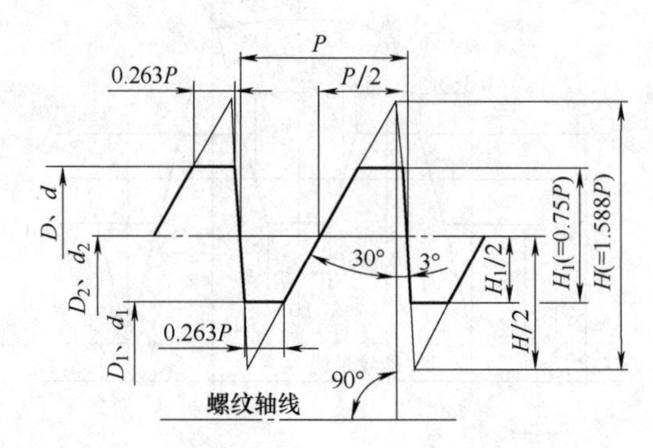

标记示例见 9.2.1 节

公称直径 d、D		螺距 P																				
第一系列	第二系列	44	40	36	32	28	24	22	20	18	16	14	12	10	9	8	7	6	5	4	3	2
10																						2
12																					3	2
	14																				3	2
16																				4		2
	18																			4		2
20																				4		2
	22															8			5		3	
24																8			5		3	
	26															8			5		3	
28																8			5		3	
	30													10				6			3	
32														10				6			3	
	34													10				6			3	
36														10				6			3	
	38													10			7				3	
40														10			7				3	
	42													10			7				3	
44													12				7				3	
	46												12			8					3	
48													12			8					3	
	50												12			8					3	
52													12			8					3	
	55											14			9						3	
60												14			9						3	
	65										16			10						4		
70											16			10						4		
	75										16			10						4		

注：同附表 9-2。

附表 9-4　55°非密封管螺纹（GB/T 7307—2001）　（单位：mm）

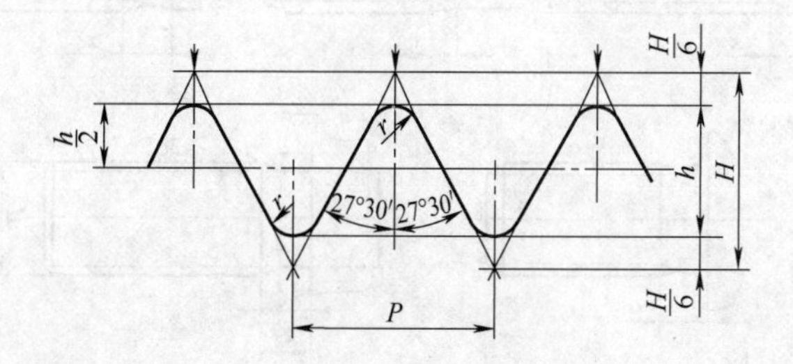

标记示例见 9.2.1 节

尺寸代号	每 25.4mm 内所包含的牙数 n	螺距 P	牙高 h	螺纹直径	
				大径 D、d	小径 D_1、d_1
1/8	28	0.907	0.581	9.728	8.566
1/4	19	1.337	0.856	13.157	11.445
3/8	19	1.337	0.856	16.662	14.950
1/2	14	1.814	1.162	20.955	18.631
5/8	14	1.814	1.162	22.911	20.587
3/4	14	1.814	1.162	26.441	24.117
7/8	14	1.814	1.162	30.201	27.877
1	11	2.309	1.479	33.249	30.291
$1^1/_8$	11	2.309	1.479	37.897	34.939
$1^1/_4$	11	2.309	1.479	41.910	38.952
$1^1/_2$	11	2.309	1.479	47.803	44.845
$1^3/_4$	11	2.309	1.479	53.746	50.788
2	11	2.309	1.479	59.614	56.656
$2^1/_4$	11	2.309	1.479	65.710	62.752
$2^1/_2$	11	2.309	1.479	75.184	72.226
$2^3/_4$	11	2.309	1.479	81.534	78.576
3	11	2.309	1.479	87.884	84.926

附表 9-5 螺纹收尾、肩距、退刀槽、倒角（GB/T 3—1997）

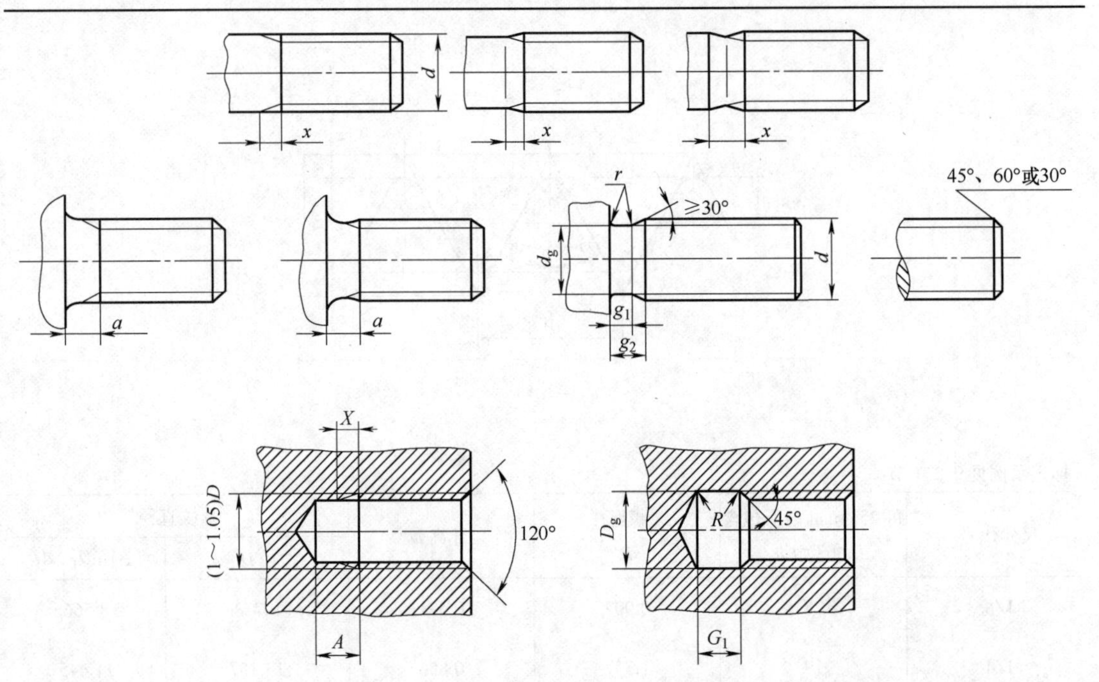

螺距 P	外螺纹 收尾 x max 一般	短的	肩距 a max 一般	长的	短的	退刀槽 g_2 max	g_1 min	r ≈	d_g	内螺纹 收尾 X max 一般	短的	肩距 A 一般	长的	退刀槽 G_1 一般	短的	R ≈	D_g
0.2	0.5	0.25	0.6	0.8	0.4					0.8	0.4	1.2	1.6				D+0.3
0.25	0.6	0.3	0.75	1	0.5	0.75	0.4	0.12	d−0.4	1	0.5	1.5	2				
0.3	0.75	0.4	0.9	1.2	0.6	0.9	0.5	0.16	d−0.5	1.2	0.6	1.8	2.4				
0.35	0.9	0.45	1.05	1.4	0.7	1.05	0.6	0.16	d−0.6	1.4	0.7	2.2	2.8				
0.4	1	0.5	1.2	1.6	0.8	1.2	0.6	0.2	d−0.7	1.6	0.8	2.5	3.2				
0.45	1.1	0.6	1.35	1.8	0.9	1.35	0.7	0.2	d−0.7	1.8	0.9	2.8	3.6				
0.5	1.25	0.7	1.5	2	1	1.5	0.8	0.2	d−0.8	2	1	3	4	2	1	0.2	
0.6	1.5	0.75	1.8	2.4	1.2	1.8	0.9	0.4	d−1	2.4	1.2	3.2	4.8	2.4	1.2	0.3	
0.7	1.75	0.9	2.1	2.8	1.4	2.1	1.1	0.4	d−1.1	2.8	1.4	3.5	5.6	2.8	1.4	0.4	
0.75	1.9	1	2.25	3	1.5	2.25	1.2	0.4	d−1.2	3	1.5	3.8	6	3	1.5	0.4	
0.8	2	1	2.4	3.2	1.6	2.4	1.3	0.4	d−1.3	3.2	1.6	4	6.4	3.2	1.6	0.4	
1	2.5	1.25	3	4	2	3	1.6	0.6	d−1.6	4	2	5	8	4	2	0.5	D+0.5
1.25	3.2	1.6	4	5	2.5	3.75	2	0.6	d−2	5	2.5	6	10	5	2.5	0.6	
1.5	3.8	1.9	4.5	6	3	4.5	2.5	0.8	d−2.3	6	3	7	12	6	3	0.8	
1.75	4.3	2.2	5.3	7	3.5	5.25	3	1	d−2.6	7	3.5	9	14	7	3.5	0.9	
2	5	2.5	6	8	4	6	3.4	1	d−3	8	4	10	16	8	4	1	
2.5	6.3	3.2	7.5	10	5	7.5	4.4	1.2	d−3.6	10	5	12	18	10	5	1.2	
3	7.5	3.8	9	12	6	9	5.2	1.6	d−4.4	12	6	14	22	12	6	1.5	
3.5	9	4.5	10.5	14	7	10.5	6.2	1.6	d−5	14	7	16	24	14	7	1.8	
4	10	5	12	16	8	12	7	2	d−5.7	16	8	18	26	16	8	2	
4.5	11	5.5	13.5	18	9	13.5	8	2.5	d−6.4	18	9	21	29	18	9	2.2	
5	12.5	6.3	15	20	10	15	9	2.5	d−7	20	10	23	32	20	10	2.5	
5.5	14	7	16.5	22	11	17.5	11	3.2	d−7.7	22	11	25	35	22	11	2.8	
6	15	7.5	18	24	12	18	11	3.2	d−8.3	24	12	28	38	24	12	3	

附表 9-6　六角头螺栓

（单位：mm）

六角头螺栓 C 级（GB/T 5780—2016）

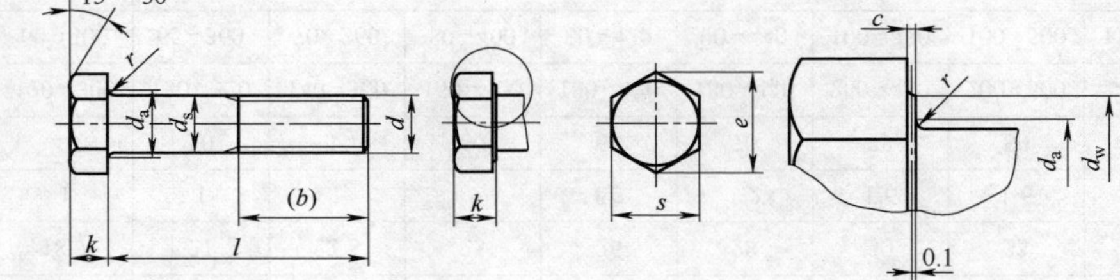

六角头螺栓全螺纹 C 级（GB/T 5781—2016）

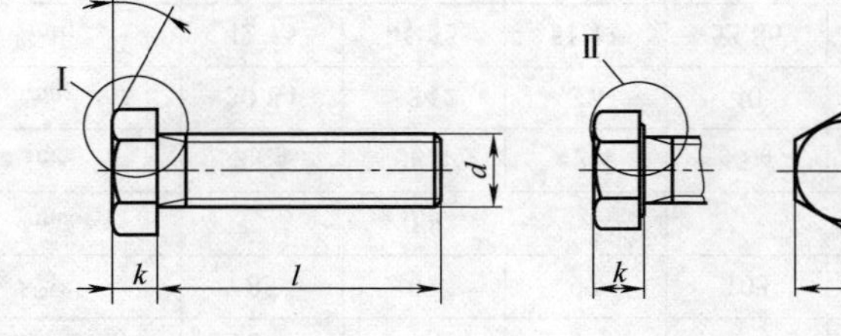

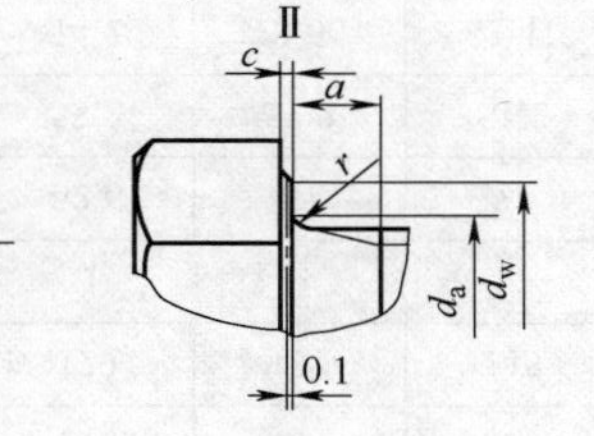

标记示例：

螺纹规格为 M12、公称长度 l=80mm、产品等级为 C 级的六角头螺栓

螺栓　GB/T 5780　M12×80

螺纹规格为 M12、公称长度 l=80mm、产品等级为 C 级的全螺纹六角头螺栓

螺栓　GB/T 5781　M12×80

螺纹规格 d		M5	M6	M8	M10	M12	（M14）	M16	（M18）	M20	（M22）	M24	（M27）
$b_{参考}$	$l_{公称}\leqslant 125$	16	18	22	26	30	34	38	42	46	50	54	60
	$125<l_{公称}\leqslant 200$	22	24	28	32	36	40	44	48	52	56	60	66
	$l_{公称}>200$	35	37	41	45	49	53	57	61	65	69	73	79
c	max	0.5		0.6				0.8					
d_a	max	6	7.2	10.2	12.2	14.7	16.7	18.7	21.2	24.4	26.4	28.4	32.4
d_s	max	5.48	6.48	8.58	10.58	12.7	14.7	16.7	18.7	20.84	22.84	24.84	27.84
d_w	min	6.74	8.74	11.47	14.47	16.47	19.15	22	24.85	27.7	31.35	33.25	38

（续）

螺纹规格 d		M5	M6	M8	M10	M12	（M14）	M16	（M18）	M20	（M22）	M24	（M27）
a	max	2.4	3	4	4.5	5.3	6	6	7.5	7.5	7.5	9	9
e	min	8.63	10.89	14.2	17.59	19.85	22.78	26.17	29.56	32.95	37.29	39.55	45.2
k	公称	3.5	4	5.3	6.4	7.5	8.8	10	11.5	12.5	14	15	17
r	min	0.2	0.25	0.4	0.4	0.6	0.6	0.6	0.6	0.8	0.8	0.8	1
s	max	8	10	13	16	18	21	24	27	30	34	36	41
l	GB/T 5780—2016	25~50	30~60	40~80	45~100	55~120	60~140	65~160	80~180	80~200	90~220	100~240	110~260
	GB/T 5781—2016	10~50	12~60	16~80	20~100	25~120	30~140	30~160	35~180	40~200	45~220	50~240	55~280
螺纹规格 d		M30	（M33）	M36	（M39）	M42	（M45）	M48	（M52）	M56	（M60）	M64	
$b_{参考}$	$l_{公称} \leqslant 125$	66											
	$125 < l_{公称} \leqslant 200$	72	78	84	90	96	102	108	116				
	$l_{公称} > 200$	85	91	97	103	109	115	121	129	137	145	153	
c	max	0.8			1								
d_a	max	35.4	38.4	42.4	45.4	48.6	52.6	56.6	62.6	67	71	75	
d_s	max	30.84	34	37	40	43	46	49	53.2	57.2	61.2	65.2	
d_w	min	42.75	46.55	51.11	55.86	59.95	64.7	69.45	74.2	78.66	83.41	88.16	
a	max	10.5	10.5	12	12	13.5	13.5	15	15	16.5	16.5	18	
e	min	50.85	55.37	60.79	66.44	71.3	76.95	82.6	88.25	93.56	99.21	104.86	
k	公称	18.7	21	22.5	25	26	28	30	33	35	38	40	
r	min	1	1	1	1	1.2	1.2	1.6	1.6	2	2	2	
s	max	46	50	55	60	65	70	75	80	85	90	95	
l	GB/T 5780—2016	120~300	130~320	140~360	150~400	180~420	180~440	200~480	200~500	240~500	240~500	260~500	
	GB/T 5781—2016	60~300	65~360	70~360	80~400	80~420	90~440	100~480	100~500	110~500	120~500	120~500	
l 系列		10、12、16、20~50（5 进位）、（55）、60、（65）、70~160（10 进位）、180、200、220、240、260、280、300、320、340、360、380、400、420、440、460、480、500											

注：尽可能不采用括号内的规格，C 级为产品等级。

附表 9-7　双头螺柱

（单位：mm）

双头螺柱——$b_m=d$（摘自 GB/T 897—1988）、双头螺柱——$b_m=1.25d$（摘自 GB/T 898—1988）、双头螺柱——$b_m=1.5d$（摘自 GB/T 899—1988）、双头螺柱——$b_m=2d$（摘自 GB/T 900—1988）

标记示例：

两端均为粗牙普通螺纹，d=10mm、l=50mm、性能等级为 4.8 级、B 型、$b_m=d$

螺柱　GB/T 897　M10×50

旋入机体一端为粗牙普通螺纹，旋螺母一端为螺距 P=1mm 的细牙普通螺纹，d=10mm、l=50mm、性能等级为 4.8 级、A 型、$b_m=d$

螺柱　GB/T 897　AM10—M10×1×50

旋入机体一端为过渡配合螺纹的第一种配合，旋螺母一端为粗牙普通螺纹，d=10mm、l=50mm、性能等级为 8.8 级、镀锌钝化、B 型、$b_m=d$

螺柱　GB/T 897　GM10—M10×50—8.8—Zn·D

螺纹规格 d		M5	M6	M8	M10	M12	M16	M20	M24	M30	M36	M42	M48
b_m	GB/T 897	5	6	8	10	12	16	20	(24)	(30)	36	42	48
	GB/T 898	6	8	10	12	15	20	25	30	38	45	52	60
	GB/T 899	8	10	12	15	18	24	30	36	45	54	63	72
	GB/T 900	10	12	16	20	24	32	40	48	60	72	84	96
d_{smax}		5	6	8	10	12	16	20	24	30	36	42	48
X_{max}	GB/T 897	1.5P											
	GB/T 898	2.5P											
	GB/T 899												
	GB/T 900												
$\frac{l}{b}$		$\frac{16\sim22}{10}$、$\frac{25\sim50}{16}$	$\frac{20\sim22}{10}$、$\frac{25\sim30}{14}$、$\frac{32\sim75}{18}$	$\frac{20\sim22}{12}$、$\frac{25\sim30}{16}$、$\frac{32\sim90}{22}$	$\frac{25\sim28}{14}$、$\frac{30\sim38}{16}$、$\frac{40\sim120}{26}$、$\frac{130}{32}$	$\frac{25\sim30}{16}$、$\frac{32\sim40}{20}$、$\frac{45\sim120}{30}$、$\frac{130\sim180}{36}$	$\frac{30\sim38}{20}$、$\frac{40\sim55}{30}$、$\frac{60\sim120}{38}$、$\frac{130\sim200}{44}$	$\frac{35\sim40}{25}$、$\frac{45\sim65}{35}$、$\frac{70\sim120}{46}$、$\frac{130\sim200}{52}$	$\frac{45\sim50}{30}$、$\frac{55\sim75}{45}$、$\frac{80\sim120}{54}$、$\frac{130\sim200}{60}$	$\frac{60\sim65}{40}$、$\frac{70\sim90}{50}$、$\frac{95\sim120}{66}$、$\frac{130\sim200}{72}$、$\frac{210\sim250}{85}$	$\frac{65\sim75}{45}$、$\frac{80\sim110}{60}$、$\frac{120}{78}$、$\frac{130\sim200}{84}$、$\frac{210\sim300}{97}$	$\frac{65\sim80}{50}$、$\frac{85\sim110}{70}$、$\frac{120}{90}$、$\frac{130\sim200}{96}$、$\frac{210\sim300}{109}$	$\frac{80\sim90}{60}$、$\frac{95\sim110}{80}$、$\frac{120}{102}$、$\frac{130\sim200}{108}$、$\frac{210\sim300}{121}$
l（系列）		16、(18)、20、(22)、25、(28)、30、(32)、35、(38)、40、45、50、(55)、60、(65)、70、(75)、80、(85)、90、(95)、100、110、120、130、140、150、160、170、180、190、200、210、220、230、240、250、260、280、300											

注：1. 括号内的规格尽可能不采用。

2. P 为螺距。

3. d_s≈螺纹中径。

附表 9-8　开槽圆柱头螺钉（GB/T 65—2016）　（单位：mm）

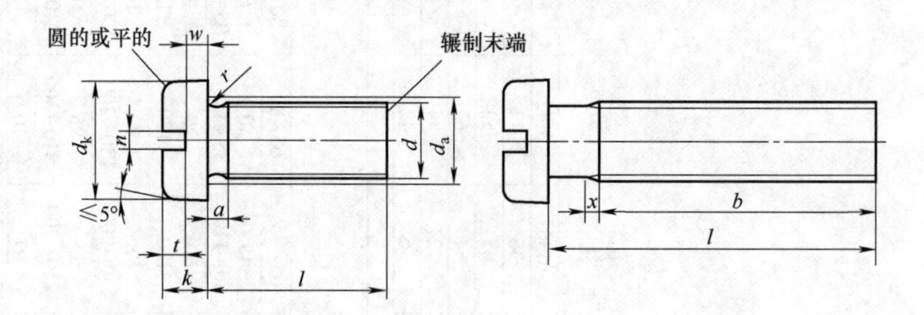

标记示例：

螺纹规格为 M5、公称长度 l=20mm、性能等级为 4.8 级、表面不经处理的 A 级开槽圆柱头螺钉

螺钉　GB/T 65　M5×20

螺纹规格 d	M1.6	M2	M2.5	M3	M4	M5	M6	M8	M10
P（螺距）	0.35	0.4	0.45	0.5	0.7	0.8	1	1.25	1.5
a_{max}	0.7	0.8	0.9	1	1.4	1.6	2	2.5	3
b_{min}	25	25	25	25	38	38	38	38	38
d_{amax}	2	2.6	3.1	3.6	4.7	5.7	6.8	9.2	11.2
d_{kmax}	3	3.8	4.5	5.5	7	8.5	10	13	16
k_{max}	1.10	1.40	1.80	2.00	2.60	3.30	3.9	5.0	6.0
$n_{公称}$	0.4	0.5	0.6	0.8	1.2	1.2	1.6	2	2.5
r_{min}	0.1	0.1	0.1	0.1	0.2	0.2	0.25	0.4	0.4
t_{min}	0.45	0.6	0.7	0.85	1.1	1.3	1.6	2	2.4
w_{min}	0.4	0.5	0.7	0.75	1.1	1.3	1.6	2	2.4
x_{max}	0.9	1	1.1	1.25	1.75	2	2.5	3.2	3.8
公称长度 l	2~16	3~20	3~25	4~30	5~40	6~50	8~60	10~80	12~80
l（系列）	2、3、4、5、6、8、10、12、（14）、16、20、25、30、35、40、45、50、（55）、60、（65）、70、（75）、80								

注：1. 括号内规格尽可能不采用。

2. M1.6~M3 的螺钉，公称长度在 30mm 以内的制出全螺纹；M4~M10 的螺钉，公称长度在 40mm 以内的制出全螺纹。

附表 9-9　开槽盘头螺钉（GB/T 67—2016）　　（单位：mm）

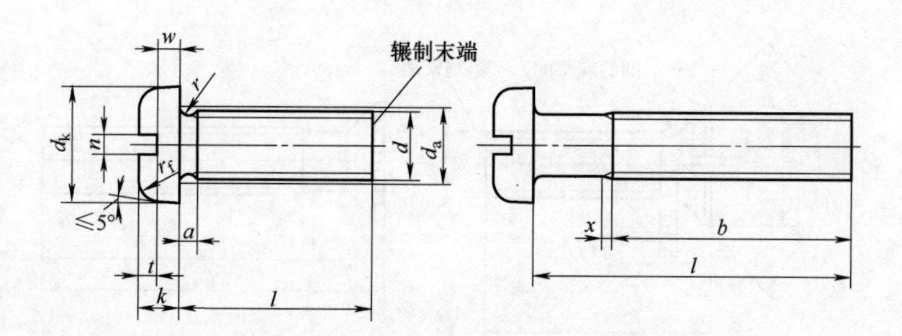

标记示例：

螺纹规格为 M5、公称长度 l=20mm、性能等级为 4. 8 级、表面不经处理的 A 级开槽盘头螺钉

螺钉　GB/T 67　M5×20

螺纹规格 d	M1.6	M2	M2.5	M3	M4	M5	M6	M8	M10
P(螺距)	0.35	0.4	0.45	0.5	0.7	0.8	1	1.25	1.5
a_{max}	0.7	0.8	0.9	1	1.4	1.6	2	2.5	3
b_{min}	25	25	25	25	38	38	38	38	38
d_{amax}	2	2.6	3.1	3.6	4.7	5.7	6.8	9.2	11.2
d_{kmax}	3.2	4	5	5.6	8	9.5	12	16	20
k_{max}	1	1.3	1.5	1.8	2.4	3	3.6	4.8	6
$n_{公称}$	0.4	0.5	0.6	0.8	1.2	1.2	1.6	2	2.5
r_{min}	0.1	0.1	0.1	0.1	0.2	0.2	0.25	0.4	0.4
$r_{f参考}$	0.5	0.6	0.8	0.9	1.2	1.5	1.8	2.4	3
t_{min}	0.35	0.5	0.6	0.7	1	1.2	1.4	1.9	2.4
w_{min}	0.3	0.4	0.5	0.7	1	1.2	1.4	1.9	2.4
x_{max}	0.9	1	1.1	1.25	1.75	2	2.5	3.2	3.8
公称长度 l	2~16	2.5~20	3~25	4~30	5~40	6~50	8~60	10~80	12~80
l（系列）	2、2.5、3、4、5、6、8、10、12、(14)、16、20、25、30、35、40、45、50、(55)、60、(65)、70、(75)、80								

注：1. 括号内规格尽可能不采用。

2. M1. 6~M3 的螺钉，公称长度在 30mm 以内的制出全螺纹；M4~M10 的螺钉，公称长度在 40mm 以内的制出全螺纹。

附表 9-10 开槽沉头螺钉（GB/T 68—2016） （单位：mm）

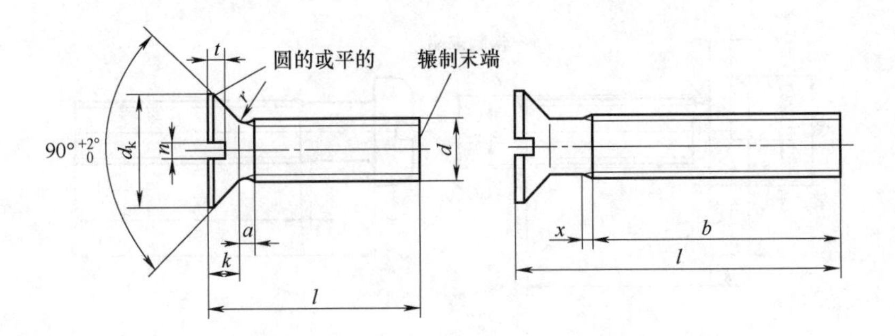

标记示例：

螺纹规格为 M5、公称长度 l=20mm、性能等级为 4.8 级、表面不经处理的 A 级开槽沉头螺钉

螺钉 GB/T 68 M5×20

螺纹规格 d	M1.6	M2	M2.5	M3	M4	M5	M6	M8	M10
P（螺距）	0.35	0.4	0.45	0.5	0.7	0.8	1	1.25	1.5
a_{max}	0.7	0.8	0.9	1	1.4	1.6	2	2.5	3
b_{min}	25	25	25	25	38	38	38	38	38
d_{kmax}	3	3.8	4.7	5.5	8.4	9.3	11.3	15.8	18.3
k_{max}	1	1.2	1.5	1.65	2.7	2.7	3.3	4.65	5
$n_{公称}$	0.4	0.5	0.6	0.8	1.2	1.2	1.6	2	2.5
r_{max}	0.4	0.5	0.6	0.8	1	1.3	1.5	2	2.5
t_{max}	0.5	0.6	0.75	0.85	1.3	1.4	1.6	2.3	2.6
x_{max}	0.9	1	1.1	1.25	1.75	2	2.5	3.2	3.8
公称长度 l	2.5~16	3~20	4~25	5~30	6~40	8~50	8~60	10~80	12~80
l（系列）	2.5、3、4、5、6、8、10、12、(14)、16、20、25、30、35、40、45、50、(55)、60、(65)、70、(75)、80								

注：1. 括号内规格尽可能不采用。

2. M1.6~M3 的螺钉，在公称长度 30mm 以内的制出全螺纹；M4~M10 的螺钉，在公称长度 45mm 以内的制出全螺纹。

附表 9-11　开槽半沉头螺钉（GB/T 69—2016）　　　　（单位：mm）

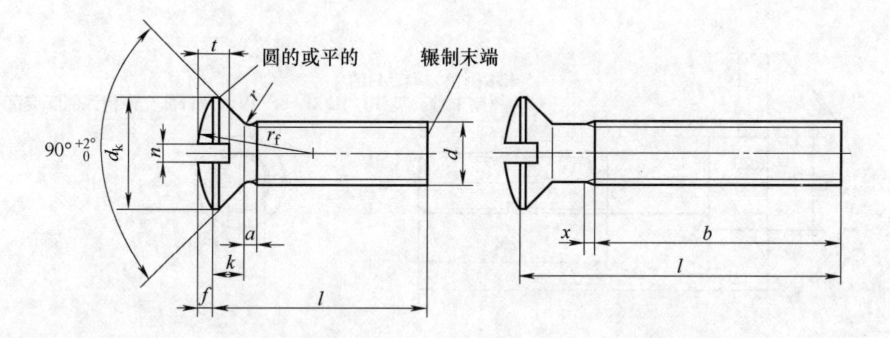

标记示例：

螺纹规格为 M5、公称长度 l=20mm、性能等级为 4.8 级、表面不经处理的 A 级开槽半沉头螺钉

螺钉　GB/T 69　M5×20

螺纹规格 d	M1.6	M2	M2.5	M3	M4	M5	M6	M8	M10
P(螺距)	0.35	0.4	0.45	0.5	0.7	0.8	1	1.25	1.5
a_{max}	0.7	0.8	0.9	1	1.4	1.6	2	2.5	3
b_{min}	25	25	25	25	38	38	38	38	38
d_{kmax}	3	3.8	4.7	5.5	8.4	9.3	11.3	15.8	18.3
$f\approx$	0.4	0.5	0.6	0.7	1	1.2	1.4	2	2.3
k_{max}	1	1.2	1.5	1.65	2.7	2.7	3.3	4.65	5
$n_{公称}$	0.4	0.5	0.6	0.8	1.2	1.2	1.6	2	2.5
r_{max}	0.4	0.5	0.6	0.8	1	1.3	1.5	2	2.5
$r_f\approx$	3	4	5	6	9.5	9.5	12	16.5	19.5
t_{max}	0.8	1	1.2	1.45	1.9	2.4	2.8	3.7	4.4
x_{max}	0.9	1	1.1	1.25	1.75	2	2.5	3.2	3.8
公称长度 l	2.5~16	3~20	4~25	5~30	6~40	8~50	8~60	10~80	12~80
l(系列)	2.5、3、4、5、6、8、10、12、(14)、16、20、25、30、35、40、45、50、(55)、60、(65)、70、(75)、80								

注：1. 括号内规格尽可能不采用。

2. M1.6~M3 的螺钉，在公称长度 30mm 以内的制出全螺纹；M4~M10 的螺钉，在公称长度 45mm 以内的制出全螺纹。

附表 9-12 内六角圆柱头螺钉（GB/T 70.1—2008） （单位：mm）

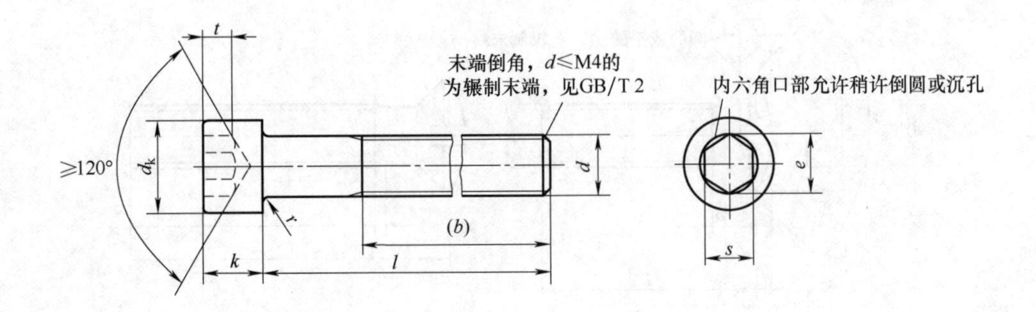

标记示例：

螺纹规格为 M5、公称长度 l=20mm、性能等级为 4.8 级、表面氧化的 A 级内六角圆柱头螺钉

螺钉 GB/T 70.1 M5×20

螺纹规格 d	M2.5	M3	M4	M5	M6	M8	M10	M12	(M14)	M16
P（螺距）	0.45	0.5	0.7	0.8	1	1.25	1.5	1.75	2	2
b 参考	17	18	20	22	24	28	32	36	40	44
d_{kmax}（对光滑头部）	4.5	5.5	7	8.5	10	13	16	18	21	24
k_{max}	2.5	3	4	5	6	8	10	12	14	16
t_{min}	1.1	1.3	2	2.5	3	4	5	6	7	8
$s_{公称}$	2	2.5	3	4	5	6	8	10	12	14
e_{min}	2.30	2.87	3.44	4.58	5.72	6.86	9.15	11.43	13.72	16.00
r_{min}	0.1	0.1	0.2	0.2	0.25	0.4	0.4	0.6	0.6	0.6
公称长度 l	4~25	5~30	6~40	8~50	10~60	12~80	16~100	20~120	25~140	25~160
l（系列）	2.5、3、4、5、6、8、10、12、16、20、25、30、35、40、45、50、55、60、65、70、80、90、100、110、120、130、140、150、160									

注：括号内规格尽可能不采用。

附表 9-13　开槽紧定螺钉　（单位：mm）

开槽锥端紧定螺钉（GB/T 71—2018）

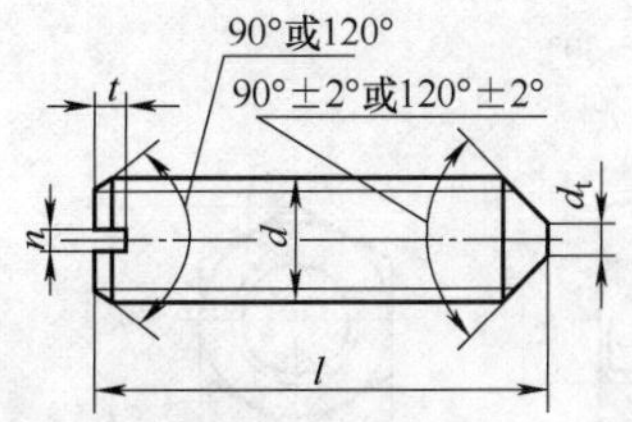

开槽平端紧定螺钉（GB/T 73—2017）

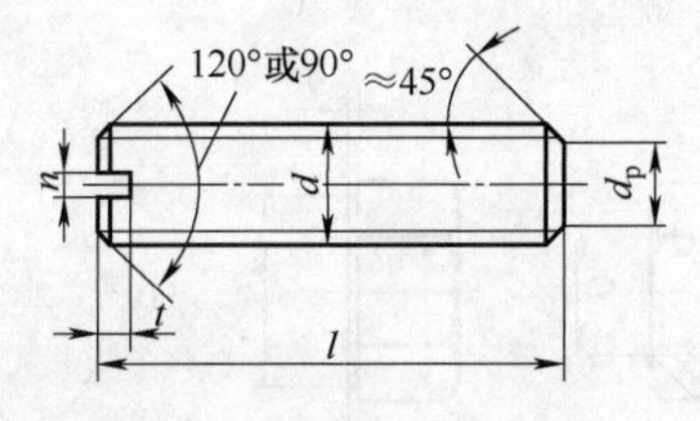

开槽长圆柱端紧定螺钉（GB/T 75—2018）

标记示例：
螺纹规格 M5
公称长度 l=12mm
硬度等级为 14H 级
螺钉　GB/T 71　M5×12

标记示例：
螺纹规格 M5
公称长度 l=12mm
硬度等级为 14H 级
螺钉　GB/T 73　M5×12

标记示例：
螺纹规格 M5
公称长度 l=12mm
硬度等级为 14H 级
螺钉　GB/T 75　M5×12

螺纹规格 d		M1.6	M2	M2.5	M3	M4	M5	M6	M8	M10	M12
P（螺距）		0.35	0.4	0.45	0.5	0.7	0.8	1	1.25	1.5	1.75
n（公称）		0.25	0.25	0.4	0.4	0.6	0.8	1	1.2	1.6	2
t_{max}		0.74	0.84	0.95	1.05	1.42	1.63	2	2.5	3	3.6
d_{tmax}		0.16	0.2	0.25	0.3	0.4	0.5	1.5	2	2.5	3
d_{pmax}		0.8	1	1.5	2	2.5	3.5	4	5.5	7	8.5
z_{max}		1.05	1.25	1.5	1.75	2.25	2.75	3.25	4.3	5.3	6.3
l	GB/T 71—2018	2~8	3~10	3~12	4~16	6~20	8~25	8~30	10~40	12~50	14~60
	GB/T 73—2017	2~8	2~10	2.5~12	3~16	4~20	5~25	6~30	8~40	10~50	12~60
	GB/T 75—2018	2.5~8	3~10	4~12	5~16	6~20	8~25	8~30	10~40	12~50	14~60
l（系列）		2、2.5、3、4、5、6、8、10、12、(14)、16、20、25、30、35、40、45、50、55、60									

注：括号内规格尽可能不采用。

附表 9-14 六角螺母

（单位：mm）

1 型六角螺母—C 级（GB/T 41—2016）	1 型六角螺母—A 和 B 级（GB/T 6170—2015）	六角薄螺母—A 和 B 级（GB/T 6172.1—2016）

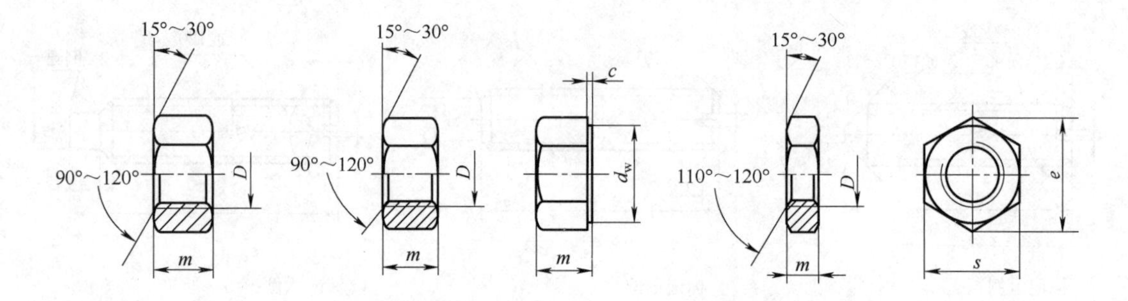

标记示例：
螺纹规格为 M12
C 级 1 型六角螺母
螺母 GB/T 41 M12

标记示例：
螺纹规格为 M12
A 级 1 型六角螺母
螺母 GB/T 6170 M12

标记示例：
螺纹规格为 M12
A 级六角薄螺母
螺母 GB/T 6172.1 M12

螺纹规格 D		M3	M4	M5	M6	M8	M10	M12	M16	M20	M24	M30	M36
e_{min}	GB/T 41			8.63	10.89	14.20	17.59	19.85	26.17	32.95	39.55	50.85	60.79
	GB/T 6170	6.01	7.66	8.79	11.05	14.38	17.77	20.03	26.75	32.95	39.55	50.85	60.79
	GB/T 6172	6.01	7.66	8.79	11.05	14.38	17.77	20.03	26.75	32.95	39.55	50.85	60.79
s_{max}	GB/T 41			8	10	13	16	18	24	30	36	46	55
	GB/T 6170	5.5	7	8	10	13	16	18	24	30	36	46	55
	GB/T 6172	5.5	7	8	10	13	16	18	24	30	36	46	55
m_{max}	GB/T 41			5.6	6.4	7.9	9.5	12.2	15.9	19	22.3	26.4	31.9
	GB/T 6170	2.4	3.2	4.7	5.2	6.8	8.4	10.8	14.8	18	21.5	25.6	31
	GB/T 6172	1.8	2.2	2.7	3.2	4	5	6	8	10	12	15	18
c_{max}	GB/T 6170	0.4	0.4	0.5	0.5	0.6	0.6	0.6	0.8	0.8	0.8	0.8	0.8
d_{wmin}	GB/T 6170	4.6	5.9	6.9	8.9	11.6	14.6	16.0	22.5	27.7	33.3	42.8	51.1

注：A 级用于 $D\leqslant16$；B 级用于 $D>16$。

附表 9-15 六角开槽螺母

（单位：mm）

1 型六角开槽螺母—A 和 B 级（GB/T 6178—1986）

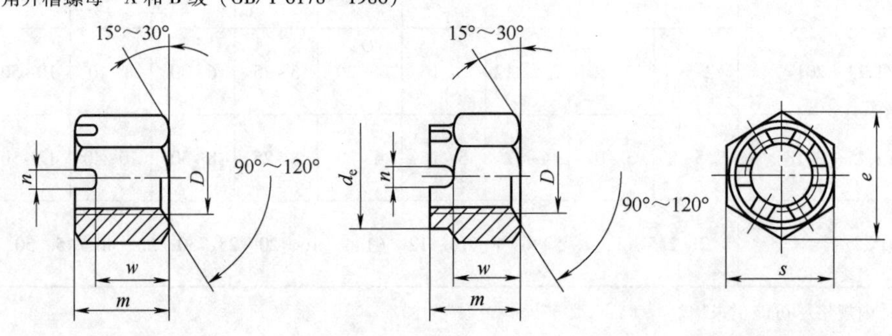

（续）

标记示例：
螺纹规格为 M5、性能等级为 8 级、不经表面处理、A 级的 1 型六角开槽螺母
螺母　GB/T 6178—1986—M5

螺纹规格 D	M4	M5	M6	M8	M10	M12	（M14）	M16	M20	M24	M30	M36
d_{emax}									28	34	42	50
e_{min}	7.66	8.79	11.05	14.38	17.77	20.03	23.35	26.75	32.95	39.55	50.85	60.79
m_{max}	5	6.7	7.7	9.8	12.4	15.8	17.8	20.8	24	29.5	34.6	40
n_{min}	1.2	1.4	2	2.5	2.8	3.5	3.5	4.5	4.5	5.5	7	7
s_{max}	7	8	10	13	16	18	21	24	30	36	46	55
w_{max}	3.2	4.7	5.2	6.8	8.4	10.8	12.8	14.8	18	21.5	25.6	31
开口销	1×10	1.2×12	1.6×14	2×16	2.5×20	3.2×22	3.2×25	4×28	4×36	5×40	6.3×50	6.3×63

注：1. 括号内规格尽可能不采用。

2. A 级用于 $D\leqslant16$；B 级用于 $D>16$。

附表 9-16　垫圈

（单位：mm）

小垫圈（GB/T 848—2002）　　平垫圈（GB/T 97.1—2002）　　平垫圈：倒角型（GB/T 97.2—2002）

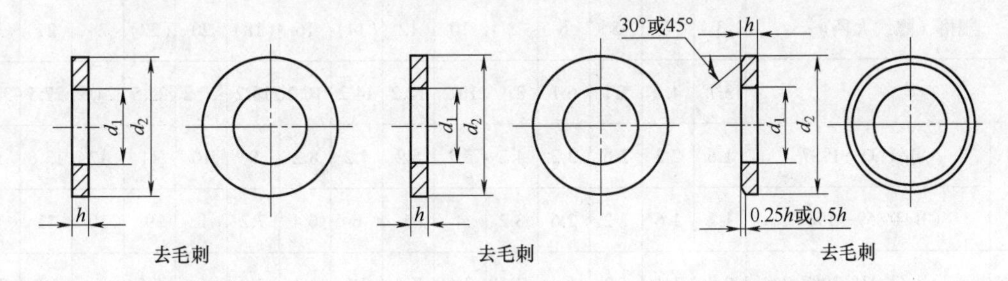

标记示例：
小系列、公称规格 8mm
由钢制造的
硬度等级为 200HV 级
不经表面处理、产品等级为 A 级
垫圈　GB/T 848　8

标记示例：
标准系列、公称规格 8mm
由钢制造的
硬度等级为 200HV 级
不经表面处理、产品等级为 A 级
垫圈　GB/T 97.1　8

标记示例：
标准系列、公称规格 8mm
由钢制造的
硬度等级为 200HV 级
不经表面处理、产品等级为 A 级
垫圈　GB/T 97.2　8

公称尺寸（螺纹规格 d）		1.6	2	2.5	3	4	5	6	8	10	12	16	20	24	30	36
d_1	GB/T 848—2002	1.7	2.2	2.7	3.2	4.3	5.3	6.4	8.4	10.5	13	17	21	25	31	37
	GB/T 97.1—2002	1.7	2.2	2.7	3.2	4.3	5.3	6.4	8.4	10.5	13	17	21	25	31	37
	GB/T 97.2—2002						5.3	6.4	8.4	10.5	13	17	21	25	31	37
d_2	GB/T 848—2002	3.5	4.5	5	6	8	9	11	15	18	20	28	34	39	50	60
	GB/T 97.1—2002	4	5	6	7	9	10	12	16	20	24	30	37	44	56	66
	GB/T 97.2—2002						10	12	16	20	24	30	37	44	56	66
h	GB/T 848—2002	0.3	0.3	0.5	0.5	0.5	1	1.6	1.6	1.6	2	2.5	3	4	4	5
	GB/T 97.1—2002	0.3	0.3	0.5	0.5	0.8	1	1.6	1.6	2	2.5	3	3	4	4	5
	GB/T 97.2—2002						1	1.6	1.6	2	2.5	3	3	4	4	5

附表 9-17　弹簧垫圈

（单位：mm）

标准型弹簧垫圈（GB/T 93—1987）　　　　轻型弹簧垫圈（GB/T 859—1987）

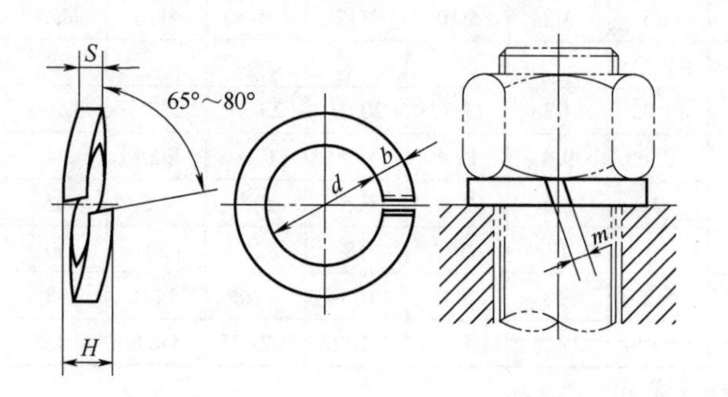

标记示例：

规格 16mm、材料为 65Mn、表面氧化的标准型弹簧垫圈

垫圈　GB/T 93—1987　16

标记示例：

规格 16mm、材料为 65Mn、表面氧化的轻型弹簧垫圈

垫圈　GB/T 859—1987　16

规格（螺纹大径）		3	4	5	6	8	10	12	（14）	16	（18）	20	（22）	24	（27）	30
d_{min}		3.1	4.1	5.1	6.1	8.1	10.2	12.2	14.2	16.2	18.2	20.2	22.5	24.5	27.5	30.5
H_{min}	GB/T 93—1987	1.6	2.2	2.6	3.2	4.2	5.2	6.2	7.2	8.2	9	10	11	12	13.6	15
	GB/T 859—1987	1.2	1.6	2.2	2.6	3.2	4	5	6	6.4	7.2	8	9	10	11	12
$S(b)$	GB/T 93—1987	0.8	1.1	1.3	1.6	2.1	2.6	3.1	3.6	4.1	4.5	5	5.5	6	6.8	7.5
S	GB/T 859—1987	0.6	0.8	1.1	1.3	1.6	2	2.5	3	3.2	3.6	4	4.5	5	5.5	6
$m\leqslant$	GB/T 93—1987	0.4	0.55	0.65	0.8	1.05	1.3	1.55	1.8	2.05	2.25	2.5	2.75	3	3.4	3.75
	GB/T 859—1987	0.3	0.4	0.55	0.65	0.8	1	1.25	1.5	1.6	1.8	2	2.25	2.5	2.75	3
b	GB/T 859—1987	1	1.2	1.5	2	2.5	3	3.5	4	4.5	5	5.5	6	7	8	9

注：1. 括号内规格尽可能不采用。

2. m 应大于 0。

第 10 章 键、花键、销、挡圈、弹簧

10.1 键

键可分为三大类：平键、半圆键、楔键。键的材料一般推荐采用 45 钢、35 钢。

10.1.1 平键

平键有普通型平键、薄型平键及导向型平键三种。

10.1.1.1 普通型平键

普通型平键是以键的两个侧面为工作面，起传递转矩的作用。

10.1.1.2 薄型平键

薄型平键适用于空心轴、薄壁结构和其他特殊用途的场合。

普通型平键和薄型平键的形式及标记示例见表 10-1，它们的尺寸见表 10-2 和表 10-3。

表 10-1 普通型平键和薄型平键的形式及标记示例

（GB/T 1096—2003、GB/T 1567—2003）

形式	图例	标记示例
A 型	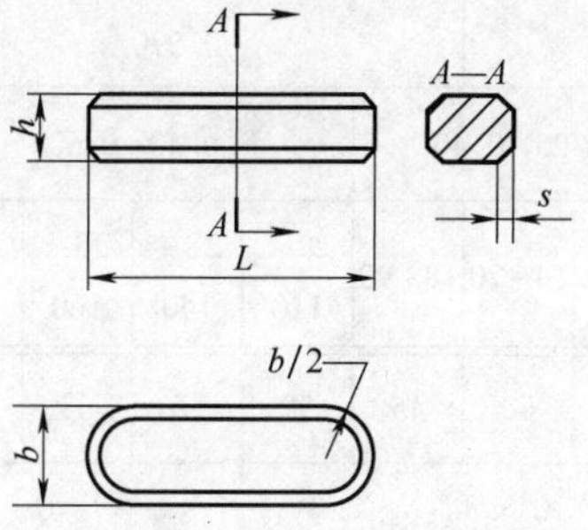 A—A, A, h, L, s, b/2, b, A型	$b=16$mm、$h=10$mm、$L=100$mm 普通 A 型平键： GB/T 1096 键 16×10×100 $b=16$mm、$h=7$mm、$L=100$mm 薄 A 型平键： GB/T 1567 键 16×7×100
B 型	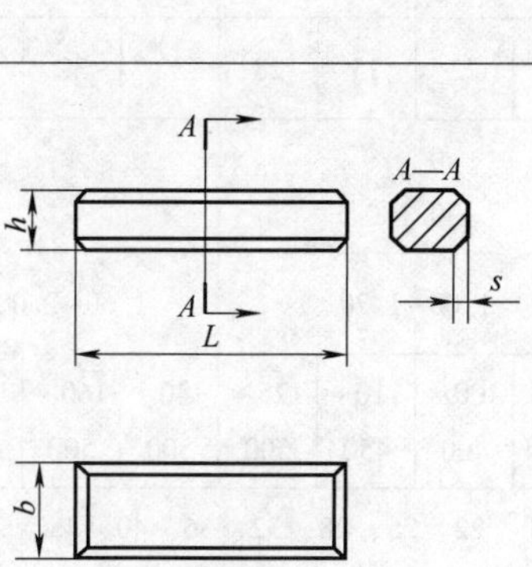 A—A, A, h, L, s, b, B型	$b=16$mm、$h=10$mm、$L=100$mm 普通 B 型平键： GB/T 1096 键 B16×10×100 $b=16$mm、$h=7$mm、$L=100$mm 薄 B 型平键： GB/T 1567 键 B16×7×100

（续）

形式	图例	标记示例
C 型	C型	$b=16$mm、$h=10$mm、$L=100$mm 普通 C 型平键： GB/T 1096　键 C16×10×100 $b=16$mm、$h=7$mm、$L=100$mm 薄 C 型平键： GB/T 1567　键 C16×7×100

表 10-2　普通型平键的尺寸（GB/T 1096—2003）　　（单位：mm）

b	公称尺寸	2	3	4	5	6	8	10	12	14	16	18	20	22
	极限偏差（h8）	0 -0.014		0 -0.018			0 -0.022		0 -0.027			0 -0.033		
h	公称尺寸	2	3	4	5	6	7	8	8	9	10	11	12	14
	极限偏差（h11）	—		—			0 -0.090					0 -0.110		
倒角或倒圆 s		0.16~0.25			0.25~0.40			0.40~0.60				0.60~0.80		
公称长度 L（极限偏差 h14）		6~20	6~36	8~45	10~56	14~70	18~90	22~110	28~140	36~160	45~180	50~200	56~220	63~250
b	公称尺寸	25	28	32	36	40	45	50	56	63	70	80	90	100
	极限偏差（h8）	0 -0.033		0 -0.039				0 -0.046					0 -0.054	
h	公称尺寸	14	16	18	20	22	25	28	32	32	36	40	45	50
	极限偏差（h11）	0 -0.110			0 -0.130			0 -0.160						
倒角或倒圆 s		0.60~0.80			1.00~1.20			1.60~2.00				2.50~3.00		
公称长度 L（极限偏差 h14）		70~280	80~320	90~360	100~400	100~400	110~450	125~500	140~500	160~500	180~500	200~500	220~500	250~500
长度 L 的系列		6、8、10、12、14、16、18、20、22、25、28、32、36、40、45、50、56、63、70、80、90、100、110、125、140、160、180、200、220、250、280、320、360、400、450、500												

表 10-3　薄型平键的尺寸（GB/T 1567—2003）　　　　（单位：mm）

b	公称尺寸	5	6	8	10	12	14	16	18	20	22	25	28	32	36
	极限偏差（h8）	0 −0.018		0 −0.022		0 −0.027				0 −0.033				0 −0.039	
h	公称尺寸	3	4	5	6	6	6	7	7	8	9	9	10	11	12
	极限偏差（h11）	0 −0.060	0 −0.075					0 −0.090						0 −0.110	
倒角或倒圆 *s*		0.25~0.40			0.40~0.60					0.60~0.80					1.0~1.2
公称长度 *L*（极限偏差 h14）		10~56	14~70	18~90	22~110	28~140	36~160	45~180	50~200	56~220	63~250	70~280	80~320	90~360	100~400
长度 *L* 的系列		10、12、14、16、18、20、22、25、28、32、36、40、45、50、56、63、70、80、90、100、110、125、140、160、180、200、220、250、280、320、360、400													

10.1.1.3　导向型平键

导向型平键用于轴与轴上零件在轴向有相对滑动的联结，故该零件轮毂键槽的侧面与键的配合应较松。导向型平键的形式、标记示例及尺寸见表 10-4、表 10-5。

表 10-4　导向型平键的形式及标记示例（GB/T 1097—2003）

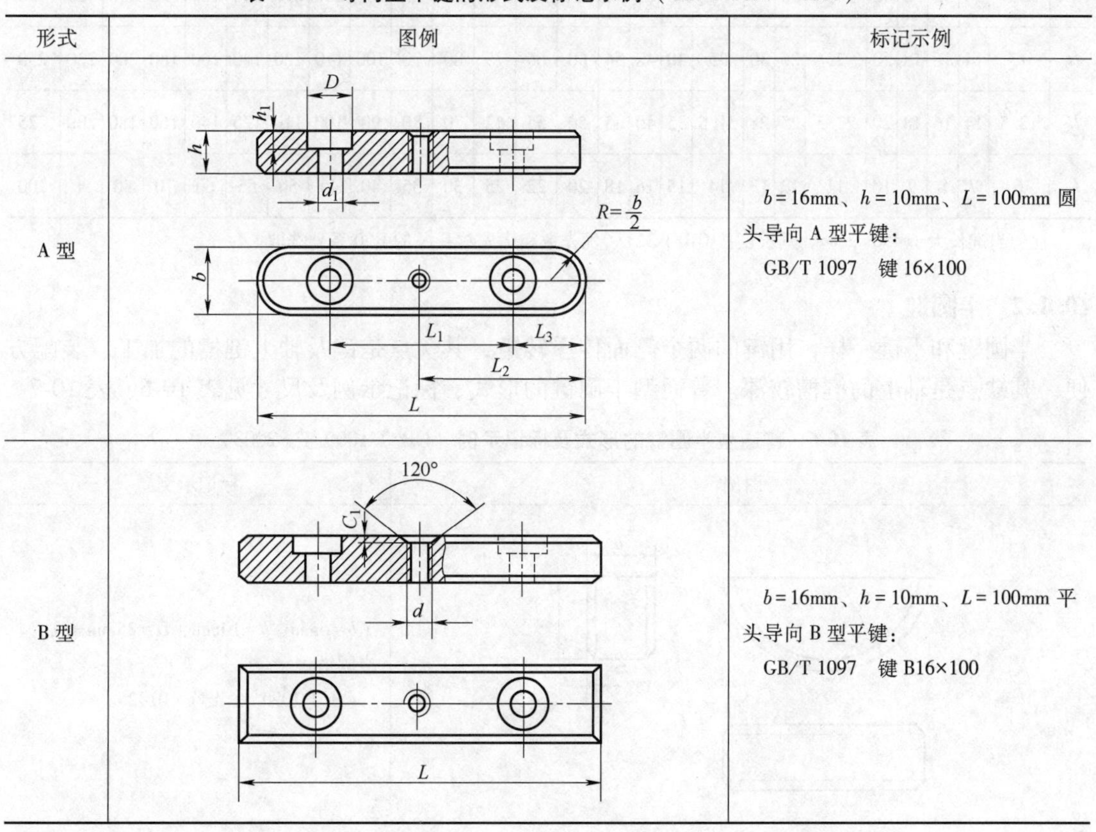

形式	图例	标记示例
A 型		$b=16$mm、$h=10$mm、$L=100$mm 圆头导向 A 型平键： GB/T 1097　键 16×100
B 型		$b=16$mm、$h=10$mm、$L=100$mm 平头导向 B 型平键： GB/T 1097　键 B16×100

表 10-5　导向型平键的尺寸（GB/T 1097—2003）　　　　（单位：mm）

b	公称尺寸	8	10	12	14	16	18	20	22	25	28	32	36	40	45
	极限偏差（h8）	0 -0.022		0 -0.027				0 -0.033					0 -0.039		
h	公称尺寸	7	8	8	9	10	11	12	14	14	16	18	20	22	25
	极限偏差（h11）	0 -0.090					0 -0.110						0 -0.130		
倒角或倒圆		0.25~0.40	0.40~0.60					0.60~0.80					1.0~1.2		
h_1		2.4		3.0	3.5		4.5			6		7	8		
d_1		3.4		4.5	5.5		6.6			9		11	14		
d		M3		M4	M5		M6			M8		M10	M12		
D		6		8.5	10		12			15		18	22		
C_1		0.3		0.15									1.0		
L		25~90	25~110	28~140	36~160	45~180	50~200	56~220	63~250	70~280	80~320	90~360	100~400	100~400	110~450

L	25	28	32	36	40	45	50	56	63	70	80	90	100	110	125	140	160	180	200	220	250	280	320	360	400	450
L_1	13	14	16	18	20	23	26	30	35	40	48	54	60	66	75	80	90	100	110	120	140	160	180	200	220	250
L_2	12.5	14	16	18	20	22.5	25	28	31.5	35	40	45	50	55	62	70	80	90	100	110	125	140	160	180	200	225
L_3	6	7	8	9	10	11	12	13	14	15	16	18	20	22	25	30	35	40	45	50	55	60	70	80	90	100

注：当键长大于 450mm 时，其长度按 GB/T 321《优先数和优先数系》的 R20 系列选取。

10.1.2　半圆键

半圆键和平键一样，用键的两个侧面传递转矩，其优点是键及轴上键槽的加工、装配方便，其缺点是轴上的键槽较深。普通型半圆键的形式、标记示例及尺寸见表 10-6、表 10-7。

表 10-6　普通型半圆键的形式及标记示例（GB/T 1099.1—2003）

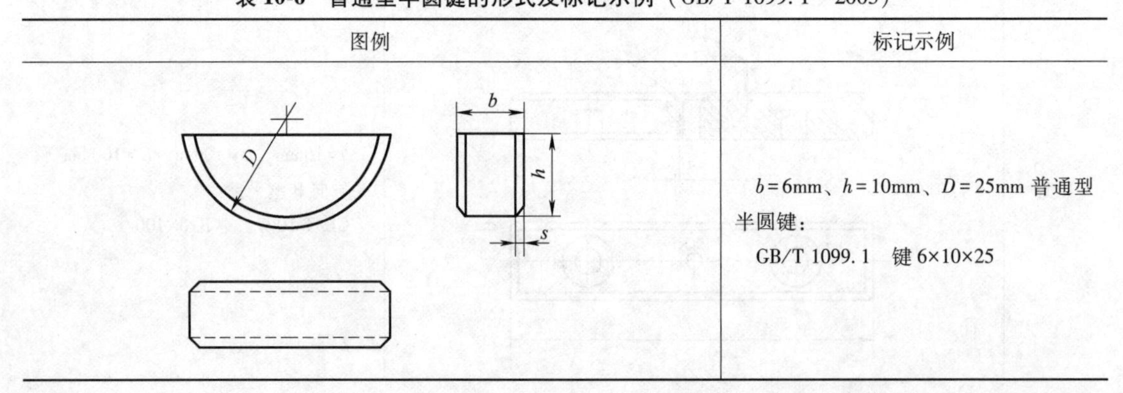

图例	标记示例
	b=6mm、h=10mm、D=25mm 普通型半圆键： GB/T 1099.1　键 6×10×25

表 10-7　普通型半圆键的尺寸（GB/T 1099.1—2003）　　　（单位：mm）

键尺寸 $b \times h \times D$	宽度 b		高度 h		直径 D		倒角或倒圆 s	
	公称尺寸	极限偏差	公称尺寸	极限偏差（h12）	公称尺寸	极限偏差（h12）	min	max
1×1.4×4	1	0 −0.025	1.4	0 −0.10	4	0 −0.120	0.16	0.25
1.5×2.6×7	1.5		2.6		7	0 −0.150		
2×2.6×7	2		2.6		7			
2×3.7×10	2		3.7	0 −0.12	10			
2.5×3.7×10	2.5		3.7		10			
3×5×13	3		5		13	0 −0.180		
3×6.5×16	3		6.5	0 −0.15	16			
4×6.5×16	4		6.5		16		0.25	0.40
4×7.5×19	4		7.5		19	0 −0.210		
5×6.5×16	5		6.5		16	0 −0.180		
5×7.5×19	5		7.5		19	0 −0.210		
5×9×22	5		9		22			
6×9×22	6		9		22			
6×10×25	6		10		25			
8×11×28	8		11	0 −0.18	28		0.40	0.60
10×13×32	10		13		32	0 −0.250		

10.1.3　楔键

楔键的顶面为一个 1∶100 的斜面，用于静联结，利用键的顶面及底面使轴上零件固定，不能沿轴向移动。楔键的两侧为较松的间隙配合。表 10-8～表 10-10 为楔键的形式、标记示例及尺寸。

表 10-8　楔键的形式及标记示例（GB/T 1564—2003、GB/T 1565—2003）

	形式	图例	标记示例
普通型楔键	A 型	1∶100　Cs或r　h　$R=\frac{b}{2}$　b　L	$b=16$mm、$h=10$mm、$L=100$mm 普通 A 型楔键： GB/T 1564　键　16×100

（续）

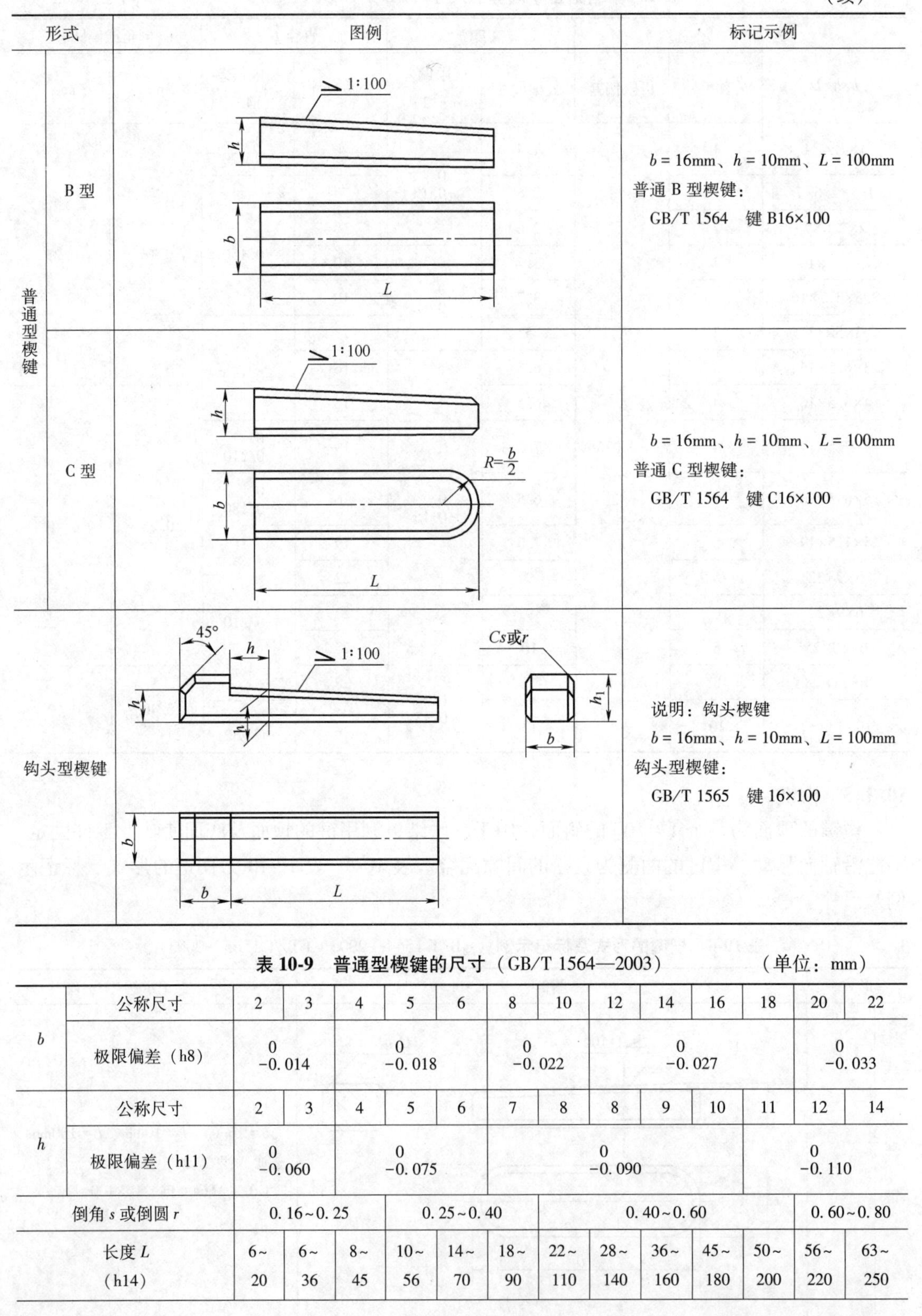

形式		图例	标记示例
普通型楔键	B型		b = 16mm、h = 10mm、L = 100mm 普通B型楔键： GB/T 1564　键 B16×100
	C型		b = 16mm、h = 10mm、L = 100mm 普通C型楔键： GB/T 1564　键 C16×100
钩头型楔键			说明：钩头楔键 b = 16mm、h = 10mm、L = 100mm 钩头型楔键： GB/T 1565　键 16×100

表 10-9　普通型楔键的尺寸（GB/T 1564—2003）　　　（单位：mm）

b	公称尺寸	2	3	4	5	6	8	10	12	14	16	18	20	22
	极限偏差（h8）	0 -0.014		0 -0.018			0 -0.022		0 -0.027				0 -0.033	
h	公称尺寸	2	3	4	5	6	7	8	8	9	10	11	12	14
	极限偏差（h11）	0 -0.060		0 -0.075			0 -0.090						0 -0.110	
倒角 s 或倒圆 r		0.16~0.25			0.25~0.40			0.40~0.60					0.60~0.80	
长度 L（h14）		6~20	6~36	8~45	10~56	14~70	18~90	22~110	28~140	36~160	45~180	50~200	56~220	63~250

（续）

b	公称尺寸	25	28	32	36	40	45	50	56	63	70	80	90	100
	极限偏差（h8）	0 −0.033		0 −0.039					0 −0.046				0 −0.054	
h	公称尺寸	14	16	18	20	22	25	28	32	32	36	40	45	50
	极限偏差（h11）	0 −0.110			0 −0.130				0 −0.160					
倒角 s 或倒圆 r		0.60~0.80			1.0~1.2				1.6~2.0			2.5~3.0		
长度 L（h14）		70~280	80~320	90~360	100~400	100~400	110~450	125~500	140~500	160~500	180~500	200~500	220~500	250~500
长度 L 的系列		6、8、10、12、14、16、18、20、22、25、28、32、36、40、45、50、56、63、70、80、90、100、110、125、140、160、180、200、220、250、280、320、360、400、450、500												

注：当键长大于 500mm 时，其长度应按 GB/T 321《优先数和优先数系》的 R20 系列选取。

表 10-10　钩头型楔键的尺寸（GB/T 1565—2003）　　（单位：mm）

b	公称尺寸	4	5	6	8	10	12	14	16	18	20	22	25	28	32
	极限偏差（h8）	0 −0.018			0 −0.022		0 −0.027				0 −0.033				0 −0.039
h	公称尺寸	4	5	6	7	8	8	9	10	11	12	14	14	16	18
	极限偏差（h11）	0 −0.075			0 −0.090					0 −0.110					
h_1		7	8	10	11	12	12	14	16	18	20	22	22	25	28
倒角 s 或倒圆 r		0.16~0.25	0.25~0.40			0.40~0.60					0.60~0.80				
长度 L（h14）		14~45	14~56	14~70	18~90	22~110	28~140	36~160	45~180	50~200	56~220	63~250	70~280	80~320	90~360

b	公称尺寸	36	40	45	50	56	63	70	80	90	100
	极限偏差（h8）	0 −0.039				0 −0.046				0 −0.054	
h	公称尺寸	20	22	25	28	32	32	36	40	45	50
	极限偏差（h11）	0 −0.130				0 −0.160					
h_1		32	36	40	45	50	50	56	63	70	80
倒角 s 或倒圆 r		1.0~1.2				1.6~2.0			2.5~3.0		
长度 L（h14）		100~400	100~400	110~400	125~500	140~500	160~500	180~500	200~500	220~500	250~500
长度 L 的系列		14、16、18、20、22、25、28、32、36、40、45、50、56、63、70、80、90、100、110、125、140、160、180、200、220、250、280、320、360、400、450、500									

注：当键长大于 500mm 时，其长度按 GB/T 321《优先数和优先数系》R20 系列选取。

10.1.4 键槽的剖面尺寸

10.1.4.1 普通型平键、导向型平键、薄型平键键槽的剖面尺寸

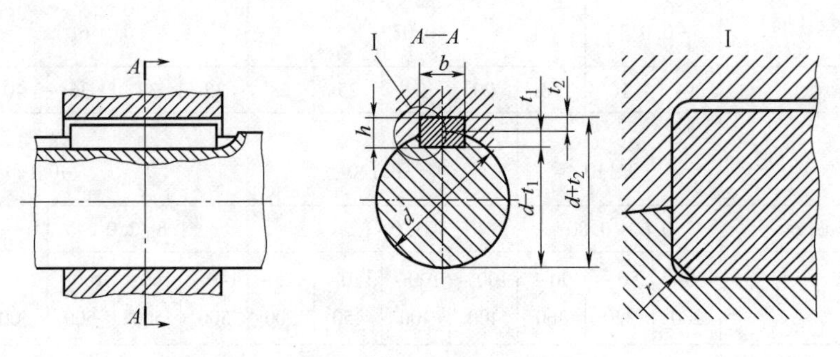

图 10-1

表 10-11 普通型平键、导向型平键键槽的剖面尺寸

(GB/T 1095—2003) (单位：mm)

轴	键	键槽											
公称直径 d	尺寸 $b \times h$	宽度 b						深度				半径 r	
		公称尺寸	极限偏差					轴 t_1		毂 t_2			
			正常联结		紧密联结	松联结							
			轴 N9	毂 JS9	轴和毂 P9	轴 H9	毂 D10	公称尺寸	极限偏差	公称尺寸	极限偏差	最小	最大
≥6~8	2×2	2	-0.004 -0.029	±0.0125	-0.006 -0.031	+0.025 0	+0.060 +0.020	1.2	+0.1 0	1	+0.1 0	0.08	0.16
>8~10	3×3	3						1.8		1.4			
>10~12	4×4	4	0 -0.030	±0.015	-0.012 -0.042	+0.030 0	+0.078 +0.030	2.5		1.8			
>12~17	5×5	5						3.0		2.3		0.16	0.25
>17~22	6×6	6						3.5		2.8			
>22~30	8×7	8	0 -0.036	±0.018	-0.015 -0.051	+0.036 0	+0.098 +0.040	4.0	+0.2 0	3.3	+0.2 0		
>30~38	10×8	10						5.0		3.3		0.25	0.40
>38~44	12×8	12	0 -0.043	±0.0215	-0.018 -0.061	+0.043 0	+0.120 +0.050	5.0		3.3			
>44~50	14×9	14						5.5		3.8			
>50~58	16×10	16						6.0		4.3			
>58~65	18×11	18						7.0		4.4			
>65~75	20×12	20	0 -0.052	±0.026	-0.022 -0.074	+0.052 0	+0.149 +0.065	7.5		4.9		0.40	0.60
>75~85	22×14	22						9.0		5.4			
>85~95	25×14	25						9.0		5.4			
>95~110	28×16	28						10.0		6.4			
>110~130	32×18	32	0 -0.062	±0.031	-0.026 -0.088	+0.062 0	+0.180 +0.080	11.0		7.4			
>130~150	36×20	36						12.0		8.4		0.70	1.0
>150~170	40×22	40						13.0		9.4			
>170~200	45×25	45						15.0		10.4			
>200~230	50×28	50						17.0		11.4			
>230~260	56×32	56	0 -0.074	±0.037	-0.032 -0.106	+0.074 0	+0.220 +0.100	20.0	+0.3 0	12.4	+0.3 0	1.2	1.6
>260~290	63×32	63						20.0		12.4			
>290~330	70×36	70						22.0		14.4			
>330~380	80×40	80						25.0		15.4		2.0	2.5
>380~440	90×45	90	0 -0.087	±0.0435	-0.037 -0.124	+0.087 0	+0.260 +0.120	28.0		17.4			
>440~500	100×50	100						31.0		19.5			

1）图 10-1 所示为平键联结装配图和键槽的剖视图。在零件图中，轴的键槽深度用 t_1 或（$d-t_1$）标注，轮毂的键槽深度用 t_2 或（$d+t_2$）标注。

2）对于平键，轴上键槽长度公差用 H14。

3）对于导向型平键，轴和轮毂上的键槽与键用松联结。

普通型平键、导向型平键键槽的剖面尺寸见表 10-11；薄型平键键槽的剖面尺寸见表 10-12。

表 10-12　薄型平键键槽的剖面尺寸（GB/T 1566—2003）　　（单位：mm）

轴	键	键槽											
		宽度 b						深度				半径 r	
			极限偏差					轴 t_1		毂 t_2			
直径 d	尺寸 $b \times h$	公称尺寸	松联结		正常联结		紧密联结	公称尺寸	极限偏差	公称尺寸	极限偏差		
			轴 H9	毂 D10	轴 N9	毂 JS9	轴和毂 P9					最小	最大
≥12~17	5×3	5	+0.030 0	+0.078 +0.030	0 −0.030	±0.015	−0.012 −0.042	1.8	+0.1 0	1.4	+0.1 0	0.16	0.25
>17~22	6×4	6						2.5		1.8			
>22~30	8×5	8	+0.036 0	+0.098 +0.040	0 −0.036	±0.018	−0.015 −0.051	3		2.3			
>30~38	10×6	10						3.5		2.8		0.25	0.40
>38~44	12×6	12	+0.043 0	+0.120 +0.050	0 −0.043	±0.0215	−0.018 −0.061	3.5		2.8			
>44~50	14×6	14						3.5		2.8			
>50~58	16×7	16						4		3.3			
>58~65	18×7	18						4		3.3			
>65~75	20×8	20	+0.052 0	+0.149 +0.065	0 −0.052	±0.026	−0.022 −0.074	5	+0.2 0	3.3	+0.2 0	0.40	0.60
>75~85	22×9	22						5.5		3.8			
>85~95	25×9	25						5.5		3.8			
>95~110	28×10	28						6		4.3			
>110~130	32×11	32	+0.062 0	+0.180 +0.080	0 −0.062	±0.031	−0.026 −0.088	7		4.4			
>130~150	36×12	36						7.5		4.9		0.70	1.0

4）需要时，普通型平键允许带起键螺孔，较长的键可采用两个对称的起键螺孔（见图 10-2）。起键螺孔的推荐尺寸见表 10-13。

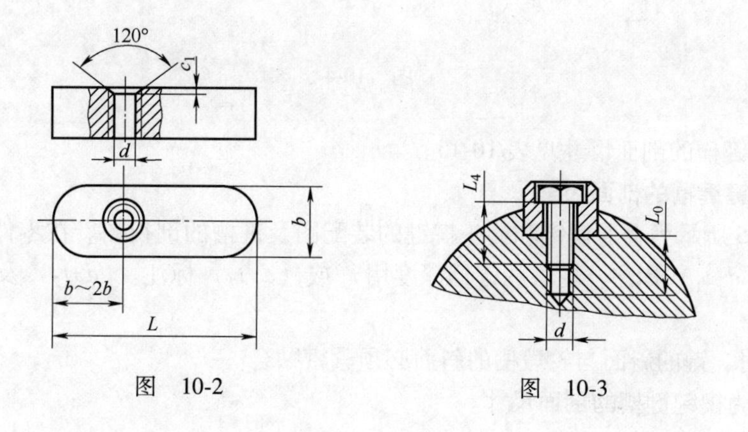

图　10-2　　　　图　10-3

表 10-13 起键螺孔的推荐尺寸（GB/T 1096—2003） （单位：mm）

b	8	10	12	14	16	18	20	22	25	28	32	36	40	45	50	56	63	70	80	90	100
d	M3		M4	M5		M6			M8		M10	M12						M16		M20	
c_1	0.3		0.5									1						2			

5）导向型平键所用固定螺钉（见图 10-3）应符合 GB/T 822《十字槽圆柱头螺钉》或 GB/T 65《开槽圆柱头螺钉》的规定，其尺寸见表 10-14。

表 10-14 导向型平键用固定螺钉尺寸 （单位：mm）

b	8	10	12	14	16	18	20	22	25	28	32	36	40	45
L_0	7	8	10			12			15		18	22		
$d \times L_4$	M3×8	M3×10	M4×10	M5×10		M6×12		M6×16	M8×16		M10×20	M12×25		

10.1.4.2 半圆键键槽的剖面尺寸

图 10-4 所示为半圆键联结的装配图和键槽的剖视图。在零件图中轴的键槽深度用 t_1 标注，轮毂的键槽深度用 t_2 标注。

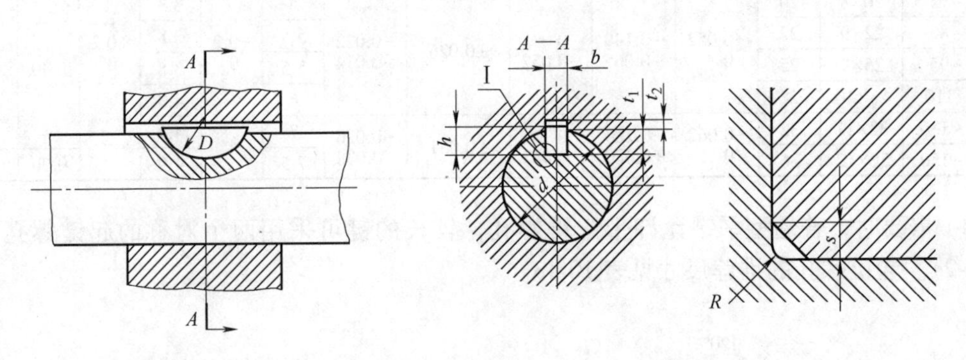

图 10-4

半圆键及键槽的剖面尺寸见表 10-15。

10.1.4.3 楔键键槽的剖面尺寸

1）图 10-5 所示为普通楔键和钩头楔键的装配图及键槽的剖视图。在零件图中轴的键槽深度用 t_1 或（$d-t_1$）标注，轮毂的键槽深度用 t_2 或（$d+t_2$）标注。（$d+t_2$）及 t_2 为大端轮毂槽深度。

2）安装时，键的斜面与轮毂槽的斜面必须紧密贴合。

表 10-16 为楔键键槽的剖面尺寸。

表 10-15　半圆键及键槽的剖面尺寸（GB/T 1098—2003）　　　（单位：mm）

轴径 d		键	键槽											
键传递转矩	键定位	尺寸 $b\times h\times D$	宽度 b						深度				半径 R	
			公称尺寸	极限偏差					轴 t_1		毂 t_2			
				正常联结		紧密联结	松联结							
				轴 N9	毂 JS9	轴和毂 P9	轴 H9	毂 D10	公称尺寸	极限偏差	公称尺寸	极限偏差	最小	最大
≥3～4	≥3～4	1.0×1.4×4 1.0×1.1×4	1.0						1.0		0.6			
>4～5	>4～6	1.5×2.6×7 1.5×2.1×7	1.5						2.0		0.8			
>5～6	>6～8	2.0×2.6×7 2.0×2.1×7	2.0						1.8	+0.1 0	1.0			
>6～7	>8～10	2.0×3.7×10 2.0×3.0×10	2.0	−0.004 −0.029	±0.0125	−0.006 −0.031	+0.025 0	+0.060 +0.020	2.9		1.0		0.08	0.16
>7～8	>10～12	2.5×3.7×10 2.5×3.0×10	2.5						2.7		1.2			
>8～10	>12～15	3.0×5.0×13 3.0×4.0×13	3.0						3.8		1.4			
>10～12	>15～18	3.0×6.5×16 3.0×5.2×16	3.0						5.3		1.4	+0.1 0		
>12～14	>18～20	4.0×6.5×16 4.0×5.2×16	4.0						5.0		1.8			
>14～16	>20～22	4.0×7.5×19 4.0×6.0×19	4.0						6.0	+0.2 0	1.8			
>16～18	>22～25	5.0×6.5×16 5.0×5.2×16	5.0						4.5		2.3			
>18～20	>25～28	5.0×7.5×19 5.0×6.0×19	5.0	0 −0.030	±0.015	−0.012 −0.042	+0.030 0	+0.078 +0.030	5.5		2.3		0.16	0.25
>20～22	>28～32	5.0×9.0×22 5.0×7.2×22	5.0						7.0		2.3			
>22～25	>32～36	6.0×9.0×22 6.0×7.2×22	6.0						6.5		2.8			
>25～28	>36～40	6.0×10.0×25 6.0×8.0×25	6.0						7.5	+0.3 0	2.8			
>28～32	40	8.0×11.0×28 8.0×8.8×28	8.0	0 −0.036	±0.018	−0.015 −0.051	+0.036 0	+0.098 +0.040	8.0		3.3	+0.2 0	0.25	0.40
>32～38	—	10.0×13.0×32 10.0×10.4×32	10.0						10.0		3.3			

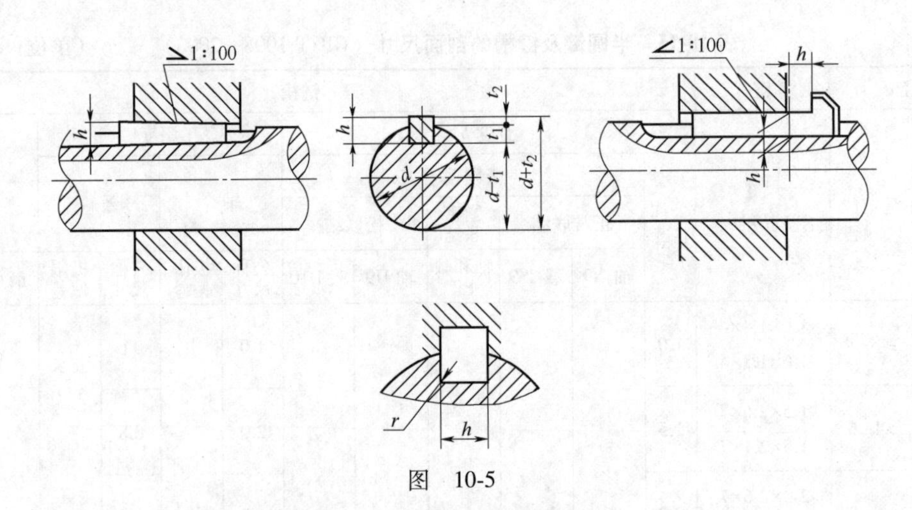

图 10-5

表 10-16 楔键键槽的剖面尺寸（GB/T 1563—2017） （单位：mm）

轴	键	键槽											
公称直径 d	尺寸 b×h	宽度 b						深度				半径 r	
		基本尺寸	极限偏差					轴 t_1		毂 t_2			
			正常联结		紧密联结	松联结		基本尺寸	极限偏差	基本尺寸	极限偏差	min	max
			轴 N9	毂 JS9	轴和毂 P9	轴 H9	毂 D10						
≥6~8	2×2	2	−0.004 −0.029	±0.012	−0.006 −0.031	+0.025 0	+0.060 +0.020	1.2	+0.1 0	1.0	+0.1 0	0.08	0.16
>8~10	3×3	3						1.8		1.4			
>10~12	4×4	4	0 −0.030	±0.015	−0.012 −0.042	+0.030 0	+0.078 +0.030	2.5		1.8			
>12~17	5×5	5						3.0		2.3		0.16	0.25
>17~22	6×6	6						3.5		2.8			
>22~30	8×7	8	0 −0.036	±0.018	−0.015 −0.051	+0.036 0	+0.098 +0.040	4.0	+0.2 0	3.3	+0.2 0		
>30~38	10×8	10						5.0		3.3		0.25	0.40
>38~44	12×8	12	0 −0.043	±0.021	−0.018 −0.061	+0.043 0	+0.120 +0.050	5.0		3.3			
>44~50	14×9	14						5.5		3.8			
>50~58	16×10	16						6.0		4.3			
>58~65	18×11	18						7.0		4.4			
>65~75	20×12	20	0 −0.052	±0.026	−0.022 −0.074	+0.052 0	+0.149 +0.065	7.5		4.9		0.40	0.60
>75~85	22×14	22						9.0		5.4			
>85~95	25×14	25						9.0		5.4			
>95~110	28×16	28						10.0		6.4			
>110~130	32×18	32	0 −0.062	±0.031	−0.026 −0.088	+0.062 0	+0.180 +0.080	11.0		7.4			
>130~150	36×20	36						12.0	+0.3 0	8.4	+0.3 0	0.70	1.00
>150~170	40×22	40						13.0		9.4			
>170~200	45×25	45						15.0		10.4			
>200~230	50×28	50						17.0		11.4			
>230~260	56×32	56	0 −0.074	±0.037	−0.032 −0.106	+0.074 0	+0.220 +0.100	20.0		12.4		1.20	1.60
>260~290	63×32	63						20.0		12.4			
>290~330	70×36	70						22.0		14.4			
>330~380	80×40	80						25.0		15.4		2.00	2.50
>380~440	90×45	90	0 −0.087	±0.043	−0.037 −0.124	+0.087 0	+0.260 +0.120	28.0		17.4			
>440~500	100×50	100						31.0		19.5			

10.1.5　键的技术条件

1）普通型平键、导向型平键和薄型平键，当键长 L 和键宽 b 之比大于或等于 8 时，键宽 b 面在长度方向的平行度应按GB/T 1184—1996《形状和位置公差　未注公差值》的规定，当 $b \leqslant 6$mm 时，按 7 级；$b=8 \sim 36$mm 时，按 6 级；$b \geqslant 40$mm 时，按 5 级。

2）键槽轴槽和轮毂槽的宽度 b 对轴及轮毂轴线的对称度，一般可按 GB/T 1184—1996 表 B4 中对称度公差 7~9 级选取。

3）平键和半圆键键槽、轮毂槽的键槽宽度 b 两侧面的粗糙度参数按 GB/T 1031，选 Ra 值为 1.6~3.2μm，轴槽底面和轮毂槽底面的粗糙度参数按 GB/T 1031，选 Ra 值为 6.3μm。

楔键轴槽、轮毂槽的键槽宽度 b 两侧面的粗糙度参数按 GB/T 1031，选 Ra 值为 6.3μm；轮槽底面和轮毂槽底面的粗糙度参数按 GB/T 1031，选 Ra 值为 1.6~3.2μm。

10.2　花键

GB/T 4459.3—2000《机械制图　花键表示法》列举了矩形花键及渐开线花键的画法。

10.2.1　矩形花键的画法及其标注

10.2.1.1　矩形外花键的画法

1）在平行于和垂直于花键轴线的投影面的视图中，外花键的大径 D 用粗实线画出，小径 d 用细实线画出（见图 10-6a）。

2）工作长度 L 的终止端和尾部长度的末端均用细实线画出，并与轴线垂直。尾部一般用与轴线成 30°的细斜线画出，必要时，可按实际情况画出。

3）在断面图中可画出部分或全部齿形。

4）在包含轴线的局部剖视图中，小径 d 用粗实线画出（见图 10-6b）。

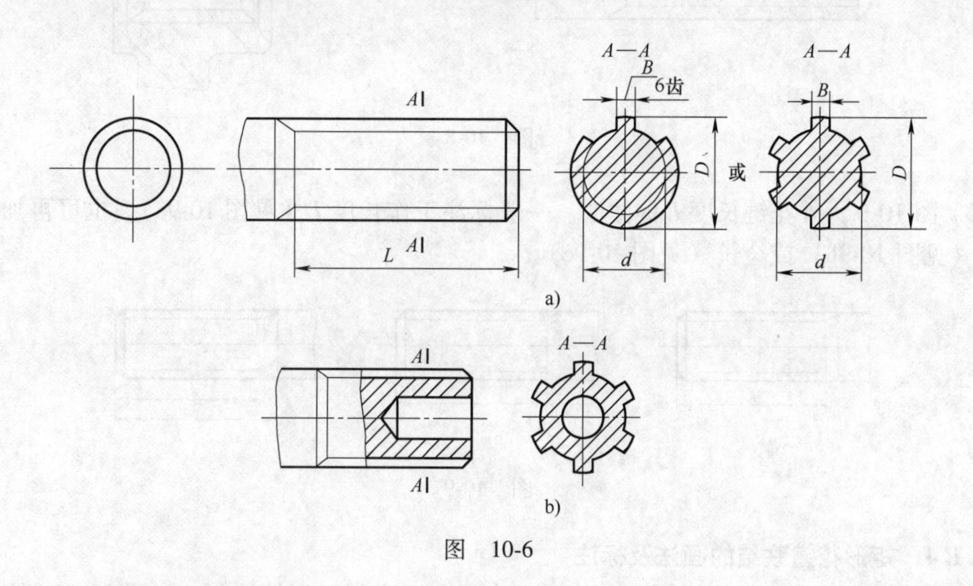

图　10-6

10.2.1.2　矩形内花键的画法

1）在平行于花键轴线的投影面的剖视图中，内花键的大径 D、小径 d 均用粗实线画出（见图 10-7）。

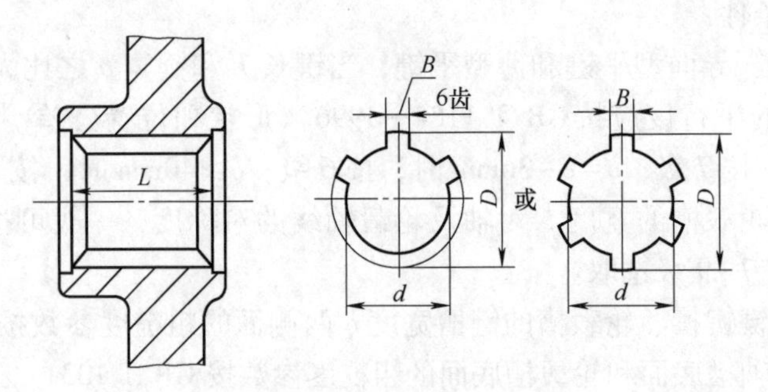

图 10-7

2）在垂直于花键轴线的视图中，可画出部分齿形（未画齿处大径用细实线圆表示，小径用粗实线圆表示）或全部齿形（见图 10-7）。

10.2.1.3 矩形花键的标注

1）内、外花键的大径 D、小径 d、键宽 B 采用一般尺寸标注时，如图 10-6、图 10-7 所示。

2）亦可采用由大径处引线，并写出花键代号，如图 10-8 所示。代号的写法为 $N\times d\times D\times B$（$N$ 为键数），例如 6×23×26×6（代号中 d、D、B 的数字后均应加注公差带代号）。

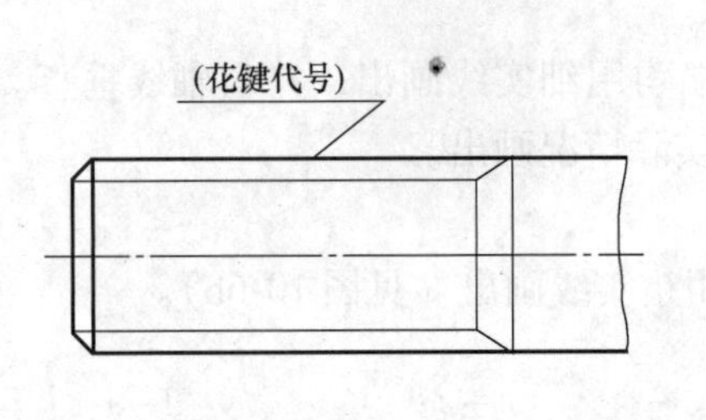

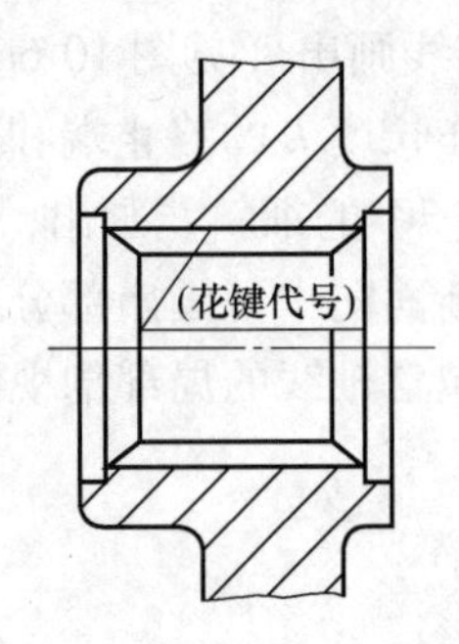

图 10-8

3）图 10-9 为外花键长度 L 的注法。一般标注工作长度 L（见图 10-9a），也可再加尾部长度（见图 10-9b）或全长（见图 10-9c）。

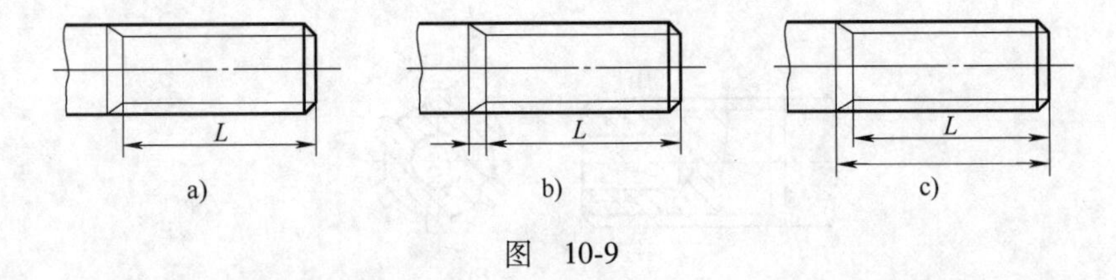

图 10-9

10.2.1.4 矩形花键联结的画法及标注

1）花键联结一般用剖视图表示，其联结部分按外花键的画法绘制，如图 10-10 所示。

2）矩形花键联结的标记格式为⊓ $N\times d\times D\times B$，例如⊓ $6\times23\dfrac{H7}{f7}\times26\dfrac{H10}{a11}\times6$

$\frac{H11}{d10}$GB/T 1144—2001。

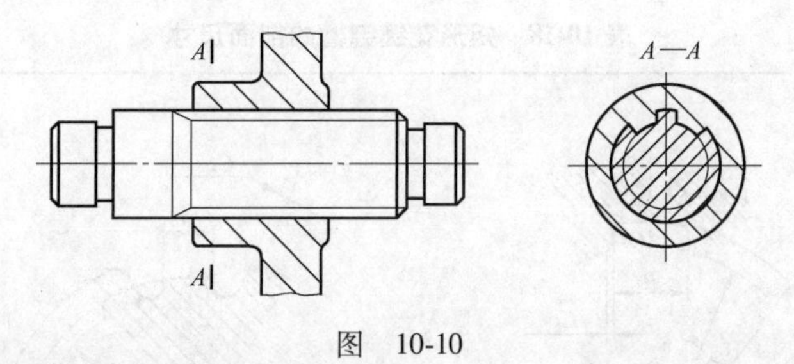

图 10-10

10.2.2 矩形花键的尺寸和公差

10.2.2.1 矩形花键的公称尺寸

GB/T 1144—2001 规定矩形花键分为轻型和中型两个系列，其公称尺寸见表 10-17。

表 10-17 矩形花键公称尺寸系列　　（单位：mm）

小径	轻系列				中系列			
d /mm	规格 *N*×*d*×*D*×*B*	键数 *N*	大径 *D*	键宽 *B*	规格 *N*×*d*×*D*×*B*	键数 *N*	大径 *D*	键宽 *B*
11	—	—	—	—	6×11×14×3	6	14	3
13					6×13×16×3.5		16	3.5
16					6×16×20×4		20	4
18					6×18×22×5		22	5
21					6×21×25×5		25	
23	6×23×26×6	6	26	6	6×23×28×6		28	6
26	6×26×30×6		30		6×26×32×6		32	
28	6×28×32×7		32	7	6×28×34×7		34	7
32	6×32×36×6		36	6	8×32×38×6	8	38	6
36	8×36×40×7	8	40	7	8×36×42×7		42	7
42	8×42×46×8		46	8	8×42×48×8		48	8
46	8×46×50×9		50	9	8×46×54×9		54	9
52	8×52×58×10		58	10	8×52×60×10		60	10
56	8×56×62×10		62		8×56×65×10		65	
62	8×62×68×12		68	12	8×62×72×12		72	12
72	10×72×78×12	10	78		10×72×82×12	10	82	
82	10×82×88×12		88		10×82×92×12		92	
92	10×92×98×14		98	14	10×92×102×14		102	14
102	10×102×108×16		108	16	10×102×112×16		112	16
112	10×112×120×18		120	18	10×112×125×18		125	18

10.2.2.2 矩形花键键槽的剖面尺寸

矩形花键键槽的剖面尺寸见表 10-18。

表 10-18 矩形花键键槽的剖面尺寸 （单位：mm）

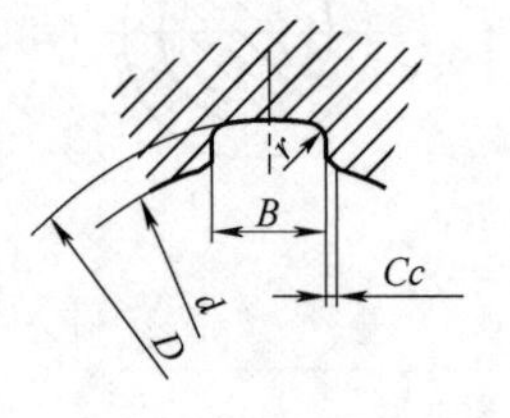

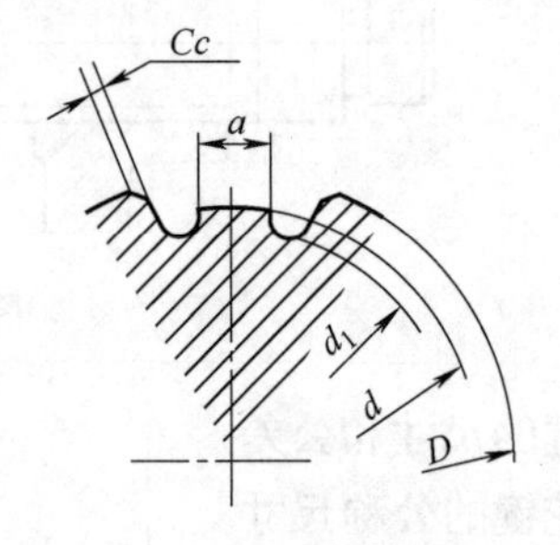

<table>
<tr><th colspan="5">轻系列</th><th colspan="5">中系列</th></tr>
<tr><th rowspan="2">规格
$N\times d\times D\times B$</th><th rowspan="2">$c$</th><th rowspan="2">$r$</th><th colspan="2">参考</th><th rowspan="2">规格
$N\times d\times D\times B$</th><th rowspan="2">$c$</th><th rowspan="2">$r$</th><th colspan="2">参考</th></tr>
<tr><th>$d_{1\min}$</th><th>$a_{\min}$</th><th>$d_{1\min}$</th><th>$a_{\min}$</th></tr>
<tr><td rowspan="5">—</td><td rowspan="5">—</td><td rowspan="5">—</td><td rowspan="5">—</td><td rowspan="5">—</td><td>6×11×14×3</td><td rowspan="2">0.2</td><td rowspan="2">0.1</td><td rowspan="2"></td><td rowspan="2"></td></tr>
<tr><td>6×13×16×3.5</td></tr>
<tr><td>6×16×20×4</td><td rowspan="4">0.3</td><td rowspan="4">0.2</td><td>14.4</td><td rowspan="2">1.0</td></tr>
<tr><td>6×18×22×5</td><td>16.6</td></tr>
<tr><td>6×21×25×5</td><td>19.5</td><td>2.0</td></tr>
<tr><td>6×23×26×6</td><td>0.2</td><td>0.1</td><td>22</td><td>3.5</td><td>6×23×28×6</td><td>21.2</td><td rowspan="2">1.2</td></tr>
<tr><td>6×26×30×6</td><td rowspan="6">0.3</td><td rowspan="6">0.2</td><td>24.5</td><td>3.8</td><td>6×26×32×6</td><td rowspan="5">0.4</td><td rowspan="5">0.3</td><td>23.6</td></tr>
<tr><td>6×28×32×7</td><td>26.6</td><td>4.0</td><td>6×28×34×7</td><td>25.8</td><td>1.4</td></tr>
<tr><td>8×32×36×6</td><td>30.3</td><td>2.7</td><td>8×32×38×6</td><td>29.4</td><td rowspan="2">1.0</td></tr>
<tr><td>8×36×40×7</td><td>34.4</td><td>3.5</td><td>8×36×42×7</td><td>33.4</td></tr>
<tr><td>8×42×46×8</td><td>40.5</td><td>5.0</td><td>8×42×48×8</td><td>39.4</td><td>2.5</td></tr>
<tr><td>8×46×50×9</td><td>44.6</td><td>5.7</td><td>8×46×54×9</td><td rowspan="3">0.5</td><td rowspan="3">0.4</td><td>42.6</td><td>1.4</td></tr>
<tr><td>8×52×58×10</td><td rowspan="6">0.4</td><td rowspan="6">0.3</td><td>49.6</td><td>4.8</td><td>8×52×60×10</td><td>48.6</td><td rowspan="2">2.5</td></tr>
<tr><td>8×56×62×10</td><td>53.5</td><td>6.5</td><td>8×56×65×10</td><td>52.0</td></tr>
<tr><td>8×62×68×12</td><td>59.7</td><td>7.3</td><td>8×62×72×12</td><td rowspan="6">0.6</td><td rowspan="6">0.5</td><td>57.7</td><td>2.4</td></tr>
<tr><td>10×72×78×12</td><td>69.6</td><td>5.4</td><td>10×72×82×12</td><td>67.4</td><td>1.0</td></tr>
<tr><td>10×82×88×12</td><td>79.3</td><td>8.5</td><td>10×82×92×12</td><td>77.0</td><td>2.9</td></tr>
<tr><td>10×92×98×14</td><td>89.6</td><td>9.9</td><td>10×92×102×14</td><td>87.3</td><td>4.5</td></tr>
<tr><td>10×102×108×16</td><td>99.6</td><td>11.3</td><td>10×102×112×16</td><td>97.7</td><td>6.2</td></tr>
<tr><td>10×112×120×18</td><td>0.5</td><td>0.4</td><td>108.8</td><td>10.5</td><td>10×112×125×18</td><td>106.2</td><td>4.1</td></tr>
</table>

10.2.2.3 矩形花键的公差和配合

内花键和外花键的尺寸公差带应符合 GB/T 1801《产品几何技术规范（GPS） 极限与

配合　公差带和配合的选择》的规定，并按表 10-19 选取。

表 10-19　矩形花键的尺寸公差带

内花键				外花键			装配形式
小径 d	大径 D	键宽 B 拉削后不热处理	键宽 B 拉削后热处理	小径 d	大径 D	键宽 B	
一般用							
H7	H10	H9	H11	f7	a11	d10	滑动
				g7		f9	紧滑动
				h7		h10	固定
精密传动用							
H5	H10	H7、H9		f5	a11	d8	滑动
				g5		f7	紧滑动
				h5		h8	固定
H6				f6		d8	滑动
				g6		f7	紧滑动
				h6		d8	固定

注：1. 精密传动用的内花键，当需要控制键侧配合间隙时，槽宽可选用 H7，一般情况下可选用 H9。

2. d 为 H6 和 H7 的内花键，允许与提高一级的外花键配合。

10.2.2.4　矩形花键的几何公差

矩形花键的几何公差见表 10-20。

表 10-20　矩形花键的几何公差　　（单位：mm）

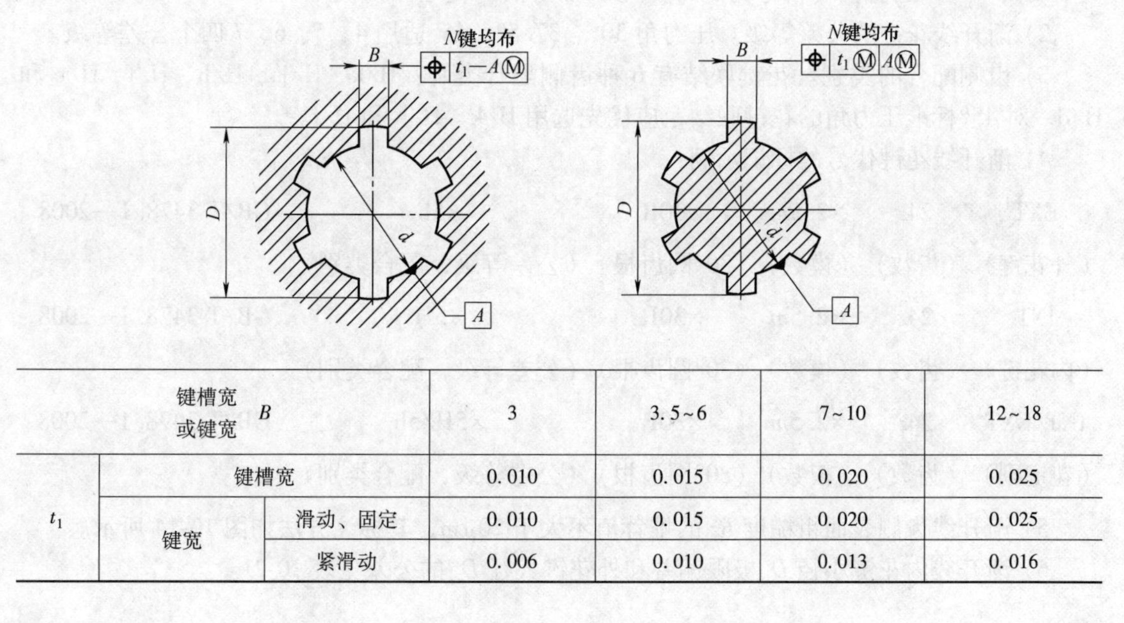

键槽宽或键宽 B			3	3.5~6	7~10	12~18
t_1	键槽宽		0.010	0.015	0.020	0.025
	键宽	滑动、固定	0.010	0.015	0.020	0.025
		紧滑动	0.006	0.010	0.013	0.016

10.2.2.5 矩形花键表面粗糙度的标注

图 10-11 所示为矩形内花键表面粗糙度的标注示例。

10.2.3 渐开线花键的画法及其标记

10.2.3.1 渐开线花键的画法

图 10-12 所示为渐开线花键，其中分度圆和分度线用细点画线画出（内、外花键相同），其他部分均与矩形花键的画法相同。

图 10-13 所示为渐开线花键的联结，其联结部分按外花键的画法画出。

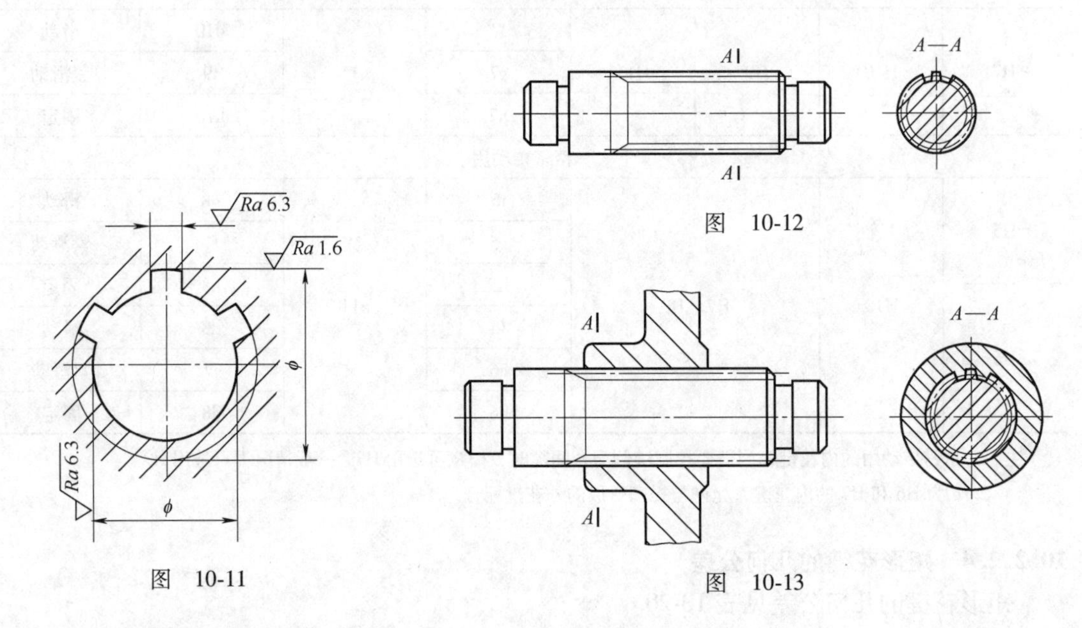

图 10-11

图 10-12

图 10-13

10.2.3.2 渐开线花键的标记

1）渐开线花键按齿形角和齿根分为三种：30°平齿根（代号为 30P）；30°圆齿根（代号为 30R）；37.5°圆齿根（代号为 37.5）；45°圆齿根（代号为 45）。

2）渐开线花键的公差等级。压力角 30°、37.5°、45°适用 4、5、6、7 四个公差等级。

3）齿侧配合的类别。花键联结有 6 种齿侧配合类别：H/k、H/js、H/h、H/f、H/e 和 H/d。对 45°标准压力角的花键联结，应优先选用 H/k、H/h 和 H/f。

4）渐开线花键代号的标记示例：

EXT	24*z*	×2.5*m*	×30R	×5h	GB/T 3478.1—2008
（外花键）	（齿数）	（模数）	（30°圆齿根）	（公差等级，配合类别）	
INT	24*z*	×2.5*m*	×30R	×5H	GB/T 3478.1—2008
（内花键）	（齿数）	（模数）	（30°圆齿根）	（公差等级，配合类别）	
INT/EXT	24*z*	×2.5*m*	×30R	×5H/5h	GB/T 3478.1—2008
（花键副）	（齿数）	（模数）	（30°圆齿根）	（公差等级，配合类别）	

5）渐开线齿侧表面粗糙度 *Rz* 的推荐值不大于 20μm，其标注方法如图 10-14 所示。

6）渐开线内花键小径 D_{ii} 极限偏差和外花键大径 D_{ee} 的公差见表 10-21。

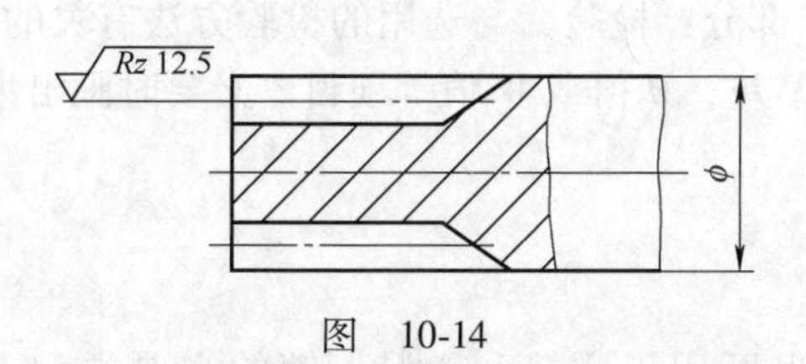

图　10-14

表 10-21　内花键小径 D_{ii} 极限偏差和外花键大径 D_{ee} 公差　　（单位：μm）

直径 D_{ii} 和 D_{ee}/mm	内花键小径 D_{ii} 极限偏差			外花键大径 D_{ee} 公差		
	模数 m/mm					
	0.25~0.75	1~1.75	2~10	0.25~0.75	1~1.75	2~10
	H10	H11	H12	IT10	IT11	IT12
≤6	+48 0			48		
>6~10	+58 0	+90 0		58		
>10~18	+70 0	+110 0	+180 0	70	110	
>18~30	+84 0	+130 0	+210 0	84	130	210
>30~50	+100 0	+160 0	+250 0	100	160	250
>50~80	+120 0	+190 0	+300 0	120	190	300
>80~120		+220 0	+350 0		220	350
>120~180		+250 0	+400 0		250	400
>180~250			+460 0			460
>250~315			+520 0			520
>315~400			+570 0			570
>400~500			+630 0			630
>500~630			+700 0			700
>630~800			+800 0			800
>800~1000			+900 0			900

注：若花键尺寸超出表中数值时，按 GB/T 1800.1《产品几何技术规范（GPS）　线性尺寸公差 ISO 代号体系　第 1 部分：公差、偏差和配合的基础》取值。

内花键大径 D_{ei} 和外花键小径 D_{ie} 的公差，从标准公差 IT12、IT13 或 IT14 中选取。

7）其他参数可由 GB/T 3478《圆柱直齿渐开线花键（米制模数　尺侧配合）》的各部分查出。在零件图样上，应给出制造花键时所需的全部尺寸、公差和参数，列出参数表，表中应给出齿数、模数、压力角、公差等级和配合类别、渐开线终止圆直径最小值或渐开线起始圆直径最大值、齿根圆弧最小曲率半径，以及按 GB/T 3478.5《圆柱直齿渐开线花键（米

制模数　尺侧配合）　第 5 部分：检验》与选用的检验方法有关的相应项目。也可列出其他项目，如大径、小径及其偏差、*M* 值或 *W* 值等项目。必要时画出齿形放大图。

10.3　销

销主要起定位作用，也可用于联接和锁紧。销的主要类型、结构特点及应用图例见表 10-22。

表 10-22　销的主要类型、结构特点及应用图例

类型	标记示例	结构特点及用途	应用图例
圆柱销	普通圆柱销 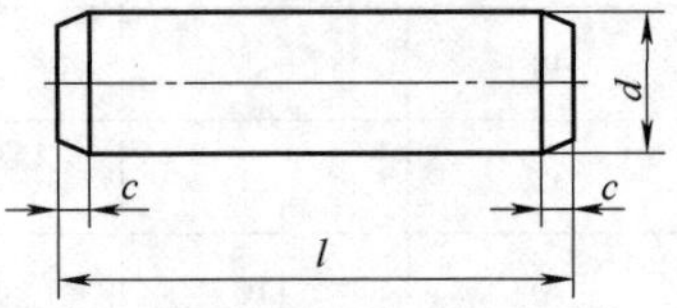 d　c　c　l 销　GB/T 119.1　6m6×30	主要用于定位，也用于联接	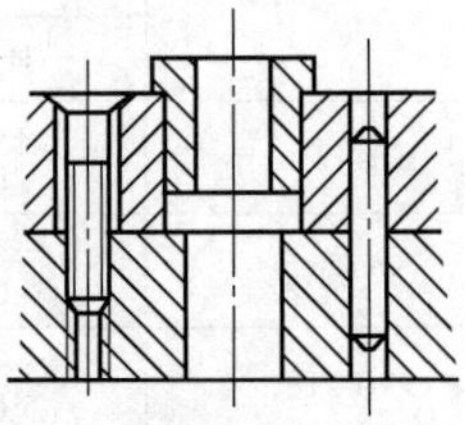 定位用
	内螺纹圆柱销 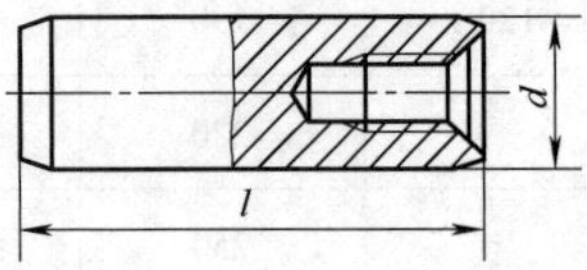 d　l 销　GB/T 120.1　6×30	内螺纹为拆卸用	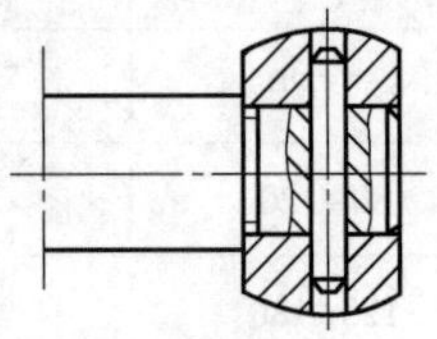 联接用
圆锥销	普通圆锥销 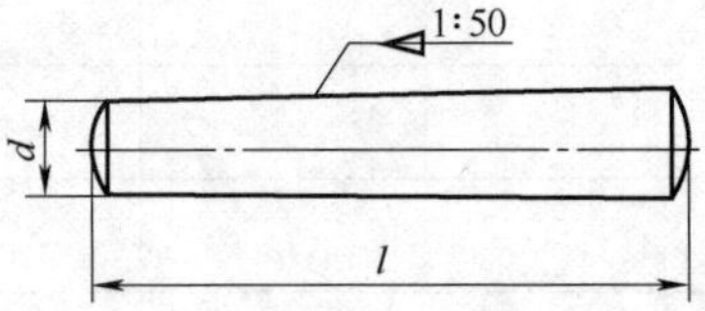 1∶50　d　l 销　GB/T 117　6×30	圆锥销上有一 1∶50 的锥度，其小头为公称直径 *d*。有 A 型（磨削）和 B 型（切削或冷镦）两种	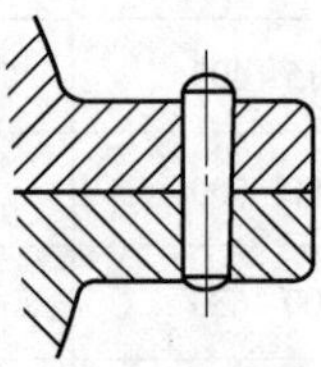 定位用
	内螺纹圆锥销 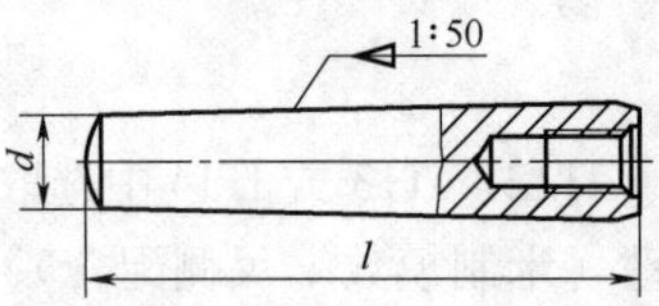 1∶50　d　l 销　GB/T 118　6×30	可用于不通孔处。分 A、B 两种型号。A 型为磨削，B 型为切削或冷镦	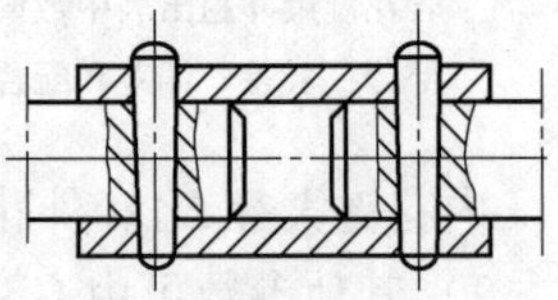 联接用

（续）

类型	标记示例	结构特点及用途	应用图例
销轴	销 GB/T 882　20×100	常用于铰接处。分 A 型（无孔）和 B 型（有孔）两种	
开口销	销　GB/T 91　5×50	用于锁紧其他零件	

10.3.1　圆柱销

圆柱销见表 10-23。

表 10-23　圆柱销（GB/T 119.1—2000）　　（单位：mm）

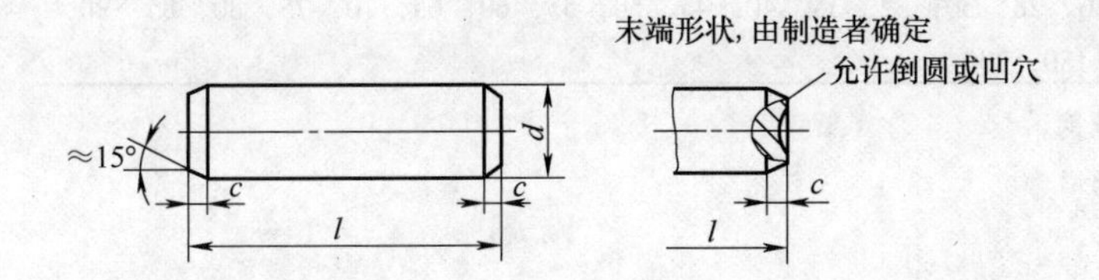

标记示例：

公称直径 $d=6$mm、公差为 m6、公称长度 $l=30$mm、材料为钢、不经淬火、不经表面处理的圆柱销

销　GB/T 119.1　6m6×30

d（公称）	0.6	0.8	1	1.2	1.5	2	2.5	3	4	5
$c\approx$	0.12	0.16	0.20	0.25	0.30	0.35	0.40	0.50	0.63	0.80
l	2~6	2~8	4~10	4~12	4~16	6~20	6~24	8~30	8~40	10~50
d（公称）	6	8	10	12	16	20	25	30	40	50
$c\approx$	1.2	1.6	2.0	2.5	3.0	3.5	4.0	5.0	6.3	8.0
l	12~60	14~80	18~95	22~140	26~180	35~200	50~200	60~200	80~200	95~200
长度 l 的系列	2，3，4，5，6，8，10，12，14，16，18，20，22，24，26，28，30，32，35，40，45，50，55，60，65，70，75，80，85，90，95，100，120，140，160，180，200									

注：1. 销的材料为不淬硬钢和奥氏体不锈钢。

2. 公称长度大于 200mm，按 20mm 递增。

3. 表面粗糙度：公差为 m6 时，$Ra\leqslant0.8\mu m$；公差为 h8 时，$Ra\leqslant1.6\mu m$。

10.3.2 内螺纹圆柱销

内螺纹圆柱销见表 10-24。

表 10-24 内螺纹圆柱销（GB/T 120.1—2000） （单位：mm）

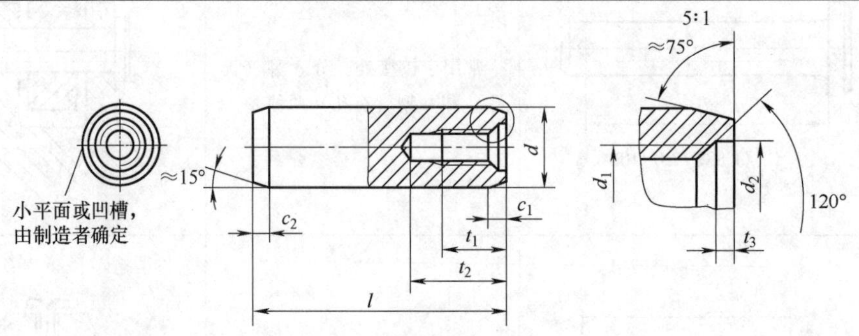

标记示例：

公称直径 d=6mm、公差为 m6、公称长度 l=30mm、材料为钢、不经淬火、不经表面处理的内螺纹圆柱销

销 GB/T 120.1 6×30

d（公称） m6	6	8	10	12	16	20	25	30	40	50
$c_1\approx$	0.8	1	1.2	1.6	2	2.5	3	4	5	6.3
$c_2\approx$	1.2	1.6	2	2.5	3	3.5	4	5	6.3	8
d_1	M4	M5	M6	M6	M8	M10	M16	M20	M20	M24
P（螺距）	0.7	0.8	1	1	1.25	1.5	2	2.5	2.5	3
d_2	4.3	5.3	6.4	6.4	8.4	10.5	17	21	21	25
t_1	6	8	10	12	16	18	24	30	30	36
t_2 min	10	12	16	20	25	28	35	40	40	50
t_3	1	1.2	1.2	1.2	1.5	1.5	2	2	2.5	2.5
l（公称）	16~60	18~80	22~100	26~120	32~160	40~200	50~200	60~200	80~200	100~200
长度 l 的系列	16，18，20，22，24，26，28，30，32，35，40，45，50，55，60，65，70，75，80，85，90，95，100，120，140，160，180，200									

注：1. 销的材料为不淬硬钢和奥氏体不锈钢。

2. 公称长度大于 200mm，按 20mm 递增。

3. 表面粗糙度：$Ra\leqslant 0.8\mu m$。

10.3.3 圆锥销

圆锥销见表 10-25。

表 10-25 圆锥销（GB/T 117—2000） （单位：mm）

A 型（磨削）：锥面表面粗糙度 Ra=0.8μm

B 型（切削或冷镦）：锥面表面粗糙度 Ra=3.2μm

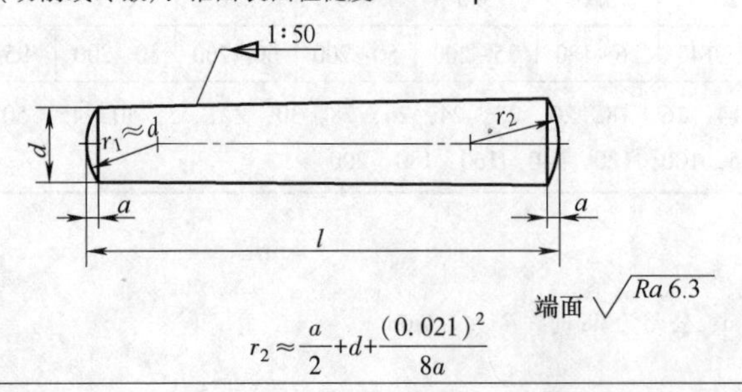

$$r_2\approx\frac{a}{2}+d+\frac{(0.021)^2}{8a}$$

标记示例：

公称直径 d = 6mm、公称长度 l = 30mm、材料为 35 钢、热处理硬度 28~38HRC、表面发蓝处理的 A 型圆锥销

销 GB/T 117 6×30

（续）

d（公称） h10	0.6	0.8	1	1.2	1.5	2	2.5	3	4	5
$a\approx$	0.08	0.1	0.12	0.16	0.2	0.25	0.3	0.4	0.5	0.63
l（公称）	4~8	5~12	6~16	6~20	8~24	10~35	10~35	12~45	14~55	18~60
d（公称） h10	6	8	10	12	16	20	25	30	40	50
$a\approx$	0.8	1	1.2	1.6	2	2.5	3	4	5	6.3
l（公称）	22~90	22~120	26~160	32~180	40~200	45~200	50~200	55~200	60~200	65~200
长度 l 的系列	2，3，4，5，6，8，10，12，14，16，18，20，22，24，26，28，30，32，35，40，45，50，55，60，65，70，75，80，85，90，95，100，120，140，160，180，200									

注：公称长度大于200mm，按20mm递增。

10.3.4 内螺纹圆锥销

内螺纹圆锥销见表10-26。

表10-26 内螺纹圆锥销（GB/T 118—2000） （单位：mm）

A型（磨削）：锥面表面粗糙度 $Ra=0.8\mu m$

B型（切削或冷镦）：锥面表面粗糙度 $Ra=3.2\mu m$

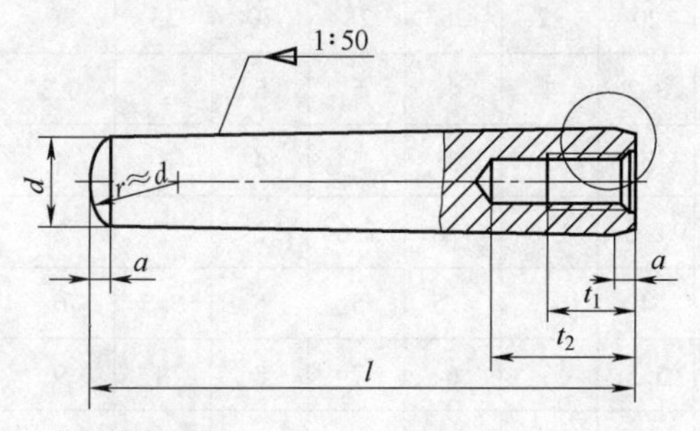

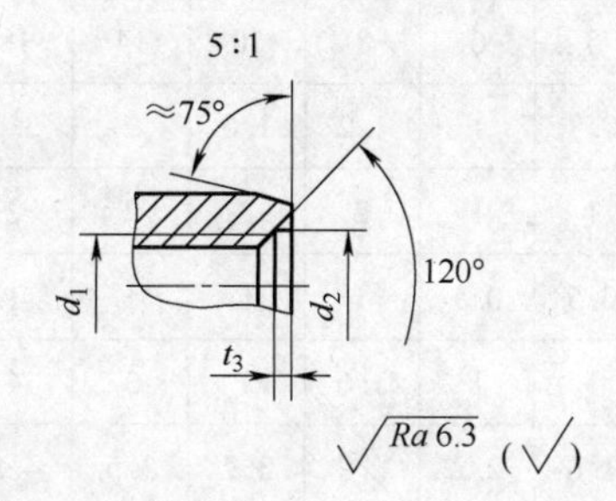

标记示例：

公称直径 $d=6$mm、公称长度 $l=30$mm、材料为35钢、热处理硬度28~38HRC、表面发蓝处理的A型内螺纹圆锥销

销 GB/T 118 6×30

d（公称）	6	8	10	12	16	20	25	30	40	50
$a\approx$	0.8	1	1.2	1.6	2	2.5	3	4	5	6.3
d_1	M4	M5	M6	M8	M10	M12	M16	M20	M20	M24
P（螺距）	0.7	0.8	1	1.25	1.5	1.75	2	2.5	2.5	3
d_2	4.3	5.3	6.4	8.4	10.5	13	17	21	21	25
t_1	6	8	10	12	16	18	24	30	30	36
$t_{2\min}$	10	12	16	20	25	28	35	40	40	50
t_3	1	1.2	1.2	1.2	1.5	1.5	2	2	2.5	2.5
l（公称）	16~60	18~80	22~100	26~120	32~160	40~200	50~200	60~200	80~200	100~200
长度 l 的系列	16，18，20，22，24，26，28，30，32，35，40，45，50，55，60，65，70，75，80，85，90，95，100，120，140，160，180，200									

注：公称长度大于200mm，按20mm递增。

10.3.5 销轴

销轴见表10-27。

表 10-27 销轴的尺寸（GB/T 882—2008） （单位：mm）

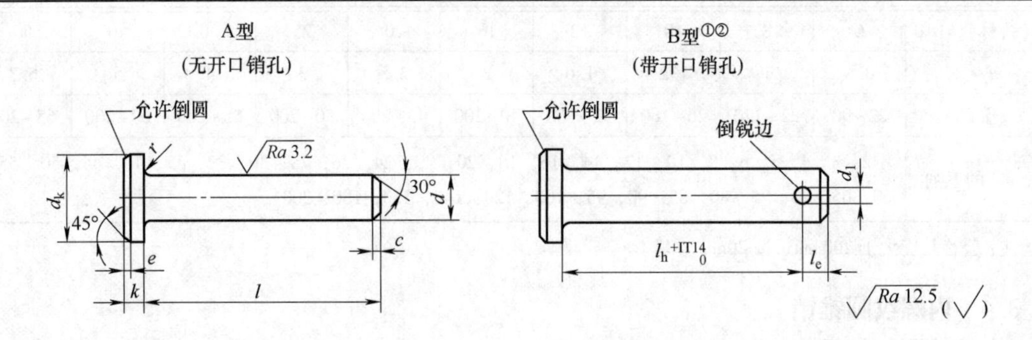

标记示例：

公称直径 $d=20$mm、长度 $l=100$mm、由钢制造的硬度为125~245 HV、表面氧化处理的B型销轴

销 GB/T 882 20×100

d	h11③	3	4	5	6	8	10	12	14	16	18	20	22	24
d_k	h14	5	6	8	10	14	18	20	22	25	28	30	33	36
d_1	H13④	0.8	1	1.2	1.6	2	3.2	3.2	4	4	5	5	5	6.3
c	max	1	1	2	2	2	2	3	3	3	3	4	4	4
e	≈	0.5	0.5	1	1	1	1	1.6	1.6	1.6	1.6	2	2	2
k	js14	1	1	1.6	2	3	4	4	4	4.5	5	5	5.5	6
l_e	min	1.6	2.2	2.9	3.2	3.5	4.5	5.5	6	6	7	8	8	9
r		0.6	0.6	0.6	0.6	0.6	0.6	0.6	0.6	0.6	1	1	1	1
d	h11③	27	30	33	36	40	45	50	55	60	70	80	90	100
d_k	h14	40	44	47	50	55	60	66	72	78	90	100	110	120
d_1	H13④	6.3	8	8	8	8	10	10	10	10	13	13	13	13
c	max	4	4	4	4	4	4	4	6	6	6	6	6	6
e	≈	2	2	2	2	2	2	2	3	3	3	3	3	3
k	js14	6	8	8	8	8	9	9	11	12	13	13	13	13
l_e	min	9	10	10	10	10	12	12	14	14	16	16	16	16
r		1	1	1	1	1	1	1	1	1	1	1	1	1

注：公称长度大于200mm，按20mm递增。

① 其余尺寸、角度和表面粗糙度值见A型

② 某些情况下，不能按 l-l_e 计算 l_h 尺寸，所需要的尺寸应在标记中注明，但不允许 l_h 尺寸小于表中规定的数值

③ 其他公差，如a11、c11、f8应由供需双方协议。

④ 孔径 d_1 等于开口销的公称规格（见GB/T 91）。

10.3.6 开口销

开口销见表 10-28。

表 10-28 开口销（GB/T 91—2000）　　　　（单位：mm）

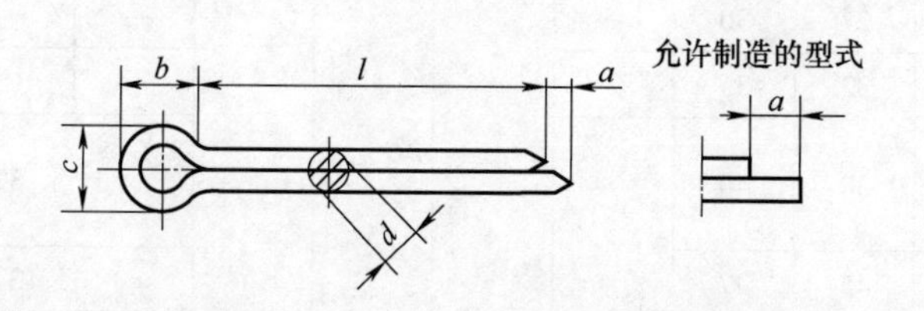

标记示例：

公称规格为 5mm、公称长度 l = 50mm、材料[2]为 Q215、不经表面处理的开口销

销　GB/T 91　5×50

公称规格[1]		0.6	0.8	1	1.2	1.6	2	2.5	3.2	4	5	6.3	8	10	13	16	20
d	max	0.5	0.7	0.9	1	1.4	1.8	2.3	2.9	3.7	4.6	5.9	7.5	9.5	12.4	15.4	19.3
	min	0.4	0.6	0.8	0.9	1.3	1.7	2.1	2.7	3.5	4.4	5.7	7.3	9.3	12.1	15.1	19
c	max	1	1.4	1.8	2	2.8	3.6	4.6	5.8	7.4	9.2	11.8	15	19	24.8	30.8	38.5
	min	0.9	1.2	1.6	1.7	2.4	3.2	4	5.1	6.5	8	10.3	13.1	16.6	21.7	27	33.8
$b\approx$		2	2.4	3	3	3.2	4	5	6.4	8	10	12.6	16	20	26	32	40
a_{max}		1.6			2.5				3.2	4				6.3			
l（公称）		4~12	5~16	6~20	8~25	8~32	10~40	12~50	14~63	18~80	22~100	32~125	40~160	45~200	71~250	112~280	160~280
长度 l 的系列		4，5，6，8，10，12，14，16，18，20，22，25，28，32，36，40，45，50，56，63，71，80，90，100，112，125，140，160，180，200，224，250，280															

① 公称规格等于开口销孔的直径。

② 开口销的材料用 Q215、Q235、H63、12Cr17Ni7、06Cr18Ni11Ti，其他材料由供需双方协议。

10.4 挡圈

10.4.1 轴肩挡圈

轴肩挡圈见表 10-29。

表 10-29 轴肩挡圈（GB/T 886—1986）　　　　（单位：mm）

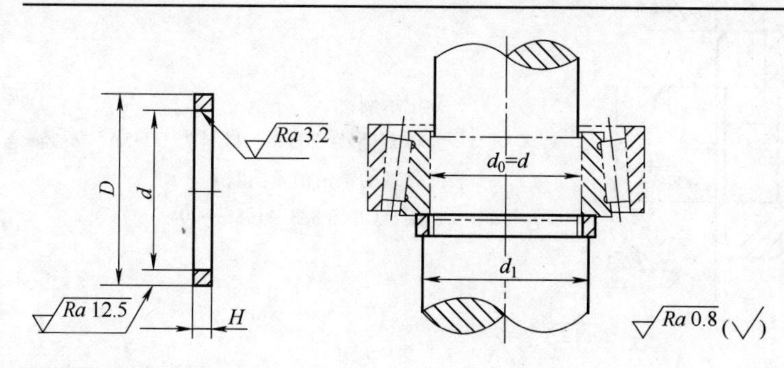

标记示例：

公称直径 d=30、外径 D=40、材料为 35 钢、不经热处理及表面处理的轴肩挡圈

挡圈　GB/T 886—1986—30×40

（续）

公称直径 d				D			H				$d \geqslant$		
公称尺寸	极限偏差 轻	极限偏差 中轻推	极限偏差 重中推	轻	中轻推	重中推	公称尺寸 轻	公称尺寸 中轻推	公称尺寸 重中推	极限偏差	轻	中轻推	重中推
20	—	$^{+0.13}_{0}$	$^{+0.13}_{0}$	—	27	30	—	4	5	$^{0}_{-0.30}$	—	22	
25	—			—	32	35	—				—	27	
30	$^{+0.13}_{0}$			36	38	40	4				32		
35	$^{+0.16}_{0}$		$^{+0.17}_{0}$	42	45	47					37		
40		$^{+0.16}_{0}$		47	50	52					42		
45				52	55	58					47		
50				58	60	65					52		
55	$^{+0.19}_{0}$			65	68	70	5	5	6		58		
60				70	72	75					63		
65				75	78	80					68		
70				80	82	85					73		
75				85	88	90					78		
80				90	95	100					83		
85	$^{+0.22}_{0}$			95	100	105	6	6	8		88		
90				100	105	110					93		
95				110	110	115					98		
100				115	115	120	8	8	10	$^{0}_{-0.36}$	103		
105				120	120	130					109		
110				125	130	135					114		
120				135	140	145					124		

10.4.2 锥销锁紧挡圈

锥销锁紧挡圈见表 10-30。

表 10-30 锥销锁紧挡圈（GB/T 883—1986） （单位：mm）

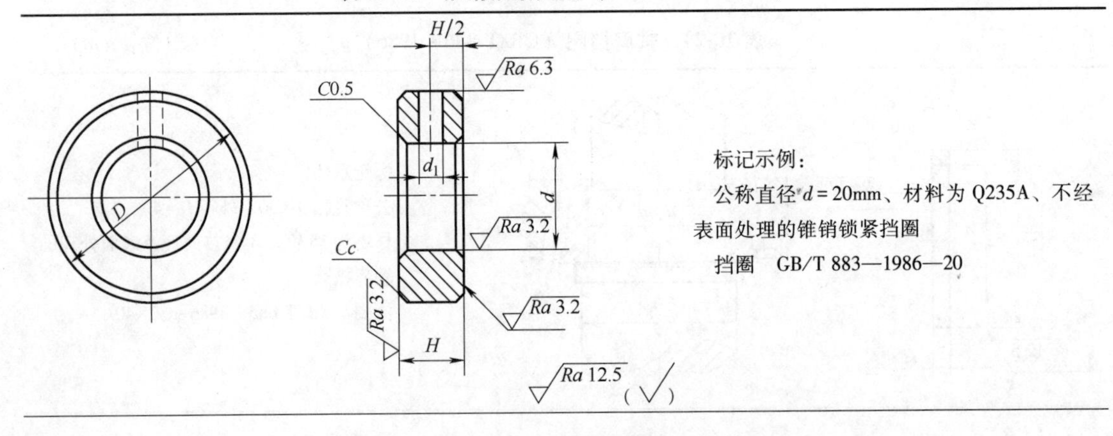

标记示例：

公称直径 d = 20mm、材料为 Q235A、不经表面处理的锥销锁紧挡圈

挡圈 GB/T 883—1986—20

（续）

公称直径 d		H		D	d_1	c	圆锥销 GB/T 117 （推荐）
公称尺寸	极限偏差	公称尺寸	极限偏差				
12	+0. 043 0	10	0 −0. 36	25	3	0. 5	3×25
（13）		10					
14		12	0 −0. 43	28	4		4×28
（15）		12		30			4×32
16		12					
（17）		12		32			
18		12					
（19）	+0. 052 0	12		35			4×35
20		12					
22		12		38	5	1	5×40
25		14		42			5×45
28		14		45			
30		14		48	6		6×50
32	+0. 062 0	14		52			6×55
35		16		56			
40		16		62			6×60
45		18		70			6×70
50		18		80	8		8×80
55	+0. 074 0	18		85			8×90
60		20	0 −0. 52	90			
65		20		95	10		10×100
70		20		100			
75		22		110			10×110
80		22		115			10×120

注：1. 尽可能不采用括号内的规格。

2. d_1 孔在加工时，只钻一面；在装配时钻透并铰孔。

10. 4. 3 螺钉锁紧挡圈

螺钉锁紧挡圈见表 10-31。

表 10-31　螺钉锁紧挡圈（GB/T 884—1986）　　　　（单位：mm）

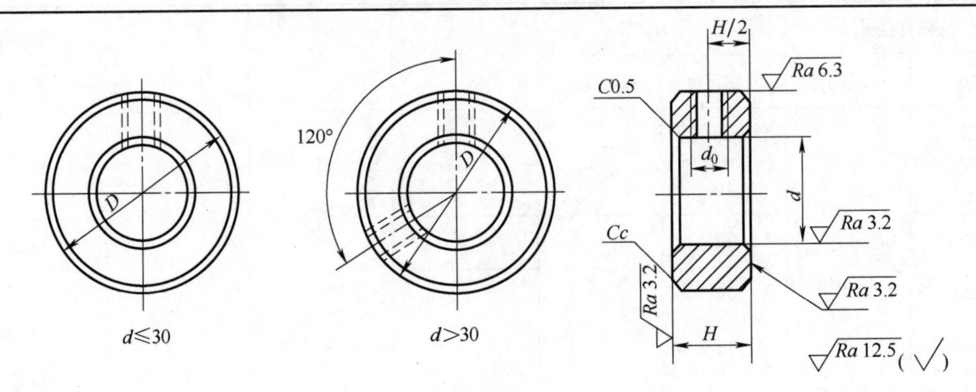

标记示例：

公称直径 d=20mm、材料为 Q235A、不经表面处理的螺钉锁紧挡圈

挡圈　GB/T 884—1986—20

公称直径 d		H		D	d_0	c	螺钉 GB/T 71—1985（推荐）
公称尺寸	极限偏差	公称尺寸	极限偏差				
14	$^{+0.043}_{0}$	12	$^{0}_{-0.43}$	28	M6	1	M6×10
(15)		12		30			
16		12					
17		12		32			
18		12					
(19)	$^{+0.052}_{0}$	12		35			
20		12					
22		12		38			
25		14		42	M8		M8×12
28		14		45			
30		14		48			
32	$^{+0.062}_{0}$	14		52			
35		16		56	M10		M10×16
40		16		62			
45		18		70			
50		18		80			M10×20
55	$^{+0.074}_{0}$	18		85			
60		20	$^{0}_{-0.52}$	90			
65		20		95			
70		20		100			
75		22		110	M12		M12×25
80		22		115			

注：尽可能不采用括号内的规格。

10.4.4 螺钉紧固轴端挡圈

螺钉紧固轴端挡圈见表 10-32。

表 10-32 螺钉紧固轴端挡圈（GB/T 891—1986） （单位：mm）

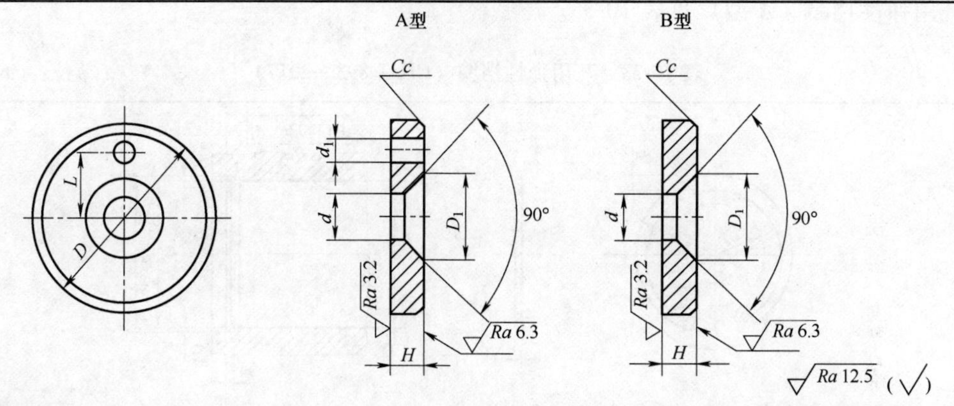

标记示例：
公称直径 D=45mm、
材料为 Q235A、不经表面处理的 A 型螺钉紧固轴端挡圈
挡圈 GB/T 891—1986—45
（若为 B 型，45 应为 B45）

轴径 ≤	公称直径 D	H 公称尺寸	H 极限偏差	L 公称尺寸	L 极限偏差	d	d_1	D_1	c	螺钉 GB/T 819—1985（推荐）	圆柱销 GB/T 119—1986（推荐）
14	20	4	0 −0.30	—	±0.11	5.5	2.1	11	0.5	M5×12	A2×10
16	22	4		—							
18	25	4		—							
20	28	4		7.5							
22	30	4		7.5							
25	32	5		10		6.6	3.2	13	1	M6×16	A3×12
28	35	5		10							
30	38	5		10							
32	40	5		12	±0.135						
35	45	5		12							
40	50	5		12							
45	55	6		16		9	4.2	17	1.5	M8×20	A4×14
50	60	6		16							
55	65	6		16							
60	70	6		20	±0.165						
65	75	6		20							
70	80	6		20							
75	90	8	0 −0.36	25		13	5.2	25	2	M12×25	A5×16
85	100	8		25							

注：当挡圈装在带螺纹孔的轴端时，紧固用螺钉允许加长。

10.4.5 弹性挡圈

弹性挡圈分孔用及轴用两种，每种又有 A、B 两型，现均介绍其 A 型。

1. 孔用弹性挡圈（A 型）

孔用弹性挡圈（A 型）见表 10-33。

表 10-33 孔用弹性挡圈（GB/T 893—2017） （单位：mm）

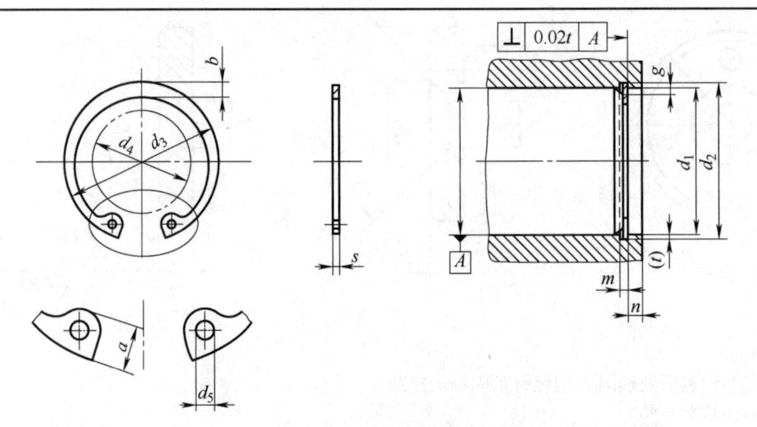

d_1—孔径

d_2—槽径

d_3—自由状态挡圈外径

d_4—中心线上的最小内孔直径，$d_4=d_1-2.1a$

d_5—安装孔直径

a—支耳径向宽度

b—挡圈开口对面的径向宽度

s—挡圈厚度

g—零件倒角尺寸

m—槽宽

n—边距

t—d_1 和 d_2 为公称尺寸时的槽深

标记示例：孔径 $d_1=40$mm、厚度 $s=1.75$mm、材料为 C67S、表面磷化处理的 A 型孔用弹性挡圈

挡圈 GB/T 893 40

公称规格 d_1	挡圈							沟槽					其他	
	s		d_3		a	b	d_5	d_2		m	t	n	d_4	g
	公称尺寸	极限偏差	公称尺寸	极限偏差	max	≈	min	公称尺寸	极限偏差	H13		min		
8	0.80	0 −0.05	8.7	+0.36 −0.10	2.4	1.1	1.0	8.4	+0.09 0	0.9	0.20	0.6	3.0	0.5
9	0.80		9.8		2.5	1.3	1.0	9.4		0.9	0.20	0.6	3.7	0.5
10	1.00	0 −0.06	10.8		3.2	1.4	1.2	10.4	+0.11 0	1.1	0.20	0.6	3.3	0.5
11	1.00		11.8		3.3	1.5	1.2	11.4		1.1	0.20	0.6	4.1	0.5
12	1.00		13		3.4	1.7	1.5	12.5		1.1	0.25	0.8	4.9	0.5
13	1.00		14.1		3.6	1.8	1.5	13.6		1.1	0.30	0.9	5.4	0.5
14	1.00		15.1		3.7	1.9	1.7	14.6		1.1	0.30	0.9	6.2	0.5
15	1.00		16.2		3.7	2.0	1.7	15.7		1.1	0.35	1.1	7.2	0.5
16	1.00		17.3		3.8	2.0	1.7	16.8		1.1	0.40	1.2	8.0	1.0
17	1.00		18.3	+0.42 −0.13	3.9	2.1	1.7	17.8		1.1	0.40	1.2	8.8	1.0
18	1.00		19.5		4.1	2.2	2.0	19	+0.13 0	1.1	0.50	1.5	9.4	1.0
19	1.00		20.5		4.1	2.2	2.0	20		1.1	0.50	1.5	10.4	1.0
20	1.00		21.5		4.2	2.3	2.0	21		1.1	0.50	1.5	11.2	1.0
21	1.00		22.5		4.2	2.4	2.0	22		1.1	0.50	1.5	12.2	1.0
22	1.00		23.5		4.2	2.5	2.0	23		1.1	0.50	1.5	13.2	1.0

（续）

公称规格 d_1	挡圈							沟槽					其他	
	s		d_3		a max	b ≈	d_5 min	d_2		m H13	t	n min	d_4	g
	公称尺寸	极限偏差	公称尺寸	极限偏差				公称尺寸	极限偏差					
24	1.20		25.9		4.4	2.6	2.0	25.2		1.3	0.60	1.8	14.8	1.0
25	1.20		26.9	+0.42 −0.21	4.5	2.7	2.0	26.2	+0.21 0	1.3	0.60	1.8	15.5	1.0
26	1.20		27.9		4.7	2.8	2.0	27.2		1.3	0.60	1.8	16.1	1.0
28	1.20		30.1		4.8	2.9	2.0	29.4		1.3	0.70	2.1	17.9	1.0
30	1.20		32.1		4.8	3.0	2.0	31.4		1.3	0.70	2.1	19.9	1.0
31	1.20		33.4		5.2	3.2	2.5	32.7		1.3	0.85	2.6	20.0	1.0
32	1.20		34.4		5.4	3.2	2.5	33.7		1.3	0.85	2.6	20.6	1.0
34	1.50	0 −0.06	36.5	+0.50 −0.25	5.4	3.3	2.5	35.7		1.60	0.85	2.6	22.6	1.5
35	1.50		37.8		5.4	3.4	2.5	37.0		1.60	1.00	3.0	23.6	1.5
36	1.50		38.8		5.4	3.5	2.5	38.0	+0.25 0	1.60	1.00	3.0	24.6	1.5
37	1.50		39.8		5.5	3.6	2.5	39		1.60	1.00	3.0	25.4	1.5
38	1.50		40.8		5.5	3.7	2.5	40		1.60	1.00	3.0	26.4	1.5
40	1.75		43.5		5.8	3.9	2.5	42.5		1.85	1.25	3.8	27.8	2.0
42	1.75		45.5	+0.90 −0.39	5.9	4.1	2.5	44.5		1.85	1.25	3.8	29.6	2.0
45	1.75		48.5		6.2	4.3	2.5	47.5		1.85	1.25	3.8	32.0	2.0
47	1.75		50.5	+1.10 −0.46	6.4	4.4	2.5	49.5		1.85	1.25	3.8	33.5	2.0
48	1.75		51.5		6.4	4.5	2.5	50.5		1.85	1.25	3.8	34.5	2.0

2. 轴用弹性挡圈（A 型）

轴用弹性挡圈（A 型）见表 10-34。

表 10-34　轴用弹性挡圈（GB/T 894—2017）　　（单位：mm）

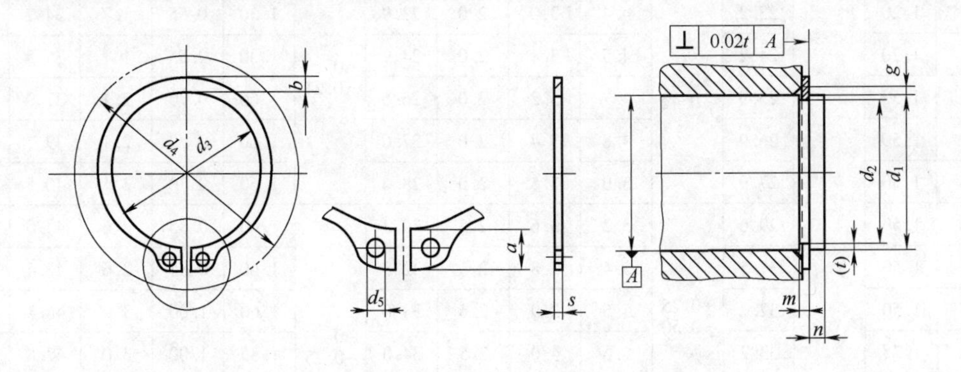

标记示例：
轴径 d_1=40mm、厚度 s=1.75mm、材料为 C67S、表面磷化处理的 A 型轴用弹性挡圈
挡圈　GB/T 894　40

（续）

公称规格 d_1	挡圈							沟槽					其他	
	s		d_3		a max	b ≈	d_5 min	d_2		m H13	t	n min	d_4	g
	公称尺寸	极限偏差	公称尺寸	极限偏差				公称尺寸	极限偏差					
3	0.40	0 −0.05	2.7	+0.04 −0.15	1.9	0.8	1.0	2.8	0 −0.04	0.5	0.10	0.3	7.0	0.5
4	0.40		3.7		2.2	0.9	1.0	3.8	0 −0.05	0.5	0.10	0.3	8.6	0.5
5	0.60		4.7		2.5	1.1	1.0	4.8		0.7	0.10	0.3	10.3	0.5
6	0.70		5.6		2.7	1.3	1.2	5.7		0.8	0.15	0.5	11.7	0.5
7	0.80		6.5	+0.06 −0.18	3.1	1.4	1.2	6.7	0 −0.06	0.9	0.15	0.5	13.5	0.5
8	0.80		7.4		3.2	1.5	1.2	7.6		0.9	0.20	0.6	14.7	0.5
9	1.00	0 −0.06	8.4		3.3	1.7	1.2	8.6	0 −0.11	1.1	0.20	0.6	16.0	0.5
10	1.00		9.3	+0.10 −0.36	3.3	1.8	1.5	9.6		1.1	0.20	0.6	17.0	1.0
11	1.00		10.2		3.3	1.8	1.5	10.5		1.1	0.25	0.8	18.0	1.0
12	1.00		11.0		3.3	1.8	1.7	11.5		1.1	0.25	0.8	19.0	1.0
13	1.00		11.9		3.4	2.0	1.7	12.4		1.1	0.30	0.9	20.2	1.0
14	1.00		12.9		3.5	2.1	1.7	13.4		1.1	0.30	0.9	21.4	1.0
15	1.00		13.8		3.6	2.2	1.7	14.3		1.1	0.35	1.1	22.6	1.0
16	1.00		14.7		3.7	2.2	1.7	15.2		1.1	0.40	1.2	23.8	1.0
17	1.00		15.7		3.8	2.3	1.7	16.2		1.1	0.40	1.2	25.0	1.0
18	1.20		16.5		3.9	2.4	2.0	17.0		1.30	0.50	1.5	26.2	1.5
19	1.20		17.5		3.9	2.5	2.0	18.0		1.30	0.50	1.5	27.2	1.5
20	1.20		18.5	+0.13 −0.42	4.0	2.6	2.0	19.0	0 −0.13	1.30	0.50	1.5	28.4	1.5
21	1.20		19.5		4.1	2.7	2.0	20.0		1.30	0.50	1.5	29.6	1.5
22	1.20		20.5		4.2	2.8	2.0	21.0		1.30	0.50	1.5	30.8	1.5
24	1.20		22.2	+0.21 −0.42	4.4	3.0	2.0	22.9	0 −0.21	1.30	0.55	1.7	33.2	1.5
25	1.20		23.2		4.4	3.0	2.0	23.9		1.30	0.55	1.7	34.2	1.5
26	1.20		24.2		4.5	3.1	2.0	24.9		1.30	0.55	1.7	35.5	1.5
28	1.50		25.9		4.7	3.2	2.0	26.6		1.60	0.70	2.1	37.9	1.5
29	1.50		26.9		4.8	3.4	2.0	27.6		1.60	0.70	2.1	39.1	1.5
30	1.50		27.9		5.0	3.5	2.0	28.6		1.60	0.70	2.1	40.5	1.5
32	1.50		29.6	+0.25 −0.50	5.2	3.6	2.5	30.3	0 −0.25	1.60	0.85	2.6	43.0	2.0
34	1.50		31.5		5.4	3.8	2.5	32.3		1.60	0.85	2.6	45.4	2.0
35	1.50		32.2		5.6	3.9	2.5	33.0		1.60	1.00	3.0	46.8	2.0
36	1.75		33.2		5.6	4.0	2.5	34.0		1.85	1.00	3.0	47.8	2.0
38	1.75		35.2		5.8	4.2	2.5	36.0		1.85	1.00	3.0	50.2	2.0
40	1.75		36.5	+0.39 −0.90	6.0	4.4	2.5	37.0		1.85	1.25	3.8	52.6	2.0

10.4.6 钢丝挡圈

钢丝挡圈有孔用及轴用两种。

1. 孔用钢丝挡圈

孔用钢丝挡圈见表 10-35。

表 10-35 孔用钢丝挡圈（GB/T 895. 1—1986） （单位：mm）

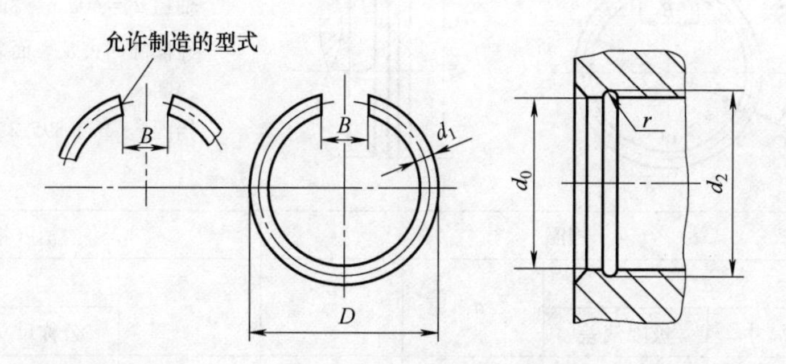

标记示例：

孔径 d_0 = 40mm、材料为碳素弹簧钢丝、经低温回火及表面发蓝处理的孔用钢丝挡圈

挡圈 GB/T 895. 1—1986—40

轴径 d_0	挡圈				沟槽（推荐）		
	D		d_1	B ≈	r	d_2	
	公称尺寸	极限偏差				公称尺寸	极限偏差
7	8.0	+0.22 0	0.8	4	0.5	7.8	±0.045
8	9.0					8.8	
10	11.0	+0.43 0				10.8	±0.055
12	13.5		1.0	6	0.6	13.0	
14	15.5					15.0	
16	18.0		1.6	8	0.9	17.6	
18	20.0	+0.52 0				19.6	±0.065
20	22.5		2.0	10	1.1	22.0	±0.105
22	24.5					24.0	
24	26.5					26.0	
25	27.5					27.0	
26	28.5					28.0	
28	30.5	+0.62 0				30.0	
30	32.5					32.0	
32	35.0		2.5	12	1.4	34.5	±0.125
35	38.0	+1.00 0				37.6	
38	41.0					40.6	
40	43.0					42.6	
42	45.0			16		44.5	
45	48.0					47.5	
48	51.0	+1.20 0				50.5	±0.150
50	53.0					52.5	

2. 轴用钢丝挡圈

轴用钢丝挡圈见表 10-36。

表 10-36 轴用钢丝挡圈（GB/T 895.2—1986）（单位：mm）

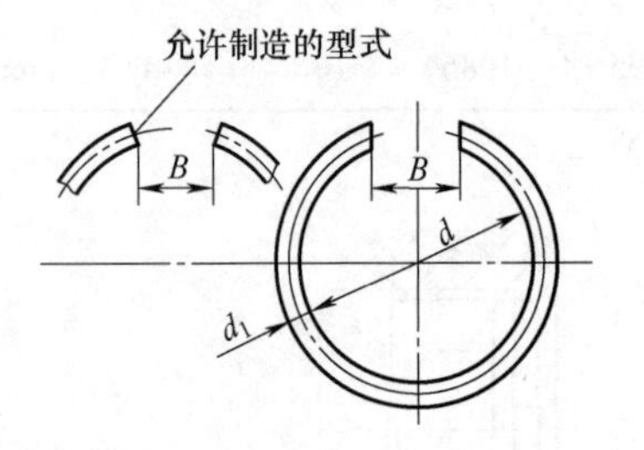

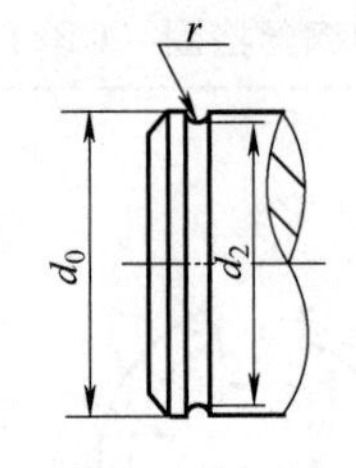

标记示例：

轴径 d_0=40mm、材料为碳素弹簧钢丝、经低温回火及表面氧化处理的轴用钢丝挡圈

挡圈 GB/T 895.2 40

轴径 d_0	挡圈				沟槽（推荐）		
	d		d_1	B ≈	r	d_2	
	公称尺寸	极限偏差				公称尺寸	极限偏差
4	3	0 −0.18	0.6	1	0.4	3.4	±0.037
5	4					4.4	
6	5					5.4	
7	6		0.8	2	0.5	6.2	±0.045
8	7	0 −0.22				7.2	
10	9					9.2	
12	10.5	0 −0.43	1.0	3	0.6	11.0	±0.055
14	12.5					13.0	
16	14.0		1.6		0.9	14.4	
18	16.0					16.4	
20	17.5		2.0		1.1	18.0	±0.09
22	19.5	0 −0.52				20.0	±0.105
24	21.5					22.0	
25	22.5					23.0	
26	23.5					24.0	
28	25.5					26.0	
30	27.5					28.0	
32	29.0					29.5	
35	32.0	0 −1.00	2.5	4	1.4	32.5	±0.125
38	35.0					35.5	
40	37.0					37.5	
42	39.0					39.5	
45	42.0					42.5	
48	45.0					45.5	
50	47.0					47.5	

10.4.7 开口挡圈

开口挡圈见表 10-37。

表 10-37 开口挡圈（GB/T 896—2020） （单位：mm）

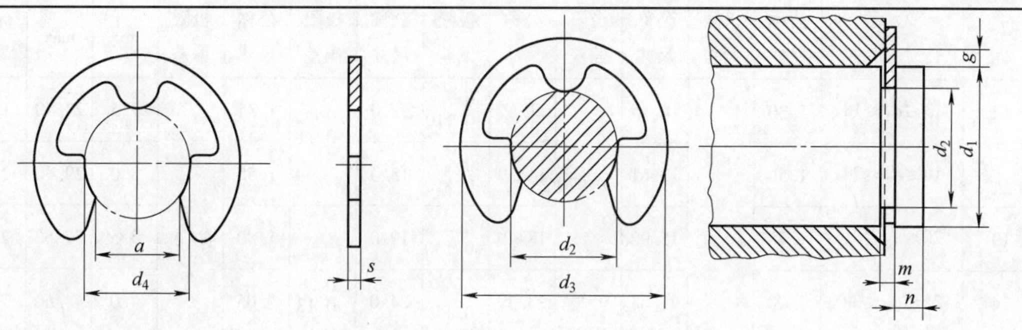

标记示例：

公称直径 d_2=4mm、材料 65Mn、热处理硬度 47~54HRC、经表面氧化处理的开口挡圈

挡圈 GB/T 896 4

公称直径 d_2	d_1	挡圈						沟槽					补充数据	
		s		a		d_4		d_2		m①		n	d_3	g
		公称尺寸	极限偏差	公称尺寸	极限偏差	公称尺寸	极限偏差	公称尺寸	极限偏差	公称尺寸	极限偏差	min	max	
0.8	$1 \leqslant d_1 \leqslant 1.4$	0.20		0.58		0.74	0 -0.040	0.8	0 -0.04	0.24		0.4	2.25	0.3
1.2	$1.4 \leqslant d_1 \leqslant 2$	0.30		1.01		1.12	0 -0.060	1.2		0.34	+0.04 0	0.6	3.25	0.4
1.5	$2 \leqslant d_1 \leqslant 2.5$	0.40		1.28		1.41	0 -0.060	1.5		0.44		0.8	4.25	0.6
1.9	$2.5 \leqslant d_1 \leqslant 3$	0.50		1.61	±0.040	1.80	0 -0.060	1.9	0 -0.06	0.54		1.0	4.80	0.7
2.3	$3 \leqslant d_1 \leqslant 4$	0.60	±0.02	1.94		2.20	0 -0.060	2.3		0.64		1.0	6.30	0.9
3.2	$4 \leqslant d_1 \leqslant 5$	0.60		2.70		3.06	0 -0.075	3.2		0.64		1.0	7.30	0.9
4	$5 \leqslant d_1 \leqslant 7$	0.70		3.34		3.85	0 -0.075	4.0	0 -0.075	0.74	+0.05 0	1.2	9.30	1
5	$6 \leqslant d_1 \leqslant 8$	0.70		4.11	±0.048	4.83	0 -0.075	5.0		0.74		1.2	11.30	1
6	$7 \leqslant d_1 \leqslant 9$	0.70		5.26		5.81	0 -0.075	6.0		0.74		1.2	12.30	1.1
7	$8 \leqslant d_1 \leqslant 11$	0.90		5.84		6.79	0 -0.075	7.0		0.94		1.5	14.30	1.3
8	$9 \leqslant d_1 \leqslant 12$	1.00		6.52		7.75	0 -0.090	8.0	0 -0.09	1.05		1.8	16.30	1.5
9	$10 \leqslant d_1 \leqslant 14$	1.10	±0.03	7.63	±0.058	8.73	0 -0.090	9.0		1.15	+0.08 0	2.0	18.80	1.61
10	$11 \leqslant d_1 \leqslant 15$	1.20		8.32		9.71	0 -0.090	10.0		1.25		2.0	20.40	1.8

（续）

公称直径 d_2	d_1	挡圈						沟槽					补充数据	
		s		a		d_4		d_2		m①		n	d_3	g
		公称尺寸	极限偏差	公称尺寸	极限偏差	公称尺寸	极限偏差	公称尺寸	极限偏差	公称尺寸	极限偏差	min	max	
12	$13 \leqslant d_1 \leqslant 18$	1.30	±0.03	10.45	±0.070	11.65	0 −0.110	12.0	0 −0.11	1.35	+0.08 0	2.5	23.40	1.9
15	$16 \leqslant d_1 \leqslant 24$	1.50		12.61		14.59	0 −0.110	15.0		1.55		3.0	29.40	2.2
19	$20 \leqslant d_1 \leqslant 31$	1.75		15.92		18.49	0 −0.130	19.0	0 −0.13	1.80		3.5	37.60	2.5
24	$25 \leqslant d_1 \leqslant 38$	2.00		21.88	±0.084	23.39	0 −0.130	24.0		2.05		4.0	44.60	3
30	$32 \leqslant d_1 \leqslant 42$	2.50		25.80		29.25	0 −0.150	30.0		2.55		4.5	52.60	3.5

① 表中给出的沟槽宽度 m 适用于标准情况。如果要求高精度或者交变承载能力，应选用较小的槽宽，如果要求精度低，可选用较大的槽宽。

10.4.8 夹紧挡圈

夹紧挡圈见表 10-38。

表 10-38 夹紧挡圈（GB/T 960—1986）（单位：mm）

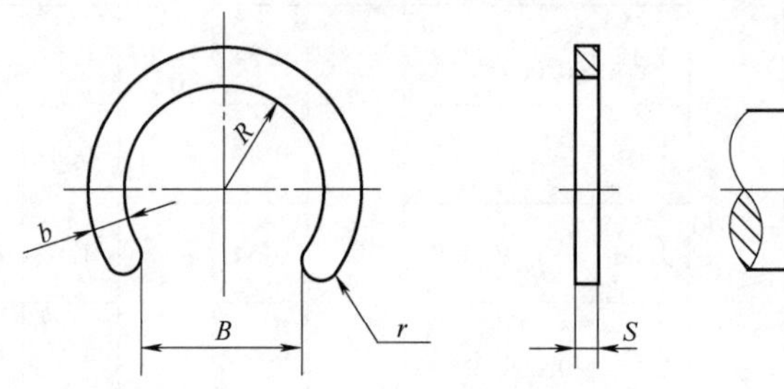

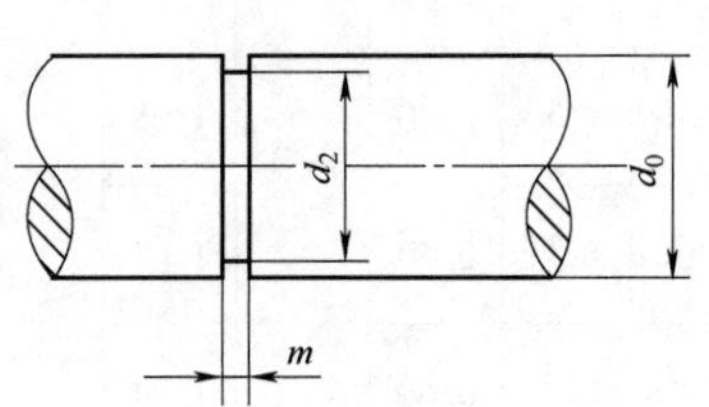

标记示例：

轴径 d_0 = 6mm、材料为 Q235A、不经表面处理的夹紧挡圈

挡圈 GB/T 960—1986—6

轴径 d_0	挡圈						沟槽（推荐）	
	B		R	b	S	r	d_2	m
	公称尺寸	极限偏差						
1.5	1.2	+0.14 0	0.65	0.6	0.35	0.3	1	0.4
2	1.7		0.95		0.4		1.5	0.45
3	2.5		1.4	0.8	0.6	0.4	2.2	0.65
4	3.2	+0.18 0	1.9	1		0.5	3	
5	4.3		2.5	1.2	0.8	0.6	3.8	0.85
6	5.6		3.2				4.8	1.05
8	7.7	+0.22 0	4.5	1.6	1	0.8	6.6	
10	9.6		5.8				8.4	

10.5 弹簧

10.5.1 螺旋弹簧

根据 GB/T 23935—2009《圆柱螺旋弹簧设计计算》，普通圆柱螺旋弹簧分为三种形式：压缩弹簧、拉伸弹簧、扭转弹簧。

在 GB/T 4459.4—2003《机械制图　弹簧表示法》中规定了螺旋弹簧的画法：

1）在平行于螺旋弹簧轴线的投影面的视图中，其各圈的轮廓应画成直线。

2）螺旋弹簧均可画成右旋，对必须保证的旋向要求应在“技术要求”中注明。

3）有效圈数在四圈以上的螺旋弹簧中间部分可以省略。圆柱螺旋弹簧的中间部分省略后，允许适当缩短图形的长度，截锥涡卷弹簧中间部分省略后用细实线相连。

10.5.1.1 螺旋压缩弹簧

1. 螺旋压缩弹簧的代号及端部结构形式（见表 10-39）

表 10-39　螺旋压缩弹簧的代号及端部结构形式（GB/T 23934—2009、GB/T 23935—2009）

类型	代号	简图	端部结构型式
冷卷压缩弹簧（Y）	YⅠ	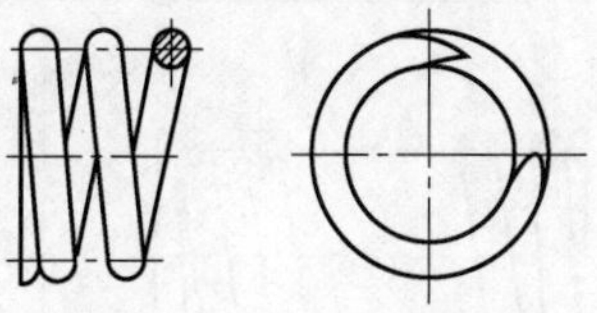	两端圈并紧磨平 $n_2 \geqslant 2$
	YⅡ	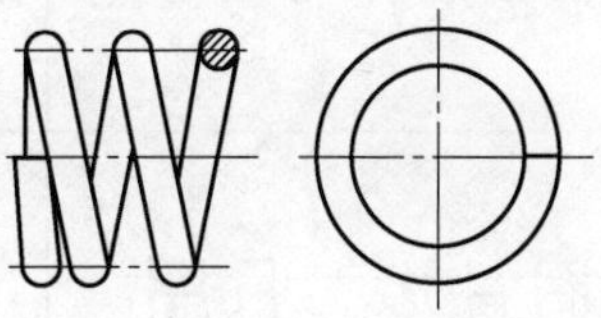	两端圈并紧不磨 $n_2 \geqslant 2$
	YⅢ	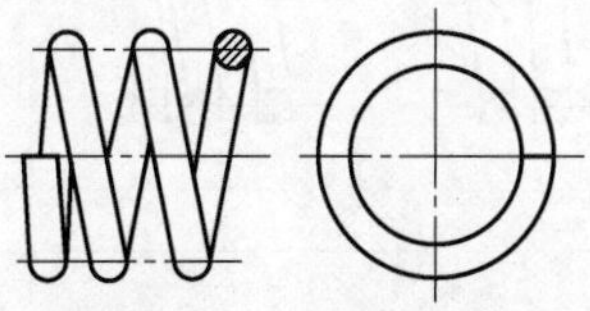	两端圈不并紧 $n_2 < 2$
热卷压缩弹簧（RY）	RYⅠ	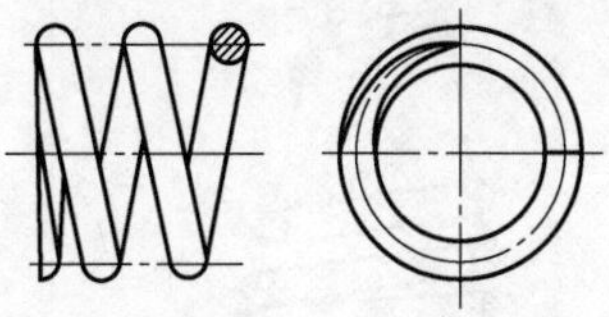	两端圈并紧磨平 $n_2 \geqslant 1.5$
	RYⅡ	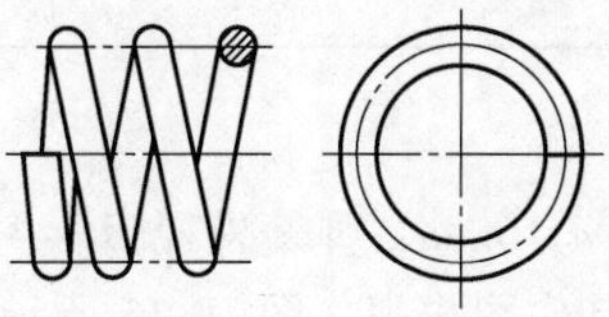	两端圈并紧不磨 $n_2 \geqslant 1.5$

（续）

类型	代号	简图	端部结构型式
热卷压缩弹簧（RY）	RYⅢ	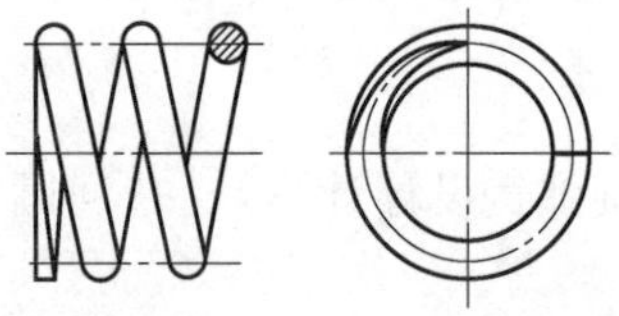	两端圈制扁、并紧磨平 $n_2 \geqslant 1.5$
	RYⅣ	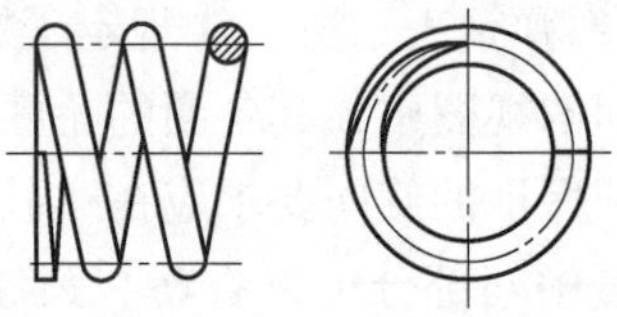	两端圈制扁、并紧不磨 $n_2 \geqslant 1.5$

2. 螺旋压缩弹簧的画法

螺旋压缩弹簧如要求两端并紧磨平时，不论支承圈的圈数多少或末端贴紧情况如何，其视图、剖视图及示意图均按表 10-40 绘制。

表 10-40　螺旋压缩弹簧的画法（GB/T 4459.4—2003）

名称	视图	剖视图	示意图
圆柱螺旋压缩弹簧	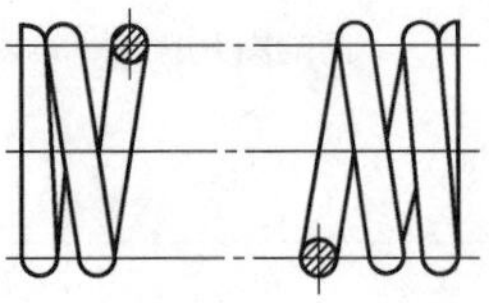	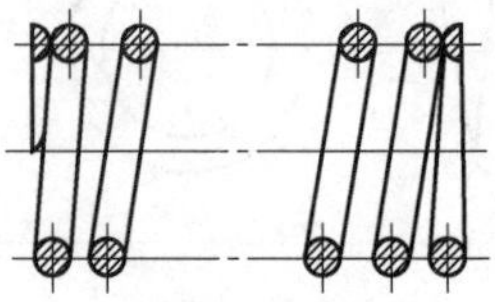	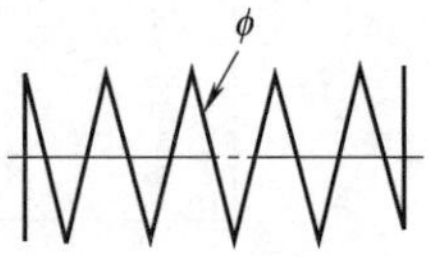 ϕ
	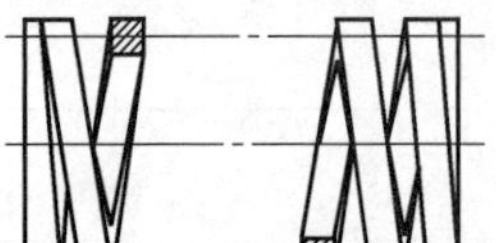	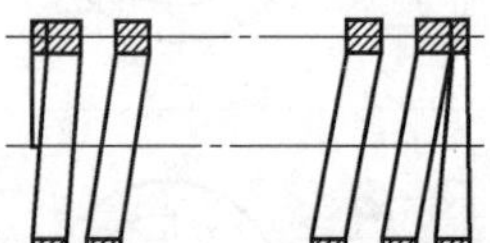	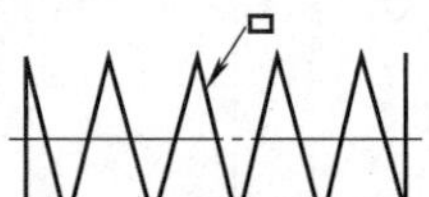
截锥螺旋压缩弹簧	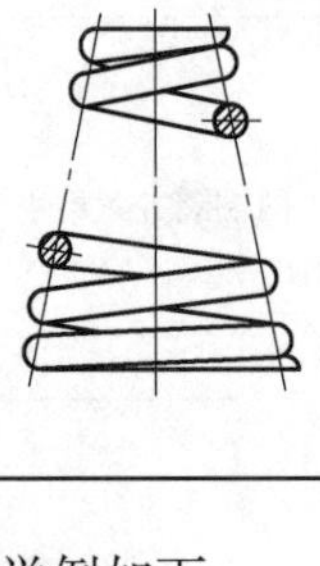	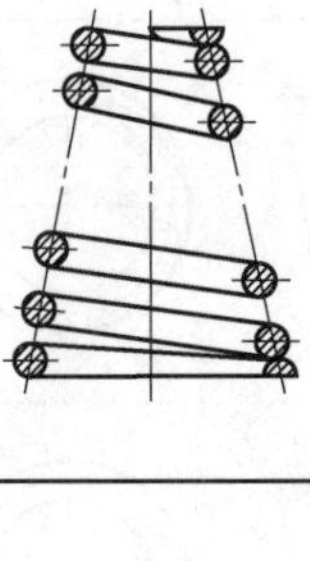	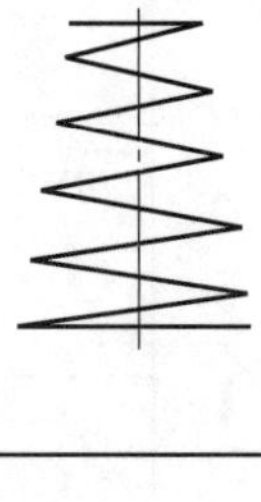

作图步骤举例如下：

已知圆柱螺旋压缩弹簧的钢丝直径 $d=6\text{mm}$，弹簧外径 $D_2=42\text{mm}$，节距 $t=12\text{mm}$，有效圈数 $n=6$，支承圈数 $n_2=2.5$，右旋，其作图步骤如图 10-15 所示。

1）算出弹簧中径 $D=D_2-d$ 及自由高度 $H_0=nt+(n_2-0.5)d$，可画出长方形 $ABCD$（见图 10-15a）。

2）画出支承圈部分弹簧钢丝的断面（见图 10-15b）。

3）画出有效圈部分弹簧钢丝的断面（见图 10-15c）。先在 CD 线上根据节距 t 画出圆 2 和 3；然后从 1、2 和 3、4 的中点作垂线与 AB 线相交，画圆 5 和圆 6。

4）按右旋方向作相应圆的公切线及剖面线，即完成作图（见图 10-15d）。

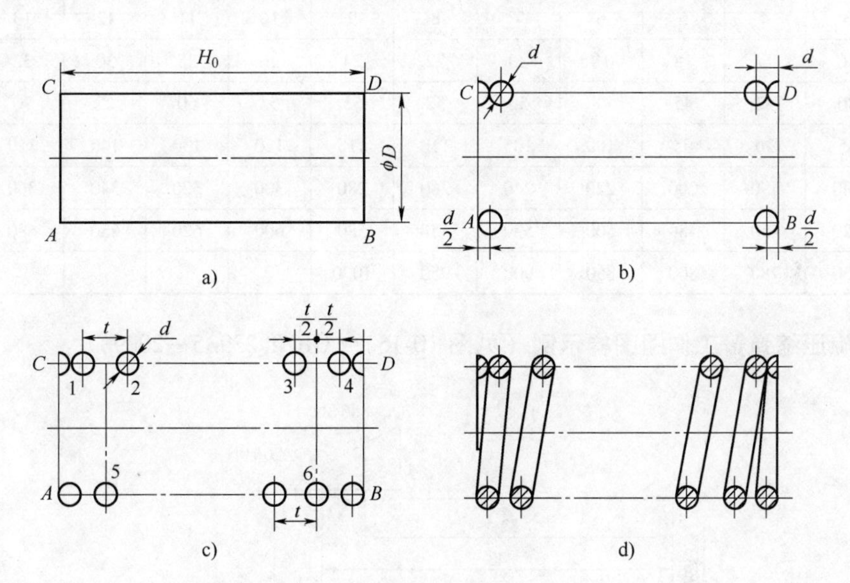

图 10-15

3. 圆柱螺旋压缩弹簧的标准尺寸系列（GB/T 1358—2009）（见表 10-41~表 10-44）

表 10-41 弹簧材料直径 d 系列（单位：mm）

第一系列								第二系列							
0.1	0.12	0.14	0.16	0.2	0.25	0.3	0.35	0.05	0.06	0.07	0.08	0.09	0.18	0.22	0.28
0.4	0.45	0.5	0.6	0.7	0.8	0.9	1	0.32	0.55	0.65	1.4	1.8	2.2	2.8	3.2
1.2	1.6	2	2.5	3	3.5	4	4.5	5.5	6.5	7	9	11	14	18	22
5	6	8	10	12	15	16	20	28	32	38	42	55			
25	30	35	40	45	50	60									

注：优先采用第一系列。

表 10-42 弹簧中径 D 系列（单位：mm）

0.3	0.4	0.5	0.6	0.7	0.8	0.9	1	1.2	1.4	1.6	1.8	2	2.2	2.5	2.8
3	3.2	3.5	3.8	4	4.2	4.5	4.8	5	5.5	6	6.5	7	7.5	8	8.5
9	10	12	14	16	18	20	22	25	28	30	32	38	42	45	48
50	52	55	58	60	65	70	75	80	85	90	95	100	105	110	115
120	125	130	135	140	145	150	160	170	180	190	200	210	220	230	240
250	260	270	280	290	300	320	340	360	380	400	450	500	550	600	

表 10-43　压缩弹簧的有效圈数 n 系列

2	2.25	2.5	2.75	3	3.25	3.5	3.75	4	4.25	4.5	4.75
5	5.5	6	6.5	7	7.5	8	8.5	9	9.5	10	10.5
11.5	12.5	13.5	14.5	15	16	18	20	22	25	28	30

表 10-44　压缩弹簧自由高度 H_0 系列　（单位：mm）

2	3	4	5	6	7	8	9	10	11	12	13	14
15	16	17	18	19	20	22	24	26	28	30	32	35
38	40	42	45	48	50	52	55	58	60	65	70	75
80	85	90	95	100	105	110	115	120	130	140	150	160
170	180	190	200	220	240	260	280	300	320	340	360	380
400	420	450	480	500	520	550	580	600	620	650	680	700
720	750	780	800	850	900	950	1000					

4. 螺旋压缩弹簧工作图图样示例（见图 10-16）（GB/T 23935—2009）

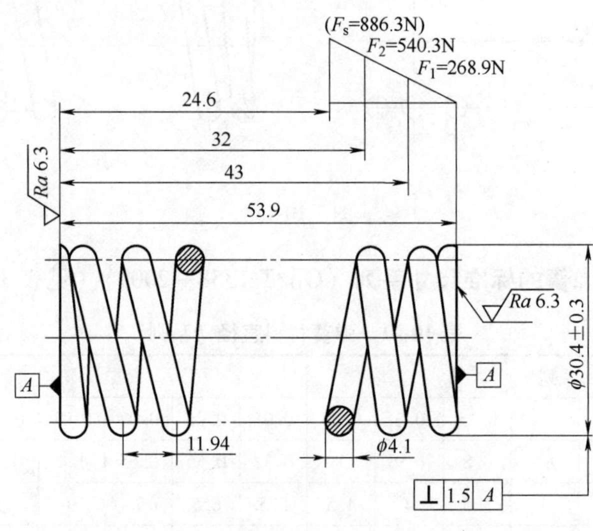

图　10-16

其技术要求示例：

1）端部结构形式：YⅠ型冷卷压缩弹簧。

2）总圈数：$n_1=6.0$ 圈。

3）有效圈数：$n=4.0$ 圈。

4）旋向：右旋。

5）强化处理：喷丸强化和压并立定处理，喷丸强度 0.3A～0.45A，表面覆盖率应大于90%。

6）表面处理：清洗上防锈油。

7）制造技术条件：按 GB/T 1239.2。

10.5.1.2　螺旋拉伸弹簧

1. 螺旋拉伸弹簧的代号及端部结构形式（见表10-45）

表10-45　拉伸弹簧的代号及端部结构形式（GB/T 23935—2009）

类型	代号	简图	端部结构形式
冷卷拉伸弹簧（L）	LⅠ	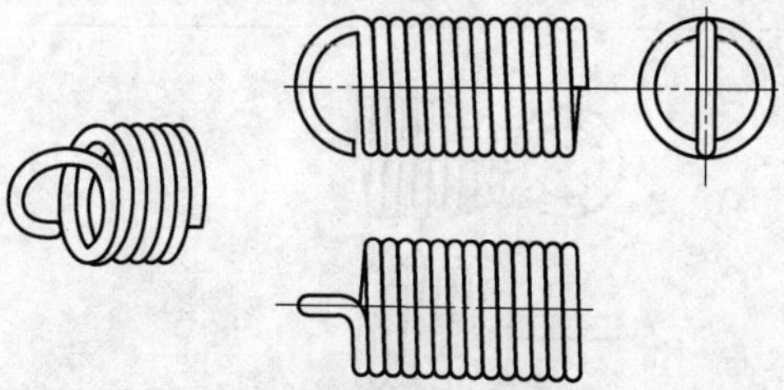	半圆钩环
	LⅡ	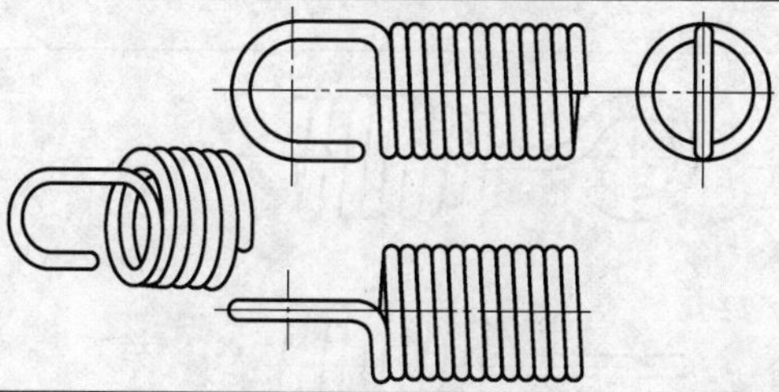	长臂半圆钩环
	LⅢ	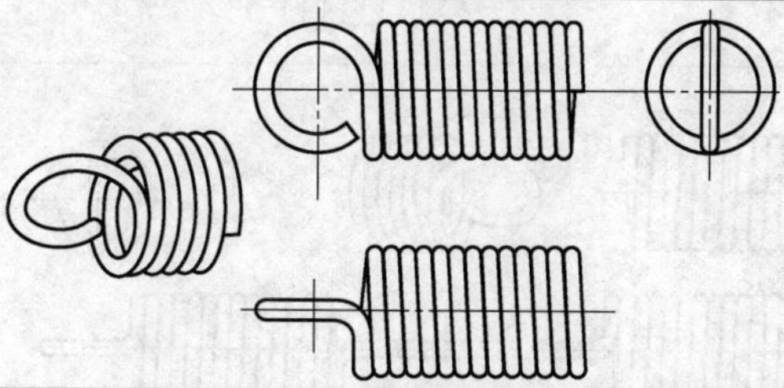	圆钩环扭中心（圆钩环）
	LⅣ	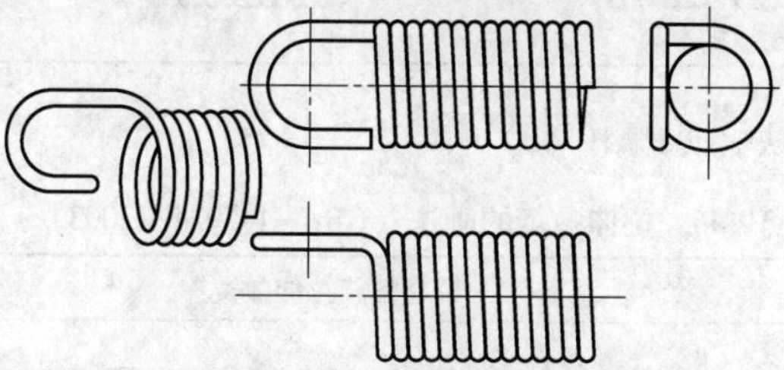	长臂偏心半圆钩环
	LⅤ	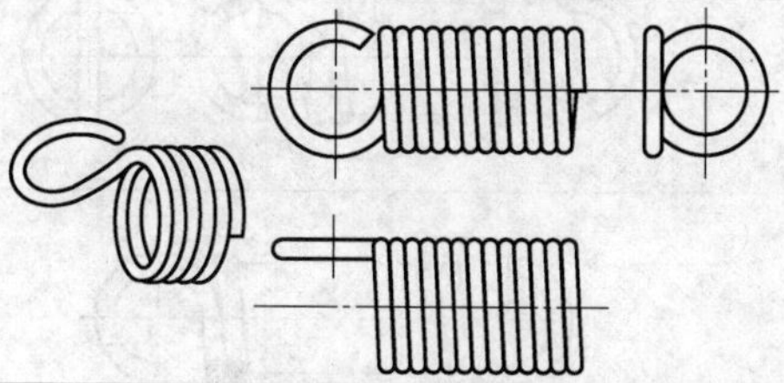	偏心圆钩环
	LⅥ	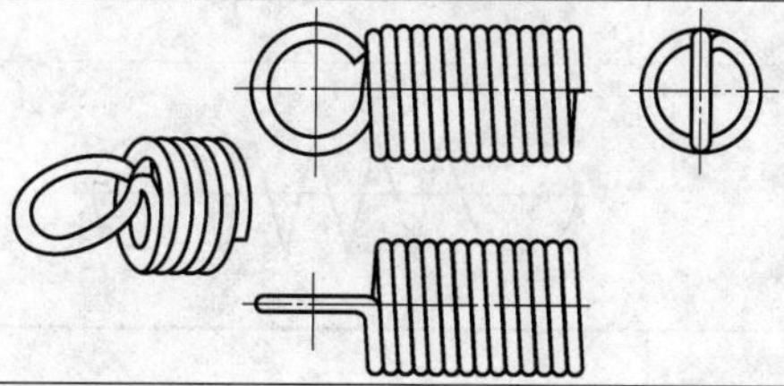	圆钩环压中心

（续）

类型	代号	简图	端部结构形式
冷卷拉伸弹簧（L）	LⅦ	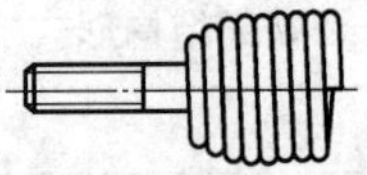	可调式拉簧
	LⅧ	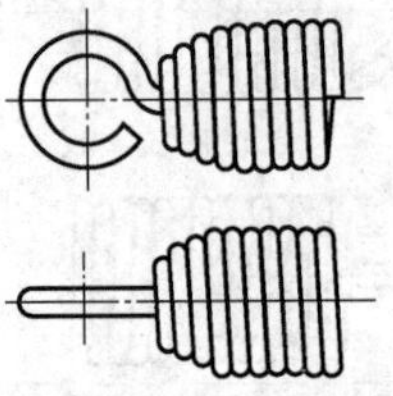	具有可转钩环
	LⅨ	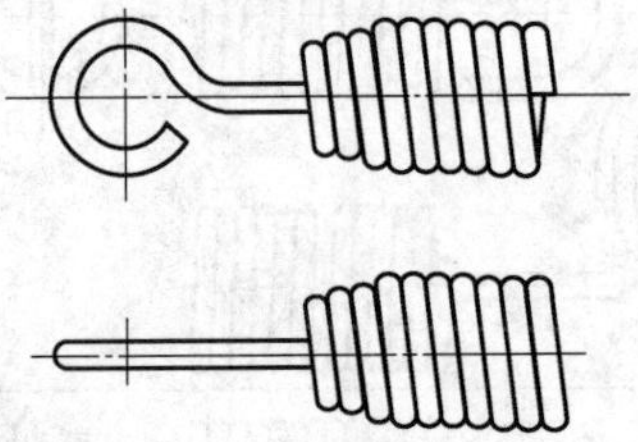	长臂小圆钩环
	LⅩ	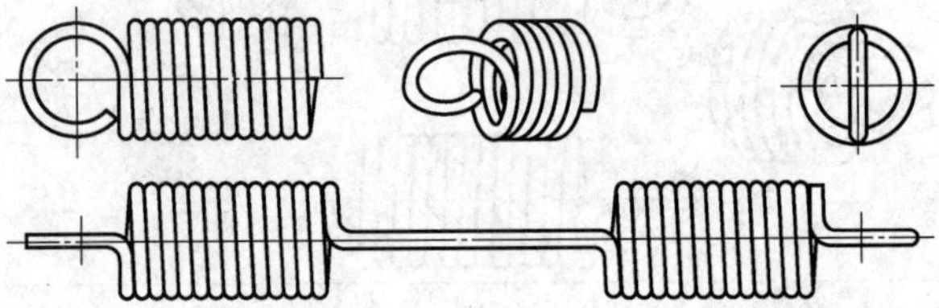	连接式圆钩环

2. 螺旋拉伸弹簧的画法（见表 10-46）

表 10-46　拉伸弹簧的画法（GB/T 4459.4—2003）

名称	圆柱螺旋拉伸弹簧
视图	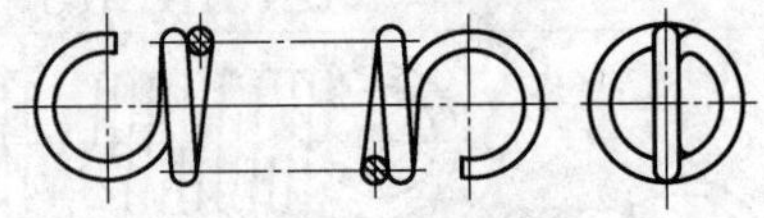
剖视图	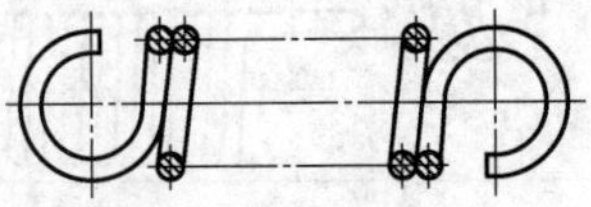
示意图	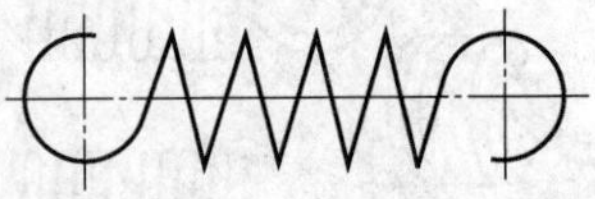

3. 圆柱螺旋拉伸弹簧的标准尺寸系列

拉伸弹簧的弹簧材料直径 d、中径 D 与压缩弹簧相同（见表 10-41 及表 10-42），其有效圈数见表 10-47。

表 10-47　拉伸弹簧的有效圈数 n 系列（GB/T 1358—2009）

2	3	4	5	6	7	8	9	10	11	12	13	14	15	16	17	18	19	20	22	25	28	30	35
40	45	50	55	60	65	70	80	90	100														

注：由于两钩环相对位置不同，其尾数还可为 0.25、0.5、0.75。

4. 螺旋拉伸弹簧工作图图样示例（见图 10-17）（GB/T 23935—2009）

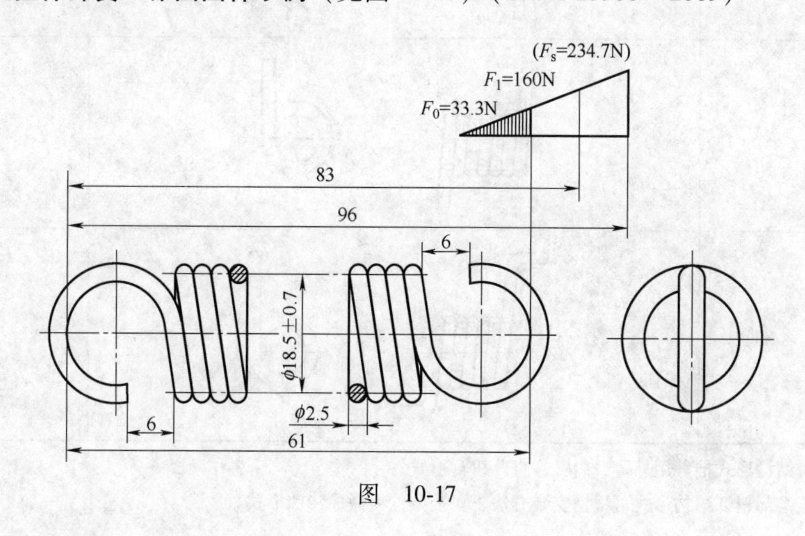

图　10-17

其技术要求示例：

1）端部结构形式：LⅢ型圆钩环扭中心拉伸弹簧。

2）圈数：n=10.5 圈。

3）旋向：右旋。

4）表面处理：浸防锈油。

5）制造技术条件：其余按 GB/T 1239.1 二级精度。

10.5.1.3　螺旋扭转弹簧

1. 代号及端部结构形式（见表 10-48）

表 10-48　螺旋扭转弹簧代号及端部结构形式（GB/T 23935—2009）

类型	代号	简图	端部结构形式
扭转弹簧（N）	NⅠ		外臂扭转弹簧
	NⅡ		内臂扭转弹簧

（续）

类型	代号	简图	端部结构形式
扭转弹簧（N）	NⅢ	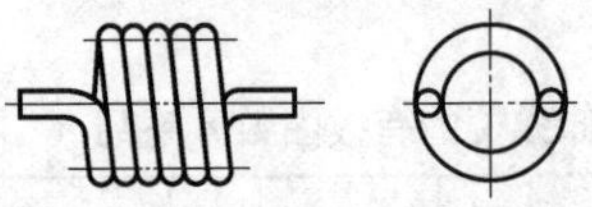	中心距扭转弹簧
	NⅣ	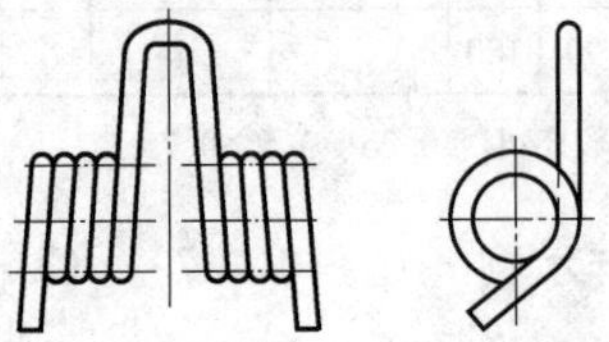	平列双扭弹簧
	NⅤ	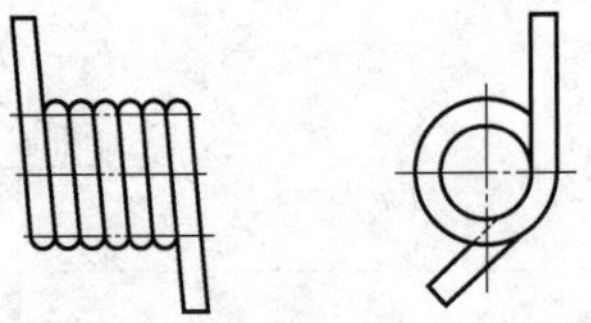	直臂扭转弹簧
	NⅥ	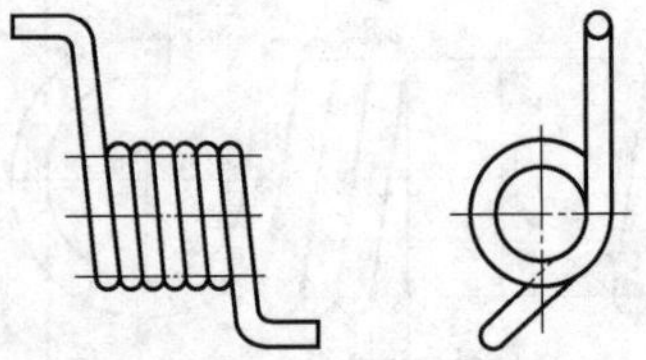	单臂弯曲扭转弹簧

注：1. 弹簧结构形式推荐用外臂、内臂、直臂扭转形式。

2. 弹簧端部扭臂结构形式可根据安装方法、安装条件而做成特殊形式。

2. 螺旋扭转弹簧的画法

螺旋扭转弹簧的视图、剖视图、示意图按表10-49的形式绘制。

表10-49　螺旋扭转弹簧的画法（GB/T 4459.4—2003）

名称	圆柱螺旋扭转弹簧
视图	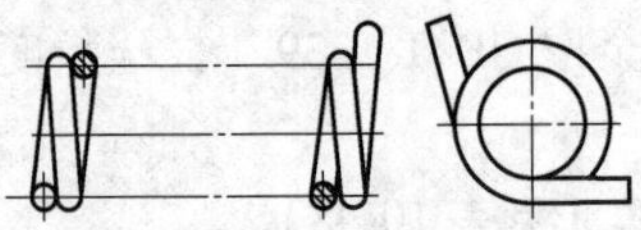
剖视图	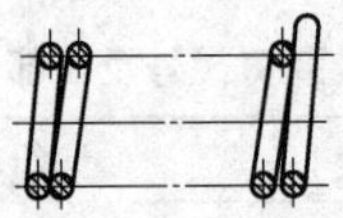
示意图	

3. 扭转弹簧工作图图样示例（见图10-18）（GB/T 23935—2009）

其技术要求示例：

1）端部结构形式：NⅥ单臂弯曲扭转弹簧。

2）有效圈数：4.15 圈。

3）旋向：右旋。

4）表面处理：浸防锈油。

5）制造技术条件：其余按 GB/T 1239.3 二级精度。

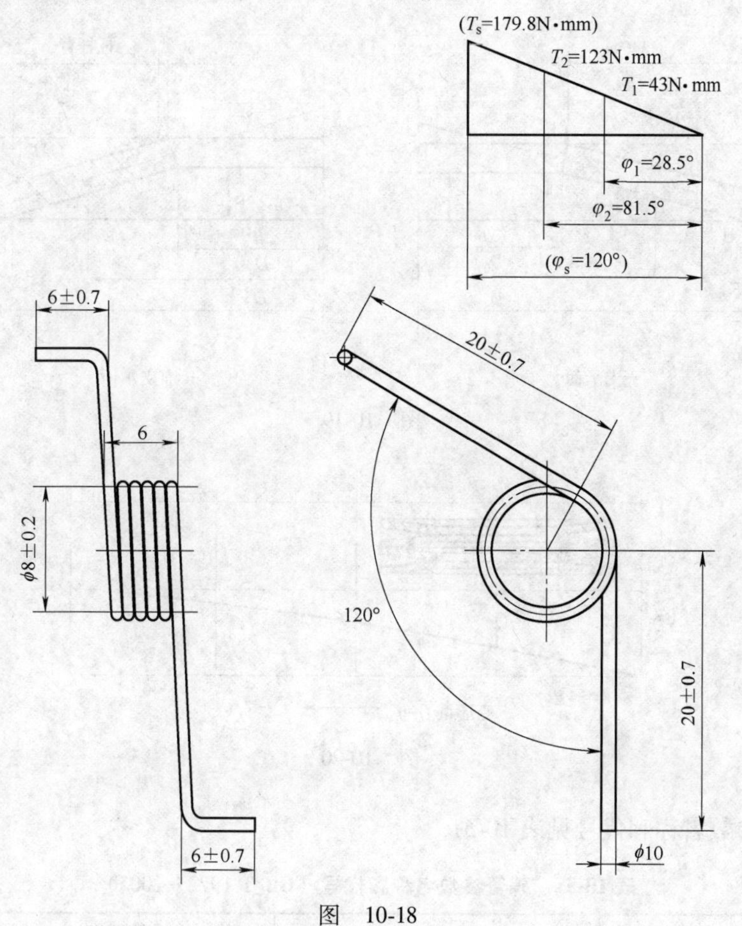

图 10-18

10.5.1.4 截锥涡卷弹簧

截锥涡卷弹簧是用带材制成的截锥螺旋弹簧。当有效圈数为四圈以上时，中间部分可以省略，而用细实线相连。其画法见表 10-50。

表 10-50 截锥涡卷弹簧的画法（GB/T 4459.4—2003）

名称	视图	剖视图	示意图
截锥涡卷弹簧			

10.5.2 碟形弹簧

碟形弹簧（以下简称碟簧）是承受轴向负荷的碟状弹簧，可以单个使用，也可对合组合、叠合组合或复合组合成碟簧组使用，承受静负荷或变负荷。

1. 碟簧的形式、参数及尺寸（GB/T 1972—2005）

1）碟簧分为无支承面和有支承面两种形式，如图 10-19 所示。图 10-20 所示为对合碟簧示例。

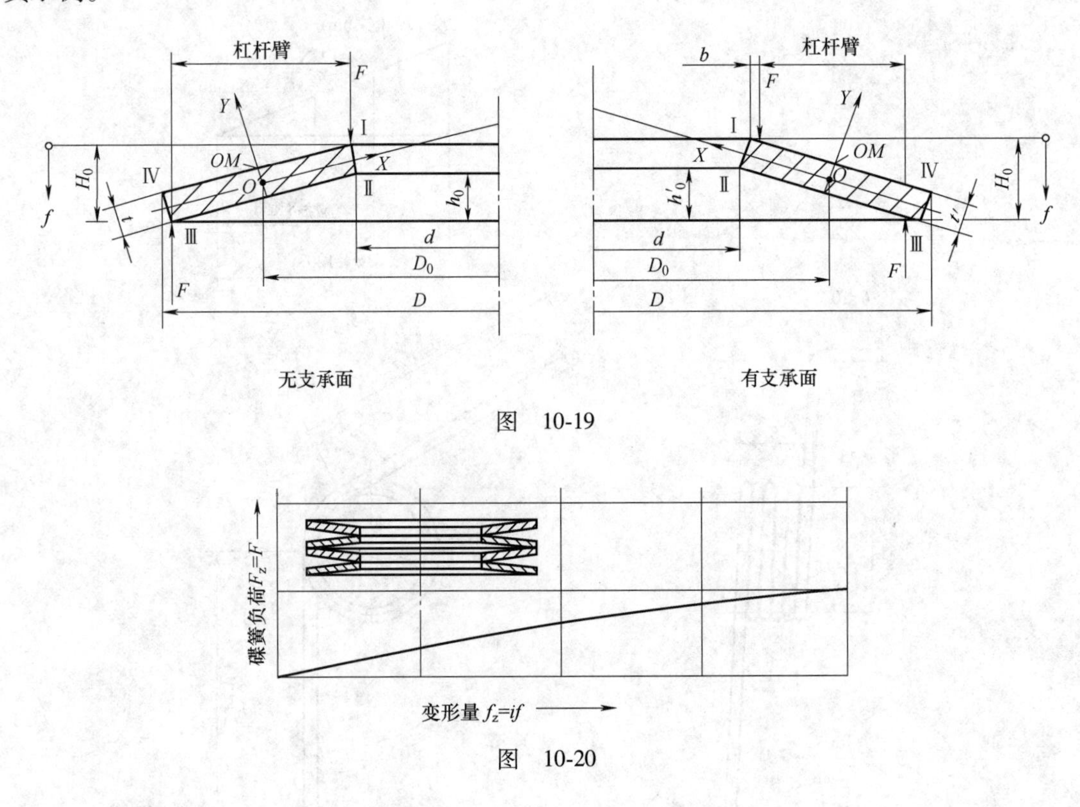

图 10-19

图 10-20

2）碟簧参数名称和代号见表 10-51。

表 10-51 碟簧参数名称和代号（GB/T 1972—2005）

参数名称	代号	单位
外径	D	mm
内径	d	
中性径	D_0	
厚度	t	
有支承面碟簧减薄厚度	t'	
单个碟簧的自由高度	H_0	
组合碟簧的自由高度	H_z	
无支承面碟簧压平时变形量的计算值 $h_0=H_0-t$	h_0	
有支承面碟簧压平时变形量的计算值 $h'_0=H_0-t'$	h'_0	
支承面宽度	b	
单片碟簧压平时的计算高度	H_c	
组合碟簧压平时的计算高度	H_{zc}	

（续）

参数名称	代号	单位
单个碟簧的负荷	F	N
压平时的碟簧负荷计算值	F_c	
与变形量 f_z 对应的组合碟簧负荷	F_z	
考虑摩擦时叠合组合碟簧负荷	F_R	
对应于碟簧变形量 f_1、f_2、f_3、…的负荷	F_1、F_2、F_3、…	
单个碟簧在 $f=0.75h_0$ 时的负荷	$F_{f=0.75h_0}$	
与碟簧负荷 F_1、F_2、F_3、…对应的碟簧高度	H_1、H_2、H_3、…	mm
单个碟簧的变形量	f	
对应于碟簧负荷 F_1、F_2、F_3、…的变形量	f_1、f_2、f_3、…	
不考虑摩擦力时叠合组合碟簧或对合组合碟簧的变形量	f_z	
负荷降低值（松弛）	ΔF	N
高度减少值（蠕变）	ΔH	mm
对合组合碟簧中对合碟簧片数或叠合组合碟簧中叠合碟簧组数	i	—
叠合组合碟簧中碟簧片数	n	
碟簧刚度	F'	N/mm
碟簧变形能	U	N · mm
组合碟簧变形能	U_z	
直径比 $C=D/d$	C	—
碟簧疲劳破坏时负荷循环作用次数	N	
摩擦系数	f_M、f_R	
弹性模量	E	MPa
泊松比	μ	—
计算系数	K_1、K_2、K_3、K_4	
计算应力	σ	MPa
位置 OM、Ⅰ、Ⅱ、Ⅲ、Ⅳ处（见图 10-19）的计算应力	σ_{OM}、$\sigma_{Ⅰ}$、$\sigma_{Ⅱ}$、$\sigma_{Ⅲ}$、$\sigma_{Ⅳ}$	
变负荷作用时计算上限应力	σ_{max}	
变负荷作用时计算下限应力	σ_{min}	
变负荷作用时对应于工作行程的计算应力幅	σ_a	
疲劳强度上限应力	$\sigma_{r\,max}$	
疲劳强度下限应力	$\sigma_{r\,min}$	
疲劳强度应力幅	σ_{ra}	
质量	m	kg

注：中性径指碟簧截面翻转点（中性点）所在圆直径。$D_0=\dfrac{D-d}{\ln\dfrac{D}{d}}$。

3）碟簧根据 D/t 及 h_0/t 的比值不同，分为 A、B、C 三个系列，每一系列又根据工艺方法分为1、2、3三类，见表10-52~表10-54。

表10-52　系列A　$\frac{D}{t}\approx 18$；$\frac{h_0}{t}\approx 0.4$；$E=206000\text{MPa}$，$\mu=0.3$

类别	D/mm	d/mm	$t(t')$①/mm	h_0/mm	H_0/mm	$f\approx 0.75h_0$					Q/(kg/1000片)
						F/N	f/mm	(H_0-f)/mm	σ_{OM}②/MPa	σ_{II}、σ_{III}③/MPa	
1	8	4.2	0.4	0.2	0.6	210	0.15	0.45	−1200	1200*	0.114
	10	5.2	0.5	0.25	0.75	329	0.19	0.56	−1210	1240*	0.225
	12.5	6.2	0.7	0.3	1	673	0.23	0.77	−1280	1420*	0.508
	14	7.2	0.8	0.3	1.1	813	0.23	0.87	−1190	1340*	0.711
	16	8.2	0.9	0.35	1.25	1000	0.26	0.99	−1160	1290*	1.050
	18	9.2	1	0.4	1.4	1250	0.3	1.1	−1170	1300*	1.480
	20	10.2	1.1	0.45	1.55	1530	0.34	1.21	−1180	1300*	2.010
2	22.5	11.2	1.25	0.5	1.75	1950	0.38	1.37	−1170	1320*	2.940
	25	12.2	1.5	0.55	2.05	2910	0.41	1.64	−1210	1410*	4.400
	28	14.2	1.5	0.65	2.15	2850	0.49	1.66	−1180	1280*	5.390
	31.5	16.3	1.75	0.7	2.45	3900	0.53	1.92	−1190	1320*	7.840
	35.5	18.3	2	0.8	2.8	5190	0.6	2.2	−1210	1330*	11.40
	40	20.4	2.25	0.9	3.15	6540	0.68	2.47	−1210	1340*	16.40
	45	22.4	2.5	1	3.5	7720	0.75	2.75	−1150	1300*	23.50
	50	25.4	3	1.1	4.1	12000	0.83	3.27	−1250	1430*	34.30
	56	28.5	3	1.3	4.3	11400	0.98	3.32	−1180	1280*	43.00
	63	31	3.5	1.4	4.9	15000	1.05	3.85	−1140	1300*	64.90
	71	36	4	1.6	5.6	20500	1.2	4.4	−1200	-1330*	91.80
	80	41	5	1.7	6.7	33700	1.28	5.42	−1260	1460*	145.0
	90	46	5	2	7	31400	1.5	5.5	−1170	1300*	184.5
	100	51	6	2.2	8.2	48000	1.65	6.55	−1250	1420*	273.7
	112	57	6	2.5	8.5	43800	1.88	6.62	−1130	1240*	343.8
3	125	64	8(7.5)	2.6	10.6	85900	1.95	8.65	−1280	1330*	533.0
	140	72	8(7.5)	3.2	11.2	85300	2.4	8.8	−1260	1280*	666.6
	160	82	10(9.4)	3.5	13.5	139000	2.63	10.87	−1320	1340*	1094
	180	92	10(9.4)	4	14	125000	3	11	−1180	1200	1387
	200	102	12(11.25)	4.2	16.2	183000	3.15	13.05	−1210	1230*	2100
	225	112	12(11.25)	5	17	171000	3.75	13.25	−1120	1140	2640
	250	127	14(13.1)	5.6	19.6	249000	4.2	15.4	−1200	1220	3750

① 表中给出的 t 是碟簧厚度的公称数值，t' 为第3类碟簧的实际厚度。

② σ_{OM} 为碟簧上表面 OM 点的计算应力。

③ 有“*”号的数值是在位置Ⅱ处的最大计算拉应力，无“*”号的数值是在位置Ⅲ处的最大计算拉应力。

表 10-53　系列 B　$\frac{D}{t}\approx 28$；$\frac{h_0}{t}\approx 0.75$；$E=206000\text{MPa}$；$\mu=0.3$

类别	D/mm	d/mm	$t(t')$①/mm	h_0/mm	H_0/mm	$f\approx 0.75h_0$					Q/(kg/1000 片)
						F/N	f/mm	(H_0-f)/mm	σ_{OM}②/MPa	σ_{II}、σ_{III}③/MPa	
1	8	4.2	0.3	0.25	0.55	119	0.19	0.36	−1140	1330	0.086
	10	5.2	0.4	0.3	0.7	213	0.23	0.47	−1170	1300	0.180
	12.5	6.2	0.5	0.35	0.85	291	0.26	0.59	−1000	1110	0.363
	14	7.2	0.5	0.4	0.9	279	0.3	0.6	−970	1100	0.444
	16	8.2	0.6	0.45	1.05	412	0.34	0.71	−1010	1120	0.698
	18	9.2	0.7	0.5	1.2	572	0.38	0.82	−1040	1130	1.030
	20	10.2	0.8	0.55	1.35	745	0.41	0.94	−1030	1110	1.460
	22.5	11.2	0.8	0.65	1.45	710	0.49	0.96	−962	1080	1.880
	25	12.2	0.9	0.7	1.6	868	0.53	1.07	−938	1030	2.640
	28	14.2	1	0.8	1.8	1110	0.6	1.2	−961	1090	3.590
2	31.5	16.3	1.25	0.9	2.15	1920	0.68	1.47	−1090	1190	5.600
	35.5	18.3	1.25	1	2.25	1700	0.75	1.5	−944	1070	7.130
	40	20.4	1.5	1.15	2.65	2620	0.86	1.79	−1020	1130	10.95
	45	22.4	1.75	1.3	3.05	3660	0.98	2.07	−1050	1150	16.40
	50	25.4	2	1.4	3.4	4760	1.05	2.35	−1060	1140	22.90
	56	28.5	2	1.6	3.6	4440	1.2	2.4	−963	1090	28.70
	63	31	2.5	1.75	4.25	7180	1.31	2.94	−1020	1090	46.40
	71	36	2.5	2	4.5	6730	1.5	3	−934	1060	57.70
	80	41	3	2.3	5.3	10500	1.73	3.57	−1030	1140	87.30
	90	46	3.5	2.5	6	14200	1.88	4.12	−1030	1120	129.1
	100	51	3.5	2.8	6.3	13100	2.1	4.2	−926	1050	159.7
	112	57	4	3.2	7.2	17800	2.4	4.8	−963	1090	229.2
	125	64	5	3.5	8.5	30000	2.63	5.87	−1060	1150	355.4
	140	72	5	4	9	27900	3	6	−970	1100	444.4
	160	82	6	4.5	10.5	41100	3.38	7.12	−1000	1110	698.3
	180	92	6	5.1	11.1	37500	3.83	7.27	−895	1040	885.4
3	200	102	8 (7.5)	5.6	13.6	76400	4.2	9.4	−1060	1250	1369
	225	112	8 (7.5)	6.5	14.5	70800	4.88	9.62	−951	1180	1761
	250	127	10 (9.4)	7	17	119000	5.25	11.75	−1050	1240	2687

①、②、③同表 10-52。

表 10-54　系列 C　$\frac{D}{t}\approx 40$；$\frac{h_0}{t}\approx 1.3$；$E=206000\text{MPa}$；$\mu=0.3$

类别	D/mm	d/mm	$t(t')$①/mm	h_0/mm	H_0/mm	$f\approx 0.75h_0$					Q/(kg/1000 片)
						F/N	f/mm	(H_0-f)/mm	σ_{OM}②/MPa	σ_{II}、σ_{III}③/MPa	
1	8	4.2	0.2	0.25	0.45	39	0.19	0.26	-762	1040	0.057
	10	5.2	0.25	0.3	0.55	58	0.23	0.32	-734	980	0.112
	12.5	6.2	0.35	0.45	0.8	152	0.34	0.46	-944	1280	0.251
	14	7.2	0.35	0.45	0.8	123	0.34	0.46	-769	1060	0.311
	16	8.2	0.4	0.5	0.9	155	0.38	0.52	-751	1020	0.466
	18	9.2	0.45	0.6	1.05	214	0.45	0.6	-789	1110	0.661
	20	10.2	0.5	0.65	1.15	254	0.49	0.66	-772	1070	0.912
	22.5	11.2	0.6	0.8	1.4	425	0.6	0.8	-883	1230	1.410
	25	12.2	0.7	0.9	1.6	601	0.68	0.92	-936	1270	2.060
	28	14.2	0.8	1	1.8	801	0.75	1.05	-961	1300	2.870
	31.5	16.3	0.8	1.05	1.85	687	0.79	1.06	-810	1130	3.580
	35.5	18.3	0.9	1.15	2.05	831	0.86	1.19	-779	1080	5.140
	40	20.4	1	1.3	2.3	1020	0.98	1.32	-772	1070	7.300
2	45	22.4	1.25	1.6	2.85	1890	1.2	1.65	-920	1250	11.70
	50	22.4	1.25	1.6	2.85	1550	1.2	1.65	-754	1040	14.30
	56	28.5	1.5	1.95	3.45	2620	1.46	1.99	-879	1220	21.50
	63	31	1.8	2.35	4.15	4240	1.76	2.39	-985	1350	33.40
	71	36	2	2.6	4.6	5140	1.95	2.65	-971	1340	46.20
	80	41	2.25	2.95	5.2	6610	2.21	2.99	-982	1370	65.50
	90	46	2.5	3.2	5.7	7680	2.4	3.3	-935	1290	92.20
	100	51	2.7	3.5	6.2	8610	2.63	3.57	-895	1240	123.2
	112	57	3	3.9	6.9	10500	2.93	3.97	-882	1220	171.9
	125	61	3.5	4.5	8	15100	3.38	4.62	-956	1320	248.9
	140	72	3.8	4.9	8.7	17200	3.68	5.02	-904	1250	337.7
	160	82	4.3	5.6	9.9	21800	4.2	5.7	-892	1240	500.4
	180	92	4.8	6.2	11	26400	4.65	6.35	-869	1200	708.4
	200	102	5.5	7	12.5	36100	5.25	7.25	-910	1250	1004
3	225	112	6.5 (6.2)	7.1	13.6	44600	5.33	8.27	-840	1140	1456
	250	127	7 (6.7)	7.8	14.8	50500	5.85	8.95	-814	1120	1915

①、②、③同表 10-52。

4）碟簧的标记示例：

一级精度，系列 A，外径 $D=100$mm 的碟簧：碟簧 A100-1 GB/T 1972。

二级精度，系列 B，外径 $D=100$mm 的碟簧：碟簧 B100 GB/T 1972。

2. 碟形弹簧的画法

GB/T 4459.4—2003 规定了碟簧视图、剖视图、示意图的画法，见表 10-55。

表 10-55　碟形弹簧的画法

视图	剖视图	示意图

碟簧的工作图示例（参考用，见图 10-21 和图 10-22）。

图 10-21 所示为无支承面碟簧；图 10-22 所示为有支承面碟簧。

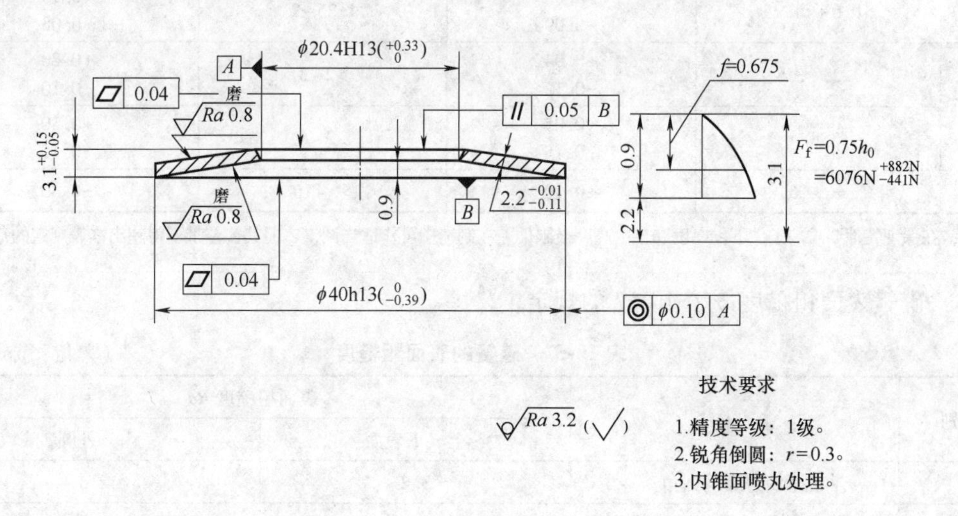

图　10-21

3. 碟簧的技术条件（GB/T 1972—2005）

1）内、外径的极限偏差：

内径 d：一级精度——H12；二级精度——H13。

外径 D：一级精度——h12；二级精度——h13。

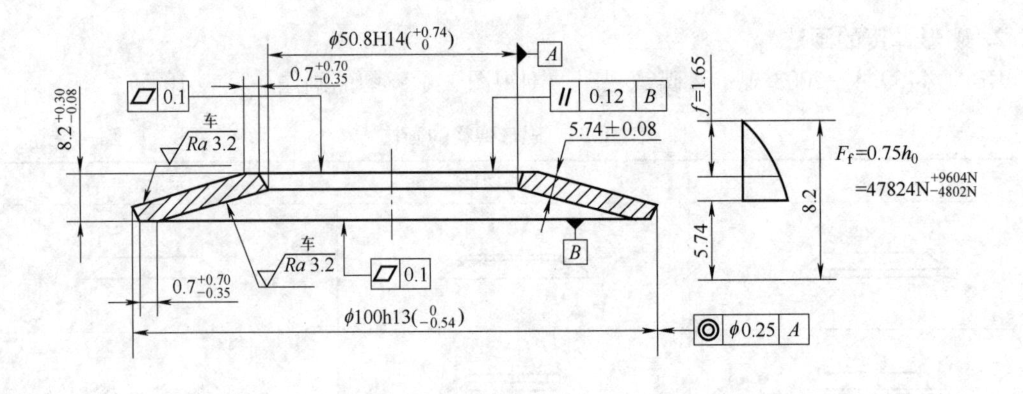

技术要求

Ra 6.3 (√)

1. 精度等级：2级。
2. 锐角倒圆：r=1。

图 10-22

2）厚度及自由高度的极限偏差见表 10-56。

表 10-56 碟簧厚度及自由高度的极限偏差 （单位：mm）

类别	厚度 $t(t')$		自由高度 H_0	
	公称尺寸	极限偏差 一、二级精度	厚度 t	极限偏差 一、二级精度
1	0.2~0.6	+0.02 −0.06	<1.25	+0.10 −0.05
	>0.6~<1.25	+0.03 −0.09	1.25~2	+0.15 −0.08
2	1.25~3.8	+0.04 −0.12	>2~3	+0.20 −0.10
	>3.8~6	+0.05 −0.15	>3~6	+0.30 −0.15
3	>6~16	±0.10	>6~16	±0.30

注：在保证特性要求的条件下，厚度和自由高度极限偏差在制造中可作适当调整，但其公差带不得超出本表规定的范围。

3）碟簧表面粗糙度按表 10-57 的规定。

表 10-57 碟簧的表面粗糙度 （单位：μm）

类别	工艺方法	表面粗糙度 Ra	
		上、下表面	内、外圆
1	冷冲成形、边缘倒圆角	3.2	12.5
2	切削内外圆或平面，边缘倒圆角，冷成形或热成形	6.3	6.3
	精冲，边缘倒圆角，冷成形或热成形	6.3	3.2
3	冷成形或热成形，加工所有表面，边缘倒圆角	12.5	12.5

碟簧表面不允许有对使用有害的毛刺、裂纹、伤痕等缺陷。

4）碟簧材料为60Si2Mn或50CrV，其化学成分应符合GB/T 1222的规定。碟簧应采用符合YB/T 5058及GB/T 3279规定的带、板材或符合GB/T 1222要求的锻造坯料（锻造比不得小于2）制造。

5）碟簧成形后，必须进行淬火、回火处理。淬火次数不得超过两次。其硬度在42~52HRC范围内。

6）碟簧应全部进行强压处理，强压处理后其自由高度尺寸及极限偏差应在表10-56规定范围之内。

7）对用于承受变负荷的碟簧，推荐进行表面强化处理，强化处理的要求由供需双方协议规定。

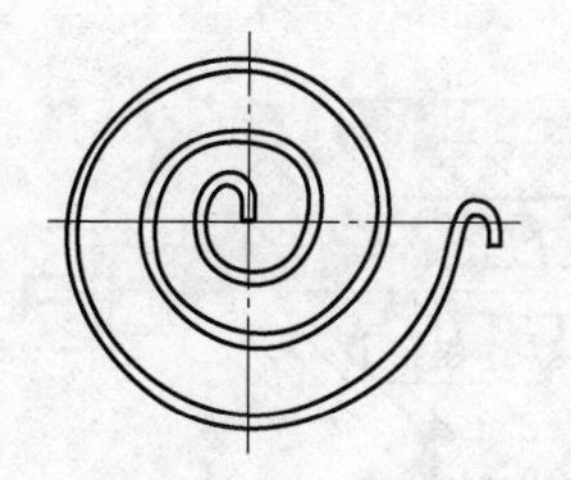
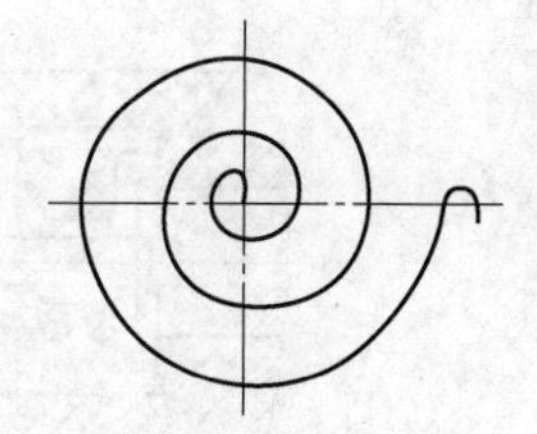

图 10-23

10.5.3 平面涡卷弹簧

按GB/T 4459.4—2003，平面涡卷弹簧的图形如图10-23所示。

10.5.4 板弹簧、片弹簧

弓形板弹簧由多种零件组成，其画法如图10-24所示。

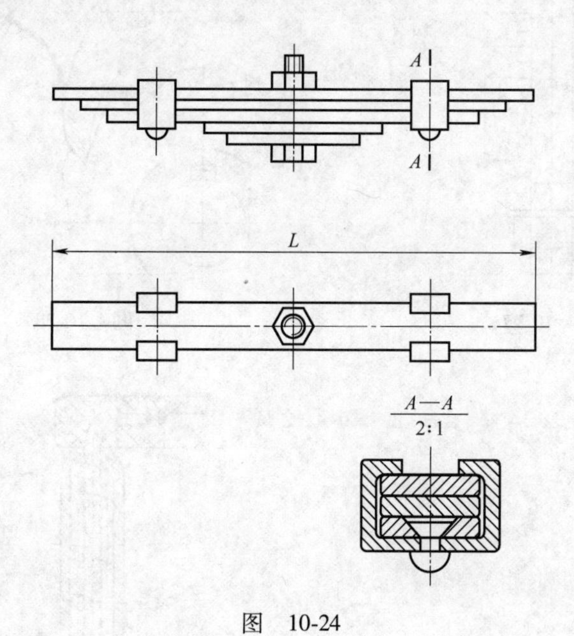

图 10-24

片弹簧的视图一般按自由状态下的形状绘制。

10.5.5 装配图中弹簧的画法

1）被弹簧挡住的结构一般不画出，可见部分应从弹簧的外轮廓线或从弹簧钢丝剖面的中心线画起（见图10-25）。

2）弹簧型材的直径或厚度在图形上等于或小于2mm时，允许示意画出（见图10-26~图10-28）。当弹簧被剖切时，也可用涂黑表示（见图10-29）。当剖切弹簧的截面尺寸在图形上等于或小于 2mm，并且弹簧内部还有零件，为了便于表达，可用图 10-30 的示意图形式表示。

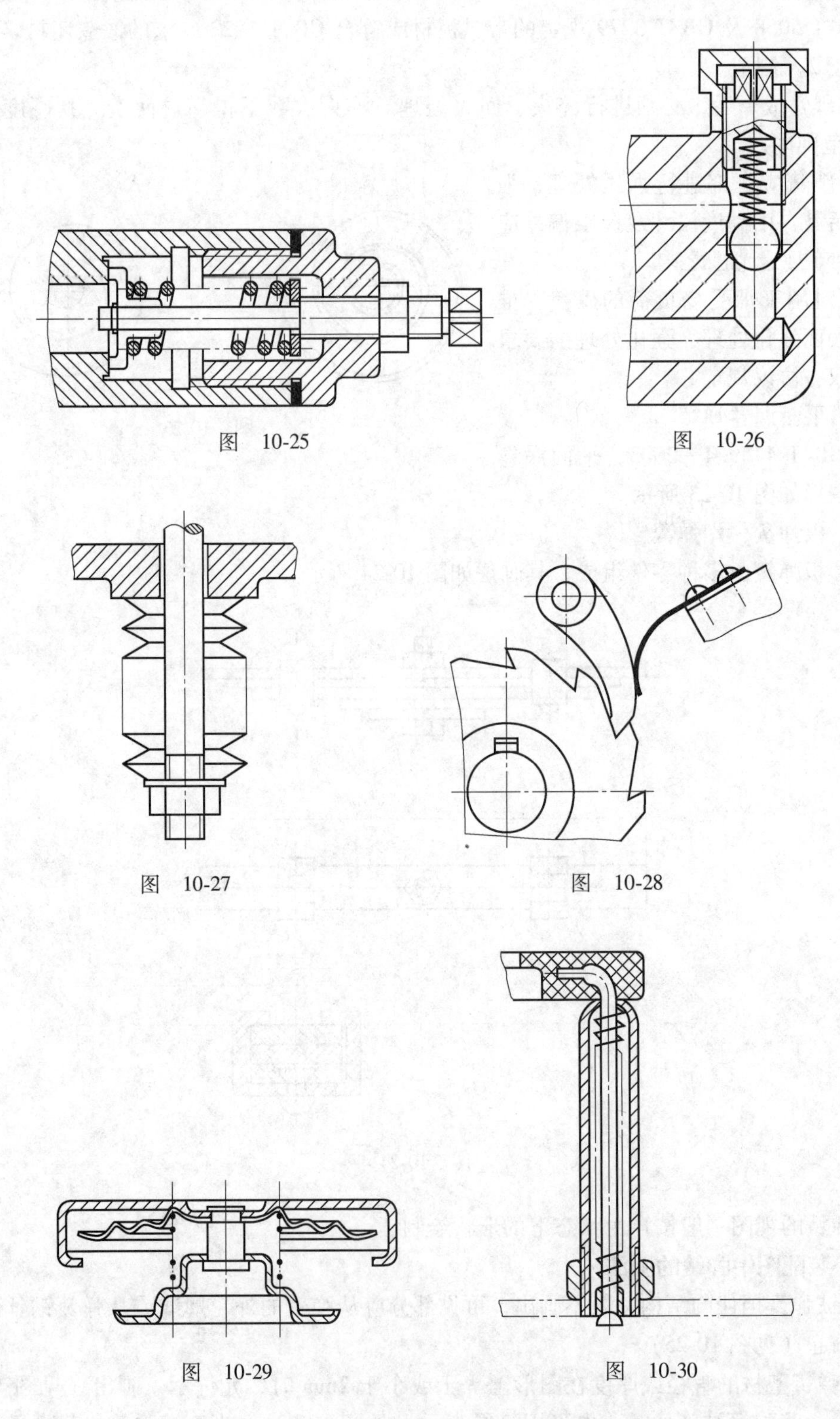

图 10-25

图 10-26

图 10-27

图 10-28

图 10-29

图 10-30

3）四束以上的碟形弹簧中间部分省略后用细实线画出轮廓范围（见图 10-27）。

4）板弹簧允许仅画出外形轮廓（见图 10-31）。

5）平面涡卷弹簧的装配图画法如图 10-32 所示。

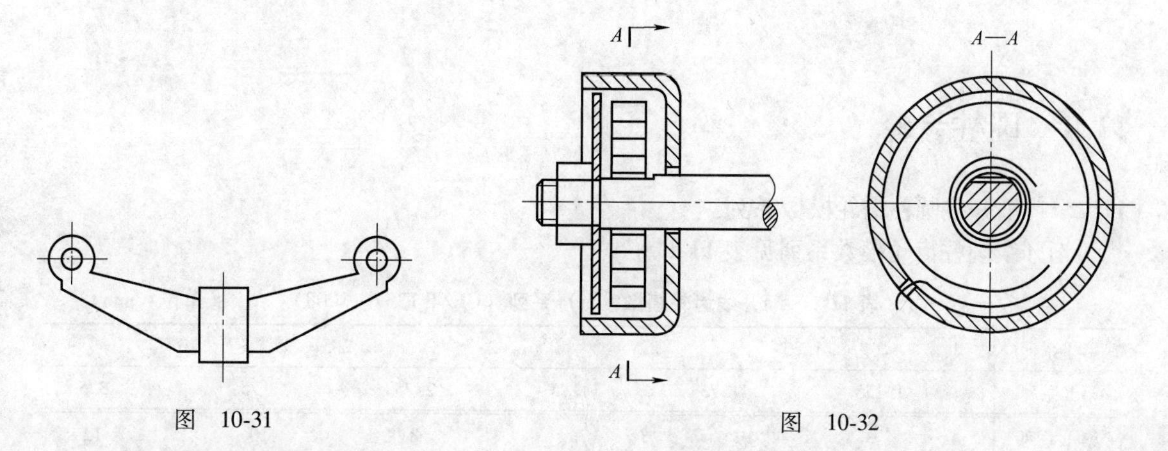

图　10-31

图　10-32

10.5.6　弹簧的术语及代号

弹簧的术语及代号见表 10-58。

表 10-58　弹簧的术语及代号（GB/T 1805—2001）

序号	术语	代号	序号	术语	代号
1	工作负荷	F_1、F_2、… T_1、T_2、…	11	弹簧刚度	F'、T'
2	极限负荷	F_j、T_j	12	初拉力	F_0
3	变形量（挠度）	f_1、f_2、…	13	有效圈数	n
4	极限负荷下变形量	f_j	14	总圈数	n_1
5	自由高度（长度）	H_0	15	支承圈数	n_z
6	工作高度（长度）	H_1、H_2、…	16	弹簧中径	D
7	极限高度（长度）	H_j	17	弹簧内径	D_1
8	自由弧高	h_0	18	弹簧外径	D_2
9	工作扭转角	φ_1、φ_2、…	19	弹簧节距	t
10	极限扭转角	φ_j	20	（螺旋间）间距	δ

第 11 章　传　动　轮

11.1　圆柱齿轮

11.1.1　渐开线圆柱齿轮模数系列

渐开线圆柱齿轮模数系列见表 11-1。

表 11-1　渐开线齿轮模数（m）系列（GB/T 1357—2008）　　（单位：mm）

第Ⅰ系列	1		1. 25		1. 5		2		2. 5		3	
第Ⅱ系列		1. 125		1. 375		1. 75		2. 25		2. 75		3. 5
第Ⅰ系列	4		5		6			8		10		12
第Ⅱ系列		4. 5		5. 5		(6. 5)	7		9		11	
第Ⅰ系列		16		20		25		32		40		50
第Ⅱ系列	14		18		22		28		36		45	

注：1. 对斜齿轮是指法向模数。

2. 应优先采用第Ⅰ系列，应避免采用第Ⅱ系列中的模数 6. 5。

3. 表中数据不适用于汽车齿轮。

11.1.2　渐开线圆柱齿轮的参数及计算公式

渐开线圆柱齿轮的参数及计算公式见表 11-2。

表 11-2　渐开线圆柱齿轮的参数及计算公式

项目	代号	计算公式	
		直齿	斜齿
分度圆直径	d	$d=mz$	$d=m_n z/\cos\beta$
齿顶高	h_a	$h_a=h_a^* m$	$h_a=h_{an}^* m_n$
齿根高	h_f	$h_f=(h_a^*+c^*)m$	$h_f=(h_{an}^*+c_n^*)m_n$
齿高	h	$h=h_a+h_f$	$h=h_a+h_f$
齿顶圆直径	d_a	$d_a=d+2h_a$	$d_a=d+2h_a$
齿根圆直径	d_f	$d_f=d-2h_f$	$d_f=d-2h_f$
中心距	a	$a=\frac{1}{2}(d_1+d_2)$	$a=\frac{1}{2}(d_1+d_2)$
压力角	α 或 α_n	α 取标准值 20°	α_n 取标准值 20°

注：m 为模数，m_n 为法向模数；z 为齿数；β 为螺旋角；h_a^*、h_{an}^* 为齿顶高系数，标准值取 1；c^*、c_n^* 为顶隙系数，标准值取 0. 25。

11.1.3 圆柱齿轮的画法

1. 单个圆柱齿轮的画法（见图 11-1）

1）齿顶圆和齿顶线用粗实线绘制。

2）分度圆和分度线用细点画线绘制。

3）齿根圆和齿根线用细实线绘制，也可省略不画。

4）在剖视图中，当剖切平面通过齿轮的轴线时，轮齿一律按不剖处理，齿根线用粗实线绘制（见图 11-1a）。

5）对于斜齿轮和人字齿轮等，可用三条细实线表示齿线的方向（见图 11-1b）。

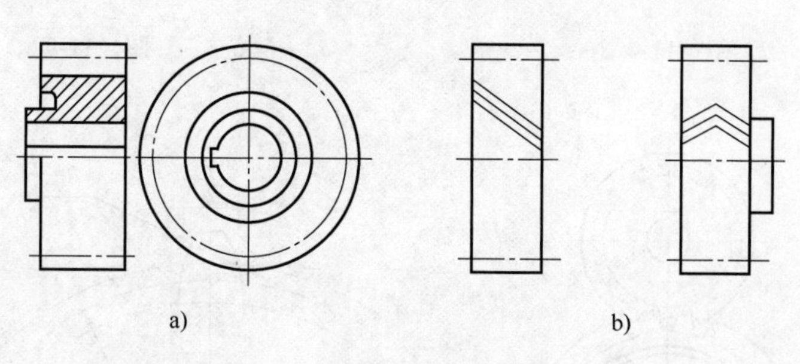

图 11-1

2. 啮合圆柱齿轮的画法（见图 11-2、图 11-3）

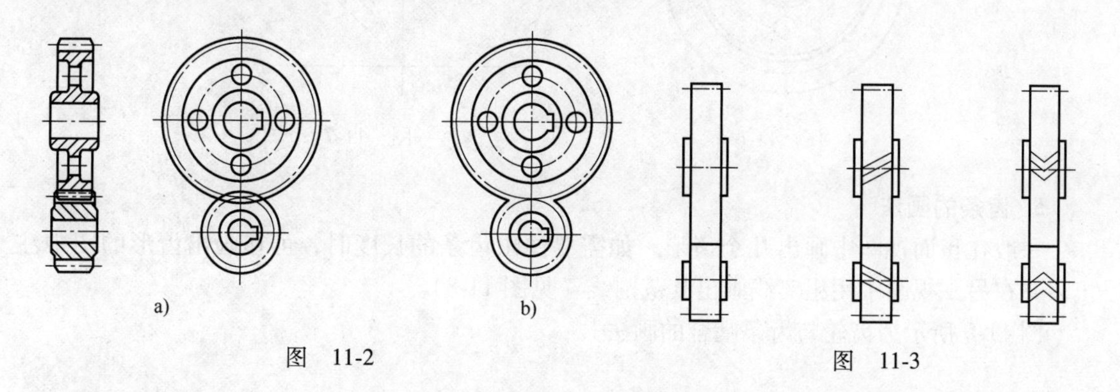

图 11-2

图 11-3

1）在剖视图中，当剖切平面通过两啮合齿轮的轴线时，在啮合区内，将一个齿轮的轮齿用粗实线绘制，另一个齿轮的轮齿被遮挡部分用虚线绘制，也可省略不画（见图 11-2a）。

2）在垂直于圆柱齿轮轴线的投影面的视图中，两个齿轮啮合区的齿顶圆可以省略不画（见图 11-2b）。

3）在平行于圆柱齿轮轴线的投影面的视图中，啮合区的齿顶线不需画出，节线以粗实线绘制，其他处的节线用细点画线绘制（见图 11-3）。

圆柱齿轮内啮合的画法如图 11-4 所示。

3. 圆弧齿轮的画法（见图 11-5、图 11-6）

对于圆弧齿轮，无论是单个齿轮还是啮合齿轮，均需画出若干个齿形。

4. 单个渐开线齿形的近似画法

单个渐开线齿形的近似画法如图 11-7 所示。

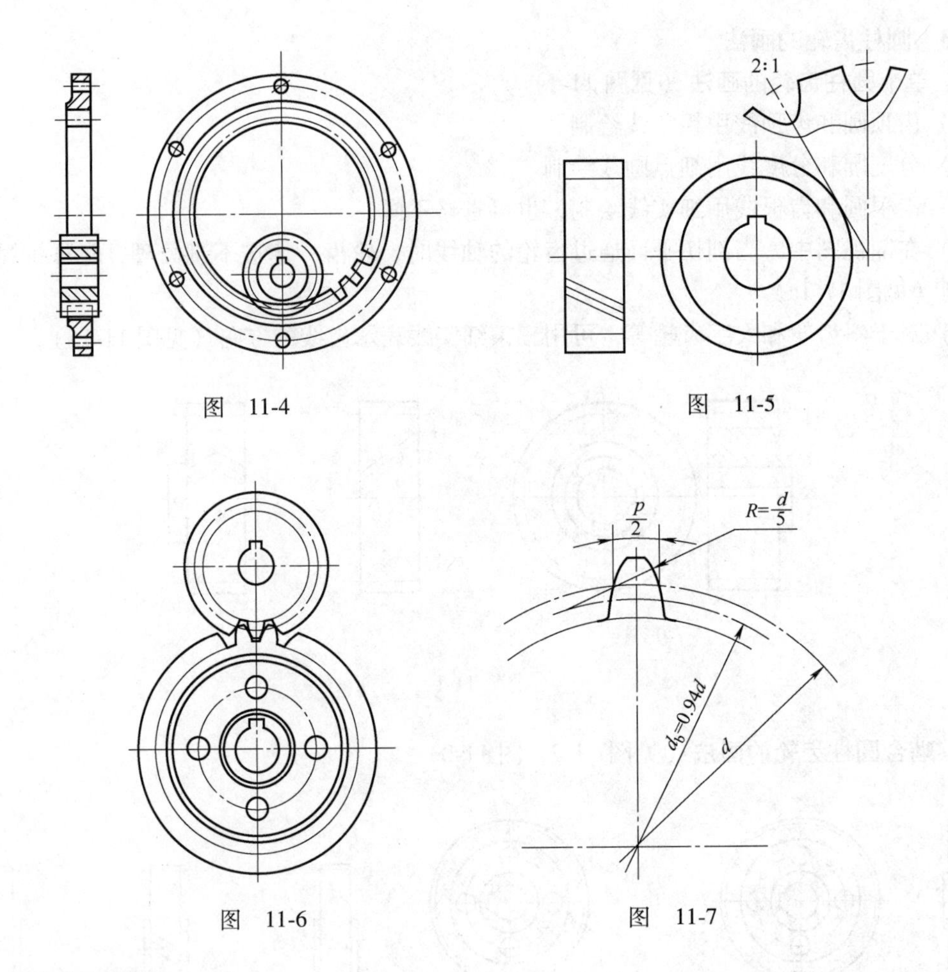

图 11-4

图 11-5

图 11-6

图 11-7

5. 齿条的画法

一般在正面视图中画出几个齿形。如需要注出齿条的长度时，可在画出齿形的图中注出，并在另一视图中用粗实线画出其范围线（见图 11-8）。

图 11-9 所示为齿轮与齿条啮合的画法。

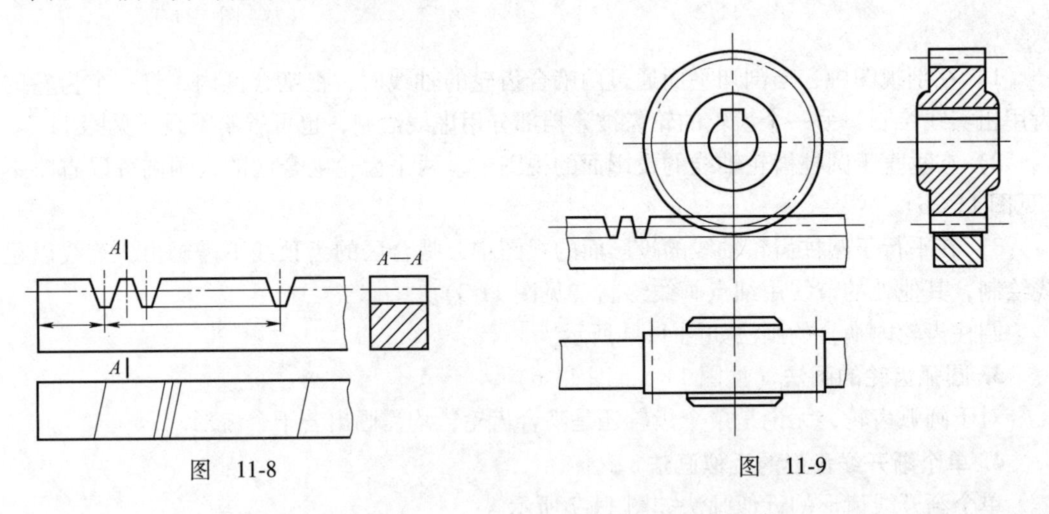

图 11-8

图 11-9

11.2 锥齿轮

11.2.1 锥齿轮模数

锥齿轮模数见表 11-3。

表 11-3 锥齿轮大端端面模数（GB/T 12368—1990） （单位：mm）

0.1	0.12	0.15	0.2	0.25	0.3	0.35	0.4	0.5	0.6	0.7	0.8	0.9
1	1.125	1.25	1.375	1.5	1.75	2	2.25	2.5	2.75	3		
3.25	3.5	3.75	4	4.5	5	5.5	6	6.5	7	8		
9	10	11	12	14	16	18	20	22	25	28		
30	32	36	40	45	50							

11.2.2 渐开线锥齿轮的参数及计算公式

渐开线锥齿轮的参数及计算公式见图 11-10 和表 11-4。

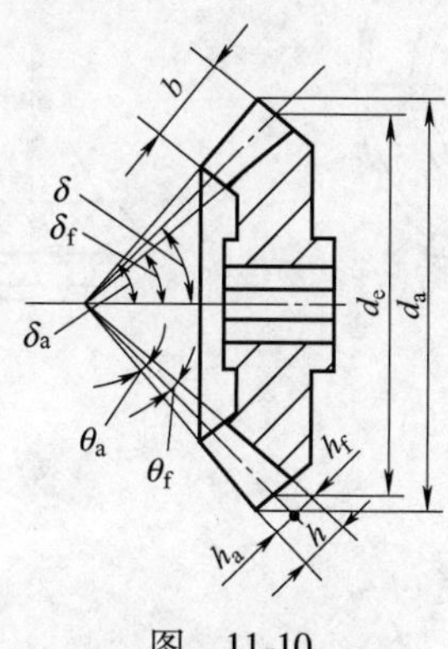

图 11-10

表 11-4 渐开线锥齿轮的参数及计算公式

项目	代号	计算公式
模数	m	以大端模数为标准模数
齿数	z	
压力角	α	$\alpha=20°$
大端分度圆直径	d_e	$d_1=mz_1$，$d_2=mz_2$
齿顶高	h_a	$h_a=m$
齿根高	h_f	$h_f=1.2m$
齿高	h	$h=h_a+h_f$
齿顶圆直径	d_a	$d_a=m\ (z+2\cos\delta)$
齿根圆直径	d_f	$d_f=m\ (z-2.4\cos\delta)$
分锥角	δ	$\delta_1=\arctan\dfrac{z_1}{z_2}$，$\delta_2=90°-\delta_1$
齿宽	b	
齿顶角	θ_a	
齿根角	θ_f	
顶锥角	δ_a	$\delta_a=\delta+\theta_a$
根锥角	δ_f	$\delta_f=\delta-\theta_f$

注：本表按两齿轮轴线的夹角 $\delta=90°$ 计算。

11.2.3 锥齿轮的画法

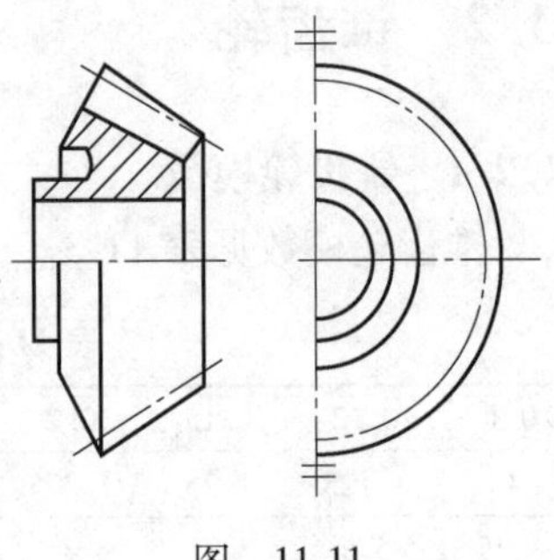
图 11-11

1. 单个锥齿轮的画法（见图 11-11）

应注意在轴向视图中，轮齿部分只需画出大端的齿顶圆及分度圆。

画图时，首先根据模数 m、齿数 z_1 及其配对齿轮齿数 z_2 计算分锥角 δ 及其他参数，画出轮齿部分，然后再按结构尺寸画出整个齿轮。

2. 锥齿轮的啮合画法

啮合画法如图 11-12、图 11-13 所示，画图步骤如图 11-14 所示。

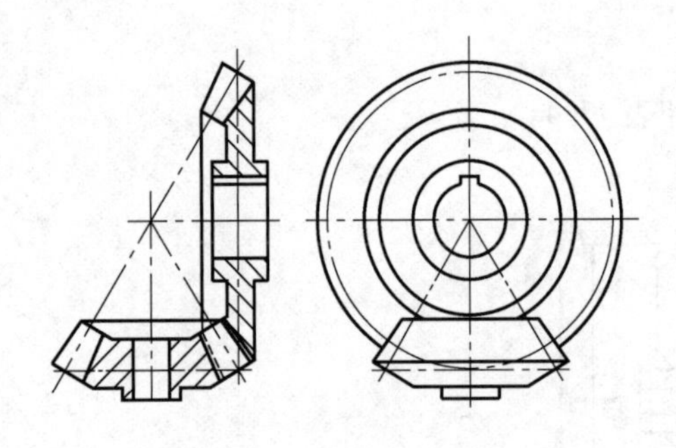
图 11-12

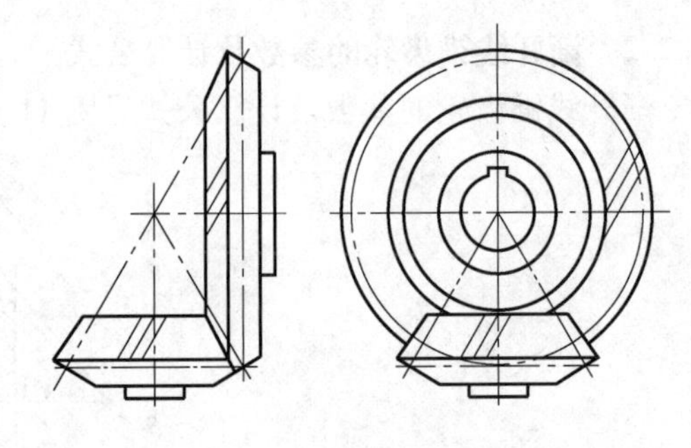
图 11-13

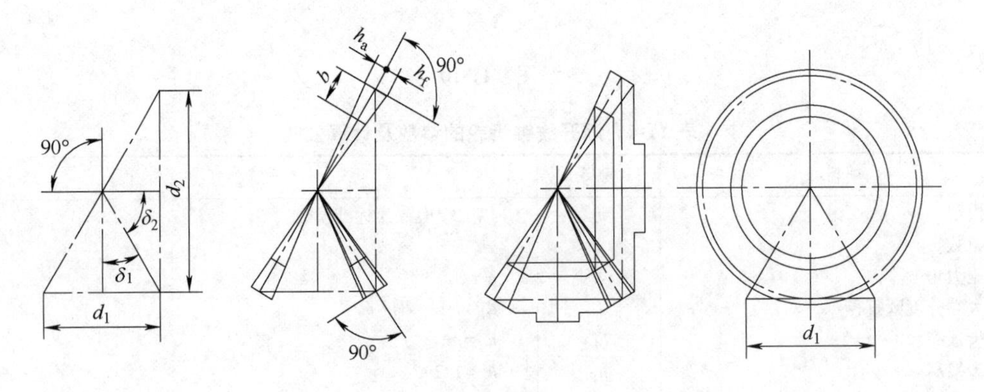

图 11-14

11.3 圆柱蜗杆、蜗轮

11.3.1 蜗杆、蜗轮的模数及蜗杆直径

蜗杆、蜗轮的模数及蜗杆直径见表 11-5~表 11-7。

表 11-5　模数（m）值（GB/T 10088—2018）　（单位：mm）

第一系列	第二系列	第一系列	第二系列	第一系列	第二系列
0.1	—	1.25	—	6.3	—
0.12	—	—	1.5	—	7
0.16	—	1.6	—	8	—
0.2	—	2	—	10	—
0.25	—	2.5	—	—	12
0.3	—	—	3	12.5	—
0.4	—	3.15	—	—	14
0.5	—	—	3.5	16	—
0.6	—	4	—	20	—
—	0.7	—	4.5	25	—
0.8	—	5	—	31.5	—
—	0.9	—	5.5	40	—
1	—	—	6		

注：应优先采用第一系列。

表 11-6　蜗杆分度圆直径（d_1）值（GB/T 10088—2018）　（单位：mm）

第一系列	第二系列	第一系列	第二系列	第一系列	第二系列
4	—	28	—	—	106
4.5	—	—	30	112	—
5	—	31.5	—	—	118
5.6	—	35.5	—	125	—
—	6	—	38	—	132
6.3	—	40	—	140	—
7.1	—	45	—	—	144
—	7.5	—	48	160	—
8	—	50	—	—	170
—	8.5	—	53	180	—
9	—	56	—	—	190
10	—	—	60	200	—
11.2	—	63	—	224	—
12.5	—	—	67	250	—
14	—	71	—	280	—
—	15	—	75	—	300
16	—	80	—	315	—
18	—	—	85	355	—
20	—	90	—	400	—
22.4	—	—	95		
25	—	100	—		

注：应优先采用第一系列。

表 11-7　模数与直径系数（GB/T 10085—2018）

模数 m /mm	直径系数 q	模数 m /mm	直径系数 q	模数 m /mm	直径系数 q
1	18	4	7.875 10 12.5 17.75	10	11.2 16
1.25	16 17.92	5	8 10 12.6 18	12.5	7.2 8.96 11.2 16
1.6	12.5 17.5	6.3	7.936 10 12.698 17.778	16	7 8.75 11.25 15.625
2	9 11.2 14 17.75	8	7.875 10 12.5 17.5	20	7 8 11.2 15.75
2.5	8.96 11.2 14.2 18	10	7.1 9	25	7.2 8 11.2 16
3.15	8.889 11.27 14.286 17.778				

11.3.2　蜗杆、蜗轮的基本几何尺寸关系

蜗杆、蜗轮的基本几何尺寸关系见表 11-8。

表 11-8　蜗杆、蜗轮的基本几何尺寸关系

项目	代号	关系式
蜗杆模数	m	查 GB/T 10088—2018
蜗杆轴向模数	m_x	$m_x=m$
蜗杆头数	z_1	
蜗杆轴向齿距	p_x	$p_x=\pi m$
蜗杆轴向齿厚	s_x	$s_x=\pi m/2$
蜗杆导程角	γ	$\gamma=\arctan mz_1/d_1$
蜗杆直径系数	q	$q=z_1/\tan\gamma$
顶隙	c	$c=c^* m$，c^* 为顶隙系数，一般取 0.2，$c=0.2m$
蜗杆分度圆直径	d_1	$d_1=mq$
蜗杆齿顶高	h_{a1}	$h_{a1}=h_a^* m$，h_a^* 为齿顶高系数，一般取 1，$h_{a1}=m$
蜗杆齿根高	h_{f1}	$h_{f1}=h_{a1}+c=1.2m$
蜗杆齿高	h_1	$h_1=h_{a1}+h_{f1}$
蜗杆齿顶圆直径	d_{a1}	$d_{a1}=d_1+2h_{a1}=d_1+2h_a^* m$
蜗杆齿根圆直径	d_{f1}	$d_{f1}=d_1-2h_{f1}=d_1-2(h_a^* m+c)$
蜗杆齿宽	b_1	
蜗杆导程	p_z	$p_z=\pi mz_1$
齿形角	α	$\alpha_x=20°$ 或 $\alpha_n=20°$，α_x 为轴向齿形角，α_n 为法向齿形角
蜗轮齿数	z_2	
蜗轮分度圆直径	d_2	$d_2=mz_2=2a-d_1-2x_2m$

（续）

项目	代号	关系式
蜗轮变位系数	x_2	查 GB/T 10085—2018
蜗轮齿顶高	h_{a2}	$h_{a2}=m\ (h_a^*+x_2)$
蜗轮齿根高	h_{f2}	$h_{f2}=m\ (h_a^*-x_2+c^*)$
蜗轮齿高	h_2	$h_2=h_{a2}+h_{f2}$
蜗轮喉圆直径	d_{a2}	$d_{a2}=d_2+2h_{a2}$
蜗轮咽喉母圆直径	r_{g2}	$r_{g2}=a-d_{a2}/2$
蜗轮齿根圆直径	d_{f2}	$d_{f2}=d_2-2h_{f2}$
蜗轮齿宽	b_2	
蜗轮齿宽角	θ	$\theta=2\arcsin\left(\dfrac{b_2}{d_1}\right)$，$b_2$ 为蜗轮齿宽
中心距	a	$a=\ (d_1+d_2+2x_2m)/2$

在图 11-15a 中，蜗杆齿顶高 $h_a=1m$，工作齿高 $h'=2m$；采用短齿时，$h_a=0.8m$，$h'=1.6m$。

蜗杆顶隙 $c=0.2m$，必要时允许减小到 $0.15m$ 或增大至 $0.35m$。

蜗杆齿根圆半径 $\rho_f=0.3m$，必要时允许减小到 $0.2m$ 或增大至 $0.4m$，也允许加工成单圆弧，如图 11-15b 所示。

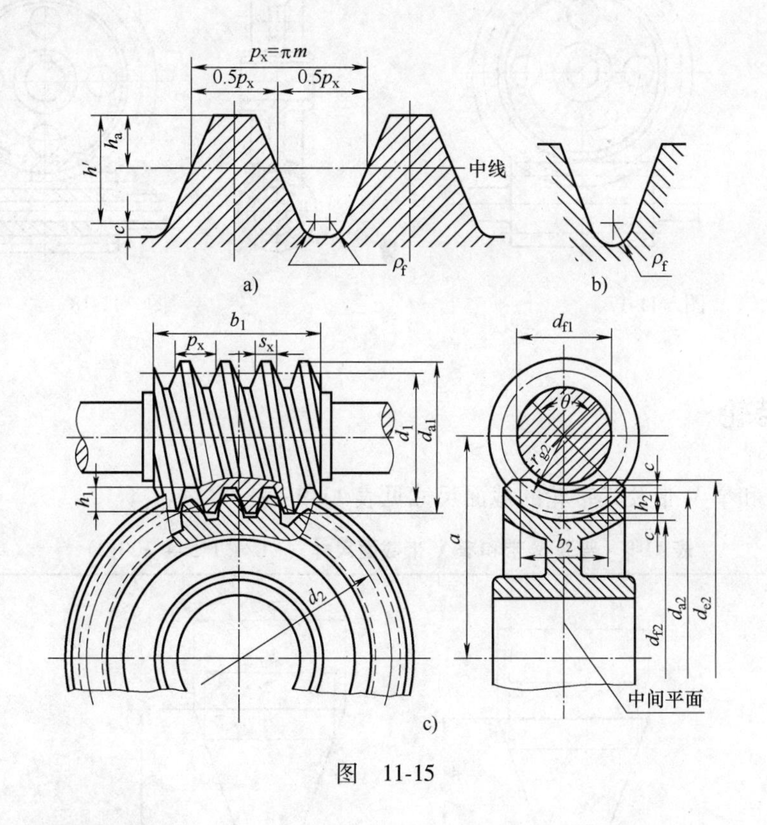

图 11-15

11.3.3 蜗杆、蜗轮的画法

1）单个蜗杆和单个蜗轮的画法分别如图 11-16a、b 所示。蜗杆的齿根用细实线画出，也可省略不画。

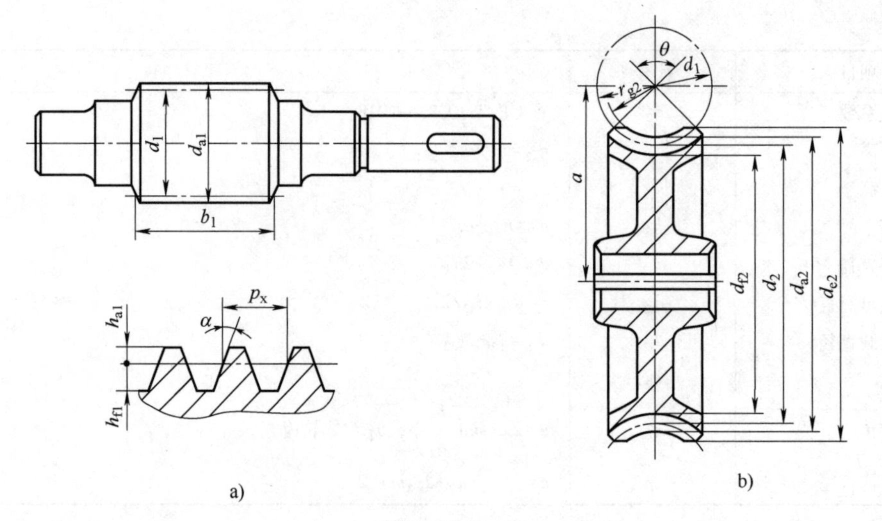

图 11-16

2）蜗杆与蜗轮的啮合画法如图 11-17、图 11-18 所示。

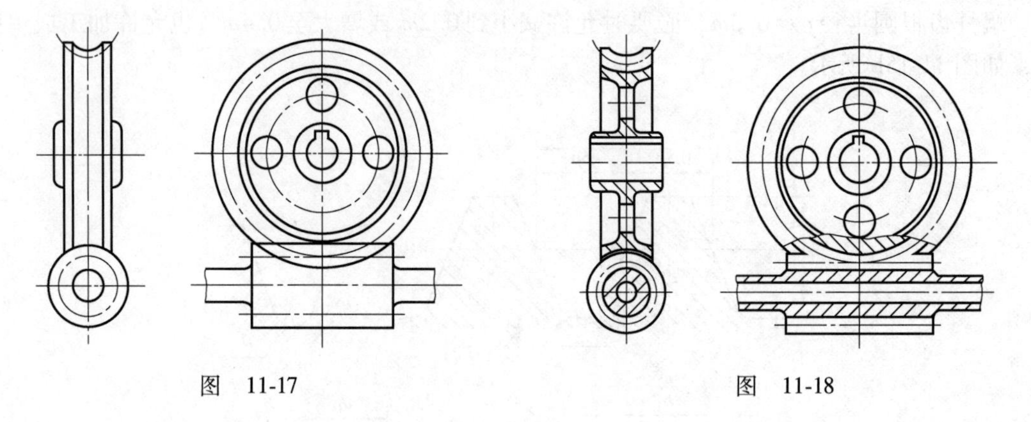

图 11-17　　　　图 11-18

11.4 V 带轮

普通 V 带和窄 V 带及其带轮的截面尺寸见表 11-9~表 11-11。

表 11-9　普通 V 带和窄 V 带截面尺寸（GB/T 11544—2012）　（单位：mm）

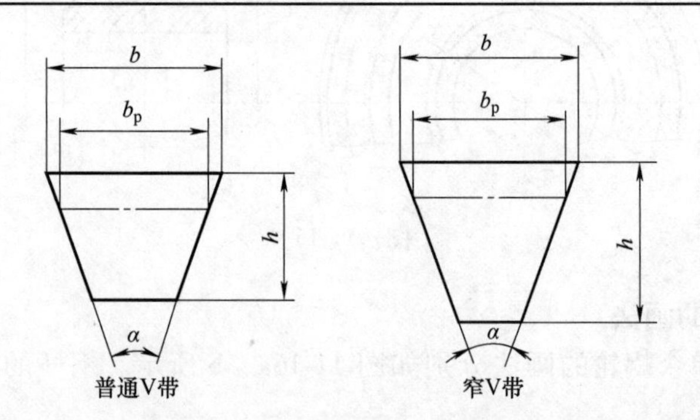

（续）

带型		节宽 b_p	顶宽 b	高度 h	楔角 α
普通V带	Y	5.3	6.0	4.0	40°
	Z	8.5	10.0	6.0	
	A	11.0	13.0	8.0	
	B	14.0	17.0	11.0	
	C	19.0	22.0	14.0	
	D	27.0	32.0	19.0	
	E	32.0	38.0	23.0	
窄V带	SPZ	8.5	10.0	8.0	
	SPA	11.0	13.0	10.0	
	SPB	14.0	17.0	14.0	
	SPC	19.0	22.0	18.0	

表 11-10　普通V带轮槽截面尺寸（GB/T 13575.1—2008）　（单位：mm）

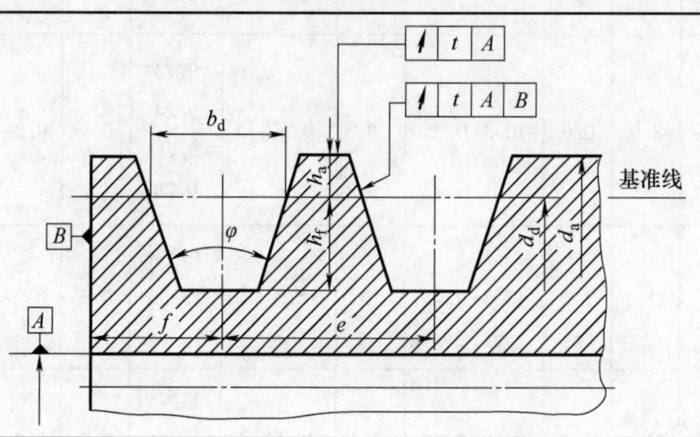

槽型		b_d	h_{amin}	h_{fmin}	e	e值累计极限偏差	f_{min}	d_d			
								与d_d相对应的φ			
普通V带	窄V带							$\varphi=32°$	$\varphi=34°$	$\varphi=36°$	$\varphi=38°$
								φ的极限偏差：±0.5°			
Y		5.3	1.60	4.7	8±0.3	±0.6	6	≤60	—	>60	—
Z	SPZ	8.5	2.00	7.0 9.0	12±0.3	±0.6	7	—	≤80	—	>80
A	SPA	11.0	2.75	8.7 11.0	15±0.3	±0.6	9	—	≤118	—	>118
B	SPB	14.0	3.50	10.8 14.0	19±0.4	±0.8	11.5	—	≤190	—	>190
C	SPC	19.0	4.80	14.3 19	25.5±0.5	±1.0	16	—	≤315	—	>315
D		27.0	8.10	19.9	37±0.6	±1.2	23	—	—	≤475	>475
E		32.0	9.60	23.4	44.5±0.7	±1.4	28	—	—	≤600	>600

表 11-11　窄 V 带轮槽截面尺寸（GB/T 13575. 2—2008）　（单位：mm）

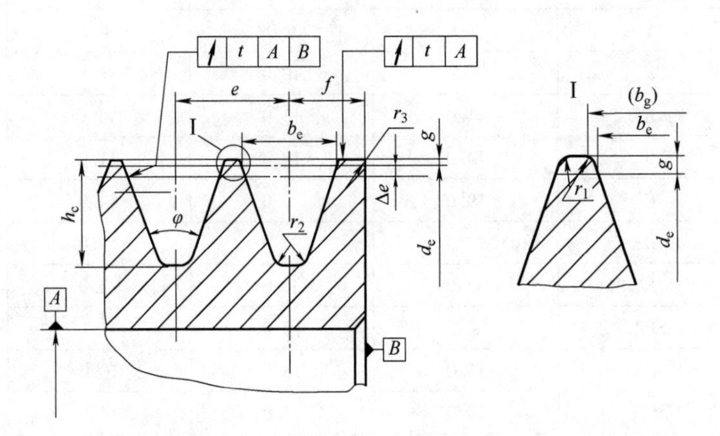

槽型	d_e	φ /(°)	b_e	Δe	e	f_{min}	h_c	(b_g)	g	r_1	r_2	r_3
9N、9J	≤90 >90~150 >150~305 >305	36 38 40 42	8. 9	0. 6	10. 3±0. 25	9	$9.5^{+0.5}_{0}$	9. 23 9. 24 9. 26 9. 28	0. 5	0. 2~0. 5	0. 5~1. 0	1~2
15N、15J	≤255 >255~405 >405	38 40 42	15. 2	1. 3	17. 5±0. 25	13	$15.5^{+0.5}_{0}$	15. 54 15. 56 15. 58	0. 5	0. 2~0. 5	0. 5~1. 0	2~3
25N、25J	≤405 >405~570 >570	38 40 42	25. 4	2. 5	28. 6±0. 25	19	$25.5^{+0.5}_{0}$	25. 74 25. 76 25. 78	0. 5	0. 2~0. 5	0. 5~1. 0	3~5

V 带轮的画法如图 11-19 所示，基准线用细点画线绘制。

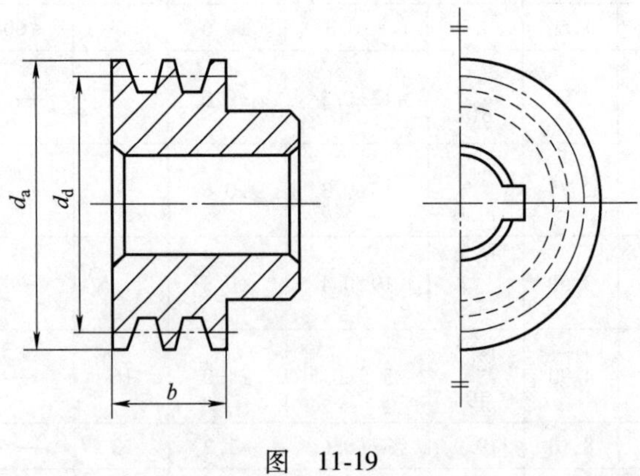

图　11-19

11.5 链轮

链轮的有关尺寸见表 11-12~表 11-14。

表 11-12 滚子链链轮直径尺寸及齿高计算公式（GB/T 1243—2006）（单位：mm）

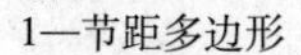

1—节距多边形

p—弦节距，等于链条节距

d_1—最大滚子直径

r_e—齿槽圆弧半径

r_i—齿沟圆弧半径

z—齿数

α—齿沟角

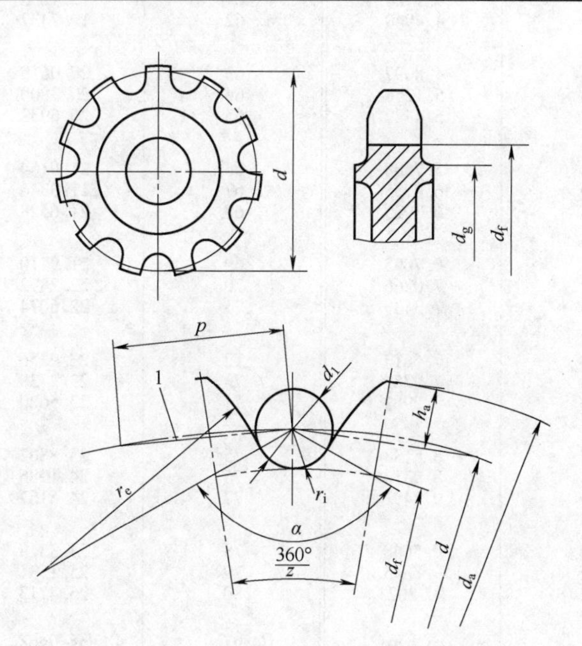

名称	代号	计算公式	备注
分度圆直径	d	$d=p/\sin\frac{180°}{z}=pK$ K——单位节距分度圆直径	K 值见表 11-13
齿顶圆直径①	d_a	$d_{amax}=d+1.25p-d_1$ $d_{amin}=d+\left(1-\frac{1.6}{z}\right)p-d_1$	可在 d_{amin}~d_{amax} 范围内任意选取，但选用 d_{amax} 时，应考虑采用展成法加工，有发生顶切的可能性
分度圆弦齿高①	h_a	$h_{amax}=\left(0.625+\frac{0.8}{z}\right)p-0.5d_1$ $h_{amin}=0.5\ (p-d_1)$	h_a 是为简化放大齿槽形状的绘制而引入的辅助尺寸 h_{amax} 对应于 d_{amax} h_{amin} 对应于 d_{amin}
齿根圆直径	d_f	$d_f=d-d_1$	
最大齿侧凸缘（或排间槽）直径	d_g	$d_g\leqslant p\cot\frac{180°}{z}-1.04h_2-0.76$ h_2——内链板高度	

① 对于三圆弧一直线齿形，$d_a=p\left(0.54+\cot\frac{180°}{z}\right)$，$h_a=0.27p$。

表 11-13　单位节距分度圆直径 K　（单位：mm）

z	K	z	K	z	K
9	2.9238	57	18.1529	105	33.4275
10	3.2361	58	18.4710	106	33.7458
11	3.5494	59	18.7892	107	34.0640
12	3.8637	60	19.1073	108	34.3823
13	4.1786	61	19.4255	109	34.7006
14	4.4940	62	19.7437	110	35.0188
15	4.8097	63	20.0619	111	35.3371
16	5.1258	64	20.3800	112	35.6554
17	5.4422	65	20.6932	113	35.9737
18	5.7588	66	21.0164	114	36.2919
19	6.0755	67	21.3346	115	36.6102
20	6.3925	68	21.6528	116	36.9285
21	6.7095	69	21.9710	117	37.2467
22	7.0266	70	22.2892	118	37.5650
23	7.3439	71	22.6074	119	37.8833
24	7.6613	72	22.9256	120	38.2016
25	7.9787	73	23.2438	121	38.5198
26	8.2962	74	23.5620	122	38.8381
27	8.6138	75	23.8802	123	39.1564
28	8.9314	76	24.1985	124	39.4746
29	9.2491	77	24.5167	125	39.7929
30	9.5668	78	24.3349	126	40.1112
31	9.8845	79	25.1531	127	40.4295
32	10.2023	80	25.4713	128	40.7478
33	10.5201	81	25.7896	129	41.0660
34	10.8380	82	26.1078	130	41.3843
35	11.1558	83	26.4260	131	41.7026
36	11.4737	84	26.7443	132	42.0209
37	11.7916	85	27.0625	133	42.3391
38	12.1096	86	27.3807	134	42.6574
39	12.4275	87	27.6990	135	42.9757
40	12.7455	88	28.0712	136	43.2940
41	13.0635	89	28.3355	137	43.6123
42	13.3815	90	28.6537	138	43.9306
43	13.6995	91	28.9719	139	44.2488
44	14.0176	92	29.2902	140	44.5671
45	14.3356	93	29.6084	141	44.8854
46	14.6537	94	29.9267	142	45.2037
47	14.9717	95	30.2449	143	45.5220
48	15.2898	96	30.5632	144	45.8403
49	15.6079	97	30.8815	145	46.1585
50	15.9260	98	31.1997	146	46.4768
51	16.2441	99	31.5180	147	46.7951
52	16.5622	100	31.8362	148	47.1134
53	16.8803	101	32.1545	149	47.4317
54	17.1984	102	32.4727	150	47.7500
55	17.5166	103	32.7910		
56	17.8347	104	33.1093		

表 11-14　链轮轴向齿廓参数表（GB/T 1243—2006）　　　　（单位：mm）

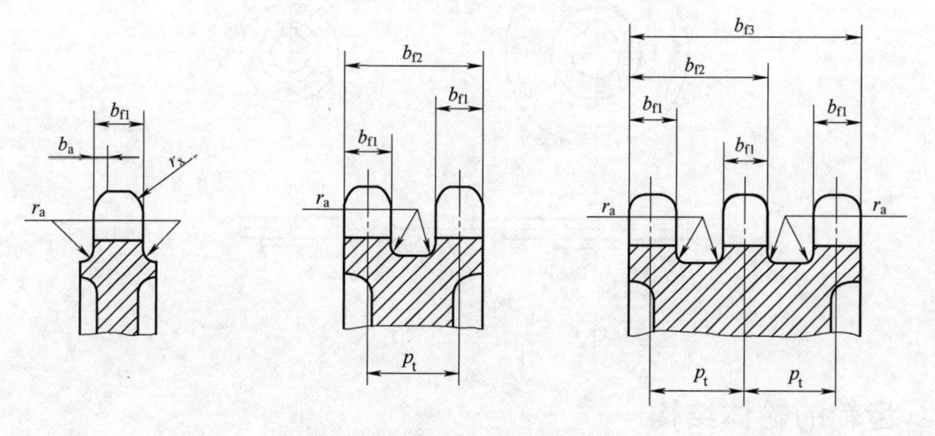

名称		代号	计算公式		备注
			$p \leqslant 12.7$	$p>12.7$	
齿宽	单排 双排、三排 四排以上	b_{f1}	$0.93b_1$ $0.91b_1$ $0.88b_1$	$0.95b_1$ $0.93b_1$	$p>12.7$ 时，对于 $p \leqslant 12.7$ 时给出的四排以上的链轮公式，可以由用户和制造商之间协议后使用 b_1——内链节内宽
齿边倒角宽		b_a	$b_{a公称}=0.06p$		适用于链号为 081、083、084 和 085 的链条
			$b_{a公称}=0.13p$		适用于其他链条
齿侧半径		$r_{x公称}$	$r_{x公称}=p$		
齿侧凸缘（或排间槽）圆角半径		r_a	$r_a \approx 0.04p$		
链轮齿全宽		b_{fm}	$b_{fm}=(m-1)p_t+b_{f1}$		m——排数；p_t——排距

标准齿形链轮的画法与齿轮的规定画法相同，如图 11-20 所示。

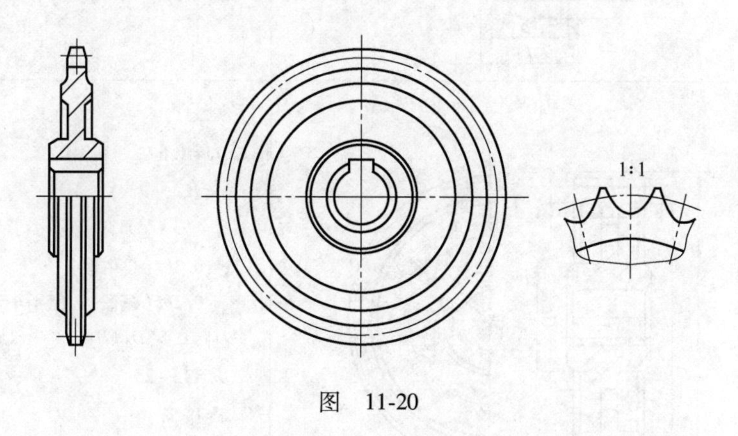

图　11-20

链轮传动图可采用简化画法，用细点画线表示链条（见图 11-21）。

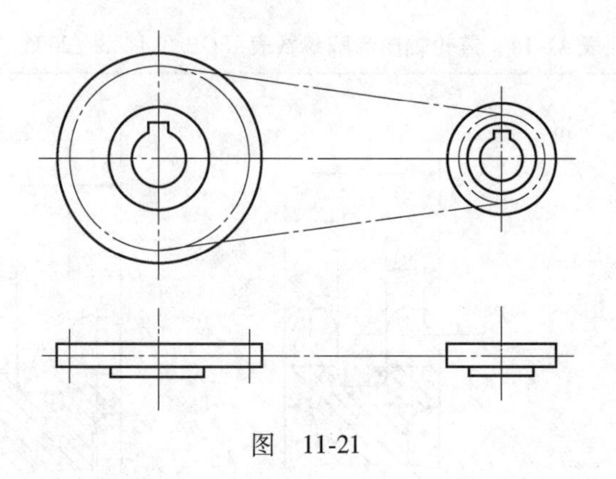

图　11-21

11.6　齿轮的轮体结构

圆柱齿轮和直齿锥齿轮的结构形式见表 11-15、表 11-16。

表 11-15　圆柱齿轮的结构形式　　（单位：mm）

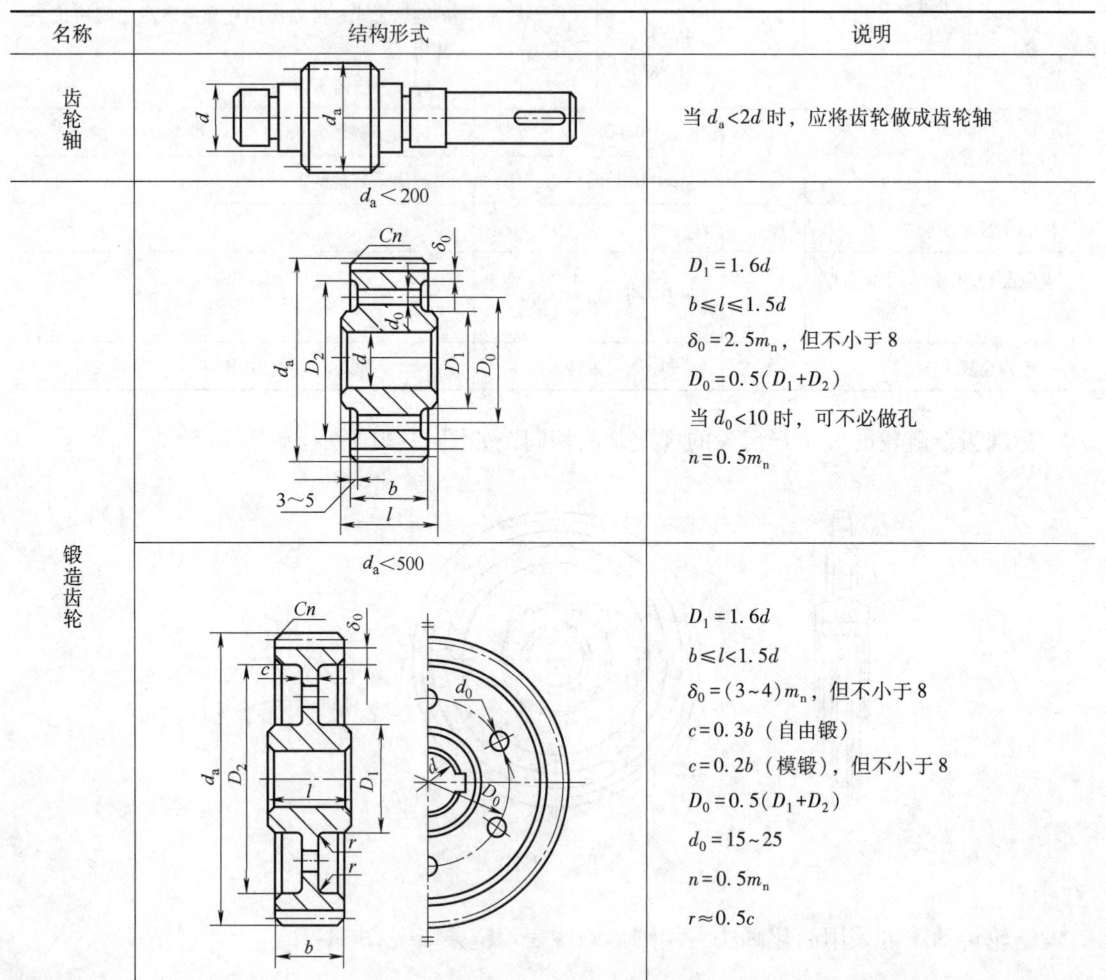

名称	结构形式	说明
齿轮轴		当 $d_a<2d$ 时，应将齿轮做成齿轮轴
锻造齿轮	$d_a<200$	$D_1=1.6d$ $b \leqslant l \leqslant 1.5d$ $\delta_0=2.5m_n$，但不小于 8 $D_0=0.5(D_1+D_2)$ 当 $d_0<10$ 时，可不必做孔 $n=0.5m_n$
	$d_a<500$	$D_1=1.6d$ $b \leqslant l<1.5d$ $\delta_0=(3\sim4)m_n$，但不小于 8 $c=0.3b$（自由锻） $c=0.2b$（模锻），但不小于 8 $D_0=0.5(D_1+D_2)$ $d_0=15\sim25$ $n=0.5m_n$ $r \approx 0.5c$

（续）

名称	结构形式	说明
铸造齿轮	$d_a<500$ 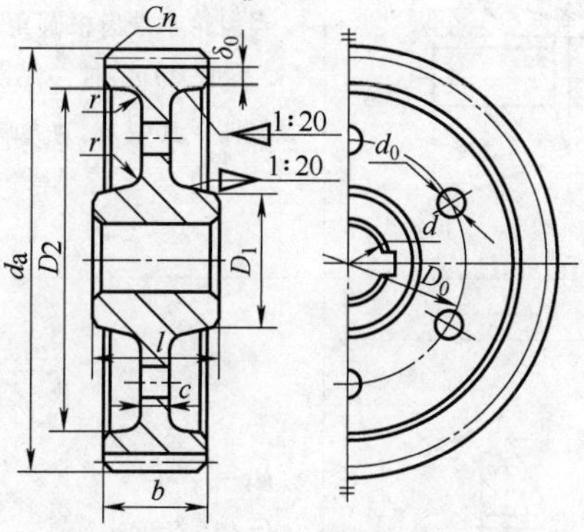	$D_1=1.6d$（铸钢），$D_1=1.8d$（铸铁） $b\leqslant l<1.5d$ $\delta_0=(3\sim4)m_n$，但不小于8 $D_0=0.5(D_2+D_1)$ $d_0=(0.25\sim0.35)(D_2-D_1)$ $c=0.2b$，但不小于10 $n=0.5m_n$，$r\approx0.5c$
	$d_a>400$, $b\leqslant240$ 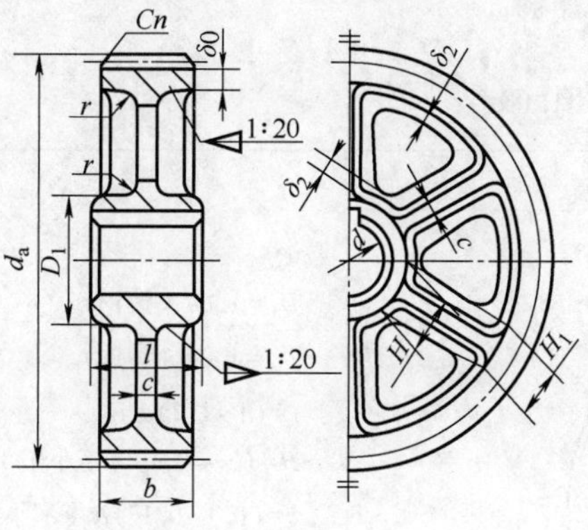	$D_1=1.6d$（铸钢），$D_1=1.8d$（铸铁） $b\leqslant l<1.5d$ $\delta_0=(3\sim4)m_n$，但不小于8 $H=0.8d$（铸钢），$H=0.9d$（铸铁） $H_1=0.8H$ $c=(1\sim1.3)\delta_0$ $\delta_2=(1\sim1.2)\delta_0$ $n=0.5m_n$，$r\approx0.5c$
	$d_a>1000$, $b=240\sim480$(上半部分), $b\geqslant480$(下半部分) 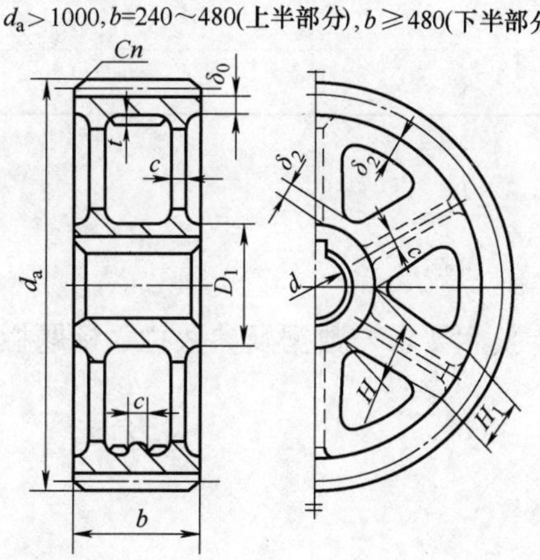	$D_1=1.6d$（铸钢），$D_1=1.8d$（铸铁） $\delta_0=(3\sim4)m_n$ $H=0.8d$（铸钢），$H=0.9d$（铸铁） $H_1=0.8H$ $c=(0.8\sim1)\delta_0$ $\delta_2=(1\sim1.2)\delta_0$ $t=0.8\delta_2$，$n=0.5m_n$

表 11-16　直齿锥齿轮的结构形式　　（单位：mm）

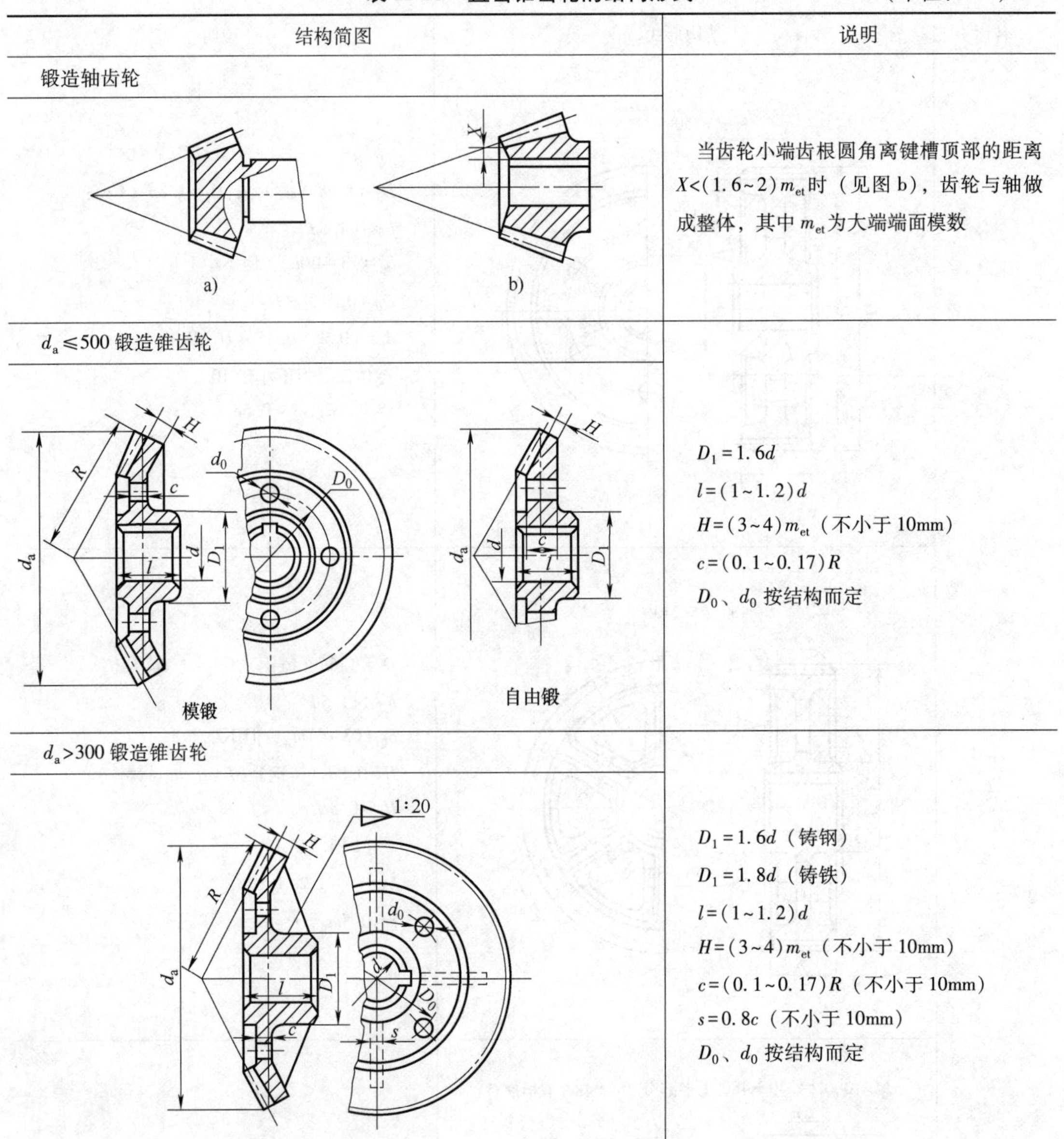

结构简图	说明
锻造轴齿轮	
a)　b)	当齿轮小端齿根圆角离键槽顶部的距离 $X<(1.6\sim2)m_{et}$时（见图 b），齿轮与轴做成整体，其中 m_{et}为大端端面模数
$d_a \leqslant 500$ 锻造锥齿轮	
模锻　自由锻	$D_1=1.6d$ $l=(1\sim1.2)d$ $H=(3\sim4)m_{et}$（不小于 10mm） $c=(0.1\sim0.17)R$ D_0、d_0 按结构而定
$d_a>300$ 锻造锥齿轮	
	$D_1=1.6d$（铸钢） $D_1=1.8d$（铸铁） $l=(1\sim1.2)d$ $H=(3\sim4)m_{et}$（不小于 10mm） $c=(0.1\sim0.17)R$（不小于 10mm） $s=0.8c$（不小于 10mm） D_0、d_0 按结构而定

11.7　传动轮的工作图内容

传动轮工作图一般应包含图形、尺寸、技术要求、数据及参数栏、标题栏等。

1）圆柱齿轮见图 11-22。

2）锥齿轮见图 11-23。

3）蜗轮见图 11-24。

4）普通 V 带轮见图 11-25。

5）链轮见图 11-26。

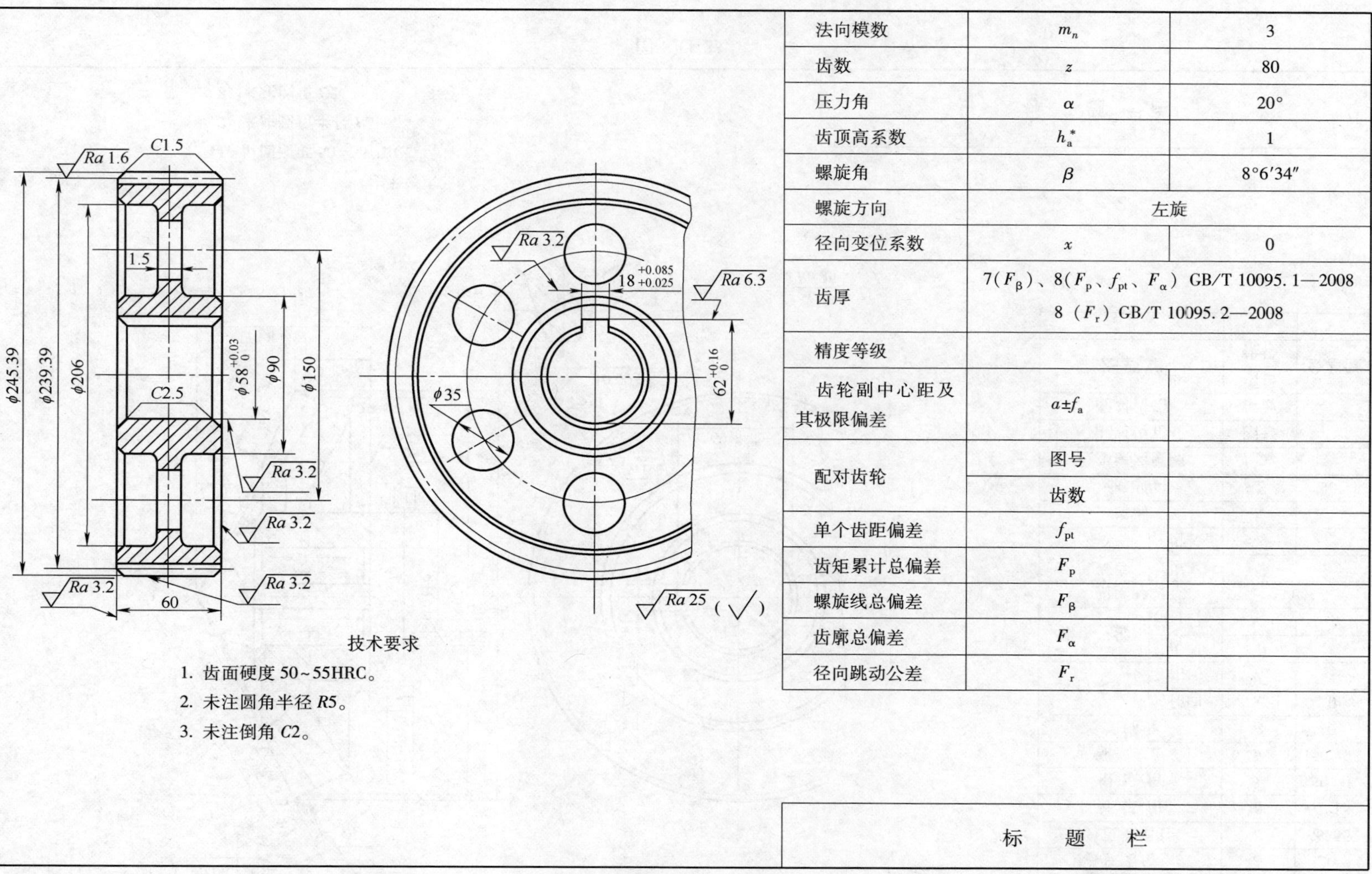

法向模数	m_n	3
齿数	z	80
压力角	α	20°
齿顶高系数	h_a^*	1
螺旋角	β	8°6′34″
螺旋方向	左旋	
径向变位系数	x	0
齿厚	7(F_β)、8(F_p、f_{pt}、F_α) GB/T 10095.1—2008 8（F_r）GB/T 10095.2—2008	
精度等级		
齿轮副中心距及其极限偏差	$a\pm f_a$	
配对齿轮	图号	
	齿数	
单个齿距偏差	f_{pt}	
齿矩累计总偏差	F_p	
螺旋线总偏差	F_β	
齿廓总偏差	F_α	
径向跳动公差	F_r	

图　11-22

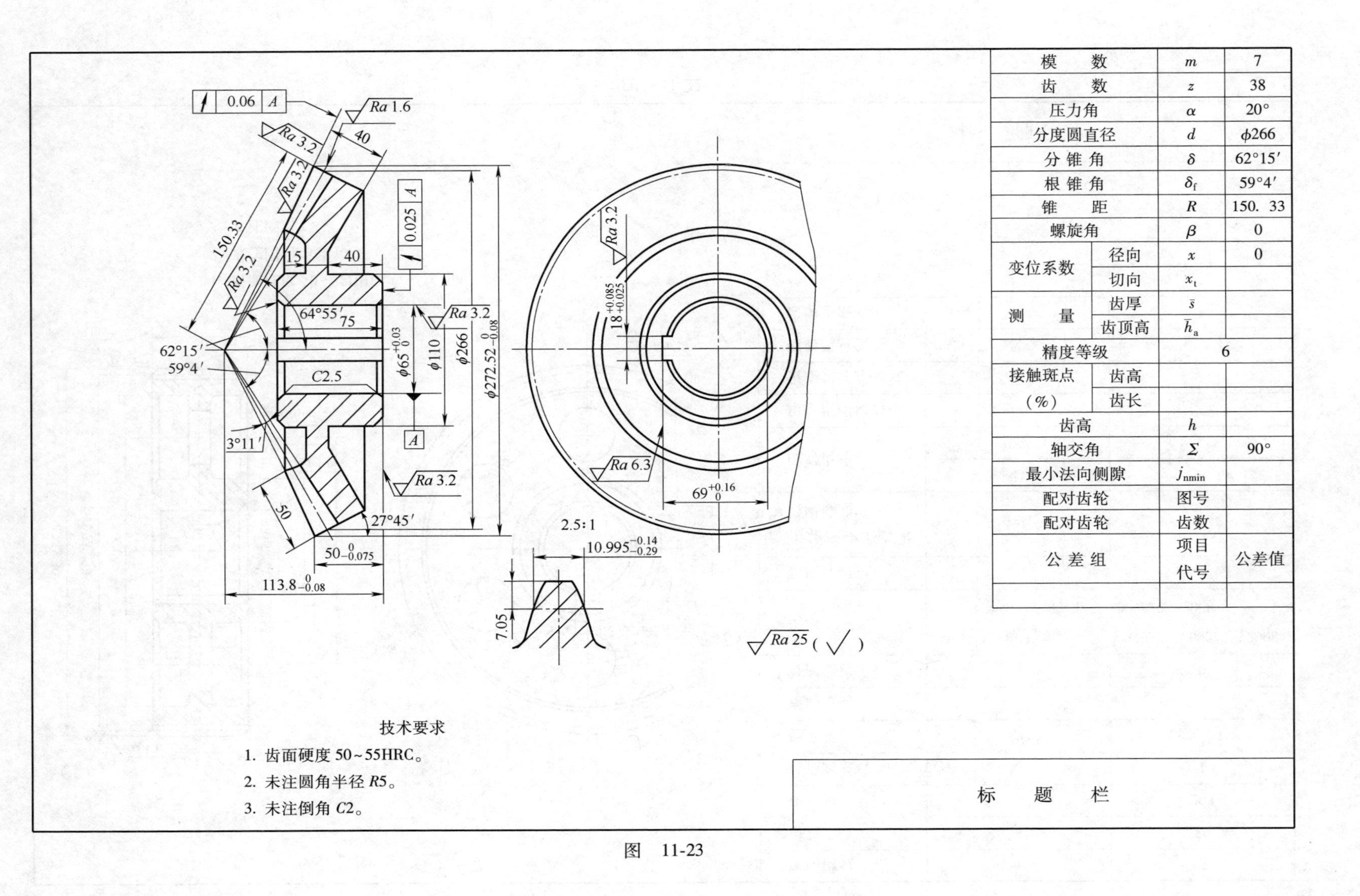

模数		m	7
齿数		z	38
压力角		α	20°
分度圆直径		d	ϕ266
分锥角		δ	62°15′
根锥角		δ_f	59°4′
锥距		R	150.33
螺旋角		β	0
变位系数	径向	x	0
	切向	x_t	
测量	齿厚	$\bar{s}$	
	齿顶高	$\bar{h}_a$	
精度等级		6	
接触斑点(%)	齿高		
	齿长		
齿高		h	
轴交角		Σ	90°
最小法向侧隙		j_{nmin}	
配对齿轮		图号	
配对齿轮		齿数	
公差组		项目代号	公差值

技术要求

1. 齿面硬度 50~55HRC。
2. 未注圆角半径 $R5$。
3. 未注倒角 $C2$。

标　题　栏

图　11-23

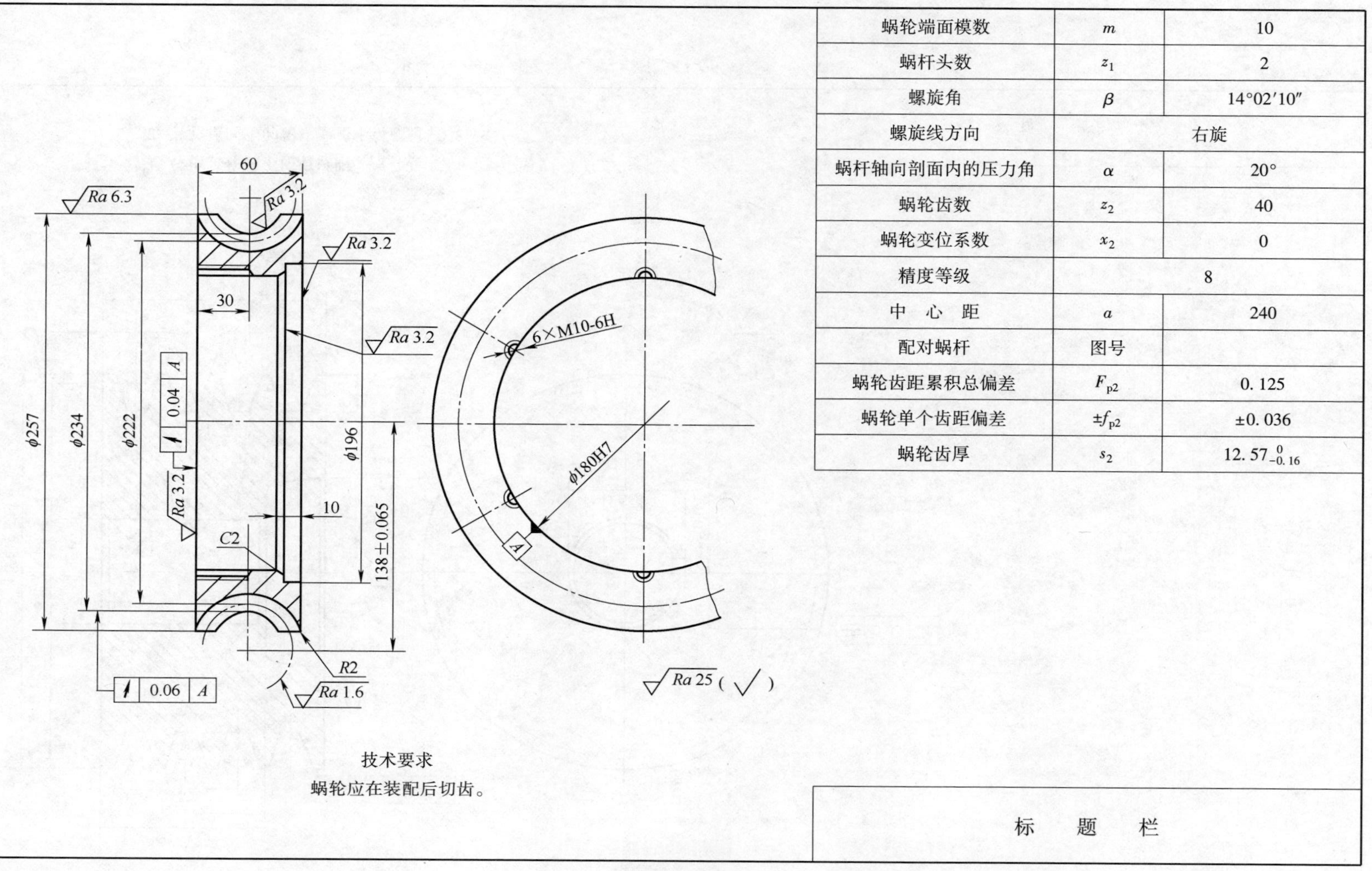

蜗轮端面模数	m	10
蜗杆头数	z_1	2
螺旋角	β	14°02′10″
螺旋线方向	右旋	
蜗杆轴向剖面内的压力角	α	20°
蜗轮齿数	z_2	40
蜗轮变位系数	x_2	0
精度等级	8	
中　心　距	a	240
配对蜗杆	图号	
蜗轮齿距累积总偏差	F_{p2}	0. 125
蜗轮单个齿距偏差	$\pm f_{p2}$	±0. 036
蜗轮齿厚	s_2	$12.57_{-0.16}^{0}$

图　11-24

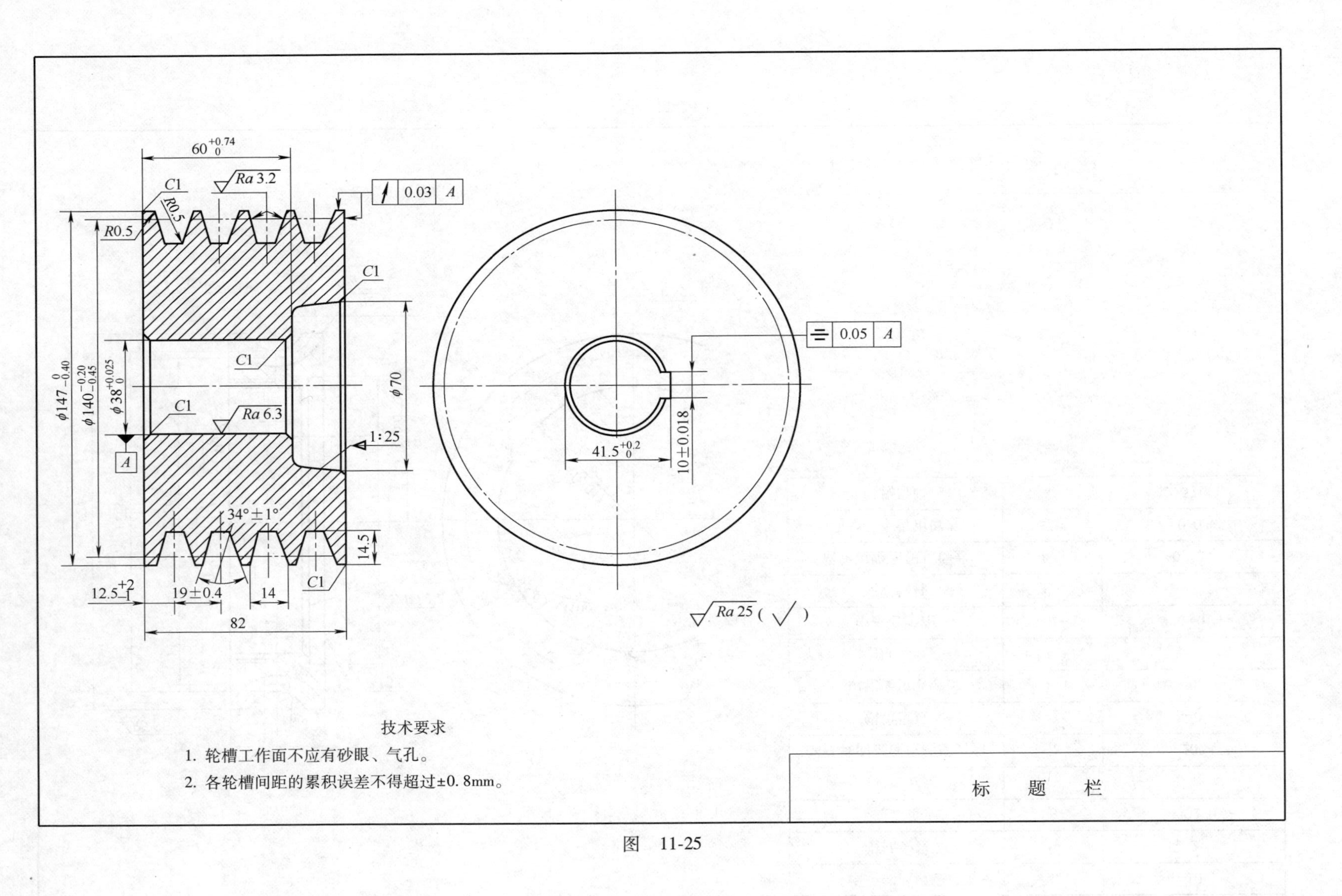
60 +0.74 0
C1
Ra 3.2
0.03 A
R0.5
R0.5
C1
0.05 A
C1
φ147 0 -0.40
φ140 -0.20 -0.45
φ38 +0.025 0
φ70
C1
Ra 6.3
1:25
A
41.5 +0.2 0
10±0.018
34°±1°
14.5
12.5 +2 -1
19±0.4
14
C1
82
Ra 25 (√)
技术要求
1. 轮槽工作面不应有砂眼、气孔。
2. 各轮槽间距的累积误差不得超过±0. 8mm。
标　题　栏

图　11-25

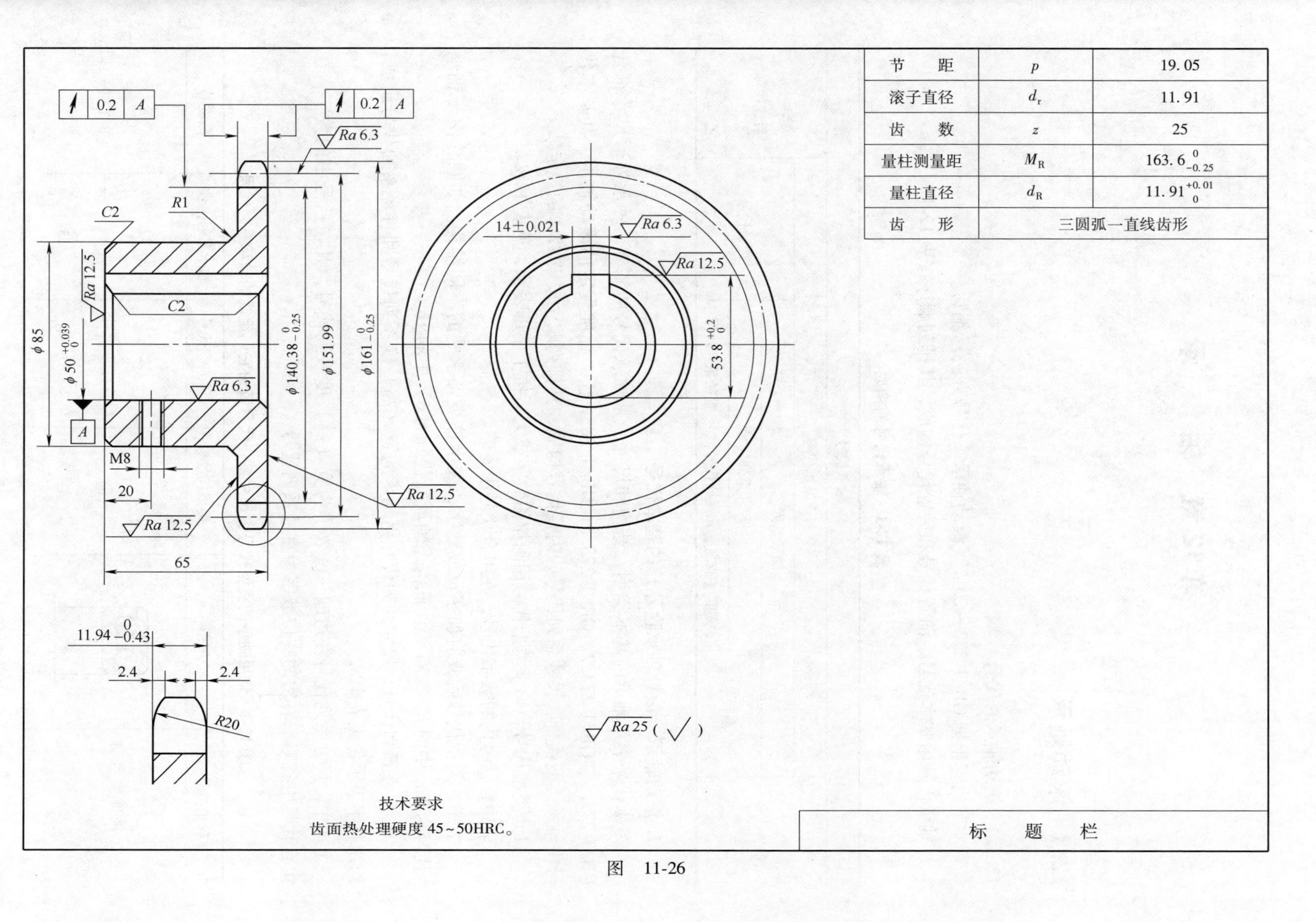

节　　距	p	19.05
滚子直径	d_r	11.91
齿　　数	z	25
量柱测量距	M_R	$163.6_{-0.25}^{0}$
量柱直径	d_R	$11.91_{0}^{+0.01}$
齿　　形	三圆弧一直线齿形	

图　11-26

第 12 章 轴　　承

12.1 滚动轴承

12.1.1 滚动轴承的代号

本节内容根据 GB/T 272—2017《滚动轴承　代号方法》编写。

轴承代号由基本代号、前置代号和后置代号构成，其排列顺序按表 12-1。

表 12-1　轴承代号的构成

<table>
<tr><td colspan="6">轴承代号</td></tr>
<tr><td rowspan="4">前置代号</td><td colspan="4">基本代号</td><td rowspan="4">后置代号</td></tr>
<tr><td colspan="3">轴承系列</td><td rowspan="3">内径代号</td></tr>
<tr><td rowspan="2">类型代号</td><td colspan="2">尺寸系列代号</td></tr>
<tr><td>宽度（或高度）系列代号</td><td>直径系列代号</td></tr>
</table>

1. 滚动轴承（滚针轴承除外）**的基本代号**

基本代号表示轴承的基本类型、结构和尺寸，是轴承代号的基础。轴承外形尺寸符合 GB/T 273.1、GB/T 273.2、GB/T 273.3、GB/T 3882 任一标准规定的滚动轴承，其基本代号由轴承类型代号、尺寸系列代号、内径代号构成，其排列顺序按表 12-1 的规定。

1）类型代号。轴承类型代号用阿拉伯数字或大写拉丁字母表示，见表 12-2。

表中，括号内的数字代号，在组合代号中省略。

表中，类型代号后或前加字母或数字，表示该类轴承中的不同结构。如圆柱滚子轴承（代号为 N）中的 NU、NJ 等，深沟球轴承（代号为 6）中的 16。

2）尺寸系列代号。尺寸系列代号由轴承的宽（高）度系列代号和直径系列代号组成，均用数字表示，见表 12-2。

表中，尺寸系列代号左边的一位数字为宽（高）度系列代号，凡在括号中的数字，在组合代号中省略。右边的一位数字为直径系列代号。

表 12-2　常用轴承的类型代号、尺寸系列代号及由它们组成的轴承系列代号

<table>
<tr><td>轴承类型</td><td>简图</td><td>类型代号</td><td>尺寸系列代号</td><td>轴承系列代号</td><td>标准号</td></tr>
<tr><td rowspan="2">双列角接触球轴承</td><td rowspan="2"></td><td rowspan="2">(0)</td><td>32</td><td>32</td><td rowspan="2">GB/T 296</td></tr>
<tr><td>33</td><td>33</td></tr>
</table>

（续）

轴承类型	简图	类型代号	尺寸系列代号	轴承系列代号	标准号
调心球轴承		1	39	139	GB/T 281
			（1）0	10	
			30	130	
			（0）2	12	
		（1）	22	22	
		1	（0）3	13	
		（1）	23	23	
调心滚子轴承		2	38	238	GB/T 288
			48	248	
			39	239	
			49	249	
			30	230	
			40	240	
			31	231	
			41	241	
			22	222	
			32	232	
			03①	213	
			23	223	
推力调心滚子轴承		2	92	292	GB/T 5859
			93	293	
			94	294	
圆锥滚子轴承		3	29	329	GB/T 297
			20	320	
			30	330	
			31	331	
			02	302	
			22	322	
			32	332	
			03	303	
			13	313	
			23	323	
双列深沟球轴承		4	（2）2	42	—
			（2）3	43	

（续）

轴承类型		简图	类型代号	尺寸系列代号	轴承系列代号	标准号
推力球轴承	推力球轴承		5	11	511	GB/T 301
				12	512	
				13	513	
				14	514	
	双向推力球轴承		5	22	522	GB/T 301
				23	523	
				24	524	
	带球面座圈的推力球轴承		5	12②	532	GB/T 28697
				13②	533	
				14②	534	
	带球面座圈的双向推力球轴承		5	22③	542	
				23③	543	
				24③	544	
深沟球轴承			6	17	617	GB/T 276
				37	637	
				18	618	
				19	619	
			16	(0) 0	160	
			6	(1) 0	60	
				(0) 2	62	
				(0) 3	63	
				(0) 4	64	
角接触球轴承			7	18	718	GB/T 292
				19	719	
				(1) 0	70	
				(0) 2	72	
				(0) 3	73	
				(0) 4	74	
推力圆柱滚子轴承			8	11	811	GB/T 4663
				12	812	

（续）

轴承类型		简图	类型代号	尺寸系列代号	轴承系列代号	标准号
圆柱滚子轴承	外圈无挡边圆柱滚子轴承		N	10	N 10	GB/T 283
				（0）2	N 2	
				22	N 22	
				（0）3	N 3	
				23	N 23	
				（0）4	N 4	
	内圈无挡边圆柱滚子轴承		NU	10	NU 10	
				（0）2	NU 2	
				22	NU 22	
				（0）3	NU 3	
				23	NU 23	
				（0）4	NU 4	
	内圈单挡边圆柱滚子轴承		NJ	（0）2	NJ 2	
				22	NJ 22	
				（0）3	NJ 3	
				23	NJ 23	
				（0）4	NJ 4	
	内圈单挡边并带平挡圈圆柱滚子轴承		NUP	（0）2	NUP 2	
				22	NUP 22	
				（0）3	NUP 3	
				23	NUP 23	
				（0）4	NUP 4	
	外圈单挡边圆柱滚子轴承		NF	（0）2	NF 2	
				（0）3	NF 3	
				23	NF 23	
	双列圆柱滚子轴承		NN	49	NN 49	GB/T 285
				30	NN 30	
	内圈无挡边双列圆柱滚子轴承		NNU	49	NNU 49	GB/T 285
				41	NNU 41	

（续）

轴承类型		简图	类型代号	尺寸系列代号	轴承系列代号	标准号
外球面球轴承	带顶丝外球面球轴承	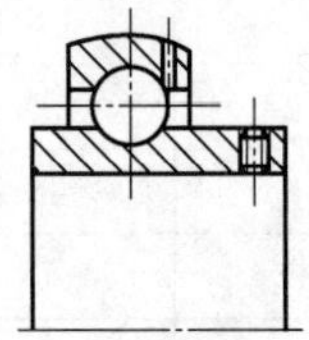	UC	2	UC 2	GB/T 3882
				3	UC 3	
	带偏心套外球面球轴承	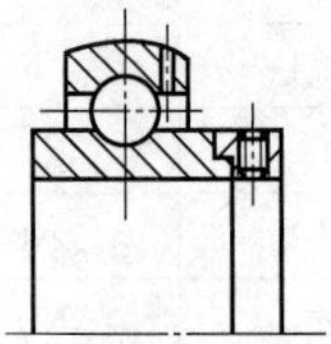	UEL	2	UEL 2	
				3	UEL 3	
	圆锥孔外球面球轴承	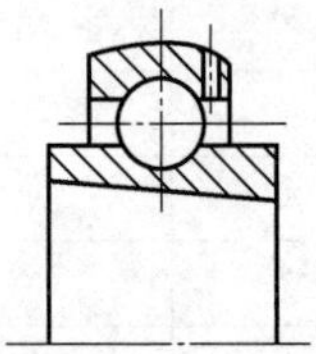	UK	2	UK 2	
				3	UK 3	
四点接触球轴承		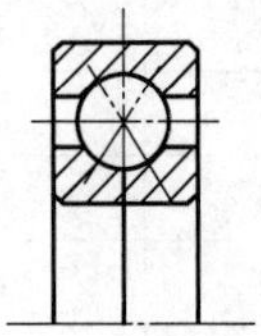	QJ	（0）2	QJ 2	GB/T 294
				（0）3	QJ 3	
				10	QJ 10	
长弧面滚子轴承		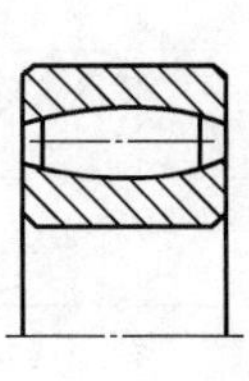	C	29	C 29	—
				39	C 39	
				49	C 49	
				59	C 59	
				69	C 69	
				30	C 30	
				40	C 40	
				50	C 50	
				60	C 60	
				31	C 31	
				41	C 41	
				22	C 22	
				32	C 32	

注：表中用“（ ）”括住的数字表示在组合代号中省略。

① 尺寸系列实为03，用13表示。

② 尺寸系列实为12、13、14，分别用32、33、34表示。

③ 尺寸系列实为22、23、24，分别用42、43、44表示。

3）内径代号。轴承的内径代号见表 12-3。

表 12-3　轴承内径代号

轴承公称内径/mm		内径代号	示例
0.6~10（非整数）		用公称内径毫米数直接表示，在其与尺寸系列代号之间用“/”分开	深沟球轴承　617/0.6　d=0.6mm 深沟球轴承　618/2.5　d=2.5mm
1~9（整数）		用公称内径毫米数直接表示，对深沟及角接触球轴承直径系列 7、8、9，内径与尺寸系列代号之间用“/”分开	深沟球轴承　625　d=5mm 深沟球轴承　618/5　d=5mm 角接触球轴承　707　d=7mm 角接触球轴承　719/7　d=7mm
10~17	10	00	深沟球轴承　6200　d=10mm
	12	01	调心球轴承　1201　d=12mm
	15	02	圆柱滚子轴承　NU 202　d=15mm
	17	03	推力球轴承　51103　d=17mm
20~480（22、28、32 除外）		公称内径除以 5 的商数，商数为个位数，需在商数左边加“0”，如 08	调心滚子轴承　22308　d=40mm 圆柱滚子轴承　NU 1096　d=480mm
≥500 以及 22、28、32		用公称内径毫米数直接表示，但在与尺寸系列之间用“/”分开	调心滚子轴承　230/500　d=500mm 深沟球轴承　62/22　d=22mm

代号示例如下：

例 1：调心滚子轴承 23224　2——类型代号，32——尺寸系列代号，24——内径代号，d=120mm。

例 2：深沟球轴承 6203　6——类型代号，2——尺寸系列（02）代号，03——内径代号，d=17mm。

例 3：深沟球轴承 617/0.6　6——类型代号，17——尺寸系列代号，0.6——内径代号，d=0.6mm。

例 4：圆柱滚子轴承 N 2210　N——类型代号，22——尺寸系列代号，10——内径代号，d=50mm。

例 5：角接触球轴承 719/7　7——类型代号，19——尺寸系列代号，7——内径代号，d=7mm。

例 6：角接触球轴承 707　7——类型代号，0——尺寸系列（10）代号，7——内径代号，d=7mm。

例 7：双列圆柱滚子轴承 NN 30/560　NN——类型代号，30——尺寸系列代号，560——内径代号，d=560mm。

2. 前置、后置代号

前置、后置代号是轴承在结构形状、尺寸、公差、技术要求等有改变时，在其基本代号左右添加的补充代号。其排列见表 12-1。

1）前置代号。前置代号用字母表示，经常用于表示轴承分部件（轴承组件）。其代号及含义见表 12-4。

表 12-4　前置代号及含义

代号	含义	示例
L	可分离轴承的可分离内圈或外圈	LNU 207，表示 NU 207 轴承的内圈 LN 207，表示 N 207 轴承的外圈
LR	带可分离内圈或外圈与滚动体的组件	—
R	不带可分离内圈或外圈的组件 （滚针轴承仅适用于 NA 型）	RNU 207，表示 NU 207 轴承的外圈和滚子组件 RNA 6904，表示无内圈的 NA 6904 滚针轴承
K	滚子和保持架组件	K 81107，表示无内圈和外圈的 81107 轴承
WS	推力圆柱滚子轴承轴圈	WS 81107
GS	推力圆柱滚子轴承座圈	GS 81107
F	带凸缘外圈的向心球轴承（仅适用于 $d \leqslant$ 10mm）	F 618/4
FSN	凸缘外圈分离型微型角接触球轴承（仅适用于 $d \leqslant 10$mm）	FSN 719/5-Z
KIW-	无座圈的推力轴承组件	KIW-51108
KOW-	无轴圈的推力轴承组件	KOW-51108

2）后置代号。后置代号用字母（或加数字）表示，后置代号所表示轴承的特性及排列顺序见表 12-5。

表 12-5　后置代号所表示轴承的特性及排列顺序

组别	1	2	3	4	5	6	7	8	9
含义	内部结构	密封与防尘与外部形状	保持架及其材料	轴承零件材料	公差等级	游隙	配置	振动及噪声	其他

后置代号的编制规则：

① 后置代号置于基本代号的右边并与基本代号空半个汉字距（代号中有符号“-”“/”除外）。当改变项目多，具有多组后置代号时，按表 12-5 所列从左至右的顺序排列。

② 改变的特性为第 4 组（含第 4 组）以后的内容，则在其代号前用“/”与前面代号隔开。

例：6205-2Z/P6，22308/P63

③ 改变内容为第 4 组后的两组，在前组与后组代号中的数字或文字表示含义可能混淆时，两代号间空半个汉字距。

例：6208/P63 V1

后置代号及含义：

① 内部结构代号用于表示类型和外形尺寸相同但内部结构不同的轴承。内部结构代号及含义见表 12-6。

表 12-6　内部结构代号及含义

代号	含义	示例
A	无装球缺口的双列角接触或深沟球轴承	3205 A
	滚针轴承外圈带双锁圈（$d>9$mm，$F_w>12$mm）	—
	套圈直滚道的深沟球轴承	—
AC	角接触球轴承，公称接触角 $\alpha=25^{\circ}$	7210 AC
B	角接触球轴承，公称接触角 $\alpha=40^{\circ}$	7210 B
	圆锥滚子轴承，接触角加大	32310 B
C	角接触球轴承，公称接触角 $\alpha=15^{\circ}$	7005 C
	调心滚子轴承，C 型，调心滚子轴承设计改变，内圈无挡边，活动中挡圈，冲压保持架，对称型滚子，加强型	23122 C
CA	C 型调心滚子轴承，内圈带挡边，活动中挡圈，实体保持架	23084 CA/W33
CAB	CA 型调心滚子轴承，滚子中部穿孔，带柱销式保持架	—
CABC	CAB 型调心滚子轴承，滚子引导方式有改进	—
CAC	CA 型调心滚子轴承，滚子引导方式有改进	22252 CACK
CC	C 型调心滚子轴承，滚子引导方式有改进 注：CC 还有第二种解释，见表 12-12。	22205 CC
D	剖分式轴承	K 50×55×20 D
E	加强型①	NU 207 E
ZW	滚针保持架组件，双列	K 20×25×40 ZW

① 加强型，即内部结构设计改进，增大轴承承载能力。

② 密封、防尘与外部形状变化代号及含义见表 12-7。

表 12-7　密封、防尘与外部形状变化代号及含义

代号	含义	示例
D	双列角接触球轴承，双内圈	3307 D
	双列圆锥滚子轴承，无内隔圈，端面不修磨	—
D1	双列圆锥滚子轴承，无内隔圈，端面修磨	—
DC	双列角接触球轴承，双外圈	3924-2KDC
DH	有两个座圈的单向推力轴承	—
DS	有两个轴圈的单向推力轴承	—
-FS	轴承一面带毡圈密封	6203-FS
-2FS	轴承两面带毡圈密封	6206-2FSWB
K	圆锥孔轴承，锥度为 1∶12（外球面球轴承除外）	1210 K，锥度为 1∶12 代号为 1210 的圆锥孔调心球轴承
K30	圆锥孔轴承，锥度为 1∶30	24122 K30，锥度为 1∶30 代号为 24122 的圆锥孔调心滚子轴承

（续）

代号	含义	示例
-2K	双圆锥孔轴承，锥度为1∶12	QF 2308-2K
L	组合轴承带加长阶梯形轴圈	ZARN 1545 L
-LS	轴承一面带骨架式橡胶密封圈（接触式，套圈不开槽）	—
-2LS	轴承两面带骨架式橡胶密封圈（接触式，套圈不开槽）	NNF 5012-2LSNV
N	轴承外圈上有止动槽	6210 N
NR	轴承外圈上有止动槽，并带止动环	6210 NR
N1	轴承外圈有一个定位槽口	—
N2	轴承外圈有两个或两个以上的定位槽口	—
N4	N+N2，定位槽口和止动槽不在同一侧	—
N6	N+N2，定位槽口和止动槽在同一侧	—
P	双半外圈的调心滚子轴承	—
PP	轴承两面带软质橡胶密封圈	NATR 8 PP
PR	同P，两半外圈间有隔圈	—
-2PS	滚轮轴承，滚轮两端为多片卡簧式密封	—
R	轴承外圈有止动挡边（凸缘外圈）（不适用于内径小于10mm的向心球轴承）	30307 R
-RS	轴承一面带骨架式橡胶密封圈（接触式）	6210-RS
-2RS	轴承两面带骨架式橡胶密封圈（接触式）	6210-2RS
-RSL	轴承一面带骨架式橡胶密封圈（轻接触式）	6210-RSL
-2RSL	轴承两面带骨架式橡胶密封圈（轻接触式）	6210-2RSL
-RSZ	轴承一面带骨架式橡胶密封圈（接触式）、一面带防尘盖	6210-RSZ
-RZZ	轴承一面带骨架式橡胶密封圈（非接触式）、一面带防尘盖	6210-RZZ
-RZ	轴承一面带骨架式橡胶密封圈（非接触式）	6210-RZ
-2RZ	轴承两面带骨架式橡胶密封圈（非接触式）	6210-2RZ
S	轴承外圈表面为球面（外球面球轴承和滚轮轴承除外）	—
	游隙可调（滚针轴承）	NA 4906 S
SC	带外罩向心轴承	—
SK	螺栓型滚轮轴承，螺栓轴端部有内六角盲孔 注：对螺栓型滚轮轴承，滚轮两端为多片卡簧式密封，螺栓轴端部有内六角盲孔，后置代号可简化为-2PSK	—
U	推力球轴承　带调心座垫圈	53210 U
WB	宽内圈轴承（双面宽）	—

（续）

代号	含义	示例
WB1	宽内圈轴承（单面宽）	—
WC	宽外圈轴承	—
X	滚轮轴承外圈表面为圆柱面	KR 30 X NUTR 30 X
Z	带防尘罩的滚针组合轴承	NK 25 Z
	带外罩的滚针和满装推力球组合轴承（脂润滑）	—
-Z	轴承一面带防尘盖	6210-Z
-2Z	轴承两面带防尘盖	6210-2Z
-ZN	轴承一面带防尘盖，另一面外圈有止动槽	6210-ZN
-2ZN	轴承两面带防尘盖，外圈有止动槽	6210-2ZN
-ZNB	轴承一面带防尘盖，同一面外圈有止动槽	6210-ZNB
-ZNR	轴承一面带防尘盖，另一面外圈有止动槽并带止动环	6210-ZNR
ZH	推力轴承，座圈带防尘罩	—
ZS	推力轴承，轴圈带防尘罩	—

注：密封圈代号与防尘盖代号同样可以与止动槽代号进行多种组合。

③ 保持架及其材料代号和含义见表 12-8。

表 12-8　保持架及其材料代号和含义

代号		含义	代号		含义
保持架材料	F	钢、球墨铸铁或粉末冶金实体保持架	保持架结构型式及表面处理	A	外圈引导
				B	内圈引导
	J	钢板冲压保持架		C	有镀层的保持架（C1——镀银）
	L	轻合金实体保持架		D	碳氮共渗保持架
	M	黄铜实体保持架		D1	渗碳保持架
	Q	青铜实体保持架		D2	渗氮保持架
	SZ	保持架由弹簧丝或弹簧制造		D3	低温碳氮共渗保持架
	T	酚醛层压布管实体保持架		E	磷化处理保持架
	TH	玻璃纤维增强酚醛树脂保持架（筐型）		H	自锁兜孔保持架
				P	由内圈或外圈引导的拉孔或冲孔的窗形保持架
	TN	工程塑料模注保持架			
	Y	铜板冲压保持架		R	铆接保持架（用于大型轴承）
	ZA	锌铝合金保持架		S	引导面有润滑槽
无保持架	V	满装滚动体		W	焊接保持架

注：保持架结构型式及表面处理的代号只能与保持架材料代号结合使用。

④ 轴承零件材料代号及含义见表 12-9。

表 12-9　轴承零件材料代号及含义

代号	含义	示例
/CS	轴承零件采用碳素结构钢制造	—
/HC	套圈和滚动体或仅是套圈由渗碳轴承钢（/HC——G20Cr2Ni4A；/HC1——G20Cr2Mn2MoA；/HC2——15Mn）制造	—
/HE	套圈和滚动体由电渣重熔轴承钢 GCr15Z 制造	6204/HE
/HG	套圈和滚动体或仅是套圈由其他轴承钢（/HG——5CrMnMo；/HG1——55SiMoVA）制造	—
/HN	套圈、滚动体由高温轴承钢（/HN——Cr4Mo4V；/HN1——Cr14Mo4；/HN2——Cr15Mo4V；/HN3——W18Cr4V）制造	NU 208/HN
/HNC	套圈和滚动体由高温渗碳轴承钢 G13Cr4Mo4 Ni4V 制造	—
/HP	套圈和滚动体由铍青铜或其他防磁材料制造	—
/HQ	套圈和滚动体由非金属材料（/HQ——塑料；/HQ1——陶瓷）制造	—
/HU	套圈和滚动体由 1Cr18Ni9Ti 不锈钢制造	6004/HU
/HV	套圈和滚动体由可淬硬不锈钢（/HV——G95Cr18；/HV1——G102Cr18Mo）制造	6014/HV

⑤ 公差等级代号及含义见表 12-10。

表 12-10　公差等级代号及含义

代号	含义	示例
/PN	公差等级符合标准规定的普通级，代号中省略不表示	6203
/P6	公差等级符合标准规定的 6 级	6203/P6
/P6X	公差等级符合标准规定的 6X 级	30210/P6X
/P5	公差等级符合标准规定的 5 级	6203/P5
/P4	公差等级符合标准规定的 4 级	6203/P4
/P2	公差等级符合标准规定的 2 级	6203/P2
/SP	尺寸精度相当于 5 级，旋转精度相当于 4 级	234420/SP
/UP	尺寸精度相当于 4 级，旋转精度高于 4 级	234730/UP

⑥ 游隙代号及含义见表 12-11。

表 12-11　游隙代号及含义

代号	含义	示例
/C2	游隙符合标准规定的 2 组	6210/C2
/CN	游隙符合标准规定的 N 组，代号中省略不表示	6210
/C3	游隙符合标准规定的 3 组	6210/C3
/C4	游隙符合标准规定的 4 组	NN 3006 K/C4

（续）

代号	含义	示例
/C5	游隙符合标准规定的 5 组	NNU 4920 K/C5
/CA	公差等级为 SP 和 UP 的机床主轴用圆柱滚子轴承径向游隙	—
/CM	电机深沟球轴承游隙	6204-2RZ/P6CM
/CN	N 组游隙。/CN 与字母 H、M 和 L 组合，表示游隙范围减半，或与 P 组合，表示游隙范围偏移，如： /CNH——N 组游隙减半，相当于 N 组游隙范围的上半部 /CNL——N 组游隙减半，相当于 N 组游隙范围的下半部 /CNM——N 组游隙减半，相当于 N 组游隙范围的中部 /CNP——偏移的游隙范围，相当于 N 组游隙范围的上半部及 3 组游隙范围的下半部组成	—
/C9	轴承游隙不同于现标准	6205-2RS/C9

公差等级代号与游隙代号需同时表示时，可进行简化，取公差等级代号加上游隙组号（N 组不表示）组合表示。例如：

/P63 表示轴承公差等级 6 级，径向游隙 3 组。

/P52 表示轴承公差等级 5 级，径向游隙 2 组。

⑦ 配置代号及含义见表 12-12。

表 12-12 配置代号及含义

代号		含义	示例
/DB		成对背靠背安装	7210 C/DB
/DF		成对面对面安装	32208/DF
/DT		成对串联安装	7210 C/DT
配置组中轴承数目	/D	两套轴承	配置组中轴承数目和配置中轴承排列可以组合成多种配置方式，如： ——成对配置的/DB、/DF、/DT ——三套配置的/TBT、/TFT、/TT ——四套配置的/QBC、/QFC、/QT、/QBT、/QFT 等 7210 C/TFT——接触角 $\alpha = 15°$ 的角接触球轴承 7210 C，三套配置，两套串联和一套面对面 7210 C/PT——接触角 $\alpha = 15°$ 的角接触球轴承 7210 C，五套串联配置 7210 AC/QBT——接触角 $\alpha = 25°$ 的角接触球轴承 7210 AC，四套成组配置，三套串联和一套背对背
	/T	三套轴承	
	/Q	四套轴承	
	/P	五套轴承	
	/S	六套轴承	
配置中轴承排列	B	背对背	
	F	面对面	
	T	串联	
	G	万能组配	
	BT	背对背和串联	
	FT	面对面和串联	
	BC	成对串联的背对背	
	FC	成对串联的面对面	

（续）

代号		含义	示例
预载荷	G	特殊预紧，附加数字直接表示预紧的大小（单位为 N）用于角接触球轴承时，“G”可省略	7210 C/G325——接触角 $\alpha=15°$ 的角接触球轴承 7210 C，特殊预载荷为 325N
	GA	轻预紧，预紧值较小（深沟及角接触球轴承）	7210 C/DBGA——接触角 $\alpha=15°$ 的角接触球轴承 7210 C，成对背对背配置，有轻预紧
	GB	中预紧，预紧值大于 GA（深沟及角接触球轴承）	—
	GC	重预紧，预紧值大于 GB（深沟及角接触球轴承）	—
	R	径向载荷均匀分配	NU 210/QTR——圆柱滚子轴承 NU 210，四套配置，均匀预紧
轴向游隙	CA	轴向游隙较小（深沟及角接触球轴承）	—
	CB	轴向游隙大于 CA（深沟及角接触球轴承）	—
	CC	轴向游隙大于 CB（深沟及角接触球轴承）	—
	CG	轴向游隙为零（圆锥滚子轴承）	—

⑧ 振动及噪声代号及含义见表 12-13。

表 12-13　振动及噪声代号及含义

代号	含义	示例
/Z	轴承的振动加速度级极值组别。附加数字表示极值不同： Z1——轴承的振动加速度级极值符合有关标准中规定的 Z1 组 Z2——轴承的振动加速度级极值符合有关标准中规定的 Z2 组 Z3——轴承的振动加速度级极值符合有关标准中规定的 Z3 组 Z4——轴承的振动加速度级极值符合有关标准中规定的 Z4 组	 6204/Z1 6205-2RS/Z2 — —
/ZF3	振动加速度级达到 Z3 组，且振动加速度级峰值与振动加速度级之差不大于 15dB	—
/ZF4	振动加速度级达到 Z4 组，且振动加速度级峰值与振动加速度级之差不大于 15dB	—
/V	轴承的振动速度级极值组别。附加数字表示极值不同： V1——轴承的振动速度级极值符合有关标准中规定的 V1 组 V2——轴承的振动速度级极值符合有关标准中规定的 V2 组 V3——轴承的振动速度级极值符合有关标准中规定的 V3 组 V4——轴承的振动速度级极值符合有关标准中规定的 V4 组	— 6306/V1 6304/V2 — —
/VF3	振动速度达到 V3 组且振动速度波峰因数达到 F 组①	—
/VF4	振动速度达到 V4 组且振动速度波峰因数达到 F 组①	—
/ZC	轴承噪声值有规定，附加数字表示限值不同	—

① F—低频振动速度波峰因数不大于 4，中、高频振动速度波峰因数不大于 6。

⑨ 其他。在轴承摩擦力矩、工作温度、润滑等要求特殊时，其代号及含义见表 12-14。

表 12-14　其他特性代号及含义

代号		含义	示例
工作温度	/S0	轴承套圈经过高温回火处理，工作温度可达 150℃	N 210/S0
	/S1	轴承套圈经过高温回火处理，工作温度可达 200℃	NUP 212/S1
	/S2	轴承套圈经过高温回火处理，工作温度可达 250℃	NU 214/S2
	/S3	轴承套圈经过高温回火处理，工作温度可达 300℃	NU 308/S3
	/S4	轴承套圈经过高温回火处理，工作温度可达 350℃	NU 214/S4
摩擦力矩	/T	对起动力矩有要求的轴承，后接数字表示起动力矩	—
	/RT	对转动力矩有要求的轴承，后接数字表示转动力矩	—
润滑	/W20	轴承外圈上有三个润滑油孔	—
	/W26	轴承内圈上有六个润滑油孔	—
	/W33	轴承外圈上有润滑油槽和三个润滑油孔	23120 CC/W33
	/W33X	轴承外圈上有润滑油槽和六个润滑油孔	—
	/W513	W26+W33	—
	/W518	W20+W26	—
	/AS	外圈有油孔，附加数字表示油孔数（滚针轴承）	HK 2020/AS1
	/IS	内圈有油孔，附加数字表示油孔数（滚针轴承）	NAO 17×30×13/IS1
	/ASR	外圈有润滑油孔和沟槽	NAO 15×28×13/ASR
	/ISR	内圈有润滑油孔和沟槽	—
润滑脂	/HT	轴承内充特殊高温润滑脂。当轴承内润滑脂的装填量和标准值不同时附加字母表示： A——润滑脂的装填量少于标准值 B——润滑脂的装填量多于标准值 C——润滑脂的装填量多于 B（充满）	NA 6909/ISR/HT
	/LT	轴承内充特殊低温润滑脂	—
	/MT	轴承内充特殊中温润滑脂	—
	/LHT	轴承内充特殊高、低温润滑脂	—
表面涂层	/VL	套圈表面带涂层	—
其他	/Y	Y 和另一个字母（如 YA、YB）组合用来识别无法用现有后置代号表达的非成系列的改变，凡轴承代号中有 Y 的后置代号，应查阅图纸或补充技术条件以便了解其改变的具体内容： YA——结构改变（综合表达） YB——技术条件改变（综合表达）	—

12.1.2 常用滚动轴承的类型、特点及适用条件

常用滚动轴承的类型、特点及适用条件见表12-15。

表12-15 常用滚动轴承类型、特点及适用条件

简图（类型代号）	类型名称	所受负荷方向	轴承限制轴（外壳）移动的能力	说明
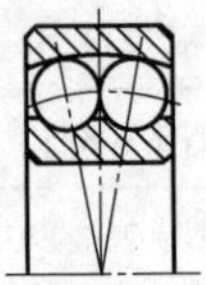 (1)	圆柱孔调心球轴承	主要承受径向负荷	轴（外壳）的两面轴向位移限制在轴承的轴向游隙限度内	允许在内圈（轴）对外圈（外壳）有相对倾斜（2°～3°）的条件下工作
 (1)	圆锥孔调心球轴承			同上。可以调整径向游隙
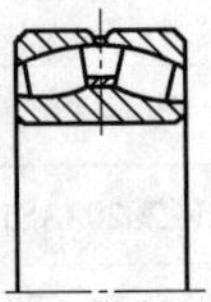 (2)	圆柱孔调心滚子轴承	径向负荷；两个方向的轴向负荷可达未被利用的允许径向负荷的25%	轴（外壳）的两面轴向位移限制在轴承的轴向游隙限度内	允许内圈（轴）对外圈（外壳）有较大的倾斜
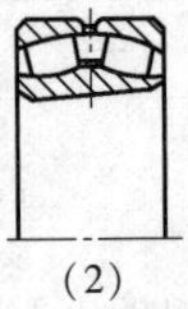 (2)	圆锥孔调心滚子轴承			同上。可以调整径向游隙
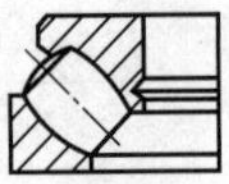 (2)	推力调心滚子轴承	较重的轴向负荷；以轴向负荷为主的径、轴向联合负荷	限制轴（外壳）一个方向的轴向位移	与推力球轴承相比，允许较高的转速
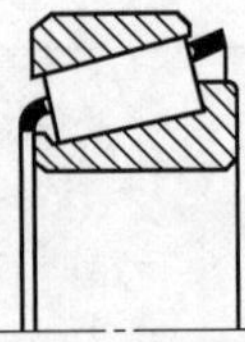 (3)	圆锥滚子轴承	径向负荷；一个方向的轴向负荷可达未被利用的允许径向负荷的70%		不宜单独用以承受轴向负荷；当成对配置使用时，可以承受纯径向负荷；可以调整径向游隙

（续）

简图 （类型代号）	类型名称	所受负荷方向	轴承限制轴（外壳） 移动的能力	说明
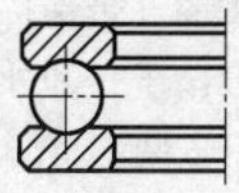 （5）	推力球轴承	一个方向的轴向负荷	不限制轴（外壳）的径向位移	极限转速很低
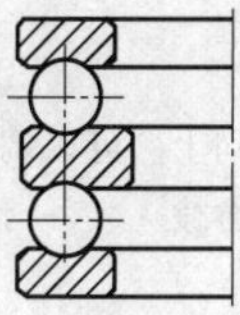 （5）	双向推力球轴承	两个方向的轴向负荷		
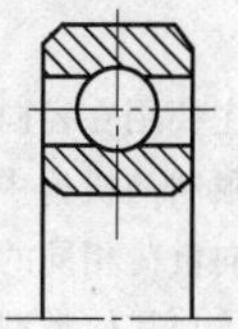 （6）	深沟球轴承	径向负荷；径向和轴向同时作用的联合负荷	轴（外壳）的两面轴向位移限制在轴承的轴向游隙限度内	在推力球轴承不适用的转速情况下，能承受轴向载荷
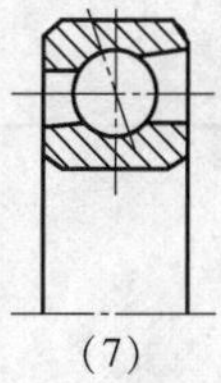 （7）	角接触球轴承	轴向负荷；轴向负荷和径向负荷的联合负荷	将一对轴承的外圈同名面相对安装时，轴（外壳）的任一方向的轴向位移，可限制在轴承的轴向游隙限制内	
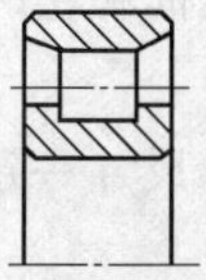 （N）	外圈无挡边圆柱滚子轴承	径向负荷	不限制轴（外壳）的轴向位移	内圈（带保持架及整套滚子）和外圈可分开安装
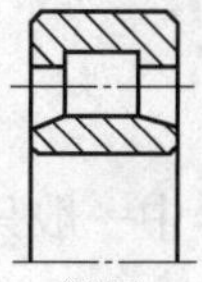 （NU）	内圈无挡边圆柱滚子轴承			内圈和外圈（带保持架及整套滚子）可分开安装

（续）

简图（类型代号）	类型名称	所受负荷方向	轴承限制轴（外壳）移动的能力	说明
（NN）	双列圆柱滚子轴承	径向负荷	不限制轴（外壳）的轴向位移	内圈（带保持架及整套滚子）和外圈可分开安装 能承受较大径向负荷
（NN）	圆锥孔双列圆柱滚子轴承			同上。可以调整径向游隙
（NA）	滚针轴承	径向负荷	不限制轴（外壳）的轴向位移	主要用在径向尺寸受限制的机构中。在径向负荷相同的条件下，与其他类型的轴承相比，其外径最小
（HK）	开口型冲压外圈滚针轴承			

12.1.3 滚动轴承的简化画法和规定画法

本节根据 GB/T 4459.7—2017《机械制图　滚动轴承表示法》编写。

1. 基本规定

1）国标中规定的通用画法、特征画法及规定画法中的各种符号、矩形线框和轮廓线均用粗实线绘制。

2）绘制滚动轴承时，其矩形线框或外形轮廓的大小应与滚动轴承的外形尺寸一致，并与所属图样采用同一比例。

3）在剖视图中，用通用画法或特征画法绘制滚动轴承时，一律不画剖面线。

采用规定画法时，轴承的滚动体不画剖面线，其各套圈等一般应画成方向和间隔相同的剖面线。在不致引起误解时，也允许省略不画。

2. 简化画法

用简化画法绘制滚动轴承时，应采用通用画法或特征画法，但在同一图样中一般只采用其中一种画法。

1）通用画法。在剖视图中，当不需要确切地表示滚动轴承的外形轮廓、载荷特性和结构特征时，可用矩形线框及位于线框中央正立的十字形符号表示，如图 12-1 所示。十字形符号不应与矩形线框接触。

当需要表示滚动轴承内圈或外圈无挡边时，可按图 12-1 在十字形符号上附加一粗实线短画表示内圈或外圈无挡边的方向。

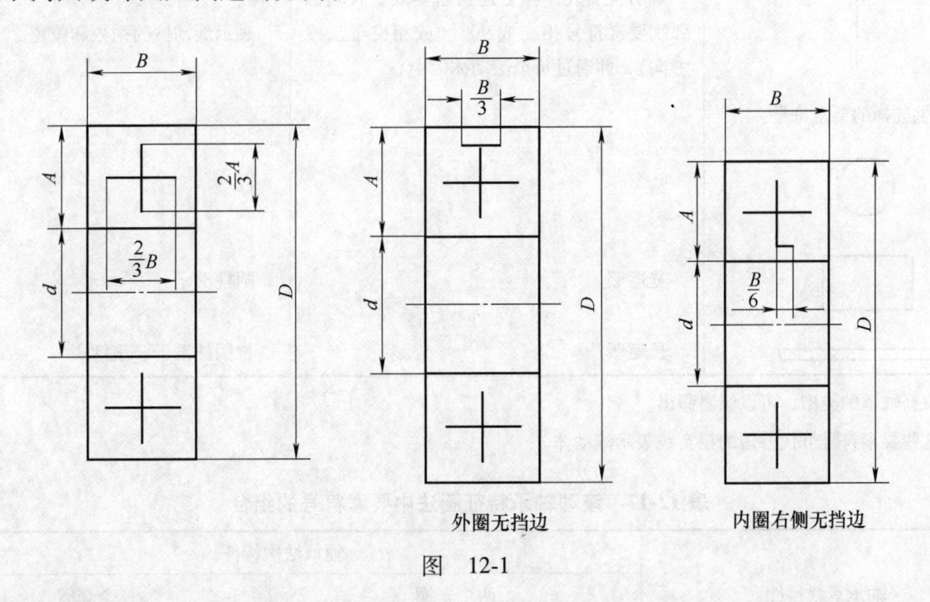

图 12-1

如需确切地表示滚动轴承的外形，则应画出其剖面轮廓，并在轮廓中央画出正立的十字形符号。十字形符号不应与剖面轮廓线接触。

2）特征画法。在剖视图中，如需较形象地表示滚动轴承的结构特征时，可采用在矩形线框内画出其结构要素符号的方法表示，滚动轴承特征画法中的结构要素符号见表 12-16，要素符号的组合见表 12-17。

常见滚动轴承的特征画法见表 12-18 ~ 表 12-21，特征画法的尺寸比例见表 12-22。

在垂直于滚动轴承轴线的投影面的视图上，无论滚动体的形状（球、柱、针等）及尺寸如何，均可按图 12-2 所示的方法绘制。

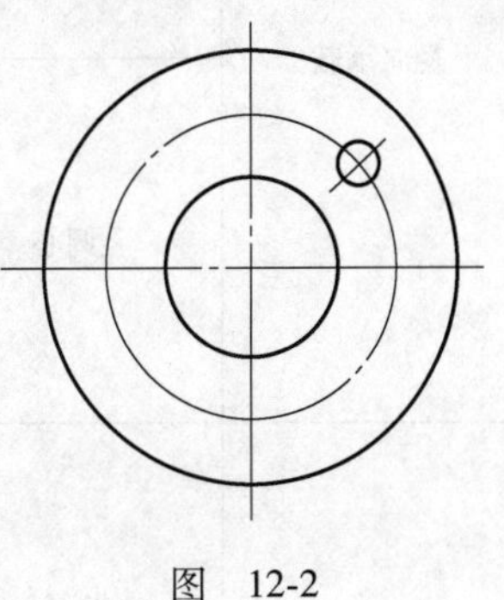

图 12-2

3. 规定画法

规定画法一般绘制在轴的一侧，另一侧按通用画法绘制。在装配图中采用规定画法时，滚动轴承的保持架及倒角可省略不画。常见滚动轴承的规定画法见表 12-18 ~ 表 12-21，规定画法的尺寸比例见表 12-22。

表 12-16　滚动轴承特征画法中的结构要素符号

要素符号	说明	应用
——— ①	长的粗实线	表示非调心轴承的滚动体的滚动轴线
⌒ ①	长的粗圆弧线	表示调心轴承的调心表面或滚动体滚动轴线的包络线

（续）

要素符号	说明	应用
	短的粗实线，与上述长粗实线、长粗圆弧线要素符号相交成90°（或相交于法线方向），并通过每个滚动体的中心	表示滚动体的列数和位置
可供选择的要素符号：		
 ②	圆	球
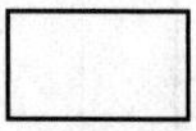 ②	宽矩形	圆柱滚子
 ②	长矩形	长圆柱滚子、滚针

① 根据轴承的类型，可以倾斜画出。

② 这些要素符号可代替短的粗实线表示滚动体。

表 12-17　滚动轴承特征画法中要素符号的组合

轴承承载特性		轴承结构特征			
		两个套圈		三个套圈	
		单列	双列	单列	双列
径向承载	非调心	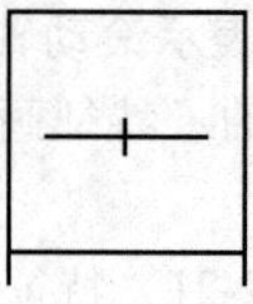	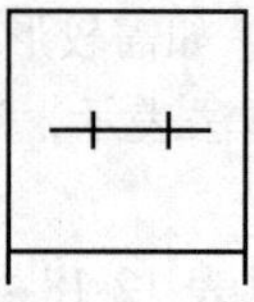	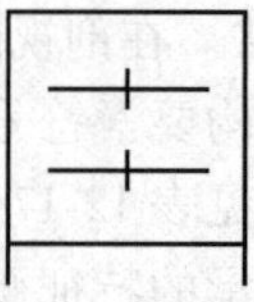	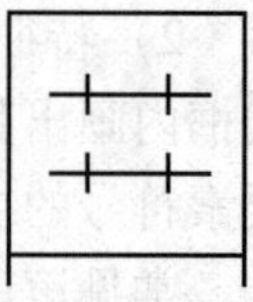
	调心	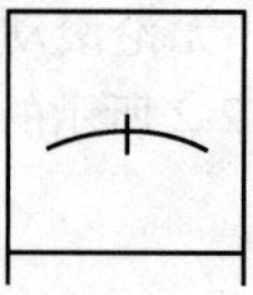	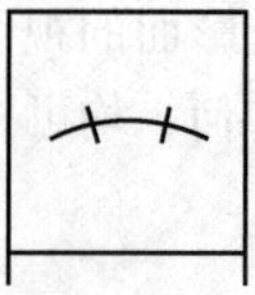	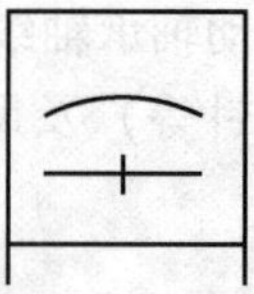	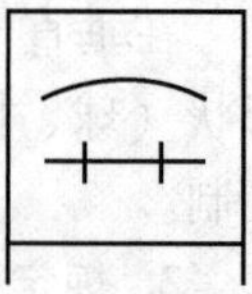
轴向承载	非调心	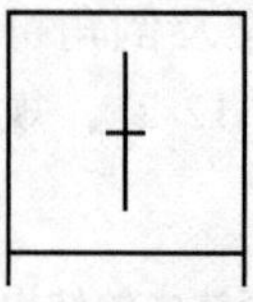	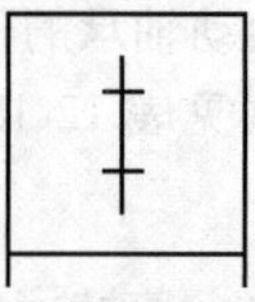	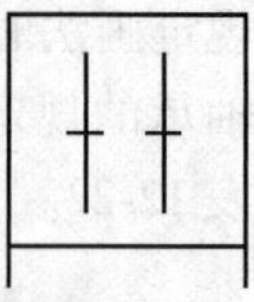	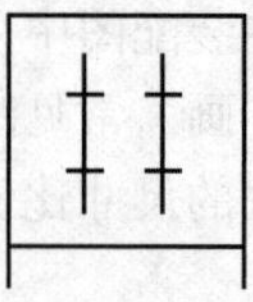
	调心	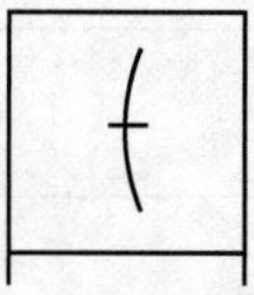	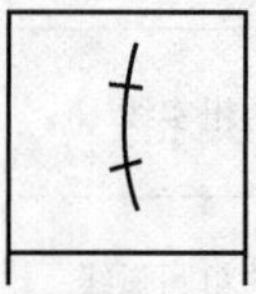	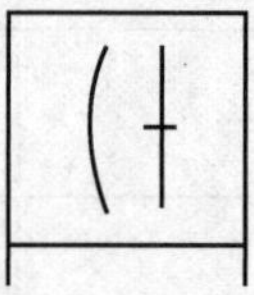	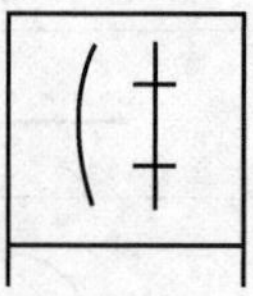

（续）

轴承承载特性		轴承结构特征			
		两个套圈		三个套圈	
		单列	双列	单列	双列
径向和轴向承载	非调心	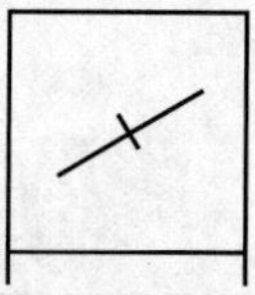	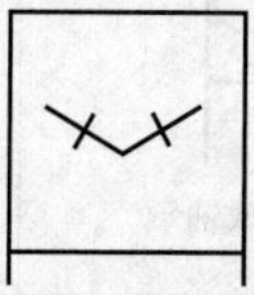	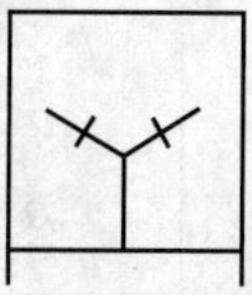	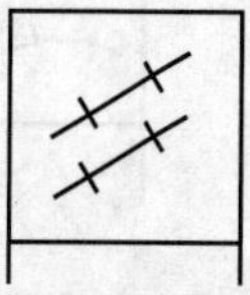
	调心	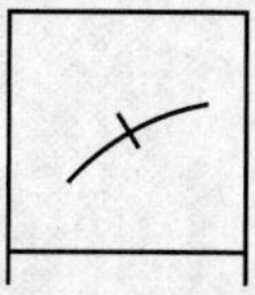	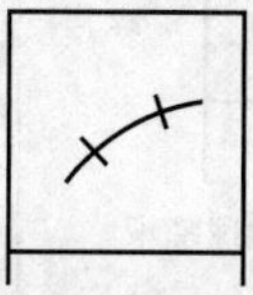	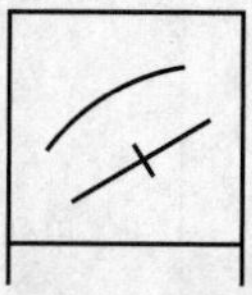	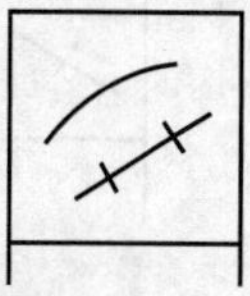

注：表中的滚动轴承，只画出了其轴线一侧的部分。

表 12-18　球轴承和滚子轴承的特征画法及规定画法

特征画法	规定画法	
	球轴承	滚子轴承
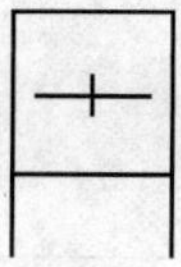	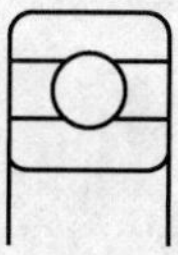 单列深沟球轴承	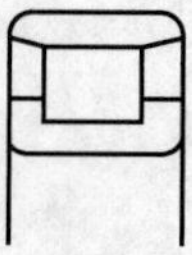 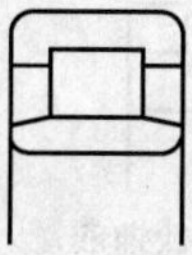 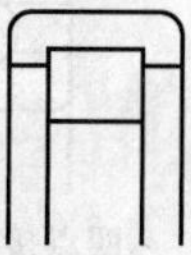 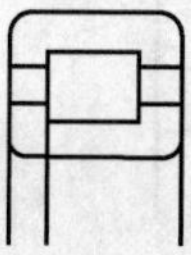 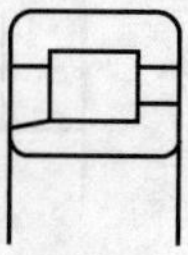 外圈无挡边　内圈无挡边　单列圆柱滚子轴承　内圈单挡边并带平挡圈　内圈单挡边
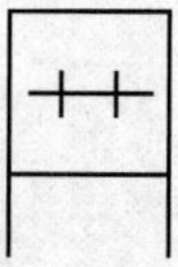	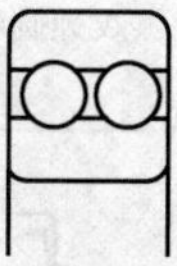 双列深沟球轴承	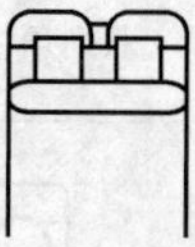 内圈无挡边双列圆柱滚子轴承
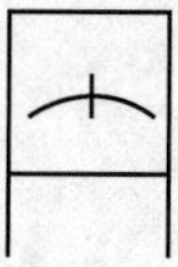		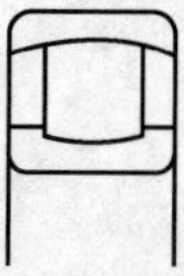 调心滚子轴承

（续）

特征画法	规定画法	
	球轴承	滚子轴承
	双列调心球轴承	双列调心滚子轴承
	单列角接触球轴承	圆锥滚子轴承
	三点接触球轴承	
	四点接触球轴承	
	双列角接触球轴承	双列圆锥滚子轴承
	双列角接触球轴承	双列圆锥滚子轴承
		双列圆锥滚子轴承

表 12-19　推力轴承的特征画法及规定画法

特征画法	规定画法	
	球轴承	滚子轴承
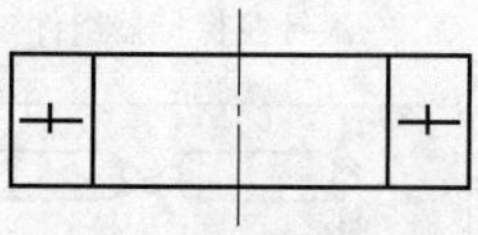	 单向平底推力球轴承	 单向推力圆柱滚子轴承  单向推力滚针和保持器组件 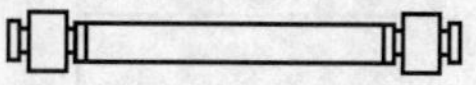 单向推力圆柱滚子和保持器组件
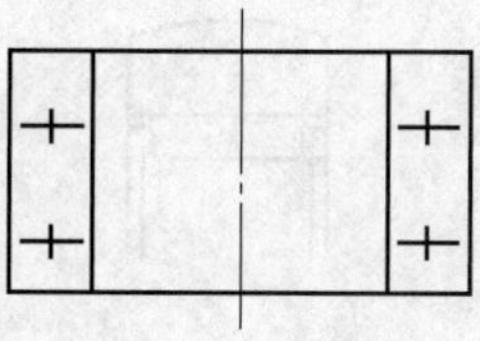	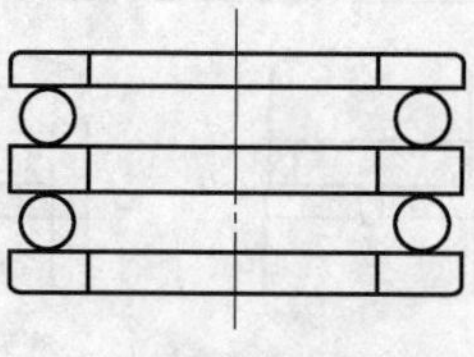 双向平底推力球轴承	
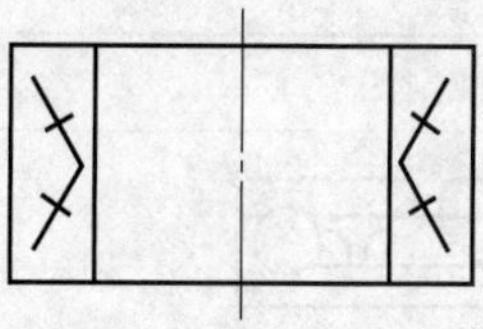	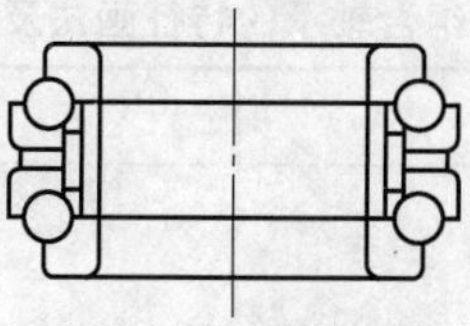 双向推力角接触球轴承	
	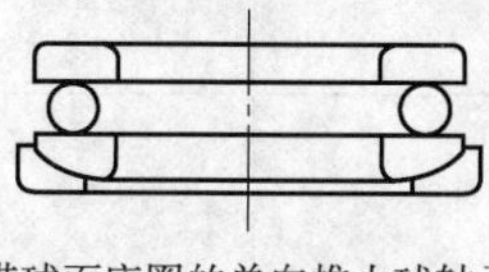 带球面座圈的单向推力球轴承	
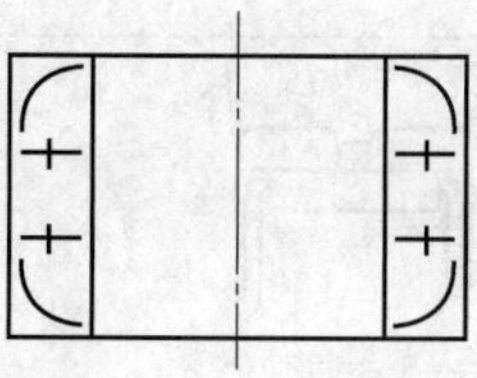	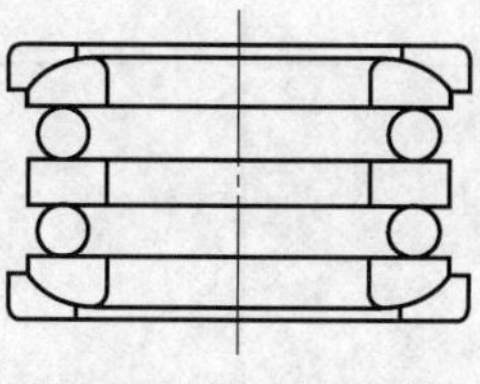 带球面座圈的双向推力球轴承	
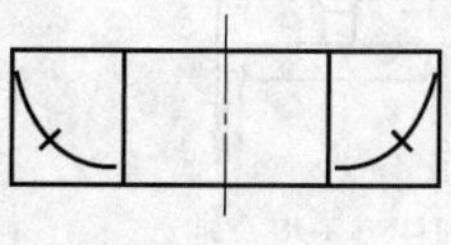		 推力调心滚子轴承

表 12-20　滚针轴承的特征画法及规定画法

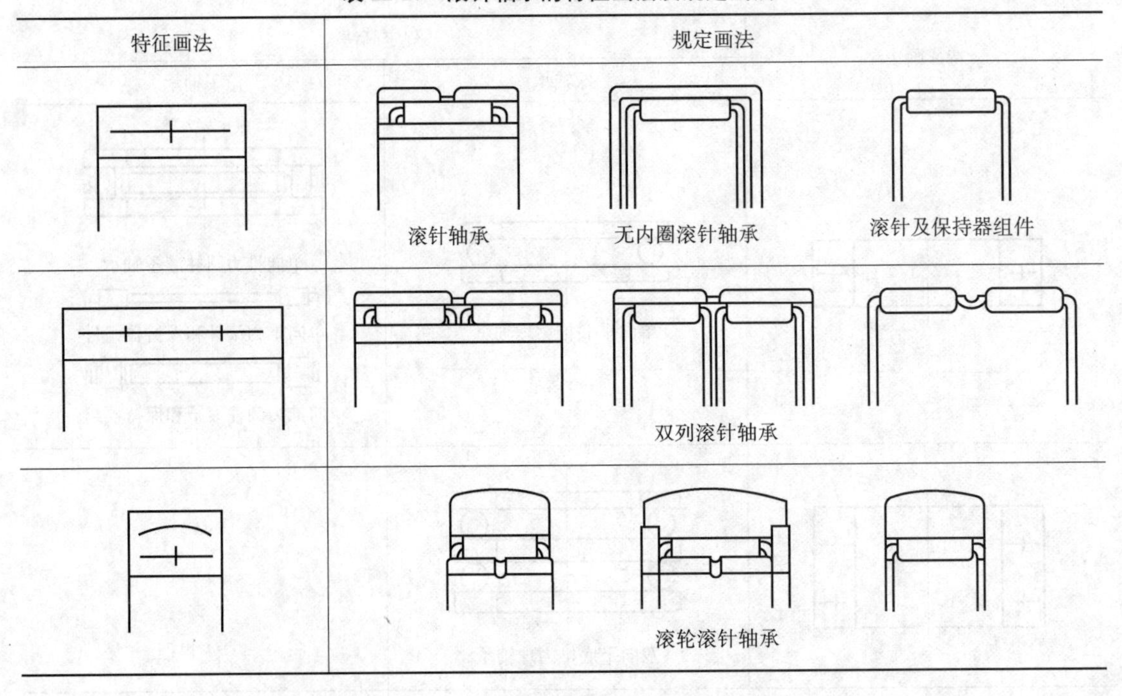

特征画法
规定画法
滚针轴承
无内圈滚针轴承
滚针及保持器组件
双列滚针轴承
滚轮滚针轴承

表 12-21　组合轴承的特征画法及规定画法

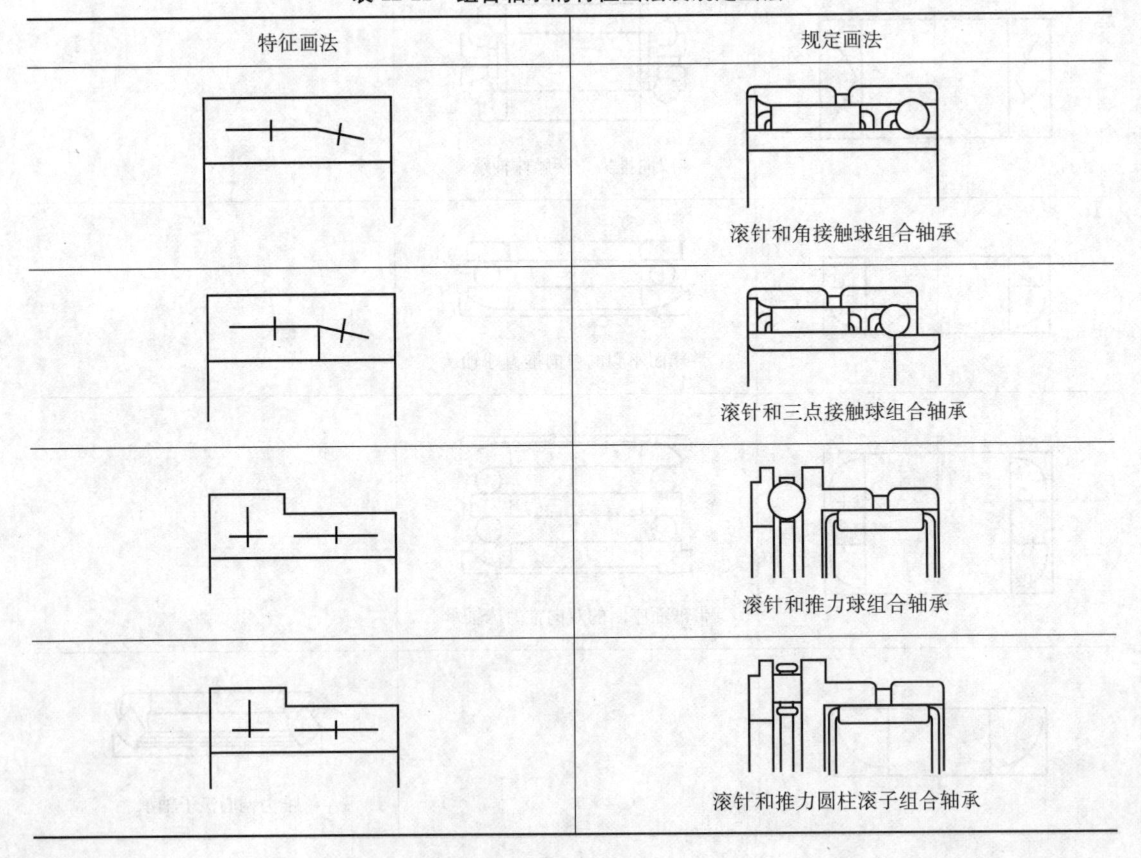

特征画法
规定画法
滚针和角接触球组合轴承
滚针和三点接触球组合轴承
滚针和推力球组合轴承
滚针和推力圆柱滚子组合轴承

表 12-22　特征画法及规定画法的尺寸比例示例

尺寸比例	
特征画法	规定画法
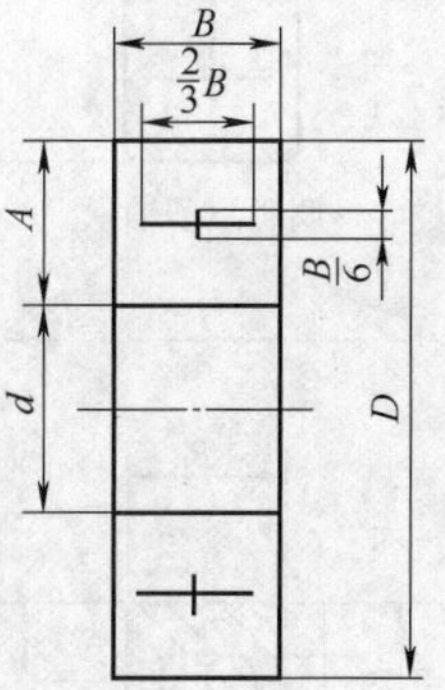	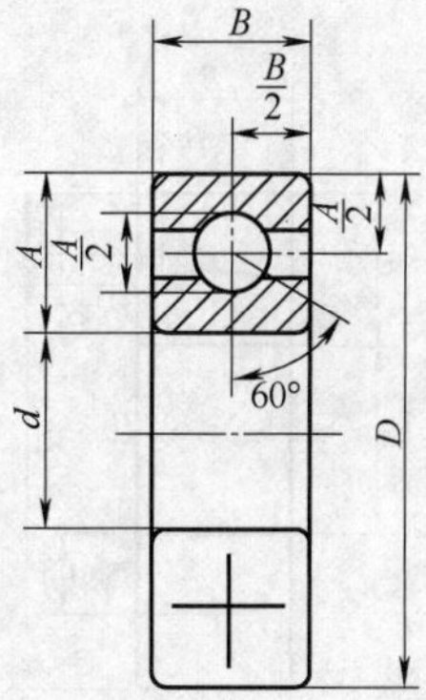 单列深沟球轴承
	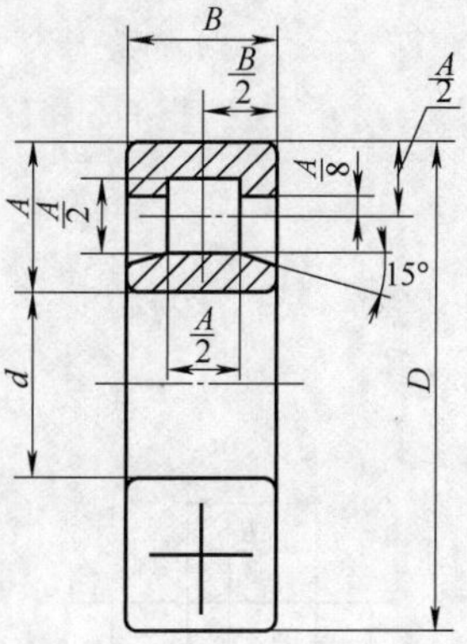 内圈无挡边单列圆柱滚子轴承
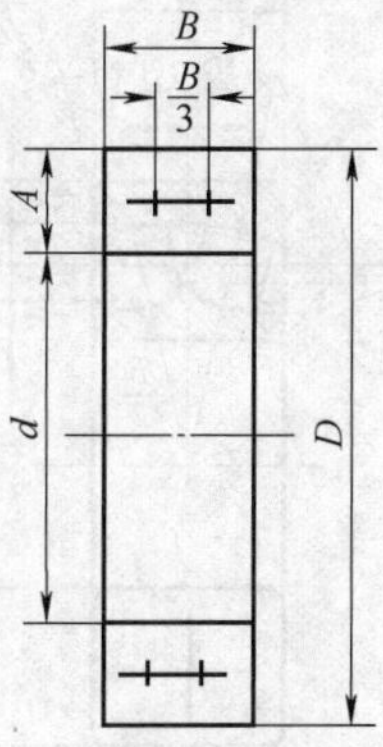	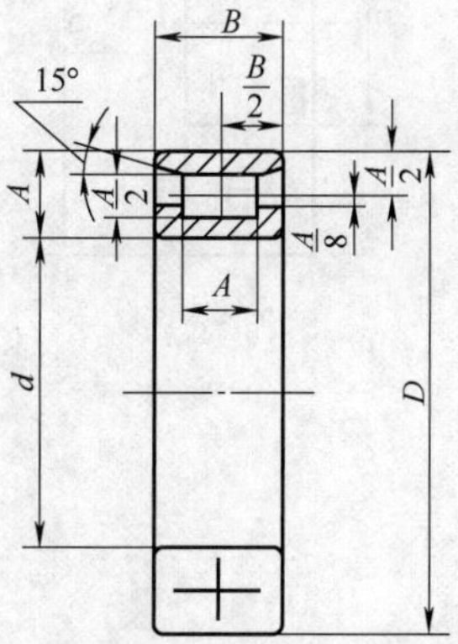 外圈无挡边双列圆柱滚子轴承

（续）

<table>
<tr><th colspan="2">尺寸比例</th></tr>
<tr><th>特征画法</th><th>规定画法</th></tr>
<tr><td> 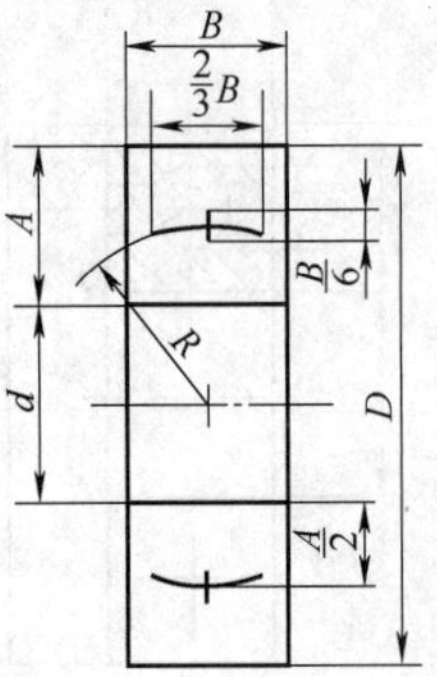</td><td> 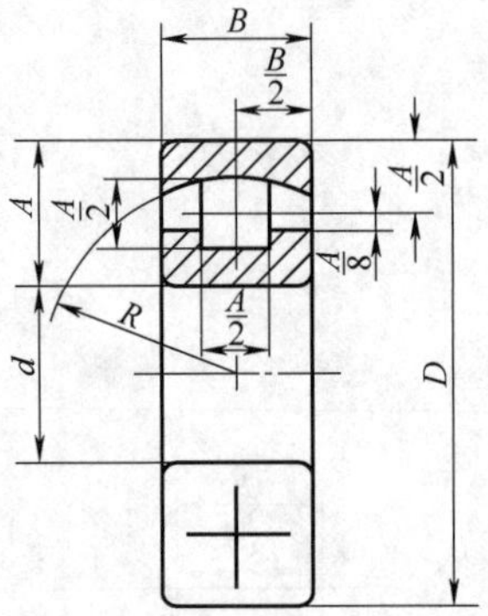
调心滚子轴承</td></tr>
<tr><td rowspan="2"> 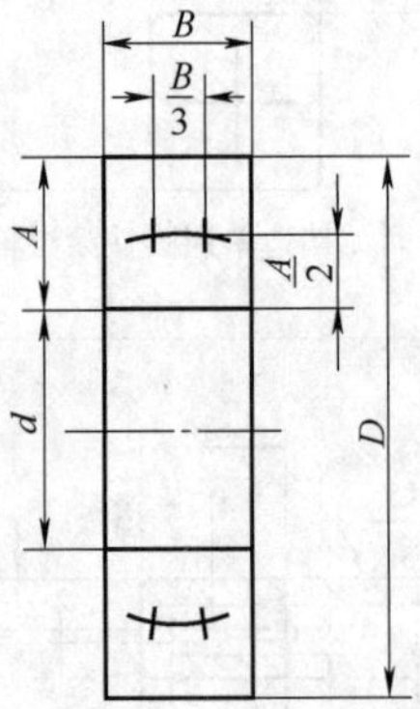</td><td> 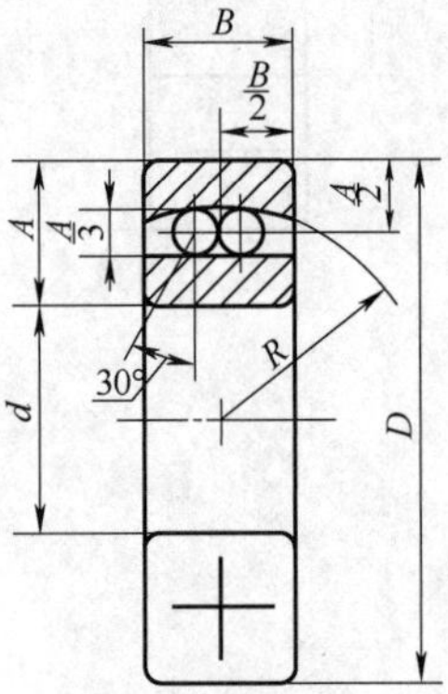
双列调心球轴承</td></tr>
<tr><td> 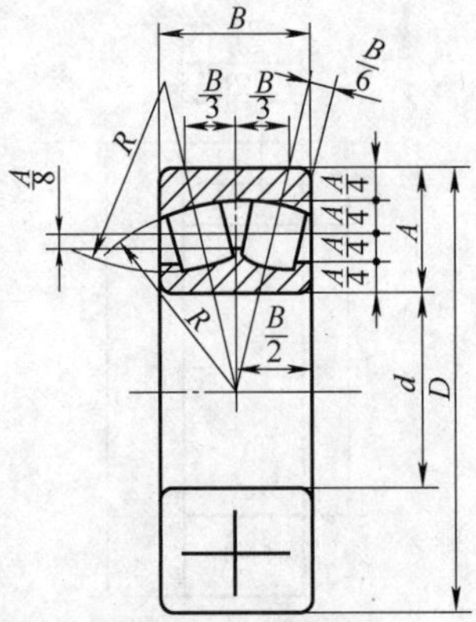
双列调心滚子轴承</td></tr>
</table>

（续）

尺寸比例	
特征画法	规定画法
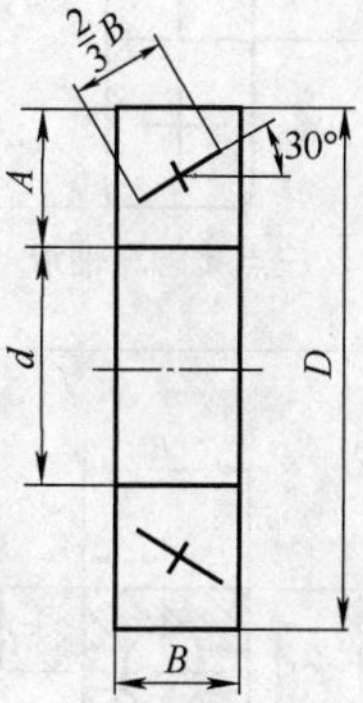	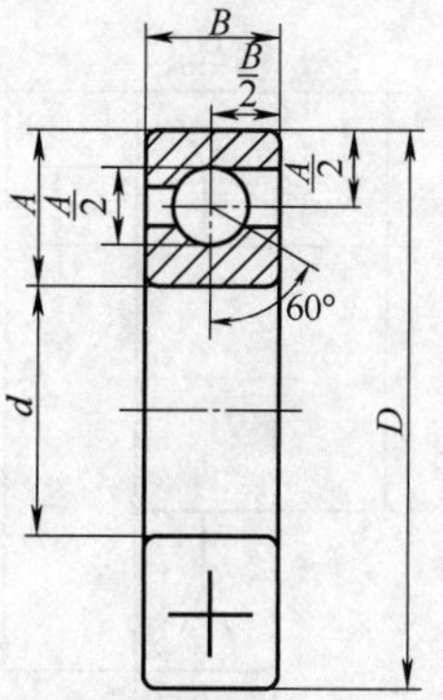 单列角接触球轴承
	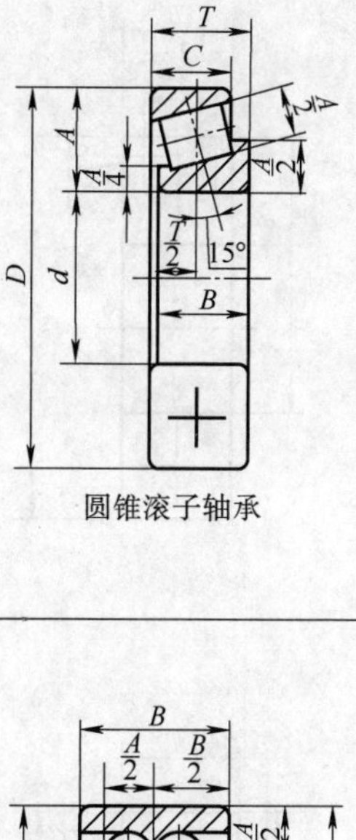 圆锥滚子轴承
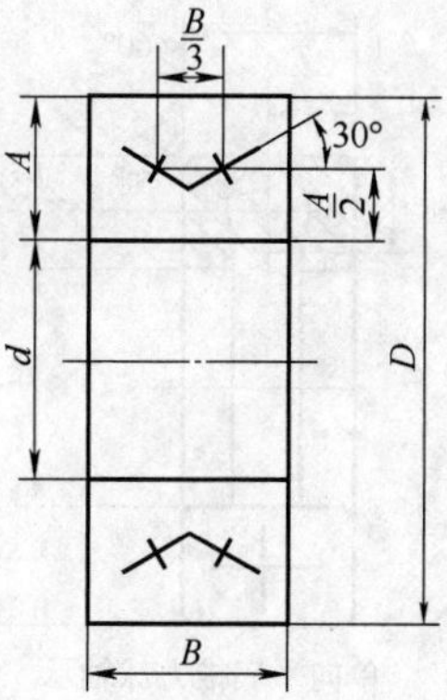	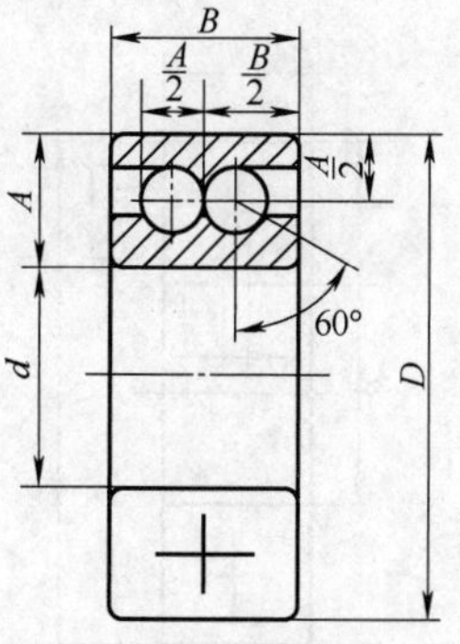 双列角接触球轴承

（续）

尺寸比例	
特征画法	规定画法
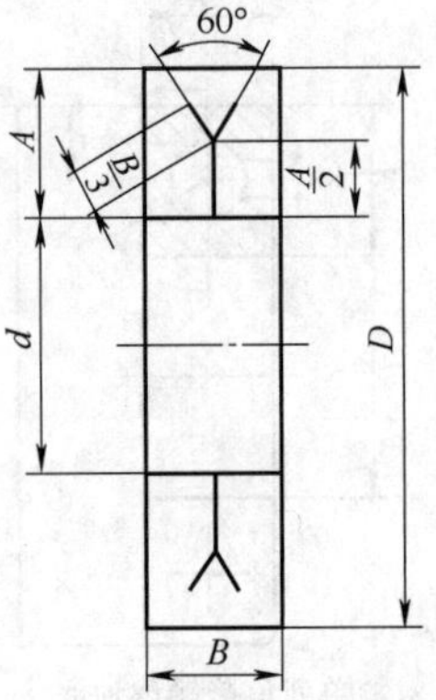	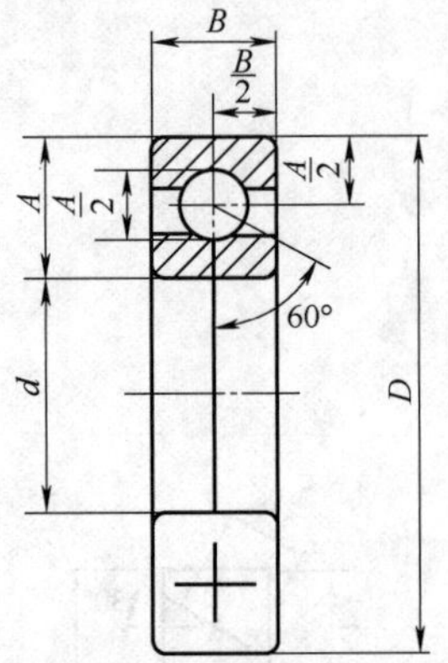 三点接触球轴承
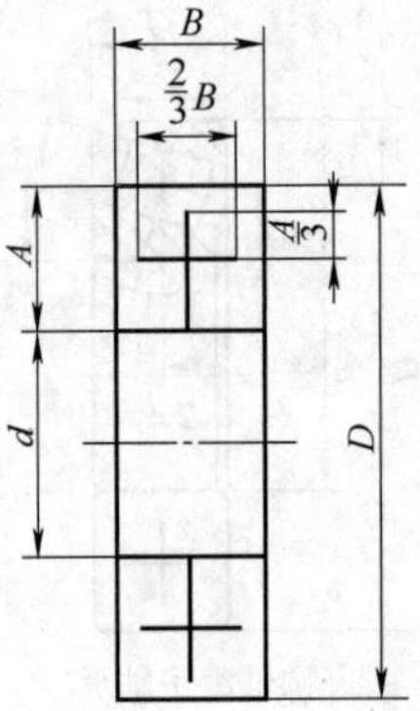	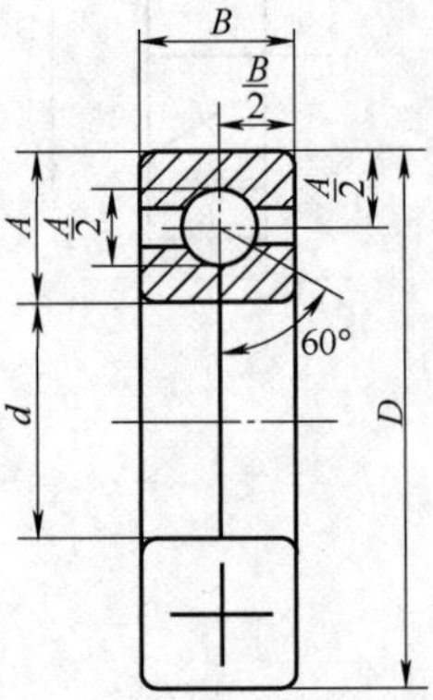 四点接触球轴承
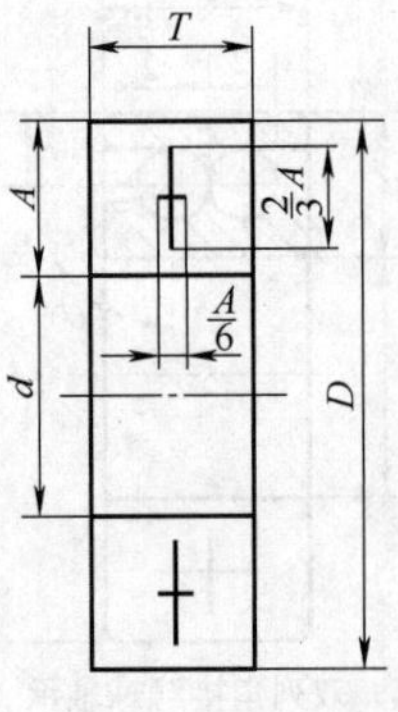	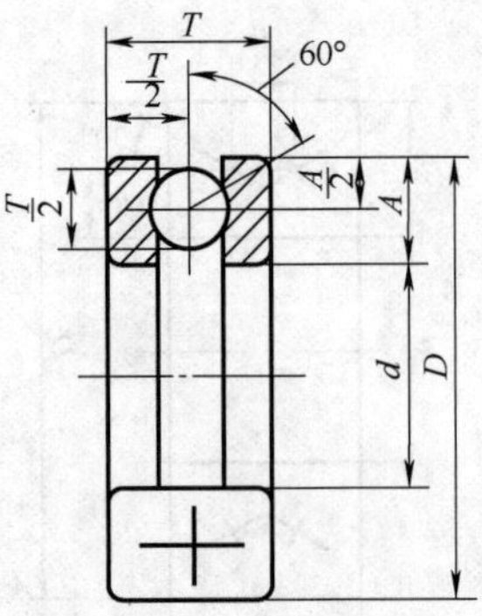 单向平底推力球轴承

（续）

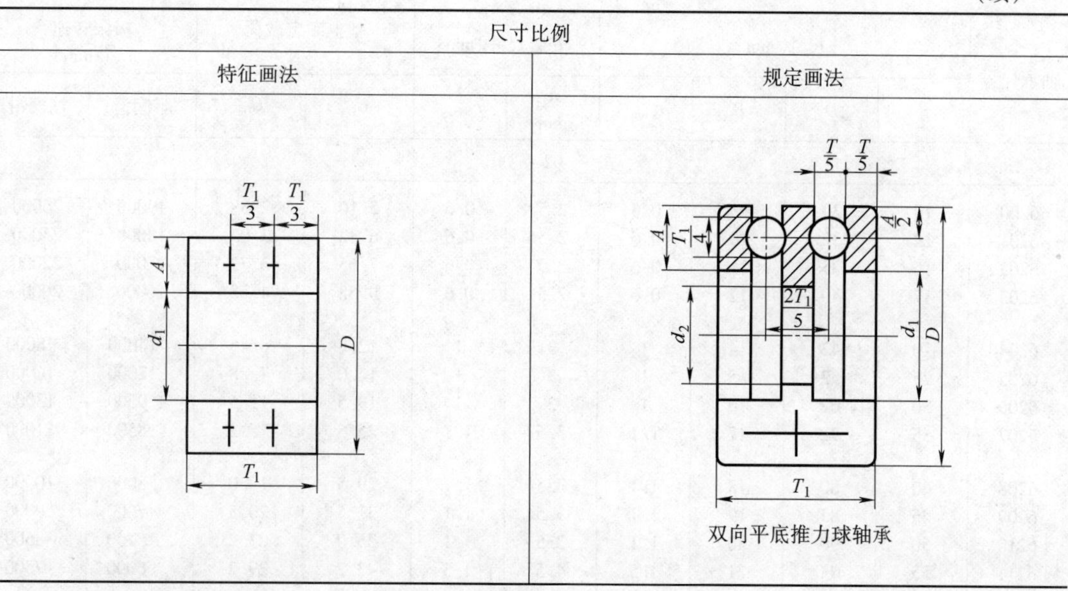

双向平底推力球轴承

12.1.4 常用滚动轴承的外形尺寸

1. 深沟球轴承（GB/T 276—2013）（见表 12-23）

表 12-23 深沟球轴承外形尺寸

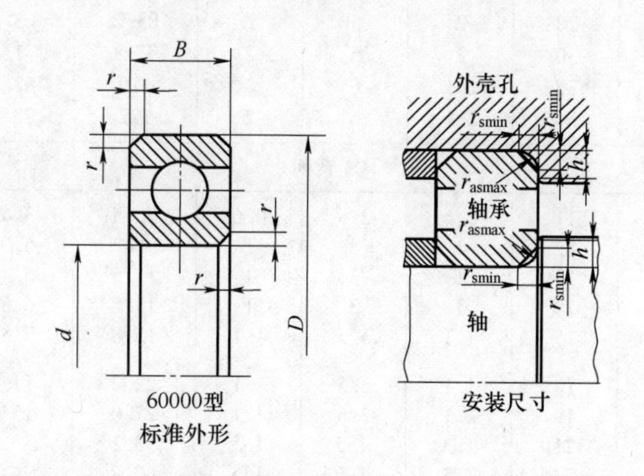

60000型
标准外形

安装尺寸

标记示例：滚动轴承 6012 GB/T 276—2013

f_0F_a/C_{0r}	e	Y	径向当量动载荷	径向当量静载荷
0.172	0.19	2.3	当$\frac{F_a}{F_r}\leqslant e$时，$P_r=F_r$ 当$\frac{F_a}{F_r}>e$时，$P_r=0.56F_r+YF_a$	$P_{0r}=0.6F_r+0.5F_a$ 当$P_{0r}<F_r$时，取$P_{0r}=F_r$
0.345	0.22	1.99		
0.689	0.26	1.71		
1.03	0.28	1.55		
1.38	0.3	1.45		
2.07	0.34	1.31		
3.45	0.38	1.15		
5.17	0.42	1.04	f_0、C_{0r}的定义、计算方法和数值见 GB/T 4662	
6.89	0.44	1		

（续）

轴承代号	尺寸/mm				安装尺寸/mm		基本额定载荷/kN		极限转速/(r/min)	
	d	D	B	r_{smin}	h min	r_{asmax}	C_r	C_{0r}	脂润滑	油润滑
02系列										
6200	10	30	9	0.6	2.5	0.6	5.10	2.38	19000	26000
6201	12	32	10	0.6	2.5	0.6	6.82	3.05	18000	24000
6202	15	35	11	0.6	2.5	0.6	7.65	3.72	17000	22000
6203	17	40	12	0.6	2.5	0.6	9.58	4.78	16000	20000
6204	20	47	14	1	3	1	12.8	6.65	14000	18000
6205	25	52	15	1	3	1	14.0	7.88	12000	16000
6206	30	62	16	1	3	1	19.5	11.5	9500	13000
6207	35	72	17	1.1	3.5	1.1	25.5	15.2	8500	11000
6208	40	80	18	1.1	3.5	1.1	29.5	18.0	8000	10000
6209	45	85	19	1.1	3.5	1.1	31.5	20.5	7000	9000
6210	50	90	20	1.1	3.5	1.1	35.0	23.2	6700	8500
6211	55	100	21	1.5	4.5	1.5	43.2	29.2	6000	7500
6212	60	110	22	1.5	4.5	1.5	47.8	32.8	5600	7000
6213	65	120	23	1.5	4.5	1.5	57.2	40.0	5000	6300
6214	70	125	24	1.5	4.5	1.5	60.8	45.0	4800	6000
6215	75	130	25	1.5	4.5	1.5	66.0	49.5	4500	5600
6216	80	140	26	2	5	2	71.5	54.2	4300	5300
6217	85	150	28	2	5	2	83.2	63.8	4000	5000
6218	90	160	30	2	5	2	95.8	71.5	3800	4800
6219	95	170	32	2.1	6	2	110	82.8	3600	4500
6220	100	180	34	2.1	6	2	122	92.8	3400	4300
03系列										
6300	10	35	11	0.6	2.5	0.6	7.65	3.48	18000	24000
6301	12	37	12	1	3	1	9.72	5.08	17000	22000
6302	15	42	13	1	3	1	11.5	5.42	16000	20000
6303	17	47	14	1	3	1	13.5	6.58	15000	19000
6304	20	52	15	1.1	3.5	1.1	15.8	7.88	13000	17000
6305	25	62	17	1.1	3.5	1.1	22.2	11.5	10000	14000
6306	30	72	19	1.1	3.5	1.1	27.0	15.2	9000	12000
6307	35	80	21	1.5	4.5	1.5	33.2	19.2	8000	10000
6308	40	90	23	1.5	4.5	1.5	40.8	24.0	7000	9000
6309	45	100	25	1.5	4.5	1.5	52.8	31.8	6300	8000
6310	50	110	27	2	5	2	61.8	38.0	6000	7500
6311	55	120	29	2	5	2	71.5	44.8	5300	6700
6312	60	130	31	2.1	6	2	81.8	51.8	5000	6300
6313	65	140	33	2.1	6	2	93.8	60.5	4500	5600
6314	70	150	35	2.1	6	2	105	68.0	4300	5300
6315	75	160	37	2.1	6	2	112	76.8	4000	5000
6316	80	170	39	2.1	6	2	122	86.5	3800	4800
6317	85	180	41	3	7	2.5	132	96.5	3600	4500
6318	90	190	43	3	7	2.5	145	108	3400	4300
6319	95	200	45	3	7	2.5	155	122	3200	4000
6320	100	215	47	3	7	2.5	172	140	2800	3600

（续）

轴承代号	尺寸/mm				安装尺寸/mm		基本额定载荷/kN		极限转速/(r/min)	
	d	D	B	r_{smin}	h min	r_{asmax}	C_r	C_{0r}	脂润滑	油润滑
04系列										
6403	17	62	17	1.1	3.5	1.1	22.5	10.8	11000	15000
6404	20	72	19	1.1	3.5	1.1	31.0	15.2	9500	13000
6405	25	80	21	1.5	4.5	1.5	38.2	19.2	8500	11000
6406	30	90	23	1.5	4.5	1.5	47.5	24.5	8000	10000
6407	35	100	25	1.5	4.5	1.5	56.8	29.5	6700	8500
6408	40	110	27	2	5	2	65.5	37.5	6300	8000
6409	45	120	29	2	55	2	77.5	45.5	5600	7000
6410	50	130	31	2.1	62	2	92.2	55.2	5300	6700
6411	55	140	33	2.1	67	2	100	62.5	4800	6000
6412	60	150	35	2.1	72	2	108	70.0	4500	5600
6413	65	160	37	2.1	77	2	118	78.5	4300	5300
6414	70	180	42	3	84	2.5	140	99.5	3800	4800
6415	75	190	45	3	89	2.5	155	115	3600	4500
6416	80	200	48	3	94	2.5	162	125	3400	4300
6417	85	210	52	4	103	3	175	138	3200	4000
6418	90	225	54	4	108	3	192	158	2800	3600
6420	100	250	58	4	118	3	222	195	2400	3200

注：d—轴承内径；D—轴承外径；B—轴承宽度；r—轴承内、外圈倒角尺寸；r_{smin}—r的最小单一倒角尺寸；r_{asmax}—轴和外壳孔最大单一圆角半径；h—挡肩高度。

2. 调心球轴承（GB/T 281—2013）（见表12-24）

表12-24　调心球轴承外形尺寸

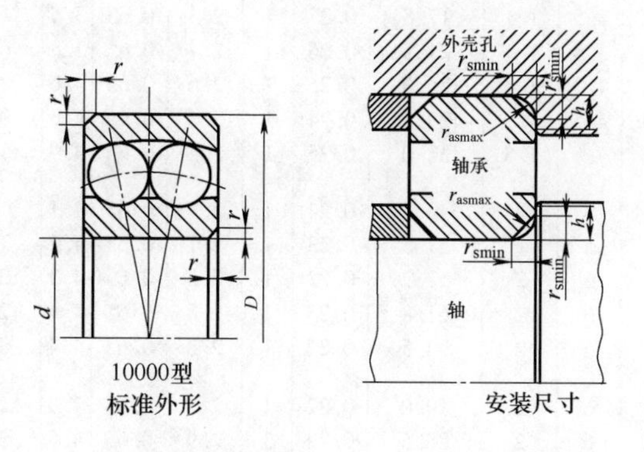

10000型
标准外形

安装尺寸

标记示例：滚动轴承 1207 GB/T 281—2013

径向当量动载荷：$P_r=XF_r+YF_a$；径向当量静载荷：$P_{0r}=F_r+Y_0F_a$

（续）

轴承代号	尺寸 /mm				安装尺寸 /mm		基本额定动载荷 C_r/kN	e	$\frac{F_a}{F_r} \leq e$		$\frac{F_a}{F_r} > e$		基本额定静载荷 C_{0r}/kN	Y_0	极限转速 /(r/min)	
	d	D	B	r_{smin}	h min	r_{asmax}			X	Y	X	Y			脂润滑	油润滑
								02系列								
1200	10	30	9	0.6	2.5	0.6	5.48	0.32	1	2.0	0.65	3.0	1.20	2.0	24000	28000
1201	12	32	10	0.6	2.5	0.6	5.55	0.33	1	1.9	0.65	2.9	1.25	2.0	22000	26000
1202	15	35	11	0.6	2.5	0.6	7.48	0.33	1	1.9	0.65	3.0	1.75	2.0	18000	22000
1203	17	40	12	0.6	2.5	0.6	7.90	0.31	1	2.0	0.65	3.2	2.02	2.1	16000	20000
1204	20	47	14	1	3	1	9.95	0.27	1	2.3	0.65	3.6	2.65	2.4	14000	17000
1205	25	52	15	1	3	1	12.0	0.27	1	2.3	0.65	3.6	3.30	2.4	12000	14000
1206	30	62	16	1	3	1	15.8	0.24	1	2.6	0.65	4.0	4.70	2.7	1000	12000
1207	35	72	17	1.1	3.5	1.1	15.8	0.23	1	2.7	0.65	4.2	5.08	2.9	8500	10000
1208	40	80	18	1.1	3.5	1.1	19.2	0.22	1	2.9	0.65	4.4	6.40	3.0	7500	9000
1209	45	85	19	1.1	3.5	1.1	21.8	0.21	1	2.9	0.65	4.6	7.32	3.1	7100	8500
1210	50	90	20	1.1	3.5	1.1	22.8	0.20	1	3.1	0.65	4.8	8.08	3.3	6300	8000
1211	55	100	21	1.5	4.5	1.5	26.8	0.20	1	3.2	0.65	5.0	10.0	3.4	6000	7100
1212	60	110	22	1.5	4.5	1.5	30.2	0.19	1	3.4	0.65	5.3	11.5	3.6	5300	6300
1213	65	120	23	1.5	4.5	1.5	31.0	0.17	1	3.7	0.65	5.7	12.5	3.9	4800	6000
1214	70	125	24	1.5	4.5	1.5	34.5	0.18	1	3.5	0.65	5.4	13.5	3.7	4800	5600
1215	75	130	25	1.5	4.5	1.5	38.8	0.17	1	3.6	0.65	5.6	15.2	3.8	4300	5300
1216	80	140	26	2	5	2	39.5	0.18	1	3.6	0.65	5.5	16.8	3.7	4000	5000
1217	85	150	28	2	5	2	48.8	0.17	1	3.7	0.65	5.7	20.5	3.9	3800	4500
1218	90	160	30	2	5	2	56.5	0.17	1	3.8	0.65	5.8	23.2	4.0	3600	4300
1219	95	170	32	2.1	6	2	63.5	0.17	1	3.7	0.65	5.7	27.0	3.9	3400	4000
1220	100	180	34	2.1	6	2	68.5	0.18	1	3.5	0.65	5.4	29.2	3.7	3200	3800
								03系列								
1300	10	35	11	0.6	2.5	0.6	7.22	0.33	1	1.9	0.65	3.0	1.62	2.0	20000	24000
1301	12	37	12	1	3	1	9.42	0.35	1	1.8	0.65	2.8	2.12	1.9	18000	22000
1302	15	42	13	1	3	1	9.50	0.33	1	1.9	0.65	2.9	2.28	2.0	16000	20000
1303	17	47	14	1	3	1	12.5	0.33	1	1.9	0.65	3.0	3.18	2.0	14000	17000
1304	20	52	15	1.1	3.5	1.1	12.5	0.29	1	2.2	0.65	3.4	3.38	2.3	12000	15000
1305	25	62	17	1.1	3.5	1.1	17.8	0.27	1	2.3	0.65	3.5	5.05	2.4	10000	13000
1306	30	72	19	1.1	3.5	1.1	21.5	0.26	1	2.4	0.65	3.8	6.28	2.6	8500	11000
1307	35	80	21	1.5	4.5	1.5	25.0	0.25	1	2.6	0.65	4.0	7.95	2.7	7500	9500
1308	40	90	23	1.5	4.5	1.5	29.5	0.24	1	2.6	0.65	4.0	9.50	2.7	6700	8500
1309	45	100	25	1.5	4.5	1.5	38.0	0.25	1	2.5	0.65	3.9	12.8	2.6	6000	7500
1310	50	110	27	2	5	2	43.2	0.24	1	2.7	0.65	4.1	14.2	2.8	5600	6700
1311	55	120	29	2	5	2	51.5	0.23	1	2.7	0.65	4.2	18.2	2.8	5000	6300
1312	60	130	31	2.1	6	2	57.2	0.23	1	2.8	0.65	4.3	20.8	2.9	4500	5600
1313	65	140	33	2.1	6	2	61.8	0.23	1	2.8	0.65	4.3	22.8	2.9	4300	5300
1314	70	150	35	2.1	6	2	74.5	0.22	1	2.8	0.65	4.4	27.5	2.9	4000	5000
1315	75	160	37	2.1	6	2	79.0	0.22	1	2.8	0.65	4.4	29.8	3.0	3800	4500
1316	80	170	39	2.1	6	2	88.5	0.22	1	2.9	0.65	4.5	32.8	3.1	3600	4300
1317	85	180	41	3	7	2.5	97.8	0.22	1	2.9	0.65	4.5	37.8	3.0	3400	4000
1318	90	190	43	3	7	2.5	115	0.22	1	2.8	0.65	4.4	44.5	2.9	3200	3800
1319	95	200	45	3	7	2.5	132	0.23	1	2.8	0.65	4.3	50.8	2.9	3000	3600
1320	100	215	47	3	7	2.5	142	0.24	1	2.7	0.65	4.1	57.2	2.8	2800	3400

（续）

轴承代号	尺寸/mm				安装尺寸/mm		基本额定动载荷 C_r/kN	e	$\frac{F_a}{F_r}\leqslant e$		$\frac{F_a}{F_r}>e$		基本额定静载荷 C_{0r}/kN	Y_0	极限转速/(r/min)	
	d	D	B	r_{smin}	h min	r_{asmax}			X	Y	X	Y			脂润滑	油润滑
22 系列																
2200	10	30	14	0.6	2.5	0.6	7.12	0.62	1	1.0	0.65	1.6	1.58	1.1	24000	28000
2201	12	32	14	0.6	2.5	0.6	8.80	—	—	—	—	—	1.80	—	22000	26000
2202	15	35	14	0.6	2.5	0.6	7.65	0.50	1	1.3	0.65	2.0	1.80	1.3	18000	22000
2203	17	40	16	0.6	2.5	0.6	9.00	0.50	1	1.2	0.65	1.9	2.45	1.3	16000	20000
2204	20	47	18	1	3	1	12.5	0.48	1	1.3	0.65	2.0	3.28	1.4	14000	17000
2205	25	52	18	1	3	1	12.5	0.41	1	1.5	0.65	2.3	3.40	1.5	12000	14000
2206	30	62	20	1	3	1	15.2	0.39	1	1.6	0.65	2.4	4.60	1.7	10000	12000
2207	35	72	23	1.1	3.5	1.1	21.8	0.38	1	1.7	0.65	2.6	6.65	1.8	8500	10000
2208	40	80	23	1.1	3.5	1.1	22.5	0.34	1	1.9	0.65	2.9	7.38	2.0	7500	9000
2209	45	85	23	1.1	3.5	1.1	23.2	0.31	1	2.1	0.65	3.2	8.30	2.2	7100	8500
2210	50	90	23	1.1	3.5	1.1	23.2	0.29	1	2.2	0.65	3.4	8.45	2.3	6300	8000
2212	60	110	28	1.5	4.5	1.5	34.0	0.28	1	2.3	0.65	3.5	12.5	2.4	5300	6300
2213	65	120	31	1.5	4.5	1.5	43.5	0.28	1	2.3	0.65	3.5	16.2	2.4	4800	6000
2214	70	125	31	1.5	4.5	1.5	44.0	0.27	1	2.4	0.65	3.7	17.0	2.5	4800	5600
2215	75	130	31	1.5	4.5	1.5	44.2	0.25	1	2.5	0.65	3.9	18.0	2.6	4300	5300
2216	80	140	33	2	5	2	48.8	0.25	1	2.5	0.65	3.9	20.2	2.6	4000	5000
2217	85	150	36	2	5	2	58.2	0.25	1	2.5	0.65	3.8	23.5	2.6	3800	4500
2218	90	160	40	2	5	2	70.0	0.27	1	2.4	0.65	3.6	28.5	2.5	3600	4300
2219	95	170	43	2.1	6	2	82.8	0.26	1	2.4	0.65	3.7	33.8	2.5	3400	4000
2220	100	180	46	2.1	6	2	97.2	0.27	1	2.3	0.65	3.6	40.5	2.5	3200	3800
23 系列																
2300	10	35	17	0.6	2.5	0.6	11.0	0.66	1	0.95	0.65	1.5	2.45	1.0	18000	22000
2302	15	42	17	1	3	1	12.0	0.51	1	1.2	0.65	1.9	2.88	1.3	14000	18000
2303	17	47	19	1	3	1	14.5	0.52	1	1.2	0.65	1.9	3.58	1.3	13000	16000
2304	20	52	21	1.1	3.5	1.1	17.8	0.51	1	1.2	0.65	1.9	4.75	1.3	11000	14000
2305	25	62	24	1.1	3.5	1.1	24.5	0.47	1	1.3	0.65	2.1	6.48	1.4	9500	12000
2306	30	72	27	1.1	3.5	1.1	31.5	0.44	1	1.4	0.65	2.2	8.68	1.5	8000	10000
2307	35	80	31	1.5	4.5	1.5	39.2	0.46	1	1.4	0.65	2.1	11.0	1.4	7100	9000
2308	40	90	33	1.5	4.5	1.5	44.8	0.43	1	1.5	0.65	2.3	13.2	1.5	6300	8000
2309	45	100	36	1.5	4.5	1.5	55.0	0.42	1	1.5	0.65	2.3	16.2	1.6	5600	7100
2310	50	110	40	2	5	2	64.5	0.43	1	1.5	0.65	2.3	19.8	1.6	5000	6300
2311	55	120	43	2	5	2	75.2	0.41	1	1.5	0.65	2.4	23.5	1.6	4800	6000
2312	60	130	46	2.1	6	2	86.8	0.41	1	1.6	0.65	2.5	27.5	1.6	4300	5300
2313	65	140	48	2.1	6	2	90.0	0.38	1	1.6	0.65	2.6	32.5	1.7	3800	4800
2314	70	150	51	2.1	6	2	110	0.38	1	1.7	0.65	2.6	37.5	1.8	3600	4500
2315	75	160	55	2.1	6	2	122	0.38	1	1.7	0.65	2.6	42.8	1.7	3400	4300
2316	80	170	58	2.1	6	2	128	0.39	1	1.6	0.65	2.5	45.5	1.7	3200	4000
2317	85	180	60	3	7	2.5	140	0.38	1	1.7	0.65	2.6	51.0	1.7	3000	3800
2318	90	190	64	3	7	2.5	142	0.39	1	1.6	0.65	2.5	57.2	1.7	2800	3600
2319	95	200	67	3	7	2.5	162	0.38	1	1.7	0.65	2.6	64.2	1.8	2800	3400
2320	100	215	73	3	7	2.5	192	0.37	1	1.7	0.65	2.6	78.5	1.8	2400	3200

注：d—轴承内径；D—轴承外径；B—轴承宽度；r—轴承内、外圈倒角尺寸；r_{smin}—r 的最小单一倒角尺寸；r_{asmax}—轴和外壳孔最大单一圆角半径；h—挡肩高度。

3. 圆柱滚子轴承（GB/T 283—2021）（见表 12-25）

表 12-25　圆柱滚子轴承外形尺寸

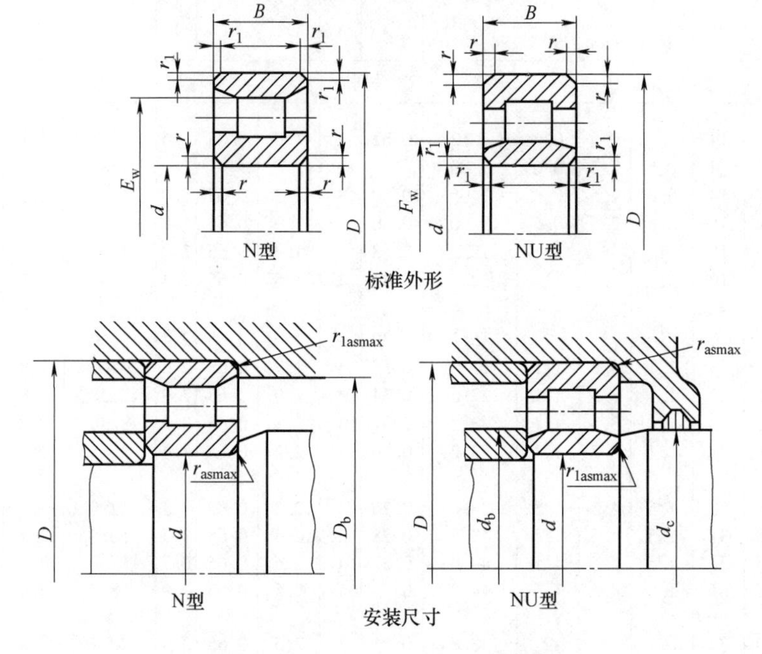

标记示例：滚动轴承 NUP 208 E GB/T 283—2021

径向当量动载荷：$P_r=F_r$；径向当量静载荷：$P_{0r}=F_r$

轴承代号		尺寸/mm							安装尺寸/mm					基本额定载荷/kN		极限转速/(r/min)	
		d	D	B	F_w	E_w	r_{smin}	r_{1smin}	d_b max	d_c min	D_b min	r_{asmax}	r_{1asmax}	C_r	C_{0r}	脂润滑	油润滑
02E 系列																	
N204E	NU204E	20	47	14	26.5	41.5	1	0.6	26	29	42	1	0.6	25.8	24.0	12000	16000
N205E	NU205E	25	52	15	31.5	46.5	1	0.6	31	34	47	1	0.6	27.5	26.8	10000	14000
N206E	NU206E	30	62	16	37.5	55.5	1	0.6	37	40	56	1	0.6	36.0	35.5	8500	11000
N207E	NU207E	35	72	17	44	64	1.1	0.6	43	46	64	1.1	0.6	46.5	48.0	7500	9500
N208E	NU208E	40	80	18	49.5	71.5	1.1	1.1	49	52	72	1.1	1.1	51.5	53.0	7000	9000
N209E	NU209E	45	85	19	54.5	76.5	1.1	1.1	54	57	77	1.1	1.1	58.5	63.8	6300	8000
N210E	NU210E	50	90	20	59.5	81.5	1.1	1.1	58	62	83	1.1	1.1	61.2	69.2	6000	7500
N211E	NU211E	55	100	21	66	90	1.5	1.1	65	68	91	1.5	1.1	80.2	95.5	5300	6700
N212E	NU212E	60	110	22	72	100	1.5	1.5	71	75	100	1.5	1.5	89.8	102	5000	6300
N213E	NU213E	65	120	23	78.5	108.5	1.5	1.5	77	81	109	1.5	1.5	102	118	4500	5600
N214E	NU214E	70	125	24	83.5	113.5	1.5	1.5	82	86	114	1.5	1.5	112	135	4300	5300
N215E	NU215E	75	130	25	88.5	118.5	1.5	1.5	87	90	120	1.5	1.5	125	155	4000	5000
N216E	NU216E	80	140	26	95.3	127.3	2	2	94	97	128	2	2	132	165	3800	4800
N217E	NU217E	85	150	28	100.5	136.5	2	2	99	104	137	2	2	158	192	3600	4500
N218E	NU218E	90	160	30	107	145	2	2	105	110	146	2	2	172	215	3400	4300
N219E	NU219E	95	170	32	112.5	154.5	2.1	2.1	111	116	155	2	2	208	262	3200	4000
N220E	NU220E	100	180	34	119	163	2.1	2.1	117	122	164	2	2	235	302	3000	3800

（续）

轴承代号		尺寸/mm							安装尺寸/mm					基本额定载荷/kN		极限转速/(r/min)	
		d	D	B	F_w	E_w	r_{smin}	r_{1smin}	d_b max	d_c min	D_b min	r_{asmax}	r_{1asmax}	C_r	C_{0r}	脂润滑	油润滑
03E 系列																	
N304E	NU304E	20	52	15	27.5	45.5	1.1	0.6	27	30	47	1.1	0.6	29.0	25.5	11000	15000
N305E	NU305E	25	62	17	34	54	1.1	1.1	33	37	55	1.1	1.1	38.5	35.8	9000	12000
N306E	NU306E	30	72	19	40.5	62.5	1.1	1.1	40	44	64	1.1	1.1	49.2	48.2	8000	10000
N307E	NU307E	35	80	21	46.2	70.2	1.5	1.1	45	48	71	1.5	1.1	62.0	63.2	7000	9000
N308E	NU308E	40	90	23	52	80	1.5	1.5	51	55	80	1.5	1.5	76.8	77.8	6300	8000
N309E	NU309E	45	100	25	58.5	88.5	1.5	1.5	57	60	89	1.5	1.5	93.0	98.0	5600	7000
N310E	NU310E	50	110	27	65	97	2	2	63	67	98	2	2	105	112	5300	6700
N311E	NU311E	55	120	29	70.5	106.5	2	2	69	72	107	2	2	128	138	4800	6000
N312E	NU312E	60	130	31	77	115	2.1	2.1	75	79	106	2	2	142	155	4500	5600
N313E	NU313E	65	140	33	82.5	124.5	2.1	2.1	81	85	125	2	2	170	188	4000	5000
N314E	NU314E	70	150	35	89	133	2.1	2.1	87	92	134	2	2	195	220	3800	4800
N315E	NU315E	75	160	37	95	143	2.1	2.1	93	97	143	2	2	228	260	3600	4500
N316E	NU316E	80	170	39	101	151	2.1	2.1	99	105	151	2	2	245	282	3400	4300
N317E	NU317E	85	180	41	108	160	3	3	106	110	160	2.5	2.5	280	332	3200	4000
N318E	NU318E	90	190	43	113.5	169.5	3	3	111	117	170	2.5	2.5	298	348	3000	3800
N319E	NU319E	95	200	45	121.5	177.5	3	3	119	124	178	2.5	2.5	315	380	2800	3600
N320E	NU320E	100	215	47	127.5	191.5	3	3	125	132	192	2.5	2.5	365	425	2400	3200
04 系列																	
N406	NU406	30	90	23	45	73	1.5	1.5	44	47	82	1.5	1.5	57.2	53.0	7000	9000
N407	NU407	35	100	25	53	83	1.5	1.5	52	55	92	1.5	1.5	70.8	68.2	6000	7500
N408	NU408	40	110	27	58	92	2	2	57	60	101	2	2	90.5	89.8	5600	7000
N409	NU409	45	120	29	64.5	100.5	2	2	63	66	111	2	2	102	100	5000	6300
N410	NU410	50	130	31	70.8	110.8	2.1	2.1	69	73	119	2	2	120	120	4800	6000
N411	NU411	55	140	33	77.2	117.2	2.1	2.1	76	79	129	2	2	128	132	4300	5300
N412	NU412	60	150	35	83	127	2.1	2.1	82	85	139	2	2	155	162	4000	5000
N413	NU413	65	160	37	89.3	135.3	2.1	2.1	88	91	149	2	2	170	178	3800	4800
N414	NU414	70	180	42	100	152	3	3	99	102	167	2.5	2.5	215	232	3400	4300
N415	NU415	75	190	45	104.5	160.5	3	3	103	107	177	2.5	2.5	250	272	3200	4000
N416	NU416	80	200	48	110	170	3	3	109	112	187	2.5	2.5	285	315	3000	3800
N417	NU417	85	210	52	113	177	4	4	111	115	194	3.0	3.0	312	345	2800	3600
N418	NU418	90	225	54	123.5	191.5	4	4	122	125	209	3.0	3.0	352	392	2400	3200
N419	NU419	95	240	55	133.5	201.5	4	4	132	136	224	3.0	3.0	378	428	2200	3000
N420	NU420	100	250	58	139	211	4	4	137	141	234	3.0	3.0	418	480	2000	2800

注：d—轴承内径；D—轴承外径；B—轴承宽度；r—轴承内、外圈倒角尺寸；r_{smin}—r 的最小单一尺寸；r_1—轴承内、外圈（挡圈）窄端面倒角尺寸；r_{1smin}—r_1 的最小单一尺寸；F_w—滚子组内径；E_w—滚子组外径；d_b—挡圈外径；d_c—轴径；D_b—外壳孔挡肩直径；r_{asmax}、r_{1asmax}—轴或外壳孔最大单一倒角尺寸。

4. 角接触球轴承（GB/T 292—2007）（见表 12-26）

5. 圆锥滚子轴承（GB/T 297—2015）（见表 12-27）

6. 推力球轴承（GB/T 301—2015）（见表 12-28）

表 12-26 角接触球轴承外形尺寸

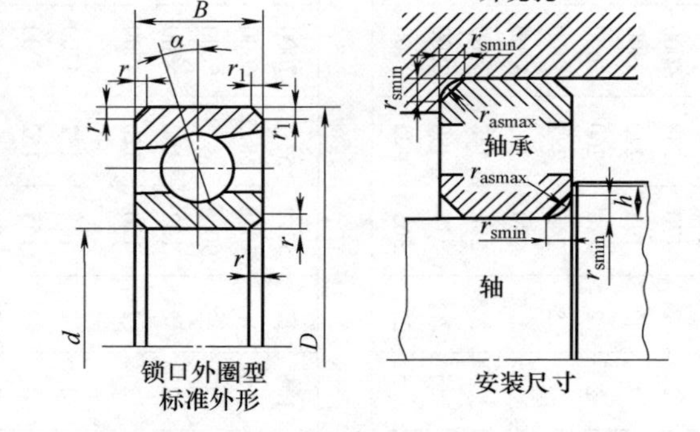

标记示例：滚动轴承 7205C GB/T 292—2007

F_a/C_{0r}	e	Y	7000C 型（$\alpha=15°$）		7000AC 型（$\alpha=25°$）
0.015 0.029 0.058 0.087 0.12	0.38 0.40 0.43 0.46 0.47	1.47 1.40 1.30 1.23 1.19	径向当量动载荷	当 $F_a/F_r \leq e$ 时，$P_r=F_r$ 当 $F_a/F_r>e$ 时，$P_r=0.44F_r+YF_a$	当 $F_a/F_r \leq 0.68$ 时，$P_r=F_r$ 当 $F_a/F_r>0.68$ 时，$P_r=0.41F_r+0.87F_a$
0.17 0.29 0.44 0.58	0.50 0.55 0.56 0.56	1.12 1.02 1.00 1.00	径向当量静载荷	$P_{0r}=0.5F_r+0.46F_a$ 当 $P_{0r}<F_r$ 时，取 $P_{0r}=F_r$	$P_{0r}=0.5F_r+0.38F_a$ 当 $P_{0r}<F_r$ 时，取 $P_{0r}=F_r$

轴承代号		尺寸/mm					安装尺寸/mm		基本额定载荷				极限转速/(r/min)			
									C_r/kN		C_{0r}/kN		脂润滑		油润滑	
		d	D	B	r_{smin}	r_{1smin}	h min	r_{asmax}	7000C	7000AC	7000C	7000AC	7000C	7000AC	7000C	7000AC
10 系列																
7000C	7000AC	10	26	8	0.3	0.1	1.2	0.3	4.92	4.75	2.25	2.12	19000	19000	28000	28000
7001C	7001AC	12	28	8	0.3	0.1	1.2	0.3	5.42	5.20	2.65	2.55	18000	18000	26000	26000
7002C	7002AC	15	32	9	0.3	0.1	1.2	0.3	6.25	5.95	3.42	3.25	17000	17000	24000	24000
7003C	7003AC	17	35	10	0.3	0.1	1.2	0.3	6.60	6.30	3.85	3.68	16000	16000	22000	22000
7004C	7004AC	20	42	12	0.6	0.3	2.5	0.6	10.5	10.0	6.08	5.78	14000	14000	19000	19000
7005C	7005AC	25	47	12	0.6	0.3	2.5	0.6	11.5	11.2	7.45	7.08	12000	12000	17000	17000
7006C	7006AC	30	55	13	1	0.3	3	1	15.2	14.5	10.2	9.85	9500	9500	14000	14000
7007C	7007AC	35	62	14	1	0.3	3	1	19.5	18.5	14.2	13.5	8500	8500	12000	12000
7008C	7008AC	40	68	15	1	0.3	3	1	20.0	19.0	15.2	14.5	8000	8000	11000	11000

7009C	7009AC	45	75	16	1	0.3	3	1	25.8	25.8	20.5	19.5	7500	7500	10000	10000
7010C	7010AC	50	80	16	1	0.3	3	1	26.5	25.2	22.0	21.0	6700	6700	9000	9000
7011C	7011AC	55	90	18	1.1	0.6	3.5	1.1	37.2	35.2	30.5	29.2	6000	6000	8000	8000
7012C	7012AC	60	95	18	1.1	0.6	3.5	1.1	38.2	36.2	32.8	31.5	5600	5600	7500	7500
7013C	7013AC	65	100	18	1.1	0.6	3.5	1.1	40.0	38.0	35.5	33.8	5300	5300	7000	7000
7014C	7014AC	70	110	20	1.1	0.6	3.5	1.1	48.2	45.8	43.5	41.5	5000	5000	6700	6700
7015C	7015AC	75	115	20	1.1	0.6	3.5	1.1	49.5	46.8	46.5	44.2	4800	4800	6300	6300
7016C	7016AC	80	125	22	1.1	0.6	3.5	1.1	58.5	55.5	55.8	53.2	4500	4500	6000	6000
7017C	7017AC	85	130	22	1.1	0.6	3.5	1.1	62.5	59.2	60.2	57.2	4300	4300	5600	5600
7018C	7018AC	90	140	24	1.5	0.6	4.5	1.5	71.5	67.5	69.8	66.5	4000	4000	5300	5300
7019C	7019AC	95	145	24	1.5	0.6	4.5	1.5	73.5	69.5	73.2	69.8	3800	3800	5000	5000
7020C	7020AC	100	150	24	1.5	0.6	4.5	1.5	79.2	75	78.5	74.8	3800	3800	5000	5000
02 系列																
7200C	7200AC	10	30	9	0.6	0.3	2.5	0.6	5.82	5.58	2.95	2.82	18000	18000	26000	26000
7201C	7201AC	12	32	10	0.6	0.3	2.5	0.6	7.35	7.10	3.52	3.35	17000	17000	24000	24000
7202C	7202AC	15	35	11	0.6	0.3	2.5	0.6	8.68	8.35	4.62	4.40	16000	16000	22000	22000
7203C	7203AC	17	40	12	0.6	0.3	2.5	0.6	10.8	10.5	5.95	5.65	15000	15000	20000	20000
7204C	7204AC	20	47	14	1	0.3	3	1	14.5	14.0	8.22	7.82	13000	13000	18000	18000
7205C	7205AC	25	52	15	1	0.3	3	1	16.5	15.8	10.5	9.88	11000	11000	16000	16000
7206C	7206AC	30	62	16	1	0.3	3	1	23.0	22.0	15.0	14.2	9000	9000	13000	13000
7207C	7207AC	35	72	17	1.1	0.3	3.5	1.1	30.5	29.0	20.0	19.2	8000	8000	11000	11000
7208C	7208AC	40	80	18	1.1	0.6	3.5	1.1	36.8	35.2	25.8	24.5	7500	7500	10000	10000
7209C	7209AC	45	85	19	1.1	0.6	3.5	1.1	38.5	36.8	28.5	27.2	6700	6700	9000	9000
7210C	7210AC	50	90	20	1.1	0.6	3.5	1.1	42.8	40.8	32.0	30.5	6300	6300	8500	8500
7211C	7211AC	55	100	21	1.5	0.6	4.5	1.5	52.8	50.5	40.5	38.5	5600	5600	7500	7500
7212C	7212AC	60	110	22	1.5	0.6	4.5	1.5	61.0	58.2	48.5	46.2	5300	5300	7000	7000
7213C	7213AC	65	120	23	1.5	0.6	4.5	1.5	69.8	66.5	55.2	52.5	4800	4800	6300	6300
7214C	7214AC	70	125	24	1.5	0.6	4.5	1.5	70.2	69.2	60.0	57.5	4500	4500	6000	6000
7215C	7215AC	75	130	25	1.5	0.6	4.5	1.5	79.2	75.2	65.8	63.0	4300	4300	5600	5600
7216C	7216AC	80	140	26	2	1	3	2	89.5	85.0	78.2	74.5	4000	4000	5300	5300
7217C	7217AC	85	150	28	2	1	3	2	99.8	94.8	85.0	81.5	3800	3800	5000	5000
7218C	7218AC	90	160	30	2	1	3	2	122	118	105	100	3600	3600	4800	4800
7219C	7219AC	95	170	32	2.1	1.1	3.5	2	135	128	115	108	3400	3400	4500	4500
7220C	7220AC	100	180	34	2.1	1.1	3.5	2	148	142	128	122	3200	3200	4300	4300

注：d—轴承内径；D—轴承外径；B—轴承内、外圈宽度；r—轴承倒角尺寸；r_{smin}—r 的最小单一倒角尺寸；r_1—轴承套圈窄端面倒角尺寸；r_{1smin}—r_1 的最小单一倒角尺寸；α—接触角；h—挡肩高度；r_{asmax}—轴和外壳孔最大单一圆角半径。

表 12-27　圆锥滚子轴承外形尺寸

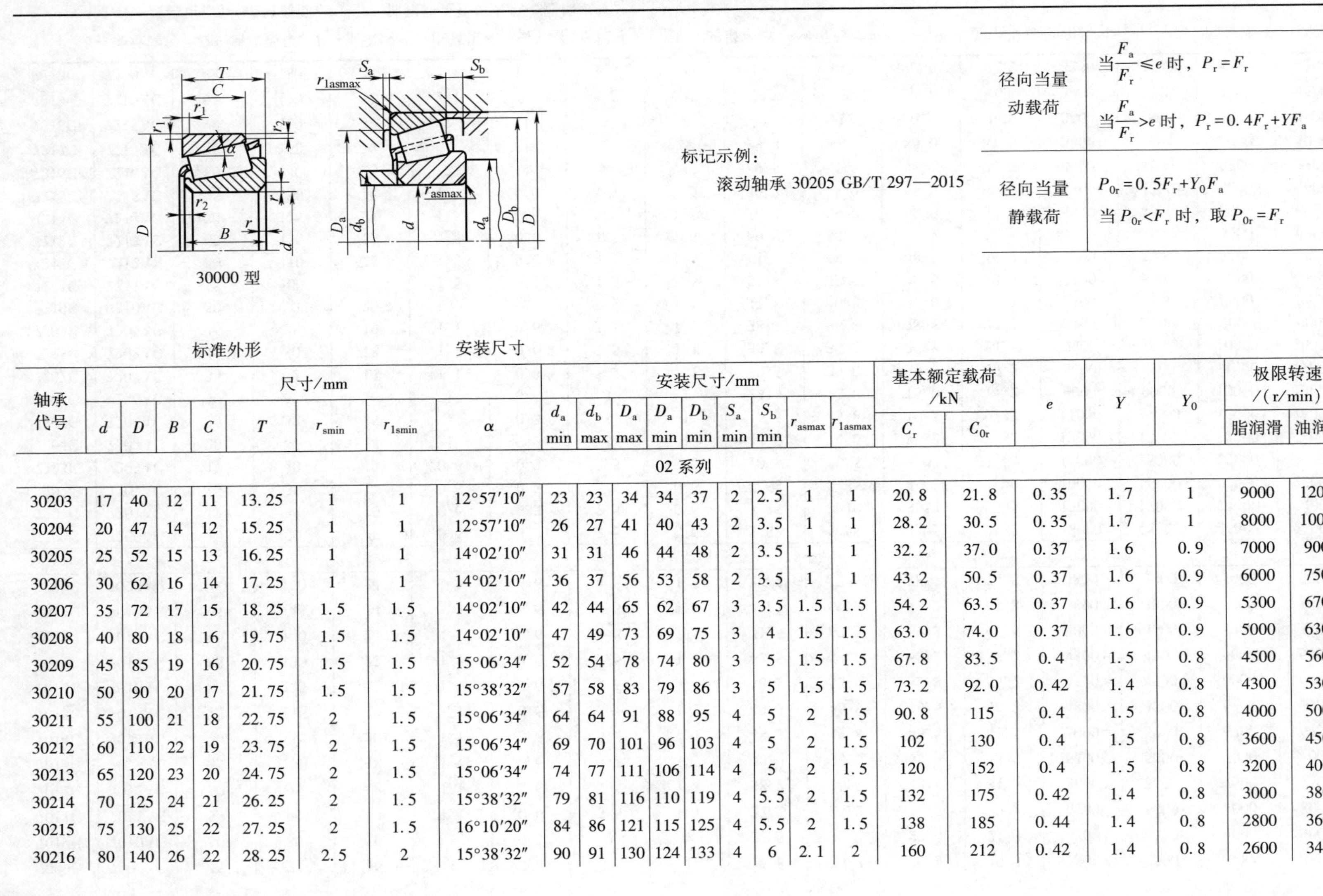

30000 型

标准外形　　安装尺寸

标记示例：

滚动轴承 30205 GB/T 297—2015

径向当量动载荷	当 $\frac{F_a}{F_r} \leqslant e$ 时，$P_r = F_r$ 当 $\frac{F_a}{F_r} > e$ 时，$P_r = 0.4F_r + YF_a$
径向当量静载荷	$P_{0r} = 0.5F_r + Y_0F_a$ 当 $P_{0r} < F_r$ 时，取 $P_{0r} = F_r$

轴承代号	尺寸/mm								安装尺寸/mm									基本额定载荷/kN		e	Y	Y_0	极限转速/(r/min)	
	d	D	B	C	T	r_{smin}	r_{1smin}	α	d_a min	d_b max	D_a max	D_a min	D_b min	S_a min	S_b min	r_{asmax}	r_{1asmax}	C_r	C_{0r}				脂润滑	油润滑
02 系列																								
30203	17	40	12	11	13.25	1	1	12°57′10″	23	23	34	34	37	2	2.5	1	1	20.8	21.8	0.35	1.7	1	9000	12000
30204	20	47	14	12	15.25	1	1	12°57′10″	26	27	41	40	43	2	3.5	1	1	28.2	30.5	0.35	1.7	1	8000	10000
30205	25	52	15	13	16.25	1	1	14°02′10″	31	31	46	44	48	2	3.5	1	1	32.2	37.0	0.37	1.6	0.9	7000	9000
30206	30	62	16	14	17.25	1	1	14°02′10″	36	37	56	53	58	2	3.5	1	1	43.2	50.5	0.37	1.6	0.9	6000	7500
30207	35	72	17	15	18.25	1.5	1.5	14°02′10″	42	44	65	62	67	3	3.5	1.5	1.5	54.2	63.5	0.37	1.6	0.9	5300	6700
30208	40	80	18	16	19.75	1.5	1.5	14°02′10″	47	49	73	69	75	3	4	1.5	1.5	63.0	74.0	0.37	1.6	0.9	5000	6300
30209	45	85	19	16	20.75	1.5	1.5	15°06′34″	52	54	78	74	80	3	5	1.5	1.5	67.8	83.5	0.4	1.5	0.8	4500	5600
30210	50	90	20	17	21.75	1.5	1.5	15°38′32″	57	58	83	79	86	3	5	1.5	1.5	73.2	92.0	0.42	1.4	0.8	4300	5300
30211	55	100	21	18	22.75	2	1.5	15°06′34″	64	64	91	88	95	4	5	2	1.5	90.8	115	0.4	1.5	0.8	4000	5000
30212	60	110	22	19	23.75	2	1.5	15°06′34″	69	70	101	96	103	4	5	2	1.5	102	130	0.4	1.5	0.8	3600	4500
30213	65	120	23	20	24.75	2	1.5	15°06′34″	74	77	111	106	114	4	5	2	1.5	120	152	0.4	1.5	0.8	3200	4000
30214	70	125	24	21	26.25	2	1.5	15°38′32″	79	81	116	110	119	4	5.5	2	1.5	132	175	0.42	1.4	0.8	3000	3800
30215	75	130	25	22	27.25	2	1.5	16°10′20″	84	86	121	115	125	4	5.5	2	1.5	138	185	0.44	1.4	0.8	2800	3600
30216	80	140	26	22	28.25	2.5	2	15°38′32″	90	91	130	124	133	4	6	2.1	2	160	212	0.42	1.4	0.8	2600	3400

30217	85	150	28	24	30. 5	2. 5	2	15°38′32″	95	97	140	132	142	5	6. 5	2. 1	2	178	238	0. 42	1. 4	0. 8	2400	3200
30218	90	160	30	26	32. 5	2. 5	2	15°38′32″	100	103	150	140	151	5	6. 5	2. 1	2	200	270	0. 42	1. 4	0. 8	2200	3000
30219	95	170	32	27	34. 5	3	2. 5	15°38′32″	107	109	158	149	160	5	7. 5	2. 5	2. 1	228	308	0. 42	1. 4	0. 8	2000	2800
30220	100	180	34	29	37	3	2. 5	15°38′32″	112	115	168	157	169	5	8	2. 5	2. 1	255	350	0. 42	1. 4	0. 8	1900	2600
03 系列																								
30302	15	42	13	11	14. 25	1	1	10°45′29″	21	22	36	36	38	2	3. 5	1	1	22. 8	21. 5	0. 29	2. 1	1. 2	9000	11200
30303	17	47	14	12	15. 25	1	1	10°45′29″	23	25	41	40	43	3	3. 5	1	1	28. 2	27. 2	0. 29	2. 1	1. 2	8500	11000
30304	20	52	15	13	16. 25	1. 5	1. 5	11°18′36″	27	28	45	44	48	3	3. 5	1. 5	1. 5	33. 0	33. 2	0. 3	2	1. 1	7500	9500
30305	25	62	17	15	18. 25	1. 5	1. 5	11°18′36″	32	35	55	54	58	3	3. 5	1. 5	1. 5	46. 8	48. 0	0. 3	2	1. 1	6300	8000
30306	30	72	19	16	20. 75	1. 5	1. 5	11°51′35″	37	41	65	62	66	3	5	1. 5	1. 5	59. 0	63. 0	0. 31	1. 9	1. 1	5600	7000
30307	35	80	21	18	22. 75	2	1. 5	11°51′35″	44	45	71	70	74	3	5	2	1. 5	75. 2	82. 5	0. 31	1. 9	1. 1	5000	6300
30308	40	90	23	20	25. 25	2	1. 5	12°57′10″	49	52	81	77	84	3	5. 5	2	1. 5	90. 8	108	0. 35	1. 7	1	4500	5600
30309	45	100	25	22	27. 25	2	1. 5	12°57′10″	54	59	91	86	94	3	5. 5	2	1. 5	108	130	0. 35	1. 7	1	4000	5000
30310	50	110	27	23	29. 25	2. 5	2	12°57′10″	60	65	100	95	103	4	6. 5	2	2	130	158	0. 35	1. 7	1	3800	4800
30311	55	120	29	25	31. 5	2. 5	2	12°57′10″	65	71	110	104	112	4	6. 5	2. 5	2	152	188	0. 35	1. 7	1	3400	4300
30312	60	130	31	26	33. 5	3	2. 5	12°57′10″	72	77	118	112	121	5	7. 5	2. 5	2. 1	170	210	0. 35	1. 7	1	3200	4000
30313	65	140	33	28	36	3	2. 5	12°57′10″	77	83	128	122	131	5	8	2. 5	2. 1	195	242	0. 35	1. 7	1	2800	3600
30314	70	150	35	30	38	3	2. 5	12°57′10″	82	89	138	130	141	5	8	2. 5	2. 1	218	272	0. 35	1. 7	1	2600	3400
30315	75	160	37	31	40	3	2. 5	12°57′10″	87	95	148	139	150	5	9	2. 5	2. 1	252	318	0. 35	1. 7	1	2400	3200
30316	80	170	39	33	42. 5	3	2. 5	12°57′10″	92	102	158	148	160	5	9. 5	2. 5	2. 1	278	352	0. 35	1. 7	1	2200	3000
30317	85	180	41	34	44. 5	4	3	12°57′10″	99	107	166	156	168	6	10. 5	3	2. 5	305	388	0. 35	1. 7	1	2000	2800
30318	90	190	43	36	46. 5	4	3	12°57′10″	104	113	176	165	178	6	10. 5	3	2. 5	342	440	0. 35	1. 7	1	1900	2600
30319	95	200	45	38	49. 5	4	3	12°57′10″	109	118	186	172	185	6	11. 5	3	2. 5	370	478	0. 35	1. 7	1	1800	2400
30320	100	215	47	39	51. 5	4	3	12°57′10″	114	127	201	184	199	6	12. 5	3	2. 5	405	525	0. 35	1. 7	1	1600	2000

注：d—轴承内径；D—轴承外径；T—轴承宽度；B—内圈宽度；C—外圈宽度；α—接触角；r_1—外圈背面倒角尺寸；r_{1smin}—r_1 的最小单一倒角尺寸；r—内圈背面倒角尺寸；r_{smin}—r 的最小单一倒角尺寸；d_a—轴肩直径；d_b—挡圈外径；D_a—外壳孔挡肩直径；D_b—挡圈内径；S_a、S_b—与圆锥滚子轴承保持架相对的外圈宽端面、窄端面安装用退刀槽宽度；r_{asmax}、r_{1asmax}—轴或外壳孔最大单一倒角尺寸。

表 12-28 推力球轴承外形尺寸

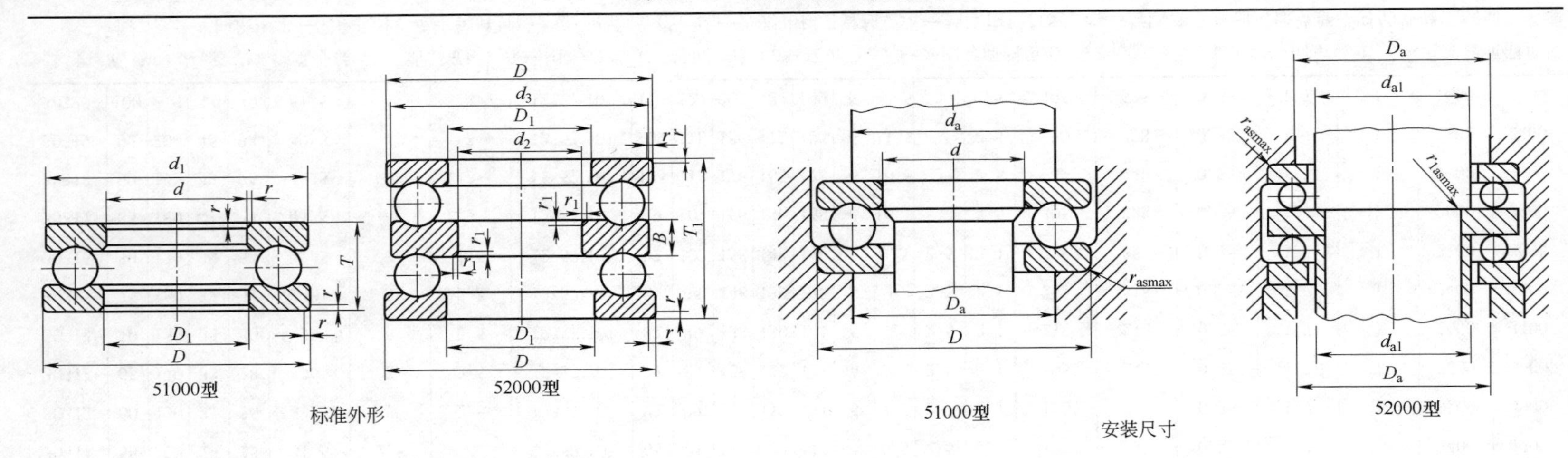

标记示例：滚动轴承 51210 GB/T 301—2015

轴向当量动载荷：$P_a = F_a$；轴向当量静载荷：$P_{0a} = F_a$

轴承代号		尺寸/mm											安装尺寸/mm					基本额定载荷/kN		极限转速/(r/min)	
51000 型	52000 型	d	D_{1smin}	d_2	d_{3smax}	D	d_{1smax}	T	T_1	B	r_{smin}	r_{1smin}	D_a max	d_a min	d_{a1} max	r_{asmax}	r_{1asmax}	C_a	C_{0a}	脂润滑	油润滑
12、22 系列																					
51200	—	10	12	—	—	26	26	11	—	—	0.6	—	16	20	—	0.6	—	12.5	17.0	5600	8000
51201	—	12	14	—	—	28	28	11	—	—	0.6	—	18	22	—	0.6	—	13.2	19.0	5300	7500
51202	52202	15	17	10	32	32	32	12	22	5	0.6	0.3	22	25	15	0.6	0.3	16.5	24.8	4800	6700
51203	—	17	19	—	—	35	35	12	—	—	0.6	—	24	28	—	0.6	—	17.0	27.2	4500	6300
51204	52204	20	22	15	40	40	40	14	26	6	0.6	0.3	28	32	20	0.6	0.3	22.2	37.5	3800	5300
51205	52205	25	27	20	47	47	47	15	28	7	0.6	0.3	34	38	25	0.6	0.3	27.8	50.5	3400	4800
51206	52206	30	32	25	52	52	52	16	29	7	0.6	0.3	39	43	30	0.6	0.3	28.0	54.2	3200	4500

51207	52207	35	37	30	62	62	62	18	34	8	1	0.3	46	51	35	1	0.3	39.2	78.2	2800	4000
51208	52208	40	42	30	68	68	68	19	36	9	1	0.6	51	57	40	1	0.6	47.0	98.2	2400	3600
51209	52209	45	47	35	73	73	73	20	37	9	1	0.6	56	62	45	1	0.6	47.8	105	2200	3400
51210	52210	50	52	40	78	78	78	22	39	9	1	0.6	61	67	50	1	0.6	48.5	112	2000	3200
51211	52211	55	57	45	90	90	90	25	45	10	1	0.6	69	76	55	1	0.6	67.5	158	1900	3000
51212	52212	60	62	50	95	95	95	26	46	10	1	0.6	74	81	60	1	0.6	73.5	178	1800	2800
51213	52213	65	67	55	100	100	100	27	47	10	1	0.6	79	86	65	1	0.6	74.8	188	1700	2600
51214	52214	70	72	55	105	105	105	27	47	10	1	1	84	91	70	1	1	73.5	188	1600	2400
51215	52215	75	77	60	110	110	110	27	47	10	1	1	89	96	75	1	1	74.8	198	1500	2200
51216	52216	80	82	65	115	115	115	28	48	10	1	1	94	101	80	1	1	83.8	222	1400	2000
51217	52217	85	88	70	125	125	125	31	55	12	1	1	101	109	85	1	1	102	280	1300	1900
51218	52218	90	93	75	135	135	135	35	62	14	1.1	1	108	117	90	1.1	1	115	315	1200	1800
51220	52220	100	103	85	150	150	150	38	67	15	1.1	1	120	130	100	1.1	1	132	375	1100	1700
13、23 系列																					
51304	—	20	22	—	47	47	47	18	—	—	1	—	—	—	—	1	—	35.0	55.8	3600	4500
51305	52305	25	27	20	52	52	52	18	34	8	1	0.3	36	41	25	1	0.3	35.5	61.5	3000	4300
51306	52306	30	32	25	60	60	60	21	38	9	1	0.3	42	48	30	1	0.3	42.8	78.5	2400	3600
51307	52307	35	37	30	68	68	68	24	44	10	1	0.3	48	55	35	1	0.3	55.2	105	2000	3200
51308	52308	40	42	30	78	78	78	26	49	12	1	0.6	55	63	40	1	0.6	69.2	135	1900	3000
51309	52309	45	47	35	85	85	85	28	52	12	1	0.6	61	69	45	1	0.6	75.8	150	1700	2600
51310	52310	50	52	40	95	95	95	31	58	14	1.1	0.6	68	77	50	1.1	0.6	96.5	202	1600	2400
51311	52311	55	57	45	105	105	105	35	64	15	1.1	0.6	75	85	55	1.1	0.6	115	242	1500	2200
51312	52312	60	62	50	110	110	110	35	64	15	1.1	0.6	80	90	60	1.1	0.6	118	262	1400	2000
51313	52313	65	67	55	115	115	115	36	65	15	1.1	0.6	85	95	65	1.1	0.6	115	262	1300	1900

（续）

轴承代号		尺寸/mm											安装尺寸/mm					基本额定载荷/kN		极限转速/(r/min)	
51000 型	52000 型	d	D_{1smin}	d_2	d_{3smax}	D	d_{1smax}	T	T_1	B	r_{smin}	r_{1smin}	D_a max	d_a min	d_{a1} max	r_{asmax}	r_{1asmax}	C_a	C_{0a}	脂润滑	油润滑
13、23 系列																					
51314	52314	70	72	55	125	125	125	40	72	16	1.1	1	92	103	70	1.1	1	148	340	1200	1800
51315	52315	75	77	60	135	135	135	44	79	18	1.5	1	99	111	75	1.5	1	162	380	1100	1700
51316	52316	80	82	65	140	140	140	44	79	18	1.5	1	104	116	80	1.5	1	160	380	1000	1600
51317	52317	85	88	70	150	150	150	49	87	19	1.5	1	111	124	85	1.5	1	208	495	950	1500
51318	52318	90	93	75	155	155	155	50	88	19	1.5	1	116	129	90	1.5	1	205	495	900	1400
51320	52320	100	103	85	170	170	170	55	97	21	1.5	1	128	142	100	1.5	1	235	595	800	1200
14、24 系列（括号内为 24 系列对应数值）																					
51405	52405	25	27（60）	15	27	60	60	24	45	11	1	0.6	39	46	25	1	0.6	55.5	89.2	2200	3400
51406	52406	30	32（70）	20	32	70	70	28	52	12	1	0.6	46	54	30	1	0.6	72.5	125	1900	3000
51407	52407	35	37（80）	25	37	80	80	32	59	14	1.1	0.6	53	62	35	1.1	0.6	86.8	155	1700	2600
51408	52408	40	42（90）	30	42	90	90	36	65	15	1.1	0.6	60	70	40	1.1	0.6	112	205	1500	2200
51409	52409	45	47（100）	35	47	100	100	39	72	17	1.1	0.6	67	78	45	1.1	0.6	140	262	1400	2000
51410	52410	50	52（110）	40	52	110	110	43	78	18	1.5	0.6	74	86	50	1.5	0.6	160	302	1300	1900
51411	52411	55	57（120）	45	57	120	120	48	87	20	1.5	0.6	81	94	55	1.5	0.6	182	355	1100	1700
51412	52412	60	62（130）	50	62	130	130	51	93	21	1.5	0.6	88	102	60	1.5	0.6	200	395	1000	1600
51413	52413	65	68（140）	50	68	140	140	56	101	23	2	1	95	110	65	2	1	215	448	900	1400
51414	52414	70	73（150）	55	73	150	150	60	107	24	2	1	102	118	70	2	1	255	560	850	1300
51415	52415	75	78（160）	60	78	160	160	65	115	26	2	1	110	125	75	2	1	268	615	800	1200
51417	52417	85	88（179.5）	65	88	180	177	72	128	29	2.1	1.1	124	141	85	2	1.1	318	782	700	1000
51418	52418	90	93（189.5）	70	93	190	187	77	135	30	2.1	1.1	131	149	90	2	1.1	325	825	670	950
51420	52420	100	103（209.5）	80	103	210	205	85	150	33	3	1.1	145	165	100	2.5	1.1	400	1080	600	850

注：d—单向轴承轴圈内径；d_1—单向轴承轴圈外径；d_{1smax}—单向轴承轴圈最大单一外径；d_2—双向轴承中圈内径；d_3—双向轴承中圈外径；d_{3smax}—双向轴承中圈最大单一外径；D—座圈外径；D_1—座圈内径；D_{1smin}—座圈最小单一内径；B—双向轴承中圈高度；T—单向轴承高度；T_1—双向轴承高度；r—座圈和单向轴承轴圈背面倒角尺寸；r_{smin}—座圈和单向轴承轴圈背面最小单一倒角尺寸；r_1—双向轴承中圈端面倒角尺寸；r_{1smin}—双向轴承中圈端面最小单一倒角尺寸；D_a—外壳孔挡肩直径；d_a、d_{a1}—轴肩直径；r_{asmax}、r_{1asmax}—轴或外壳孔最大单一倒角尺寸。

12.1.5 滚动轴承座

表 12-29 所列轴承座适用于调心球轴承、调心滚子轴承。

滚动轴承座的标记示例如下：

SN5 10 GB/T 7813—2018

10——轴承内径代号

SN5——轴承座系列代号，SN 表示二螺柱剖分立式轴承座，3 表示适用的轴承直径系列

表 12-29 滚动轴承座（GB/T 7813—2018）

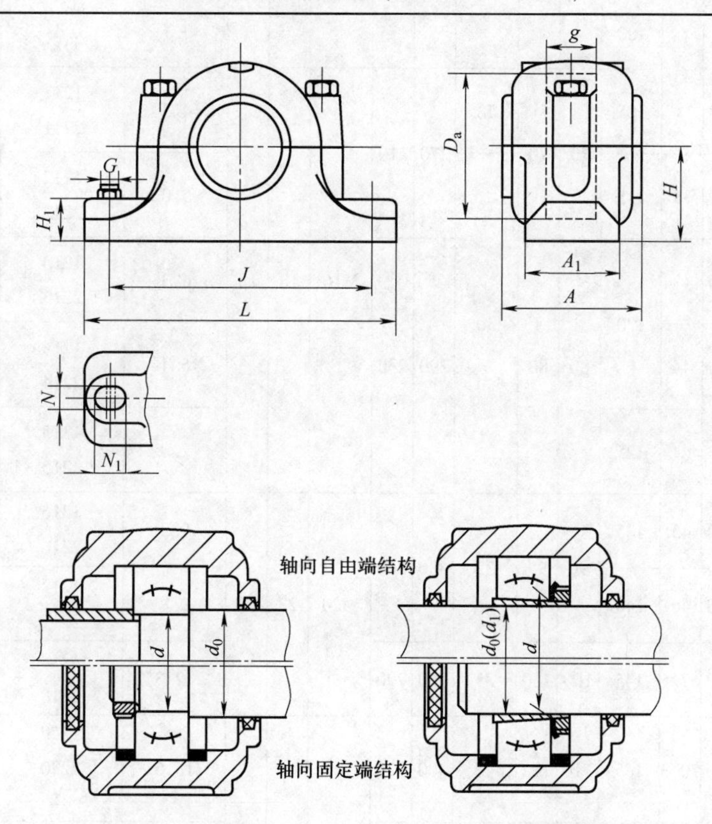

圆柱孔轴承装入轴承座　　圆锥孔轴承装入轴承座

轴承与轴承座的安装方式

标记示例：剖分立式轴承座 SN 208 GB/T 7813—2018

<table>
<tr><th rowspan="2">型号</th><th colspan="13">尺寸/mm</th><th rowspan="2">质量 m/kg
（大概值）</th><th colspan="2">适用轴承</th></tr>
<tr><th>d</th><th>d_0</th><th>D_a</th><th>g</th><th>A
max</th><th>A_1</th><th>H</th><th>H_1
max</th><th>L
max</th><th>J</th><th>G</th><th>N</th><th>N_1
min</th><th>调心球轴承</th><th>调心滚子轴承</th></tr>
<tr><td colspan="17">SN2 系列</td></tr>
<tr><td>SN205</td><td>25</td><td>30</td><td>52</td><td>25</td><td>72</td><td>46</td><td>40</td><td rowspan="3">22</td><td>170</td><td>130</td><td rowspan="3">M12</td><td rowspan="3">15</td><td rowspan="3">15</td><td>1.3</td><td>1205
2205</td><td>—
22205</td></tr>
<tr><td>SN206</td><td>30</td><td>35</td><td>62</td><td>30</td><td>82</td><td rowspan="2">52</td><td rowspan="2">50</td><td rowspan="2">190</td><td rowspan="2">150</td><td>1.8</td><td>1206
2206</td><td>22206</td></tr>
<tr><td>SN207</td><td>35</td><td>45</td><td>72</td><td>33</td><td>85</td><td>2.1</td><td>1207
2207</td><td>22207</td></tr>
</table>

（续）

型号	尺寸/mm													质量 m/kg（大概值）	适用轴承	
	d	d_0	D_a	g	A max	A_1	H	H_1 max	L max	J	G	N	N_1 min		调心球轴承	调心滚子轴承
SN2 系列																
SN208	40	50	80	33	92									2.6	1208 2208	— 22208
SN209	45	55	85	31		60	60	25	210	170	M12	15	15	2.8	1209 2209	— 22209
SN210	50	60	90	33	100									3.1	1210 2210	— 22210
SN211	55	65	100		105	70	70	28	270	210				4.3	1211 2211	— 22211
SN212	60	70	110	38	115									5.0	1212 2212	— 22212
SN213	65	75	120	43	120			30			M16	18	18	6.3	1213 2213	— 22213
SN214	70	80	125	44		80	80		290	230				6.4	1214 2214	— 22214
SN215	75	85	130	41	125									7.0	1215 2215	— 22215
SN216	80	90	140	43	135	90	95	32	330	260				9.3	1216 2216	— 22216
SN217	85	95	150	46	140						M20	22	22	9.8	1217 2217	— 22217
SN218	90	100	160	62.4	145	100	100	35	360	290				12.3	1218 2218	— 22218
SN220	100	115	180	70.3	165	110	112	40	400	320				16.5	1220 2220 —	— 22220 23220
SN222	110	125	200	80	177	120	125	45	420	350	M24	26	26	19.3	1222 2222 —	— 22220 23222
SN224	120	135	215	86	187		140							24.6	—	22224 23224
SN226	130	145	230	90	192	130	150	50	450	380				30.0	—	22226 23226
SN228	140	155	250	98	207	150			510	420				37.0	—	22228 23228
SN230	150	165	270	106	224	160	160	60	540	450	M30	35	35	45.0	—	22230 23230
SN232	160	175	290	114	237		170		560	470				53.0	—	22232 23232

（续）

型号	尺寸/mm													质量 m/kg（大概值）	适用轴承	
	d	d_0	D_a	g	A max	A_1	H	H_1 max	L max	J	G	N	N_1 min		调心球轴承	调心滚子轴承
SN3 系列																
SN305	25	30	62	34	82	52	50	22	185	150	M12	15	20	1.9	1305 2305	—
SN306	30	35	72	37	85									2.1	1306 2306	—
SN307	35	45	80	41	92	60	60	25	205	170				3.0	1307 2307	—
SN308	40	50	90	43	100									3.3	1308 2308	21308 22308
SN309	45	55	100	46	105	70	70	28	255	210	M16	18	23	4.6	1309 2309	21309 22309
SN310	50	60	110	50	115			30						5.1	1310 2310	21310 22310
SN311	55	65	120	53	120	80	80		275	230				6.5	1311 2311	21311 22311
SN312	60	70	130	56	125				280					7.3	1312 2312	21312 22312
SN313	65	75	140	58	135	90	95	32	315	260	M20	22	27	9.7	1313 2313	21313 22313
SN314	70	80	150	61	140				320					11.0	1314 2314	21314 22314
SN315	75	85	160	65	145	100	100	35	345	290				14.0	1315 2315	21315 22315
SN316	80	90	170	68	150		112							13.8	1316 2316	21316 22316
SN317	85	95	180	70	165	110		40	380	320	M24	26	32	15.8	1317 2317	21317 22317

注：1. SN224～SN232 应装有吊环螺钉。

2. d—适用的轴承内径；d_0—适用的轴径；D_a—轴承座内孔直径；g—轴承座内孔宽度；A—轴承座总宽度；A_1—轴承座底座宽度；H—安装平面到轴承座内孔直径中心线的距离；H_1—轴承座底座高度；L—轴承座总长度；J—螺栓孔中心距（长度）；G—固定轴承座用螺栓代号；N—螺栓孔宽度；N_1—螺栓孔长度。

12.1.6 滚动轴承的轴向固定

1. 内圈的轴向固定

在图 12-3 中，图 12-3a 所示是用垫圈、六角开槽螺母和开口销固定；图 12-3b 所示是用圆螺母和紧定螺钉固定；图 12-3c 所示是用开口螺母和拉紧螺钉固定；图 12-3d 所示是用杯形压盖、螺钉和止动垫圈固定；图 12-3e 所示是用端面有挡边的环形套筒、环形垫圈和螺栓固定；图 12-3f 所示是用端面有挡边的环形套筒、止动垫圈、螺母和螺栓固定；图 12-3g 所示是用螺母、止动垫圈及内圈间的隔离环固定；图 12-3h 所示是用轴用弹性挡圈固定；图 12-3i 所示是用圆螺母和止动垫圈固定。

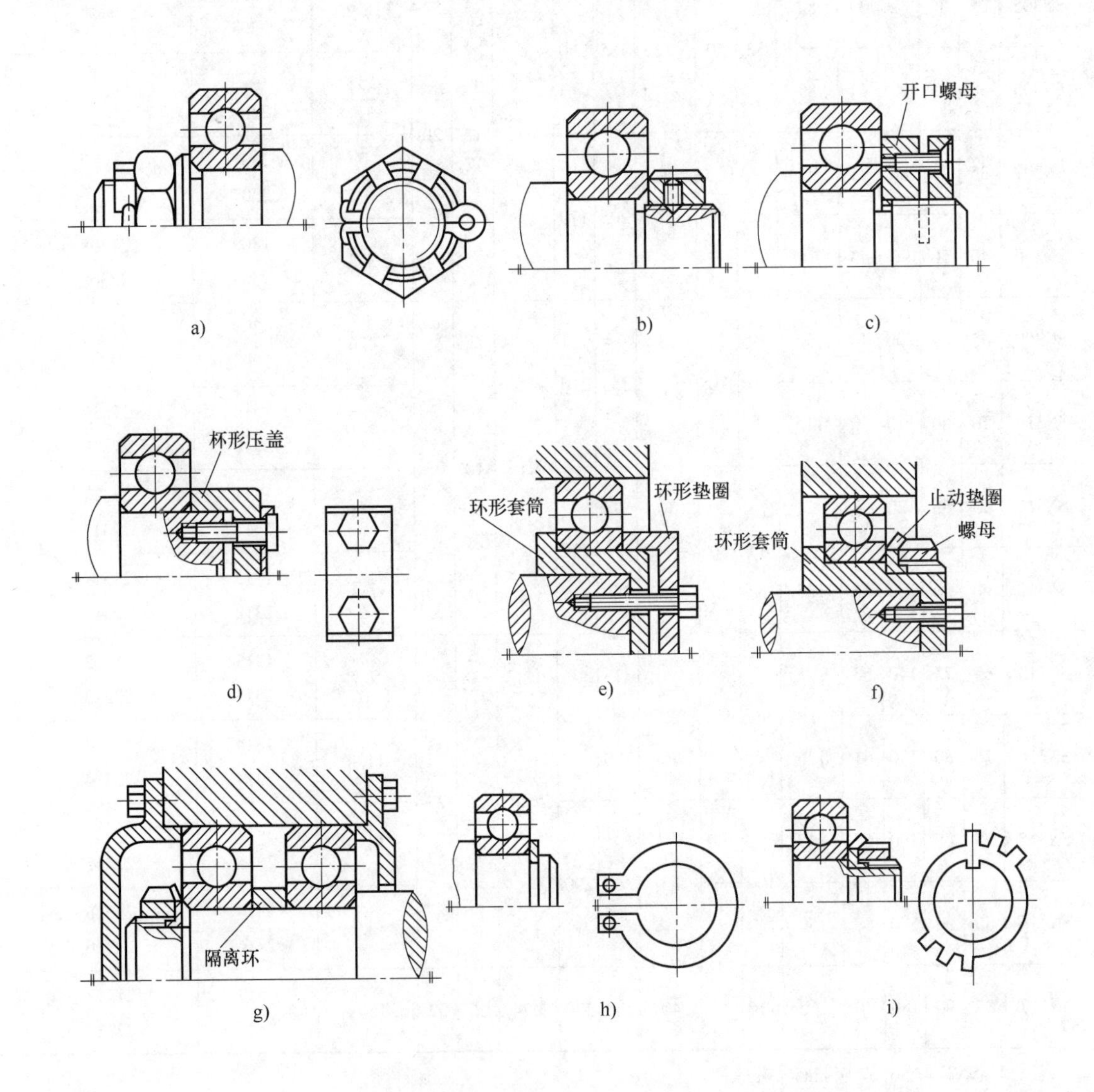

图 12-3

2. 外圈的轴向固定

在图 12-4 中，图 12-4a 所示是用轴承盖、垫圈和螺钉固定；图 12-4b 所示是用开口弹性挡圈固定；图 12-4c 所示是用装入外圈止动槽内的止动环固定；图 12-4d 所示是用轴承箱盖上的凸缘固定；图 12-4e 所示是用带螺纹的开口轴承端盖固定。

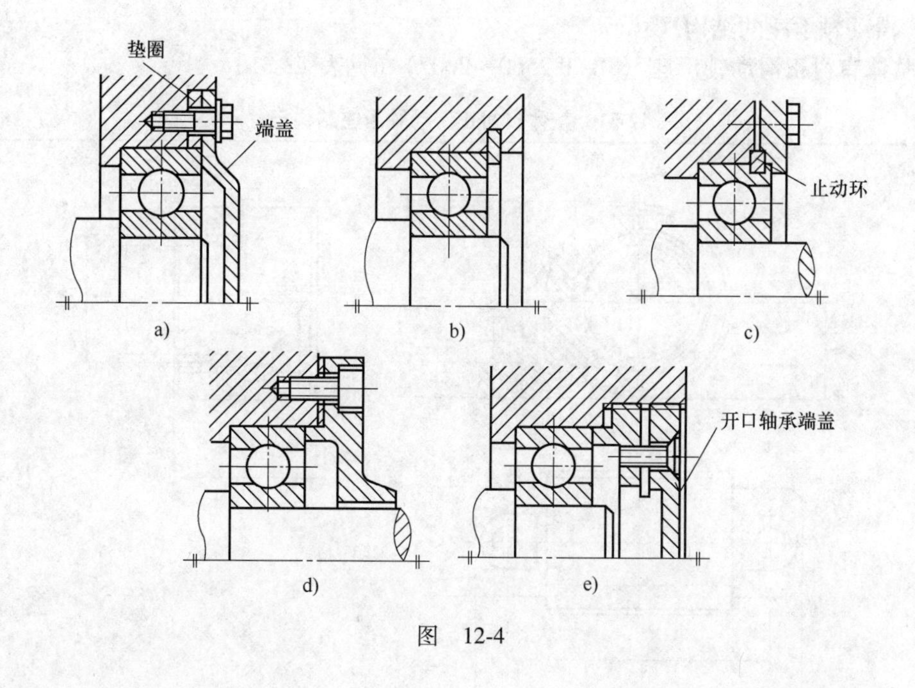

图 12-4

12.2 滑动轴承

12.2.1 滑动轴承座的类型及特点

整体式滑动轴承座和对开式滑动轴承座相比较，前者制造工艺简单，价钱便宜，刚度较大，但安装不便，多用于直径不大的直轴上；后者便于安装，并在轴瓦磨损后有可调性能，应用比较广泛。

JB/T 2560—2007～JB/T 2563—2007 所列各类滑动轴承座（见表 12-30）适用于承受径向负荷、工作环境温度-20～80℃的场合。

表 12-30 滑动轴承座的类型

轴承座名称	标记示例	型号说明	承载性能
整体有衬正滑动轴承座	HZ030 轴承座 JB/T 2560—2007	H——滑动轴承座 Z——整体正座 030——轴承座内径（mm）	轴承座的负荷方向应在轴承垂直中心线左、右 35°范围内
对开式二螺柱正滑动轴承座	H2050 轴承座 JB/T 2561—2007	H——滑动轴承座 2——轴承座螺柱数 050——轴承座内径（mm）	轴承座的负荷方向应在轴承垂直中心线左、右 35°范围内；当轴肩直径不小于轴瓦肩部外径时，允许承受的轴向负荷不大于最大径向负荷的 30%
对开式四螺柱正滑动轴承座	H4080 轴承座 JB/T 2562—2007	H——滑动轴承座 4——轴承座螺柱数 080——轴承座内径（mm）	
对开式四螺柱斜滑动轴承座	HX080 轴承座 JB/T 2563—2007	H——滑动轴承座 X——斜座 080——轴承座内径（mm）	

12.2.2 滑动轴承座的结构尺寸

1. 整体有衬正滑动轴承座（JB/T 2560—2007）（见表 12-31）

表 12-31 整体有衬正滑动轴承座结构尺寸 （单位：mm）

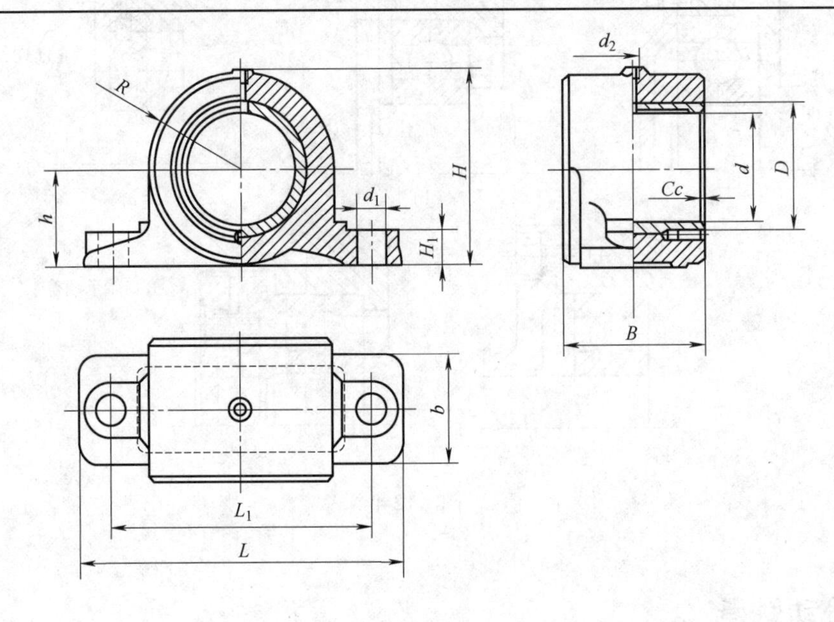

标记示例：

d = 30mm 的整体有衬正滑动轴承座：

HZ030 轴承座 JB/T 2560—2007

<table>
<tr><th>型号</th><th>d
(H8)</th><th>D</th><th>R</th><th>B</th><th>b</th><th>L</th><th>L₁</th><th>H≈</th><th>h
(h12)</th><th>H₁</th><th>d₁</th><th>d₂</th><th>c</th></tr>
<tr><td>HZ020</td><td>20</td><td>28</td><td>26</td><td>30</td><td>25</td><td>105</td><td>80</td><td>50</td><td>30</td><td>14</td><td>12</td><td rowspan="7">M10×1</td><td rowspan="3">1.5</td></tr>
<tr><td>HZ025</td><td>25</td><td>32</td><td rowspan="2">30</td><td>40</td><td>35</td><td>125</td><td>95</td><td>60</td><td rowspan="2">35</td><td>16</td><td>14.5</td></tr>
<tr><td>HZ030</td><td>30</td><td>38</td><td>50</td><td>40</td><td>150</td><td>110</td><td>70</td><td rowspan="3">20</td><td rowspan="3">18.5</td></tr>
<tr><td>HZ035</td><td>35</td><td>45</td><td>38</td><td>55</td><td>45</td><td>160</td><td>120</td><td>84</td><td>42</td><td rowspan="4">2</td></tr>
<tr><td>HZ040</td><td>40</td><td>50</td><td>40</td><td>60</td><td>50</td><td>165</td><td>125</td><td>88</td><td>45</td></tr>
<tr><td>HZ045</td><td>45</td><td>55</td><td rowspan="2">45</td><td>70</td><td>60</td><td rowspan="2">185</td><td rowspan="2">140</td><td>90</td><td rowspan="2">50</td><td rowspan="2">25</td><td rowspan="2">24</td></tr>
<tr><td>HZ050</td><td>50</td><td>60</td><td>75</td><td>65</td><td>100</td></tr>
<tr><td>HZ060</td><td>60</td><td>70</td><td>55</td><td>80</td><td>70</td><td>225</td><td>170</td><td>120</td><td>60</td><td rowspan="3">30</td><td rowspan="3">28</td><td rowspan="8">M14×1.5</td><td rowspan="3">2.5</td></tr>
<tr><td>HZ070</td><td>70</td><td>85</td><td>65</td><td rowspan="2">100</td><td rowspan="2">80</td><td>245</td><td>190</td><td>140</td><td>70</td></tr>
<tr><td>HZ080</td><td>80</td><td>95</td><td>70</td><td>255</td><td>200</td><td>155</td><td>80</td></tr>
<tr><td>HZ090</td><td>90</td><td>105</td><td>75</td><td rowspan="2">120</td><td rowspan="2">90</td><td>285</td><td>220</td><td>165</td><td>85</td><td rowspan="3">40</td><td rowspan="3">35</td><td rowspan="5">3</td></tr>
<tr><td>HZ100</td><td>100</td><td>115</td><td>85</td><td>305</td><td>240</td><td>180</td><td>90</td></tr>
<tr><td>HZ110</td><td>110</td><td>125</td><td>90</td><td>140</td><td>100</td><td>315</td><td>250</td><td>190</td><td>95</td></tr>
<tr><td>HZ120</td><td>120</td><td>135</td><td>100</td><td>150</td><td>110</td><td>370</td><td>290</td><td>210</td><td>105</td><td rowspan="2">45</td><td rowspan="2">42</td></tr>
<tr><td>HZ140</td><td>140</td><td>160</td><td>115</td><td>170</td><td>130</td><td>400</td><td>320</td><td>240</td><td>120</td></tr>
</table>

2. 对开式二螺柱正滑动轴承座（JB/T 2561—2007）（见表 12-32）

表 12-32　对开式二螺柱正滑动轴承座结构尺寸　　（单位：mm）

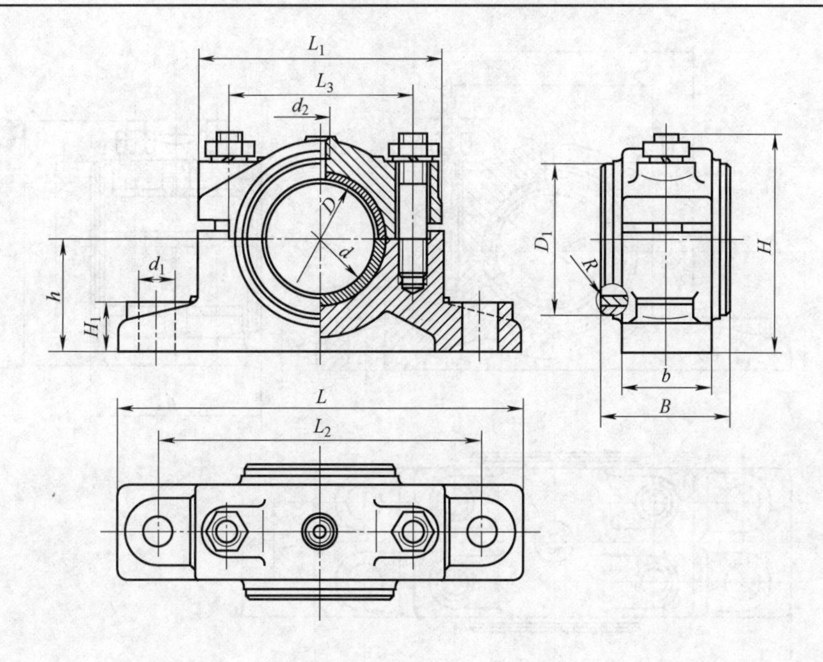

标记示例：

d=50mm 的对开式二螺柱正滑动轴承座：

H2050　轴承座　JB/T 2561—2007

<table>
<tr><th>型　号</th><th>d
（H8）</th><th>D</th><th>D_1</th><th>B</th><th>b</th><th>$H\approx$</th><th>h
（h12）</th><th>H_1</th><th>L</th><th>L_1</th><th>L_2</th><th>L_3</th><th colspan="2">d_1</th><th>d_2</th><th>R</th></tr>
<tr><td>H2030</td><td>30</td><td>38</td><td>48</td><td>34</td><td>22</td><td>70</td><td>35</td><td>15</td><td>140</td><td>85</td><td>115</td><td>60</td><td>10</td><td>M8</td><td rowspan="5">M10×1</td><td>1. 5</td></tr>
<tr><td>H2035</td><td>35</td><td>45</td><td>55</td><td>45</td><td>28</td><td>87</td><td>42</td><td>18</td><td>165</td><td>100</td><td>135</td><td>75</td><td>12</td><td>M10</td><td rowspan="4">2</td></tr>
<tr><td>H2040</td><td>40</td><td>50</td><td>60</td><td>50</td><td>35</td><td>90</td><td>45</td><td rowspan="2">20</td><td>170</td><td rowspan="2">110</td><td>140</td><td>80</td><td rowspan="2">14. 5</td><td rowspan="2">M12</td></tr>
<tr><td>H2045</td><td>45</td><td>55</td><td>65</td><td>55</td><td rowspan="2">40</td><td>100</td><td rowspan="2">50</td><td>175</td><td>145</td><td>85</td></tr>
<tr><td>H2050</td><td>50</td><td>60</td><td>70</td><td>60</td><td>105</td><td rowspan="2">25</td><td>200</td><td>120</td><td>160</td><td>90</td><td>18. 5</td><td>M16</td></tr>
<tr><td>H2060</td><td>60</td><td>70</td><td>80</td><td>70</td><td>50</td><td>125</td><td>60</td><td>240</td><td>140</td><td>190</td><td>100</td><td rowspan="2">24</td><td rowspan="2">M20</td><td rowspan="9">M14×1. 5</td><td rowspan="3">2. 5</td></tr>
<tr><td>H2070</td><td>70</td><td>85</td><td>95</td><td>80</td><td>60</td><td>140</td><td>70</td><td>30</td><td>260</td><td>160</td><td>210</td><td>120</td></tr>
<tr><td>H2080</td><td>80</td><td>95</td><td>110</td><td>95</td><td>70</td><td>160</td><td>80</td><td rowspan="2">35</td><td>290</td><td>180</td><td>240</td><td>140</td><td rowspan="2">28</td><td rowspan="2">M24</td></tr>
<tr><td>H2090</td><td>90</td><td>105</td><td>120</td><td>105</td><td>80</td><td>170</td><td>85</td><td>300</td><td>190</td><td>250</td><td>150</td><td rowspan="4">3</td></tr>
<tr><td>H2100</td><td>100</td><td>115</td><td>130</td><td>115</td><td>90</td><td>185</td><td>90</td><td rowspan="2">40</td><td>340</td><td>210</td><td>280</td><td>160</td><td rowspan="5">35</td><td rowspan="5">M30</td></tr>
<tr><td>H2110</td><td>110</td><td>125</td><td>140</td><td>125</td><td>100</td><td>190</td><td>95</td><td>350</td><td>220</td><td>290</td><td>170</td></tr>
<tr><td>H2120</td><td>120</td><td>135</td><td>150</td><td>140</td><td>110</td><td>205</td><td>105</td><td>45</td><td>370</td><td>240</td><td>310</td><td>190</td></tr>
<tr><td>H2140</td><td>140</td><td>160</td><td>175</td><td>160</td><td>120</td><td>230</td><td>120</td><td rowspan="2">50</td><td>390</td><td>260</td><td>330</td><td>210</td><td rowspan="2">4</td></tr>
<tr><td>H2160</td><td>160</td><td>180</td><td>200</td><td>180</td><td>140</td><td>250</td><td>130</td><td>410</td><td>280</td><td>350</td><td>230</td></tr>
</table>

3. 对开式四螺柱正滑动轴承座（JB/T 2562—2007）（见表 12-33）

表 12-33　对开式四螺柱正滑动轴承座结构尺寸　（单位：mm）

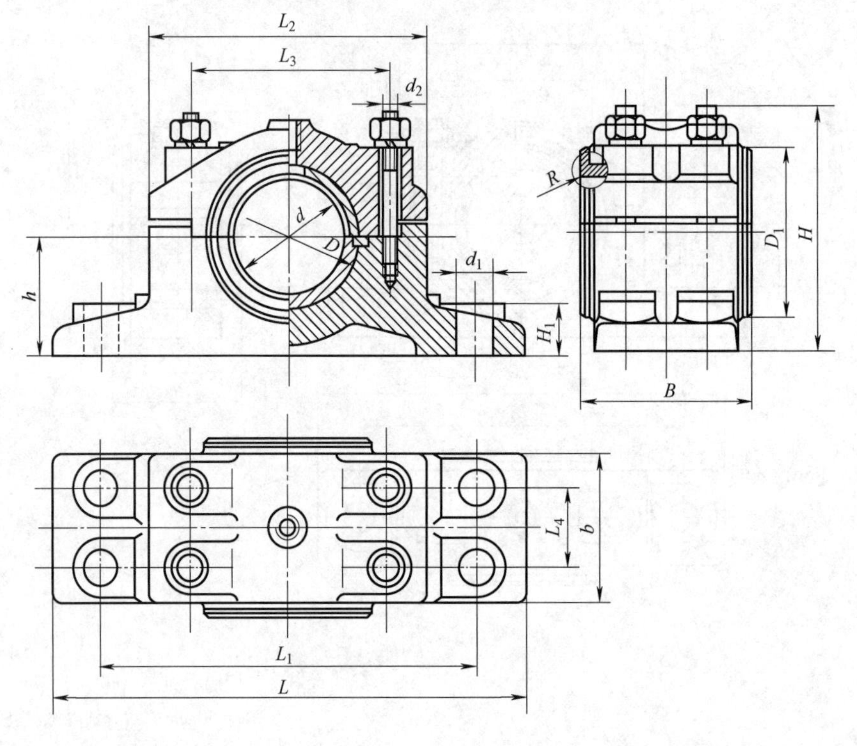

标记示例：

d = 80mm 的对开式四螺柱正滑动轴承座：

H4080　轴承座　JB/T 2562—2007

<table>
<tr><th>型　号</th><th>d
(H8)</th><th>D</th><th>D₁</th><th>B</th><th>b</th><th>H≈</th><th>h
(h12)</th><th>H₁</th><th>L</th><th>L₁</th><th>L₂</th><th>L₃</th><th>L₄</th><th>d₁</th><th>d₂</th><th>R</th></tr>
<tr><td>H4050</td><td>50</td><td>60</td><td>70</td><td>75</td><td>60</td><td>105</td><td>50</td><td rowspan="2">25</td><td>200</td><td>160</td><td>120</td><td>90</td><td>30</td><td>14. 5</td><td rowspan="2">M10×1</td><td rowspan="4">2. 5</td></tr>
<tr><td>H4060</td><td>60</td><td>70</td><td>80</td><td>90</td><td>75</td><td>125</td><td>60</td><td>240</td><td>190</td><td>140</td><td>100</td><td>40</td><td rowspan="2">18. 5</td></tr>
<tr><td>H4070</td><td>70</td><td>85</td><td>95</td><td>105</td><td>90</td><td>135</td><td>70</td><td>30</td><td>260</td><td>210</td><td>160</td><td>120</td><td>45</td><td rowspan="12">M14×1. 5</td></tr>
<tr><td>H4080</td><td>80</td><td>95</td><td>110</td><td>120</td><td>100</td><td>160</td><td>80</td><td rowspan="2">35</td><td>290</td><td>240</td><td>180</td><td>140</td><td>55</td><td rowspan="5">24</td></tr>
<tr><td>H4090</td><td>90</td><td>105</td><td>120</td><td>135</td><td>115</td><td>165</td><td>85</td><td>300</td><td>250</td><td>190</td><td>150</td><td>70</td><td rowspan="4">3</td></tr>
<tr><td>H4100</td><td>100</td><td>115</td><td>130</td><td>150</td><td>130</td><td>175</td><td>90</td><td rowspan="3">40</td><td>340</td><td>280</td><td>210</td><td>160</td><td>80</td></tr>
<tr><td>H4110</td><td>110</td><td>125</td><td>140</td><td>165</td><td>140</td><td>185</td><td>95</td><td>350</td><td>290</td><td>220</td><td>170</td><td>85</td></tr>
<tr><td>H4120</td><td>120</td><td>135</td><td>150</td><td>180</td><td>155</td><td>200</td><td>105</td><td>370</td><td>310</td><td>240</td><td>190</td><td>90</td></tr>
<tr><td>H4140</td><td>140</td><td>160</td><td>175</td><td>210</td><td>170</td><td>230</td><td>120</td><td>45</td><td>390</td><td>330</td><td>260</td><td>210</td><td>100</td><td rowspan="2">28</td><td rowspan="3">4</td></tr>
<tr><td>H4160</td><td>160</td><td>180</td><td>200</td><td>240</td><td>200</td><td>250</td><td>130</td><td rowspan="2">50</td><td>410</td><td>350</td><td>280</td><td>230</td><td>120</td></tr>
<tr><td>H4180</td><td>180</td><td>200</td><td>220</td><td>270</td><td>220</td><td>260</td><td>140</td><td>460</td><td>400</td><td>320</td><td>260</td><td>140</td><td>35</td></tr>
<tr><td>H4200</td><td>200</td><td>230</td><td>250</td><td>300</td><td>245</td><td>295</td><td>160</td><td>55</td><td>520</td><td>440</td><td>360</td><td>300</td><td>160</td><td rowspan="2">42</td><td rowspan="2">5</td></tr>
<tr><td>H4220</td><td>220</td><td>250</td><td>270</td><td>320</td><td>265</td><td>360</td><td>170</td><td>60</td><td>550</td><td>470</td><td>390</td><td>330</td><td>180</td></tr>
</table>

4. 对开式四螺柱斜滑动轴承座（JB/T 2563—2007）（见表 12-34）

表 12-34　对开式四螺柱斜滑动轴承座结构尺寸　（单位：mm）

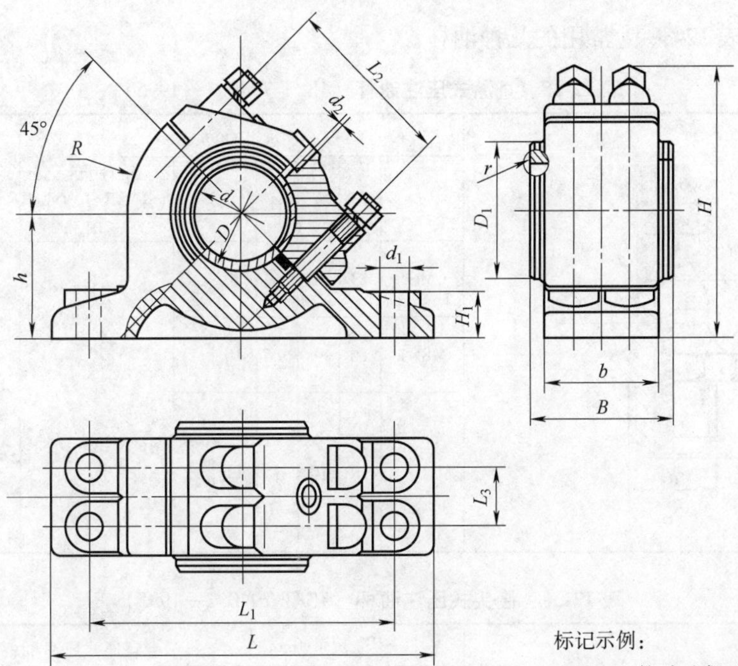

标记示例：

d=50mm 的对开式四螺柱斜滑动轴承座：

HX050 轴承座 JB/T 2563—2007

<table>
<tr><th>型　号</th><th>d
(H8)</th><th>D</th><th>DD_1</th><th>B</th><th>b</th><th>H≈</th><th>h
(h12)</th><th>H_1</th><th>L</th><th>L_1</th><th>L_2</th><th>L_3</th><th>R</th><th>r</th><th>d_1</th><th>d_2</th></tr>
<tr><td>HX050</td><td>50</td><td>60</td><td>70</td><td>75</td><td>60</td><td>140</td><td>65</td><td rowspan="2">25</td><td>200</td><td>160</td><td>90</td><td>30</td><td>60</td><td rowspan="4">2. 5</td><td>14. 5</td><td rowspan="2">M10×1</td></tr>
<tr><td>HX060</td><td>60</td><td>70</td><td>80</td><td>90</td><td>75</td><td>160</td><td>75</td><td>240</td><td>190</td><td>100</td><td>40</td><td>70</td><td rowspan="2">18. 5</td></tr>
<tr><td>HX070</td><td>70</td><td>85</td><td>95</td><td>105</td><td>90</td><td>185</td><td>90</td><td>30</td><td>260</td><td>210</td><td>120</td><td>45</td><td>80</td><td rowspan="11">M14×1. 5</td></tr>
<tr><td>HX080</td><td>80</td><td>95</td><td>110</td><td>120</td><td>100</td><td>215</td><td>100</td><td rowspan="2">35</td><td>290</td><td>240</td><td>140</td><td>55</td><td>90</td><td rowspan="5">24</td></tr>
<tr><td>HX090</td><td>90</td><td>105</td><td>120</td><td>135</td><td>115</td><td>225</td><td>105</td><td>300</td><td>250</td><td>150</td><td>70</td><td>95</td><td rowspan="4">3</td></tr>
<tr><td>HX100</td><td>100</td><td>115</td><td>130</td><td>150</td><td>130</td><td>250</td><td>115</td><td rowspan="3">40</td><td>340</td><td>280</td><td>160</td><td>80</td><td>105</td></tr>
<tr><td>HX110</td><td>110</td><td>125</td><td>140</td><td>165</td><td>140</td><td>260</td><td>120</td><td>350</td><td>290</td><td>170</td><td>85</td><td>110</td></tr>
<tr><td>HX120</td><td>120</td><td>135</td><td>150</td><td>180</td><td>155</td><td>275</td><td>130</td><td>370</td><td>310</td><td>190</td><td>90</td><td>120</td></tr>
<tr><td>HX140</td><td>140</td><td>160</td><td>175</td><td>210</td><td>170</td><td>300</td><td>140</td><td>45</td><td>390</td><td>330</td><td>210</td><td>100</td><td>130</td><td rowspan="3">4</td><td rowspan="2">28</td></tr>
<tr><td>HX160</td><td>160</td><td>180</td><td>200</td><td>240</td><td>200</td><td>335</td><td>150</td><td rowspan="2">50</td><td>410</td><td>350</td><td>230</td><td>120</td><td>140</td></tr>
<tr><td>HX180</td><td>180</td><td>200</td><td>220</td><td>270</td><td>220</td><td>375</td><td>170</td><td>460</td><td>400</td><td>260</td><td>140</td><td>160</td><td>35</td></tr>
<tr><td>HX200</td><td>200</td><td>230</td><td>250</td><td>300</td><td>245</td><td>425</td><td>190</td><td>55</td><td>520</td><td>440</td><td>300</td><td>160</td><td>180</td><td rowspan="2">5</td><td rowspan="2">42</td></tr>
<tr><td>HX220</td><td>220</td><td>250</td><td>270</td><td>320</td><td>265</td><td>440</td><td>205</td><td>60</td><td>550</td><td>470</td><td>330</td><td>180</td><td>195</td></tr>
</table>

12.3 油杯

表 12-35~表 12-38 为常用的几种油杯。

表 12-35 直通式压注油杯（JB/T 7940.1—1995）

尺寸/mm					钢球直径（按 GB/T 308.1—2013）	标记示例
d	H	h	h_1	S		
M6	13	8	6	$8_{-0.22}^{0}$	3	联接螺纹 M10×1，直通式压注油杯：油杯 M10×1 JB/T 7940.1
M8×1	16	9	6.5	$10_{-0.22}^{0}$		
M10×1	18	10	7	$11_{-0.22}^{0}$		

表 12-36 接头式压注油杯（JB/T 7940.2—1995）

尺寸/mm				直通式压注油杯（按 GB 1152）	标记示例
d	d_1	α	S		
M6	3	45°、90°	$11_{-0.22}^{0}$	M6	联接螺纹 M10×1，45°接头式压注油杯：油杯 45° M10×1 JB/T 7940.2
M8×1	4				
M10×1	5				

表 12-37 压配式压注油杯（JB/T 7940.4—1995）

尺寸/mm			标记示例
d	H	钢球直径（按 GB/T 308.1—2013）	
$6_{+0.028}^{+0.040}$	6	4	d=6mm，压配式压注油杯：油杯 6 JB/T 7940.4
$8_{+0.034}^{+0.049}$	10	5	
$10_{+0.040}^{+0.058}$	12	6	
$16_{+0.045}^{+0.063}$	20	11	
$25_{+0.064}^{+0.085}$	30	13	

注：与 d 相配孔的极限偏差按 H8。

表 12-38　旋盖式油杯（JB/T 7940.3—1995）

A型

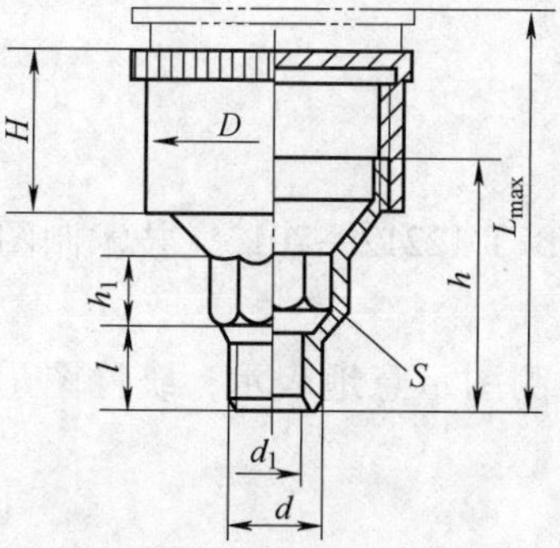

B型

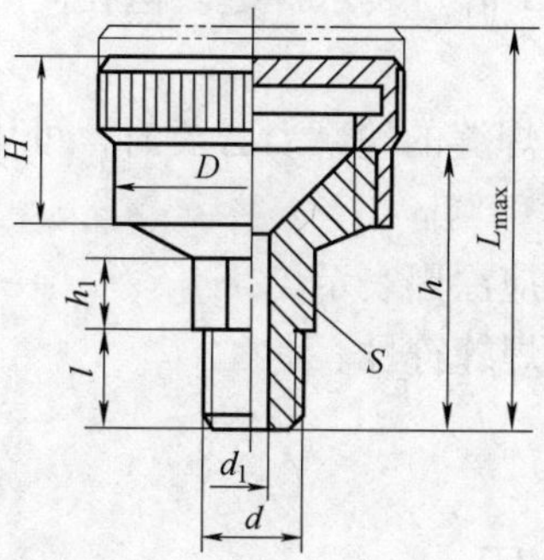

标记示例：油杯 A25 JB/T 7940.3—1995

最小容量 /cm^3	尺寸/mm									
	d	l	H	h	h_1	d_1	D		S	L_{max}
							A 型	B 型		
1.5	M8×1		14	22	7	3	16	18	$10^{0}_{-0.22}$	33
3	M10×1	8	15	23	8	4	20	22	$13^{0}_{-0.27}$	35
6			17	26			26	28		40
12			20	30			32	34		47
18	M14×1.5		22	32			36	40	$18^{0}_{-0.27}$	50
25		12	24	34	10	5	41	44		55
50	M16×1.5		30	44			51	54	$21^{0}_{-0.33}$	70
100			38	52			68	68		85
200	M24×1.5	16	48	64	16	6	—	86	30	105

第 13 章　焊缝的标注

本章内容系根据 GB/T 324—2008《焊缝符号表示法》及 GB/T 12212—2012《技术制图 焊缝符号的尺寸、比例及简化表示法》，另有说明者除外。

绘制焊缝时，可用视图、剖视图或断面图表示，也可用轴测图示意地表示，统称图示法，如图 13-1 所示。

图 13-1a 中，焊缝用一系列细实线段示意绘制。

图 13-1b 中，也允许用加粗线（宽度约为可见轮廓线的 2~3 倍）表示焊缝。但在同一图样上，只允许采用上述两种表示法中的一种。

图 13-1c 中，在表示焊缝端面的视图中，通常用粗实线画出焊缝的轮廓。必要时，可用细实线画出焊接前的坡口形状等。

图 13-1d 中，在剖视图或断面图上，焊缝的金属熔焊区通常应涂黑表示。

图 13-1e 中，即便用图示法表示焊缝，也应同时加注相应的焊缝符号。

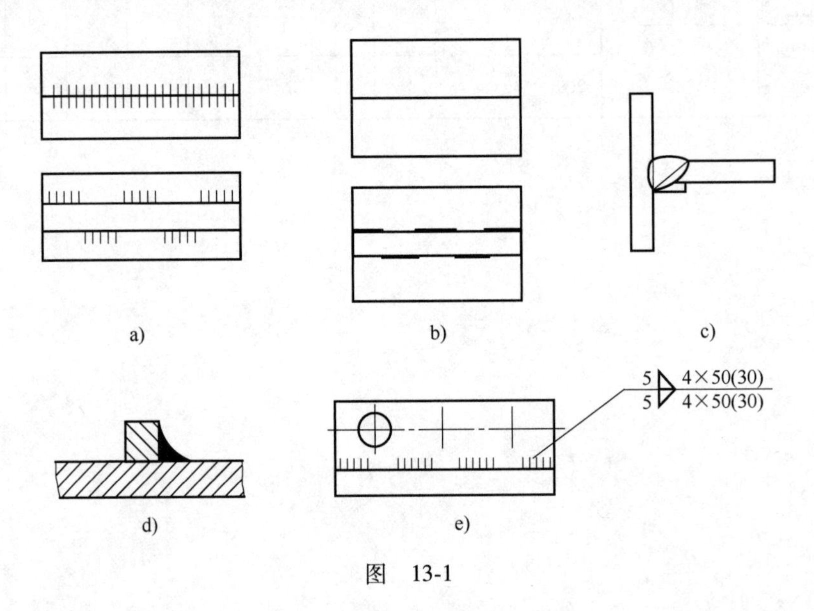

图　13-1

但是为了使图样清晰和减轻绘图工作量，一般并不按图示法画出焊缝，而是采用一些符号进行标注以表明它的特征。

13.1　焊缝符号

焊缝符号共有两组：①基本符号——用以表示焊缝横截面的基本形式或特征（见表 13-1 和表 13-2）；②补充符号——用来补充说明有关焊缝或接头的某些特征，如表面形状、衬垫、焊缝分布、施焊地点等（见表 13-3）。

焊缝的基本符号及补充符号在图上均用约$\frac{2d}{3}$的线宽绘制（d 为可见轮廓线的宽度）。当焊缝符号与基准线（细实线或细虚线）的线宽比较接近时，允许将焊缝符号加粗表示。

表 13-1　焊缝基本符号

名称	示意图	符号
卷边焊缝（卷边完全熔化）   		
I 形焊缝   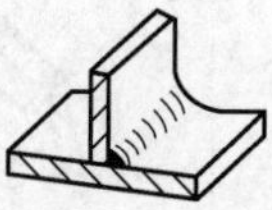 		
V 形焊缝		
单边 V 形焊缝   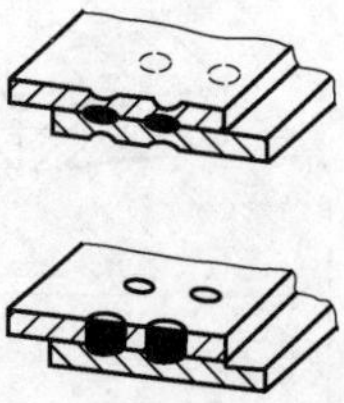 		
带钝边 V 形焊缝		
带钝边单边 V 形焊缝		
带钝边 U 形焊缝		
带钝边 J 形焊缝		
封底焊缝		
角焊缝		
塞焊缝或槽焊缝		
点焊缝		
缝焊缝		

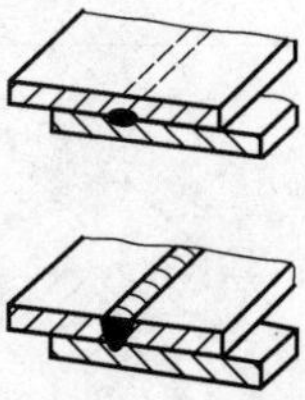

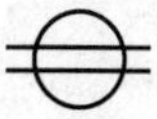

（续）

名称	示意图	符号	名称	示意图	符号
陡边 V 形焊缝			平面连接（钎焊）	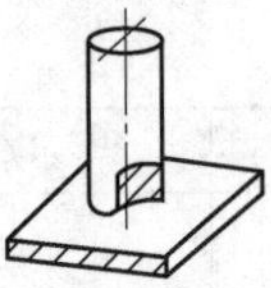	
陡边单 V 形焊缝	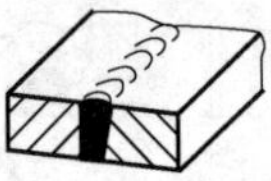	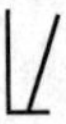		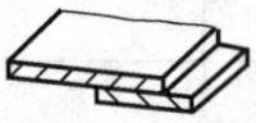	
端焊缝			斜面连接（钎焊）	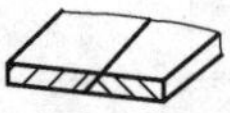	
堆焊缝			折叠连接（钎焊）		

表 13-2　基本符号的组合

名称	示意图	符号	名称	示意图	符号
双面 V 形焊缝（X 焊缝）	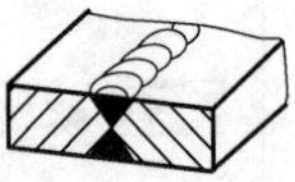		带钝边的双面单 V 形焊缝	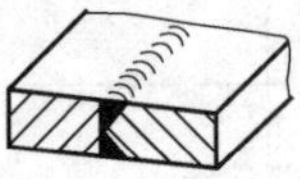	
双面单 V 形焊缝（K 焊缝）	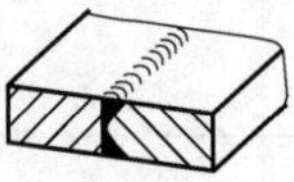			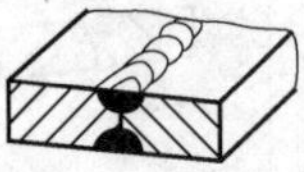	
带钝边的双面 V 形焊缝			双面 U 形焊缝		

表 13-3　补充符号

名称	符号	说明	名称	符号	说明
平面		焊缝表面通常经过加工后平整	临时衬垫	MR	衬垫在焊接完成后拆除
凹面		焊缝表面凹陷	三面焊缝		三面带有焊缝
凸面		焊缝表面凸起	周围焊缝		沿着工件周边施焊的焊缝 标注位置为基准线与箭头线的交点处
圆滑过渡		焊趾处过渡圆滑	现场焊缝		在现场焊接的焊缝
永久衬垫	M	衬垫永久保留	尾部		可以表示所需的信息

13.2　标注焊缝符号的指引线

表示焊缝的各种符号、代号及相应的数据均凭借指引线注出。指引线的画法如图 13-2 所示。指引线由两条平行线（一条为细实线，一条为细虚线）及带箭头的箭头线（细实线）构成。

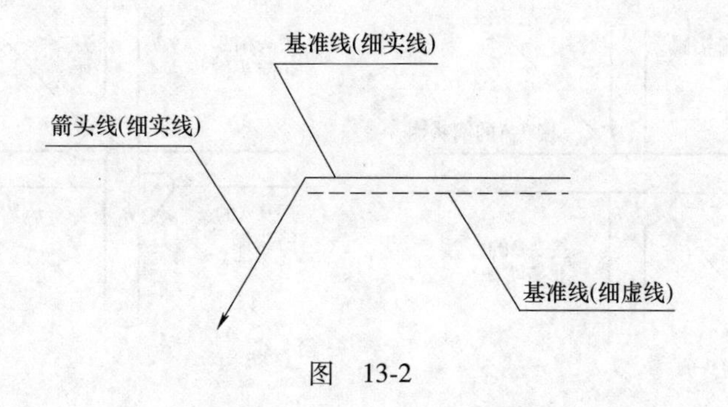

图　13-2

1. 基准线的画法

基准线的虚线可以画在基准线实线的上侧或下侧。基准线一般应与图样的底边平行，但在特殊情况下也可与底边垂直。

2. 箭头线的画法

箭头线相对于焊缝的位置一般没有特殊要求，可以画在焊缝的正面或背面，上方或下方，如图 13-3 所示，但在标注单边 V 形焊缝、带钝边单边 V 形焊缝、J 形焊缝时，箭头应指向带有坡口的一侧的工件，如图 13-4 所示；必要时，允许箭头线转折一次，如图 13-5 所示。

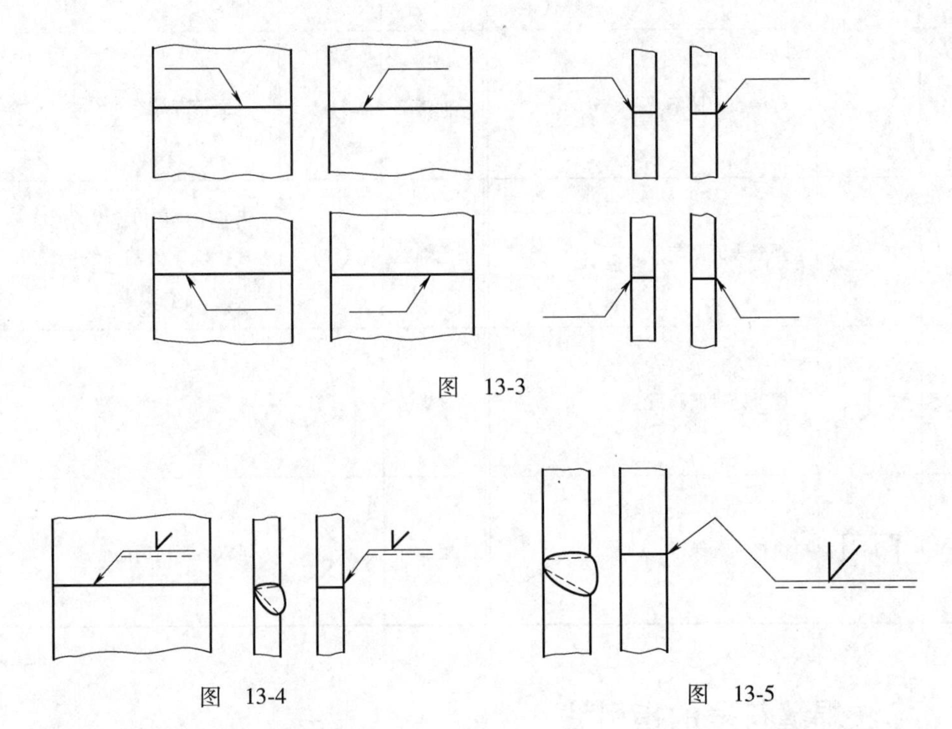

图 13-3

图 13-4　　图 13-5

3. 箭头线与焊缝接头的相对位置

图 13-6 用图例说明箭头线与焊缝接头相对位置关系的两个术语：接头的箭头侧及接头的非箭头侧。

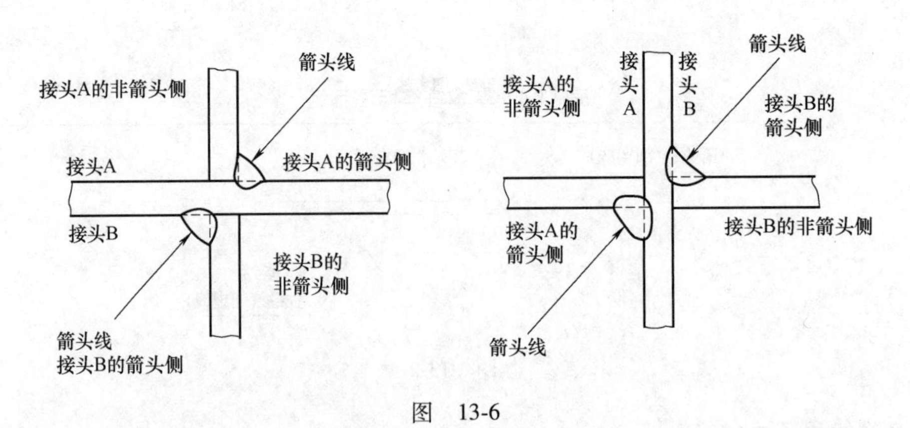

图 13-6

4. 基本符号与基准线的相对位置

在标注基本符号时，它相对于基准线的位置严格规定如下：

1）如果焊缝在接头的箭头侧，须将基本符号标在基准线的实线侧，如图 13-7a 所示。

2）如果焊缝在接头的非箭头侧，须将基本符号标在基准线的虚线侧，如图 13-7b 所示。

3）标注对称焊缝，以及在明确焊缝分布位置的情况下，有些双面焊缝也可省略基准线中的虚线，如图 13-7c 及图 13-7d 所示。

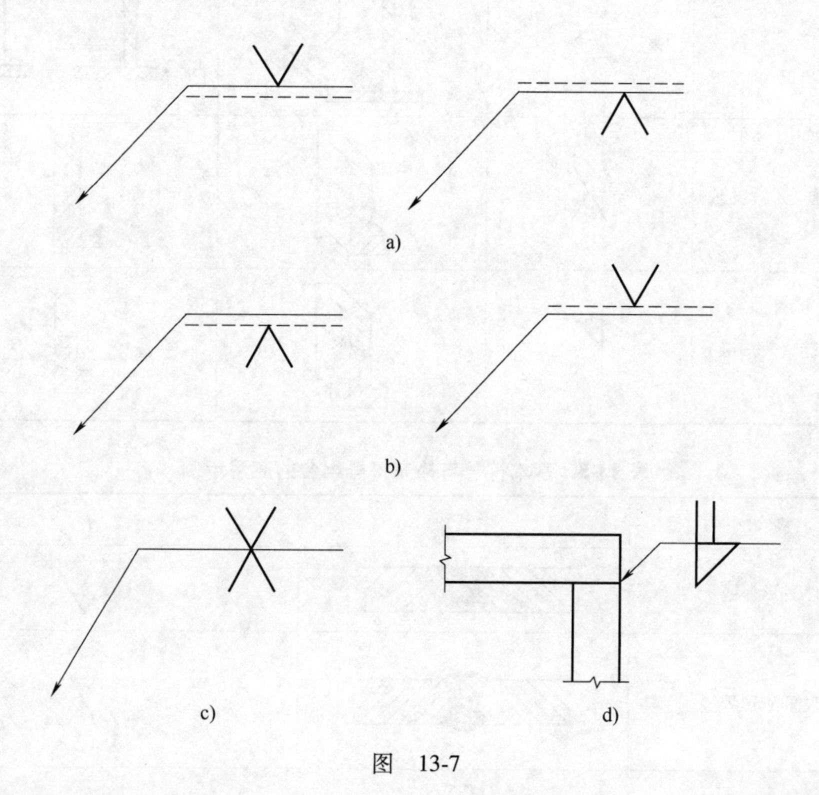

图 13-7

13.3 焊缝符号标注示例

表 13-4~表 13-7 为焊缝符号标注示例。

表 13-4 基本符号标注示例

名称	符号	示意图	标注示例
V 形焊缝			
带钝边 U 形焊缝			

（续）

名称	符号	示意图	标注示例
角焊缝		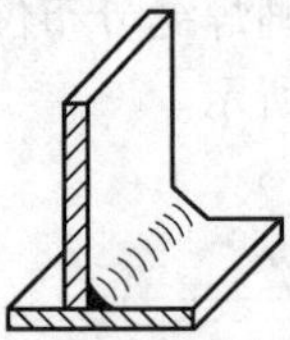	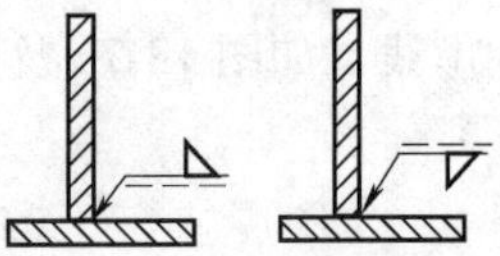
双面V形焊缝（X焊缝）		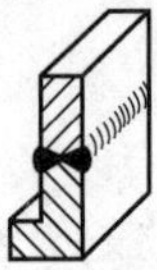	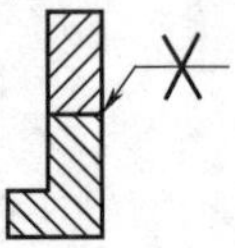
双面单V形焊缝（K焊缝）		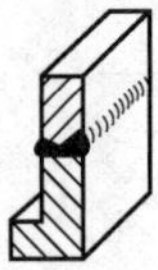	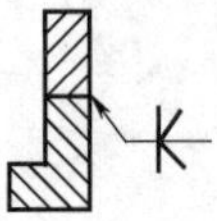

表 13-5　基本符号与补充符号组合的应用示例

名称	示意图	符号
平齐的V形焊缝		
凸起的双面V形焊缝		
凹陷的角焊缝	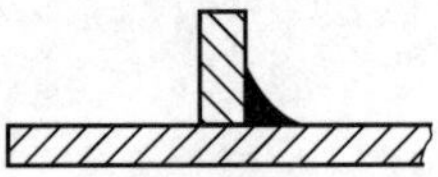	
平齐的V形焊缝和封底焊缝		
表面过渡平滑的角焊缝	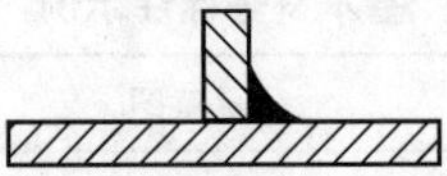	

表 13-6　基本符号与补充符号组合的标注示例

符号	示意图	标注示例
	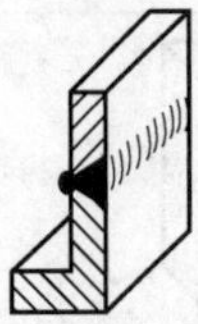	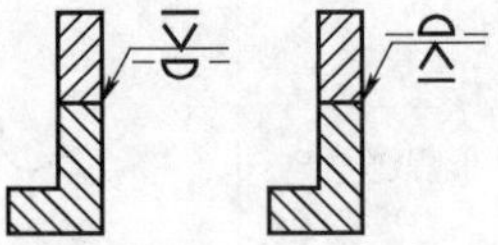

（续）

符号	示意图	标注示例
	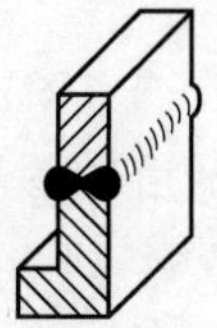	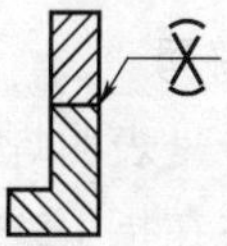
	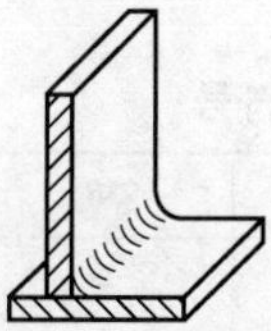	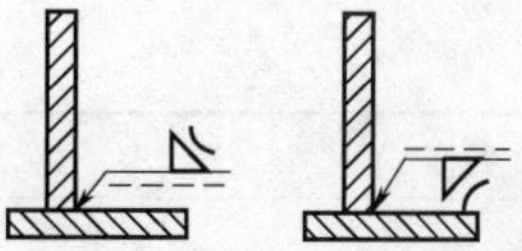

表 13-7　其他补充说明

说明	标注方法
当焊缝围绕工件周边时，可采用圆形的符号	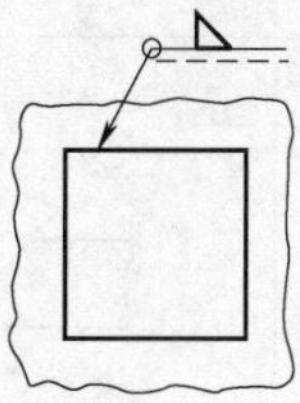
用一个小旗表示野外或现场焊缝	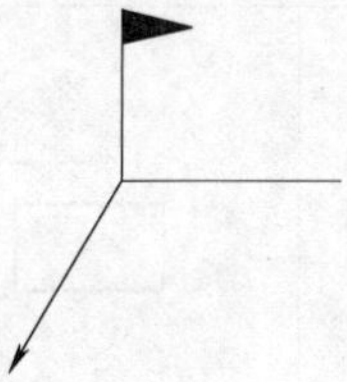
必要时，可以在尾部标注焊接方法代号	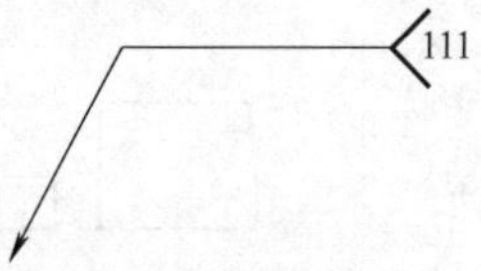 111
尾部需要标注的内容较多时，可参照如下次序排列： 1）相同焊缝数量 2）焊接方法代号（按照 GB/T 5185 规定） 3）缺欠质量等级（按照 GB/T 19418 规定） 4）焊接位置（按照 GB/T 16672 规定） 5）焊接材料（如按照相关焊接材料标准） 6）其他 每个款项应用斜线“/”分开 为了简化图样，也可以将上述有关内容包含在某个文件中，采用封闭尾部给出该文件的编号（如 WPS 编号或表格编号等）	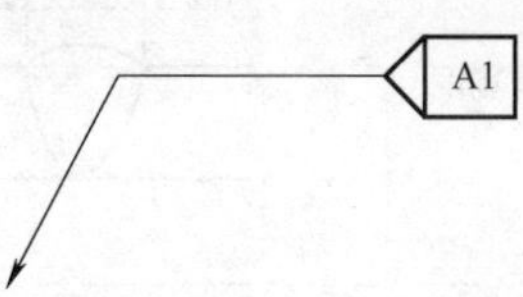 A1

13.4 焊缝尺寸符号及其标注

1. 焊缝尺寸符号

焊缝尺寸符号是表明焊缝截面、长度、数量以及坡口等有关尺寸的符号，必要时，连同焊缝符号一并标注在指引线的一侧。

焊缝尺寸符号列于表13-8。

表13-8 焊缝尺寸符号

符号	名称	示意图	符号	名称	示意图
δ	工件厚度	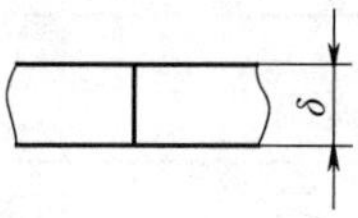 δ	l	焊缝长度	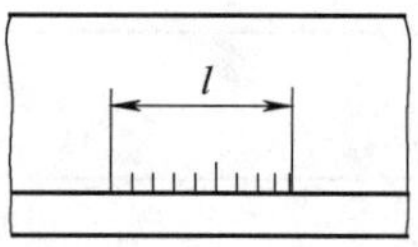 l
α	坡口角度	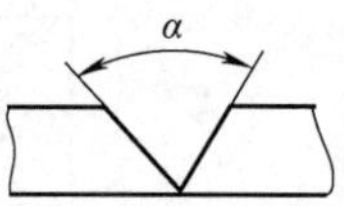 α	n	焊缝段数	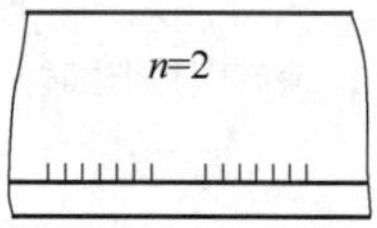 n=2
b	根部间隙	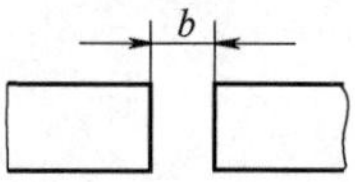 b	e	焊缝间距	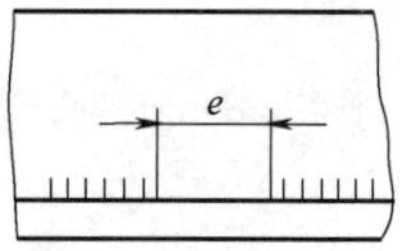 e
p	钝边	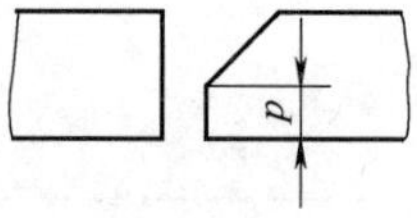 p	K	焊脚尺寸	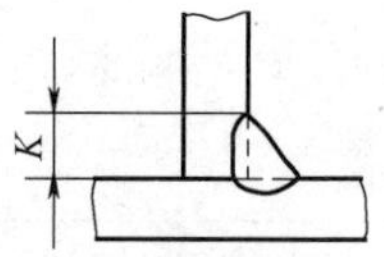 K
c	焊缝宽度	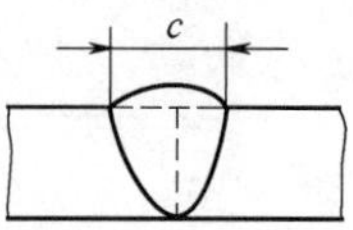 c	d	点焊：熔核直径 塞焊：孔径	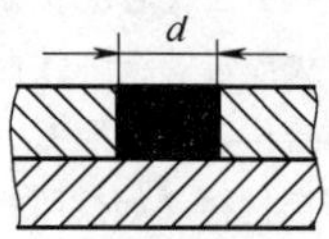 d
R	根部半径	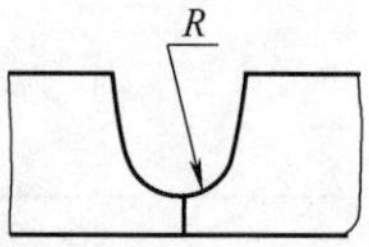 R	S	焊缝有效厚度	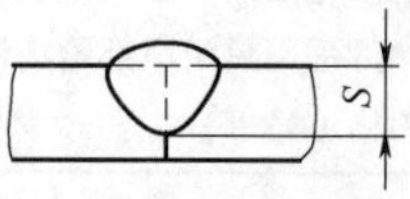 S

（续）

符号	名称	示意图	符号	名称	示意图
N	相同焊缝的数量		h	余高	
H	坡口深度		β	坡口面角度	

2. 焊缝尺寸符号的标注

参照图 13-8，焊缝尺寸的标注方法规定如下：

1）横向尺寸标注在基本符号的左侧。

2）纵向尺寸标注在基本符号的右侧。

3）坡口角度、坡口面角度、根部间隙标注在基本符号的上侧或下侧。

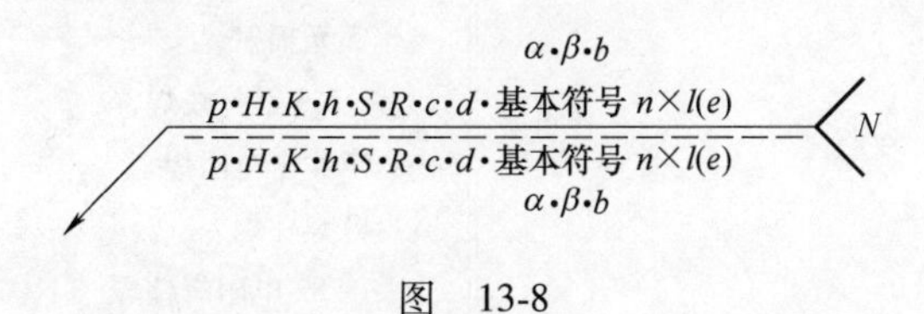

图 13-8

4）相同焊缝的数量（N）标注在尾部符号内。

5）当尺寸较多而不易分辨时，可在尺寸数据前标注相应的尺寸符号。

焊缝尺寸的标注示例可参见表 13-10。

13.5 焊接及相关工艺方法代号

GB/T 5185—2005《焊接及相关工艺方法代号》规定的焊接及相关工艺方法代号见表 13-9。

表 13-9 焊接及相关工艺方法代号

1 电弧焊	12 埋弧焊
101 金属电弧焊	121 单丝埋弧焊
11 无气体保护的电弧焊	122 带极埋弧焊
111 焊（条电弧焊）	123 多丝埋弧焊
112 重力焊	124 添加金属粉末的埋弧焊
114 自保护药芯焊丝电弧焊	125 药芯焊丝埋弧焊

（续）

13 熔化极气体保护电弧焊
131 熔化极惰性气体保护电弧焊（MIG）
135 熔化极非惰性气体保护电弧焊（MAG）
136 非惰性气体保护的药芯焊丝电弧焊
137 惰性气体保护的药芯焊丝电弧焊
14 非熔化极气体保护电弧焊
141 TIG 焊：钨极惰性气体保护电弧焊（TIG）
15 等离子弧焊
151 等离子 MIG 焊
152 等离子粉末堆焊
18 其他电弧焊方法
185 磁激弧对焊

2 电阻焊
21 点焊
211 单面点焊
212 双面点焊
22 缝焊
221 搭接缝焊
222 压平缝焊
225 薄膜对接缝焊
226 加带缝焊
23 凸焊
231 单面凸焊
232 双面凸焊
24 闪光焊
241 预热闪光焊
242 无预热闪光焊
25 电阻对焊
29 其他电阻焊方法
291 高频电阻焊

3 气焊
31 氧燃气焊
311 氧乙炔焊
312 氧丙烷焊
313 氢氧焊

4 压焊
41 超声波焊
42 摩擦焊
44 高机械能焊
441 爆炸焊
45 扩散焊
47 气压焊
48 冷压焊

5 高能束焊
51 电子束焊
511 真空电子束焊
512 非真空电子束焊
52 激光焊
521 固体激光焊
522 气体激光焊

7 其他焊接方法
71 铝热焊
72 电渣焊
73 气电立焊
74 感应焊
741 感应对焊
742 感应缝焊
75 光辐射焊
753 红外线焊
77 冲击电阻焊
78 螺柱焊
782 电阻螺柱焊
783 带瓷箍或保护气体的电弧螺柱焊
784 短路电弧螺柱焊
785 电容放电螺柱焊
786 带点火嘴的电容放电螺柱焊
787 带易熔颈箍的电弧螺柱焊
788 摩擦螺柱焊

8 切割和气刨
81 火焰切割
82 电弧切割
821 空气电弧切割
822 氧电弧切割
83 等离子弧切割
84 激光切割
86 火焰气刨
87 电弧气刨
871 空气电弧气刨

（续）

872 氧电弧气刨 88 等离子气刨 9 硬钎焊、软钎焊及钎接焊 91 硬钎焊 911 红外线硬钎焊 912 火焰硬钎焊 913 炉中硬钎焊 914 浸渍硬钎焊 915 盐浴硬钎焊 916 感应硬钎焊 918 电阻硬钎焊 919 扩散硬钎焊 924 真空硬钎焊 93 其他硬钎焊 94 软钎焊 941 红外线软钎焊	942 火焰软钎焊 943 炉中软钎焊 944 浸渍软钎焊 945 盐浴软钎焊 946 感应软钎焊 947 超声波软钎焊 948 电阻软钎焊 949 扩散软钎焊 951 波峰软钎焊 952 烙铁软钎焊 954 真空软钎焊 956 拖焊 96 其他软钎焊 97 钎接焊 971 气体钎接焊 972 电弧钎接焊

13.6　焊缝的简化标注

在不会引起误解的情况下，可以简化焊缝的标注，方法如下：

1）同一图样中全部焊缝所采用的焊接方法完全相同时，焊缝符号尾部表示焊接方法的代号可以省略不注，但必须在技术要求或其他技术文件中注明“全部焊缝均采用……焊”等字样；当大部分焊接方法相同时，也可在技术要求或其他技术文件中注明“除图样中注明的焊接方法外，其余焊缝均采用……焊”等字样。

2）同一图样中的全部焊缝相同而且已在图上明确表明其位置时，其标注方法可按前条的原则处理。

3）在焊缝符号中，标注交错对称焊缝的尺寸时，允许在基准线上只标注一次，如图 13-9 所示，基准线下侧可不重复标注 5、35×50、(30) 等尺寸。

4）对于断续焊缝、对称断续焊缝和交错断续焊缝的段数无严格要求时，允许省略焊缝段数的标注，如图 13-10 所示，即省略了焊缝段数“35”这一标注。

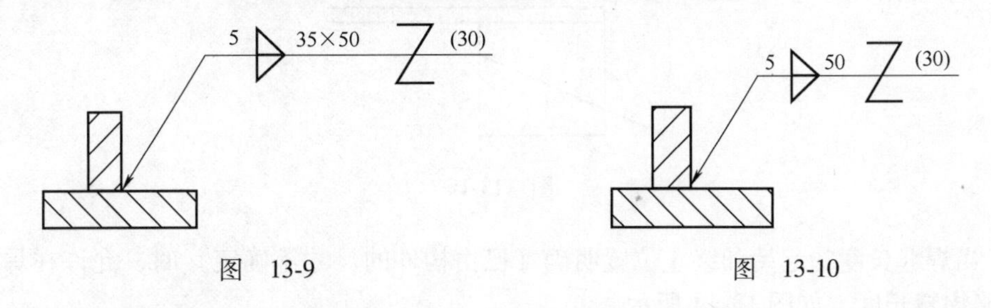

图　13-9　　　　图　13-10

5）在同一图样中，当若干条焊缝的坡口尺寸和焊缝符号均相同时，可以采用图 13-11

所示的方法集中标注；当这些焊缝同时在接头中的位置都相同时，也可采用在尾部符号内加注相同焊缝数量的方法简化标注，但其他形式的焊缝，仍需分别标注，如图 13-12 所示。

6）为了简化标注方法或当标注位置受到限制时，可以标注焊缝简化代号，但必须在该图样下方或标题栏附近说明这些简化代号的意义，如图 13-13 所示。当采用简化代号标注焊缝时，在图样下或标题栏附近的代号和符号应是图样中所注代号和符号的 1.4 倍，如图 13-13 所示。

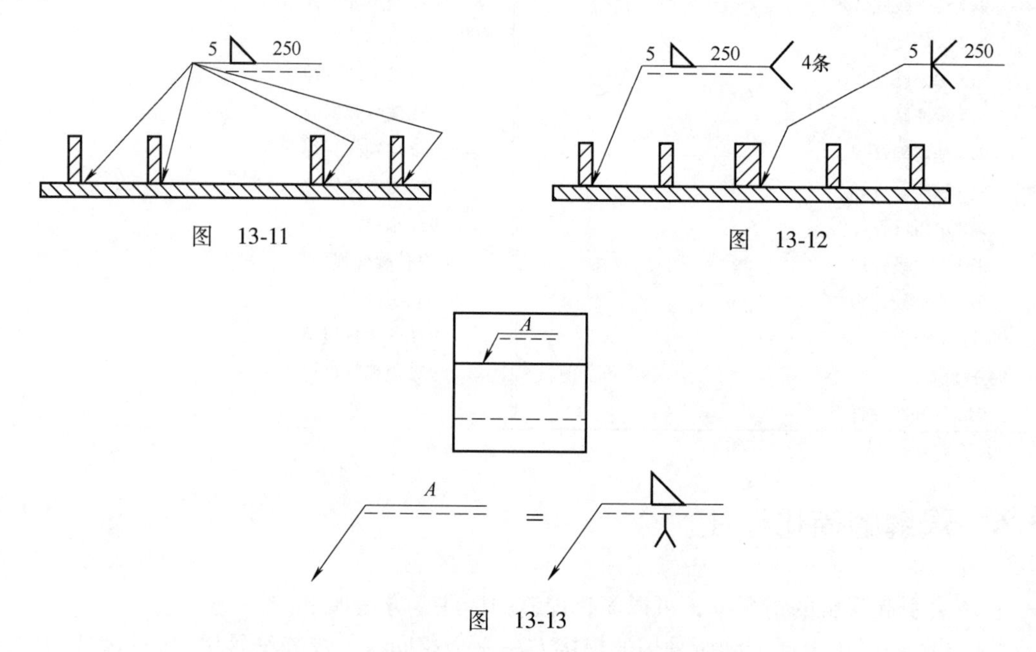

图 13-11

图 13-12

图 13-13

7）当同一图样中全部焊缝相同且已用图示明确表示其位置时，可统一在技术要求中用符号表示或用文字说明，如“全部焊缝为 5△”；当部分焊缝隙相同时，也可采用同样的方法表示，但剩余焊缝应在图样中明确标注。

8）在不致引起误解的情况下，当箭头线指向焊缝，而非箭头侧又无焊缝要求时，可省略非箭头侧的基准线（虚线），如图 13-14 所示。

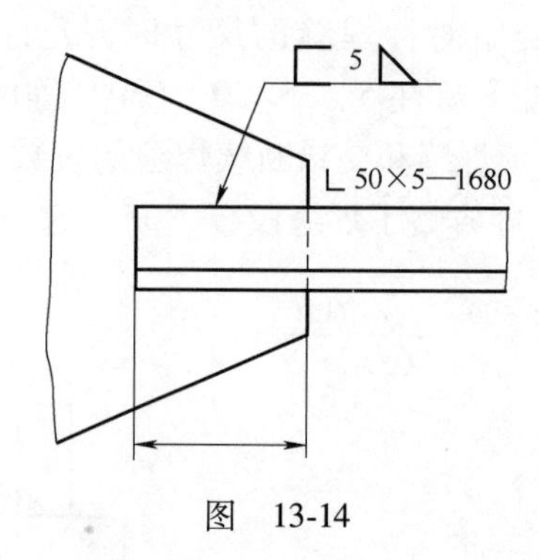

图 13-14

9）当焊缝长度的起始和终止位置明确（已由构件的尺寸等确定）时，允许在焊缝的符号中省略焊缝长度，如图 13-14 所示。

表 13-10 为焊缝简化标注示例。

表 13-10　焊缝简化标注示例

序号	视图及剖视图画法示例	焊缝符号及定位尺寸简化注法示例	说明
1	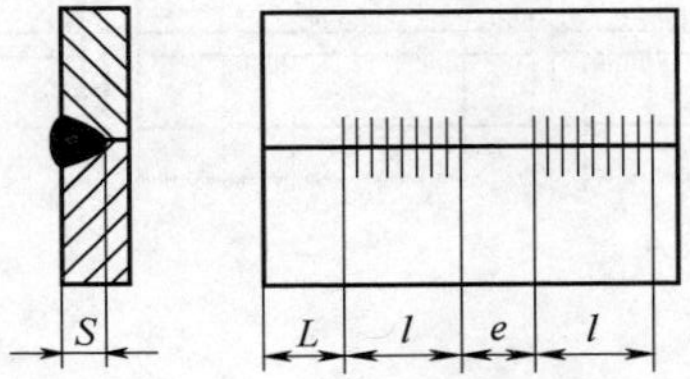 S; L; l; e; l	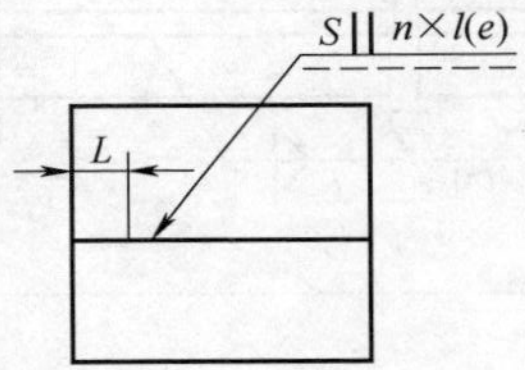 S ‖ n×l(e); L	断续 I 形焊缝在箭头侧；其中 L 是确定焊缝起始位置的定位尺寸
		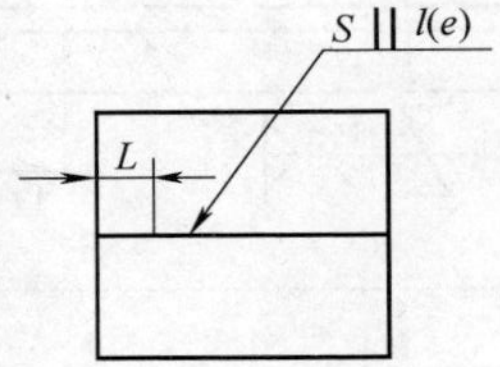 S ‖ l(e); L	焊缝符号标注中省略了焊缝段数和非箭头侧的基准线（虚线）
2	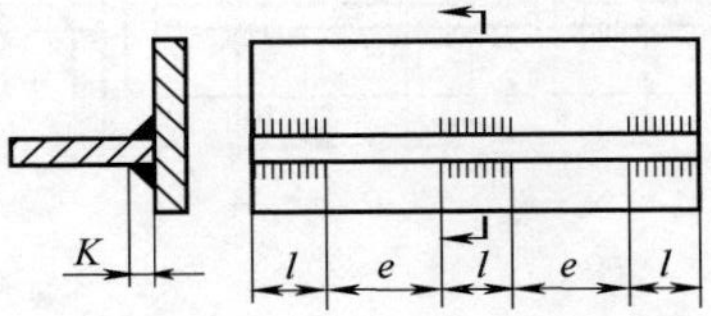 K; l; e; l; e; l	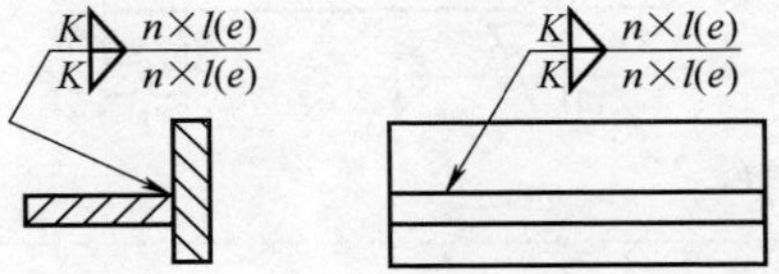 K n×l(e); K n×l(e)	对称断续角焊缝，构件两端均有焊缝
		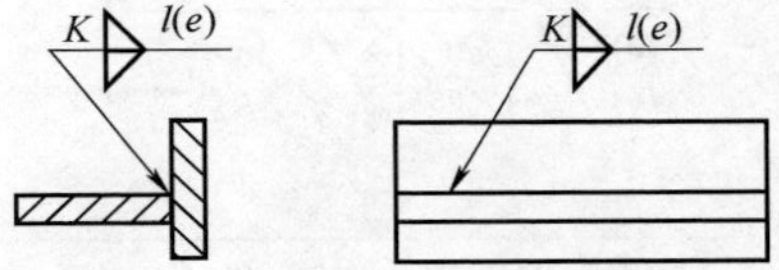 K l(e)	焊缝符号标注中省略了焊缝段数；焊缝符号中的尺寸只在基准线上标注一次

（续）

序号	视图及剖视图画法示例	焊缝符号及定位尺寸简化注法示例	说明
3	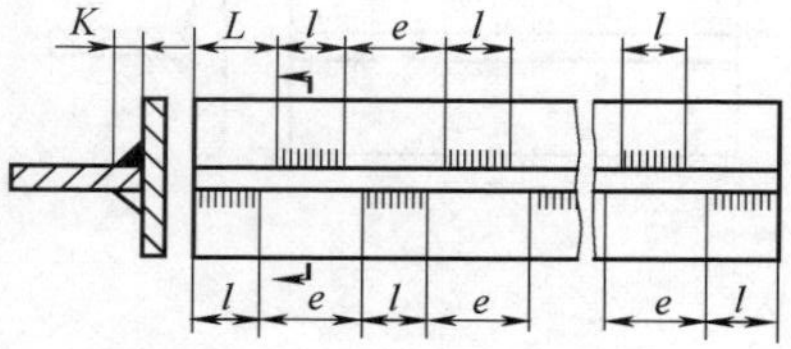	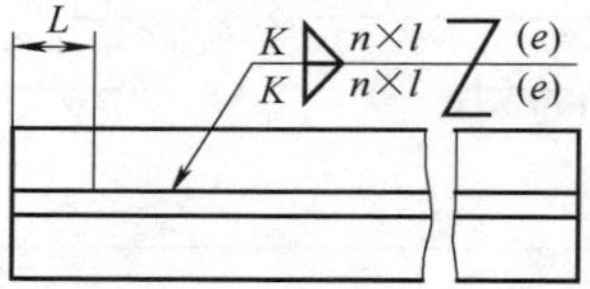	交错断续角焊缝；其中 L 是确定箭头侧焊缝起始位置的定位尺寸；工件在非箭头侧两端均有焊缝
		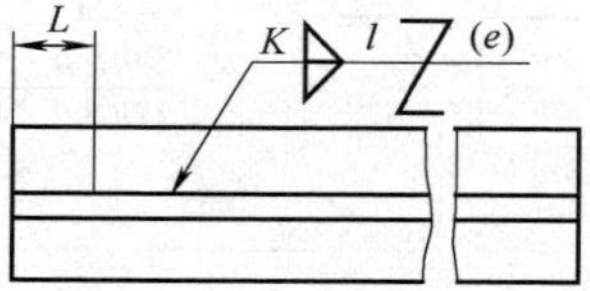	说明见序号 2
4	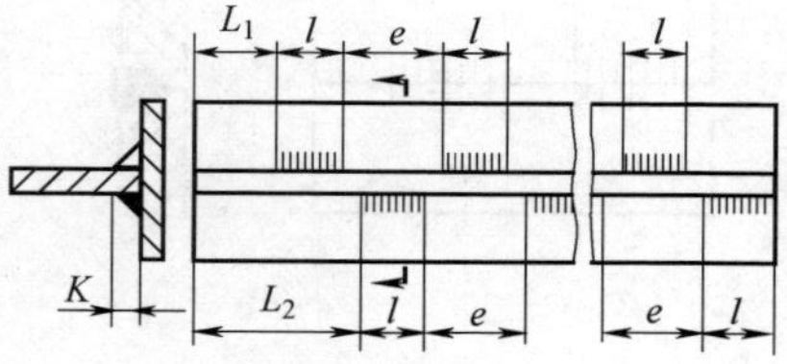	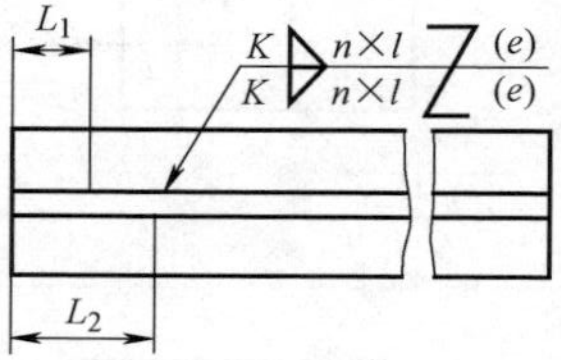	交错断续角焊缝；其中 L_1 是确定箭头侧焊缝起始位置的定位尺寸；L_2 是确定非箭头侧焊缝起始位置的定位尺寸
		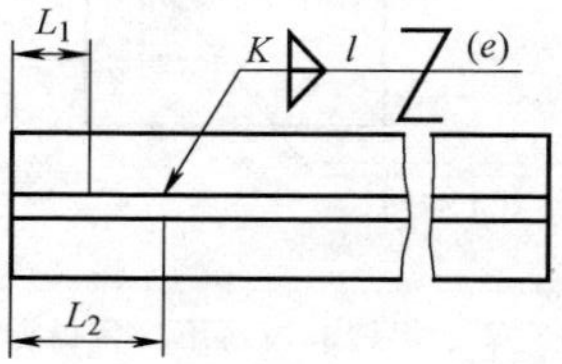	说明见序号 2

5	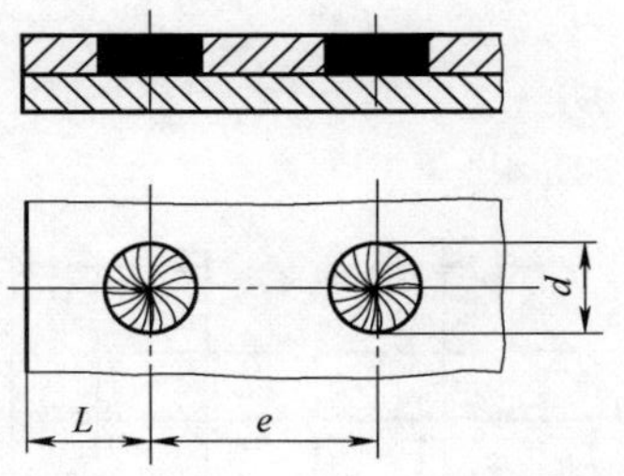	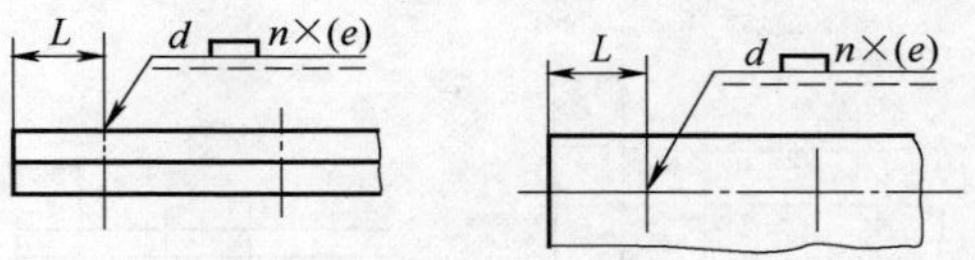 d ⊓ $n\times(e)$, L	塞焊缝在箭头侧；其中 L 是确定焊缝起始孔中心位置的定位尺寸
		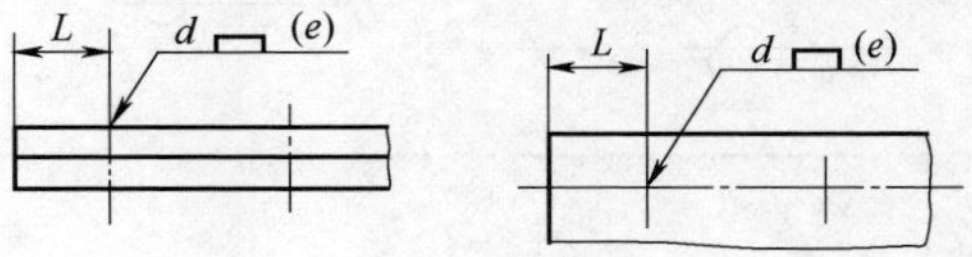 d ⊓ (e), L	说明见序号 1
6	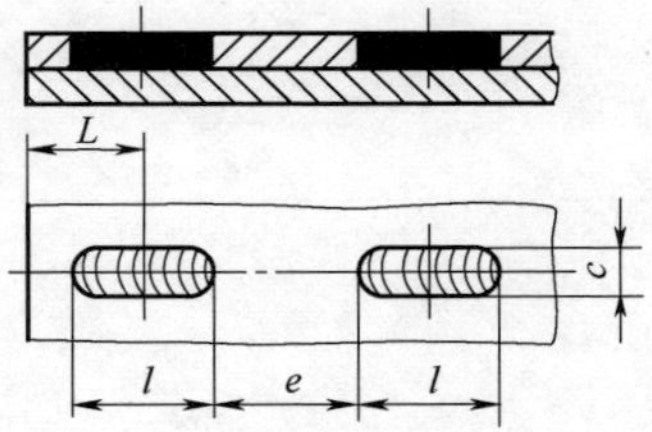	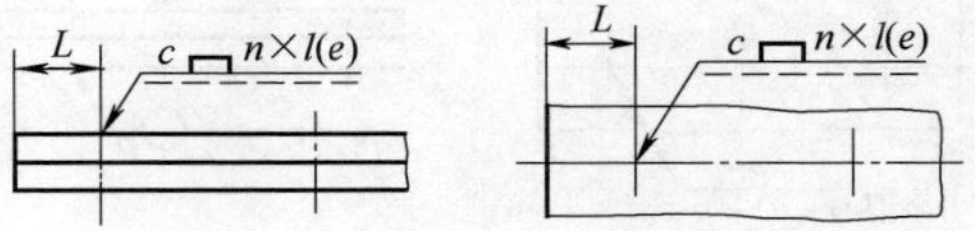 c ⊓ $n\times l(e)$, L	槽焊缝在箭头侧；其中 L 是确定焊缝起始槽对称中心位置的定位尺寸
		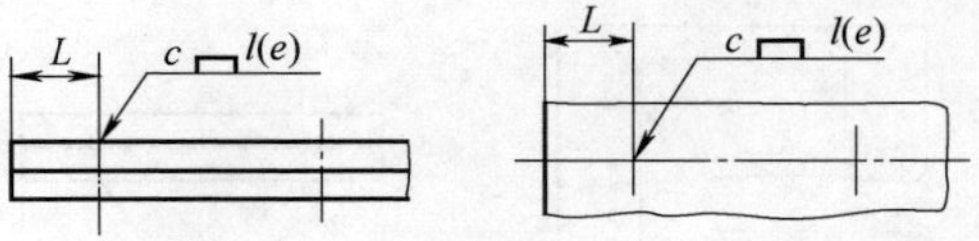 c ⊓ $l(e)$, L	说明见序号 1
7	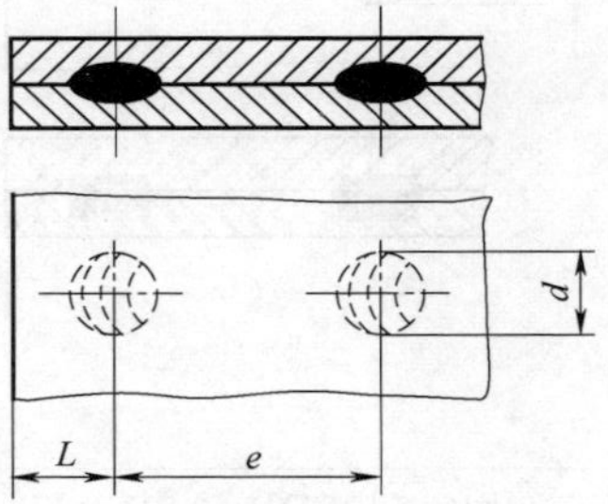	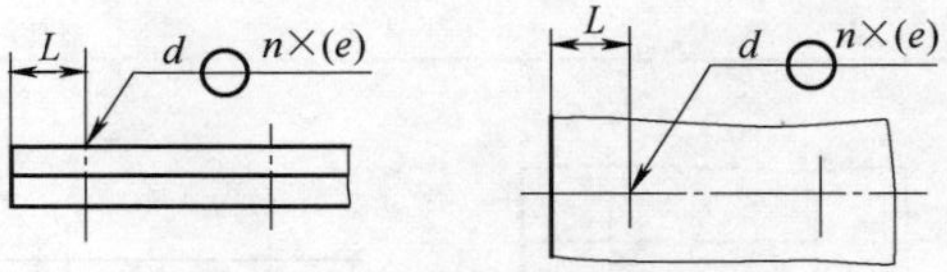 d ○ $n\times(e)$, L	点焊缝位于中心位置；其中 L 是确定焊缝起始焊点中心位置的定位尺寸
		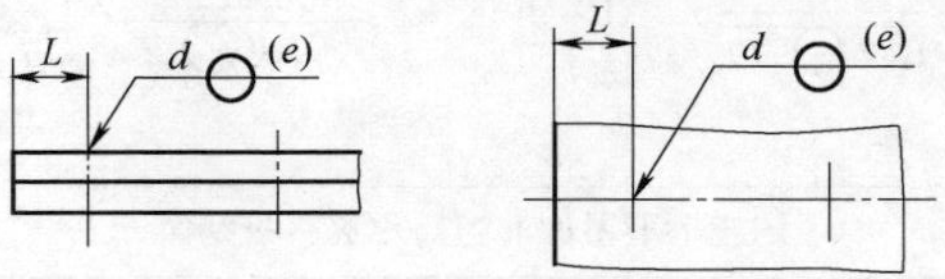 d ○ (e), L	焊缝符号标注中省略了焊缝段数

（续）

序号	视图及剖视图画法示例	焊缝符号及定位尺寸简化注法示例	说明
8	L　e　d	L　d ○ $n\times(e)$　　L　d ○ $n\times(e)$	点焊缝偏离中心位置，在箭头侧
		L　d ○ (e)　　L　d ○ (e)	说明见序号 1
9	L　e_1　d　e_2	d ○ $n\times(e_1)(e_2)$　L　　d ○ $n\times(e_1)(e_2)$　L	两行对称点焊缝位于中心位置；其中 e_1 是相邻焊点中心的间距；e_2 是点焊缝的行间距；L 是确定第一列焊缝起始焊点中心位置的定位尺寸
		d ○ $(e_1)(e_2)$　L　　d ○ $(e_1)(e_2)$　L	说明见序号 7

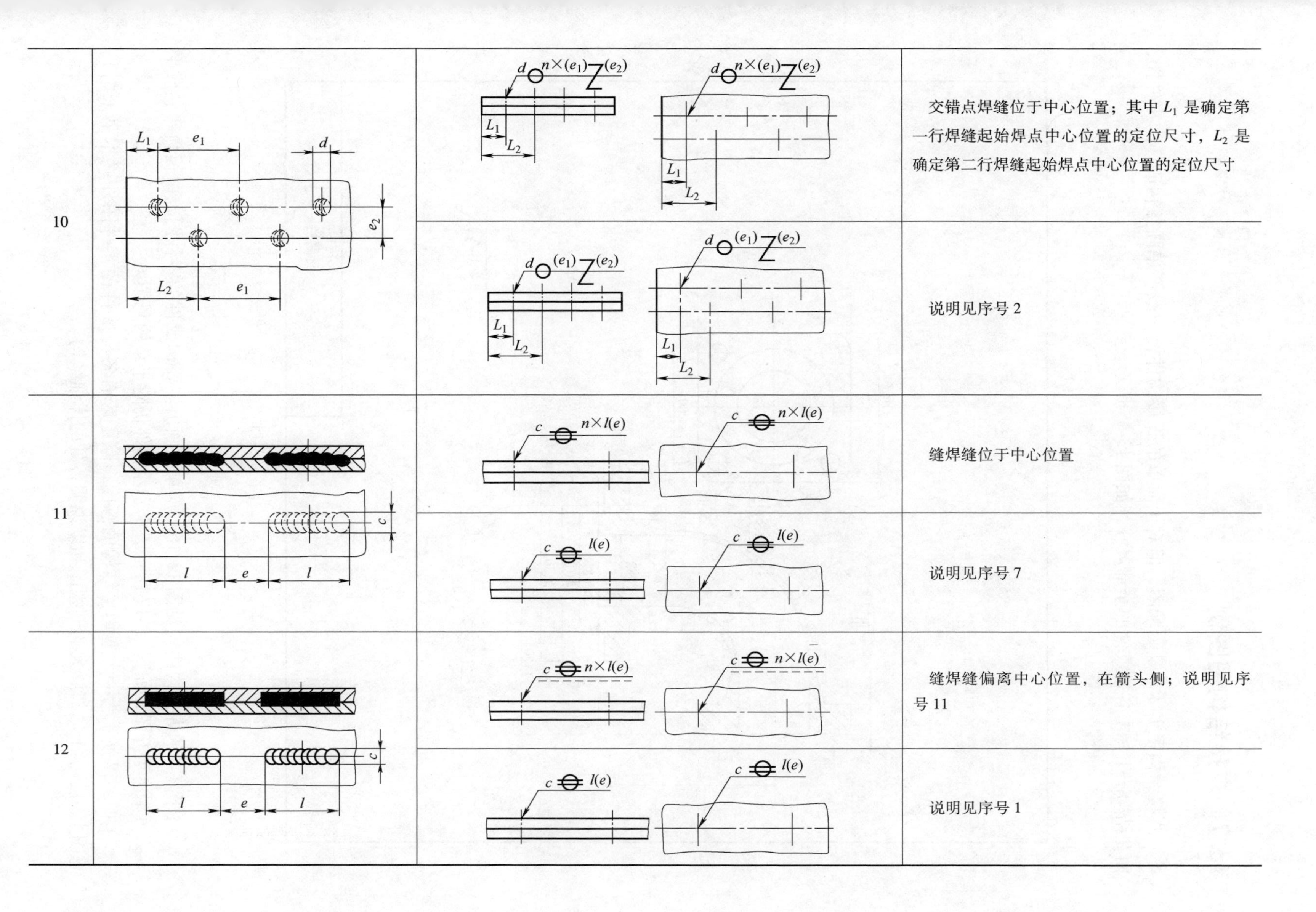

序号	示意图	标注示例	说明
10			交错点焊缝位于中心位置；其中 L_1 是确定第一行焊缝起始焊点中心位置的定位尺寸，L_2 是确定第二行焊缝起始焊点中心位置的定位尺寸
			说明见序号 2
11			缝焊缝位于中心位置
			说明见序号 7
12			缝焊缝偏离中心位置，在箭头侧；说明见序号 11
			说明见序号 1

13.7 焊接结构图图例

焊接结构图实际上是装配图，但对于简单的焊接构件，一般不单画各构成件的零件图，而在结构图上标出各构成件的全部尺寸，如图 13-15 所示。

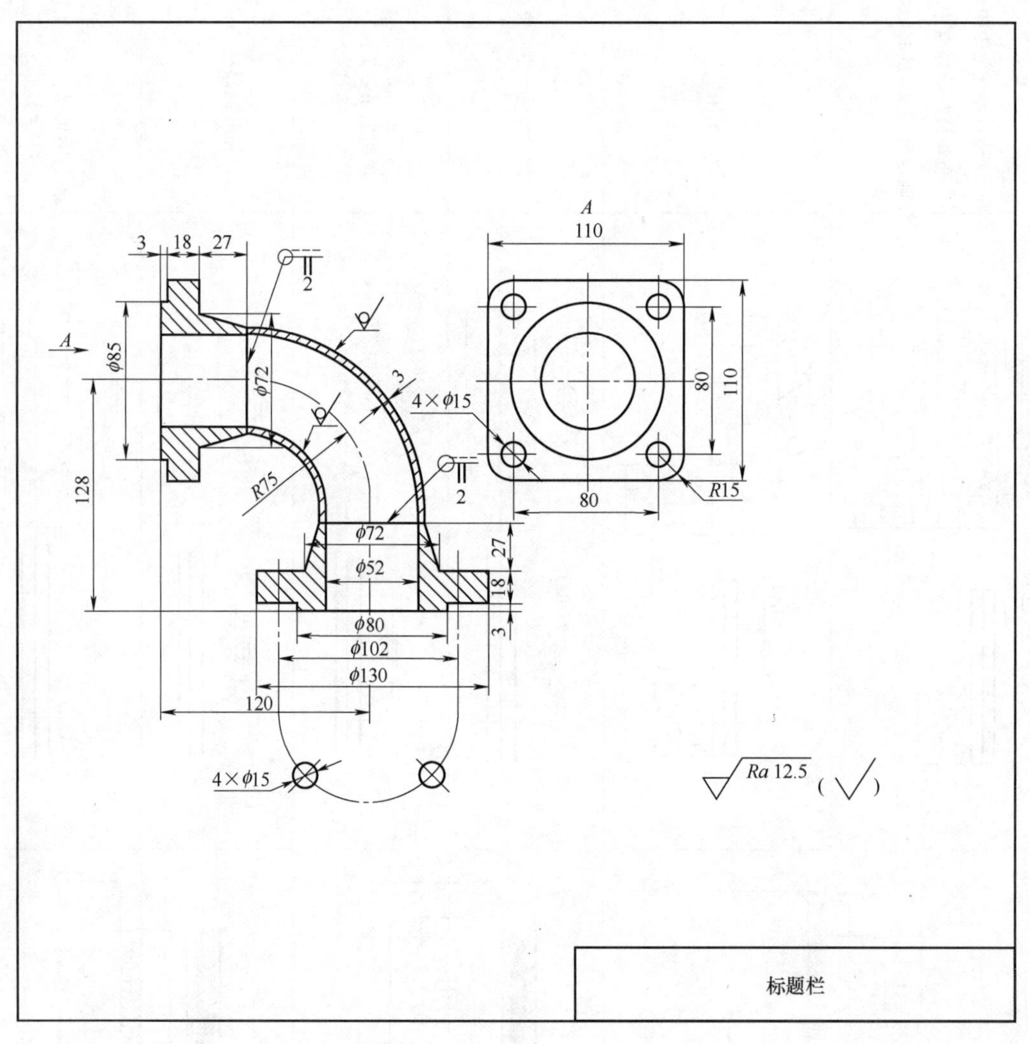

图 13-15

对于复杂的焊接构件（见图 13-16）应单独画出主要构成件的零件图，由板料弯卷成形者，可附有展开图，如图 13-17 所示。个别小构件仍附于结构总图上。

图 13-18 所示为一大型焊接结构的总图，除了应有各构成件的零件图外（本书未附），总图上用了三个局部放大的剖视图和以说明各处的详细结构。

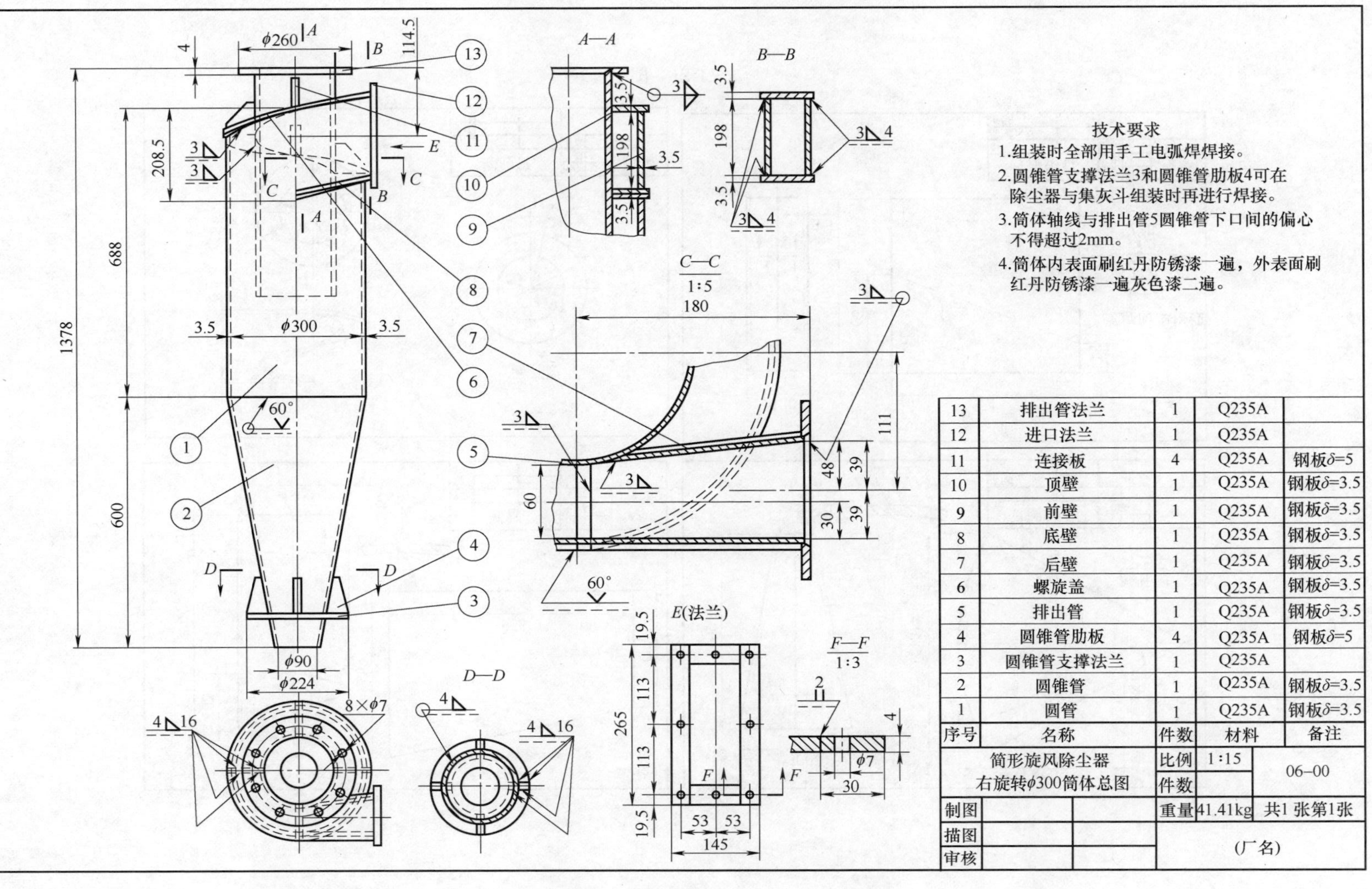
A—A
B—B
C—C
1:5
D—D
E(法兰)
F—F
1:3
技术要求
1.组装时全部用手工电弧焊焊接。
2.圆锥管支撑法兰3和圆锥管肋板4可在除尘器与集灰斗组装时再进行焊接。
3.筒体轴线与排出管5圆锥管下口间的偏心不得超过2mm。
4.筒体内表面刷红丹防锈漆一遍，外表面刷红丹防锈漆一遍灰色漆二遍。

13	排出管法兰	1	Q235A	
12	进口法兰	1	Q235A	
11	连接板	4	Q235A	钢板δ=5
10	顶壁	1	Q235A	钢板δ=3.5
9	前壁	1	Q235A	钢板δ=3.5
8	底壁	1	Q235A	钢板δ=3.5
7	后壁	1	Q235A	钢板δ=3.5
6	螺旋盖	1	Q235A	钢板δ=3.5
5	排出管	1	Q235A	钢板δ=3.5
4	圆锥管肋板	4	Q235A	钢板δ=5
3	圆锥管支撑法兰	1	Q235A	
2	圆锥管	1	Q235A	钢板δ=3.5
1	圆管	1	Q235A	钢板δ=3.5
序号	名称	件数	材料	备注

筒形旋风除尘器 右旋转ϕ300筒体总图		比例	1:15	06–00
		件数		
制图		重量	41.41kg	共1 张第1张
描图		(厂名)		
审核				

图 13-16

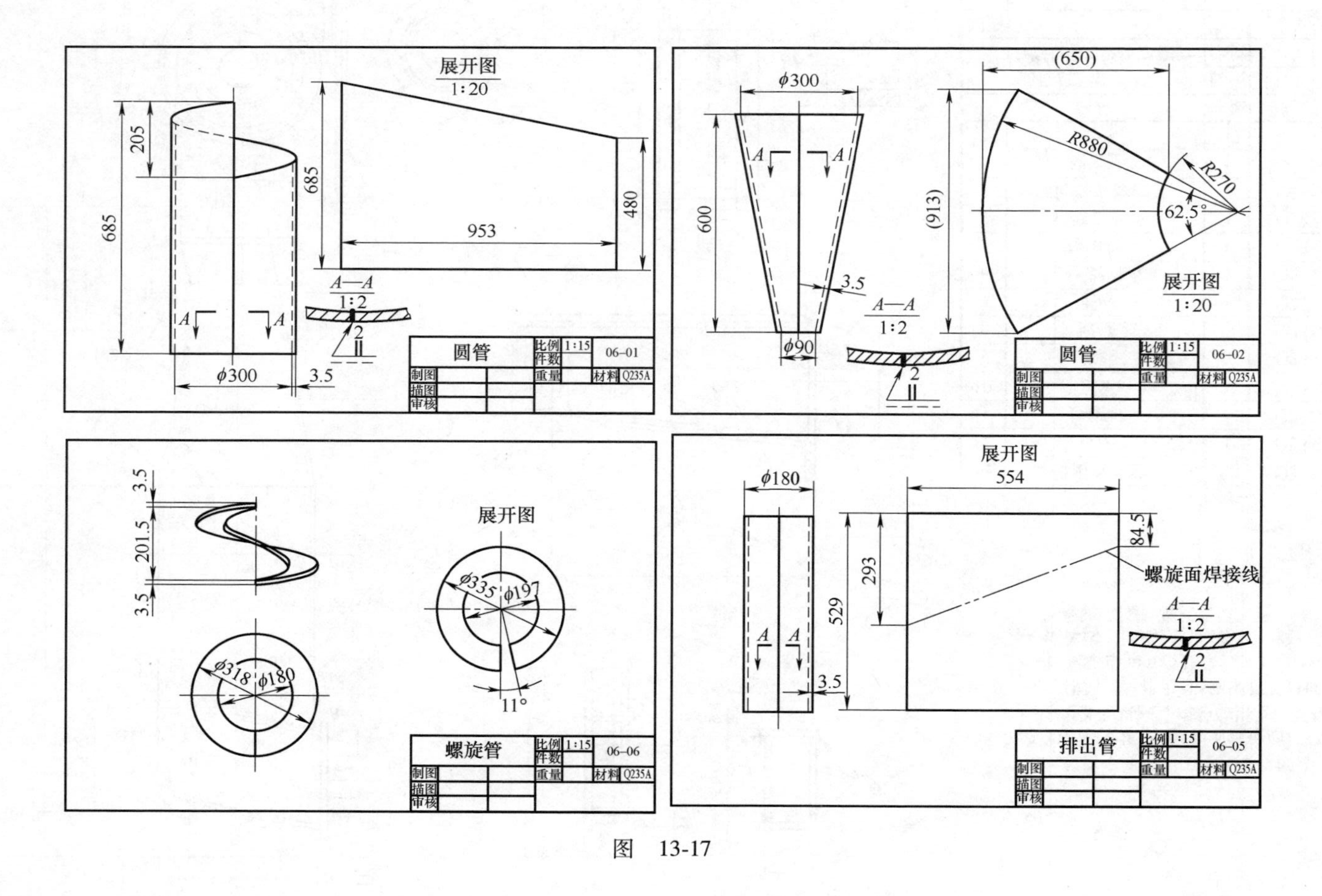
展开图
1:20
205
685
685
953
480
A—A
1:2
2
φ300
3.5
圆管
比例 1:15
件数
06-01
制图
描图
审核
重量
材料 Q235A
φ300
(650)
R880
R270
62.5°
(913)
600
3.5
A—A
1:2
φ90
展开图
1:20
圆管
比例 1:15
06-02
3.5
201.5
3.5
展开图
φ335
φ197
φ318
φ180
11°
螺旋管
比例 1:15
06-06
φ180
展开图
554
84.5
293
529
螺旋面焊接线
A—A
1:2
3.5
排出管
比例 1:15
06-05

图 13-17

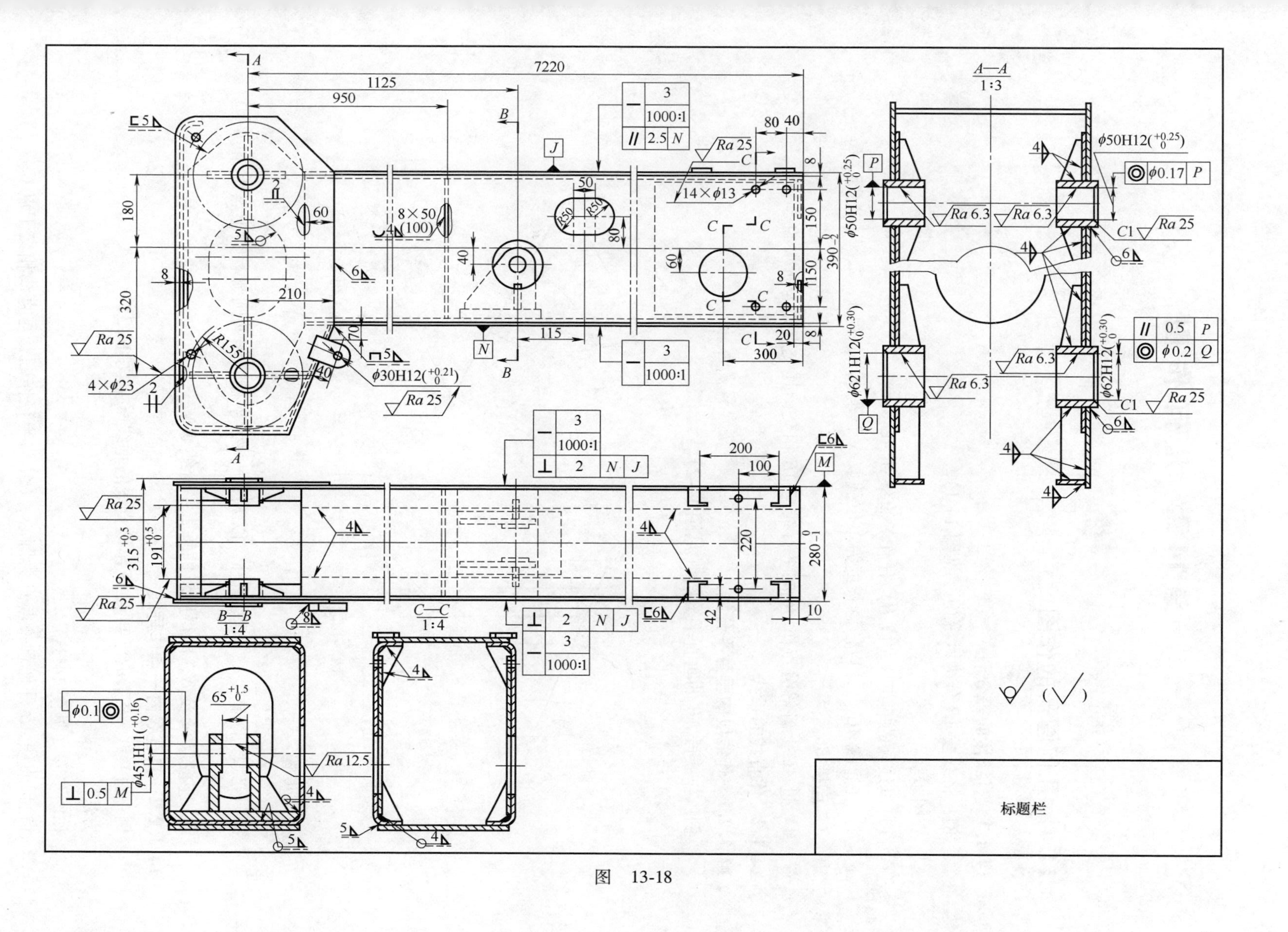
A—A
1:3
B—B
1:4
C—C
1:4
7220
1125
950
14×ϕ13
4×ϕ23
ϕ30H12
ϕ50H12
ϕ621H12
ϕ62H12
ϕ451H11
Ra 25
Ra 6.3
Ra 12.5
标题栏

图 13-18

第 14 章　几 何 作 图

14.1　几何图形的作图

14.1.1　直线段的等分

例：将线段 AB 分为六等份（见图 14-1）。

作图步骤：

1）过线段的端点 A（或 B）任作一直线如 AC。

2）在直线 AC 上，以任意长度为单位截取 6 个等分点，得 1、2、3、4、5、6。

3）连接 $B6$。

4）过 AC 上各等分点作 $B6$ 的平行线与 AB 相交，其交点即为所求的等分点。

14.1.2　作直线的垂线

14.1.2.1　作线段的垂直平分线

例：作线段 AB 的垂直平分线（见图 14-2）。

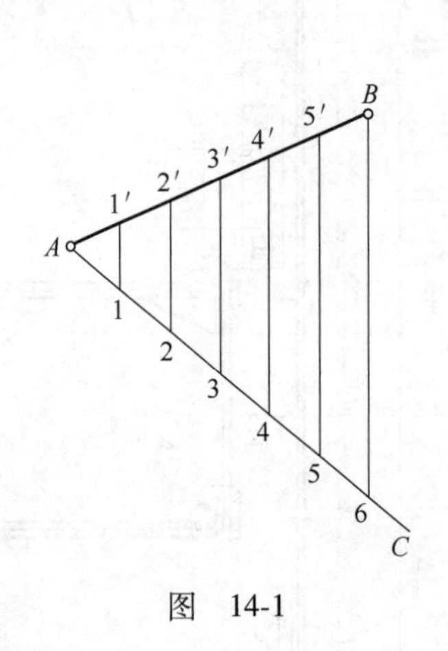

图　14-1

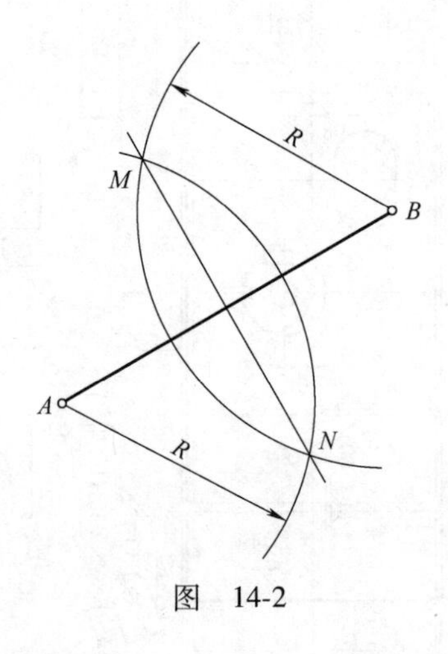

图　14-2

作图步骤：

1）以线段的端点 A、B 为圆心，以 $R\left(>\dfrac{AB}{2}\right)$ 为半径，作两圆弧相交于点 M 和 N。

2）连接点 M 及 N，即得所求的垂直平分线 MN。

14.1.2.2　自直线内一点作垂线

例：过直线 AB 上的已知点 M 作该直线的垂线（见图 14-3）。

方法 1

作图步骤（见图 14-3a）：

1）以直线 AB 外任意一点 O 为圆心，OM 为半径作圆，与直线相交于点 C。

2）连接点 C 及 O 并延长，与圆相交于点 N。

3）连接点 M、N，MN 即为所求的垂线。

方法 2

作图步骤（见图 14-3b）：

1）以点 M 为圆心，任取半径 R 作半圆，与 AB 交于点 C 和 D。

2）作 CD 的垂直平分线，即得所求垂线 MN。

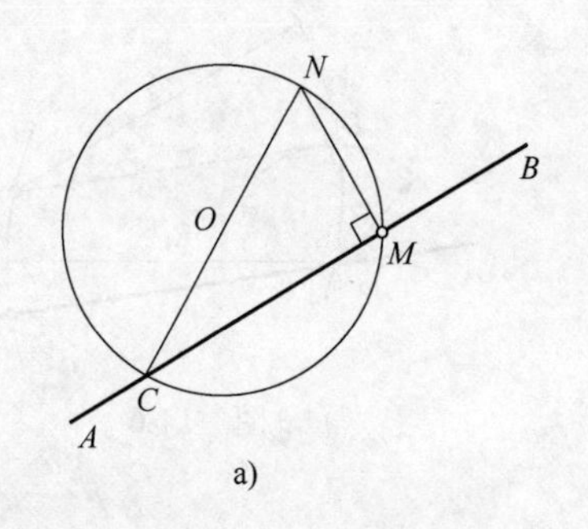

a)

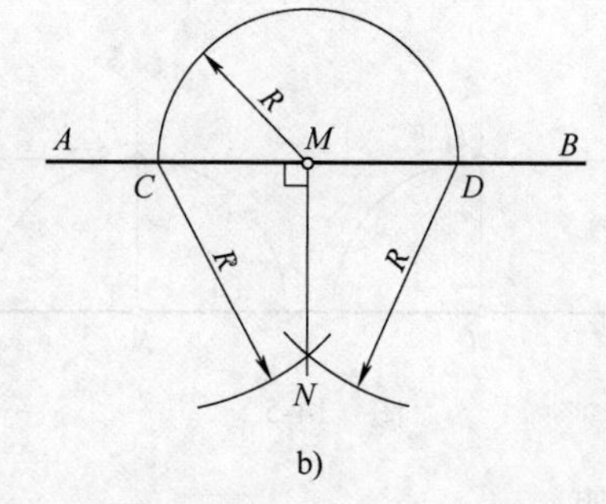

b)

图 14-3

14.1.2.3 自直线外一点作垂线

例：过直线 AB 外一点 N 作直线 AB 的垂线（见图 14-4）。

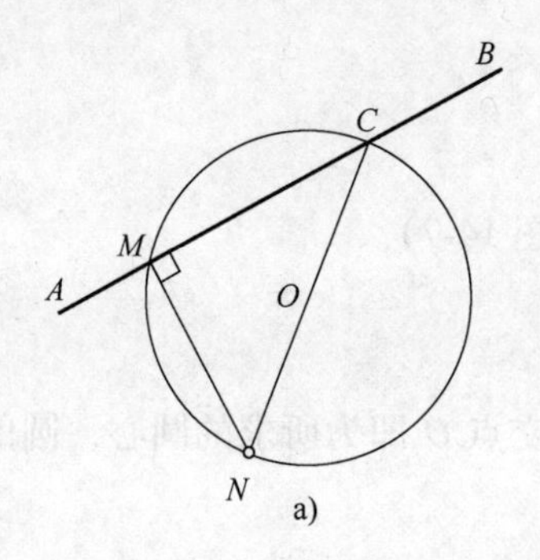

a)

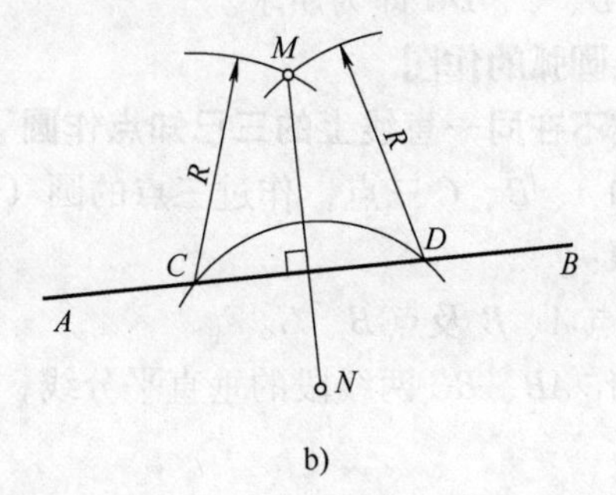

b)

图 14-4

方法 1

作图步骤（见图 14-4a）：

1）过点 N 任作一直线与已知线 AB 相交于点 C。

2）以 NC 的中点 O 为圆心，OC 为半径作圆，与 AB 线相交于点 M。

3）连接点 M、N，MN 即为所求的垂线。

方法 2

作图步骤（见图 14-4b）：

1）以点 N 为圆心，任取半径 R 作弧，与 AB 交于点 C 和 D。

2）作 CD 的垂直平分线 MN，即为所求。

14.1.3 作直线的平行线

14.1.3.1 按已知距离作平行线

例：按已知距离 S 作直线 AB 的平行线（见图 14-5）。

作图步骤：

1）在已知直线 AB 上任取两点 M 和 N，过点 M 和 N 分别作垂线（作法见图 14-3）。

2）在两垂线上各截取长度 $MT_1=NT_2=S$。

3）连接点 T_1、T_2，T_1T_2 即为所求。

14.1.3.2 由线外一点作平行线

例：过直线 AB 外任意一点 C，作 AB 的平行线 CD（见图 14-6）。

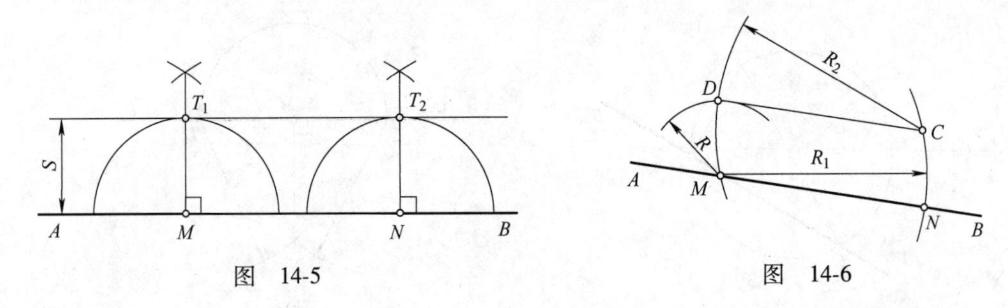

图 14-5　　图 14-6

作图步骤：

1）在直线 AB 上任取一点 M 作为圆心，以 MC 为半径作弧 R_1，与 AB 交于点 N。

2）以点 C 为圆心，R_2（$=R_1$）为半径作弧 R_2，与 AB 交于点 M。

3）以点 M 为圆心，以 NC 为半径作弧 R，与 R_2 弧相交于点 D。

4）连接 D、C，DC 即为所求。

14.1.4 圆及圆弧的作图

14.1.4.1 过不在同一直线上的三已知点作圆

例：已知 A、B、C 三点，作过三点的圆（见图 14-7）。

作图步骤：

1）连接点 A、B 及点 B、C。

2）分别作 AB、BC 两线段的垂直平分线，其交点 O 即为所求的圆心，圆的半径为 $OA=OB=OC$。

14.1.4.2 作已知圆弧的圆心

例：已知圆弧 $\overset{\frown}{AD}$，求其圆心 O（见图 14-8）。

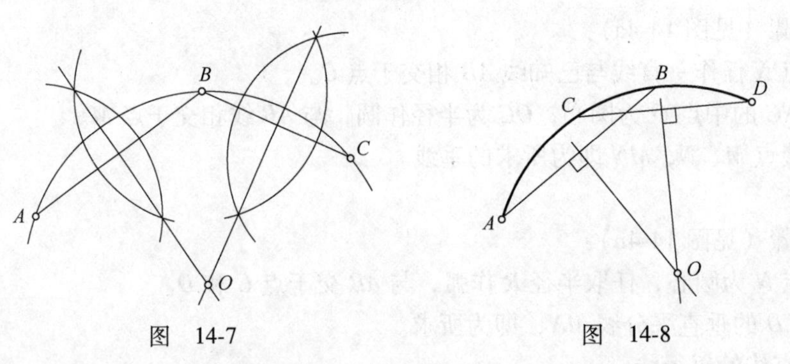

图 14-7　　图 14-8

作图步骤：

1）在 $\overset{\frown}{AD}$ 上任作两条弦 AB 和 CD。

2）作 AB、CD 两弦的垂直平分线，其交点 O 即为所求的圆心。

14.1.4.3 作圆周展开长度（近似作图）

例：已知一圆，求作其展开长度 L（见图 14-9）。

作图步骤：

1）在圆上定出点 A 及 M，并使 $OA \perp OM$。

2）作 $MN /\!/ OA$，并使 $MN = 3D$（D 为圆的直径）。

3）以点 A 为圆心，AO 为半径作弧交圆于点 B。

4）过点 B 作 MN 的平行线，与 OM 的延长线相交于点 K。

5）KN 即该圆周的展开长度 L（近似作图）。

14.1.4.4 按已知圆周的展开长度作其半径（近似作图）

例：已知圆周的展开长度为 L，用作图法求其半径 R（见图 14-10）。

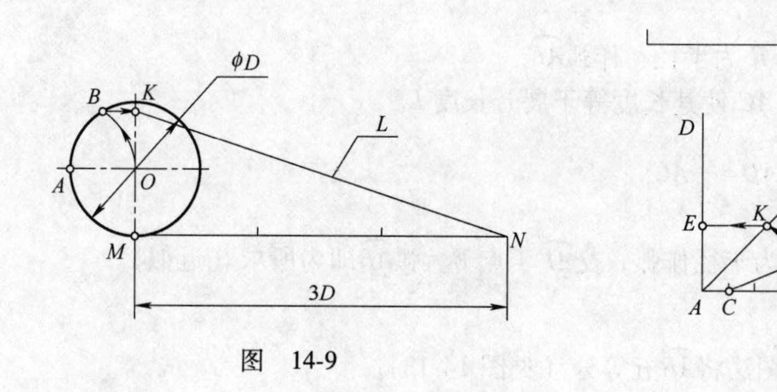

图 14-9　　图 14-10

作图步骤：

1）取 $AB = \frac{1}{4}L$，并在 AB 上定出点 C，使 $AC = \frac{1}{4}AB$。

2）作 $AD \perp AB$。

3）作 $\angle BAD$ 的角平分线 AF（即 45°线）。

4）以点 C 为圆心，CB 为半径作弧交 AF 于点 K。

5）作 $KE /\!/ AB$，AE 即为所求圆的半径 R（近似）。

14.1.4.5 作已知圆弧的展开长度（近似作图）

例：已知圆弧 $\overset{\frown}{AB}$，O 为其圆心，作其展开长度 L（见图 14-11）。

作图步骤：

1）作已知弧所对应的弦 AB。

2）在 AB 线的反向延长线上取 $AC = \frac{1}{2}AB$。

3）以点 C 为圆心，CB 为半径作弧 R_1。

4）过点 A 作 OA 的垂线与 R_1 弧相交于点 K，AK 即为圆弧 $\overset{\frown}{AB}$ 的展开长度 L（近似）。

14.1.4.6 已知圆弧的展开长度及半径，作圆弧（近似作图）

例：已知圆弧 $\overset{\frown}{AB}$ 的展开长度 L 及半径 R，求作其圆弧 $\overset{\frown}{AB}$（见图 14-12）。

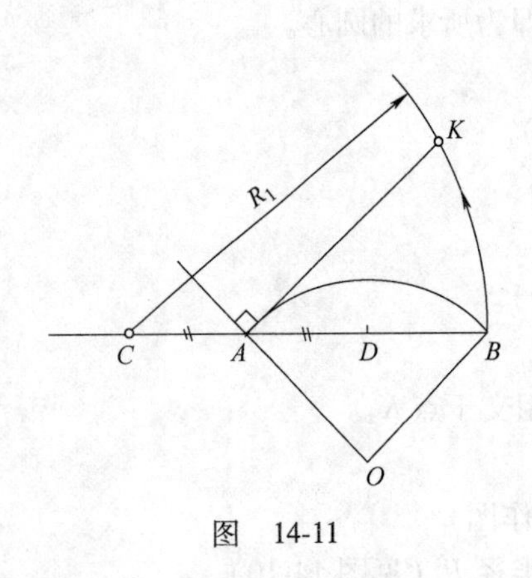

图 14-11

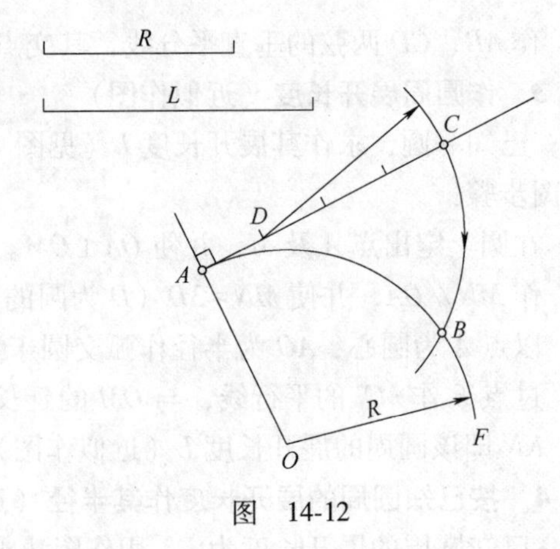

图 14-12

作图步骤:

1）以任一点 O 为圆心，R 为半径，作弧$\widehat{AF}$。

2）过点 A 作 OA 的垂线 AC 使其长度等于展开长度 L。

3）在 AC 上取点 D，使 $AD=\dfrac{1}{4}AC$。

4）以点 D 为圆心，DC 为半径作弧，交$\widehat{AF}$于点 B。弧$\widehat{AB}$即为所求（近似）。

14.1.4.7　圆弧的等分

例：已知圆弧$\widehat{AB}$，用作图法将$\widehat{AB}$五等分（见图 14-13）。

作图步骤:

1）先作出圆弧$\widehat{AB}$的展开长度线 AC（参考图 14-11）。

2）五等分线段 AC。

3）画出每一段等分展开长度所对应的弧长（参考图 14-12）。BⅣ即为$\widehat{AB}$的五分之一。

注：圆周等分可用表 14-1。

14.1.5　角的作图

14.1.5.1　角的二等分

例：已知角 $\angle AOB=\theta$，作它的等分线 OE（见图 14-14）。

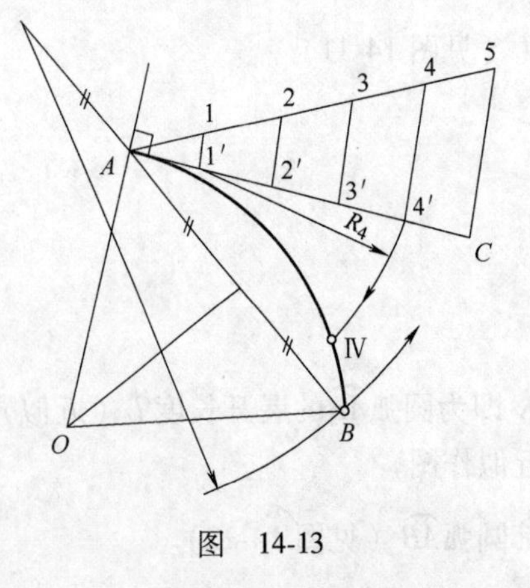

图 14-13

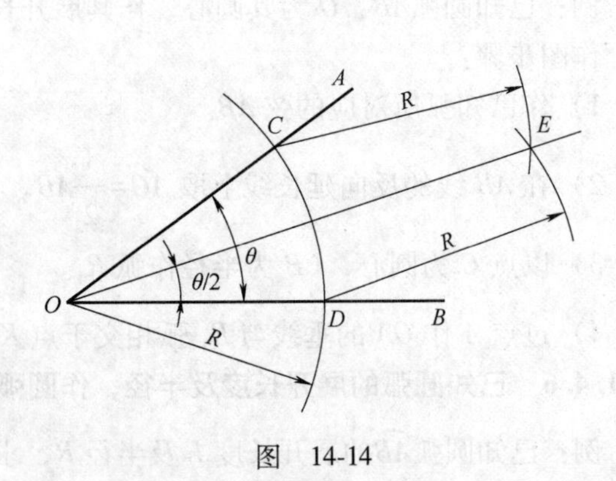

图 14-14

作图步骤：

1）以顶点 O 为圆心，取任意半径 R 作弧，交已知角的两边于点 C 和 D。

2）分别以点 C、D 为圆心，以 R 为半径，作两弧相交于点 E。

3）连接 O、E，OE 即为 $\angle AOB$ 的等分线。

14.1.5.2　作30°及60°角

作图步骤（见图14-15）：

1）过顶点 S 作直角。

2）以点 S 为圆心，取任意半径 R 作弧，与直角的两边相交于点 A、B。

3）以点 B 为圆心，R 为半径作弧，与弧 $\overset{\frown}{AB}$ 交于点 C，则 $\angle BSC=60°$，$\angle ASC=30°$。

注：30°角也可以用等分60°角的方法作图。

14.1.5.3　作15°、45°及75°角

作图步骤（见图14-16）：

1）将直角 ASB 分为 $\angle BSD=30°$ 和 $\angle ASD=60°$。

2）等分30°角为 $\angle BSC=\angle CSD=15°$。

3）截取 $\overset{\frown}{CE}=\overset{\frown}{BD}$，得 $\angle ASE=45°$。

4）$\angle CSA=75°$。

注：45°角也可以用等分90°角作出。

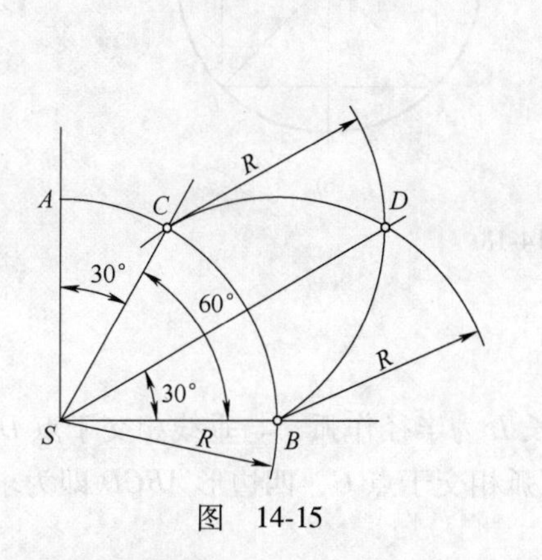

图　14-15

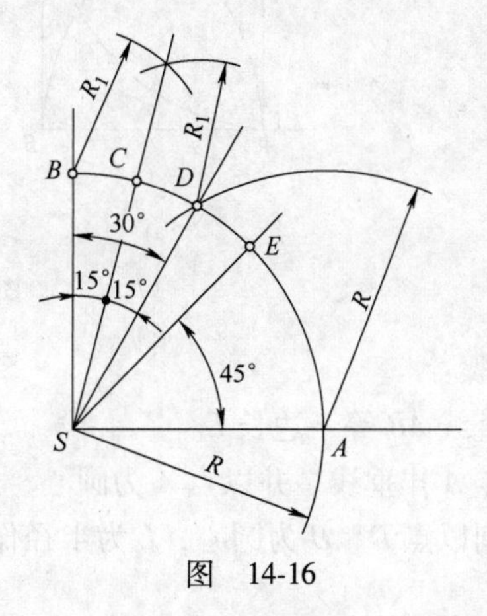

图　14-16

14.1.6　正多边形的作图

14.1.6.1　作正三角形

例1：已知边长 L，作正三角形（见图14-17a）。

作图步骤：

1）作直线 AB 等于边长 L。

2）分别以点 A、B 为圆心，边长 L 为半径，作两弧相交于点 C。

3）$\triangle ABC$ 即为所求。

例2：作已知圆的内接正三角形（见图14-17b）。

作图步骤：

1）以圆的直径端点 E 为圆心，已知圆的半径 R 为半径作弧，与圆相交于点 A、B。

2）连接 A、B、C 三点即为求作的正三角形。

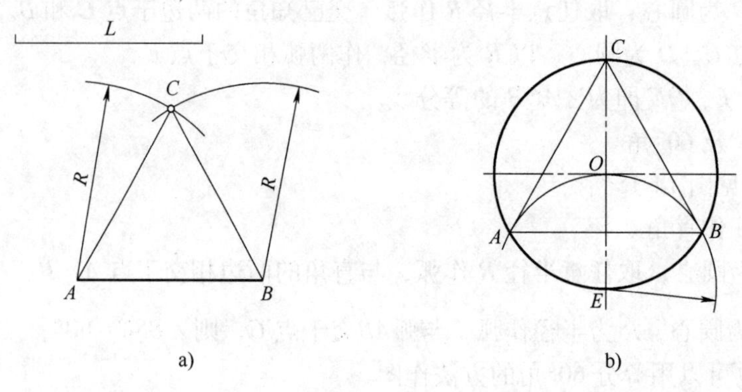

图 14-17

14.1.6.2 作正四边形

例 1：已知边长 L，作正四边形（见图 14-18a）。

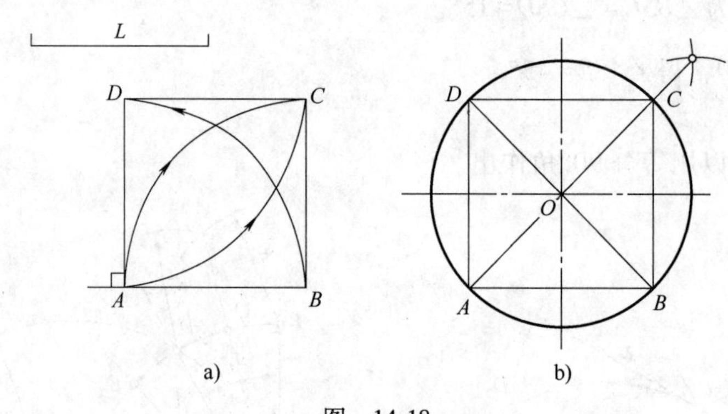

图 14-18

作图步骤：

1）作直线 AB 等于边长 L。

2）过点 A 作垂线，并以点 A 为圆心、边长 L 为半径作弧，与垂线相交于点 D。

3）分别以点 D、B 为圆心，L 为半径作两弧相交于点 C，四边形 ABCD 即为求作的正四边形。

例 2：作已知圆的内接正四边形（见图 14-18b）。

作图步骤：

作四个象角的角平分线与圆周相交于 A、B、C、D 四点，四边形 ABCD 即为所求。

14.1.6.3 作正五边形（近似作图）

例：作已知圆的内接正五边形（近似作图）（见图 14-19）。

方法 1

作图步骤（见图 14-19a）：

1）在已知圆中取半径 OM 的中点 F。

2）以点 F 为圆心，FA 为半径作弧与 ON 交于点 G。

3）以点 A 为圆心，AG 为半径作弧与圆相交于点 B。AB 即为正五边形的边长（近似）。

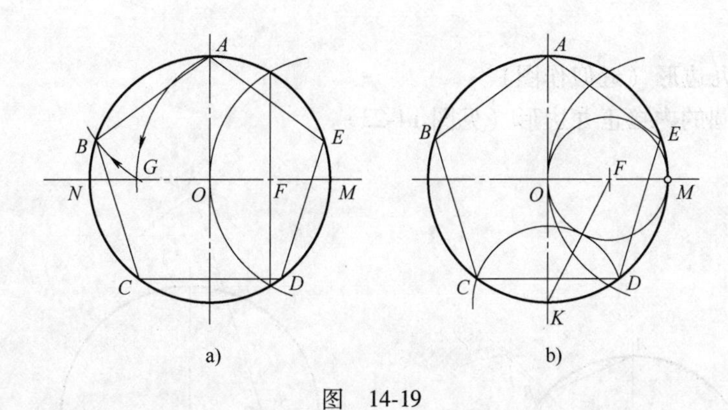

图　14-19

方法 2

作图步骤（见图 14-19b）：

1）以半径 OM 的中点 F 为圆心，$FO=d/4$ 为半径作圆 F。

2）以点 K 为圆心作弧与 F 圆相切，并与已知圆相交于 C、D 两点。CD 即为正五边形的边长（近似）。

14.1.6.4　作正六边形

例：作已知圆的内接正六边形（见图 14-20）。

作图步骤：

以已知圆直径的两端点 A、D 为圆心，以 AO、DO 为半径作弧，与圆相交于 B、F、C、E 四点，$ABCDEF$ 即为求作的正六边形。

14.1.6.5　作正七边形（近似作图）

例：作已知圆的内接正七边形（见图 14-21）。

作图步骤：

1）以已知圆直径的端点 P、Q 为圆心，以 PO、QO 为半径作弧交圆于点 M、N。

2）连接点 M、N，与垂直于 PQ 的圆心线相交于点 K，OK 即为七边形的边长（近似）。

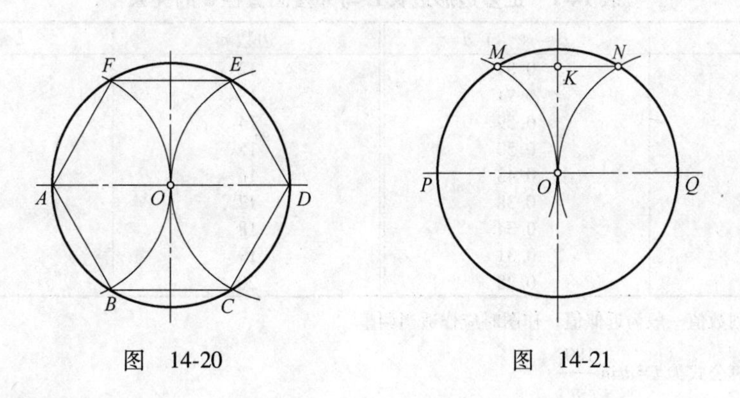

图　14-20　　　　图　14-21

14.1.6.6　作正八边形

例：作已知圆的内接正八边形（见图 14-22）。

作图步骤：

作任一象角的角平分线与圆相交于点 B，其等分角所对应的弦长 AB 或 BC 即正八边形的边长。

14.1.6.7 作正九边形（近似作图）

例：作已知圆的内接正九边形（见图 14-23）。

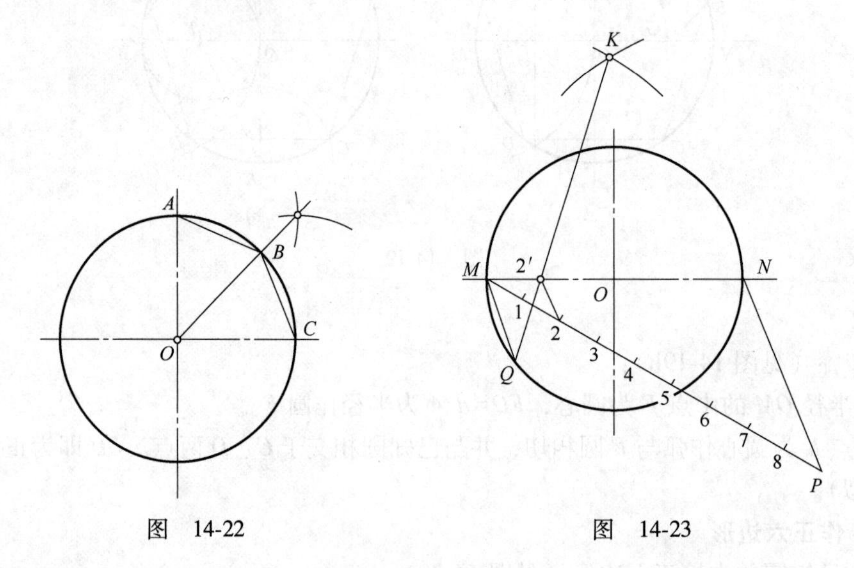

图 14-22　　图 14-23

作图步骤：

1）过已知圆直径的端点 M 作任意直线 MP，并将 MP 分为 9 等份。

2）连接 N、P 两点。

3）过 MP 上的等分点 2 作 NP 的平行线与 MN 相交于 2′。

4）分别以点 M、N 为圆心，MN 为半径作两弧相交于点 K。

5）连接点 K、2′并延长，使之与圆相交于点 Q，连线 MQ 即为所求正九边形的边长（近似）。

除上述方法外，还可利用边长与直径的关系作圆的内接正多边形，见表 14-1。

表 14-1　正多边形边长 L 与外接圆直径 d 的关系

边数 n	$L\approx$（　）d	边数 n	$L\approx$（　）d
3	0.87	12	0.26
4	0.71	13	0.24
5	0.59	14	0.22
6	0.50	15	0.21
7	0.43	16	0.19
8	0.38	17	0.18
9	0.34	18	0.17
10	0.31	19	0.16
11	0.28	20	0.15

注：1. 表中所列数值一般为近似值，作图时应作适当调整。

2. 此表计算公式为 $L=d\sin\frac{180°}{n}$。

14.1.7 斜度及锥度的作图

14.1.7.1 作斜度

作图步骤（见图 14-24）：

1）作 $OD\perp OA$。

2）在 OD 线上取 OB 为一个单位长度。

3）在 OA 线上取 OE 为 n 个单位长度，直线 BE 的斜度即为 $1:n$。凡与 BE 线平行的直线，其斜度均为 $1:n$。

14.1.7.2 作锥度

作图步骤（见图 14-25）：

1）以 OA 为轴线，过点 O 作 OA 的垂线。

2）在垂线上量取 BB' 为一个单位长度$\left(\text{使 } OB=OB'=\dfrac{1}{2}BB'\right)$。

3）在 OA 上取 OE 为 n 个单位长度，以 BB' 为底圆直径、OE 为高的圆锥的锥度即为 $1:n$。凡与 BE、$B'E$ 平行并对称于轴线 OA 的两直线，均为锥度 $1:n$ 的圆锥素线。

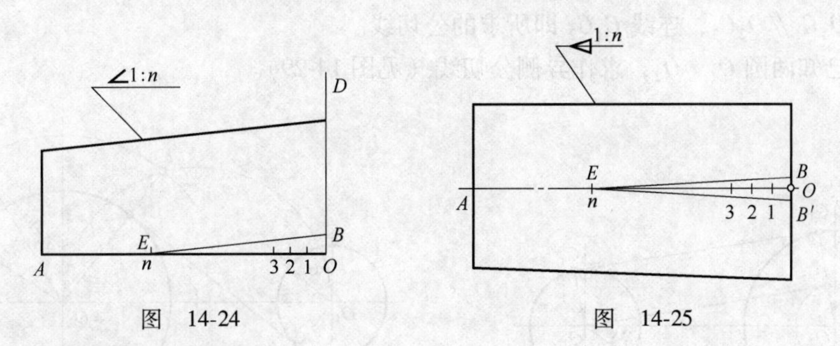

图 14-24　　图 14-25

14.1.8 直线与圆弧连接的作图

14.1.8.1 过圆上一点作圆的切线

例：已知圆上一点 A，过点 A 作该圆的切线（见图 14-26）。

作图步骤：

1）连接圆心 O 和切点 A。

2）作 OA 的垂直平分线。

3）在垂直平分线上任取一点 O_1，以点 O_1 为圆心、O_1A 为半径作半圆，交 OO_1 的延长线于 B 点。

4）连接 A、B 两点，AB 即为所求的切线。

14.1.8.2 过圆外一点作圆的切线

例：过圆外一点 A 作已知圆的切线（见图 14-27）。

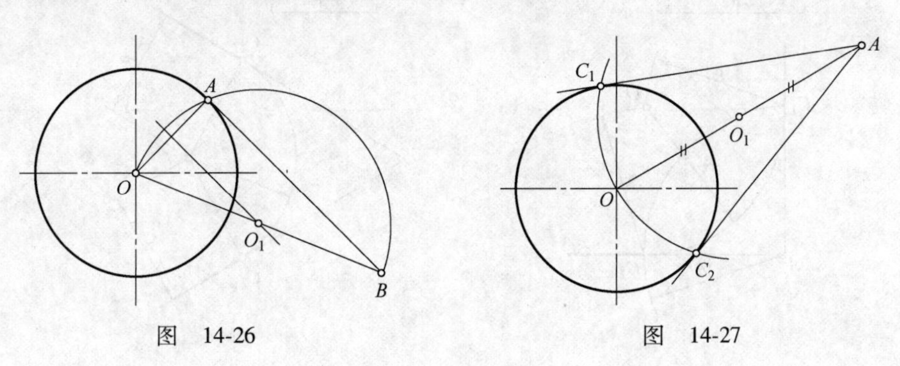

图 14-26　　图 14-27

作图步骤：

1）作 A 点与圆心 O 的连线。

2）以 OA 的中点 O_1 为圆心，OO_1 为半径作弧，与已知圆相交于点 C_1、C_2。

3）分别连接点 A、C_1 和点 A、C_2，AC_1 和 AC_2 即为所求切线。

14.1.8.3 作两圆的公切线

例 1：已知两圆 O_1、O_2，求作同侧公切线（见图 14-28）。

作图步骤：

1）以点 O_2 为圆心，R_2-R_1 为半径作辅助圆。

2）过点 O_1 作辅助圆的切线 O_1C。

3）连接 O_2C 并延长，使与 O_2 圆交于点 C_2。

4）作 $O_1C_1 /\!/ O_2C_2$，连线 C_1C_2 即所求的公切线。

例 2：已知两圆 O_1、O_2，求作异侧公切线（见图 14-29）。

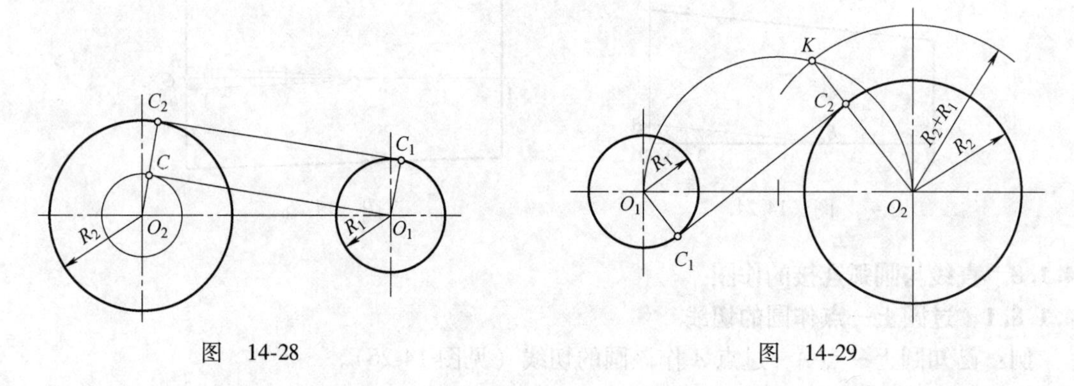

图 14-28　　图 14-29

作图步骤：

1）以 O_1O_2 为直径作辅助圆。

2）以点 O_2 为圆心，R_1+R_2 为半径作弧，与辅助圆相交于点 K。

3）连接 O_2K 与 O_2 圆相交于点 C_2。

4）作 $O_1C_1 /\!/ O_2C_2$，连线 C_1C_2 即为所求的公切线。

14.1.8.4 作圆弧与两相交直线相切

例 1：作半径为 R 的圆弧，与两垂直相交的直线相切（见图 14-30a）。

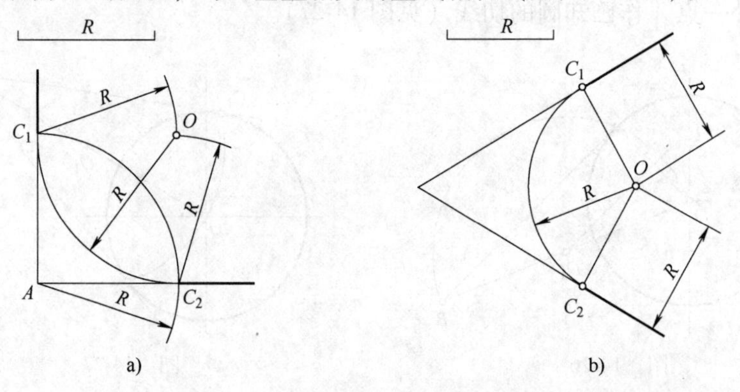

图 14-30

作图步骤：

1）以两直线的交点 A 为圆心，R 为半径作弧，分别与两直线交于点 C_1、C_2。

2）分别以点 C_1、C_2 为圆心，R 为半径作弧，其交点 O 即为所求圆弧的圆心。点 C_1 及 C_2 为切点。

例 2：作半径为 R 的圆弧，与任意两相交直线相切（见图 14-30b）。

作图步骤：

1）在已知两相交直线的内侧各作一平行线，使之与已知直线的距离为 R。

2）两平行线的交点 O 即为所求圆弧的圆心。点 O 到两已知直线的垂足 C_1 及 C_2 为切点。

14.1.9　圆弧与圆弧的连接

14.1.9.1　作圆弧与两已知圆内切

例：作半径为 R 的圆弧，与两已知圆 O_1、O_2 内切（见图 14-31）。

作图步骤：

1）分别以点 O_1、O_2 为圆心，以 $R-R_1$ 和 $R-R_2$ 为半径作两弧相交于点 O。点 O 即为所求相切圆弧的圆心。

2）作连线 OO_1 和 OO_2，分别与两已知圆相交于点 T_1、T_2，即其切点。

14.1.9.2　作圆弧与两已知圆外切

例：作半径为 R 的圆弧，与两已知圆 O_1、O_2 外切（见图 14-32）。

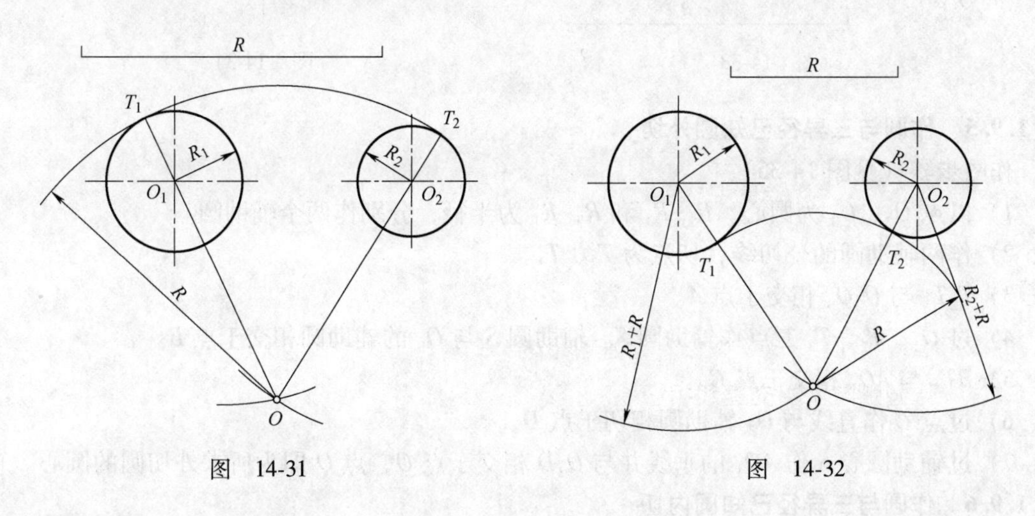

图　14-31　　　　图　14-32

作图步骤：

1）分别以点 O_1、O_2 为圆心，以 $R+R_1$ 和 $R+R_2$ 为半径作两弧，其交点 O 即为所求相切弧的圆心。

2）作连线 OO_1 和 OO_2，分别与已知圆相交于点 T_1、T_2，即其切点。

14.1.9.3　作圆弧与一已知圆外切，与另一已知圆内切

例：作半径为 R 的圆弧，与已知圆 O_1 内切，与已知圆 O_2 外切（见图 14-33）。

作图步骤：

1）以点 O_1 为圆心，$R-R_1$ 为半径作弧。

2）以点 O_2 为圆心，$R+R_2$ 为半径作弧。

3）两弧的交点 O 即为所求圆弧的圆心。

4）作连线 OO_1 和 OO_2 分别与已知圆相交于点 T_1、T_2，即其切点。

14.1.9.4 作圆与三同径已知圆相切

作图步骤（见图 14-34）：

1）作三已知圆的圆心连线 O_1O_2、O_2O_3、O_3O_1。

2）作 O_1O_2、O_2O_3、O_3O_1 中任意两线的垂直平分线。

3）两条垂直平分线的交点 O 即为公切圆的圆心。内切圆半径 $=OO_1-R$，外切圆半径 $=OO_1+R$。

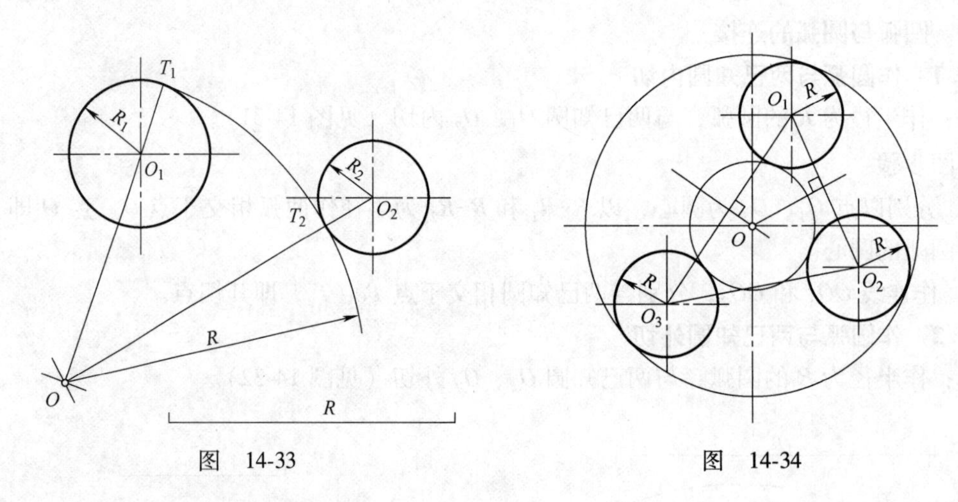

图 14-33　　　　图 14-34

14.1.9.5 作圆与三异径已知圆外切

作图步骤（见图 14-35）：

1）以点 O_2、O_3 为圆心，R_2-R_1 和 R_3-R_1 为半径，分别作两个辅助圆。

2）作两辅助圆的公切线，切点为 T_2、T_3。

3）T_2T_3 与 O_2O_3 相交于点 A。

4）过 O_1、T_2、T_3 三点作辅助圆 S。辅助圆 S 与 O_3 的辅助圆相交于点 B。

5）BT_3 与 AO_1 相交于点 C。

6）过点 C 作直线与 O_3 辅助圆相切于点 D。

7）过辅助圆心 S 作 AO_1 的垂线并与 O_3D 相交于点 O，点 O 即为所求外切圆的圆心。

14.1.9.6 作圆与三异径已知圆内切

作图步骤（见图 14-36）：

1）以点 O_2、O_3 为圆心，R_3-R_1 和 R_2-R_1 为半径作两辅助圆。

2）作两辅助圆的公切线，切点为 T_2、T_3。

3）T_2T_3 与 O_2O_3 相交于点 A。

4）过点 O_1、T_2、T_3 三点作辅助圆 S。辅助圆 S 与 O_2 的辅助圆相交于点 B。

5）BT_2 与 O_1A 相交于点 C。

6）过点 C 作 O_2 的辅助圆的切线，切点为 D。

7）过点 S 作 O_1A 的垂线，与 O_2D 相交于点 O，点 O 即为所求内切圆的圆心。

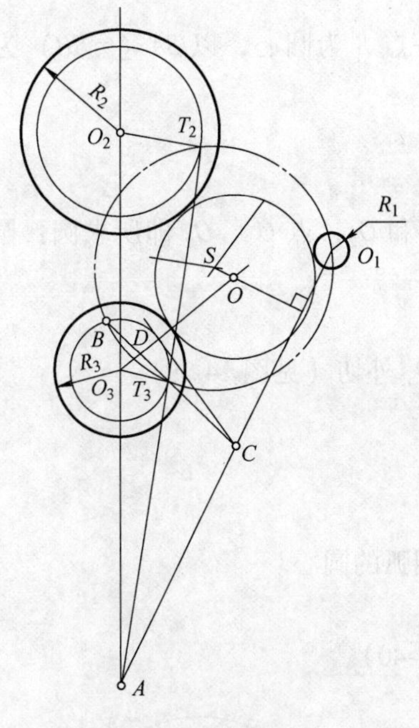

图 14-35

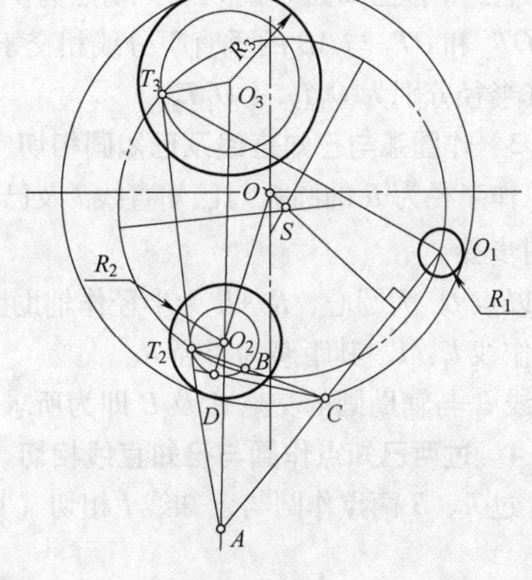

图 14-36

14.1.10 圆弧连接的综合作图

14.1.10.1 过圆外一点作弧与已知圆相切于定点

例：过圆外一点 A 作弧与已知圆相切于点 B（见图 14-37）。

作图步骤：

1）作点 A、B 连线的垂直平分线。

2）连接点 O、B 并延长，使与 AB 的垂直平分线相交于点 O_1。点 O_1 即所求相切圆弧的圆心，其半径 $R=O_1B=O_1A$。

14.1.10.2 过圆外两点作弧与已知圆相切

例：过圆外两点 A 和 B 作圆弧与已知圆相切（见图 14-38）。

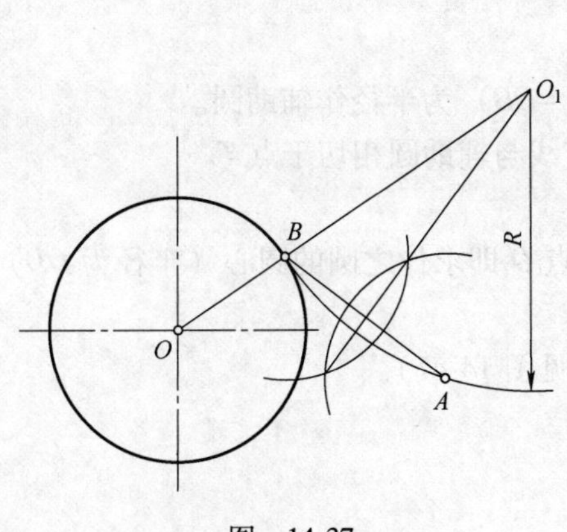

图 14-37

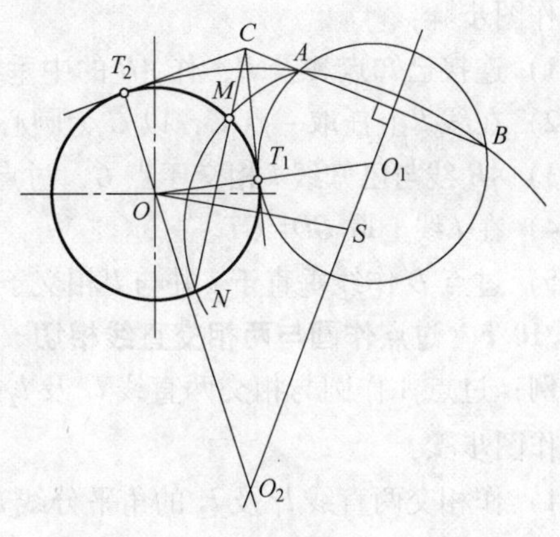

图 14-38

作图步骤：

1）连接点 A、B，在 AB 的垂直平分线上任取一点 S 为圆心，以 SA（$=SB$）为半径作弧，与已知圆 O 相交于点 M 和 N。

2）MN 与 AB 相交于点 C。

3）过点 C 作已知圆 O 的切线，切点为 T_1 和 T_2。

4）OT_1 和 OT_2 与 AB 的垂直平分线相交于点 O_1 和 O_2，点 O_1、O_2 即所求圆弧圆心的两个解，其半径分别为 O_1T_1 及 O_2T_2。

14.1.10.3 作圆弧与已知直线及已知圆相切

例：作半径为 R 的圆弧与已知直线 l 及已知圆 O_1 外切（见图 14-39）。

作图步骤：

1）以点 O_1 为圆心，R_1+R 为半径作辅助圆。

2）作线 $l_1 // l$，其距离为半径 R。

3）线 l_1 与辅助圆的交点 A 及 B 即为所求相切圆弧的圆心。

14.1.10.4 过两已知点作圆与已知直线相切

例：过 A、B 两点作圆与已知线 l 相切（见图 14-40）。

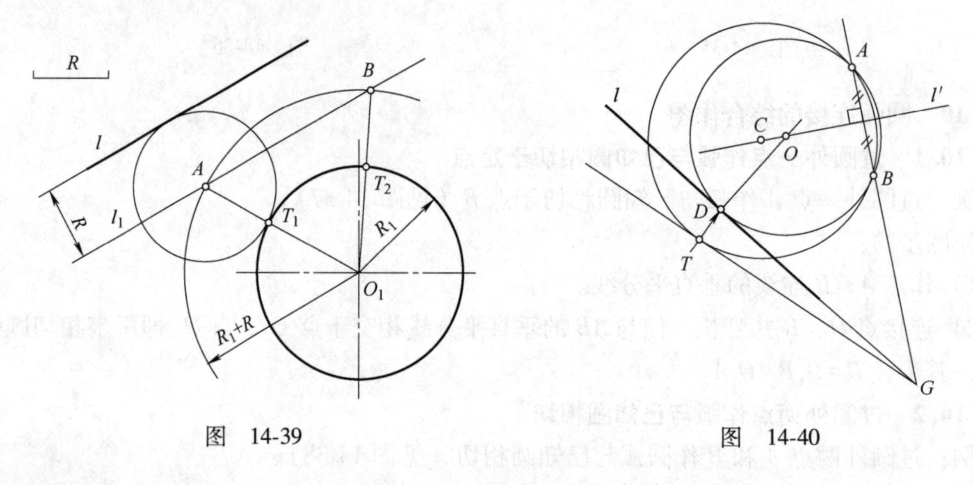

图 14-39　　　　图 14-40

作图步骤：

1）连接已知点 A 及 B，作 AB 的中垂线 l'。

2）在线 l' 上任取一点 C，以 C 为圆心，CA（$=CB$）为半径作辅助圆。

3）AB 线与已知线 l 相交于点 G，过点 G 作直线与辅助圆相切于点 T。

4）在 l 线上取 $GD=GT$。

5）过点 D 作线垂直于 l 并与 l' 相交于点 O。点 O 即求作之圆的圆心（半径为 OD）。

14.1.10.5 过点作圆与两相交直线相切

例：过点 A 作圆与相交两直线 l_1 及 l_2 相切（见图 14-41）。

作图步骤：

1）作相交两直线 l_1 及 l_2 的角平分线 l'。

2）作点 A' 与已知点 A 对称于 l'。

3）在 l' 线上任取一点 C。以点 C 为圆心、CA（$=CA'$）为半径作辅助圆。

4）延长 AA' 交 l_2 于点 K，过点 K 作辅助圆的切线 KT，其切点为点 T。

5）在 l_2 线上量取 $KD=KT$。

6）过点 D 作 l_2 的垂线，交 l' 于点 O。点 O 即求作之圆的圆心（半径为 OD）。

14.1.10.6　过点作圆与已知直线及圆相切

例：过已知点 A 作圆与直线 l 及圆 O 相切（见图 14-42）。

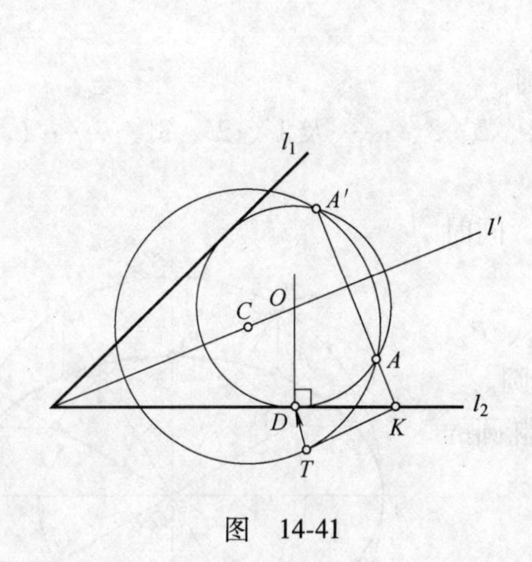

图　14-41

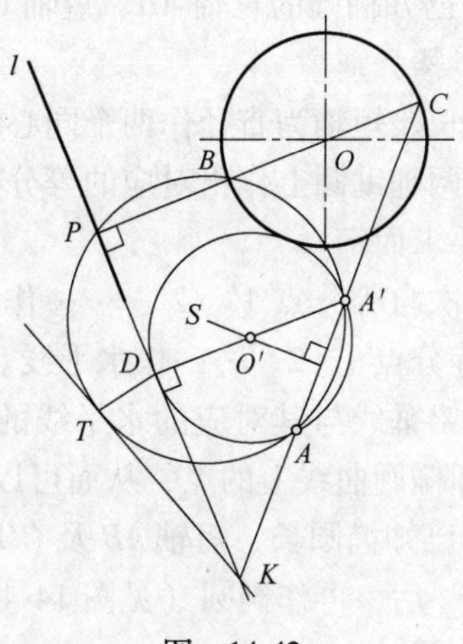

图　14-42

作图步骤：

1）由已知圆心 O 作 $OP\perp l$，OP 与圆 O 相交于 B、C 两点。

2）过已知点 A 及 B、P 两点作辅助圆 S。该辅助圆与 CA 相交于点 A'。

3）延长 CA 交 l 于点 K，过点 K 作辅助圆 S 的切线，其切点为点 T。

4）在 l 线上量取 $KD=KT$。

5）过点 D 点作 l 的垂线与线段 AA' 的中垂线相交于点 O'，点 O' 即求作之圆的圆心。

14.1.10.7　作圆与已知圆及两相交直线相切

例：作一圆与两相交直线 l_1、l_2 和圆 O 都相切（见图 14-43）。

作图步骤：

1）作直线 m_1、m_2 分别平行于已知直线 l_1、l_2，其距离为已知圆 O 的半径 R。

2）作 l_1 及 l_2 的角平分线 l_3。

3）过圆心 O 作 l_3 的垂线。该垂线与 m_1 相交于点 A。

4）在 l_3 上任取一点 C，以点 C 为圆心，CO 为半径作辅助圆。

5）过点 A 作直线与辅助圆相切于点 T。

6）在 m_1 线上量取 $AD=AT$。

7）作线段 OD 的垂直平分线与 l_3 相交于点 O'，点 O' 即为求作之圆的圆心。

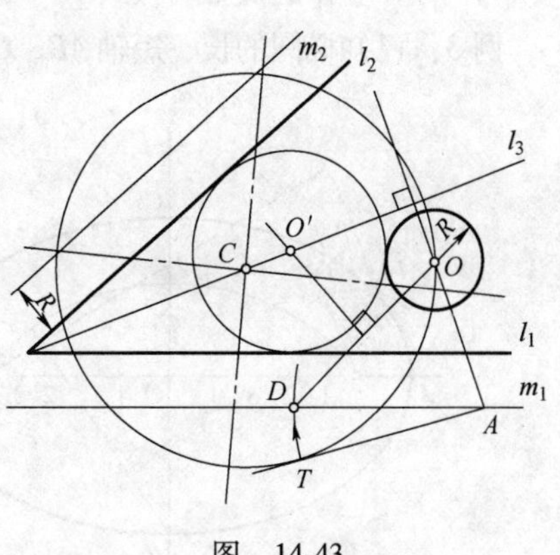

图　14-43

14.2 几何曲线的作图

14.2.1 椭圆

14.2.1.1 已知长、短轴，作椭圆

例 1：已知椭圆的长轴 AB、短轴 CD，作椭圆（见图 14-44）。

作图步骤：

1）以长、短轴为直径作两个同心的辅助圆。

2）在两辅助圆上作出对应的等分点，如 1、2、3、……及 1′、2′、3′、……（等分数量随精确度要求而定）。

3）依次自等分点 1′、2′、……作铅垂线，同时自对应的等分点 1、2、……作水平线。

4）各铅垂线与其对应的水平线的交点 P_1、P_2、P_3、……即椭圆曲线上的点，从而可以作出椭圆。

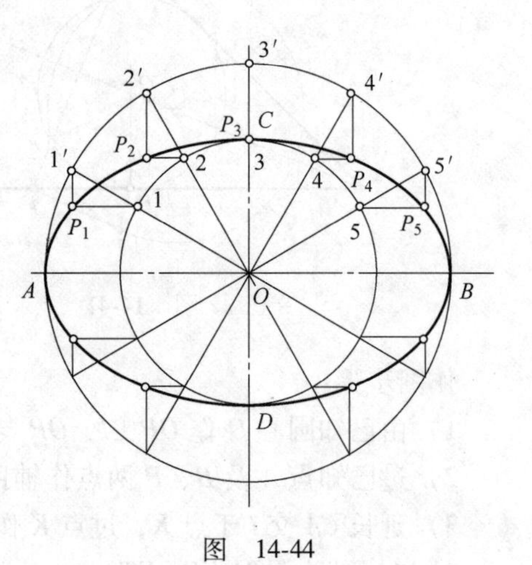

图 14-44

例 2：已知椭圆长、短轴 AB 及 CD，找出椭圆的焦点 F_1、F_2 后，再作椭圆（见图 14-45）。

作图步骤：

1）以短轴端点 D 为圆心，$R=\dfrac{1}{2}AB$ 为半径作辅助圆与 AB 交于点 F_1、F_2（即焦点）。

2）将 OF_1、OF_2 分为相应的若干分段，如 F_11、12、23、……及 F_21'、$1'2'$、$2'3'$、……（靠近 F_1、F_2 处分段宜较密）。

3）以 F_1 为圆心，依次以 $A1$、$A2$、……为半径作弧；以 F_2 为圆心，依次以 $B1$、$B2$、……为半径作弧。

4）两对应弧的交点 P_1、P_2、P_3、……，即为椭圆曲线上的点，从而可以作出椭圆。

例 3：已知椭圆的长、短轴 AB、CD，用四心扁圆的方法作椭圆（近似作图）（见图 14-46）。

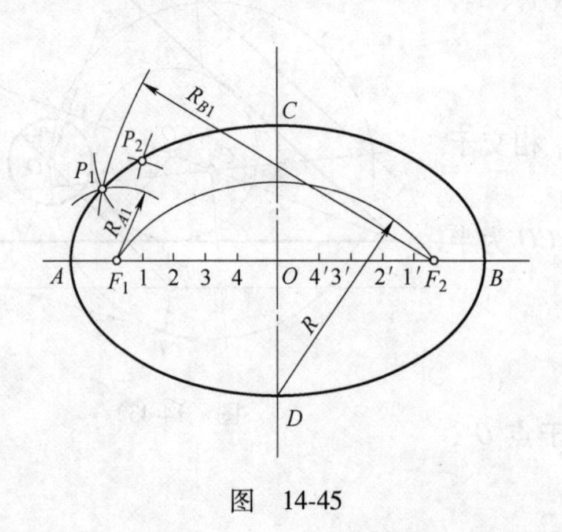

图 14-45

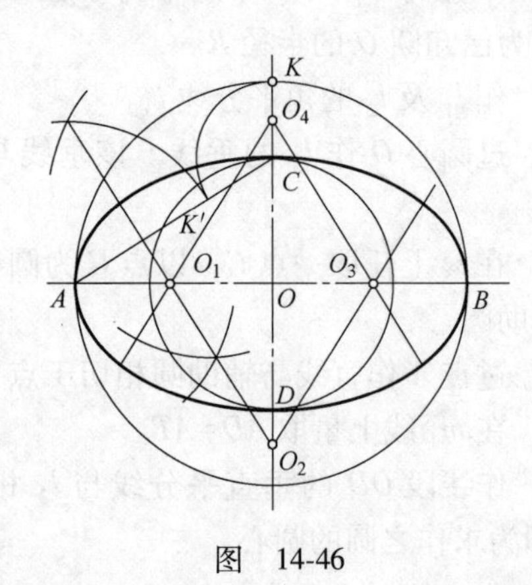

图 14-46

作图步骤：

1）在短轴 CD 延长线上取 $OK=OA$，得点 K。

2）连接点 A、C，在 AC 线上取 $CK'=CK$，得点 K'。

3）作 AK' 的中垂线，交 OA 于点 O_1，交 OD 于点 O_2。

4）作点 O_3、O_4，分别与点 O_1、O_2 对称于长、短轴线。

5）以点 O_1、O_2、O_3、O_4 为圆心，分别以 O_1A、O_2C、O_3B、O_4D 为半径作四段圆弧，即为近似椭圆——扁圆。

14.2.1.2 已知共轭轴，作椭圆

方法 1（见图 14-47a）

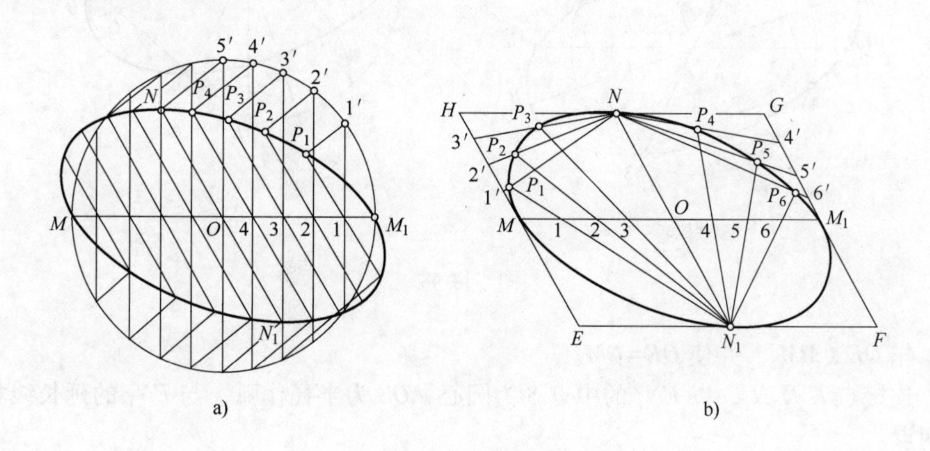

图 14-47

作图步骤：

1）以共轭轴 MM_1 为直径作辅助圆。

2）过 MM_1 上的各点 1、2、3、……作 MM_1 的垂线与辅助圆相交于点 1′、2′、3′、……。

3）连接过圆心 O 所作垂线的交点 5′与另一共轭轴 NN_1 的端点 N。

4）过点 1′、2′、3′、……作 $5'N$ 的平行线，再过点 1、2、3、……作 NN_1 的平行线，得相应两平行线的交点 P_1、P_2、P_3、……，即为椭圆曲线上的点。

方法 2（见图 14-47b）

作图步骤：

1）过共轭轴的各端点 N、N_1、M、M_1 作平行四边形 $EFGH$（其对边分别平行于 MM_1 及 NN_1）。

2）在 OM、OM_1 及其相邻边 HM、GM_1 上作相同数量的等分点 1、2、3、……及 1′、2′、3′、……。

3）从 NN_1 的一个端点 N_1 出发，过 MM_1 上的等分点 1、2、3、4、5、6 作射线；再从另一端点 N 出发向 HM、GM_1 各等分点 1′、2′、3′、4′、5′、6′作射线。两组射线中两相应射线的交点 P_1、P_2、……即椭圆曲线上的点。

14.2.1.3 确定椭圆长、短轴的方向和大小

图 14-48a 所示为已知椭圆曲线的作图步骤：

1）以点 O 为圆心，任作一圆与椭圆相交于点 1、2、3、4。

2）矩形 1234 的对称中心线即为椭圆长、短轴的方向，与椭圆曲线交点的连线 AB、CD 即为椭圆的长、短轴。

图 14-48b 所示为已知共轭轴 MM_1、NN_1 的作图步骤：

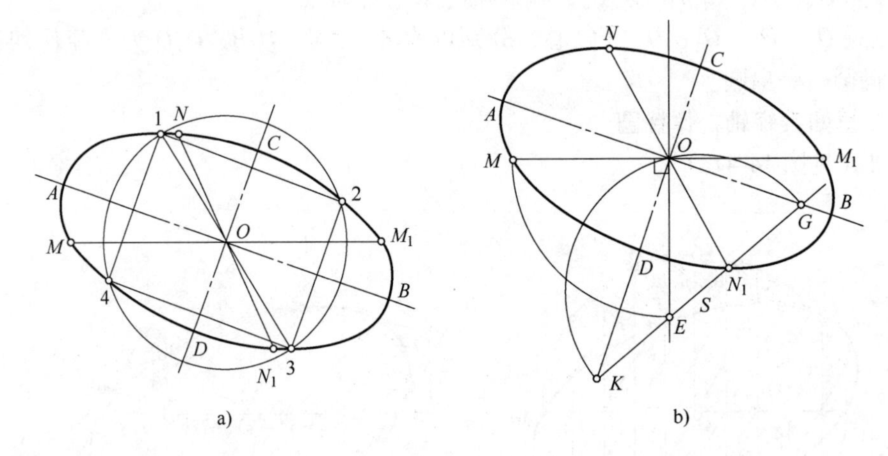

图 14-48

1）作 $OE \perp MM_1$，并使 $OE = OM$。

2）连接点 E 及 N_1，以 EN_1 的中点 S 为圆心，OS 为半径作弧，与 EN_1 的延长线相交于 G、K 两点。

3）OG 为椭圆的长轴方向，长轴的长度为 $2EG$；OK 为短轴方向，短轴的长度为 $2KE$。

14.2.1.4 作椭圆曲线上的切线及法线

例 1：已知椭圆曲线及线上一点 T，作椭圆的法线和切线（见图 14-49）。

作图步骤：

1）以短轴端点 C 为圆心，长轴之半 OA 为半径作弧，交 AB 于点 F_1、F_2（即焦点）。

2）连接 F_1T 和 F_2T。

3）作 $\angle F_1TF_2$ 的角平分线，即椭圆上点 T 处的法线。

4）过点 T 作法线的垂线，即其切线。

例 2：过椭圆外一点 S 作椭圆的法线（见图 14-50）。

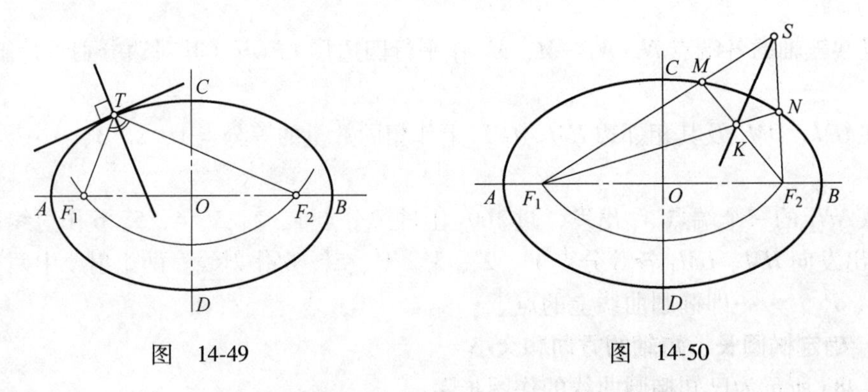

图 14-49　　图 14-50

作图步骤：

1）先求出椭圆的焦点 F_1、F_2。

2）作连线 F_1S 及 F_2S，分别与椭圆交于 M 及 N。

3）两连线 F_1N 及 F_2M 相交于 K，KS 即为所求的法线。

例 3：过椭圆外一点 S 作椭圆的切线（见图 14-51）。

作图步骤：

1）先求出椭圆焦点 F_1、F_2。

2）以点 F_2 为圆心，长轴 AB 为半径作弧。

3）再以点 S 为圆心，SF_1 为半径作弧，两弧相交于点 K。

4）KF_2 与椭圆相交于点 T，直线 ST 即为所求的切线。

14.2.1.5 作椭圆的展开长度（近似作图）

作图步骤（见图 14-52）：

1）求出椭圆的一个焦点 F_1。

2）连接椭圆长、短轴端点 D、A。

3）过点 F_1 作 $F_1E \perp DA$，在 DA 延长线上量取 $AS=1.5AE$。

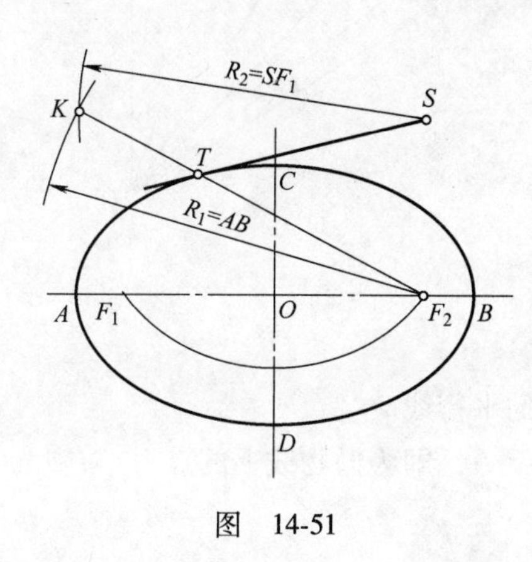

图 14-51

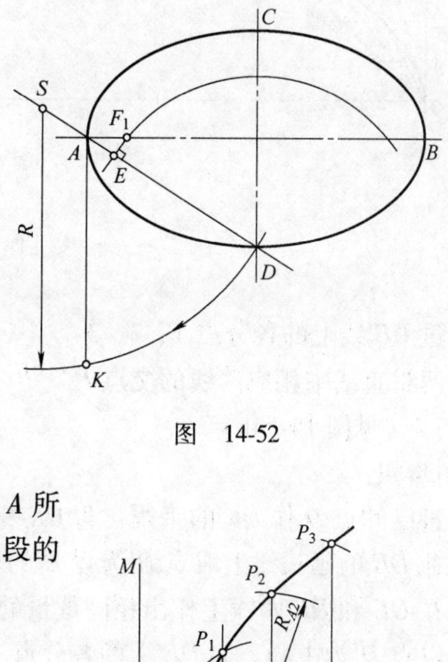

图 14-52

4）以点 S 为圆心、SD 为半径作弧，与过点 A 所作铅垂线（切线）相交于点 K，AK 即为 AD 曲线段的展开长度（近似）。

14.2.2 抛物线

14.2.2.1 已知准线及焦点作抛物线

作图步骤（见图 14-53）：

1）过焦点 F 作对称轴 AK 垂直于准线 MN。

2）求出抛物线的顶点 $O\left(AO=\dfrac{1}{2}AF\right)$。

3）在 OK 之间作分点 1、2、3、……（不一定等分）。

4）过各分点作 l_1、l_2、l_3、……垂直于 AK。

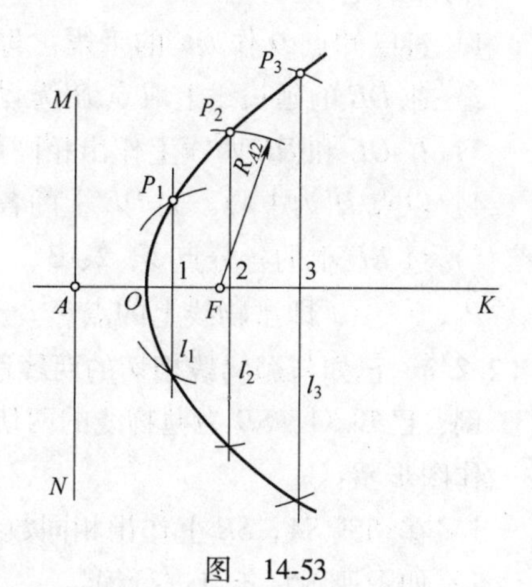

图 14-53

5）以点 F 为圆心，依次以 $A1$、$A2$、$A3$、……为半径作弧，与 l_1、l_2、l_3、……相交，连接交点 P_1、P_2、P_3、……即为所求的抛物线。

14.2.2.2 已知对称轴、顶点及曲线上一点，作抛物线

方法1（见图14-54a）

作图步骤：

1）过曲线上的已知点 D 及顶点 O 分别作直线平行及垂直于对称轴线 OK。此二线相交于点 B。

2）在 OB 及 BD 上作出相同数量的等分点。

3）以 O 为中心，向 BD 线上的各分点 $1'$、$2'$、$3'$、……作射线。

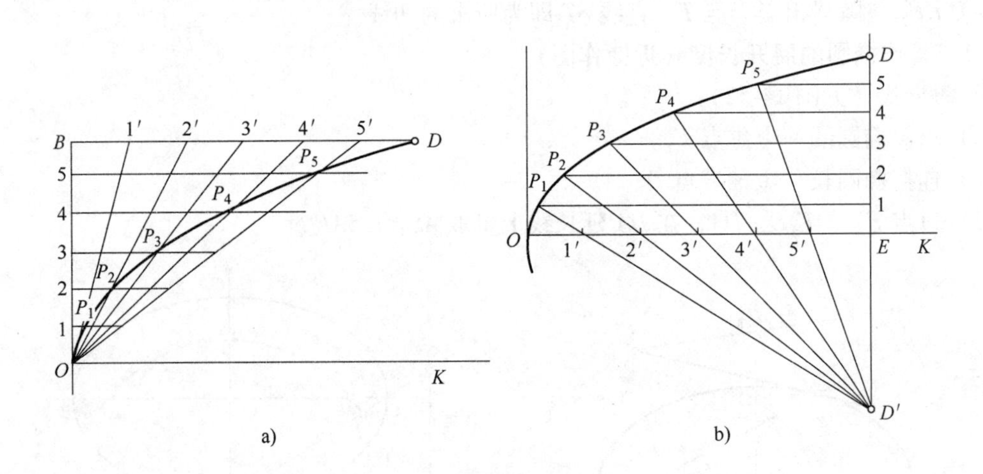

图 14-54

4）过 OB 线上的各分点1、2、3、……作 BD 的平行线。

5）两组直线中相应两线的交点 P_1、P_2、P_3、……，即为抛物线上的点。

方法2（见图14-54b）

作图步骤：

1）过已知点 D 作 OK 的垂线，与 OK 相交于点 E。

2）在 DE 的延长线上取点 D'为点 D 的对称点。

3）在 OE 和 DE 两线上作出相同数量的等分点。

4）以点 D'为中心，向 OE 上的各分点 $1'$、$2'$、$3'$、……作射线。

5）过 ED 上的各分点1、2、3、……作 OE 的平行线，两组直线中相应两线的交点 P_1、P_2、P_3、……，即抛物线上的点。

14.2.2.3 已知与抛物线相切的两线段，作抛物线

例：已知 SA、SB 为抛物线的两切线，作抛物线（见图14-55）。

作图步骤：

1）在切线 SA、SB 上作出相同数量的等分点。

2）如图所示将各点进行编号。

3）依次用直线连接相应序号的点。

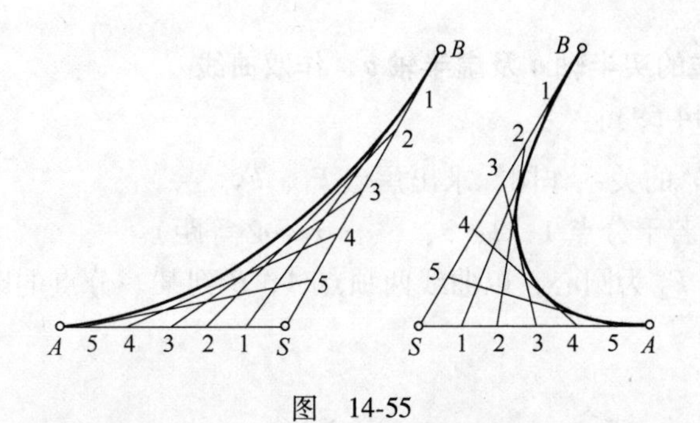

图 14-55

4）作各连线的包络线即得所求的抛物线（*A*、*B* 两点为切点）。

14.2.2.4 作抛物线的切线

例1：已知抛物线（*F* 为焦点，*MN* 为准线）及其上一点 *T*，过点 *T* 作抛物线的切线（见图 14-56）。

作图步骤：

1）过点 *T* 作直线 *TE* 垂直于准线 *MN*。

2）连接已知点 *T* 及焦点 *F*。

3）作∠*ETF* 的角平分线，此角平分线即为所求的切线。

例2：已知抛物线及其上一点 *T*，过点 *T* 作抛物线的切线并求曲线焦点 *F*（见图 14-57）。

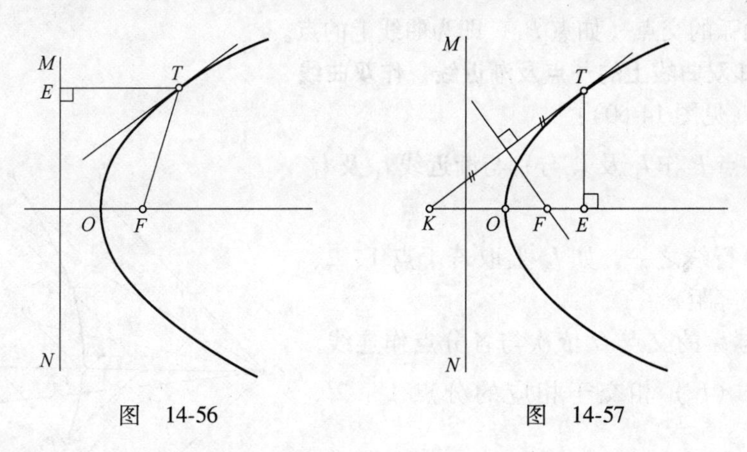

图 14-56　　　　图 14-57

作图步骤：

1）由已知点 *T* 作直线 *TE* 垂直于对称轴线。

2）在轴线上自顶点 *O* 量取 *OK*=*OE*。

3）连接点 *K*、*T*，*KT* 即为所求切线。

4）作切线 *KT* 的垂直平分线与对称轴线相交于点 *F*，点 *F* 即为焦点。

例3：已知抛物线及抛物线外一点 *S*，作抛物线的切线（见图 14-58）。

作图步骤：

1）以点 *S* 为圆心，*SF* 为半径作弧，交准线 *MN* 于 B_1、B_2 两点。

2）过点 B_1、B_2 分别作直线平行于对称轴线并与曲线相交于点 T_1、T_2。

3）连接点 *S*、T_1 和点 *S*、T_2，ST_1 及 ST_2 即为所求的切线。

14.2.3 双曲线

14.2.3.1 已知双曲线的实半轴 *a* 及虚半轴 *b*，作双曲线

作图步骤（见图 14-59）：

1）根据 $c=\sqrt{a^2+b^2}$ 的关系作图，求出焦点 F_1、F_2。

2）从焦点向外作若干分点 1、2、3、……（不必等距）。

3）分别以点 F_1、F_2 为圆心，以曲线两顶点 A、B 到某一分点的距离为半径（如 R_{A3} 及 R_{B3}）作两弧。

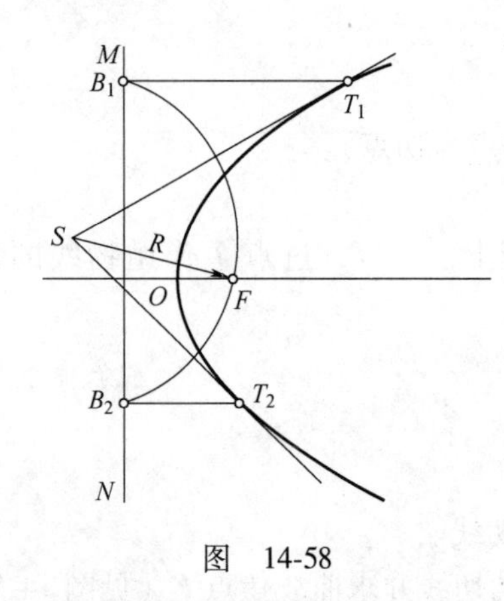

图 14-58

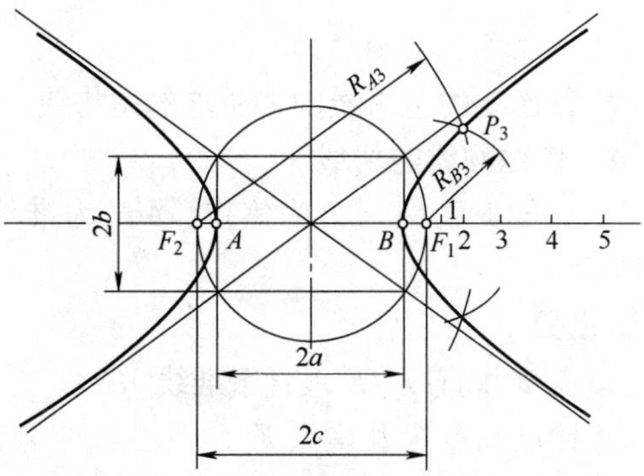

图 14-59

4）相应两弧的交点（如点 P_3）即为曲线上的点。

14.2.3.2 已知双曲线上的一点及渐近线，作双曲线

作图步骤（见图 14-60）：

1）过已知点 P 作 l_1' 及 l_2' 分别与渐近线 l_1 及 l_2 平行。

2）在两平行线之一，如 l_2' 上取若干点 1、2、3、……（不必等距）。

3）自 l_1 与 l_2 的交点 O 依次与各分点作连线，与另一平行线（l_1'）相交于相应的分点 1′、2′、3′、……。

4）自 l_2' 上各分点作线平行于 l_1'，自 l_1' 上各分点作线平行于 l_2'。

5）连接各对相应平行线的交点 P_1、P_2、P_3、……，即得所求双曲线的一支。

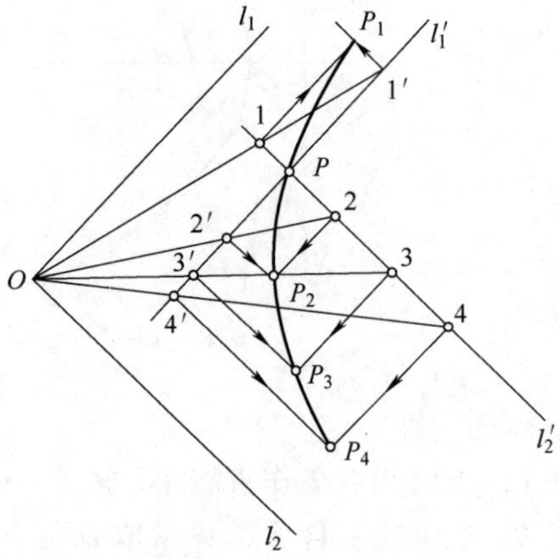

图 14-60

14.2.3.3 作双曲线的切线

例 1： 已知双曲线及双曲线上一点 P，过点 P 作双曲线的切线（见图 14-61）。

作图步骤：

1）作已知点 P 与两个焦点 F_1、F_2 的连线。

2）作 $\angle F_1PF_2$ 的角平分线即所求的切线。

例 2：已知双曲线及双曲线外一点 S，过点 S 作双曲线的切线（见图 14-62）。

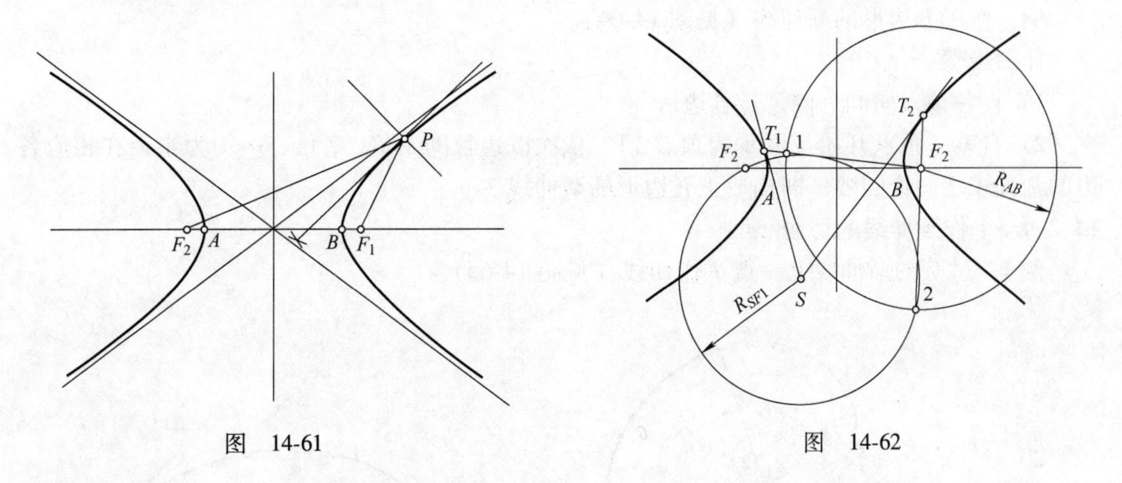

图 14-61　　　　图 14-62

作图步骤：

1）以点 S 为圆心，SF_1 为半径作辅助圆。

2）再以点 F_2 为圆心，以双曲线两顶点的距离 AB 为半径作辅助圆。两辅助圆相交于 1、2 两点。

3）连接点 F_2 和 1，与曲线交于点 T_1；连接点 F_2 和 2 与曲线交于点 T_2。点 T_1、T_2 即所求的切点。

14.2.4　渐伸线（渐开线）

14.2.4.1　作圆的渐伸线

作图步骤（见图 14-63）：

1）在基圆上作出若干等分点（图示为 12 等分）。

2）自每个等分点作基圆的切线。在点“12”处的切线上量取基圆的展开长度，并在此切线上作出同样数量的等分点（12 等分）。

3）在基圆的每条切线上量取相应的圆弧展开长度，得到相应的点 1′、2′、3′、……、12′，连接各点即为所求的曲线。

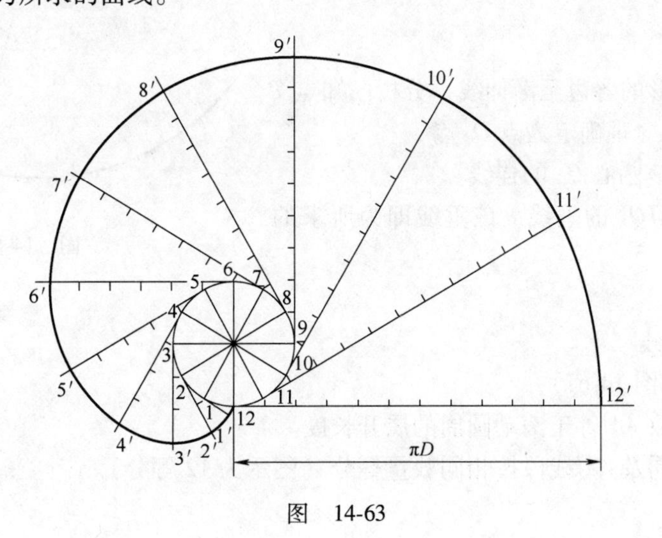

图　14-63

14.2.4.2 作多边形的渐伸线

例：作正五边形的渐伸线（见图 14-64）。

作图步骤：

1）自各顶点向同一侧延长各边。

2）自某一顶点开始（图示为顶点 1），依次以边长的 1 倍、2 倍、……为半径在相应各边的延长线之间作圆弧，即构成正五边形的渐伸线。

14.2.4.3 作渐伸线的切线

例 1：过圆的渐伸线上一点 T 作切线（见图 14-65）。

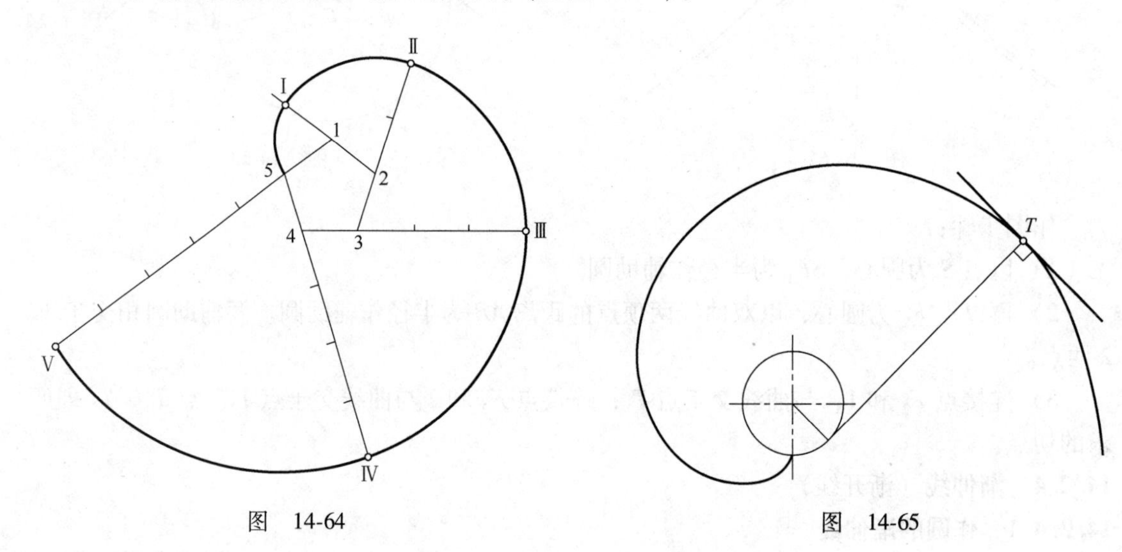

图 14-64

图 14-65

作图步骤：

1）过点 T 作一辅助线与基圆相切。

2）自 T 点作辅助线的垂线，该垂线即为所求的切线。

例 2：过正五边形的渐伸线上一点 T 作切线（见图 14-66）。

作图步骤：

1）延长五边形的各边至渐伸线，分析已知点 T 所在圆弧段的圆心（现确定为点 O_4）。

2）作点 T 与该圆心 O_4 的连线。

3）过点 T 作 TO_4 的垂线，该垂线即为所求的切线。

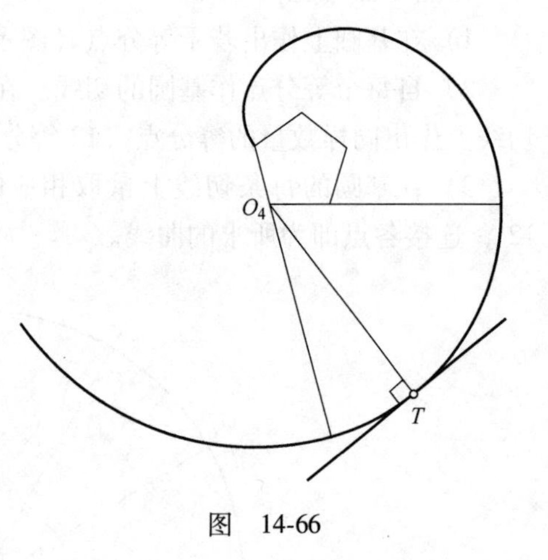

图 14-66

14.2.5 摆线

14.2.5.1 作平摆线

作图步骤（见图 14-67）：

1）在直线上取 AA' 等于滚动圆周的展开长度。

2）将滚动圆周及 AA' 线段按相同数量等分（图示为 12 等分）。

3）过圆周上各分点作直线 AA' 的平行线。

4）当圆由 O_1 滚动到 O_2 位置时，圆 O_2 与过点 2 所作的平行线相交于点 P_2，此即动点由 P_1 到 P_2 的新位置。用此法依次求出动点的各个位置 P_3、P_4、……、P_{12}，即可连成平摆线。

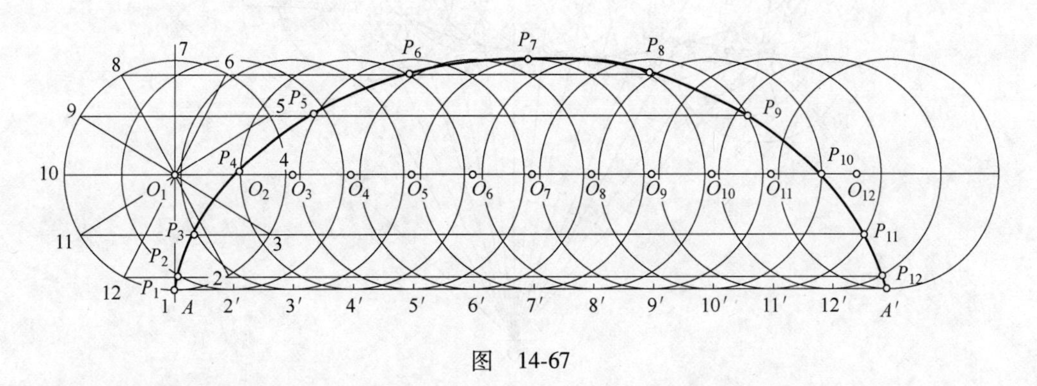

图 14-67

14.2.5.2 作外摆线

作图步骤（见图 14-68）：

1）自滚圆的点 A 在基圆弧上取圆心角 $\alpha=2\pi\dfrac{r}{R}=\angle AOA_1$。

2）将 $\angle\alpha$ 和滚动圆周分成同样数量的等份（图示为 12 等份）。

3）以点 O 为圆心，过滚圆的各等分点作圆弧。

4）当滚圆由 O_1 到 O_2 位置时，圆 O_2 与过分点 2 所作的弧相交于点 P_2，此即动点由 P_1 到 P_2 的新位置。用此法依次求出动点的各个位置 P_3、P_4、……、P_{12}，即可连成外摆线。

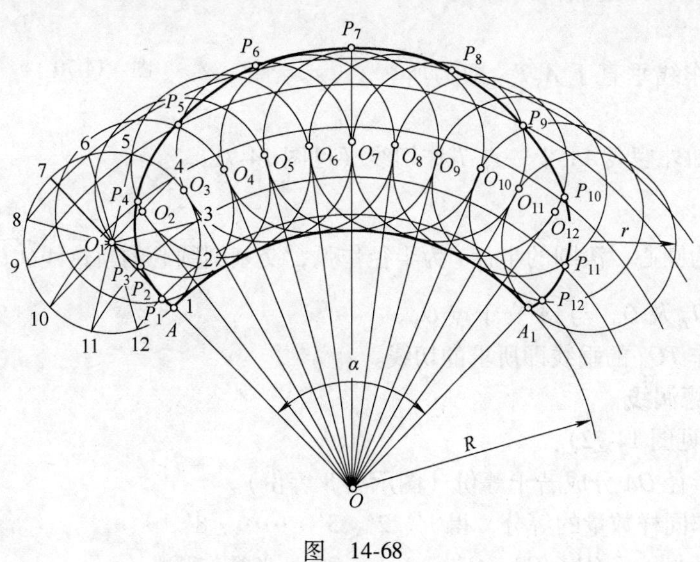

图 14-68

14.2.5.3 作内摆线

作图方法与外摆线的方法相同（见图 14-69）。

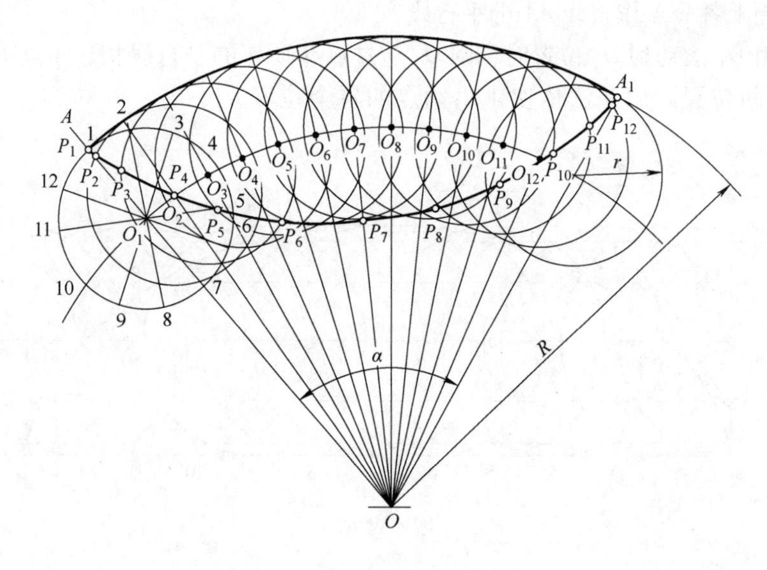

图 14-69

14.2.5.4 作摆线的切线

例 1：过已知平摆线上一点 T 作切线（见图 14-70）。

作图步骤：

1）以点 T 为圆心，滚圆半径 r 为半径作弧，交基圆圆心的轨迹线 O_1O' 于点 O_T。

2）过点 O_T 作线垂直于 AA' 并交 AA' 于点 A_T。

3）过点 T 作线垂直于 A_TT，即为所求摆线的切线。

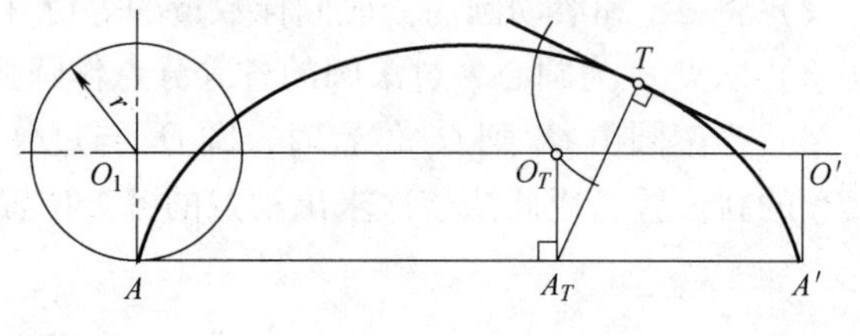

图 14-70

例 2：过已知外摆线 AA' 上一点 T 作切线（见图 14-71）。

作图步骤：

1）以点 T 为圆心，滚圆的半径 r 为半径作弧，交基圆圆心的轨迹线 $\overset{\frown}{O_1O'}$ 于点 O_T。

2）连接点 O_T 及 O，与 $\overset{\frown}{AA'}$ 交于点 O_A。

3）过点 T 作 TO_A 的垂线即所求的切线。

14.2.6 阿基米德涡线

作图步骤（见图 14-72）：

1）将圆的半径 OA 分成若干等份（图示为 8 等份）。

2）将圆周作同样数量的等分，得 1′、2′、3′、……、8′。

3）以点 O 为圆心，$O1$、$O2$、$O3$、……、$O8$ 为半径作弧。

4）各弧与相应射线 $O1'$、$O2'$、$O3'$、……、$O8'$ 相交于点 P_1、P_2、P_3、……、A，将各点连成曲线即为所求。

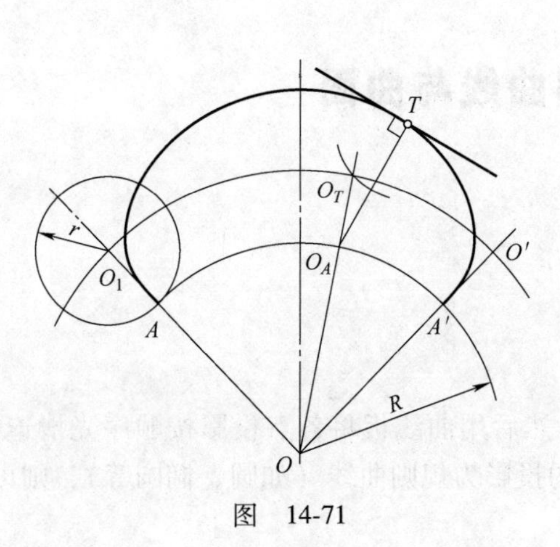

图　14-71

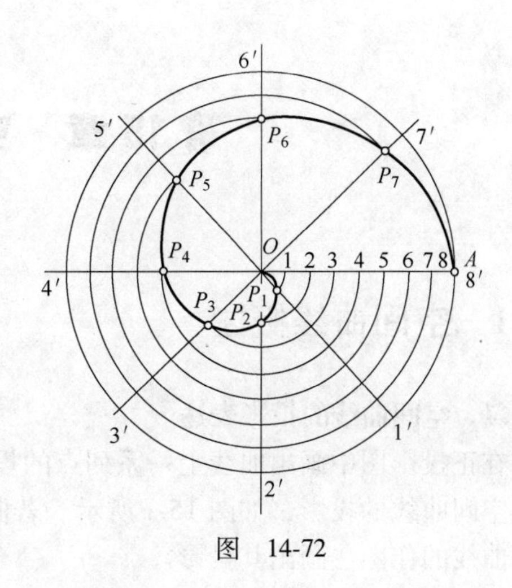

图　14-72

第 15 章　空间曲线与曲面

15.1　空间曲线概述

15.1.1　空间曲线的投影表达

在正投影图中画出曲线上一系列点的投影，然后用曲线板将各点投影按顺序光滑连接，即得空间曲线的投影，如图 15-1 所示。若曲线的投影为规则曲线（如圆、椭圆等），则可用平面曲线的作图法画出其投影。

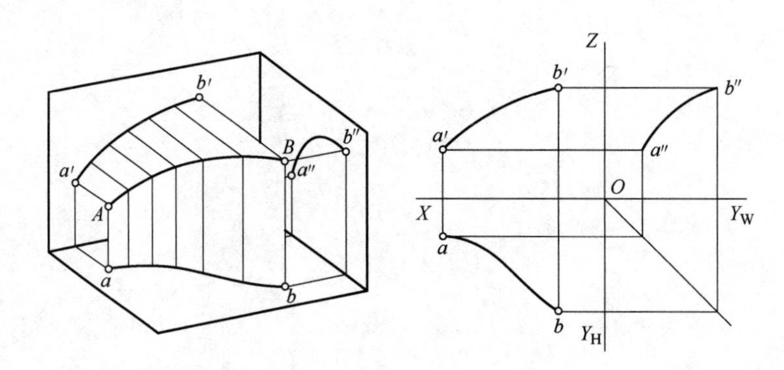

图　15-1

15.1.2　空间曲线的有关名词

1）切线——割线 M_0M_1 在 M_0 处的极限位置为空间曲线在 M_0 点处的切线（见图 15-2）。它位于 M_0 点的切线上，其单位切矢记为 $\boldsymbol{\alpha}$。

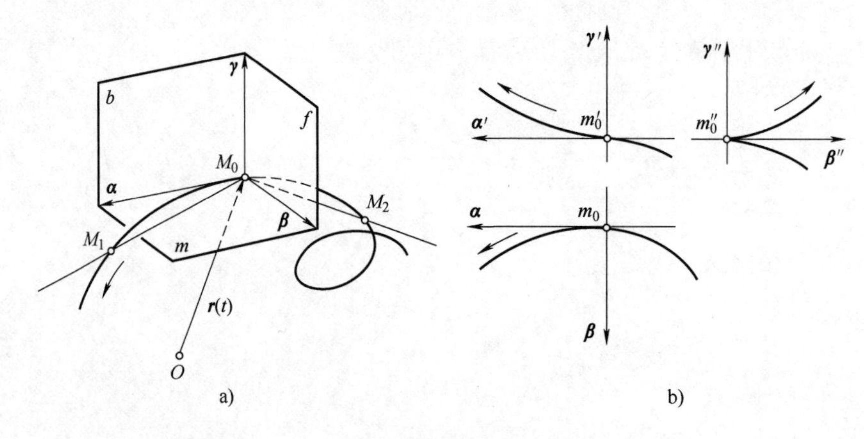

图　15-2

在非退化情况下，曲线上一点处的切线投射后，仍为投影曲线的切线，其切点为该点的投影。

2）切平面——过 M_0 点切线的各平面都是空间曲线在 M_0 点处的切平面，它们组成一个切平面束。

3）密切平面——曲线上相邻三点 M_1、M_0、M_2 所确定的平面，在 M_0 点处的极限位置（即当 $M_1 \to M_0$ 和 $M_2 \to M_0$ 时），称为曲线在 M_0 点处的密切平面，记作 m。

4）法面——过 M_0 点并和其切线垂直的平面，称为空间曲线在 M_0 点处的法面，记作 f。

5）化直平面（从切面）——过 M_0 点并和平面 m、f 垂直的切平面，称为空间曲线在 M_0 点处的化直平面（从切面），记作 b。

6）主法线——法面 f 与密切平面 m 的交线，称为空间曲线在 M_0 点处的主法线（见图 15-2）。对应的单位主法矢记为 $\boldsymbol{\beta}$。

7）副法线——法面 f 与化直平面 b 的交线，称为空间曲线在 M_0 点处的副法线（见图 15-2）。对应的单位副法矢记为 $\boldsymbol{\gamma}$。

8）动标三面形——由 m、f、b 三面与 $\boldsymbol{\alpha}$、$\boldsymbol{\beta}$、$\boldsymbol{\gamma}$ 三矢量组成的一个坐标系称为空间曲线的动标三面形（见图 15-2a），它随 M_0 点在曲线上移动而变化。$\boldsymbol{\alpha}$、$\boldsymbol{\beta}$、$\boldsymbol{\gamma}$ 三矢量组成一个右旋坐标系。

在 M_0 点邻域内，空间曲线在 M_0 点的动标三面形上的正投影如图 15-2b 所示。

15.1.3 空间曲线动标三面形的作图方法

如图 15-3 所示，已知空间曲线段 PQ 的投影，求曲线上 M_0 点处的动标三面形，作图步骤如下：

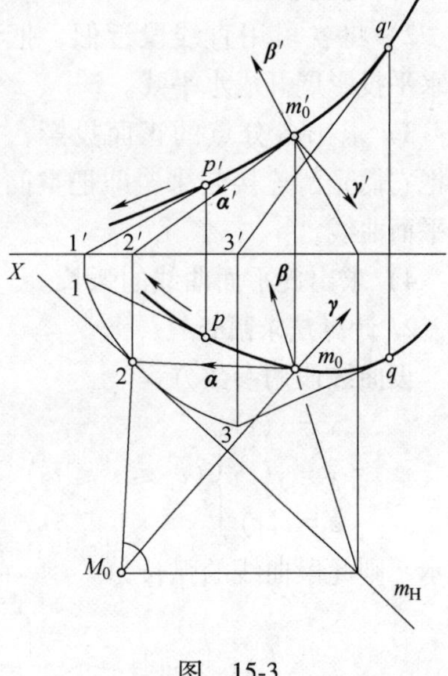

图 15-3

1）在 M_0 点近旁，取相邻点 P、Q、……。作出各点 M_0、P、Q、……的切线。

2）作出切线曲面 $P1M_02Q3$……，其水平迹线为曲线 123……（切线曲面的形成可参阅表 15-4）。

3）作出曲线 123……在 2 点处的切线，它即为 M_0 点处密切平面 m 的水平迹线 m_H，密切平面 m 由相交直线 m_H 与 M_02 确定。

4）利用重合法把 m 平面重合到水平投影面上，作出密切平面内 M_0 点的主法矢 $\boldsymbol{\beta}$。

5）按线面垂直作图法与右旋规则，作出副法矢 $\boldsymbol{\gamma}=\boldsymbol{\alpha}\times\boldsymbol{\beta}$，由此确定 M_0 点处的动标三面形。

15.1.4 空间曲线的右旋与左旋

在空间曲线上的一般点（非奇异点）处，可按曲线在该点的动标三面形中的投影状况，区分该点附近的曲线段为右旋或左旋。

1）右旋——如图 15-2 所示，空间曲线在 M_0 点处的走向（按 $\boldsymbol{\alpha}$ 矢方向）符合右旋规则。

2）左旋——如图 15-4 所示，空间曲线在 M_0 点处的走向（按 $\boldsymbol{\alpha}$ 矢方向）符合左旋规则。

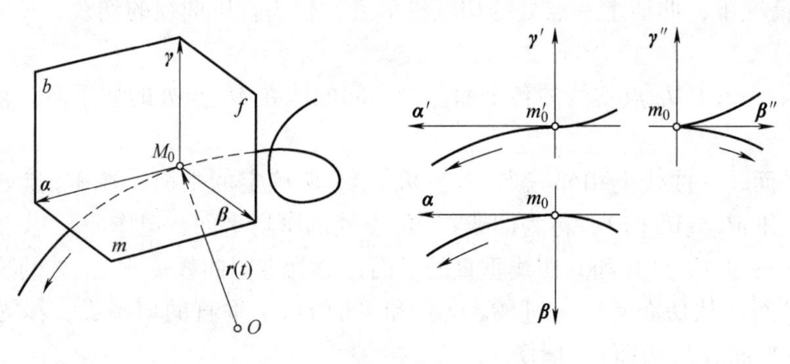

图 15-4

15.1.5 空间曲线的弧长

1. 作图法求弧长

用作图法求空间曲线段的弧长如图 15-5 所示。其作图步骤为：

1）把曲线分为若干段。

2）将各段用直线段近似，把各直线段的水平投影展开成水平线。

3）求出各分点的正面投影，并用曲线板把它们光滑连接起来，即把空间曲线展开成平面曲线。

4）求出此平面曲线的弧长。

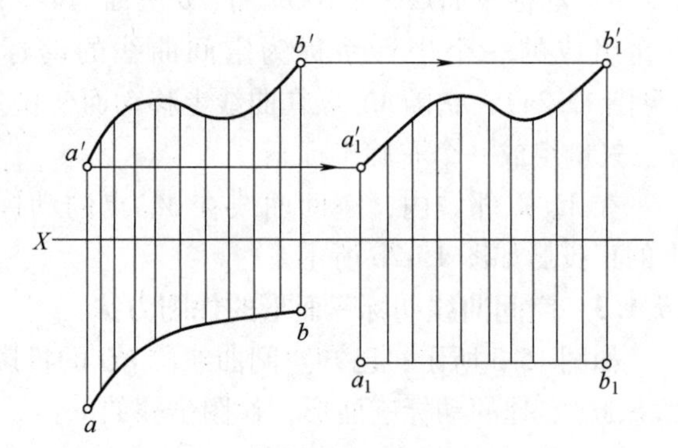

图 15-5

2. 计算法求弧长

设曲线段用参数方程

$$\left.\begin{aligned} x &= x(t) \\ y &= y(t) \\ z &= z(t) \end{aligned}\right\} (t_1 \leqslant t \leqslant t_2)$$

表示，则此段曲线的弧长为

$$S = \int_{t_1}^{t_2} \sqrt{x'(t)^2 + y'(t)^2 + z'(t)^2}\,\mathrm{d}t$$

15.1.6 空间曲线的曲率、挠率和曲率半径

1. 曲率和曲率半径

空间曲线在 M_0 点处的曲率为该点的切线相对于弧长的转动率。它描述了曲线在该点附近对该点切线的偏离程度。如图 15-6 所示，设曲率为 k，则

$$k = \lim_{\Delta S \to 0} \left| \frac{\Delta \varphi}{\Delta S} \right|$$

当空间曲线用参数方程表示时，曲率的计算公式为

$$k = \frac{\sqrt{(y'z'' - z'y'')^2 + (z'x'' - z''x')^2 + (x'y'' - y'x'')^2}}{(x'^2 + y'^2 + z'^2)^{\frac{3}{2}}}$$

曲率半径为曲率的倒数，记为 R，$R=\frac{1}{k}$。其几何意义为：在密切平面内与曲线在 M_0 点处密切的圆（该圆与曲线在 M_0 点处具有切触阶为 2 的相切）的半径。这个密切圆又称为 M_0 点的曲率圆，圆心 μ 在主法矢 $\boldsymbol{\beta}$ 上。

2. 挠率

空间曲线在 M_0 点处的挠率为该点的密切平面（或副法矢 $\boldsymbol{\gamma}$）相对于弧长的转动率，它描述了曲线上一点处曲线对于密切平面的扭曲程度。如图 15-7 所示，设挠率为 τ，则

$$\tau = \pm \lim_{\Delta S \to 0} \left| \frac{\Delta \theta}{\Delta S} \right|$$

空间曲线在该点右旋时 τ 为正，左旋时 τ 为负。

空间曲线用参数方程表示时，τ 的计算公式为

$$\tau = \frac{\begin{vmatrix} x' & y' & z' \\ x'' & y'' & z'' \\ x''' & y''' & z''' \end{vmatrix}}{(y'z'' - z'y'')^2 + (z'x'' - x'z'')^2 + (x'y'' - y'x'')^2}$$

挠率的倒数称为挠率半径，记为 G，$G=\frac{1}{\tau}$。

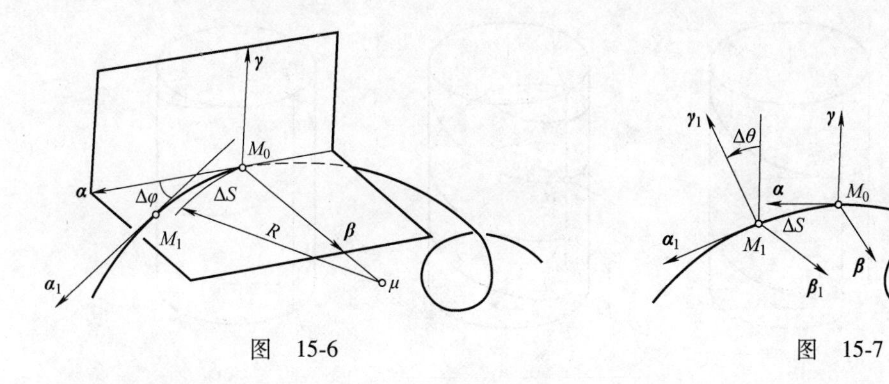

图　15-6　　　　图　15-7

3. 曲率半径的正投影关系式

空间曲线上一点处的曲率半径 R 与曲线的水平投影和正面投影上对应点处曲率半径 r_H、r_V㊀之间，有如下关系式（见图 15-8）

$$r_H = R\frac{\cos^3\varphi_H}{\cos^3\varepsilon_H} \qquad r_V = R\frac{\cos^3\varphi_V}{\cos\varepsilon_V}$$

式中，φ_H、φ_V 为该点处切线对正投影面、水平投影面的倾角；ε_H、ε_V 为该点的密切平面对正投影面、水平投影面的倾角（求密切平面的作图法见图 15-3）。

利用上述关系式，如已知 r_H、φ_H、ε_H，则可求出 R，即由空间曲线的投影可反求出空间曲线某点处的曲率半径。

㊀ r_V、r_H 一般不是主法矢上曲率半径 R 的 V、H 投影。

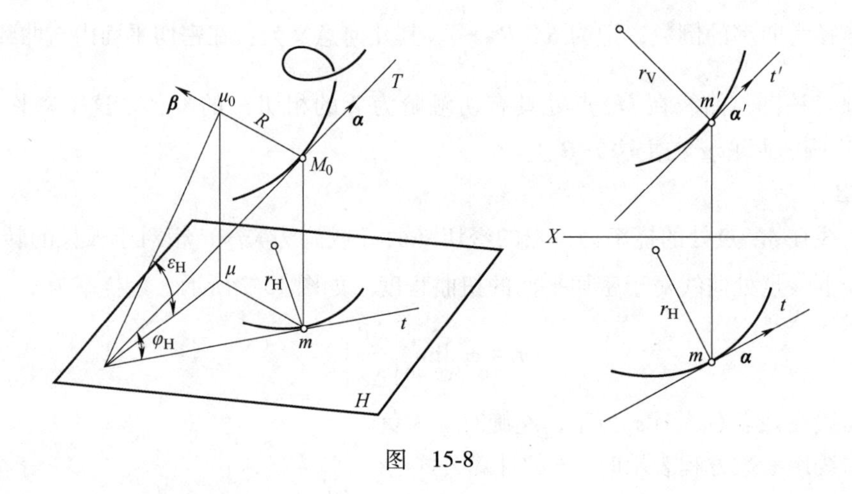

图 15-8

15.2 等导程圆柱螺旋线

由动点 M 在圆柱面（称为导圆柱）上作等导程的螺旋运动所形成的空间曲线称为等导程圆柱螺旋线，如图 15-9 所示。

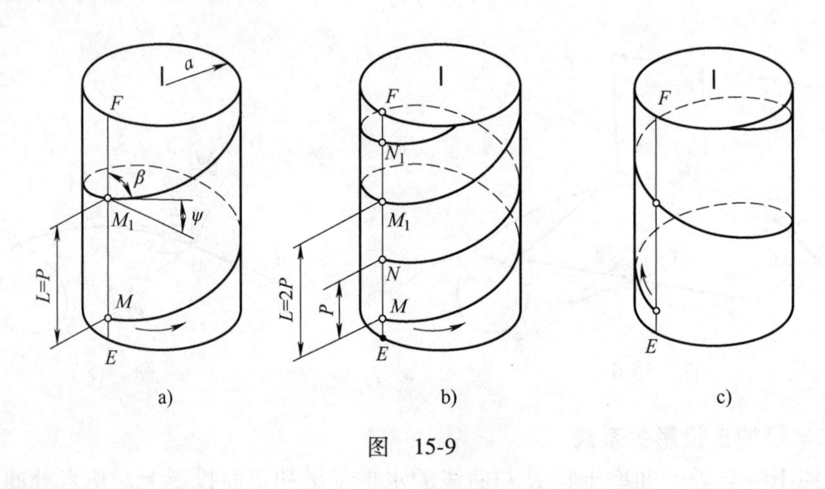

图 15-9

15.2.1 圆柱螺旋线的参数

1）导圆柱半径——记作 a。

2）导程——母线 EF 回转一周时，动点 M 沿圆柱面轴线移动的距离，记作 L。

3）螺旋参数——母线 EF 回转单位弧度时，动点 M 沿轴线移动的距离，记作 b。

$$b = L/2\pi$$

4）螺旋角——曲线的切线与圆柱面素线的交角，记作 β。

$$\tan\beta = a/b$$

5）升角——曲线的切线对圆柱面端面的倾角，记作 ψ。

$$\psi = 90° - \beta = \arctan b/a$$

6）线数——在导圆柱上，作等导程螺旋运动的曲线数，记作 n。

7）螺距——在一条素线上，相邻两条螺旋线上点的距离（即轴向距离），记作 P。单线时：$P=L$，即螺距与导程相等（见图 15-9a）；多线时：$P=L/n$，即 $L=nP$（见图 15-9b）。

8）旋向：分右旋（见图 15-9a、b）、左旋（见图 15-9c）两种。

对多线或左旋的螺旋线，均要专门指明，否则即为单线、右旋。

15.2.2 圆柱螺旋线的投影作图

圆柱螺旋线（右旋）的投影作图法如图 15-10a 所示，其步骤为：

1）作出导圆柱（半径为 a），截取导程 L。

2）将底圆周及导程分为相同的 n 等份（现取 $n=12$）。

3）由底圆的各分点 m_0、m_1、……、m_{12} 与导程的各分点 0、1、……、12，按投影关系求得螺旋线上各分点的正面投影 m_0'、m_1'、……、m_{12}'（图中表示了 m_1'、m_2' 的作图）。光滑连接各点，即得螺旋线的正面投影。

在图 15-10a 中，圆柱螺旋线的水平投影为圆，正面投影为余弦曲线。

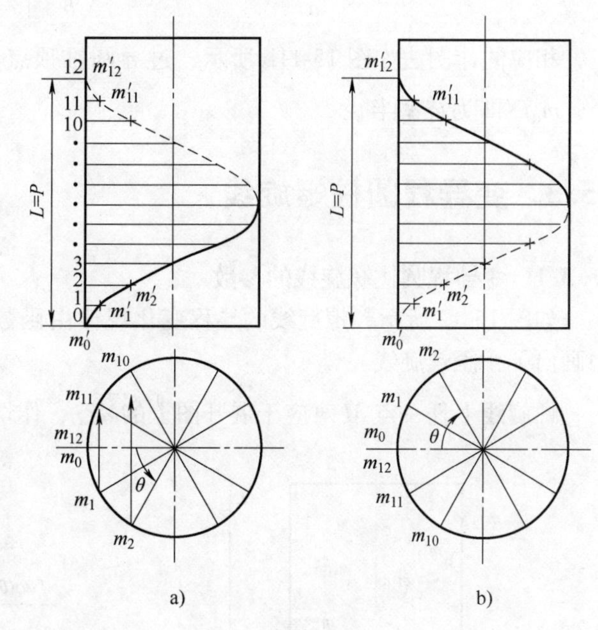

图 15-10

对于左旋的圆柱螺旋线，其投影图的画法与上述相似，如图 15-10b 所示。

15.2.3 圆柱螺旋线上任一点的切线、法面、密切平面、曲率半径、挠率半径的作图法

1. 切线

如图 15-11a 所示，螺旋线上各点切线对水平投影面的倾角为螺旋线的升角 ψ，故切线的方向可以由导圆锥 S 的对应素线予以确定（导圆锥 S 的底圆半径为 a、高为 b）。例如：M 点的切线 MT 对应于导圆锥素线 SU（$su /\!/ mt$），由水平投影 su 求出正面投影 $s'u'$，作 $m't' /\!/ s'u'$，$m't'$ 即为切线的正面投影。

2. 法面

M 点处的法面与切线 MT 垂直，可用相交直线 $M1$、$M2$ 表示该法面（见图 15-11b）。

3. 密切平面

M 点的密切平面与导圆锥 S 面上相应素线的切平面平行。密切平面可用相

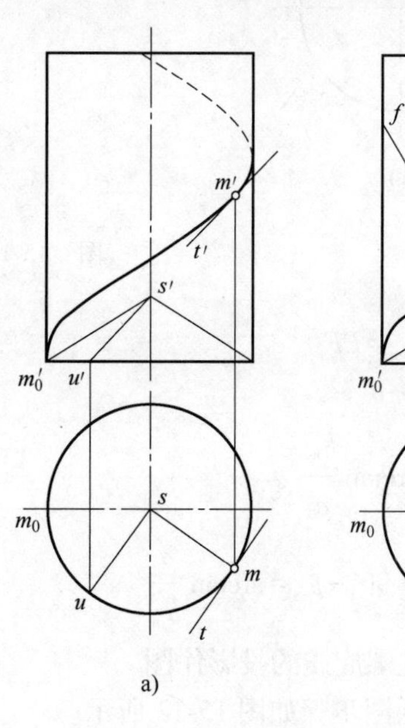

图 15-11

交直线 MT、$M1$ 表示（见图 15-11b）。

4. 曲率半径与挠率半径

M 点的曲率半径为$\frac{a^2+b^2}{a}$，挠率半径为$\left|\frac{a^2+b^2}{b}\right|$。

相应的作图法如图 15-11b 所示，过导圆锥顶点 s'，作 $e'f' \perp s'm_0'$，则 $m_0'e'$即为曲率半径，$m_0'f'$即为挠率半径。

15.3　变导程圆柱螺旋线

15.3.1　变导程圆柱螺旋线的参数

如图 15-12 所示，螺旋线的导程变化规律由函数 $L=\varphi(\theta)$ 给出，或由展开图给出（图中画出了一匝螺旋线）。

螺旋线上任一点 M 对应于展开图上的$\overline{M}$点，作切线$\overline{MT}$，即可确定该点处的各参数。

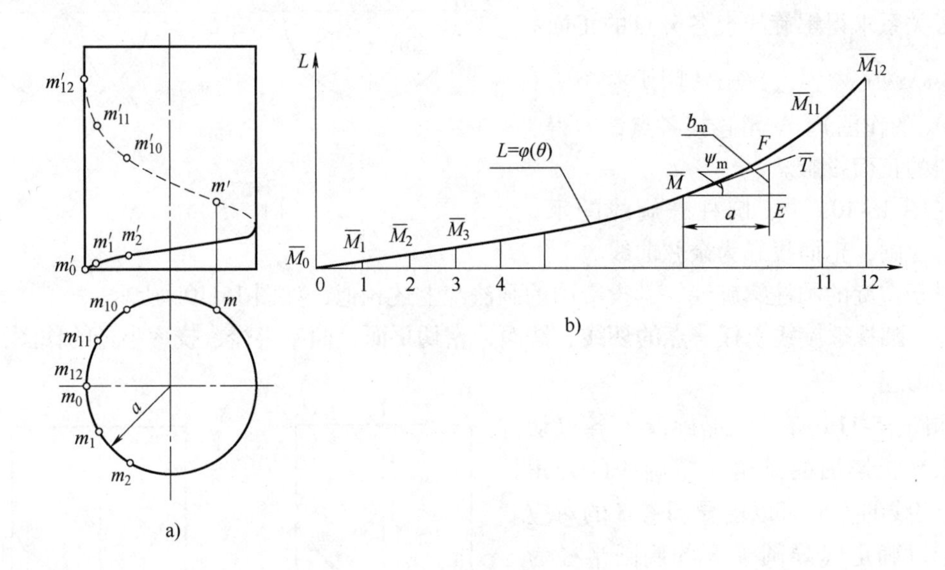

图　15-12

瞬时螺旋参数 $b_m=EF$

瞬时导程 $L_m=2\pi b_m$

瞬时升角 $\psi_m=\arctan\frac{b_m}{a}$

瞬时螺旋角 $\beta_m=90°-\psi_m=\arctan\frac{a}{b_m}$

15.3.2　变导程圆柱螺旋线的投影作图

一匝螺旋线的画图步骤如图 15-12 所示。

1）画出该匝螺旋线的展开图，即根据给出的变导程函数 $L=\varphi(\theta)$，画出它对应的图像。

2）将底圆（导圆柱的水平投影）与展开图上的底线作相同的 n 等分（现为 12 等分），得展开图中螺旋线各分点位置$\overline{M}_0$、$\overline{M}_1$、……、$\overline{M}_{12}$。

3）由水平投影的各分点 m_0、m_1、……、m_{12}与展开图上的对应高度 $0\overline{M}_0$、$1\overline{M}_1$、……、$12\overline{M}_{12}$，求得各分点的正面投影 m_0'、m_1'、……、m_{12}'。光滑连接各分点，即得该匝变导程螺旋线的正面投影。

15.4 圆锥螺旋线

根据不同的运动规律，在导圆锥面上可以形成不同的圆锥螺旋线。

15.4.1 等导程（或等螺距）圆锥螺旋线

如图 15-13a 所示，动点 M 绕轴线等速回转，同时沿圆锥母线作等速移动，即形成等导程圆锥螺旋线。

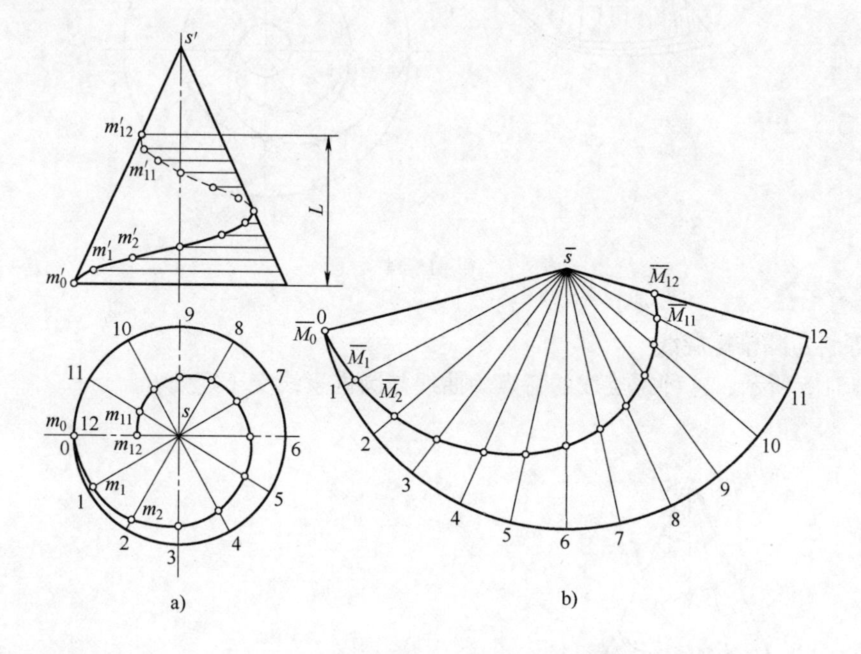

图　15-13

这种螺旋线的水平投影为阿基米德螺线（见图 15-13a），其展开图（见图 15-13b）也为阿基米德螺线。

投影图的作图步骤（见图 15-13a）：

1）画出导圆锥面，定出起始点 M_0 与导程 L。

2）将底圆与导程分为 n 等份（现为 12 等份），并求出圆锥母线上的对应分点。

3）作出圆锥各素线，并定出各素线上的对应分点 m_0、m_1、……、m_{12}和 m_0'、m_1'、……、m_{12}'。光滑连接各分点，即为圆锥螺旋线（一匝）的水平投影与正面投影，同理可画出展开图。

图 15-14 所示的搅拌器，其三个斜螺旋面的边界即为等导程圆锥螺旋线Ⅰ、Ⅱ（三线，右旋），它们分别位于导圆锥面 A、B 上，各为半匝。

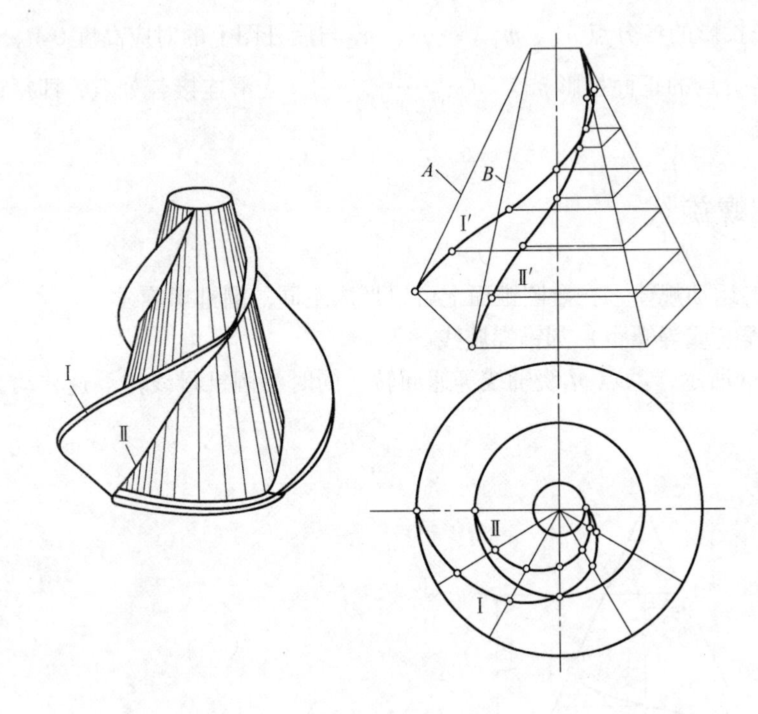

图 15-14

15.4.2 等斜角圆锥螺旋线

如图 15-15 所示，这种螺旋线的特点为曲线与圆锥素线交于定角 β。

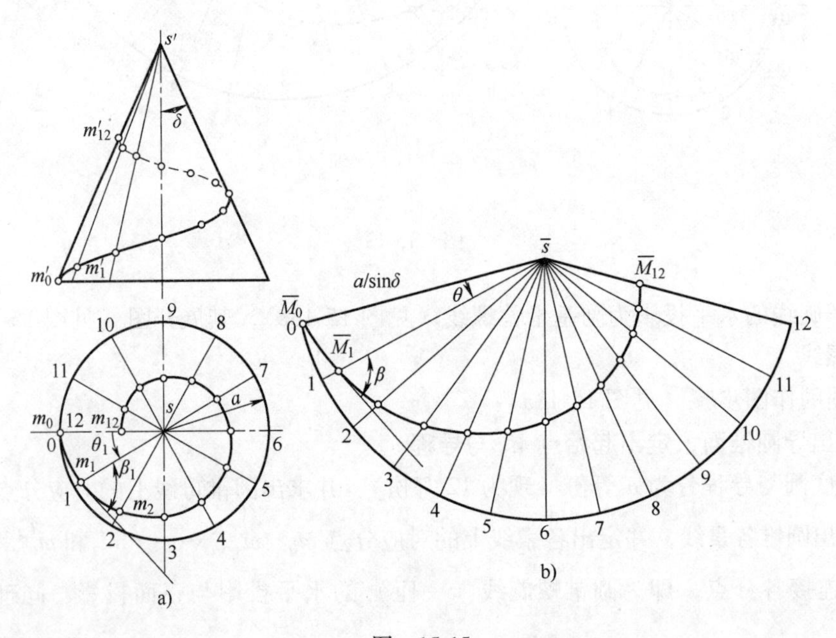

图 15-15

这种螺旋线的水平投影为对数螺线，其矢径与曲线切线的交角为β_1，且$\cot\beta_1=\cot\beta\sin\delta$；其展开图仍为对数螺线，曲线与各素线的交角仍为$\beta$。作图步骤如下：

1）画出导圆锥投影图及展开图，作出n条等分素线（现为12等分），求出各θ_1或θ角。

2）在水平投影中按$\rho_1=a\mathrm{e}^{-\theta_1\cot\beta_1}$，求出各分点$m_1$、$m_2$、……、$m_{12}$（或在展开图中按$\rho=\dfrac{a}{\sin\delta}\mathrm{e}^{-\theta\cot\beta}$求得各分点$\overline{M}_1$、$\overline{M}_2$、……、$\overline{M}_{12}$）。

3）由水平投影中（或展开图15-15b中）的各分点，求得正面投影中的各分点m_1'、m_2'、……、m_{12}'。

15.4.3 圆弧形圆锥螺旋线

如图15-16所示，这种螺旋线的特点为在展开图中，曲线$\overline{M}_0\overline{M}_{12}$为一圆弧。由此可画出这种螺旋线的正投影图，步骤如下：

1）作出导圆锥面的展开图（见图15-16b），按给定的圆心与半径，画出圆弧$\overline{M}_0\overline{M}_{12}$。

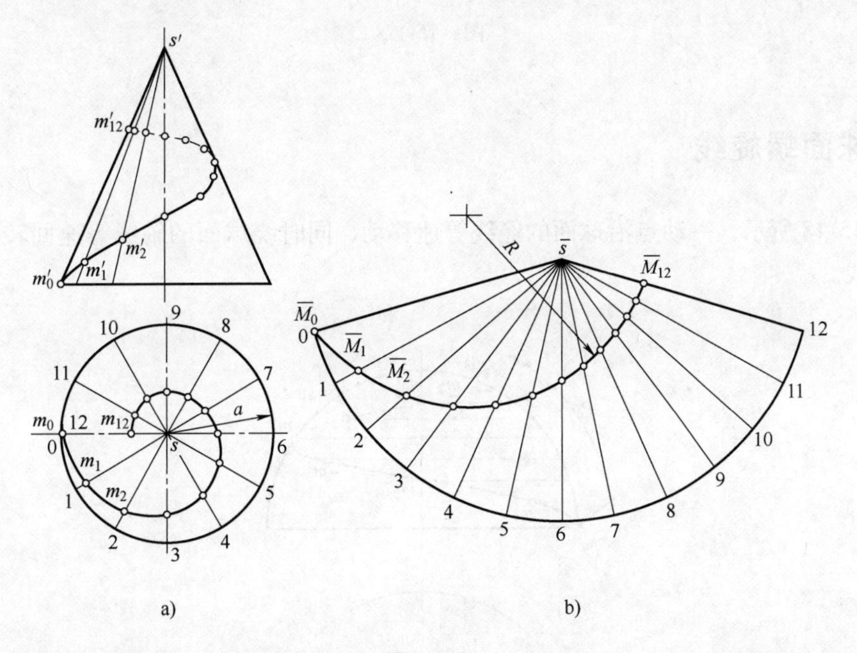

图 15-16

2）在展开图中，作出n条等分的圆锥面素线（现为12等分），求得螺旋线展开图上的各分点$\overline{M}_0$、$\overline{M}_1$、……、$\overline{M}_{12}$。

3）在正投影图中，作出各对应素线及素线上各分点的投影m_0'、m_0；m_1'、m_1；……；m_{12}'、m_{12}，用曲线板光滑连接，即得此螺旋线的两个投影。

图15-17所示为一圆弧齿圆锥齿轮，其齿面与分度圆锥面的交线——齿面线，即为圆弧型圆锥螺旋线。

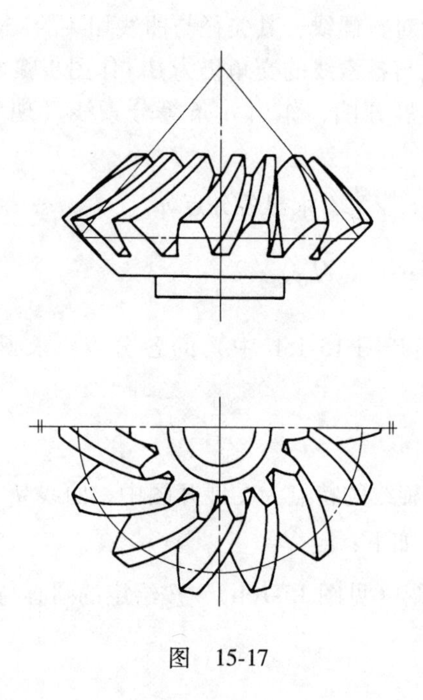

图 15-17

15.5 球面螺旋线

如图 15-18 所示，一动点沿球面的经线等速移动，同时绕球面的轴线等速回转，即形成球面螺旋线。

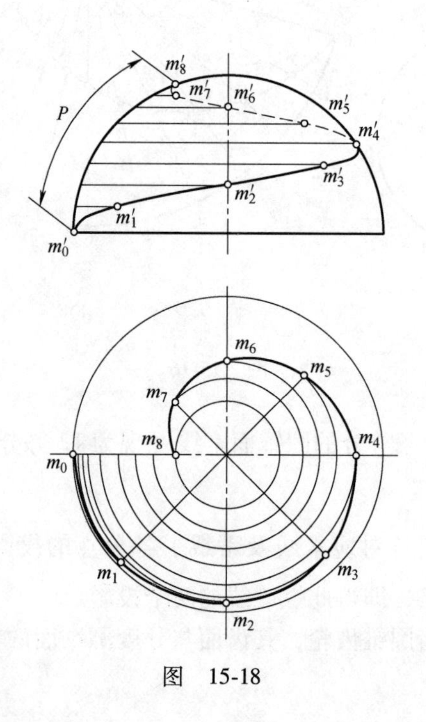

图 15-18

作图步骤：

1）画出球面，确定始点 M_0 与螺距 P。

2）作出螺距 P 的 n 等分点（现为 8 等分），在水平投影的对应圆上，求出各分点 m_0、m_1、……、m_8，并光滑连接。

3）求出正面投影中的对应点 m_0'、m_1'、……、m_8'，并光滑连接。

15.6 弧面螺旋线

螺旋线位于由弧线形成的回转面上。动点沿圆弧线（素线）作等速移动，同时绕轴线等速回转，即形成弧面螺旋线，如图 15-19a 所示。

弧面螺旋线的投影作图与图 15-18 类似。

图 15-19b 所示为弧面蜗杆，蜗杆的齿面线即为弧面螺旋线。

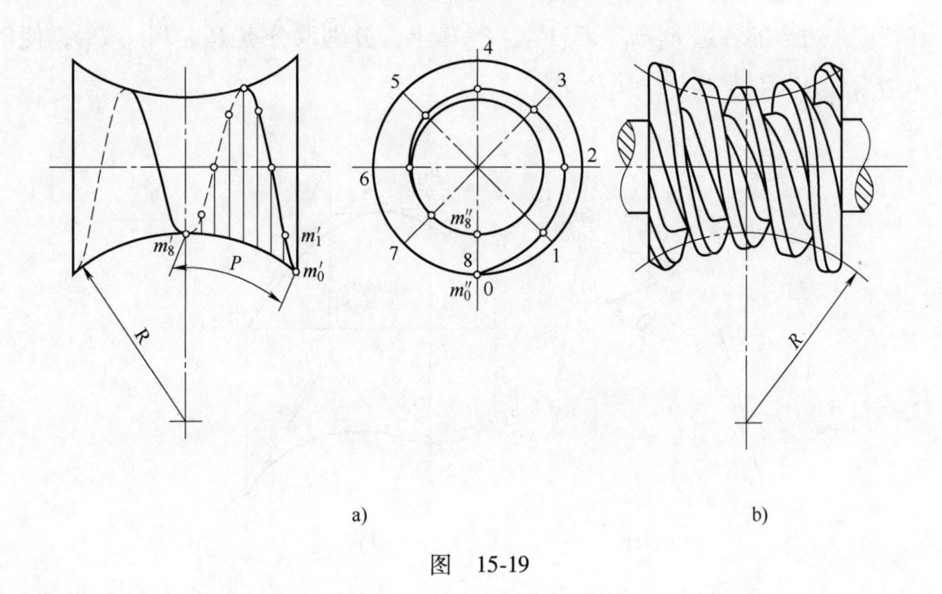

图 15-19

15.7 空间三次抛物线段

15.7.1 确定空间三次抛物线段的几何方法

空间三次抛物线段可由不共面的四点确定，如图 15-20a 所示。其中 P_1、P_2 为曲线段的端点（对应参数为 t_1、t_2），P_{11}、P_{12}为中间点（不位于曲线上），矢量$\overrightarrow{P_1P_{11}}$、$\overrightarrow{P_{11}P_{12}}$、$\overrightarrow{P_{12}P_2}$构成一个空间特征三边形，称为贝齐尔（bezier）特征多边形。它有下述两个性质：

1）曲线段两端点处的切矢量 $\boldsymbol{P}_1'$、$\boldsymbol{P}_2'$ 分别等于 $3\overrightarrow{P_1P_{11}}$、$3\overrightarrow{P_{12}P_2}$。

2）若曲线段的两端点不变，改变中间点 P_{11}、P_{12}的位置，则可把原曲线段 C 调整为另一曲线段$\overline{C}$（见图 15-20b）。在曲线的形状设计中，可以利用这一性质控制曲线的形状。

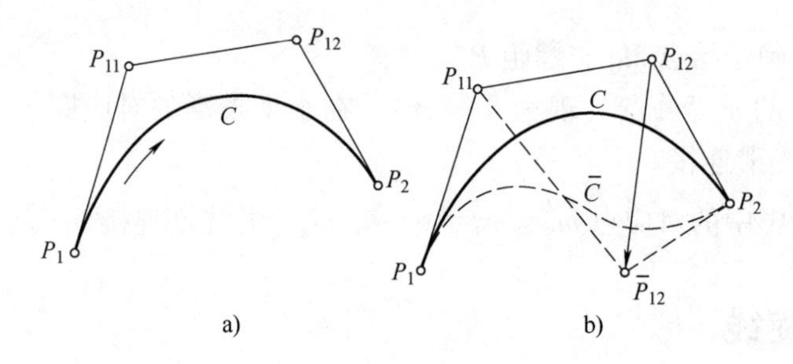

图　15-20

15.7.2　确定空间三次抛物线段上一点的作图方法

设曲线段由 $P_1P_{11}P_{12}P_2$ 确定，P_1、P_2 点对应的参数为 $t=0$、1，则曲线段上对应参数为 t_x（$0<t_x<1$）的点，可按图 15-21a 所示的作图方法求得，其步骤如下：

1）在特征多边形的各边 P_1P_{11}、$P_{11}P_{12}$、$P_{12}P_2$ 上，分别取分点 P_1^1、P_{11}^1、P_{12}^1，使 $P_1P_1^1=t_xP_1P_{11}$、$P_{11}P_{11}^1=t_xP_{11}P_{12}$、$P_{12}P_{12}^1=t_xP_{12}P_2$。

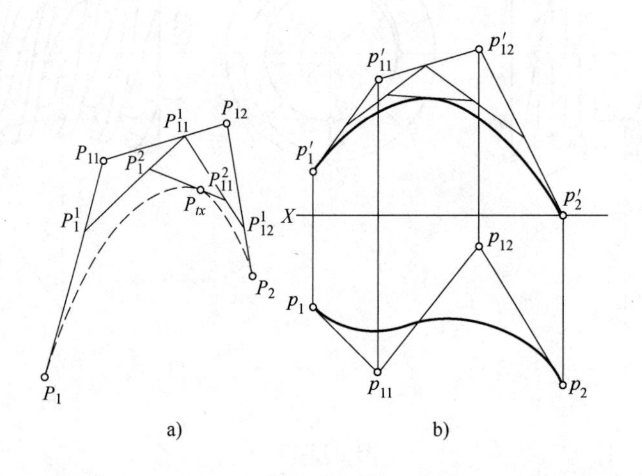

图　15-21

2）在边 $P_1^1P_{11}^1$、$P_{11}^1P_{12}^1$ 上，取分点 P_1^2、P_{11}^2，使 $P_1^1P_1^2=t_xP_1^1P_{11}^1$、$P_{11}^1P_{11}^2=t_xP_{11}^1P_{12}^1$。

3）在边 $P_1^2P_{11}^2$ 上取分点 P_{tx}，使 $P_1^2P_{tx}=t_xP_1^2P_{11}^2$、则 P_{tx} 即为曲线上对应参数为 t_x 的点。并且曲线段在 P_{tx} 点与边 $P_1^2P_{11}^2$ 相切。

若空间曲线由四点的投影给定，如图 15-21b 所示，则可在投影图中利用上述作图法，求出空间三次抛物线段上各点的投影。

15.7.3　空间三次抛物线段的组合

光滑连接数个空间三次抛物线段，可以构成任意形状的组合空间曲线。各段的端点称为曲线的节点。

如图 15-22 所示，由 n 个节点 P_1、P_2、……、P_n 构成由 $n-1$ 条空间三次抛物线段光滑连接的组合空间曲线。

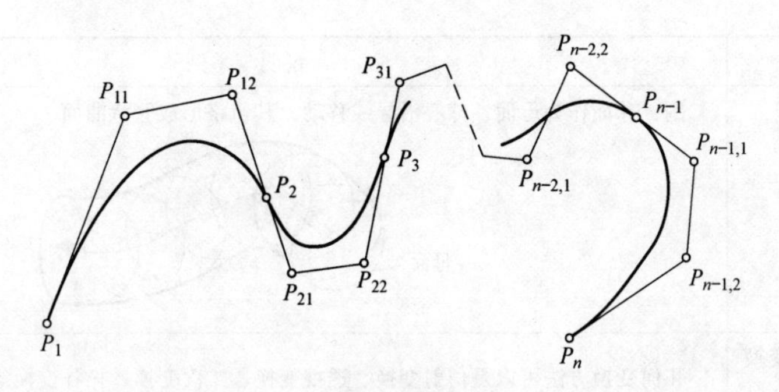

图 15-22

每一段曲线的贝齐尔多边形分别为 $P_1P_{11}P_{12}P_2$、$P_2P_{21}P_{22}P_3$、……、$P_{n-1}P_{n-1,1}P_{n-1,2}P_n$。

如果要求各曲线段光滑连接，即在各中间节点处有公共切线（称为具有斜率连续），必须使相邻的两个贝齐尔多边形在连接点（节点）处的邻边共线。即相邻三点 $P_{12}P_2P_{21}$、$P_{22}P_3P_{31}$、……、$P_{n-2,2}P_{n-1}P_{n-1,1}$ 分别共线。

15.8 曲面概述

15.8.1 曲面的形成

曲面的形成见表 15-1。

表 15-1 曲面的形成

形成方式	说明与举例
由空间点运动形成	例 1：与定点有定距的动点轨迹为一球面（见图 a） 例 2：与定点和定平面有等距离的动点轨迹为回转抛物面（见图 b） a) b)
由母线运动形成（详见表 15-4~表 15-9）	例：母线沿导线 1、2 滑动形成曲纹面 母线 导线2 导线1

（续）

形成方式	说明与举例
由母面运动包络形成（详见表 15-12）	例：球面作为母面，球心沿导线移动，其包络形成管状曲面 母面
由给出曲面用几何变换方式形成（详见表 15-13）	几何变换方法可以是仿射变换、透视变换、二次变换、拓扑变换等

15.8.2 曲面上点的分类

对于曲面上的非奇异点，按曲面在该点邻域内弯曲的性质，可分为下述几种类型（见图 15-23）：

1）椭圆型点。该点处总曲率 $K=k_1k_2>0$。即沿该点两个主方向，曲面弯曲方向相同，曲面位于该点切平面的同侧，如图 15-23a 所示。

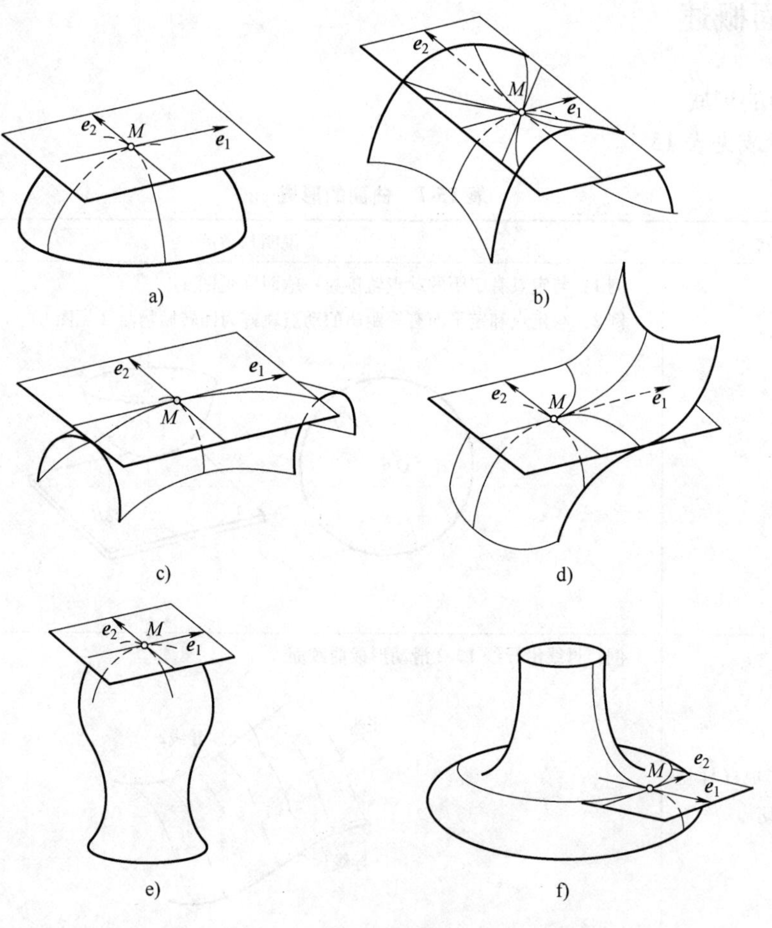

图 15-23

2）双曲型点。该点处总曲率 $K=k_1k_2<0$，即沿该点两个主方向，曲面弯曲方向相反，曲面与该点的切平面相截交，如图 15-23b 所示。

3）抛物型点。该点处总曲率 $K=k_1k_2=0$，即至少有一个主曲率为零。曲面与该点的切平面沿一线（直线或曲线）相切或产生具有尖点的截交线，如图 15-23c、d 所示。

4）球型点。在该点处 $k_1=k_2=k_n$，即各方向的法曲率皆相等。它为椭圆型点的一个特殊情况，如图 15-23e 所示。

5）平面型点。在该点处 $k_1=k_2=0$，即 $k_n=0$，各方向的法曲率皆为零。它为抛物型点的一个特殊情况，如图 15-23f 所示。

15.9 曲面的分类

15.9.1 曲面按其母线性质的分类

曲面由母线按一定运动规律运动而形成，母线在曲面上的每一个位置，称为曲面的素线（或仍称为母线）。控制母线运动的直线或曲线、平面或曲面，分别称为导线、导面，如图 15-24 所示。

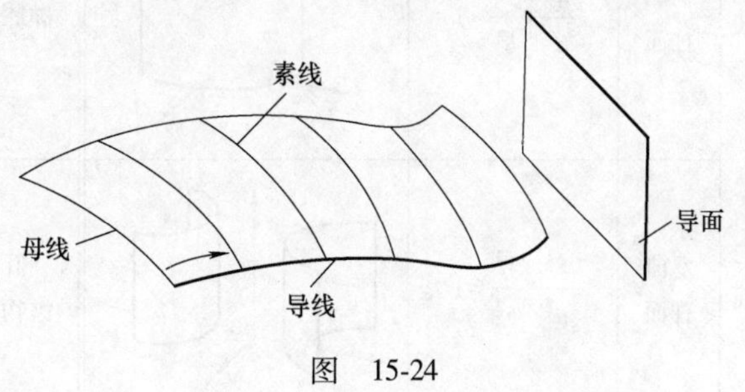

图 15-24

由直线作为母线运动形成的曲面，称为直纹面。只能由曲线作为母线运动形成的曲面，称为曲纹面。

曲面的分类见表 15-2。

各类曲面的说明详见表 15-4、表 15-6、表 15-8 和表 15-9。

表 15-2 曲面的分类

分类		举例
直纹面	可展曲面（单曲面）	圆柱面、圆锥面、渐开线螺旋面
	不可展直纹面（扭曲面）	单叶双曲面、双曲抛物面、正螺旋面
曲纹面	定母线曲面	球面、环面、双叶双曲面
	变母线曲面	三轴椭球面、机身曲面、船体曲面、车身曲面

15.9.2 曲面按其母线运动方式的分类

按母线运动方式，曲面可以分为：

1）回转曲面。由母线绕轴线回转形成，如圆柱面、圆锥面、球面、圆环面等。

2）平移曲面。由母线沿导线平移形成，如柱面。

3）螺旋面。由母线作螺旋运动形成，如圆柱螺旋面（见 15.15 节）等。

4）其他。母线按其他运动规律形成的曲面。

15.10 二次曲面的表达式

二次曲面表达式的标准形式及对应的图形见表 15-3（指非退化的二次曲面）。

表 15-3　二次曲面

曲面		方程	图形	曲面	方程	图形
柱面	圆柱面	$x^2+y^2=a^2$	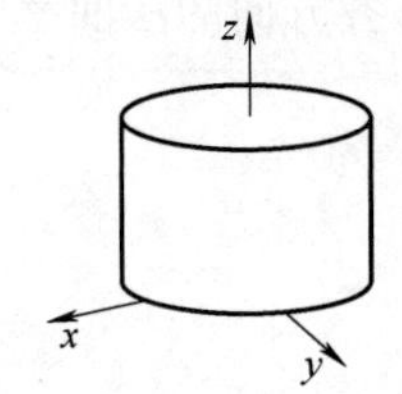	球面	$x^2+y^2+z^2=a^2$	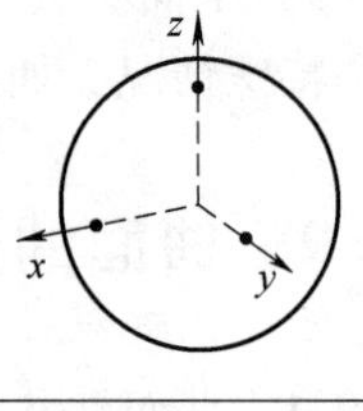
	椭圆柱面	$\frac{x^2}{a^2}+\frac{y^2}{b^2}=1$	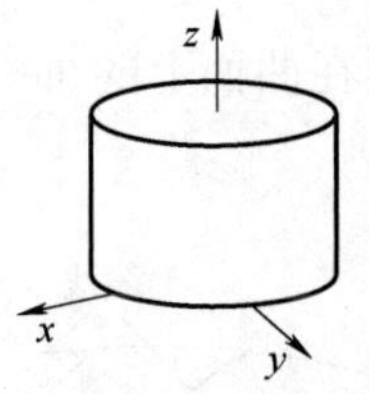	椭球面	$\frac{x^2}{a^2}+\frac{y^2}{b^2}+\frac{z^2}{c^2}=1$	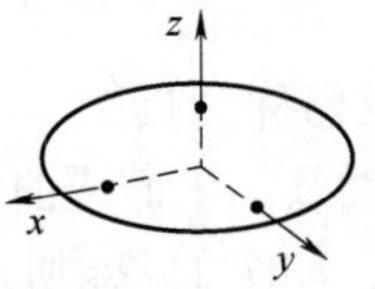
	双曲柱面	$\frac{x^2}{a^2}-\frac{y^2}{b^2}=1$	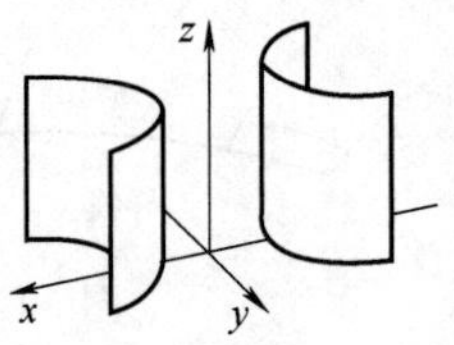	椭圆抛物面	$\frac{x^2}{p}+\frac{y^2}{q}-2z=0$	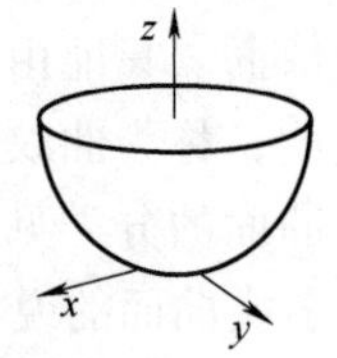
	抛物柱面	$x^2-2py=0$	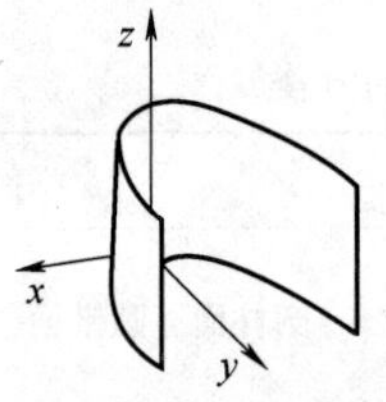	双叶双曲面	$\frac{x^2}{a^2}+\frac{y^2}{b^2}-\frac{z^2}{c^2}=-1$	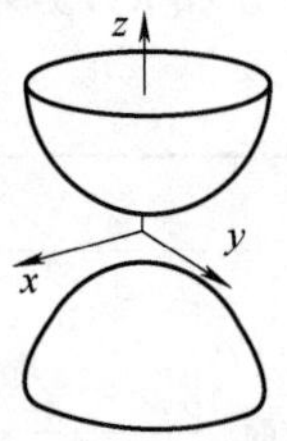
锥面	圆锥面	$\frac{x^2+y^2}{a^2}-\frac{z^2}{c^2}=0$	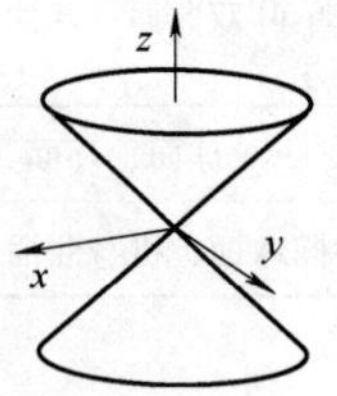	单叶双曲面	$\frac{x^2}{a^2}+\frac{y^2}{b^2}-\frac{z^2}{c^2}=1$	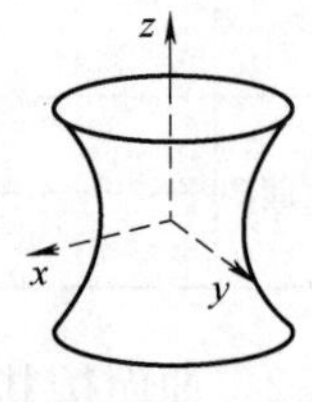
	椭圆锥面	$\frac{x^2}{a^2}+\frac{y^2}{b^2}-\frac{z^2}{c^2}=0$	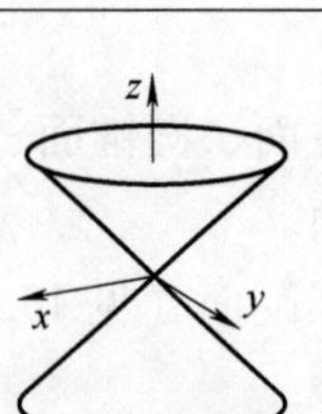	双曲抛物面	$\frac{x^2}{p}-\frac{y^2}{q}-2z=0$	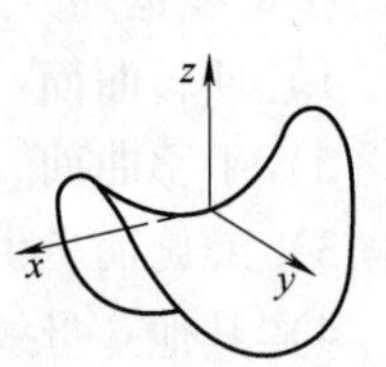

15.11 可展曲面（单曲面）

可展曲面又称为单（曲率）曲面。用直线作母线形成可展曲面的方式及与之对应的投影表示见表15-4。

可展曲面的几何特征见表15-5。

表15-4 可展曲面的形成方式及投影表示

曲面	形成方式	投影表示
回转面（圆柱面和圆锥面）	与轴线平行或相交的母线 m 回转形成圆柱面或圆锥面	一般用曲面的轮廓线表示
一般柱面	母线 m 与定直线 s 平行，同时与导线 L 相交而形成	可用定直线 s 与导线 L 的投影来表示
一般锥面	母线 m 过定点 S（锥顶），且与导线 L 相交而形成	可用锥顶点 S 与导线 L 的投影表示
切线曲面（又称回折棱面或盘旋面）	由导线 L（称为回折棱或脊线）的切线形成	可用导线 L 的投影表示

表 15-5　可展曲面的几何特征

1）曲面的两相邻素线皆为相交直线（或平行直线）
2）曲面可展开为一平面
3）曲面一直纹上各点具有公共的切平面，一直纹上各点的法线位于一公共的法平面内

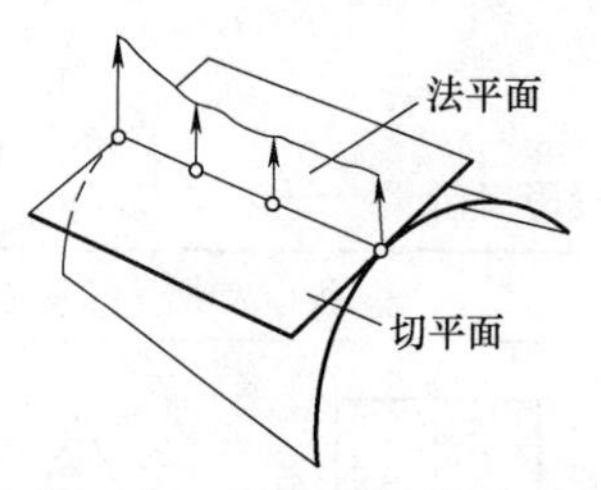

4）曲面上各点的总曲率为零，即曲面由抛物型点构成
5）过空间一点 S，作直线与曲面的素线平行，则形成该曲面的导锥面。曲面上一素线 m 的切平面 σ 与导锥面上对应素线 m_S 的切平面 σ_S 相互平行

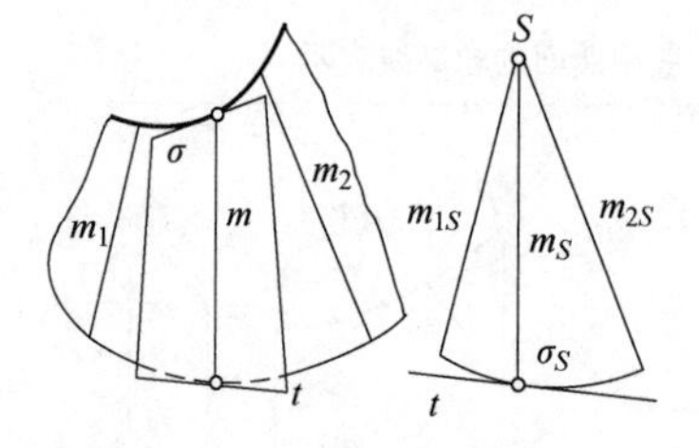

6）曲面的各素线是曲面上一条曲线的切线（一般情况下），这条曲线 L 称为曲面的回折棱或脊线。曲面以脊线为界分为两叶。任一平面 ε 与曲面的截交线 C 以脊线上的交点 K 为尖点
所以一般情况下的可展曲面又称为切线曲面

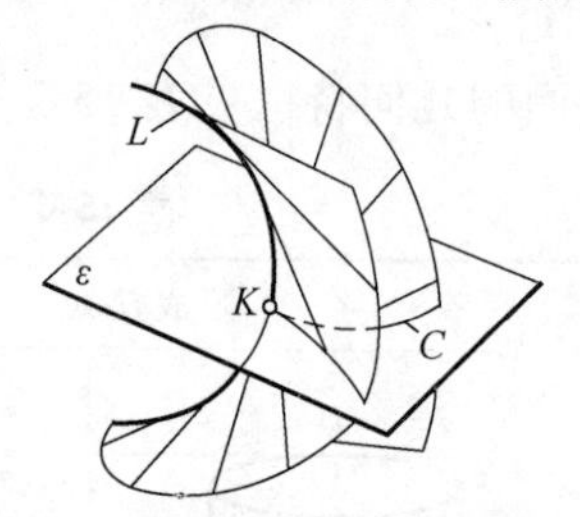

7）曲面的各素线的切平面构成一个切平面族，它就是曲面脊线的密切平面族。反之，平面作单参数运动形成的平面族，其包络为一切线曲面，其特征线即为曲面的脊线
8）脊线 L 上一点的渐伸线是一条空间曲线。它位于曲面上，并和曲面各直纹垂直，所以脊线的渐伸线族与直纹组成曲面的正交网

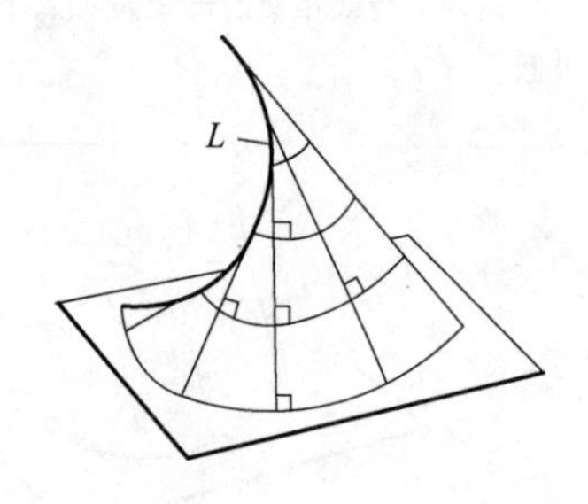

15.12　不可展直纹曲面（扭曲面）

不可展直纹曲面（扭曲面）又称为复（曲率）曲面。用直线作母线运动形成的不可展曲面，其形成方式和投影表示见表 15-6。

表 15-6　不可展直纹曲面的形成方式及投影表示

曲面	形成方式	投影表示
单叶回转双曲面	由与轴线交叉的直母线回转运动形成曲面，有两族直纹	可用回转轴线与一素线的投影表示，或用曲面的轮廓线表示

（续）

曲面	形成方式	投影表示
一般单叶双曲面	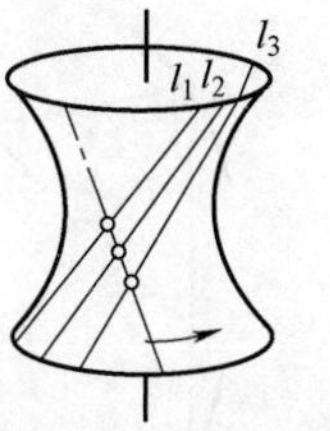 l_1 l_2 l_3 直母线运动时，始终与三条交叉直导线 l_1、l_2、l_3 相交 曲面有两族直纹	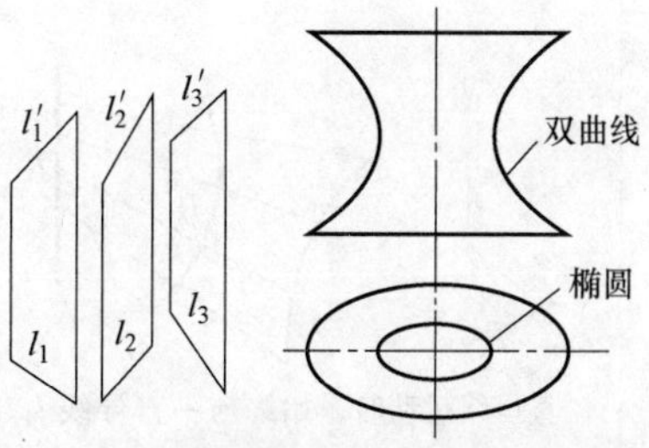 l_1' l_2' l_3' l_1 l_2 l_3 双曲线 椭圆 可用三条交叉直线的投影表示，或用曲面的轮廓线表示
双曲抛物面	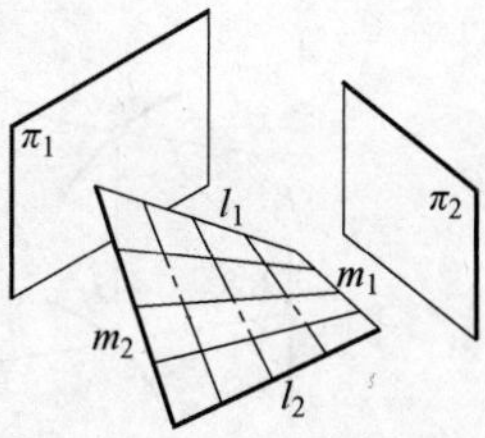 π_1 π_2 l_1 m_1 m_2 l_2 直母线运动时，与两条交叉直导线 l_1、l_2 相交，且与一导平面 π 平行 曲面有两族直纹，分别平行对应的导平面 π_1 和 π_2	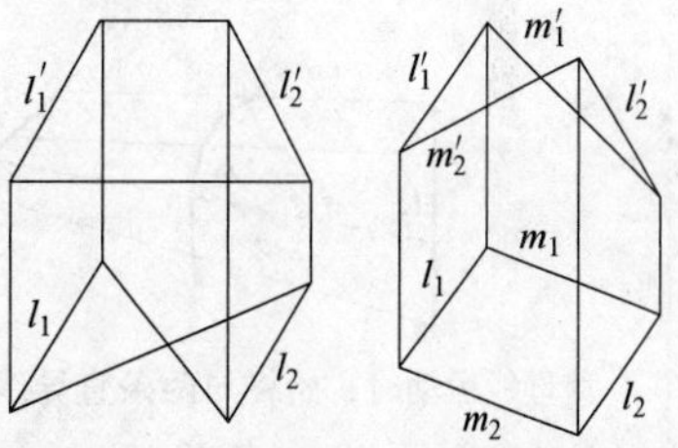 l_1' l_2' l_1 l_2 m_1' m_2' m_1 m_2 可用两导线 l_1、l_2 与导平面（例如 H 面）的投影表示，也可用给出曲面的四条边界 l_1、l_2、m_1、m_2 的投影表示
柱状面	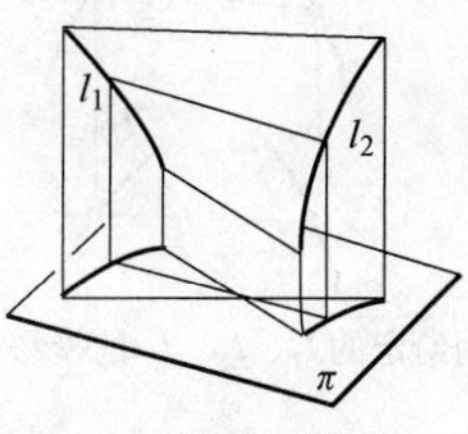 l_1 l_2 π 直母线运动时，与两条曲导线 l_1、l_2 相交，同时与一导平面 π 平行	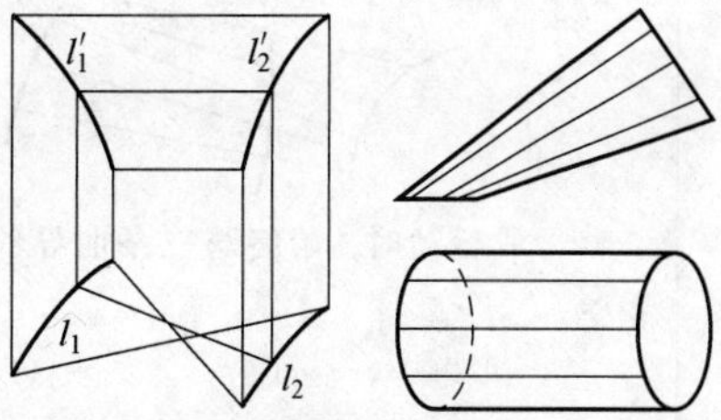 l_1' l_2' l_1 l_2 可用给定 l_1、l_2 与导平面（如 H 面）的投影表示，或用曲面轮廓线表示
锥状面	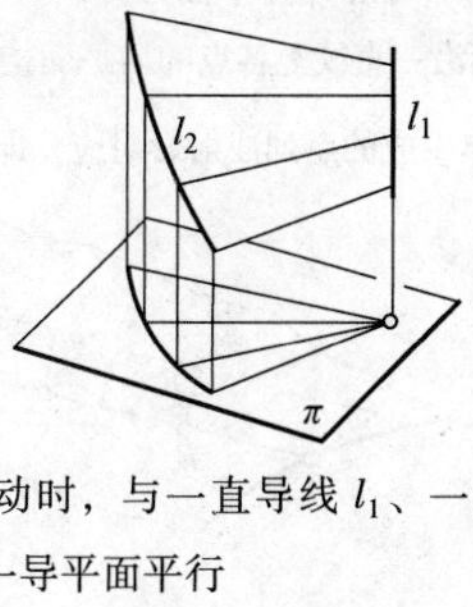 l_1 l_2 π 直母线运动时，与一直导线 l_1、一曲导线 l_2 相交，同时与一导平面平行	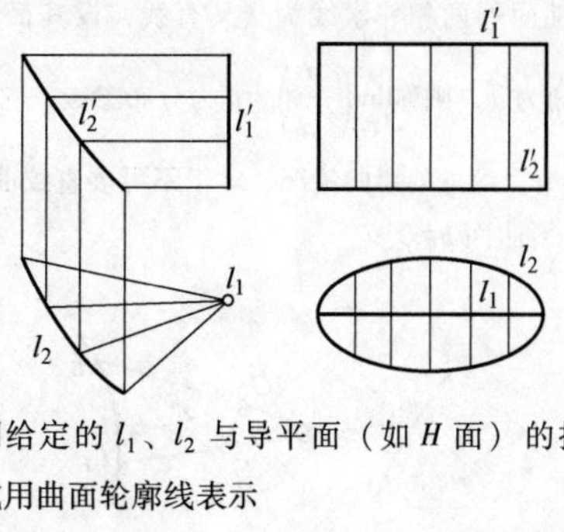 l_2' l_1' l_1 l_2 可用给定的 l_1、l_2 与导平面（如 H 面）的投影表示，或用曲面轮廓线表示

（续）

曲面	形成方式	投影表示
扭柱状面	直母线运动时，始终与一直导线 l_1、两条曲导线 l_2、l_3 相交	可用给定的 l_1、l_2、l_3 的投影表示
扭锥状面	直母线运动时，始终与两条直导线 l_1、l_3 和一条曲导线 l_2 相交	可用给定的 l_1、l_2、l_3 的投影表示
扭柱面	直母线运动时，始终与三条曲导线 l_1、l_2、l_3 相交	可用给定的 l_1、l_2、l_3 的投影表示

不可展直纹曲面的几何特征见表 15-7。

表 15-7　不可展直纹曲面的几何特征

1）曲面的两相邻素线为交叉直线，设其最短距离为 d，交角为 φ，则称 $\lim\limits_{d\to 0}\left(\dfrac{d}{\varphi}\right)=p$ 为分布参数，它描述了曲面上某一直纹处的扭曲情况。对于不可展直纹曲面 $p\neq 0$，对于可展曲面 $p=0$

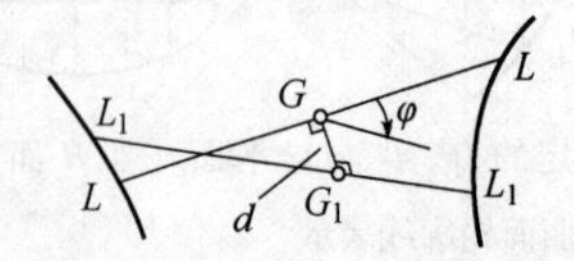

2）曲面不可展开为平面

3）曲面沿一直纹上各点的切平面构成一平面束，它与该直纹上各切点组成的点列成射影对应，即 $l\ (ABCD)\ \overline{\wedge}\ l\ (\alpha\beta\gamma\delta)$

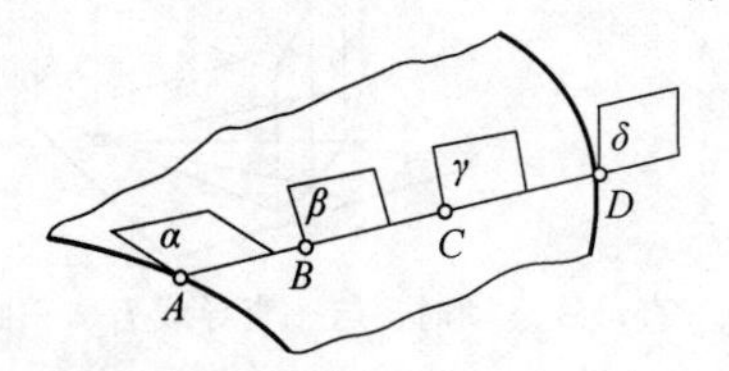

（续）

4）曲面沿一直纹上各点的法线构成一法线等边双曲抛物面的一族直纹 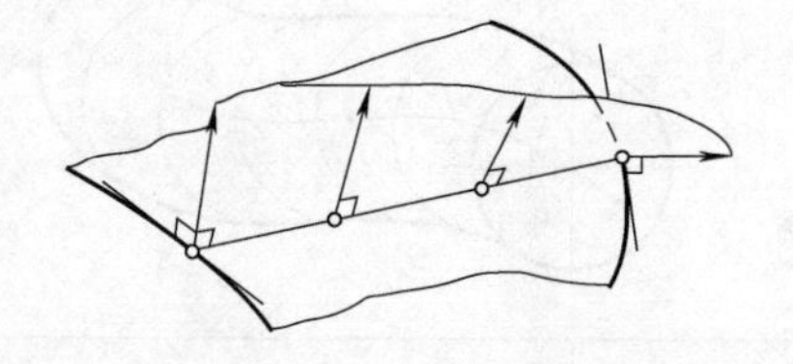	5）曲面的两相邻素线的公垂线垂足 G 的极限位置为该直纹的腰点。腰点的轨迹为曲面的腰曲线。腰点的切平面称为腰切面（对于可展曲面，腰曲线就是回折棱） 6）自空间一点 S，引直线与扭曲面各直纹平行，构成扭曲面的导锥面。曲面上一素线的腰切面与导锥面上对应素线的切平面垂直 7）曲面上各点的总曲率恒小于零，即不可展直纹曲面由双曲型点构成

15.13 定母线曲纹面

曲纹面的母线只能是曲线（一般采用平面曲线）。曲纹面可分为定母线曲纹面与变母线曲纹面两大类。

定母线曲纹面指母线在运动过程中不改变其形状而形成的回转面。母线的运动方式有绕轴线回转、与导平面平行、绕轴线作螺旋运动等，见表 15-8。

表 15-8 定母线曲纹面

曲面	说明与举例
回转面	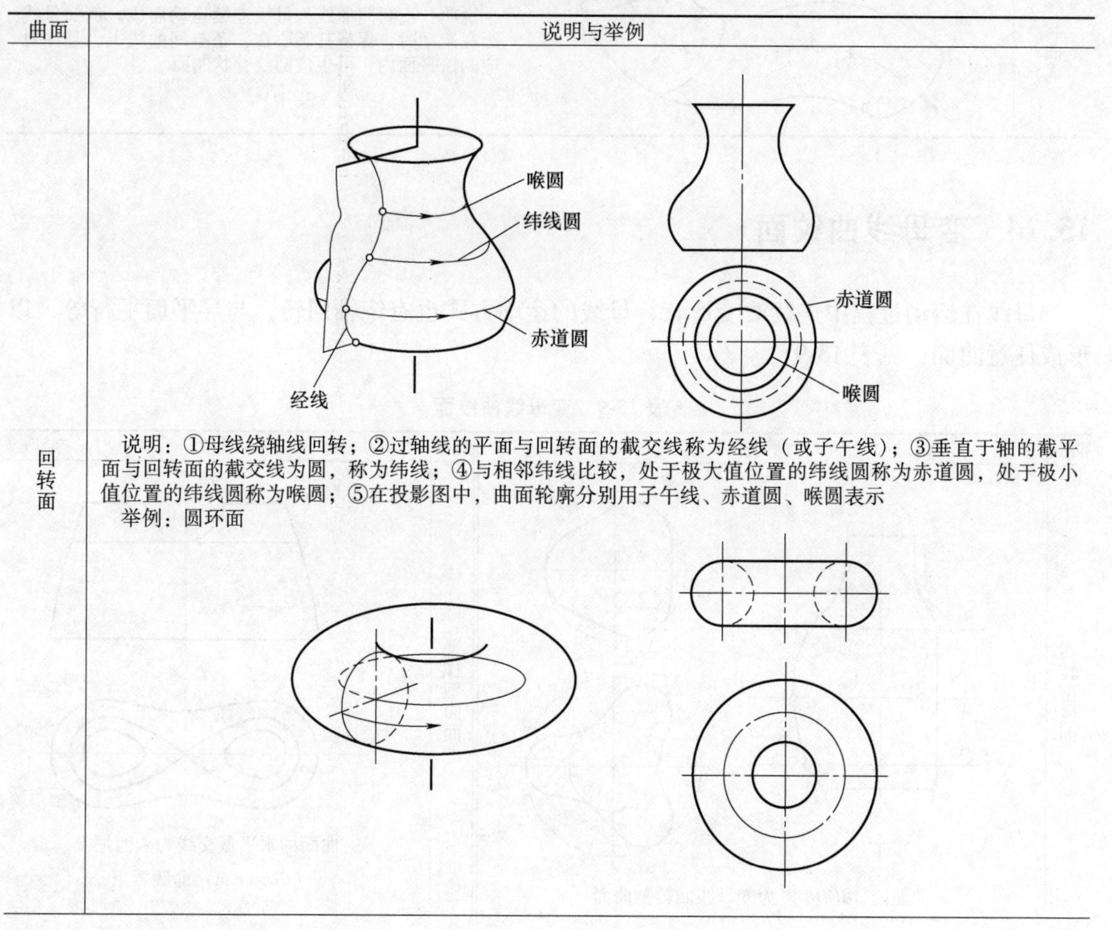 说明：①母线绕轴线回转；②过轴线的平面与回转面的截交线称为经线（或子午线）；③垂直于轴的截平面与回转面的截交线为圆，称为纬线；④与相邻纬线比较，处于极大值位置的纬线圆称为赤道圆，处于极小值位置的纬线圆称为喉圆；⑤在投影图中，曲面轮廓分别用子午线、赤道圆、喉圆表示 举例：圆环面

（续）

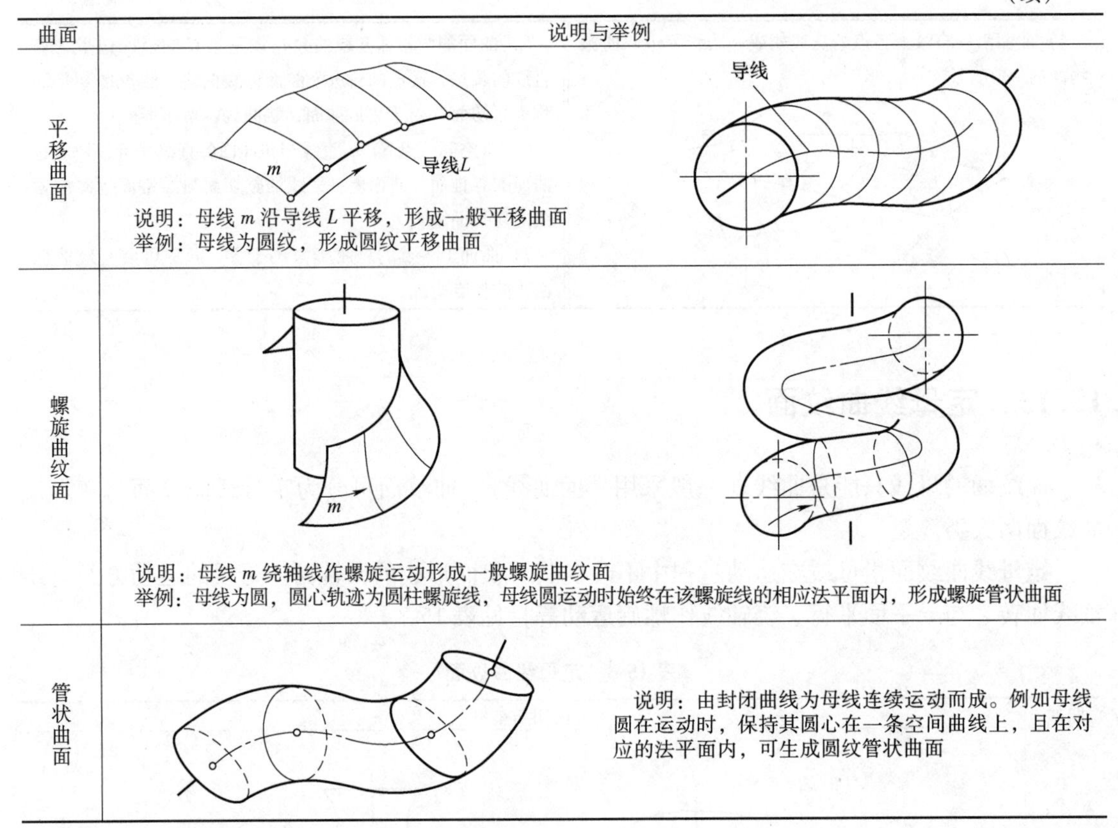

曲面	说明与举例
平移曲面	说明：母线 m 沿导线 L 平移，形成一般平移曲面 举例：母线为圆纹，形成圆纹平移曲面
螺旋曲纹面	说明：母线 m 绕轴线作螺旋运动形成一般螺旋曲纹面 举例：母线为圆，圆心轨迹为圆柱螺旋线，母线圆运动时始终在该螺旋线的相应法平面内，形成螺旋管状曲面
管状曲面	说明：由封闭曲线为母线连续运动而成。例如母线圆在运动时，保持其圆心在一条空间曲线上，且在对应的法平面内，可生成圆纹管状曲面

15.14 变母线曲纹面

母线在运动过程中连续改变形状，母线的运动方式也有绕轴回转、与导平面平行等，以形成任意曲面，见表 15-9。

表 15-9 变母线曲纹面

曲面	举例	曲面	举例
回转型曲面	A, B, C, D, E；B—B；D—D；C—C 曲面的 *ABCDE* 段为变母线回转型曲面	平移型曲面	曲面的水平截交线为卡西尼（Cassinian）曲线族

（续）

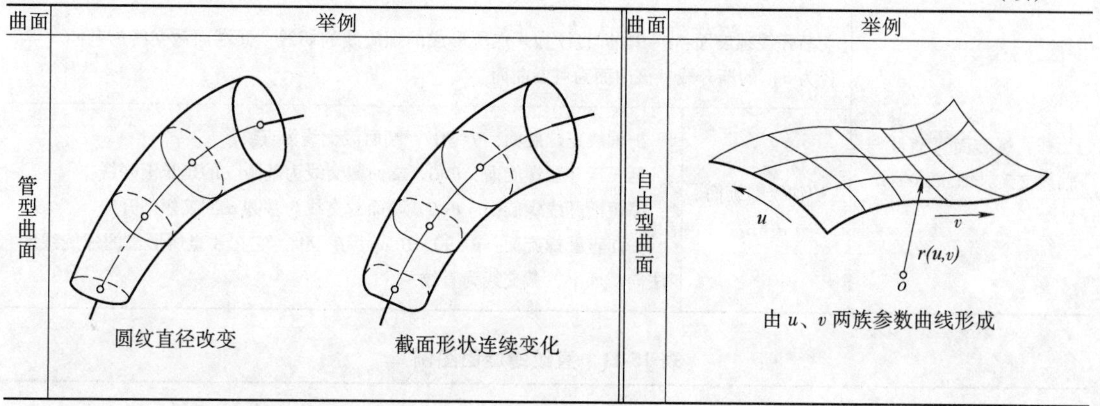

曲面	举例	曲面	举例
管型曲面	圆纹直径改变　截面形状连续变化	自由型曲面	由 u、v 两族参数曲线形成

15.15 圆柱螺旋面

母线（直线或曲线）绕轴线作螺旋运动，可形成各种螺旋面，本节只介绍圆柱螺旋面。

15.15.1 直纹螺旋面（等导程）

直纹螺旋面由直纹绕轴线作等导程螺旋运动形成，如图 15-25a 所示。

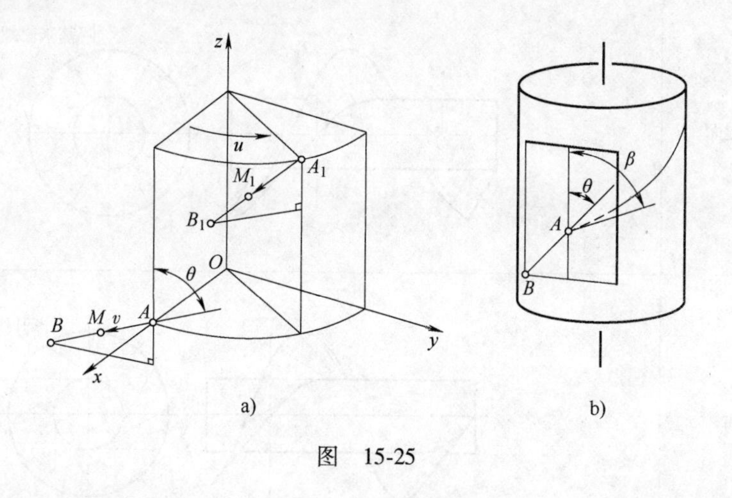

图　15-25

设 A 点形成的圆柱螺旋线的螺旋角为 β（见图 15-25b）则 $\beta=\arctan\dfrac{a}{b}$（设 $b>0$，即右旋时）。

根据直纹与轴线的不同相对位置，所形成的螺旋面类型及其特征见表 15-10。其图例见表 15-11。表 15-11 中的 T_v 表示某一端截面位置，并画出了相应的端面截交线。

表 15-10　直纹螺旋面的分类及特征

闭式螺旋面（直纹与轴线相交，即 $a=0$）	阿基米德正螺旋面：直纹与轴线垂直相交，其端面截交线与轴向截交线为直纹
	阿基米德斜螺旋面：直纹与轴线斜交，轴向截交线为直纹，端面截交线为阿基米德螺旋线

（续）

<table>
<tr><td rowspan="2">开式螺旋面（直纹与轴线交叉，即 $a\neq0$）</td><td colspan="2">渐开线螺旋面：$\theta=\beta$，即直纹为 A 点所形成的螺旋线的切线，其端面截交线为基圆（半径为 a）的渐开线。该曲面为可展曲面</td></tr>
<tr><td>护轴线螺旋面
$\theta\neq\beta$</td><td>护轴线正螺旋面：$\theta=90°$，端面截交线为直纹
延长渐开线螺旋面：$\theta>\beta$，端面截交线为基圆 α 的延长渐开线
缩短渐开线螺旋面：$\theta<\beta$，端面截交线为基圆 α 的缩短渐开线
法向直廓螺旋面：$\theta=90°+\beta$ 或 $\theta=\beta-90°$，它在 A 点所形成的螺旋线的法向截面上，截交线为直纹</td></tr>
</table>

表 15-11　直纹螺旋面图例

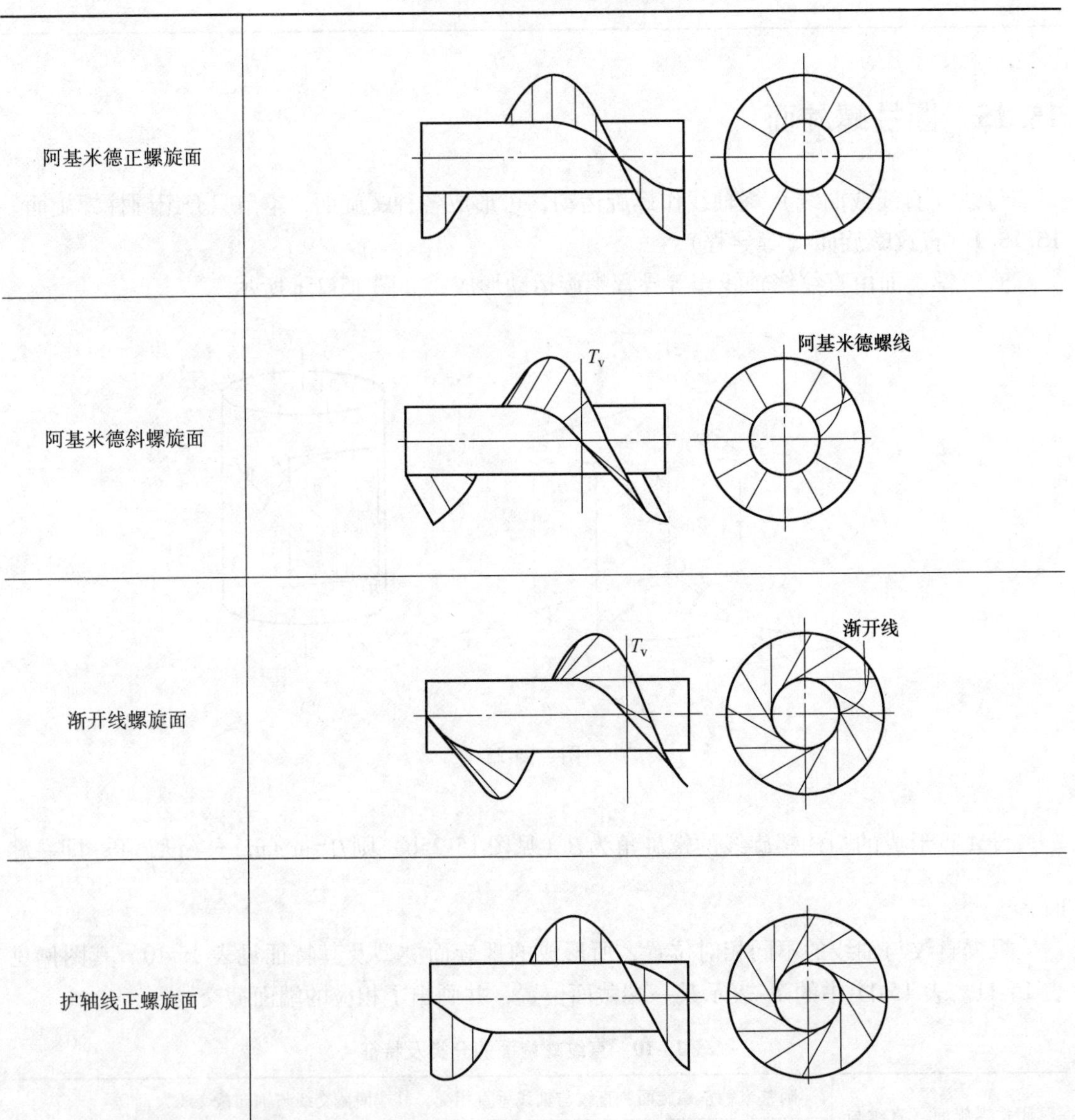

阿基米德正螺旋面
阿基米德斜螺旋面
T_v
阿基米德螺线
渐开线螺旋面
T_v
渐开线
护轴线正螺旋面

（续）

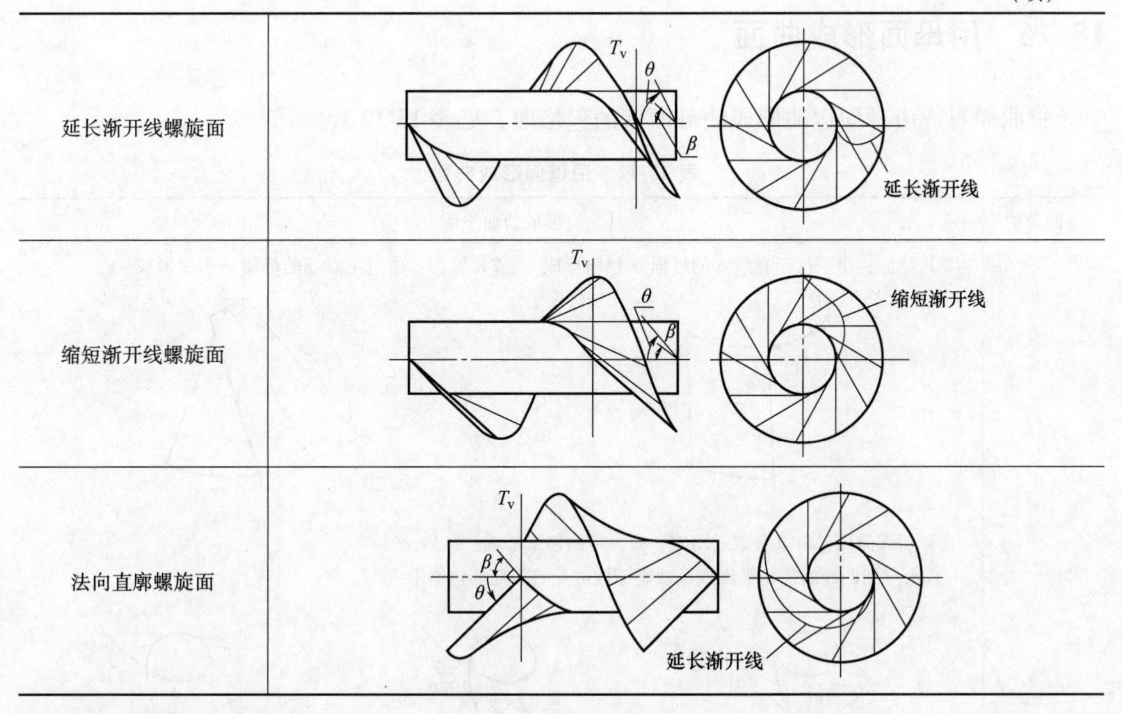

15.15.2 曲纹螺旋面

只能由曲母线作螺旋运动形成的螺旋面称为曲纹螺旋面。

例 1： 图 15-26 所示的滚珠丝杠，其螺旋面的法向截交线为圆弧。

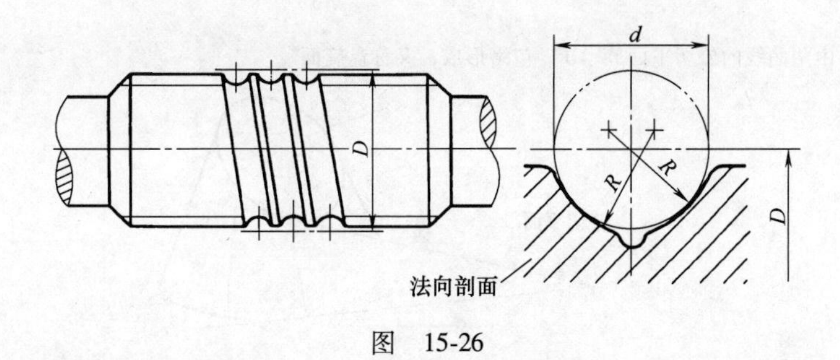

图 15-26

例 2： 图 15-27 所示螺杆泵中的螺杆，螺旋面的端面截交线为摆线弧。

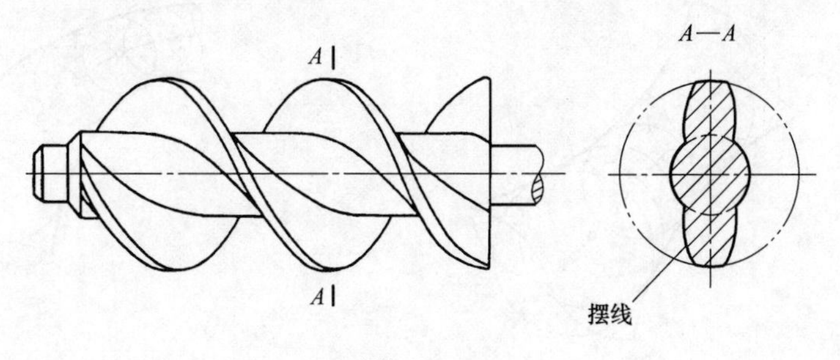

图 15-27

15.16 用母面形成曲面

把曲面看成由母面运动形成的母面族的包络面，见表 15-12。

表 15-12 用母面形成曲面

母面类型	形成曲面举例
平面	1）柱面：由平行于直线 S 的母面 σ 包络形成　2）锥面：由过定点 S 的母面 σ 包络形成 3）切线曲面：由单参数运动的平面为母面包络形成。例如： ① 由空间曲线的密切平面族、法平面族或化直平面族包络形成 由密切平面族 $\{m\}$ 包络形成　由法平面族 $\{f\}$ 包络形成　由化直平面族 $\{b\}$ 包络形成 ② 由两曲线的公切平面族 $\{\sigma\}$ 包络形成，又称盘旋面
球面	1）回转面：球面族的球心在回转轴线上　2）管状曲面：球面族的球心在一条曲线上

（续）

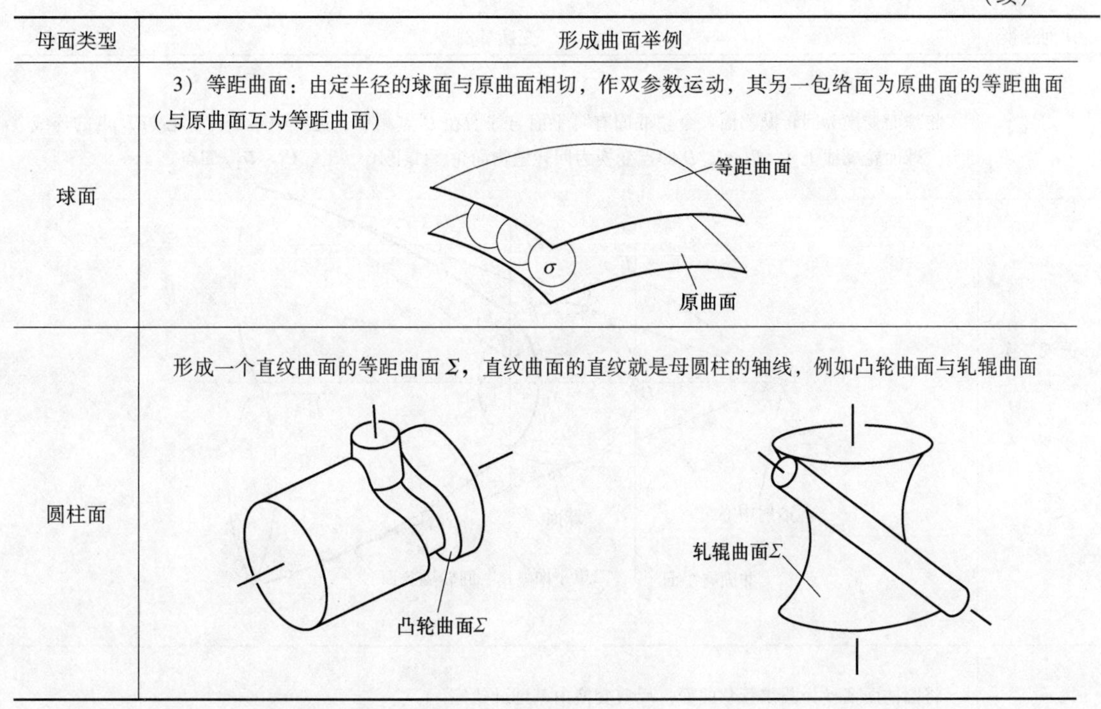

母面类型	形成曲面举例
球面	3）等距曲面：由定半径的球面与原曲面相切，作双参数运动，其另一包络面为原曲面的等距曲面（与原曲面互为等距曲面） 等距曲面 σ 原曲面
圆柱面	形成一个直纹曲面的等距曲面 Σ，直纹曲面的直纹就是母圆柱的轴线，例如凸轮曲面与轧辊曲面 凸轮曲面Σ 轧辊曲面Σ

15.17　用几何变换形成曲面（在曲面设计中的应用）

利用仿射变换、透视变换、反演变换及拓扑变换等，可将简单曲面（如球面、圆柱面等）变换为较复杂的曲面。见表 15-13。

利用仿射变换和拓扑变换可以解决复杂曲面的设计作图问题，见表 15-14。

表 15-13　用几何变换形成曲面

几何变换	变换举例
仿射变换	将球面变换为三轴椭球面：经二次空间仿射变换，第一次为沿 X 轴方向的拉伸；第二次为沿 Z 轴方向的压缩 沿Z轴方向压缩 沿X轴方向拉伸

(续)

几何变换	变换举例
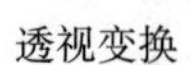透视变换	将球面变换为回转抛物面：令“非固有”平面与球面在 D 点相切，透射中心 S 在球心与 D 点的连线上。球面轮廓线上 A、B、C、D 四点变换为回转抛物面轮廓线上 A_1、B_1、C_1、$D_{1\infty}$ 四点。 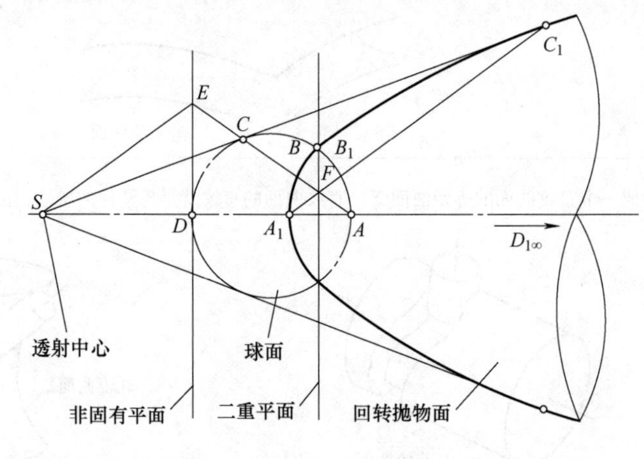
反演变换	将圆柱面变换为圆纹管状曲面；反演变换由基球面给定 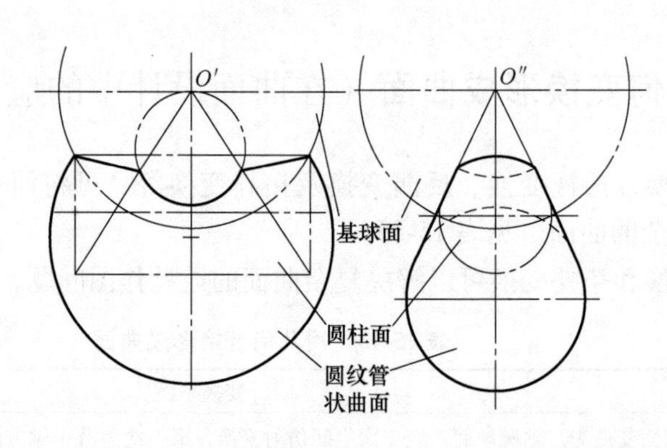
拓扑变换	将锥面变换为曲纹面：原曲面上 A 点变换为 A_1 点 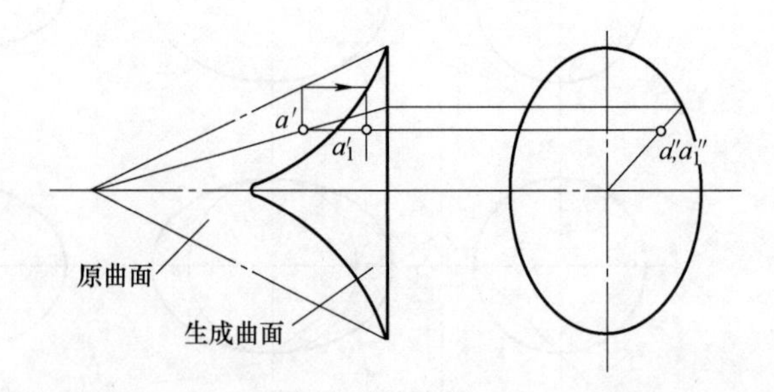

表 15-14　利用拓扑变换作曲面设计

<table>
<tr>
<td>约定条件</td>
<td>

1）原曲面的一组截面曲线与生成曲面对应的截面曲线成仿射对应，互为比例曲线。如图所示，$A12B$ 与 $C34D$ 互为比例曲线，因此，若 AB 为光滑曲线，则 CD 也为光滑曲线

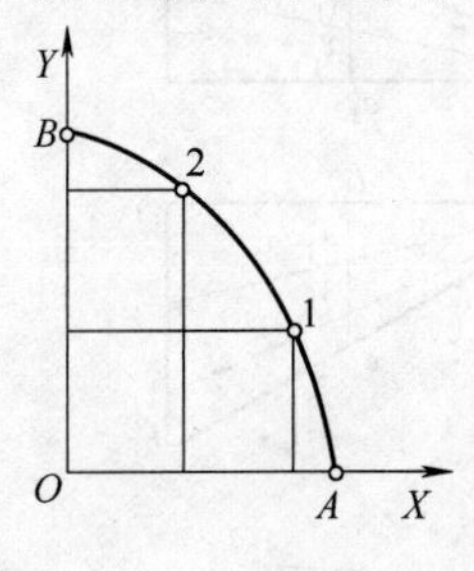

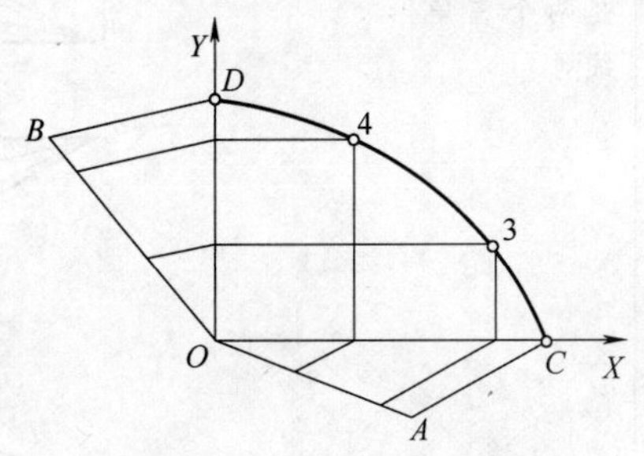

2）原曲面和生成曲面的边界曲线 AB 与 CD 间点列的对应可按下列关系选取

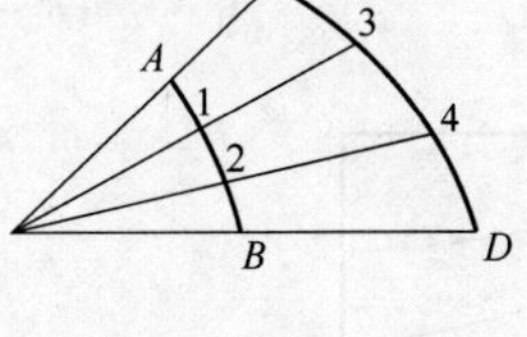
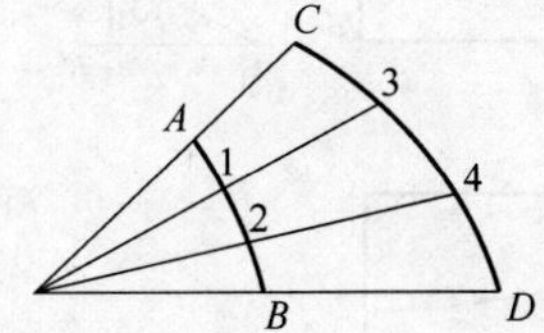

中心投射关系

等分点对应关系

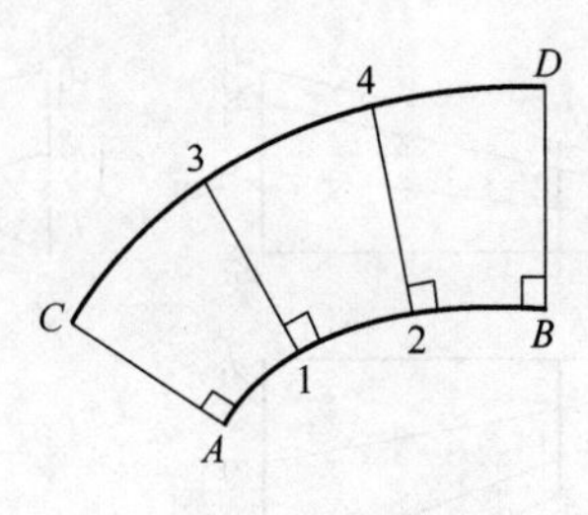

法线对应关系

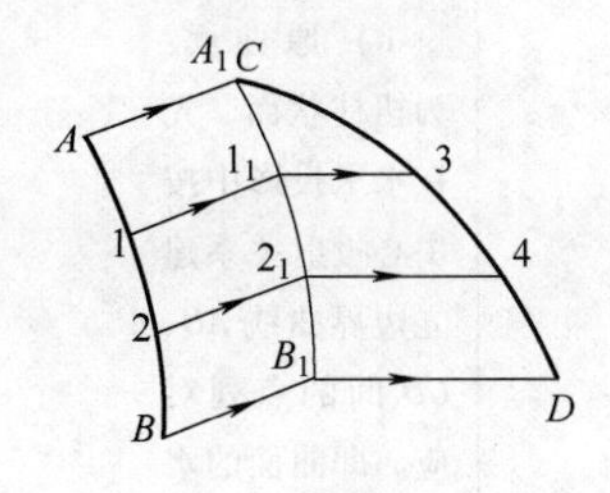

平移关系

</td>
</tr>
<tr>
<td>曲面边界给定的方式</td>
<td>

1）由三边界曲线 AB、BC、AC 给定

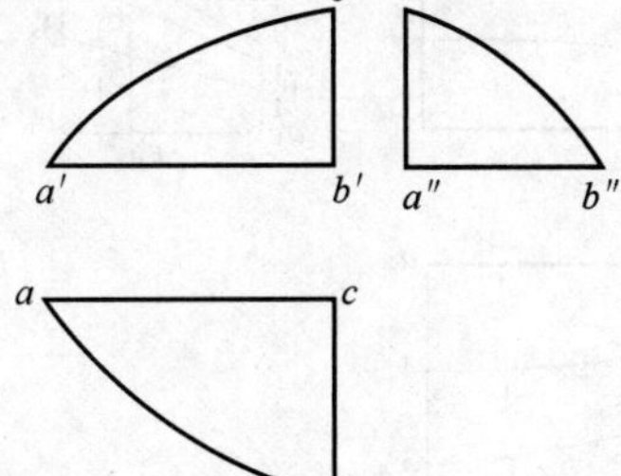

2）由四边界曲线 AB、CD、AC、BD 给定

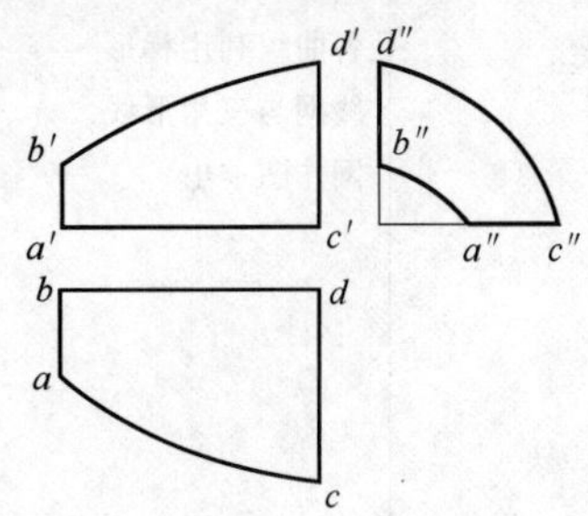

</td>
</tr>
</table>

由锥面生成曲纹面	1）原曲面：为锥面，其正面投影及水平投影是两个三角形线网 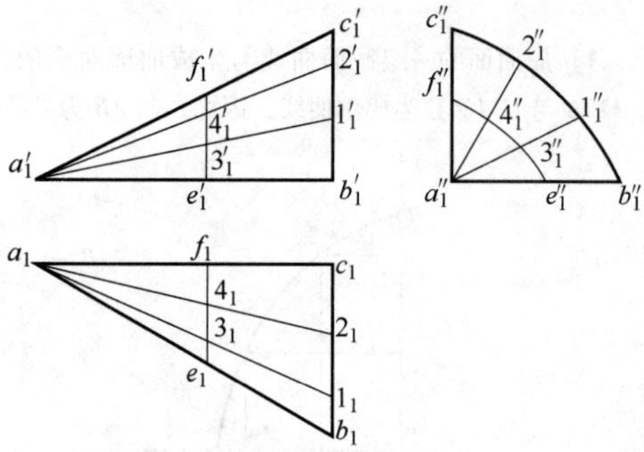 2）生成曲面：各曲纹用两个三角形线网作图求出，如图中的截面线 *EF* 和曲纹 *A*1、*A*2 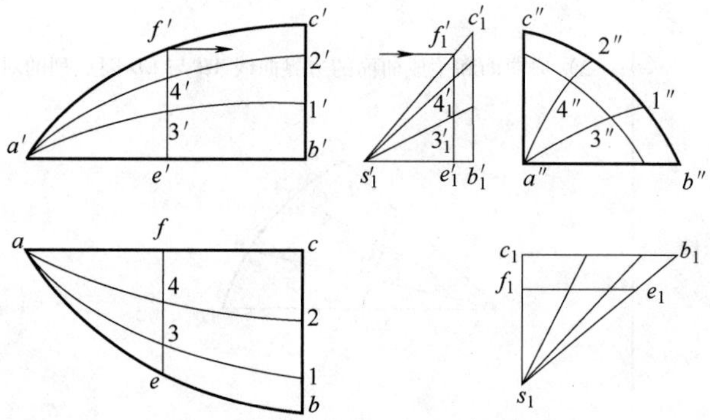
由扭柱状面生成曲纹面（一）	1）原曲面：为扭柱状面，先在水平投影中按中心投射关系建立边界曲线 *AB*、*CD* 间的点列对应。即曲面的水平投影构成三角形线网，正面投影构成梯形线网 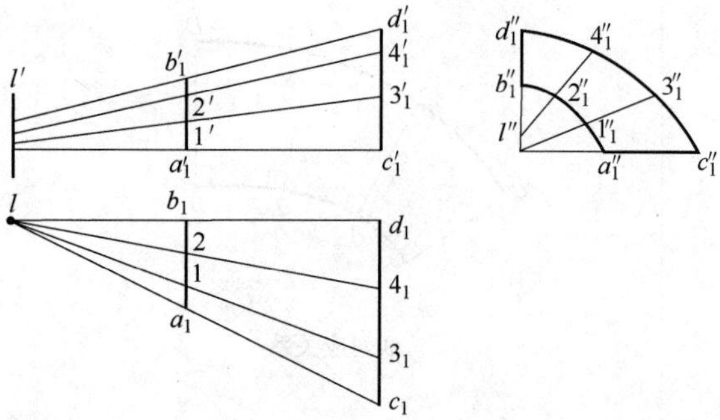 2）生成曲面：各曲纹利用梯形线网与三角形线网作图求出 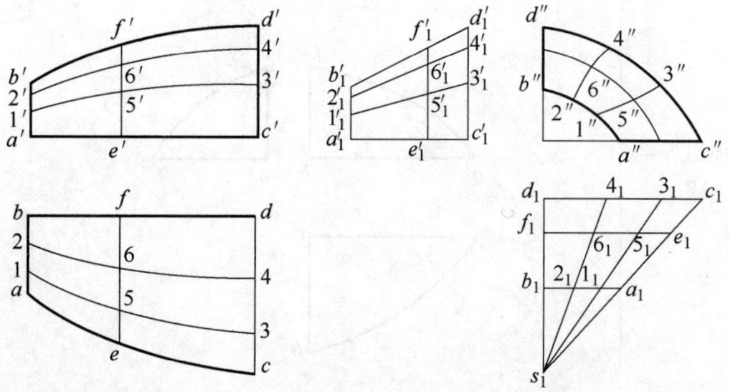

（续）

由扭柱状面生成曲纹面（二）	1）原曲面：为扭柱状面 2）生成曲面：边界曲线如图给定，边界曲线 AC、BD 间的对应点用法线法确定，由此确定各中间截面的位置 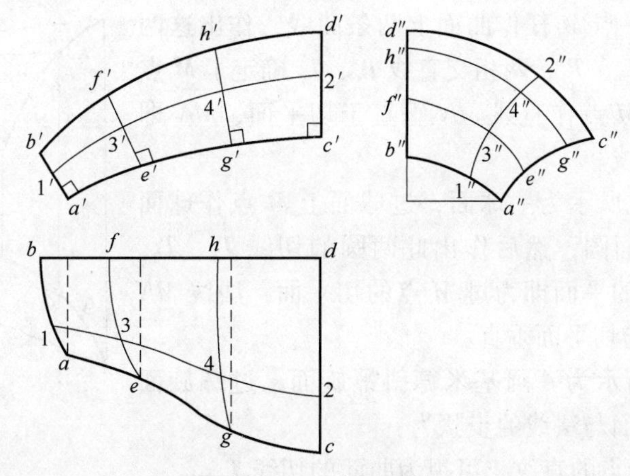 ① 生成曲面可视为由原曲面（扭柱状面）二次变形而形成 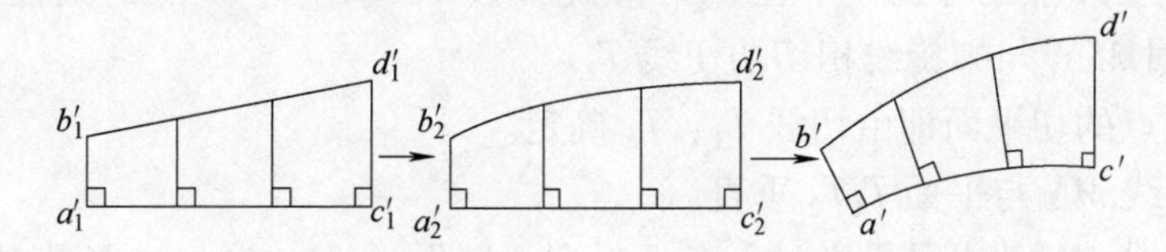 ② 各截面线的真形可按三角形线网与梯形线网方法作图求出 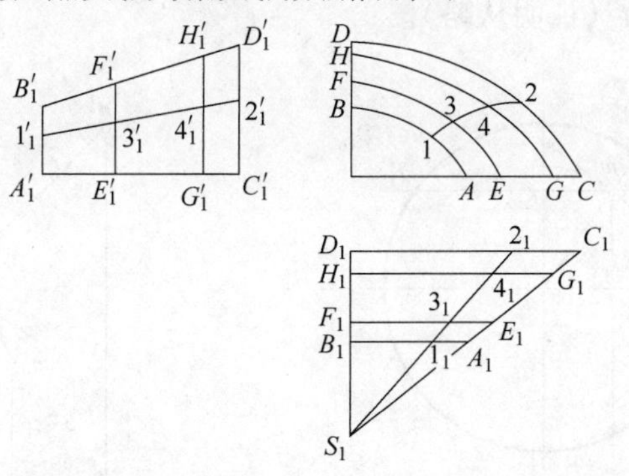

15.18 曲面中的作图问题

15.18.1 在直纹曲面中，由给定的导线作其素线

如图 15-28 所示，设由三曲导线 L_1、L_2、L_3 给出一扭柱面，现过 L_1 上的 A 点作曲面的素线（直纹），其步骤如下：

1）以 A 为顶点，以 L_3 为导线作一辅助锥面 K_1。

2）过 L_2 作一投射柱面 K_2（垂直正面）。

3）求出曲面 K_1 与 K_2 的交线 L_4 的水平投影 l_4。

4）l_4 与 l_2 的交点为 b，由 b 求得 b'。

5）连接 AB 并延长至 C（与 L_3 的交点），直线 ABC 即扭柱面上过 A 点的直纹。

15.18.2 作曲面的切平面与法线

过曲面上一点 M 任作曲面上两条曲线，作出这两条曲线的切线 T_1、T_2，两相交直线 T_1、T_2 确定了 M 点的切平面。过 M 点作直线 MN 垂直于切平面，MN 即为过 M 点的法线。

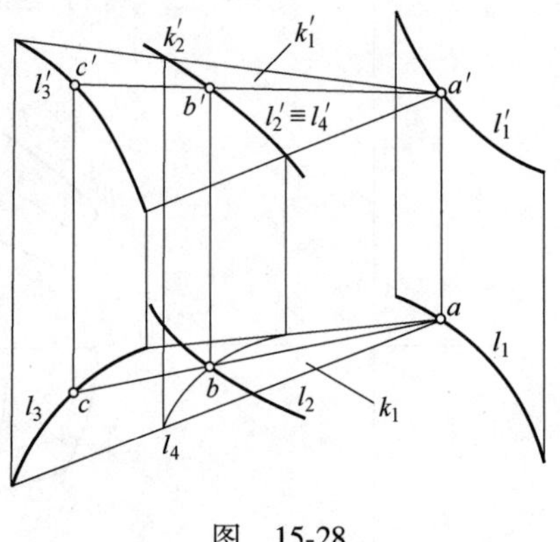

图 15-28

如图 15-29 所示为一球面，过球面上 M 点作球面的水平圆与正面圆，然后作出此两圆的切线 T_1、T_2。T_1、T_2 所确定的平面即为过 M 点的切平面，法线 MN 过球心 O，并与切平面垂直。

图 15-30 所示为一阿基米德斜螺旋面，过螺旋面上 M 点作切平面与法线的步骤为：

1）作出 M 点的直纹，可视为曲面的切线 T_1。

2）由过 M 点的导圆柱半径 a_m、螺旋参数 b，求出过 M 点的圆柱螺旋线的升角 φ_m，由此可求出过 M 点与螺旋线相切的切线 T_2。

3）M 点的切平面即由切线 T_1、T_2 确定。

4）法线 MN 与平面 T_1T_2 垂直。

5）法线 MN 的水平投影过一点 f（$of \perp om$ 且 $of = b\tan\theta$）。过 M 点的直纹上各点法线的水平投影皆过此定点 f（证明从略）。

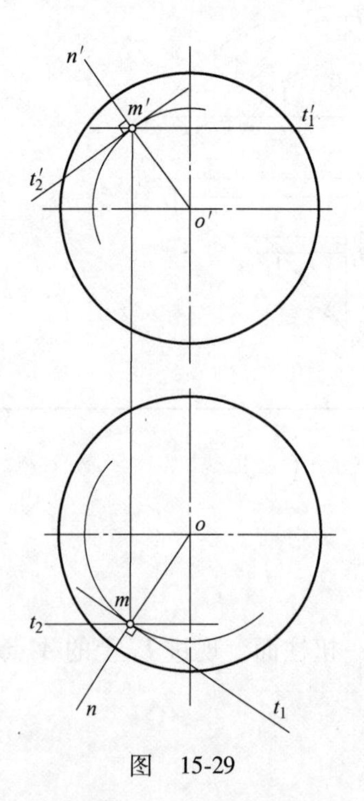

图 15-29

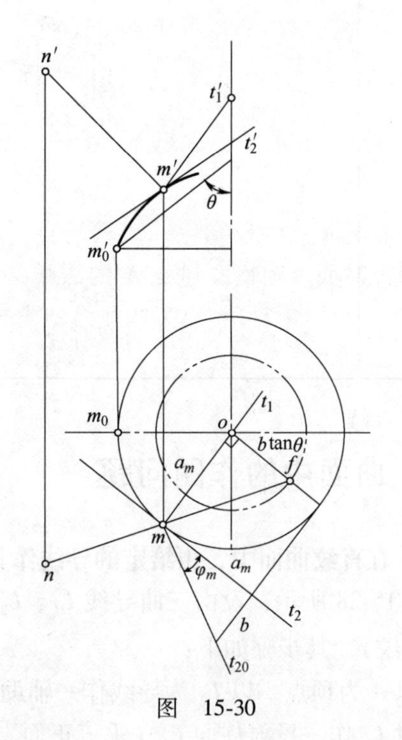

图 15-30

15.18.3　作曲面的轮廓线

1. 用曲面上曲线族投影的包络作图

例如在图 15-31 中，作出曲面上一组圆纹，其水平投影的包络线 c 即为曲面水平投影的轮廓线（此包络线的正面投影为 c'）。

又如图 15-32 中，双曲抛物面正面投影的轮廓线为直线族的包络。

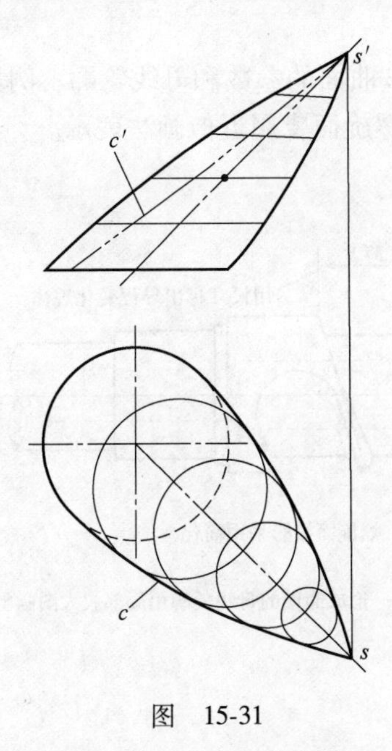

图　15-31

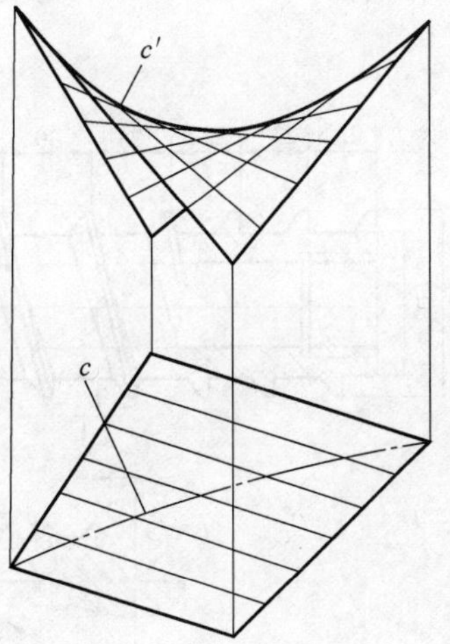

图　15-32

2. 用母面族投影的轮廓线作图

若将曲面看成由母面（例如球面）运动形成，而母面的投影轮廓线又易于作图（如圆），则可利用母面族的投影轮廓线来求曲面轮廓线。

图例详见第 18 章图 18-17。

3. 利用法线位置作图

若曲面上 K 点为投影轮廓线上的点，则过点 K 的切平面必为投射面。因而，过点 K 的法线必为投影面平行线。根据这个规律，可作出某些曲面的投影轮廓线。

如图 15-33 所示，已给出阿基米德斜螺旋面，求位于直纹 LM 上而属于正面投影轮廓线的点 K。可按下列步骤作图：

1）作出直纹 $l'm'$、lm。

2）作 $lf \perp lm$，取 $lf=b\tan\theta$（其中，θ 为直纹与轴线交角，b 为螺旋参数）。

3）过点 f 作水平线与 lm 交于点 k，kf 即直纹上点 K 处法线的水平投影（见图 15-30 的说明）。

4）由 k 求得 k'，点 K 即螺旋面正面投影轮廓线上的点。

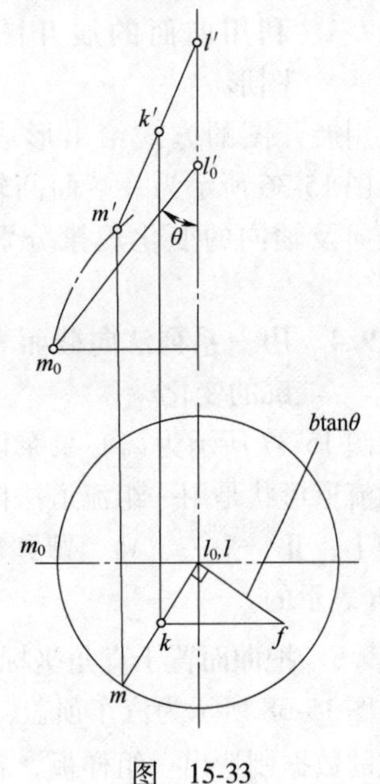

图　15-33

15.19 曲面零件的图示举例

根据曲面的形成特点、工作性能和工艺要求，对于零件上的曲面，在零件图中采用了多种表达方式，现分别列举如下。

15.19.1 采用近似画法表示曲面

基本上不按曲面的实际投影画出，而只标出形成该曲面的参数和母线轮廓。例如图 15-26 中的滚珠丝杠与图 15-34 中螺压机的变导程螺杆，其螺旋面皆用近似画法表示。

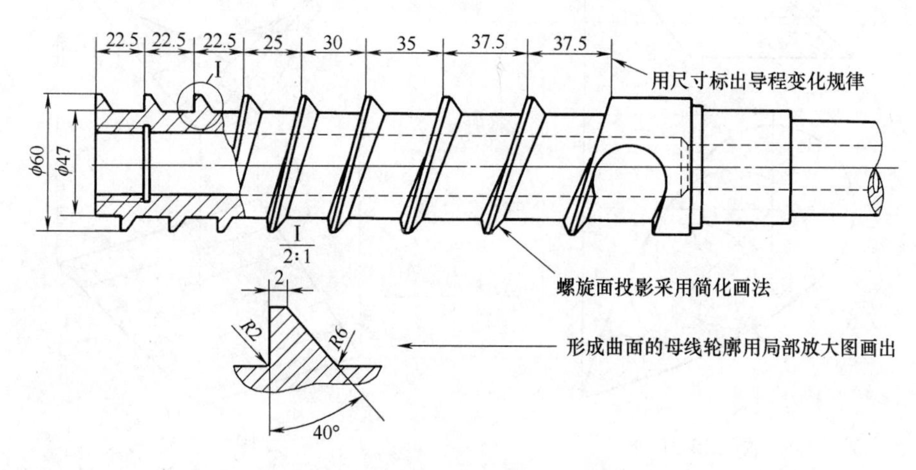

图 15-34

15.19.2 用尺寸标注以确定曲面轮廓

当曲面为柱面时，可直接用尺寸标注确定曲面轮廓，如图 15-35 所示的圆柱凸轮。

15.19.3 利用曲面的展开图作为辅助图形

用展开图的方式给出形成曲面的规律。图 15-36 所示为一端面凸轮，其曲面在径向及轴向的变化规律分别用展开图表明。

15.19.4 用一系列法向截面表示曲面轮廓的变化

图 15-37 所示为离心泵泵体，泵体内腔的流道形状是用一组流道法向截面的曲线族Ⅰ、Ⅱ、……、Ⅶ、Ⅷ和截面 *A—A*、*B—B* 表示的。

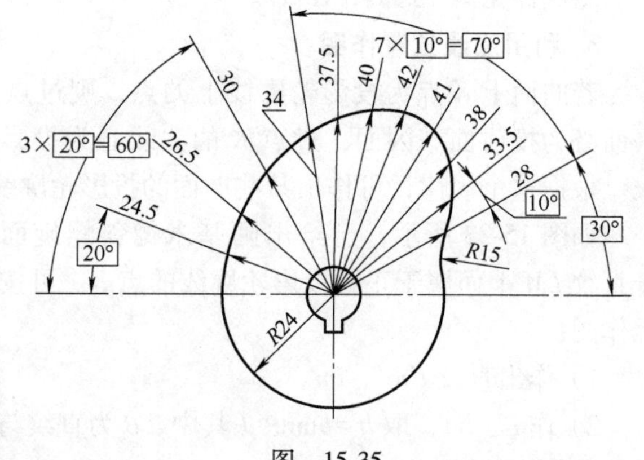

图 15-35

15.19.5 把曲面置于直角坐标系中，用数组截面线表示曲面

图 15-38 所示为汽车顶盖，顶盖曲面主要由一组平行截面线的轮廓来确定。按截面线上各点的数据制造出一组样板，它们就是制造与检验该曲面部分的依据。

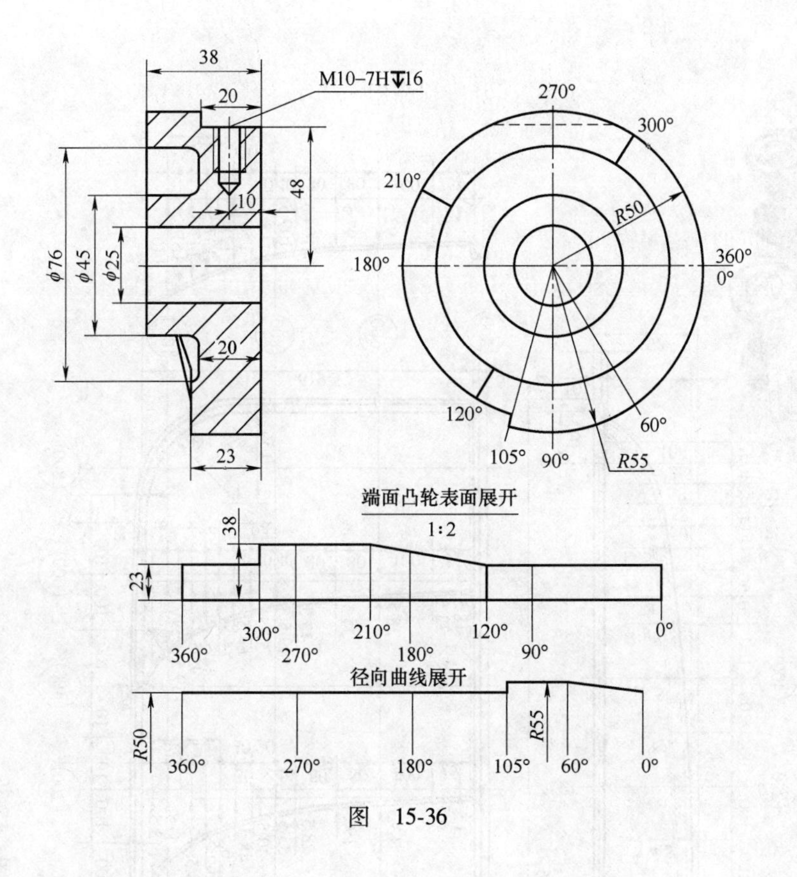

38
M10-7H↧16
20
48
10
φ76
φ45
φ25
20
23
270°
300°
210°
R50
180°
360°
0°
120°
60°
105°
90°
R55
端面凸轮表面展开
1:2
38
23
300°
210°
120°
0°
360°
270°
180°
90°
径向曲线展开
R50
R55
360°
270°
180°
105°
60°
0°

图 15-36

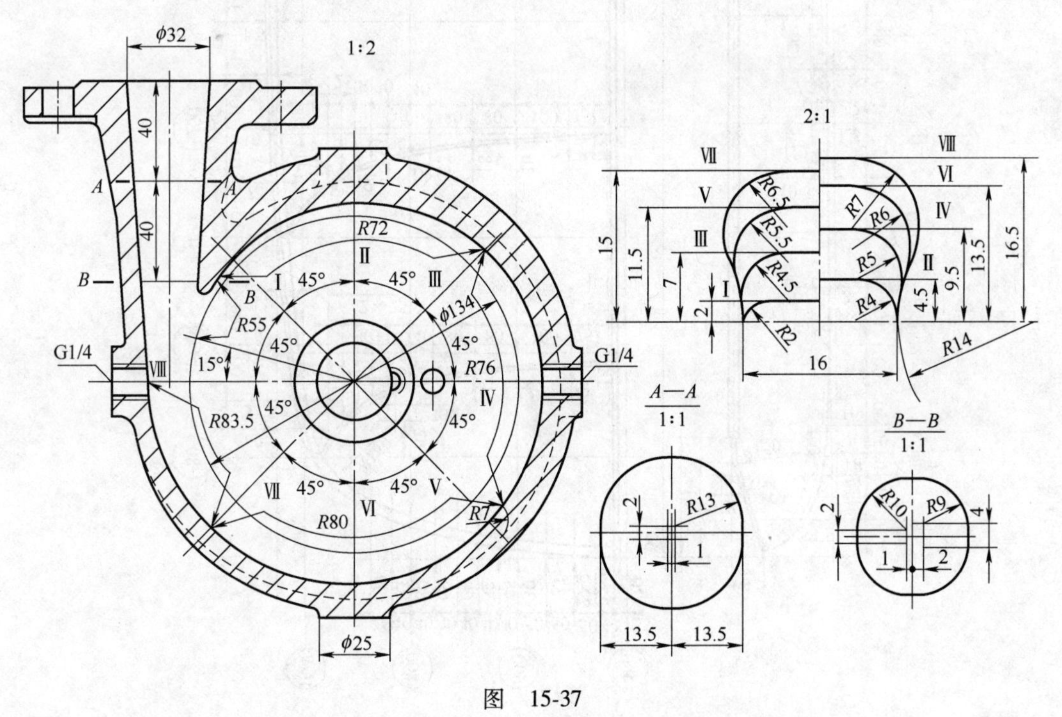

φ32
1:2
40
40
A
B
R72
45°
R55
φ134
15°
G1/4
R76
R83.5
R80
R7
φ25
2:1
R6.5
R5.5
R4.5
R7
R6
R5
R4
R2
R14
15
11.5
7
2
16
4.5
9.5
13.5
16.5
A—A
1:1
R13
13.5
B—B
1:1
R10
R9

图 15-37

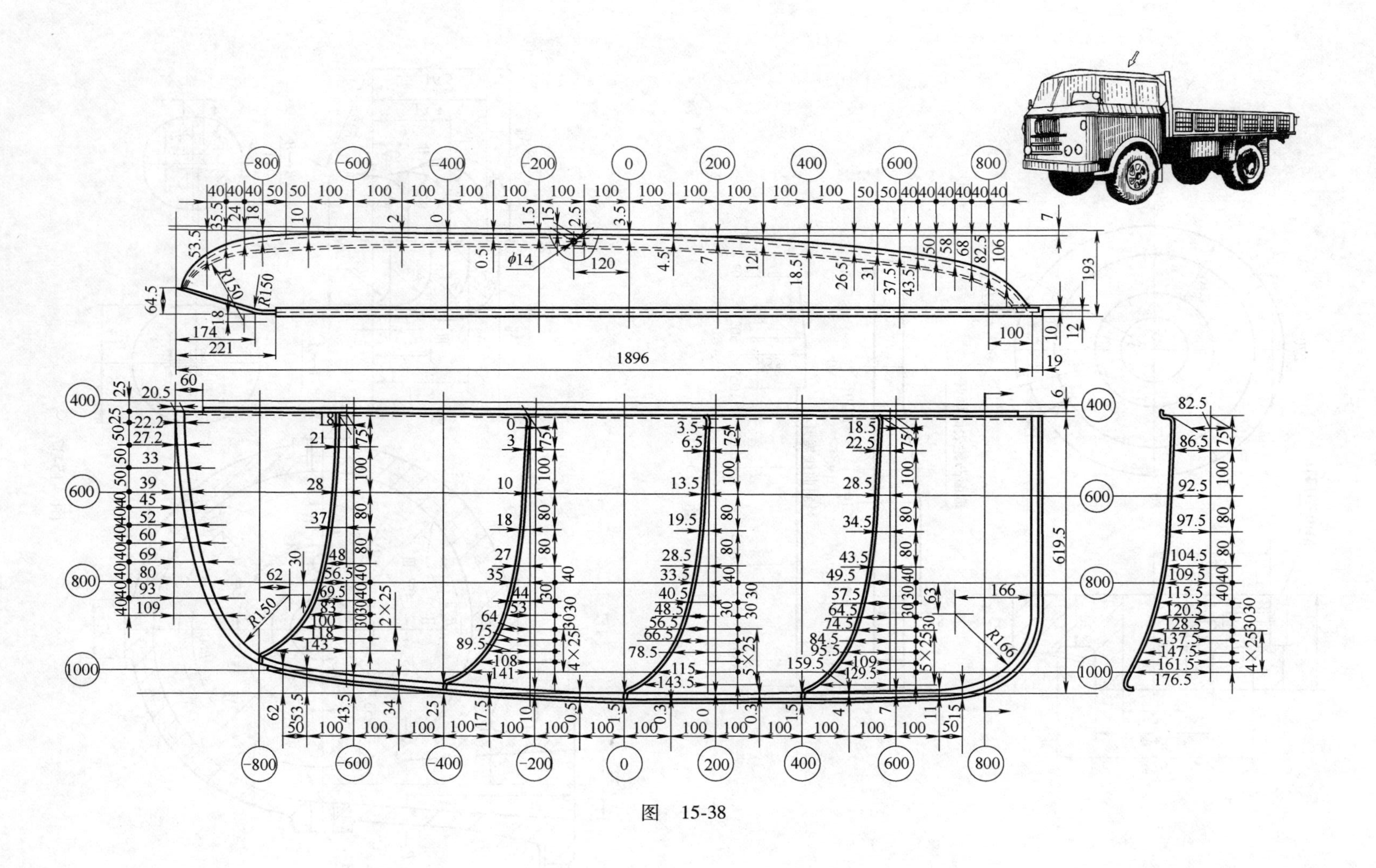

图　15-38

又如图 15-39 所示为飞机上的整流罩，它分别用两组平行截面线作为样板曲线以表示该曲面。

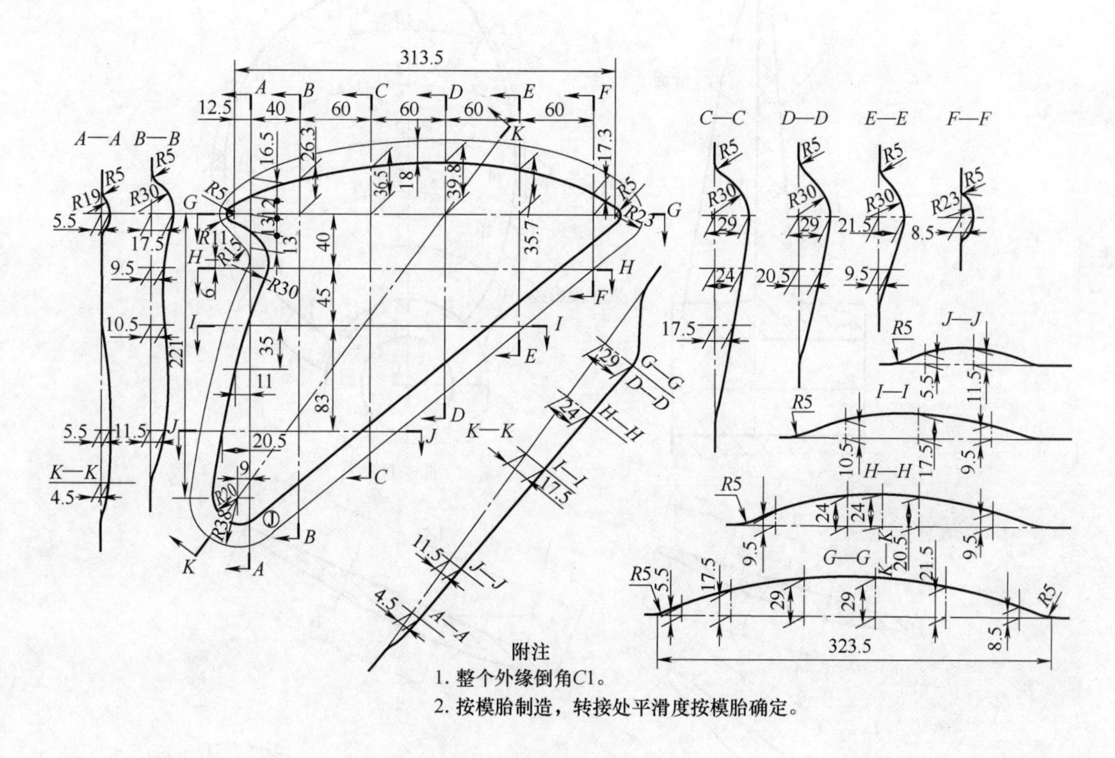

图　15-39

15.19.6　把曲面置于圆柱坐标系中，配合圆柱形剖面的展开图表示曲面

根据曲面的形成规律，可用圆柱形剖面表达螺旋曲面。如图 15-40 所示，搅拌桨（三叶螺旋桨）的一个叶片的作图步骤如下：

1）基本视图为主视图和右视图。叶面、叶背都是圆柱螺旋面（本例中为左旋）的一部分，螺旋参数为 b。

2）主视图中桨叶展开线由设计给出，本例中按图 15-41 所示的尺寸比例关系确定。

3）在主视图中，桨叶投影轮廓线用近似画法作出。如图 15-42 所示，在半径为 R_i 的截圆柱上，过 K_i 点的一段螺旋线 A_iB_i 先用一段斜面上的椭圆弧 e_i 近似表达，而 e_i 又可用圆弧 c_i 近似表达。c_i 的半径 ρ_i 为 K_i 点处螺旋线的曲率半径，它可用直角三角形 K_iML 求出，其中 b 为螺旋参数。

圆弧 c_i 与桨叶展开线的交点 1、2，对应于截圆柱 R_i 上的 A_i、B_i 两点（在桨叶轮廓线上），在主视图上对应的投影即为 a_i'、b_i'。求出一系列这样的点对并光滑连接，即得桨叶在主视图中的投影轮廓线。

4）右视图中桨叶投影轮廓线的画法，归结为求出 A_i、B_i 点的右侧投影 a_i''、b_i''，实际上是求出从 A_i 到 K_i、从 K_i 到 B_i 的两段升程。在本例中按以下步骤作出（见图 15-43）：

过 k_i' 作 $k_i'Q_i \perp Mk_i'$（即过 k_i' 点作出螺旋线的展开线）；

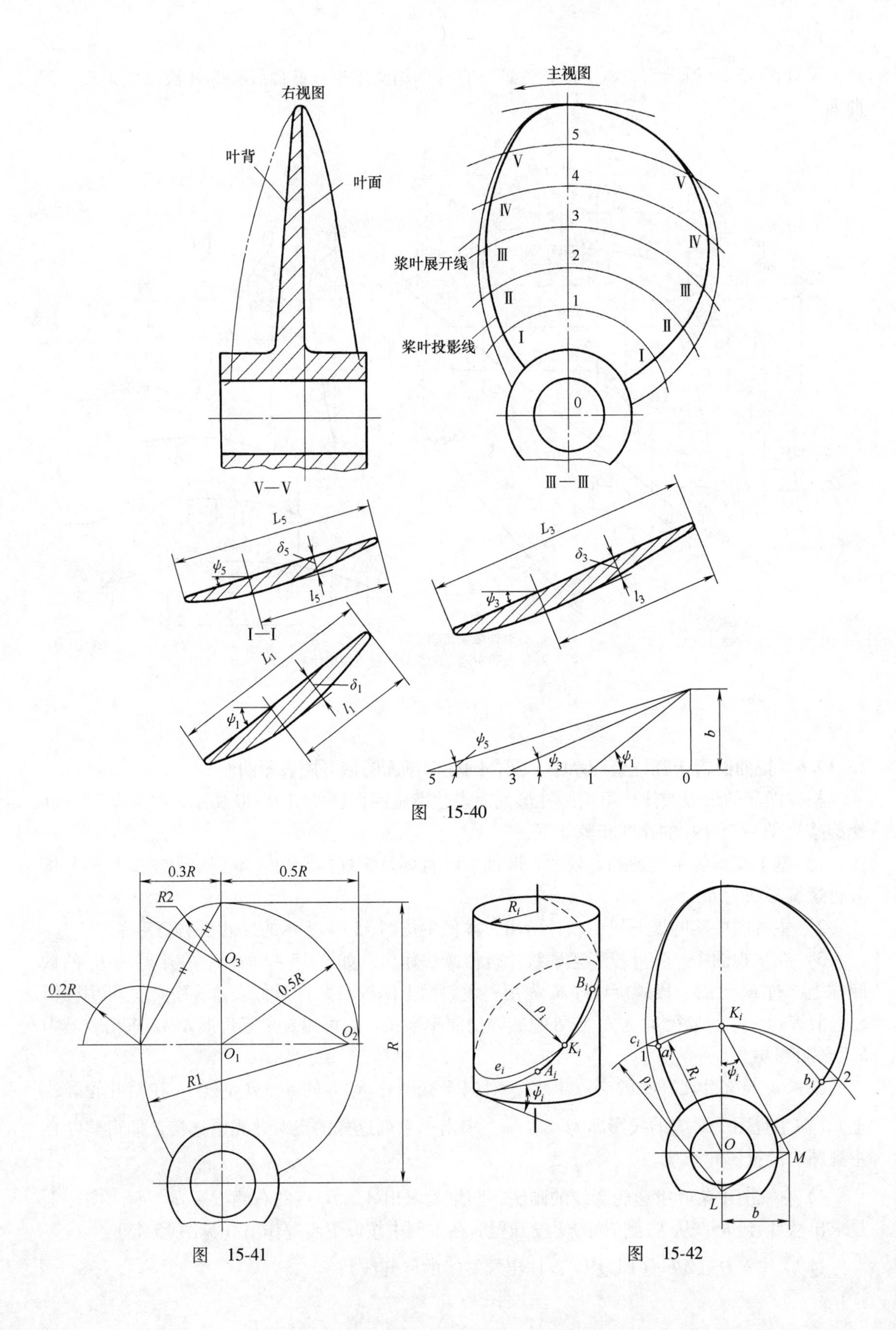

图　15-40

图　15-41

图　15-42

求出圆弧段$\overset{\frown}{k_i'a_i'}$的展开长度，为此可用近似作图：延长 $a_i'k_i'$ 到 o_1，使 $k_i'o_1=\dfrac{1}{2}a_i'k_i'$，以 o_1 为圆心作弧与水平线 $k_i'p_i$ 交于 D_i，$k_i'D_i$ 即为圆弧 $k_i'a_i'$ 的展开长。过 D_i 作垂线与 $k_i'Q_i$ 相交，所得距离 h_1 即为从 A_i 到 K_i 的升程。由 h_1 即可求出 a_i'' 的位置。同理，由升程 h_2 可求出 b_i'' 的位置。求出一系列的 a_i''、b_i'' 点，光滑连接，即得桨叶在右视图中的投影轮廓线。

5）在图 15-40 中，为了表示桨叶在各截圆柱面上的剖面形状及尺寸，画出一系列圆柱剖面的展开图，并标出有关尺寸。

15.19.7　组合曲面的表示

对于由几个简单曲面组合而成的复杂曲面，可分别给出确定各简单曲面的几何条件。这些条件必须是充分而无矛盾的，并要保证各简单曲面间的正确连接。

如图 15-44 所示的通用（A）型犁，是由锥面 S_1（犁铧）、阿基米德斜螺旋面 S_2（犁翼）和作为连接曲面的单叶双曲面 S_3（犁胸）组成。各曲面的确定方法与画法如下：

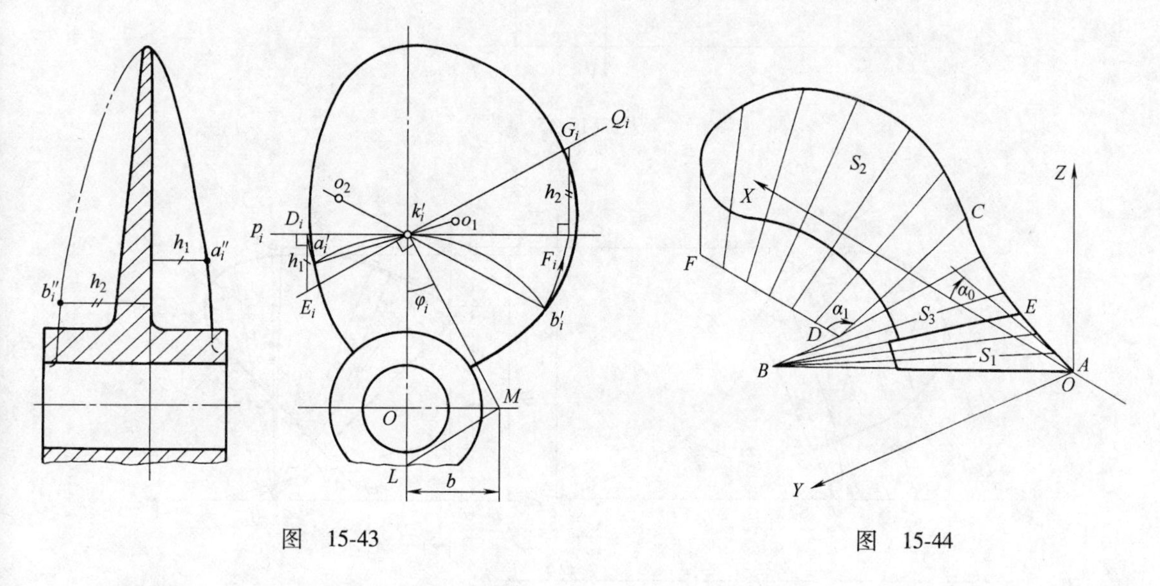

图　15-43　　　　　　　　　　　　　　图　15-44

1. 锥面 S_1

如图 15-45 所示，它用下列条件确定；锥顶 B（在 XOY 平面内，由尺寸 Y_b 与铧刃角 λ_0 确定）；犁刃尖点 A 与坐标原点 O 重合；锥面曲导线 AE 在 XOZ 平面内，由起土角 α_0 和 E 点（由 δ_e 与 λ_e 角确定）确定。锥面轮廓还由耕宽 N 和斜角 φ 确定。

2. 阿基米德斜螺旋面 S_2

如图 15-46 所示，它用下列条件确定：轴线 DD_1 的位置（在 XOY 平面内，用尺寸 Y_d 给定）；初始素线 DC 的位置（用素线 DC 与轴线 DD_1 的交角 α_1 和素线侧投影倾角 δ_c 给定）；导程 L 和曲面侧投影轮廓线的尺寸（给出 H、H_{max}、R_1、O_2、R_2 和 N_1）。图中画出了 6 条素线。

3. 单叶双曲面 S_3

S_3 面为连接曲面，它过 BE、CD 两素线，它的一端要求与锥面 S_1 连接，另一端要求与 S_2 面光滑连接，即此两曲面 S_3 与 S_2 应沿 CD 线在各点处有公共切平面。由此得曲面 S_3 的作

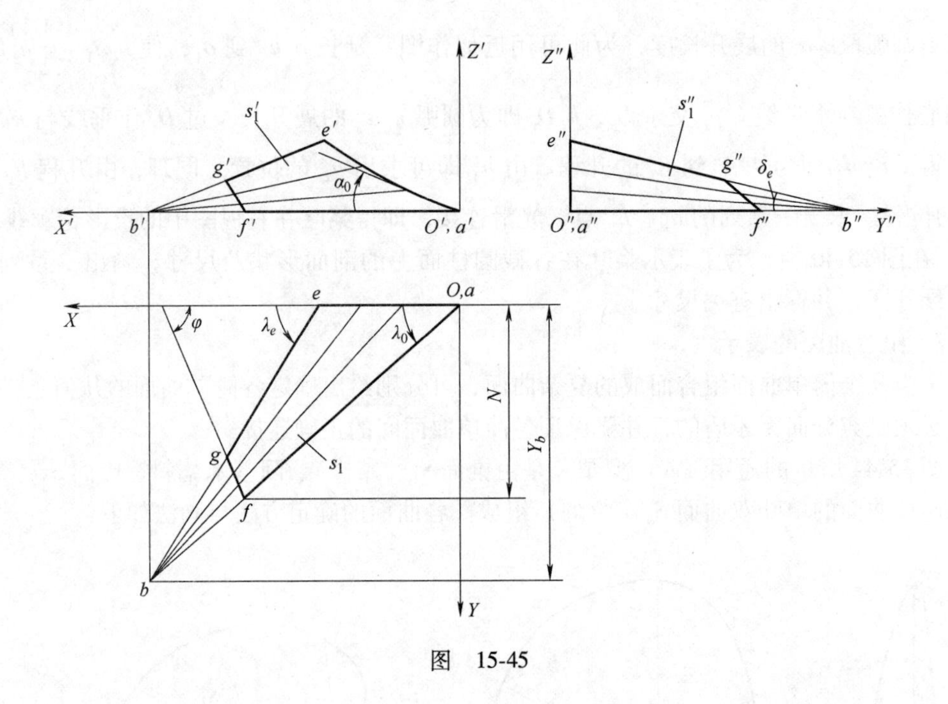

图　15-45

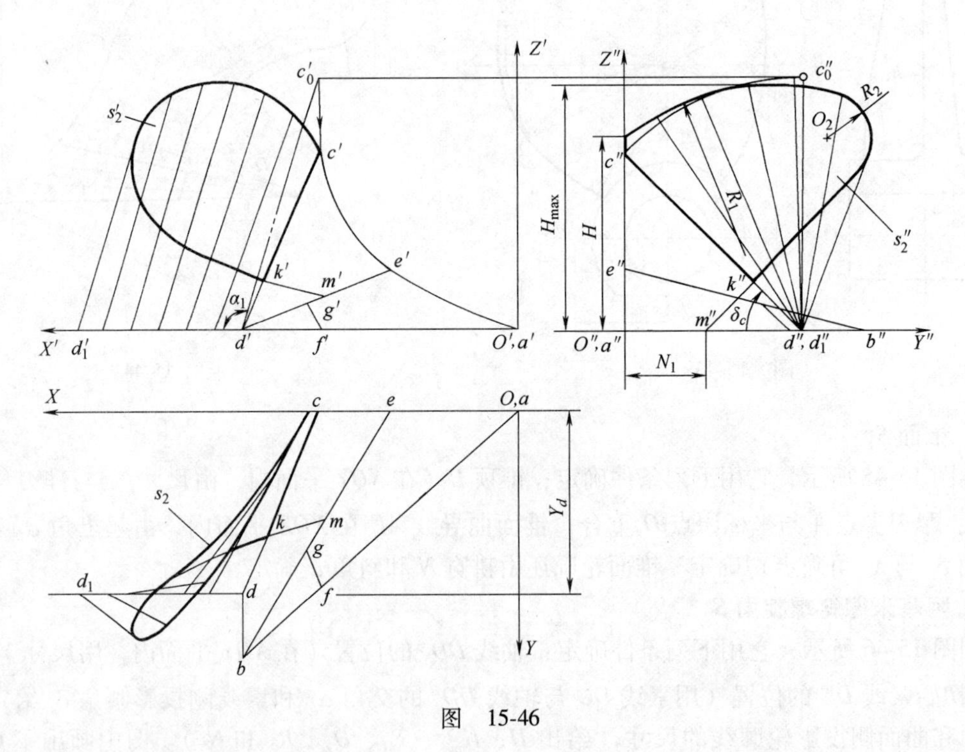

图　15-46

图步骤为：

1）如图 15-47 所示，在素线 CD 上取三点 C、D、K，分别对螺旋面 S_2 作切平面（即求出过 C、D、K 三点的螺旋线切线 CT、KS、DB），这三个切平面为 P、Q、R（即 XOY 平面）。

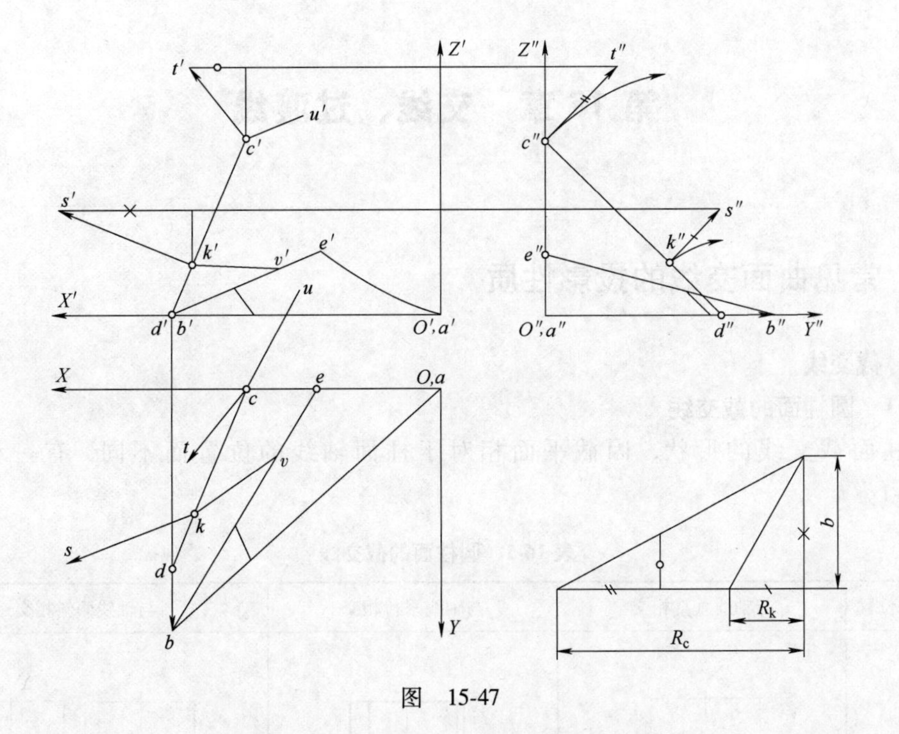

图　15-47

2）求出切平面 P、Q、R 与另一给出素线 BE 的三个交点 U、V、B，则直线 CU、KV、DB 即为此单叶双曲面的三导线（属于单叶双曲面的另一族直纹）。

3）根据三导线，即可在 S_3 曲面轮廓范围内画出一系列素线，如图 15-48 所示。

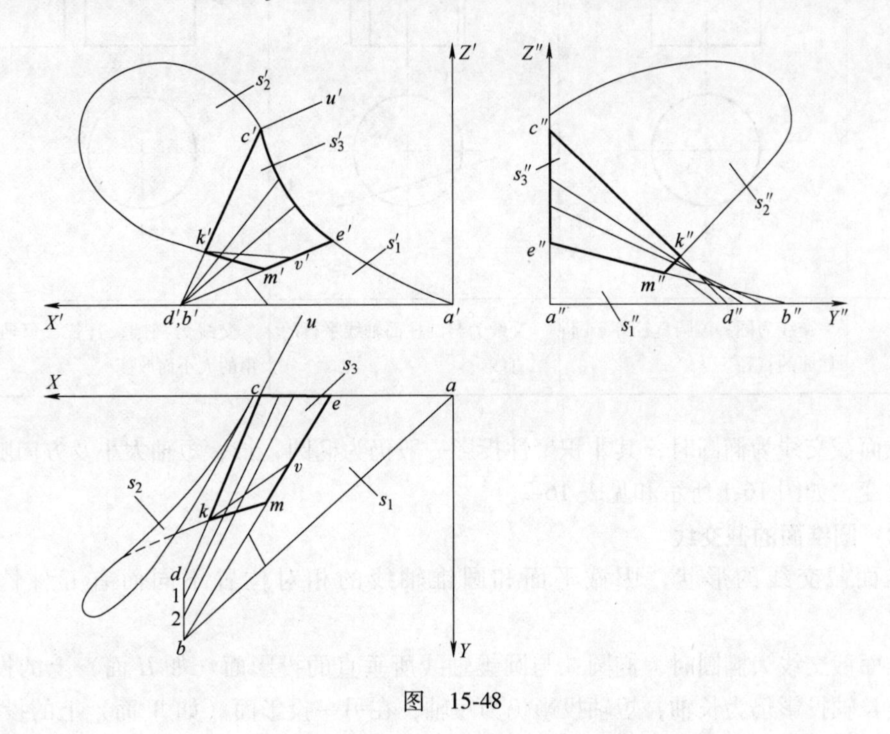

图　15-48

第 16 章　交线、过渡线

16.1　常见曲面交线的投影性质

16.1.1　截交线

16.1.1.1　圆柱面的截交线

圆柱面截交线的形状，因截平面相对于柱面轴线的位置而不同，有三种情况，见表 16-1。

表 16-1　圆柱面的截交线

截平面的位置	与轴线垂直相交	与轴线平行相交	与轴线倾斜相交
投影图	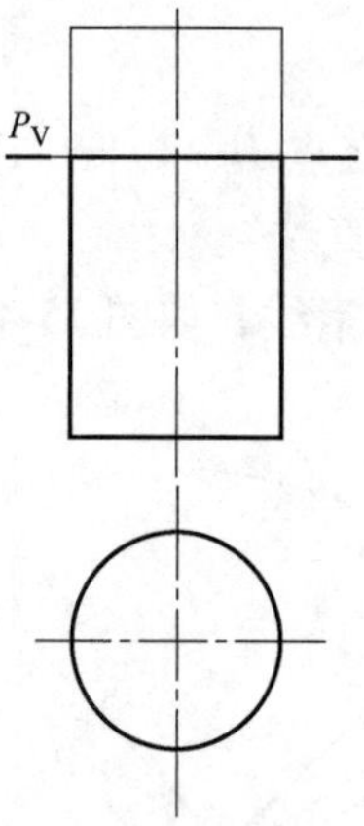 P_V	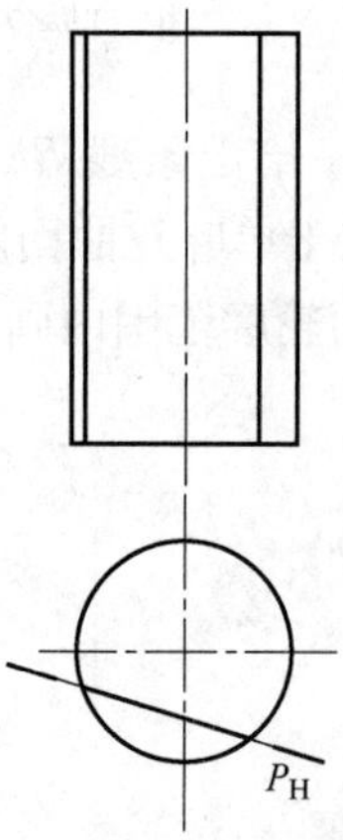 P_H	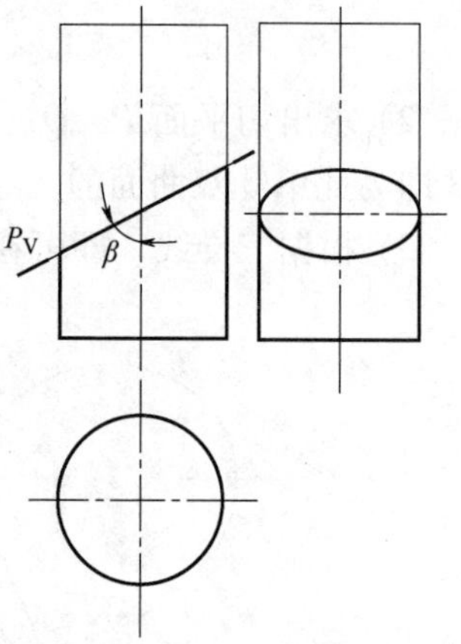 P_V　β
截交线性　质	交线为圆，该圆直径等于圆柱面的直径	交线为与圆柱面轴线平行的二直线	交线为椭圆，其长、短轴大小随 β 角的大小而改变

圆柱面截交线为椭圆时，其非积聚性投影一般仍为椭圆，长、短轴大小及方向随 β 角的大小而改变，如图 16-1 所示和见表 16-2。

16.1.1.2　圆锥面的截交线

圆锥面截交线的形状，因截平面和圆锥轴线的相对位置不同而有五种情况，见表 16-3。

圆锥面截交线为椭圆时，椭圆在与圆锥轴线所垂直的投影面（如 H 面）上的投影仍为椭圆，其长轴投影仍为长轴，短轴投影仍为短轴；在另一投影面（如 W 面）上的投影，长、短轴的方向和大小随 β 角大小而改变，如图 16-2 所示和见表 16-4。

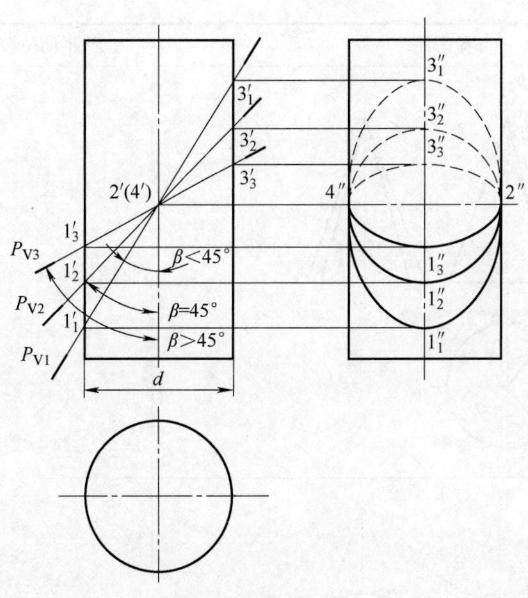

图 16-1

表 16-2 圆柱面截交线为椭圆时的参数（参见图 16-1）

β	空间椭圆	投影
$\beta<45°$	长轴 $=1_1 3_1$ 短轴 $=24=d$	投影为椭圆 长轴 $=1_1'' 3_1''=d\cot\beta>d$ 短轴 $=2''4''=d$
$\beta=45°$	长轴 $=1_2 3_2$ 短轴 $=24=d$	投影为圆 直径 $d_1=d\cot\beta=d$
$\beta>45°$	长轴 $=1_3 3_3$ 短轴 $=24=d$	投影为椭圆 长轴 $=2''4''=d$ 短轴 $=1_3'' 3_3''=d\cot\beta<d$

表 16-3 圆锥面的截交线

类别	投影图	截平面位置	截交线性质
1	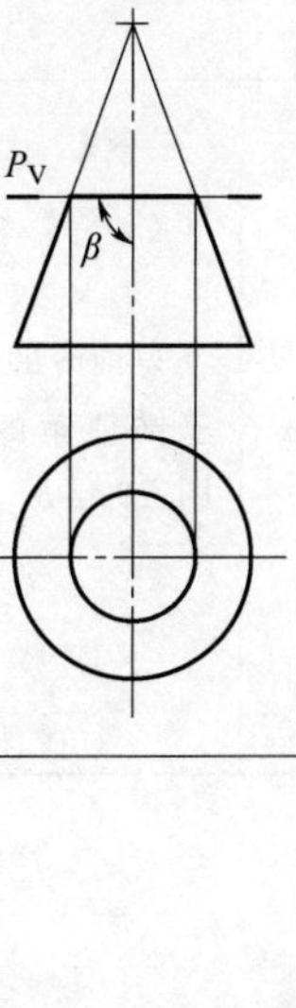 P_V β	与轴线垂直 $\angle\beta=90°$	交线为圆

（续）

类别	投影图	截平面位置	截交线性质
2	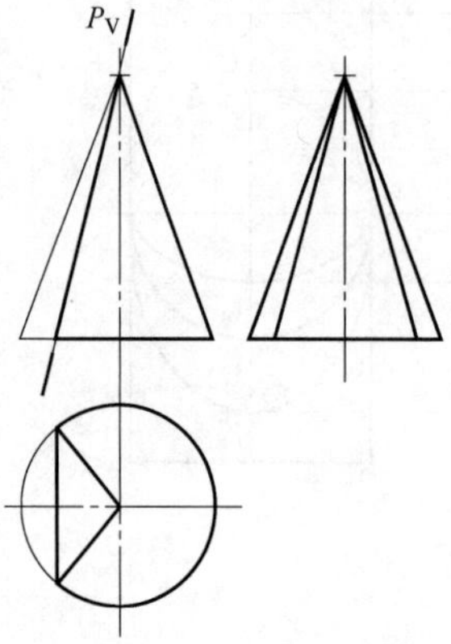 P_V	通过锥顶	交线为两相交直线
3	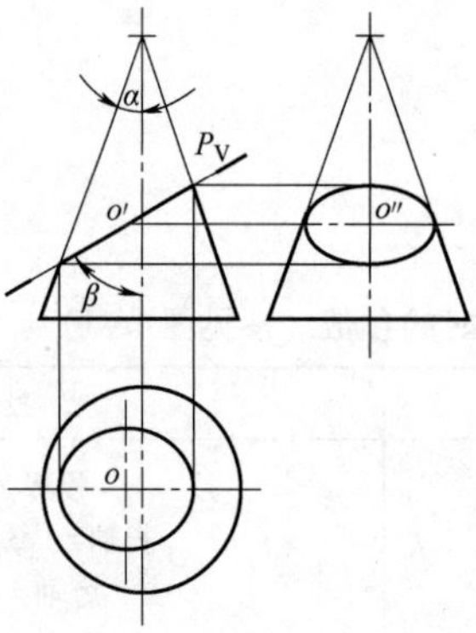 α P_V o' o'' β o	与轴线的夹角大于锥顶角的一半，即∠β>∠α	交线为椭圆
4	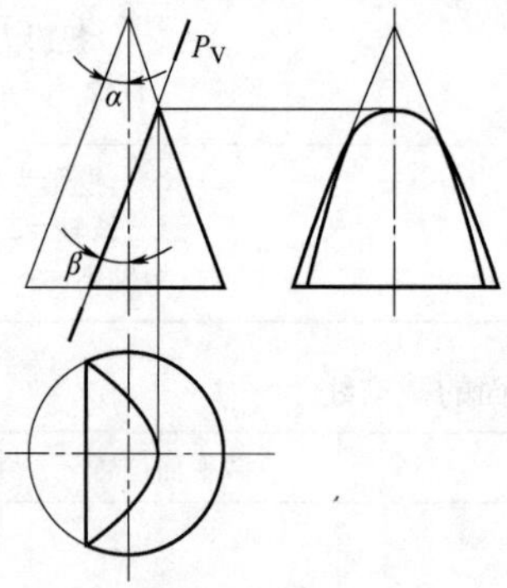 P_V α β	与轴线的夹角等于锥顶角的一半，即∠β=∠α	交线为抛物线
5	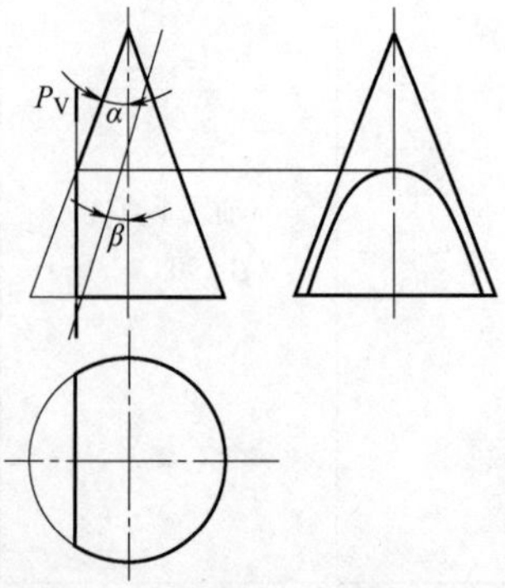 P_V α β	与轴线的夹角小于锥顶角的一半，即∠β<∠α	交线为双曲线

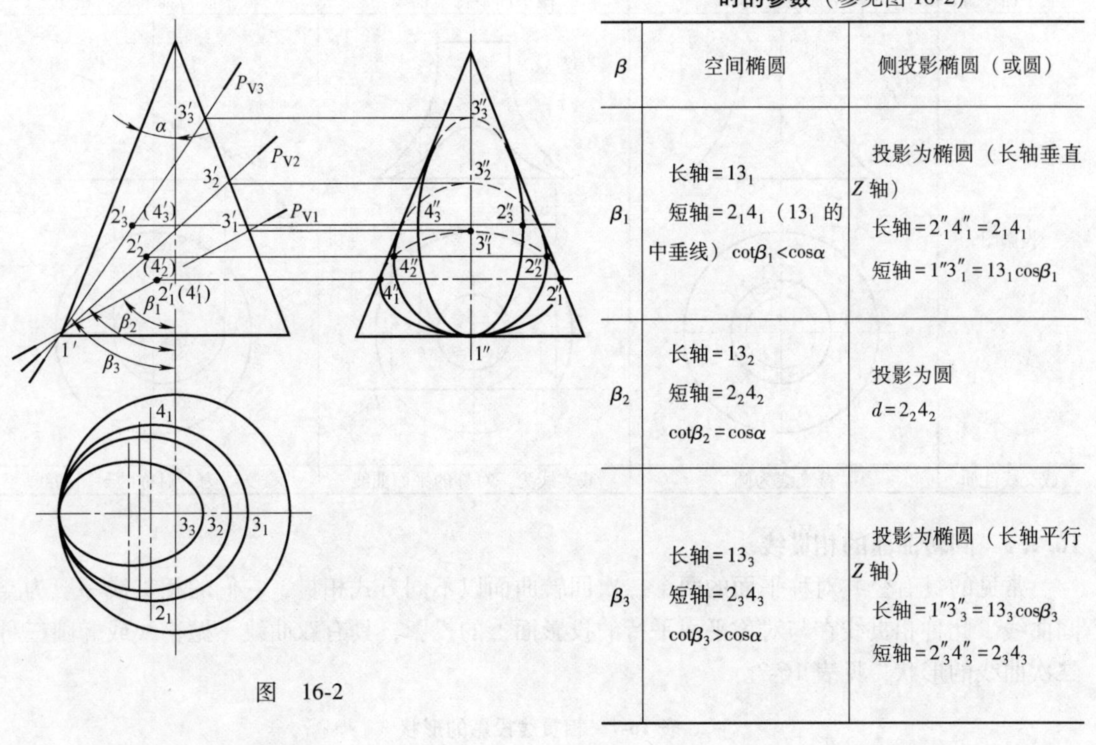

图 16-2

表 16-4 圆锥面截交线为椭圆时的参数（参见图 16-2）

β	空间椭圆	侧投影椭圆（或圆）
β_1	长轴 $=13_1$ 短轴 $=2_1 4_1$（13_1 的中垂线） $\cot\beta_1<\cos\alpha$	投影为椭圆（长轴垂直 Z 轴） 长轴 $=2''_1 4''_1=2_1 4_1$ 短轴 $=1''3''_1=13_1\cos\beta_1$
β_2	长轴 $=13_2$ 短轴 $=2_2 4_2$ $\cot\beta_2=\cos\alpha$	投影为圆 $d=2_2 4_2$
β_3	长轴 $=13_3$ 短轴 $=2_3 4_3$ $\cot\beta_3>\cos\alpha$	投影为椭圆（长轴平行 Z 轴） 长轴 $=1''3''_3=13_3\cos\beta_3$ 短轴 $=2''_3 4''_3=2_3 4_3$

16.1.1.3 球面的截交线

球面的截交线见表 16-5。

表 16-5 球面的截交线

截平面位置	截平面平行于投影面	截平面垂直于投影面
投影图	P_V　d	P_V　o'　β　$4''$　$2''$　o''　$1''$　$3''$
截交线	空间——圆 投影——在平行于截平面的投影面上的投影仍为圆，其直径等于截交线圆的直径	空间——圆 投影——椭圆 长轴 $1''2''=d$（截交线圆的直径） 短轴 $3''4''=d\cos\beta$

16.1.1.4 回转曲面的截交线

回转曲面的截交线见表 16-6。

表 16-6　回转曲面的截交线

截平面位置	截平面垂直于轴线	截平面平行于轴线	截平面与轴线倾斜相交
投影图	P_V	P_H	P_V
截交线性质	截交线为圆	截交线为一对称的平面曲线	截交线为一对称的封闭曲线

16.1.2　回转曲面的相贯线

常见的具有公共对称平面的两个二次回转曲面以不同方式相贯，它们的相贯线一般为空间曲线。此种相贯线在与对称平面平行的投影面上的投影，具有双曲线、抛物线或椭圆三种二次曲线的形状，见表 16-7。

表 16-7　相贯线投影的形状

交线的投影	双曲线	抛物线	椭圆
相贯两曲面的类型	下列各种回转曲面同类或异类相交：圆柱面、圆锥面、抛物面、双曲面、椭圆面	球面与下列回转曲面相交：圆柱面、圆锥面、抛物面、双曲面、椭圆面	椭圆面与下列回转曲面相交：圆柱面、圆锥面、抛物面、双曲面、椭圆面

交线投影为双曲线的图例见表 16-8。

表 16-8　交线投影为双曲线

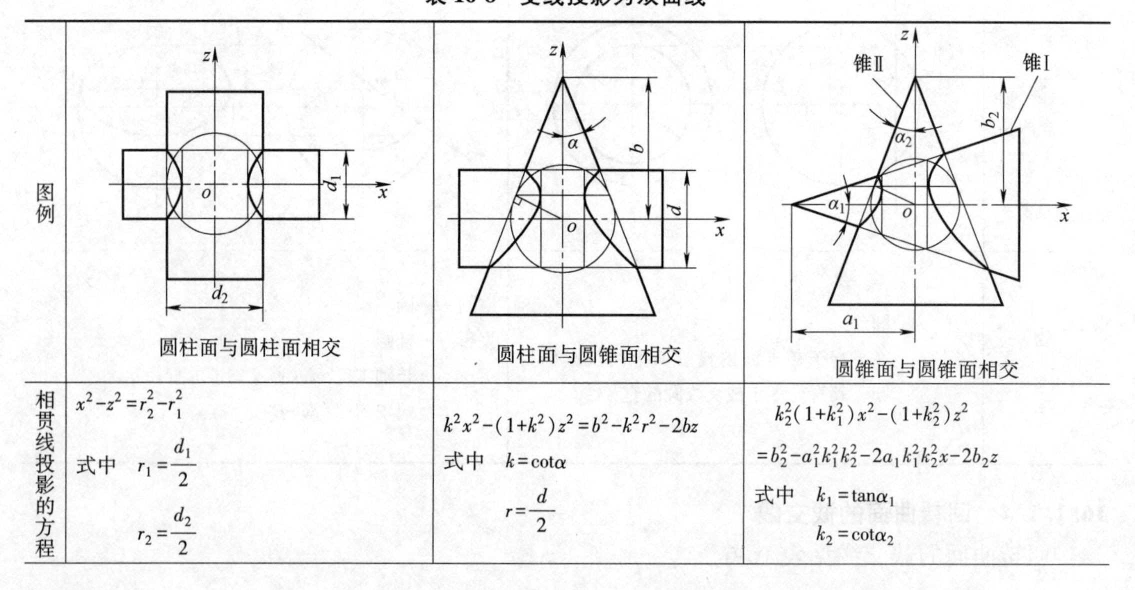

图例	圆柱面与圆柱面相交	圆柱面与圆锥面相交	圆锥面与圆锥面相交
相贯线投影的方程	$x^2-z^2=r_2^2-r_1^2$ 式中　$r_1=\frac{d_1}{2}$ $r_2=\frac{d_2}{2}$	$k^2x^2-(1+k^2)z^2=b^2-k^2r^2-2bz$ 式中　$k=\cot\alpha$ $r=\frac{d}{2}$	$k_2^2(1+k_1^2)x^2-(1+k_2^2)z^2$ $=b_2^2-a_1^2k_1^2k_2^2-2a_1k_1^2k_2^2x-2b_2z$ 式中　$k_1=\tan\alpha_1$ $k_2=\cot\alpha_2$

（续）

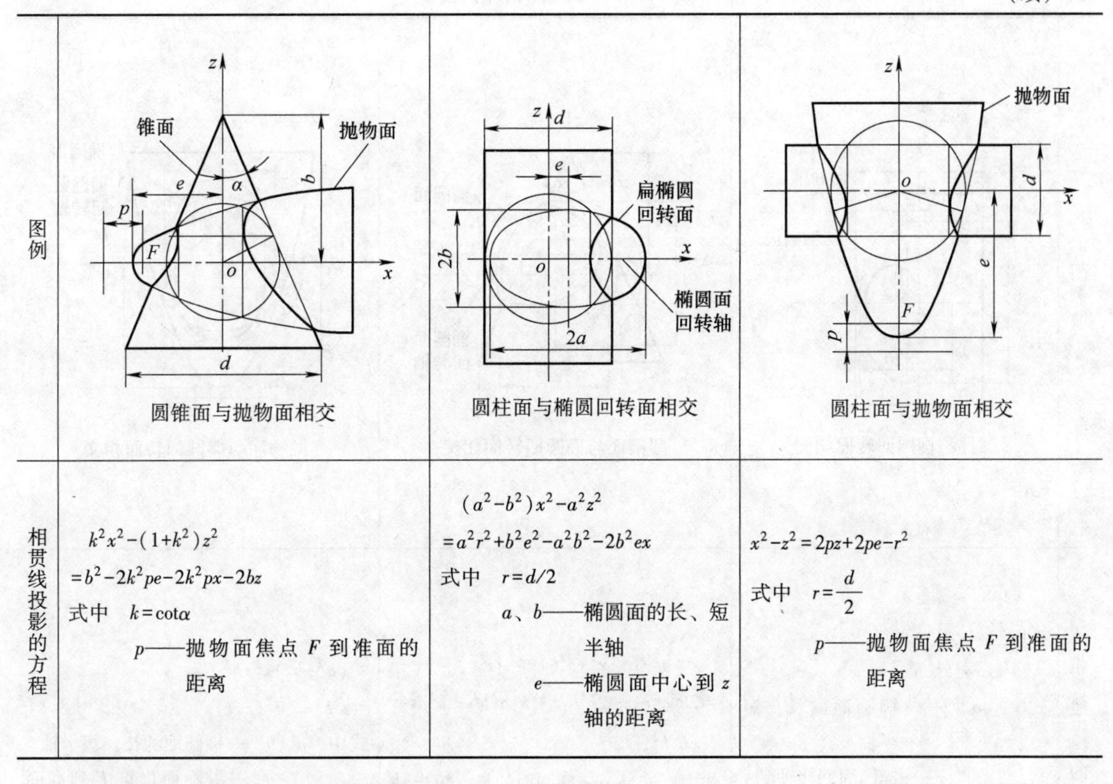

图例	圆锥面与抛物面相交	圆柱面与椭圆回转面相交	圆柱面与抛物面相交
相贯线投影的方程	$k^2x^2-(1+k^2)z^2$ $=b^2-2k^2pe-2k^2px-2bz$ 式中　$k=\cot\alpha$ p——抛物面焦点 F 到准面的距离	$(a^2-b^2)x^2-a^2z^2$ $=a^2r^2+b^2e^2-a^2b^2-2b^2ex$ 式中　$r=d/2$ a、b——椭圆面的长、短半轴 e——椭圆面中心到 z 轴的距离	$x^2-z^2=2pz+2pe-r^2$ 式中　$r=\dfrac{d}{2}$ p——抛物面焦点 F 到准面的距离

交线投影为抛物线的图例见表 16-9。

交线投影为椭圆的图例见表 16-10。

交线为圆、椭圆、直线等特殊平面曲线的投影图见表 16-11。

表 16-9　交线投影为抛物线

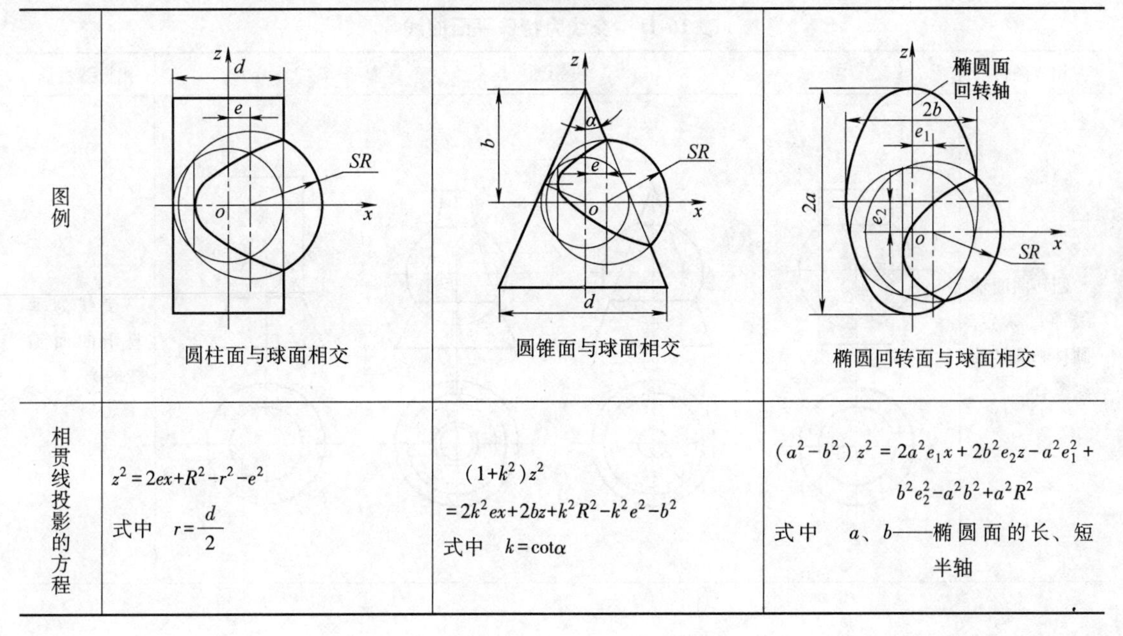

图例	圆柱面与球面相交	圆锥面与球面相交	椭圆回转面与球面相交
相贯线投影的方程	$z^2=2ex+R^2-r^2-e^2$ 式中　$r=\dfrac{d}{2}$	$(1+k^2)z^2$ $=2k^2ex+2bz+k^2R^2-k^2e^2-b^2$ 式中　$k=\cot\alpha$	$(a^2-b^2)z^2=2a^2e_1x+2b^2e_2z-a^2e_1^2+b^2e_2^2-a^2b^2+a^2R^2$ 式中　a、b——椭圆面的长、短半轴

表 16-10　交线投影为椭圆

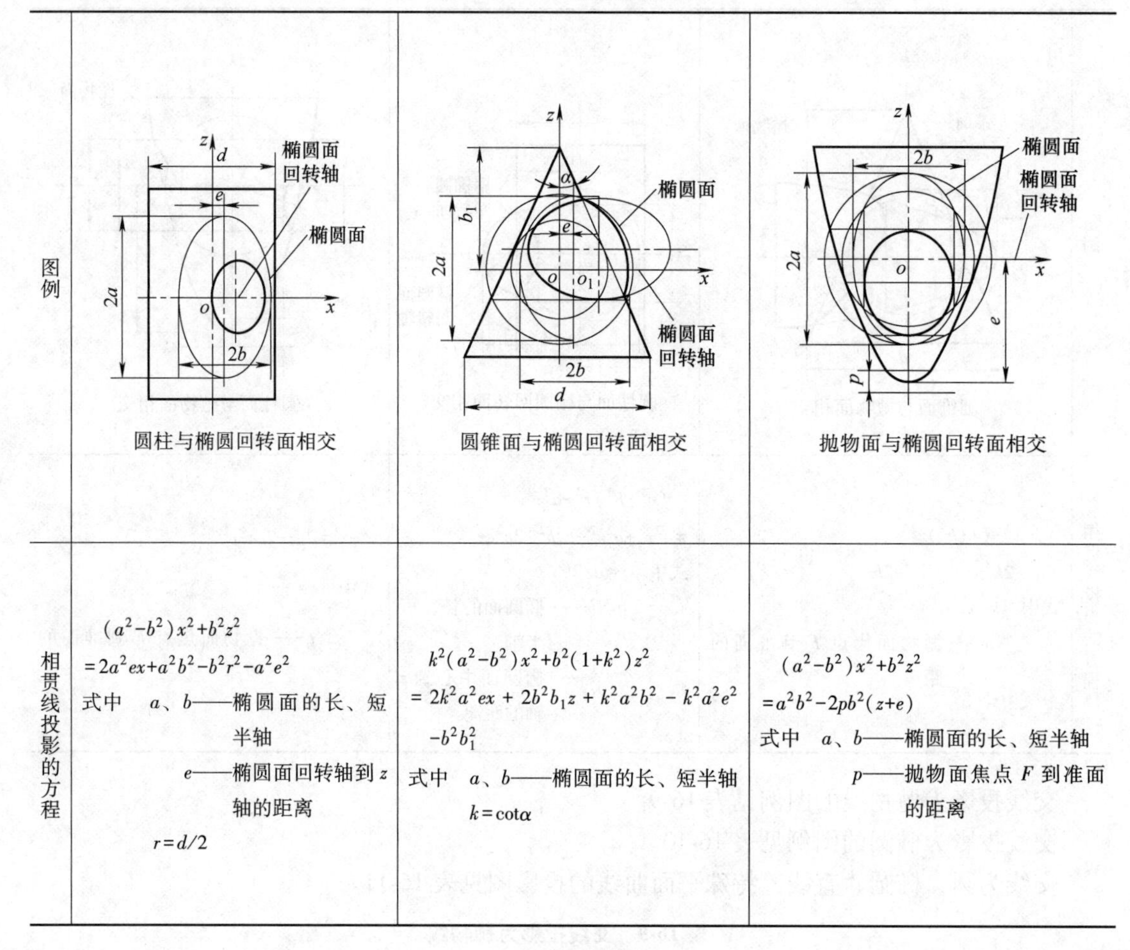

图例	圆柱与椭圆回转面相交	圆锥面与椭圆回转面相交	抛物面与椭圆回转面相交
相贯线投影的方程	$(a^2-b^2)x^2+b^2z^2$ $=2a^2ex+a^2b^2-b^2r^2-a^2e^2$ 式中　a、b——椭圆面的长、短半轴 e——椭圆面回转轴到 z 轴的距离 $r=d/2$	$k^2(a^2-b^2)x^2+b^2(1+k^2)z^2$ $=2k^2a^2ex+2b^2b_1z+k^2a^2b^2-k^2a^2e^2-b^2b_1^2$ 式中　a、b——椭圆面的长、短半轴 $k=\cot\alpha$	$(a^2-b^2)x^2+b^2z^2$ $=a^2b^2-2pb^2(z+e)$ 式中　a、b——椭圆面的长、短半轴 p——抛物面焦点 F 到准面的距离

表 16-11　交线为特殊平面曲线

相贯条件	投影图	相贯线性质
回转曲面轴线通过球心，圆柱和圆锥轴线重合	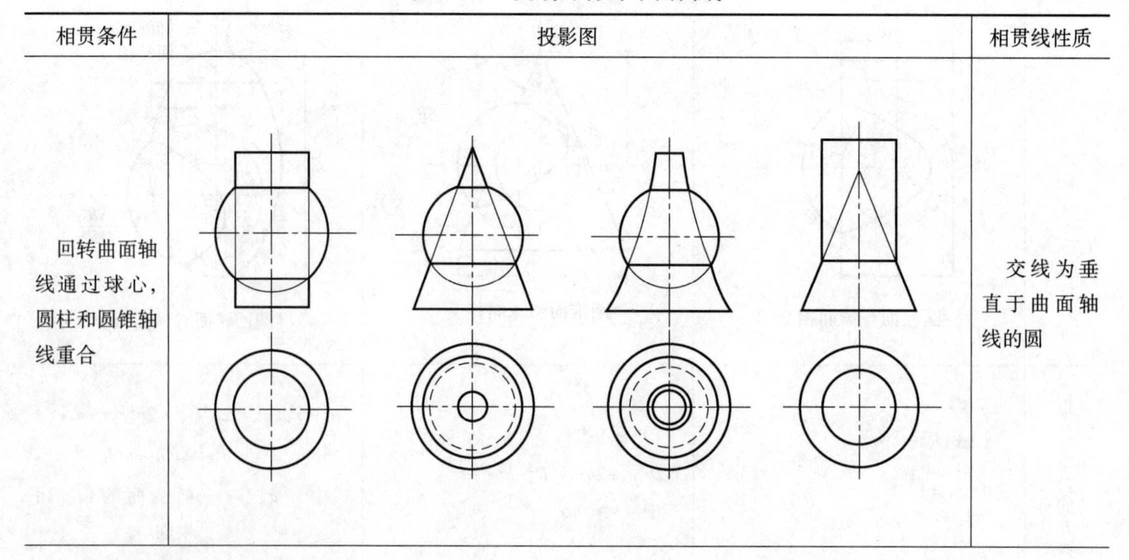	交线为垂直于曲面轴线的圆

（续）

相贯条件	投影图	相贯线性质
过两回转面轴线交点能作一公切球面	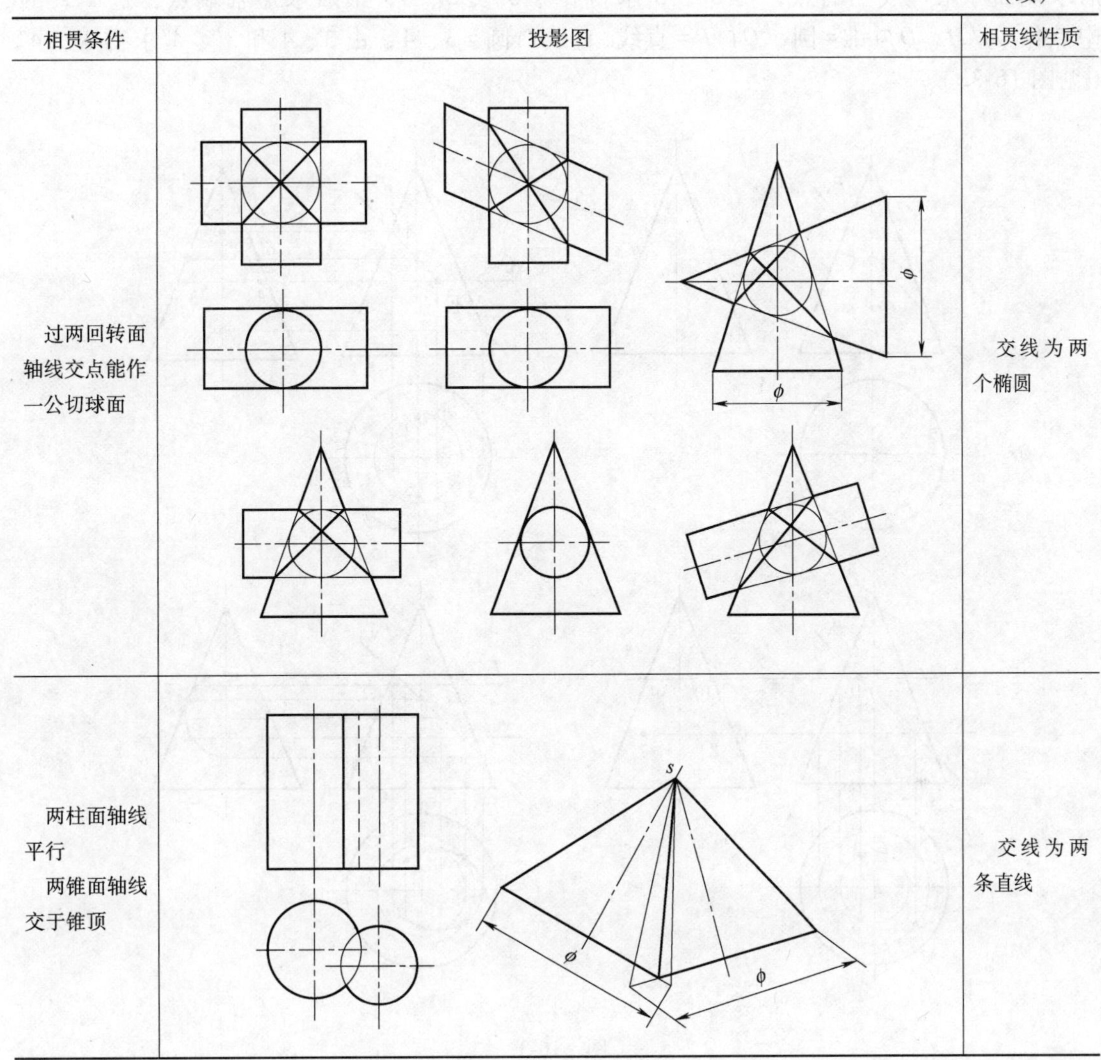	交线为两个椭圆
两柱面轴线平行 两锥面轴线交于锥顶		交线为两条直线

16.2 交线投影作图的基本方法

16.2.1 辅助平面法

辅助平面法的原理：作出一系列的辅助平面，与已知的截平面和曲面（作截交线的投影时）或与相交的二曲面（作相贯线的投影时）相交，得到一些成对的交线（辅助交线），每对交线的交点即是所求交线上的公共点。辅助平面的选择，应以它与已知截平面或曲面的交线的投影简单易画（直线或圆）为原则。

16.2.1.1 用辅助平面法作截交线

例：已知 $P\perp V$，$P\cap$圆锥=椭圆。求截交线椭圆的 H、W 投影（见图 16-3）。

作图步骤：

1）求特殊点（最高点和最低点）的投影。由 1′求得 1″及 1；由 2′求得 2″及 2；然后求侧面界限母线上的点，由 5′、6′求得 5″、6″及 5、6；最后求短轴端点，过 1′2′的中点作 $Q /\!/ H$，$Q \cap$ 锥 = 圆，$Q \cap P$ = 直线，直线 $\cap$ 圆 = 3、4，由 3、4 和 3′、4′求得 3″、4″（见图 16-3b）。

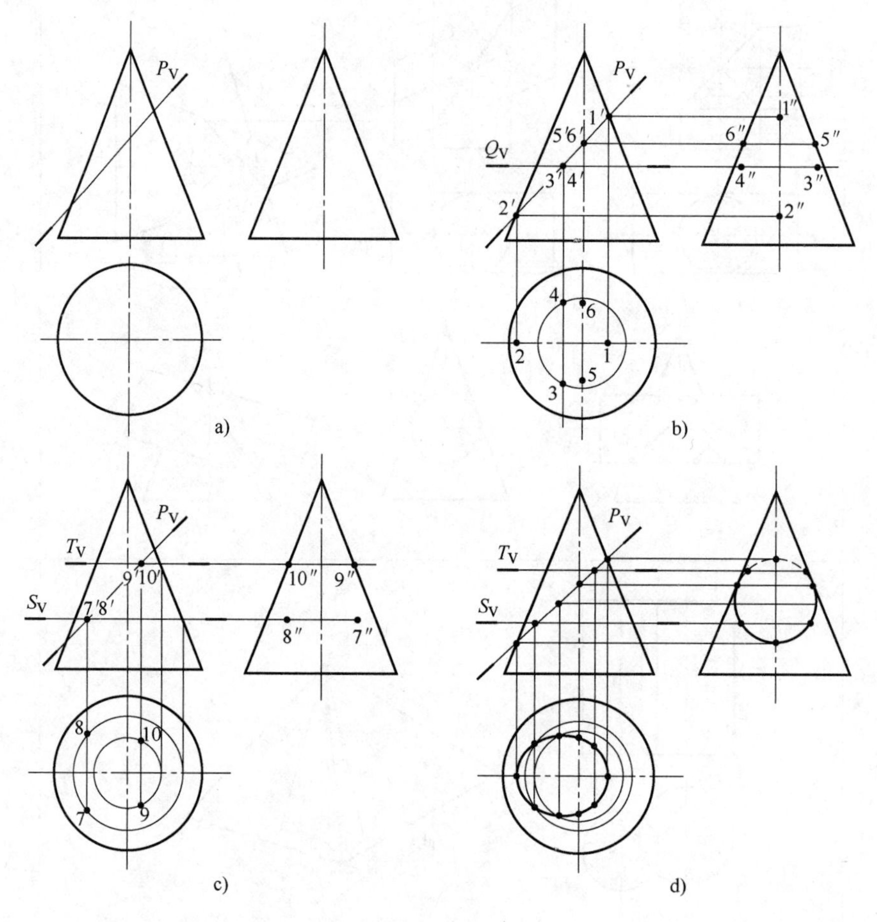

图 16-3

2）求一般点的投影。作 $S /\!/ H$，则 $S \cap$ 锥 = 圆，$S \cap P$ = 直线，直线 $\cap$ 圆 = 7、8，由 7、8 和 7′、8′求得 7″、8″（见图 16-3c）。

3）判别可见性后光滑连接各点，即完成作图（见图 16-3d）。

16.2.1.2 用辅助平面法作相贯线

例：已知相贯的两圆柱的 W 投影，要求完成 V、H 投影（见图 16-4）。

作图步骤：

1）求特殊点的投影。由 1″、3″、2″、4″分别求得 1、1′，3、3′，2、2′，4、4′（见图 16-4b）。

2）求一般点的投影。作 $P /\!/ V$，$P \cap$ 柱 Ⅰ $= CC_1$、DD_1，$P \cap$ 柱 Ⅱ $= EE_1$，$c'c_1' \cap e'e_1' = a'$，$d'd_1' \cap e'e_1' = b'$。

由 a''、b''和 a'、b'可求得 a、b（见图 16-4c）。

3）判别可见性后光滑连接各点，即完成作图（见图 16-4d）。

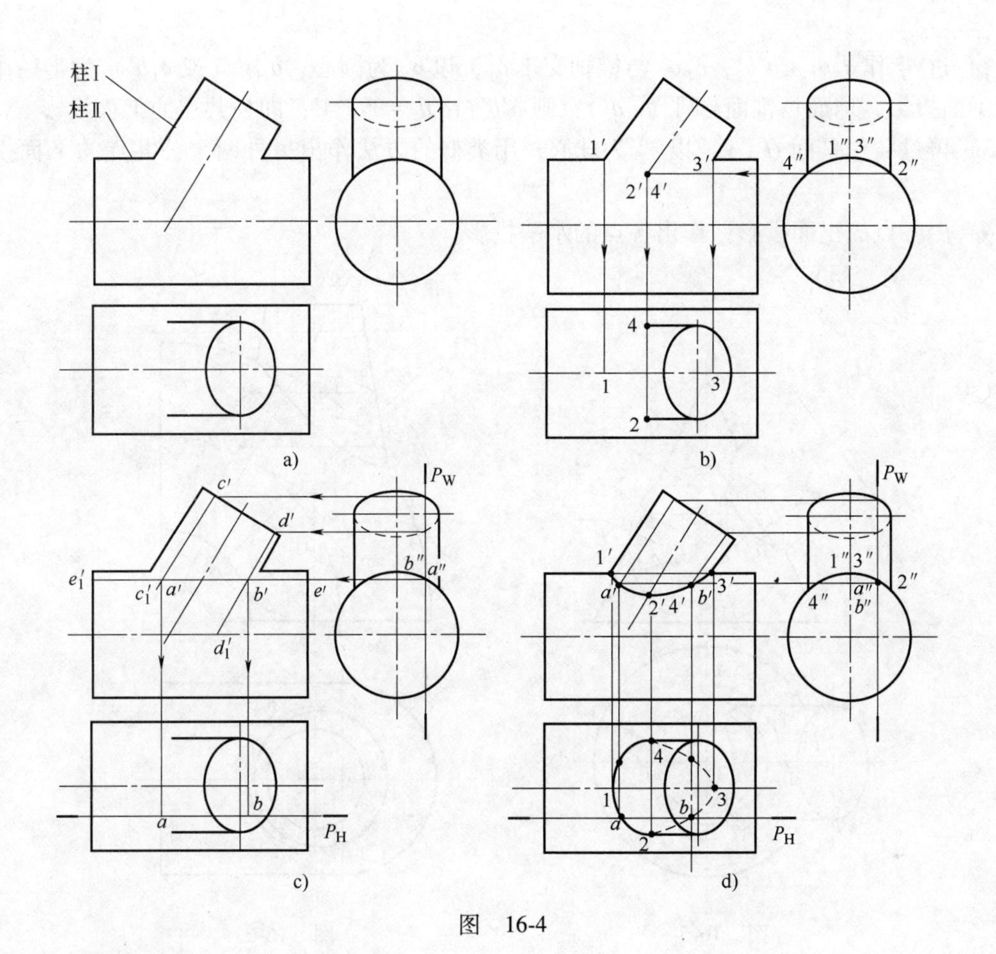

图　16-4

16.2.2　辅助球面法

16.2.2.1　辅助球面法的应用条件

当两相贯回转曲面的轴线相交（固定球心法）或过一回转曲面母线圆的中心所作的垂线与另一回转曲面的轴线相交（变心球面法）时，均可以交点为球心作公共的辅助球面，得到最简单的辅助交线，即平行投影面的圆，从而很方便地作出相贯线的公共点。

16.2.2.2　辅助球面法的作图步骤

1. 固定球心法（见图 16-5）

作图步骤：

1）以 o'为球心，以适当的半径 R 作圆，即球面的 V 面投影。

2）作出球面与柱面、锥面的辅助交线（圆）的 V 面投影 a'、b'、c'。

3）得到公共点：$a' \cap b' = 5'$、$6'$，$b' \cap c' = 3'$、$4'$。

4）改变半径大小（$o'k' \leqslant R \leqslant o'2'$），以 $o'k'$ 作最小球面辅助面，又得到两个点的 V 面投影 $7'$、$8'$。

5）分别作出各点的水平投影。

2. 变心球面法（见图 16-6）

作图步骤：

1）过 o'作平面 $P \perp V$，$P \cap$ 环面 $= a'b'$，$a'b'$为截面圆的 V 面投影，圆心为 o'_P。

2）过 o_P' 作 $o_P'o_1' \perp a'b'$，$o_P'o_1'$ 与锥轴交于 o_1'，以 o_1' 为圆心，$o_1'a'$（或 $o_1'b'$）为半径作球面的 V 面投影，球面∩锥面=圆（$c'd'$），则 $a'b' \cap c'd'=3'$、$4'$，即公共点的 V 面投影。

3）再过 o' 作平面 $Q \perp V$，以 o_2' 为球心，用类似的方法作出另外两个公共点的 V 面投影 $5'$、$6'$。

4）由各点的正面投影，作出各点的水平投影。

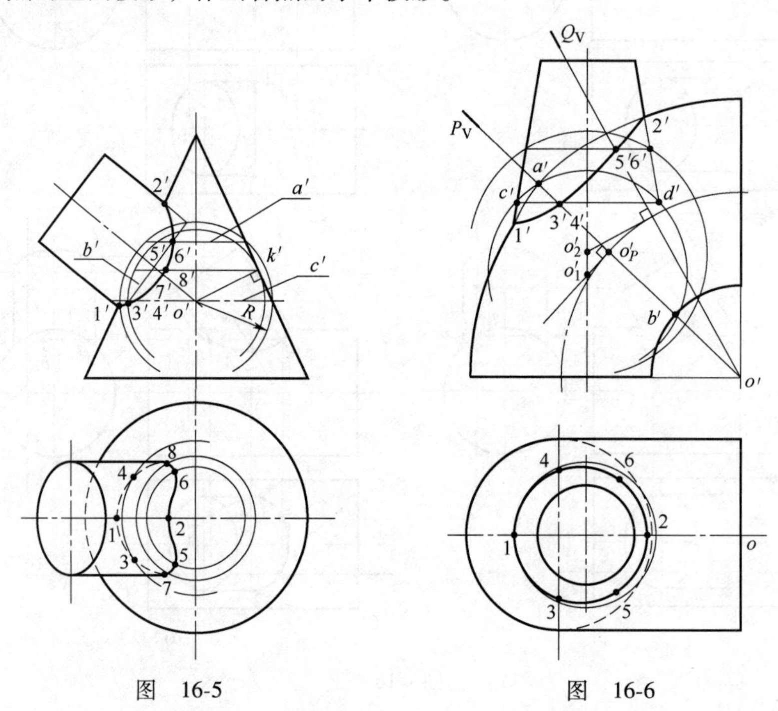

图 16-5 图 16-6

16.2.2.3 应用辅助球面法的几个图例

有些曲面的相贯线，用辅助球面法求作公共点的投影最简便，或只能用辅助球面法，见表 16-12。

表 16-12 用辅助球面法求交线

固定球心法		

（续）

变心球面法	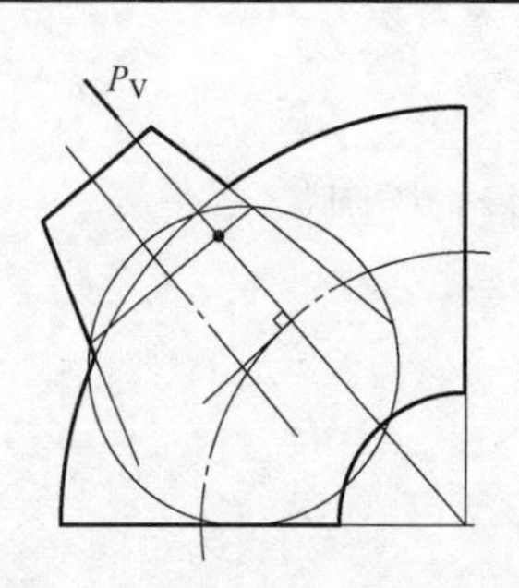	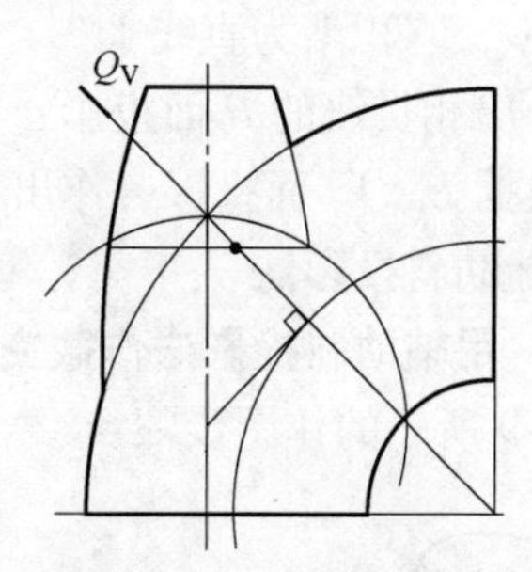

16.3　交线的其他作图方法

16.3.1　换面法

当截平面或曲面立体处于一般位置时，用换面法将其变换为特殊位置，可使作图简化。

16.3.1.1　用换面法作截交线

图 16-7 所示的作图步骤：

1）更换 H 面，使 $H_1 \perp AB$，作出圆柱面在 H_1 面的投影。

2）过 b_1 点作夹角为 80°的已给定的两对称截平面 P 和 P_1。

3）由 c_1、d_1 作出 c'、d'和 c''、d''。

4）作出一般点 E、F、G、H 的 V、W 面投影。

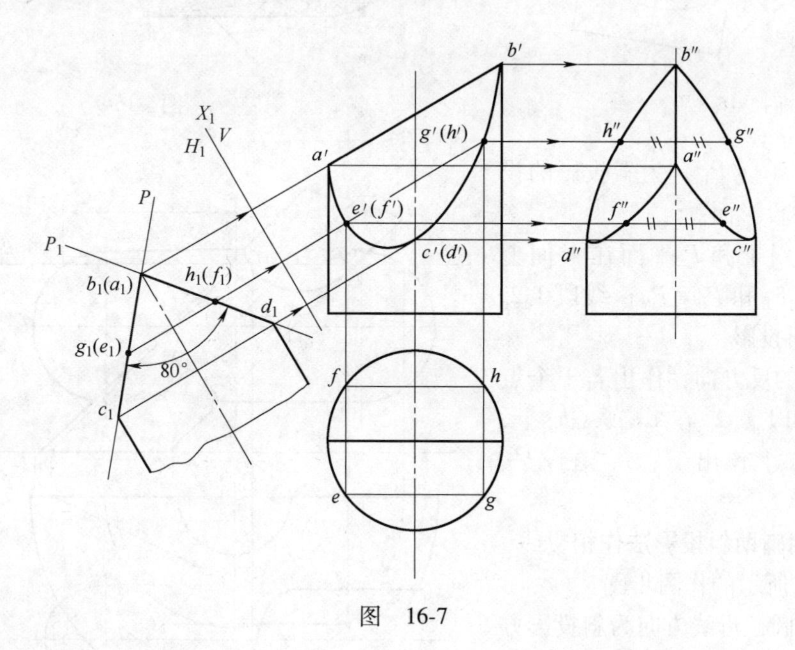

图　16-7

16.3.1.2　用换面法作相贯线

图 16-8 所示的作图步骤：

1）换 V 面，使 V_1 面平行于斜柱轴线，作出球和柱在 V_1 面上的投影，以及相贯线在 V_1 面上的投影，它积聚为直线 $1_1'3_1'$。

2）作出相贯线的 H 面投影：椭圆 1234。

3）根据 H、V_1 面投影，作出相贯线椭圆的 V 面投影椭圆。

16.3.2 辅助斜投影法

16.3.2.1 用辅助斜投影法作截交线

图 16-9 所示的作图步骤：

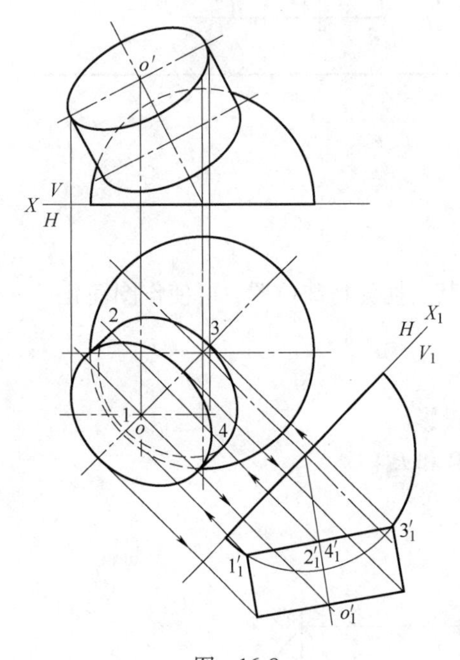

图 16-8

图 16-9

1）选定 $s(s /\!/ P_H)$ 为斜投影的投影方向，V 为投影面。

2）作出斜锥和 P 平面在 V 面上的斜投影 $s_0a_0b_0$ 和 $P_0 \equiv P_V$；线段 1_02_0 为截交线的斜投影。

3）按 s 的反方向，作出若干个点的正投影，如 1_0、2_0 在 s_0a_0、s_0b_0 上，则在 $s'a'$、sa 上作出 $1'$、1，在 $s'b'$、sb 上作出 $2'$、2。

16.3.2.2 用辅助斜投影法作相贯线

图 16-10 所示的作图步骤：

1）选定圆柱母线方向为斜投影方向 S，H 为斜投影面。

2）作水平辅助平面 P，求出公共点的斜投影：P 面与椭圆柱面的辅助

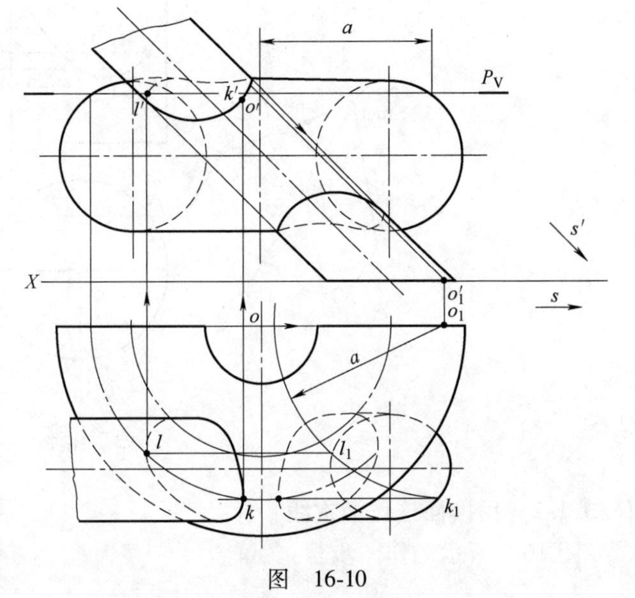

图 16-10

交线椭圆的斜投影与底椭圆重合；P 面与圆环面的辅助交线圆 o' 的斜投影，为以 o_1 为圆心、a 为半径的圆。上述椭圆与圆的交点 l_1、k_1 即为公共点的斜投影。

3）按 S 的反方向，作出其 V、H 面投影 l'、k' 和 l、k。

4）类似地作出足够公共点的投影。

16.3.3　辅助中心投影法

16.3.3.1　用辅助中心投影法作截交线

图 16-11 所示的作图步骤：

1）以锥顶点 S 为投影中心，H 面为中心投影面。

2）在 P 面的水平线 MN 上取线段 AB，作出 AB 的中心投影 A_0B_0，锥面的中心投影为锥底椭圆。

3）A_0B_0 与锥底椭圆的交点 1_0、2_0 即公共点 1、2 的中心投影。

4）由中心投影作出 1、2 的正投影；$s1_0 \cap ab=1$，$s2_0 \cap ab=2$，由 1、2 作出 $1'$、$2'$。

5）类似地作出足够的公共点的投影。

16.3.3.2　用辅助中心投影法作相贯线

图 16-12 所示的作图步骤：

1）以锥顶 S 为投影中心，H 面为中心投影面。

2）作水平面 P，P 面与椭圆锥面的交线为一椭圆，其中心投影与锥底椭圆的 H 投影重合；P 面与椭圆柱面的交线为一圆（圆心为 O，半径为 R），其中心投影为以 O_1 为圆心、O_1M_1 为半径的圆。

3）圆 O_1 和椭圆的交点 l_1、k_1 即公共点 K、L 的中心投影。

4）反方向作出 K、L 的正投影：$sl_1 \cap$ 圆 $o=l$，$sk_1 \cap$ 圆 $o=k$，由 l、k 作出 l'、k'。

5）类似地作出足够公共点的投影。

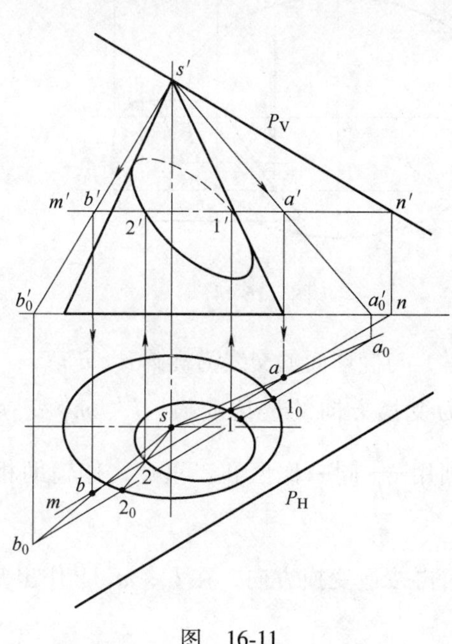

图　16-11

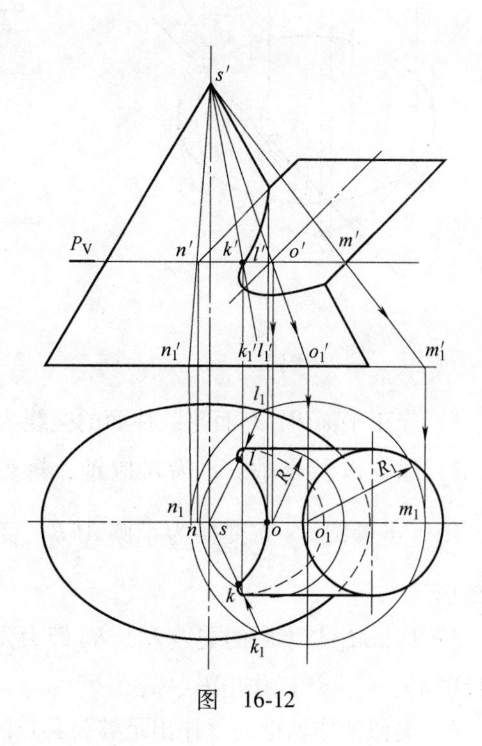

图　16-12

16.3.4 透视仿射变换法

16.3.4.1 用透视仿射变换法作截交线

图 16-13 所示的作图步骤：

1）以 o 为中心、oa 为半径作圆，将椭圆抛物面透仿变换为回转抛物面（前后对称面为变换的轴平面，c、c_0 为一对对应点）。此时 P_H 变换为 P_{H0}。

2）作水平面 Q，得到辅助交线椭圆（长半轴为 oe）的对应圆（半径为 oe）。该圆与 P_{H0} 交于 1_0、4_0，作出对应点 1、4，由 1、4 作出 $1'$、$4'$。

3）以 o 为圆心作圆与 P_{H0} 相切于 2_0，由 f 作出 f'，即可作出水平面 $R(R_V)$，再由 2_0 作出最高点 $2'$。

4）类似地作出足够的公共点的投影。

16.3.4.2 用透视仿射变换法作相贯线

图 16-14 所示的作图步骤：

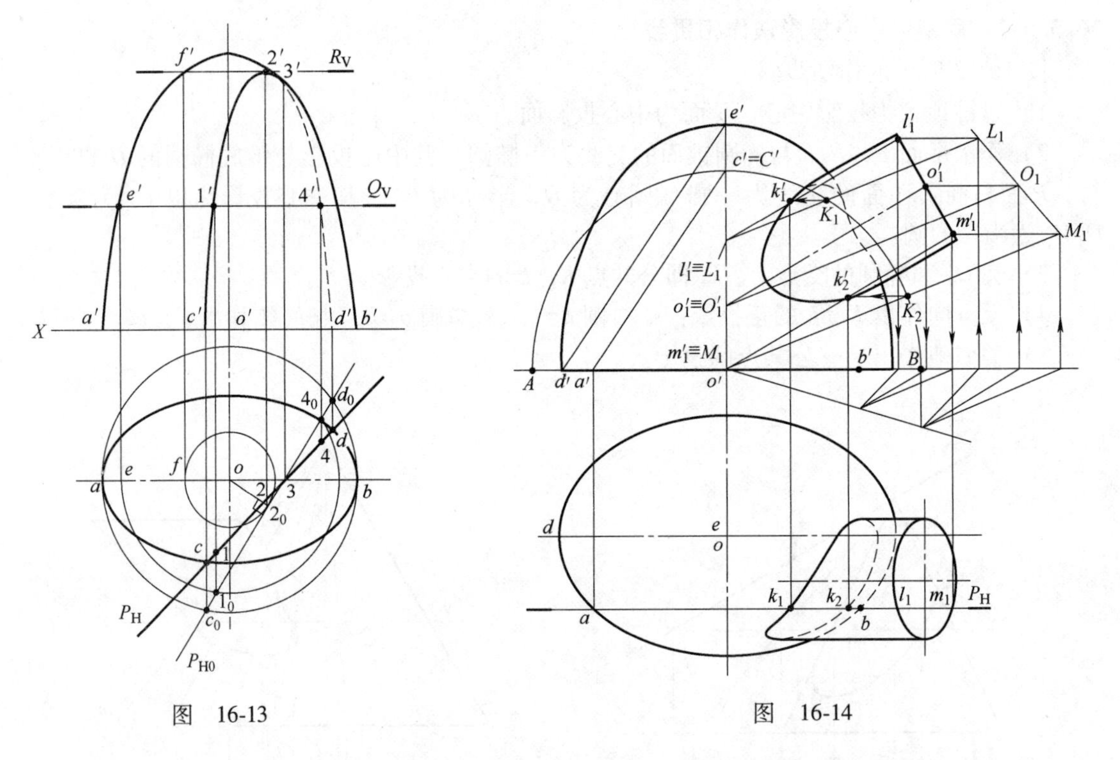

图 16-13　　图 16-14

1）作正平面 P，P 面与圆柱面的交线为 l_1'、m_1'，与椭球面的交线为椭圆 $a'c'b'$。

2）建立以长半轴 $o'c'$ 为对应轴，短轴方向为变换方向的透仿变换。l_1'、m_1' 变换为 L_1、M_1，半椭圆 $a'c'b'$ 变换为半圆 ACB。变换时利用 $\dfrac{o'B}{o'b'}$ 同一比值和二重点，作辅助相似三角形。

3）L_1、M_1 与半圆的交点 K_1、K_2 即为公共点，再按逆变换方向，在 l_1'、m_1' 上作出其 V 面投影 k_1'、k_2'，然后作出 k_1、k_2。

4）类似地作辅助面，作出足够公共点的投影。

16.4　交线的简化画法

不论是截交线还是相贯线的投影，按国家标准（GB/T 16675.1—2012）规定：“在不致引起误解时，……可以简化，例如用圆弧或直线代替非圆曲线”。下面分别推荐和说明交线的各种类型简化画法的画图步骤和应用条件。

16.4.1　截交线的简化画法

16.4.1.1　截交线的四种简化类型

截交线的四种简化类型见表 16-13。

表 16-13　截交线的简化类型

种类	截交线性质	简化类型	简化方法
1	双曲线 抛物线	线切型	顶点区简化为圆弧 两侧边简化为与圆弧相切的直线
2	椭圆	扁圆型	完整的椭圆简化为近似的四心扁圆
3	对称性的平面曲线	两弧相切型（分内切、外切）	顶点区和末端简化为圆弧，两侧中部简化为与两弧相切的两直线
4	顶点区的局部椭圆、双曲线和抛物线； 非顶点区的局部椭圆、双曲线和抛物线	单一型 （单一圆弧型、单一直线型）	对于局部的顶点区椭圆、双曲线、抛物线，简化为一圆弧 对于椭圆、双曲线和抛物线的一段侧边，则简化为一段直线

16.4.1.2　各种类型的简化作图方法

各种类型的简化作图方法见表 16-14。

表 16-14　各种类型的简化作图方法

类型	简化方法	简化作图步骤
线切型	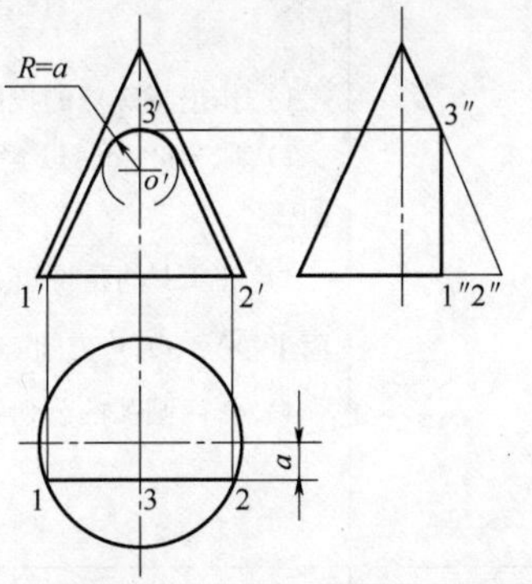 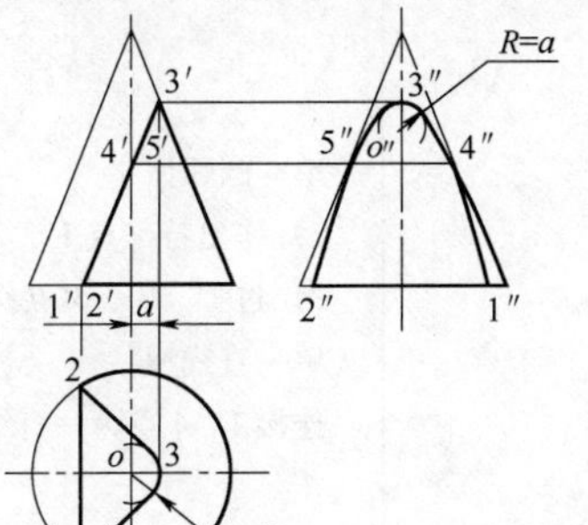 R=a 3′ o′ 1′ 2′ 3″ 1″2″ 1 3 2 a R=a 3′ 4′ 5′ 1′ 2′ a 3″ 5″ o″ 4″ 2″ 1″ 2 o 3 1 R=a	1）作出特殊点的投影 1′、2′、3′（或 1、2、3 与 1″、2″、3″） 2）自点 3′（或 3 与 3″）沿轴线截取 3′o′=a（或 3o=3″o″=a），以 o′（或 o 与 o″）为圆心、a 为半径作一圆弧 3）自 1′、2′（或 1、2 与 1″、2″）作圆弧的切线 4）当截交线通过轮廓线时，则直线分为两段作出

（续）

类型	简化方法	简化作图步骤
扁圆型	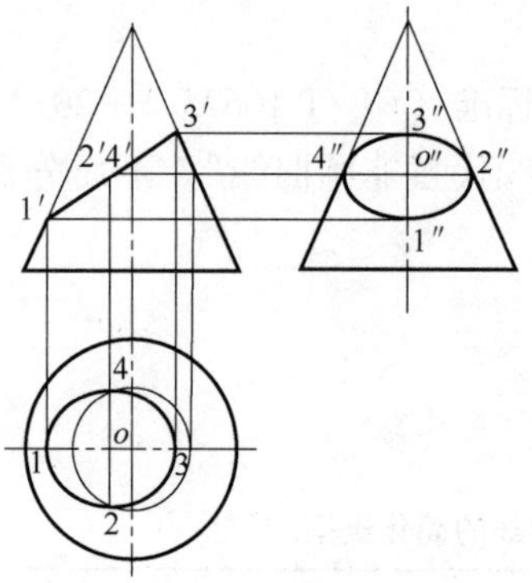	参阅第 14 章图 14-46 所示扁圆画法
	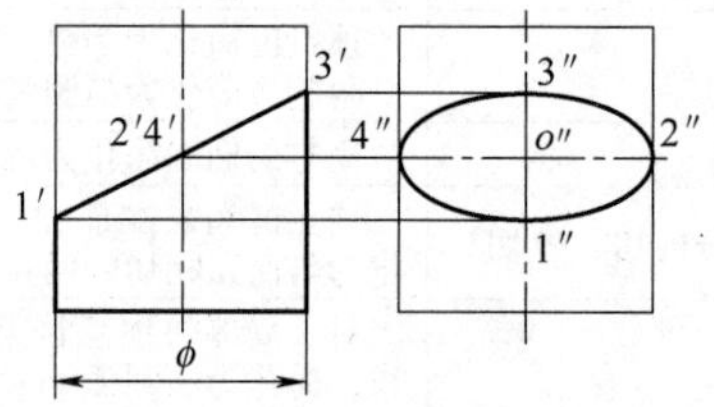	参阅第 14 章图 14-46 所示扁圆画法
	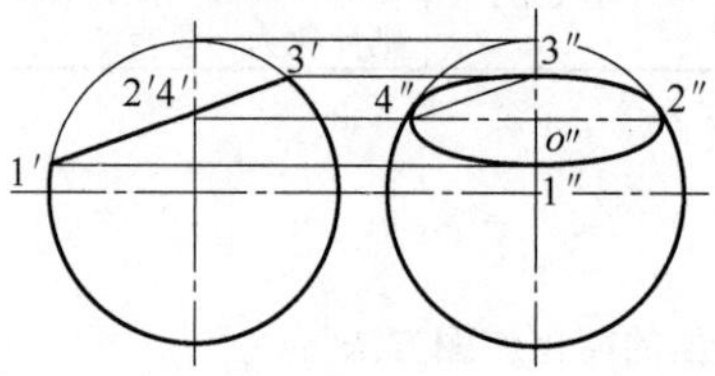	
两弧相切型	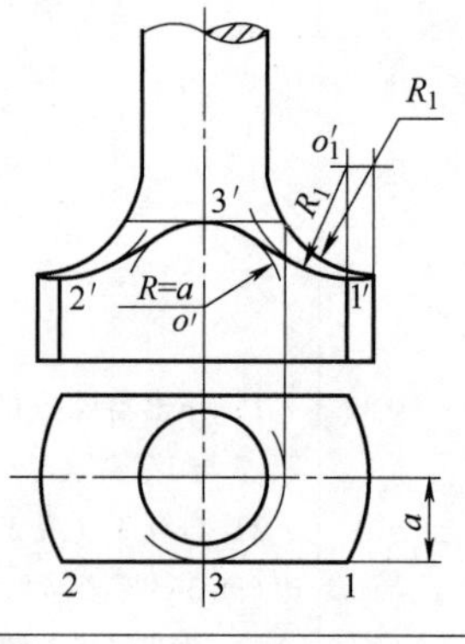	1）作出特殊点的投影 1′、2′、3′ 2）取 $3'o'=a$，以 o' 为圆心，$o'3'$ 为半径作圆弧 3）在 1′1′的延长线上取 $1'o'_1=R_1$（R_1 为环面半径），以 o'_1 为圆心，R_1 为半径作圆弧 4）作两圆弧的公切线
单一型	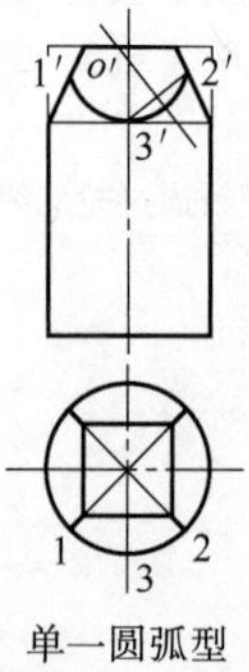单一圆弧型 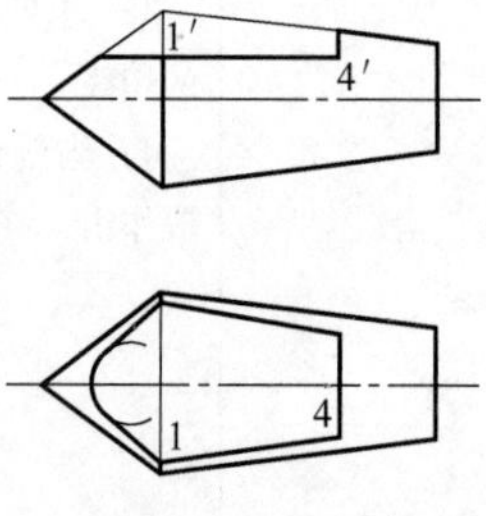单一直线型	单一圆弧型 1）作出特殊点 1′、2′、3′ 2）过 1′、2′、3′点作一圆弧 单一直线型 连接 1、4 点为一直线段

16.4.2 相贯线的简化画法

16.4.2.1 相贯线的三种简化类型

相贯线的三种简化类型见表 16-15。

表 16-15 相贯线简化类型

种类			简化前	简化后	简化方法
1	线切型		1′ 3′ 4′ 2′ 5′	1′ R o_1' 3′ 2′ o'	双曲线、抛物线简化为两直线与一圆弧相切
2	扁圆型		4 1 o 3 2	4 1 o 3 2	椭圆简化为近似的四心扁圆
3	三弧型	三弧外凸型	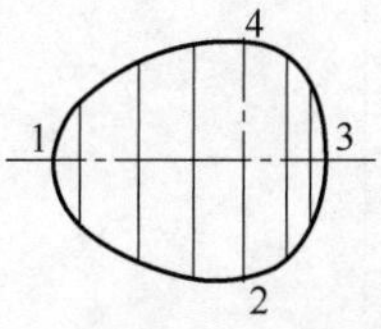 4 1 3 2	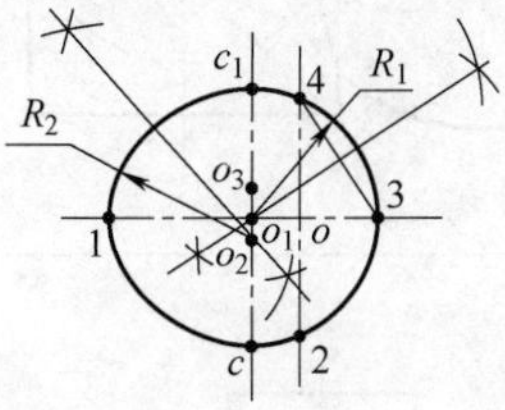 c_1 4 R_1 R_2 o_3 3 1 o_1 o o_2 c 2	对称的平面曲线简化为以同一直线上的 o_1、o_2、o_3 为圆心的三弧连接的外凸对称形
		三弧内凹型	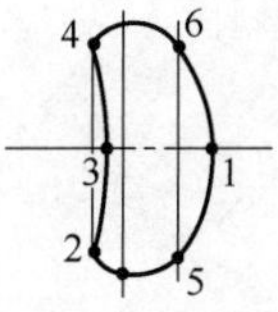 4 6 3 1 2 5	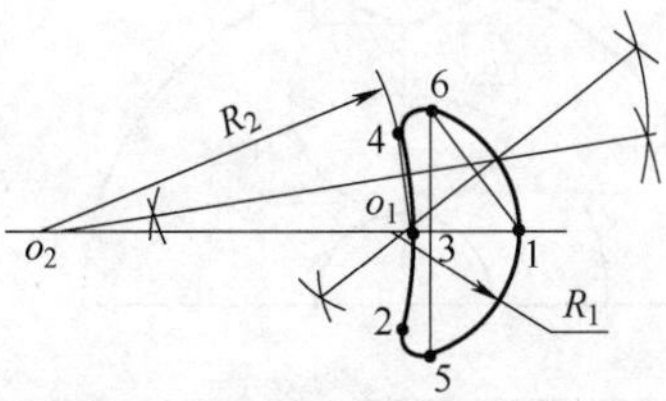 R_2 6 4 o_1 o_2 3 1 R_1 2 5	对称的平面曲线简化为以对称线上的 o_1、o_2 为圆心的两弧及其连接弧组成的内凹对称形
		三弧棱圆型	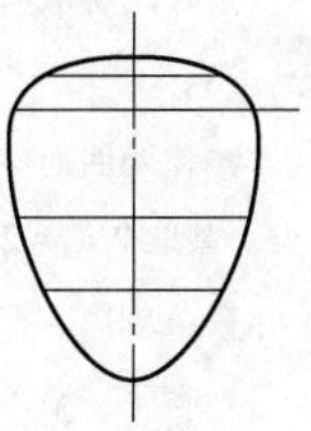	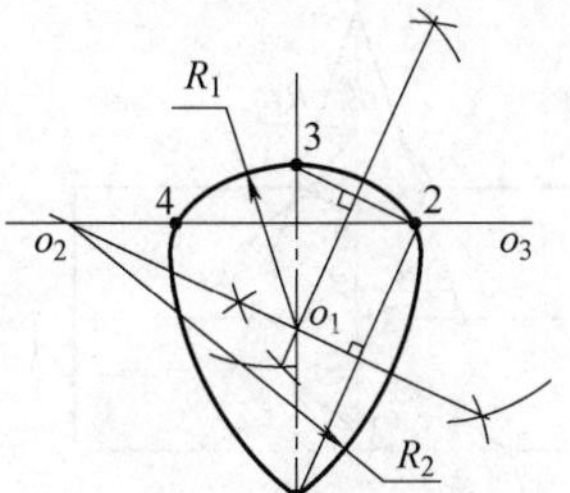 R_1 3 4 2 o_2 o_3 o_1 R_2 1	对称的平面曲线简化为以不在同一直线上的 o_1、o_2、o_3 为圆心的三弧组成的棱圆封闭形

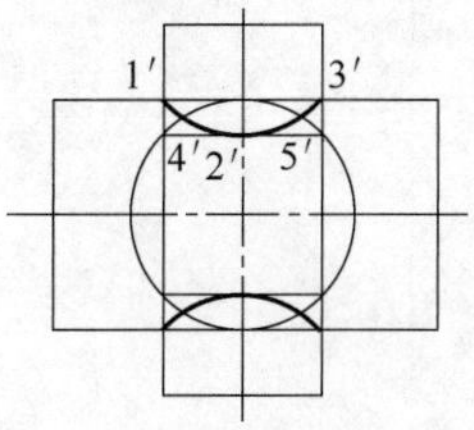

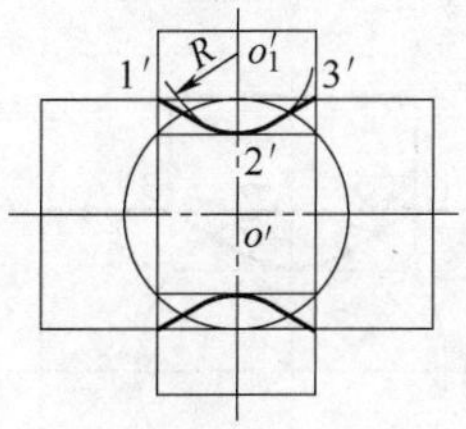

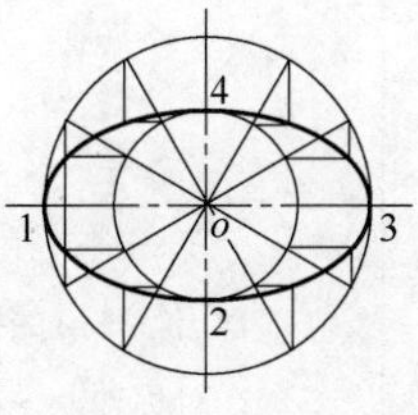

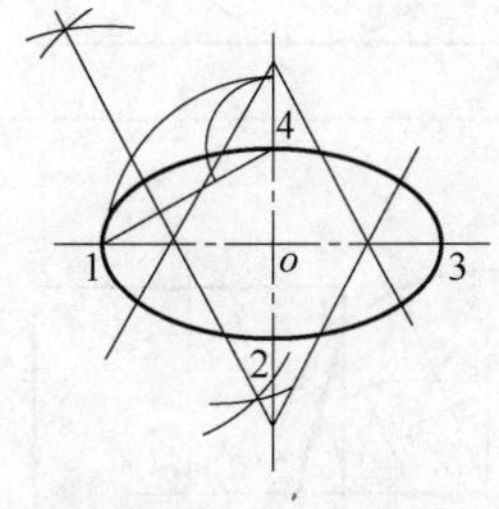

16.4.2.2 线切型简化画法及应用条件

线切型简化画法及应用条件见表 16-16。

表 16-16 线切型简化画法图例

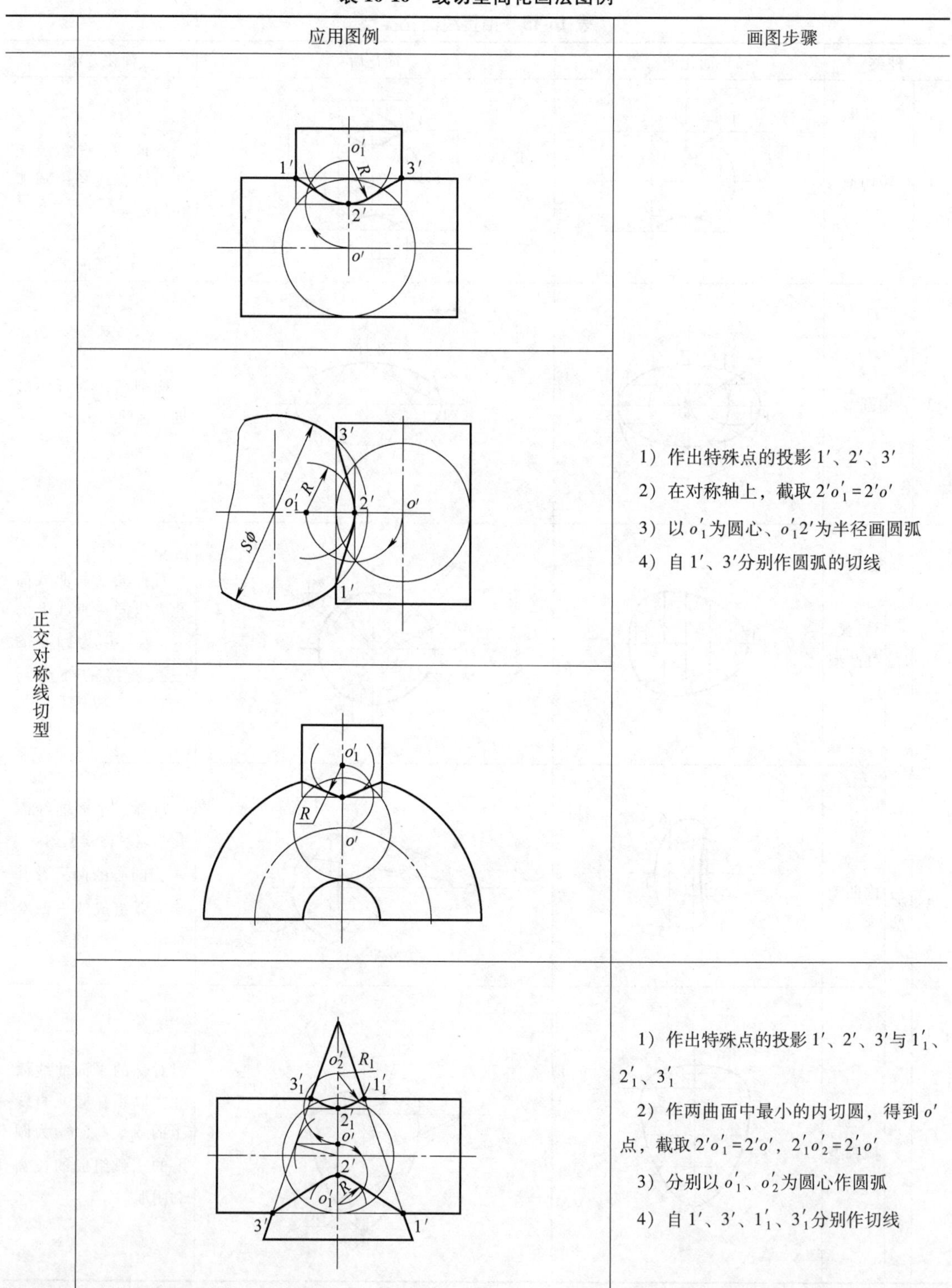

	应用图例	画图步骤
正交对称线切型	（图例1～3）	1）作出特殊点的投影 1′、2′、3′ 2）在对称轴上，截取 $2'o_1'=2'o'$ 3）以 o_1'为圆心、$o_1'2'$为半径画圆弧 4）自 1′、3′分别作圆弧的切线
	（图例4）	1）作出特殊点的投影 1′、2′、3′与 $1_1'$、$2_1'$、$3_1'$ 2）作两曲面中最小的内切圆，得到 o'点，截取 $2'o_1'=2'o'$，$2_1'o_2=2_1'o'$ 3）分别以 o_1'、o_2'为圆心作圆弧 4）自 1′、3′、$1_1'$、$3_1'$分别作切线

（续）

<table>
<tr><th></th><th>应用图例</th><th>画图步骤</th></tr>
<tr><td rowspan="2">正交非对称线切型</td><td>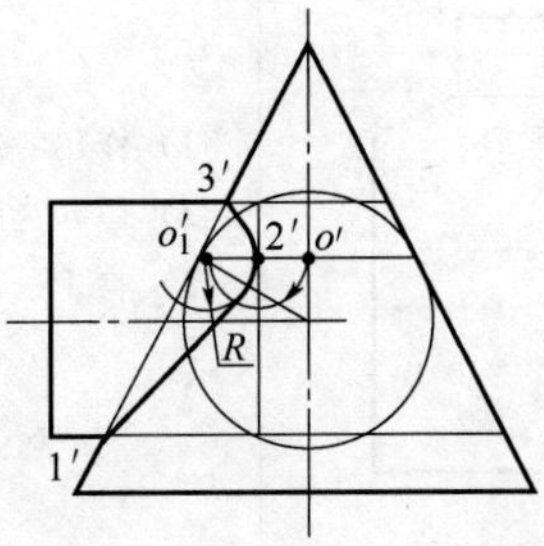
</td><td rowspan="2">1）作出特殊点的投影 1′、2′、3′
2）自点 2′作锥轴的垂线，在其上取 $2'o'_1=2'o'$
3）以 o'_1为圆心、o'_12'为半径作圆弧
4）自 1′、3′分别作圆弧的切线</td></tr>
<tr><td>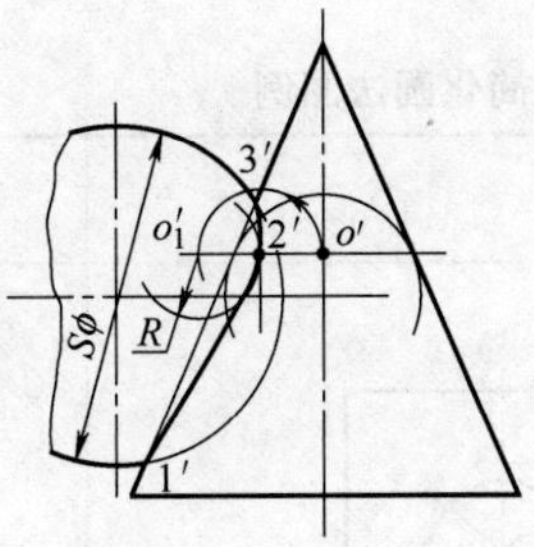
</td></tr>
<tr><td rowspan="2">斜交非对称线切型</td><td>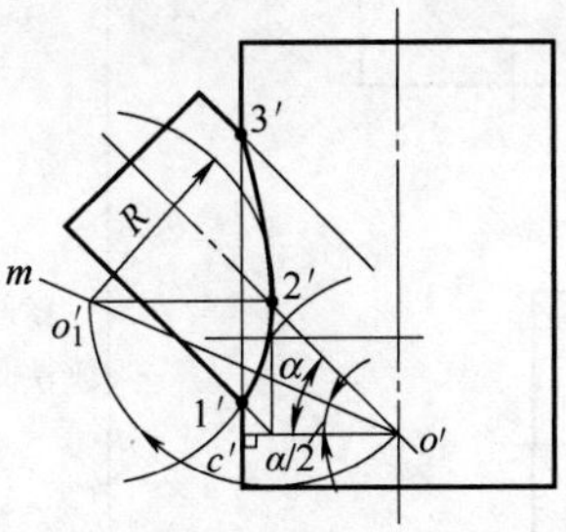
</td><td rowspan="2">1）作出特殊点的投影 1′、2′、3′
2）作∠α（一轴线和另一曲面轮廓线的法线 $o'c'$的夹角）的角平分线 $o'm$，在 $o'm$上取点 o'_1，使 $o'_12'=2'o'$
3）以 o'_1为圆心，o'_12'为半径作圆弧
4）自 1′、3′分别作圆弧的切线</td></tr>
<tr><td>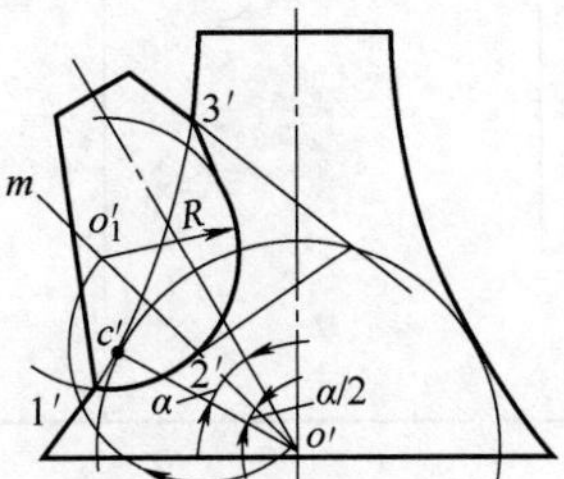
</td></tr>
</table>

（续）

	应用图例	画图步骤
偏交非对称线切型	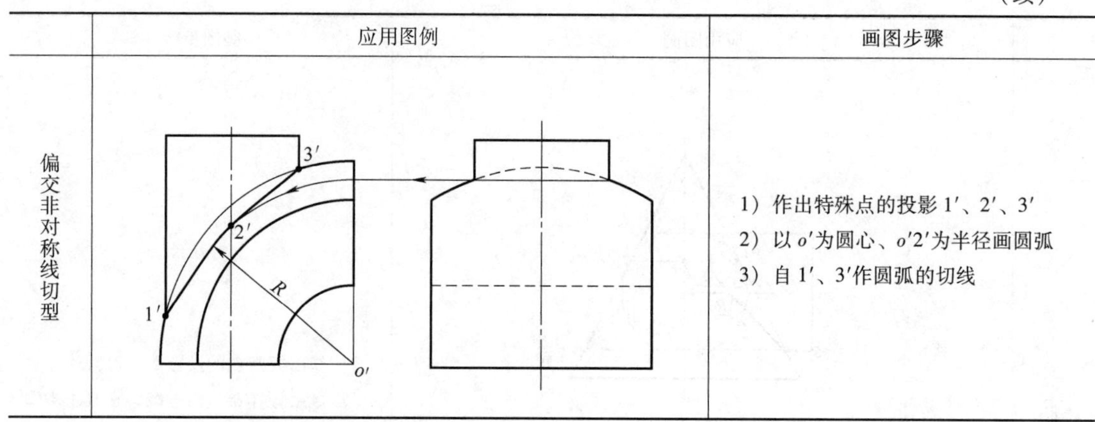	1）作出特殊点的投影 1′、2′、3′ 2）以 o'为圆心、$o'2'$为半径画圆弧 3）自 1′、3′作圆弧的切线

16. 4. 2. 3　扁圆型简化画法及应用条件

扁圆型简化画法及应用条件见表 16-17。

表 16-17　扁圆型简化画法图例

	应用图例	画图步骤
扁圆型	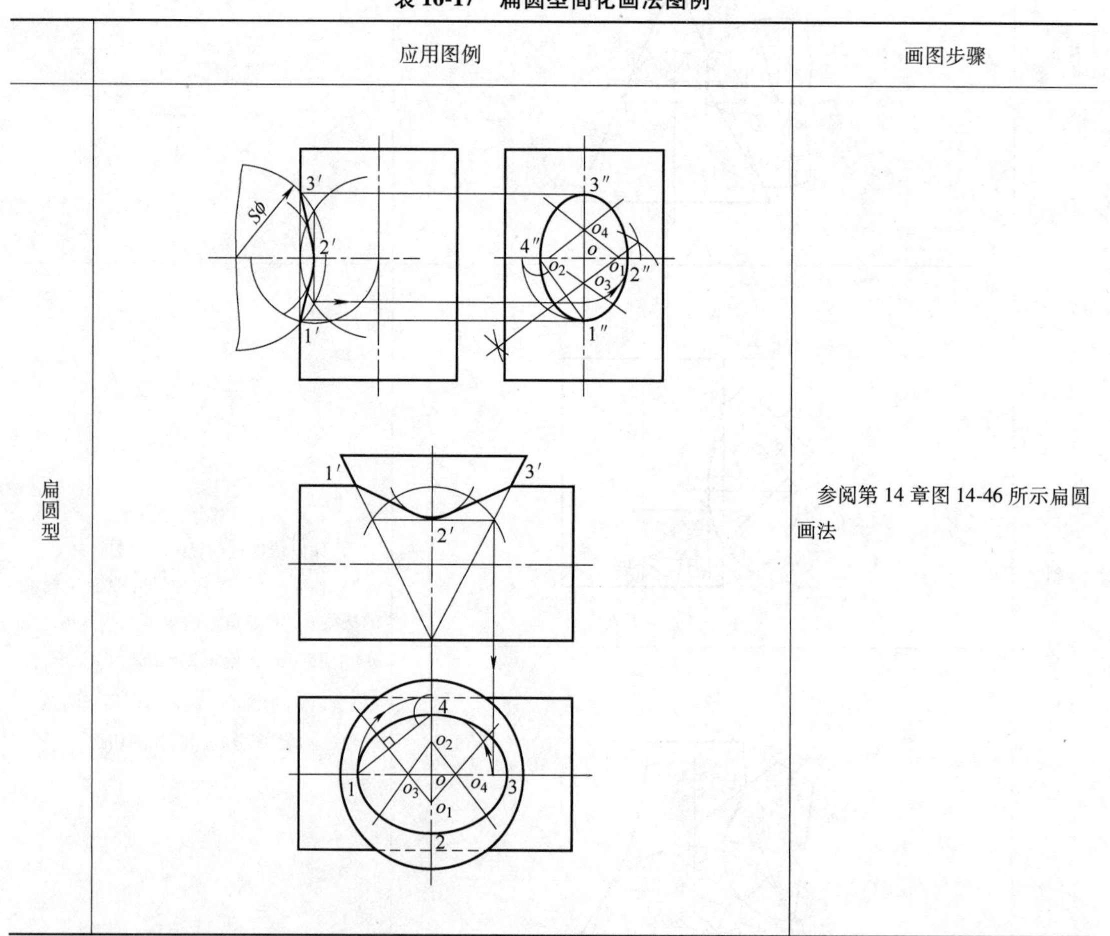	参阅第 14 章图 14-46 所示扁圆画法

16. 4. 2. 4　三弧型简化画法及应用条件

三弧型简化画法及应用条件见表 16-18。

表 16-18　三弧型简化画法图例

	应用图例	画图步骤
三弧外凸型	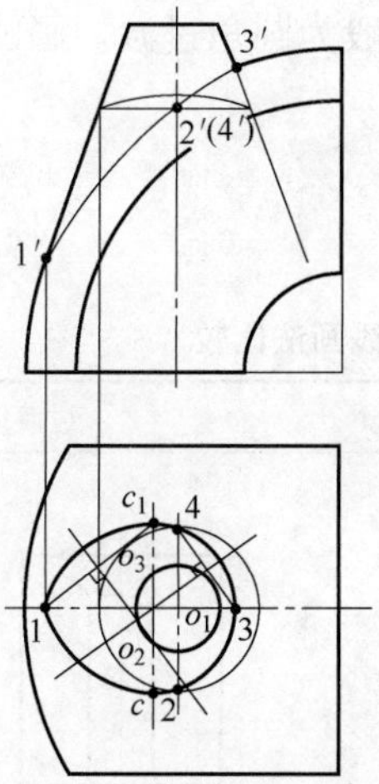	1）作出特殊点的投影 1、2、3、4 2）作 34（或 23）的中垂线交对称轴于 o_1，以 o_1 为圆心、$o_1 3$ 为半径画圆弧 $c3c_1$ 3）作 $1c_1$（或 $1c$）的中垂线与 cc_1 交于 o_2，取对称点 o_3，以 o_2、o_3 为圆心，o_2c_1 为半径画两对称圆弧 4）尖点 1 处可用小圆角过渡
三弧内凹型	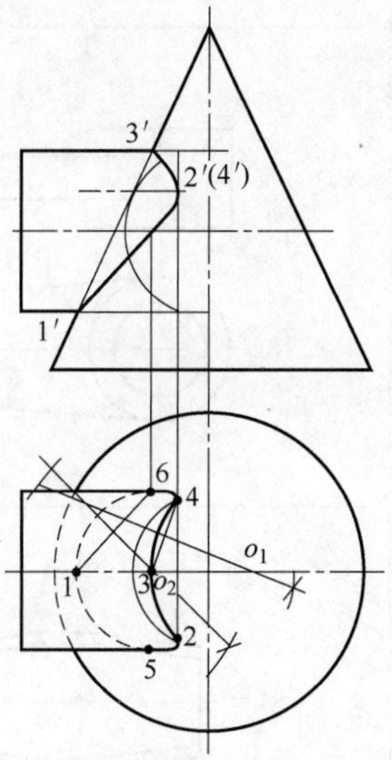	1）作出特殊点的投影 1、2、3、4、5、6 2）作 34 的中垂线交对称轴于 o_1，以 o_1 为圆心、$o_1 3$ 为半径画圆弧 $\overset{\frown}{234}$ 3）作 16 的中垂线交对称轴于 o_2，以 o_2 为圆心、$o_2 1$ 为半径画圆弧 $\overset{\frown}{516}$ 4）在 25 和 46 之间分别用相同大小的小圆弧连接
三弧棱圆型	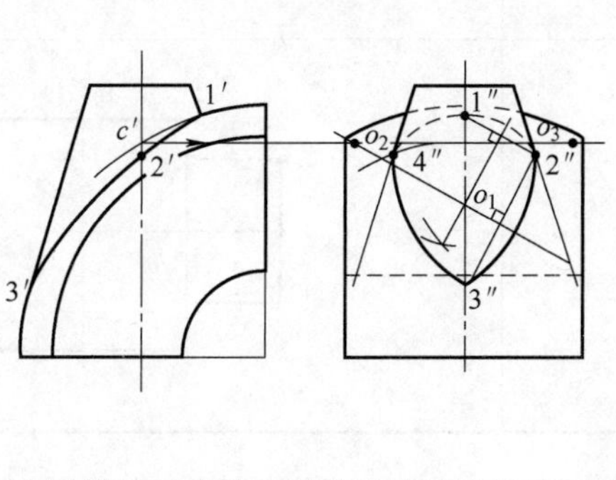	1）作特殊点的投影 1″、2″、3″、4″ 2）作 1″2″的中垂线交对称线于 o_1，以 o_1 为圆心，$o_1 1''$ 为半径画一圆弧 $\overset{\frown}{2''1''4''}$ 3）作 2″3″的中垂线交自 c'（一曲面轴线与另一曲面轮廓线的交点）所引水平线于 o_2，取对称点 o_3，以 o_2、o_3 为圆心、$o_2 3''$ 为半径，画两圆弧 $\overset{\frown}{2''3''}$ 和 $\overset{\frown}{4''3''}$ 三处尖角用小圆角过渡

16.5 过渡线画法

不切削加工的铸、锻零件的两表面相交处，一般为圆角过渡。画图时，交线不与两轮廓线接触，而采用过渡线画法。

16.5.1 交线与过渡线画法比较

交线与过渡线画法比较见表 16-19。

表 16-19 交线和过渡线画法比较

	交线画法	过渡线画法
平面与平面立体	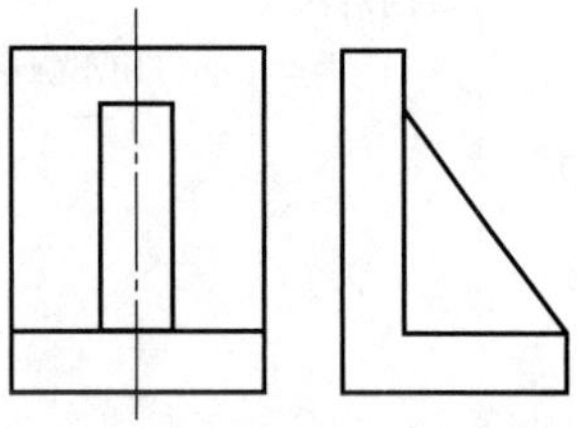	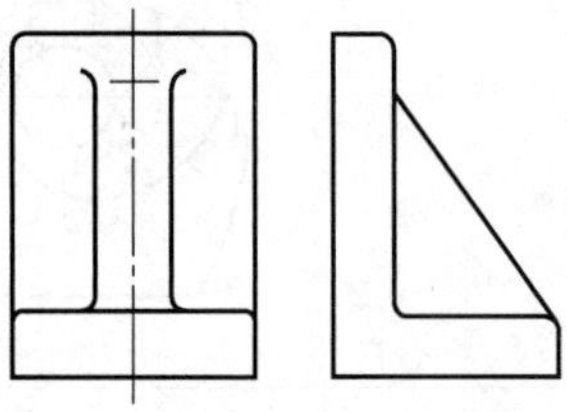
平面与曲面立体	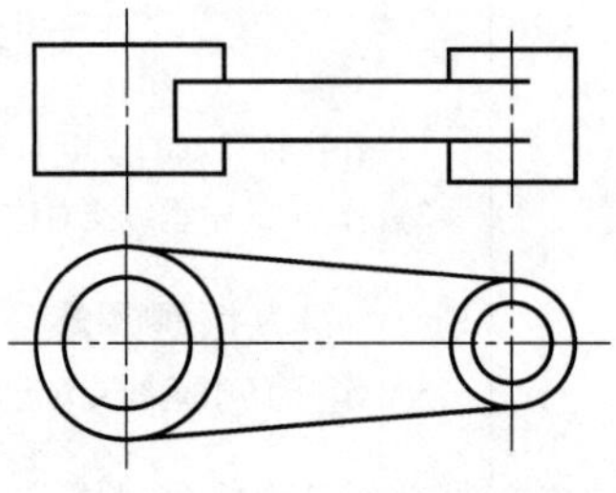	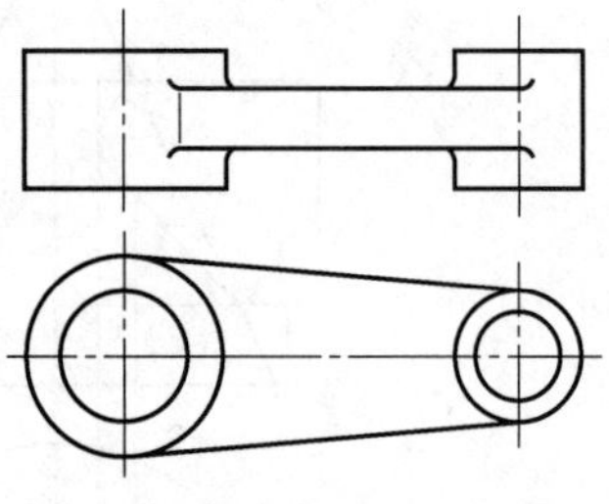
曲面与曲面立体	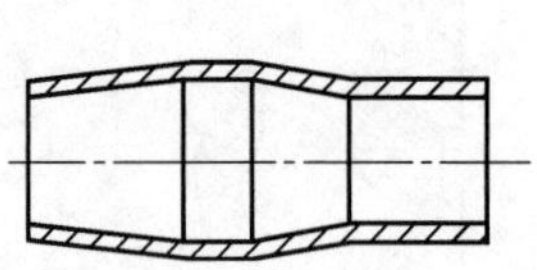	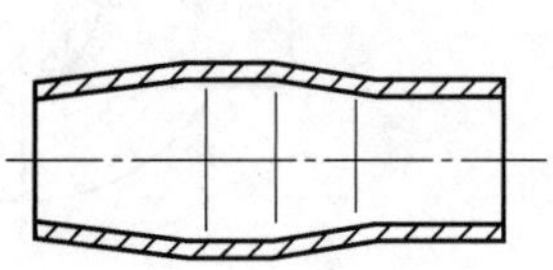
	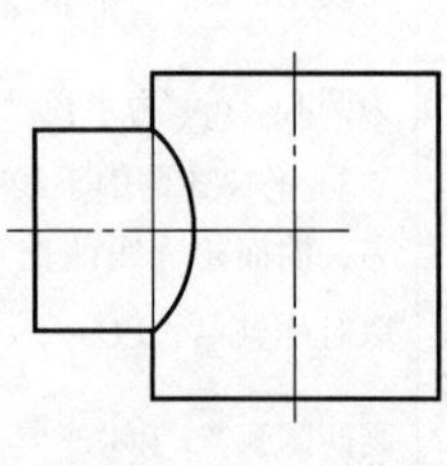	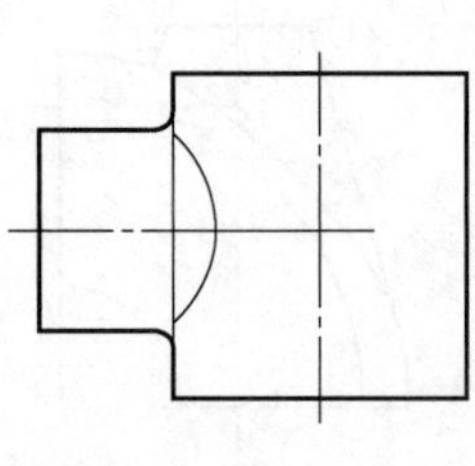

16.5.2　零件上过渡线画法实例

零件上过渡线画法实例如图 16-15～图 16-18 所示。

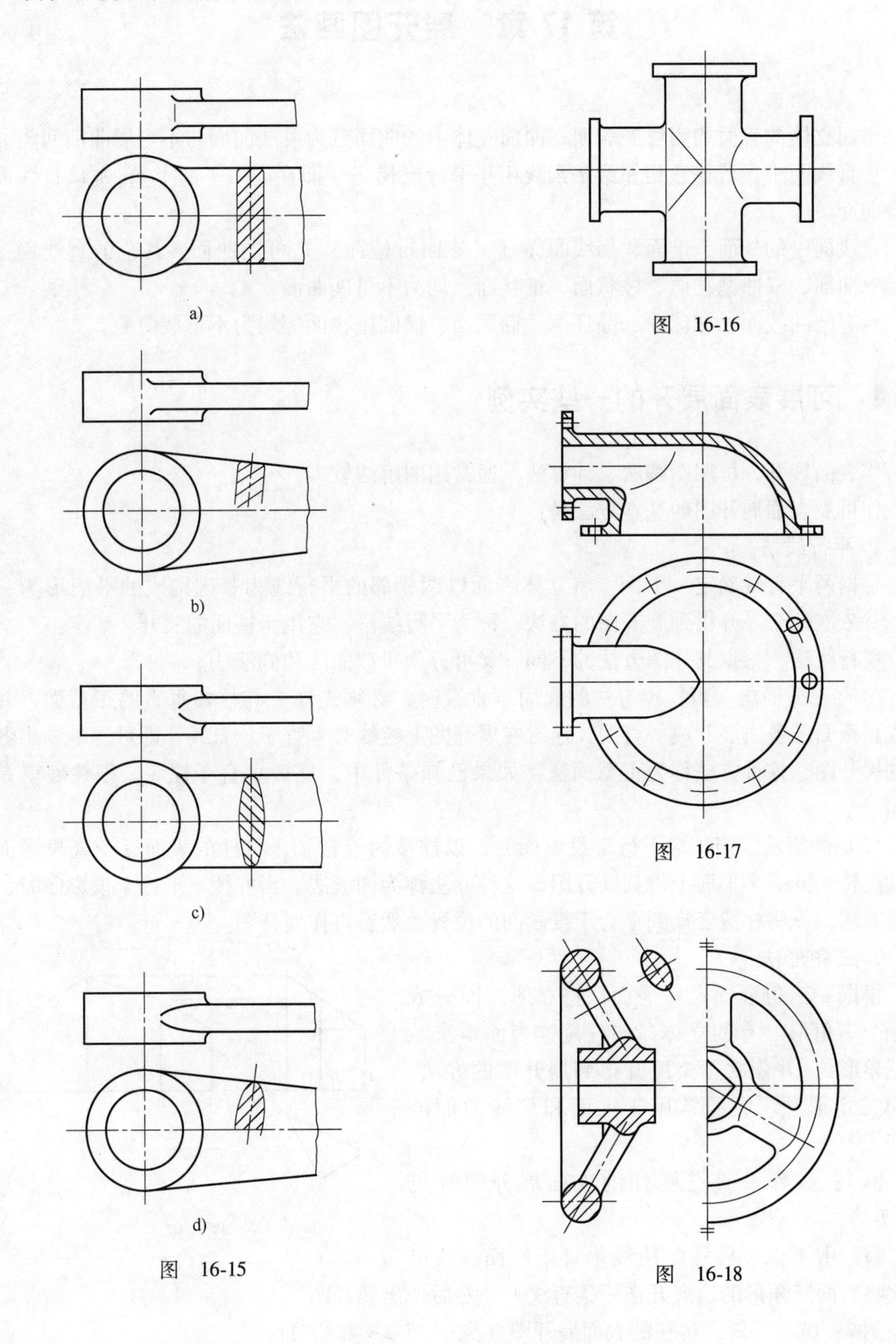

图　16-15

图　16-16

图　16-17

图　16-18

第 17 章　展开图画法

平面立体的表面均为可展表面；曲面立体中的曲面分为可展曲面与不可展曲面两类。

在直线面中，若任意相邻两条素线相互平行或相交（即在同一平面上），则该直线面为可展曲面。

直线面中的柱面、锥面、切线曲面（又称回折棱面）是可展曲面，其余的直线面，如单叶双曲面、双曲抛物面、柱状面、锥状面，均为不可展曲面。

所有的曲线面，如球面、圆环面、椭圆面、椭圆抛物面等均为不可展曲面。

17.1　可展表面展开的一些实例

作表面展开，可用图解法、计算法，通常用图解法较多。

作可展表面展开图的基本方法是：

1. 平行线法

根据两平行线确定一平面，将立体表面以两相邻的平行线为基础构成的平面形为一平面，并依次逐个展开得到展开图的方法，称为平行线法。它用于柱面的展开。

平行线法，根据其作图方法的不同，又可分为正截面法和侧滚法。

（1）正截面法　当柱棱与柱的底面不垂直时，必须先作一与柱棱垂直的正截面，并将组成正截面的各边展开成一直线，这时在展开图上棱线必垂直于该直线，即可逐一画出各表面的展开图，这种方法称为正截面法。如果已知条件中，柱棱垂直于柱底，则柱底就是正截面。

（2）侧滚法　当柱棱平行于投影面时，以柱棱为旋转轴，将柱的表面逐个绕投影面平行轴旋转到同一个平面上得到展开图，这种方法称为侧滚法。当柱棱不平行于投影面时，可用换面法，先将柱棱变换到平行于投影面的位置，然后再作展开图。

2. 三角形法

根据一三角形确定一平面，将立体表面分成若干个三角形（有的立体，如三棱锥表面本来就是三角形），并依次逐个展开得到展开图的方法，称为三角形法。它通常用于锥面和切线曲面的展开。

例 1：试作一直三棱柱的表面展开图（见图 17-1）。

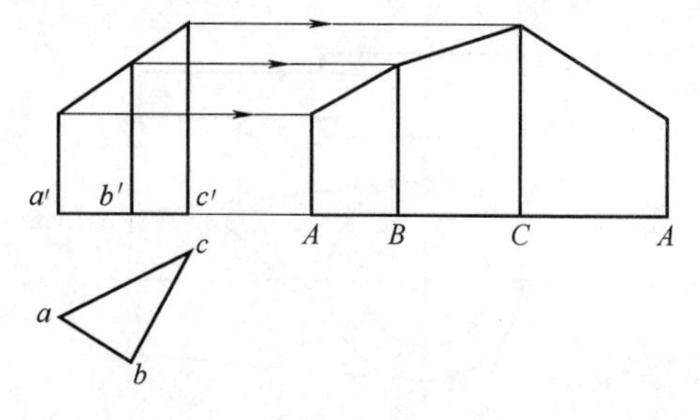

图　17-1

解：由于该三棱柱的棱线垂直于底面，故可直接将底面三角形的边展开在一条直线上，然后作出展开图。

例 2：试作一斜三棱柱的表面展开图（见图 17-2~图 17-4）。

由于该三棱柱的柱棱与底面不垂直，故采用正截面法、侧滚法及三角形法求解。

方法 1：正截面法

作图步骤（见图 17-2）：

1）作正截面 P，并用换面法求出其实形 $\triangle 1_1 2_1 3_1$（见图 17-2a）。

2）将 $\triangle 1_1 2_1 3_1$ 各边展开成一直线，可得 1、2、3、1 各点（见图 17-2b）。

3）过各点作直线（即棱）垂直于直线 11，并在各垂线上作出各棱线的端点，棱长自 V 面投影量取，如 $1A = 1'a'$ 等。

4）连接各端点，得展开图。

方法 2：侧滚法

本例由于柱棱平行于 V 面，故可直接用侧滚法作图。

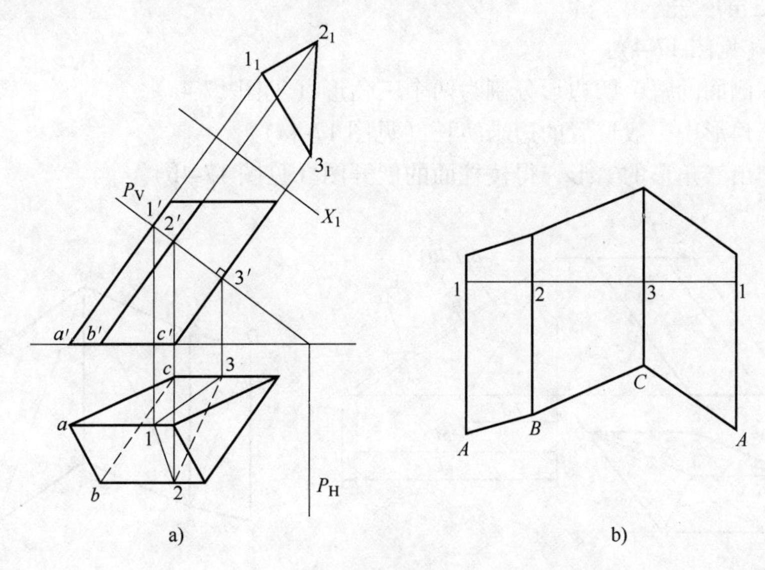

图 17-2

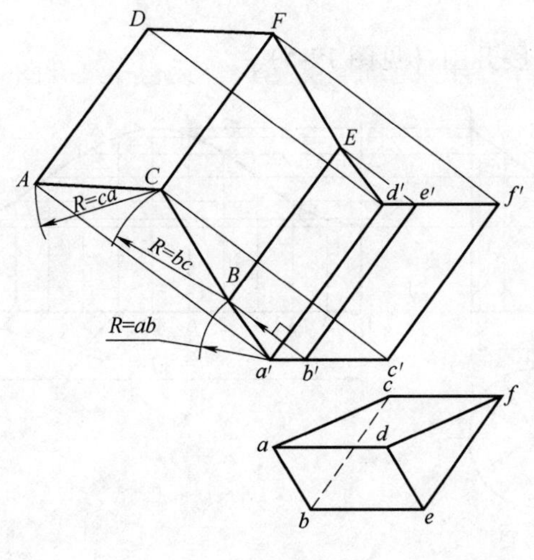

图 17-3

作图步骤（见图 17-3）：

1）过 b'、e'作直线 $b'B$、$e'E$，使其均垂直于 $a'd'$。

2）以 a'为圆心、ab 为半径画弧，与 $b'B$ 交于 B。

3）连接 a'、B 得 $a'B$；过 B 作 $BE /\!/ a'd'$；过 d'作 $d'E /\!/ a'B$；即得 $ABED$ 表面的展开图 $a'BEd'$。

4）过 c'、f'作直线 $c'C$、$f'F$，使其均垂直于 BE。

5）以 B 为圆心，bc 为半径画弧，与 $c'C$ 交于 C。

6）连 B、C 得 BC；过 C 作 $CF /\!/ BE$；过 E 作 $EF /\!/ BC$；即得 $BCFE$ 表面的展开图。

7）类似地，作出 $CADF$ 表面的展开图，即完成作图。

方法 3：三角形法

作图步骤（见图 17-4）：

1）将棱柱侧面的每个四边形分割为两个三角形（见图 17-4a）。

2）对各三角形中一般位置的边求实长（见图 17-4a）。

3）依次作出三角形的实形，得棱柱面的展开图（见图 17-4b）。

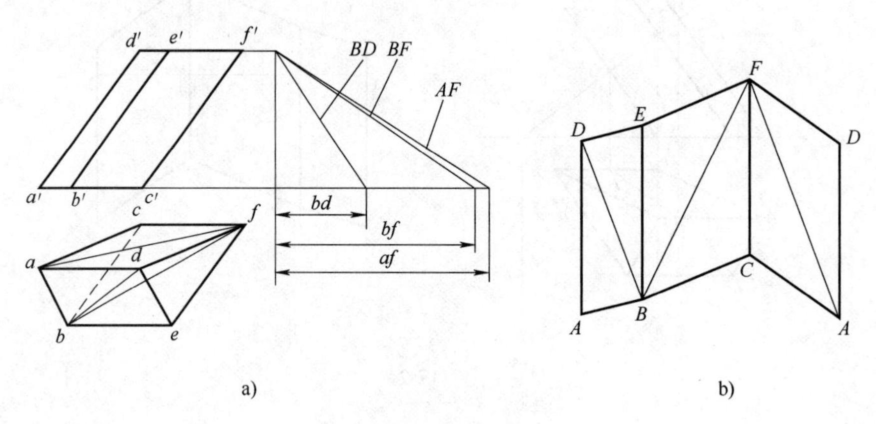

图 17-4

例 3：试作一圆柱面的展开图（见图 17-5）。

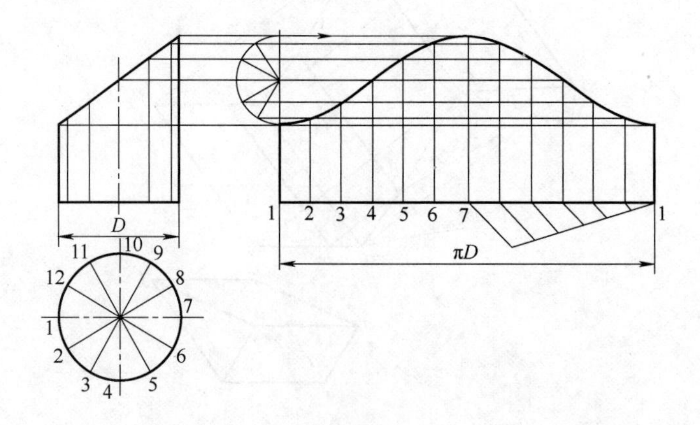

图 17-5

解：本例为一直圆柱面被平面斜截，但由于底面与轴线垂直，所以不必另作正截面，只要将底圆展开成直线（长度为 πD），并将该直线与底圆作相同的等份（图中为 12 等份），即可作出展开图。

也可用圆柱面的内接正棱柱面代替圆柱面，作近似展开。这种作法常用于精度要求不高或只作局部圆柱面展开的情况。

例 4：试作一斜椭圆柱面的展开图（见图 17-6）。

本柱面的正截面为椭圆（图中未画出），上下底为水平面，轴线为正平线。本例可用内接棱柱面近似代替椭圆柱面，采用正截面法求解；也可用侧滚法求解。采用侧滚法较为简便。

作图步骤：

1）将底圆等分（例如 12 等分），并过各分点的 V 面投影作素线的 V 面投影。

2）在 V 面投影上，过各分点作素线 V 面投影的垂线。

3）以 $1'$ 为圆心、$R=12$（弦长）为半径作弧，与垂线交于点 1，类似地依次作出各点 2、3、……。

4）用曲线板光滑地顺次连接所得各点，即可作出展开图。

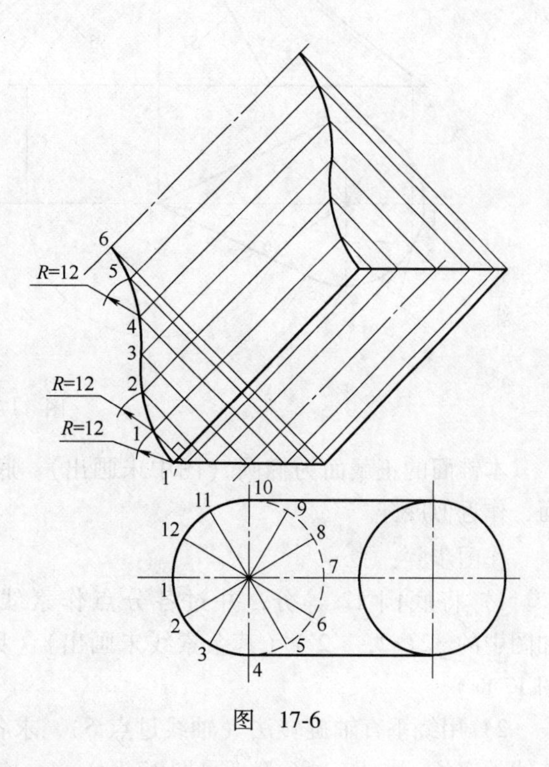

图 17-6

例 5：试作一三棱锥表面的展开图（见图 17-7）。

解：三棱锥的侧面均为三角形，求出三条棱的实长（见图 17-7a），即可作出表面展开图（见图 17-7b）。

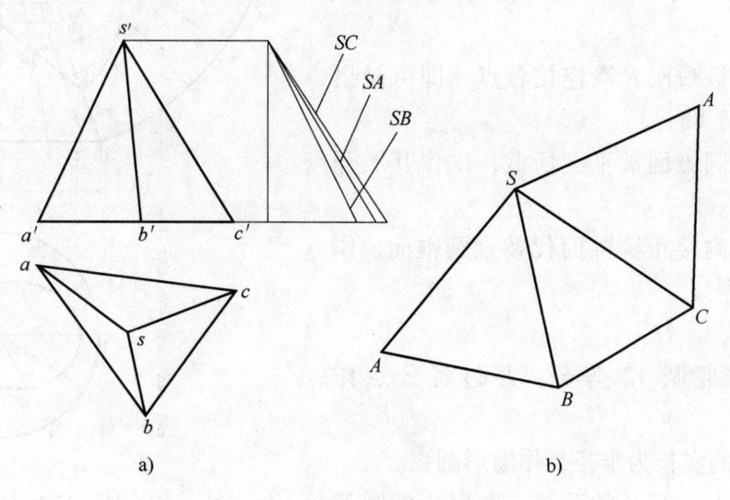

图 17-7

例 6：试作一斜椭圆锥面的展开图（见图 17-8）。

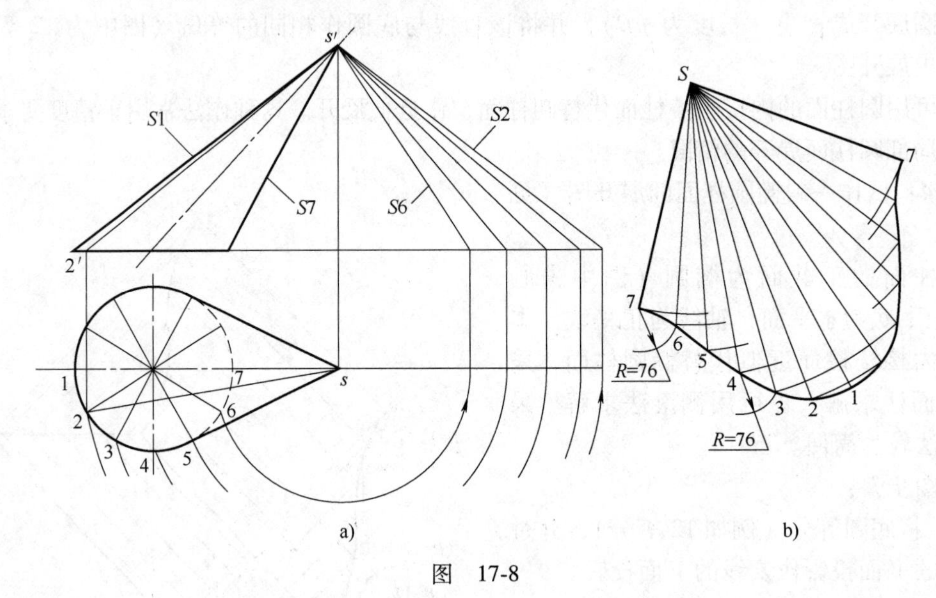

图 17-8

本锥面的正截面为椭圆（图中未画出），底面为水平面。可用内接棱锥面代替椭圆锥面，作近似展开。

作图步骤：

1）将底圆 12 等分，并过各分点作素线，如图中的 $S2(s2, s'2')$（其余素线未画出）（见图 17-8a）。

2）用绕垂直轴旋转法（轴线过点 S），求各素线的实长，如 $S2$、$S6$ 等（见图 17-8a）。

3）以相邻两素线的实长为两边，以底圆上的一等分的弦长为第三边，依次作出各三角形，如 $S76$、$S65$、……，得点 7、6、5、……（见图 17-8b）。

4）用曲线板顺次光滑连接各点，即可画出展开图（见图 17-8b）。

例 7：一直圆锥面被平面所截，试作其展开图（见图 17-9）。

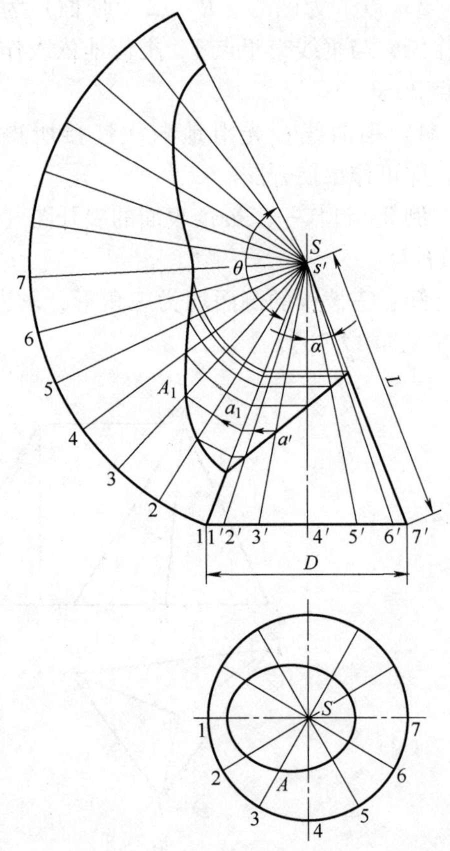

图 17-9

方法 1：以内接正棱锥面代替直圆锥面，作近似展开。

作图步骤：

1）将圆锥底圆 12 等分，并过各分点作素线。

2）以素线的实长为半径，作扇形圆弧。

3）取底圆上一等分的弦长，在扇形的圆弧

上依次截取 12 段，并作出各素线。

4）求各素线被截去的那一段（如 SA）的实长（$s'a_1$），并将它移置到展开图的相应素线（如 $S3$）上，得一系列的点（如点 A_1）。

5）用曲线板依次光滑连接各点，完成展开图。

方法 2：采用计算与图解结合的方法求解。

作图步骤：

1）按下式计算扇形角 θ。

$$\theta=\sin\alpha\times360°=\frac{D}{2L}360°$$

式中，α 为圆锥半顶角；D 为底圆直径；L 为圆锥的母线长。

2）以母线长 L 为半径作圆弧，并根据扇形角 θ，作出扇形，得整圆锥面的展开图。

3）将扇形 12 等分，作出 12 条素线，然后与作法 1 相同，求出截交线上各点在展开图上的位置（例如点 A_1），完成展开图。

例 8：试作一圆锥台表面的展开图（见图 17-10）。

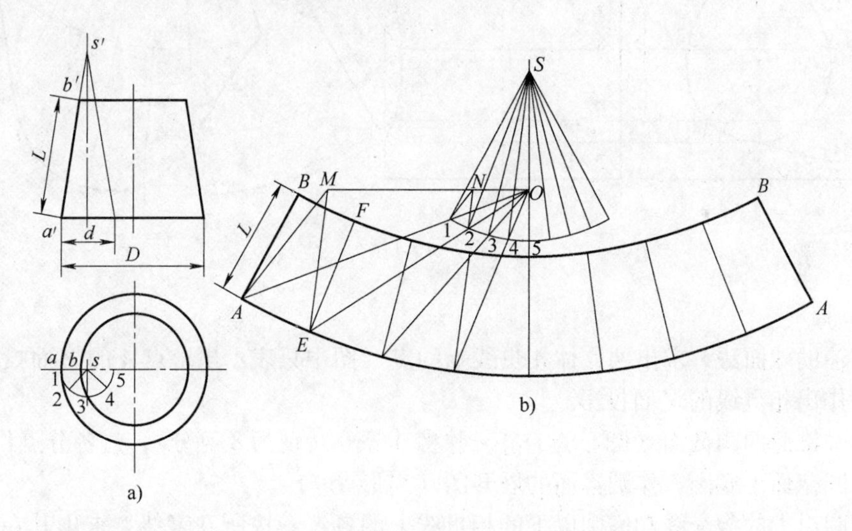

图 17-10

本例中圆锥的顶点在图幅外，按上例作图有一定困难，故采用相似辅助小圆锥作图。

作图步骤：

1）作一个与原圆锥（底圆直径为 D）相似的辅助小圆锥（底圆直径为 d）。选择 d 值，使比值 $K=\frac{D}{d}$为整数（见图 17-10a）。

2）将辅助小圆锥底圆等分（现为 8 等分），按上例的方法作展开图（见图 17-10b）。

3）按放大倍数 K，作辅助小圆锥面展开图的放大图，完成作图（见图 17-10b）。

放大图的作图步骤：

1）在小扇形的分角线 $S5$ 上任取一点 O。

2）作直线 $O1$，定点 A，使$\frac{1A}{O1}=K$（利用比例作图：取 $ON=d$、$NM=D$，作 $MA/\!/N1$）。

3）过点 A 作 $AB /\!/ S1$，并取 $AB=L$（圆锥台母线长），在展开图上得素线 AB。

4）作直线 $O2$，定点 E，使$\dfrac{2E}{O2}=K$，并过 E 作 $EF /\!/ S2$，且取 $EF=L$，得素线 EF。

5）类似地作其余各素线，并将素线端点顺序光滑地连接起来，即得圆锥台的展开图 $AABB$。

例 9：作具有公共对称面（平行于 V 面）的圆柱与圆锥相贯体的表面展开图（见图 17-11）。

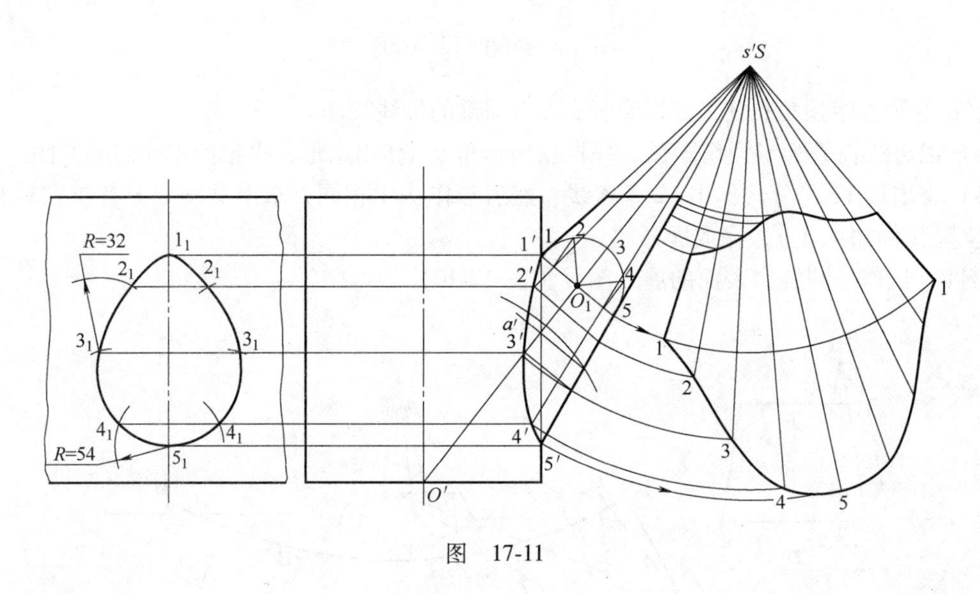

图 17-11

作图步骤：

1）用辅助球面法，求出两立体相贯线上的点（图中只表示出求点 A 的 V 面投影 a'的作图过程），作出相贯线的 V 面投影。

2）作圆锥面的圆截面（圆心为 O_1），并将其等分（现为 8 等分），过各分点作素线。

3）以圆截面为底圆，作圆锥面的展开图（扇形 $S11$）。

4）底圆以上的截交线和底圆以下的相贯线上的各点，按所在素线，求出其在展开图上的位置，完成圆锥面的展开图。

5）作圆柱面的展开图。为此，过 $1'\sim5'$各点，分别作水平线，其中过 $1'$、$5'$的水平线与铅垂线 1_15_1 交于 1_1、5_1。以 5_1 为圆心、54（弦长）为半径作圆弧，与过 $4'$点的水平线交于 4_1（两点）。

6）类似地作出 3_1、2_1（均有两点），并依次用曲线板光滑连接 1_1、2_1、3_1、4_1、5_1 各点，即得圆柱面上相贯线的展开图。

例 10：作三通管（各管间的相贯线均为平面曲线）（见图 17-12a）的表面展开图。

（1）作圆柱管表面的展开图　圆柱管Ⅰ、Ⅱ（Ⅲ与Ⅱ相同）为直圆柱，其端面圆展开后为一直线，素线与其垂直，根据正投影图，在展开图的相应素线上，截取素线长度，即可作出展开图，如图 17-12b、c 所示。

（2）作圆锥管表面的展开图　作图步骤：

1）在 V 投影上求出锥顶 s'，并取锥的底圆（圆心 V 面投影为 o'）。

2）以锥顶 S（图中 S 与 s' 重合）为圆心，以圆锥母线长 $S1$（$=s'1$）为半径作圆弧。

3）根据扇形角作出扇形，并将扇形角 12 等分，作出 12 条素线。

4）求各素线在两相贯线之间那段的实长，并在展开图的相应素线上作出各段实长，将各端点顺次光滑连接，完成展开图（见图 17-12d）。

右边圆锥管的表面展开图与左边的相同。

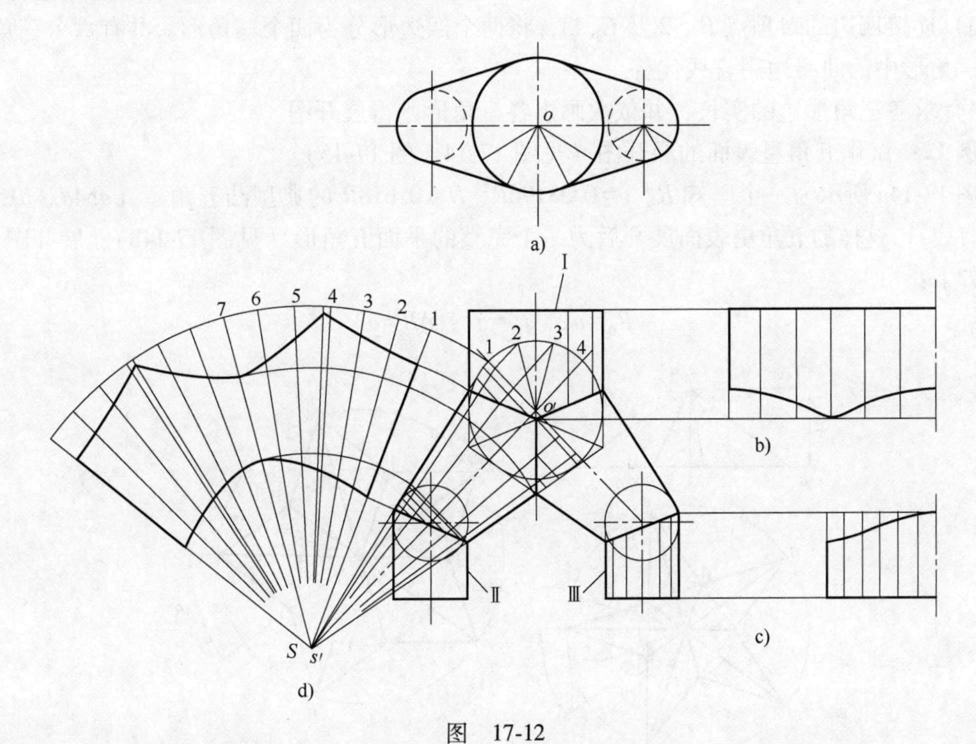

图 17-12

例 11：作以 1234 为脊线（空间曲线）的切线曲面（脊线至曲面的 H 面迹线之间部分）的展开图（见图 17-13）。

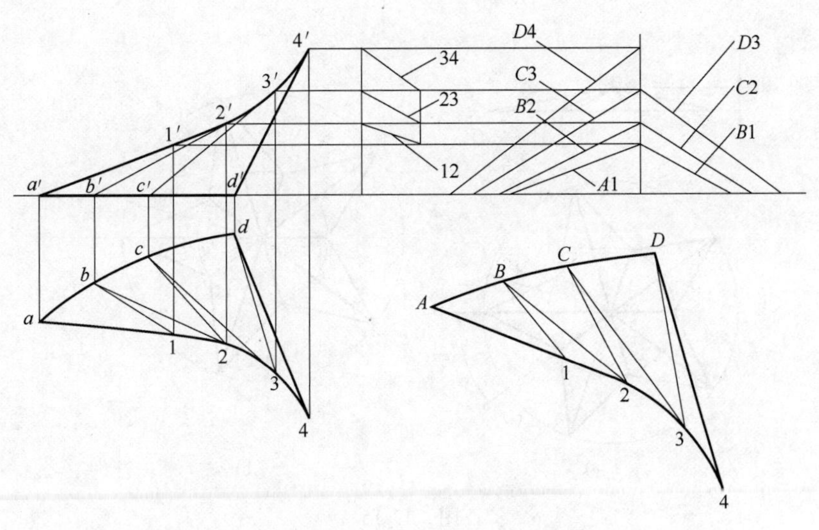

图 17-13

采用三角形法作图。

作图步骤：

1）将空间曲线分为若干段（现为3段，即12、23、34）。

2）过各分点作曲线的切线1A、2B、3C、4D，将曲面分为两个三角形AB1、D34和两个四边形BC21、CD32。

3）连接四边的对顶点B、2及C、3，将两个四边形分为四个三角形。共有六个三角形，每个三角形中的曲线边用直线代替。

4）求各三角形边的实长，并依次画出各三角形，得展开图。

例12：试作五角星表面的展开图（见图17-14、图17-15）。

图17-14a所示为一个已知R、$r=0.38196R$、$H=0.618R$的典型凸五角星（$a54d$、$b15e$等为一直线）。这样的五角星表面展开后为一个完整的平面五角形（见图17-14b）。展开图上的尺寸如下：

$$R_0=a2,\ r_0=a1,\ AB=a3$$

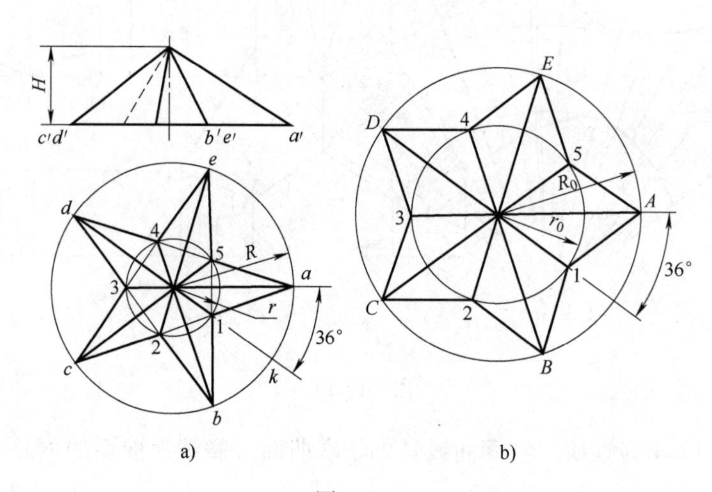

a) b)

图 17-14

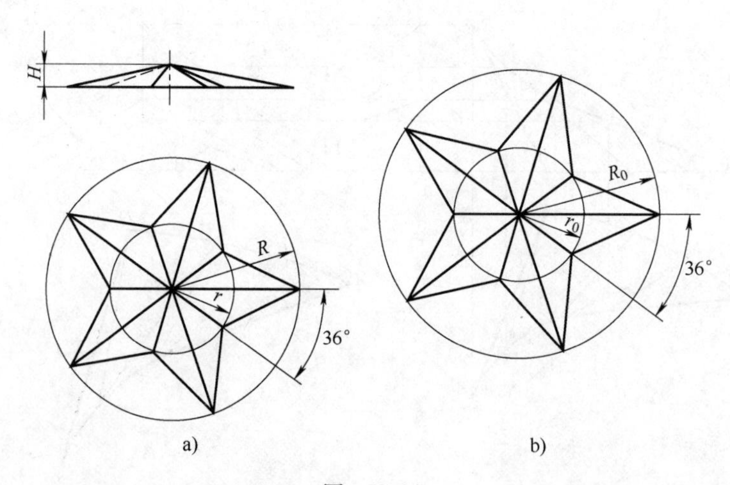

a) b)

图 17-15

图 17-15a 所示为一个已知 R、$r=0.5R$、$H=0.162R$ 的矮胖形凸五角星的一种。这样的五角星，其表面展开后仍为一个完整的平面五角形（见图 17-15b）。展开图上的尺寸如下：

$$R_0=1.013R,\ r_0=0.525R$$

例 13： 已知上、下管口均为长方形，且所在平面不平行（一个为正垂面，另一个为水平面）（见图 17-16a），试以平面过渡，作过渡体及其表面的展开图（见图 17-16）。

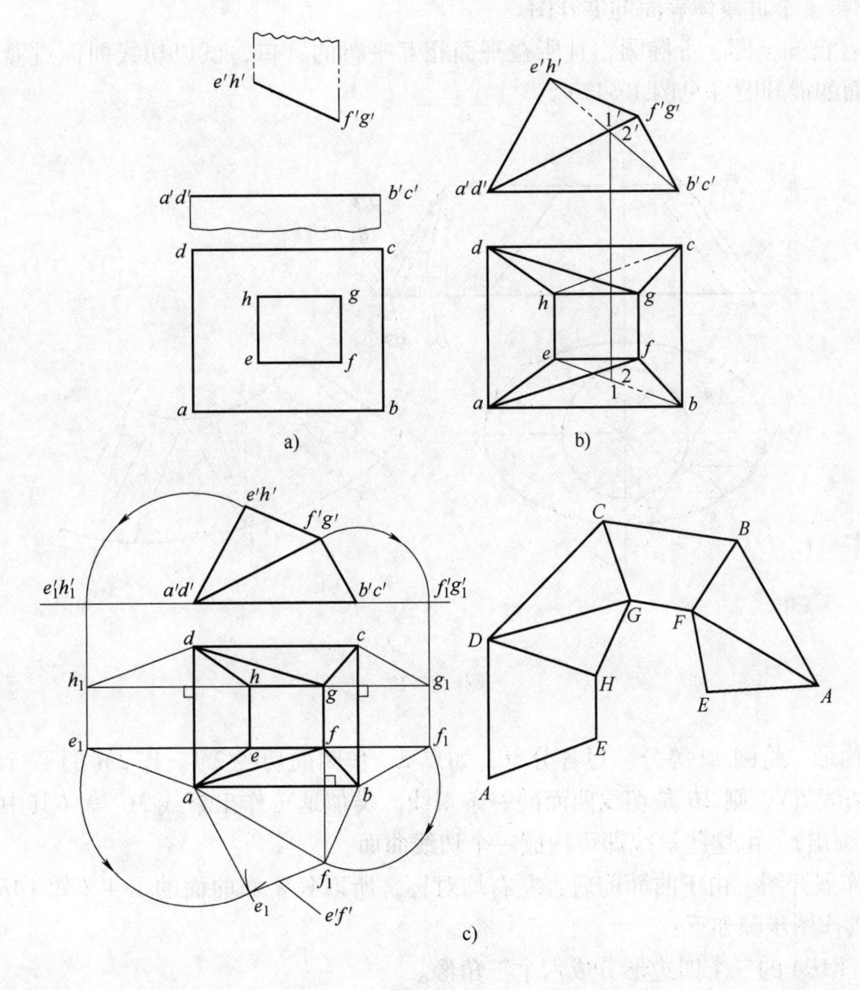

图 17-16

（1）构形（见图 17-16b） 由于 AD、EH、BC、FG 均为正垂线，故左、右可用两个正垂面构形。前面的 AB、EF 及后面的 HG、DC 均为两交叉直线，不能用一个平面，而需用两个平面构形。其方案有二（以前侧面为例，后侧面与其对称）。

方案 1：连接 A、F，用 AEF 和 ABF 两个三角形构形。

方案 2：连接 B、E（图中用双点画线连接），用 ABE 和 BEF 两个三角形构形。

由比较重影点 1、2 可知，1 点的 Y 坐标大于 2 点的 Y 坐标，所以比较两个方案，前者为凹型。后者为凸型。前者的容积小，后者的容积大。可根据实际情况选用一种方案。今选用凹型。

（2）作展开图（见图 17-16c） 作图步骤：

1）分别以 AD、BC 为旋转轴，用绕垂直轴旋转法，求出左、右侧面的实形 adh_1e_1 和 bcg_1f_1。

2）将△ABF 以 AB 为轴旋转，得实形 abf_1，并求出△AEF 的实形 ae_1f_1，则得前侧面的实形 abf_1e_1（后侧面的实形与此实形相同）。

3）画出整个过渡体表面的展开图。

例 14：已知上圆、下椭圆，且所在平面相互平行的管口，试以切线曲面过渡，作过渡体及其表面的展开图（见图 17-17）。

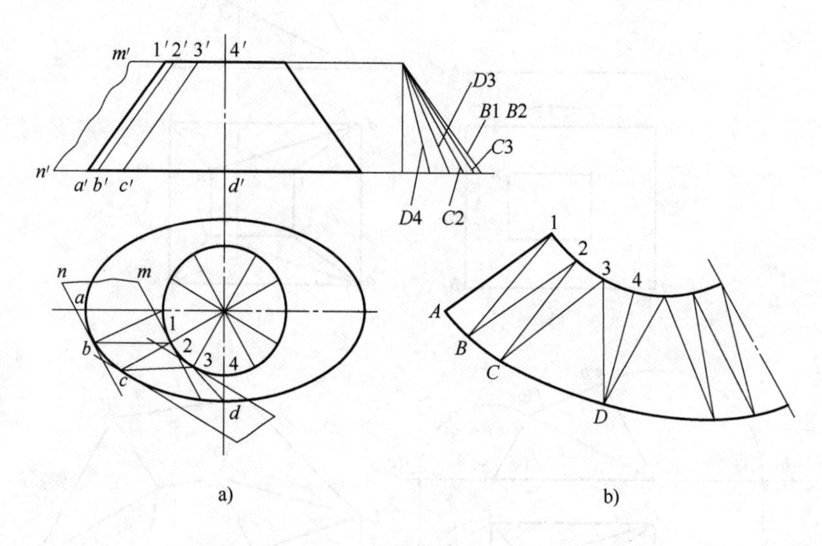

图 17-17

（1）构形 将圆 12 等分。过各分点，如点 2，作圆的切线 $2M$。作 $2M$ 的平行线与椭圆相切，得切线 BN，则 $2B$ 是切线曲面的一条素线。类似地可作出素线 $3C$ 等（其中素线 $1A$、$4D$ 可直接画出）。由这些素线即可构成一个切线曲面。

（2）作展开图 由于曲面前后、左右均对称，所以只要作曲面的 1/4（如 $1AD4$）展开图即可，其作图步骤如下：

1）将 $1AD4$ 的三个四边形分成六个三角形。

2）分别求各三角形的实形，如求出实长 $B2$、$C2$，并以弦 BC 代替弧 BC，即可作出△$2BC$ 等等。

3）将各个三角形依次拼合，即得曲面 1/4 的展开图 $1AD4$。

例 15：已知上、下管口均为椭圆，且椭圆所在平面均为正垂面（椭圆的 H 面投影均为圆）（见图 17-18a），试以切线曲面作过渡体及其表面的展开图。

作图步骤：

1）将下口椭圆的 H 面投影——圆 12 等分（图中只画出其中的 6 等份）。

2）求出上、下口平面的交线 MN（mn、$m'n'$）。

3）过各分点，如点 3（3、3′），作下口椭圆的切线，其 H 面投影为过点 3 与下口椭圆

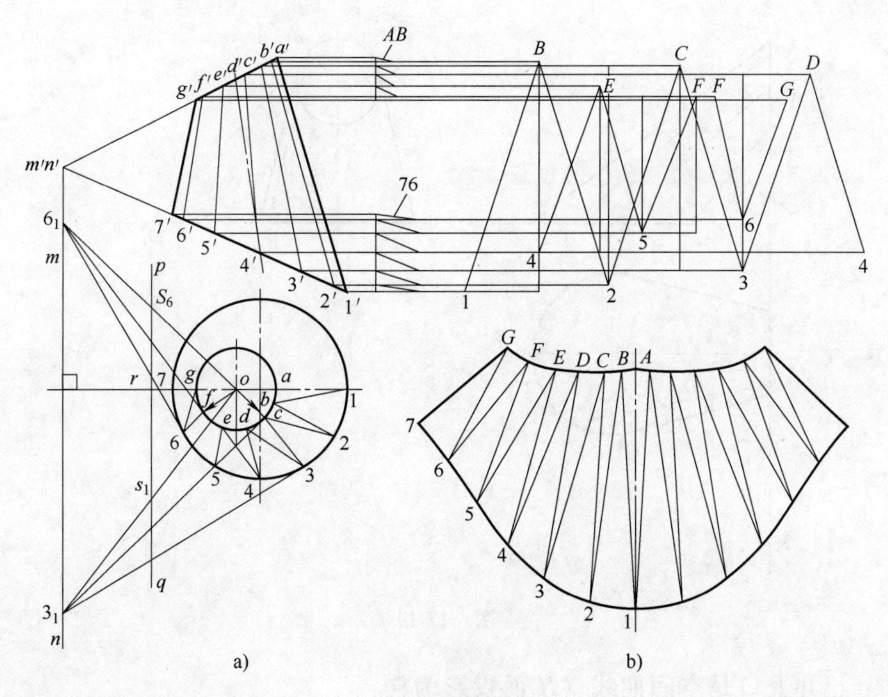

图 17-18

的 H 面投影（圆）相切的直线 33_1，其 V 面投影积聚在 $1'7'$ 上。33_1 与 mn 交于点 3_1。

4）在点 o 至 mn 的垂线上取中点 r，并作 $pq /\!/ mn$。

5）连接 o、3_1，则 $o3_1$ 与 pq 交于点 s_1。

6）以 s_1 为中心，s_1o 为半径作圆弧，与上口的 H 面投影交于点 c（点 c 也可用三角板，直接自点 3_1 作上口 H 面投影——圆的切线求得）。

7）连 3、c、$3'$、c'，即得一条素线 $3C$（$3c$、$3'c'$）。

8）类似地求出其余各素线 $2B$、$4D$、$5E$、$6F$ 等（$1A$、$7G$ 可直接获取）。

9）将相邻两条素线间的四边形分隔成两个三角形，求各三角形边的实长，作出各三角形的实形，并将其依次拼合，即可作出展开图（见图 17-18b）。

例 16：已知两管口为直径不等的圆，且圆所在平面相互垂直（大圆平行于 H 面，小圆平行于 W 面），试以切线曲面过渡，作过渡体（见图 17-19）。

本例与上例基本上是一样的，所不同的是上例两个管口均在 H 投影面上的投影为圆，而本例两个管口分别在 H 和 W 投影面上的投影为圆。作出了素线，等于作出了过渡体，作素线投影的步骤如下：

1）将底圆 12 等分（图中只画出 12 等份中的三等份）。

2）过分点，如点 3 的 H 投影点 3，作底圆 H 投影的切线 33_1。

3）作点 3_1 的侧面投影 $3_1''$，并自 $3_1''$ 作小圆侧面投影——圆的切线 $3_1''c''$。

4）作点 3 的 V 面投影 $3'$。作点 C 的 H 和 V 面投影 c、c'；并将各同面投影相连，即得一条素线 $3C$（$3c$、$3'c'$、$3''c''$）。

5）类似地可以作出各素线，由这些素线构成切线曲面，即为所求的过渡体表面。

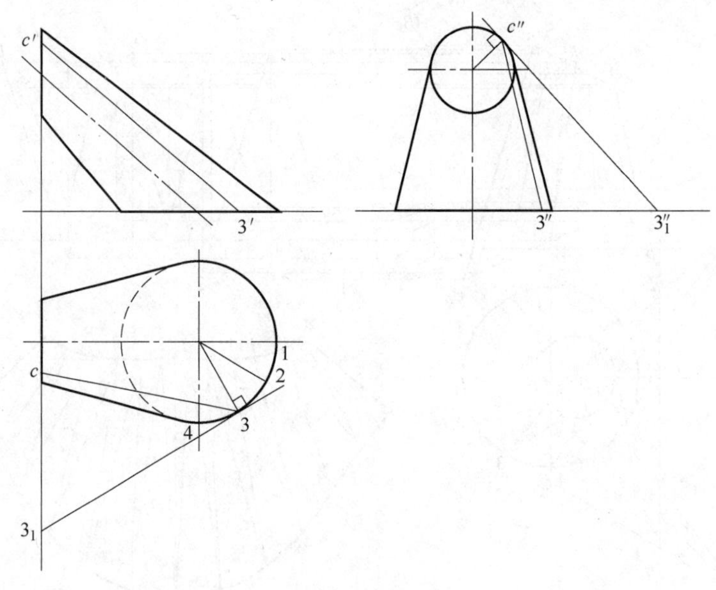

图 17-19

例 17：已知上口是空间曲线（H 面投影为椭圆），下口为圆（在水平面上），试以切线曲面过渡，作过渡体（见图 17-20）。

本例与例 15 的作图方法相同，下面只说明切线曲面素线的画法。

作图步骤：

1）过各分点，如点 2 的 V 面投影 $2'$ 作空间曲线 V 面投影的切线 $2'm'$，与底圆的 V 面投影交于点 m'。

2）过 m' 作 $m'm$ 垂直于 X 轴。

3）过分点 2 的 H 面投影 2，作空间曲线 H 面投影的切线，与 $m'm$ 交于点 m。

4）过 m 向底圆的 H 面投影作切线 mb，得切点 b（图中 o_1 为 om 的中点），则 $2B$（$2b$、$2'b'$）即为一条素线。

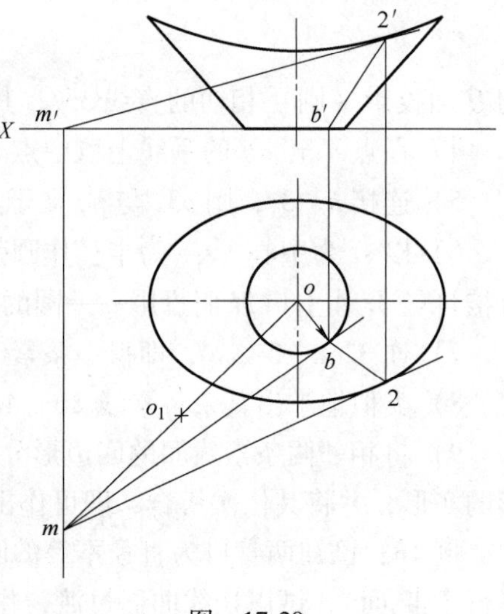

图 17-20

5）类似地可以作出各素线，由这些素线构成切线曲面，即为所求的过渡体表面。

例 18：已知上口为圆、下口为矩形（均在水平面上），试作过渡体及其表面的展开图（见图 17-21a）。

解：由于下口为矩形，利用切线曲面的作图原理，在上口平面上作与矩形各边平行的直线与上口的圆相切，得切点 1、4、7、10。这样可将过渡体分解为四个平面三角形 $AB4$、$BC7$、$CD10$、$DA1$，以及分别以 A、B、C、D 为顶点的四个斜椭圆锥面（局部的）（见图 17-21a）。

作出四个三角形的实形及四个部分斜椭圆锥面的展开图（作法参阅例 6 图 17-8），并依次拼合，即可得整个过渡体的展开图（见图 17-21b）。

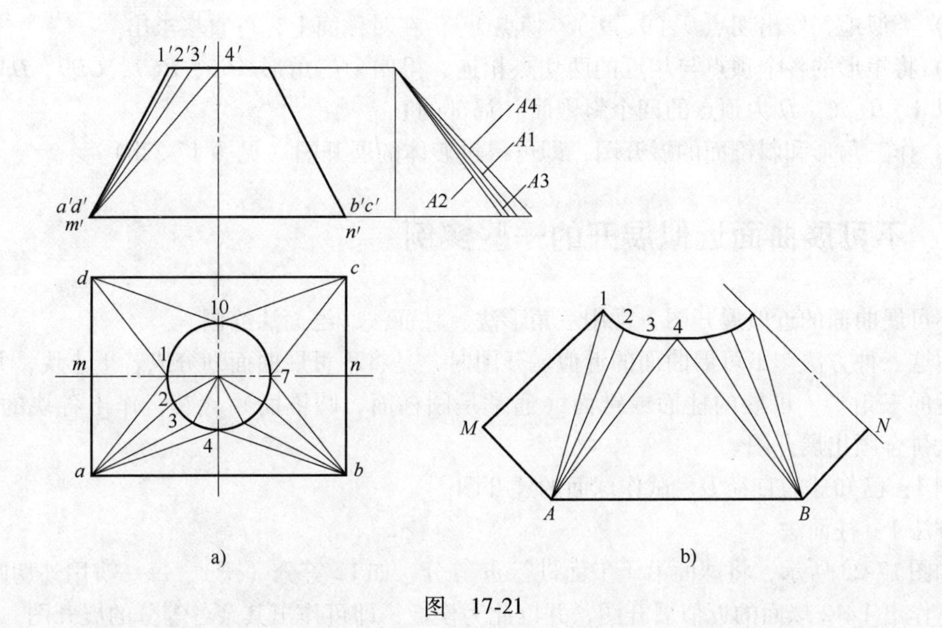

图 17-21

例 19：已知上口为椭圆（在正垂面上，椭圆的 H 面投影为圆），下口为矩形（在水平面上），试作过渡体及其表面的展开图（见图 17-22a）。

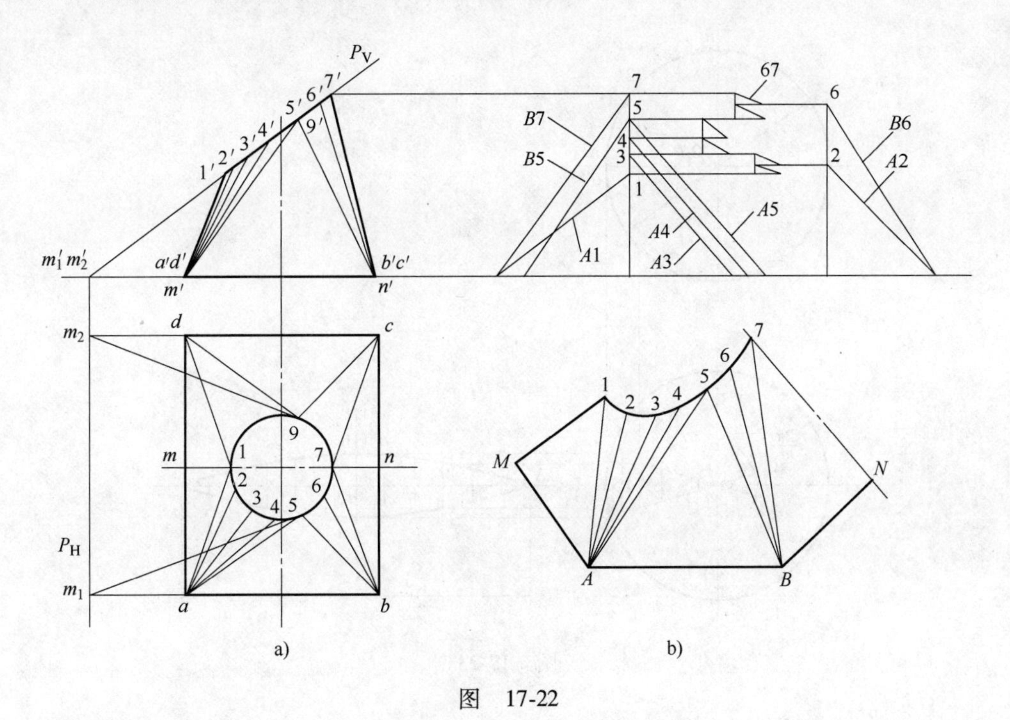

图 17-22

作图步骤：

1）作上、下口平面的交线 P_{H}。

2）作 AB 与 P_{H} 的交点 M_1（m_1、m_1'）。

3）自 m_1 作上口 H 面投影（圆）的切线 $m_1 5$，得切点 5（5、5′）。

4）类似地，作出切点9（9、9′）。切点1、7在对称面上，可直接求出。

5）将矩形的各个顶点与相近的两切点相连，得四个三角形 $AB5$、$BC7$、$CD9$、$DA1$，及四个以 A、B、C、D 为顶点的四个斜锥面（局部的）。

6）作三角形和斜锥面的展开图，即可得过渡体的展开图（见图17-22b）。

17.2 不可展曲面近似展开的一些实例

不可展曲面的近似展开图，常用三角形法、柱面法、锥面法绘制。

用这三种方法作不可展曲面的近似展开图时，是将不可展曲面划分成若干小块，并用与其逼近的三角形、可展的柱面或锥面（通常是圆柱面、圆锥面）代替，作出各块的实形，并依次拼合画出展开图。

例1：已知球的直径 D，试作球面的展开图。

方法1：柱面法

如图17-23所示，将球面沿子午面进行 m 等分，如12等分（瓣），每一瓣用外切圆柱面代替，作出1/12球面的近似展开图，并以此为模板，即可作出其余各等分的展开图。

作图步骤：

1）将球面沿子午面12等分，并将其中一等份的1/2用圆柱面（如 NAB）代替。

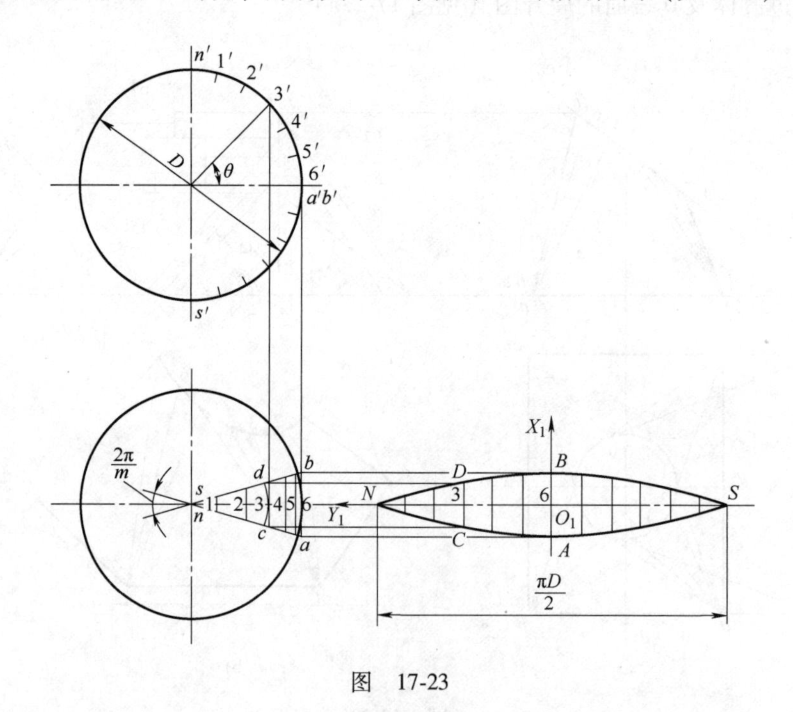

图 17-23

2）作直线 $NS=\dfrac{\pi D}{2}$，并将其12等分（图中标出各分点 N、3、6、S 等）。

3）过分点（如3、6等）作垂线，垂直于 NS，并在各垂线上量取相应的长度，如在过点6的垂线上，量取 $B6=b6$、$6A=6a$；在过点3的垂线上，量取 $D3=d3$、$3C=3c$；得点 D、B、C、A 等。

4）顺次光滑地连接各点，即得1/12球面的近似展开图。

每一瓣展开图曲线上的点，若用计算法确定，求其坐标的方程如下：

在展开图上，设 $O_1X_1Y_1$ 坐标系。展开图曲线上任一点，如 D 点，其坐标为 x_1、y_1。若按切线（如过点3的切线 CD）的长展开，则有

$$\begin{cases} x_1 = \pm \dfrac{D}{2}\cos\theta \tan\dfrac{\pi}{m} \\ y_1 = \dfrac{D}{2}\theta \end{cases}$$

式中，$-\dfrac{\pi}{2} \leqslant \theta \leqslant \dfrac{\pi}{2}$。

若按弧长展开，则有

$$\begin{cases} x_1 = \pm \dfrac{\pi}{m}\ \dfrac{D}{2}\cos\theta \\ y_1 = \dfrac{D}{2}\theta \end{cases}$$

式中，$-\dfrac{\pi}{2} \leqslant \theta \leqslant \dfrac{\pi}{2}$

方法2：锥面法

如图17-24所示，将球面沿纬线划分成若干块，如9块，再作各块的展开图。

作图步骤：

1）沿纬线将球面划分为若干块（块数视球的大小而定，现为9块）。

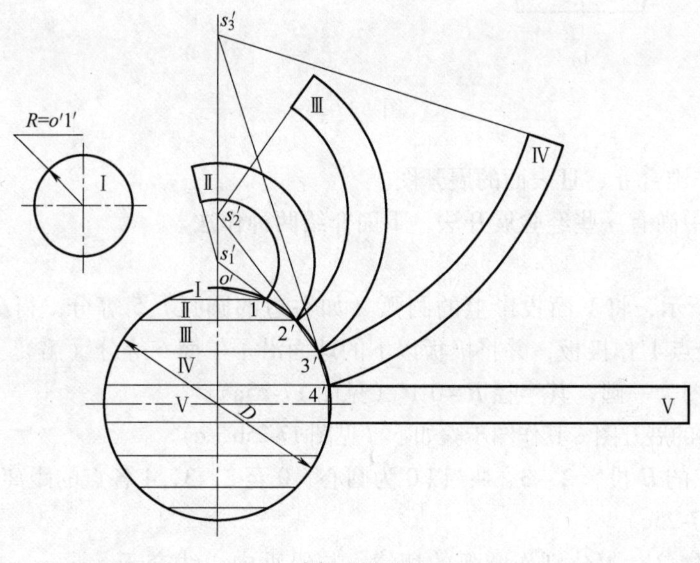

图 17-24

2）将包含赤道的一块（Ⅴ）用内接球面的圆柱面代替，作圆柱面Ⅴ的展开图。

3）以 $R=o'1'$ 为半径作圆，得极板（Ⅰ）的展开图。

4）Ⅱ、Ⅲ、Ⅳ各块（下半球与其对称也有三块），分别用内接球面的圆锥面代替，作

圆锥面的展开图。现以锥台Ⅳ为例，其作法是：连接4′、3′，4′3′直线与铅垂中心线交于点s_3'。以s_3'为圆心，$s_3'4'$（圆锥母线实长）为半径，作锥Ⅳ表面的展开图（图中只画出一半）。

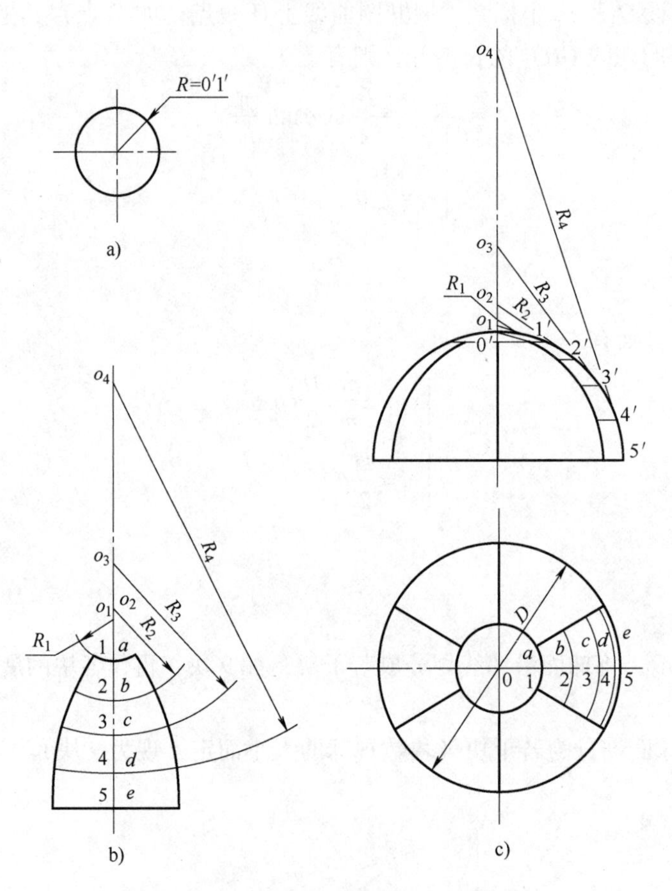

图 17-25

5）类似地作锥台Ⅱ、Ⅲ表面的展开图。

在生产实践中尚有一些经验展开法，下面介绍两种作法。

方法3：

如图17-25所示，将V面投影上的圆弧（如右边的圆弧）5等分，得分点0′、1′、2′、3′、4′、5′；过分点1′作极板，并将极板以下的球面沿子午面6等分（瓣）。

极板的展开图为一圆，其半径$R=0'1'$（见图17-25a）。

6瓣之中一瓣的展开图，其作图步骤如下（见图17-25b、c）。

1）作各分点的H投影2、3、4；以0为圆心，0至2、3、4各点的距离为半径，作圆弧b、c、d（见图17-25c）。

2）过1′、2′、3′、4′分别作圆弧的切线，与铅垂中心线交于o_1、o_2、o_3、o_4各点（见图17-25c）。

3）作一铅垂线，在此垂线上自上而下，依次量取$12=\overset{\frown}{1'2'}$、$23=\overset{\frown}{2'3'}$、$34=\overset{\frown}{3'4'}$、$45=\overset{\frown}{4'5'}$（见图17-25b）。

4）以1为圆心、R_1 为半径，在垂线上截得点 o_1；类似地得点 o_2、o_3、o_4（见图17-25b）。

5）分别以 o_1、o_2、o_3、o_4 为圆心，相应地以 R_1、R_2、R_3、R_4 为半径画圆弧（见图17-25b）。

6）分别在各圆弧上取弧长 a、b、c、d 等于 H 投影上相应的弧长 a、b、c、d（见图17-25b）。

7）过点5作直线，并取其长度 $e=\widehat{e}=\dfrac{\pi D}{6}$（见图17-25b）。

8）完成一瓣球面的展开图（见图17-25b）。

方法4：

作图步骤（见图17-26）：

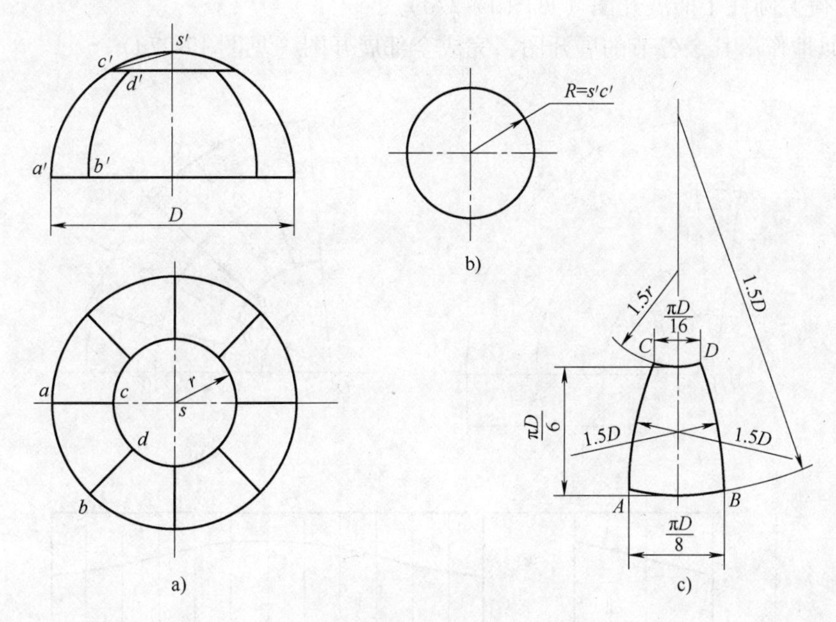

图 17-26

1）作水平截面得极板，使截口圆的半径 $r=\dfrac{1}{4}D$（见图17-26a）。

2）将极板以下的球面用子午面8等分（见图17-26a）。

3）以 $s'c'$ 为半径，作极板的展开图，得圆（见图17-26b）。

4）作其中一瓣球面的展开图（见图17-26c）。

例2：已知 D、R 及 θ（见图17-27a），作圆环弯头的展开图。

圆环面为不可展曲面，可用圆柱面法作近似展开图。

作图步骤：

1）将圆心角 θ 分为若干等分，如3等分，得分点0、1、2、3（见图17-27b）。

2）过四条辐射线与内、外圆弧及中心圆弧相交，过交点作圆弧的切线，得四节截圆柱（见图17-27b）。

3）连接截圆柱对应轮廓线的交点（如点 a、b），得相邻两截圆柱的相贯线的投影（如 ab），完成投影图（见图17-27b）。

4）将截圆柱每隔一节旋转180°，得一整圆柱（见图17-27c）。

5）计算半节高 h 和整圆柱高 H：

$$h=R\tan\frac{\theta}{2n},\ H=2nh$$

式中，n 为圆心角的等分数。

6）作整圆柱面的展开图（矩形），尺寸为 πDH（见图 17-27d）。

7）计算 r，$r=\dfrac{D}{2}\tan\dfrac{\theta}{2n}$。

8）以 r 为半径作辅助半圆，并将其 6 等分，同时将周长（πD）12 等分，作出截交线的展开图，得截圆柱Ⅰ的展开图（见图 17-27d）。

9）类似地作出其余各节的展开图，完成全部展开图（见图 17-27d）。

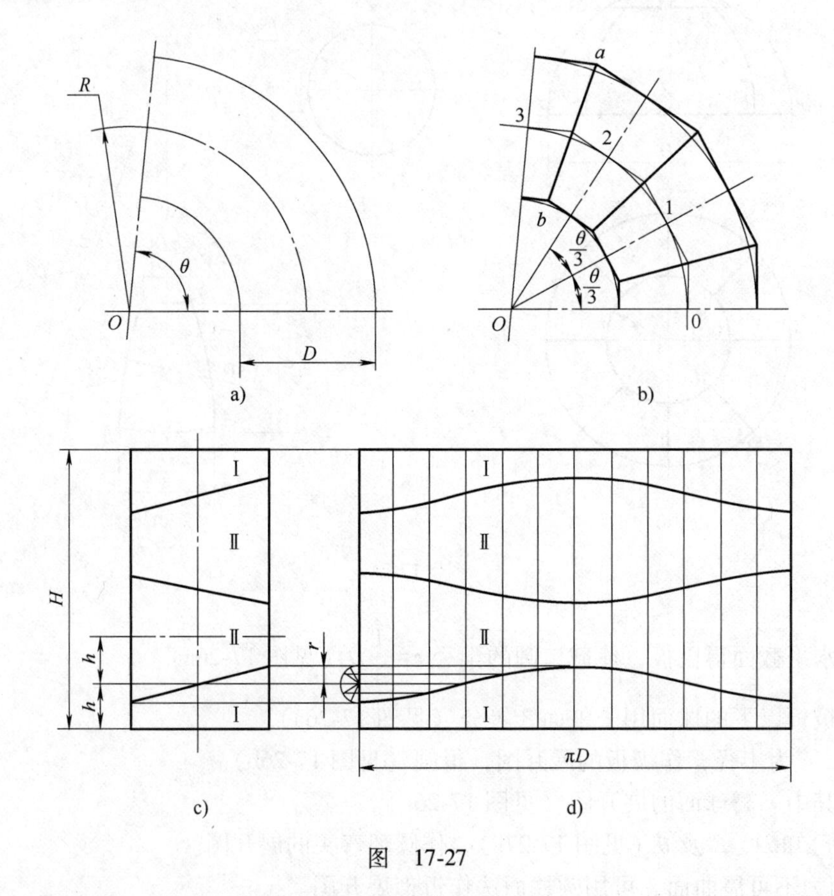

图 17-27

例 3：已知 D、d、R 及 θ，作渐缩圆管弯头的展开图（见图 17-28）。

渐缩圆管弯头是球心在弯头曲率中心线上、直径均匀缩小的各球面的包络面，俗称牛角弯，是不可展曲面，可用圆锥面法作近似展开。

作图步骤：

1）将圆心角 θ 分为若干等分，如 3 等分，得分点 0、1、2、3（见图 17-28a）。

2）过各分点作弯头曲率中心线的切线，得各节圆锥的轴线，并得交点 o_1、o_2、o_3（见图 17-28a）。

3）计算半节高 h 和圆锥台总高 H：

$$h=R\tan\frac{\theta}{2n},\ H=2nh$$

式中，n 为圆心角的等分数。

4）根据总高 H、直径 d 和 D，作圆锥台（见图 17-28b）。

5）过 o_1、o_2、o_3 向锥台的轮廓线引垂线，得垂足 A、B、C，则 o_1A、o_2B、o_3C 为圆锥台内切球的半径（见图 17-28b）。

6）将三个内切球分别移到图 17-28a 上，其结果如图 17-28c 所示。

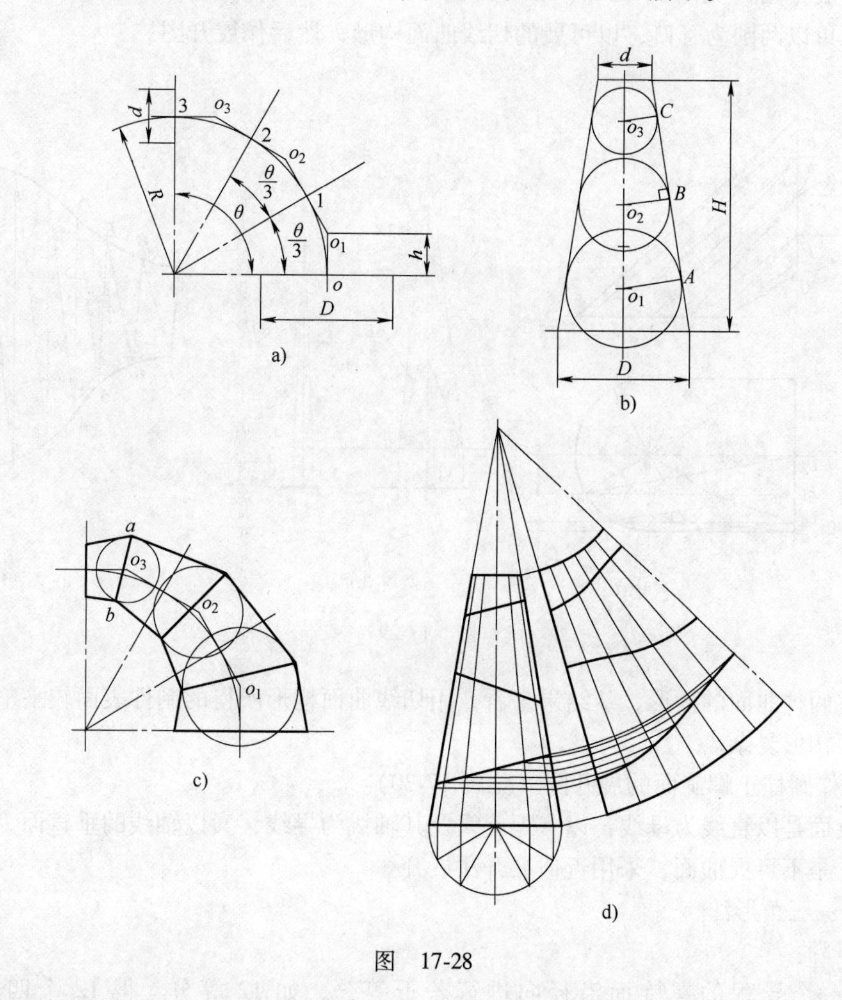

图　17-28

7）由两端面圆直径的端点，向邻近的球 o_1、o_3 作切线，同时作两相邻球的公切线，得各节圆锥的轮廓线（见图 17-28c）。

8）连接截圆锥对应轮廓线的交点（如点 a、b），得相邻两截圆锥相贯线的投影（如 ab），完成投影图（见图 17-28c）。

9）将相贯线移到圆锥台上（每隔一节旋转 180°）（见图 17-28d）。

10）作圆锥台的展开图，即为渐缩圆管弯头的近似展开图（见图 17-28d）。

例 4：作柱状面的展开图（见图 17-29）。

本例是以一个水平圆和一个侧平圆为曲导线，并以 V 面为导平面的柱状面，可用三角形法展开。

作图步骤：

1）将两导线均分为12等份，作出12条素线的投影，将曲面分为12小块（图中只画出了其中的6块）（见图17-29a）。

2）将每一小块——四边形，划分成两个三角形（见图17-29a）。

3）求出各对顶点连线的实长（见图17-29b），并将导圆上的弧用弦代替，依次画出三角形，即得展开图（见图17-29c）。

本例也可以两圆为管口，以可展的切线曲面构形，然后作展开图。

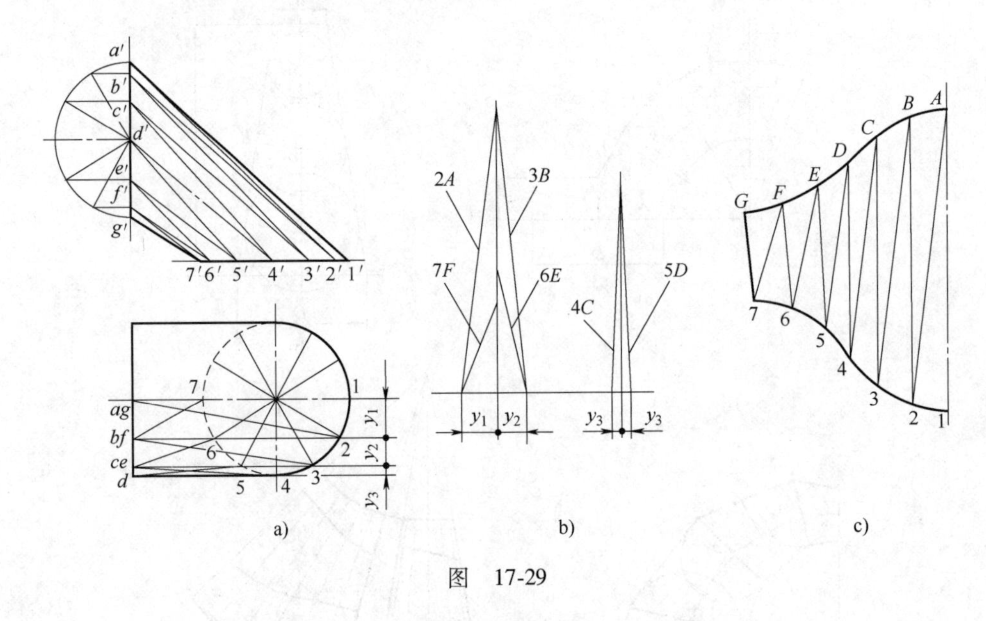

图 17-29

比较这两种曲面的构形，从结果来看，用切线曲面构形所得的制件表面较平整，但作图比用柱状面构形复杂。

例5：作圆柱正螺旋面的展开图（见图17-30）。

正螺旋面是以直线为母线，以一螺旋线及其轴线为导线，又以轴线的垂直面为导平面的柱状面。它是不可展曲面，采用近似展开法展开。

方法1：三角形法

作图步骤：

1）将一个导程的螺旋面沿径向进行若干等分，如12等分，得12个四边形（见图17-30a）。

2）取一个四边形 $ABCD$，作对顶点连线，如 AC，得两个三角形（见图17-30a）。

3）求三角形边的实长 AB、CD、AC（见图17-30a）。

4）作出四边形的展开图 $ABCD$，并以此为模板，依次拼合四边形，作出一个导程的螺旋面的近似展开图（见图17-30b）。

方法2：计算法

已知螺旋面外径 D、内径 d、导程 S、螺旋面宽度 h，则有

$$L=\sqrt{(\pi D)^2+S^2} \tag{17-1}$$

$$l=\sqrt{(\pi d)^2+S^2} \tag{17-2}$$

式中，l、L 分别为内、外螺旋线一个导程的展开长度。

$$r=\frac{lh}{L-l} \tag{17-3}$$

$$R=r+h \tag{17-4}$$

$$\theta=\frac{2\pi R-L}{\pi R}180^{\circ} \tag{17-5}$$

根据式（17-1）~式（17-5），即可算出 R、r 和 θ，画出展开图（见图 17-30c）。

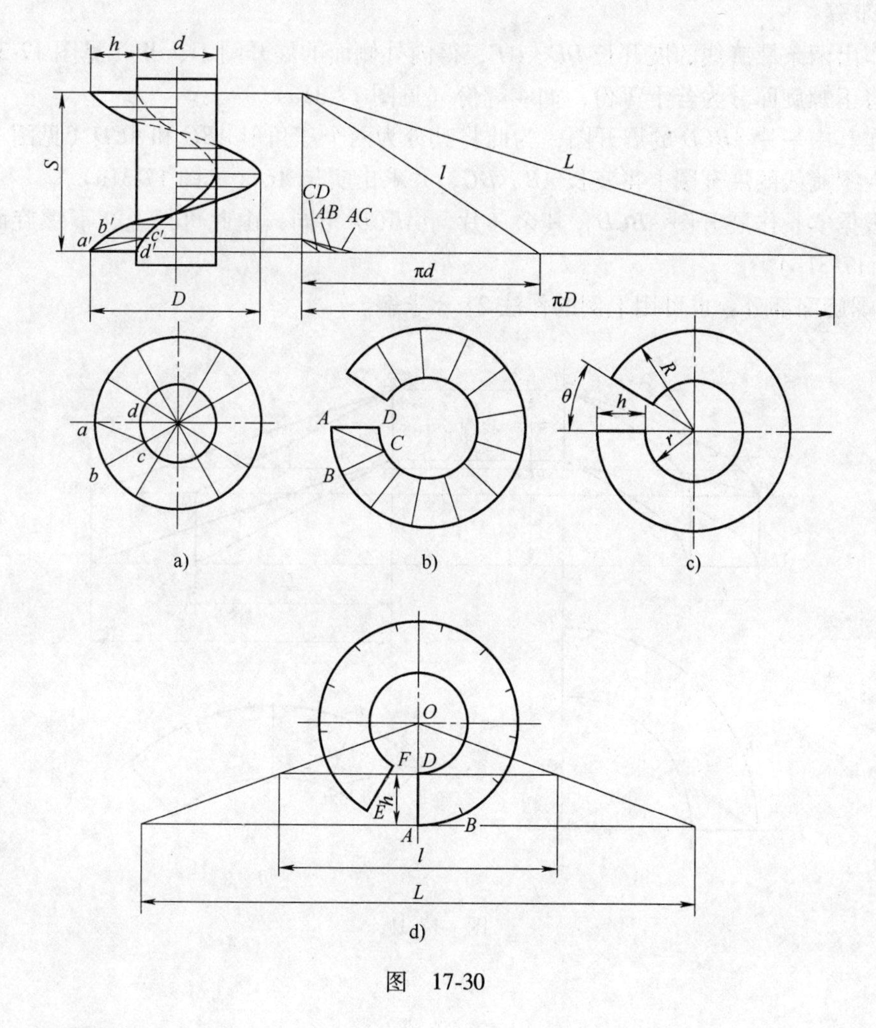

图 17-30

方法 3：图解法

这里的图解法，其实质是把作法 2（计算法）求 r、R 公式中的各参数关系，用几何图形表达出来。

作图步骤：

1）作内外螺旋线的展开图（见图 17-30a）。

2）作一等腰梯形，使其上底等于 l，下底等于 L，高等于 h（见图 17-30d）。

3）延长等腰梯形的两腰，交于点 O，以 O 为圆心、OA、OD 为半径画两个圆（见图 17-30d）。

4）用 AB（实长）在外圆上截 12 等份，得点 E，将 E 与圆心 O 相连，则得一个导程螺旋面的展开图 $ADFE$（见图 17-30d）。

例 6： 已知正方口连接管的 h、R、r、S，作其展开图（见图 17-31）。

正方口连接管由半径为 r、R 的内外侧面（圆柱面）和上、下侧面$\left(\frac{l}{4}\text{导程的正螺旋面}\right)$构成。

作图步骤：

1）作出两条螺旋线的展开长 DE、AF，得内外侧面的展开图Ⅰ、Ⅱ（见图 17-31a）。

2）将正螺旋面分为若干等份，如 4 等份（见图 17-31a）。

3）作其中一片 $ABCD$ 的展开图，为此将其分为两个三角形 ABC 和 ACD（见图 17-31a）。

4）在螺旋线的展开图上得实长 AB、DC，并求出实长 AC（见图 17-31a）。

5）根据实长作展开图 $ABCD$，其余三片与 $ABCD$ 相同，由此可得上、下螺旋面的展开图（见图 17-31b）。

对于螺旋面部分，也可用上例的作法 2、3 求解。

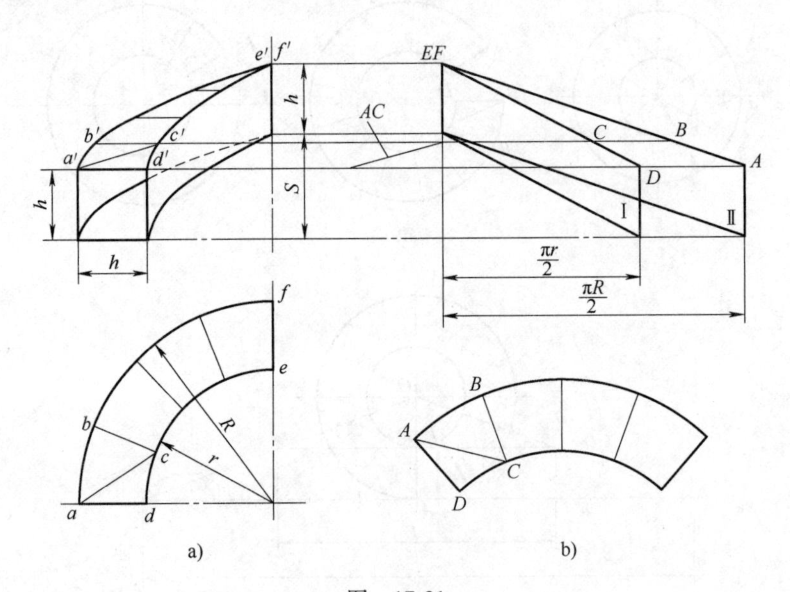

图 17-31

第 18 章　零件上倾斜表面和倾斜零件的画法

18.1　零件上单斜平面（投影面垂直面）的画法

1. 单斜面上圆的画法（见图 18-1）

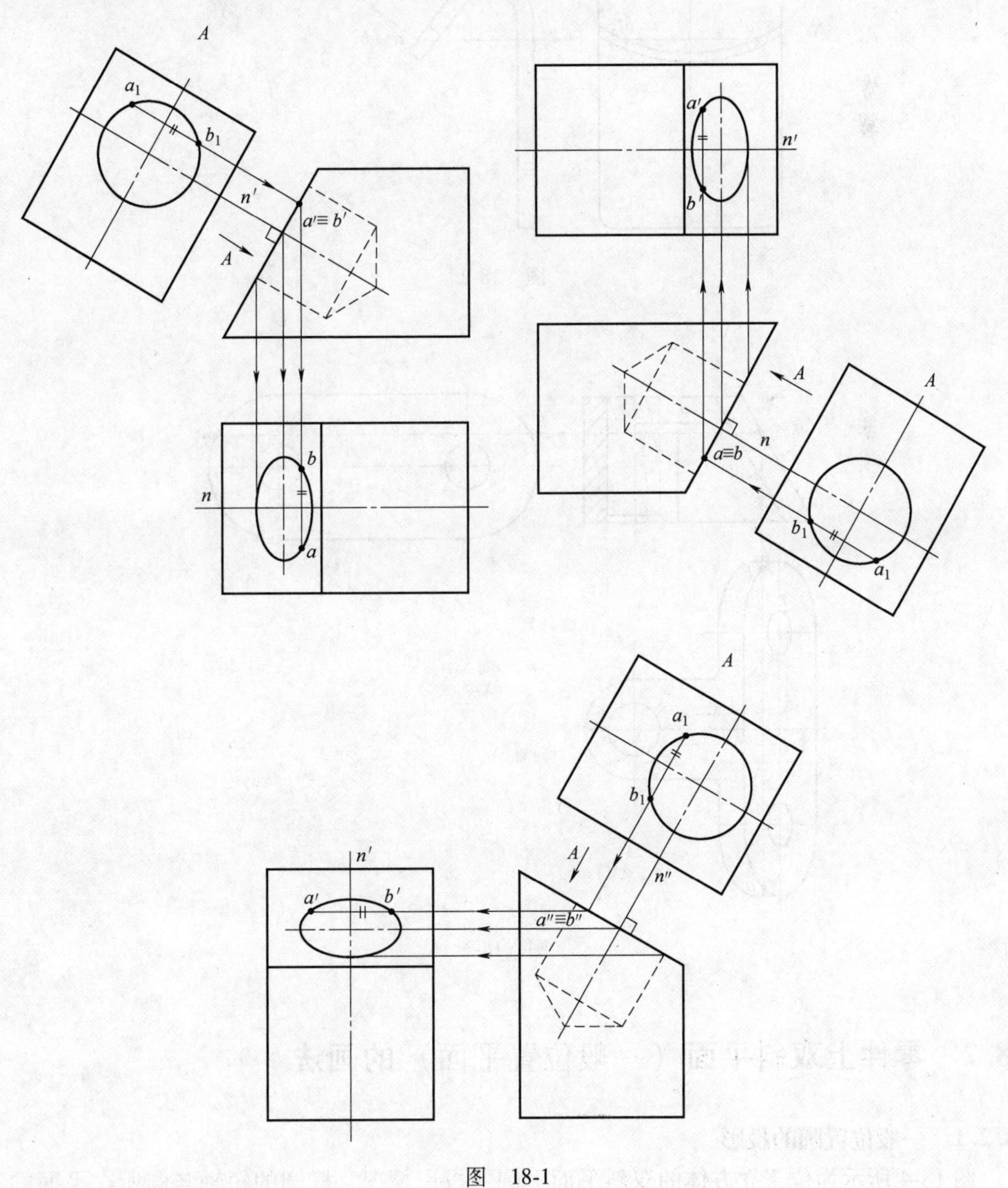

图　18-1

当已知椭圆的长、短轴时，可用四心扁圆法作图。椭圆短轴的方向与单斜面的法线（N）在该视图上的投影相重合，其长度由投影确定。长轴垂直于短轴，其长度等于圆的直径。

单斜面上的圆弧在有关视图上的投影，可用换面法由圆弧的实形视图逐点返回而求出。

2. 零件上单斜面的作图实例（见图 18-2、图 18-3）

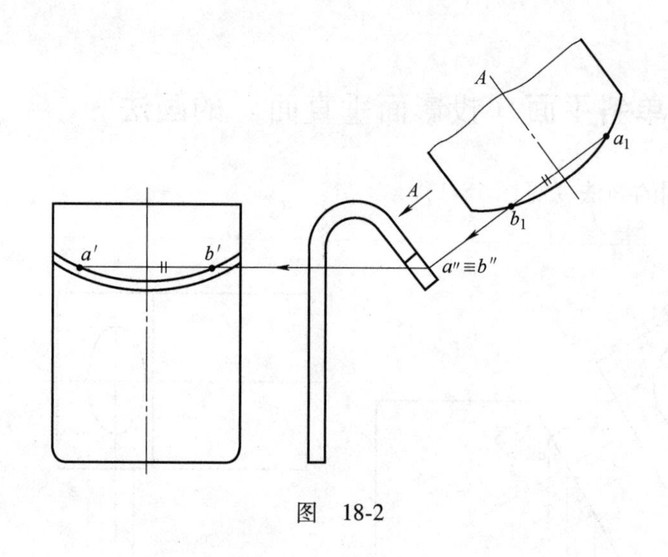

图　18-2

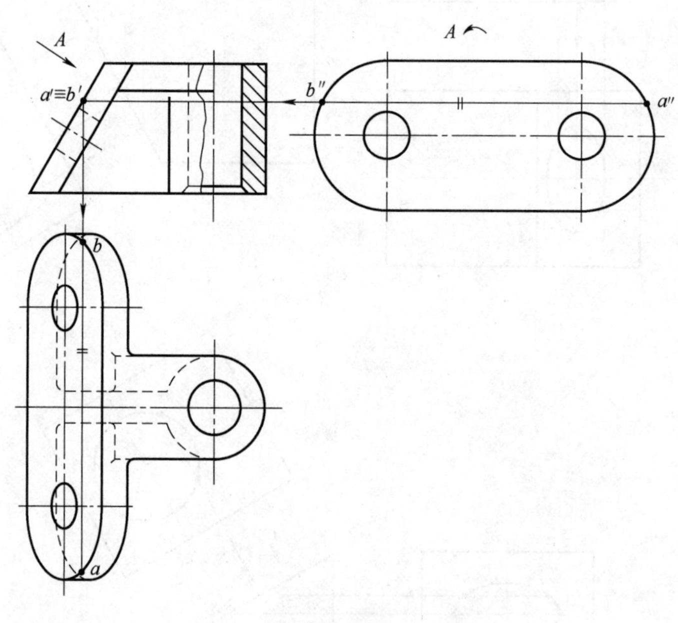

图　18-3

18.2　零件上双斜平面（一般位置平面）的画法

18.2.1　一般位置圆的投影

图 18-4 所示为位于立方体的双斜平面上圆的投影情况。椭圆的短轴与圆所在平面的法

线在该视图上的投影相重合，长轴（其长度等于圆的直径）与短轴相垂直。

在投影上已知椭圆的长轴和短轴的方向求作短轴长度的方法如下：

方法 1：利用短轴对投影面的倾角作图（见图 18-5a）。

已知：AB、EF 为圆 O 的直径。$a'b'$和 ef 分别为其正面投影和水平投影的长轴。

作图步骤：

1）作 $o'k' \perp a'b'$，在圆的平面上定出点 K 的水平投影 k（OK 的长度自定）。

2）作直角三角形 $o'k'K_0$，求出 OK 对 V 面的倾角 β。

3）在 $o'K_0$ 上截取 $o'c_0 = o'a'$。

4）作 $c_0c' \perp o'k'$得点 c'，$o'c'$即为短半轴。

在水平投影上，由长轴 ef 确定短半轴的方法与上述类似，只是要利用短轴对 H 面的倾角。

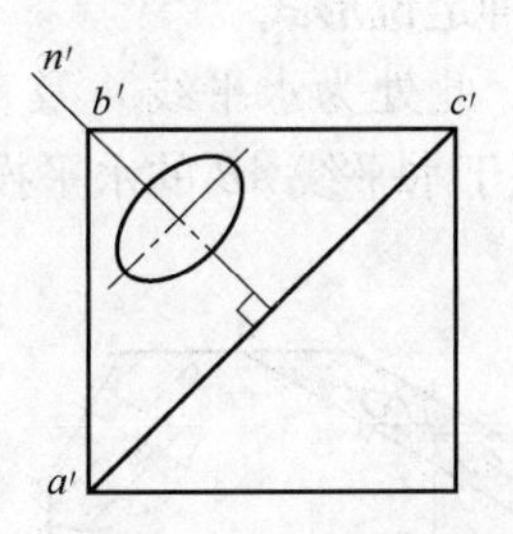

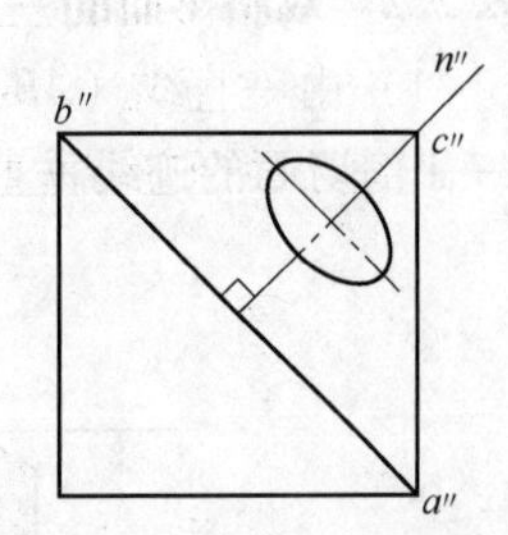

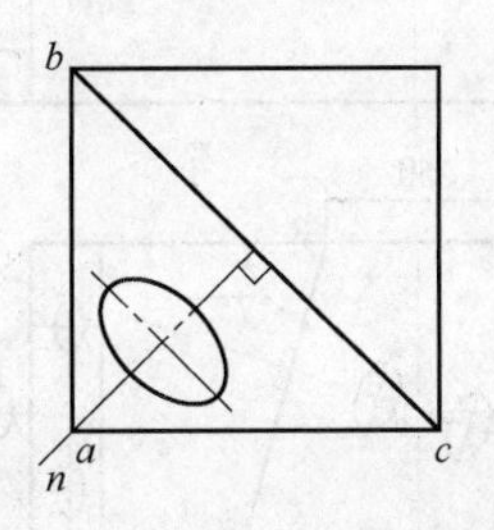

图　18-4

方法 2：利用椭圆所在平面的积聚性投影作图（见图 18-5b）。

已知：条件同上。

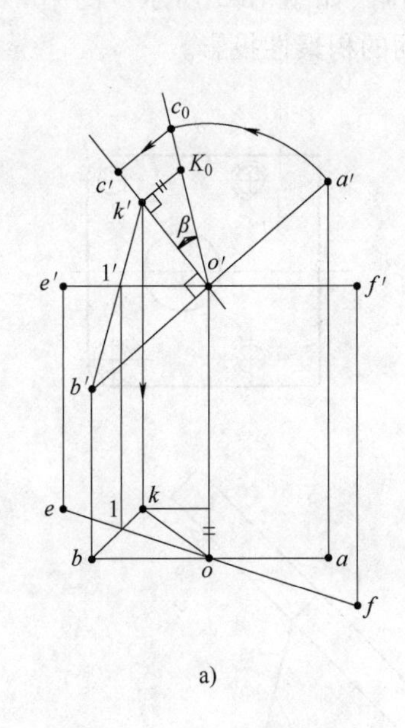

a)

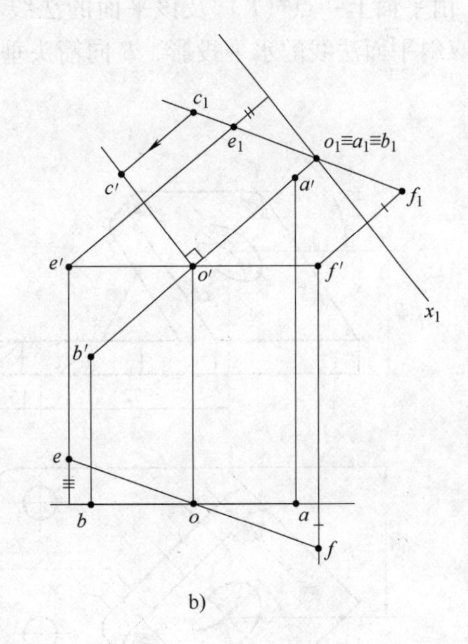

b)

图　18-5

作图步骤：

1）作 $x_1 \perp a'b'$。用换面法画出平面的积聚性投影 $e_1a_1f_1$，在其上量取 $o_1c_1 = o'a'$。

2）作 $o'c' \perp a'b'$，把点 c_1 返回投影到 $o'c'$上得点 c'。$o'c'$即为短半轴。

在水平投影上，由长轴 ef 确定短半轴的方法与上述类似，只是所作 x_1 轴应垂直于 ef。

18.2.2 双斜平面的三种定位形式

1）由一直线（AB，此处为水平线）及直线外一点（C）定位，如图 18-6 所示。图中 A—A 剖切面的迹线垂直于水平线 AB 的水平投影 ab。

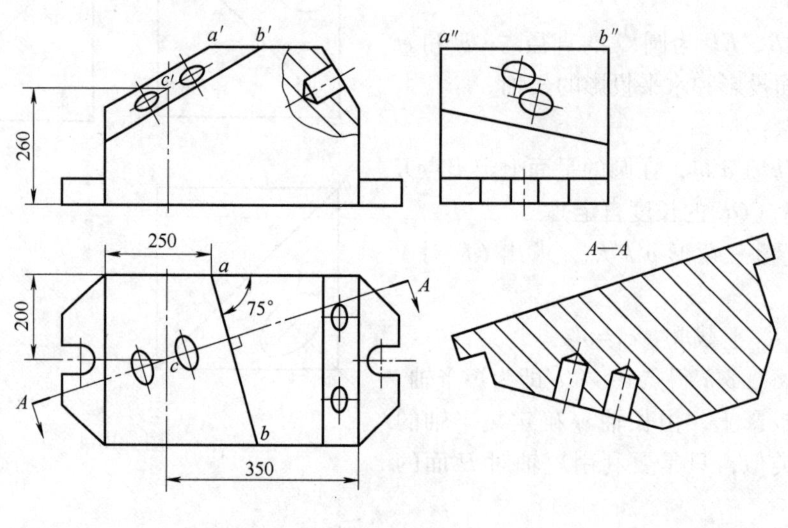

图 18-6

2）由平面上一点（K）及该平面的法线（KN）定位，如图 18-7 所示。图中 A 向箭头垂直于双斜平面法线的水平投影，B 向箭头垂直于该平面的积聚性投影。

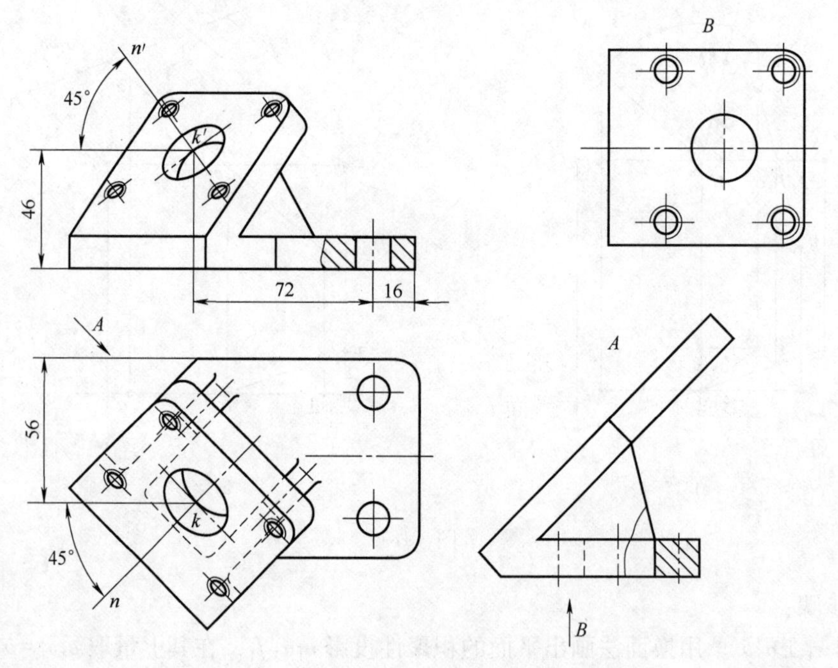

图 18-7

3）由平面上的一直线（AB，此处为正平线）及该平面（Q）对投影面（V 面）的坡角（$70°\pm2'$）定位，如图 18-8 所示。图中 $C—C$ 剖切面的迹线垂直于正平线 AB 的正面投影 $a'b'$。

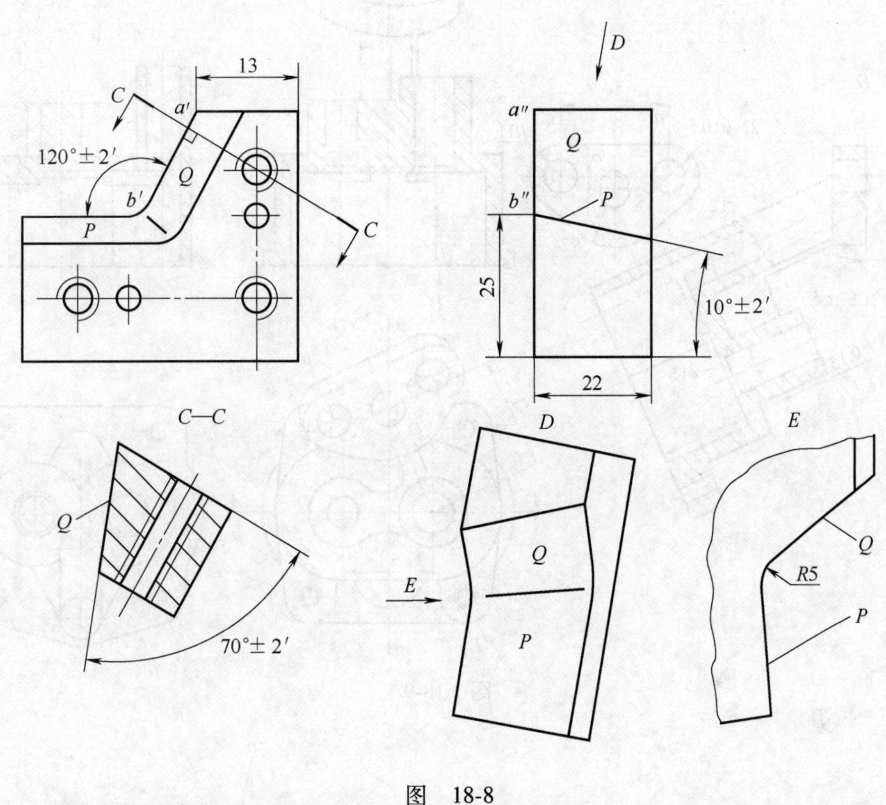

图 18-8

18.2.3 零件上双斜平面的作图实例

如图 18-9 所示，机油泵泵体上双斜平面 P 的位置由该平面上的一条水平直线（两个 $\phi10.5$ 孔的中心连线）及该平面对 H 面的坡角（$21.5°\pm5'$）确定。已知平面 P 的垂直平分面通过孔 $\phi15$ 及 $\phi12$ 的连心线（见俯视图）。

作图要点：

1）根据平面 P 的已知条件定出面 P 的积聚性投影 P_1（见 $D—D$ 剖视图）。

2）画出平面 P 的实形视图（即 E 视图）。

3）返回原投影面体系，作出平面 P 的水平投影和正面投影。

P 面上圆 $\phi10.5$ 的水平投影和正面投影均为椭圆，其作图过程如图 18-10 所示。椭圆的短轴与面 P 的法线（FN）的投影相重合（$fn /\!/ x_1$，$f'n'$ 由 f_1n_1 和 fn 定出），水平投影椭圆短轴的长度可由投影得到（如 FG），正面投影椭圆短轴的长度可按图 18-5 作出。

P 面与孔 $\phi12$ 的交线是椭圆，其水平投影是圆，正面投影仍是椭圆。可先定出此椭圆的一对共轭直径 AB 和 CD，然后作椭圆。

P 面外轮廓的水平投影及正面投影可由其实形视图（见图 18-9 中 E 视图），通过其积聚性投影（见图 18-9 中 p_1 线）逐点作出（见图 18-10 中的 H 点）。

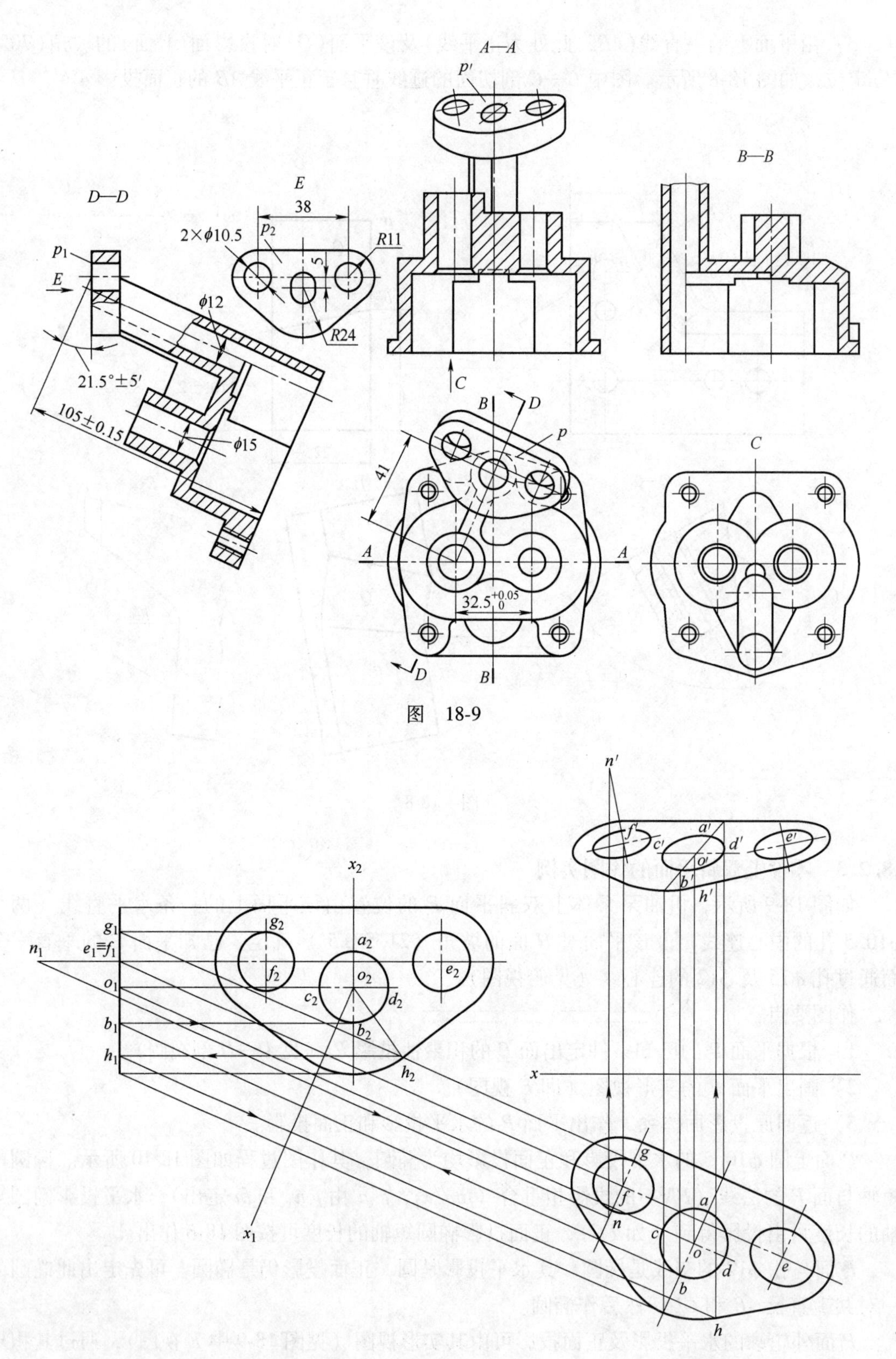
D—D
E
38
A—A
B—B
p′
p₁
p₂
2×ϕ10.5
R11
5
R24
ϕ12
21.5°±5′
105±0.15
ϕ15
C
B
D
p
41
A
32.5+0.05 0
x₂
g₁
g₂
e₁≡f₁
n₁
a₂
o₁
o₂
f₂
e₂
c₂
d₂
b₁
b₂
h₁
h₂
x₁
x
n′
f′
c′
a′
o′
d′
e′
b′
h′
g
f
n
a
c
o
d
e
b
h

图 18-9

图 18-10

18.3 双斜平面的视图标注及尺寸注法

1）标注双斜平面积聚性投影的视图时，剖切平面的迹线应垂直于双斜面上的投影面平行线，如图 18-6 及图 18-11 中的 *A*—*A* 迹线所示。图 18-11 中，*C*—*C* 剖切面迹线的位置是错误的。若以向视图标注时，表示向视图方向的箭头应平行于双斜面上的投影面平行线，如图 18-7 和图 18-12 中的 *A* 向箭头。

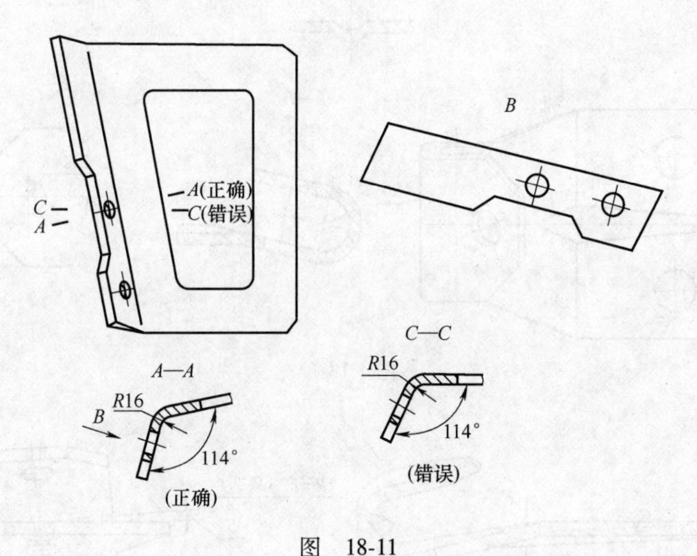

图 18-11

2）标注双斜平面的实形视图时，表示向视图方向的箭头应垂直于双斜平面的积聚性投影，如图 18-12 弯板中的 *B* 视图所示。

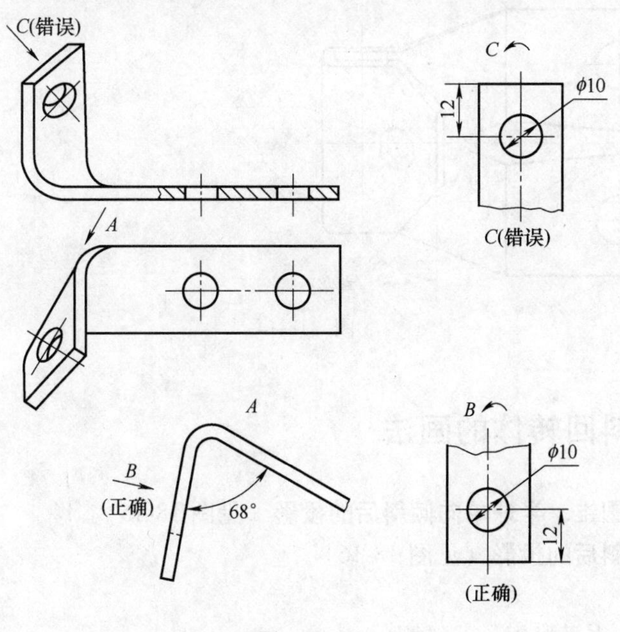

图 18-12

3）双斜平面上的有关尺寸，应注在反映其真实形状的视图上。图 18-13 所示护套中带 * 号的三个尺寸的标注是正确的，而图 18-14 中的标注是错误的。

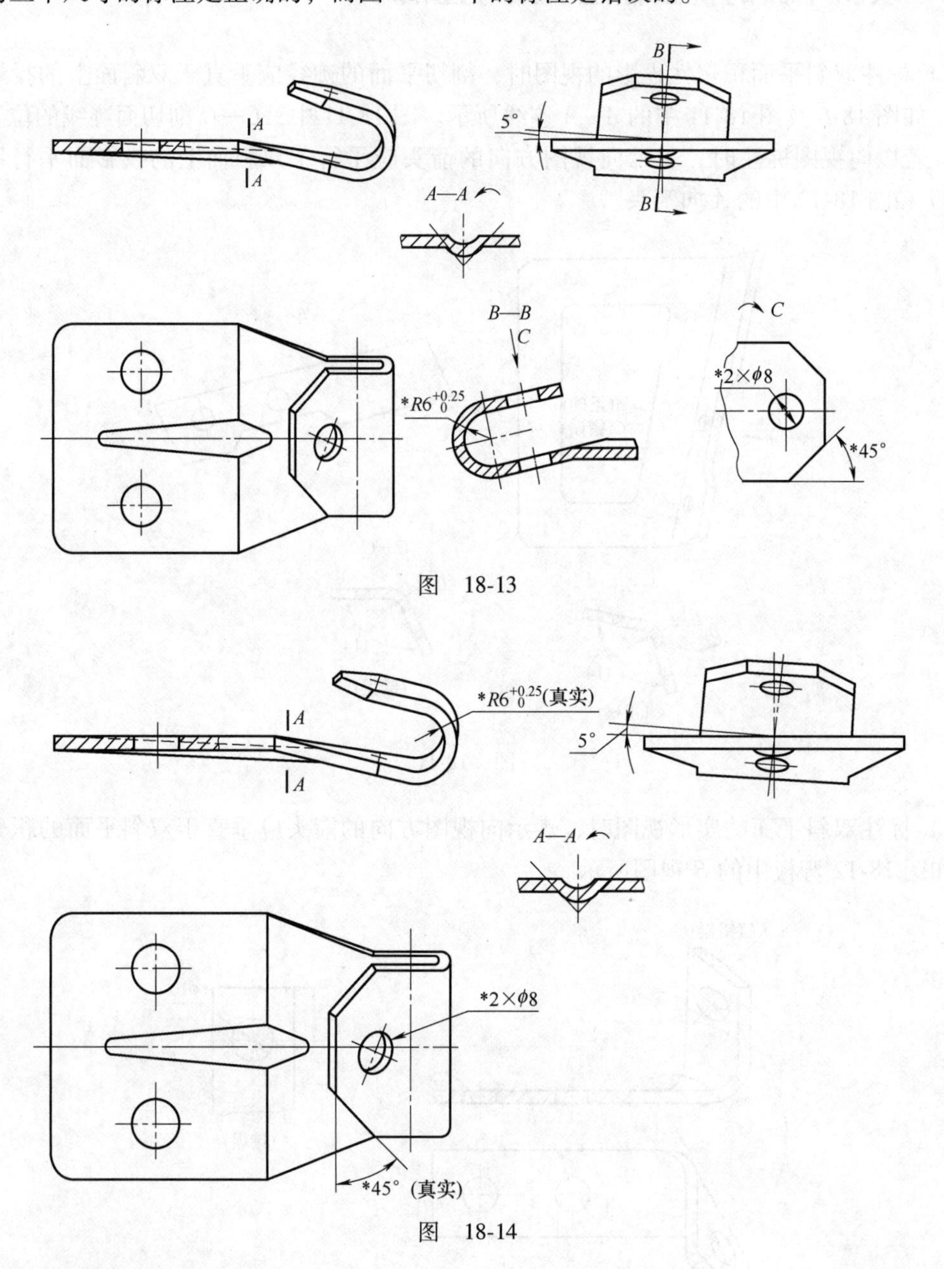

图 18-13

图 18-14

18.4 单向倾斜回转体的画法

1. 圆柱、截头圆锥、半球单向倾斜后的投影（见图 18-15）

2. 圆环单向倾斜后的投影（见图 18-16）

画法如下：

1）作出圆 D 的水平投影——椭圆。

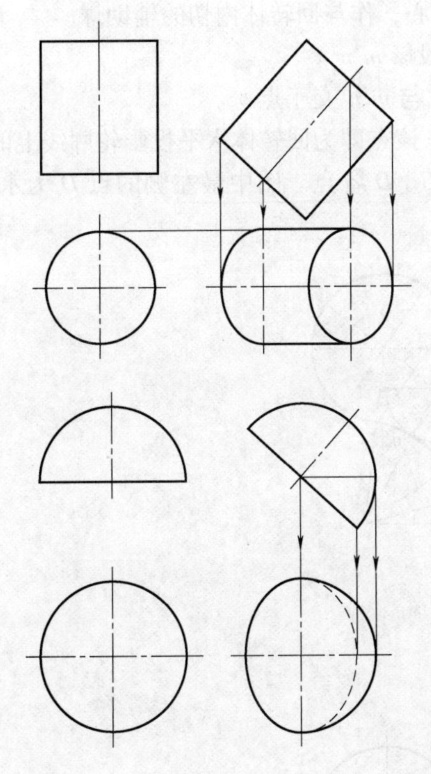
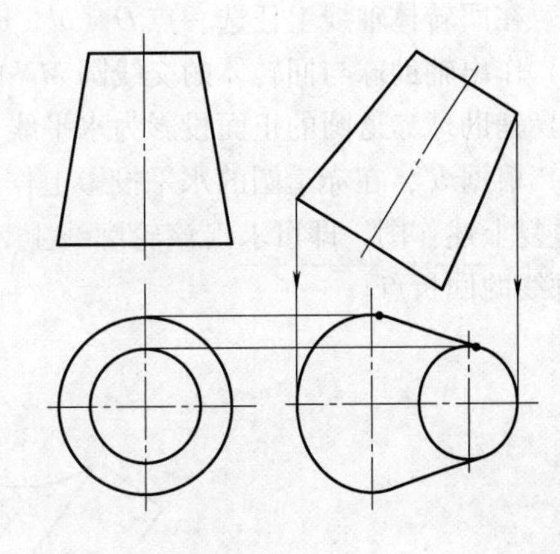

图 18-15

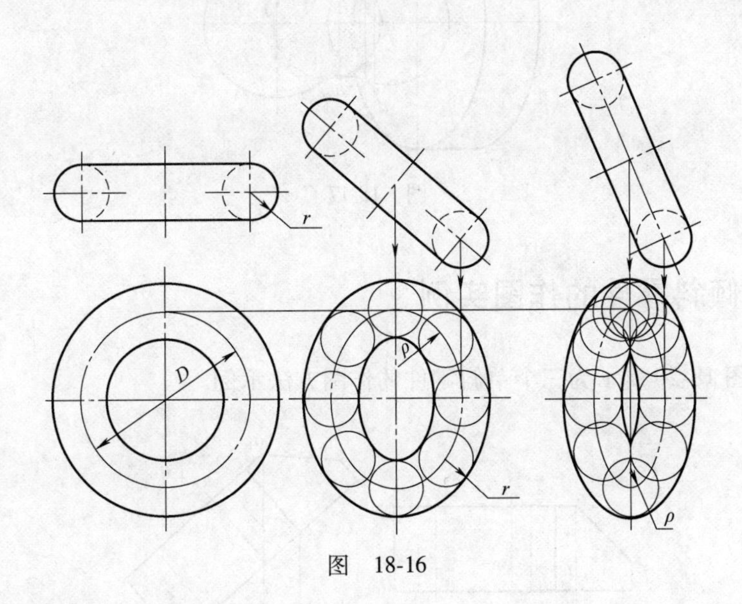

图 18-16

2）在该椭圆上作一系列半径为 r 的球。

3）作这些球体的内外包络线。

当 $\rho \leqslant r$ 时，在投影上，圆环的内轮廓线处会出现夹点。

3. 一般回转体单向倾斜后的投影（见图 18-17）。

其中间部分水平投影的作法如下：

1）在回转体轴线上任选一点 O（o'、o）为中心，作与回转体内切的辅助球。

2）作出辅助球与回转体的交线圆 MN 的正面投影 $m'n'$。

3）辅助球赤道圆的正面投影为水平线 $j'k'$。它与 $m'n'$ 交于点 b'。

4）根据 b'，在赤道圆的水平投影上作出点 b，该点即为回转体水平投影轮廓线上的点。

重复上述作图，即可求出该轮廓线上 A、B、C、D 各点。图中最左侧的点 D 为水平投影轮廓线的回折点。

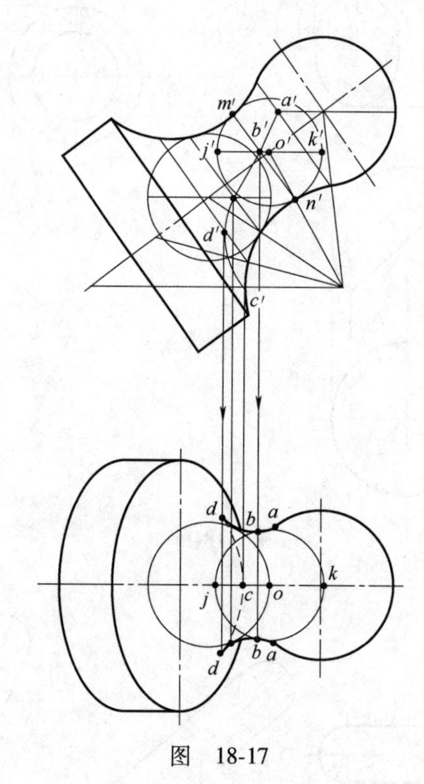

图 18-17

18.5 单向倾斜零件的作图实例

图 18-18～图 18-20 所示为三个单斜零件的作图方法示例。

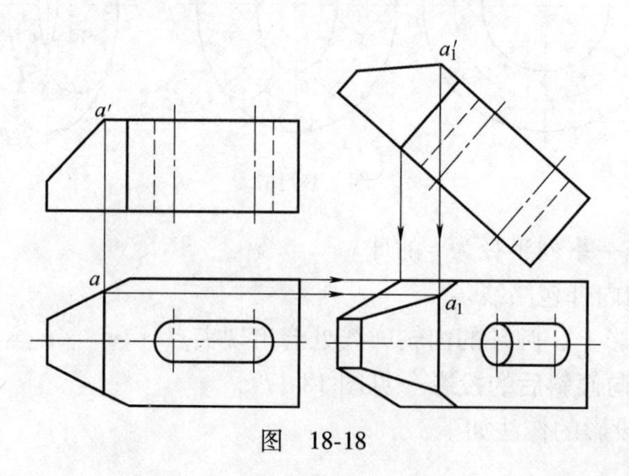

图 18-18

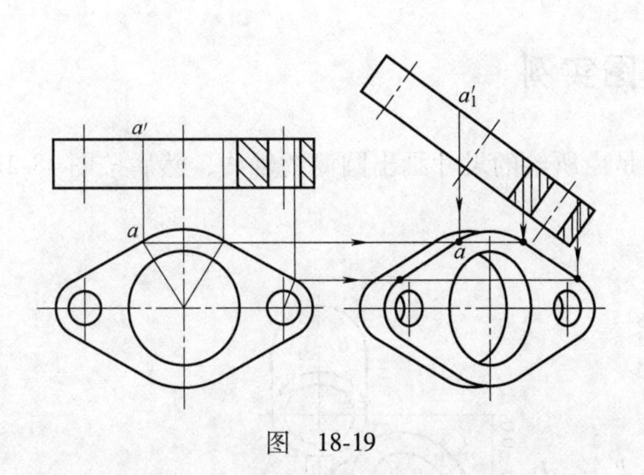

图 18-19

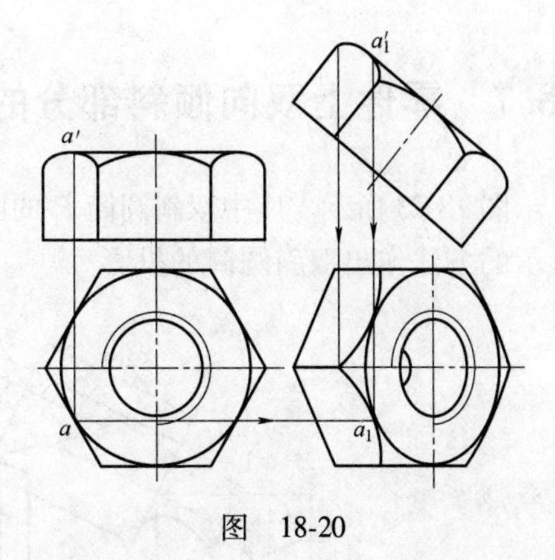

图 18-20

18.6 双向倾斜回转体的画法

1. 圆柱双向倾斜后的投影（见图 18-21）

已知：圆柱双斜后的轴线位置。

作图步骤：

1）用换面法作出轴线的实长 $o_1—o_1$ 及 $o_2—o_2$。

2）以 $o_1—o_1$ 及 $o_2—o_2$ 为轴线，按圆柱的尺寸作出圆柱的投影。

3）分别返回原投影面体系即可求得圆柱双斜后的正面投影和水平投影。

圆柱双斜后，其顶面椭圆的短轴与圆柱轴线的投影相重合，长度由投影求得，长轴的长度等于圆柱的直径。

2. 圆锥双向倾斜后的投影（图 18-22）

作图方法与圆柱双向倾斜后的作图方法相同。

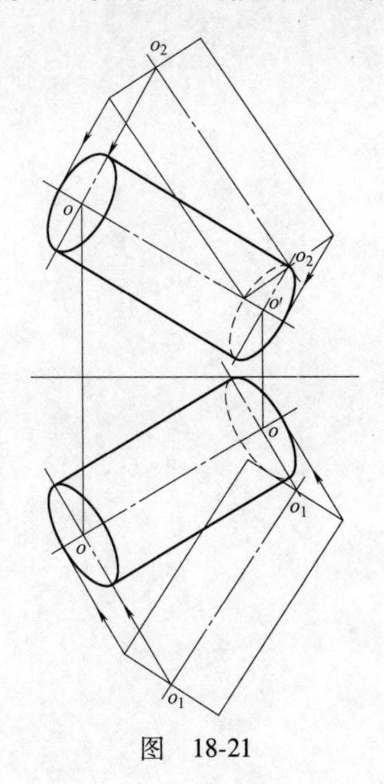

图 18-21

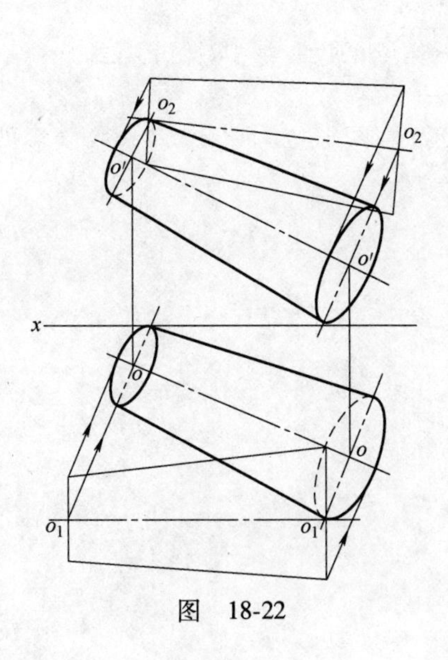

图 18-22

18.7 零件上双向倾斜部分的作图实例

图 18-23 所示支座中双斜圆筒 P 的画法是由所给的尺寸画出圆筒的轴线，然后按图 18-21 所示的方法作出双斜圆筒的投影。

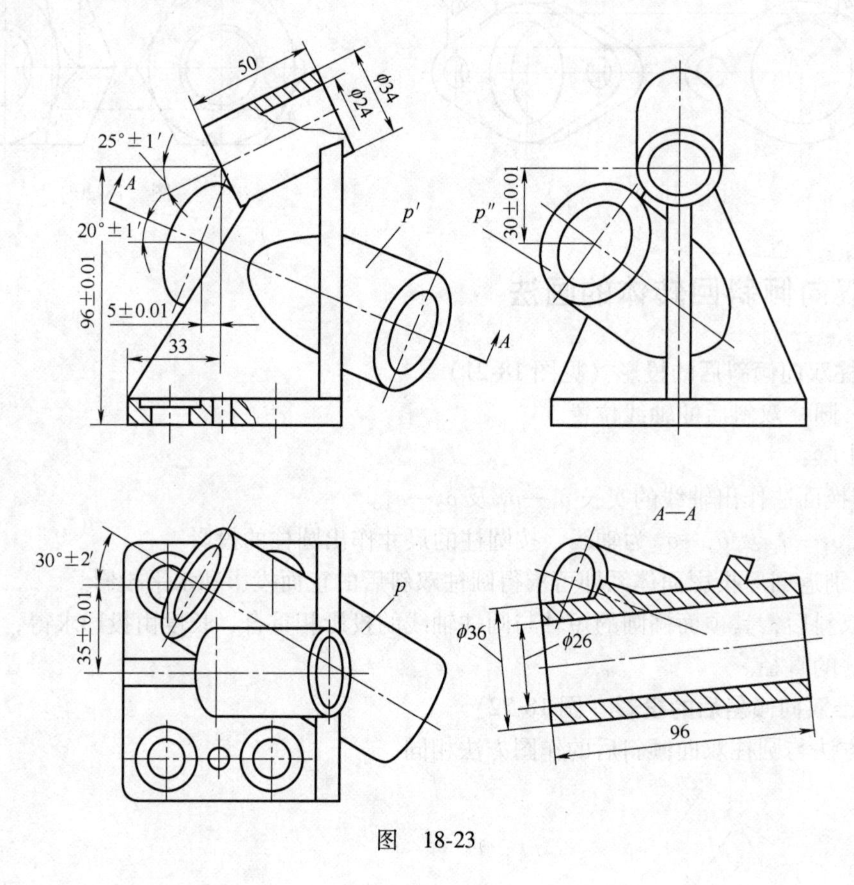

图 18-23

第 19 章　轴测投影图

19.1　轴测投影常用术语及正轴测投影的基本公式

轴测投影图简称轴测图，其含义为将物体连同其参考直角坐标系，沿不平行于任一坐标平面的方向，用平行投影法将其投射在单一投影面上所得到的图形。轴测投影常用术语见表 19-1（参考图 19-1）。

表 19-1　轴测投影常用术语

术语	内容	符号
原坐标轴	互相垂直的空间三坐标轴	OX、OY、OZ
轴测投影面	轴测投影所在的平面	P 面
轴测投射方向	画轴测投影的投射方向	S
轴测轴	原坐标轴的轴测投影	O_1X_1、O_1Y_1、O_1Z_1
轴间角	两轴测轴之间的夹角	φ_1、φ_2、φ_3
方向角	轴测投射方向与原坐标轴的夹角	α、β、γ
轴向伸缩系数	轴测轴上的单位长度与相应投影轴上的单位长度的比值	多面正投影相互垂直的三根投影轴上的伸缩系数分别用 p_1、q_1 和 r_1 表示，简化伸缩系数分别用 p、q 和 r 表示

正轴测投影的基本公式如下。

1. 轴向伸缩系数之间的关系

$p_1=\sin\alpha$，$q_1=\sin\beta$，$r_1=\sin\gamma$

$$p_1^2+q_1^2+r_1^2=2 \tag{19-1}$$

（条件：$0°<\alpha<90°$，$0°<\beta<90°$，$0°<\gamma<90°$；$0<p_1<1$，$0<q_1<1$，$0<r_1<1$）

正等轴测（简称正等测）：$p_1=q_1=r_1$；

正二等轴测（简称正二测）：$p_1=r_1\neq q_1$ 或 $p_1=q_1\neq r_1$ 或 $q_1=r_1\neq p_1$；

正三轴测（简称正三测）：$p_1\neq q_1\neq r_1$。

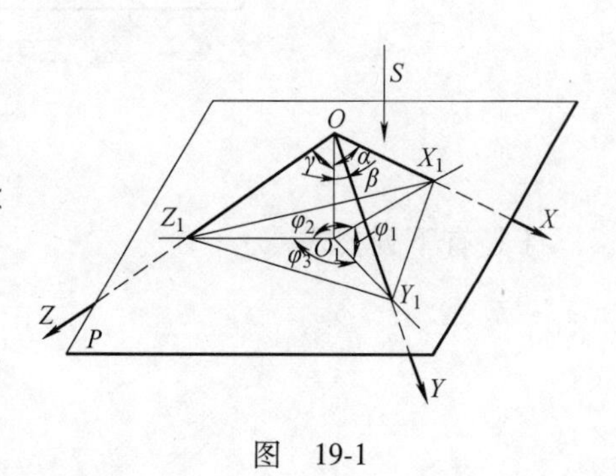

图　19-1

2. 轴间角与轴向伸缩系数的关系

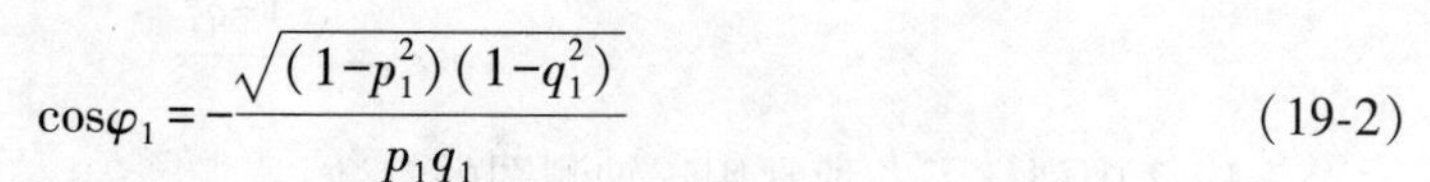

$$\cos\varphi_1=-\frac{\sqrt{(1-p_1^2)(1-q_1^2)}}{p_1q_1} \tag{19-2}$$

$$\cos\varphi_2 = -\frac{\sqrt{(1-p_1^2)(1-r_1^2)}}{p_1 r_1} \tag{19-3}$$

$$\cos\varphi_3 = -\frac{\sqrt{(1-q_1^2)(1-r_1^2)}}{q_1 r_1} \tag{19-4}$$

轴间角 φ_1、φ_2、φ_3 都大于 90°且小于 180°。

根据上列基本公式可任意选择并计算出对应的轴向伸缩系数和轴间角，由使用要求确定所需的计算精度。采用常规仪器绘图时，一般取两位小数值即能满足要求。

3. 简化伸缩系数与放大倍率

将轴向伸缩系数的一个或两个简化为 1，其余按相同比例简化后所得的伸缩系数称为简化伸缩系数（p、q、r）。它们与轴向伸缩系数之比，即简化后的放大倍率。

$$m = \frac{p}{p_1} = \frac{q}{q_1} = \frac{r}{r_1} \tag{19-5}$$

4. 轴测投射方向与轴向伸缩系数的关系

轴测投射方向 S 的正投影（见图 19-2 中 s、s'、s''）与投影轴的夹角分别为 ε_1、ε_2、ε_3（见图 19-2b）。

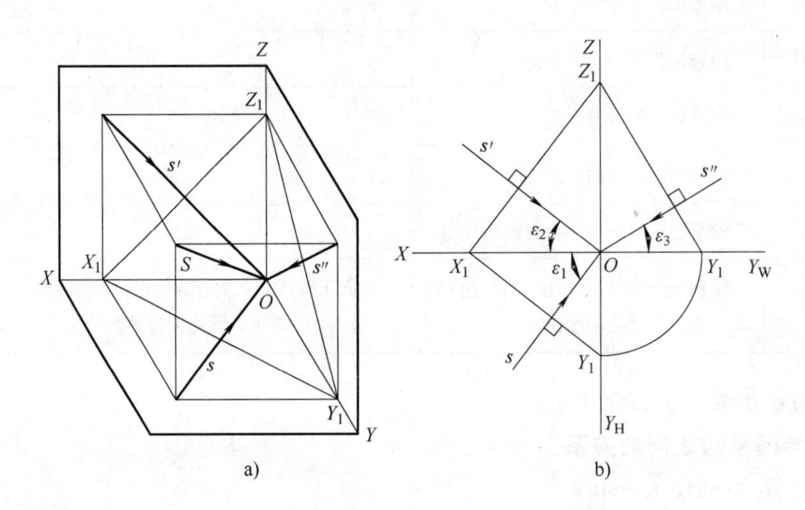

图 19-2

于是有下列公式

$$\cos\varepsilon_1 = \frac{\sqrt{1-p_1^2}}{r_1} \tag{19-6}$$

$$\cos\varepsilon_2 = \frac{\sqrt{1-p_1^2}}{q_1} \tag{19-7}$$

$$\cos\varepsilon_3 = \frac{\sqrt{1-q_1^2}}{p_1} \tag{19-8}$$

表 19-2 中列举了九种常用正轴测图的参数。

表 19-2 常用正轴测图的参数

序号	种类	简化伸缩系数/轴向伸缩系数			放大倍率	轴间角		轴测投射方向的正投影与投影轴的夹角		
		$\frac{p}{p_1}$	$\frac{q}{q_1}$	$\frac{r}{r_1}$	m	φ_1	φ_2	ε_1	ε_2	ε_3
1	正等测	$\frac{1.0}{0.82}$	$\frac{1.0}{0.82}$	$\frac{1.0}{0.82}$	1.22	120°	120°	45°	45°	45°
2	正二测	$\frac{1.0}{0.94}$	$\frac{0.5}{0.47}$	$\frac{1.0}{0.94}$	1.06	131°25′	97°10′	69°18′	45°	20°42′
3	正二测	$\frac{1.0}{0.92}$	$\frac{0.6}{0.55}$	$\frac{1.0}{0.92}$	1.09	129°49′	100°22′	64°54′	45°	25°06′
4	正二测	$\frac{1.0}{0.9}$	$\frac{0.67}{0.6}$	$\frac{1.0}{0.9}$	1.10	128°35′	102°50′	61°52′	45°	28°08′
5	正二测	$\frac{1.0}{0.9}$	$\frac{0.7}{0.63}$	$\frac{1.0}{0.9}$	1.12	127°55′	104°10′	60°20′	45°	29°40′
6	正二测	$\frac{1.0}{0.88}$	$\frac{0.75}{0.66}$	$\frac{1.0}{0.88}$	1.13	126°50′	106°20′	57°58′	45°	32°02′
7	正三测	$\frac{0.9}{0.89}$	$\frac{0.5}{0.49}$	$\frac{1.0}{0.99}$	1.02	157°	95°11′	62°02′	20°16′	11°06′
8	正三测	$\frac{0.9}{0.86}$	$\frac{0.6}{0.58}$	$\frac{1.0}{0.96}$	1.04	145°47′	99°47′	58°22′	29°04′	18°54′
9	正三测	$\frac{0.9}{0.84}$	$\frac{0.7}{0.65}$	$\frac{1.0}{0.93}$	1.07	138°46′	104°32′	54°20′	33°35′	25°29′

19.2 三种标准轴测图的一般规定

GB/T 14692—2008《技术制图　投影法》对三种标准轴测图的轴间角及简化伸缩系数和轴向伸缩系数的规定，见表 19-3。轴测轴 O_1X_1、O_1Y_1、O_1Z_1 简化为 OX、OY、OZ。

表 19-3 三种标准轴测图的参数

名称	投射方向	轴间角及轴测轴位置	简化伸缩系数和轴向伸缩系数	例图
正等测	投射线与轴测投影面垂直	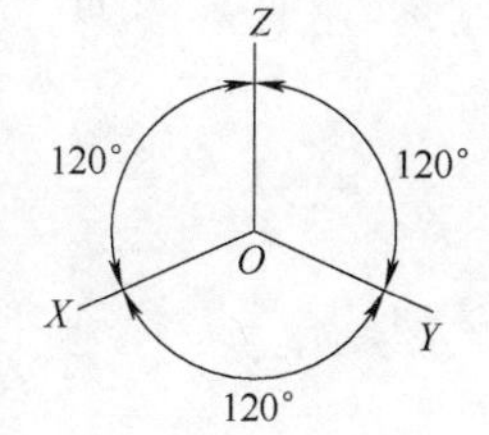 Z, X, Y, O; 120°, 120°, 120°	$p=1$，$q=1$，$r=1$ $p_1=q_1=r_1=0.82$	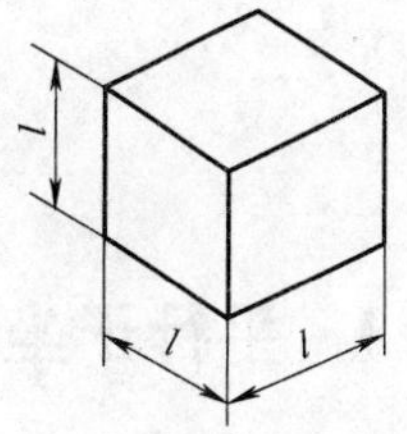 l, l, l
正二测		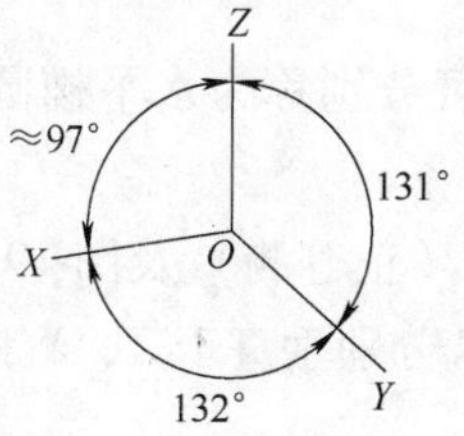 Z, X, Y, O; ≈97°, 131°, 132°	$p=1$，$q=0.5$，$r=1$ $p_1=0.94$，$q_1=0.47$，$r_1=0.94$	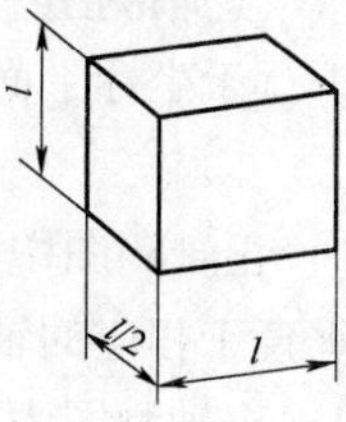 l, $l/2$, l

（续）

名称	投射方向	轴间角及轴测轴位置	简化伸缩系数和轴向伸缩系数	例图
斜二测	投射线与轴测投影面倾斜	Z 90° 135° X O Y 135°	$p_1=1$，$q_1=0.5$，$r_1=1$	l $l/2$ l

正二测的轴测轴可按图 19-3 所示的两种画法之一绘制。

在图 19-3a 中 OX 斜度为 1∶8，OY 斜度为 7∶8。

图 19-3b 所示的作图步骤：

1）画铅垂线 OZ。

2）以 O 为圆心，定长 a 为半径画弧 1，与 OZ 交于点 A。

3）以点 A 为圆心，$1.5a$ 为半径画弧 2，与弧 1 交于点 B。

4）以点 B 为圆心，$1.5a$ 为半径画弧 3，与弧 2 交于点 C。

5）过点 B 作 OX 轴，过点 C 作 OY 轴。

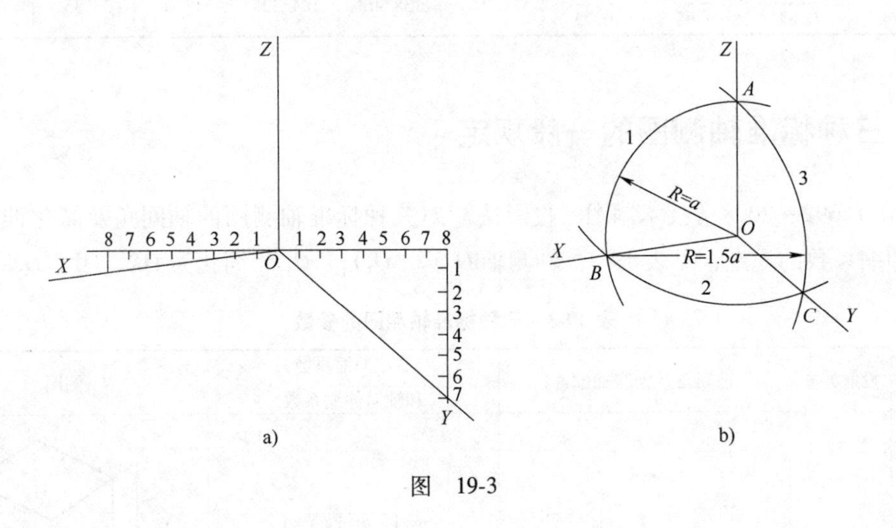

图 19-3

19.3 平行于坐标平面的圆的轴测投影

19.3.1 正轴测图中平行于坐标平面的圆的画法

平行于坐标平面的圆的正轴测投影均为椭圆，可分别称为水平椭圆、正面椭圆及侧面椭圆。

1）正轴测图中椭圆的长、短轴方向，如图 19-4（正等测）及图 19-5（正二测）所示，长轴垂直于相应的轴测轴。椭圆 1、2 和 3 的长轴 AB 分别垂直于 Z、X 和 Y 轴。

2）正轴测图中椭圆的长、短轴大小：

长轴长度$=d$（坐标平面上圆的直径）；

短轴长度$=d\sqrt{1-r_1^2}$（水平椭圆）；

短轴长度$=d\sqrt{1-q_1^2}$（正面椭圆）；

短轴长度$=d\sqrt{1-p_1^2}$（侧面椭圆）。

当采用简化伸缩系数绘图时，长、短轴的长度应同时乘以相应的放大倍率 m，表 19-4 列出了前述九种常用正轴测图的水平椭圆、正面椭圆、侧面椭圆的长、短轴的伸缩系数。

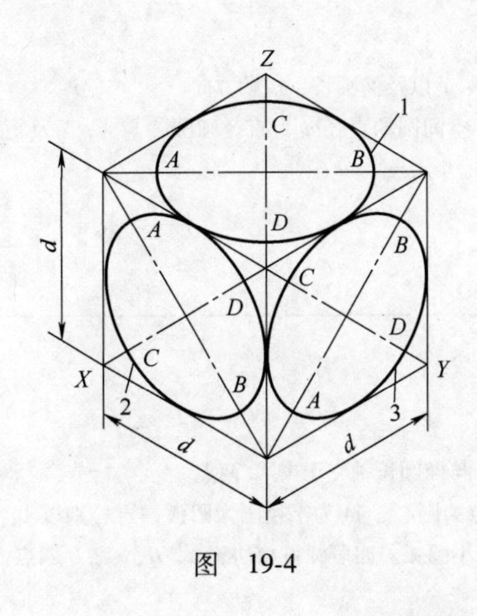

图 19-4

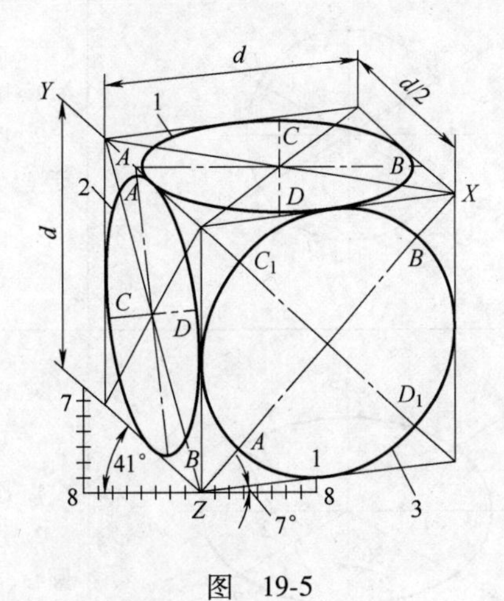

图 19-5

表 19-4 长、短轴伸缩系数

序号	种类	放大倍率 m	简化长轴伸缩系数 / 长轴伸缩系数	简化短轴伸缩系数 / 短轴伸缩系数		
				水平椭圆	正面椭圆	侧面椭圆
1	正等测	1.22	$\frac{1.22}{1.0}$	$\frac{0.71}{0.58}$	$\frac{0.71}{0.58}$	$\frac{0.71}{0.58}$
2	正二测	1.06	$\frac{1.06}{1.0}$	$\frac{0.35}{0.33}$	$\frac{0.94}{0.88}$	$\frac{0.35}{0.33}$
3		1.09	$\frac{1.09}{1.0}$	$\frac{0.42}{0.39}$	$\frac{0.9}{0.83}$	$\frac{0.42}{0.39}$
4		1.10	$\frac{1.10}{1.0}$	$\frac{0.47}{0.43}$	$\frac{0.88}{0.8}$	$\frac{0.47}{0.43}$
5		1.12	$\frac{1.12}{1.0}$	$\frac{0.5}{0.44}$	$\frac{0.87}{0.78}$	$\frac{0.5}{0.44}$
6		1.13	$\frac{1.13}{1.0}$	$\frac{0.53}{0.47}$	$\frac{0.85}{0.75}$	$\frac{0.53}{0.47}$
7	正三测	1.02	$\frac{1.02}{1.0}$	$\frac{0.17}{0.17}$	$\frac{0.88}{0.87}$	$\frac{0.47}{0.46}$
8		1.04	$\frac{1.04}{1.0}$	$\frac{0.29}{0.28}$	$\frac{0.85}{0.82}$	$\frac{0.52}{0.5}$
9		1.07	$\frac{1.07}{1.0}$	$\frac{0.39}{0.36}$	$\frac{0.81}{0.76}$	$\frac{0.58}{0.54}$

椭圆的长、短轴方向和大小确定之后，可用四心法绘图（即用四段圆弧画出近似的椭圆）。

3）正轴测图按简化伸缩系数作图时椭圆的近似画法（不需计算长、短轴的长度）。

① 正等测中三个椭圆的形状相同，如图 19-4 所示。

现以水平椭圆为例介绍两种近似画法（见表 19-5、表 19-6）

椭圆长、短轴关系如图 19-6 所示，也可用椭圆规画出椭圆。

表 19-5　六点共圆法画正等测椭圆

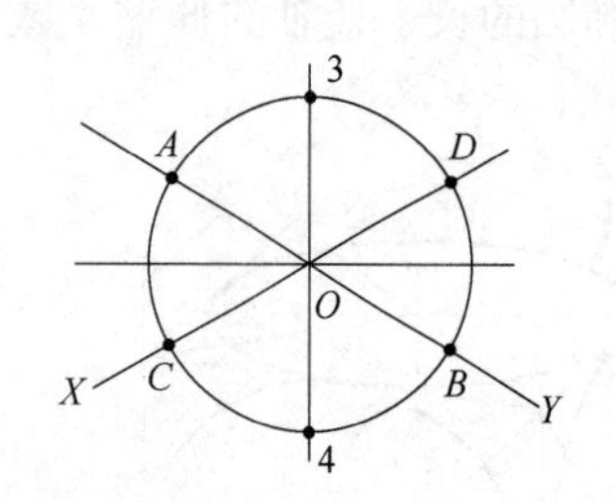	1. 画出轴测轴 X、Y 以及椭圆长、短轴方向 2. 以 O 为圆心、空间圆的直径 d 为直径画圆，与 X、Y 及短轴线交于 A、B、C、D、3、4 六点
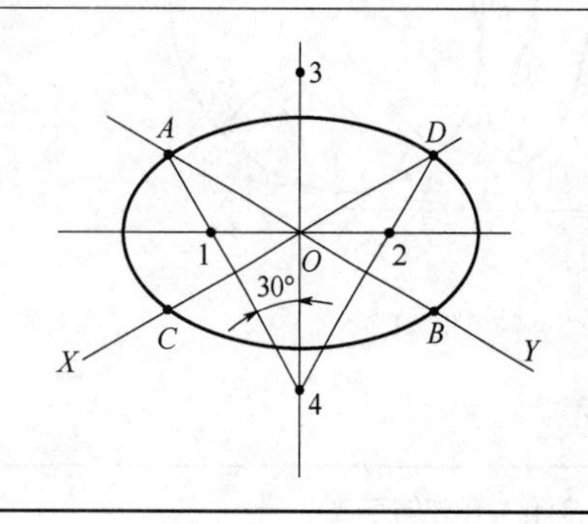	1. 连接 $A4$ 和 $D4$ 与椭圆长轴交于 1、2 两点 2. 分别以 3、4 点为圆心、$A4$ 为半径画大圆弧；再分别以 1、2 点为圆心、$1A$ 为半径画小圆弧。四段圆弧相切于 A、B、C、D 四点

表 19-6　直径求心法画正等测椭圆

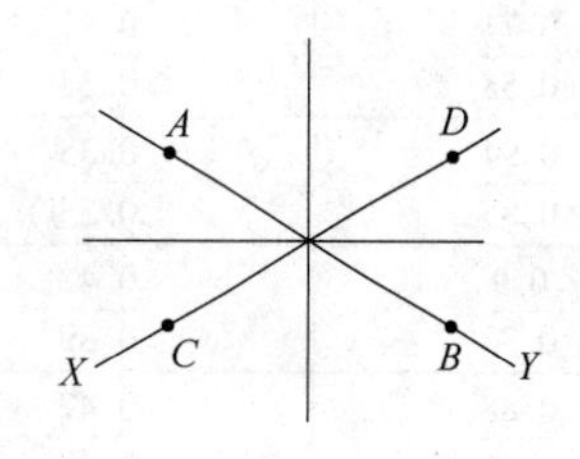	1. 画出轴测轴 X、Y 以及椭圆长、短轴方向 2. 在 X、Y 上取 $AB=CD=d$
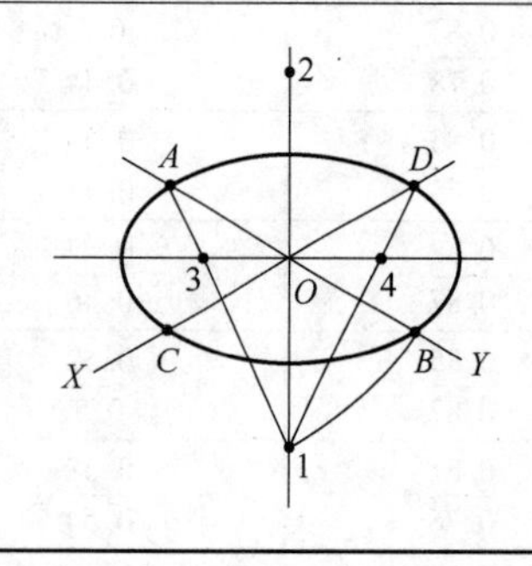	1. 以 A 点为圆心、AB 为半径画弧，与短轴交于点 1，再取对称点 2 2. 连接 $1A$ 及 $1D$ 与长轴交于点 3、4 3. 分别以 1、2 点为圆心、$1A$ 为半径画大圆弧；再以 3、4 点为圆心、$3A$ 为半径画小圆弧。四段圆弧相切于 A、B、C、D 四点

② 正二测中水平椭圆与侧面椭圆的形状相同，如图 19-5 所示。正面椭圆及水平椭圆的

四心近似画法见表 19-7。

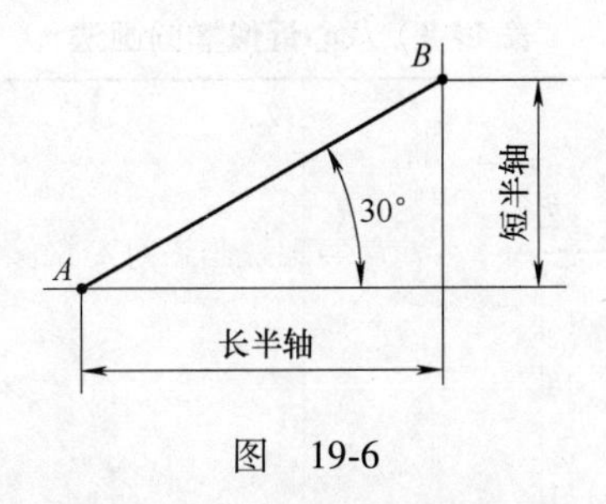

图　19-6

表 19-7　四心法画正二测椭圆

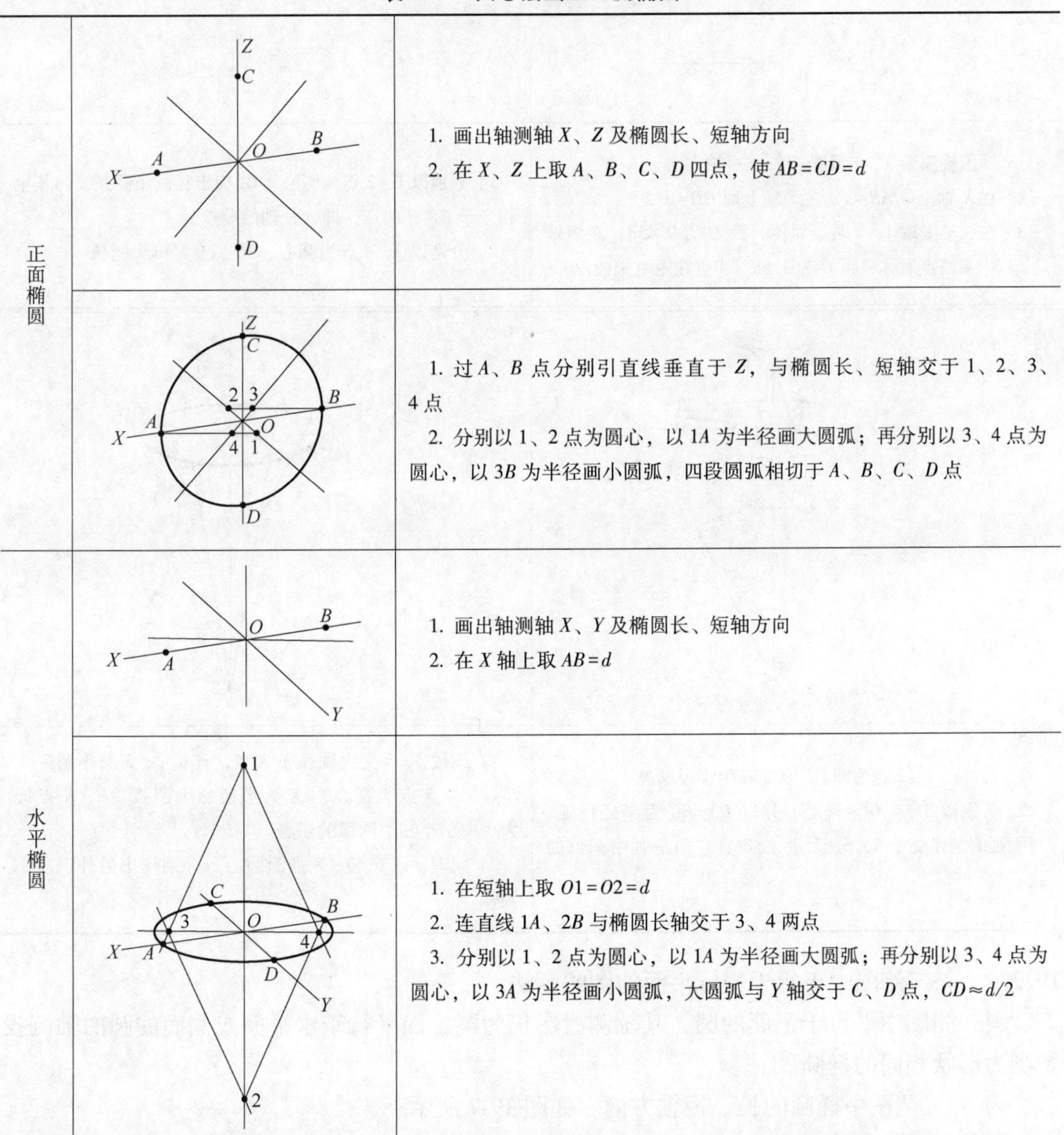

	图	说明
正面椭圆		1. 画出轴测轴 X、Z 及椭圆长、短轴方向 2. 在 X、Z 上取 A、B、C、D 四点，使 $AB=CD=d$
		1. 过 A、B 点分别引直线垂直于 Z，与椭圆长、短轴交于 1、2、3、4 点 2. 分别以 1、2 点为圆心，以 $1A$ 为半径画大圆弧；再分别以 3、4 点为圆心，以 $3B$ 为半径画小圆弧，四段圆弧相切于 A、B、C、D 点
水平椭圆		1. 画出轴测轴 X、Y 及椭圆长、短轴方向 2. 在 X 轴上取 $AB=d$
		1. 在短轴上取 $O1=O2=d$ 2. 连直线 $1A$、$2B$ 与椭圆长轴交于 3、4 两点 3. 分别以 1、2 点为圆心，以 $1A$ 为半径画大圆弧；再分别以 3、4 点为圆心，以 $3A$ 为半径画小圆弧，大圆弧与 Y 轴交于 C、D 点，$CD\approx d/2$

四心近似画法所作正二测水平椭圆误差较大，一般用于没有圆弧被切割或没有弧线相切

的轴测图。若需要较精确的水平椭圆，可采用八心近似画法，见表 19-8。

表 19-8　八心近似椭圆画法

1. 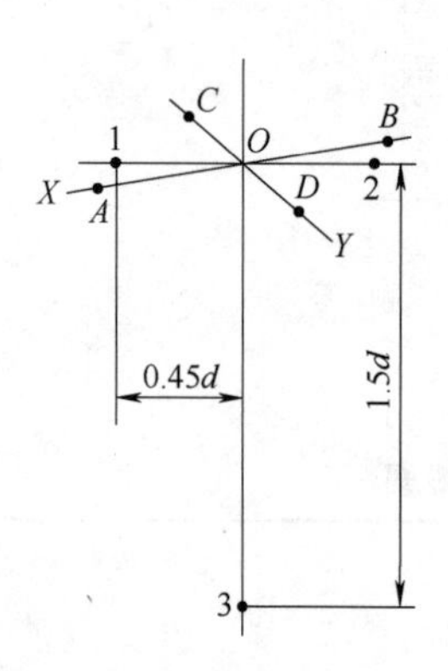	2. 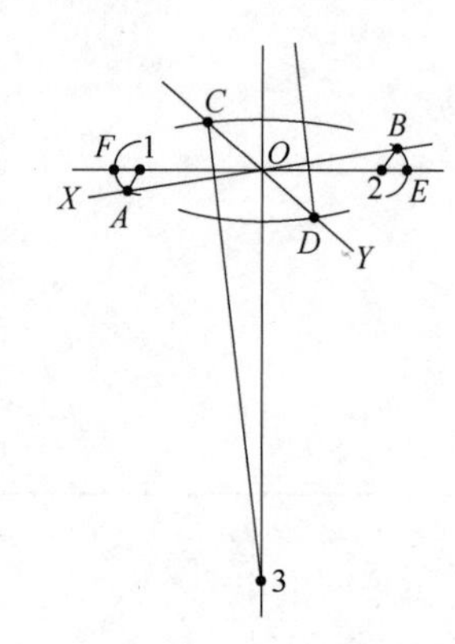
1）画出轴测轴 X、Y 及椭圆长、短轴方向 2）在 X 轴上取 $AB=d$，在 Y 轴上取 $CD=d/2$ 3）在长轴上取 1、2 两点对称，距 O 为 $0.45d$；在短轴上取 3、4 两点对称，距 O 为 $1.5d$（4 点在图上未画出）	1）分别以 1、2 点为圆心、$1A$ 为半径画小圆弧，与长轴相交于 E、F 两点，即为长轴的端点 2）分别以 3、4 点为圆心、$3C$ 为半径画大圆弧
3. 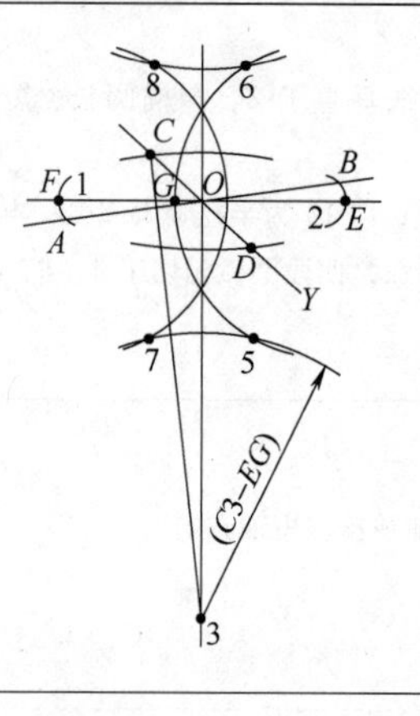	4. 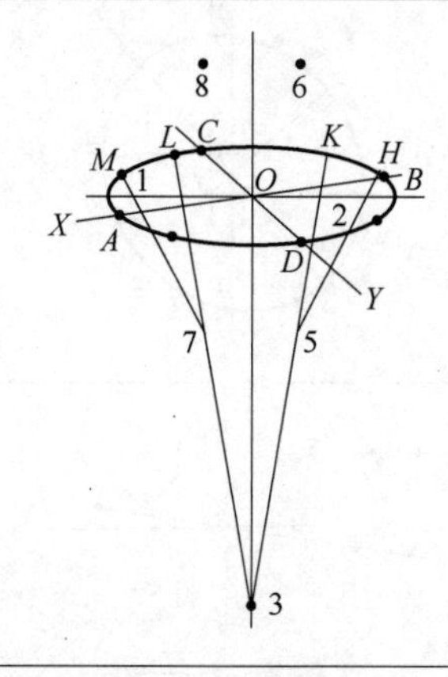
1）分别以 1、2 点为圆心、$0.55d$ 为半径画弧 2）分别以 3、4 点为圆心，并以 $C3-EG$ 为半径作弧，与刚画的两弧交于 5、6、7、8 四点，它们是画中圆弧的圆心	1）连接 3、5 交大圆弧于 K 点，连接 2、5 交小圆弧于 H 点。以 5 点为圆心、$5K$ 为半径画中圆弧，H、K 点即大、中、小三个圆弧的切点 2）同理，以 6、7、8 点为圆心，分别作出另外三段中圆弧

19.3.2　斜二测图中平行于坐标平面的圆的画法

斜二测图中平行于正面的圆，其轴测投影仍为圆，而平行于水平面或侧面的圆的轴测投影则为形状相同的椭圆。

1）斜二测图中椭圆的长、短轴方向，如图 19-7 所示。

2）斜二测图中椭圆的长、短轴大小：

长轴长度 $AB\approx1.06d$（d 为坐标面上圆的直径）；短轴长度 $CD\approx0.33d$。

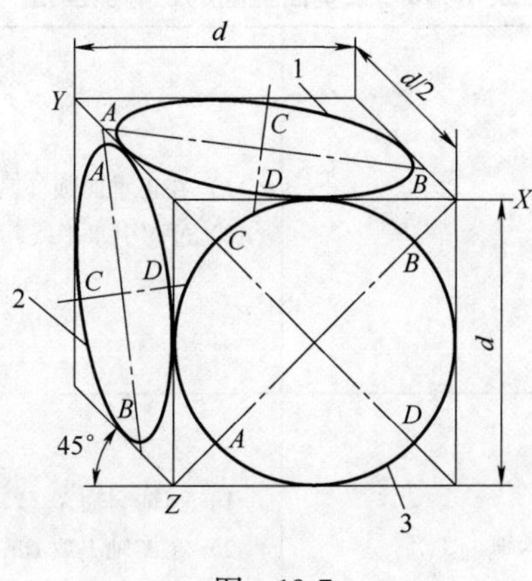

图 19-7

3）水平椭圆与侧面椭圆的画法相同，作图步骤见表 19-9。

表 19-9 斜二测椭圆的近似画法

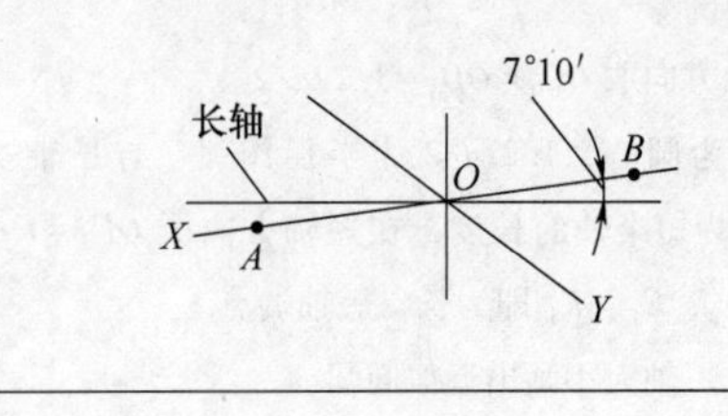	1）画出轴测轴 *X*、*Y* 及椭圆长、短轴方向 2）在 *X* 轴上取 *AB*=*d*
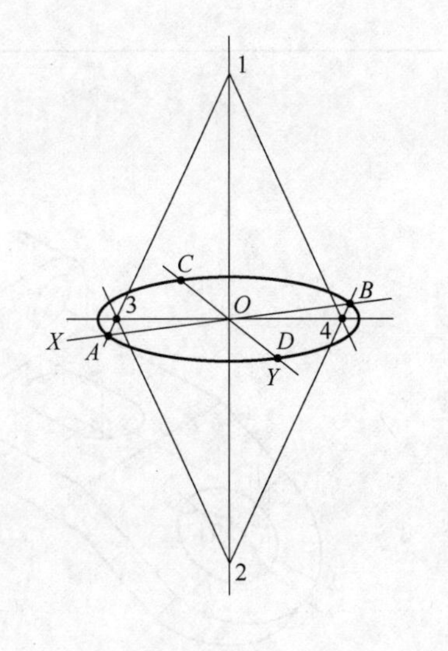	1）在短轴上取 *O*1=*O*2=*d* 2）连接 1*A* 和 2*B* 与长轴交于 3、4 两点 3）分别以 1、2 点为圆心、1*A* 为半径画大圆弧；再分别以 3、4 点为圆心、3*A* 为半径画小圆弧。大圆弧与 *Y* 轴交于 *C*、*D* 两点，*CD*≈*d*/2

19.4 不平行于坐标平面的圆的正轴测投影

19.4.1 垂直于坐标平面的圆的正轴测画法

利用正投影图求出长、短轴方向和大小后，椭圆的画法见表 19-10（以正垂面的圆为例）。

表 19-10　正垂面上圆的正等测画法

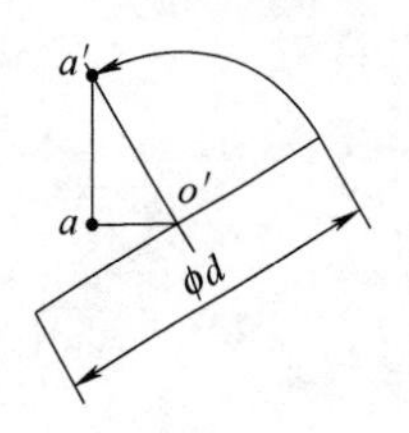	1）在正垂面圆（其直径为 d）的垂线上取 $a'o'=d/2$ 2）过 o' 引水平线，再过 a' 引铅垂线，两线相交于 a
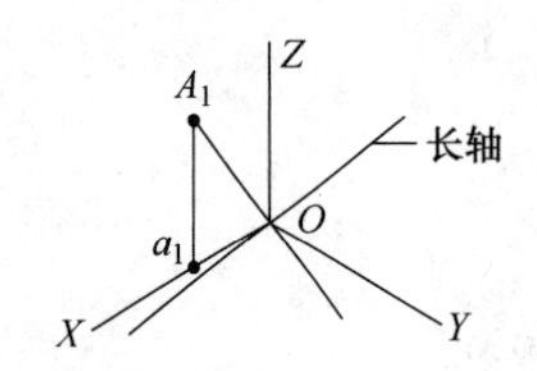	1）画轴测轴 X、Y、Z 2）在 X 轴上取 $Oa_1=o'a$，过 a_1 引 Z 轴的平行线，并取 $a_1A_1=a'a$，OA_1 即为椭圆的短轴方向，椭圆长轴与短轴垂直
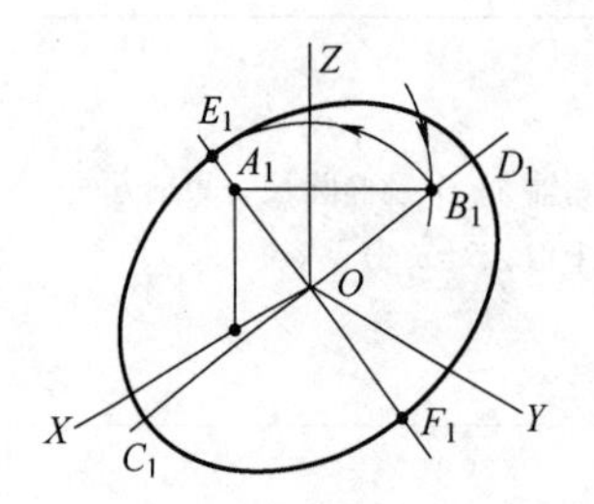	1）在长轴方向取 $OC_1=OD_1=1.22d/2$ 2）以 A_1 为圆心，$1.22d/2$ 为半径作弧，与长轴交于 B_1，则 OB_1 为短半轴的长度，在短轴方向取 $OE_1=OF_1=OB_1$。C_1、D_1、E_1、F_1 即为长、短轴端点 3）按长、短轴大小画出近似椭圆

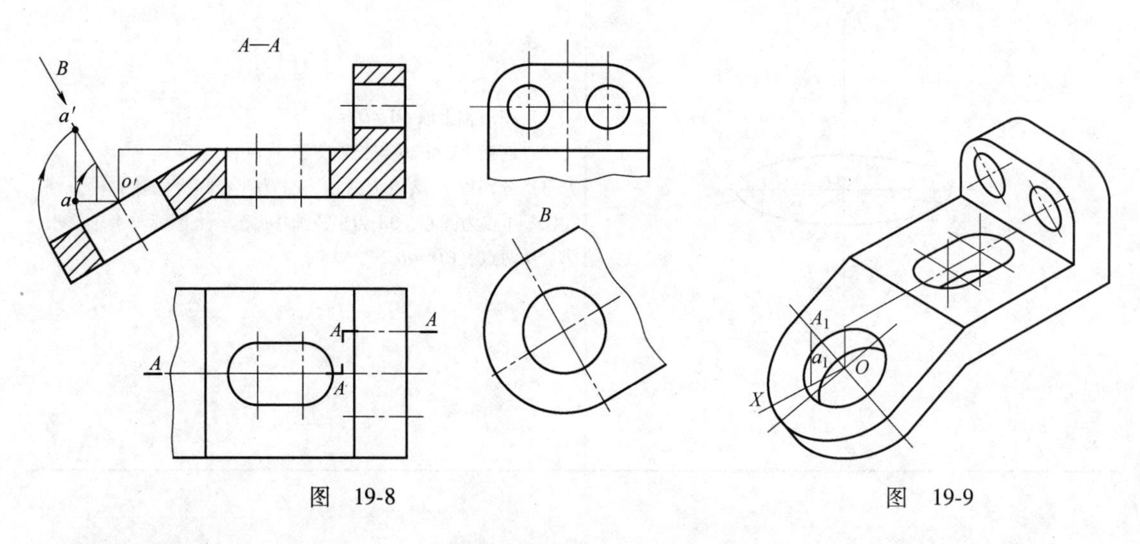

图　19-8　　　　图　19-9

用表 19-10 的方法将图 19-8 所示机件画成的正等测图，如图 19-9 所示。

图 19-9 的作图步骤：

1）按坐标关系定出 O。

2）求出 A_1 点。

3）A_1O 为椭圆短轴方向。

4）求出长、短轴长度。

5）画近似椭圆。

19.4.2 倾斜面（既不平行，又不垂直于坐标平面）上圆的正轴测画法

倾斜面上圆的正轴测画法与垂直面上圆的正轴测画法原理相同，只是作图过程更加复杂。表 19-11 所列是倾斜面上圆的正二测画法。

表 19-11　倾斜面上圆的正二测画法

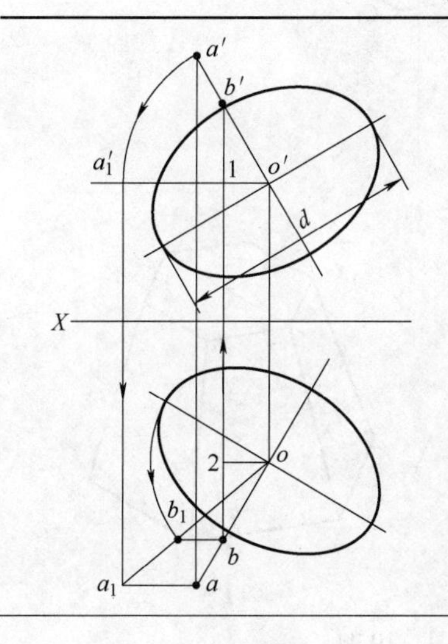	1）在正投影图上过圆心 O 作圆的垂线，在该垂线上任取一点 A 2）在 AO 直线上取 $OB=d/2$（图中采用旋转法求得 AO 的实长，然后定出 B 点的两个投影 b 及 b'）
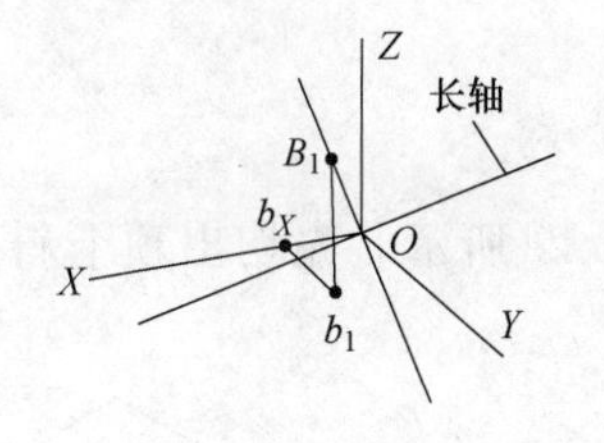	1）画出轴测轴 X、Y、Z 2）在 X 轴上取 $Ob_X=o'1$ 3）作 $b_Xb_1 /\!/ OY$，并使 $b_Xb_1=(b2)/2$ 4）引 $b_1B_1 /\!/ OZ$，并使 $b_1B_1=b'1$ 5）连接 O、B_1，即为椭圆短轴方向
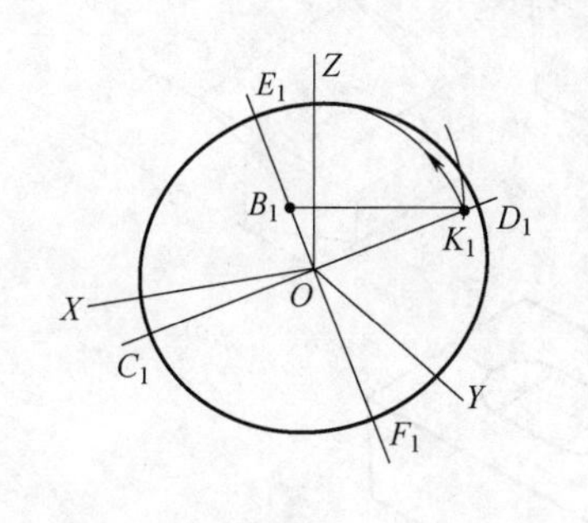	1）在长轴方向取 $OC_1=OD_1=1.06d/2$ 2）以 B_1 为圆心、$1.06d/2$ 为半径画弧，与长轴交于 K_1，则 OK_1 为短半轴的长度，在短轴方向取 $OE_1=OF_1=OK_1$。C_1、D_1、E_1、F_1 即为长、短轴端点 3）画近似椭圆

19.5 画机件轴测图的基本方法

画机件轴测图的基本方法是沿轴测轴度量定出物体上一些点的坐标，然后逐步连线画出

图形。

19.5.1 坐标法

用坐标法绘制正六棱台（见图 19-10）轴测图的步骤，如图 19-11 所示。先按坐标关系画顶面六边形，然后测量棱台高度画底面六边形，最后连接各可见棱线。

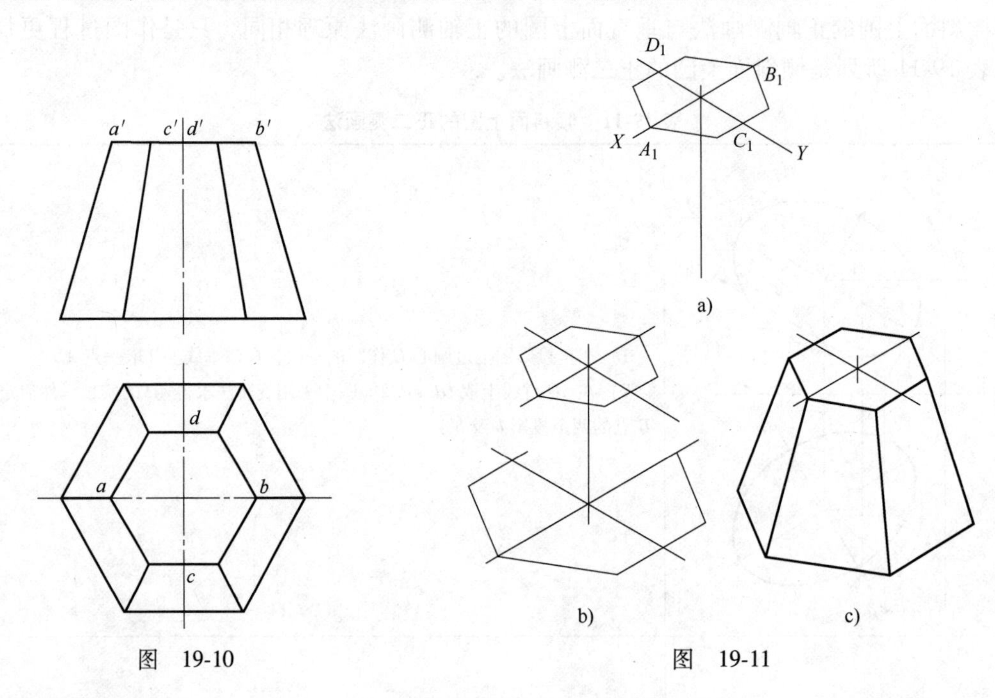

图 19-10　　图 19-11

19.5.2 切割法

切割法适用于绘制主要形体是由切割形成的零件的轴测图。

用切割法绘制压板（见图 19-12）轴测图的步骤，如图 19-13 所示。先切出顶上斜面，然后切出两侧斜角。

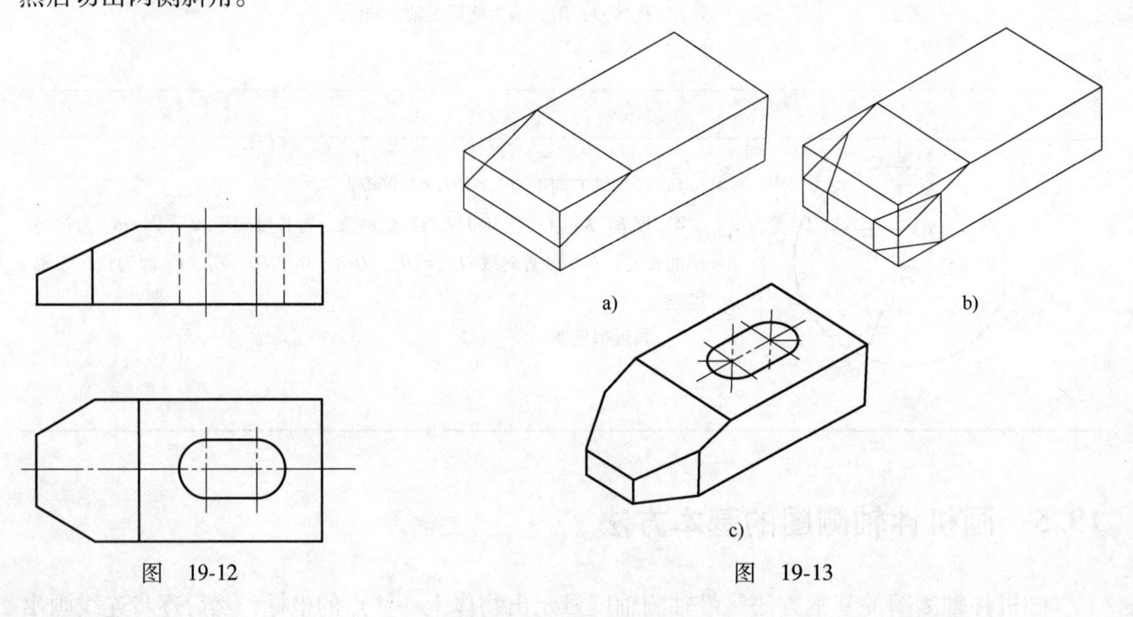

图 19-12　　图 19-13

19.5.3 堆叠法

堆叠法适用于绘制主要形体是由堆叠形成的零件的轴测图。要注意形体堆叠时的定位关系。

用堆叠法绘制支架（见图 19-14）轴测图的步骤，如图 19-15 所示。先画底板并在顶面画中心线，然后画直立板，其中心线要与底板中心线对准，最后画圆孔，完成作图。

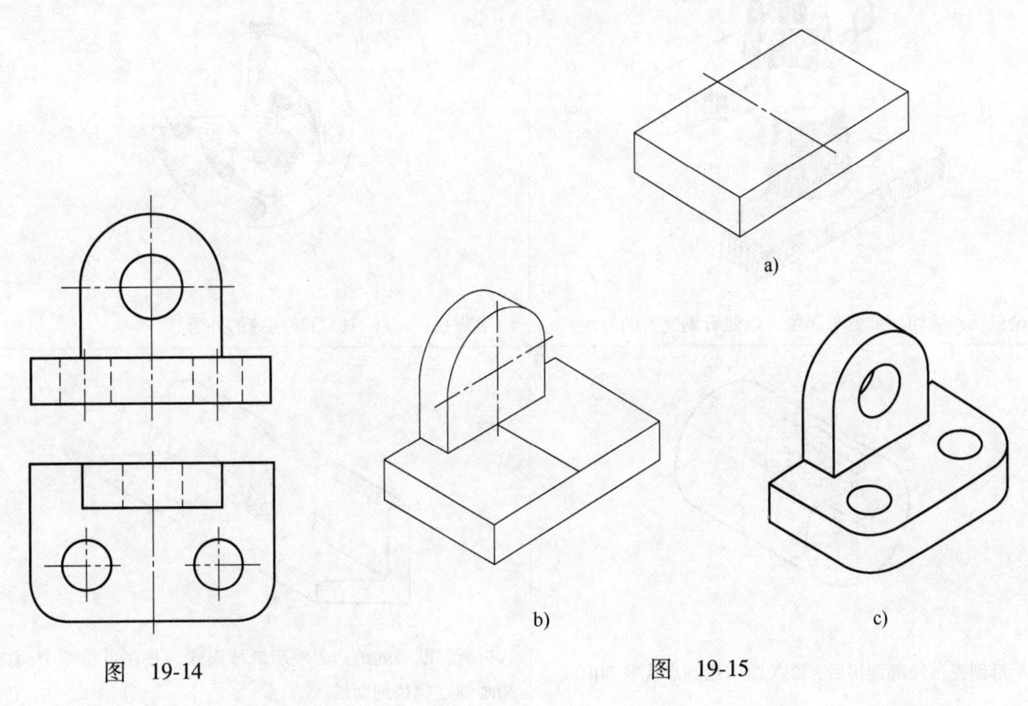

图 19-14

图 19-15

19.6 轴测剖视图的画法

GB/T 4458.3—2013《机械制图　轴测图》规定轴测图上剖面线的方向应按表 19-12 的规则绘制。

表 19-12　剖面线方向

正等测	正二测	斜二测
Z X Y l l	Z X Y l l l/2	Z X Y l l l/2

与正投影图一样，轴测图也可画成全剖视、半剖视、局部剖视及折断等形式，见表 19-13。

表 19-13　轴测剖视图

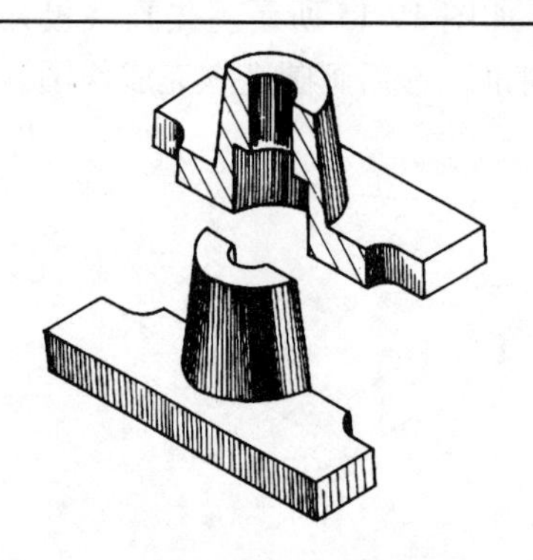 全剖视：被切掉部分可保留，以便看到完整的外形	 半剖视：一般不保留被切掉的外形
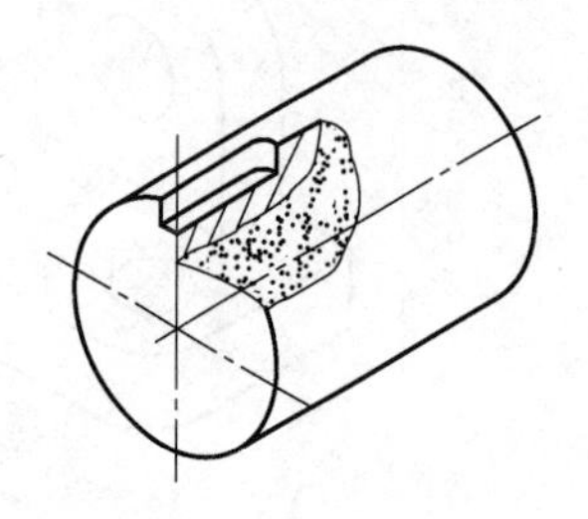 局部剖视：局部剖切后，断裂面内用细点代替剖面线	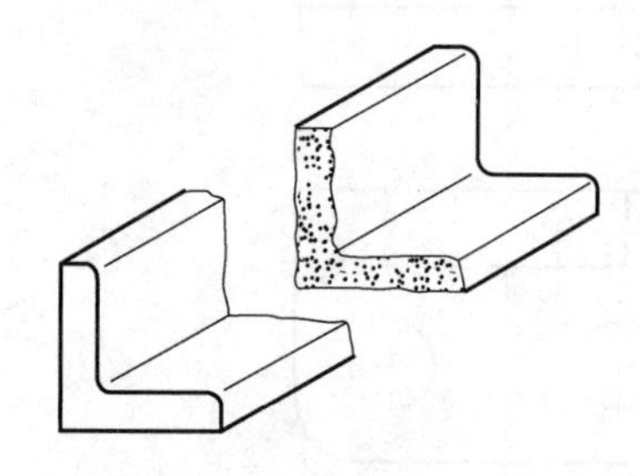 折断：断裂处的边界线应画波浪线，并在可见断裂面内加画细点代替剖面线
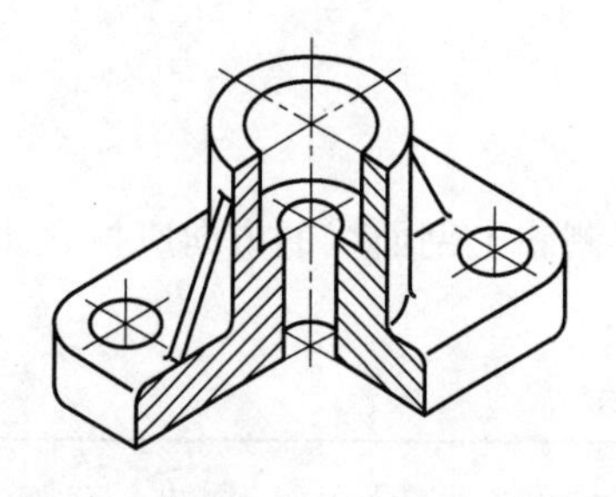 肋的纵剖：剖切平面通过肋等结构的纵向对称平面时，这些结构都不画剖面线，而用粗实线将它与邻接部分分开	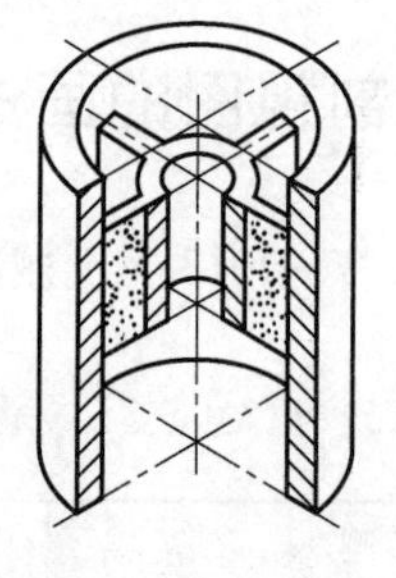 肋的纵剖：剖切平面通过肋等结构的纵向对称平面时，也可用细点表示被剖切部分

19.7　轴测图中交线的画法

利用坐标法或辅助面法求出一系列交线上点的轴测投影，然后光滑连接它们，便可作出零件表面的交线。

例 1：图 19-16 是用坐标法画顶尖上截交线的举例。先在正投影图（见图 19-17）上定出截交线上的一些点，然后按其坐标在轴测图上定出这些点而画出截交线。

例 2：图 19-18 是用辅助面法画相贯圆柱上交线的举例。将正投影图（见图 19-19）上

被辅助面 P 截得的 B、D 两点按坐标移置轴测图上，并照此办法求出一系列相贯线上点的轴测投影，然后光滑连接它们。

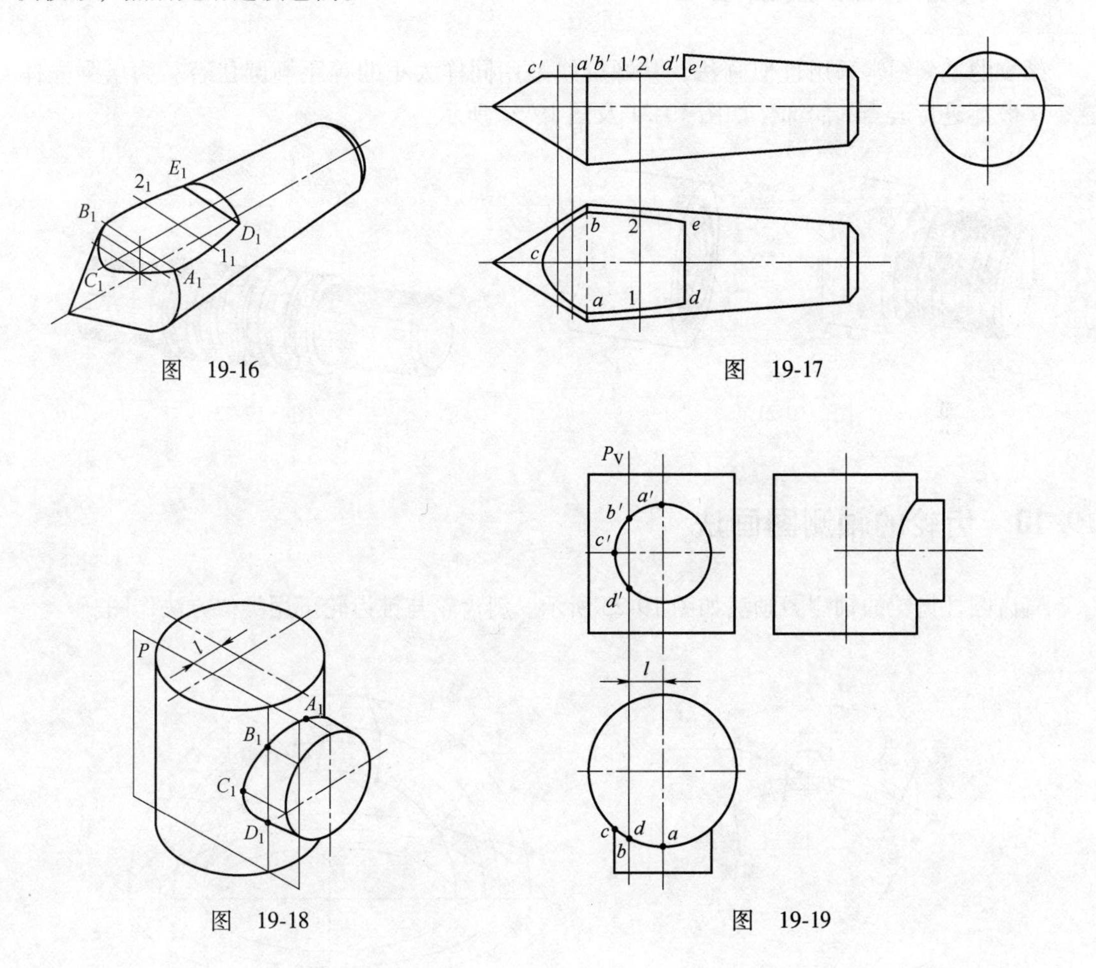

图 19-16

图 19-17

图 19-18

图 19-19

19.8 轴测图中过渡线的画法

零件毛坯表面相交呈圆角过渡时，不存在明显的棱线，这时在轴测图上可用双细线（见图 19-20a）或一系列小圆弧（见图 19-20b）表示。

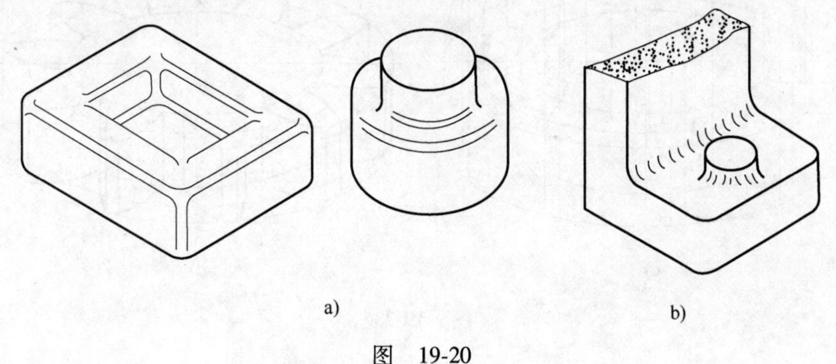

a)　　b)

图 19-20

19.9 螺纹的轴测图画法

螺纹的轴测图常采用近似画法，其螺旋线是用同样大小的等距椭圆代替。为增强立体感，一般都进行适当的润饰，如图 19-21 及图 19-22 所示。

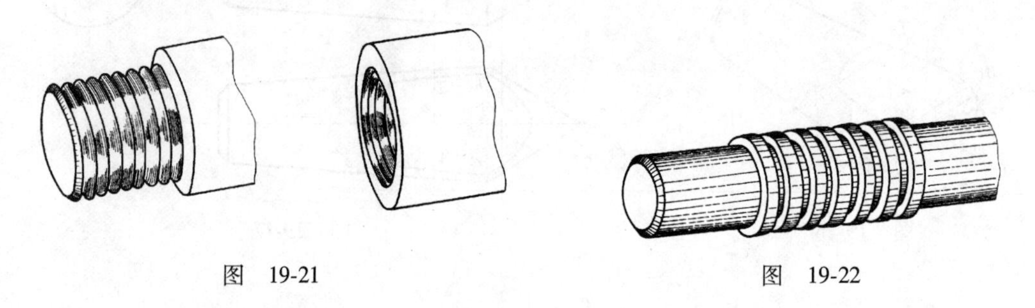

图 19-21　　图 19-22

19.10 齿轮的轴测图画法

直齿圆柱齿轮的轴测图画法如图 19-23 所示。斜齿轮与锥齿轮可用类似方法作图。

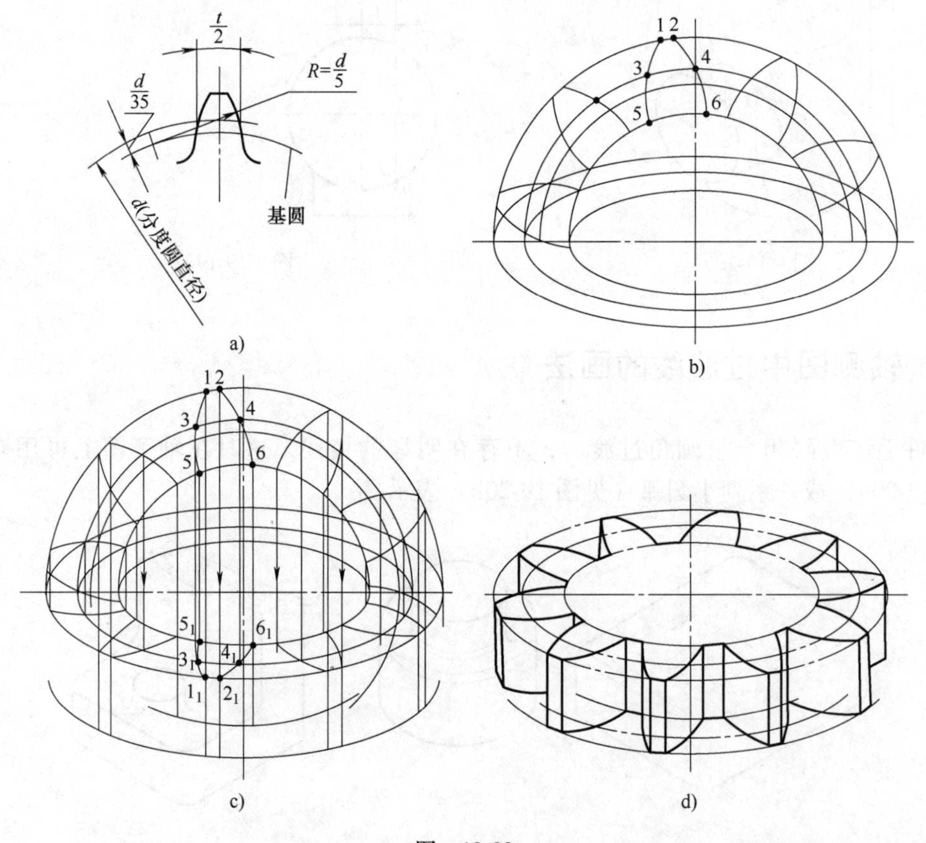

图 19-23

图 19-23a 所示为齿形正投影图的近似画法。

作图步骤：

1）画齿顶圆、分度圆、齿根圆的轴测投影（三个椭圆）（见图 19-23b）。

2）分别以三个椭圆的长轴长度为直径画三个圆，然后再画出基圆。

3）根据齿数在分度圆周上分度。

4）在圆周上用近似画法画出齿形。

5）将齿形上的 1 点~6 点投射到相应的椭圆上，光滑连接各点，画出齿形的轴测图（见图 19-23c）。

6）依次画出全部齿形。

7）按齿轮厚度将齿形平移到底面上（见图 19-23d）。

8）过各顶点引直线，即完成全图。

19.11 圆柱螺旋弹簧的轴测图画法

弹簧的轴测图可根据给定的节距（t）及中径（D）作图，如图 19-24 所示。

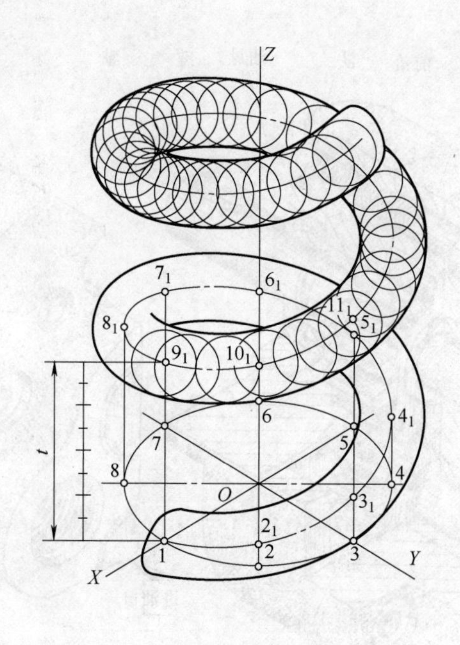

图 19-24

图 19-24 的作图步骤：

1）画轴测轴 X、Y、Z，在 X 轴上取 $O1=O5=D/2$，在 Y 上也取 $O3=O7=D/2$，画水平椭圆得 1 点~8 点。

2）过 1 点~8 点分别引 Z 的平行线。

3）在这些平行线上依次取点，并使 $22_1 = t/8$，$33_1 = 2t/8$，$44_1 = 3t/8$，$55_1 = 4t/8$，$66_1 = 5t/8$，$77_1 = 6t/8$，$88_1 = 7t/8$，$19_1 = t$，按此规律继续上升。

4）连接 1、2_1、3_1、……、9_1 等点，得钢丝中心线的轴测投影。

5）在钢丝中心线上取点作为圆心，以钢丝直径为直径画一系列小圆球，画出它们的包络线，即是弹簧的轴测图。

19.12　部件的轴测图画法

为表明部件的构造，常采用轴测装配图（见图 19-25）或轴测分解图（见图 19-26），并可采用各种形式的剖切以表达其内部结构。

为了分清轴测装配图上的相邻零件，可用方向相反或不同间隔的剖面线表示。

轴测分解图应将分离的零件按装拆顺序排列在相应的装配轴线上，并根据部件装配图编写序号或直接注写出零件名称。

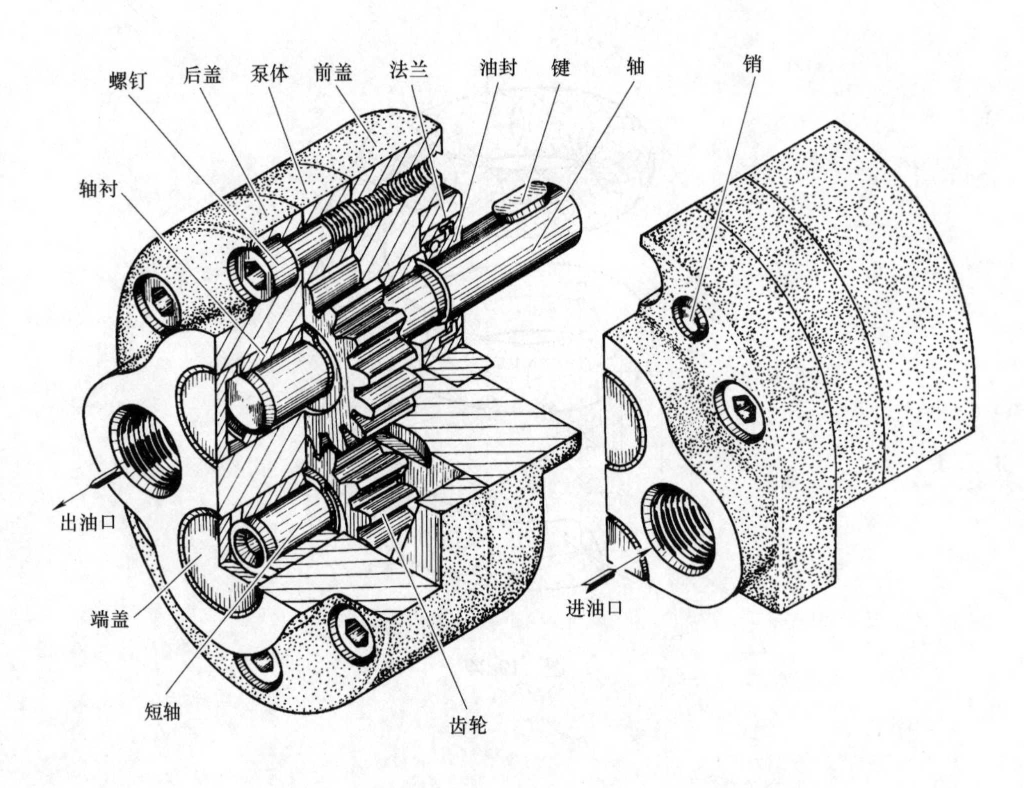

图　19-25

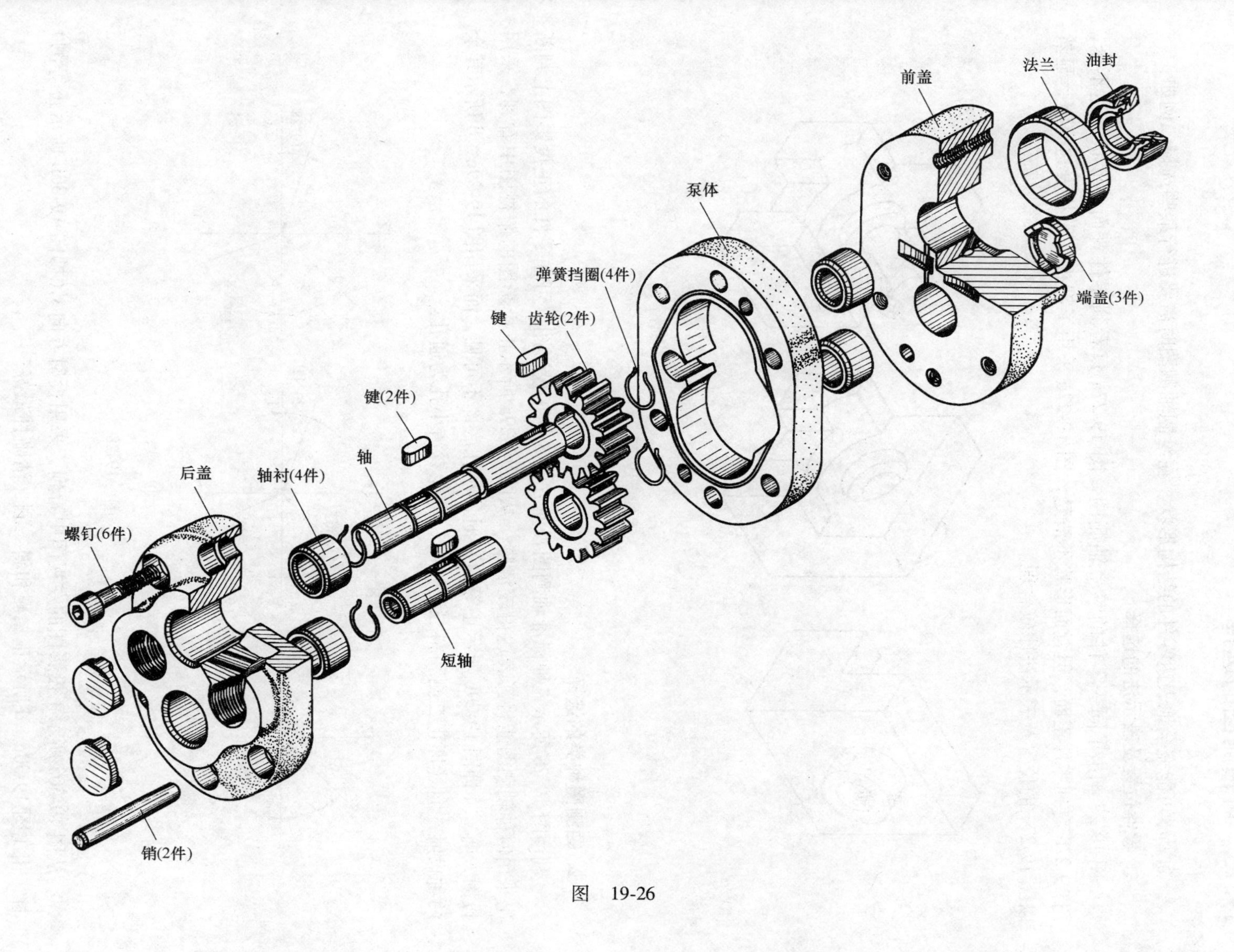

图 19-26

19.13 对轴测图的选择

为了尽可能完全地表达零件的结构形状，在绘制轴测图时需要进行某些选择，例如：

1. 零件位置及表示法的选择

图 19-27 画出了同一零件的三个轴测图，图 19-27a 只看到零件背面，形状表达不全，图 19-27b 看到零件正面，但背面形状不清楚，图 19-27c 采用了剖视，形状表达完整，显然以图 19-27c 的位置及表示法比较合理。

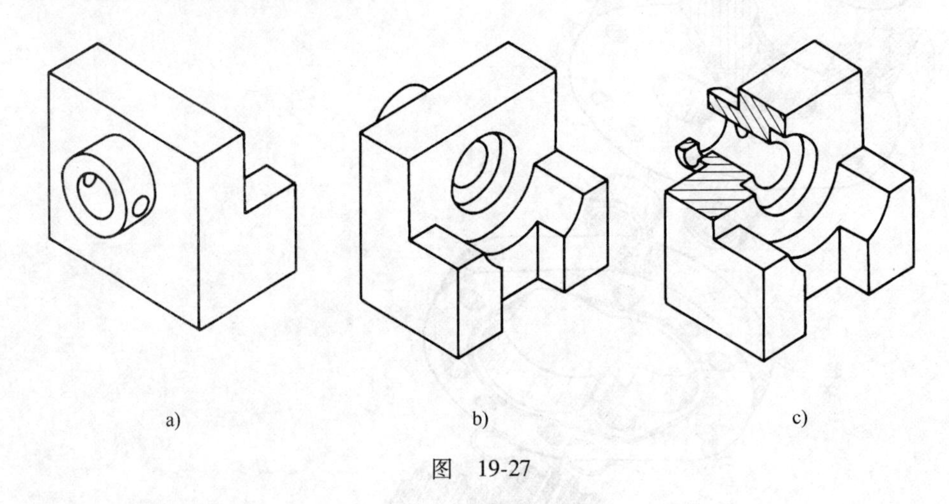

a)　　　　b)　　　　c)

图　19-27

2. 轴测图种类的选择

利用图 19-28 所示三种标准轴测图投射方向 S 的正投影图，可在零件的正投影图上判断出采用何种轴测图能将其表达得较清晰。从图 19-29a 所示正投影图的俯视图中看到，采用投射方向 s_1（即图 19-29b 所示正等测）时，小孔底部不可见，而采用图 19-29c、d 所示其余两种投射方向（即正二测和斜二测）时，都能看清小孔为通孔。

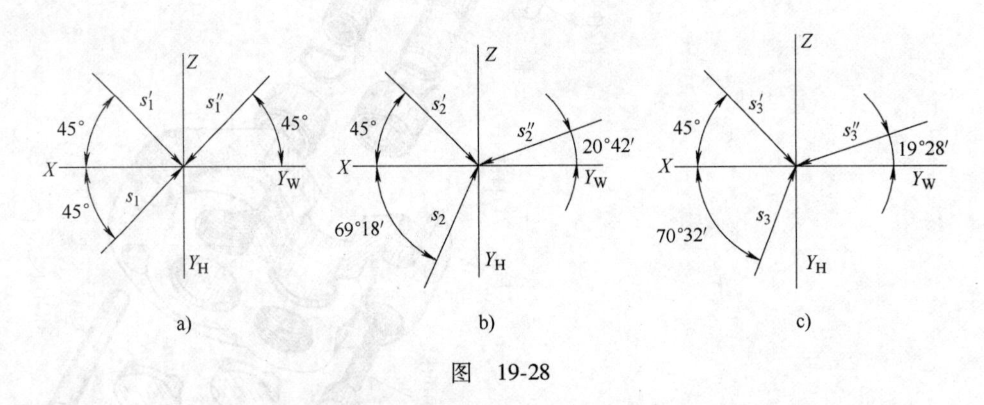

a)　　　　b)　　　　c)

图　19-28

从图 19-30a 所示正投影图的左视图中看到，采用投射方向 s_1''（即图 19-30b 所示正等测）时，相比图 19-30c、d 所示正二测和斜二测，清晰性最好。

当三种标准轴测图都不能得到令人满意的效果时，可根据零件的形状特点选定最有利的投射方向而采用非标准轴测图（表 19-2 中的序号 1、2 为标准正轴测图，其余均为非标准正轴测图）。

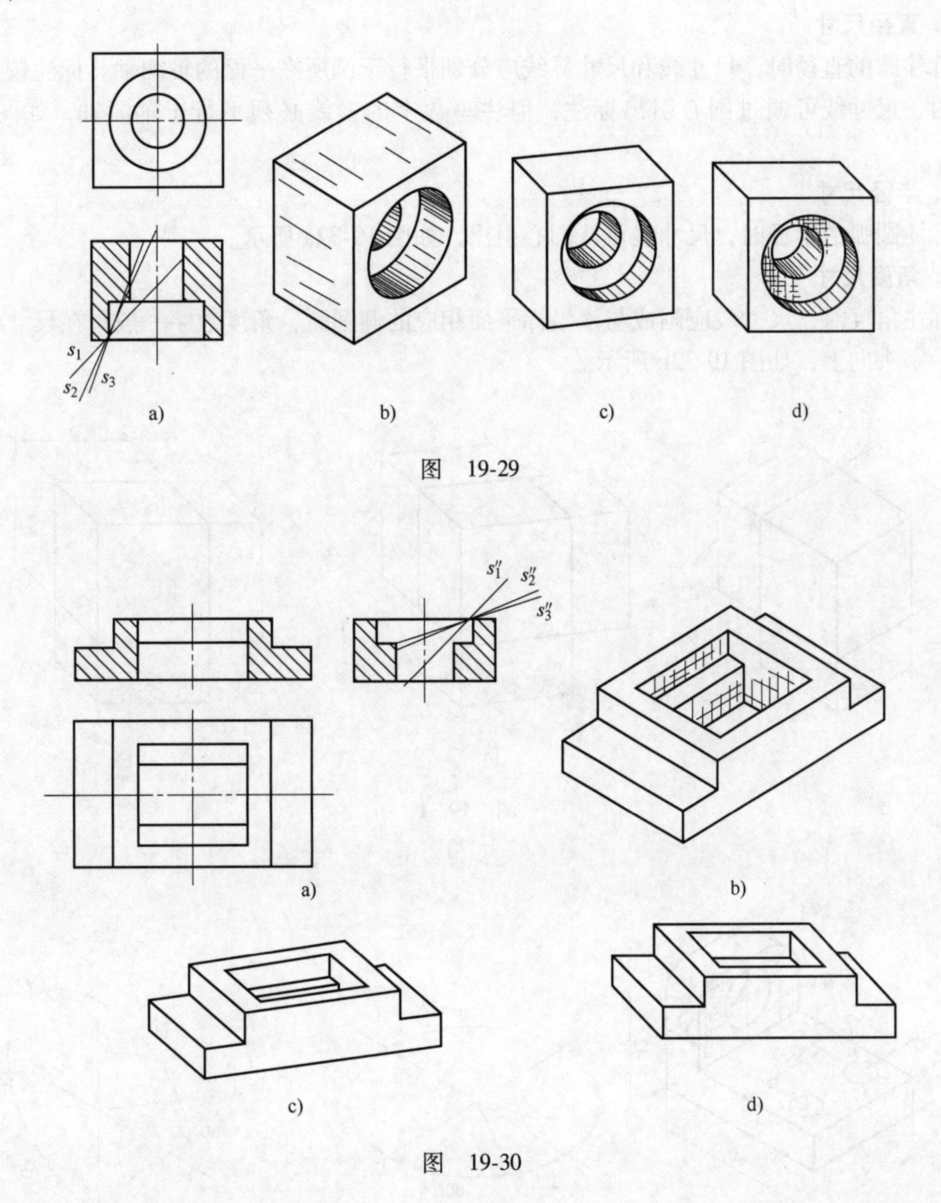

图　19-29

图　19-30

19.14　轴测图中的尺寸标注

轴测图上常见的尺寸有下列几种：

1. 长度尺寸

长度尺寸一般应沿轴测轴方向标注，尺寸数值为零件的公称尺寸，尺寸数字应按相应的轴测图形标注在尺寸线的上方。尺寸线必须与所标注的线段平行，尺寸界线一般应平行于有关轴测轴。当在图形中出现字头向下时应引出标注，将数字按水平位置注写。图 19-31 为同一尺寸在不同位置标注时的示例，图 19-31a、b、c 所示分别为正等测、正二测、斜二测位置。

2. 直径尺寸

标注圆的直径时，尺寸线和尺寸界线应分别平行于圆所在平面的轴测轴。标注较小圆的直径时，尺寸线可通过圆心引出标注，但注写数字的横线必须平行于轴测轴，如图 19-32 所示。

3. 半径尺寸

标注圆弧的半径时，尺寸线可从圆心引出，如图 19-32a 所示。

4. 角度尺寸

标注角度时，尺寸线应画成与该坐标平面相应的椭圆弧，角度数字一般写在尺寸线的中断处，字头向上，如图 19-32b 所示。

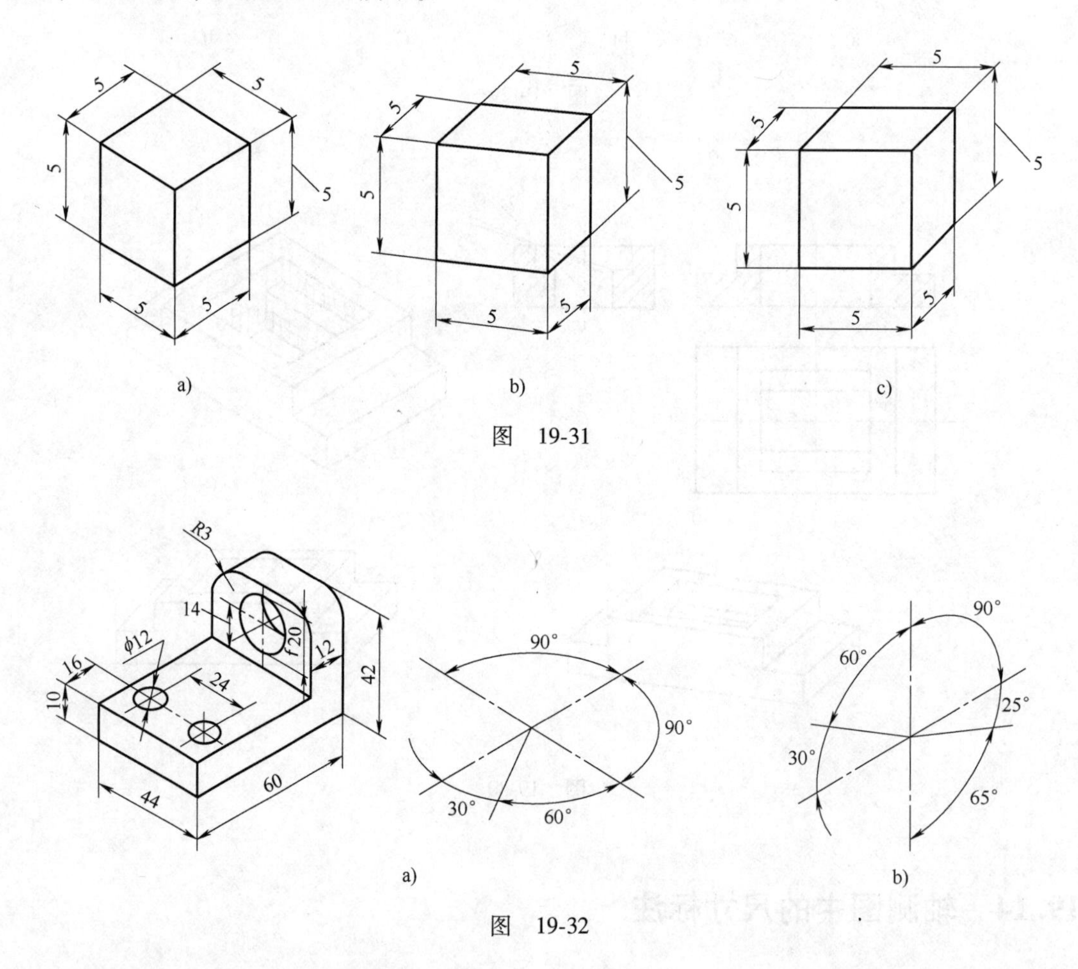

图 19-31

图 19-32

19.15 轴测图的黑白润饰

轴测图常可采用墨点法（见图 19-33）或线条法（见图 19-34）进行黑白润饰。墨点可用细点，也可用粗点；线条可用不等间距的细线，也可用不等间距的不等粗线。有时还可用网格润饰（见图 19-35）。平面上的网格线应平行于相应的轴测轴。

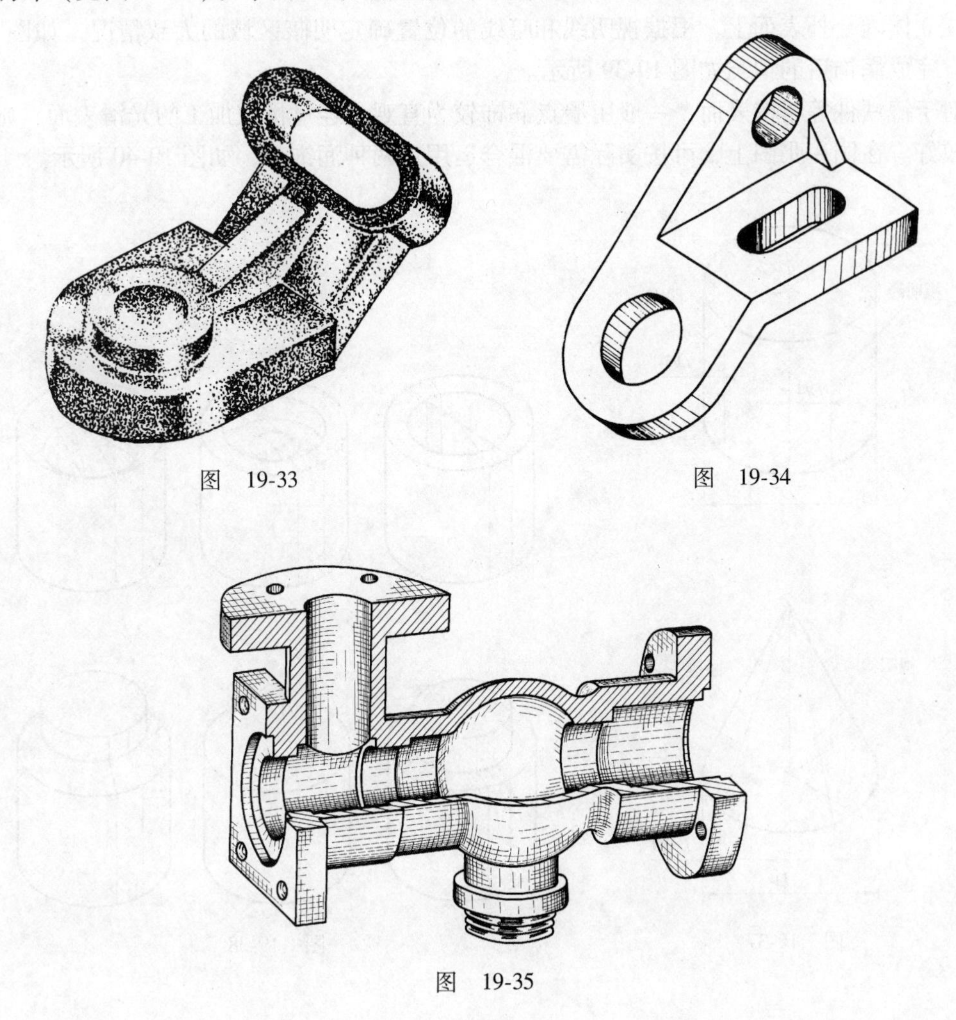

图　19-33

图　19-34

图　19-35

一般采用来自物体左前上方的平行光线照射物体，当反射光线与观察者的视线平行时，反射光最强，该部位为物体表面的光亮区。随反射光线与视线偏离的程度增大，表面的光亮程度逐渐降低。物体受背景反射光线的影响，会在最暗的部分出现一小片稍明亮的反光区，如图 19-36 所示。

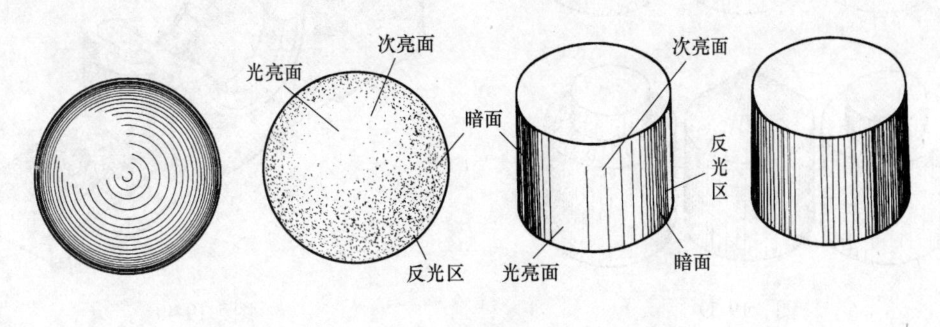

图　19-36

近似地确定明暗区域位置的方法，如图 19-37 所示。

在立体内、外表面上，根据视明线和暗线的位置确定明暗区域的大致情况，如图 19-38 所示。完成润饰后的情况如图 19-39 所示。

对于铸铁件等粗糙表面，一般用墨点润饰较为直观，经过机械加工的光滑表面，则用线润饰较好。在同一张图上，可按实际需要混合运用这两种润饰法，如图 19-40 所示。

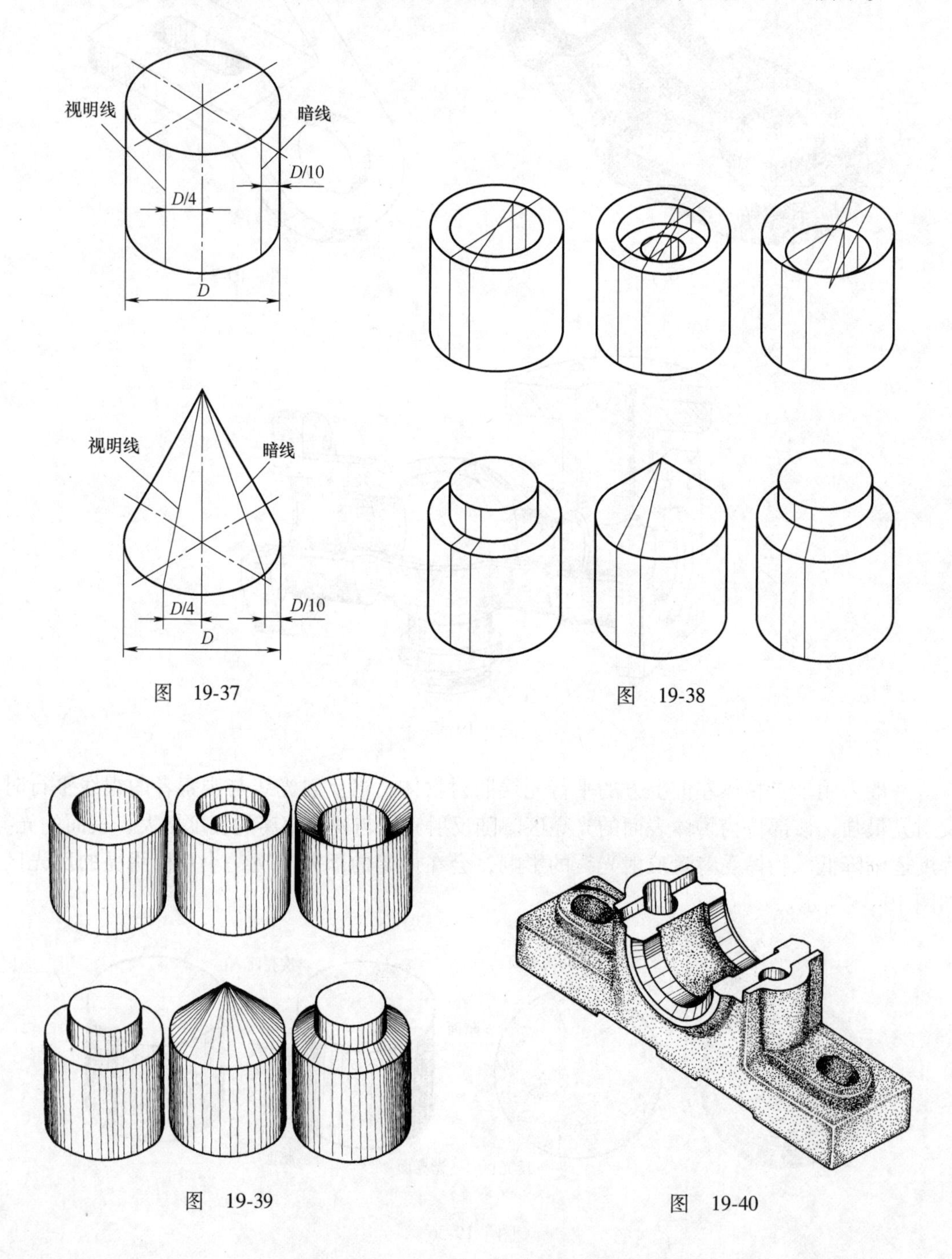

图 19-37

图 19-38

图 19-39

图 19-40

19.16 机构运动简图的轴测图画法

为叙述机构的空间关系，可将机构运动简图（见图 19-41）改画成轴测图的形式，如图 19-42 所示，各运动构件用轴测图画出它们的示意轮廓。

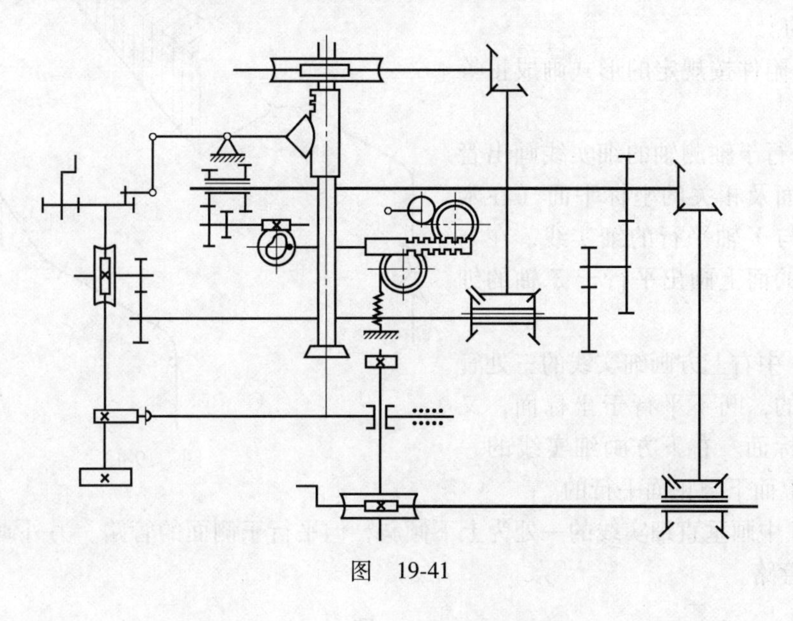

图 19-41

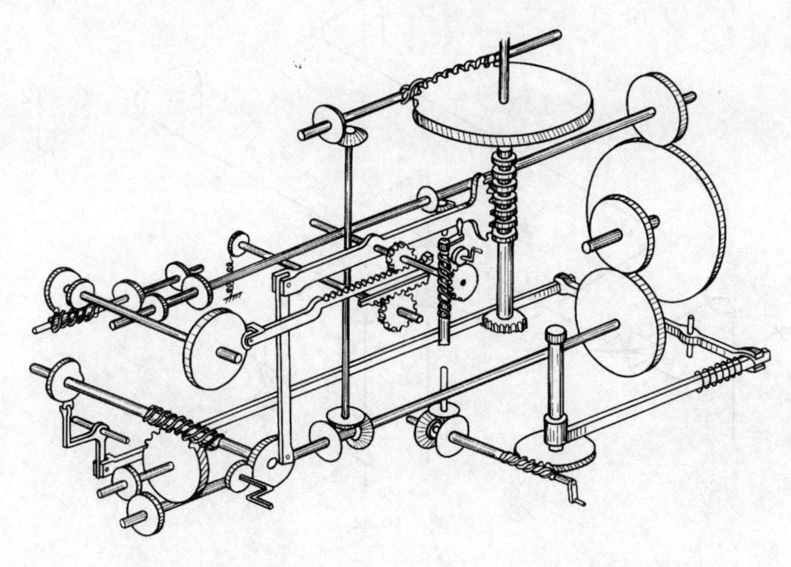

图 19-42

19.17 管路系统轴测图的画法

图 19-43 及图 19-44 是按 GB/T 6567.5—2008《技术制图 管路系统的图形符号 管路

和阀门等图形符号的轴测图画法》的规定所画管路系统轴测图的示例，其作图要点如下：

1）管路一律用粗实线绘制。对于两条空间交叉的管路，在图上应将被遮的管路画为断开的。

2）管路附件按规定的形式画成正等测图。

3）用平行于轴测轴的细实线画出管子所处的平面及相关的坐标平面（在水平面上画出与 Y 轴平行的细实线，在与水平面垂直的面上画出平行于 Z 轴的细实线）。

图 19-43 中右上方画细实线的三处管路都是倾斜的，既不平行于坐标面，又不垂直于坐标面。右下方画细实线的一处管路是由上而下与正面平行的。

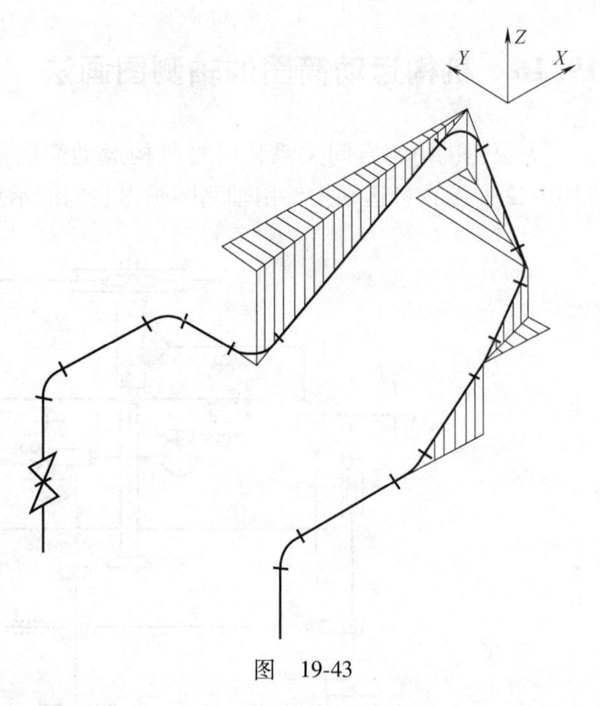

图 19-43

图 19-44 中画垂直细实线的一处为上下倾斜，但平行于侧面的管路。另外画细实线的两处是水平的管路。

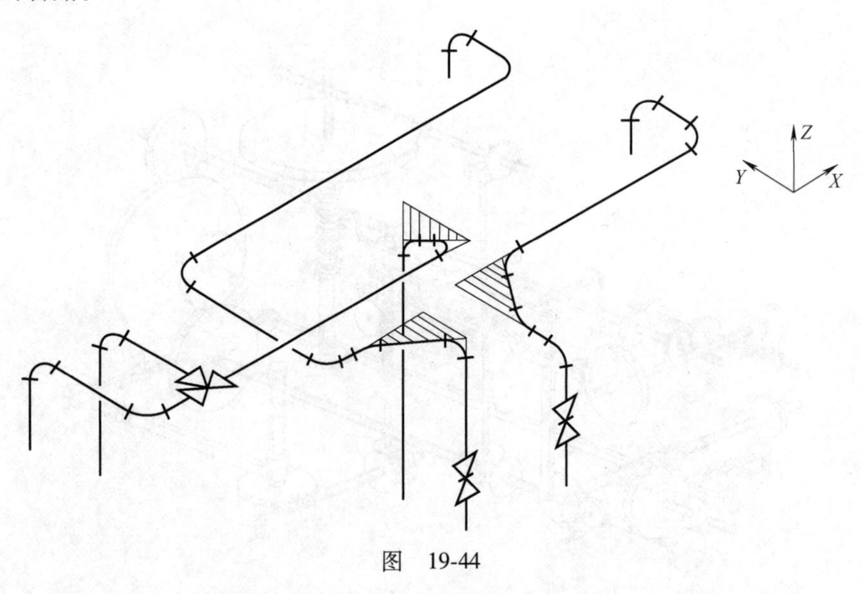

图 19-44

19.18 用图解法建立非标准轴测系的方法

19.18.1 建立非标准正轴测系的方法

1. 按选定的轴测投射方向（ε_1、ε_2）建立正轴测系的方法（图 19-45）

图 19-45 的作图步骤：

1）在 X 轴上任选 X_1 点（见图 19-45a）。

2）过 X_1 分别作 s 及 s'的垂线 X_1Y_1 及 X_1Z_1。

3）按投影关系作出 Z_1Y_1。

4）以 X_1Y_1 为底，分别以 X_1Z_1 及 Y_1Z_1 为腰作三角形（见图 19-45b）。

5）作三角形的三条高线，交于 O_1 点。

6）由 O_1X_1、O_1Y_1、O_1Z_1 确立的正轴测系即为所求。在画轴测图时将 O_1X_1、O_1Y_1、O_1Z_1 简化为 OX、OY、OZ。

2. 按选定的轴间角（各轴间角大于 90°），**求轴向伸缩系数的方法**（见图 19-46）

图 19-46 的作图步骤：

1）按给出的轴间角画轴测轴 X、Y、Z。

2）在 X 轴上任取 A_1 点，并引直线 A_1B_1 与 Y 轴垂直，交 Z 轴于 B_1 点；再过 A_1 点引 Z 轴的垂线，与 Y 轴交于 C_1 点。

3）分别以 A_1B_1 及 A_1C_1 为直径画半圆，与 Y 轴及 Z 轴交于 O_2 及 O_3 点。

4）用直线连接 O_2A_1、O_2B_1、O_3A_1、O_3C_1，则 $O_2A_1 = O_3A_1$ 且为 OA_1 的实长，O_2B_1 为 OB_1 的实长，O_3C_1 为 OC_1 的实长，于是可知：$p_1 = \dfrac{OA_1}{O_2A_1}$，$q_1 = \dfrac{OC_1}{O_3C_1}$，$r_1 = \dfrac{OB_1}{O_2B_1}$。

5）若分别在 O_2A_1、O_2B_1、O_3C_1 上再取 $O_21 = O_22 = O_33 = a$，即可画出边长为 a 的正立方体的正轴测图。

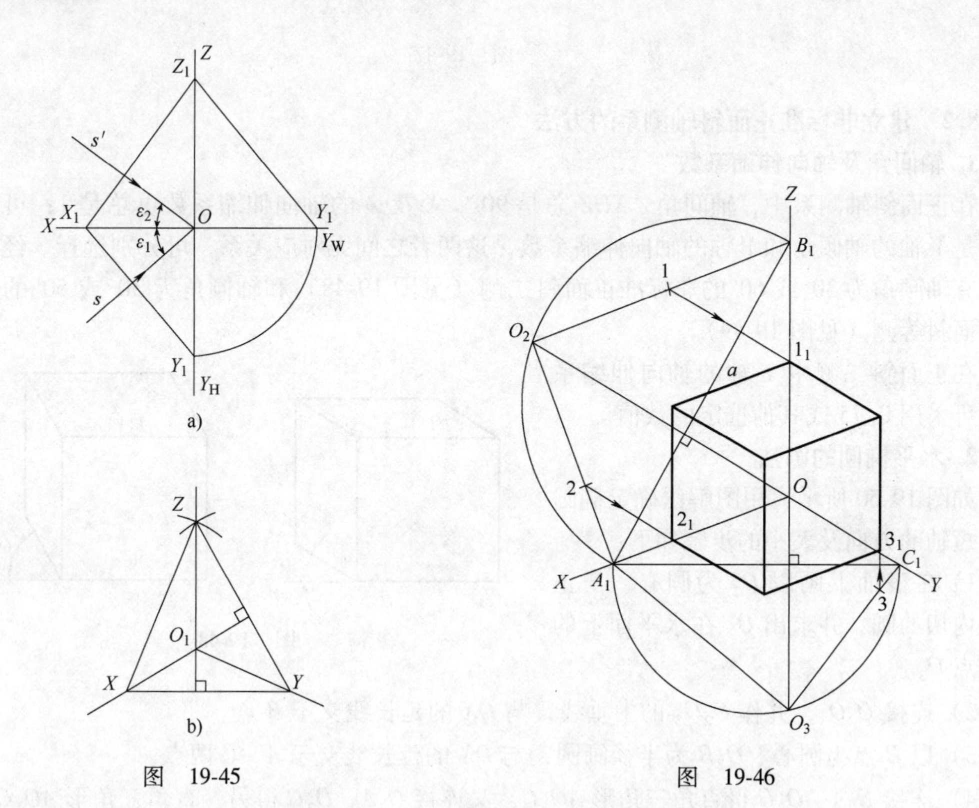

图 19-45　　　　图 19-46

3. 在任选的正轴测系中绘制平行于各坐标面的圆的轴测投影的方法（见图 19-47）

在图 19-47 中，只画了正面椭圆及侧面椭圆，水平椭圆的画法与此相似。

图 19-47 的作图步骤：

1）在 $A_1B_1O_2$ 内任画一以 M 为圆心的圆。

2）过 M 点引直线平行于 A_1B_1，与圆周交于 3、4，与 O_2A_1 交于 4′，与 O_2B_1 交于 3′。

3）在 X 轴及 Z 轴上求得 4″及 3″，连接 3″4″，则 3″4″必平行于 A_1B_1，在 3″4″上求得 3_1、4_1、M_1，则 M_1 为椭圆的圆心，3_1、4_1 为长轴端点。

4）以相同方法求出 1_1、2_1，即为短轴端点。

5）过长、短轴端点画近似椭圆。

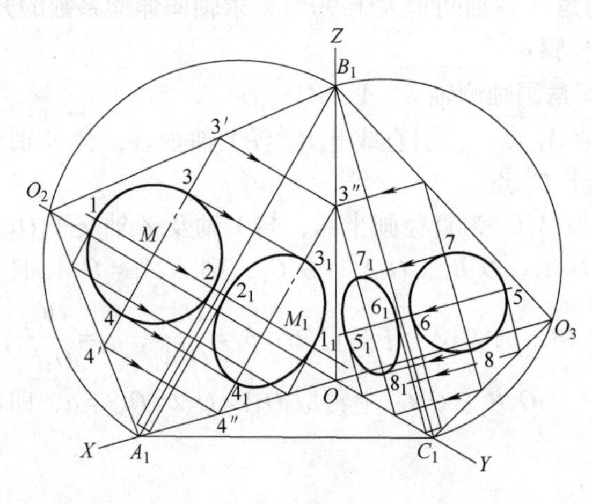

图 19-47

19.18.2 建立非标准正面斜轴测系的方法

1. 轴间角及轴向伸缩系数

在正面斜轴测系中，轴间角∠XOZ 总是 90°，X 及 Z 的轴向伸缩系数也总是 1；可变的因素是 Y 轴的轴倾角和 Y 轴的轴向伸缩系数，这两者之间无对应关系，可分别选择。经常采用的有轴倾角为 30°或 60°的非标准正面斜二测（见图 19-48）和轴倾角为 30°或 60°的非标准正面斜等测（见图 19-49）。

在正面斜二测中 Y 轴的轴向伸缩系数还可采用 0.75 或其他选定的数值。

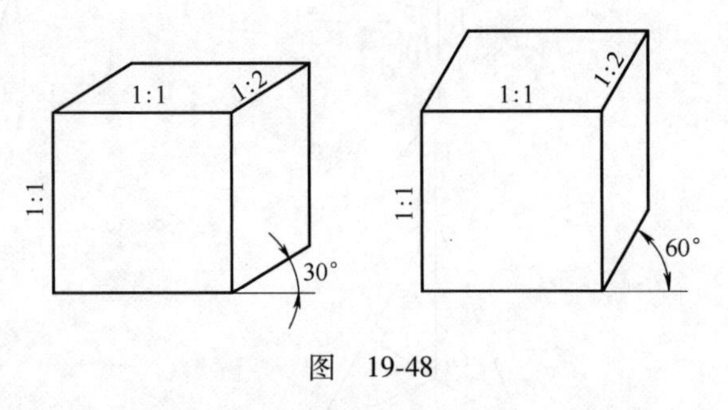

图 19-48

2. 水平椭圆的画法

如图 19-50 所示，用图解法确定椭圆长、短轴的方向及大小的步骤如下：

1）在正面上画以 O_2 为圆心、与正方形内切的圆，并求出 O_2 在水平面上的对应点 O_3。

2）连接 O_2O_3，并作 O_2O_3 的中垂线，与 OX 的延长线交于 B 点。

3）以 B 点为圆心、O_2B 为半径画圆，与 OX 的延长线交于 A、C 两点。

4）连接 O_2A、O_2C 得直角三角形 AO_2C，又连接 O_3A、O_3C 得另一直角三角形 AO_3C。

5）O_2A 及 O_2C 的延长线与正面圆交于 1、2、3、4 各点，12、34 是圆的一对互相垂直的直径。

6）O_3A 与 O_3C 是水平椭圆的长、短轴方向。

7）过 1、2、3、4 各点分别引 O_2O_3 的平行线，与水平椭圆长、短轴交于 1_1、2_1、3_1、4_1 各点，即长、短轴的端点，画近似椭圆。

8）根据椭圆长、短轴的长度与圆的直径之比，可计算出椭圆长、短轴方向的伸缩系数。

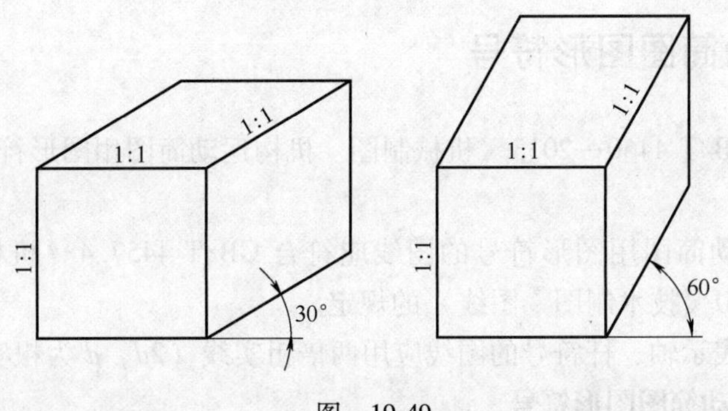

图 19-49

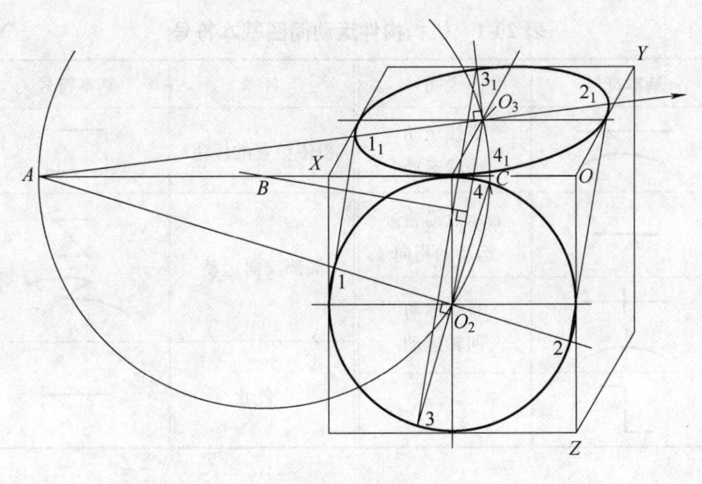

图 19-50

第 20 章　简图图形符号

20.1　机构运动简图图形符号

本节内容根据 GB/T 4460—2013《机械制图　机构运动简图用图形符号》编写。

20.1.1　图线

1）构成机械运动简图用图形符号的图线应符合 GB/T 4457.4《机械制图　图样画法　图线》和 GB/T 17450《技术制图　图线》的规定。

2）图形符号中表示轴、杆符号的图线应用两倍粗实线（$2d$，d 为粗实线线宽）表示。

20.1.2　机构构件运动简图图形符号

机构构件运动简图基本符号见表 20-1，机构构件运动简图基本符号应用示例见表 20-2。

表 20-1　机构构件运动简图基本符号

名称	基本符号	说明	名称	基本符号	说明
运动轨迹		直线运动 曲线运动	极限位置的停留		
运动指向		表示点沿轨迹运动的指向	局部反向运动		直线运动 回转运动
中间位置的瞬时停顿	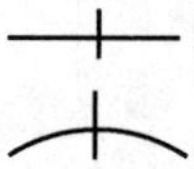	直线运动 回转运动			
中间位置的停留			停止		

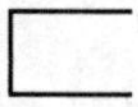

表 20-2　机构构件运动简图基本符号应用示例

名称		基本符号	说明	名称		基本符号	说明
单向运动	直线或曲线的单向运动	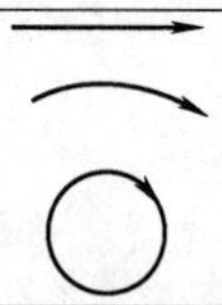	直线运动 曲线运动	单向运动	具有局部反向的单向运动		直线运动 回转运动
	具有瞬时停顿的单向运动	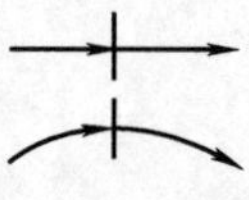	直线运动 回转运动				
	具有停留的单向运动	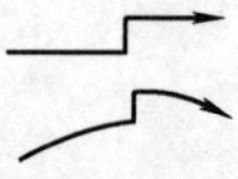	直线运动 回转运动		具有局部反向及停留的单向运动	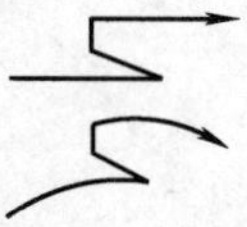	直线运动 回转运动

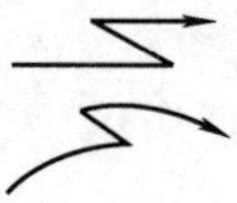

（续）

名称		基本符号	说明	名称		基本符号	说明
往复运动	直线或回转的往复运动		直线运动 回转运动	往复运动	在中间位置停留的往复运动	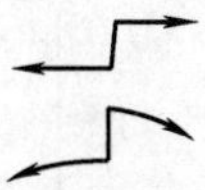	直线运动 回转运动
	在一个极限位置停留的往复运动		直线运动 回转运动		运动终止		直线运动 回转运动
	在两个极限位置停留的往复运动	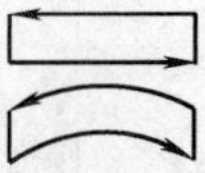	直线运动 回转运动			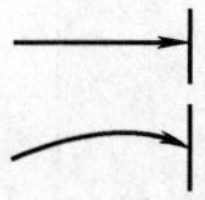	

20.1.3　运动副简图图形符号

运动副简图图形符号见表20-3。

表20-3　运动副简图图形符号

名称		基本符号	可用符号	名称		基本符号	可用符号
具有一个自由度的运动副	回转副： 1）平面机构 2）空间机构	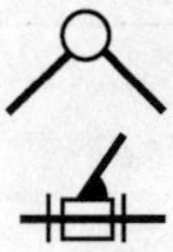	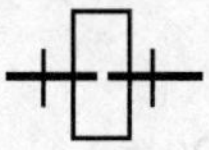	具有三个自由度的运动副	球面副		
	棱柱副（移动副）		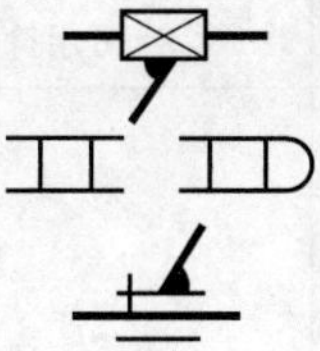		平面副		
	螺旋副			具有四个自由度的运动副	球与圆柱副		
具有两个自由度的运动副	圆柱副	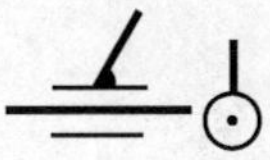		具有五个自由度的运动副	球与圆柱副		
	球销副						

20.1.4　构件及其组成部分连接的简图图形符号

构件及其组成部分连接的简图图形符号见表20-4。

表 20-4 构件及其组成部分连接的简图图形符号

名称	基本符号	可用符号	附注
机架			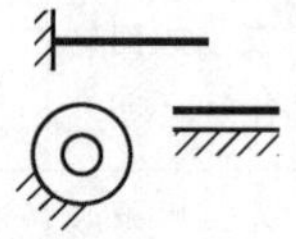
轴、杆			
构件组成部分的永久连接			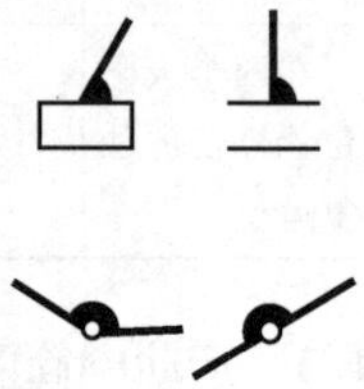
组成部分与轴（杆）的固定连接	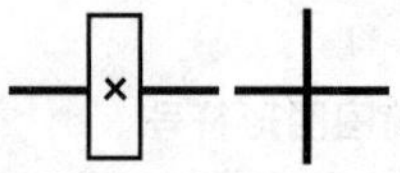	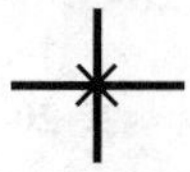	
构件组成部分的可调连接			

20.1.5 多杆构件及其组成部分的简图图形符号

多杆构件及其组成部分的简图图形符号见表 20-5。

表 20-5 多杆构件及其组成部分的简图图形符号

名称		基本符号	可用符号	附注
单副元素构件	构件是回转副的一部分： 1）平面机构 2）空间机构	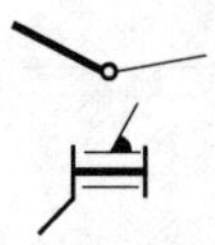		
	机架是回转副的一部分： 1）平面机构 2）空间机构			
	构件是棱柱副的一部分		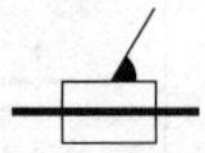	
	构件是圆柱副的一部分	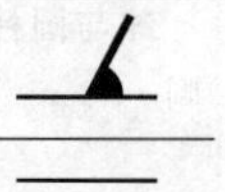		
	构件是球面副的一部分	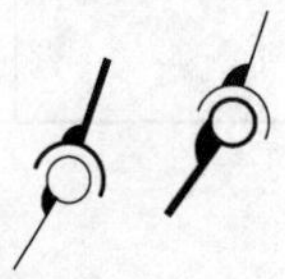		

（续）

名称		基本符号	可用符号	附注
双副元素构件	连接两个回转副的构件	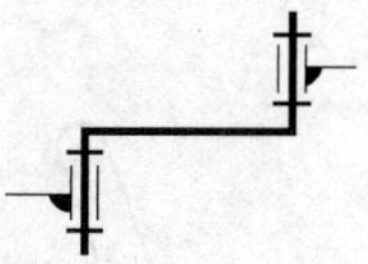		
	连杆： 1）平面机构 2）空间机构	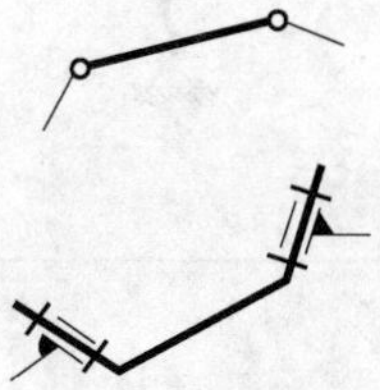		
	曲柄（或摇杆）： 1）平面机构 2）空间机构	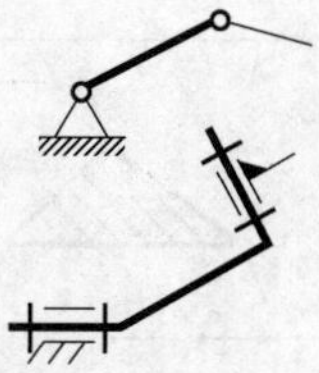		
	偏心轮			
	连接两个棱柱副的构件	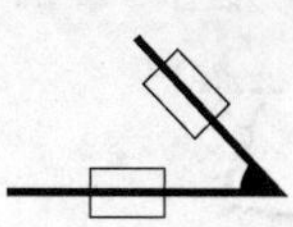		
	通用情况	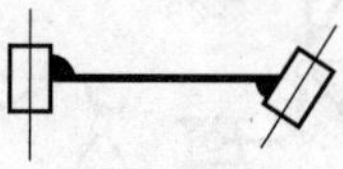		
	滑块	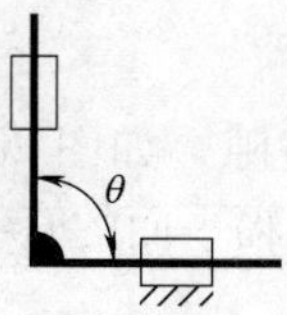 θ	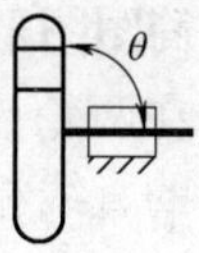 θ	
连接回转副与棱柱副的构件	通用情况	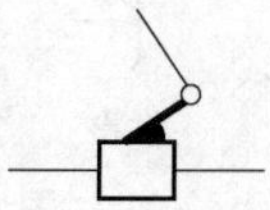		

（续）

名称		基本符号	可用符号	附注
连接回转副与棱柱副的构件	导杆			
	滑块			
	三副元素构件			
	多副元素构件			符号与双副元素、三副元素构件类似
示例				

20.1.6 摩擦机构与齿轮机构简图图形符号

若用单线绘制轮子，允许在两轮接触处留出空隙，如图 20-1 所示。摩擦轮和齿轮符号的区别是表示齿圈或摩擦表面的直线相对于表示轮辐平面的直线位置不同，如图 20-2 所示。

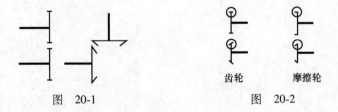

图 20-1　　图 20-2

摩擦机构简图图形符号见表 20-6。

表 20-6　摩擦机构简图图形符号

名称		基本符号	可用符号	附注
摩擦轮	圆柱轮			
	圆锥轮			
	曲线轮			
	冕状轮			
	挠性轮			
摩擦传动	圆柱轮			
	圆锥轮			
	双曲面轮			
	可调圆锥轮			带中间体的可调圆锥轮 带可调圆环的圆锥轮 带可调球面轮的圆锥轮
	可调冕状轮			

齿轮机构简图图形符号见表 20-7。

表 20-7　齿轮机构简图图形符号

名称		基本符号	可用符号
齿轮（不指明齿线）	圆柱齿轮		
	锥齿轮		
	挠性齿轮		
齿线符号	圆柱齿轮	直齿 斜齿 人字齿	直齿 斜齿 人字齿
	锥齿轮	直齿 斜齿 弧齿	直齿 斜齿 弧齿
齿轮传动	圆柱齿轮		
	非圆齿轮		
	锥齿轮		
	准双曲面齿轮		
	蜗轮与圆柱蜗杆		
	蜗轮与球面蜗杆		
	交错轴斜齿轮		
齿条传动	一般表示		
	蜗线齿条与蜗杆		
	齿条与蜗杆		
扇形齿轮传动			

20.1.7 凸轮机构简图图形符号

凸轮机构简图图形符号见表20-8。

表20-8 凸轮机构简图图形符号

名称		基本符号	可用符号	附注	名称		基本符号	可用符号	附注
盘形凸轮				沟槽盘形凸轮	空间凸轮	双曲面凸轮			
移动凸轮					凸轮从动杆	尖顶从动杆			凸轮副中凸轮从动杆的符号
与杆固接的凸轮				可调连接	凸轮从动杆	曲面从动杆			凸轮副中凸轮从动杆的符号 
空间凸轮	圆柱凸轮				凸轮从动杆	滚子从动杆	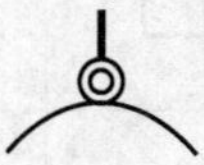		凸轮副中凸轮从动杆的符号 
空间凸轮	圆锥凸轮				凸轮从动杆	平底从动杆			凸轮副中凸轮从动杆的符号 

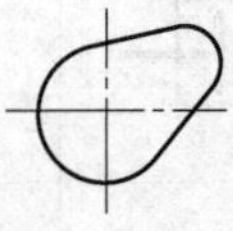

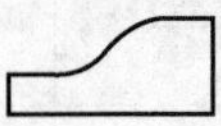

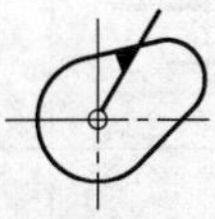

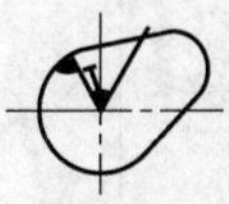

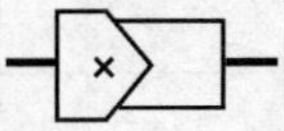

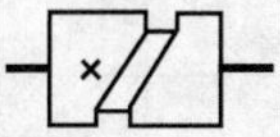

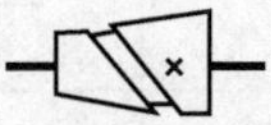

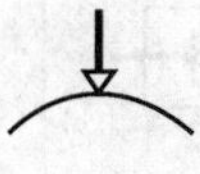

20.1.8 槽轮机构和棘轮机构简图图形符号

槽轮机构和棘轮机构简图图形符号见表20-9。

表20-9 槽轮机构和棘轮机构简图图形符号

名称		基本符号	可用符号	名称		基本符号	可用符号
槽轮机构	一般符号			棘轮机构	外啮合		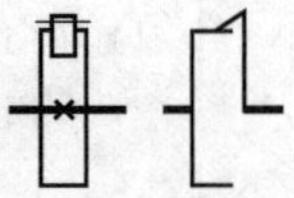
槽轮机构	外啮合			棘轮机构	内啮合		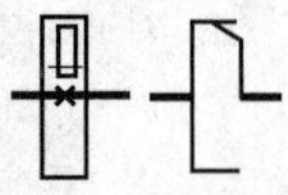
槽轮机构	内啮合			棘轮机构	棘齿条啮合		

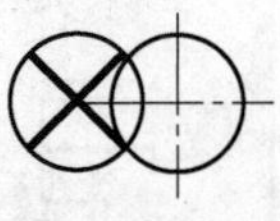

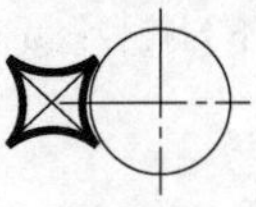

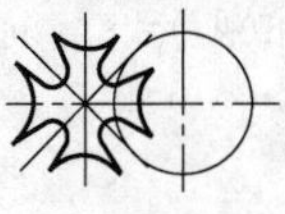

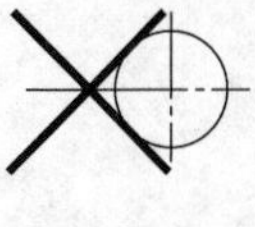

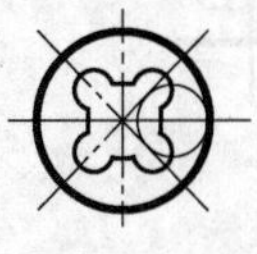

20.1.9 联轴器、离合器及制动器简图图形符号

联轴器、离合器及制动器简图图形符号见表20-10。

表20-10 联轴器、离合器及制动器简图图形符号

名称		基本符号	可用符号
联轴器	一般符号（不指明类型）		
联轴器	固定联轴器		
联轴器	可移式联轴器		
联轴器	弹性联轴器		
可控离合器	一般符号		
可控离合器	啮齿式离合器 1）单向式 2）双向式		
可控离合器	摩擦离合器 1）单向式 2）双向式		
可控离合器	液压离合器（一般符号）		
可控离合器	电磁离合器		
自动离合器	一般符号		
自动离合器	离心摩擦离合器		
自动离合器	超越离合器		
自动离合器	安全离合器 1）带有易损元件 2）无易损元件		
制动器	一般符号		

注：对于可控离合器、自动离合器和制动器，当需要表明操纵方式时，可使用下列符号：M—机动的，H—液动的，P—气动的，E—电动的（如电磁）。

例：具有气动开关启动的单向摩擦离合器：

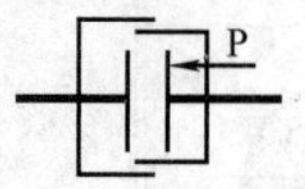

20.1.10 其他机构及其组件简图图形符号

其他机构及其组件简图图形符号见表20-11。

表 20-11　其他机构及其组件简图图形符号

名称	基本符号	可用符号	附注
带传动（一般符号，不指明类型）	或		若需指明带类型可采用下列符号：V 带　圆带　同步齿形带　平带　例：V 带传动
轴上的宝塔轮			
链传动（一般符号，不指明类型）			若需指明链条类型，可采用下列符号：环形链　滚子链　无声链　例：无声链传动
螺杆传动 整体螺母			
螺杆传动 开合螺母			
螺杆传动 滚珠螺母			
挠性轴			可以只画一部分
轴上飞轮			
分度头	n	n	n 为分度数
轴承 向心轴承：1）滑动轴承 2）滚动轴承			
轴承 推力轴承：1）单向 2）双向 3）滚动轴承			
轴承 向心推力轴承：1）单向 2）双向 3）滚动轴承			
弹簧 压缩弹簧	ϕ或□		弹簧的符号详见第 10 章
弹簧 拉伸弹簧			
弹簧 扭转弹簧			
弹簧 碟形弹簧			
弹簧 截锥涡卷弹簧			
弹簧 涡卷弹簧			
弹簧 板状弹簧			

20.1.11　机构简图示例

图 20-3 所示为精密蜗轮滚齿机简图。其传动系统由变速、进给、滚削三部分组成。图中除简图符号外还补充了文字符号，以说明齿数、模数、螺距、速比、功率、转速等。

在滚削传动系统中，齿轮 A 与 B 在空间直接啮合，由于简图为平面图，所以分开画出以求清晰，但用括号表明其啮合关系。

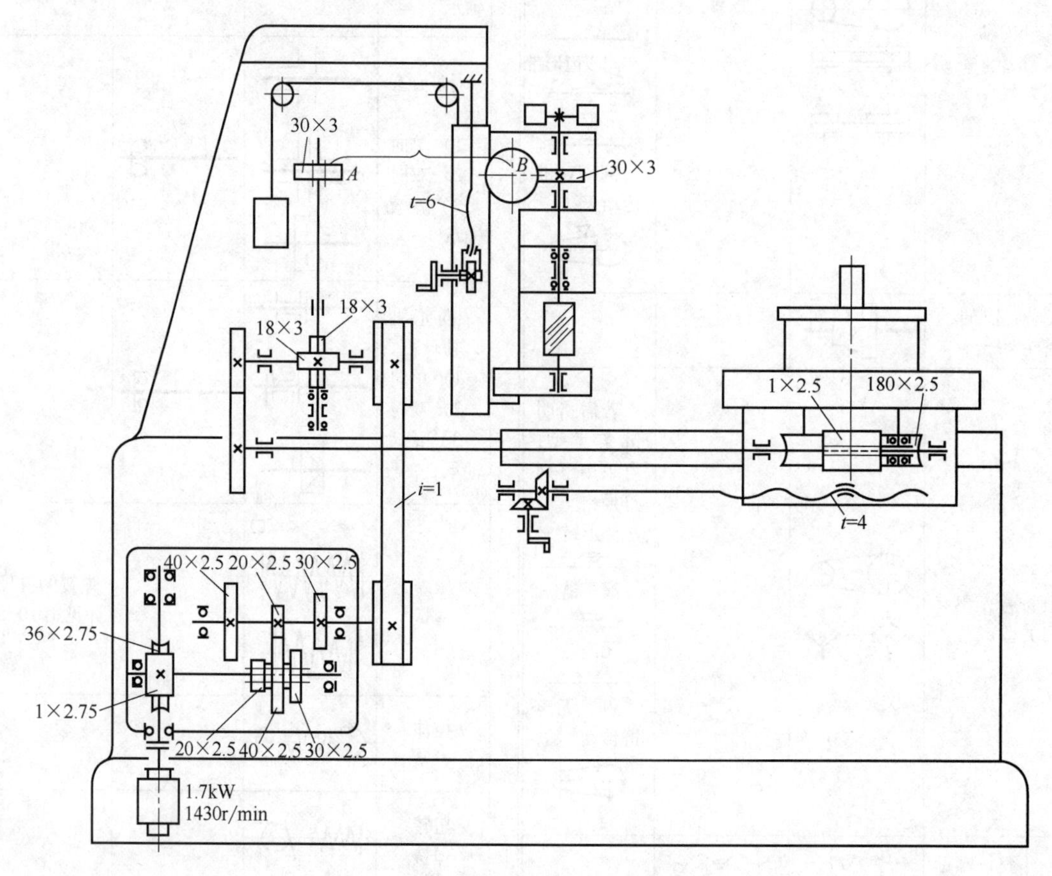

图　20-3

20.2　液压气动图形符号

本节内容根据 GB/T 786.1—2021《流体传动系统及元件　图形符号和回路图　第 1 部分：图形符号》编写。该标准确立了各种符号的基本要素，并规定了流体传动元件和回路图中符号的设计规则和应用示例。

以下将先介绍图形符号的基本要素，然后按照泵、空气压缩机和马达、阀、缸、附件的顺序分别介绍符号的设计规则和应用示例。

20.2.1　图形符号的基本要素

1）线要素见表 20-12。

表 20-12 线要素

图形	描述
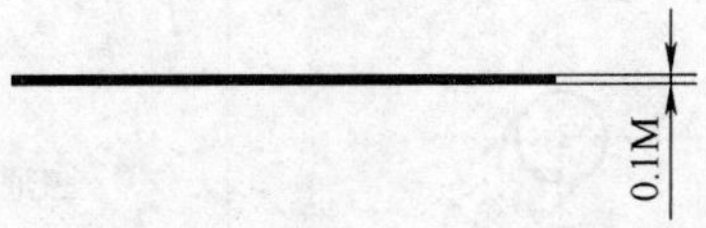 0.1M	供油（气）管路、回油（气）管路、元件框线、符号框线
0.1M	内部和外部先导（控制）管路、泄油管路、冲洗管路、排气管路
 0.1M	组合元件框线

2）连接和管接头要素见表 20-13。

表 20-13 连接和管接头要素

图形	描述	图形	描述
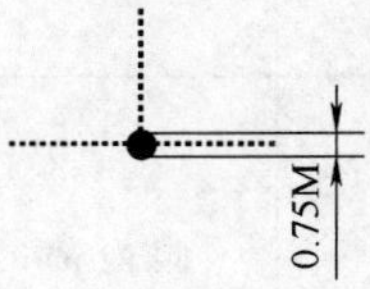 0.75M	两个流体管路的连接	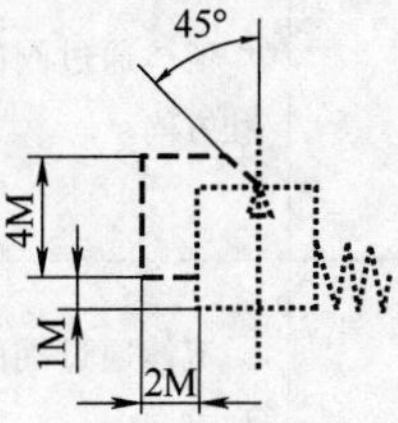 45° 4M 1M 2M	位于减压阀内的控制管路
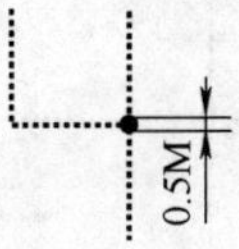 0.5M	两个流体管路的连接（在一个元件符号内表示）	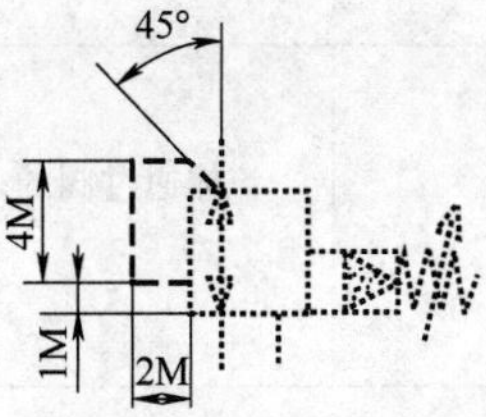 45° 4M 1M 2M	位于三通减压阀内的控制管路
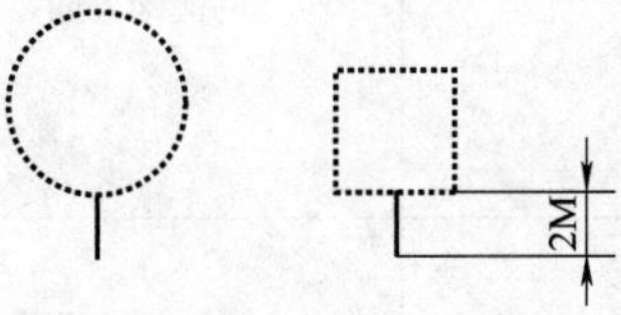 2M	端口（油口或气口）	 2.5M 4M	软管、蓄能器囊
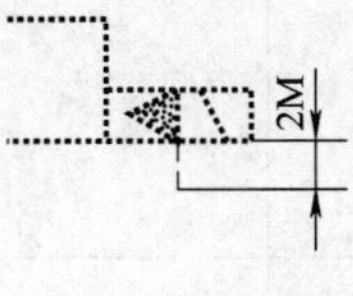 2M	带控制管路或泄油管路的端口	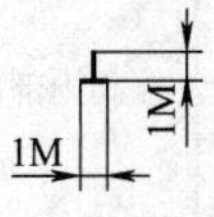 1M 1M	封闭管路或封闭端口
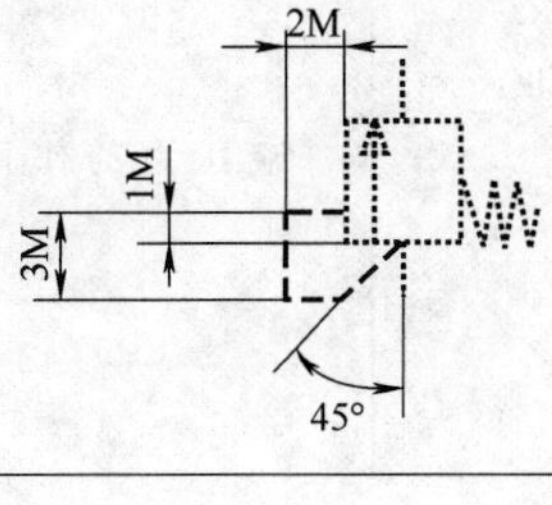 2M 1M 3M 45°	位于溢流阀内的控制管路	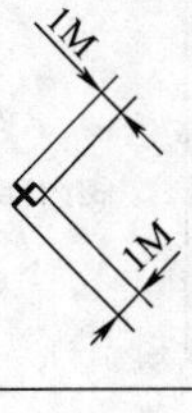 1M 1M	流体管路中的堵头

（续）

图形	描述	图形	描述
1M 30° 0.5M 3M	旋转连接	3M	三通球阀

3）流动通道和方向的指示要素见表 20-14。

表 20-14　流动通道和方向的指示要素

图形	描述	图形	描述
4M	流体通过阀的通道和方向	4M 2M 2M	阀内部的流动通道
4M 2M	流体通过阀的通道和方向	4M 2M 2M	阀内部的流动通道
4M	流体通过阀的通道和方向	30° 1M	流体的流动方向
4M 2M	流体通过阀的通道和方向	1M 1M 1M	液压力的作用方向
4M 2M 2M	阀内部的流动通道	2M 2M 2M	液压力的作用方向
2M 2M	阀内部的流动通道		
4M 4M 2M 2M	阀内部的流动通道		

（续）

图形	描述	图形	描述
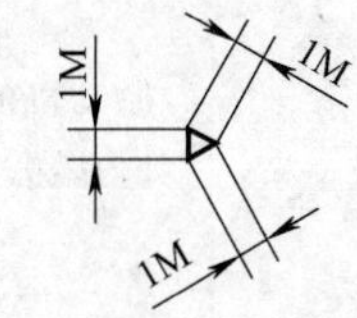 1M 1M 1M	气压力的作用方向	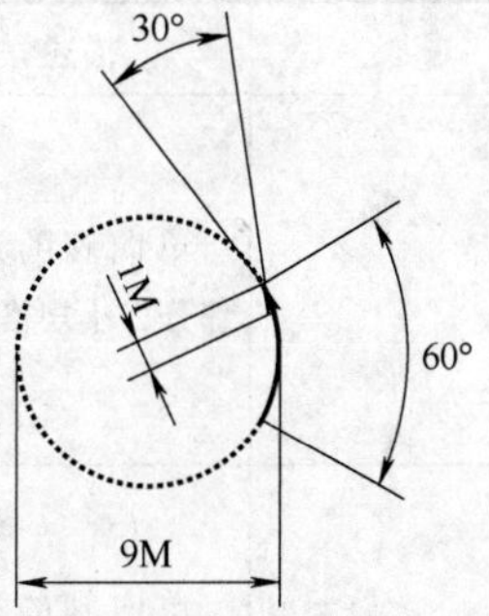 30° 1M 60° 9M	逆时针方向旋转的指示
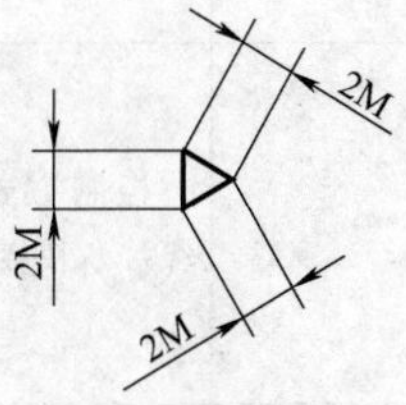 2M 2M 2M	气压力的作用方向	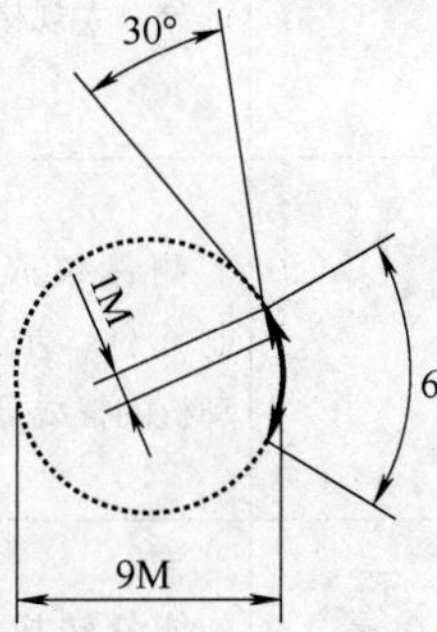 30° 1M 60° 9M	双方向旋转的指示
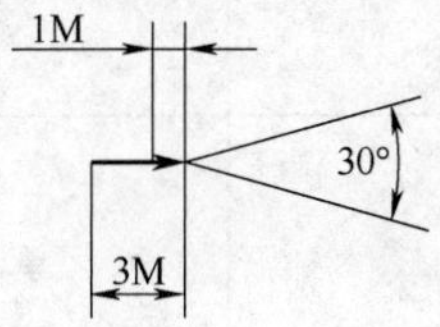 1M 30° 3M	线性运动方向的指示	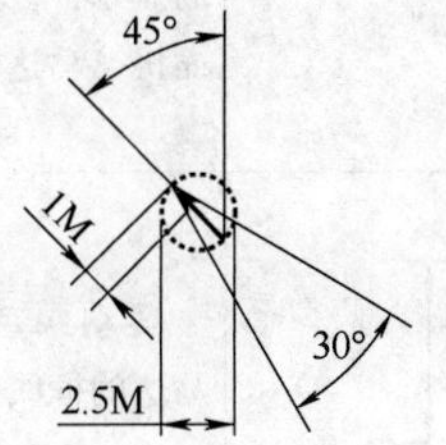 45° 1M 30° 2.5M	压力指示
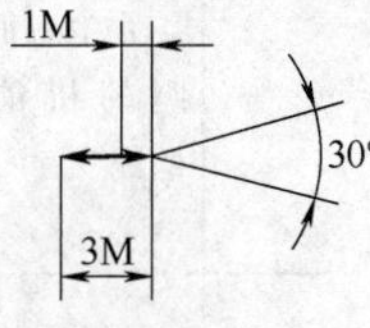 1M 30° 3M	双方向线性运动的指示	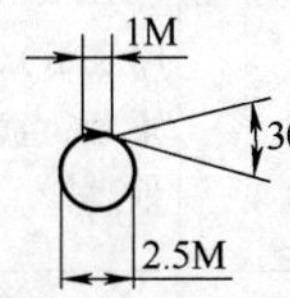 1M 30° 2.5M	速度指示
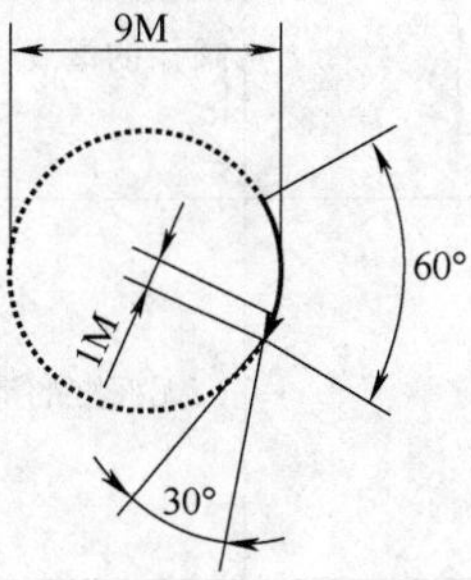 9M 60° 1M 30°	顺时针方向旋转的指示	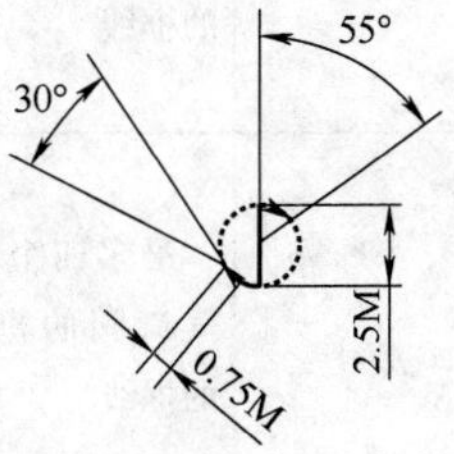 55° 30° 2.5M 0.75M	扭矩指示

4）机械基本要素见表20-15。

表20-15　机械基本要素

图形	描述	图形	描述
0.75M	单向阀的运动部分，小规格	□6M	原动机的框线（如内燃机）
1M	单向阀的运动部分，大规格	□4M	流体处理装置的框线（如过滤器、分离器、油雾器和热交换器）
4M	测量仪表、控制元件、步进电动机的框线	3M 2M	控制方式的框线（标准图）
6M	能量转换元件的框线（泵、压缩机、马达）	4M 2M	控制方式的框线（加长图）
3M 6M	摆动泵或摆动马达的框线	5M 3M	显示单元的框线
□2M	控制方式（简略表示），蓄能器重锤、润滑点的框线	6M 4M	五个主油/气口阀的机能位的框线
□3M	开关、转换器和其他类似器件的框线	8M 4M	双压阀（与阀）的框线
□4M	最多四个主油/气口阀的机能位的框线	4M 1M	无杆缸的滑块

（续）

图形	描述	图形	描述
nM mM	功能单元的框线	9M 5M 3M	双作用多级缸的活塞杆
7M 4M	气爪的框线	1M 2M	使用独立控制元件解锁的锁定装置
9M 3M	活塞缸的活塞杆	1M 0.5M 2.5M	永磁铁
9M 4M	缸筒	4M 2.5M	膜片、囊
9M 5M	多级缸的缸筒	9M 4.5M 4M 2M	增压器的壳体
9M 1M	活塞杆	2M 4M 1M 2M 2M 7M	增压器的活塞
9M 1.5M	大直径活塞杆	1M 1M 0.5M 1M 4M 3M	内向作用的气爪
9M 3M	多级缸的活塞杆		
9M 3M 1M	双作用多级缸的活塞杆		

（续）

图形	描述
1M 1M 0.5M 1M 4M 3M	外向作用的气爪
1M 1M	排气口
0.5M 2M	缸内缓冲
2M 4M	缸的活塞
4M 3.5M	盖板式插装阀的阀芯
4M 8M	盖板式插装阀的阀套（可插装滑阀芯）
4M 4.5M	盖板式插装阀的阀芯（可插装滑阀芯）
4M 6M 2M	盖板式插装阀的插孔
4M 3M 1.75M 1.5M	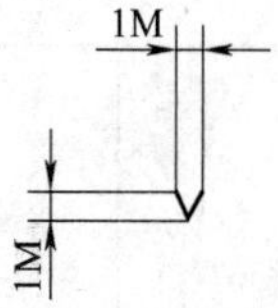 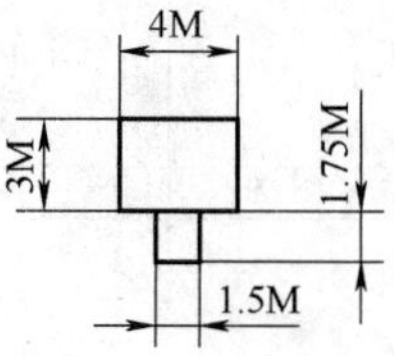 盖板式插装阀的阀芯（锥阀结构）
4M 3M 1M 3M	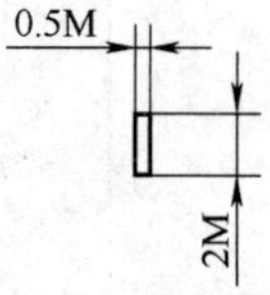 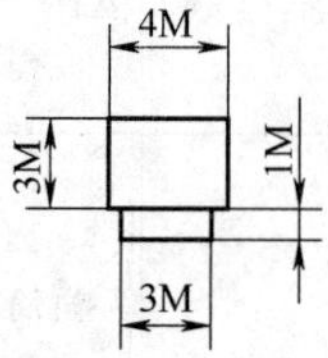 盖板式插装阀的阀芯（锥阀结构）
6M 5.5M 2M 2M 4M	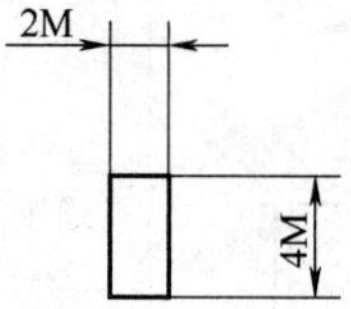 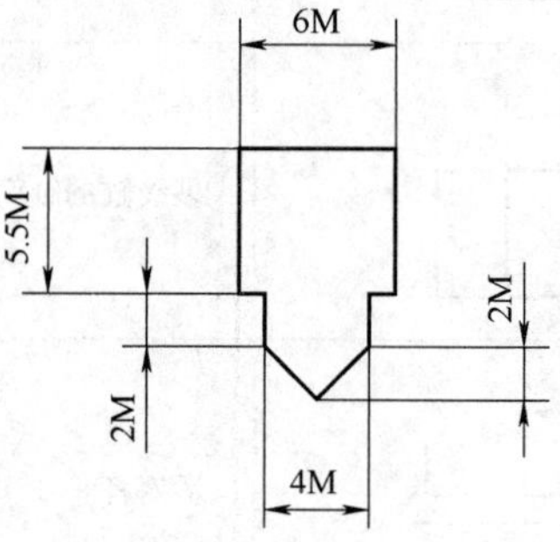 盖板式插装阀的阀套（可插装主动型锥阀芯）
6M 3.5M 1M 1.5M 1.75M 4M	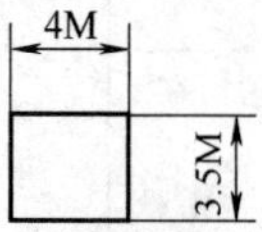 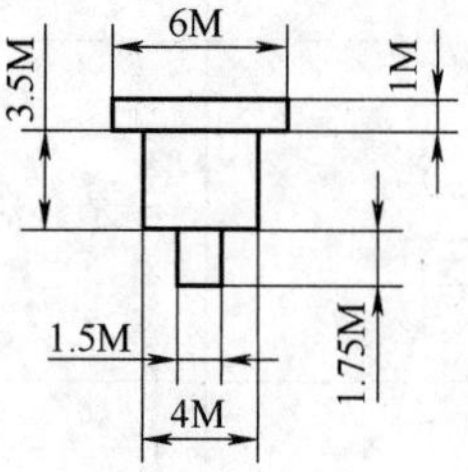 盖板式插装阀的阀芯（主动型锥阀结构）
6M 4M 1M 4M	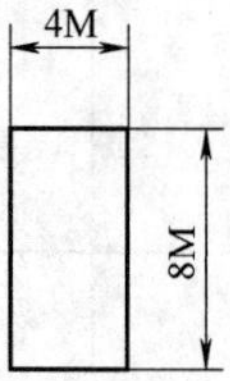 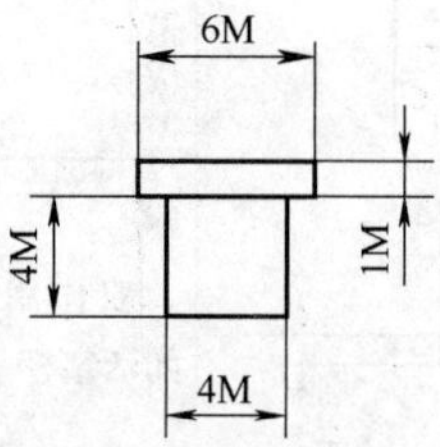 盖板式插装阀的阀芯（主动型锥阀结构）

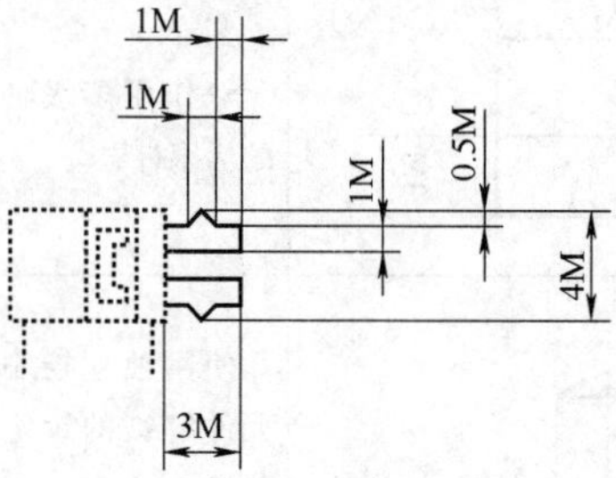

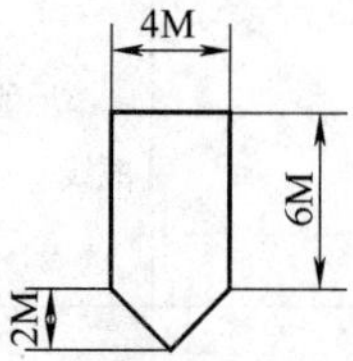

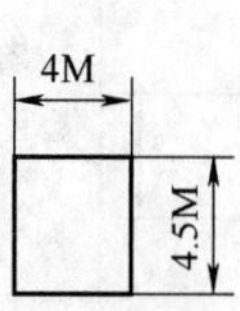

（续）

图形	描述
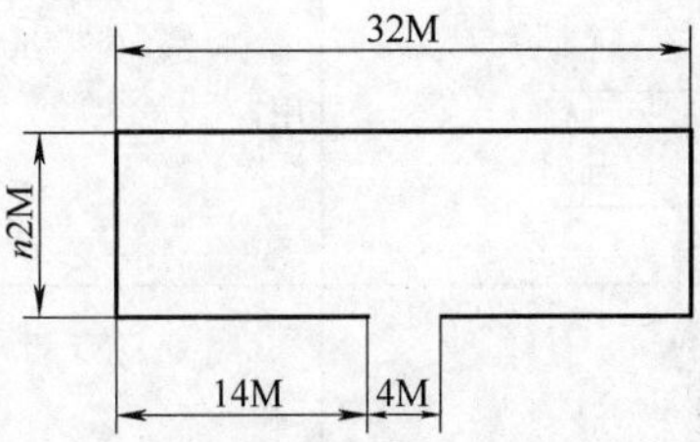 32M n2M 14M 4M	无端口控制盖板 盖板的最小高度尺寸为4M 为实现功能扩展，盖板高度应调整为2M的倍数
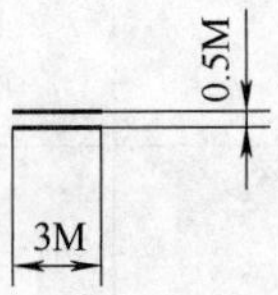 0.5M 3M	机械连接、轴、杆、机械反馈
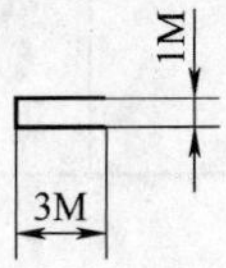 1M 3M	机械连接（如轴、杆）
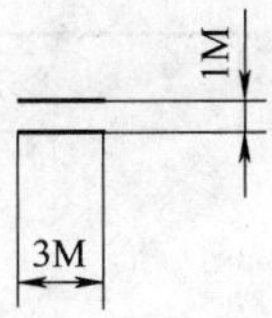 1M 3M	机械连接、轴、杆、机械反馈
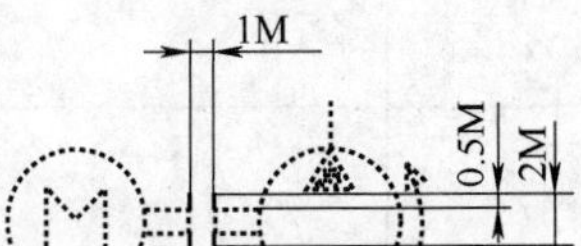 1M 0.5M 2M	联轴器
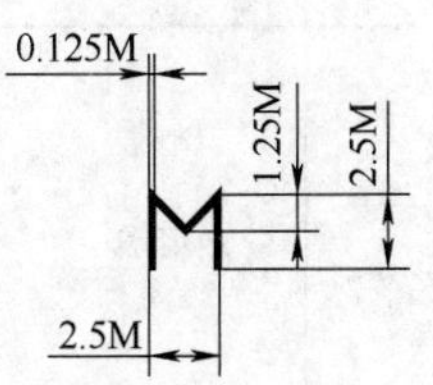 0.125M 1.25M 2.5M 2.5M	M与登记序号为2065V1的符号结合使用表示电动机
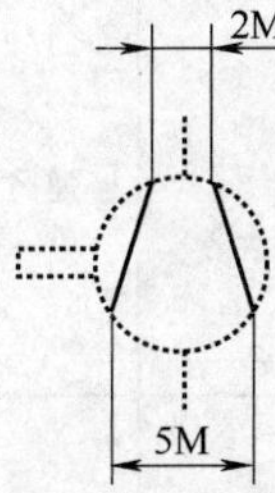 2M 5M	真空泵内的要素
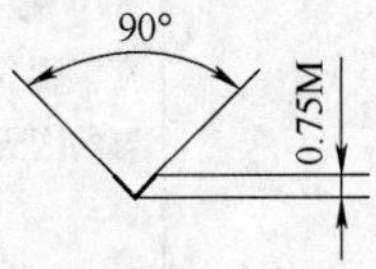 90° 0.75M	单向阀的阀座（小规格）
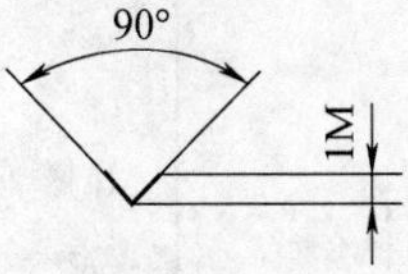 90° 1M	单向阀的阀座（大规格）
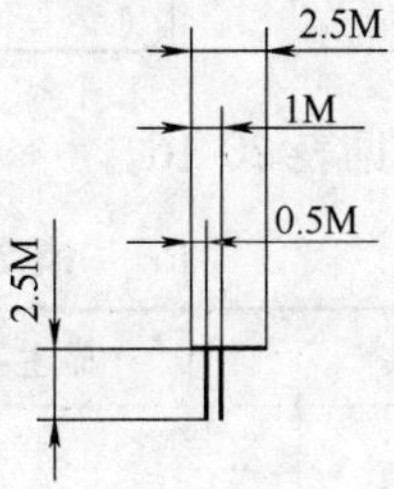 2.5M 1M 0.5M 2.5M	机械行程限位
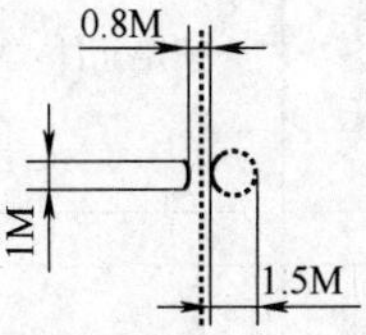 0.8M 1M 1.5M	节流（小规格）
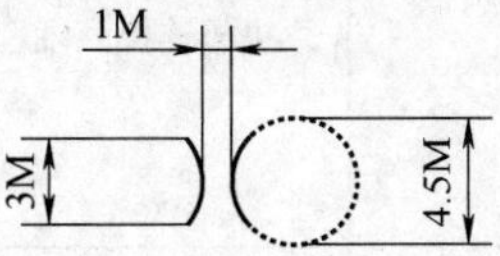 1M 3M 4.5M	节流（流量控制阀，取决于黏度）
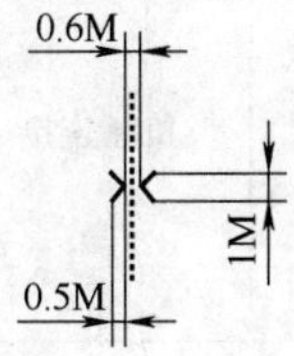 0.6M 1M 0.5M	节流（小规格）

（续）

图形	描述	图形	描述
1M 2.5M	弹簧（嵌入式）	4M 4M	弹簧（气爪用）
1M 2M 1M	节流（锐变节流，很大程度上与黏度无关）	1M 2M 3M	活塞杆制动器
6M 4M	弹簧（缸用）	0.5M 1M 1M 2M	活塞杆锁定机构

5）控制机构要素见表20-16。

表 20-16 控制机构要素

图形	描述	图形	描述
1M 0.5M 1M 1.5M 2M	锁定元件（锁）	3M 1M 0.25M	机械连接、轴、杆
1M 2M	机械连接、轴、杆	6M 0.5M 2M	双压阀的机械连接
0.25M 1M 3M	机械连接、轴、杆	60° 0.75M 0.25M	锁定槽

（续）

图形	描述	图形	描述
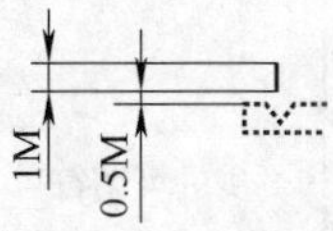 1M 0.5M	锁定销	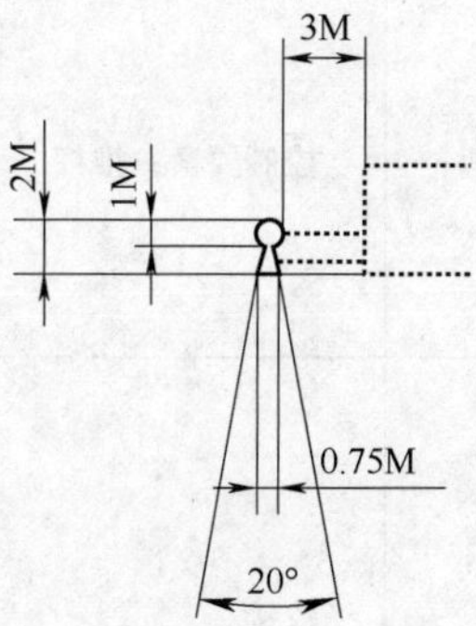 3M 2M 1M 0.75M 20°	控制要素：钥匙
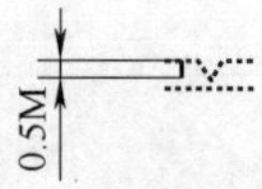 0.5M	非锁定位置指示	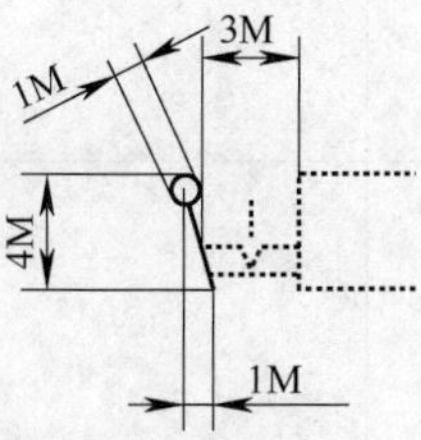	
1.5M	手动越权控制要素	3M 1M 4M 1M	控制要素：手柄
0.75M 2M	推力控制要素		
0.75M 2M	拉力控制要素	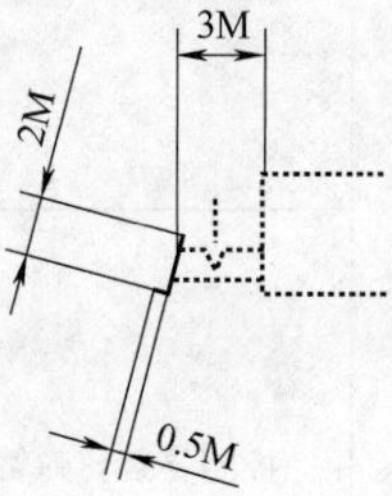 3M 2M 0.5M	控制要素：踏板
3M 2M 0.75M 1.5M	推拉控制要素	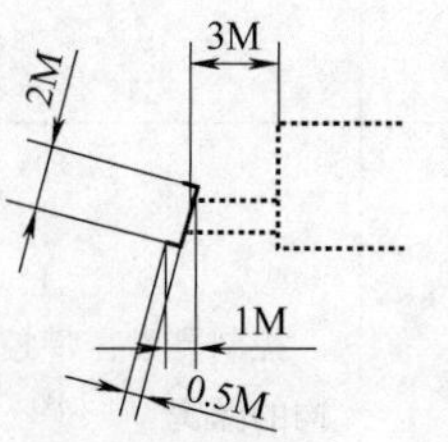 3M 2M 1M 0.5M	控制要素：双向踏板
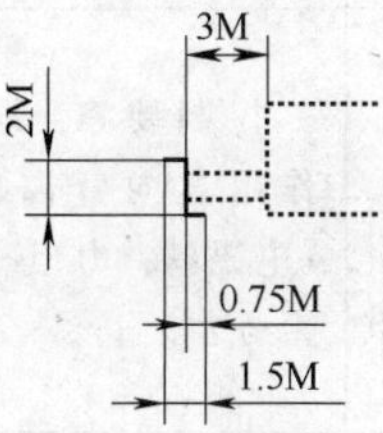 3M 2M 0.75M 1.5M	转动控制机构		
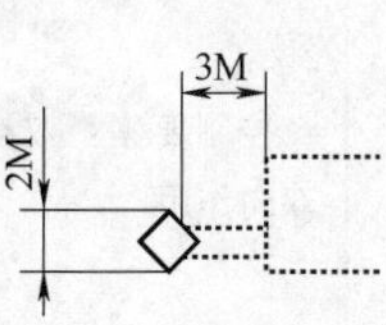 3M 2M	控制元件：可拆卸把手	3M 2M 3M 0.5M 1M	控制机构的操作防护要素

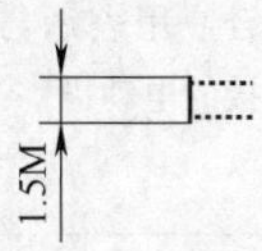

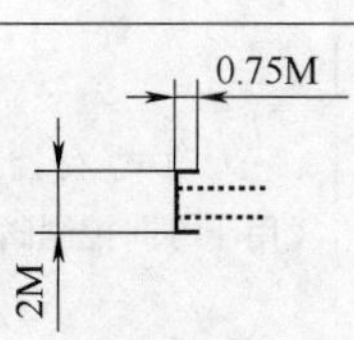

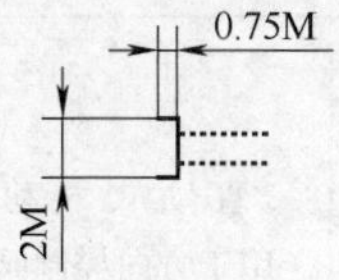

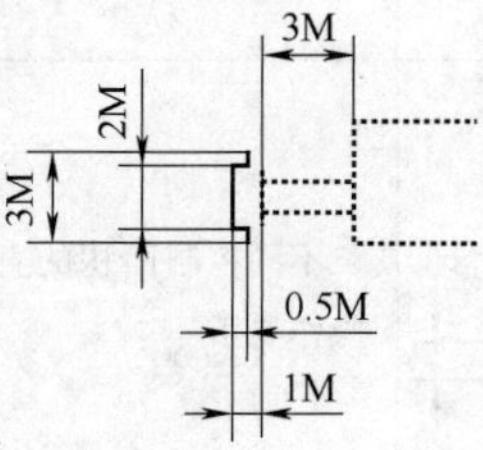

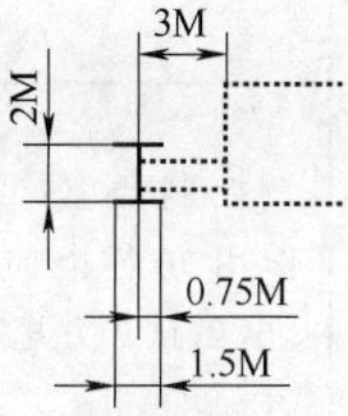

（续）

图形	描述	图形	描述
1M 1M	控制要素：推杆	1M 0.5M 1.5M	步进可调符号
3M 1M	铰接	1.5M 0.75M 1.5M	与直径4M的框线结合使用表示与元件连接的电动机
3M 1M 0.5M 1.5M	控制要素：滚轮	3M	直动式液控机构（用于方向控制阀）
2.5M 2M	控制要素：弹簧	3M	直动式气动机构（用于方向控制阀）
4M 1.5M 1M	控制要素：带控制机构的弹簧	1M 2M	控制要素：线圈，作用方向指向阀芯（电磁铁，力矩马达，力马达）
1M 1M 3M 1.5M	不同控制面积的直动操作要素	1M 2M	控制要素：线圈，作用方向背离阀芯（电磁铁，力矩马达，力马达）
		0.5M 2M 2.5M	控制要素：双线圈，双向作用

6）调节要素见表 20-17。

表 20-17 调节要素

图形	描述	图形	描述
30° 1M 3M 1M	可调节（如行程限制，用于变量泵和二通插装阀控制盖板的可调行程机构）	1.5M 5M 3M	预设置（节流孔型，节流特性不受黏度影响）
1.5M 1M 3M	预设置（如行程限制）	1M 30° 1.5M 3.5M	可调节（节流通道型，节流特性受黏度影响）
30° 1M 4.5M 1M	可调节（弹簧或比例电磁铁）	30° 1M 7.5M 2M	可调节（末端缓冲）
30° 1M 5M 3M	可调节（节流孔型，节流特性不受黏度影响）	45° 30° 1M 9M	可调节（泵、马达）

7）附件要素见表 20-18。

表 20-18 附件要素

图形	描述	图形	描述
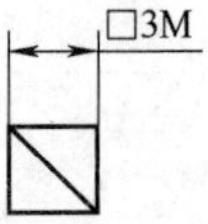 □3M	信号转换器（常规） 测量传感器	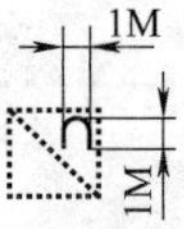 1M 1M	输出信号（电气模拟信号）
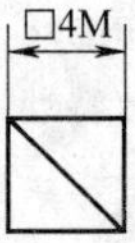 □4M	信号转换器（常规） 测量传感器	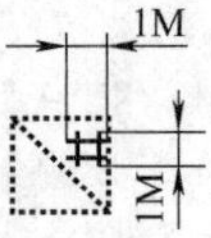 1M 1M	输出信号（电气数字信号）
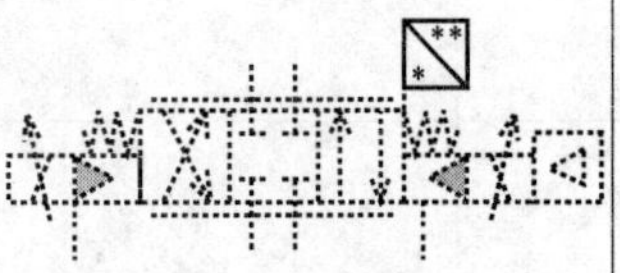 ** *	*：输入信号 **：输出信号	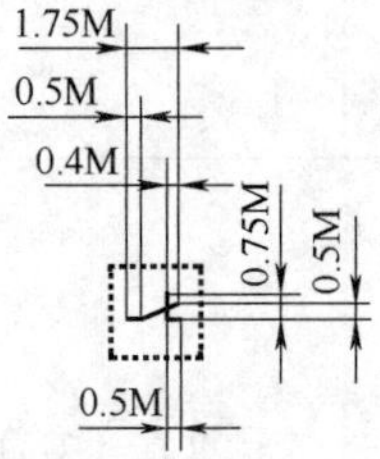 1.75M 0.5M 0.4M 0.75M 0.5M 0.5M	电气常闭触点
F——流量 G——位置或长度 L——液位 P——压力或真空度 S——速度或频率 T——温度 W——重量或力	输入信号	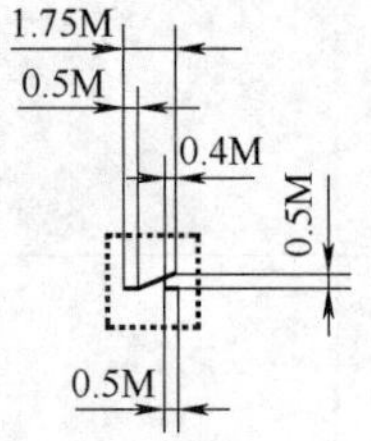 1.75M 0.5M 0.4M 0.5M 0.5M	电气常开触点
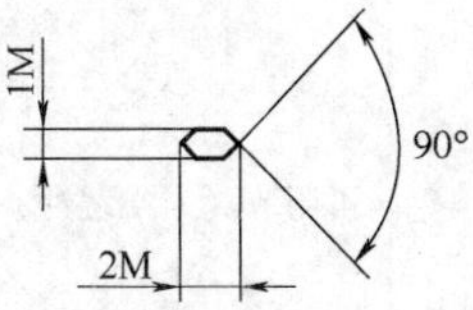 1M 90° 2M	压电控制机构的元件	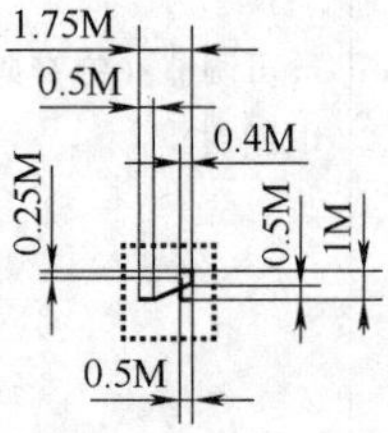 1.75M 0.5M 0.4M 0.25M 0.5M 1M 0.5M	电气转换开关
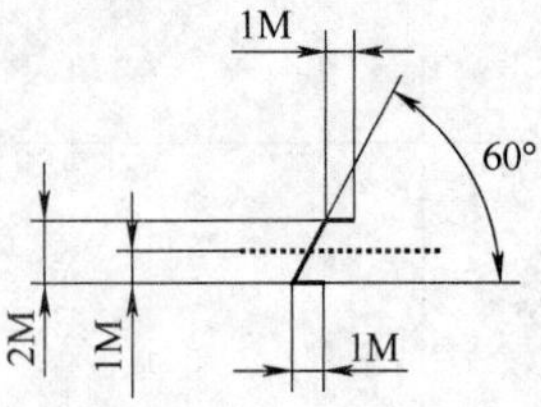 1M 60° 2M 1M 1M	电线	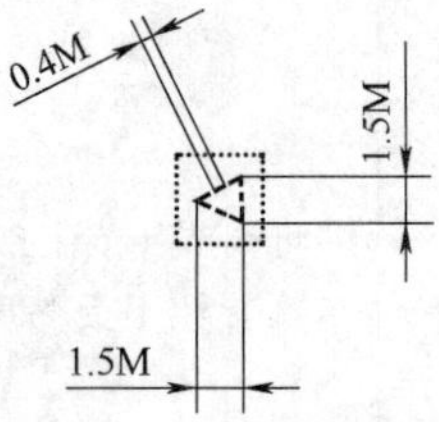 0.4M 1.5M 1.5M	集成电子器件
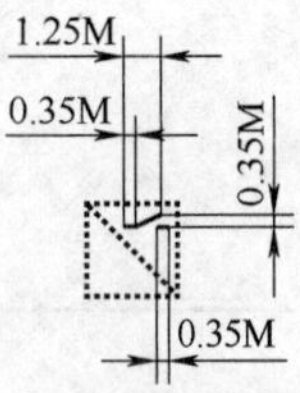 1.25M 0.35M 0.35M 0.35M	输出信号（电气开关信号）	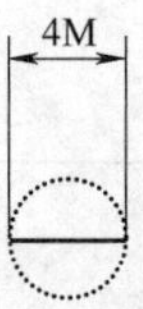 4M	液位指示

（续）

图形	描述	图形	描述
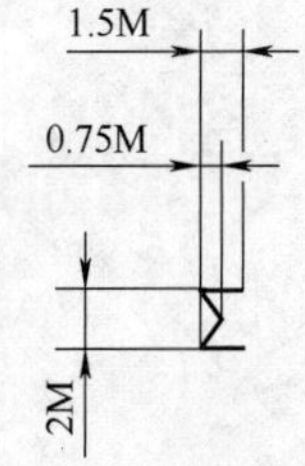 1.5M 0.75M 2M	加法器	 3M	计数器要素
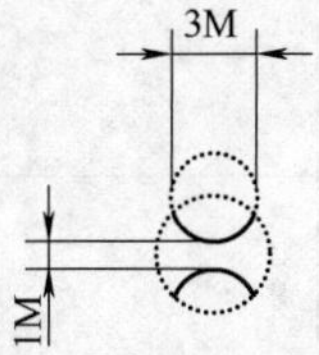 3M 1M	流量指示	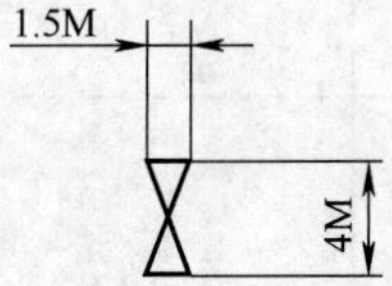 1.5M 4M	截止阀
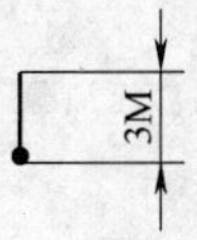 3M	温度指示	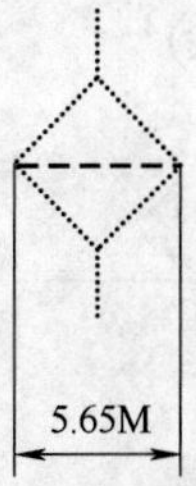 5.65M	滤芯
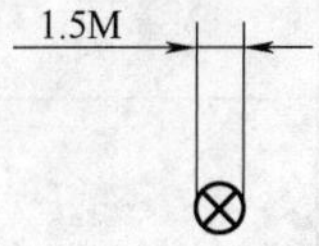 1.5M	光学指示要素	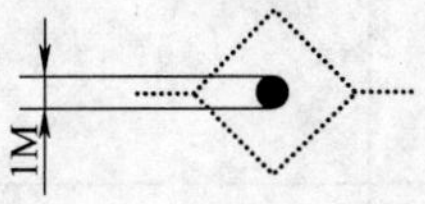 1M	过滤器聚结功能
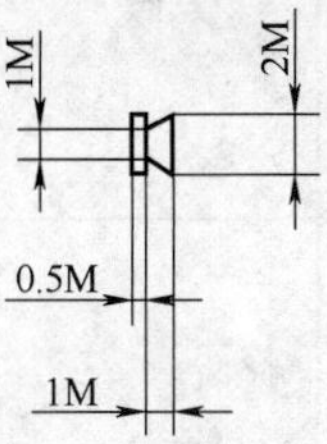 1M 2M 0.5M 1M	声音指示要素	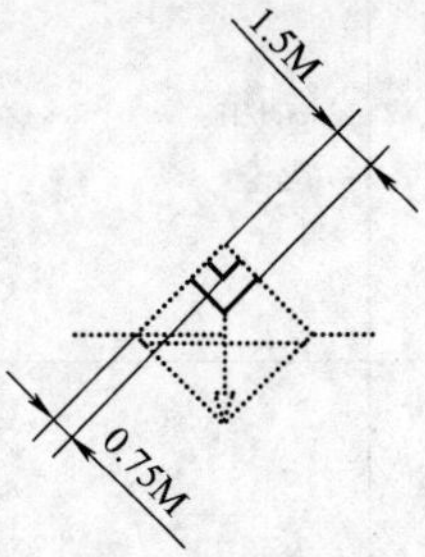 1.5M 0.75M	过滤器真空功能
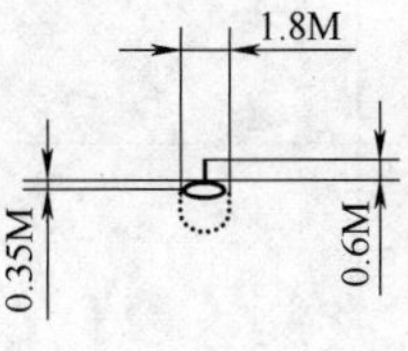 1.8M 0.35M 0.6M	浮子开关要素	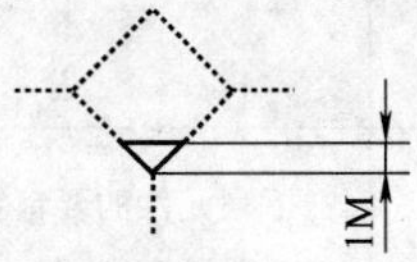 1M	流体分离器要素（手动排水）
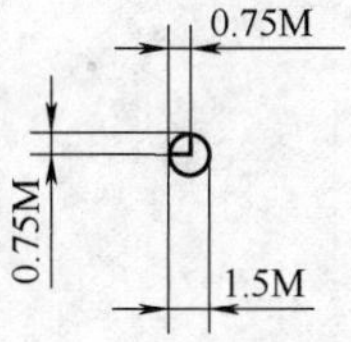 0.75M 0.75M 1.5M	时间控制要素	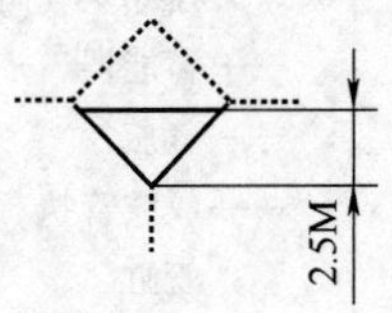 2.5M	分离器要素

（续）

图形	描述	图形	描述
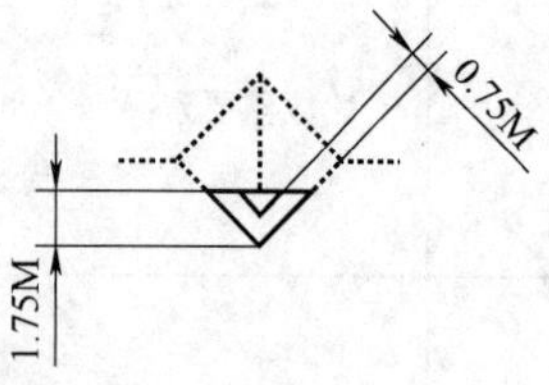 0.75M 1.75M	流体分离器要素（自动排水）	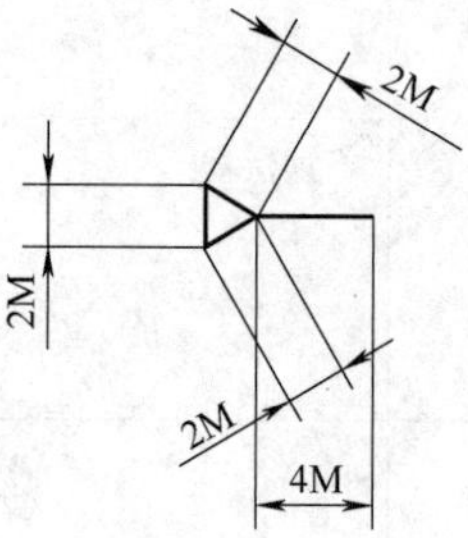 2M 2M 2M 4M	气源
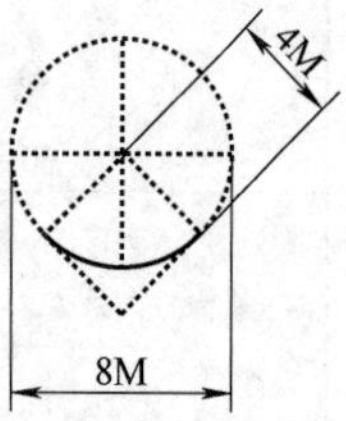 4M 8M	过滤器要素（离心式）	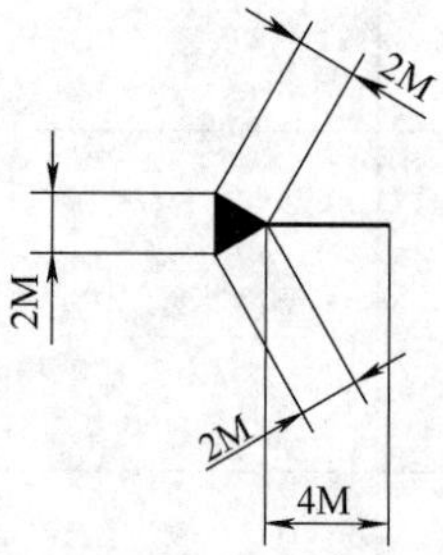 2M 2M 2M 4M	液压油源
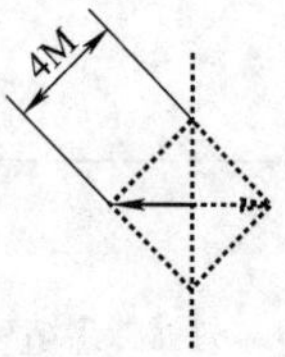 4M	热交换器要素	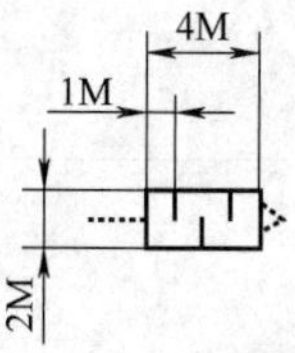 4M 1M 2M	消音器
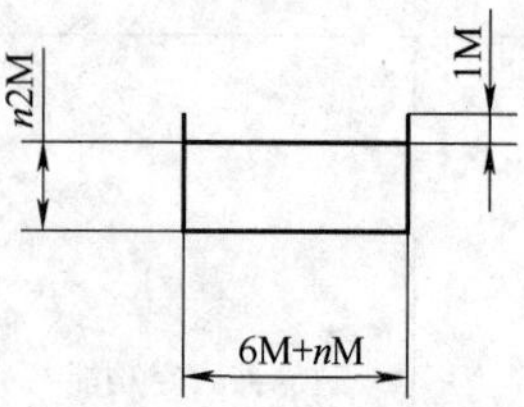 n2M 1M 6M+nM	油箱	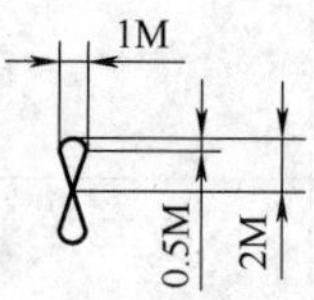 1M 0.5M 2M	风扇
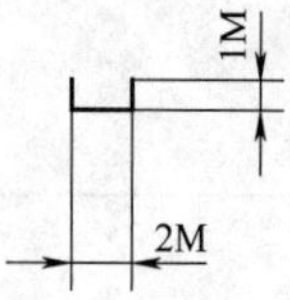 1M 2M	回油箱	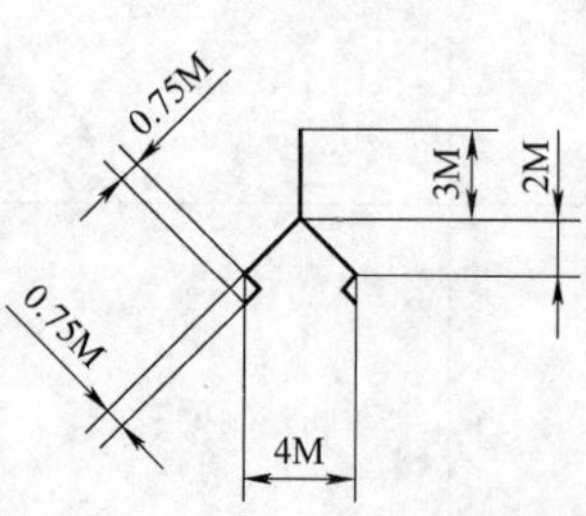 0.75M 3M 2M 0.75M 4M	吸盘
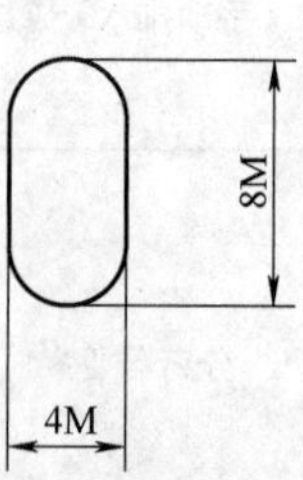 8M 4M	下列元件的要素： ——压力容器 ——压缩空气储气罐 ——蓄能器 ——气瓶 ——纹波管执行器软管缸		

20.2.2 泵、空气压缩机和马达

1）泵、空气压缩机和马达符号基本要素的应用规则见表20-19。

表20-19 泵、空气压缩机和马达符号基本要素的应用规则

图形	描述	图形	描述
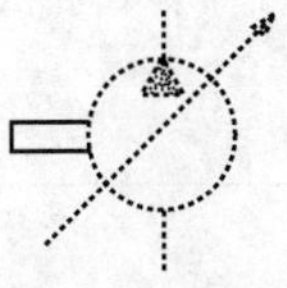	泵的驱动轴位于左边（首选位置）或右边，且可延伸2M的倍数	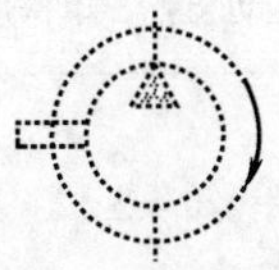	顺时针方向箭头表示泵轴顺时针方向旋转，并画在泵轴的对侧。应面对轴端判断旋转方向 注意，符号镜像时，应将指示旋转方向的箭头反向
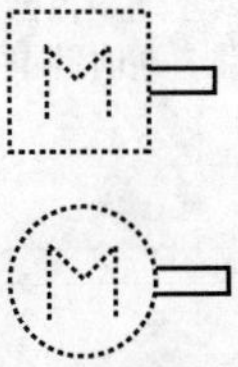	电动机的轴位于右边（首选位置）或左边	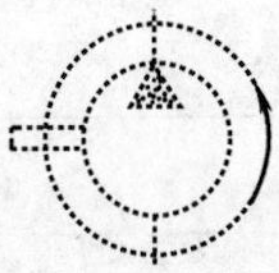	逆时针方向箭头表示泵轴逆时针方向旋转，并画在泵轴的对侧。应面对轴端判断旋转方向 注意，符号镜像时，应将指示旋转方向的箭头反向
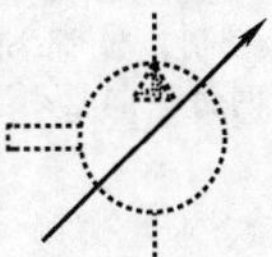	表示可调节的箭头应置于能量转换装置符号的中心。如果需要，可画得更长些	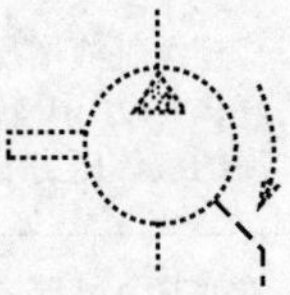	泵或马达的泄油管路画在右下底部，与端口线夹角小于45°

2）为便于对比掌握，在此不区别液压和气动，将泵和马达及空气压缩机的图形符号应用示例置于同一个表中，见表20-20。

表20-20 泵、空气压缩机和马达图形符号应用示例

图形	描述	图形	描述
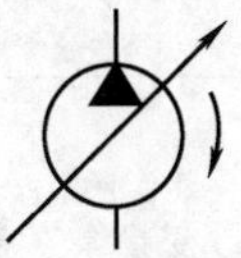	变量泵（顺时针单向旋转）	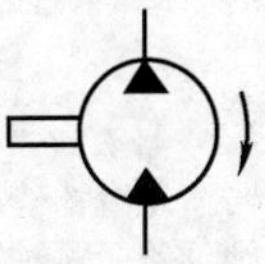	定量泵/马达
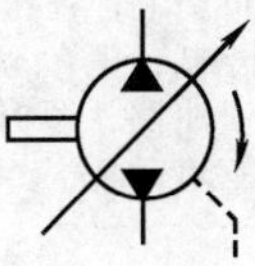	变量泵（双向流动，带有外泄油路，顺时针单向旋转）	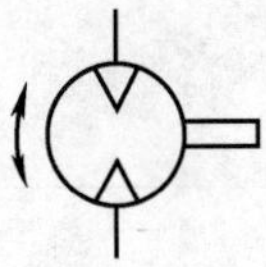	气马达（双向流通，固定排量，双向旋转）
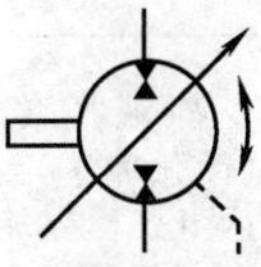	变量泵/马达（双向流动，带有外泄油路，双向旋转）	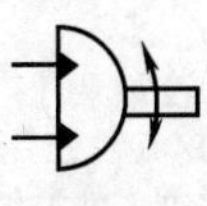	摆动执行器/旋转驱动装置（带有限制旋转角度功能，双作用）
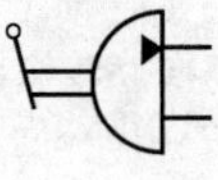	手动泵（限制旋转角度，手柄控制）	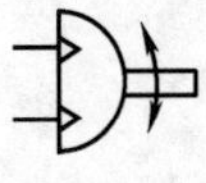	摆动执行器/旋转驱动装置（带有限制旋转角度功能，双作用）

（续）

图形	描述
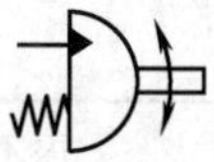	摆动执行器/旋转驱动装置（单作用）
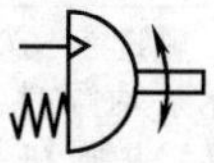	摆动执行器/旋转驱动装置（单作用）
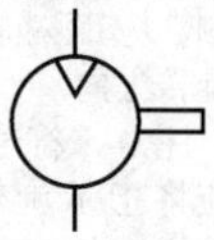	气马达
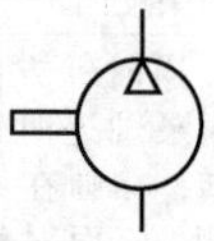	空气压缩机
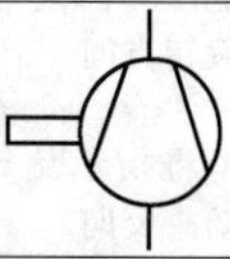	真空泵
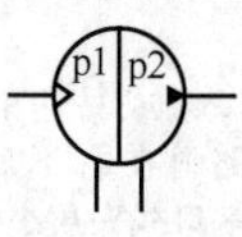 p1 p2	连续气液增压器（将气体压力 p1 转换为较高的液体压力 p2）
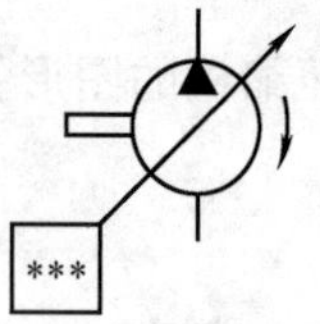 ***	变量泵（带有控制机构和调节元件，顺时针单向驱动，箭头尾端方框表示调节能力可扩展，控制结构和元件可连接箭头的任一端，***是复杂控制器的简化标志）
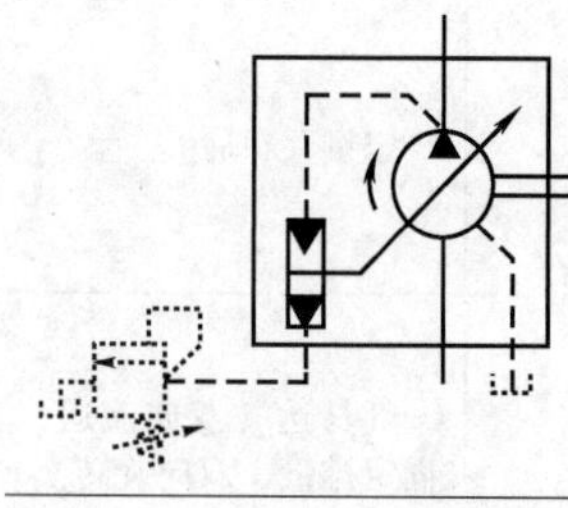	变量泵（先导控制，带有压力补偿功能，外泄油路，顺时针单向旋转）
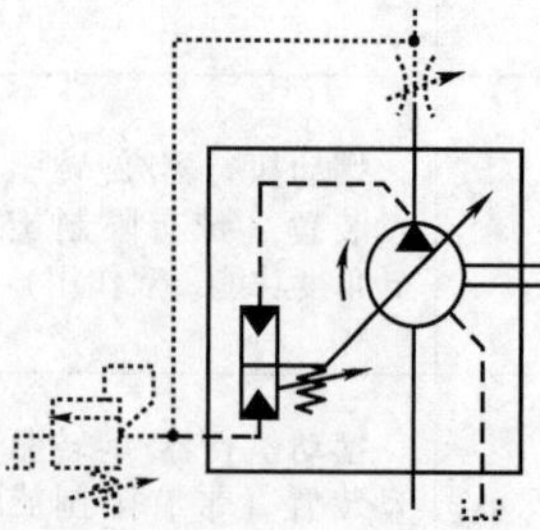	变量泵（带有复合压力/流量控制，负载敏感型，外泄油路，顺时针单向驱动）
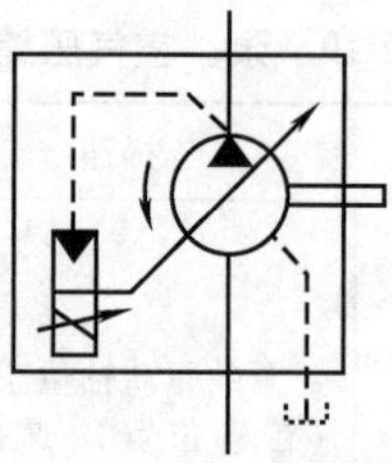	变量泵（带有电液伺服控制，外泄油路，逆时针单向驱动）
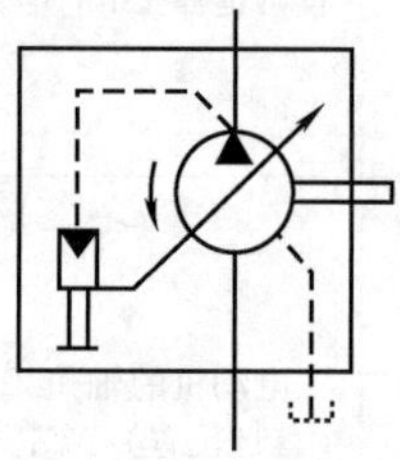	变量泵（带有机械/液压伺服控制，外泄油路，逆时针单向驱动）
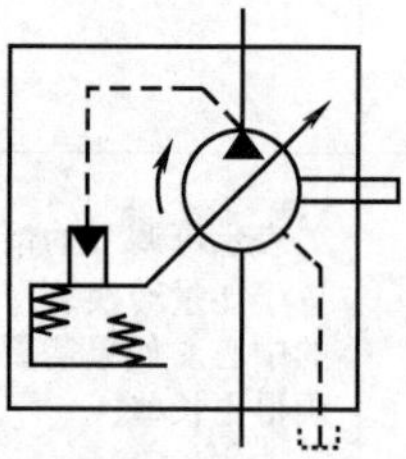	变量泵（带有功率控制，外泄油路，顺时针单向驱动）
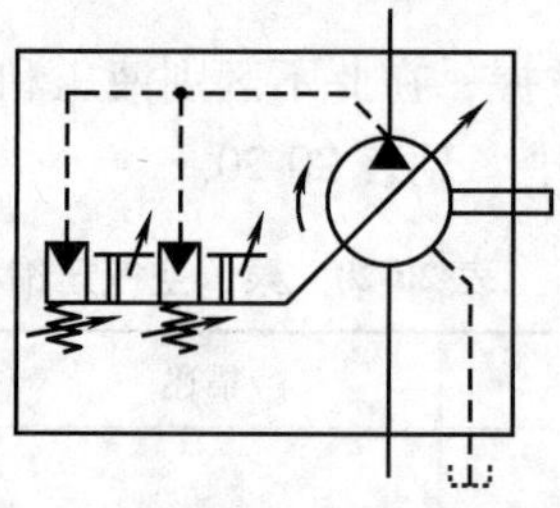	变量泵（带有两级可调限行程压力/流量控制，内置先导控制，外泄油路，顺时针单向驱动）
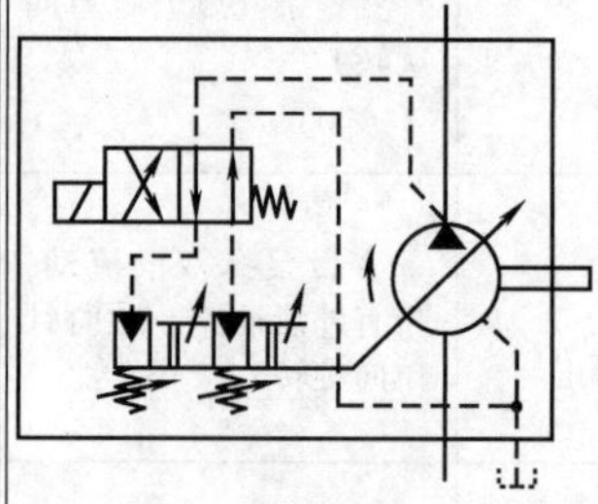	变量泵（带有两级可调限行程压力/流量控制，电气切换，外泄油路，顺时针单向驱动）
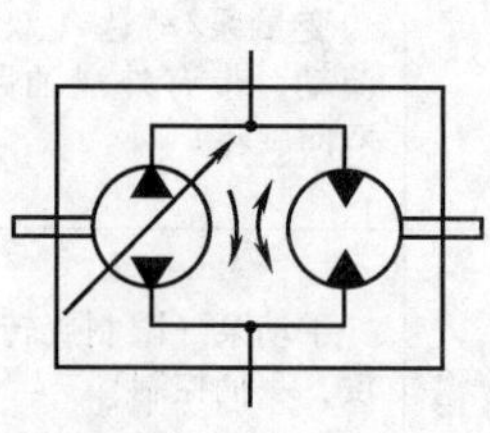	静液压传动控制（简化表达）。泵控马达闭式回路驱动单元（由一个单向旋转输入的双向变量泵和一个双向旋转输出的定量马达组成）

20.2.3 阀

1）阀符号基本要素的应用规则见表 20-21。

表 20-21 阀符号的基本要素的应用规则

图形	描述	图形	描述
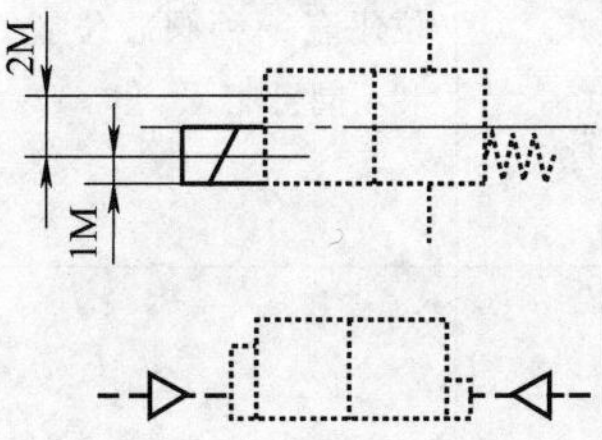 2M 1M	控制机构中心线位于长方形/正方形底边之上 1M 两个并联控制机构的中心线间距为 2M，且不能超出功能要素的底边		如有必要，应当标明非锁定的切换位置
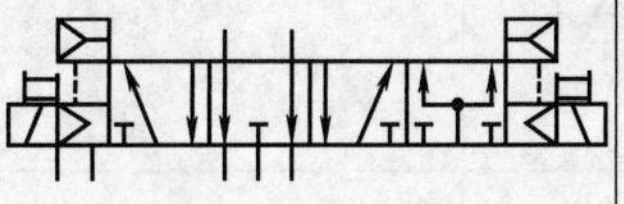	根据控制机构的工作状况，操作一端的控制机构可使阀芯从初始位置移入邻位 同时操作四位阀两端的控制机构，可以控制阀芯从初始位置移动两个位置		控制机构应在图中相应的矩形/正方形中直接标明
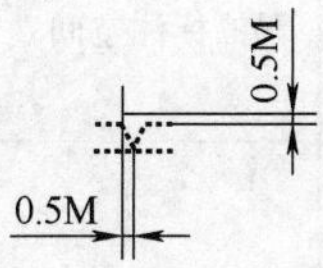 0.5M 0.5M	锁定机构应居中，或者在距凹口右或左 0.5M 的位置，且在轴上方 0.5M 处		控制机构应画在矩形/正方形的右侧，除非两侧均有
3M 3M 4M 5 0.5M	锁定槽应均匀置于轴上。对于三个以上的锁定槽，在锁定槽上方 0.5M 处用数字表示		如果尺寸不足，需要画出延长线，在机能位的两侧均可
		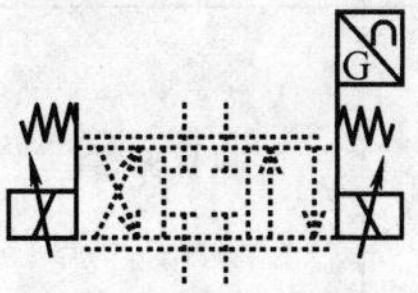 G	控制机构和信号转换器并联工作时，从底部到顶部应遵循以下顺序： ——液控/气控 ——电磁铁 ——弹簧 ——手动控制元件 ——转换器 如果同样的控制机构作用于机能位的两侧，其顺序必须对称放置，不允许符号重叠

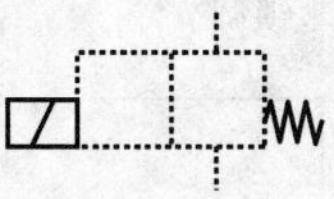

（续）

图形	描述
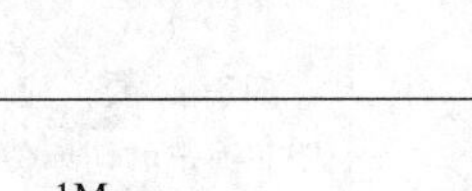	控制机构串联工作时应依照控制顺序表示 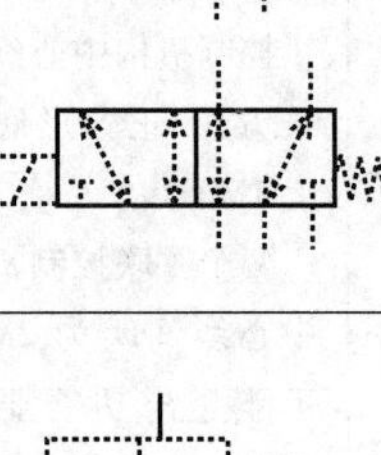
1M	锁定符号应在距离锁定机构 1M 距离处标出，该锁定符号表示带锁调节
m2M n2M 2M n2M n2M	符号设计时应使端口末端在 2M 倍数的网格上
	单线圈比例电磁铁
	可调节弹簧
nM mM	机能位的大小可随需要改变
	阀符号由各种机能位组成，每一种机能位代表一种阀芯位置和不同机能
	 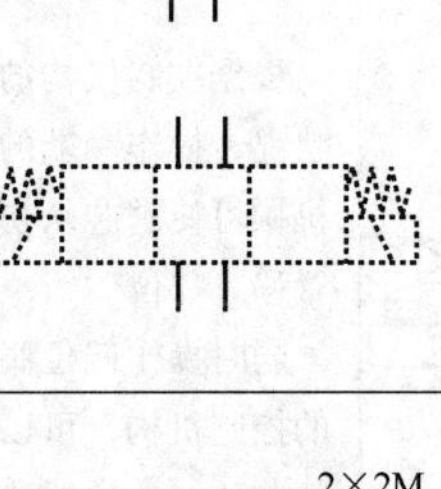 应在未受激励状态下的机能位（初始位置）上标注工作端口
2×2M 2M 4×2M 2M	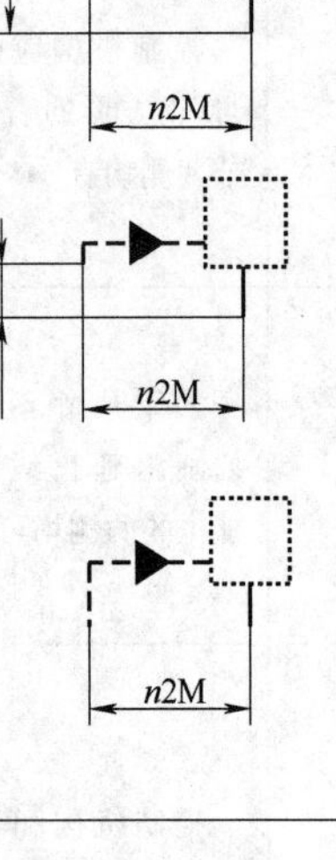 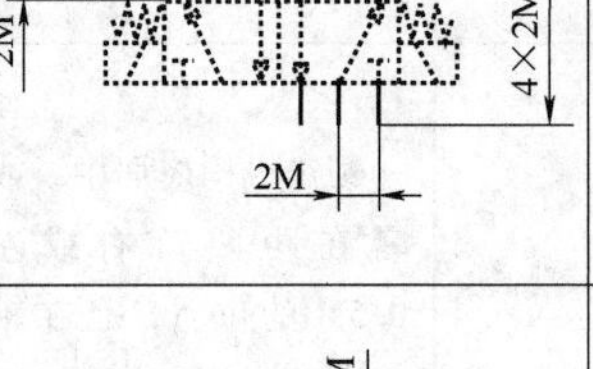 符号连接应位于 2M 的倍数网格上。相邻端口线的距离应为 2M，以保证端口标识码的标注空间
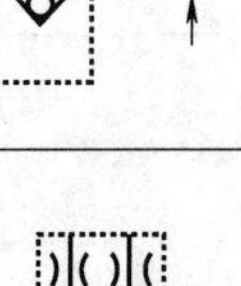 0.5M	功能：无泄漏（阀）
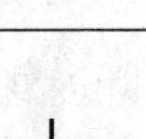	功能：内部流道节流（负遮盖）
	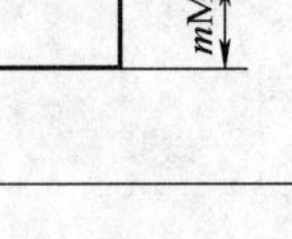 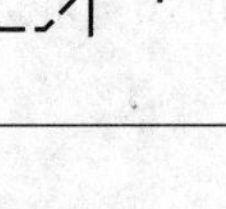 压力控制阀符号的基本位置由流动方向决定（供油/气口通常画在底部）
	比例阀、高频响阀和伺服阀的中位机能，零遮盖或正遮盖

（续）

图形	描述
	比例阀、高频响阀和伺服阀的中位机能，零遮盖或负遮盖（不超过3%）
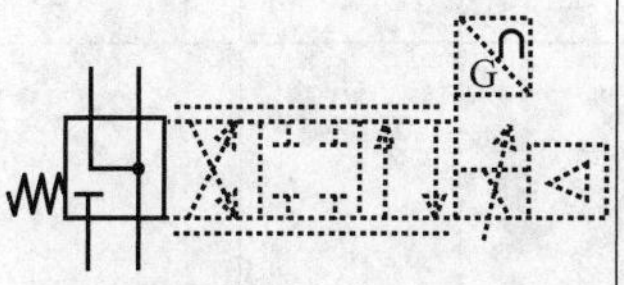 G	安全位应在控制范围以外的机能位表示
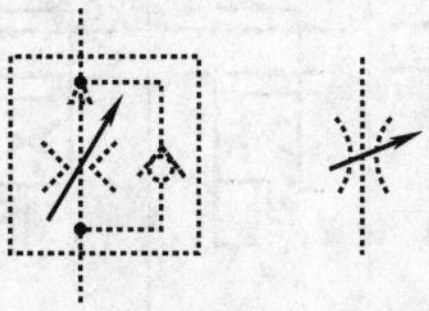	可调节要素应位于节流的中心位置
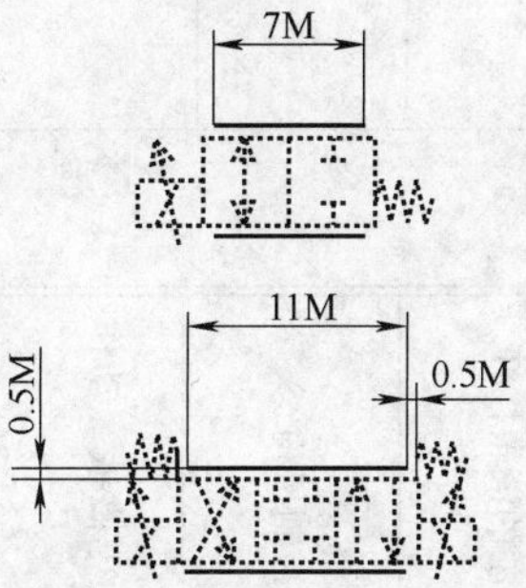 7M 11M 0.5M 0.5M	由两个及以上机能位且连续控制的阀，应沿符号画两条平行线
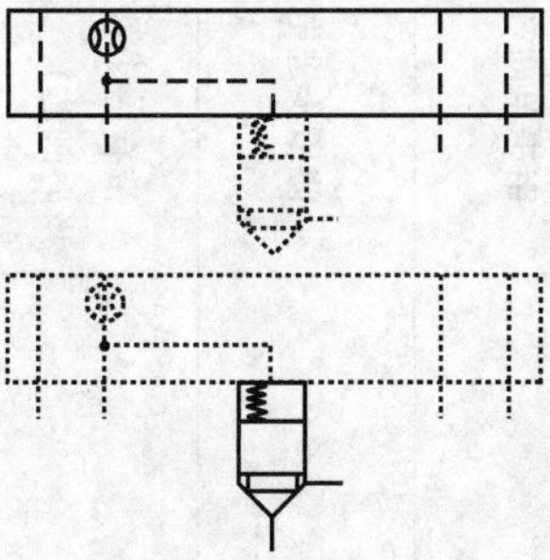	符号包括两个部分：控制盖板和插装阀芯（插装阀芯与/或控制盖板可包含更基础的要素或符号）
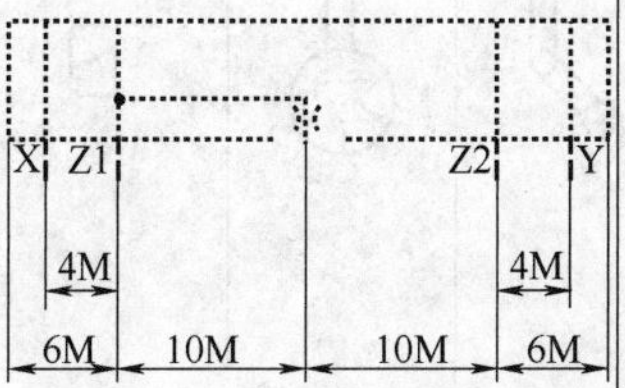 X Z1 Z2 Y 4M 4M 6M 10M 10M 6M	控制盖板的连接端口应位于框线中网格上，位置固定
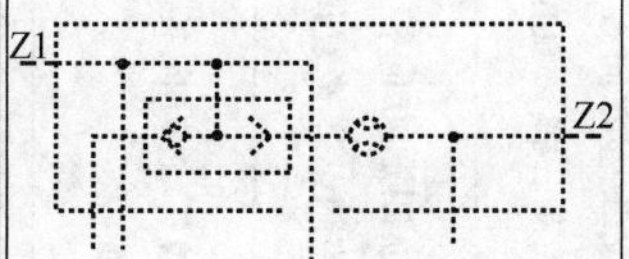 Z1 Z2	外部连接端口应画在两侧
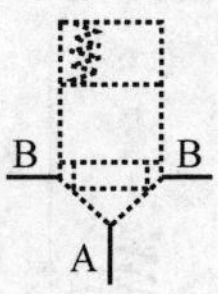 B B A	工作端口位于底部和符号侧边 A口位于底部，B口可在右边，或者左边，或两边都有
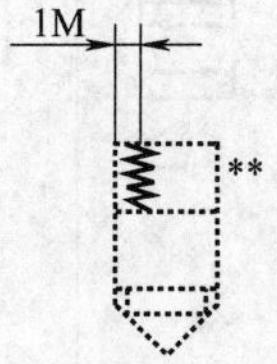 1M **	开启压力应在符号旁边标明（**处）
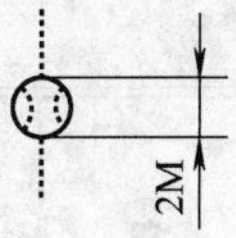 2M	如果节流可更换，其符号应画一个圆
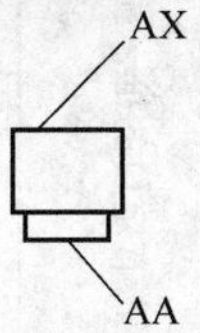 AX AA	锥阀结构，阀芯面积比0.7<AA/AX<1
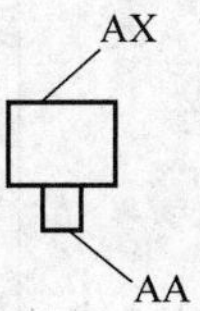 AX AA	锥阀结构，阀芯面积比AA/AX≤0.7
	有节流功能的，应按图示涂黑

2）液压控制阀符号应用示例见表20-22。

表 20-22 液压控制阀符号应用示例

分类	图形	描述	分类	图形	描述
		带有可拆卸把手和锁定要素的控制机构		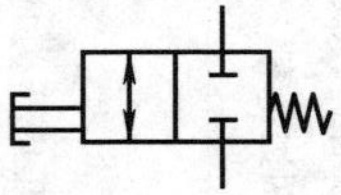	二位二通方向控制阀（双向流动，推压控制，弹簧复位，常闭）
		带有可调行程限位的推杆		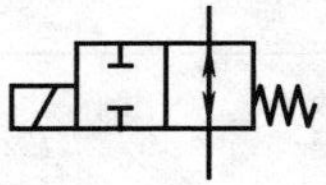	二位二通方向控制阀（电磁铁控制，弹簧复位，常开）
	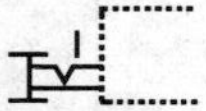	带有定位的推、拉控制机构		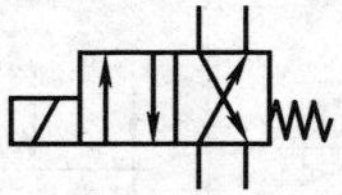	二位四通方向控制阀（电磁铁控制，弹簧复位）
	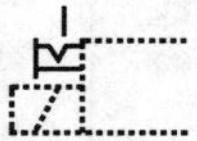	带有手动越权锁定的控制机构		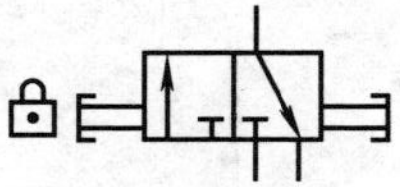	二位二通方向控制阀（带有挂锁）
	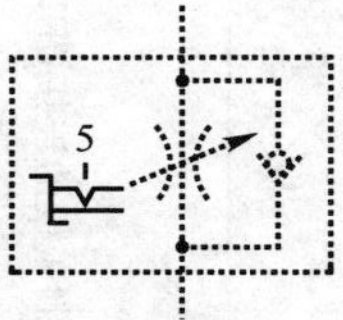	带有5个锁定位置的旋转控制机构		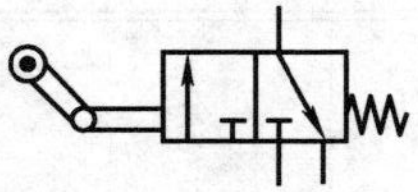	二位三通方向控制阀（单向行程的滚轮杠杆控制，弹簧复位）
	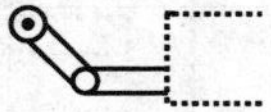	用于单向行程控制的滚轮杠杆		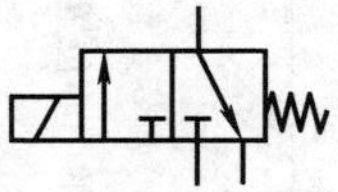	二位三通方向控制阀（单电磁铁控制，弹簧复位）
	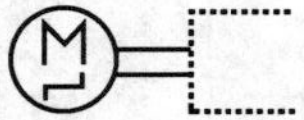	使用步进电机的控制机构		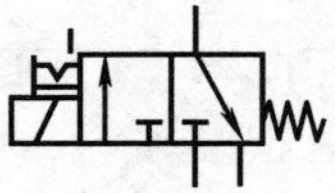	二位三通方向控制阀（单电磁铁控制，弹簧复位，手动越权锁定）
		带有一个线圈的电磁铁（动作指向阀芯）		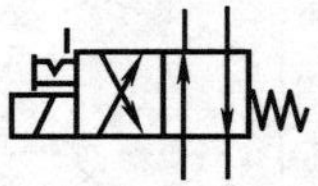	二位四通方向控制阀（单电磁铁控制，弹簧复位，手动越权锁定）
				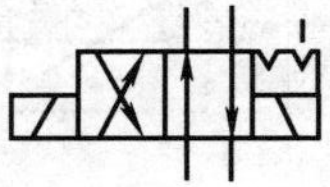	二位四通方向控制阀（双电磁铁控制，带有锁定机构，也称脉冲阀）

类别	图形符号	说明
控制机构		带有一个线圈的电磁铁（动作背离阀芯）
		带有两个线圈的电气控制装置（一个动作指向阀芯，另一个动作背离阀芯）
		带有一个线圈的电磁铁（动作指向阀芯，连续控制）
		带有一个线圈的电磁铁（动作背离阀芯，连续控制）
		带有两个线圈的电气控制装置（一个动作指向阀芯，另一个动作背离阀芯，连续控制）
		外部供油的电液先导控制机构
		机械反馈
		外部供油的带有两个线圈的电液两级先导控制机构（双向工作，连续控制）

类别	图形符号	说明
方向控制阀		二位四通方向控制阀（电液先导控制，弹簧复位）
		三位四通方向控制阀（电液先导控制，先导级电气控制，主级液压控制，先导级和主级弹簧对中，外部先导供油，外部先导回油）
		三位四通方向控制阀（双电磁铁控制，弹簧对中）
		二位四通方向控制阀（液压控制，弹簧复位）
		三位四通方向控制阀（液压控制，弹簧对中）
		二位五通方向控制阀（双向踏板控制）
		三位五通方向控制阀（手柄控制，带有定位机构）
		二位三通方向控制阀（电磁控制，无泄漏，带有位置开关）
		二位三通方向控制阀（电磁控制，无泄漏）

（续）

分类	图形	描述
压力控制阀		溢流阀（直动式，开启压力由弹簧调节）
		顺序阀（直动式，手动调节设定值）
		顺序阀（带有旁通单向阀）
		二通减压阀（直动式，外泄型）
		二通减压阀（先导式，外泄型）
		防气蚀溢流阀（用来保护两条供压管路）

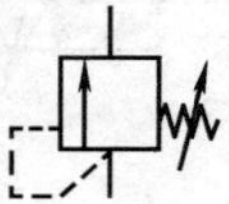

分类	图形	描述
流量控制阀		流量控制阀（滚轮连杆控制，弹簧复位）
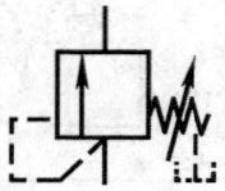	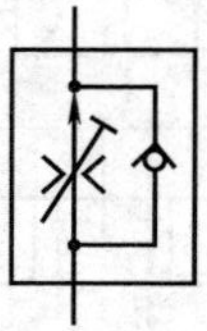	二通流量控制阀（开口度预设置，单向流动，流量特性基本与压降和黏度无关，带有旁路单向阀）
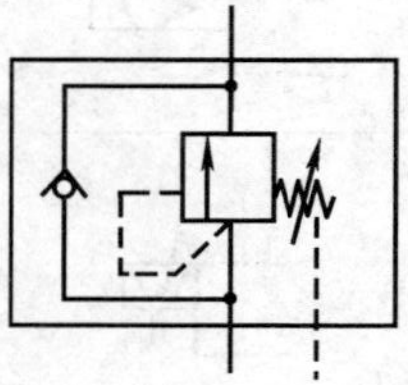		三通流量控制阀（开口度可调节，将输入流量分为固定流量和剩余流量）
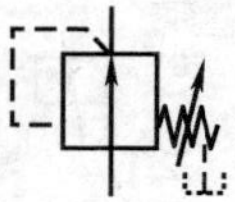	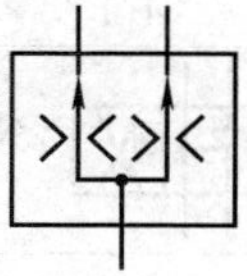	分流阀（将输入流量分成两路输出流量）
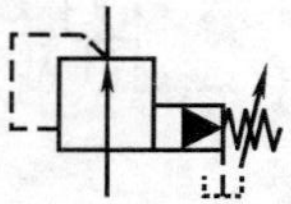	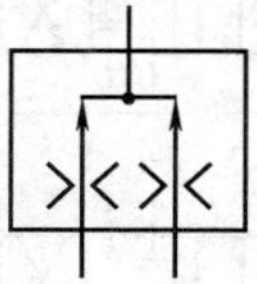	集流阀（将两路输入流量合成一路输出流量）
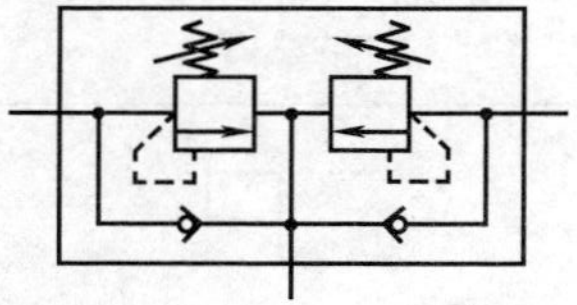		单向阀（只能在一个方向自由流动）

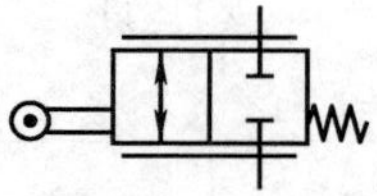

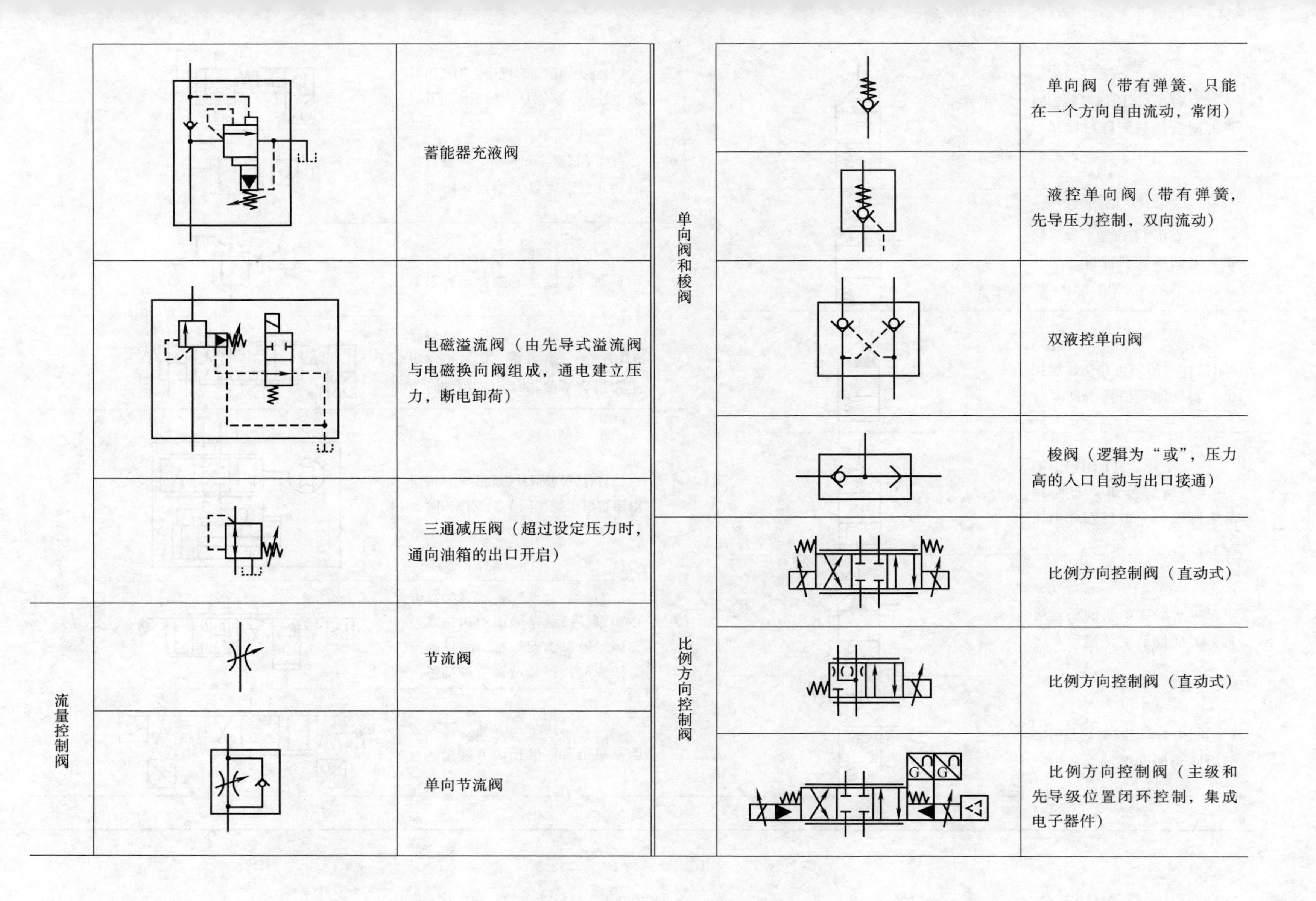

类别	图形符号	说明
		蓄能器充液阀
		电磁溢流阀（由先导式溢流阀与电磁换向阀组成，通电建立压力，断电卸荷）
		三通减压阀（超过设定压力时，通向油箱的出口开启）
流量控制阀		节流阀
		单向节流阀
单向阀和梭阀		单向阀（带有弹簧，只能在一个方向自由流动，常闭）
		液控单向阀（带有弹簧，先导压力控制，双向流动）
		双液控单向阀
		梭阀（逻辑为“或”，压力高的入口自动与出口接通）
比例方向控制阀		比例方向控制阀（直动式）
		比例方向控制阀（直动式）
		比例方向控制阀（主级和先导级位置闭环控制，集成电子器件）

（续）

分类	图形	描述	分类	图形	描述
比例方向控制阀	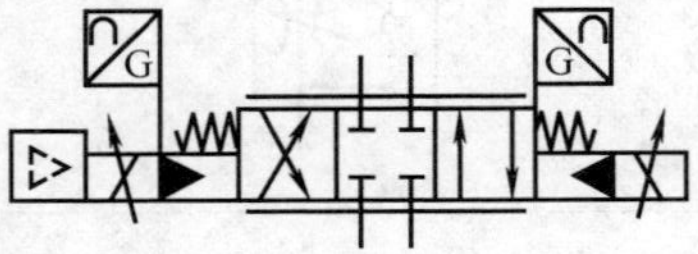	伺服阀（主级和先导级位置闭环控制，集成电子器件）		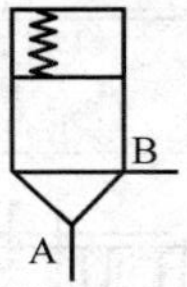	压力控制和方向控制插装阀插件（锥阀结构，面积比1：1）
	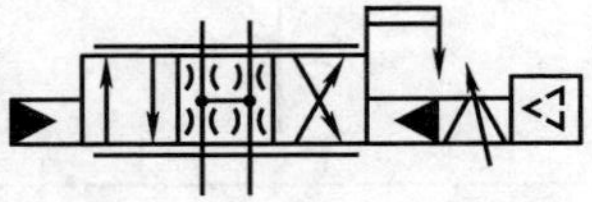	伺服阀（先导级带双线圈电气控制机构，双向连续控制，阀芯位置机械反馈到先导级，集成电子器件）		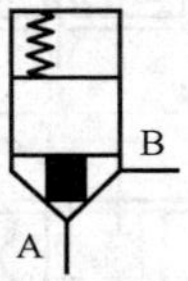	方向控制插装阀插件（带节流端的锥阀结构，面积比≤0.7）
	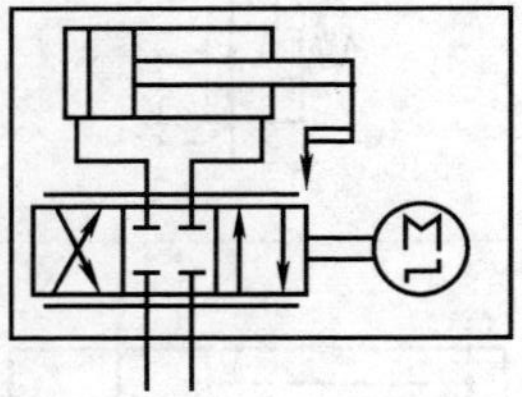	伺服阀控缸（伺服阀由步进电机控制，液压缸带有机械位置反馈）		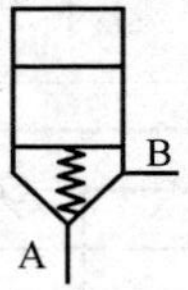	压力控制和方向控制插装阀插件（锥阀结构，常开，面积比1：1）
		伺服阀（带有电源失效情况下的预留位置，电反馈，集成电子器件）		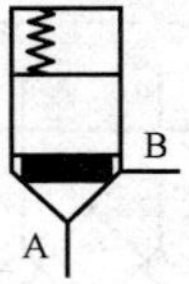	方向控制插装阀插件（带节流端的锥阀结构，面积比>0.7）
	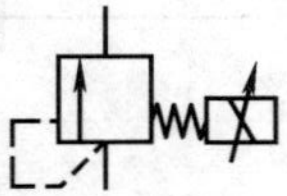	比例溢流阀（直动式，通过电磁铁控制弹簧来控制）		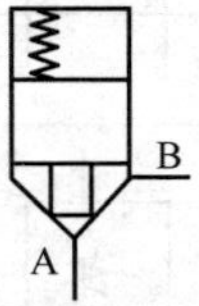	方向控制插装阀插件（锥阀结构，面积比≤0.7）
	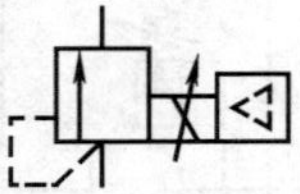	比例溢流阀（直动式，电磁铁直接控制，集成电子器件）		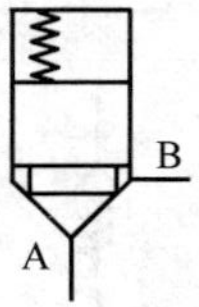	方向控制插装阀插件（锥阀结构，面积比>0.7）
	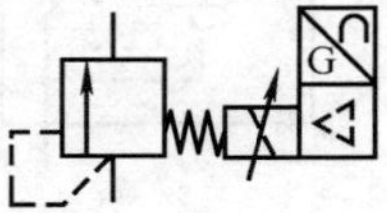	比例溢流阀（直动式，带有电磁铁位置闭环控制，集成电子器件）			

类别	图形符号	说明
比例压力控制阀	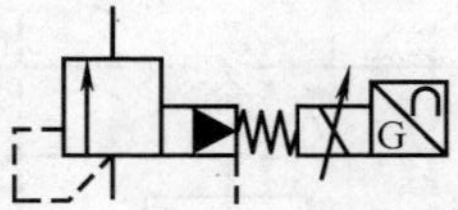	比例溢流阀（带有电磁铁位置反馈的先导控制，外泄型）
	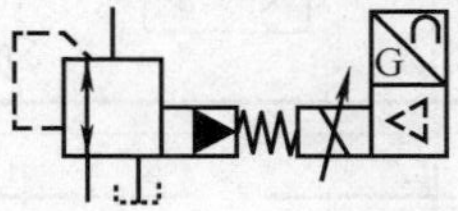	三通比例减压阀（带有电磁铁位置闭环控制，集成电子器件）
	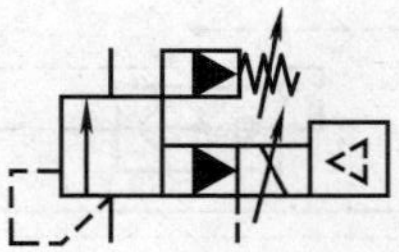	比例溢流阀（先导式，外泄型，带有集成电子器件，附加先导级以实现手动调节压力或最高压力下溢流功能）
比例流量控制阀	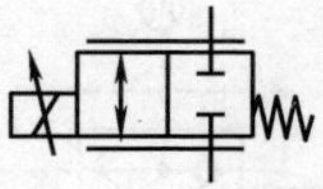	比例流量控制阀（直动式）
	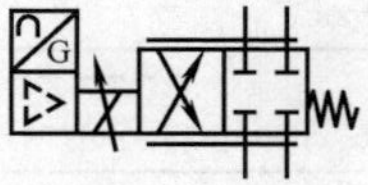	比例流量控制阀（直动式，带有电磁铁位置闭环控制，集成电子器件）
	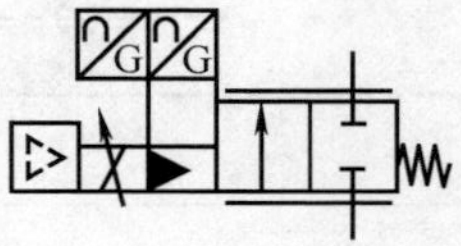	比例流量控制阀（直动式，主级和先导级位置控制，集成电子器件）
		比例节流阀（不受黏度变化影响）
二通盖板式插装阀	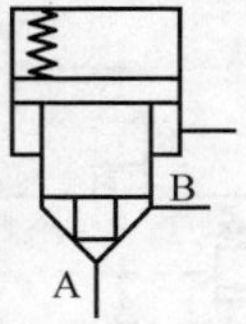	主动方向控制插装阀插件（锥阀结构，先导压力控制）
	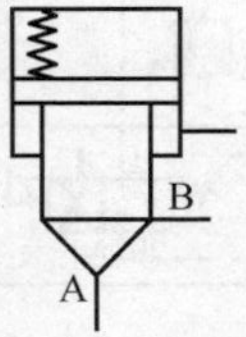	主动方向控制插装阀插件（B端无面积差）
	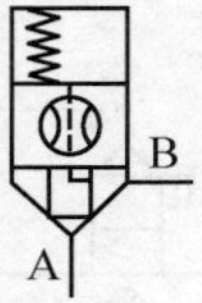	方向控制插装阀插件（单向流动，锥阀结构，内部先导供油，带有可替换的节流孔）
	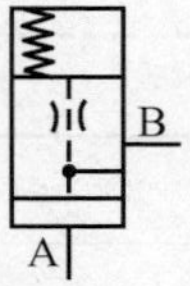	溢流插装阀插件（滑阀结构，常闭）
	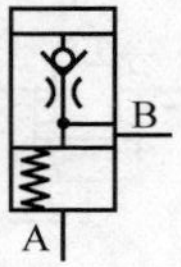	减压插装阀插件（滑阀结构，常闭，带有集成的单向阀）
		减压插装阀插件（滑阀结构，常开，带有集成的单向阀）

（续）

分类	图形	描述
二通盖板式插装阀	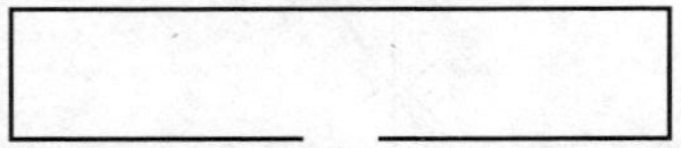	无端口控制盖板
	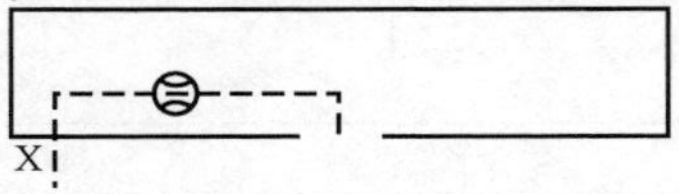	带有先导端口的控制盖板
	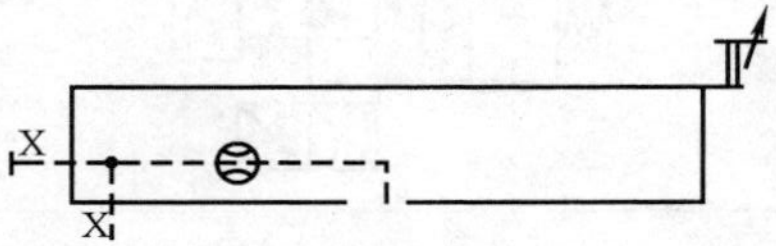	带有先导端口的控制盖板（带有可调行程限制装置和遥控端口）
	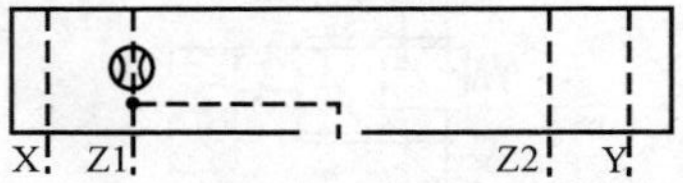	可安装附加元件的控制盖板
	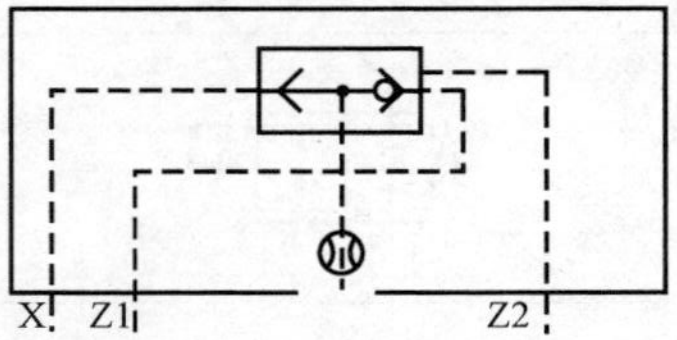	带有梭阀的控制盖板，梭阀液压控制
	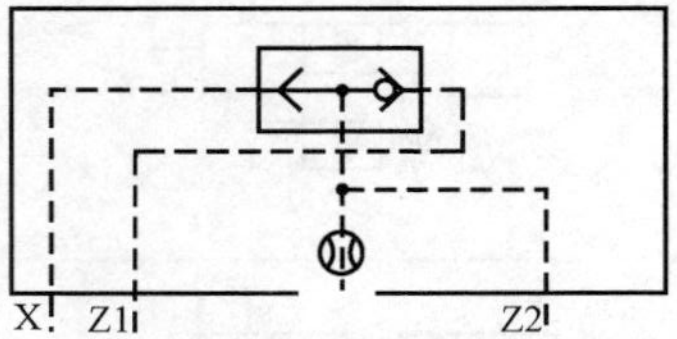	带有梭阀的控制盖板
	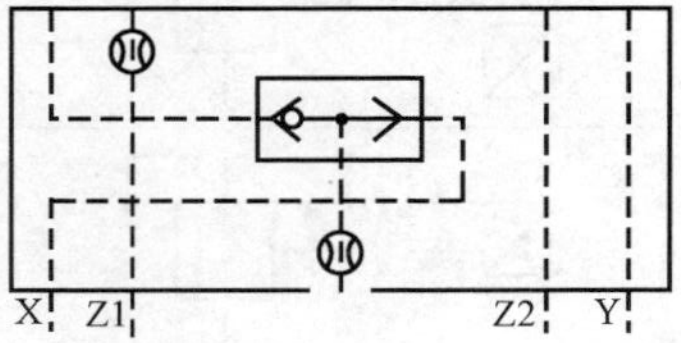	带有梭阀的控制盖板（可安装附加元件）
二通盖板式插装阀	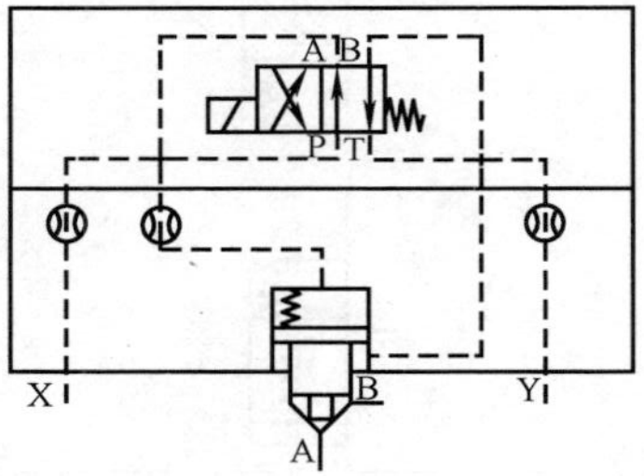	二通插装阀（带有内置方向装置阀，主动控制）
	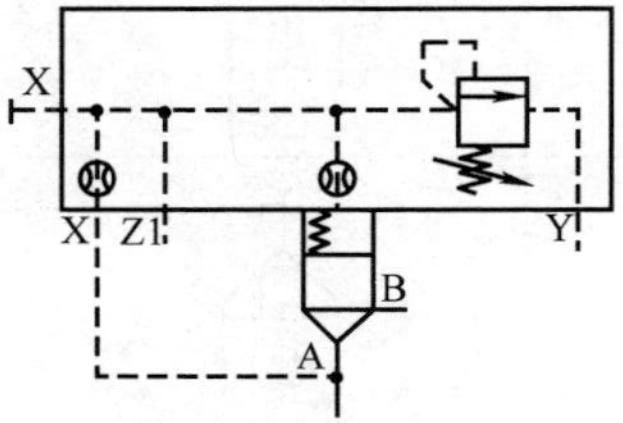	二通插装阀（带有溢流功能）
	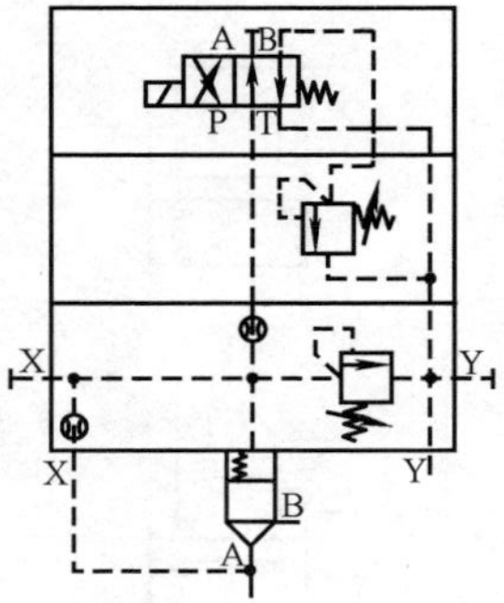	二通插装阀（带有溢流功能，两种调节压力可选择）

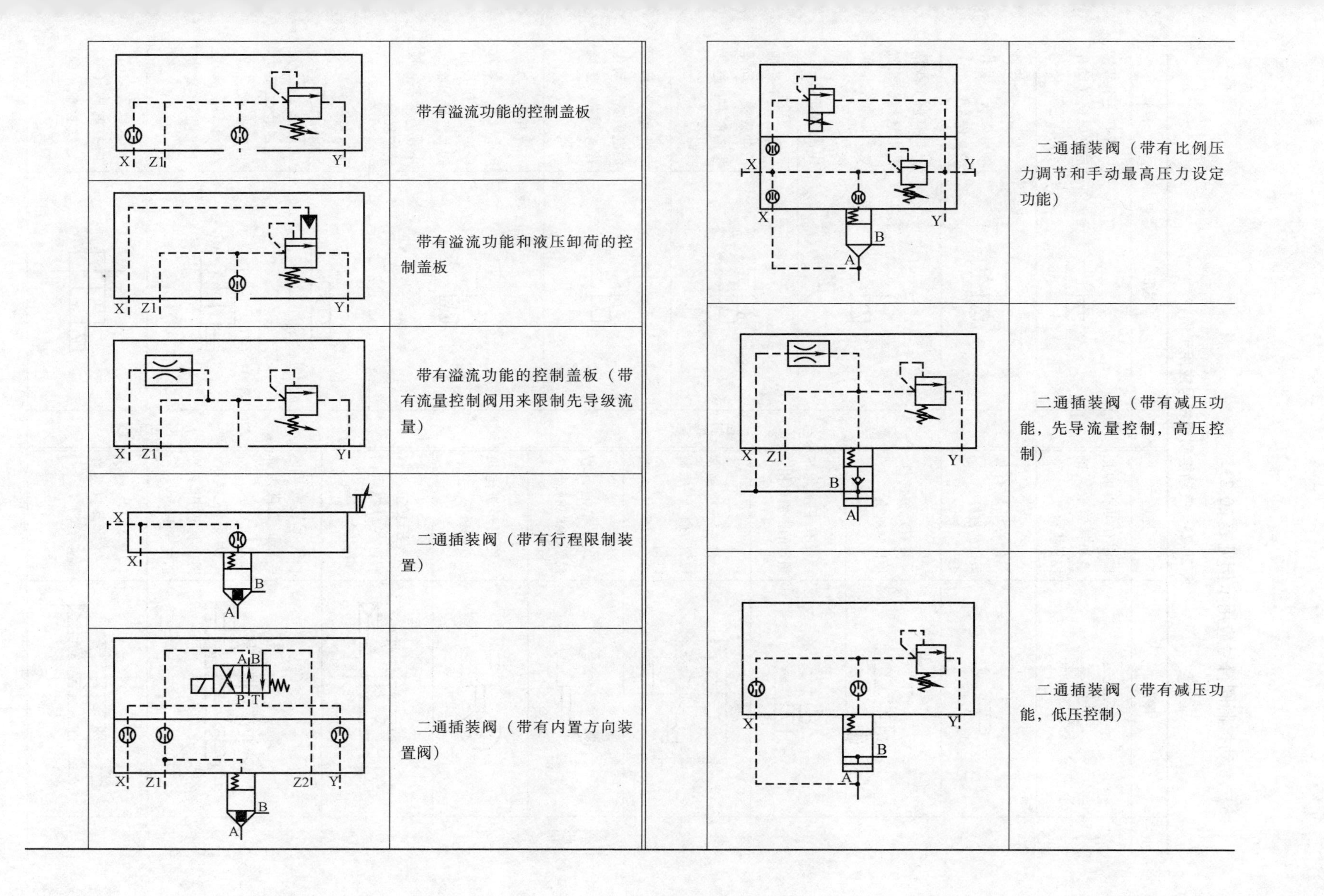

带有溢流功能的控制盖板

带有溢流功能和液压卸荷的控制盖板

带有溢流功能的控制盖板（带有流量控制阀用来限制先导级流量）

二通插装阀（带有行程限制装置）

二通插装阀（带有内置方向装置阀）

二通插装阀（带有比例压力调节和手动最高压力设定功能）

二通插装阀（带有减压功能，先导流量控制，高压控制）

二通插装阀（带有减压功能，低压控制）

3）气动控制阀符号应用示例见表 20-23。

表 20-23 气动控制阀符号应用示例

分类	图形	描述	分类	图形	描述
控制机构	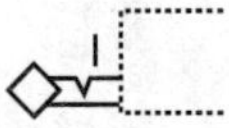	带有可拆卸把手和锁定要素的控制机构	控制机构	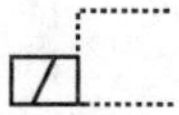	带有一个线圈的电磁铁（动作指向阀芯）
	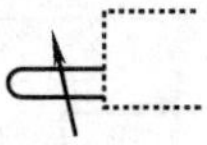	带有可调行程限位的推杆		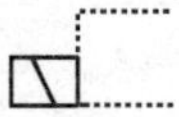	带有一个线圈的电磁铁（动作背离阀芯）
	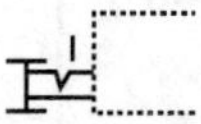	带有定位的推、拉控制机构		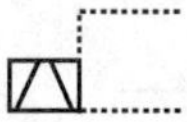	带有两个线圈的电气控制装置（一个动作指向阀芯，另一个动作背离阀芯）
	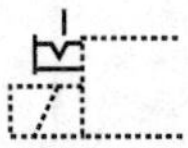	带有手动越权锁定的控制机构		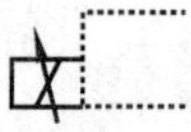	带有一个线圈的电磁铁（动作指向阀芯，连续控制）
	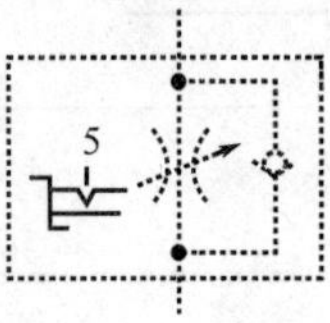	带有 5 个锁定位置的旋转控制机构			带有一个线圈的电磁铁（动作背离阀芯，连续控制）
	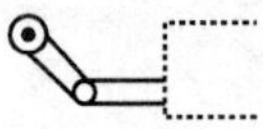	用于单向行程控制的滚轮杠杆		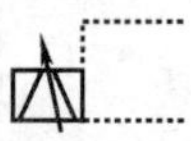	带有两个线圈的电气控制装置（一个动作指向阀芯，另一个动作背离阀芯，连续控制）
	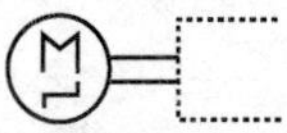	使用步进电机的控制机构		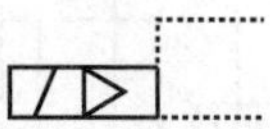	电控气动先导控制机构
	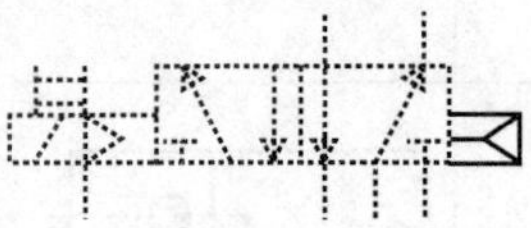	气压复位（从阀进气口提供内部压力）	方向控制阀	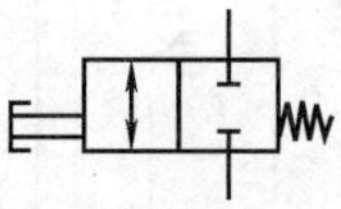	二位二通方向控制阀（双向流动，推压控制，弹簧复位，常闭）
	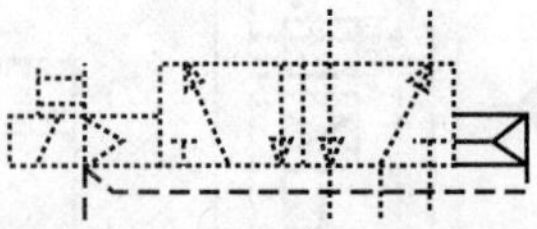	气压复位（从先导口提供内部压力） 为更易理解，图中标识出了外部先导线		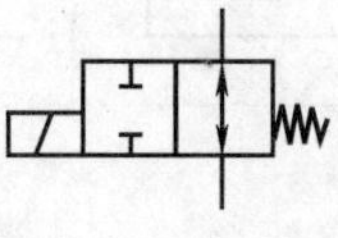	二位二通方向控制阀（电磁铁控制，弹簧复位，常开）
	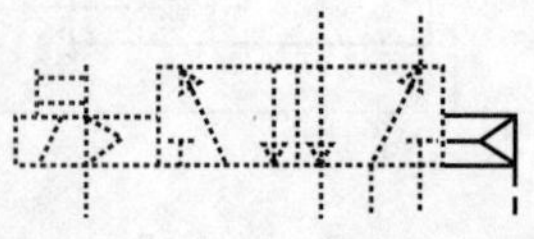	气压复位（外部压力源）			

（续）

分类	图形	描述
方向控制阀	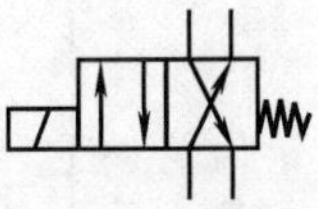	二位四通方向控制阀（电磁铁控制，弹簧复位）
	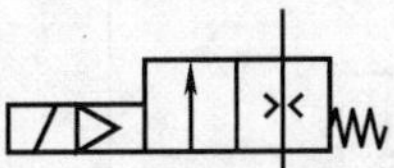	气动软启动阀（电磁铁控制内部先导控制）
	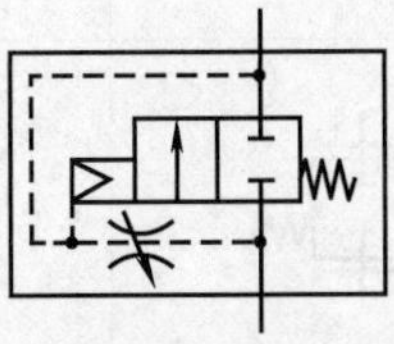	延时控制气动阀（其入口接入一个系统，使得气体低速流入直至达到预设压力才使阀口）
	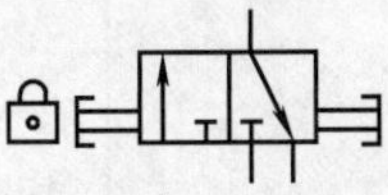	二位二通方向控制阀（带有挂锁）
	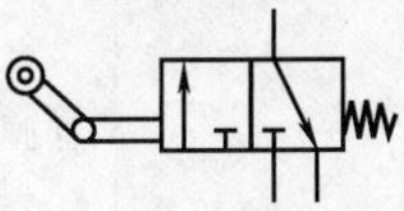	二位三通方向控制阀（单向行程的滚轮杠杆控制，弹簧复位）
	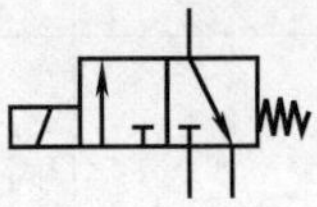	二位三通方向控制阀（单电磁铁控制，弹簧复位，常闭）
	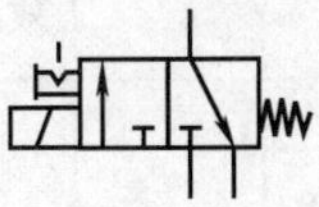	二位三通方向控制阀（单电磁铁控制，弹簧复位，手动锁定）
	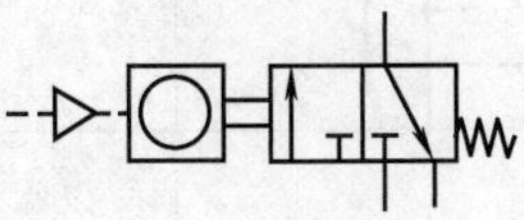	脉冲计数器（带有气动输出信号）
	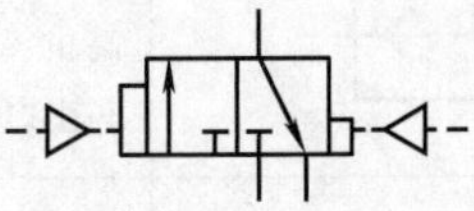	二位三通方向控制阀（差动先导控制）
	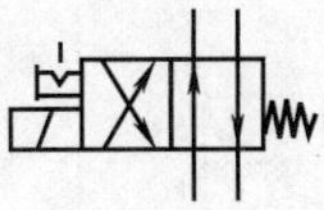	二位四通方向控制阀（单电磁铁控制，弹簧复位，手动锁定）
方向控制阀	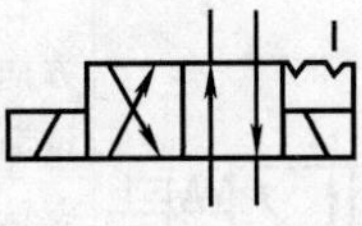	二位四通方向控制阀（双电磁铁控制，带有锁定机构，也称脉冲阀）
	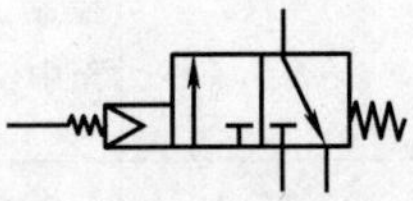	二位三通方向控制阀（气动先导和扭力杆控制，弹簧复位）
	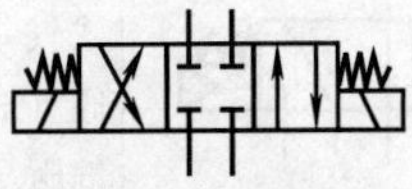	三位四通方向控制阀（双电磁铁控制，弹簧对中）
	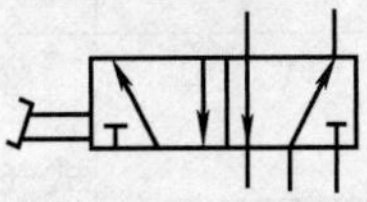	二位五通方向控制阀（双向踏板控制）
	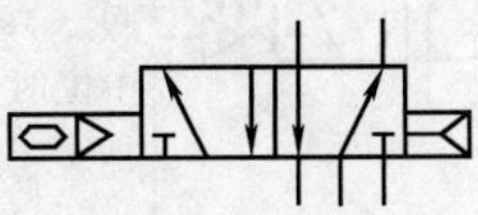	二位五通气动方向控制阀（先导式压电控制，气压复位）
	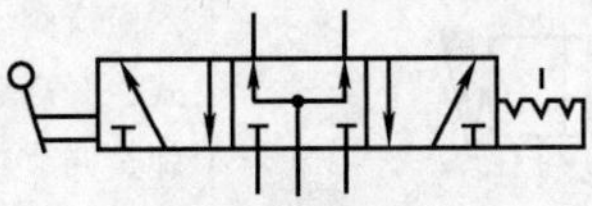	三位五通方向控制阀（手柄控制，带有定位机构）
	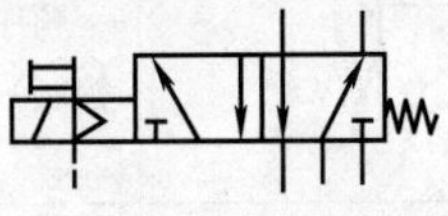	二位五通方向控制阀（单电磁铁控制，外部先导供气，手动辅助控制，弹簧复位）
	气压复位供压具有如下可能 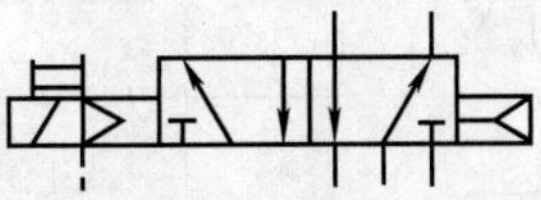 从阀进气口提供内部压力 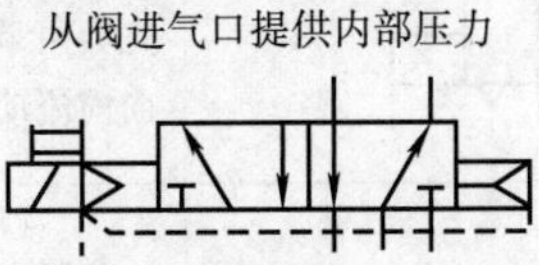 从先导口提供内部压力 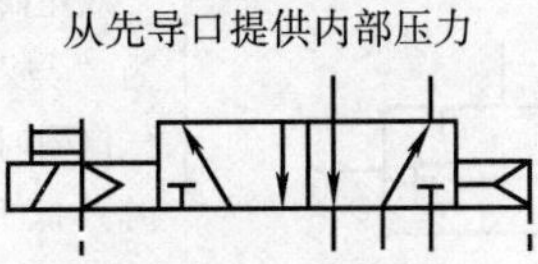 外部压力源	二位五通气动方向控制阀（电磁铁气动先导控制，外部先导供气，气压复位，手动辅助控制）

（续）

分类	图形	描述
方向控制阀	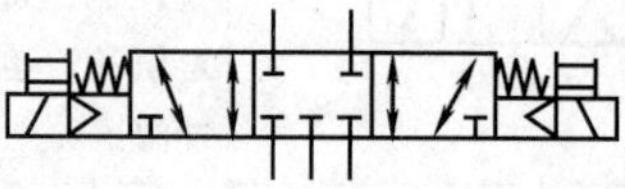	三位五通气动方向控制阀（中位断开，两侧电磁铁与内部气动先导和手动辅助控制，弹簧复位至中位）
	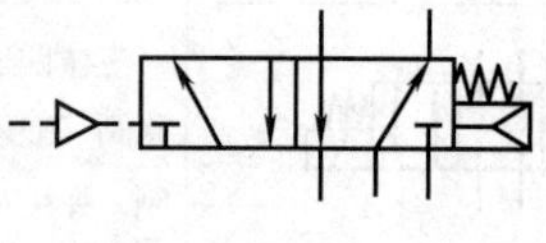	二位五通直动式气动方向控制阀（机械弹簧与气压复位）
	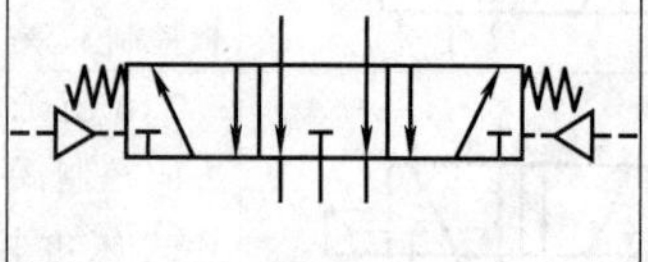	三位五通直动式气动方向控制阀（弹簧对中，中位时两出口都排气）
压力控制阀	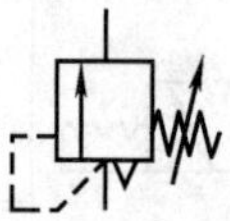	溢流阀（直动式，开启压力由弹簧调节）
	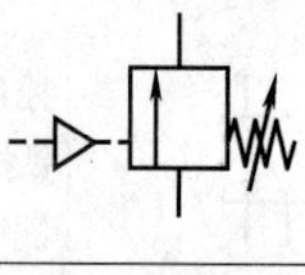	顺序阀（外部控制）
	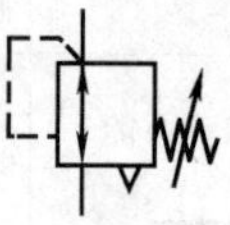	减压阀（内部流向可逆）
	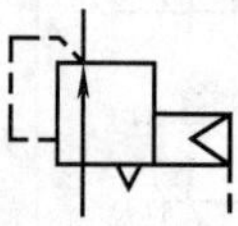	减压阀（远程先导可调，只能向前流动）
	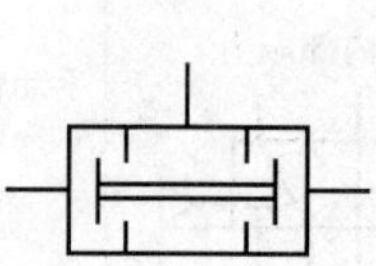	双压阀（逻辑为“与”，两进气口同时有压力时，低压力输出）

分类	图形	描述
节流阀		节流阀
	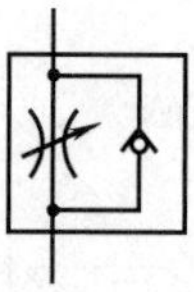	单向节流阀
	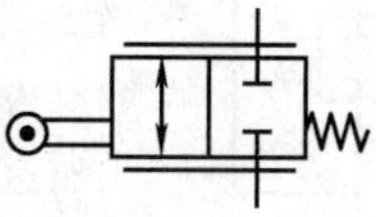	流量控制阀（滚轮连杆控制，弹簧复位）
单向阀和梭阀		单向阀（只能在一个方向自由流动）
		单向阀（带有弹簧，只能在一个方向自由流动，常闭）
	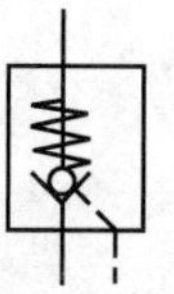	先导式单向阀（带有弹簧，先导压力控制，双向流动）
	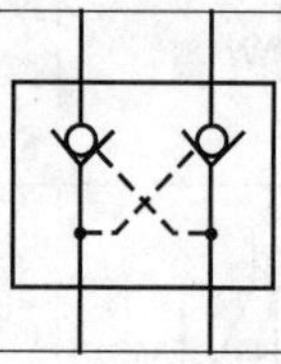	气压锁（双气控单向阀组）
	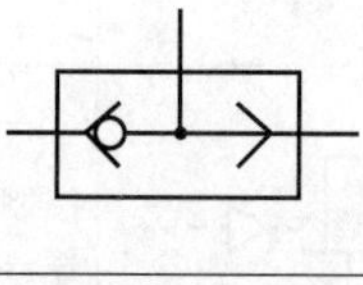	梭阀（逻辑为“或”，压力高的入口自动与出口接通）
	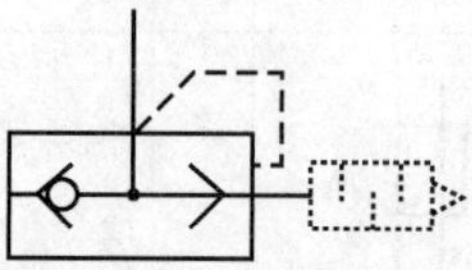	快速排气阀（带消音器）

（续）

分类	图形	描述	分类	图形	描述
比例方向控制阀	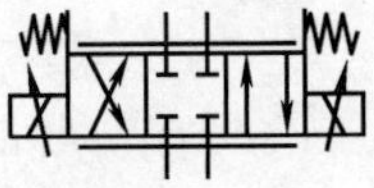	比例方向控制阀（直动式）	比例压力控制阀	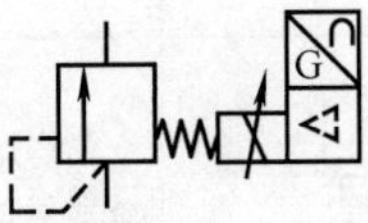	直动式比例溢流阀（带电磁铁位置闭环控制，集成电子器件）
比例压力控制阀	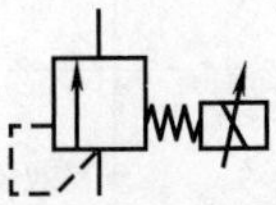	直动式比例溢流阀（通过电磁铁控制弹簧来控制）	比例流量控制阀	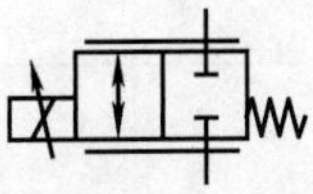	比例流量控制阀（直动式）
	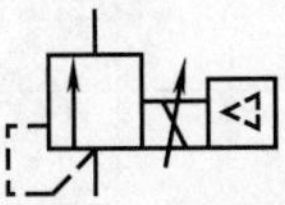	直动式比例溢流阀（电磁铁直接控制，带有集成电子器件）		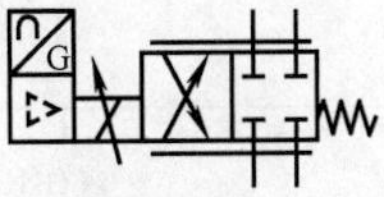	比例流量控制阀（直动式，带有电磁铁位置闭环控制，集成电子器件）

20.2.4 缸

1）缸符号的应用规则见表20-24。

表20-24 缸符号的应用规则

图形	描述	图形	描述
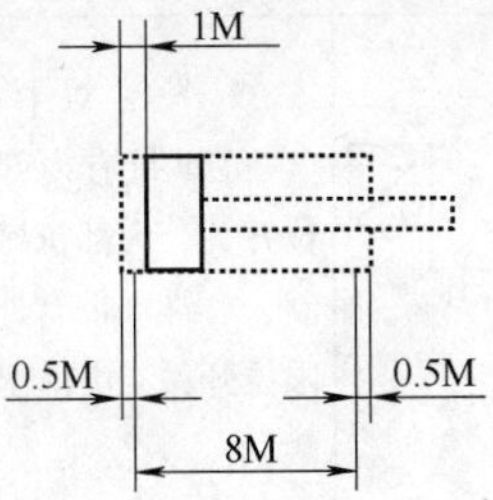	活塞应距离缸端盖1M以上。连接端口距离缸的末端应当在0.5M以上	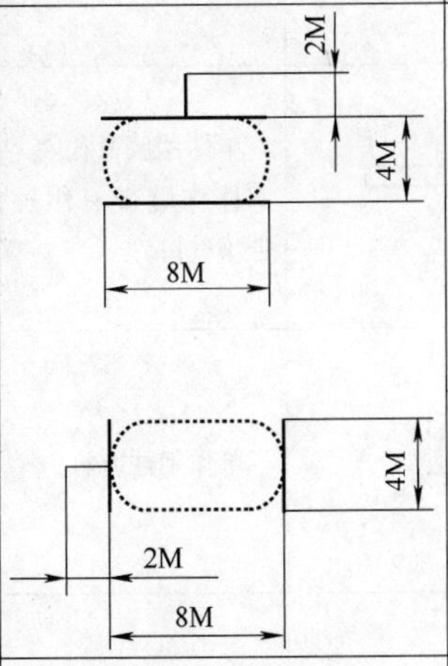	机械限位应以对称方式标出
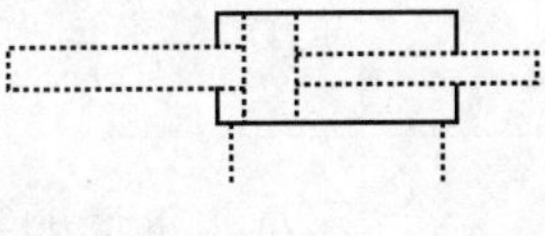	缸筒应与活塞杆要素相匹配	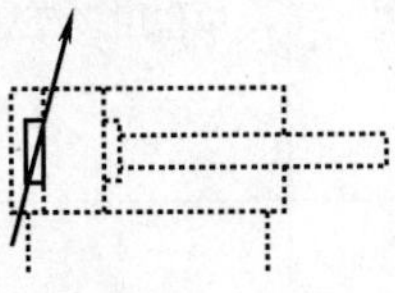	可调节机能由标识在调节要素中的箭头表示。如果有两个可调节要素，可调节机能应表示在其中间位置
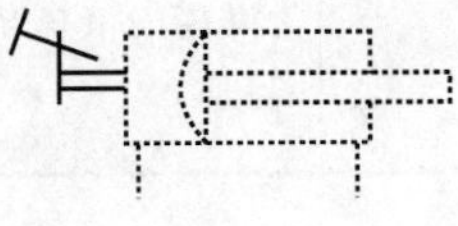	行程限位应在缸筒末端标出	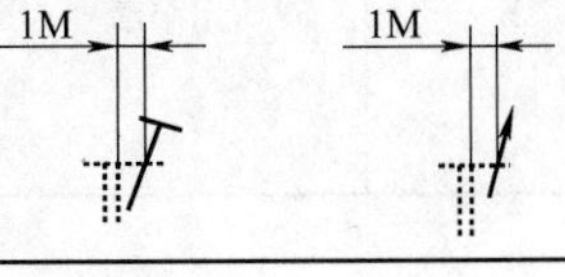	要素应居中且与相应符号有1M间距

2）液压缸符号的应用示例见表 20-25。

表 20-25 液压缸符号的应用示例

图形	描述	图形	描述
	单作用单杆缸（靠弹簧力回程，弹簧腔带连接油口）		双作用带式无杆缸（活塞两端带有位置缓冲）
	双作用单杆缸		双作用绳索式无杆缸（活塞两端带有可调节位置缓冲）
	双作用双杆缸（活塞杆直径不同，双侧缓冲，右侧缓冲带调节）	G	双作用磁性无杆缸（仅右边终端带有位置开关）
	双作用膜片缸（带有预定行程限位器）		行程两端带有定位的双作用缸
	单作用膜片缸（活塞杆终端带有缓冲，带排气口）	G G	双作用双杆缸（左终点带有内部限位开关，内部机械控制，右终点带有外部限位开关，由活塞杆触发）
	单作用柱塞缸		单作用气-液压力转换器（将气体压力转换为等值的液体压力）
	单作用多级缸	p1 p2	单作用增压器（将气体压力 p1 转换为更高的液体压力 p2）
	双作用多级缸		

3）气缸符号的应用示例见表 20-26。

表 20-26 气缸符号的应用示例

图形	描述	图形	描述
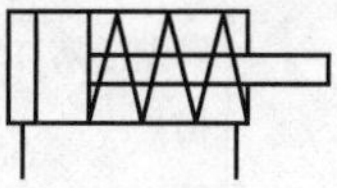	单作用单杆缸（靠弹簧力复位，弹簧腔带连接气口）	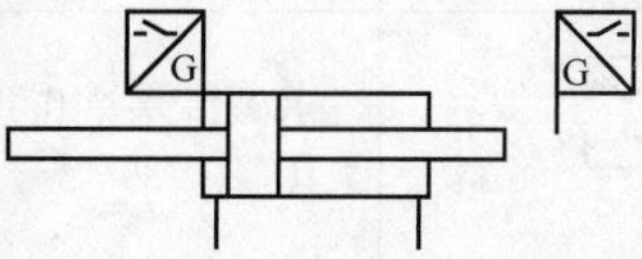	双作用双杆缸（左终点带有内部限位开关，内部机械控制，右终点带有外部限位开关，由活塞杆触发）
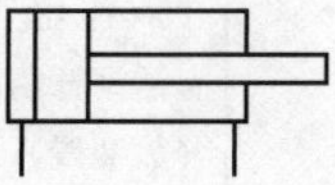	双作用单杆缸	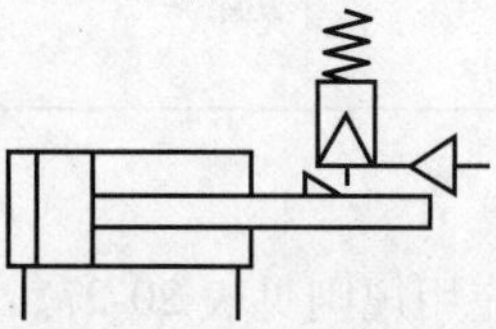	双作用单出杆缸（带有用于锁定活塞杆并通过在预定位置加压解锁的机构）
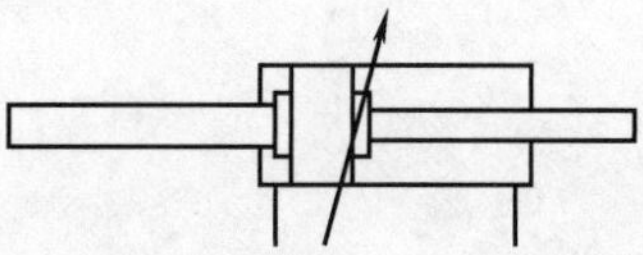	双作用双杆缸（活塞杆直径不同，双侧缓冲，右侧缓冲带调节）	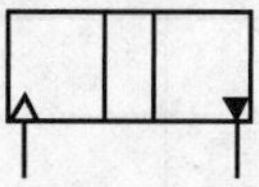	单作用气-液压力转换器（将气体压力转换为等值的液体压力）
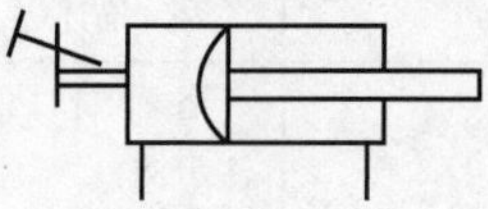	双作用膜片缸（带有预定行程限位器）	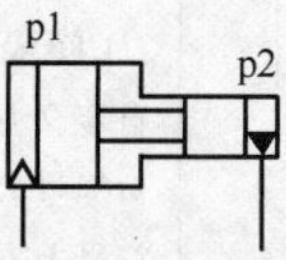	单作用增压器（将气体压力 p1 转换为更高的液体压力 p2）
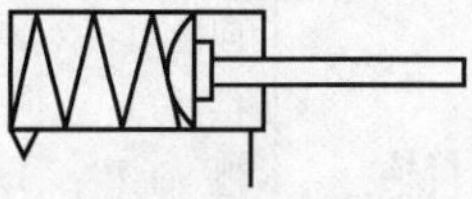	单作用膜片缸（活塞杆终端带有缓冲，带排气口）	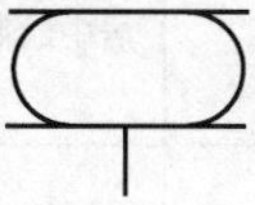	波纹管缸
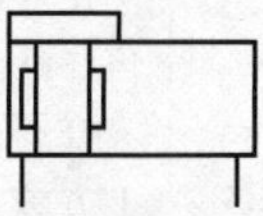	双作用带式无杆缸（活塞两端带有位置缓冲）	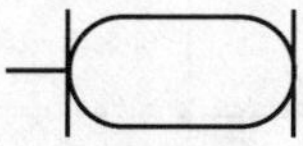	软管缸
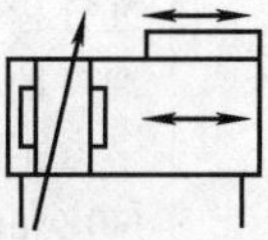	双作用绳索式无杆缸（活塞两端带有可调节位置缓冲）	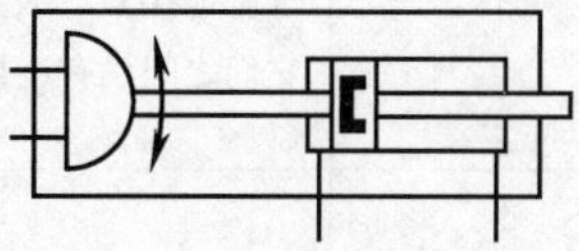	半回转线性驱动（永磁活塞双作用缸）
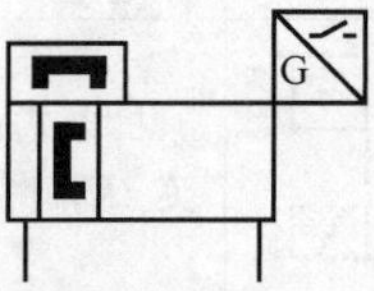	双作用磁性无杆缸（仅右边终端带有位置开关）	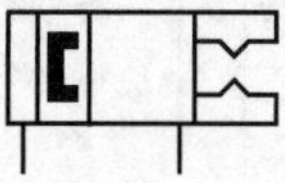	永磁活塞双作用夹具
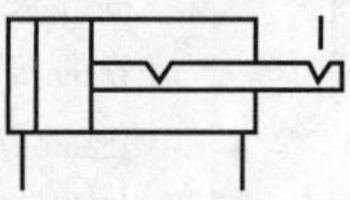	行程两端带有定位的双作用缸		

（续）

图形	描述	图形	描述
	永磁活塞双作用夹具		双作用气缸（带有可在任意位置加压解锁活塞杆的锁定机构）
	永磁活塞单作用夹具		双作用气缸（带有活塞杆制动和加压释放装置）
	永磁活塞单作用夹具		

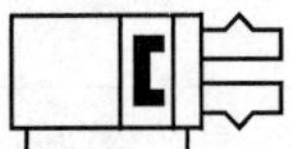

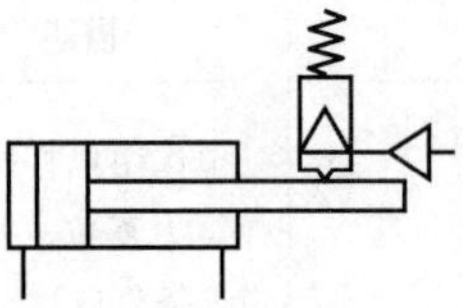

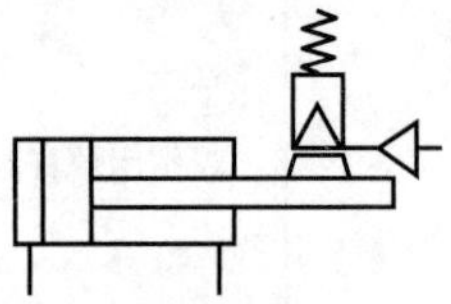

20.2.5　附件

1）附件符号的应用规则见表20-27。

表20-27　附件符号的应用规则

分类	图形	描述	分类	图形	描述
管接头		多路旋转管接头两边的接口都有2M间隔。数字可自定义并扩展。接口标号表示在接口符号上方 流道的汇集线应居中绘制	管接头		各种端口的标注示例： A、B：油口；P：供油口；T：回油口；X：先导供油口；Y：先导泄油口；3、5：排气口；2、4：工作口；1：供气口；14：控制口 在每个端口的上方或者左边应留出充足的空间进行标注。每个端口的字母、数字标注液压符合ISO 9461，气动符合ISO 11727
		两条管路的连接应标出连接点			
		两条管路交叉但没有连接点，表明它们之间没有连接			
		符号的所有端口应标出	电气装置		机电式位置开关（如阀芯位置）
					带开关量输出信号的接近开关（如监视方向控制阀中的阀芯位置）

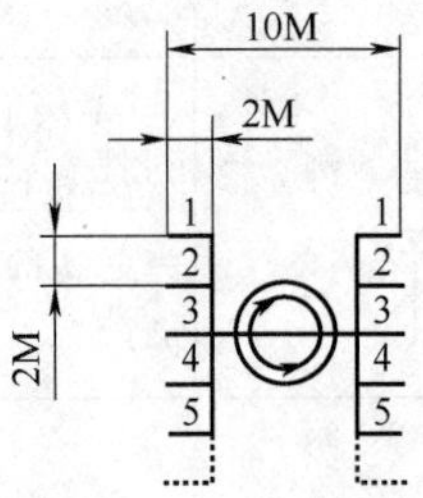

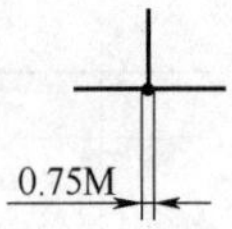

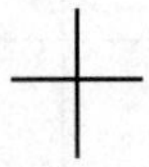

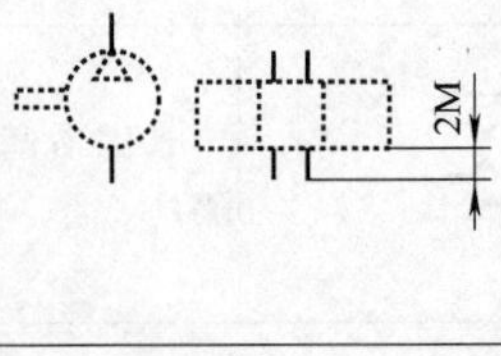

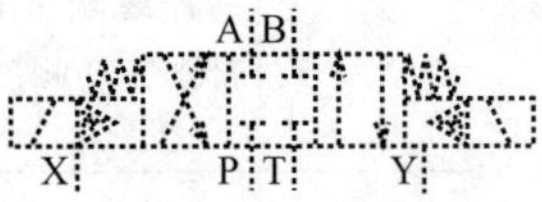

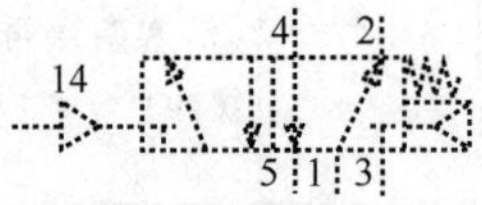

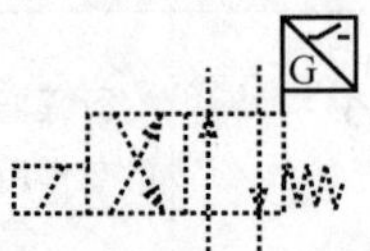

（续）

分类	图形	描述	分类	图形	描述
电气装置	G	带模拟信号输出的位置信号转换器	能量源	4M	气源
	4	两个及以上触点可以画在一个框内，每一个触点可有不同功能（常闭触点、常开触点、开关触点） 如果多于三个触点，可用数字标注在触点上方 0.5M 位置		4M	液压油源
			测量设备和指示器	1.5M 1.25M 3.75M	指示器中箭头和星号的绘制位置 ＊处为指示要素的位置

2）液压附件符号的应用示例见表 20-28。

表 20-28　液压附件符号的应用示例

分类	图形	描述	分类	图形	描述
连接和管接头		软管总成	连接和管接头		快换接头（不带有单向阀，连接状态）
	1 2 3 1 2 3	三通旋转式接头			快换接头（带有一个单向阀，连接状态）
		快换接头（不带有单向阀，断开状态）			快换接头（带有两个单向阀，连接状态）
		快换接头（带有一个单向阀，断开状态）	电气装置		压力开关（机械电子控制，可调节）
		快换接头（带有两个单向阀，断开状态）		P	电调节压力开关（输出开关信号）
				P	压力传感器（输出模拟信号）

（续）

分类	图形	描述
测量仪和指示器		光学指示器
		数字显示器
		声音指示器
		压力表
		压差表
		带有选择功能的多点压力表
		温度计
		电接点温度计（带有两个可调电气常闭触点）
		液位指示器（油标）
		液位开关（带有四个常闭触点）
		电子液位监控器（带有模拟信号输出和数字显示功能）
		流量指示器
测量仪和指示器		流量计
		数字流量计
		转速计
		扭矩仪
		定时开关
		计数器
		在线颗粒计数器
过滤器与分离器		过滤器
		通气过滤器
		带有磁性滤芯的过滤器
		带有光学阻塞指示器的过滤器

（续）

分类	图形	描述
过滤器与分离器		带有压力表的过滤器
		带有旁路节流的过滤器
		带有旁路单向阀的过滤器
		带有旁路单向阀和数字显示器的过滤器
		带有旁路单向阀、光学阻塞指示器和压力开关的过滤器
		带有光学压差指示器的过滤器
		带有压差指示器和压力开关的过滤器
过滤器与分离器		带有手动切换功能的双过滤器
		离心式分离器
热交换器		不带有冷却方式指示的冷却器
		采用液体冷却的冷却器
		采用电动风扇冷却的冷却器
		加热器
		温度调节器
蓄能器（压力容器、气瓶）		隔膜式蓄能器
		囊式蓄能器

（续）

分类	图形	描述	分类	图形	描述
蓄能器（压力容器、气瓶）		活塞式蓄能器	蓄能器（压力容器、气瓶）		带有气瓶的活塞式蓄能器
		气瓶	润滑点		润滑点

3）气动附件符号的应用示例见表20-29。

表20-29 气动附件符号的应用示例

分类	图形	描述	分类	图形	描述
连接和管接头		软管总成	电气装置		压力开关（机械电子控制，可调节）
	1 2 3 1 2 3	三通旋转式接头		P	电调节压力开关（输出开关信号）
		快换接头（不带有单向阀，断开状态）		P	压力传感器（输出模拟信号）
		快换接头（带有一个单向阀，连接状态）			压电控制机构
		快换接头（带有两个单向阀，断开状态）	测量仪和指示器		光学指示器
		快换接头（不带有单向阀，连接状态）		#	数字显示器
		快换接头（带有一个单向阀，断开状态）			声音指示器
		快换接头（带有两个单向阀，连接状态）			压力表
					压差表

（续）

分类	图形	描述
测量仪和指示器	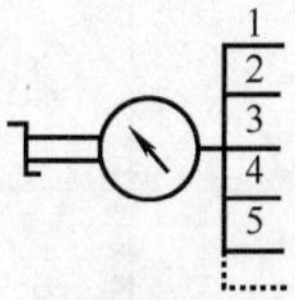	带有选择功能的多点压力表
	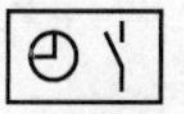	定时开关
	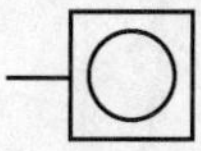	计数器
过滤器与分离器	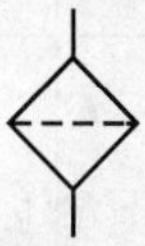	过滤器
	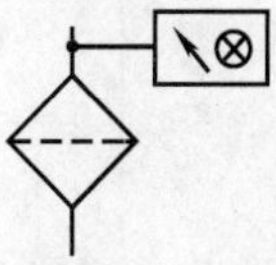	带有光学阻塞指示器的过滤器
	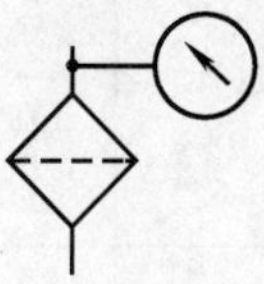	带有压力表的过滤器
	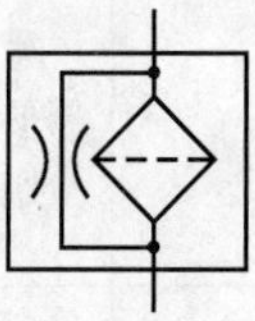	带有旁路节流的过滤器
	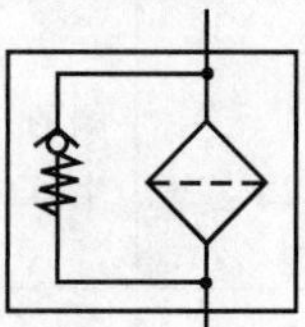	带有旁路单向阀的过滤器
	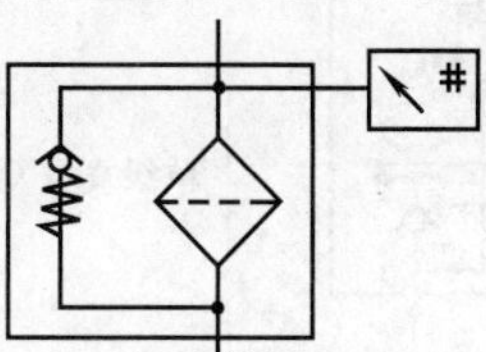	带有旁路单向阀和数字显示器的过滤器
	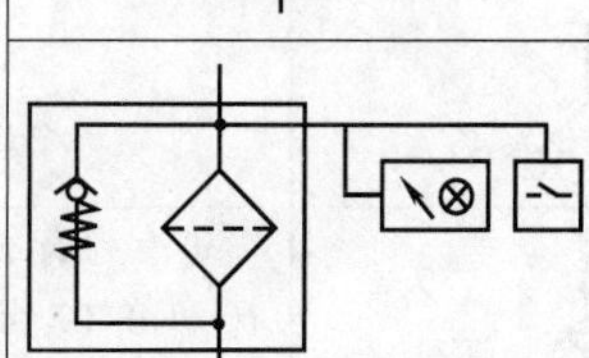	带有旁路单向阀、光学阻塞指示器和压力开关的过滤器
过滤器与分离器	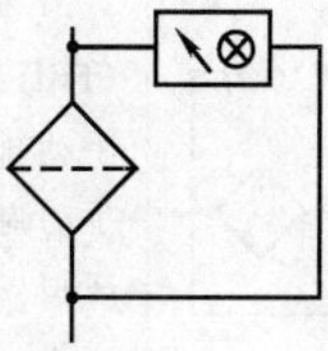	带有光学压差指示器的过滤器
	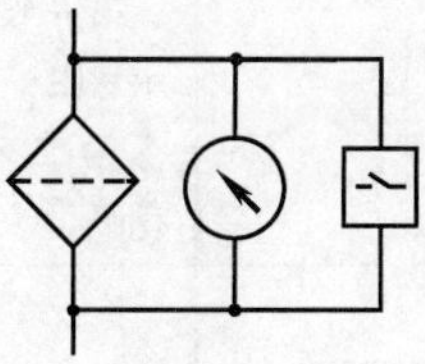	带有压差指示器和压力开关的过滤器
	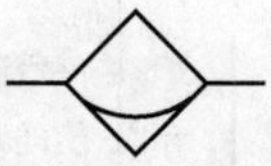	离心式分离器
		带有自动排水的聚结式过滤器
	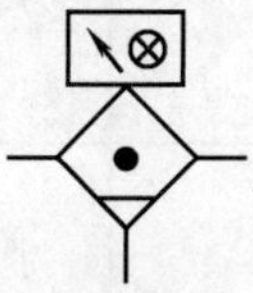	过滤器（带有手动排水和光学阻塞指示器，聚结式）
	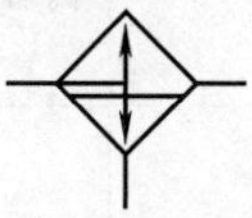	双相分离器
		真空分离器
	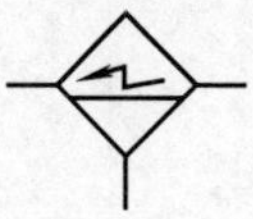	静电分离器
	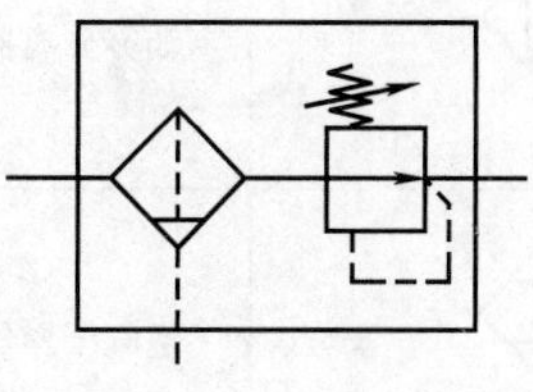	手动排水过滤器与减压阀的组合元件（通常与油雾器组成气动三联件，手动调节，不带有压力表）

（续）

分类	图形	描述	分类	图形	描述
过滤器与分离器		气源处理装置（FRL装置，包括手动排水过滤器、手动调节式溢流减压阀、压力表和油雾器） 第一个图为详细示意图 第二个图为简化图	过滤器与分离器		油雾器
					手动排水式油雾器
					手动排水式精分离器
		带有手动切换功能的双过滤器	蓄能器（压力容器、气瓶）		气罐
		手动排水分离器	真空发生器		真空发生器
		带有手动排水分离器的过滤器			带有集成单向阀的单级真空发生器
		自动排水分离器			带有集成单向阀的三级真空发生器
		吸附式过滤器			带有放气阀的单级真空发生器
		油雾分离器	吸盘		吸盘
		空气干燥器			带有弹簧加载杆和单向阀的吸盘

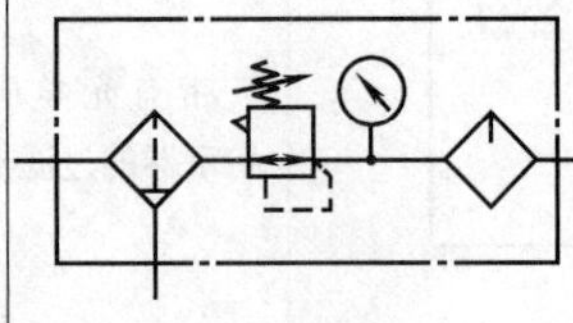

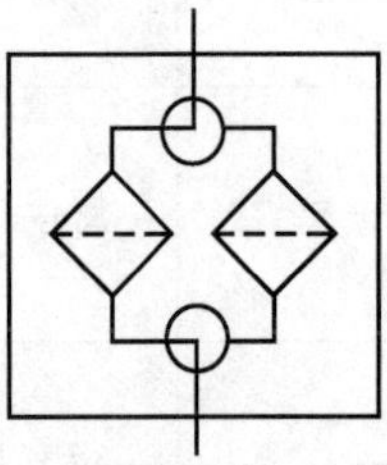

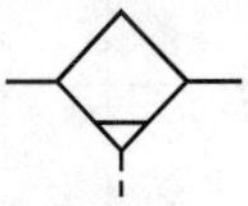

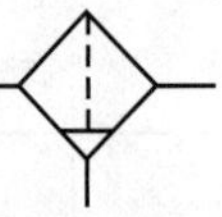

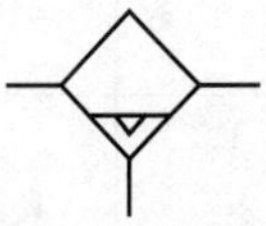

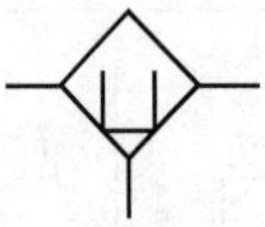

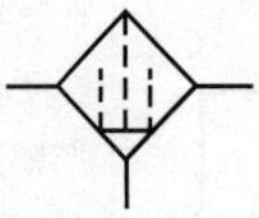

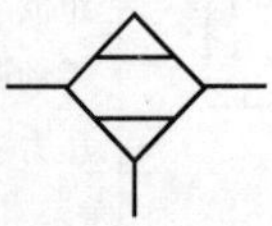

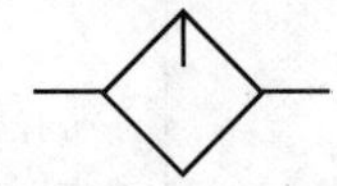

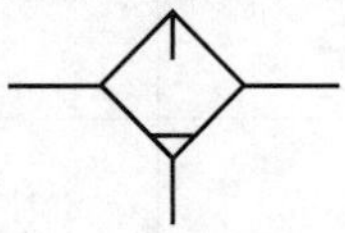

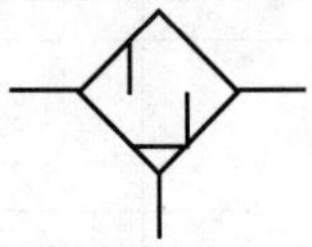

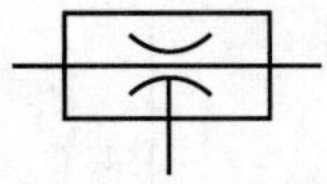

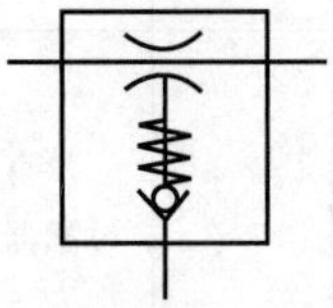

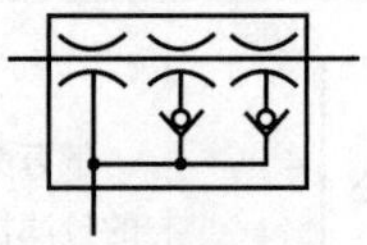

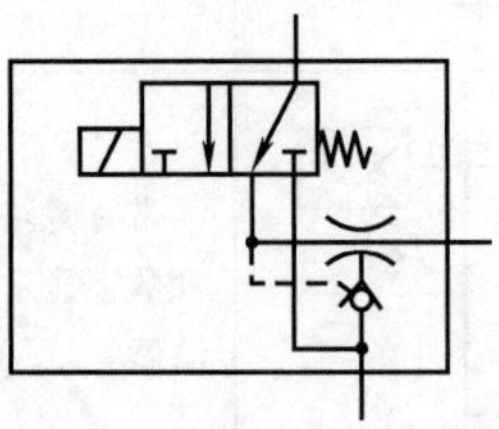

20.3 管路系统简图

20.3.1 管路图形符号

1. 管路系统中常用管路及其一般连接形式的图形符号（见表20-30）

表20-30 常用管路及其一般连接形式的图形符号（GB/T 6567.2—2008）

名称			符号	说明
管路	方法一	可见管路 不可见管路 假想管路	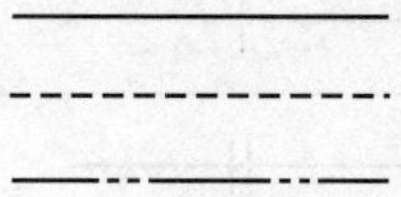	符号表示图样上管路与有关剖切平面的相对位置。介质的状态、类别和性质用规定的代号注在管路符号上方或中断处表示，必要时应在图样上加注图例说明
	方法二			符号表示介质的状态、类别和性质，并应在图样上加注图例说明。如不够用，可按符号的规律进行派生或另行补充
	挠性管、软管			
	保护管			起保护管路的作用，使其不受撞击、防止介质污染绝缘等，可在被保护管路的全部或局部上用该符号表示或省去符号仅用文字说明
	保温管			起隔热作用。可在被保温管路的全部或局部上用该符号表示或省去符号仅用文字说明
	夹套管		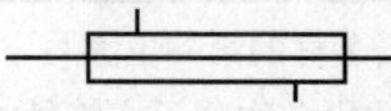	管路内及夹层内均有介质出入。该符号可用波浪线断开表示
	蒸汽伴热管			
	电伴热管			
	交叉管		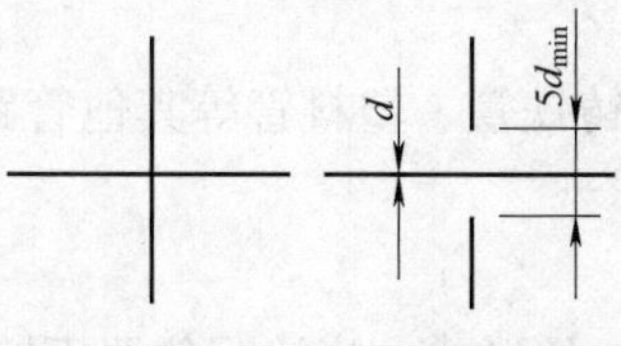 d　$5d_{min}$	指两管路交叉不连接。当需要表示两管路相对位置时，其中在下方或后方的管路应断开表示
	相交管		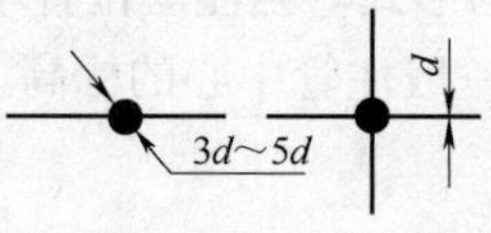 $3d \sim 5d$　d	指两管路相交连接，连接点的直径为所连接管路符号线宽 d 的3~5倍

（续）

名称		符号	说明
管路	弯折管	——⊙	表示管路朝向观察者弯成90°
		——⊖	表示管路背离观察者弯成90°
	介质流向	——→——	一般标注在靠近阀的图形符号处，箭头的形式按 GB/T 4458.4 的规定绘制
	管路坡度	0.002　3°　1∶500	管路坡度符号按 GB/T 4458.4 中的斜度符号绘制
管路的一般连接形式	螺纹连接	——┼——	必要时可用文字说明，省略符号绘制
	法兰连接	——╫——	
	承插连接	——)——	
	焊接连接	d　3d～5d	焊点符号的直径约为所连接管路符号线宽的3~5倍，必要时可省略

2. 管路中介质的类别代号（见表 20-31）

表 20-31　管路中常用介质的类别代号

类别	代号	英文名称
空气	A	Air
蒸汽	S	Steam
油	O	Oil
水	W	Water

注：1. 管路中其他介质的类别代号用相应的英语名称的第一位大写字母表示，如与表中规定的类别代号重复时，则用前两位大写字母表示。也可采用该介质化合物分子式符号（如 H_2SO_4）或国际通用代号（如聚氯乙烯为 PVC）表示其类别。

2. 必要时，可在类别代号右下角注阿拉伯数字，以区分该类介质的不同状态和性质。

3. 管路的标注

1）对无缝钢管或有色金属管路，应采用“外径×壁厚”标注，如 ϕ108×4，其中 ϕ 允许省略，如图 20-4 所示

2）对输送水、煤气的钢管、铸铁管、塑料管等其他管路应采用公称通径“DN”标注，如图 20-4、图 20-5 所示。

4. 标高

1）标高符号一般采用图 20-6a 的形式。当注写位置不够时，也可采用图 20-6b 的形式。

2）标高的单位一律为 m。管路一般注管中心的标高。

3）必要时，也可注管底的标高。

4）标高一般注至小数点后两位。

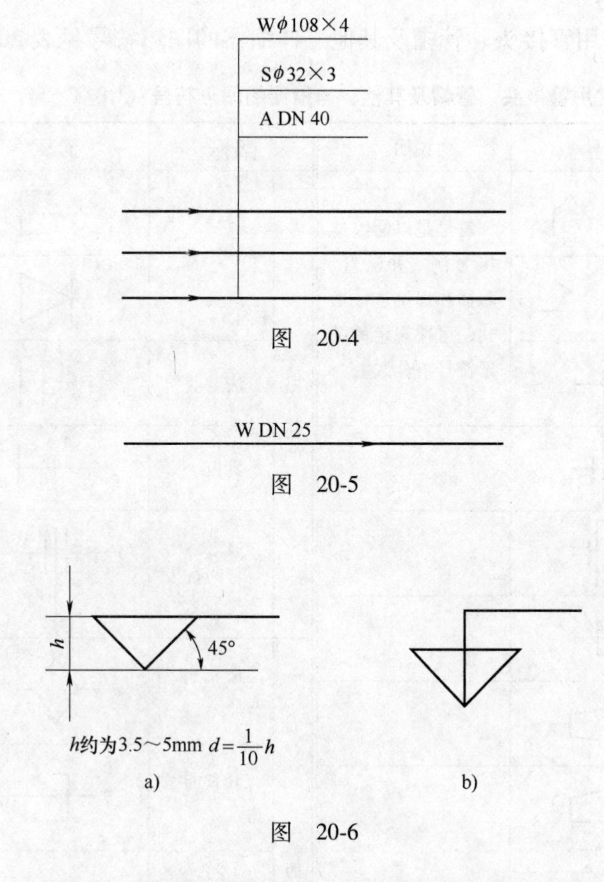

图 20-4

图 20-5

图 20-6

5）零点标高注成±0.00，正标高前可不加正号（+），但负标高前必须加注负号（-）。

6）标高一般应标注在管路的起始点、末端、转弯及交点处，如图 20-7～图 20-11 所示。如需同时表示几个不同的标高，可按图 20-12 的方式标注。

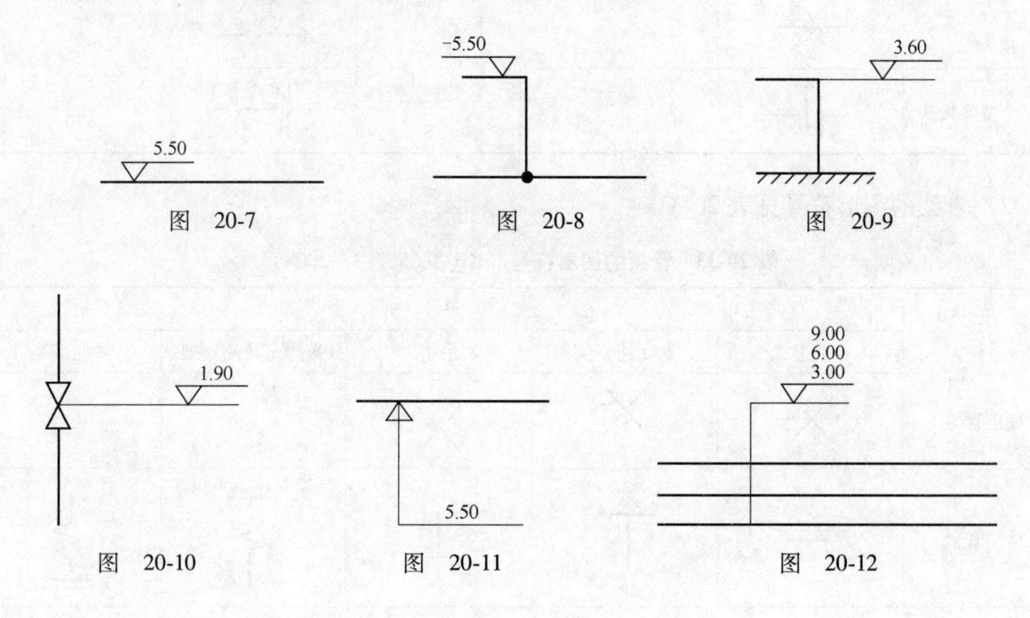

图 20-7　图 20-8　图 20-9

图 20-10　图 20-11　图 20-12

20.3.2 管件图形符号

1）管路系统中常用管接头、管帽及其他、伸缩器的图形符号见表 20-32。

表 20-32 常用管接头、管帽及其他、伸缩器的图形符号（GB/T 6567.3—2008）

名称		符号	说明
管接头	弯头（管）	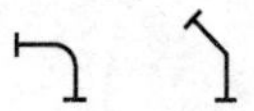	符号是以螺纹连接为例。如法兰、承插和焊接连接形式，可按规定的图形符号组合派生
	三通	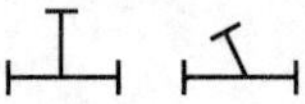	
	四通		
	活接头		
	外接头	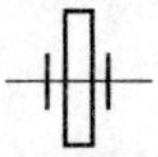	
	内外螺纹接头	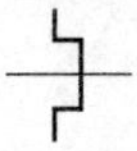	
	同心异径管接头	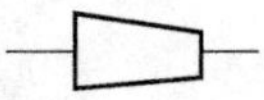	
	偏心异径管接头	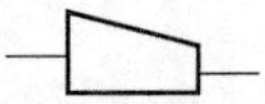 同底	
		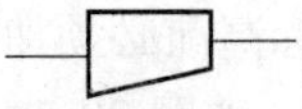 同顶	
	双承插管接头		
	快换接头	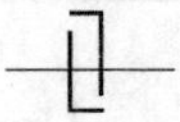	

名称		符号	说明
管帽及其他	螺纹管帽	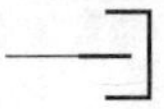	管帽螺纹为内螺纹
	堵头	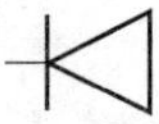	堵头螺纹为外螺纹
	法兰盖	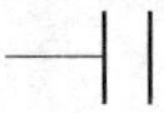	
	盲板	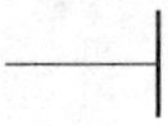	
	管间盲板		
伸缩器	波形伸缩器	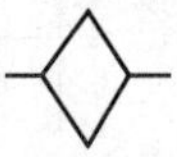	使用时应表示出与管路的连接形式
	套筒伸缩器	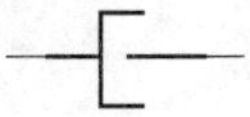	
	矩形伸缩器		
	弧形伸缩器		
	球形铰接器		

2）管架的图形符号见表 20-33。

表 20-33 管架的图形符号（GB/T 6567.3—2008）

名称	符号				
	一般形式	支（托）架	吊架	弹性支（托）架	弹性吊架
固定管架					
活动管架			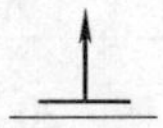		

（续）

名称	符号				
	一般形式	支（托）架	吊架	弹性支（托）架	弹性吊架
导向管架					

20.3.3 阀门和控制元件图形符号

1）管路系统中常用阀门图形符号及阀门与管路一般连接形式见表20-34。

表20-34 常用阀门图形符号及阀门与管路一般连接形式（GB/T 6567.4—2008）

名称		符号	名称		符号
常用阀门	截止阀		常用阀门	安全阀 弹簧式	
	闸阀			安全阀 重锤式	
	节流阀			减压阀	
	球阀			疏水阀	
	蝶阀			角阀	
	隔膜阀			三通阀	
	旋塞阀			四通阀	
	止回阀		阀门与管路一般连接形式	螺纹连接	
				法兰连接	
				焊接连接	

2）控制元件图形符号见表20-35。

表 20-35　控制元件图形符号（GB/T 6567.4—2008）

名称	符号	名称	符号
手动（包括脚动）元件		自动元件	
带弹簧薄膜元件		弹簧元件	
不带弹簧薄膜元件		浮球元件	
活塞元件		重锤元件	
电磁元件		遥控	至……
电动元件			

3）阀门和控制元件图形符号一般组合方式的示例如图 20-13（人工控制阀）和图 20-14（电动阀）。

图　20-13　　　　图　20-14

4）传感元件图形符号见表 20-36。

表 20-36　传感元件图形符号（GB/T 6567.4—2008）

名称	符号	名称	符号
温度传感元件		湿度传感元件	
压力传感元件		水准传感元件	
流量传感元件			

5）指示表（计）和记录仪图形符号见表 20-37。

表 20-37　指示表（计）和记录仪图形符号（GB/T 6567.4—2008）

名称	符号	名称	符号
指示表（计）		记录仪	

传感元件和温度指示表（计）、温度记录仪的图形符号的组合示例分别如图 20-15、图 20-16 所示。

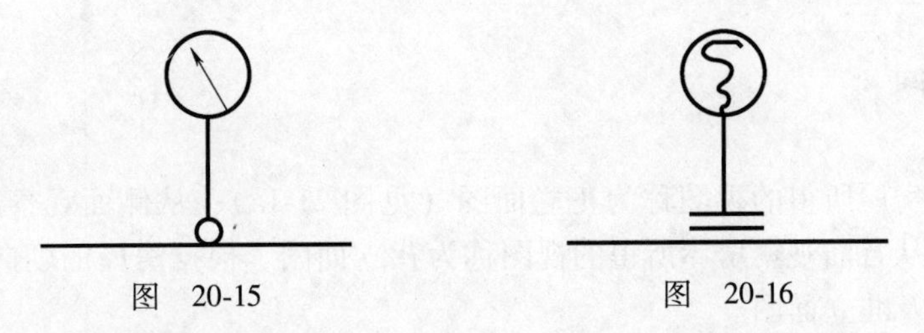

图　20-15　　　　图　20-16

20.3.4　管路系统简图示例

图 20-17 所示为管路常用符号应用的示例。

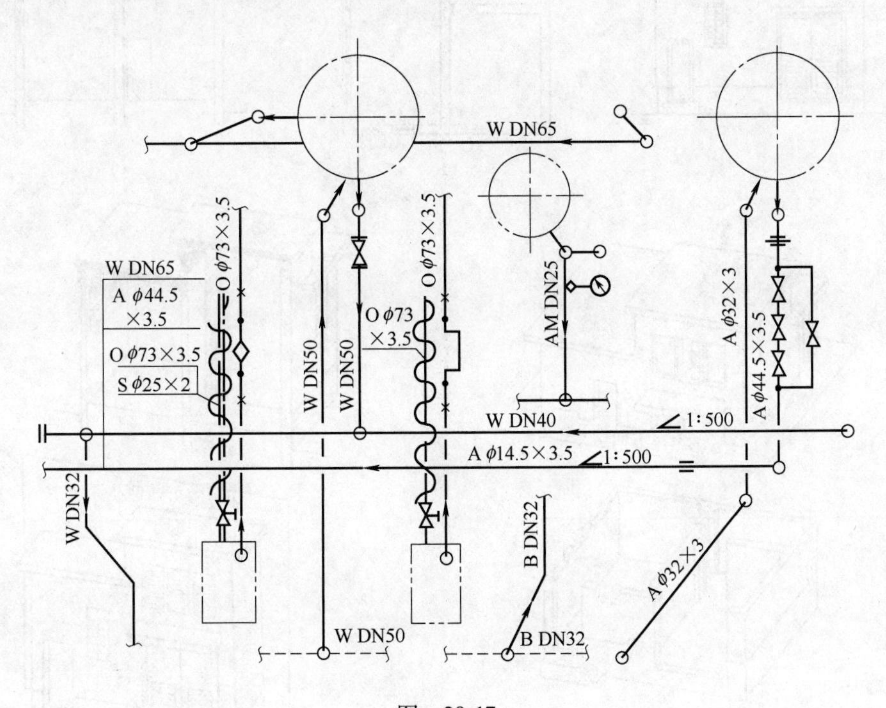

图　20-17

W—水　B—碱液　A—压缩空气　O—油　AM—氨　S—蒸汽

第 21 章　厂房建筑图及工艺设备平面布置图

21.1　房屋建筑图的图示形式

21.1.1　正投影图

1. 立面图

从正面观察房屋所得的视图称为正立面图（见图 21-1a）；从侧面观察房屋所得的视图称为侧立面图；从背面观察房屋所得的视图称为背立面图。根据房屋的朝向可分为东立面、南立面、西立面及北立面图。

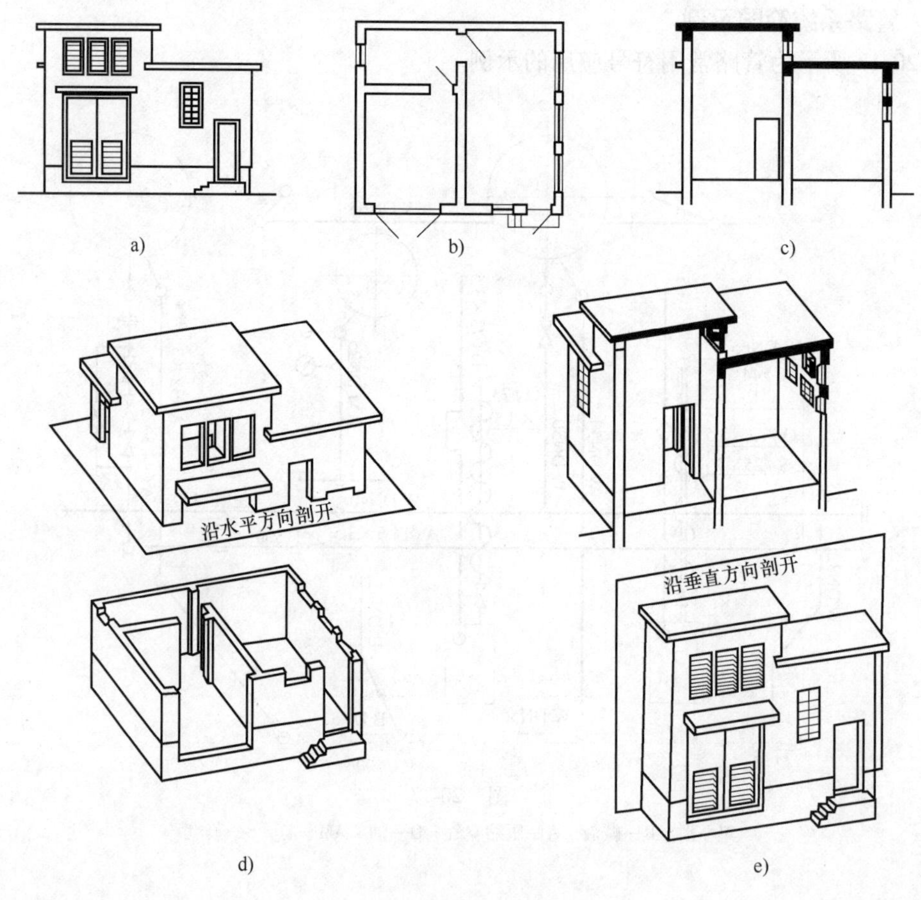

图　21-1

2. 平面图

假设经过门窗沿水平方向把房屋剖切开（见图 21-1d）移去上半部，从上向下投射而得的剖视图，称为平面图（见图 21-1b）。对多层房屋，平面图应以楼层编号，例如沿底层剖切开投射而得的剖视图，称为底层平面图；沿二层剖切开的称为二层平面图。

3. 剖面图

假设用正平面或侧平面沿垂直方向把房屋剖切开（见图 21-1e）所得的剖视图，称为剖面图（见图 21-1c）。

通常把平面图放在正立面图的下面，根据图纸大小，也可以不画在同一张图纸上；其余各图根据需要可用不同的比例画在图纸空白处或同一张图纸上，但在各图形的下方都必须注明图名和比例。

21.1.2 透视图

透视图为根据透视原理绘制出的具有近大远小特征的图像，以表达建筑设计意图。透视图一般只用在建筑设计过程中，用以显示建筑建成后的外貌，研究建筑物的空间造型和立面处理，以便进行多种方案的比较。

21.1.3 轴测图

用平行投影法将物体连同确定该物体的直角坐标系一起沿不平行于任一坐标平面的方向投射到一个投影面上所得到的图形，称为轴测图。轴测图只作为辅助图样，用以帮助阅读正投影图。

21.2 房屋建筑图的有关规定

房屋建筑图应根据 GB/T 50001—2017《房屋建筑制图统一标准》和 GB/T 50104—2010《建筑制图标准》的规定绘制。

21.2.1 视图名称

房屋建筑图通常用立面图、平面图、剖面图等名称，与机械图的名称对照列于表 21-1。

表 21-1 房屋建筑图与机械图名称对照表

房屋建筑图	正立面图	左侧立面图或右侧立面图	背立面图	底面图	平面图
机械图	主视图	左视图或右视图	后视图	仰视图	俯视方向的全剖视图

21.2.2 比例

建筑图选用的比例见表 21-2。

表 21-2 建筑图选用的比例

图名	比例
建筑物或构筑物的平面图、立面图、剖面图	1∶50、1∶100、1∶150、1∶200、1∶300
建筑物或构筑物的局部放大图	1∶10、1∶20、1∶25、1∶30、1∶50
配件及构造详图	1∶1、1∶2、1∶5、1∶10、1∶15、1∶20、1∶25、1∶30、1∶50
总平面图	1∶300、1∶500、1∶1000、1∶2000

21.2.3 图线

建筑图采用的图线见表 21-3，各种线型在房屋平面图上的用法如图 21-2 所示。

21.2.4 尺寸标注

1. 尺寸组成

尺寸由尺寸线、尺寸界线、尺寸起止符号和尺寸数字组成，如图 21-3 所示。

表 21-3 建筑图采用的图线

名称		线型	线宽	用途
实线	粗	━━━━	b	1）平、剖面图中被剖切的主要建筑构造（包括构配件）的轮廓线 2）建筑立面图或室内立面图的外轮廓线 3）建筑构造详图中被剖切的主要部分的轮廓线 4）建筑构配件详图中的外轮廓线 5）平、立、剖面的剖切符号
	中粗	━━━━	$0.7b$	1）平、剖面图中被剖切的次要建筑构造（包括构配件）的轮廓线 2）建筑平、立、剖面图中建筑构配件的轮廓线 3）建筑构造详图及建筑构配件详图中的一般轮廓线
	中	────	$0.5b$	小于 $0.7b$ 的图形线、尺寸线、尺寸界限、索引符号、标高符号、详图材料做法引出线、粉刷线、保温层线、地面、墙面的高差分界线等
	细	────	$0.25b$	图例填充线、家具线、纹样线等
虚线	中粗	- - - -	$0.7b$	1）建筑构造详图及建筑构配件不可见的轮廓线 2）平面图中的起重机（吊车）轮廓线 3）拟建、扩建建筑物轮廓线
	中	- - - -	$0.5b$	投影线、小于 $0.5b$ 的不可见轮廓线
	细	- - - -	$0.25b$	图例填充线、家具线等
单点长画线	粗	━ · ━ · ━	b	起重机（吊车）轨道线
	细	─ · ─ · ─	$0.25b$	中心线、对称线、定位轴线
折断线	细	──\/──	$0.25b$	部分省略表示时的断开界线
波浪线	细	～～～	$0.25b$	部分省略表示时的断开界线，曲线形构间断开界限 构造层次的断开界限

与机械图不同之处是尺寸单位的注写。在房屋建筑图中除标高及总平面以“m”为单位外，其余必须一律以“mm”为单位。和机械图一样，在设计图中尺寸数字都不注写单位，如图 21-3 所示。

2. 建筑形体的尺寸标注

建筑形体应标注三种尺寸，即定形尺寸，定位尺寸和总尺寸。在建筑图中不须注出尺寸精度。为了在施工时不再重新计算尺寸，往往注出封闭的尺寸链，而且要求每一方向细部尺寸的总和等于该方向的总尺寸。图 21-4 所示是一肋式杯形基础的尺寸标注示例。

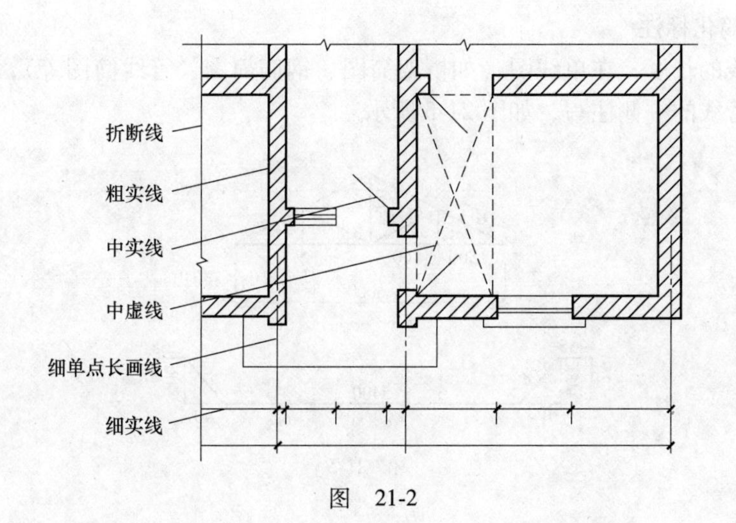

图 21-2

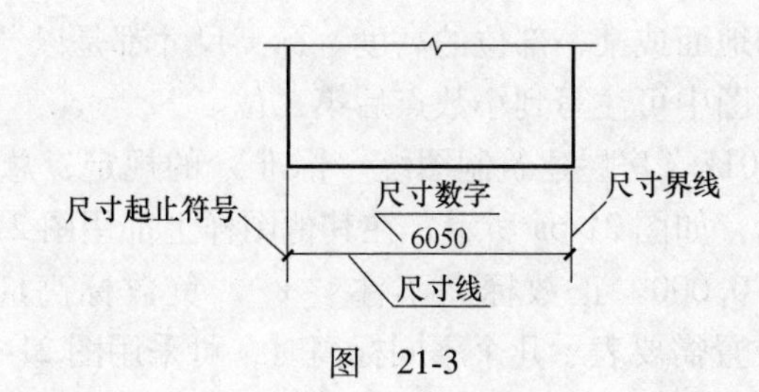

图 21-3

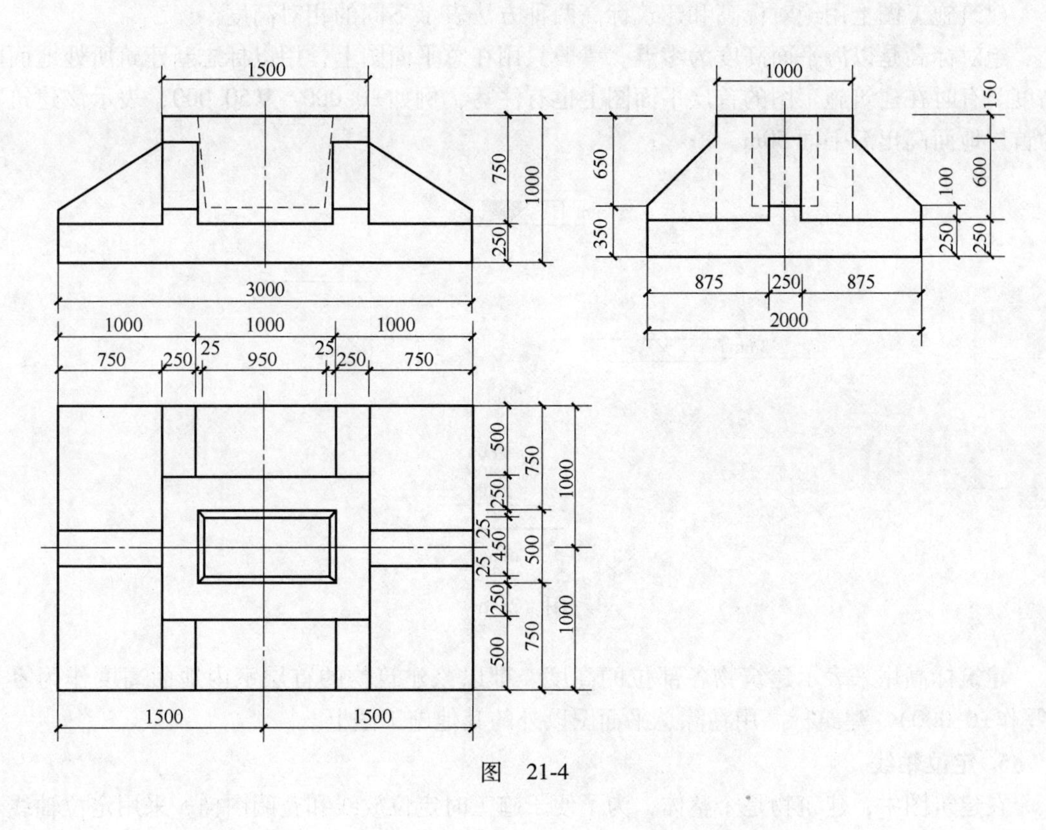

图 21-4

3. 尺寸的简化标注

杆件或管线的长度，在单线图（如桁架简图、钢筋简图、管线简图等），可直接将尺寸数字沿杆件或管线的一侧注写，如图 21-5 所示。

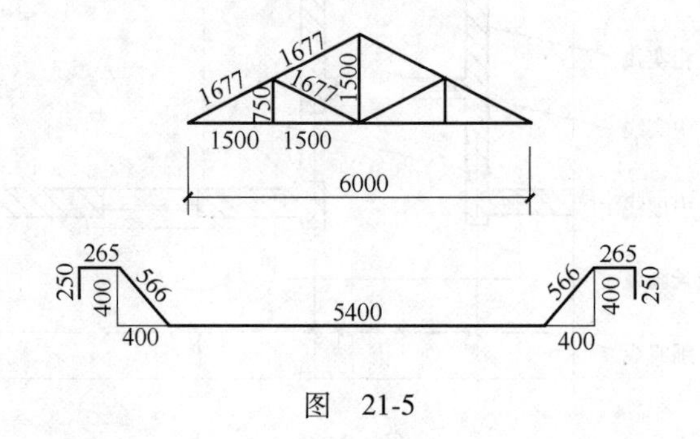

图　21-5

4. 标高

标高是表示建筑物的地面或某一部位的高度。标高尺寸都是以“m”为单位，注写到小数点后第三位，在总平面图中可注写到小数点后第二位。

按照 GB/T 50001—2017《房屋建筑制图统一标准》的规定，总平面图室外地坪标高符号宜用涂黑的三角形表示，如图 21-6a 所示；在其他图样上都用图 21-6b 所示符号表示。

零点标高应注写成±0.000。正数标高不注“+”，负数标高应注“-”，例如 3.000、-0.600。在图样的同一位置需要表示几个不同标高时，可采用图 21-6c 的方法标注。

建筑施工图上用绝对标高和建筑标高两种方法表示不同的相对高度。

绝对标高是以海平面高度为零点。一般只用在总平面图上，用以标志新建筑所处地面的高度。有时在建筑施工图的首层平面图上也有注写，例如±0.000=▼50.000，表示该建筑物的首层地面高出海平面 50m。

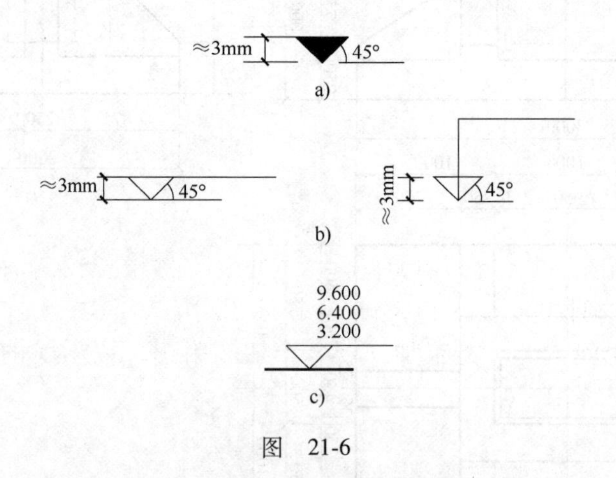

图　21-6

建筑标高用来表示建筑物各部位的高度。都以该建筑物的首层室内地面高度作为零点（写作±0.000）。建筑标高用在除总平面图以外的其他施工图上。

5. 定位轴线

在建筑图中，建筑物是个整体，为了便于施工时定位放线和查阅图样，采用定位轴线表示墙、柱的位置，并对各定位轴线加以编号。

定位轴线的表示方法及编号规定如下：

1）定位轴线应用0.25b线宽的细点长画线表示。从建筑物的承重墙或柱的中心线引出，在线端画一小圆圈（用0.25b线宽细实线绘制，直径宜为8~10mm），在圆圈内注写编号。

2）定位轴线的编号如图21-7所示，在平面图上横向用阿拉伯数字从左至右顺序编写；竖向用大写英文字母由下至上顺序编写。轴线编号一般宜注在图样的下方及左侧，或在图样的四面标注。

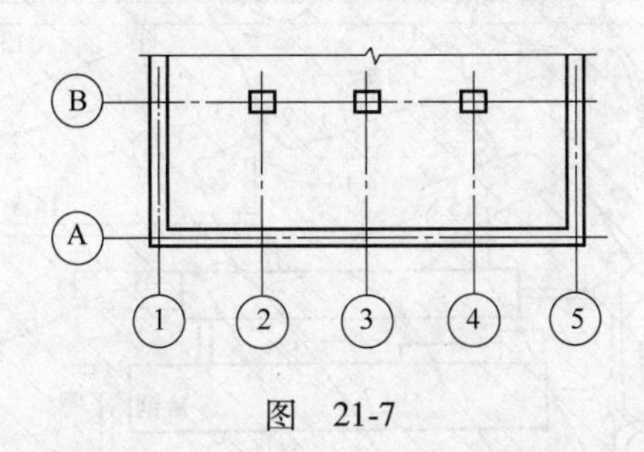

图 21-7

圆形与弧形平面图中的定位轴线，其径向轴线应以角度进行定位，其编号宜用阿拉伯数字表示，从左下角或-90°（若径向轴线很密，角度间隔很小）开始，按逆时针顺序编写；其环向轴线宜用大写英文字母表示，从外向内顺序编写（见图21-8、图21-9）。

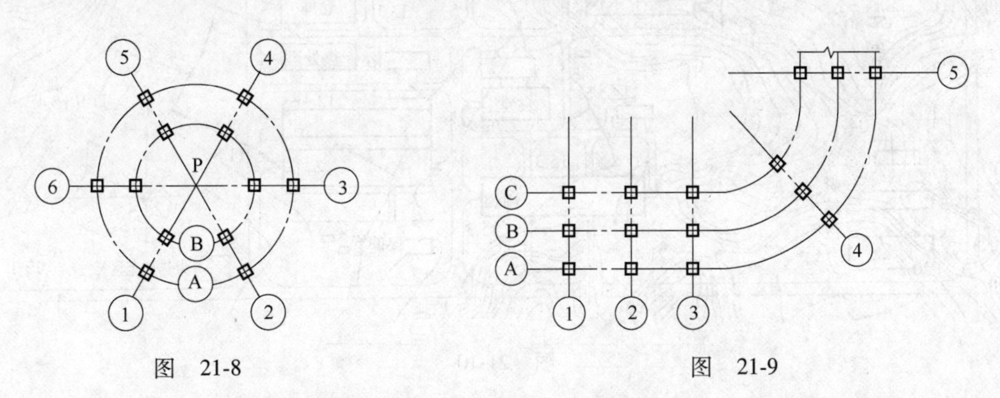

图 21-8　　图 21-9

圆形与弧形平面图的圆心宜选用大写英文字母编号（I、O、Z除外），有不止1个圆心时，可在字母后加注阿拉伯数字进行区分，如P1、P2、P3。

在两定位轴线之间，如需要附加定位轴线时，附加定位轴线的编号应以分数形式表示。

两根轴线的附加轴线，应以分母表示前一轴线的编号，分子表示附加轴线的编号，编号宜用阿拉伯数字顺序编写；1号轴线或A号轴线之前的附加轴线的分母应以01或0A表示。

例如：$\frac{1}{2}$表示2号轴线之后附件的第一根轴线；

$\frac{3}{0A}$表示A号轴线之前附加的第三根轴线。

21.3 建筑总平面图

总平面图绘制在画有等高线或附有坐标方格网的地形图上，画出原有的和拟建的建筑物外轮廓的水平投影。

图 21-10 所示是某炼铁厂机修区的总平面图，该图是绘制在画有等高线的地形图上的。

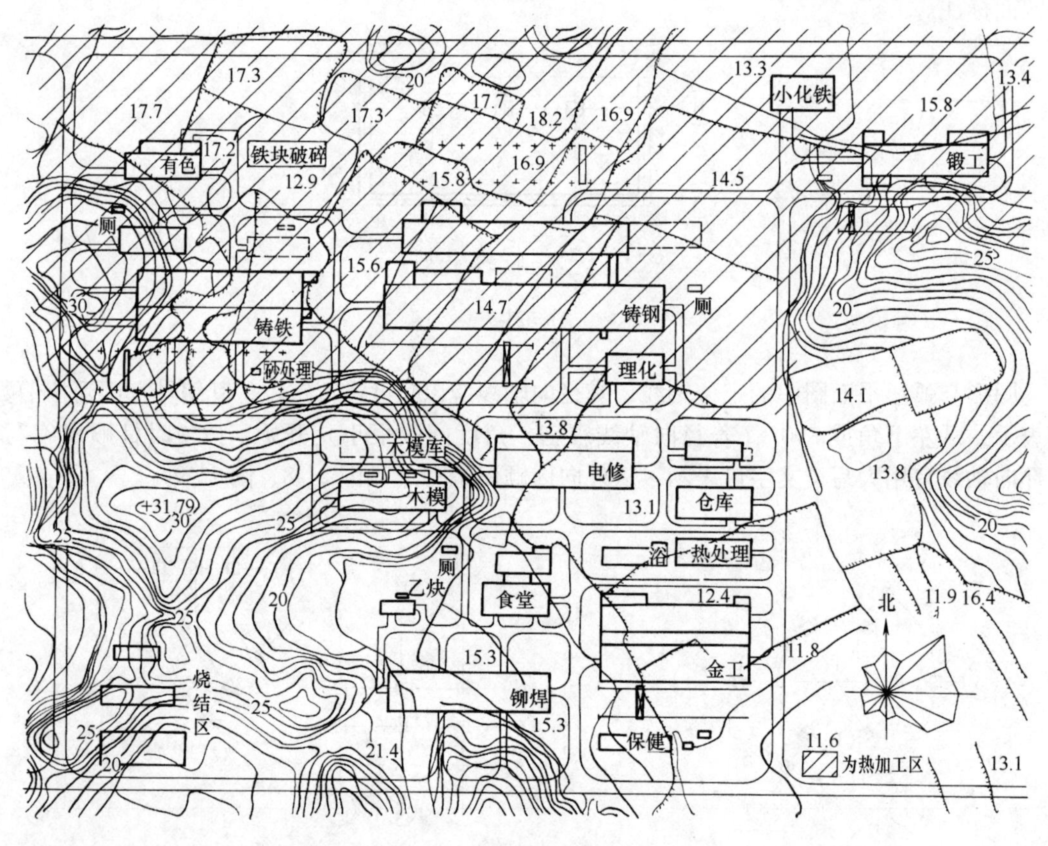

图 21-10

总平面图包括：

1）原有的和拟建的建筑物的平面尺寸、方位和标高。

2）厂区范围内的道路、河流和桥梁等。

3）厂区绿化设施的布置。

4）厂区的风向和指北针。

5）围墙。

总平面图中所用的图例都是按 GB/T 50103—2010《总图制图标准》的规定，以一定的比例绘制的。对于国标中没有规定的图例，必须在图样中加以说明。

在总平面图中，要对原有建筑物和拟建建筑物进行编号并注写其名称。

总平面图中的常用图例见表 21-4。

表 21-4　总平面图中常用图例

名称	图例	说明
新建建筑物	X= Y= ① 12F/2D H=59.00m	新建建筑物以粗实线表示与室外地坪相接处±0.00外墙定位轮廓线 建筑物一般以±0.00高度处的外墙定位轴线交叉点坐标定位。轴线用细实线表示，并标明轴线号 根据不同设计阶段标注建筑编号，地上、地下层数，建筑高度，建筑出入口位置（两种表示方法均可，但同一图纸采用一种表示方法） 地下建筑物以粗虚线表示其轮廓 建筑上部（±0.00以上）外挑建筑用细实线表示 建筑物上部连廊用细虚线表示并标注位置
原有建筑物		用细实线表示
计划扩建的预留地或建筑物		用中粗虚线表示
拆除的建筑物		用细实线表示
建筑物下面的通道		

名称	图例	说明
散状材料露天堆场		需要时可注明材料名称
其他材料露天堆场或露天作业场		需要时可注明材料名称
铺砌场地		
敞棚或敞廊		
高架式料仓		
漏斗式贮仓		左、右图为底卸式 中图为侧卸式
冷却塔（池）		应注明冷却塔或冷却池
水塔、贮罐		左图为卧式贮罐 右图为水塔或立式贮罐
水池、坑槽		也可以不涂黑
明溜矿槽（井）		

（续）

名称	图例	说明	名称	图例	说明
斜井或平硐			填挖边坡		
烟囱		实线为烟囱下部直径，虚线为基础，必要时可注写烟囱高度和上、先口直径	分水脊线与谷线		上图表示脊线 下图表示谷线
围墙及大门			洪水淹没线		洪水最高水位以文字标注
挡土墙	5.00 1.50	挡土墙根据不同设计阶段的需要标注 墙顶标高 墙底标高	地表排水方向		
挡土墙上设围墙			截水沟	1 40.00	“1”表示1%的沟底纵向坡度，“40.00”表示变坡点间距离，箭头表示水流方向
台阶及无障碍坡道	1) 2)	1）表示台阶（级数仅为示意） 2）表示无障碍坡道	排水明沟	107.50 + 1/40.00 107.50 1/40.00	上图用于比例较大的图面 下图用于比例较小的图面 “1”表示1%的沟底纵向坡度，“40.00”表示变坡点间距，箭头表示水流方向 “107.50”表示沟底变坡点标高（变坡点以“+”表示）
露天桥式起重机	G_n= (t)	起重机起重量 G_n，以吨计算 “+”为柱子位置	有盖板的排水沟	1/40.00 1/40.00	
露天电动葫芦	G_n= (t)	起重机起重量 G_n，以吨计算 “+”为支架位置			

名称	图例	说明
门式起重机	G_n= (t) G_n= (t)	起重机起重量 G_n，以吨计算 上图表示有外伸臂 下图表示无外伸臂
架空索道		“I”为支架位置
斜坡卷扬机道		
斜坡栈桥（皮带廊等）		细实线表示支架中心线位置
坐标	1) X=105.00 Y=425.00 2) A=105.00 B=425.00	1）表示地形测量坐标系 2）表示自设坐标系 坐标数字平行于建筑标注
方格网交叉点标高	-0.50 77.85 78.35	“78.35”为原地面标高 “77.85”为设计标高 “-0.50”为施工高度 “-”表示挖方（“+”表示填方）
填方区、挖方区、未整平区及零线	+ − + −	“+”表示填方区 “-”表示挖方区 中间为未整平区 点画线为零点线

名称	图例	说明
雨水口	1) 2) 3)	1）雨水口 2）原有雨水口 3）双落式雨水口
消火栓井		
急流槽		箭头表示水流方向
拦水（闸）坝		
跌水		箭头表示水流方向
透水路堤		边坡过长时，可在一端或两端局部表示
过水路面		
室内地坪标高	143.00	数字平行于建筑物书写
室外地坪标高	151.00 (±0.00)	室外标高也可采用等高线
盲道		
地下车库入口		机动车停车场
地面露天停车场		
露天机械停车场		露天机械停车场

21.4 建筑施工图

21.4.1 建筑平面图

单层厂房只需画一个平面图，而多层厂房一般有几层就需画几个平面图，并要在图的下方注明相应的图名，如“底层平面图”“二层平面图”等。

以单层厂房为例，如图 21-11（见书末插页）所示，在平面图中应表示以下基本内容：

1）厂房的跨度，总长度，定位轴线，门、窗位置以及吊车梁的规格等。

2）厂房中的门、窗用国标规定的图例表示，并要注明门、窗的代号和编号。门的代号是 M；窗的代号是 C。在代号的后面写上编号，如 M_1、M_2、……和 C_1、C_2、……。同一编号表示同一类型的门窗，它们的构造和尺寸都一样。

国标规定的各种常用门窗的图例见表 21-5。

3）厂房内各生产部门（如车间、工段、小组等），辅助部门（如工具室、修理间、生活间等）的名称。

4）注明所用的比例。当建筑为多层时，还需注明该建筑物是属于哪一层平面图。

5）注明室内地面的标高。

6）建筑物的朝向。在平面图上一般都需画出指北针。

7）剖面图和详图的位置及编号。在平面图中用剖切线表示剖切位置，并画出剖视方向，注明剖面的编号，如图 21-11（见书末插页）中的 1—1 所示。

建筑平面图中常用的建筑配件图例见表 21-5（摘自 GB/T 50104—2010《建筑制图标准》）。

从图 21-11（见书末插页）所示某机加工车间的平面图中看出，该车间跨度（指车间横向的柱距）为 18m，纵向柱距为 6m，厂房生产部门共有七个柱距，全长 42m，辅助部门长 6m，厂房总长为 48m。

21.4.2 建筑立面图

立面图表示厂房的外貌。通常要画出东、南、西、北四个方面的立面图才能把整个建筑物的立面表示清楚。但对外形较简单的小型建筑物，只需画出反映外貌特征的那一面立面图。图 21-11a 所示是南立面图，图 21-11c 所示是东立面图。

立面图中一般要表示以下基本内容：

1）房屋各部分的标高及总高度或突出部分最高点的标高尺寸。

多层厂房是标明各层层高，单层厂房没有层高之分。

2）标明屋面的装修做法，一般在图样上用国标中规定的建筑材料图例表示，或用文字加以说明。常用的建筑材料图例见表 21-6（摘自 GB/T 50001—2017《房屋建筑制图统一标准》）。

3）写明图样的比例和图名。

由于立面图的比例较小，不可能按投影原理把各个细部详细画出。因此，在不少地方是用规定的图例表示，另外再用详图或文字说明加以补充。习惯上对一些相同的细部（如门、窗等），只需画出一两个作为代表，其余可只画出轮廓线。

若建筑物左右对称，正立面和背立面也可各画一半，单独布置或合并为一图。合并时应在图中间画一竖直点画线作为分界。

表 21-5 建筑构造及配件图例

名称	图例	说明
墙体		1）上图为外墙，下图为内墙 2）外墙细线表示有保温层或有幕墙 3）应加注文字或涂色或图案填充表示各种材料的墙体 4）在各层平面图中防火墙宜着重以特殊图案填充表示
隔断		1）加注文字或涂色或图案填充表示各种材料的轻质隔断 2）适用于到顶与不到顶隔断
玻璃幕墙		幕墙龙骨是否表示由项目设计决定
栏杆		
楼梯	下 下 上 上	1）上图为顶层楼梯平面，中图为中间层楼梯平面，下图为低层楼梯平面 2）需设置靠墙扶手或中间扶手时，应在图中表示
坡道	下	长坡道

名称	图例	说明
坡道	下 下 下	上图为两侧垂直的门口坡道，中图为有挡墙的门口坡道，下图为两侧找坡的门口坡道
台阶	下	
平面高差	XX XX	用于高差小的地面或楼面交接处，并应与门的开启方向协调
检查口		左图为可见检查口，右图为不可见检查口
孔洞		阴影部分也可填充灰度或涂色代替
坑槽		

（续）

名称	图例	说明
墙预留洞、槽	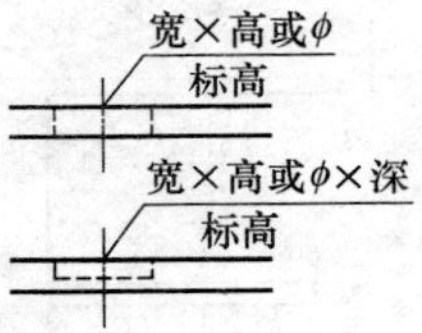 宽×高或ϕ 标高 宽×高或ϕ×深 标高	1）上图为预留洞，下图为预留槽 2）平面以洞（槽）中心定位 3）标高以洞（槽）底或中心定位 4）宜以涂色区别墙体和预留洞（槽）
地沟	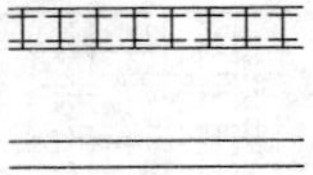	上图为有盖板地沟，下图为无盖板明沟
烟道	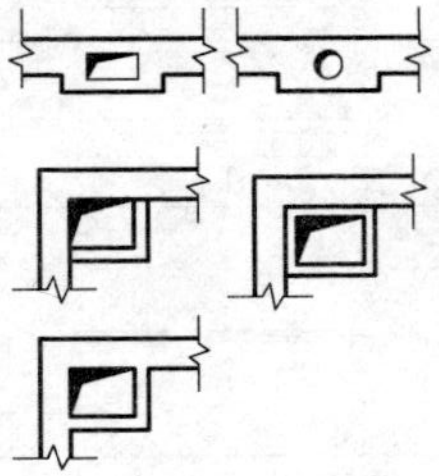	1）阴影部分也可填充灰度或涂色代替 2）烟道、风道与墙体为相同材料，其相接处墙身线应连通 3）烟道、风道根据需要增加不同材料的内衬
风道	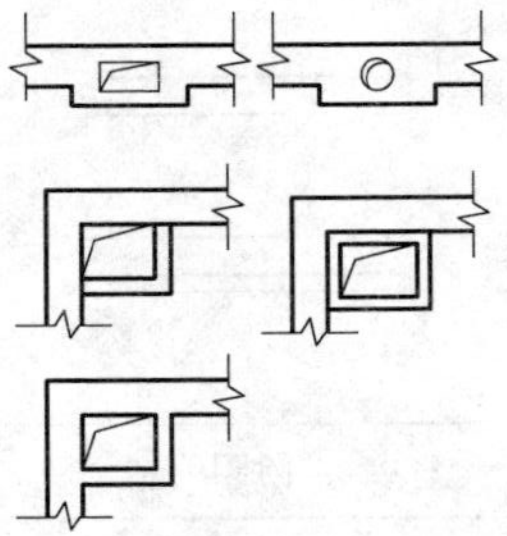	
在原有墙或楼板洞旁扩大的洞	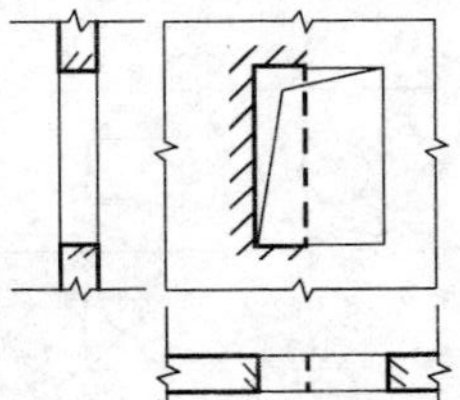	图示为洞口向左边扩大
在原有墙或楼板上全部填塞的洞	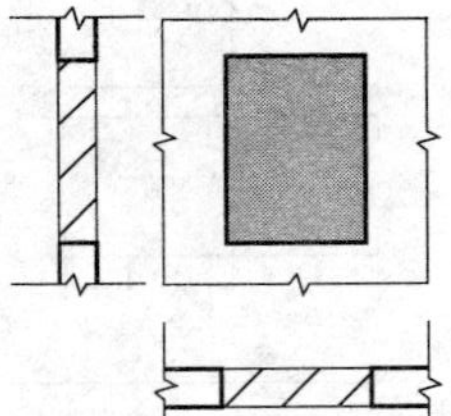	全部填塞的洞 图中立面填充灰度或涂色
在原有墙或楼板上局部填塞的洞	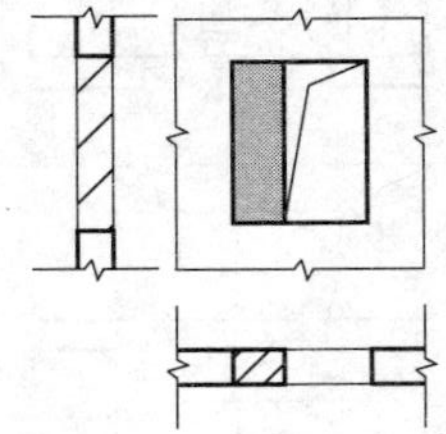	左侧为局部填塞的洞 图中立面填充灰度或涂色
空门洞	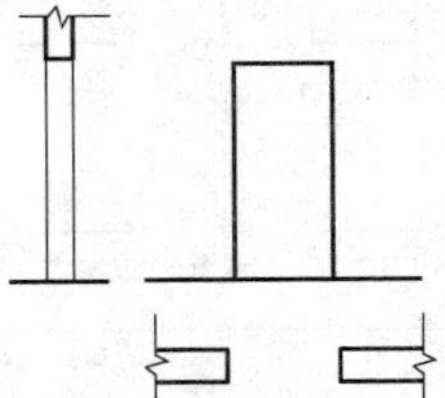 h=	h 为门洞高度

新建的墙和窗	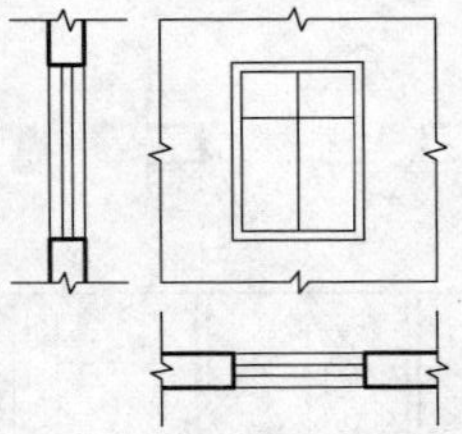	
改建时保留的墙和窗	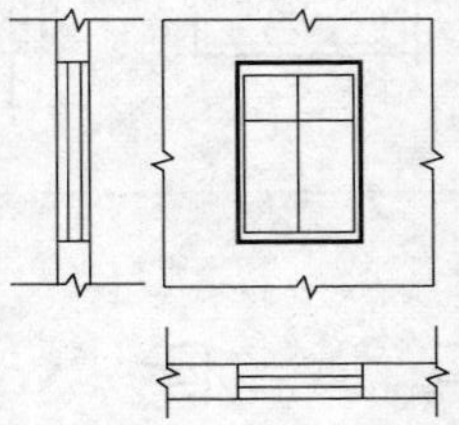	只更换窗，应加粗窗的轮廓线
拆除的墙	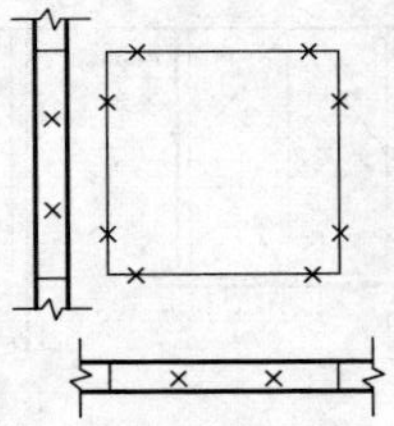	
改建时在原有墙或楼板新开的洞	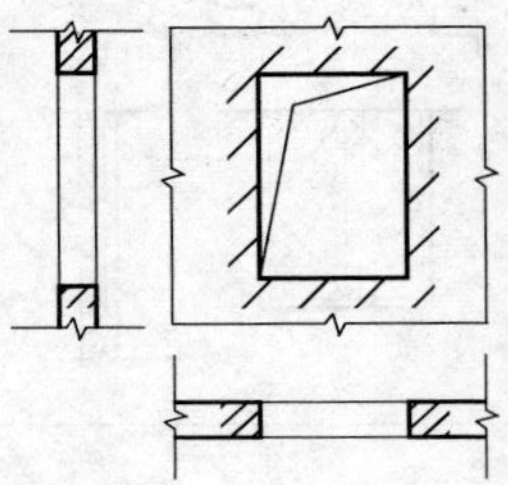	

单面开启单扇门（包括平开或单面弹簧）	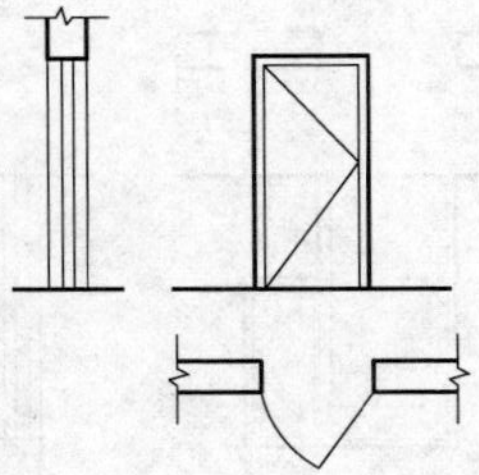	1）门的名称代号用 M 表示 2）平面图中，下为外，上为内 门开启线为 90°、60°或 45°，开启弧线宜绘出 3）立面图中，开启线实线为外开，虚线为内开。开启线交角的一侧为安装合页一侧。开启线在建筑立面图中可不表示，在立面大样图中可根据需要绘出 4）剖面图中，左为外，右为内 5）附加纱扇应以文字说明，在平、立、剖面图中均不表示 6）立面形式应按实际情况绘制
双面开启单扇门（包括双面平开或双面弹簧）	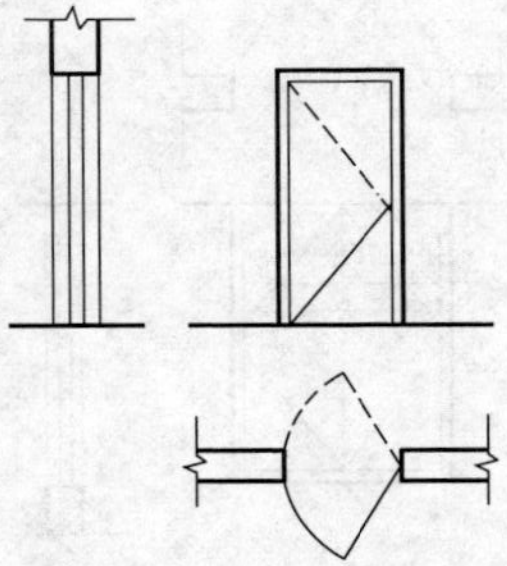	
双层单扇平开门	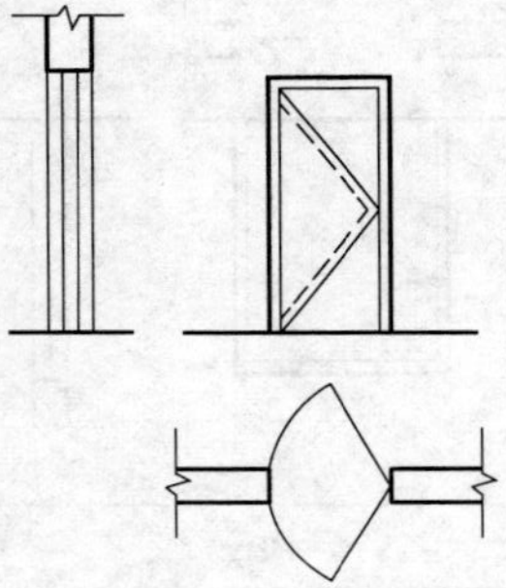	

（续）

名称	图例	说明
单面开启双扇门（包括平开或单面弹簧）	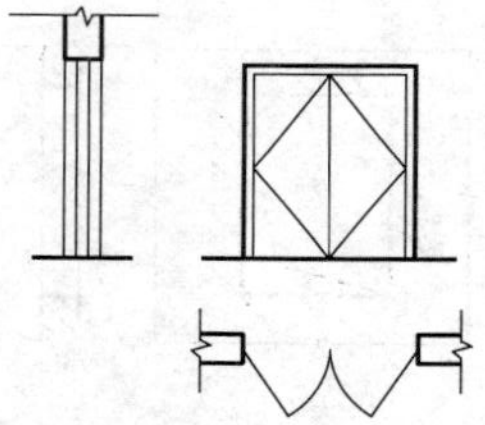	1）门的名称代号用 M 表示 2）平面图中，下为外，上为内 门开启线为 90°、60°或 45°，开启弧线宜绘出 3）立面图中，开启线实线为外开，虚线为内开。开启线交角的一侧为安装合页一侧。开启线在建筑立面图中可不表示，在立面大样图中可根据需要绘出 4）剖面图中，左为外，右为内 5）附加纱扇应以文字说明，在平、立、剖面图中均不表示 6）立面形式应按实际情况绘制
双面开启双扇门（包括双面平开或双面弹簧）	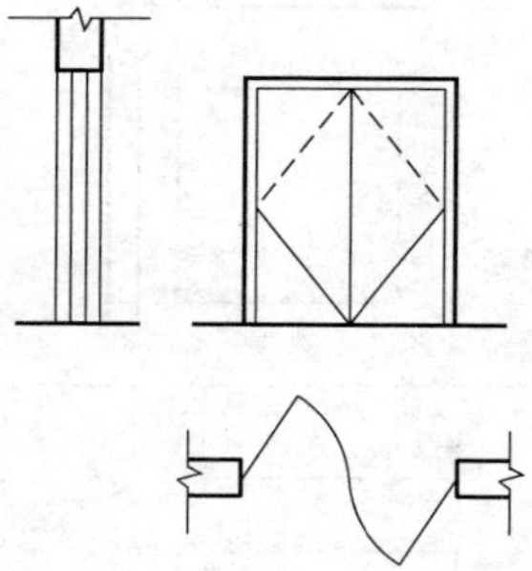	
双层双扇平开门	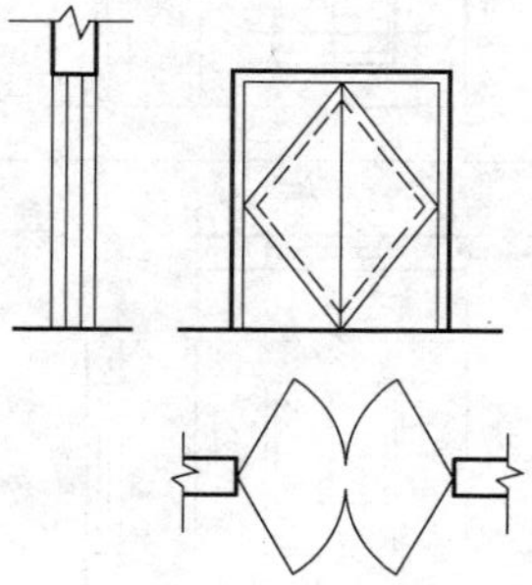	
墙中双扇推拉门	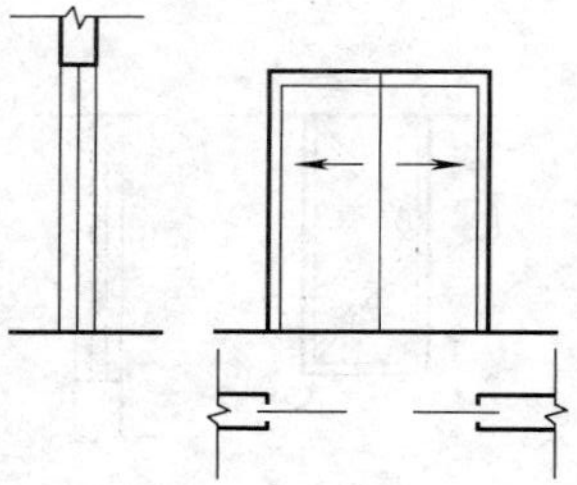	1）门的名称代号用 M 表示 2）立面形式应按实际情况绘制
推杠门	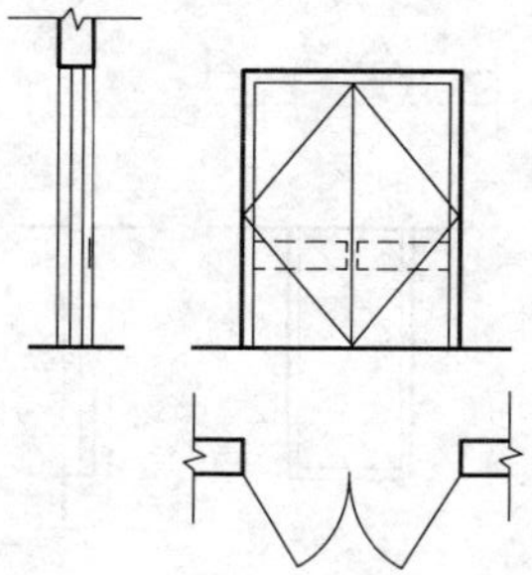	1）门的名称代号用 M 表示 2）平面图中，下为外，上为内 门开启线为 90°、60°或 45° 3）立面图中，开启线实线为外开，虚线为内开。开启线交角的一侧为安装合页一侧。开启线在建筑立面图中可不表示，在室内设计门窗立面大样图中需绘出 4）剖面图中，左为外，右为内 5）立面形式应按实际情况绘制
门连窗	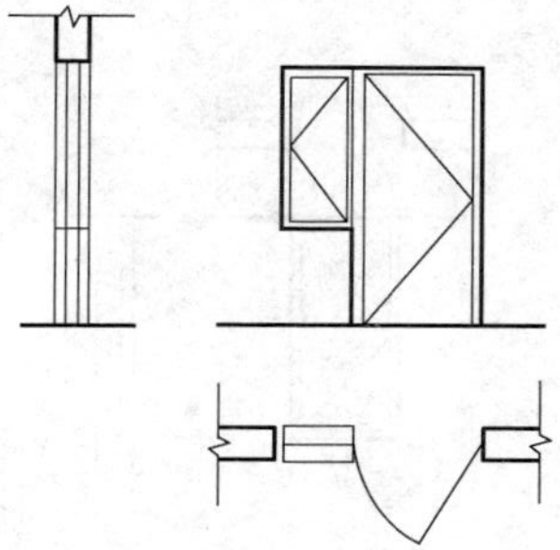	

名称	图例	备注	名称	图例	备注
墙洞外单扇推拉门	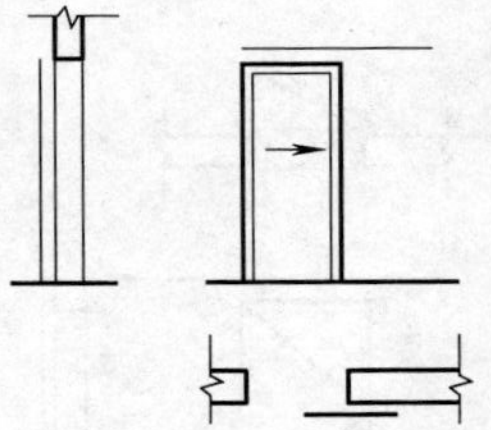	1）门的名称代号用M表示 2）平面图中，下为外，上为内 3）剖面图中，左为外，右为内 4）立面形式应按实际情况绘制	旋转门		1）门的名称代号用M表示 2）立面形式应按实际情况绘制
墙洞外双扇推拉门			两翼智能旋转门		
折叠上翻门			自动门	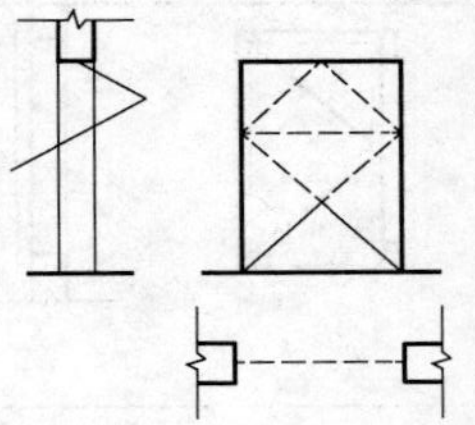	
墙中单扇推拉门	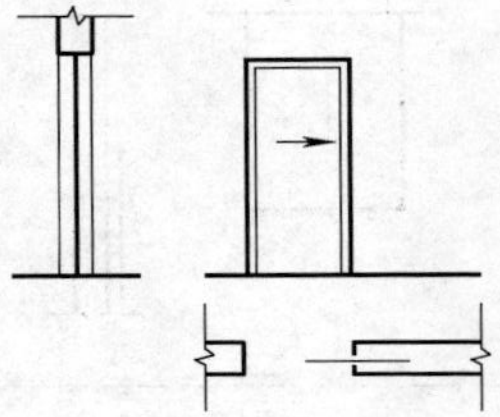	1）门的名称代号用M表示 2）立面形式应按实际情况绘制	提升门	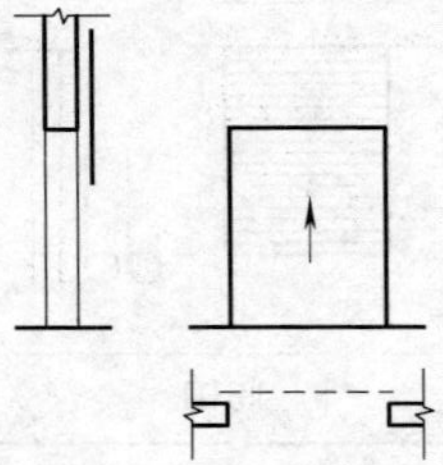	

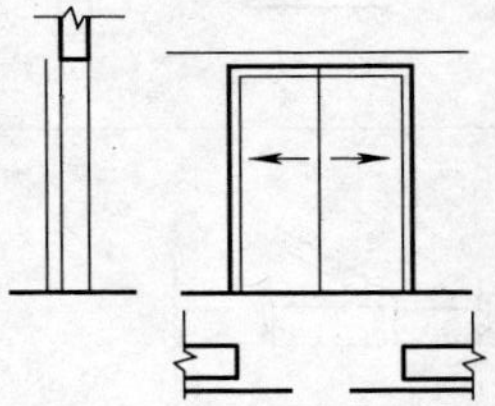

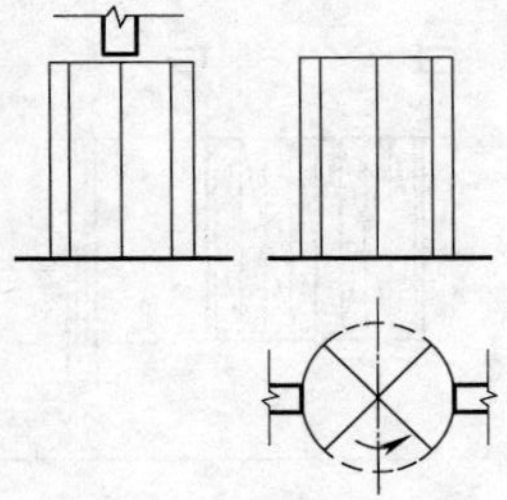

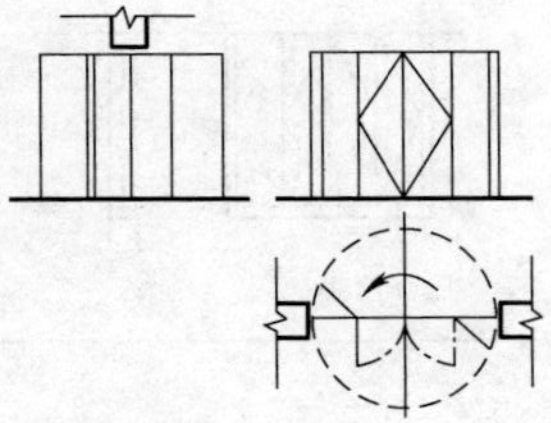

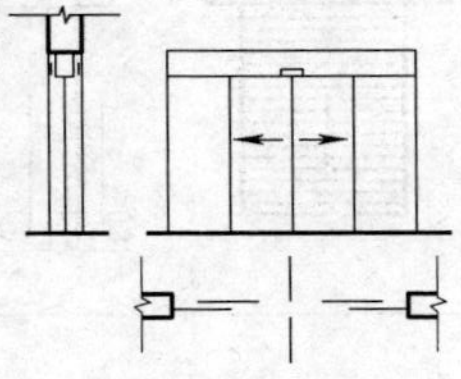

（续）

名称	图例	说明
分节提升门	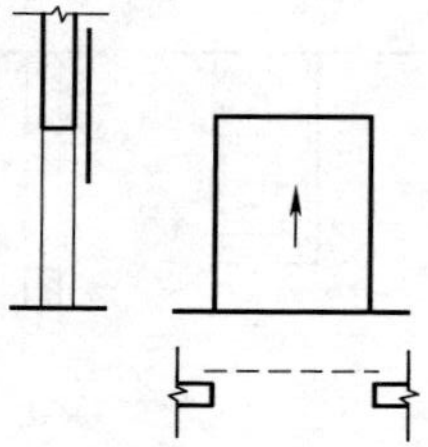	1）门的名称代号用 M 表示 2）立面形式应按实际情况绘制
人防单扇防护密闭门	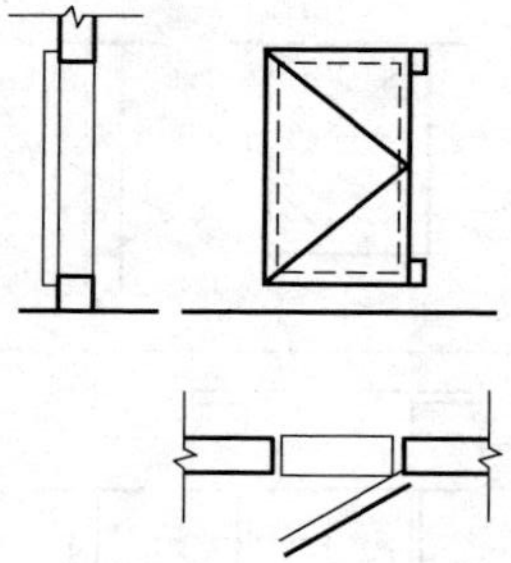	1）门的名称代号按人防要求表示 2）立面形式应按实际情况绘制
人防单扇密闭门	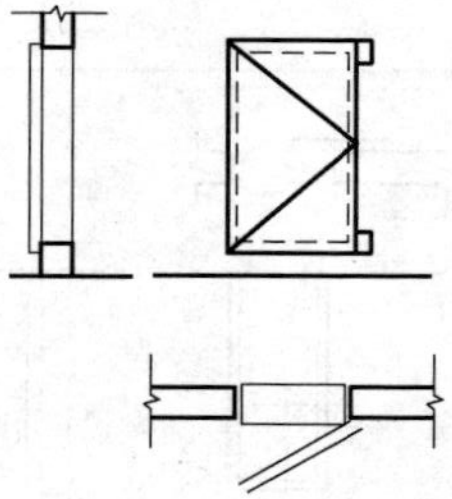	

名称	图例	说明
单侧双层卷帘门	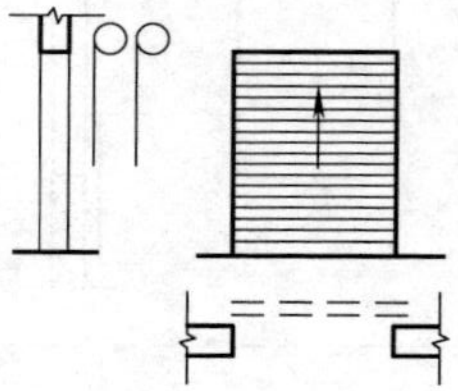	
双侧单层卷帘门	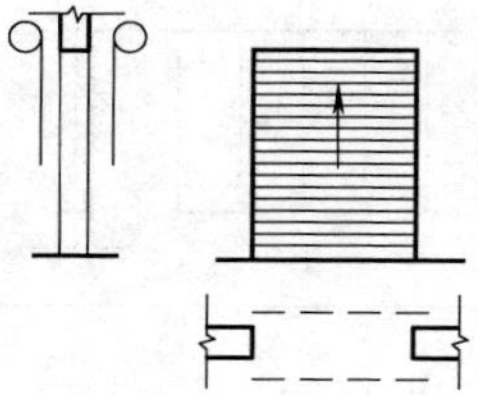	
折叠门	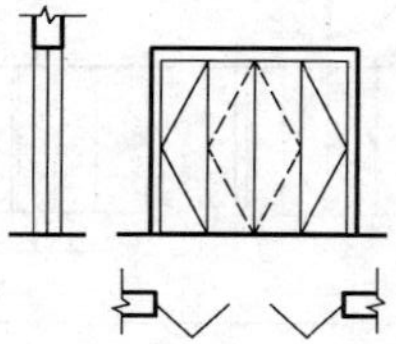	1）门的名称代号用 M 表示 2）平面图中，下为外，上为内 3）立面图中，开启线实线为外开，虚线为内开。开启线交角的一侧为安装合页一侧 4）剖面图中，左为外，右为内 5）立面形式应按实际情况绘制
推拉折叠门	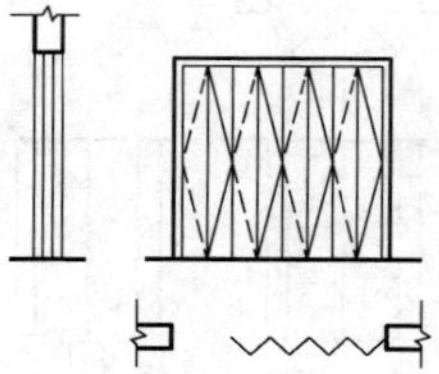	

名称	图例	备注
人防双扇防护密闭门	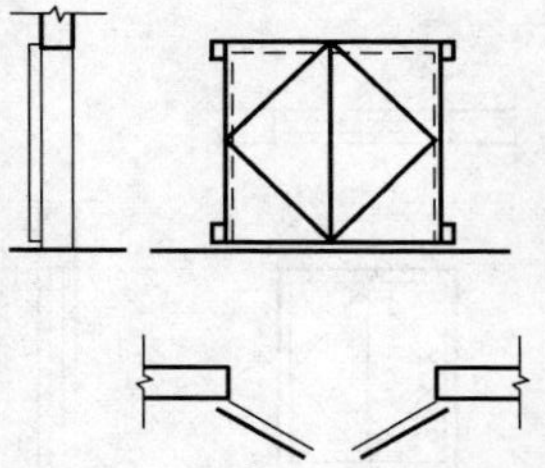	
人防双扇密闭门	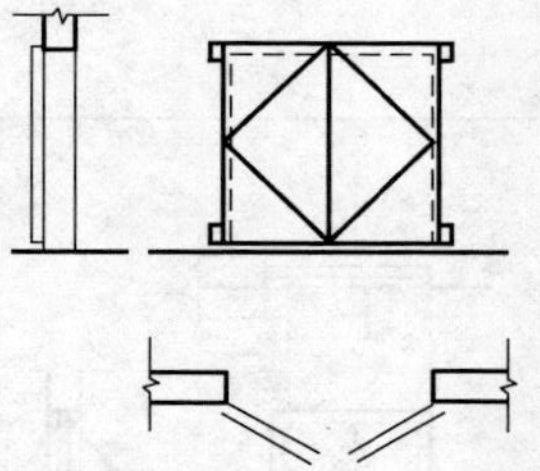	
横向卷帘门	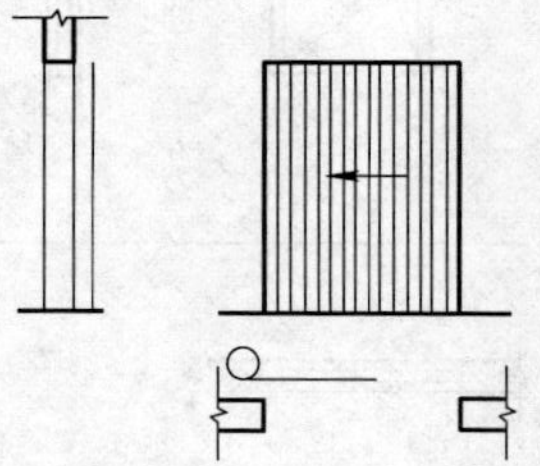	
竖向卷帘门	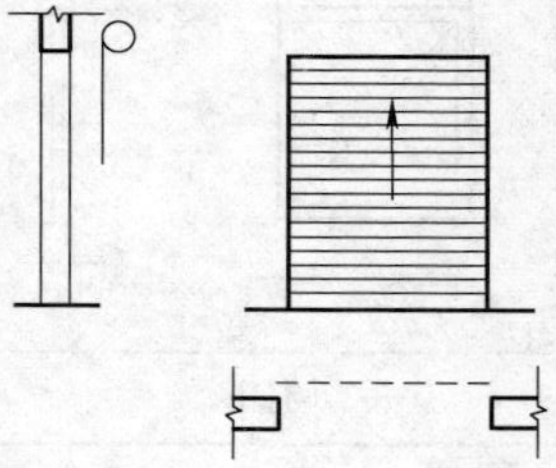	

名称	图例	备注
固定窗	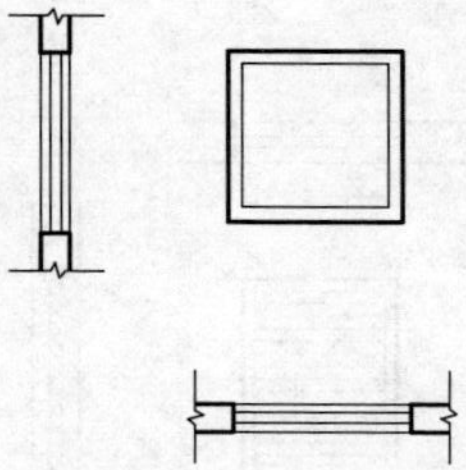	1）窗的名称代号用 C 表示 2）平面图中，下为外，上为内 3）立面图中，开启线实线为外开，虚线为内开。开启线交角的一侧为安装合页一侧。开启线在建筑立面图中可不表示，在门窗立面大样图中需绘出 4）剖面图中，左为外，右为内。虚线仅表示开启方向，项目设计不表示 5）附加纱扇应以文字说明，在平、立、剖面图中均不表示 6）立面形式应按实际情况绘制
上悬窗	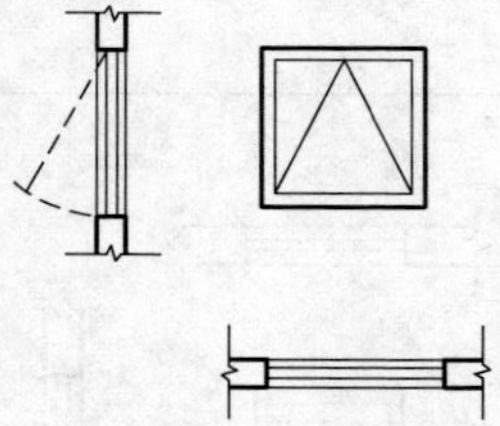	
中悬窗	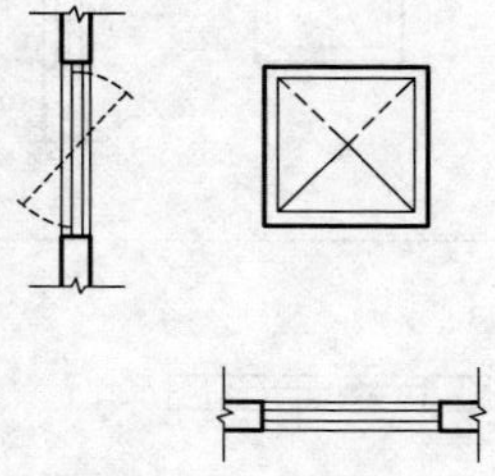	
下悬窗	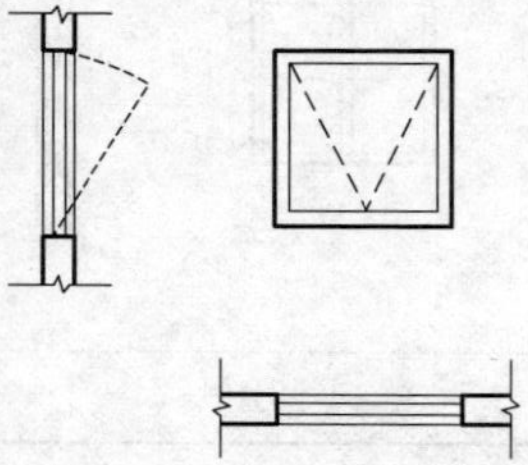	

（续）

名称	图例	说明	名称	图例	说明
立转窗	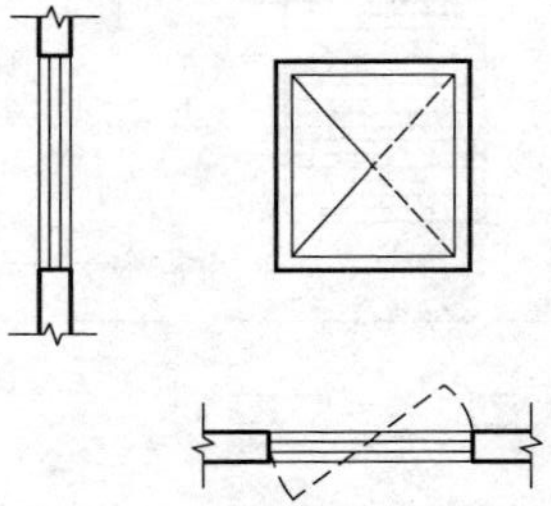	1）窗的名称代号用C表示 2）平面图中，下为外，上为内 3）立面图中，开启线实线为外开，虚线为内开。开启线交角的一侧为安装合页一侧。开启线在建筑立面图中可不表示，在门窗立面大样图中需绘出 4）剖面图中，左为外，右为内。虚线仅表示开启方向，项目设计不表示	双层推拉窗	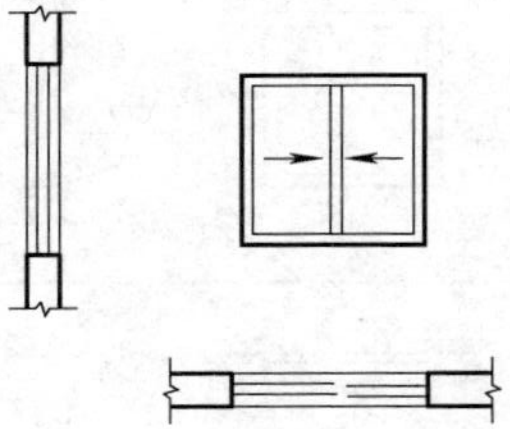	1）窗的名称代号用C表示 2）立面形式应按实际情况绘制
内开平开内倾窗	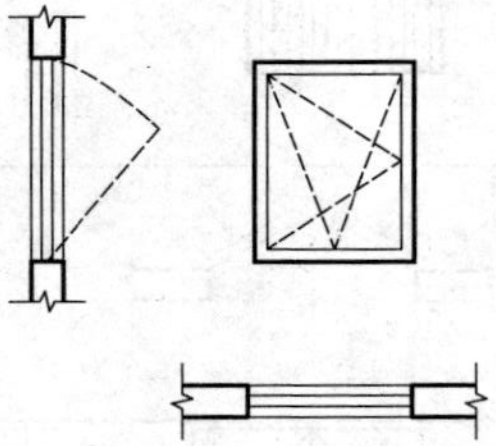		上推窗	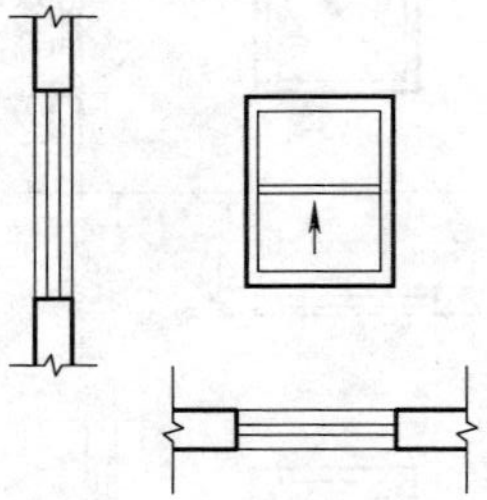	
单层外开平开窗	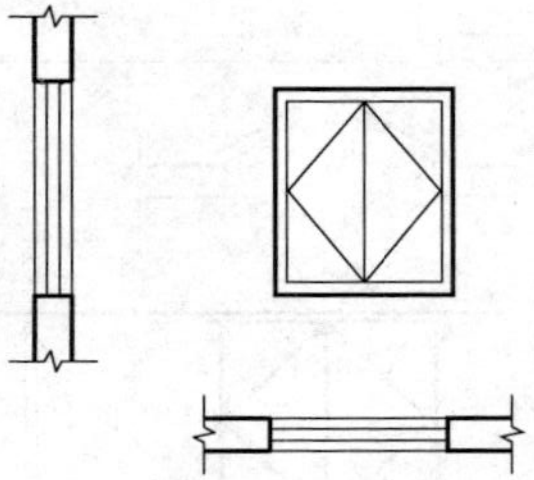		百叶窗	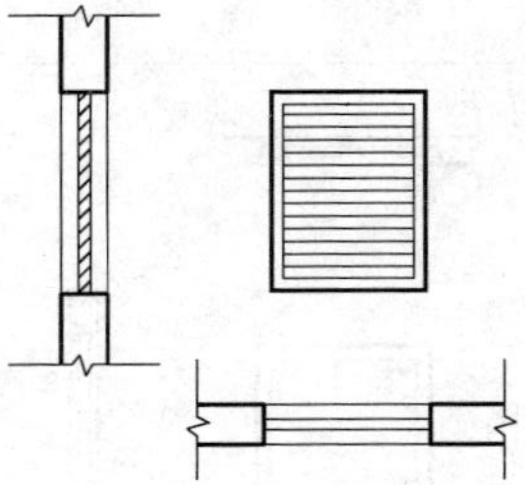	

名称	图例	说明
单层内开平开窗	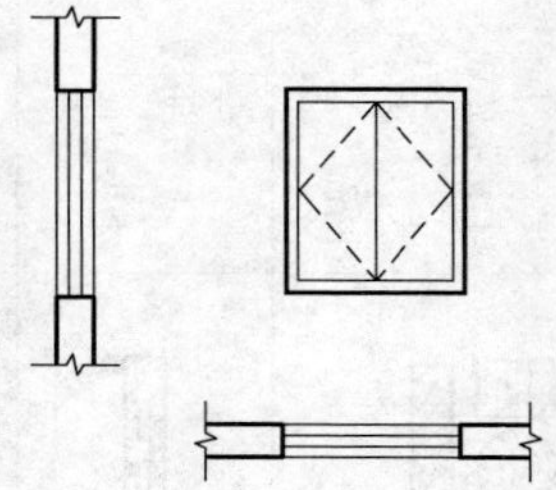	5）附加纱扇应以文字说明，在平、立、剖面图中均不表示 6）立面形式应按实际情况绘制
双层内外开平开窗	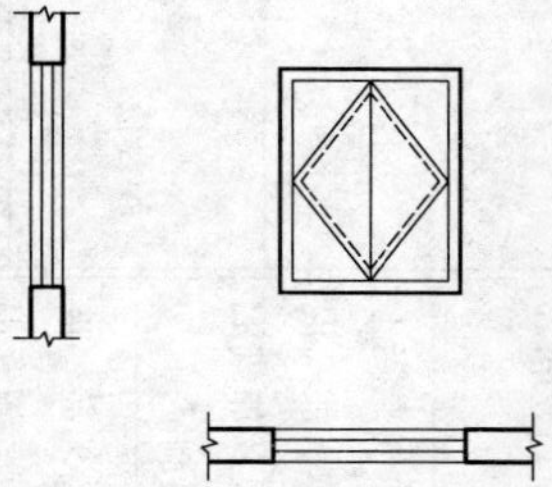	
单层推拉窗	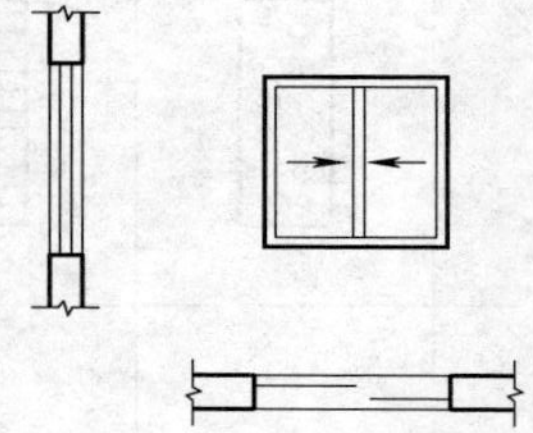	1）窗的名称代号用 C 表示 2）立面形式应按实际情况绘制
平推窗	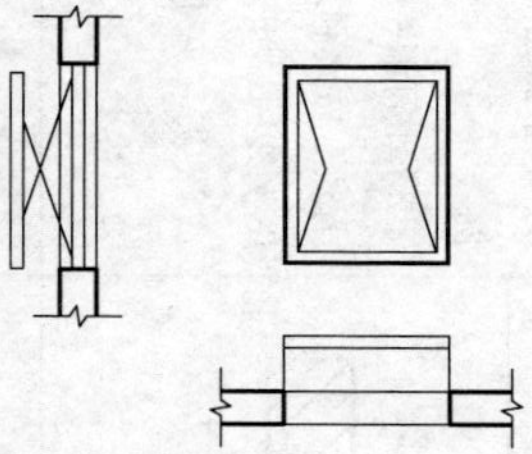	
高窗	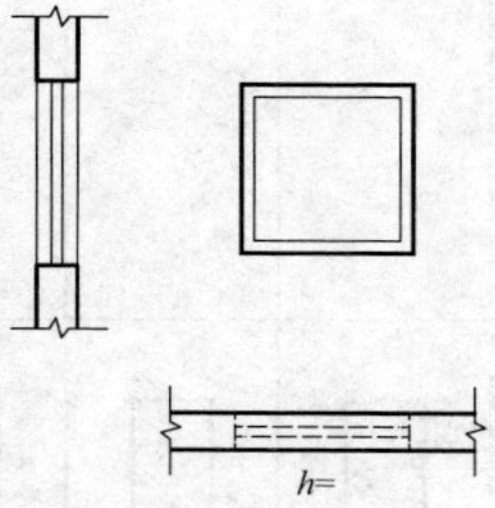	1）窗的名称代号用 C 表示 2）立面图中，开启线实线为外开，虚线为内开。开启线交角的一侧为安装合页一侧。开启线在建筑立面图中可不表示，在门窗立面大样图中需绘出 3）剖面图中，左为外，右为内 4）立面形式应按实际情况绘制 5）h 表示高窗底距本层地面高度 6）高窗开启方式参考其他窗型

表 21-6　常用建筑材料图例

名称	图例	说明
自然土壤		包括各种自然土壤 斜线为45°
夯实土壤		斜线为45°
砂、灰土	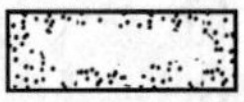	
砂砾石、碎砖三合土	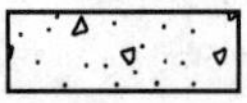	
石材		斜线为45°
毛石		
实心砖、多孔砖	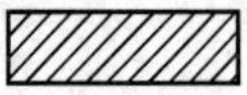	包括普通砖、多孔砖、混凝土砖等砌体 斜线为45°
耐火砖		包括耐酸砖等砌体 斜线为45°
空心砖、空心砌块	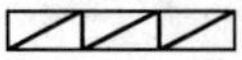	包括空心砖、普通或轻骨料混凝土小型空心砌块等砌体
加气混凝土	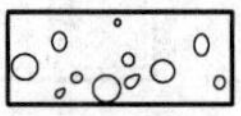	包括加气混凝土砌块砌体、加气混凝土墙板及加气混凝土材料制品等
饰面砖		包括铺地砖、玻璃马赛克、陶瓷锦砖、人造大理石等
焦渣、矿渣	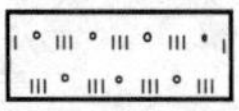	包括与水泥、石灰等混合而成的材料
混凝土		1）包括各种强度等级、骨料、添加剂的混凝土 2）在剖面图上绘制表达钢筋时，则不需要绘制图例线 3）断面图形较小，不易绘制表达图例线时，可填黑或深灰（灰度宜为70%）
钢筋混凝土	 斜线为45°	
多孔材料		包括水泥珍珠岩、沥青珍珠岩、泡沫混凝土、软木、蛭石制品等 交叉线为45°
纤维材料	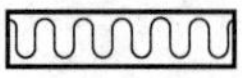	包括矿棉、岩棉、玻璃棉、麻丝、木丝板、纤维板等
泡沫塑料材料	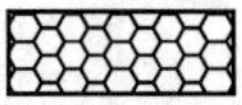	包括聚苯乙烯、聚乙烯、聚氨酯等多聚合物类材料
木材		1）上图为横断面，左上图为垫木、木砖或木龙骨 2）下图为纵断面
胶合板	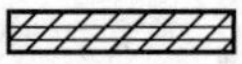	应注明为×层胶合板
石膏板	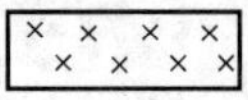	包括圆孔或方孔石膏板、防水石膏板、硅钙板、防火石膏板等

（续）

名称	图例	说明	名称	图例	说明
金属		1）包括各种金属 2）图形较小时，可填黑或深灰（灰度宜为70%） 斜线为45°	橡胶		
网状材料		1）包括金属、塑料网状材料 2）应注明具体材料名称	塑料		包括各种软、硬塑料及有机玻璃等
液体		应注明具体液体名称	防水材料		构造层次多或绘制比例大时，采用上面的图例
玻璃		包括平板玻璃、磨砂玻璃、夹丝玻璃、钢化玻璃、中空玻璃、夹层玻璃、镀膜玻璃等	粉刷		本图例采用较稀的点

注：1. 本表中所列图例通常在1∶50及以上比例的详图中绘制表达。

2. 如需表达砖、砌块等砌体墙的承重情况时，可通过在原有建筑材料图例上增加填灰等方式进行区分，灰度宜为25%左右。

21.4.3 建筑剖面图

剖面图有横剖面图和纵剖面图。在厂房的建筑设计中，一般不画纵剖面图。但在工艺设计中有特殊要求时，也需画出。

图21-11d所示剖面1—1是一横剖面图。

剖面图中应表示的基本内容是：

1）厂房内部结构，如柱、梁、屋架、屋面板以及墙、门窗等构件的组成关系和结构形式，并标注主要构件的标高尺寸。

厂房内部的剖面高度，一般是指屋架下弦底面的高度，通常等于或接近于柱顶标高。图21-11d所示剖面1—1中剖面高度为10m，轨顶标高8.2m。

2）建筑物的楼地面、屋面等系用多层材料构成，在剖面图中一般是用引出线指明部位，并按其构造的层次顺序加以文字说明。若另有详图，则剖面图中可以不加说明。

3）剖面图的比例与平、立面图一致。有时为了图示清楚，也可采用较大的比例画出。

4）当剖面图用较大的比例绘制时，被剖切到的构件或配件的截面，一般都按材料图例画出。

上述的平、立、剖面图，是厂房建筑施工时的主要依据，是施工图中三种基本的图样。

这三种图样若绘制在同一张图纸上，它们之间应符合投影关系，若不是绘制在同一图纸上，它们相互对应的尺寸大小均应相同。

21.5 区划布置图

区划布置图按厂房绘制。一个厂房内可以包括一个车间或几个车间。若厂房仅有一个车间，则称车间区划布置图；若有几个车间则称厂房区划布置图。

区划布置图的比例一般采用 1∶400；对于特大厂房允许用 1∶800；较小厂房可采用1∶200。

区划图中使用的图例可参考表 21-7，这些图例目前尚无统一标准，在区划布置图的空白处要画出图例符号。

表 21-7 区划布置图上采用的图例

名称	图例	说明	名称	图例	说明
到屋架下弦或到顶棚的主墙、实心隔墙	——	粗实线	网状隔断	—×—×—·—×——×	细实线
所有类型的轻型隔墙	——	细实线	通道	- - - - - -	细虚线
车间、工部、工段的界限	- - - - - - - -	细虚线	车间铁路线（入口）	——	粗实线
建筑物的柱子	┼	细实线	起重机轨道	├——·——┤	细点画线

区划布置图的基本内容：

1）厂房内各生产部门、辅助部门、生活服务部门的位置区划及它们的名称或代号。

2）厂房的总长度、总宽度、跨距、柱距及建筑物的轴线标记。

3）标明主干道、车间通道和铁路线入口。

4）厂房内的起重运输设备，用规定的图例表示。

5）在区划图的空白处，要用文字注明各跨间从建筑物的地坪到屋架下弦的标高或地坪到起重机轨顶的高度。当建筑物的断面复杂时，还需用单线画出厂房的横剖面或纵剖面图。

对于多层厂房，要分别绘制各层的区划布置图，并注明各层平面区划图的层次和标高。

图 21-12 所示是一厂房区划布置图。该厂房含有机修车间、工具车间、非标准设备车间、试制车间及锻工车间等。车间内部各部门的位置用代号表示。

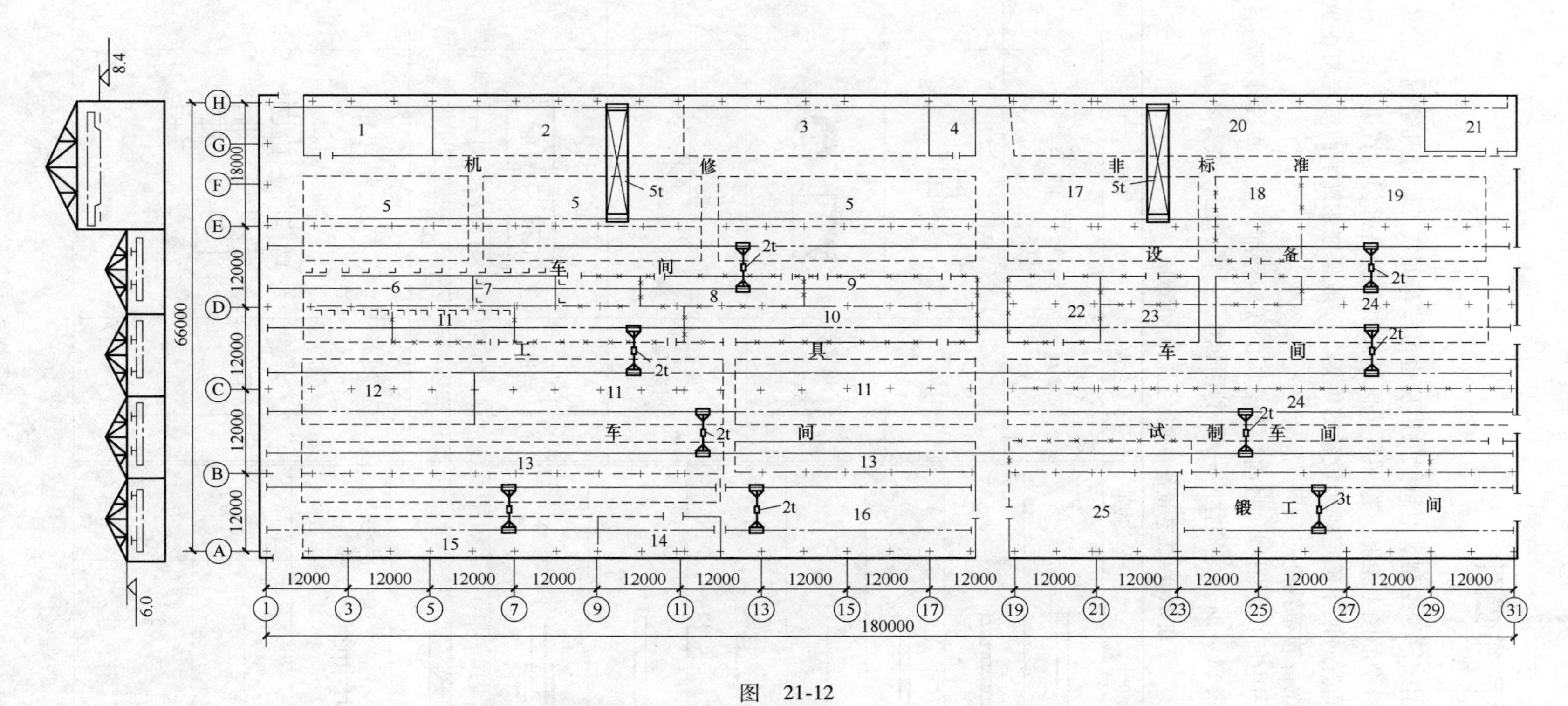

图 21-12

1—配电装置 2—钳工工段 3—拆卸装配地 4—装配浸渍工段 5—机械加工工段 6—装配工段 7—金属喷镀工段 8—备件和配套件库 9—材料库和备料工段 10—材料库和备料工段 11—冲压模具工段 12—钳工工段 13—刀具、量具和辅助工具工部 14—坐标镗床工段 15—样板钳工工段 16—热处理工段 17—备料工段 18—配套件库 19—焊接工段 20—机械加工装配工部 21—油漆工段 22—材料和备件库 23—工具分发室 24—机械加工工段 25—磨刀工段

21.6 工艺设备平面布置图

工艺设备平面布置图按厂房绘制。对特大的厂房也可按车间或工段分开绘制。设备平面布置图在一定比例的建筑平面图上绘制，按照厂房区划图划分的各部门位置进行设备和工作地的平面布置。为了在布置时便于确定各个设备的位置，一般是把建筑平面图绘制在坐标方格纸上，再在其上进行设备的布置。

对于设备平面布置图中所用的图例，目前尚无全国的统一标准，但一些设计部门各有其内部通用的规定图例。表21-8所列是推荐的一些常用图例及习惯画法，供参考。

表21-8 工艺设备布置图上采用的图例

序号	名称	图例	说明
1	建筑构件砖隔墙		
2	玻璃隔墙		
3	金属板隔墙		
4	网状隔断		
5	金属栏杆		
6	屏蔽		
7	传递窗		
8	观察孔		
9	木栏杆		
10	起重机轨道		
11	车间内部通道		
12	钢柱	I Ⅱ	
13	柱子		
14	地坑或洞口		
15	地道或地沟		
16	烟道		
工艺设备			
1	自动线		

（续）

序号	名称	图例	说明
2	工艺设备（机床等）和平面图上编号	N N N	三种注写方法均可
3	车间原有的不搬动的工艺设备	N	当做改建平面布置时，注写方法同上
4	工艺设备与中间柱子的尺寸注法	1000 1300 1700	
5	工艺设备与墙边的尺寸注法	800 900	
6	设备自带的附属装置：D—电器柜，X—吸尘器，Y—液压箱，P—变频机组，S—冷却水器，F—直流发电机组，C—操作箱，W—温度控制箱，D-K—电动机扩大机，D-Y—电解液	××	××—附属装置名称。一般用汉语拼音第一个字母代表
7	工人操作位置		
8	看管多台机床的操作位置		
9	钳工台		
10	工作台：G—工作台，J—检验台，X—划线台，Z—装配台	× ×	包括划线台、检验台、装配台等，其名称可用汉语拼音第一个字母代表，或写名称
11	柜子		
12	架子		
13	设备备用位置		
14	毛坯和零件存放地	× × × × ×	写名称
			不写名称
15	通风罩柜		
16	单侧抽风槽		
17	双侧抽风槽		
	工业液体、气体和电力供应点		
1	冷水供应点		

（续）

序号	名称	图例	说明
2	供排水点		
3	消火栓		
4	地漏		
5	热水供应点		
6	盥洗盆		
7	盥洗槽		
8	污水池		
9	压缩空气供应点 $p\leqslant 0.3\mathrm{MPa}$		
10	同上，$p=0.4\sim 0.8\mathrm{MPa}$		
11	动力蒸汽供应点		
12	气体供应点		包括各种气体，如氢气、氧气、煤气、乙炔等。可用名称的汉语拼音第一个字母代表
13	普通单相电力插座		

序号	名称	图例	说明
14	普通三相电力插座		
15	动力或照明配电盘		
起重运输设备（区划布置图和平面布置图）			
1	轻便铁轨		
2	带小车的轻便铁轨		
3	单列辊道		
4	双列辊道		
5	电动单轨葫芦	$Q=\cdots\mathrm{t}$	
6	手动单轨葫芦	$Q=\cdots\mathrm{t}$	
7	气动单轨葫芦	$Q=\cdots\mathrm{t}$	
8	电动旋臂起重机		

（续）

序号	名称	图例	说明	序号	名称	图例	说明
9	手动旋臂起重机			14	悬挂式起重机（在平面图上）	$Q=\cdots t$ $L_k=\cdots m$	
10	气动旋臂起重机				悬挂式起重机（在剖面图上）		
11	悬臂式起重机（在平面图上）	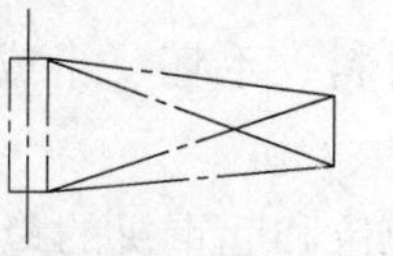 $Q=\cdots t/\cdots m$		15	带式运输机		
	悬臂式起重机（在建筑物剖面图上）			16	滑槽滑道		
12	桥式起重机（在平面图上）	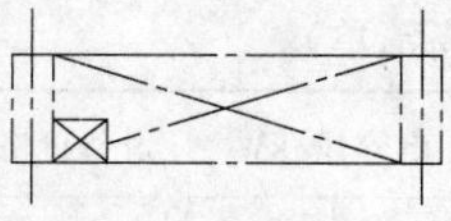 $Q=\cdots t$ $L_k=\cdots m$		17	升降式悬挂链	+5.5 +2.2	
	桥式起重机（在剖面图上）			18	带连接单轨的悬挂链式输送机		
13	梁式起重机（在平面图上）	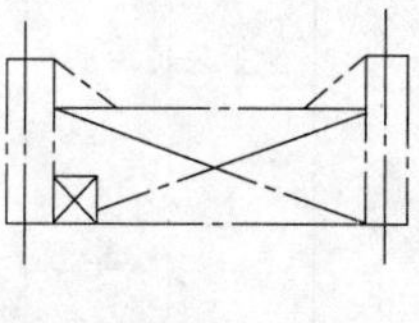 $Q=\cdots t$ $L_k=\cdots m$					
	梁式起重机（在剖面图上）						

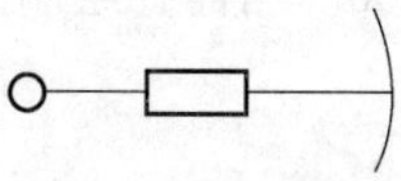

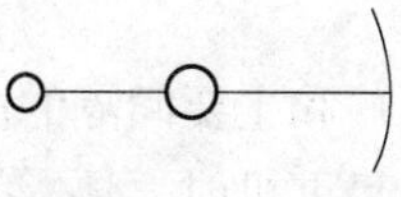

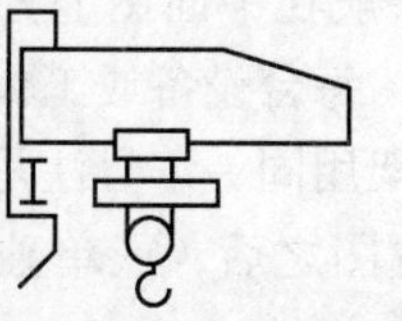

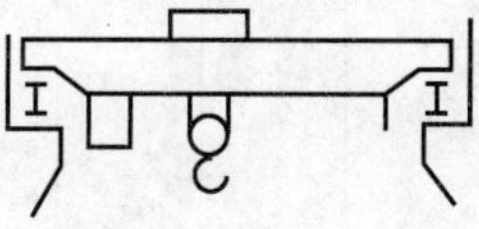

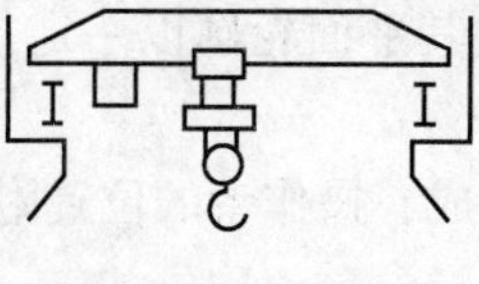

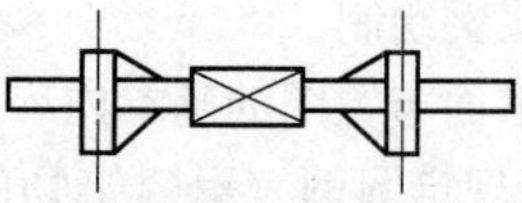

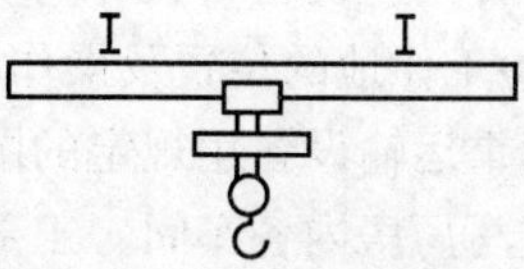

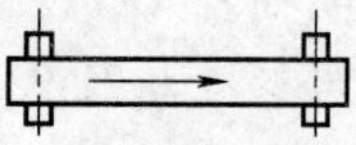

在平面布置图上的建筑物定位轴线应和建筑平面图、区划布置图上的标记一致。

建筑物的结构、门窗等的尺寸，在设备平面图中可不标注。

设备平面图的常用比例为1∶100，大型厂房可用1∶200。当需要绘制剖面图时，可按建筑物的比例绘制。

设备平面布置图的基本内容是：

1）按规定图例表示建筑物的外墙和内墙、柱子、门洞和窗洞、大门、地下室、地道、主要地沟、夹层、各种孔（洞）和走廊等。

2）注出厂房的主要尺寸（总长度、总宽度跨距和柱距）和主要间隔的内部尺寸。

3）在图纸空白处注明地坪到厂房屋架下弦的标高。有起重机时，还需注明地坪到起重机轨顶或轨底的标高。必要时应绘制厂房剖面图。

4）各种工艺设备（机床等）、工作台和架的位置；材料、毛坯、半成品及成品的堆放位置；检验工作地的位置及操作者的位置等。

5）起重运输设备用规定的图例表示，并要注明起重吨位和起重机的跨度。

6）注写厂房内各车间、工部、工段及辅助服务部门的名称或代号。

7）设备及工作台、架在平面布置图上要逐个编号。一般在平面图上分车间按工段从左向右，然后由上到下依次用阿拉伯数字注写连贯的顺序号；每台设备或工作台、架都应有自己的独立编号；对同一型号和规格的重复设备及工作台、架用同一编号注写。

车间设备明细表（或设备清单）应附在设备平面布置图之后，或单独装订成册，设备明细表的格式可参考表21-9。

表21-9　平面图的设备明细表（设备清单）

序号	平面图上编号	设备名称及主要技术规格	型号或图号	外形尺寸/mm	数量	重量/kg		电容量/kW		设备价格/元		制造厂	附注
						单重	总重	单台	共计	单价	总价		

图21-13所示是设备平面布置图（局部）的示例。

布置设备时，设计人员将工艺设备和主要生产器具按其平面轮廓以一定比例制成模板，进行多方案的比较，然后按最优布置方案画出设备布置图。

设备模板一般用厚纸板、塑料片、明胶片或金属片制成，操作者的位置附在模板上。

图21-14所示是设备模板的示例。

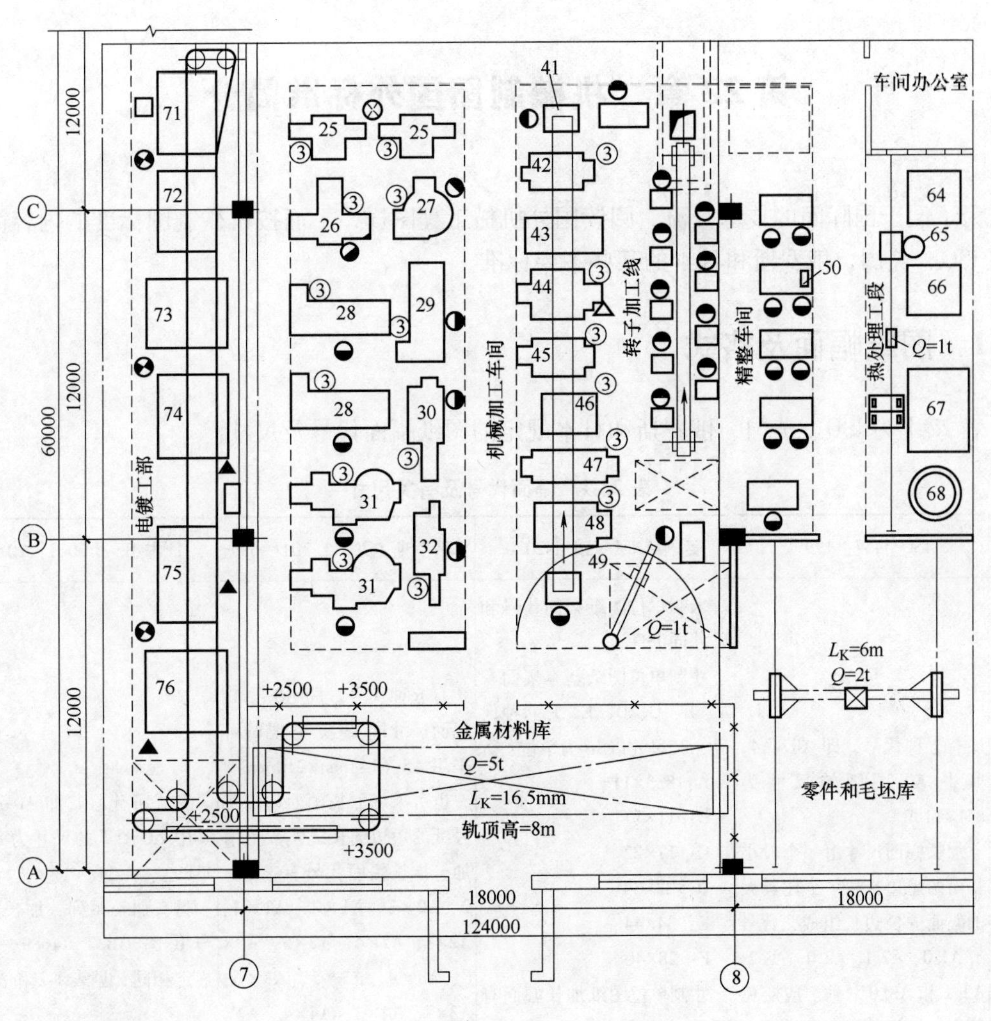

车间办公室
12000
12000
12000
60000
71
72
73
74
75
76
25
26
27
28
29
30
31
32
41
42
43
44
45
46
47
48
49
50
64
65
66
67
68
电镀工部
机械加工车间
转子加工线
精整车间
热处理工段
Q=1t
Q=1t
L_K=6m
Q=2t
金属材料库
Q=5t
L_K=16.5mm
轨顶高=8m
零件和毛坯库
+2500
+3500
+2500
+3500
18000
18000
124000
A
B
C
7
8

图 21-13

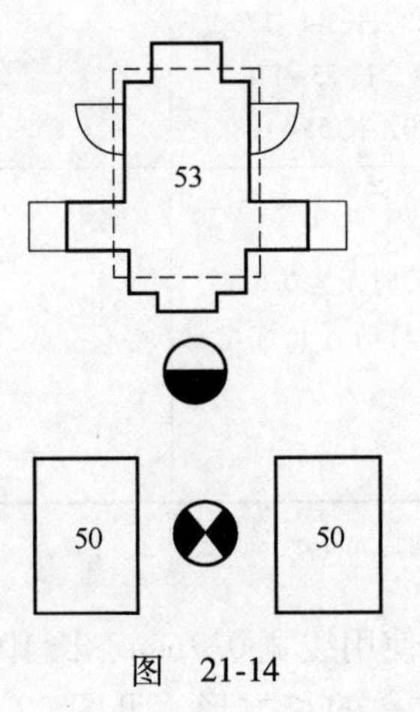

53
50
50

图 21-14

第 22 章　机械制图国外标准简介

为了便于国际间的技术交流，阅读国外机械工程图样，下面按机械制图标准的内容简要介绍 ISO、美国、俄罗斯和日本的某些主要标准。

22. 1　图纸幅面及格式

表 22-1 为 ISO、美国、俄罗斯和日本规定的图纸幅面代号及尺寸。

表 22-1　幅面代号及有关尺寸

标准	ISO 5457：1999	美国 ANSI Y14. 1-2020	俄罗斯 ГОСТ 2. 301—68	日本 JIS B 0001：2019
幅面尺寸及代号	有五种代号，即 A0 ~ A4，其中 A0 图纸的尺寸为 841×1189 加长幅面尺寸由一个较小幅面的短边长和一个比其大的幅面的长边长组成，代号有 A1. 0、A2. 1、A2. 0、A3. 2、A3. 1 和 A3. 0 六种。应避免使用加长幅面	米制单位图纸幅面代号和尺寸同 ISO 寸制单位图纸基本幅面有 A、B、C、D、E、F 六种代号，其尺寸以 in 为单位： A：8. 5×11 B：11×17 C：17×22 D：22×34 E：34×44 F：28×40 寸制单位图纸加长幅面有四种： G：宽 11，长 22. 5 ~ 90 H：宽 28，长 44 ~ 176 J：宽 34，长 55 ~ 176 K：宽 40，长 55 ~ 198	有五种代号，即 A0 ~ A4，幅面尺寸同 ISO。必要时可采用 A5（148mm×210mm） 也可采用加长幅面，按各号纸的短边的长成整数倍增加。加长幅面代号有：A0×2、A0×3、A1×3、A1×4、A2×3、A2×4、A2×5、A3×3、A3×4、A3×5、A3×6、A3×7、A4×3、A4×4、A4×5、A4×6、A4×7、A4×8、A4×9	有五种代号，即 A0 ~ A4，其中 A0 图纸的尺寸为 841×1189 另有加长系列，加长方法与我国 GB/T 14689—2008 规定相同，见表 1-2 和表 1-3
边宽尺寸	左侧装订边宽 20mm，其余边宽 10mm	不需装订时，为 0. 5in 需要装订时，允许增加边宽		需要装订时，装订边宽为 20，其他边宽对 A0、A1 为 20；对 A2 ~ A4 为 10。不装订时，对 A0、A1 边宽为 20，对 A2 ~ A4 各边宽均为 10

注：表中尺寸的单位，除美国标准外，均为 mm。

ISO 还规定了定心符号（推荐使用线宽 0. 7mm、长 10mm 的实线，见图 22-1）和剪切符号（两个尺寸为 10mm×5mm 的重叠的长方形，见图 22-2），它们在图上的应用如图 22-3 所示。

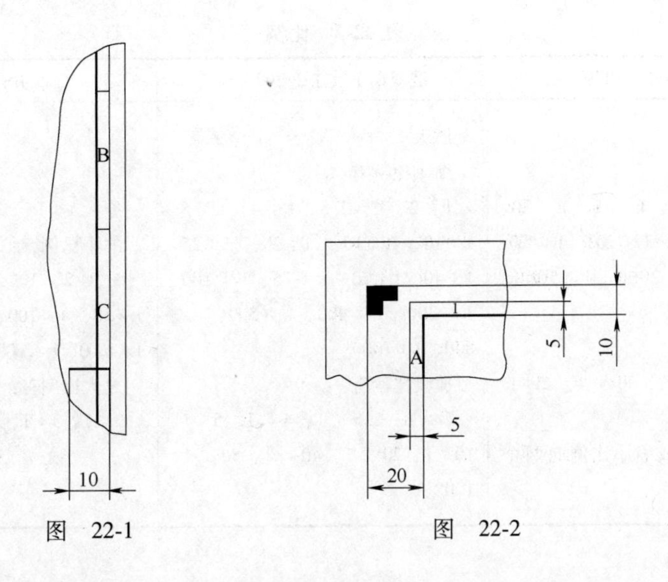

图 22-1　　图 22-2

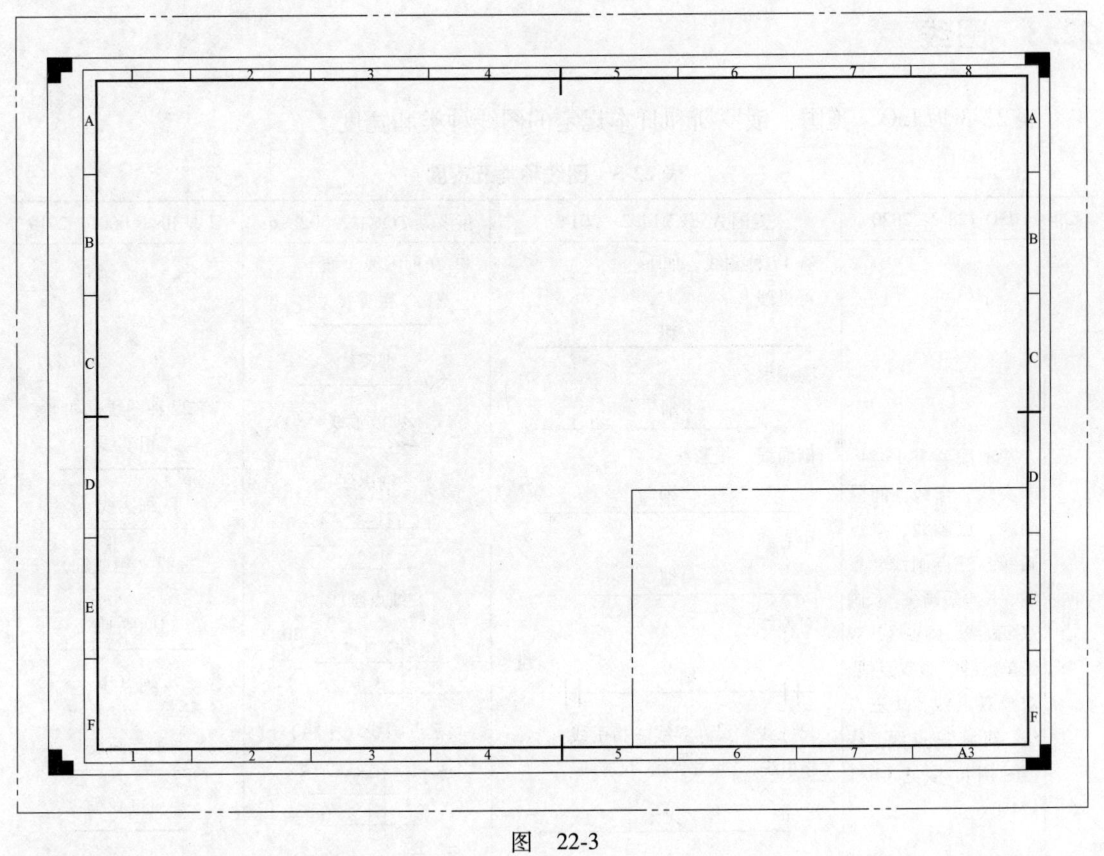

图 22-3

22.2 比例

表 22-2 为 ISO、俄罗斯和日本规定的比例。

表 22-2　比例

标准	ISO 5455：1979	俄罗斯 ГОСТ 2. 302—68	日本 JIS B 0001：2019
比例种类	原大 1：1 缩小比例有： 1：2、1：5、1：10、1：20、1：50、1：100、1：200、1：500、1：1000、1：2000、1：5000、1：10000 放大比例有： 2：1、5：1、10：1、20：1、50：1 允许沿放大或缩小比例向两个方向延伸	原大 1：1 缩小比例有： 1：2、1：2.5、1：4、1：5、1：10、1：15、1：20、1：25、1：40、1：50、1：75、1：100、1：200、1：400、1：500、1：800、1：1000 放大比例有： 2：1、2.5：1、4：1、5：1、10：1、20：1、40：1、50：1、100：1	原大 1：1 缩小比例有： 1：2、1：5、1：10、1：20、1：50、1：100、1：200、1：500、1：1000、1：2000、1：5000、1：10000 放大比例有： 2：1、5：1、10：1、20：1、50：1

22.3　图线

表 22-3 为 ISO、美国、俄罗斯和日本规定的图线种类和宽度。

表 22-3　图线种类及宽度

标准	ISO 128-2：2020	美国 ANSI Y14. 2—2014	俄罗斯 ГОСТ 2. 302—68	日本 JIS B 0001：2019
图线种类	基本线型有 15 种，即实线、虚线、间隔画线、点画线、双点画线、三点画线、点线、长画短画线、长画双短画线、画点线、双画单点线、画双点线、双画双点线、画三点线、双画三点线，线型图例可参见 GB/T 17450	有 17 种图线，如下： 可见线 粗 隐藏线 细 剖面线、投影线 细 中心线 细 对称线 细　粗 尺寸线、尺寸界线、指引线 指引线　尺寸界线　尺寸线 76	有 9 种图线，如下： 粗实线 细实线 细波浪线 细虚线 1、…、2 2、…、8 细点画线 5、…、30 3、…、5 粗点画线（中粗） 3、…、8 3、…、4 间隔画线（加粗） 8、…、20 细双折线	有 22 种图线，如下： 粗实线 细实线 虚线（粗或细） 粗间隔画线 细点线 细点画线 粗点画线

（续）

标准	ISO 128-2：2020	美国 ANSI Y14.2—2014	俄罗斯 ГОСТ 2.302—68	日本 JIS B 0001：2019
图线种类		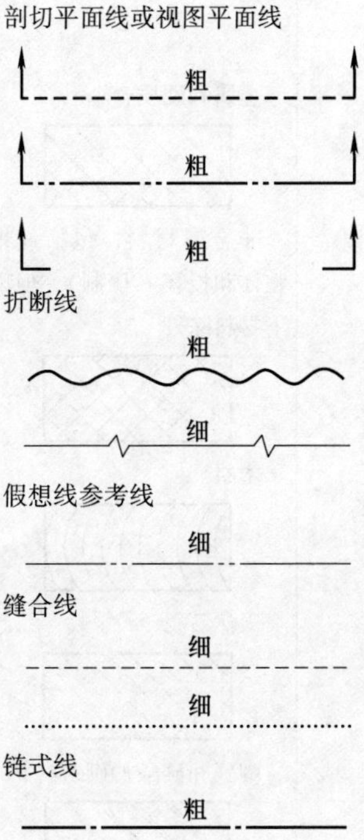 剖切平面线或视图平面线 粗 粗 粗 折断线 粗 细 假想线参考线 细 缝合线 细 细 链式线 粗	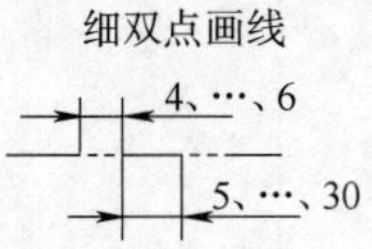 细双点画线 4、…、6 5、…、30	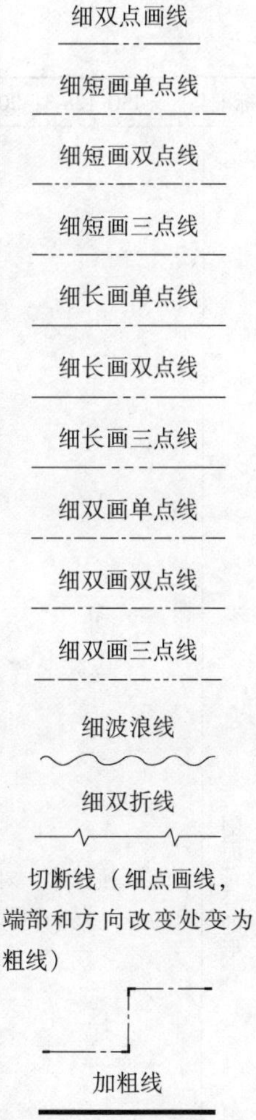 细双点画线 细短画单点线 细短画双点线 细短画三点线 细长画单点线 细长画双点线 细长画三点线 细双画单点线 细双画双点线 细双画三点线 细波浪线 细双折线 切断线（细点画线，端部和方向改变处变为粗线） 加粗线
图线宽度	加粗线、粗线与细线的线宽之比为4：2：1 线宽（单位：mm）的尺寸系列：0.13、0.18、0.25、0.35、0.5、0.7、1、1.4、2，均按$\sqrt{2}$的倍数递增	推荐细线最小线宽为0.3mm，粗线最小线宽为0.6mm，不同线宽之比为2：1	线的宽度为S，$S=0.5\sim1.4$mm 粗线：S 中粗线：$\frac{S}{3}\sim\frac{2S}{3}$ 细线：$\frac{S}{3}\sim\frac{S}{2}$ 加粗线：$(1\sim1.5)S$	线宽（单位：mm）的尺寸系列：0.13、0.18、0.25、0.35、0.5、0.7、1、1.4、2 细线、粗线、加粗线的线宽比例关系为1：2：4

22.4 剖面符号

表22-4为ISO、美国、俄罗斯和日本对剖面符号所做的规定。

表22-4 剖面符号

标准	ISO 128-3：2020	美国 ANSI Y14.2-2014	俄罗斯 ГОСТ 2.306—68	日本 JIS B 0001：2019
剖面符号的形式	无单独标准，对剖面符号的型式未进行规定	金属 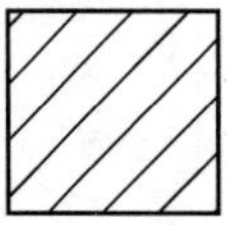	金属和硬质合金 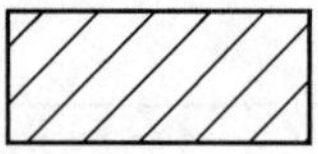 非金属材料，包括纤维整体和板坯（压制），但以下材料除外  木材 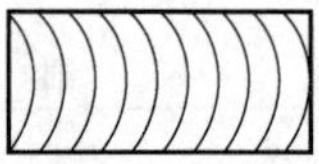 天然石材 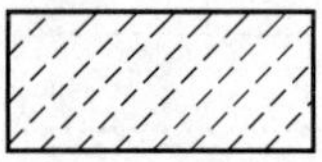 陶瓷和硅酸盐砌筑材料 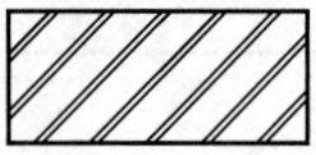 混凝土 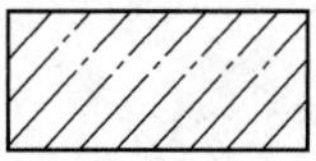 玻璃等半透明材料 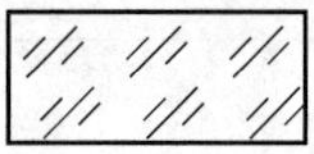 液体 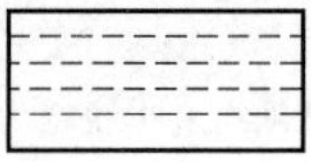 天然土壤 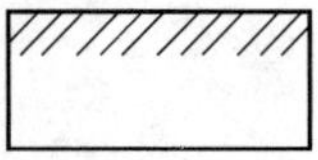	金属（一般） 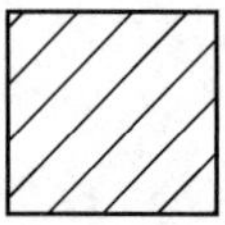 非金属 玻璃 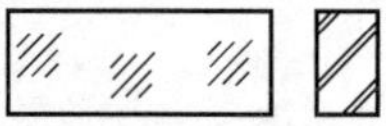 隔热和吸音材料 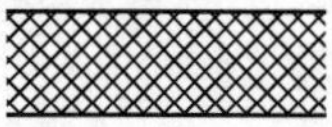 木材 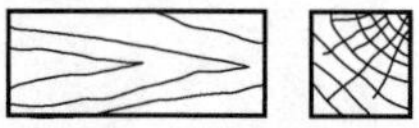 混凝土 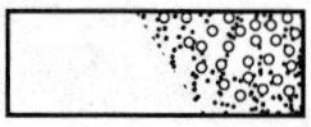 液体 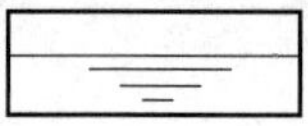

（续）

标准	ISO 128-3：2020	美国 ANSI Y14. 2-2014	俄罗斯 ГОСТ 2. 306—68	日本 JIS B 0001：2019
剖面线方向	与轮廓线或对称中心线成 45°	剖面线与水平方向成 45°，为避免与轮廓线平行或垂直，也可选择其他合适的角度。在相邻区域可以使用其他合适的角度来区分零件	一般成 45°。当主要轮廓线与水平方向成 45°时，则剖面线方向画成 30°或 60°	剖面线与水平方向或轴线方向成 45° 也可省略剖面线

22. 5 图样画法

下面按 ISO、美国、俄罗斯、日本的顺序，分别叙述此项标准的主要内容及特点。

22. 5. 1 ISO 128-3：2020《技术产品文件（TPD） 表示的一般原则 第 3 部分：视图、断面图和剖视图》

1. 两种投影法

有第一角投影法（见图 22-5）和第三角投影法（见图 22-6）。

在两种投影法中可等效使用其中一种。下面介绍时均按第一角投影法来配置图形。

2. 视图

（1）视图的配置　现以图 22-4 所示的物体为例，将两种投影法的视图配置分别示于图 22-5 和图 22-6。

如果视图不便于按第一角或第三角法配置图形时，可使用加参考箭头的方法，允许各视图自由地配置，如图 22-7 所示。

（2）特殊视图　如果投影方向与图 22-4 所示的不同，或者不能按图 22-5 和图 22-6 所示的方法来配置视图，则按图 22-8 和图 22-9 绘制，并加注。

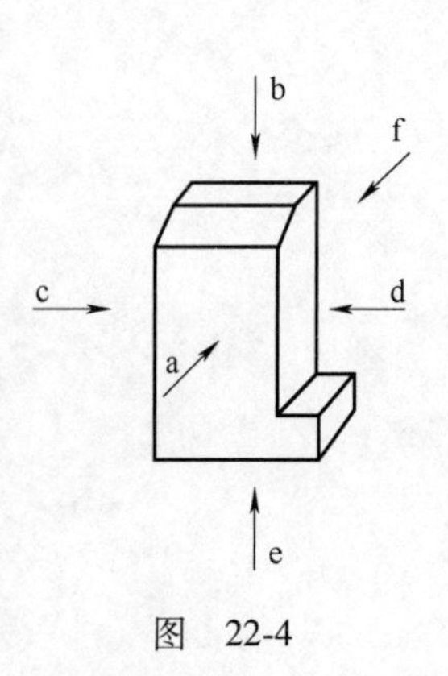

图　22-4

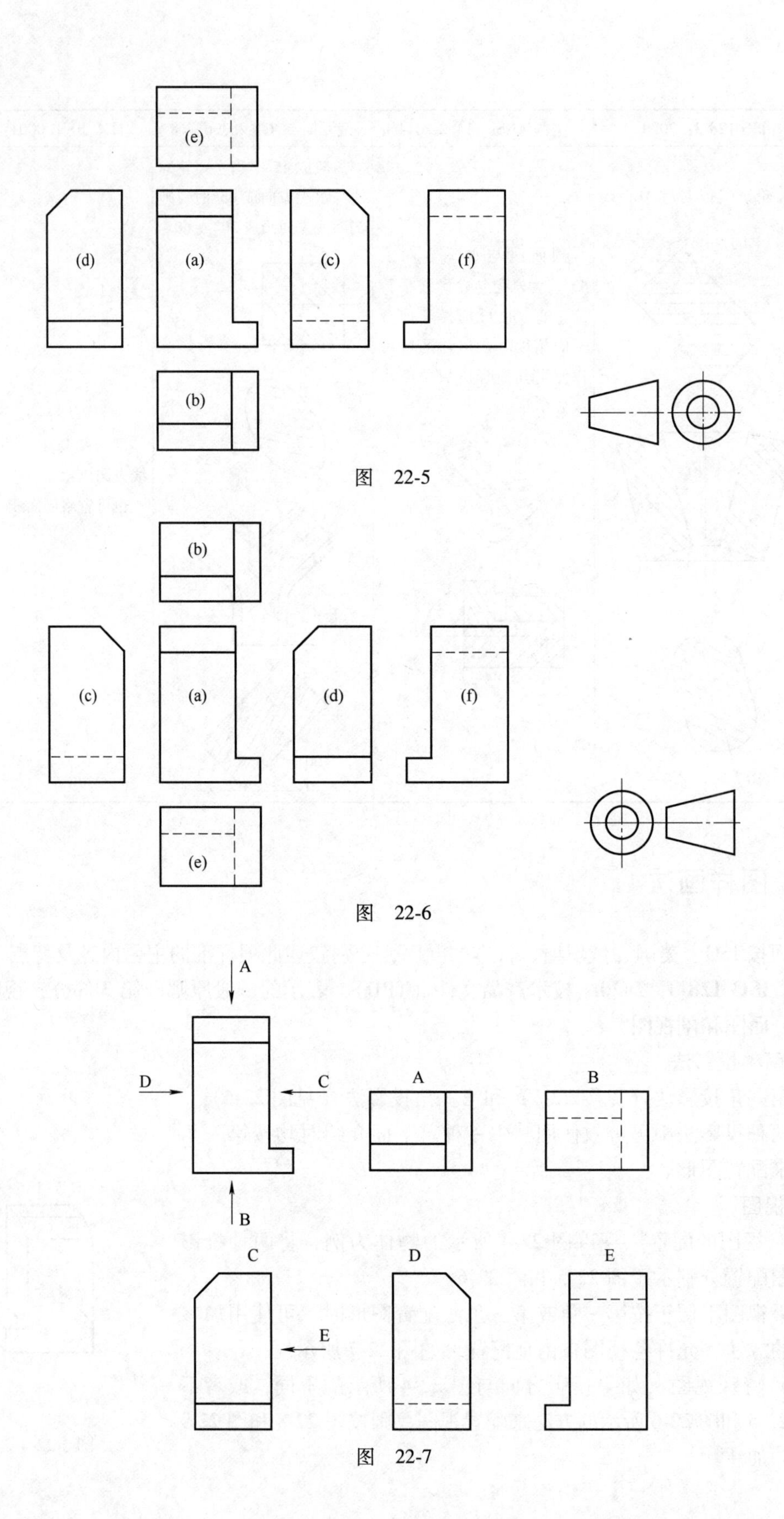

图　22-5

图　22-6

图　22-7

(3) 部分视图　部分视图要用波浪线或双折线表示断裂边界（见图 22-8）。

当对称结构的既有视图无法达到目的时，可以使用局部视图。

(4) 局部视图　局部视图应使用第三角投影法，需将其中心线与主要图形的中心线画成相连的形式（见图 22-9）。

图　22-8

3. 剖视图

剖视图分为三种，剖切面分为五种，与我国标准相同。只是表示剖切位置所用的剖切符号有所不同（见图 22-10）。

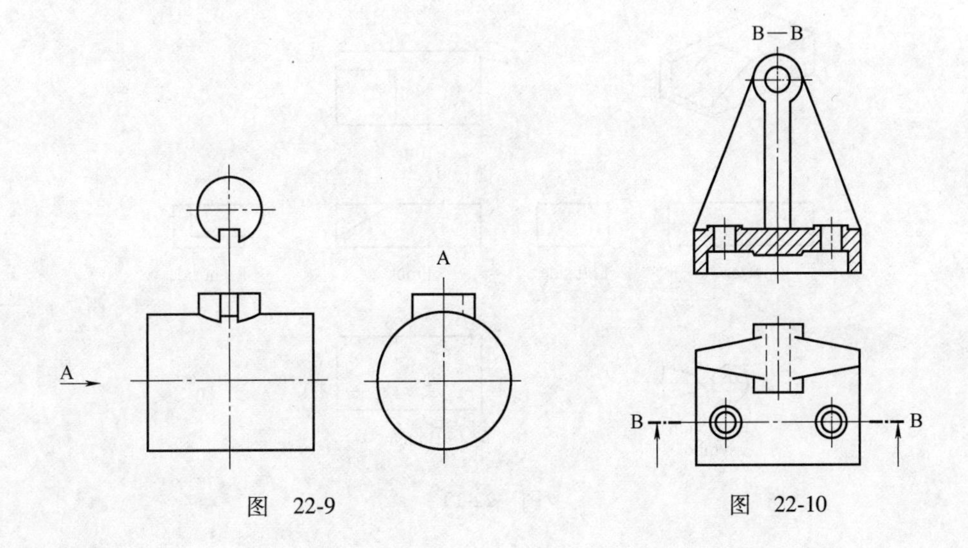

图　22-9　　　图　22-10

4. 断面图

与我国标准相同，也分为重合断面图与移出断面图两种（见图 22-11）。

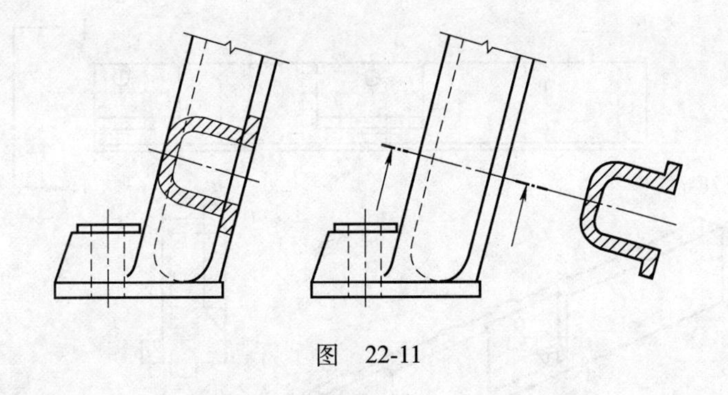

图　22-11

5. 局部放大图

用细实线圆表示出要放大的部位，并注出字母，在相应的放大图上注出相同的字母和比例（见图 22-12）。

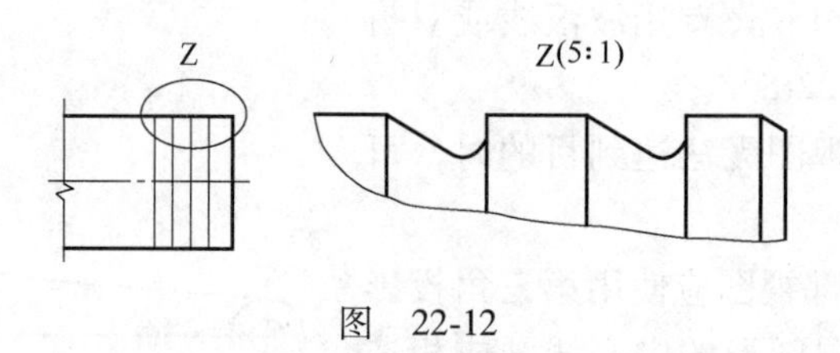

图 22-12

22.5.2 美国标准 ANSI Y14.3-2012《正视图和斜视图》

1. 视图

（1）六面视图　美国普遍采用第三角投影法，其六面视图的名称和配置与 ISO 标准相同，如图 22-13 所示。

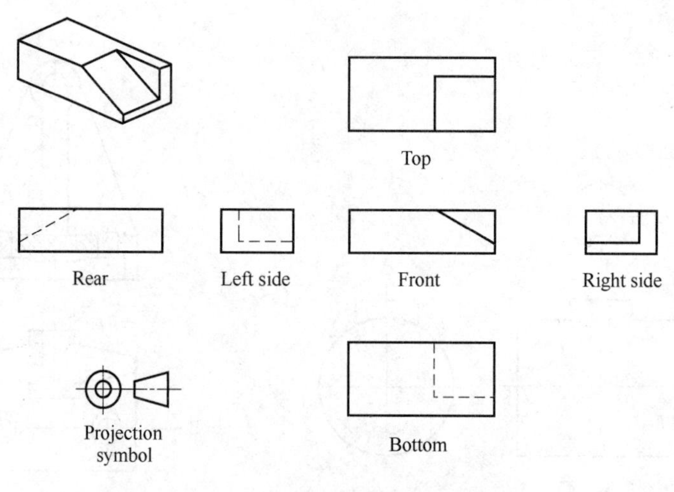

图 22-13

（2）移出视图和旋转视图　当机件的某一局部形状需要进一步阐明时，可作移出视图（可采用双箭头和单箭头方式），如图 22-14 所示。其标注方法与我国标准不同。

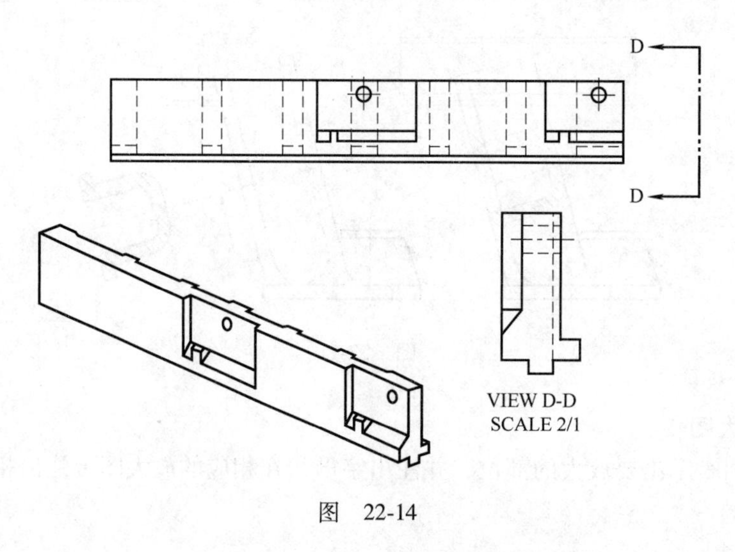

图 22-14

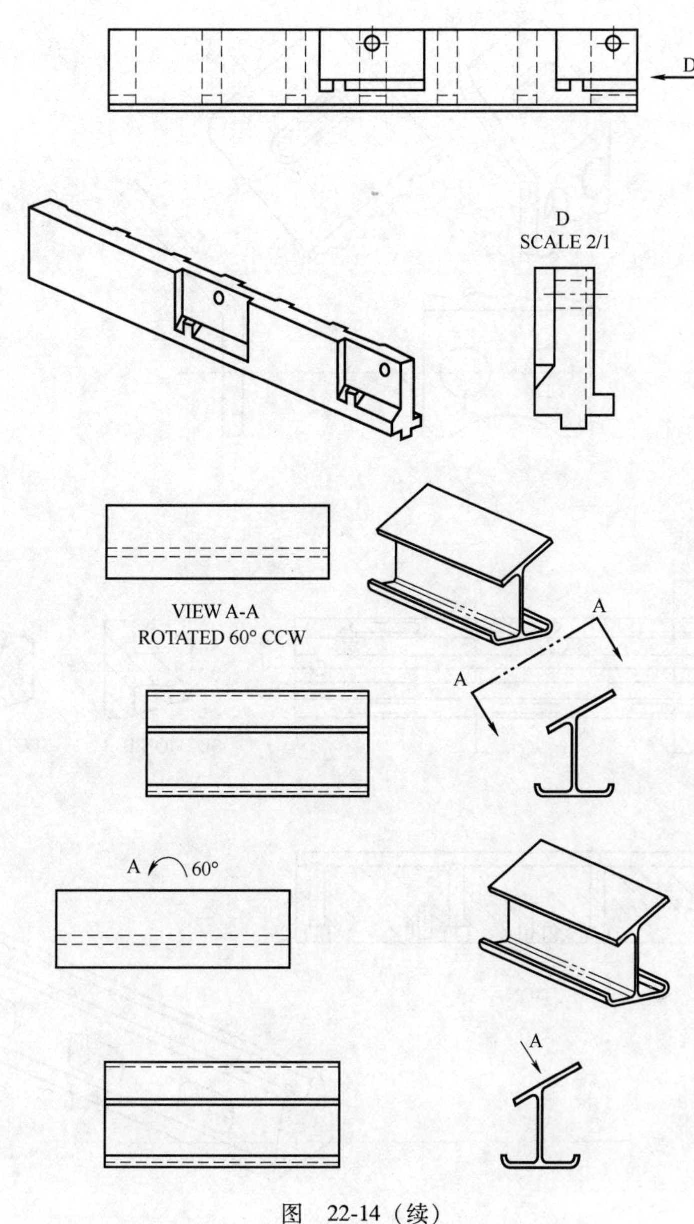

图　22-14（续）

（3）局部视图　局部视图画法如图 22-15 所示。

2. 剖视图和断面图

在美国标准中，剖视图和断面图均用 SECTION 这个词。

剖视图和断面图的标注方法与我国标准有所不同，如图 22-16 和图 22-17 所示。

3. 局部放大图

局部放大图如图 22-18 所示。

22.5.3　俄罗斯标准 ГОСТ2.305-2008《图像—视图、断面图、剖视图》

采用第一角投影法，六面视图的配置与我国制图标准相同。

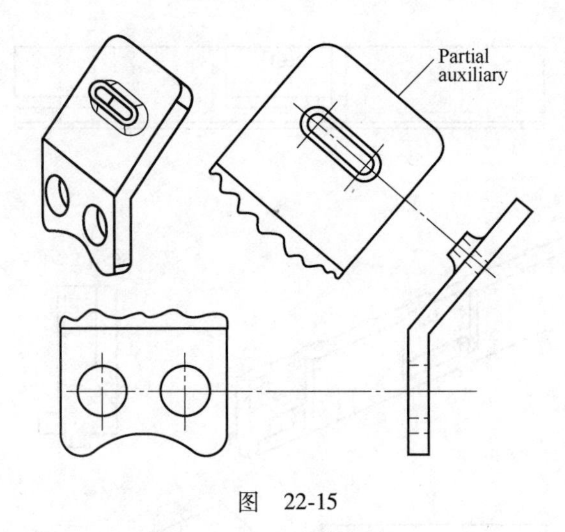

图 22-15

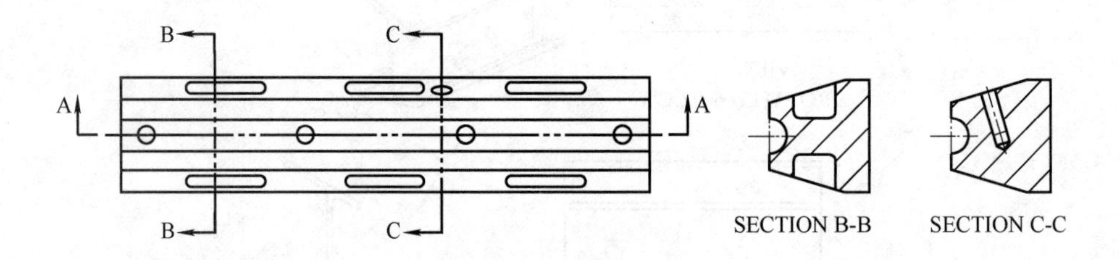

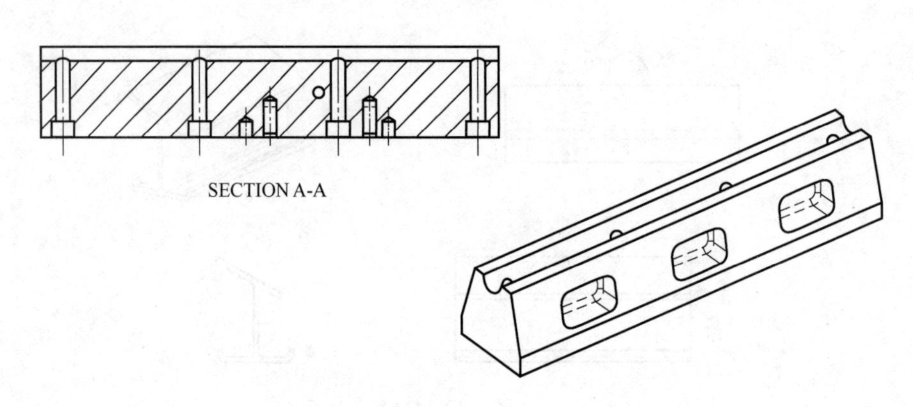

图 22-16

图 22-19a 所示为斜视图按投影方向配置时的标注方法；图 22-19b 所示为斜视图经旋转后的标注方法，旋转角度可以省略。

图 22-20 所示为剖视图的标注方法。

22.5.4 日本标准 JIS B 0001：2019《机械制图》

1. 视图

第一角投影法和第三角投影法都采用，但使用较多的是第三角投影法。

除六面投影图外，还有局部投影图（见图 22-21）、部分投影图（见图 22-22）、局部放大图（见图 22-23）、回转投影图（见图 22-24）和辅助投影图（见图 22-25）。

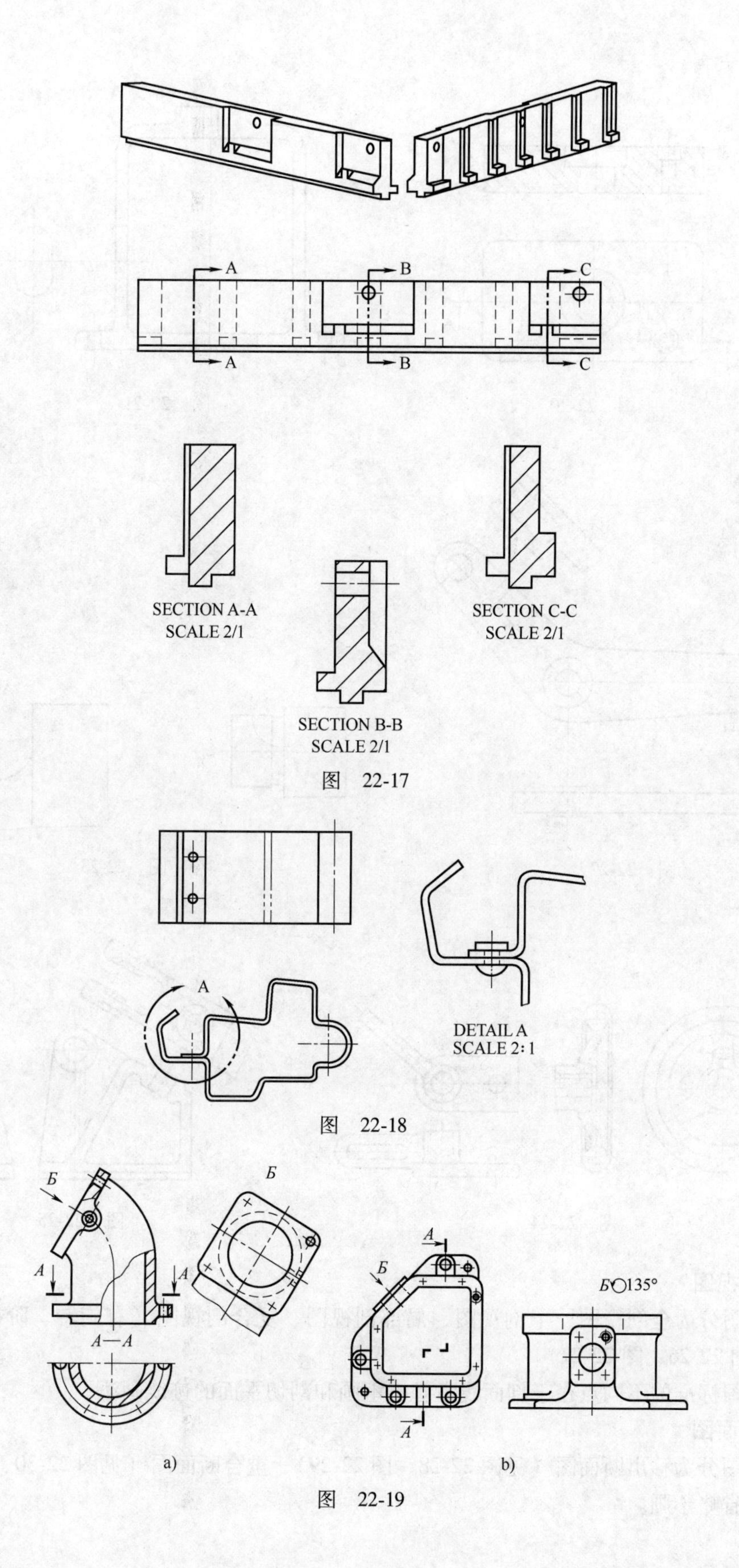

图 22-17

图 22-18

图 22-19

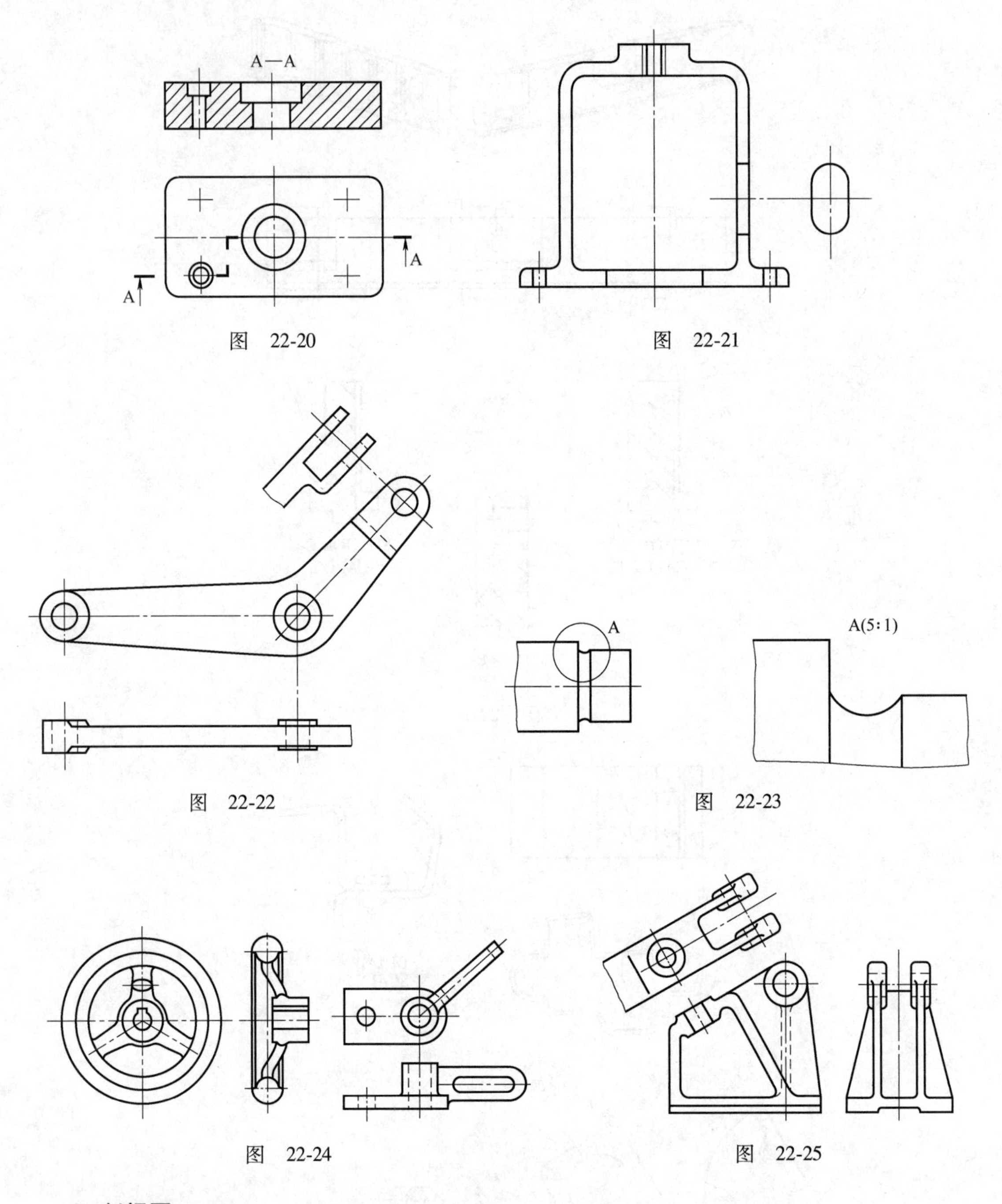

图 22-20

图 22-21

图 22-22

图 22-23

图 22-24

图 22-25

2. 剖视图

剖视图分为全剖视图、半剖视图、局部剖视图、复合剖视图（有旋转、阶梯及组合剖切）(见图 22-26、图 22-27)。

与我国标准的不同点在于剖面线常省略不画和剖切平面的迹线画法。

3. 断面图

断面图分为移出断面图（见图 22-28、图 22-29)、重合断面图（见图 22-30、图 22-31)。断面线常省略不画。

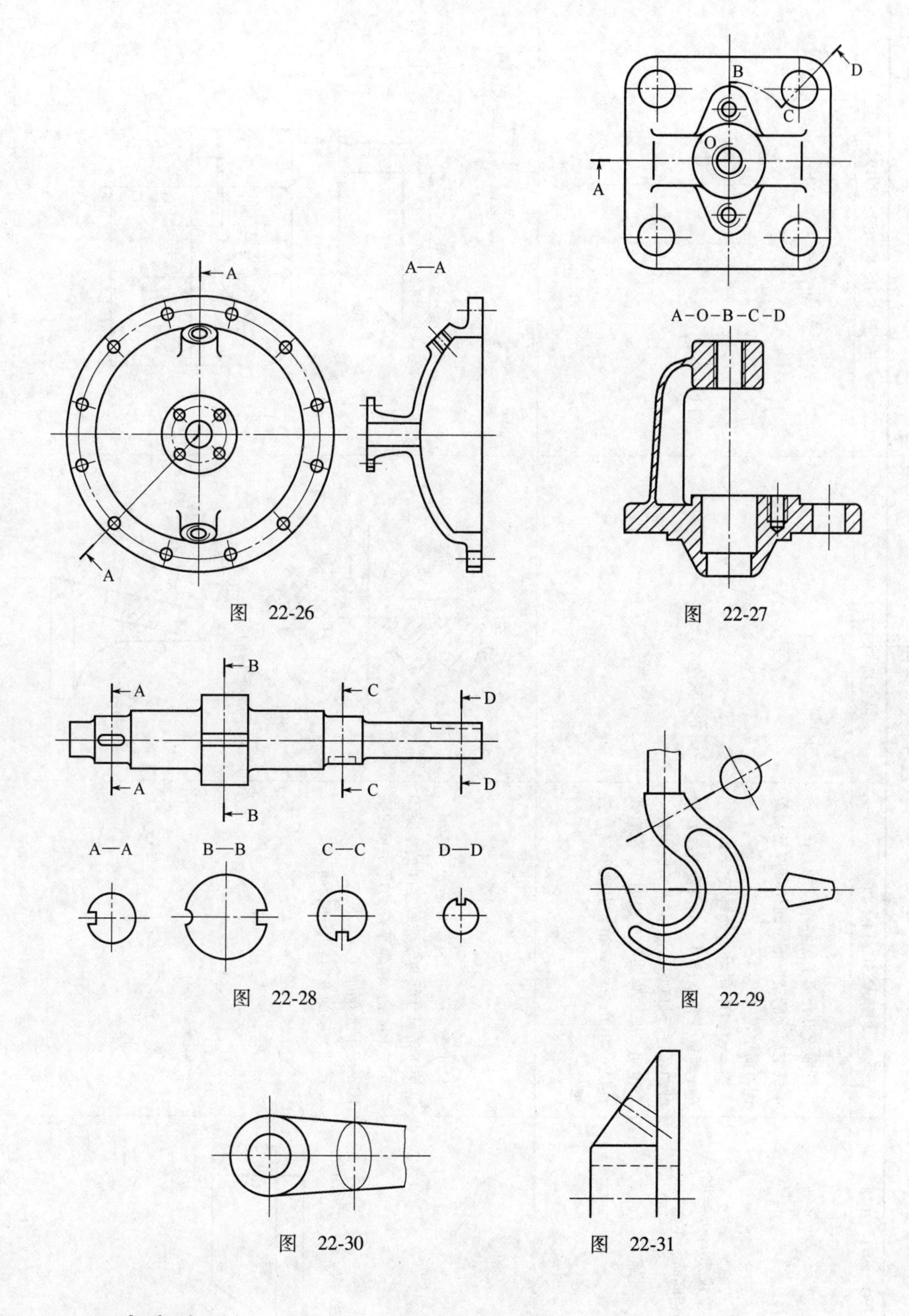

图 22-26

图 22-27

图 22-28

图 22-29

图 22-30

图 22-31

22.6 尺寸注法

表 22-5 为 ISO、美国、俄罗斯和日本规定的尺寸注法。

表 22-5　尺寸注法

标准	ISO 129-1：2018	美国 ANSI Y14. 5-2009	俄罗斯 ГОСТ 2. 307-2011	日本 JIS B 0001：2019
	尺寸单位为 mm，当全图的单位均相同时，不需标注	标准重点介绍了国际单位制，在不影响既定原则的情况下，同样可以使用美国习惯单位 当一幅图中所有的线性尺寸均使用 mm 或 in 一种单位时，不需要对线性尺寸单位进行单独识别。但该图应包含一个说明，即“除非另有说明”，所有线性尺寸均以 mm（或 in 及其他单位）为单位	同 ISO 标准	同 ISO 标准
线性尺寸	尺寸数字应平行于尺寸线 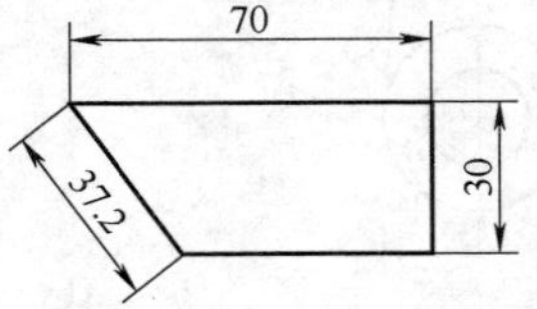 70 30 37.2	尺寸数字写在尺寸线中断处 第 1 条尺寸线与轮廓线之间的空隙不应小于 10mm，相邻平行的尺寸线的空隙不应小于 6mm 尺寸数字的方向与 ISO 相同 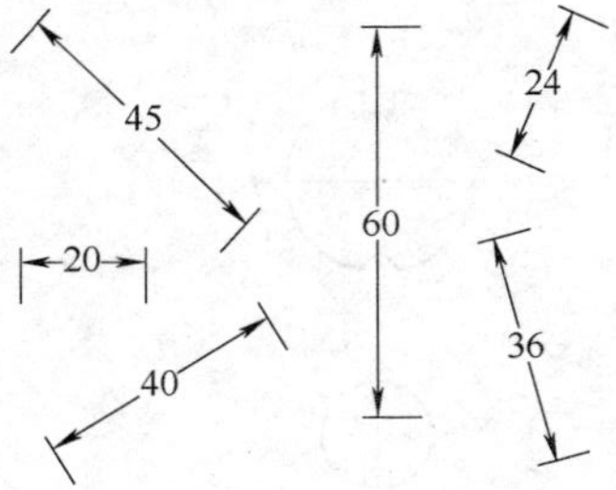 45 60 24 20 36 40	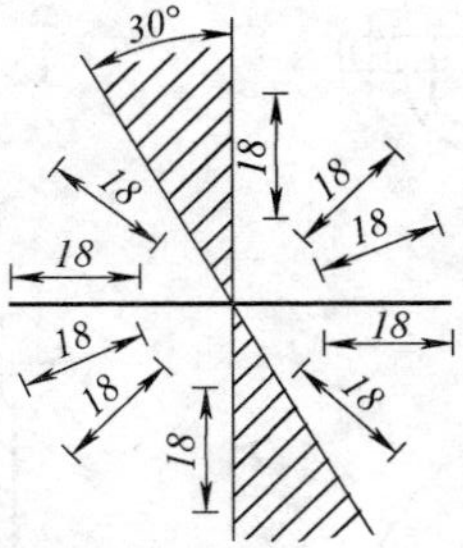 30° 18 30°阴影区内的标注： 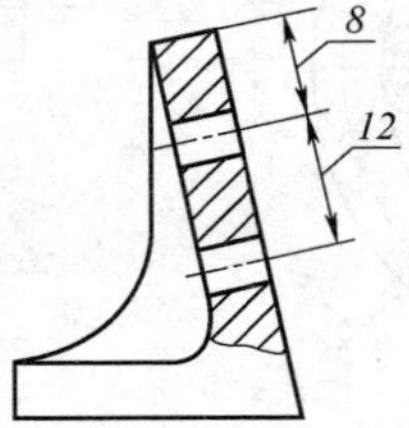 8 12	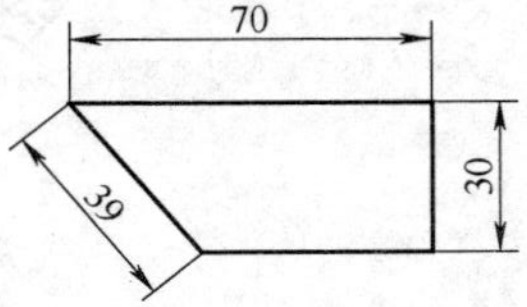 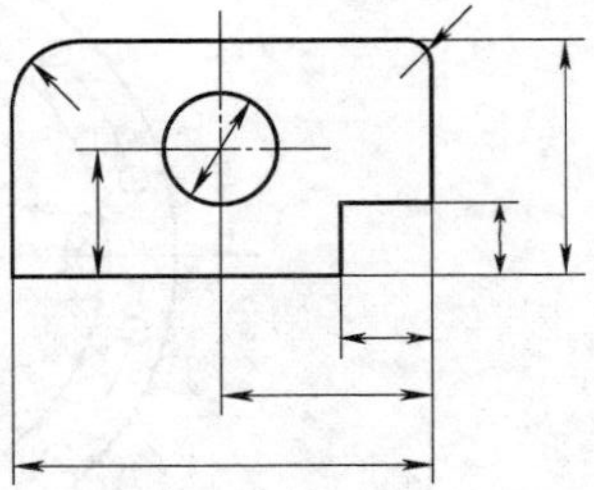 70 30 39

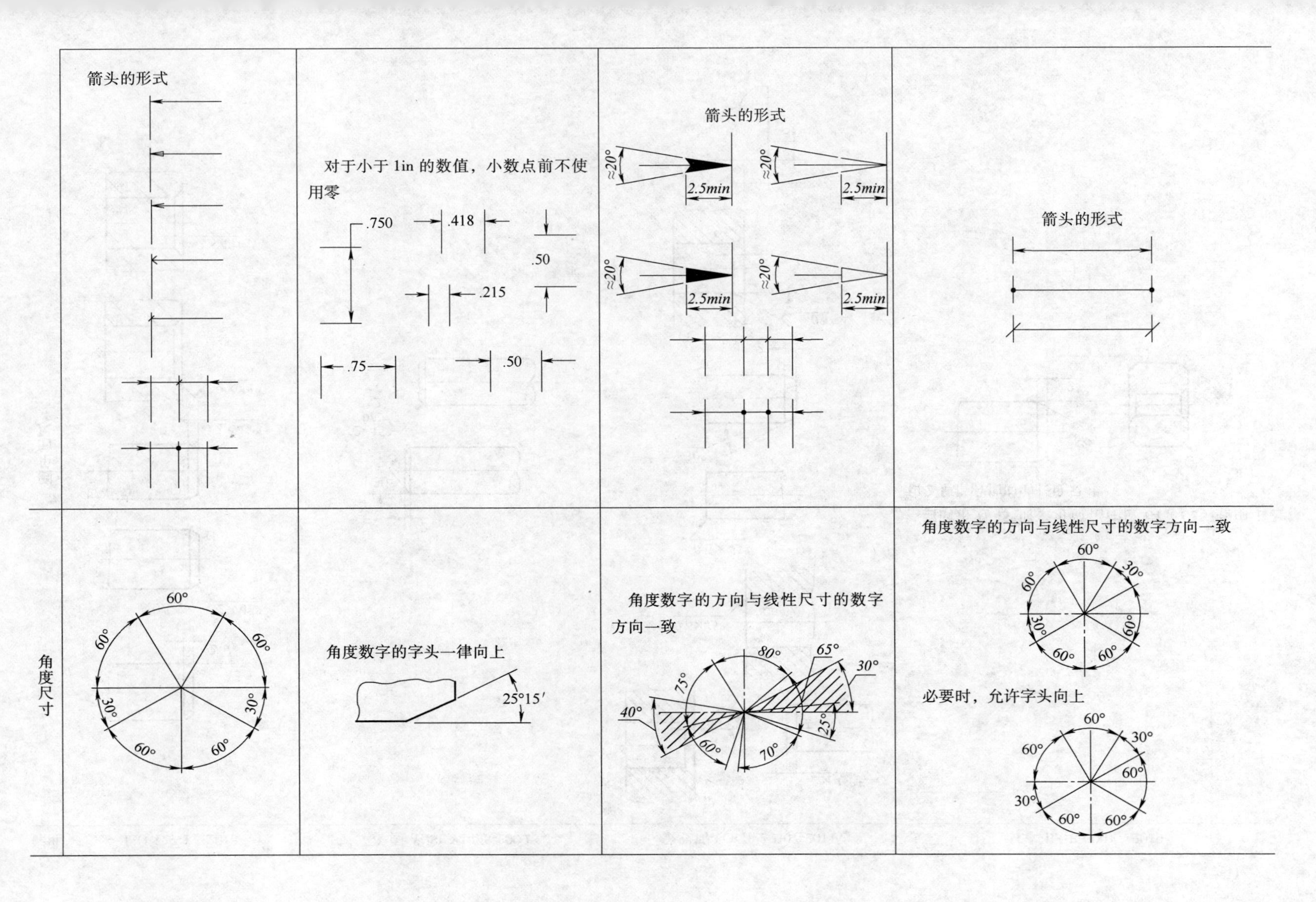

	箭头的形式	对于小于 1in 的数值，小数点前不使用零	箭头的形式	箭头的形式
角度尺寸		角度数字的字头一律向上	角度数字的方向与线性尺寸的数字方向一致	角度数字的方向与线性尺寸的数字方向一致 必要时，允许字头向上

（续）

标准	ISO 129-1：2018	美国 ANSI Y14. 5-2009	俄罗斯 ГОСТ 2. 307-2011	日本 JIS B 0001：2019
倒角的尺寸	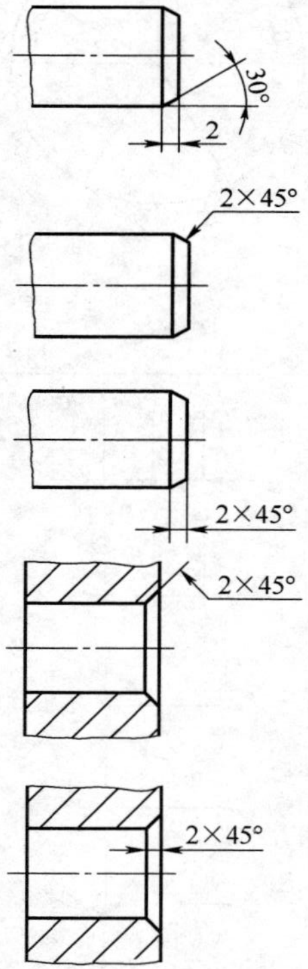 30° 2 2×45° 2×45° 2×45° 2×45°	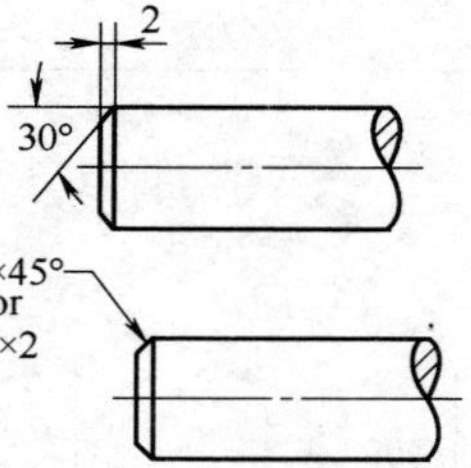 2 30° 2×45° or 2×2	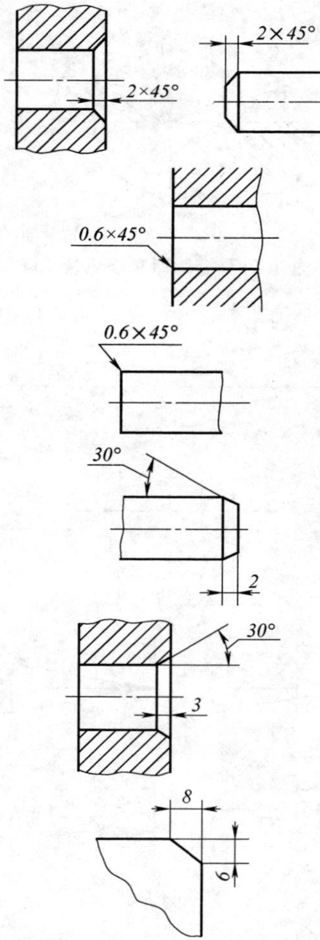 2×45° 2×45° 0.6×45° 0.6×45° 30° 2 30° 3 8 6	当倒角为 45°时，可简化注成 C1、C2。其中 1 和 2 是指沿轴向的长度尺寸 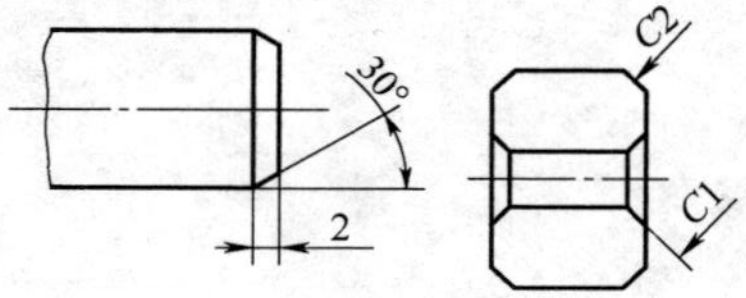 30° 2 C2 C1

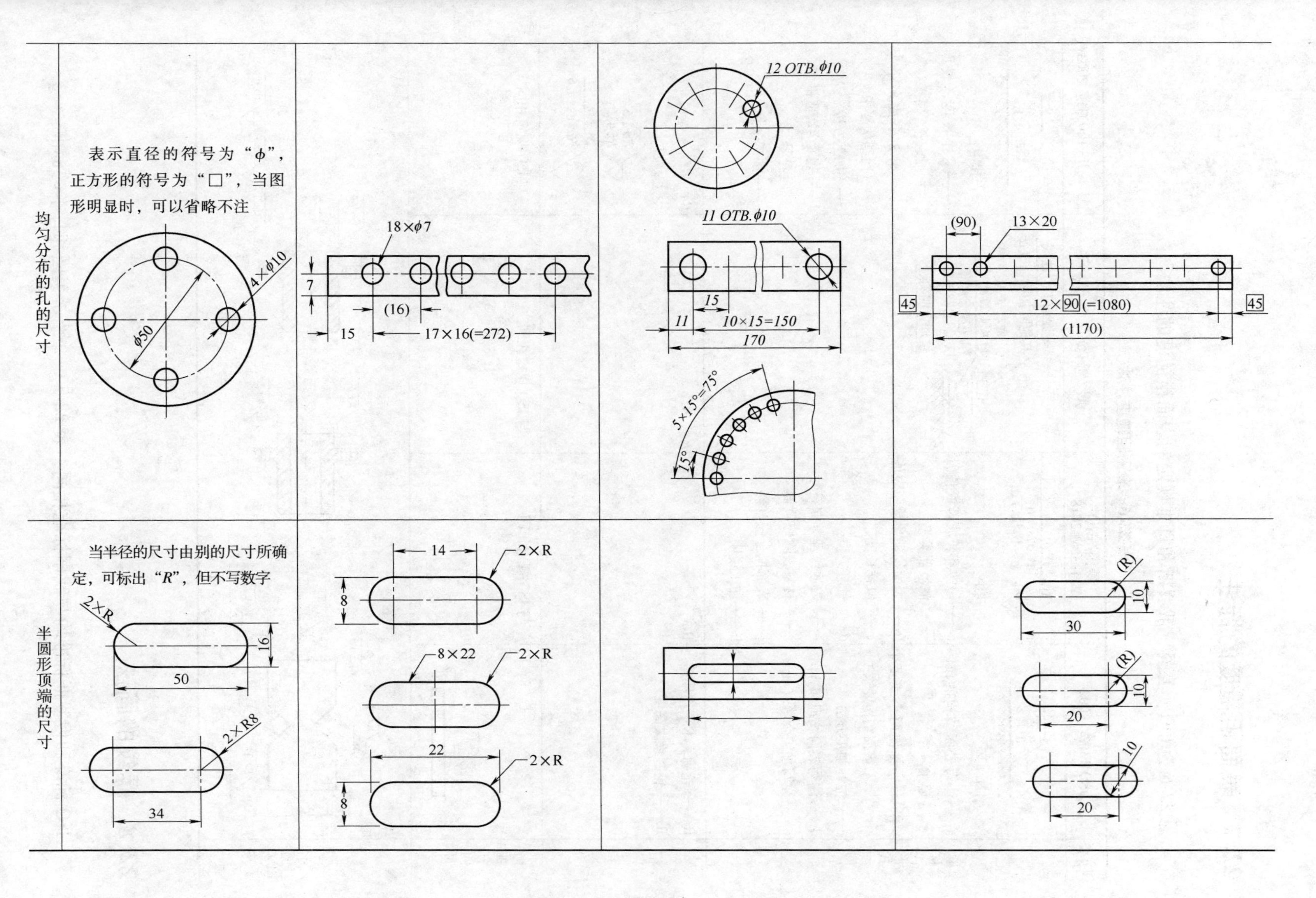
均匀分布的孔的尺寸
表示直径的符号为“ϕ”，正方形的符号为“□”，当图形明显时，可以省略不注
4×ϕ10
ϕ50
18×ϕ7
7
(16)
15
17×16(=272)
12 OTB.ϕ10
11 OTB.ϕ10
15
11
10×15=150
170
5×15°=75°
15°
(90)
13×20
45
12×90(=1080)
45
(1170)
半圆形顶端的尺寸
当半径的尺寸由别的尺寸所确定，可标出“R”，但不写数字
2×R
16
50
2×R8
34
14
2×R
8
8×22
2×R
22
2×R
8
(R)
10
30
(R)
10
20
10
20

22.7 表面粗糙度的标注

表 22-6 为 ISO、美国、俄罗斯和日本规定的表面粗糙度的注法。

表 22-6 表面粗糙度注法

标准	ISO 1302：2002	美国 ANSI Y14. 36M-2018	俄罗斯 ГОСТ 2. 309-73	日本 JIS B 0031：2003
标注形式和内容	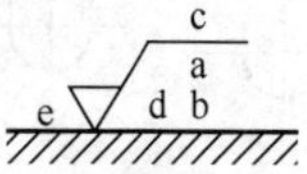 其中： a——注写表面结构的单一要求 a 和 b——标注两个或多个表面结构要求 c——注写加工方法 d——注写表面纹理和方向 e——注写加工余量（mm）	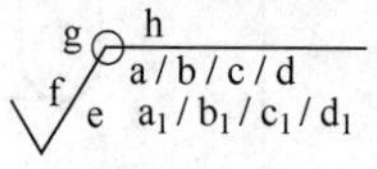 其中： a——短波和长波截断值及滤波器类型 b——表面纹理参数和限值 c——取样长度 d——计算类型 e——表面纹理方向符号 f——材料去除修改器 g——表面拟合修改器 h——加工说明	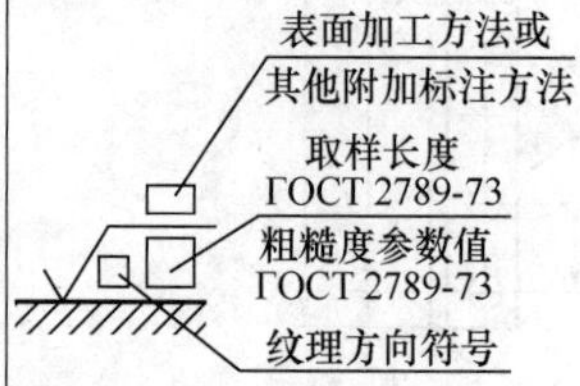 表面加工方法或其他附加标注方法 取样长度 ГОСТ 2789-73 粗糙度参数值 ГОСТ 2789-73 纹理方向符号	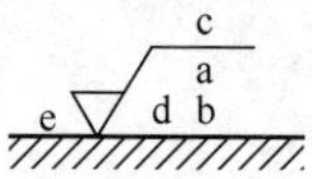 其中： a——采样长度、表面（纹理）要求 b——第 2 个或多个表面结构要求 c——加工方法 d——表面纹理和方向符号 e——加工余量
粗糙度参数	Ra——轮廓算术平均偏差 Rz——轮廓最大高度	Ra	*Ra*、*Rz*	*Ra*、*Rz* 注法，如 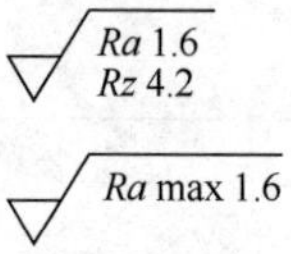 *Ra* 1.6 *Rz* 4.2 *Ra* max 1.6
纹理方向符号	=、⊥、X、M、C、R、P，标注如下 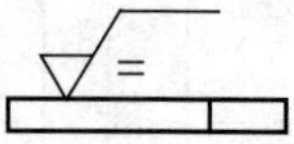 =	与 ISO 规定相同	与 ISO 规定相同	与 ISO 规定相同
标注示例（ISO）	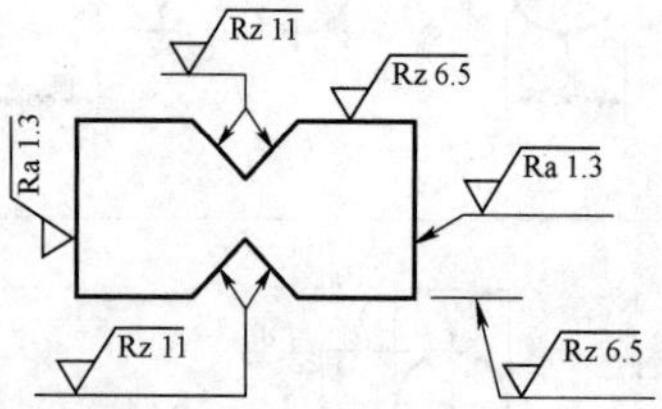 Rz 11　Rz 6.5　Ra 1.3　Ra 1.3　Rz 11　Rz 6.5	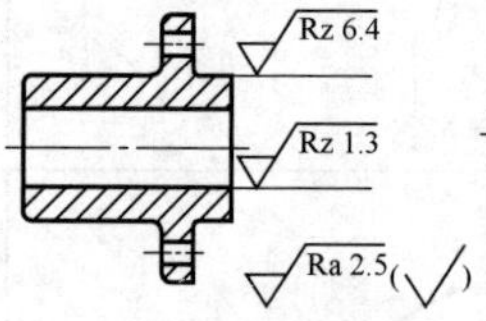 Rz 6.4　Rz 1.3　Ra 2.5（√）	Rz 6.6　Rz 1.7　Ra 2.5（Rz 1.7　Rz 6.6）	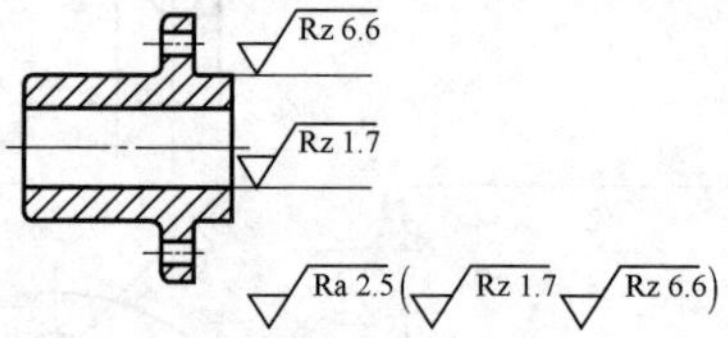

22.8 螺纹的画法

ISO 标准和俄罗斯标准均与我国标准相同，表 22-7 中介绍了美国和日本的标准。

表 22-7　螺纹的画法和标注

螺纹画法	美国 ANSI Y14.6-2001	日本 JIS B 0002：1998
外螺纹	有三种画法： 详细画法 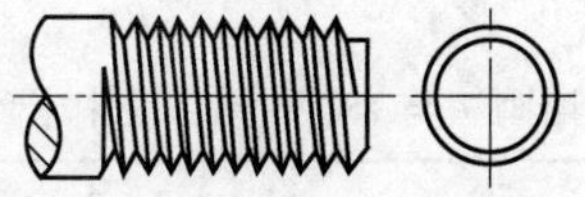 示意画法 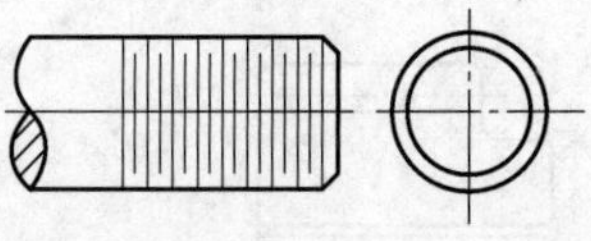 简化画法 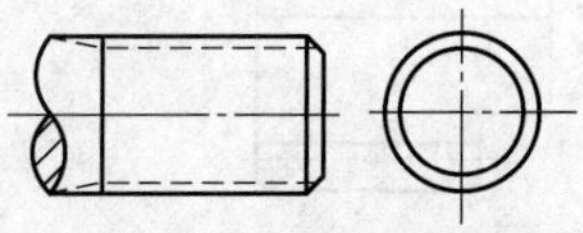	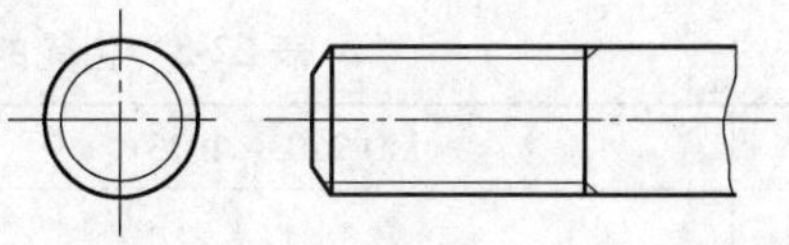 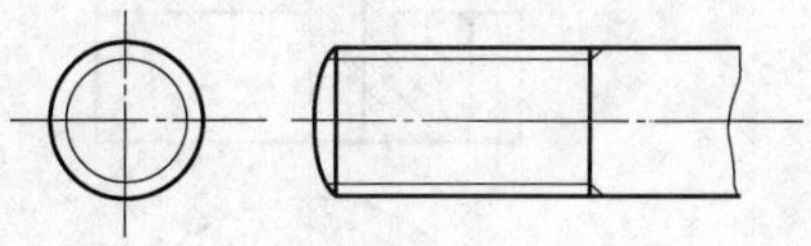
内螺纹	详细画法 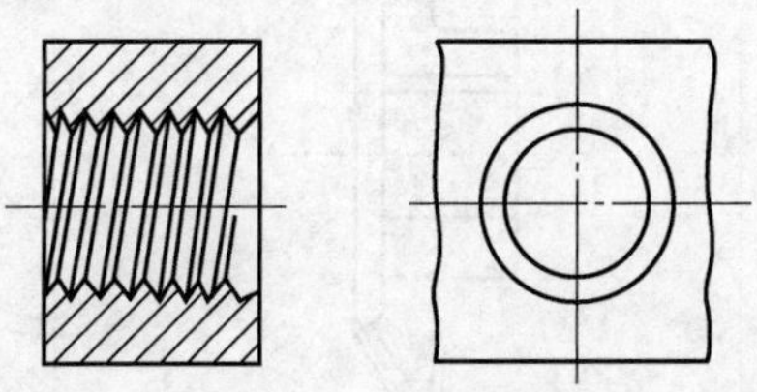 示意画法 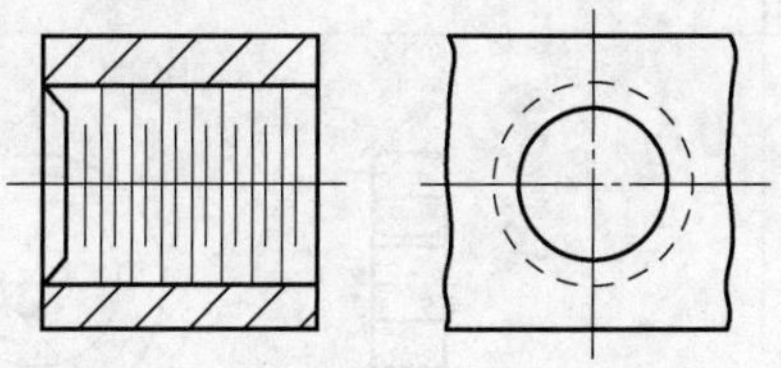 简化画法 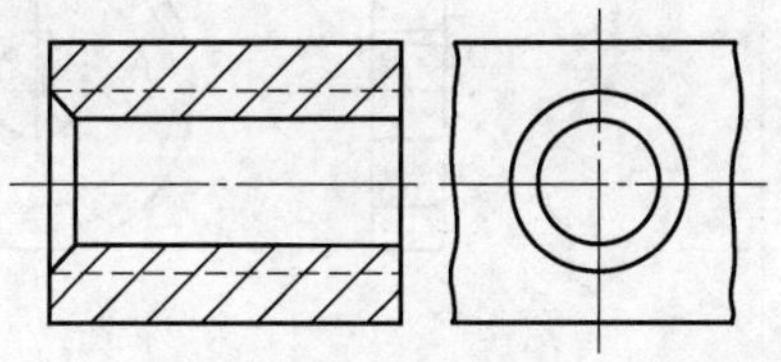	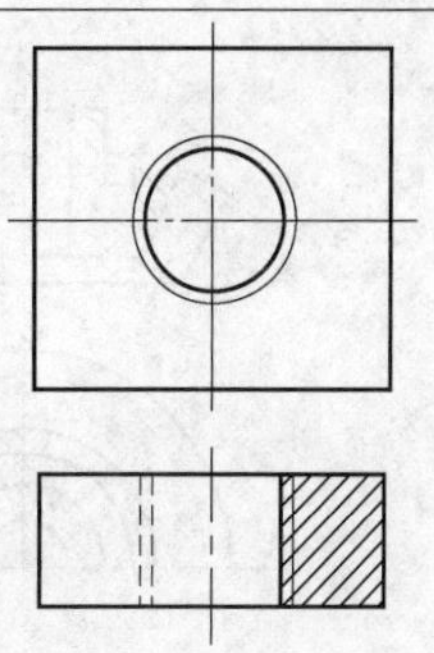 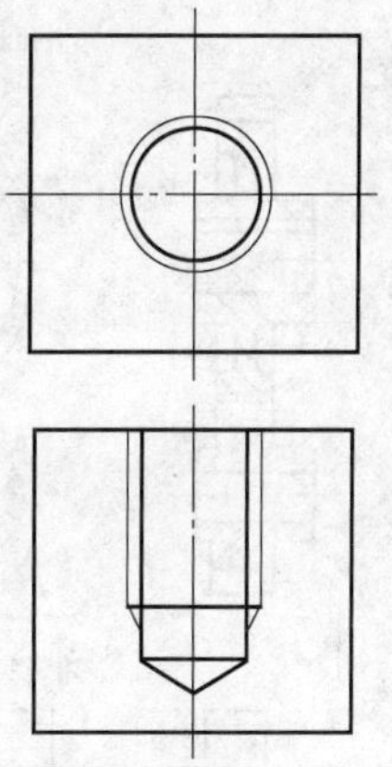
螺纹联接	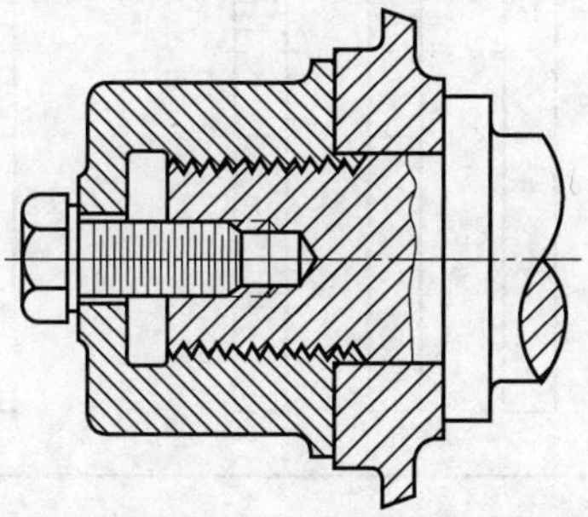	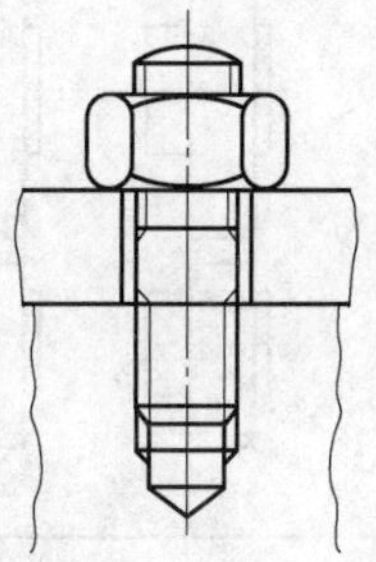

22.9 齿轮的画法

表22-8为ISO、日本规定的齿轮画法。

表 22-8 齿轮的画法（俄罗斯画法与ISO相同，表中未列）

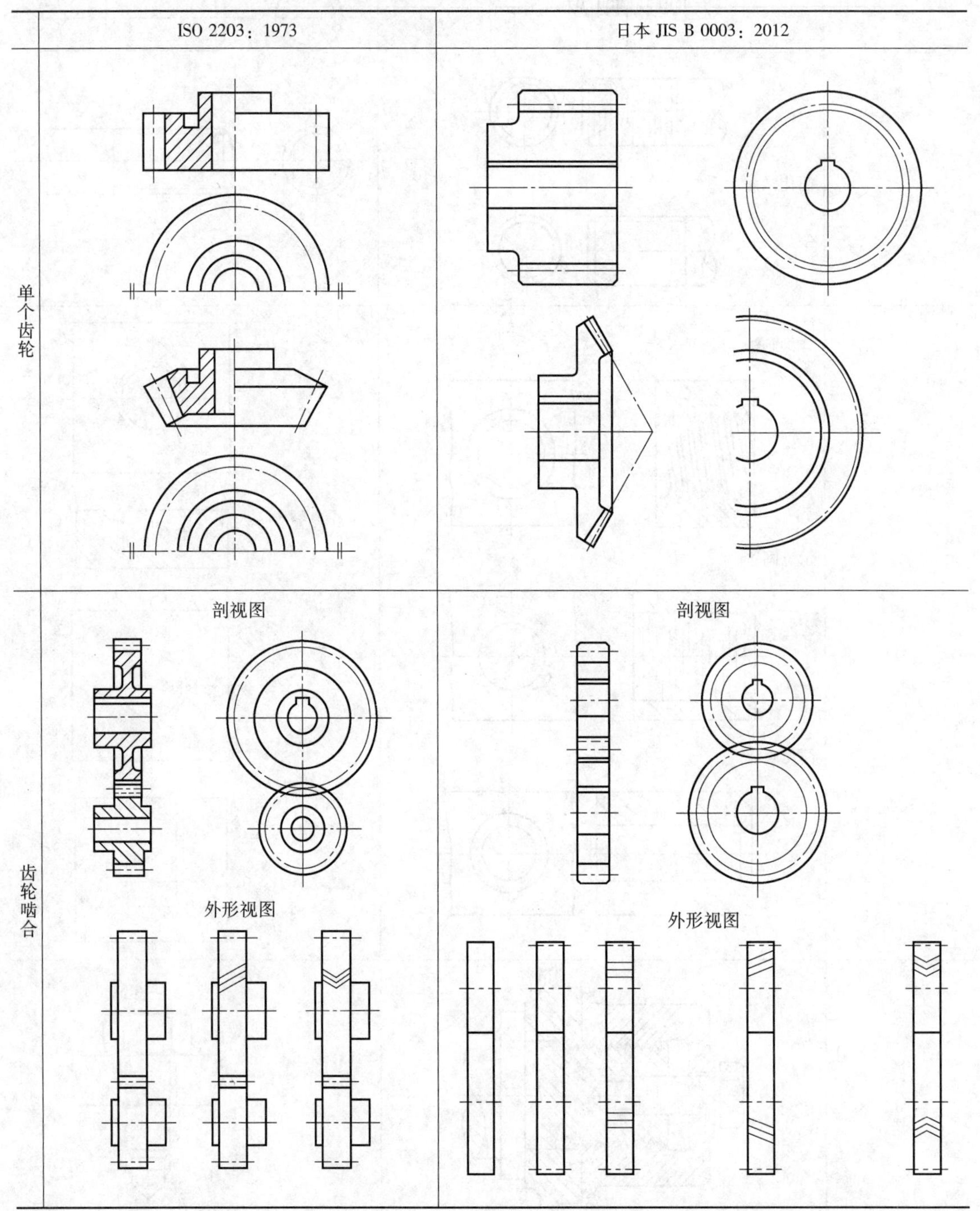

22.10 外国标准代号及名称

表 22-9 为外国标准代号及名称。

表 22-9 外国标准代号及名称

标准代号	标准名称	标准代号	标准名称
ISO	国际标准化组织	NBN	比利时标准
ISA（ISO 的前身，现已不用）	国际标准化协会	NC	古巴标准
ANSI（旧称 ASA）	美国国家标准	NEN	荷兰标准
AS	澳大利亚标准	NF	法国标准
BS	英国标准	NI	印度尼西亚标准
CSA	加拿大标准	NS	挪威标准
CSN	捷克标准	ÖNORM	奥地利标准
DGN	墨西哥标准	PN	波兰标准
DIN	德国标准	PS	巴基斯坦标准
DS	丹麦标准	SIS	瑞典标准
E. S.	埃及标准	SNV	瑞士标准协会标准
ГОСТ	俄罗斯标准	STAS	罗马尼亚国家标准
IS	印度标准	THAI	泰国国家标准
JIS	日本工业标准	TS	土耳其标准
MS	马来西亚标准	UNE	西班牙标准
MSZ	匈牙利标准	UNI	意大利标准
NB	巴西标准	YCT	蒙古国标准

第 23 章　机械设计图样管理

23.1　产品及其组成部分的名词、术语

根据 JB/T 5054.1—2000《产品图样设计文件　总则》，产品及其组成部分的有关术语如下：

1）产品：产品是生产企业向用户或市场以商品形式提供的制成品。

2）成套设备（成套装置、机组）：成套设备是在生产企业一般不用装配工序连接，但用于完成相互联系的使用功能的两个或两个以上的产品的总和。

3）零件：零件是用不采用装配工序制成的单一成品。

4）部件：部件是由若干个组成部分（零件、分部件），以可拆或不可拆的形式组成的成品。分部件可按其从属关系划分为 1 级分部件、2 级分部件、……。

5）专用件（基本件）：专用件是某产品专用的零部件。

6）模块：模块是具有相对独立功能和通用接口的单元。

7）借用件：借用件是在采用隶属编号的产品图样中，使用已有产品的组成部分。

8）通用件：通用件是在不同类型或同类型不同规格的产品中具有互换性的零部件。

9）标准件：标准件是经过优选、简化、统一，并给予标准代号的零部件。

10）外购件：外购件是本企业产品及其组成部分中采购其他企业的产品。

11）附件：附件是供用户安装、调整和使用产品所必需的专用工具和检测仪表，或为产品完成多种功能（用途）必需的、而又不能同时装配在产品上的组成部分。

12）易损件：易损件是产品在正常使用（运转）过程中容易损坏和在规定期间必须更换的零部件。

13）备件：备件是为保证产品的使用和维修，供给用户备用的易损件和其他件。

23.2　图样分类

根据 JB/T 5054.1—2000《产品图样设计文件　总则》，产品图样有如下各种分类。

23.2.1　按表达的对象分类

（1）零件图　是制造与检验零件用的图样。应包括必要的数据和技术要求。

（2）装配图　是表达产品、部件中部件与部件、零件与部件，或零件间连接的图样，包括装配（加工）与检验所必需的数据和技术要求。产品装配图亦称总装配图。

产品装配图中具有总图所要求的内容时，可作为总图使用。

（3）总图　是表达产品及其组成部分结构概况、相互关系和基本性能的图样。

当总图中注有产品及其组成部分的外形、安装和连接尺寸时，可作为外形图或安装图使用。

（4）外形图　是标有产品外形、安装和连接尺寸的产品轮廓图样。必要时，应注明突出部分间的距离以及操作件、运动件的最大极限位置尺寸。

（5）安装图　是用产品及其组成部分的轮廓图形，表示其在使用地点进行安装的图样，并包括安装时必需的数据、零件、材料与说明。

（6）简图　是用规定的图形符号、代号和简化画法绘制出的示意图样的总称。如：

1）原理图：是表达产品工作程序、功能及其组成部分的结构、动作等原理的一种简图。如电气原理图、液压原理图等。

2）系统图：一般是以注释的方框形式，表达产品或成套设备组成部分某个具有完成共同功能的体系中各元器件或产品间联接程序的一种简图。

3）方框图：一般是用带注释的方框形式，表明产品或成套设备中组成部分的相互关系、布置情况的一种简图。

4）接线图：是根据电气原理图表明整个系统或部分系统中各电气元件间安装、连接、布线的工作图样。各连接部位（端子）分别给予标示。

（7）表格图　是用表格表示两个或两个以上形状相同的同类零件、部件或产品，并包括必要的数据与技术要求的工作图样。

（8）包装图　是为产品安全储运，按照有关规定而设计、绘制的运输包装图样。

23.2.2　按完成的方法和使用特点分类

1）原图（稿）：是供制作底图或供复制用的图样（文件）。

原图（稿）可作为底图（稿）使用，但必须确认对图样（文件）责任人员的规定签署正确无误。

2）底图（稿）：是完成规定签署手续，供制作复印图（稿）的图样（文件）。

3）副底图（稿）：是与底图（稿）完全一致的底图（稿）副本。

4）复印图（稿）：是用能保证与底图（稿）或副底图（稿）完全一致的方法制出的图样（文件）。

用缩微副底图（稿）制出的缩微复印图（稿）也属于复印图（稿）。

5）CAD 图：是在 CAD 过程中所产生的图样。是指用计算机以点、线、符号和数字等描绘事物几何特征、形态位置及大小的形式，包括与产品或工程设计相关的各类图样等。

6）CAD 文件：是在 CAD 过程中用计算机所产生的所有文件，是指实现产品所必需的全部 CAD 图和设计文件等。

23.2.3　按设计过程分类

1）设计图样：是在初步设计和技术设计时绘制的图样。

2）工作图样：是在工作图设计时绘制的，包括产品及其组成部分在制造、检验时所必须的结构尺寸、数据和技术要求的图样。样机（样品）试制图样、小批试制图样和正式生产图样均是工作图样。

23.3　产品图样及设计文件图样的基本要求

本节内容摘自 JB/T 5054.2—2000《产品图样设计文件　图样的基本要求》。

23.3.1 总则

1）图样必须按照现行国家标准如《技术制图》《机械制图》《电气制图》等及其他相关标准或规定绘制，达到正确、完整、统一、简明。

采用 CAD 制图时，必须符合 GB/T 14665《机械工程 CAD 制图规则》及其他相关标准或规定；采用的 CAD 软件应经过标准化审查。

2）图样上术语、符号、代号、文字、图形符号、结构要素及计量单位等，均应符合有关标准或规定。

3）图样上的视图与技术要求，应能表明产品零、部件的功能、结构、轮廓及制造、检验时所必要的技术依据。

4）图样在能清楚表达产品和零、部件的功能、结构、轮廓、尺寸及各部分相互关系的前提下，视图的数量应尽可能少。

5）每个产品或零、部件，应尽可能分别绘制在单张图样上。如果必须分布在数张图样时，主要视图、明细栏、技术要求，一般应配置在第一张图样上。

6）图样上的产品及零、部件名称，应符合有关标准或规定。如无规定时，应尽量简短、确切。

7）图样上一般不列入有限制工艺要求的说明。必要时，允许标注采用一定加工方法和工艺说明，如“同加工”“配作”“车削”等。

8）每张图样按规定应填写标题栏，在签署栏内必须经“技术责任制”规定的有关人员签署。

在计算机上交换信息和图样，应按照 GB/T 17825.7《CAD 文件管理　签署规则》标准规定或按产品数据或工程图档案管理系统进行授权管理。

23.3.2 零件图

1）每个专用零件一般应单独绘制零件图样，特殊情况允许不绘制，例如：

① 型材垂直切断和板材经裁切后不再机加工的零件。

② 形状和最后尺寸均需根据安装位置确定的零件。

2）零件图一般应根据装配时所需要的几何形状、尺寸和表面粗糙度绘制。零件在装配过程中加工的尺寸，应标注在装配图上，如必须在零件图上标注时，应在有关尺寸近旁注明“配作”等字样或在技术要求中说明。装配尺寸链的补偿量，一般应标注在有关零件图上。

3）两个呈镜像对称的零件，一般应分别绘制图样。也可按 GB/T 16675.1《技术制图　简化表示法　第 1 部分：图样画法》标准规定，采用简化画法。

4）必须整体加工成对或成组使用、形状相同且尺寸相等的分切零件，允许视为一个零件绘制在一张图样上，标注一个图样代号，视图上分切处的连线，用粗实线连接；当有关尺寸不相等时，同样可绘制在一张图样上，但应编不同的图样代号，用引出线标明不同的代号，并按 23.3.7 节表格图的规定用表格列出代号、数量等参数的对应关系。

5）单独使用而采用整体加工比较合理的零件，在视图中一般可采用双点画线表示零件以外的其他部分。

6）零件有正反面（如皮革、织物）或加工方向（如硅钢片、电刷等）要求时，应在视图上注明或在技术要求中说明。

7）在图样上，一般应以零件结构基准面作为标注尺寸的基准，同时考虑检验此尺寸的可能性。

8）图样上未注明尺寸的未注公差和形位公差的未注公差等，应按 GB/T 1184《形状和位置公差　未注公差值》、GB/T 1804《一般公差　未注公差的线性和角度尺寸的公差》等有关标准的规定标注；一般不单独注出公差，而是在图样上、技术文件或标准中予以说明。

9）对零件的局部有特殊要求（如不准倒钝、热处理）及标记时，应在图样上所指部位近旁标注说明。

23.3.3　装配图及总图

1）装配图一般包括下列内容：①产品或部件结构及装配位置的图形；②主要装配尺寸和配合代号；③装配时需要加工的尺寸、极限偏差、表面粗糙度等；④产品或部件的外形尺寸、连接尺寸及技术要求等；⑤组成产品或部件的明细栏（有明细表时可省略）。

2）总图一般包括下列内容：①产品轮廓或成套设备的组成部分的安装位置图形；②产品或成套设备的基本特性类别、主要参数及型号、规格等；③产品的外形尺寸（无外形图时）、安装尺寸（无安装图时）及技术要求或成套设备正确安装位置的尺寸及安装要求；④机构运动部件的极限位置；⑤操作机构的手柄、旋钮、指示装置等；⑥组成成套设备的明细栏（有明细表时可省略）。

3）当零件采用改变形状或粘合等方法组合连接时，应在视图中的变形及粘合部位，用指引线引出说明（如翻边、扩管、铆平、凿毛、胶粘等）或在技术要求中说明。

4）材料与零件组成一体时（如双金属浇注嵌件等），其附属在零件上的成形材料，可填写在图样的明细栏内，不绘制零件图。

5）标注出型号（代号）、名称、规格，即可购置的外购件不绘制图样。需改制的外购件一般应绘制图样，视图中除改制部位应标明结构形状、尺寸、表面粗糙度及必要说明外，其余部分均可简化绘制。

23.3.4　外形图

1）绘制轮廓图形，标注必要的外形、安装和连接尺寸。

2）绘制图形或用简化图样表示应按 GB/T 16675.1《技术制图　简化表示法　第 1 部分：图样画法》的规定。必要时，应绘制机构运动部件的极限位置轮廓，并标注其尺寸。

3）当产品的重心不在图样的中心位置时，应标注出重心的位置和尺寸。

23.3.5　安装图

1）绘制产品及其组成部分的轮廓图形，标明安装位置及尺寸。必要时，用简化图样表示出对基础的要求应按 GB/T 16675.1《技术制图　简化表示法　第 1 部分：图样画法》规定。

2）应附安装技术要求。必要时可附接线图及符号等说明。

3）对有关零、部件或配套产品应列入明细栏（有明细表时可省略）。

4）有特殊要求的吊运件，应表明吊运要求。

23.3.6　包装图

1）应分别绘制包装箱图及内包装图，标注其必要的尺寸，并符合 GB/T 13385《包装图样要求》等有关标准的规定。当能表达清楚时，亦可绘制一张图样。

2）产品及其附件的包装应符合有关标准的规定，绘制或用简化图表示产品及其附件在包装箱内的轮廓图形（见 GB/T 13385）、安放位置和固定方法。必要时，在明细栏内标明包装材料的规格及数量。

3）箱面应符合有关标准或按合同要求，标明包装、储运图示等标记。

23.3.7 表格图

1）一系列形状相似的同类产品或零、部件，均可绘制表格图。

2）表格图中的变动参数可包括尺寸、极限偏差、材料、重量、数量、覆盖层、技术要求等。表格中的变数项可用字母或文字标注，标注的字母与符号的含义应统一。

3）形状基本相同，仅个别要素有差异的产品或零、部件在绘制表格图时，应分别绘出差异部分的局部图形，并在表格的图形栏内，标注与局部图形相应的标记代号。

4）表格图的视图，应选择表格中较适当的一种规格，按比例或用简化图样绘制应符合GB/T 16675.1《技术制图　简化表示法　第1部分：图样画法》的规定，凡图形失真或尺寸相对失调易造成错觉的规格，不允许列入表格。

23.3.8 简图

1. 系统图

1）一般绘制方框图，应概略表示系统、分系统、成套设备等基本组成部分的功能关系及其主要特征。

2）系统图可在不同层次上绘制，要求信息与过程流向布局清晰，代号（符号）及术语应符合有关标准的规定。

2. 原理图

1）应标注输入与输出之间的连接，并清楚地表明产品动作及工作程序等功能。

2）图形符号（代号）应符合有关标准和规定。

3）元件的可动部分应绘制在正常位置上。

4）应注明各环节功能的说明，复杂产品可采用分原理图。

3. 接线图

1）绘制接线图应符合有关标准和规定。

2）应标明系统内各元器件间相互连接的回路标号及方位序号，必要时加注接线的图线规定及色别。

3）较复杂的产品或设备可使用若干分接线图组成总接线图。必要时，应表示出固定位置与要求。

23.3.9 技术要求

1）一般包括下列内容：

① 对材料、毛坯、热处理的要求（如电磁参数、化学成分、湿度、硬度、金相要求等）。

② 视图中难以表达的尺寸公差、形状和位置公差、表面粗糙度等。

③ 对有关结构要素的统一要求（如圆角、倒角、尺寸等）。

④ 对零、部件表面质量的要求（如涂层、镀层、喷丸等）。

⑤ 对间隙、过盈及个别结构要素的特殊要求。

⑥ 对校准、调整及密封的要求。

⑦ 对产品及零、部件的性能和质量的要求（如噪声、耐振性、自动、制动及安全等）。

⑧ 试验条件和方法。

2）技术要求中引用各类标准、规范、专用技术条件以及试验方法与验收规则等文件时，应注明引用文件的编号和名称。在不致引起辨认困难时，允许只标注编号。

23.4 产品图样及设计文件的格式

23.4.1 标题栏

本节内容摘自 GB/T 10609.1—2008《技术制图 标题栏》和 JB/T 5054.3—2000《产品图样及设计文件 格式》。

1. 标题栏的组成

标题栏一般由更改区、签字区、其他区、名称及代号区组成，如图 23-1 所示。也可按实际需要增加或减少。

1）更改区：一般由更改标记、处数、分区、更改文件号、签名和年、月、日等组成。

2）签字区：一般由设计、审核、工艺、标准化、批准、签名和年、月、日等组成。

3）其他区：一般由材料标记、阶段标记、重量、比例和共 张、第 张及投影符号等组成。

4）名称及代号区：一般由单位名称、图样名称、图样代号和存储代号等组成。

2. 标题栏的尺寸与格式

1）标题栏中各区的布置可采用图 23-1a 所示的形式，也可采用图 23-1b 的形式。当采用图 23-1a 所示的形式配置标题栏时，名称及代号区中的图样代号和投影符号应放在该区的最下方，如图 23-2 所示。

2）标题栏各部分尺寸与格式如图 23-1 所示，也可参照图 23-2。

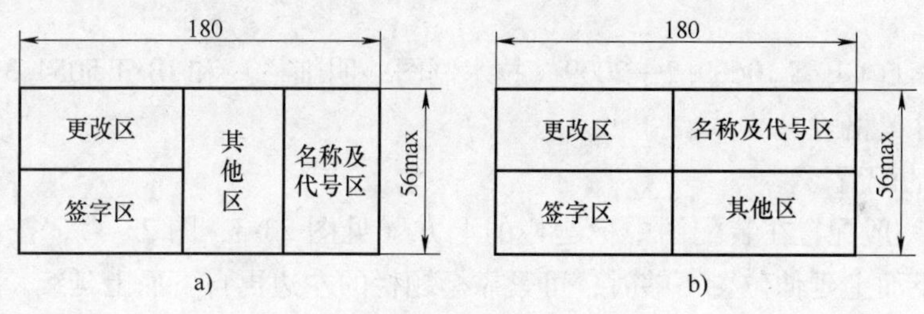

图 23-1

3. 标题栏的填写

1）更改区：更改区中的内容应按由下而上的顺序填写，也可根据实际情况顺延，或放在图样中其他的地方，但应有表头。

① 标记：按照有关规定或要求填写更改标记。

② 处数：填写同一标记所表示的更改数量。

③ 分区：必要时，按照有关规定填写。

④ 更改文件号：填写更改所依据的文件号。

2）签字区：签字区一般按设计、审核、工艺、标准化、批准等有关规定签署姓名和年、月、日。

3）其他区：

① 材料标记：对于需要该项目的图样，一般应按照相应标准或规定填写所使用的材料。

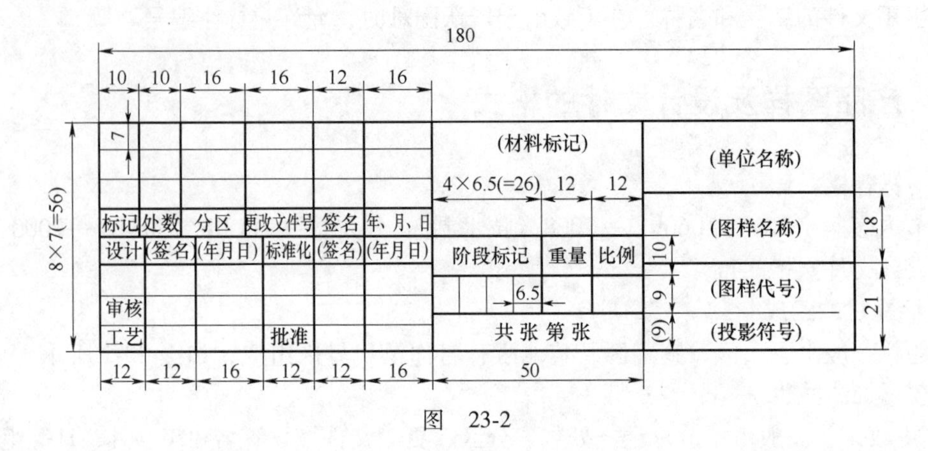

图　23-2

② 阶段标记：按有关规定由左向右填写图样的各生产阶段。

③ 重量：填写所绘制图样相应产品的计算重量，以千克（公斤）为计量单位时，允许不写出其计量单位。

④ 比例：填写绘制图样时所采用的比例。

⑤ 共　张　第　张：填写同一图样代号中图样的总张数及该张所在的张次。

4）名称及代号区：

① 单位名称：填写绘制图样单位的名称或单位代号。必要时，也可不予填写。

② 图样名称：填写所绘制对象的名称。

③ 图样代号：按有关标准或规定填写图样的代号。

23.4.2　明细栏

本节内容摘自 GB/T 10609.2—2009《技术制图　明细栏》和 JB/T 5054.3—2000《产品图样及设计文件　格式》。

1. 明细栏的配置

1）明细栏一般配置在装配图中标题栏的上方（见图 23-3、图 23-4），按由下而上的顺序填写。当由下而上延伸位置不够时，可紧靠标题栏的左边再自下而上延续。

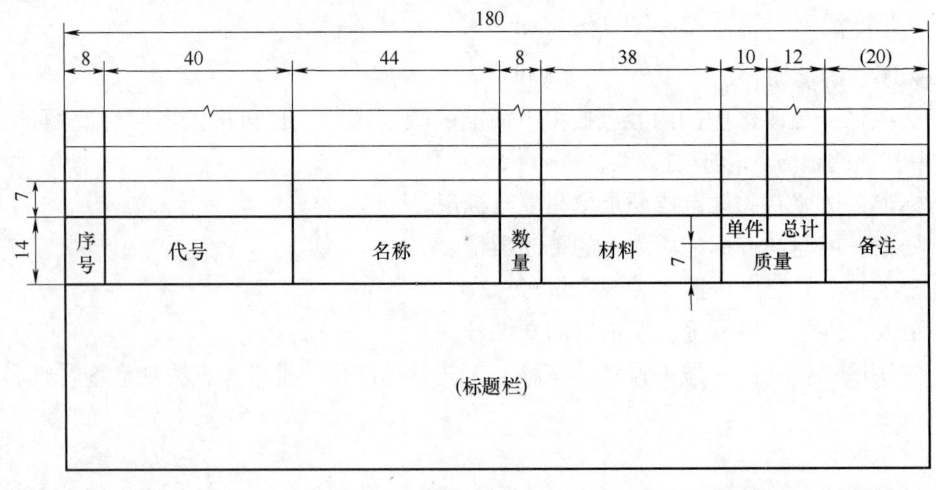

图　23-3

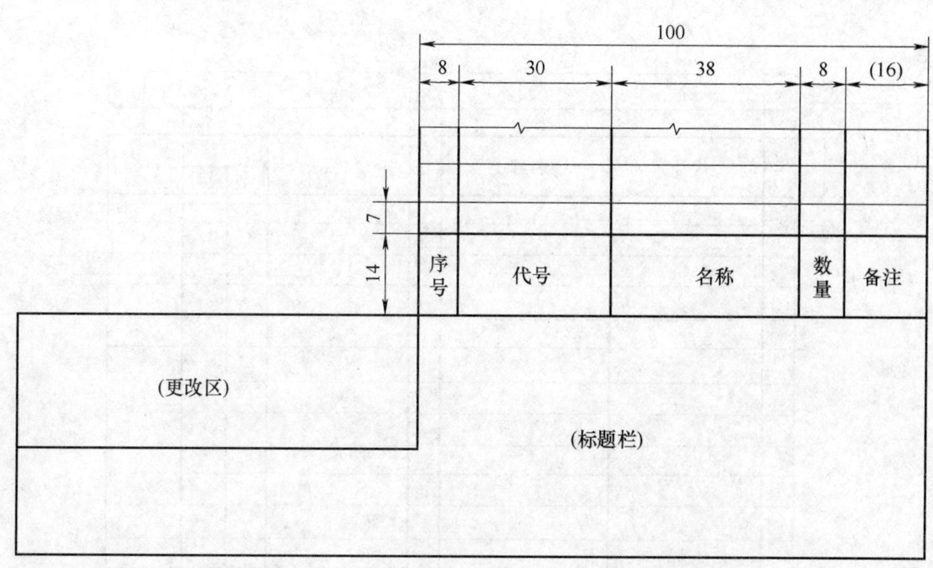

图　23-4

2）当装配图中不能在标题栏的上方配置明细栏时，可作为装配图的续页按 A4 幅面单独给出（见图 23-5、图 23-6）。其顺序应是由上而下延伸。还可连续加页，但应在明细栏的下方配置标题栏。

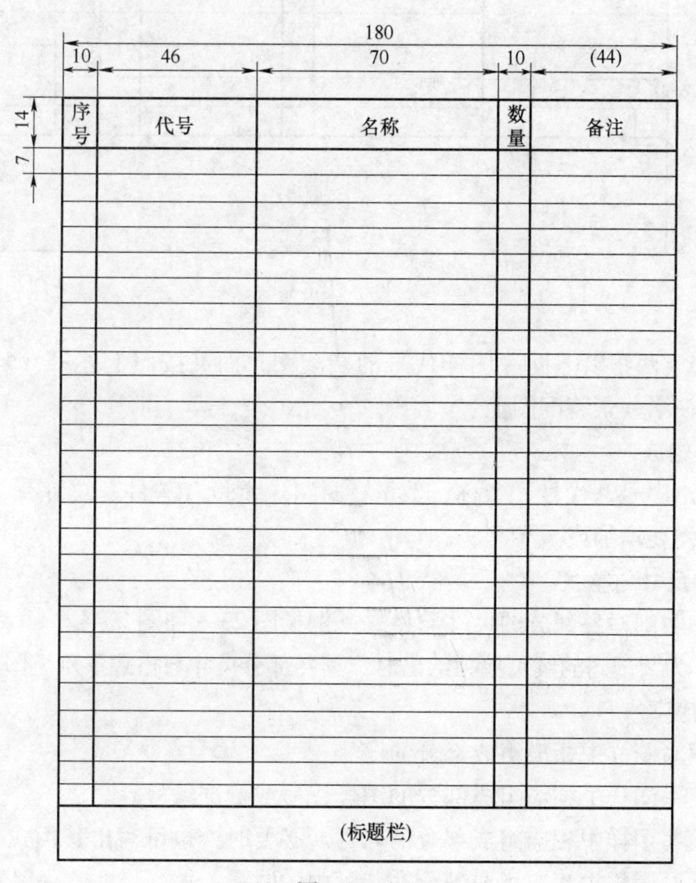

图　23-5

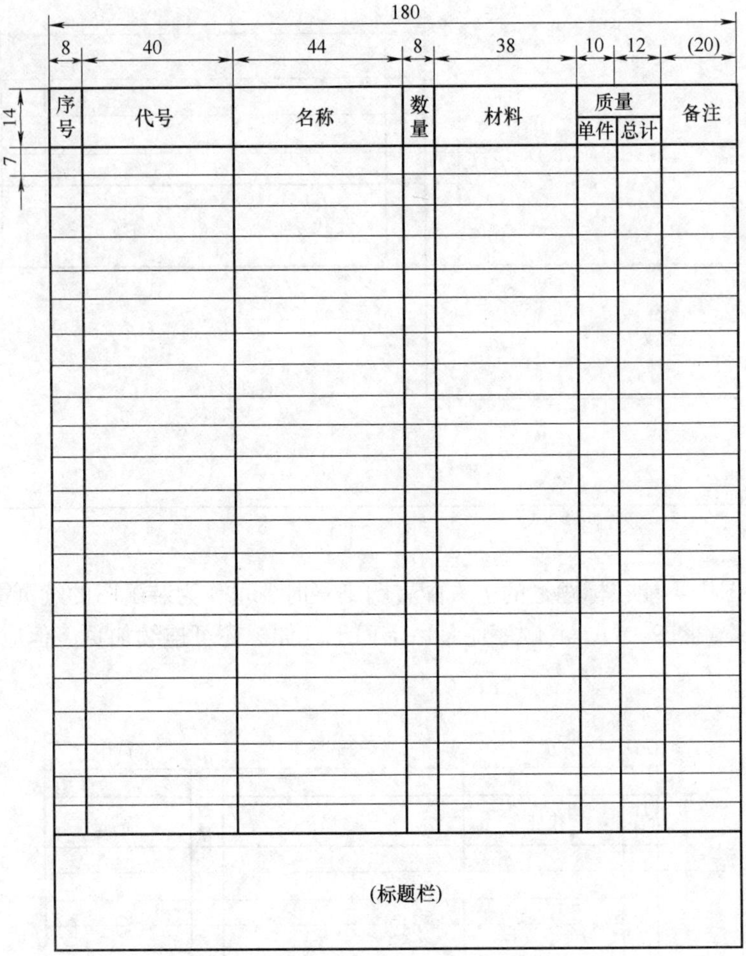

180

8 40 44 8 38 10 12 (20)

14 7

序号	代号	名称	数量	材料	质量		备注
					单件	总计	

(标题栏)

图　23-6

3）当有两张或两张以上同一图样代号的装配图，而又按照上述第（1）条配置明细栏时，明细栏应放在第一张装配图上。

2. 明细栏的组成

明细栏一般由序号、代号、名称、数量、材料、重量（单件、总计）、分区、备注等组成，也可按实际需要增加或减少。

3. 明细栏的尺寸与格式

1）装配图中明细栏各部分的尺寸与格式举例见图 23-3 和图 23-4。

2）明细栏作为装配图的续页单独给出时，其各部分尺寸与格式举例见图 23-5 和图 23-6。

4. 明细栏的填写

1）序号：填写图样中相应组成部分的序号。

2）代号：填写图样中相应组成部分的图样代号或标准编号。

3）名称：填写图样中相应组成部分的名称。必要时，也可写出其形式与尺寸。

4）数量：填写图样中相应组成部分在装配中的数量。

5）材料：填写图样中相应组成部分的材料标记。

6）质量：填写图样中相应组成部分单件和总件数的计算质量。以千克（公斤）为计量单位时，允许不写出其计量单位。

7）分区：必要时，应按照有关规定将分区代号填写在备注栏中。

8）备注：填写该项的附加说明或其他有关的内容。

23.4.3 图样目录

本节内容摘自 JB/T 5054.3—2000《产品图样及设计文件 格式》。

1）图样目录的格式、尺寸及内容如图 23-7 所示。

2）图样目录应按图样代号逐张填写并统计总张数。当同一代号有数张不同幅面的图样时，则应按幅面大小分别填写。

3）图样目录的编排顺序有两种：

当采用隶属编号时，按代号的递增数字填写；

当采用分类编号时，按每类件号的递增数字填写。

23.4.4 明细表和汇总表

本节内容摘自 JB/T 5054.3—2000《产品图样及设计文件 格式》。

1）明细表应根据产品的组成结构，将产品、部件、各级分部件的组成部分，逐级逐项详细填写。明细表可按产品或部件编制。

明细表按产品编制时其顺序一般如下：

① 配套产品。

② 部件。

③ 专用件（基本件）。

④ 通、借用件。

⑤ 外购件。

⑥ 标准件（如紧固件、操作件及企业标准件、……）。

⑦ 随产品出厂的材料。

2）汇总表是以明细表或明细栏为依据，进行分类、综合整理编制。汇总表一般可以有专用件（基本件）汇总表；配套产品、部件（基本部件，通、借用件，产品模块）汇总表；通、借用件汇总表；系列产品模块汇总表；外购件汇总表；标准件汇总表等。以上各表可分别编制，也可两、三类合并编在一张表上，但每类前应加标题，每类间应留间隔。

3）图 23-8 和图 23-9 所示的两种格式，对明细表和汇总表是通用的。

图 23-9 所示格式可用作系列产品的明细表。其中：

① 本产品部件数，填一台套基本产品所用组成部分的件数。

② 本部件数，填基本产品所属某零部件数。

③ 其他产品或部件借用件数，填本系列派生产品或部件所借用该零件或部件的数量。

④ 填写时先填基本产品的内容，然后逐项填派生产品，每个产品应间隔数行。

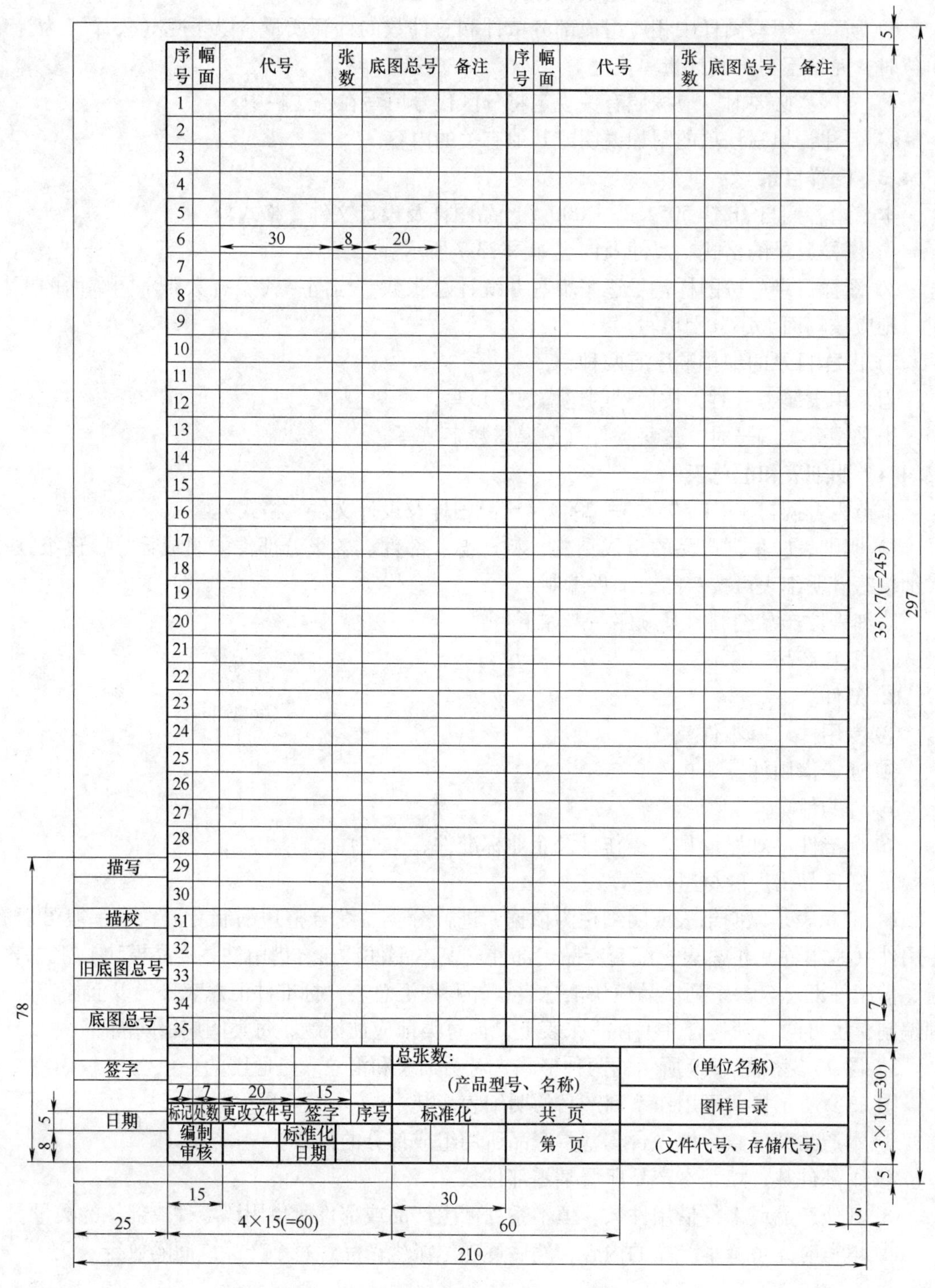

序号
幅面
代号
张数
底图总号
备注
序号
幅面
代号
张数
底图总号
备注
1
2
3
4
5
6
7
8
9
10
11
12
13
14
15
16
17
18
19
20
21
22
23
24
25
26
27
28
29
30
31
32
33
34
35
30
8
20
描写
描校
旧底图总号
底图总号
签字
日期
总张数:
(产品型号、名称)
(单位名称)
图样目录
(文件代号、存储代号)
7
7
20
15
标记
处数
更改文件号
签字
序号
标准化
共 页
编制
标准化
第 页
审核
日期
5
35×7(=245)
297
7
3×10(=30)
5
78
5
8
15
25
4×15(=60)
30
60
5
210

图 23-7

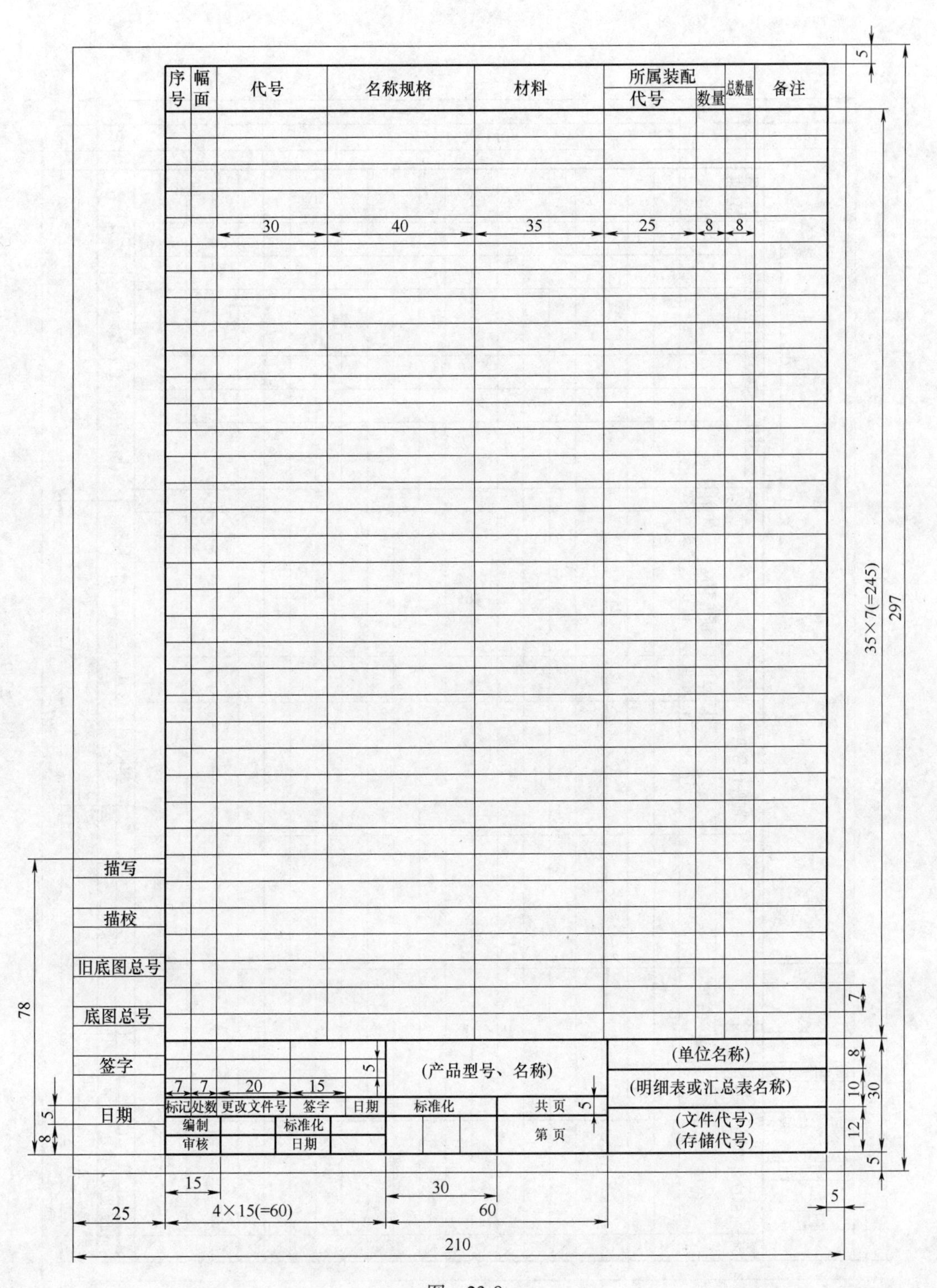

序号
幅面
代号
名称规格
材料
所属装配
代号
数量
总数量
备注
30
40
35
25
8
8
描写
描校
旧底图总号
底图总号
签字
日期
78
7
7
20
15
5
标记
处数
更改文件号
签字
日期
编制
标准化
审核
日期
(产品型号、名称)
标准化
共 页
第 页
(单位名称)
(明细表或汇总表名称)
(文件代号)
(存储代号)
5
8
10
12
30
7
5
35×7(=245)
297
15
25
4×15(=60)
30
60
5
210

图 23-8

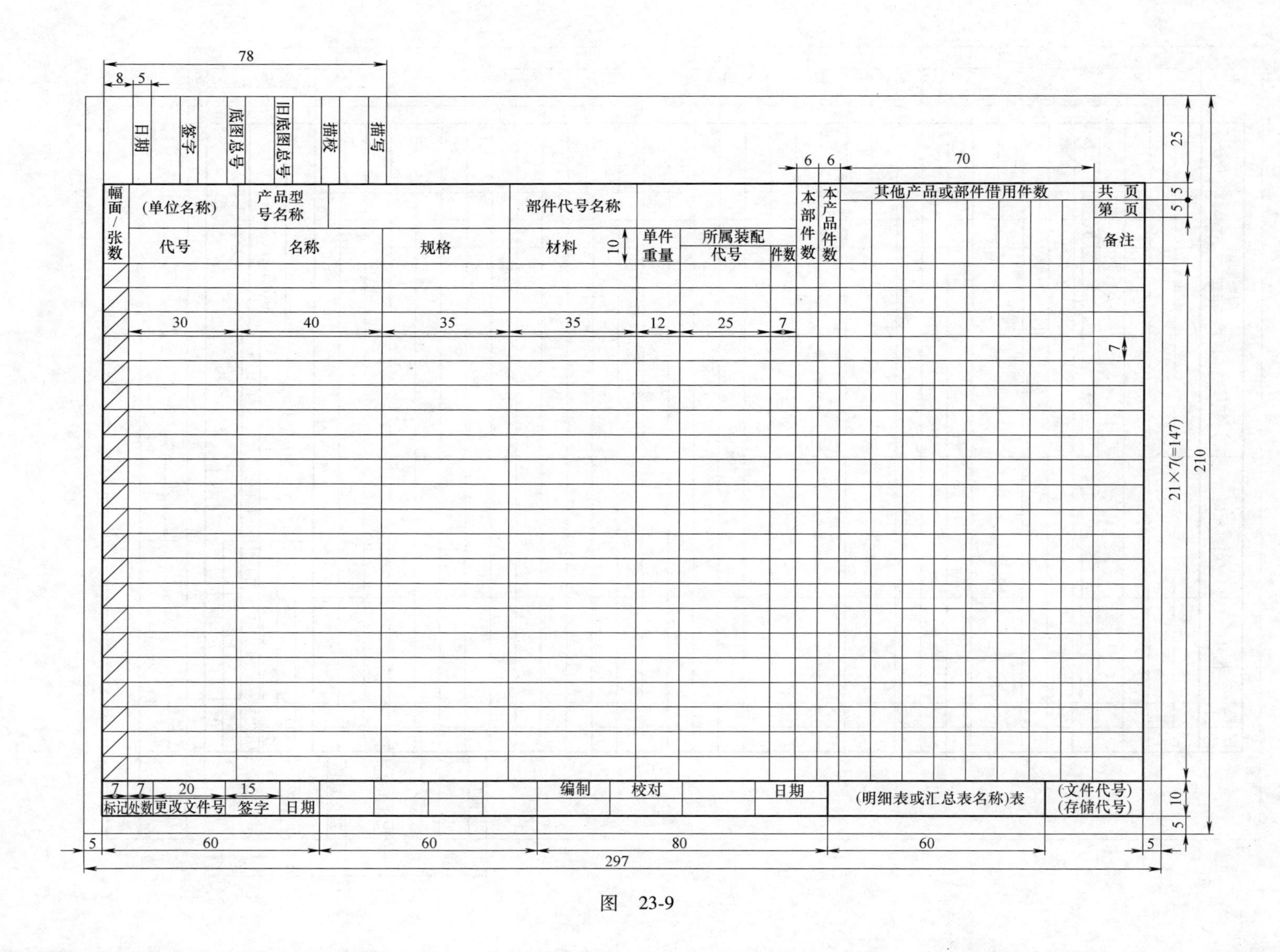
78
8
5
日期
签字
底图总号
旧底图总号
描校
描写
幅面/张数
(单位名称)
产品型号名称
部件代号名称
本部件件数
本产品件数
其他产品或部件借用件数
共 页
第 页
代号
名称
规格
材料
单件重量
所属装配
代号
件数
备注
30
40
35
35
12
25
7
10
7
6
6
70
标记
处数
更改文件号
签字
日期
编制
校对
日期
(明细表或汇总表名称)表
(文件代号)
(存储代号)
20
15
5
60
60
80
60
297
25
21×7(=147)
210

图 23-9

23.5 签署规则

本节摘自 JB/T 5054.1—2000《产品图样及设计文件　总则》。

每一个产品图样或文件完成前必须按不同的责任进行签署。签署必须完整、清晰，各种媒体的 CAD 文件签署应一致。

23.5.1 签署人员的技术责任

（1）设计（编制）人员的责任

1）产品的各项经济、性能指标应达到技术（设计）任务书或技术协议书的要求，并应实施各级现行标准和有关法规。

2）产品的使用、维护、操作、包装、储运等应方便、安全、可靠。

3）产品设计中应尽量采用系列化、模块化、成组技术，CAD 等先进设计技术；尽量采用标准件、通用件。各种设计数据、尺寸应准确无误。

4）产品设计中应考虑到加工、装配、安装调试、维修等的可行性、经济性、方便性。

5）产品图样和设计文件应完整、成套，应能满足制造、检验、安装、调试和使用等方面的需要。

（2）校对人员的责任　保证所校对的图样（文件）与技术（设计）任务书或技术协议书要求的一致性与合理性。并应承担一定的设计技术责任。

（3）设计审核人员的责任

1）产品设计方案合理、可行，能满足技术（设计）任务书或技术协议书的要求。

2）产品图样和设计文件的内容正确，数据、尺寸准确。

3）设计人员不在时，应承担设计的技术责任。

（4）工艺人员的责任　审查设计文件的工艺性，加工的可行性，实现的经济性。

（5）标准化人员的责任　标准化审查人员的责任应符合 JB/T 5054.7《产品图样及设计文件　标准化审查》的规定。

（6）批准人员的责任

1）产品的总体结构、主要性能应达到技术（设计）任务书或技术协议书的要求。

2）产品图样和文件完整、准确，符合有关标准和法规文件。

23.5.2 签署的方法

1）产品图样和文件一般应在标题栏中进行签署。应完整地签署姓名，日期（年、月、日）。

2）纸质 CAD 文件可按有关规定和要求进行手工形式的签署。

3）CAD 电子文件应确保密级或安全，有条件时应建立产品数据或工程图档管理系统进行授权管理。

23.6 产品图样及设计文件的编号方法

本节内容摘自 JB/T 5054.4—2000《产品图样及设计文件　编号原则》。

图样和文件的编号一般有分类编号和隶属编号两种编号方法。

23.6.1 分类编号

分类编号，按对象（产品、零部件）功能、形状的相似性，采用十进位分类法进行编号。

1）代号的基本部分由分类号（大类）、特征号（中类）和识别号（小类）三部分组成，中间以圆点或短横线分开，圆点在下方，短横线在中间。必要时可以在尾部加尾注号。

2）大、中、小类的编号按十进位分类编号法。每类的码位一般由 1~4 位数（如级、类、型、种）组成。每位数一般分为十档，如十级（0~9），每级分十类（0~9），每类分十型（0~9），每型分十种（0~9）等。

3）分类码位的序列及其含义见表 23-1。

表 23-1 分类码位表

分类号（大类）	特征号（中类）	识别号（小类）	尾注号	校验号
产品、部件、零件的区分码位	产品按类型，部件按特征、结构，零件按品种、规格编码	产品按品种，部件按用途，零件按形状、尺寸、特征等编码	设计文件、产品改进尾注号	检验产品代号的码位

注：1. 企业已开展计算机辅助管理者，应将信息分类码中相应的大类号编入分类号。
2. 识别号中的零件也可编顺序号。
3. 根据需要可在分类号前增加企业代号、图样幅面代号。

4）尾注号表示产品改进和设计文件种类。一般改进的尾注号用拉丁字母表示，设计文件尾注号用拼音字头表示。

5）用计算机自动生成产品代号时，应在代号终端加校验号（校验码）。校验号应按 GB/T 17710—2008《信息技术　安全技术　校验字符系统》规定计算、确定。

23.6.2 部分分类编号

部分分类编号其代号的构成和各码位的含义见表 23-2。

表 23-2 部分分类码位表

分类号（大类）	特征号（中类）	识别号（小类）	尾注号
产品代号	部件按特征、结构，零件按品种、规格码位	部件按用途，零件按形状、尺寸、特征码位	设计文件、产品改进码位

注：企业已开展计算机辅助管理者，应将信息分类码中相应的大类号编入分类号。

23.6.3 隶属编号

隶属编号是按产品、部件、零件的隶属关系编号。

1）隶属编号其代号由产品代号和隶属号组成。中间可用圆点或短横线隔开，必要时可加尾注号，示例如图 23-10 所示。

2）隶属编号码位表见表 23-3。需要时在首位前加分类号表示计算机辅助管理信息分类编码系统的大类号。

表 23-3 隶属编号码位表

		←隶 属 号→		
码位	1 2	3 4 5	6 7 8	9 10
含义	产品代号码位	各级部件序号码位	零件序号码位	设计文件、产品改进码位

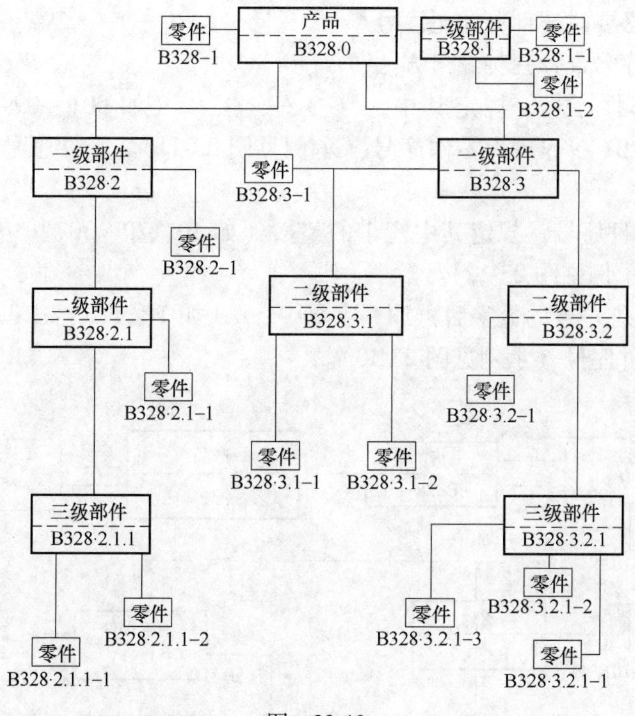

图 23-10

3）产品代号由字母和数字组成。

4）隶属号由数字组成，其级数和位数应按产品结构的复杂程度而定。

零件的序号，应在其所属（产品或部件）的范围内编号。

部件的序号，应在其所属（产品或上一级部件）的范围内编号。

5）尾注号由字母组成，表示产品改进和设计文件种类。如两种尾注号同时出现时，两者所用字母应予区别，改进尾注号在前，设计文件尾注号在后，并在两者之间空一字间隔、或加一短横线，示例如下

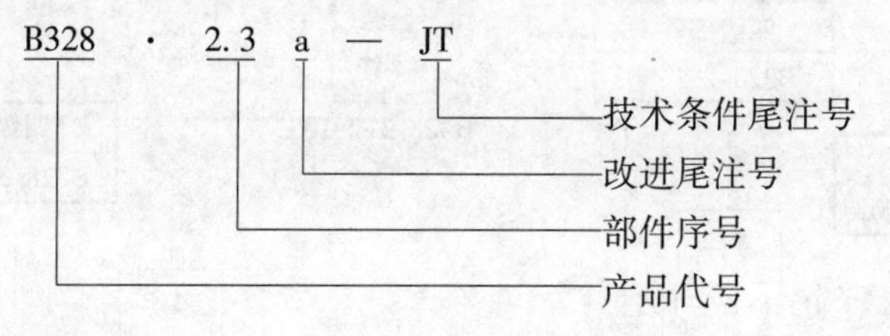

23.6.4 部分隶属编号

部分隶属编号由产品代号，隶属号和识别号组成。其隶属号为部件序号，部件序号编到哪一级由企业自行规定。识别号是对一级或二级以下的部件（称分部件）与零件混合编序号（流水号）。示例如下

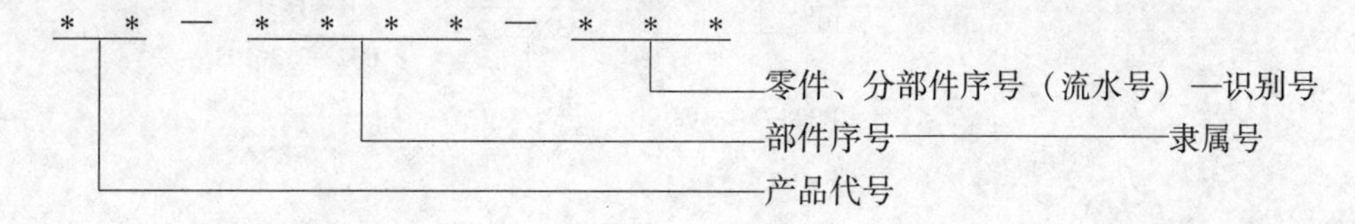

上述编号，在必要时尾部可加尾注号。

分部件、零件序号推荐三种编号方法：

1）零件、分部件序号，规定其中＊＊＊—＊＊＊（如 001～099）为分部件序号，＊＊＊—＊＊＊（101～999）为零件序号（示例见图 23-11）。零件序号也可按材料性质分类编号。

2）零件、分部件序号，规定其中逢十的整数（如 10、20、30、……）为分部件序号，余者为零件序号（示例见图 23-12）。

3）零件、分部件序号的数字后再加一字母 P、Z（如 1P、2P、3P、……）为分部件序号，无字母者为零件序号（示例见图 23-13）。

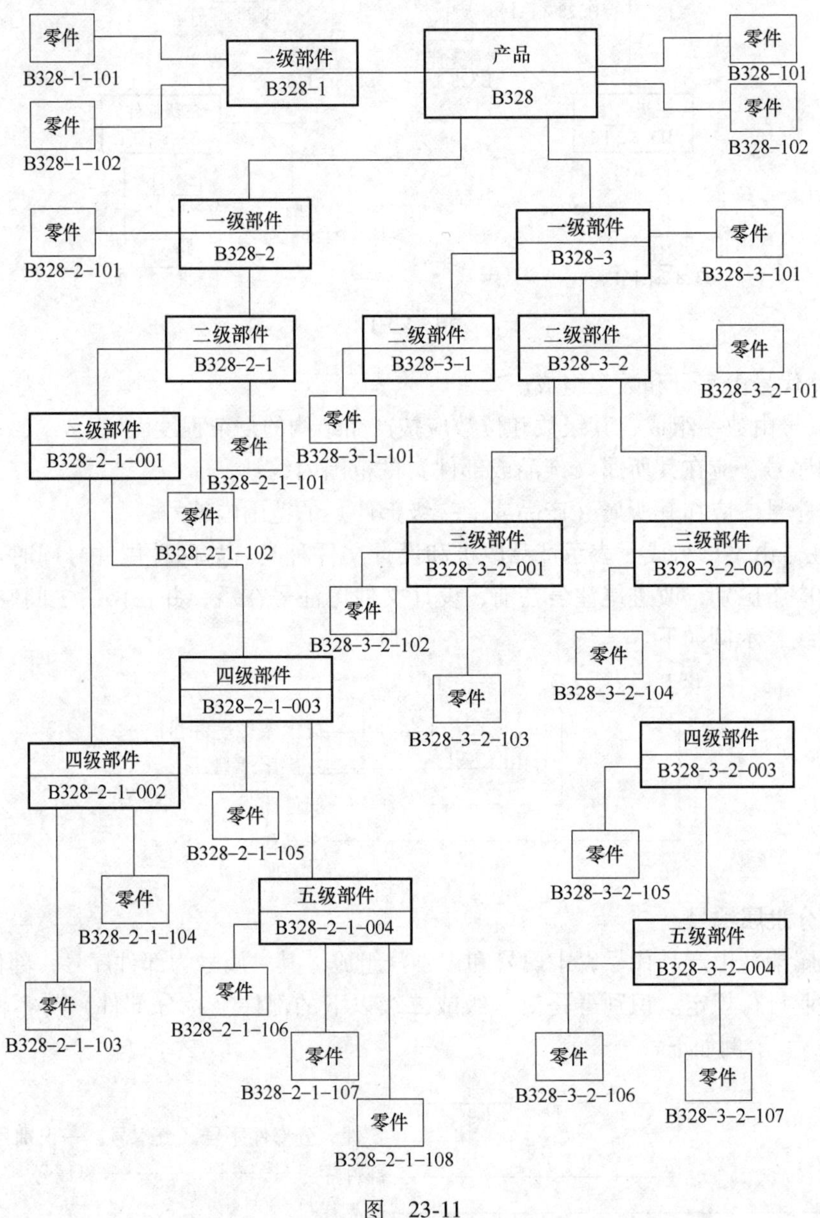

图 23-11

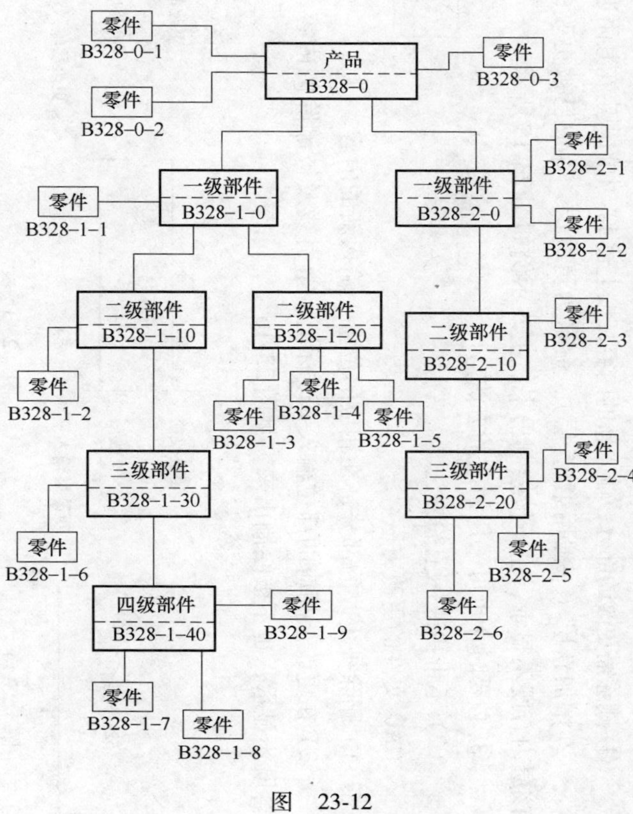
零件
B328–0–1
零件
B328–0–2
产品
B328–0
零件
B328–0–3
一级部件
B328–1–0
零件
B328–1–1
一级部件
B328–2–0
零件
B328–2–1
零件
B328–2–2
二级部件
B328–1–10
零件
B328–1–2
二级部件
B328–1–20
零件
B328–1–3
零件
B328–1–4
零件
B328–1–5
二级部件
B328–2–10
零件
B328–2–3
三级部件
B328–1–30
零件
B328–1–6
三级部件
B328–2–20
零件
B328–2–4
零件
B328–2–5
零件
B328–2–6
四级部件
B328–1–40
零件
B328–1–9
零件
B328–1–7
零件
B328–1–8

图　23-12

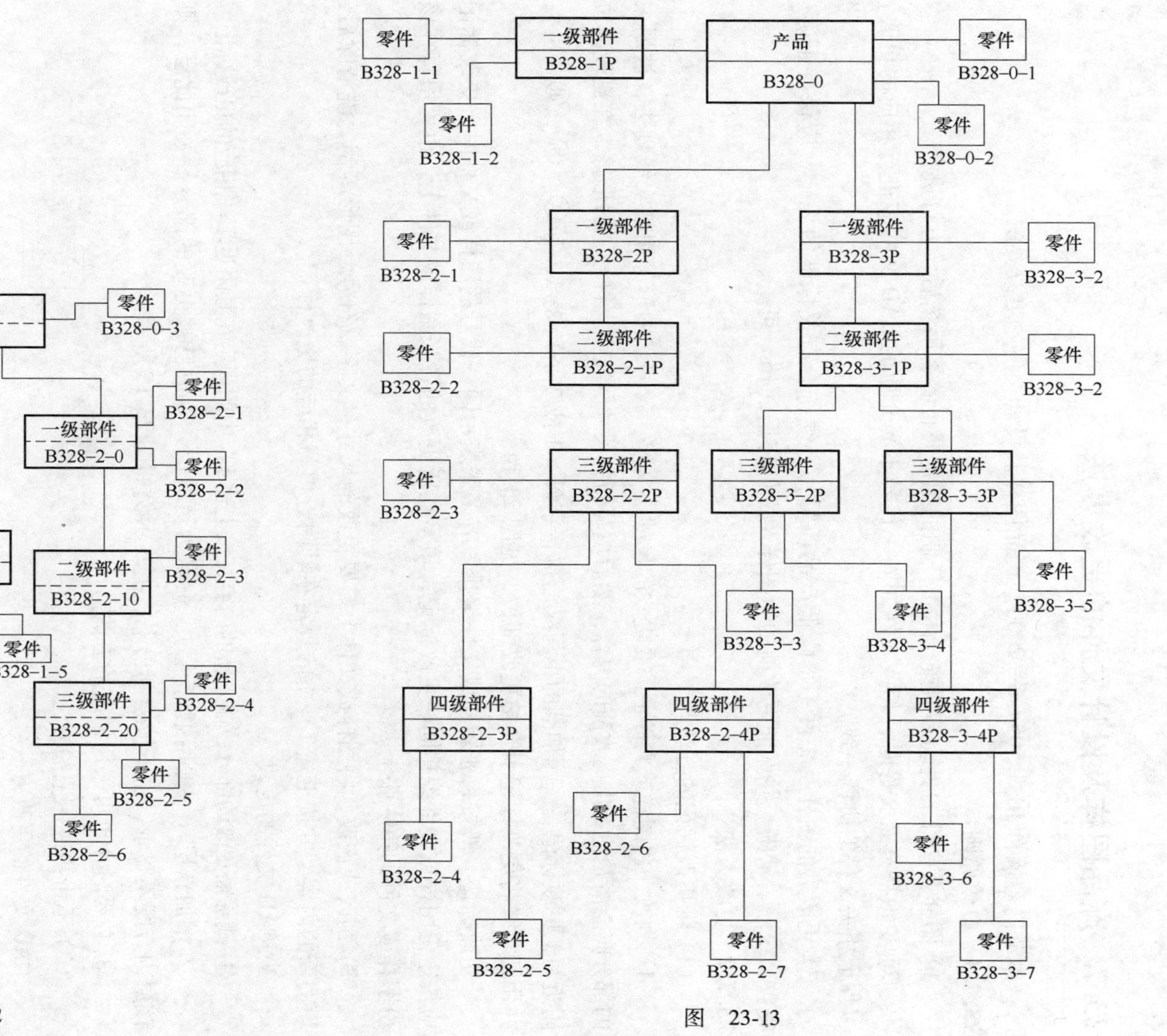
零件
B328–1–1
一级部件
B328–1P
零件
B328–1–2
产品
B328–0
零件
B328–0–1
零件
B328–0–2
零件
B328–2–1
一级部件
B328–2P
一级部件
B328–3P
零件
B328–3–2
零件
B328–2–2
二级部件
B328–2–1P
二级部件
B328–3–1P
零件
B328–3–2
零件
B328–2–3
三级部件
B328–2–2P
三级部件
B328–3–2P
三级部件
B328–3–3P
零件
B328–3–3
零件
B328–3–4
零件
B328–3–5
四级部件
B328–2–3P
四级部件
B328–2–4P
四级部件
B328–3–4P
零件
B328–2–4
零件
B328–2–5
零件
B328–2–6
零件
B328–2–7
零件
B328–3–6
零件
B328–3–7

图　23-13

23.7 产品图样及设计文件的更改办法

本节内容摘自 JB/T 5054.6—2000《产品图样及设计文件　更改办法》。

23.7.1 更改原则

1）图样及文件的更改必须按技术责任制的规定履行签署手续后，方可进行。

2）更改图样及文件时，相关文件如同一代号不同介质的 CAD 文件应进行相应的更改，以保证相关文件的协调一致。

3）更改后的图样及文件不得降低产品质量，必须符合有关标准的规定，应保持正确、完整、统一、清晰。并保证更改前的原图样及文件有据（档）可查。

23.7.2 更改方法

（1）带更改标记的方法

1）划改，将图样或文件上需要更改的尺寸、文字、符号、图形等用细实线划去，被划去的部分应能清楚地看出更改前的内容，然后填写新的尺寸、文字、符号、图形等，在更改部位附近写上更改标记——用加圆的小写汉语拼音字母（1 或 2 个）表示，如ⓐ、ⓑ、(al)、……，并用细实线将更改标记引至被更改部位，见图 23-14。

更改标记一般按每张图样或文件编排。有多张表示同一代号的图样或文件时，更改标记应按全份图样或文件编排同一更改标记，填写在所更改的各张图样或文件上，也可填写在该份图样或文件的第一张上。

2）刮改或洗改，将图样或文件上需要更改的尺寸、文字、符号、图形等刮、洗清除后，填写新的内容，并按上述 1）中的规定在其附近填写相应的更改标记。

3）CAD 文件的更改

① 删除需更改的部分，输入新的内容，按上述 1）中的规定在其附近填写相应的更改标记。

② 增加新层（一般用第 15 层），命名为更改层，存放已被更改的部分。关闭此层，则该层内容既不显示，也不被绘制出来。更改示例如图 23-15 所示。

③ 必要时，也可采用划改的方法。

（2）不带更改标记的方法

CAD 文件的更改方法：

1）删除被更改的部分，在相应的位置上输入新的内容。

2）在更改层相应的部位输入更改标记、指引线及被删除的内容，关闭此层，该层的内容既不显示，也不被绘制出来，见图 23-16。

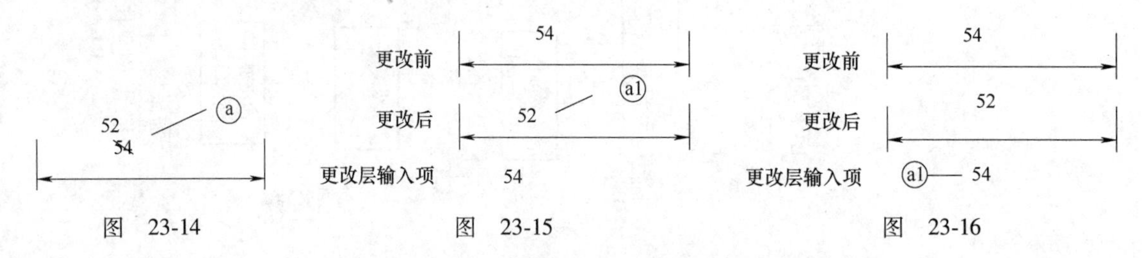

图　23-14　　图　23-15　　图　23-16

23.7.3 更改程序

1）选定更改通知单格式。并由设计人员按照规定的内容逐项填写。更改通知单推荐格式见图 23-17 和图 23-18。

产品型号/项目代号：　　更改单编号：　　存储代号

更改前						更改后					分发单位
											同时更改文件
											实施日期
											图样文件代号
更改标记		更改处数		更改原因		制品处理意见					存储介质编号
编制	校对	审核	工艺	标审	批准	会签	(单位)				备注
(签字)							(签字)				
(日期)							(日期)				共 页 第 页

尺寸：25，6×20(=120)，15，4×20(=80)，32，5；10，25×7(=175)，5，210

图 23-17

2）更改通知单应经有关部门按技术责任制的规定签署和（或）有关领导审批后，方可进行更改。CAD 文件的签署应符合 JB/T 5054.1《产品图样及设计文件　总则》的规定。

3）按更改通知单更改有关的图样和文件。

23.7.4 更改通知单的编号方法

更改通知单的编号，由图样及文件的类别代号、更改年代号、设计或编制部门代号和更改顺序号四部分组成。排列顺序如下：

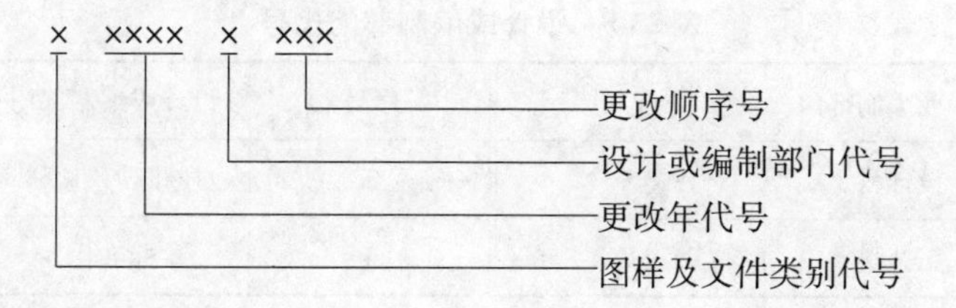

1）图样及文件类别代号用大写汉语拼音字母表示，按表 23-4 的规定。

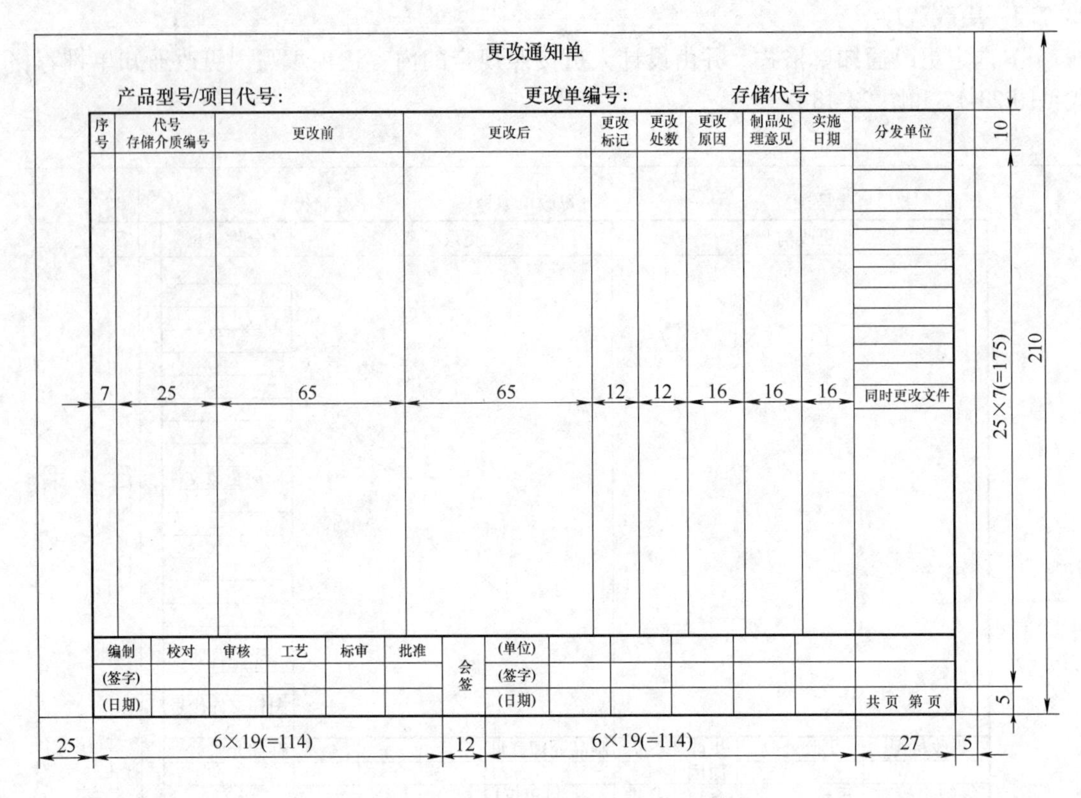

图 23-18

表 23-4 图样及文件类别代号

类别	代号	字母含义	类别	代号	字母含义
产品	P	品	标准	B	标
工艺	Y	艺	质管、检验	J	检
工装	Z	装	其他	Q	其
非标准设计	F	非			

2）更改年代号用年代的四位阿拉伯数字表示。如 1994 年度更改的用“1994”四位数。

3）设计或编制部门代号用大写汉语拼音字母表示，按表 23-5 的规定。必要时，可在其后加注一个阿拉伯数字，以区分部门中的组别等。

表 23-5 设计或编制部门代号

序号	设计或编制部门	代号	序号	设计或编制部门	代号
1	设计科	S	3	质量、检验科	J
2	工艺科	Y	4	标准化	B

4）更改顺序号一般用三位阿拉伯数字顺序连续编号。

举例如下：

例 1：P1997S—015 为 1997 年度产品方面设计科发出的第 15 号更改通知单。

例 2：P1998Y1—124 为 1998 年度产品方面工艺科第一组发出的第 124 号更改通知单。

23.8 图样复制技术简介

1. 晒图

用描好的底图或副底图（也称作二底图）经晒图机复制出蓝图。这种传统工艺需要人工描图，优点是晒图机价格不高，复制质量可靠，操作维修容易。

2. 复印

现代的复制技术常用胶印机或复印机复制图样和文件，从而可省去描图过程。

（1）胶印机。先用制版机将图样或文件复制在氧化锌纸版上，再将此纸版经胶印机进行复印。

（2）复印机。可直接将图样或文件放在复印机上进行复印。复印 A3 幅面的小型机应用较普遍。大型机可复印 A1 幅面。先进的复印机可进行原大、缩小或放大复印。复印过程中可以先不定影，便于修改。复印纸可以是描图纸、透明胶片、普通纸、卷筒纸等。

3. 缩微技术

将图样或文件用缩微拍摄机翻拍在缩微胶卷（或缩微胶片）上，再送进冲洗机冲洗胶卷。使用时，将缩微胶卷放在阅读复印机上，用阅读光屏进行阅读。如需复印，可按所需份数放大复印出原样大小的图样或文件。

总的说来，缩微底片较复印成本低，又便于保管，可以减少大量的图库设施。

23.9 设计文件的保管

设计制造过程中的技术文件有两种，即设计文件和工艺文件。设计文件包括产品图样和其他设计文件。工艺文件包括工艺规程、工艺装备图样、材料定额、工时定额等。技术文件一般是由各单位设置的专门机构——资料室进行管理。

根据企业的规模不同，资料室的大小和层次也有所不同（如大型企业有中心资料室，并主管各车间资料室），其基本要求是保管完整、查找迅速。基本任务有以下几方面：

1）登记各种收到的技术文件和各种文件的流动情况。

2）科学地保管各种文件（包括底图）。

3）及时复制所需数量的文件复印本。

4）及时将文件供给各生产部门。

5）及时注销作废文件和更换损坏文件。

6）制订和执行合理的借阅制度。

欲使资料室能圆满完成上述要求和任务，各企业都要制订适合本身情况的一整套保管制度，并备有卡片、表格、橱柜、必要的复印设备等物质设施。

第 24 章　CAD 制图

24.1　计算机辅助设计与制图词汇

本节介绍的词汇选自国家标准 GB/T 15751—1995《技术产品文件　计算机辅助设计与制图　词汇》，该标准等效采用 ISO/TR 10623—1992《技术产品文件—计算机辅助设计与制图—词汇》。该标准规定了计算机辅助设计与制图的基本术语。

该标准适用于计算机辅助设计与制图中的技术文件及各种教材、科技书刊和手册等。

计算机辅助设计与制图词汇见表 24-1。

表 24-1　计算机辅助设计与制图词汇

序号	英文	中文	含义
1	aiming symbol	目标符号	显示面上一个亮的圆或其他图形，用来指示检测的目标位置
2	algorithm	算法	为解题用的一个有限步骤内有序且意义明确的规则集
3	alphabet	字母表	一个有序的字母符号集，其顺序是公认的
4	alphabetic [numeric] [alphanumeric] [binary] code	字母 [数字] [字母数字] [二进制] 代码	一种代码，可归结为一种代码元素集合，其元素由字母 [数字] [字母数字] [二进制] 字符集构成
5	American Standard Code for Information Interchange (ASCII)	美国国家信息交换标准代码	是关于字母和符号与它们的二进制编码表示的一种规定
6	analogy	模拟	一个事物（或过程）与另一个事物（或过程）之间存在某种函数关系或一定联系，则可用一个事物（或过程）去表示另一个事物（或过程），这种表示过程称为模拟
7	animation	动画	按一定的要求，三维物体的图形或二维图形按规定动作自动地变换（如旋转、放大、缩小或移动），并在屏幕上显示的图形称为动画
8	annotation	注释	在 CAD/CAM 系统生成的工程图、布局图或原理图上标注文字说明、专用符号或标记等的操作。利用 CAD/CAM 系统可在图上生成说明文字并把它置于适当的位置
9	application software (program)	应用软件（程序）	专门对一个应用问题求解的软件（程序）

（续）

序号	英文	中文	含义
10	approval phase	检验阶段	正处于检查、验收阶段的设计数据文件，在原始文件上应做出检验的明显标记
11	artwork	原图	CAD系统的输出之一。笔绘图、静电拷贝、光掩模图、照片及底片等都是CAD的原图形式，它们可直接用于机械零件、集成电路或印制电路板等的制造
12	assembly drawing	装配图	表示产品及其组成部分的连接、装配关系等的图样
13	assembly language	汇编语言	一种面向机器指令的程序设计语言
14	associative dimensioning	相关尺寸标注	CAD的一种功能。它把尺寸实体与要标注尺寸的几何实体关联起来，可以使尺寸值随几何实体的改变而自动地更新
15	attribute	属性	一个实体被定义了的性质
16	authorization	授权	对于一用户，他访问（读、修改、插入、删除）某些数据的权限
17	automated drafting system	自动绘图系统	一种利用计算机使绘图过程自动化的系统
18	automatic	自动	形容一个过程或设备，它在规定条件下运行时无需人的干预
19	automatic dimensioning	自动标注尺寸	CAD的一种功能。它能够计算要标明的图形部分的尺寸，并自动标注尺寸线、箭头和尺寸数字。在测绘时，它还有标注线的特性，包括长度和方位
20	automation	自动化	过程或设备向自动运行的转换，或转换后的结果
21	background image	背景图像	在特定的一系列处理过程中，显示图像不变化的部分，如表格叠加部分，或称静止图像
22	bit map	位图	一种在存储器中存储的位式栅格图，用于生成光栅扫描显示器上的图像
23	blank drawing	空白图	对结构相同的零件或部件不按比例绘制并未标注尺寸的典型图样
24	blinking	闪烁	有目的地使一个或多个显示元素或图段的亮度发生周期性改变
25	block	图块	是一种命名的子图形，由图形元素（图形实体）或图块经定义后组成，用户可对其进行存储与调用（插入）等操作，常用来制作图形库
26	block diagram	框图	用线框、连线和字符表示系统中各组成部分的基本作用及相互关系的简图
27	boolean logic/operation	布尔逻辑/布尔运算	用于CAD的代数或符号逻辑计算式，以扩充设计规则检查程序和简化几何图形的设计
28	boundary representation	边界表示法	CAD中实体结构的重要表示方法之一，也是当前计算机图形学中广泛运用的方法，它直接表示实体的拓扑边界，即通过将实体的边界分成有限个用边和顶点表示的“面”或“面片”的有界子集，从而定义一个给定的实体

（续）

序号	英文	中文	含义
29	bulk annotation	连续注释	CAD系统的一种功能。它使设计者能够在一张图的多个位置上自动标注重复的文字说明或其他注释
30	central processing unit（CPU）	中央处理单元	一个主要功能单元，它包含一个或多个处理器和它们的内存储器
31	chamfer	倒棱角	把两条直线相交处用直线边倒成棱角，可由CAD系统自动完成
32	character	字符	用于表达、组织与控制数据的一个元素集合中的一个元素
33	character generator	字符发生器	一种功能部件，它是将字符的编码表示转换为字符的图形表示，以便于显示
34	chart	表图	用点、线、图形和必要的变量数值，表示事物状态或过程的图
35	check plot	校验图	由CAD/CAM系统自动生成的图形，其用途在于最终输出生成之前进行直观的检验和编辑
36	circuit diagram	电路图	用图形符号，按工作顺序，表示电路设备装置的组成和连结关系的简图
37	code	代码	表示特定事物（或概念）的一个或一组字符，这些字符可以是阿拉伯数字、拉丁字母或便于计算机和人识别与处理的其他符号
38	coded image	编码图像	显示图像的一种适合于存储和处理的表示
39	coding scheme	编码方案	把一个集合中的元素映射为另一个集合元素（编码模式）的一组规则的集合
40	colour displayer	彩色显示器	一种CAD/CAM显示装置。它使设计者易识别复杂设计中不同颜色层次上的各种设计元素，帮助设计者理解复杂的图形，减少其中的相互干扰
41	colour jet ink plot	彩色喷墨绘图机	是一种色彩与绘图介质融为一体，形成彩色图形的计算机图形输出设备。其输出的图形具有色彩丰富、表现力强、图形精美的特点。被广泛应用于城市建设规划、地质、石油、水利电力、气象等行业
42	colour printer	彩色打印机	是计算机输出文字与图形的一种外部设备。可以打印多达数百种颜色的文字、图形和图像，具有丰富的表现力
43	command language	命令语言	为了实现某些功能或任务而与CAD/CAM系统通信的语言接口
44	communication security	传输安全性	数据在信息传输中的物理安全性和传输协定的检查
45	compatibility	兼容性	一特定硬件模块或软件程序、代码、语言无需事先改动或专用接口就能在其他CAD/CAM系统中使用的能力

（续）

序号	英文	中文	含义
46	compiler	编译	把用高级语言阐明的整个或部分程序转化为用一种中间语言、一种汇编语言或一种机器指令阐明的计算机程序
47	computer	计算机	能实现基本计算的一种功能设备，其中包括大量的算术运算或逻辑运算，在运算时无需操作员去干预
48	computer aided design（CAD）	计算机辅助设计	包括绘图与叙述的设计活动，其中信息处理的系统用计算机完成某项设计任务
49	computer aided design and drafting（CADD）	计算机辅助设计与制图	利用计算机系统来完成产品的设计与制图
50	computer aided drawing（CA drawing）	计算机辅助绘图	利用计算机及其外围设备完成制图工作的原理、方法和过程。又称计算机制图
51	computer aided engineering（CAE）	计算机辅助工程	用信息处理系统分析一个设计，以检查其基本错误，优化其工艺性、使用性、生产与经济性
52	computer aided manufacturing（CAM）	计算机辅助制造	一个生产过程，其中信息处理系统用来指导与控制制造
53	computer aided software engineering（CASE）	计算机辅助软件工程	按科学原理与工程技术方法进行软件开发，并由计算机控制与实现
54	computer assisted instruction（CAI）	计算机辅助教学	利用计算机协助进行各种教学活动，CAI系统有时亦称为计算机辅助学习系统（computer assisted learning，CAL），一般由通用计算机系统再配上能实现教学功能课程软件（courseware）所组成
55	computer graphics（CG）	计算机图学	用计算机作数据到图形相互转换的原理、方法与技术
56	computer integrated manufacturing（CIM）	计算机集成制造	所有活动集成于一种计算机计划管理与控制系统下的生产
57	computer outputer microfilming（COM）	计算机缩微输出	把记录数据用计算机直接转换到缩微制品的一种技术
58	computer program	计算机程序	由说明和语句或指令组成，并按照一种特定的程序设计语言规则构造的一个语法单元，用于求解某一功能、任务或问题
59	computer system security	计算机系统安全性	对一个数据处理系统，建立与采用技术上与管理上的保护，以防止硬件、软件和数据遭受偶然或有意的修改、借用、自毁或泄漏
60	conceptual	方案图	概要地表示工程项目或产品设计意图的图样
61	connection diagram	接线图	表示成套装置、设备或装置的连接关系的简图
62	constructive solid geometry（CSG）	结构实体几何表示法	CAD中实体结构最易理解和最重要的表示法之一。它通过实体体素及布尔运算（如并、交、差等）定义一个给定的形体

（续）

序号	英文	中文	含义
63	coordinate graphics	坐标图形	一种计算机图形，其显示图像是由显示命令和坐标数据产生的
64	copyright	版权	一种公布（出版）、生产的专门权利，或出售数据或成品的专门权利，在一个限定时间内受法律的保护
65	cursor	光标	一个可移动的可见标记，在显示面上用来指示下一次将要发生操作的位置
66	curve generator	曲线发生器	一种功能部件，它将一条曲线的编码表示转换为曲线的图形表示，以便于显示
67	data	数据	在一定格式下可重新解释的信息表达形式，适用于通信、解释或处理
68	data bank	数据库集	与主题相关的一组数据集合，使用户可以查询
69	data base	数据库	在多个独立用户提出数据需求时，用于接受存储与提供数据的一个数据结构
70	data base management system（Database system）（DBMS）	数据库管理系统（数据库系统）	一个定义、建立、运算、控制、管理和使用数据库的计算机系统
71	data medium	数据媒体	可以存取数据的材料，如磁带、磁盘等
72	data processing（DP）	数据处理	数据操作的系统完成过程，例如数据运算与逻辑运算，数据的合并与检索，汇编与编译程序
73	data security	数据安全	未经许可不准访问或使用数据
74	data structure	数据结构	符号表达式及其存储分配特性的语法结构数据的组织形式，有逻辑结构和存储结构之分，逻辑结构包括串、数组、表、栈、队列、树和有向图等；存储结构包括向量、链表等
75	data transfer	数据传送	数据从一个计算过程有序地移动到另一个过程中
76	default	缺省值	在 CAD/CAM 的作业或操作中一个参数所需要的预定值，它由系统自动提供，而不是由人工确定的
77	default selection	缺省值选择	CAD/CAM 的一个特点，它允许设计者为设计中的产品预选定一些参数，然后，每次发出的命令都要使用这些缺省值参数。输入命令时，通过选择不同的参数，设计者能够取代它们
78	design drawing	设计图	在工程项目或产品进行构形和计算过程中所绘制的图样
79	design file	设计文件	在 CAD 数据库中与一个设计项目有关的并能作为一个单独的文件直接存取的信息集合
80	design phase	设计阶段	软件生存周期中的一段时间。在这段时间内，产生体系结构，软件组成部分，接口和数据的设计，为设计编制文件，并对其进行验证，以满足预定需求

（续）

序号	英文	中文	含义
81	design rules checking	设计规则检查	一个CAD程序，它能够自动检验被显示各种设计或图形是否违背用户选择的设计规则
82	design specification	设计说明	一种把系统或系统组成部分（如软件配置项）的设计编制成文的规格说明。典型内容包括系统或系统组成部分算法、控制逻辑、数据结构、数据设定与使用信息、输入输出格式和接口描述
83	detail drawing	零件图	表示零件结构、大小及技术要求的图样
84	detailed design	详细设计	推敲并扩充初步设计，以获得关于处理逻辑、数据结构和数据定义的更加详尽的描述，直到设计完善到足以能实现的地步，这个过程称作详细设计
85	detailing	零件设计	为生成零件图而加入必要信息的过程
86	detectable element（segment）	可检测元素（图段）	能被拣取设备检测到的显示元素（图段）
87	development phase	开发阶段	产品设计与改进工作在进行中的状态
88	device coordinate	设备坐标	在与设备有关的坐标系中规定的坐标
89	digital	数字的	形容数字形式的数据
90	digitization（名词）	数字化	用一计算机程序来收集一个物理状态的数据，并把这些数据表达为字母数字的形式
91	digitize（动词）	数字化	把一种不是离散形的数据，表达或说明成一个数字型数据
92	digitizer	数字化仪	是由数字输入板构成的一种CAD输入装置。在板面上配上所需图样或草图，通过电子笔或读数盘输入到系统中去
93	diskette（floppy disk，flexible disk）	软盘	装在一个保护套中的软磁盘
94	display	显示	数据或信息的直观表示
95	display command	显示命令	改变状态或控制显示设备动作的一种命令
96	display device	显示设备	给出数据可视表达的输出单元
97	display element	显示元素	能用来构成显示图像的基本图形元素，如一个点、一条线等
98	display image	显示图像	在显示表面上同时表达的显示图素或显示图段的集合
99	display space	显示空间	对应于可用显示图像区域的那部分设备空间
100	display surface	显示面	在一显示设备中，显示图像呈现的媒体，如阴极射线管的屏幕、绘图机用的图纸
101	distribution phase	发布阶段	发布一个经验收后的文件及数据或其部分，并发送到文件颁发表

（续）

序号	英文	中文	含义
102	document	文件	a. 一个数据媒体，数据记录其上，通常是永久的可由人或机器来读取 b. 可作为一个单元处理的在一数据载体上的信息
103	documentation	文件（管理）	a. 文件管理，它包括标识、获取、处理、储存与传播等活动 b. 在给定主题下的文件集合 c. 涉及一个或多个方面的各种文件的集合
104	documentation security	文件（系统）安全性	在整个产品设计过程中，文件（系统）的安全性，包括通信安全性，安装与运行安全性、系统安全性和文件内容安全性
105	document content security	文件内容安全性	对应于受权与版权的文件安全性，它包括不同级别的受权安全性与版权安全性
106	document issuing list（DIL）	文件颁发表	在同一时间内颁发的文件表，除文件表示、版本索引等信息外，文件颁发表包括用户姓名、需用的媒体、拷贝数、用户授权等全部信息
107	dot matrix character generator	点阵字符发生器	一种字符发生器，它产生的字符图像由点的阵列组成
108	dot matrix plotter	点阵绘图仪	为生成图表用的一种 CAD 外部设备。由点阵构成图形，用点的有无或疏密来表示物体、背景或它们的明暗程度
109	dragging	拖动	沿着由定位器所确定的路径，在显示面上移动一个或多个图段
110	drum plotter	滚筒式绘图仪	将显示图像绘制于安装在旋转鼓的显示面上的一种绘图仪，也称鼓形绘图仪
111	dynamic image	动态图像	对于每一种处理都能发生变化的部分显示图像
112	dynamic motion	动态运动	利用 CAD 软件实现的运动仿真，使设计者能够在显示屏幕上看到一台装置中各零件的动态相互作用的三维表示，因而碰撞和干涉现象会立即显示出来
113	echo（in computer graphics）	应答（用于计算机图形）	在显示控制台上，针对输入设备所提供的当前值，给用户做出的即时通知，常称反馈
114	electrical plotter	静电绘图仪	一种光栅绘图仪，它是采用一排电极以静电方式将墨水印在纸上
115	electronic data processing（EDP）	电子数据处理	主要用电子设备来完成的数据处理
116	element	元素	CAD 中的基本设计实体，可分为逻辑的、位置的、电气的或机械的等功能
117	entity	实体	客观存在并可独立处理的元素。它是 CAD 中绘制设计图或工程图中使用的基本信息成分。分为几何的和非几何的。几何实体表示物理形状，如弧、圆、线、点、样条等；非几何实体表示注释和说明，如技术说明等

（续）

序号	英文	中文	含义
118	family of parts	零件族	已经设计的具有类似几何特征（如直线、圆、椭圆）但物理尺寸不同（如长、宽、高、角度）的零件集合。当设计者选择了所需的参数时，则一个专用的 CAD 程序便能自动生成一个新的零件，可节约大量时间
119	field	字段	在一数据媒体或存储器中，对数据元素的某个类型规定可使用的区间
120	figuration drawing	外形图	表示产品外形轮廓的图样
121	file	文件	作为一个单元来存储与处理的一组记录命名的集合
122	figure	图形	一个符号或零件，它可能含有图素实体、其他几何图形、非图形特征以及它们的联系
123	fillet	倒圆角	把两个相交曲线或直线倒成圆角或弧，可由 CAD 系统自动生成
124	finite element analysis（FEA）	有限元分析	把零、部件或物理结构模拟分解为离散元素作强度等分析以决定其整体构造
125	flatbed plotter	平板绘图仪	将显示图像绘制于安装在平面上的一种绘图仪
126	flow diagram	流程图	表示生产过程事物各个环节进行顺序的简图
127	foreground image	前景图像	对于每一种处理能发生变化的部分显示图像
128	formatted	格式化	使记录媒体表面按既定的格式记录信息
129	function keyboard	功能键盘	CAD/CAM 系统的一种输入设备，它装有若干功能键
130	general plan	总布置图	表示特定区域的地形和所有建（构）筑物等布局以及邻近情况的平面图样
131	geometric modeling	几何建模	在计算机中表达三维形状，并且形状上可以控制的造型技术
132	graphical kernel system	图形核心系统	用于计算机图形编程的一组功能集，生成图形最基本图素的国际标准。它提供应用程序与图形输入输出设备的配置功能接口
133	graph	算图	运用标有数值的几何图形或图线进行数学计算的图
134	graphical model	图模型	显示一个目标的二维或三维图像
135	graphic character	图形字符	不同于控制字符的一种字符，它具有可视的表达，通常可以写出、打印输出或显示
136	graphic monitor	图形监视器	在数据处理系统中监视与记录选定活动的一种功能装置，它在二维图形模式下分析与显示这些图像
137	graphical kernel system（GKS）	图形核心系统	是一个图形系统标准，可用作应用图形软件包的核心，它与图形设备无关，它的定义独立于程序设计语言
138	graphics library	图库	在 CAD/CAM 数据库中存放一些标准的，经常使用的符号、组件、图案或零件作为样板或结构单元，以加速在系统中的今后设计工作，并通常在通用的库名下组成文件

（续）

序号	英文	中文	含义
139	grid	网点	在屏幕上用于定位的一组矩阵形式分布的点
140	hard copy	硬拷贝	一个用输出设备（如打印机、绘图机）产生的显示图像的不可改变的拷贝，并可以携带
141	hard ware	硬件	一个信息处理系统的全部或部分物理装置
142	hidden line	隐线	在三维物体的投影中，代表被遮挡而看不见的线段
143	hidden outline	隐藏轮廓线	由视点观察，表示不可见的曲面轮廓线或边界
144	hidden surface	隐藏面	在三维实体的图形显示中，看上去被遮蔽着的（即看不见的）曲面或平面
145	highlighting	醒目	通过修改某个显示元素或图段的视觉属性，以达到突出它们的效果
146	incremental coordinate	增量坐标	把前一个给定点作为参考点的一种相对坐标
147	incremental vector	增量向量	终点是由相对于始点的位移来确定的一种向量
148	information	信息	对任何客体，比如事实、事件、事情、过程、或思想（包括概念）的知识和数据。在一定范围内有其特殊的含义
149	information processing	信息处理	系统地进行信息的操作，它包括数据处理，也可以包括数据通信、办公自动化的操作
150	initial graphics exchange specification（IGES）	初始图形交换规范	不同CAD/CAM系统之间图形数据传输的国际标准
151	input devices	输入设备	允许用户与CAD/CAM系统通信的各种输入装置。如键盘、鼠标器、数字化仪等
152	input/output（I/O）	输入/输出	从属于在输入过程和输出过程中同时或不同时包含的设备、过程、通道，或从属于它们的相关的数据或状态
153	installation drawing	安装图	表示设备、构件等安装要求的图样
154	installation security	安装的安全性	计算设备和数据处理的存储介质的物理安全性，它包括有关供电、通风、冷却、磁导、静电能或物理障碍
155	instruction	指令	由语言构造的命令，说明一个操作。如果有操作数，则识别操作数
156	interactive graphics system	交互图形系统	是指一个CAD/CAM系统，人机交互地使用工作站，完成文本处理，草图及图形生成。设计者（操作员）可以干预输入数据并直接控制程序的运行，通过显示屏幕可直接观察反馈，提供系统与设计者间的双向通信
157	interactive mode	交互方式	是计算机系统的一种操作模式。在这种模式下，用户与系统之间可选择一系列的入口和应答方式以类似于两人之间的对话形式进行
158	interface	界面	两个功能单元的接口。由功能特征，公共的物理互相关联特征、信号特征和其他相当的特征所定义

（续）

序号	英文	中文	含义
159	interface requirement	界面需求	规定一个系统或系统组成部分必须与之接口的硬件、软件或数据库元素的需求，或由这样一个接口引起的对格式、时间关系或其他因素提出的约束条件
160	interference checking	干涉检验	CAD/CAM 系统的一种功能。它使工厂或机械设计者能够自动地检查一个三维数据模型，能够非常精确地指出管路、设备、结构或机器间的干涉情况，计算机的分析生成在公差范围内的干涉一览表
161	issue and distribution	出版和发行阶段	这个阶段出版和发行文件，它发生在检验和存储阶段之间
162	item	项目	a. 组件、零件、元素或在图纸上表达物体的物理特征 b. 某个基本零件、组件、设备、功能单元等，通常在图上用符号表示
163	keyboard	键盘	按一定方式排列的字母键和功能键，是一种输入设备
164	kinematics simulation	动态仿真	计算机辅助工程中的功能。在系统中正被设计的机械或机构动态地显示其各部分的运动，模拟程序使得正处于设计阶段的机械为检查其干涉、加速和力的确定，而动态地显示其动作的过程
165	laser printer	激光打印机	是一种效率高、精度高、速度快的计算机文字、图形输出的先进设备。打印出的图形可与笔式绘图机绘制的图形媲美
166	layer	层	在 CAD 中存放一组相关实体的数据结构，该结构可控制实体颜色、线型等的属性及显示方式
167	layer discrimination	层辨别	有选择地对不同层安排不同的颜色，或通过灰度等级强调不同的实体。这样在屏幕上对不同层的数据从图形上可以辨别出来
168	layering	层次化	在 CAD/CAM 的数据库中逻辑组织数据的一种方法。功能不同的数据分别放入不同的层中，每一层既可单独显示也可以按任何所期望的不同层组合在一起显示
169	layers	多层	用户定义的 CAD/CAM 数据库中数据的逻辑子集，它们既可在终端上单独显示，也可以几层重叠在一起显示
170	layout	布局	a. 机械零件、产品或工厂的机械、电气组成部分的布置图，它可以在 CAD 系统中被构造并可被显示或拷贝出来 b. 在集成电路芯片设计中是对扩散、多晶硅喷涂等各种区域进行几何设计。集成电路布局反应了逻辑设计中的各种功能的执行，它可以由 CAD 系统交互地生成
171	library（of data）	库（数据的）	一组相关的文件（程序或函数等）
172	line graphics	线划图形	一种计算机图形，其显示图像是由显示命令和坐标数据所产生

（续）

序号	英文	中文	含义
173	line printer	行式机	用于快速打印数据的一种 CAD/CAM 系统的打印输出设备
174	line smoothing	线光顺	通过在线性实体中插入一些附加点，以产生一系列更短的线段，这种初始的线性元素变成了光滑的曲线，这种映象功能称为线光顺
175	lines plan	型线图	用成组图线表示物体特征曲面（船体、汽车车身、飞机机身等型表面）的图样
176	list	表	数据元素的有序集合
177	locator	定位器	是一种用于屏幕上指定位置的设备，例如鼠标器、图形输入板
178	logical graphic function	逻辑图形功能	对图形实体域进行布尔操作（与、或、异或、非等）的一种 CAD/CAM 系统的功能
179	logic diagram	逻辑图	主要用二进制逻辑单元图形符号所绘制的简图
180	magnetic disk	磁盘	一个具有磁性表面层（单面或双面）的圆片，用于存储数据
181	mainframe	主机	通常配置在计算中心的计算机，它具有可扩展的能力和资源，其他计算机可与之联机，以共享该机的资源
182	map generalization	映象生成	为减少显示图像的图形、非图形信息的一种自动映象过程，经常使用从一系列大幅图像生成复合图
183	marker	记号	在显示面上具有指定形状的一个标记，用来指出一个特定的位置
184	mass-properties calculation	物性计算	CAD/CAM 系统的一种功能，它能自动计算正被设计的三维零件的物理/工程信息，例如周长、面积、重心和惯性矩等
185	matrix	矩阵	元素的矩形阵列，按行列排列，可以按矩阵代数的规则操作
186	menu	菜单	数据处理系统为用户显示的选择项或列表，用户可选择某项并进入该项操作
187	mesh network	网格的网络	纵横至少有两个节点，每个节点上安置一个计算机
188	microcomputer	微型计算机	数字计算机。它的处理单元由一个或更多微处理器组成，并包括存储器和输入输出装置
189	minicomputer	小型计算机	数字计算机。它的功能介于微机与主机之间
190	mirroring	镜像变换	显示元素对显示面所在平面上的一个轴翻转 180°
191	model drawing	毛坯图	零件制造过程中，为铸造、锻造等非切削加工方法制作坯料时提供详细资料的图样

（续）

序号	英文	中文	含义
192	monitor	监视器	在用于分析计算的数据处理系统中，用于观察和记录操作的设备
193	mouse	鼠标器	一种手控定位器，通过将其在平面上移动来进行操作
194	multimedia technique	多媒体技术	它是计算机综合处理多种媒体信息：文本、图形、图像和声音，使多种信息建立逻辑连接，集成为一个系统，并具有交互性
195	node	节点	显示在屏幕上的设计参考点，通过 CAD 交互式输入设备相关的线或正交可与该点相联
196	normalized device coordinate	规格化设备坐标	在一个中间坐标系中规定的且规格化到某个范围（一般是 0 到 1）的设备坐标
197	numeral	数字	数的离散化表达。如十进制、二进制等
198	numerical control（NC）	数字控制	a. 通过某种设备，利用数字自动控制执行某个过程，这些数据通常伴随运行进程生成 b. 操作机床的一项技术，机床的动作由用数字编程的命令决定
199	numerically controlled draughting machine	数控绘图机	是一种生成技术图纸的计算机输出设备
200	open systems interconnection reference model	开放系统互联参照模型	ISO 基本模型。一种描述开放系统互联目标和它的七层层次性排列的基本原则的模型
201	operating security	操作安全性	为了防止预想的或意外的对于数据处理系统操作的损害所进行的处理
202	operating space	操作空间	对应可用于显示图像区域的那部分设备空间
203	operating system	操作系统	控制程序执行的软件。它能提供系统资源分配、列表、输入输出控制、数据管理之类的服务
204	operation	操作	严格定义的动作。对任何已知目标进行各种操作，则阐述一个新的目标
205	optimization design	优化设计	利用计算机确定最优的设计过程，以满足最省能源、降低成本、容易维修等要求
206	original backup	原始备份	为了数据的安全，保存，对原始文件进行准确的拷贝。通常是用同一存储介质，必须是同样的数据，它在物理上是与原始文件分开存储的
207	original data	原始数据	一些尚待进一步进行监测和验证的数据集
208	original document	原始文件	在原始媒介上，组成一项产品的技术定义原始数据的集合，它还构成产品的生存期中对产品进行改进的基础
209	original drawing	原始图样	具有当前经验证的信息或数据的图样，它记录了最新修改的信息

（续）

序号	英文	中文	含义
210	original medium	原始介质	原始文件存储设备。在CAD技术领域中，它通常为磁带、硬盘、软盘
211	output device	输出设备	将数据从计算机中传递出的设备
212	output primitive	输出原语	能用来构成显示图像的基本图形元素
213	overlay	覆盖	一个程序或数据段，当它们被放入内存时占用其他已在内存中的程序或数据所占的空间
214	panning	漫游	不断地使显示图像平移，以得到图像侧向运动的视觉效果
215	pattern generation	模式发生	a. CAD集成电路设计信息转换为一种较简单的形式（只有矩形或只有梯形），以适用光或电子束设备生成掩膜版 b. 用模式发生器直接生成集成电路板
216	pen plotter	笔式绘图机	CAD/CAM系统的一种图形输出设备，它用圆珠笔或墨水笔画出显示图形的硬拷贝。如果需要精确的工程图则需要这种设备，它能给出所期望的均匀的和密的实线型，能准确地定位以及选择各种颜色
217	peripheral equipment	外围设备	由某个特定计算机控制，并能与其通信的任何设备。也可简称为外设，例如输入输出单元、辅助存储器
218	phasing out	暂存	将产品的设计文件从当前文件存储区移到长期存放的存储区，这种情况是在一种产品停止生产后出现
219	photo plotter	光绘图机	一种用光信号控制的CAD/CAM系统的输出设备
220	picture element（PEL）	画面元素	屏幕显示的最小单元，它可以单独赋颜色值或量度值。也可称为像素
221	piping system drawing	管系图	表示管路系统中介质的流向、流经的设备，以及管件等连接、配置状况的图样
222	plotter	绘图仪	在可移动的介质上以二维图形为表达方式，直接生成数据和硬拷贝记录的输出设备
223	plotter step size	绘图仪步长	绘图仪的增量值
224	plotting head	绘图头	绘图仪中能在显示面上产生标记的那个部件
225	postprocessor	后处理程序	是一种进行最终计算或数据组织的计算机程序
226	preprocessor	前处理程序	是一种进行最初计算或数据组织的计算机程序
227	preprocessor	预处理器语言	是一种计算机程序预处理的功能单元。例如一个宏生成器，可以作为一个转换器的预处理器
228	primitive	原素	指基本体素。如棱柱、圆柱、锥、球等，也常用指图形原素、原语等
229	printer	打印机	一种输出设备，它主要以一系列的离散的图形符号形式产生数据信息的硬拷贝记录

（续）

序号	英文	中文	含义
230	product data exchange standard (PDES)	产品数据交换标准	用于传送CAD数据的一个绘图国际标准
231	production drawing	施工图	表示施工对象的全部尺寸、用料、结构、构造以及施工要求，用于指导施工的图样
232	raster display	光栅显示器	一种显示器。它的显示图像是由光栅图形生成的
233	raster graphics	光栅图形	显示图像由像素阵列组成的计算机图形
234	raster plotter	光栅绘图仪	采用逐行扫描技术在显示面上产生显示图像的一种绘图仪
235	raster scan	光栅扫描	是CAD/CAM系统使用的主要显示技术，它通过逐行扫描整个屏幕而生成图像
236	raster unit	光栅单位	一种测量单位，它等于相邻两个像素之间的距离
237	read only memory (ROM)	只读存储器	一种存储设备，在该设备中，在通常情况下，数据只能读取，不能写入
238	record	记录	将一组数据元素，当作一个单元称记录
239	relative coordinate	相对坐标	一种坐标，它是相对于一个给定点来确定一个所求点的位置
240	replicate	复现	在显示屏幕的任意位置上并以期望的任何缩放比例拷贝设计的对象
241	resolution	分辨率	在显示屏幕上不同的可见元素间的最小间隔，也就是其最细小的分辨能力
242	revision phase	修改阶段	在这个阶段进行修改，这些改动有待后续检测与验证
243	rotating	旋转（用于计算机图形）	显示元素围绕一个固定轴转动
244	scaling (in computer graphics)	定比例（用于计算机图形）	根据要求放大或缩小一幅显示图像的一部分或整体。当确定比例时不一定在所有方向具有同一比例因子
245	schematic diagram; elementary diagram	原理图	表示系统、设备的工作原理及其组成部分的相互关系的简图
246	scrolling	滚动	垂直或水平地移动窗口，使得随着原数据消失，新数据出现在视口内
247	security	安全性	对计算机硬件、软件进行的保护，以防止其受到意外的或蓄意的存取、使用、修改、毁坏或泄密。安全性也涉及人员、数据、通信以及计算机有安装的物理保护
248	segment (in computer graphics)	图段（用于计算机图形）	可作为一个整体来操作的一组显示元素。一个图段可由几个彼此分离的点、线段或其他显示元素组成
249	shape	形	是一种用短矢量画出的命名子图形或字符，用专门的格式定义与存储，用户可对其进行调用。常用来制作矢量字库或符号库

（续）

序号	英文	中文	含义
250	signature document	签署的文件	带有用户或主管部门通过论证与批准的书面原始文件，对它不能进行任何形式的改动
251	simulation	仿真	利用程序设计技术来精确模拟一个系统（如自动控制系统）生产过程等的过程叫仿真
252	sketch	草图	以目测估计图形与实物的比例，按一定画法要求徒手（或部分使用绘图仪）绘制的图
253	soft copy	软拷贝	一种非永久性的显示图像。例如阴极射线管显示的图像
254	software	软件	数据处理系统中的部分或全部程序、过程、规则和有关文件
255	solid model	实体模型	显示三维物体的固体性质的形式，是一种三维几何模型，它能将物体的内外形状都表示得很清楚的一种形体模型
256	standard for the exchange of product model data（STEP）	产品模型数据交换标准	用于取代 IGES、TDES 等标准的一个绘图国际标准
257	static image	静止图像	在特定的一系列处理过程中，显示图像不变化的部分，如表格叠加部分
258	storage phase	存储阶段	在这一阶段，设计文件被存档。这样文件可以借阅、拷贝或修改
259	stroke character generator	笔画字符发生器	一种字符发生器，它产生的字符图像是由线段组成的
260	stroke device	笔画设备	一种输入设备，它提供一组坐标值，该组坐标值记录设备走过的路径。例如按照匀速采样的定位器
261	subscriber	用户	被授权使用某个系统的单项或多项服务的人
262	surface machining	曲面加工	自动生成三维物体形状加工的数控轨迹，物体的形状和数控轨迹都可以利用 CAD/CAM 系统的功能产生
263	surface model	表面模型	是一种表达三维物体表面的显示模式
264	symbol［character］［alphabetic］［binary digit］string	符号［字符］［阿拉伯数字］［二进制数］串	由［字符］［同一字母表中的字母］［二进制数字］符号组成的符号串
265	tablet	图形输入板	一种特殊的平板，它具有能指示位置的机构，通常用做定位器
266	tabular drawing	表格图	用图形和表格，表示结构相同而参数、尺寸、技术要求不尽相同的产品图样
267	task	任务	在多项目编程或多项处理环境下，由控制程序将单个或多个指令序列，当做一个工作单元，由计算机完成，这个工作单元称为任务

（续）

序号	英文	中文	含义
268	(user) terminal	（用户）终端	用户与计算机通信的输入输出设备
269	three dimensional projection	三维投影	将三维物体投影到一个平面上
270	tracking (in computer graphics)	跟踪（用于计算机图形）	移动跟踪的动作
271	tracking symbol	跟踪符	显示面上的一种符号，用于指示相应于由定位器所产生的坐标数据的位置
272	transfer protocol	传输协议	数据从一个应用软件包到另一个应用软件包的传递方法
273	translating	平移	使一个或多个显示元素发生相同位移的动作
274	tumbling	翻滚	显示元素环绕一个轴旋转的动态显示，此轴的方向在空间的方位不断改变
275	turnkey system	总控钥匙系统	安装后即可使用的数据处理系统，为用户提供了准备运行的环境条件，也可为特定的用户或应用而专门制作的
276	tutorial	指导	CAD/CAM系统的一种功能，当用户不知如何执行任务时，可询问系统，系统将在显示屏上显示有关的信息和指南
277	user coordinate	用户坐标	由用户确定的，并在与设备无关的坐标系中表示的坐标
278	vector	矢量	具有大小和方向的一种量。在CAD中通常指一有向线段
279	vector generator	矢量发生器	一种功能部件，它用于产生有向线段
280	viewing transformation	视口变换	窗口的边界及其内容到视口的边界及内容的影射
281	viewport	视口	显示空间中预先规定的一部分
282	virtual space (in computer graphics)	虚拟空间（用于计算机图形）	一种空间，在此空间内，显示元素的坐标是以与设备无关的方式来表示的
283	wireframe model	线框模型	使用一系列线段勾画出来轮廓，用来描述对象形状的一种三维几何模型
284	word	字	按一定的目的，将一个字符串看作一个单元
285	wireframe representation	线框表示	是一种用边框表达三维物体的模式，这种方法不能消除隐藏线
286	workstation	工作站	用户使用的一个功能设备
287	world coordinate system	世界坐标系	一种与设备无关的，用于在应用程序中规定图形输入、输出的笛卡儿坐标
288	write protect	写保护	CAD/CAM系统数据存储的保护功能，它避免新写的数据取代原有的数据

（续）

序号	英文	中文	含义
289	zero	零点	绝对坐标系中定义的坐标原点。*X*、*Y*、*Z* 轴交汇处
290	zero offset	零点偏置	在数控装置中，允许在指定的范围内重新定义零点位置。这样就形成了一个新的参考坐标系，形成零点偏移
291	zooming	缩放	不断地改变整个显示图像的比例，以得到部分或整个图段靠近或远离观察者的视觉效果

24.2 CAD 系统用图线的表示

24.2.1 概述

本节的内容摘自国家标准 GB/T 18686—2002《技术制图　CAD 系统用图线的表示》，该标准根据 ISO 128-21：1997《技术制图　表示的一般规则　第 21 部分　CAD 系统用图线的表示》编制而成，在技术内容和编写格式上等同采用该国际标准。

该标准提出了 CAD 系统中设计开发非连续图线的计算方法和基本要求，国内如机械、电气、建筑和土木工程等行业应用 CAD 系统绘制图样时，所用到的非连续图线应该遵循该标准的规定，其他特殊技术领域图样所采用非连续图线可根据需要进行增补。本小节介绍了部分非连续图线。

24.2.2 图线元素的计算

1. 虚线（No. 02 线型）

虚线的结构如图 24-1 所示，示例如图 24-2 所示。

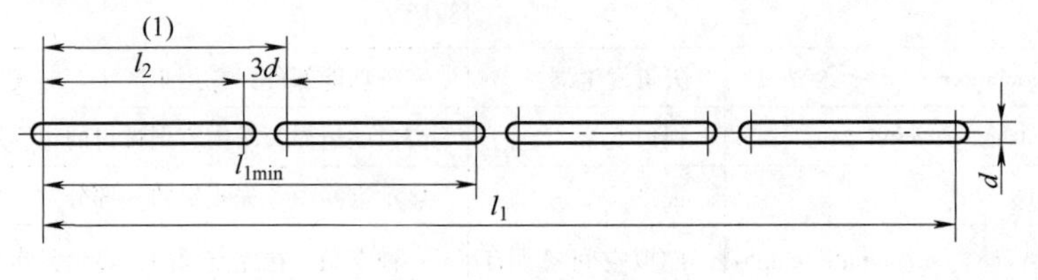

图　24-1

注：(1) 为线段长度。

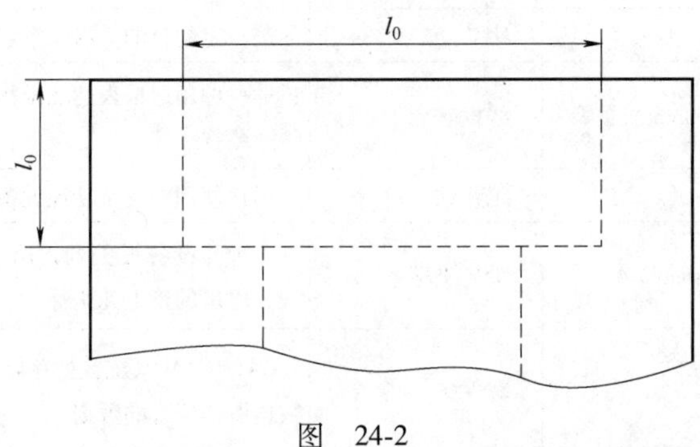

图　24-2

计算公式：

1）虚线的全长：$l_1=l_0$

2）一条虚线内的短画数目：$n=\frac{l_1-12d}{15d}$（一般圆整）

3）短画的长度：$l_2=\frac{l_1-3dn}{n+1}$

4）虚线的最小长度：$l_{1\min}=l_{0\min}=27d$（2 条短画各为 12d，1 个间隔为 3d）

如果在画虚线时长度小于 $l_1=27d$，可以采用将各部分尺寸放大的形式（比例应按 GB/T 18229 的要求）。

允许按定长的短画（12d）画线，此时线的一端可能是较长或较短的短画。

计算举例：

$$l_1=125,\quad d=0.35$$

$$n=\frac{125-4.2}{5.25}=23.01\approx 23$$

$$l_2=\frac{125-24.15}{24}=4.202$$

结果：线长为 125mm、线宽为 0.35mm 的虚线，有 23 个线段，长为 5.252mm（4.202mm +1.050mm），有一个短画，长为 4.202mm。

2. 点画线（No. 04 线型）

点画线的结构如图 24-3 所示，示例如图 24-4 所示。

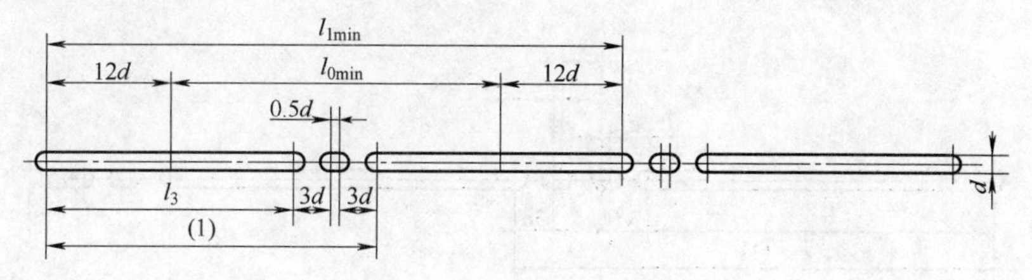

图 24-3

注：(1) 为线段长度。

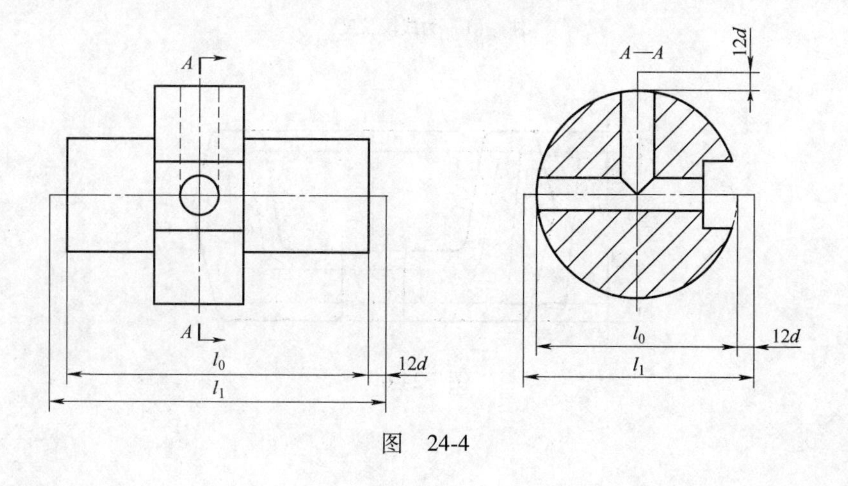

图 24-4

计算公式：

1）点画线的全长：$l_1=l_0+24d$（线应超出图形轮廓线）

2）点画线内的分段数目：$n=\dfrac{l_1-24d}{30.5d}$（一般圆整）

3）长画的长度：$l_3=\dfrac{l_1-6.5dn}{n+1}$

4）点画线的最小长度：$l_{1\min}=54.5d$

长度小于 $l_{1\min}=54.5d$ 的线，允许用细实线画出。为了满足 GB/T 17450—1998《技术制图 图线》第 5 章的要求，长画的长度可以增加或减少。

计算举例：

$$l_0=125,\quad d=0.25$$

$$l_1=125+6=131$$

$$n=\frac{131-6}{7.625}=16.393\approx16$$

$$l_3=\frac{131-26.00}{17}=6.176$$

结果为：线长为 131mm、线宽为 0.25mm 的点画线，有 16 个线段，长为 7.801mm（6.176mm+0.750mm+0.125mm+0.750mm），有一个长画，长为 6.176mm。

3. 双点画线（No. 05 线型）

双点画线的结构如图 24-5 所示，示例如图 24-6 所示。

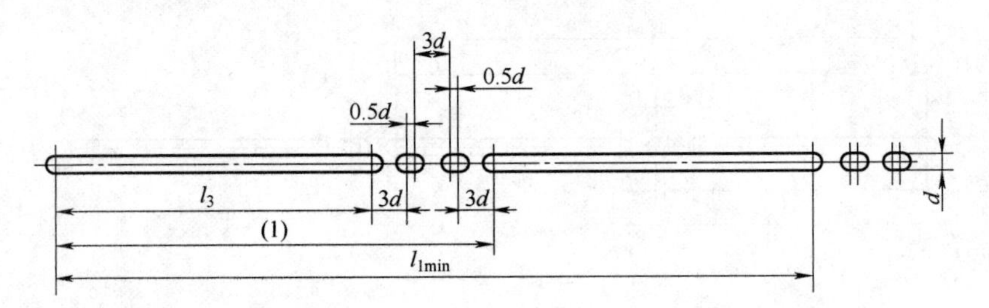

图 24-5

注：（1）为线段长度。

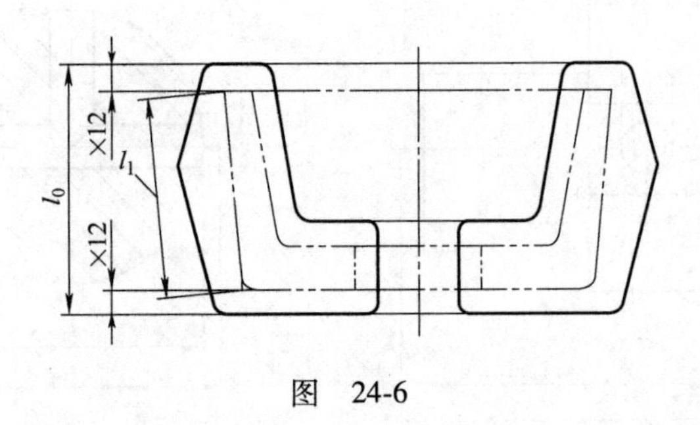

图 24-6

计算公式：

1）双点画线的全长：$l_1 = l_0 - x$

2）双点画线内分段数目：$n = \dfrac{l_1 - 24d}{34d}$（一般圆整）

3）双点画线长画的长度：$l_3 = \dfrac{l_1 - 10dn}{n+1}$

4）双点画线的最小长度：$l_{1\min} = 58d$

长度小于 $l_1 = 58d$ 的双点画线，应按 GB/T 17450《技术制图　图线》的放大比例画出。

允许在画长画时改变线的方向，如图 24-7 所示。

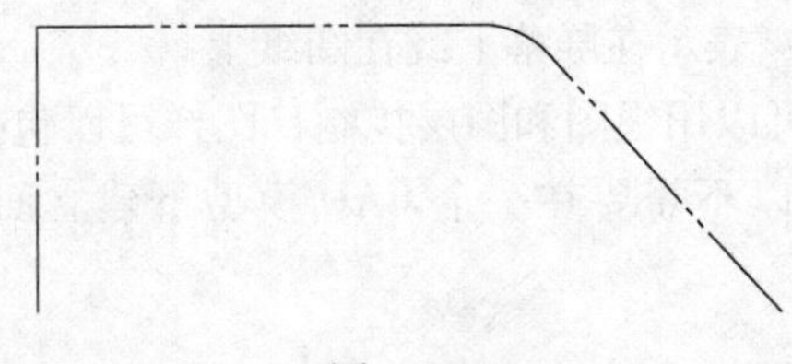

图　24-7

为了满足 GB/T 17450—1998《技术制图　图线》第 5 章的要求，长画的长度可以增加或减少。

计算举例：

$$l_0 = 128,\quad d = 0.35,\quad \frac{x}{2} = 1.5$$

$$l_1 = 128 - 3 = 125$$

$$n = \frac{125 - 8.4}{11.9} = 9.798 \approx 10$$

$$l_3 = \frac{125 - 35.00}{11} = 8.182$$

24.3　CAD 图层的组织和命名

24.3.1　概述

本节内容摘自国家标准 GB/T 18617.1—2002《技术产品文件　CAD 图层的组织和命名　第 1 部分：概述与原则》，该标准根据 ISO 13567-1：1998《技术产品文件　CAD 图层的组织和命名　第 1 部分　概述与原则》编制而成，在技术内容和编写格式上等同采用该国际标准。

该标准规定了在 CAD 文件中组织图层结构的通用原则。图层用于 CAD 文件中控制数据的可见性以及对数据的管理和交换，应用于表达其结构。

这些原则适用于在计算机系统中准备和使用技术文档的所有方面，尽管这些原则对用户来说是原则性的，但期望 CAD 系统的开发者提供能实施和支持本标准这部分内容的软件工具。此外，这些原则的另一重要用途是指导在第三方开发的子库中如何构造数据。

24.3.2 概念定义

1. 层（layer）

CAD 数据文件中要素的组织属性。为管理和传输数据，可进行分隔，而且可控制计算机屏幕与绘制图样的可见性。

注：在 CAD 系统中，有与“layer”的同义词，如“level”。

2. CAD 模型（CAD model）

结构化的 CAD 数据文件，它按表达对象的实际构成来组织。例如，一个建筑或一台机械设备。

注：模型可以是二维的或三维的，可以包括该对象的图形数据和非图形数据。

3. CAD 图样（CAD drawing）

CAD 模型的输出表达式，表示在屏幕上或在图纸上。

注：图样中的可见性，可以用视图和图层控制，图样可以包括附加图形，例如图框、标题栏和图表。CAD 图样也可以不需要在一个 CAD 模型下建立而独立建立（相对于面向模型，称为面向图样）。

4. 绘图输出（plot）

用数字化的绘图设备产生的图形，并表示在绘图介质上。

5. 关联文件（reference file）

一种 CAD 文件，它可以把信息链接到另一文件一起显示和输出，相对于后者，它可以独立地存贮和修改。

注：一个典型应用是，CAD 图样文件以 CAD 模型为关联文件，在每一个图样中，模型的视图都是有关联的，所以可自动更改。

6. 通配符（wildcarding）

在一个字符串比较中，用一专用字符来匹配其他字符或一组字符。

24.3.3 一般原则

当数据在不同的 CAD 系统、公司和国家之间互相传输时，其数据结构必须清晰明确，以保证定义数据各部分的可靠性；能从中选取以适应不同专题的需要和数据管理。

图层化是通常用来建立 CAD 数据结构的一种技术，每个图形元素或元素的集合在一个 CAD 模型中标识为一个图层，图层要给出唯一的命名，它可以是简单的数字或相对较长的一组助记用的代码，并且用来作为可选择的显示观察和绘图输出。

一种更高级的引申，是允许在一个 CAD 模型下，其信息可分割到不同的文件中，除了应用图层外，也可以把它们组合，即应用关联文件技术。

基于分布式数据库、面向对象编辑、产品建模数据分类技术，在未来将逐渐被采用，对于上述这些技术，要采用同样的组织信息的基本原则。

24.3.4 基本原则

1. 组织图层的约定

组织图层的原则应基于对信息结构逻辑上的清晰划分（概念上的图层），划分的方法是根据在具体的 CAD 实现中信息的编码方式（内部的图层），这是数据库设计的基本原则。问题的焦点在于如何建立清晰的结构，以满足用户对系统功能的需求，本标准的结构不再采用某些现有的图层组织技术（如有些 CAD 系统中图层数量作限定和对图层名长度作限定）。

2. 层名格式的约定

第二项基本原则是基于混合组合应用众多的互相独立的信息分类方法，即分类合并。为了实现这种原则，把不同分类法所获得的层代码置于图层名的不同部位。这种方法的好处是根据用户的不同需求，在 CAD 文件中易于划分信息。

3. 编码的约定

第三项基本原则是尽可能采用现有的国际或国家的分类方法。本标准不包括这些分类的任何保留码表。

24.4 CAD 工程制图规则

24.4.1 概述

本节内容摘自国家标准 GB/T 18229—2000《CAD 工程制图规则》，该标准是根据我国计算机辅助设计与制图发展的需要，结合国内已有的机械 CAD、电气 CAD、建筑 CAD 等领域的情况以及有关技术制图国家标准和 ISO/TC 10 技术产品文件标准化技术委员会中的有关资料编写而成的。

该标准规定了用计算机绘制工程图的基本原则，适用于机械、电气、建筑等领域的工程制图以及相关文件。

24.4.2 CAD 工程制图的基本设置要求

1. 图纸幅面与格式

用计算机绘制工程图时，其图纸幅面和格式按照 GB/T 14689《技术制图 图纸幅面和格式》的有关规定。具体内容请参阅本手册第 1 章。

2. 比例

用计算机绘制工程图样时的比例大小应按照 GB/T 14690《技术制图 比例》中的规定。具体内容请参阅本手册第 1 章。

3. 字体

CAD 工程图中所用的字体应按 GB/T 14691《技术制图 字体》的要求，并应做到字体端正、笔画清楚、排列整齐、间隔均匀。

CAD 工程图上采用字体的大小按如下规定：对于 A0~A4 的图纸幅面，字母和数字的字高为 3.5mm，汉字的字高为 5mm。

4. 图线

CAD 工程图中所用的图线，应遵照 GB/T 17450《技术制图 图线》中的有关规定。

关于基本图线在屏幕上的显示颜色的规定见表 24-2。

表 24-2 屏幕的图线颜色

图线	颜色	图线	颜色
粗实线	白色	细点画线	红色
细实线、波浪线、双折线	绿色	粗点画线	棕色
虚线	黄色	双点画线	粉红色

24.4.3 投影法

1. 正投影法

CAD 工程中表示一个物体可有六个基本投影方向，相应的六个基本的投影面分别垂直于六个基本投影方向，物体在基本投影面上的投影称为基本视图。相关内容可参阅本手册第2章。

（1）第一角画法　将物体置于第一分角内，即物体处于观察者与投影面之间进行投影，然后按规定展开投影面。具体内容可参阅本手册第2章。

（2）第三角画法　将物体置于第三分角内，即投影面处于观察者与物体之间进行投影，然后按规定展开投影面。具体内容可参阅本手册第2章。

2. 轴测投影

轴测投影是将物体连同其参考直角坐标系，沿不平行于任一坐标面的方向，用平行投影法将其投射在单一投影面上所得的具有立体感的图形。具体内容可参阅本手册第19章。

3. 透视投影

透视投影是用中心投影法将物体投射在单一投影面上所得到的具有立体感的图形。根据画面对物体的长、宽、高三组主方向棱线的相对关系（平行、垂直或倾斜），透视图分为一点透视、二点透视和三点透视，可根据不同的透视效果分别选用。

24.4.4 CAD 工程图的基本画法

在 CAD 工程图中应遵守 GB/T 17451《技术制图　图样画法　视图》和 GB/T 17452《技术制图　图样画法　剖视图和断面图》中的有关要求。

1. CAD 工程图中视图的选择

表示物体信息量最多的那个视图应作为主视图，通常是物体的工作位置或加工位置或安装位置。当需要其他视图时，应按下述基本原则选取：

1）在明确表示物体的前提下，使数量为最小。

2）尽量避免使用虚线表达物体的轮廓及棱线。

3）避免不必要的细节重复。

2. 视图

在 CAD 工程图中通常有基本视图、向视图、局部视图和斜视图。

3. 剖视图

在 CAD 工程图中，应采用单一剖切面、几个平行的剖切面和几个相交的剖切面剖切物体得到全剖视图、半剖视图和局部剖视图。

4. 断面图

在 CAD 工程图中，应采用移出断面图和复合断面图的方式进行表达。

5. 图样简化

必要时，在不引起误解的前提下，可以采用图样简化的方式进行表示，见 GB/T 16675.1《技术制图　简化表示法　第1部分：图样画法》的有关规定。具体内容可参阅本手册第2章。

24.4.5 CAD 工程图的管理

1. CAD 工程图的图层管理

CAD 工程图上的图层编号与该图层上的内容的规定见表 24-3。

表 24-3 图层管理

图层	线型
01 层	粗实线
02 层	细实线、细波浪线、细折断线
03 层	粗虚线
04 层	细虚线
05 层	细点画线、剖切面的剖切线
06 层	粗点画线
07 层	细双点画线
08 层	尺寸线、投影连线、尺寸终端与符号细实线
09 层	参考圆，包括引出线和终端（如箭头）
10 层	剖面符号
11 层	文本，细实线
12 层	尺寸值和公差
13 层	文本，粗实线
14、15、16 层	用户选用

2. CAD 工程图及文件管理

CAD 工程图及文件管理应遵照相关标准的规定。

第 25 章　CAD 文件管理

25.1　CAD 文件管理——总则

本节介绍的内容摘自国家标准 GB/T 17825.1—1999《CAD 文件管理　总则》，该标准是根据我国计算机辅助设计（CAD）向前发展和光盘存储的需要，对 CAD 过程中所形成的有关文件进行有序管理而编制的。在技术内容上，以我国 CAD 文件形成过程中的有关制度和国际上的相应要求，以及某些主管部门的有关规定作为参考而确定的。

本节介绍了计算机辅助设计（以下简称 CAD）过程中文件管理的总体规则。包括术语、CAD 文件的概念与分类、CAD 文件的编制准则、CAD 文件的基本结构、CAD 文件的归档、CAD 文件的版权与保护等。

该标准适用于计算机辅助设计过程中的 CAD 文件管理，也适用于计算机辅助设计与常规设计联用时的文件管理。也可作为各行业或企业编制本行业或本企业 CAD 文件管理规则时的参考。

25.1.1　定义

1. CAD 图（drawing of CAD）

在 CAD 过程中所产生的图。指用计算机以点、线、符号和数字等描绘事物几何特征、形态、位置及大小的形式，包括与产品或工程设计相关的各类图样和简图等。

2. CAD 文件（CAD document）

在 CAD 过程中形成的所有文件。是指实现产品或项目所必需的全部设计文件和 CAD 图等。

3. CAD 文件管理（management of CAD documents）

在 CAD 过程中，对所形成的 CAD 文件进行科学、有序的管理。

4. 媒体介质（media medium）

用于计算机中磁盘文件信息的传播，也可用于存储的一种物质，如软（磁）盘、磁带等。

5. 存储介质（memory medium）

用于计算机中文件等信息的存储，也可用于传播的一种物质，如硬盘、光盘等。

6. 基本格式（basic format）

在 CAD 过程中，对需表达产品或工程项目内容的 CAD 文件的基本形式及相关要求。如图纸幅面与格式、标题栏、明细栏、汇总表等。

7. 编号原则（numbering principles）

在 CAD 过程中，对所形成的 CAD 文件进行编号的基本准则。一般包括分类编号和隶属编号的准则。

8. 编制规则（compiling rules）

在 CAD 过程中，对所形成的 CAD 文件（包括制图规则、比例、投影法、字体等）的编制提出的有关规定。

9. 基本程序（basic procedure）

在 CAD 过程中，对 CAD 文件形成过程提供的基本路线。

10. 更改规则（changing rules）

对 CAD 文件原有内容进行改变时，所应遵守的有关规定。

11. 签署规则（signature rules）

在 CAD 过程中，对所形成的 CAD 文件，在签署过程中应遵守的有关规定。

12. 标准化审查（standardization examination）

在 CAD 过程中，对所形成的 CAD 文件是否正确有效地实施各级、各类相关标准的检查方法和基本要求。

13. 完整性（integrity）

在 CAD 过程中，对所实现产品或工程项目所必须具备的 CAD 文件及其成套性等方面提出有关要求。

14. 存储与维护（memory and maintenance）

在 CAD 过程中，对所形成的 CAD 文件内容进行存放、提取、保管、使用等提出有关要求。

25.1.2 CAD 文件概念和分类

该标准中所指的 CAD 文件，是由设计部门采用计算机辅助设计技术编制的，用以规定产品或工程设计的组成、形式、结构尺寸、原理、技术性能以及在制造、施工、安装、调试、验收、使用、维修、储存和运输时必要信息的有关技术文件。也是生产和使用产品以及工程施工的基本依据。

1. 按记录信息的媒体介质划分

（1）CAD 电子文件

1）软（磁）盘 CAD 文件。

2）磁带 CAD 文件。

3）光盘 CAD 文件。

4）磁盘（硬盘）CAD 文件。

（2）纸质 CAD 文件

1）白图纸 CAD 文件。

2）硫酸纸 CAD 文件。

3）蓝图纸 CAD 文件。

2. 按 CAD 文件表达信息的形式划分

1）图样 CAD 文件。

2）简图 CAD 文件。

3）文字 CAD 文件。

4）表格 CAD 文件。

3. 按文件的形成过程划分

1）初始 CAD 文件。

2）基准 CAD 文件。

3）临时 CAD 文件。

4）工作 CAD 文件。

25.1.3　CAD 文件的编制规则

CAD 文件中的有关规定，是 CAD 系统中软、硬件在开发与应用上的主要基础与依据。因此，编制 CAD 文件应遵守以下规则。

1）CAD 文件的编制应根据产品或工程的复杂程度、继承性、生产批量和组织生产的方式等情况，在满足组织生产和使用产品要求的前提下，力求实用和少而精。

2）CAD 文件在编制过程中应贯彻现行标准和有关规定。

① CAD 文件的基本格式、编号原则和编制规则，应按照 GB/T 17825.2《CAD 文件管理　基本格式》~GB/T 17825.4《CAD 文件管理　编制规则》的有关规定。

② CAD 文件的基本程序、更改规则、签署规则、标准化审查，应按照 GB/T 17825.5《CAD 文件管理　基本程序》~GB/T 17825.8《CAD 文件管理　标准化审查》的有关规定。

3）产品或工程项目等的成套设计文件允许采用 CAD 和常规设计联合编制，其成套性、完整性应符合 GB/T 17825.9《CAD 文件管理　完整性》的有关规定。

4）采用 CAD 和常规设计联合编制同一套图及有关设计文件时，其编制方法和使用的符号、代号等应当一致。

25.1.4　CAD 文件的基本结构

各类 CAD 文件的构成如图 25-1 所示。

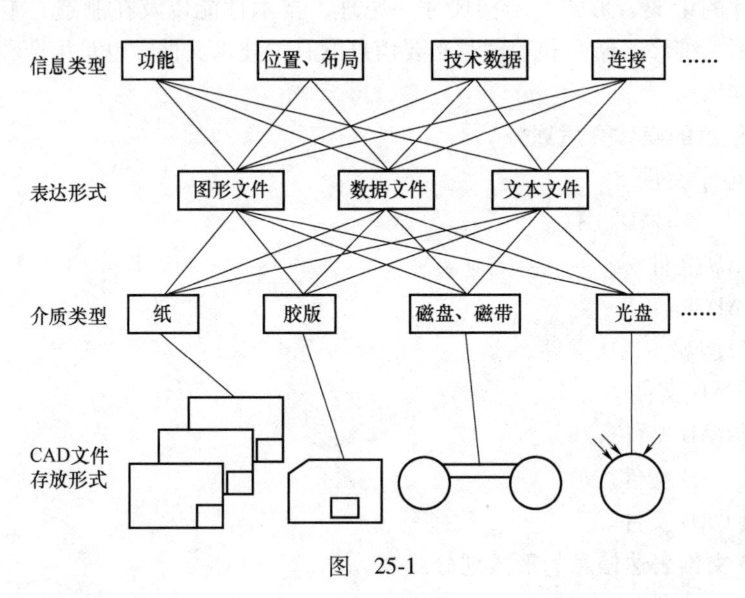

图　25-1

25.1.5　CAD 文件的归档

CAD 文件的归档应遵守 GB/T 17678.1《CAD 电子文件光盘存储、归档与档案管理要求　第 1 部分：电子文件归档与档案管理》~GB/T 17678.2《CAD 电子文件光盘存储、归档与

档案管理要求　第2部分：光盘信息组织结构》和其他有关规定。

25.1.6　CAD文件的版权与保护

1. CAD文件的版权

计算机辅助设计过程中CAD文件的版权应归开发单位，或由有协议、合同等规定的版权单位所有，其他任何单位或个人不得私自复制、篡改、销毁等。

2. CAD文件的保护

计算机辅助设计过程中的CAD文件，应按有关规程和要求进行操作，防止出现计算机病毒的传播、文件丢失、损坏等现象的发生。

各行业或企业除遵守本规定外，也可根据各自的情况，制定有关CAD文件的版权与保护方面的补充规定或要求。

25.2　CAD文件管理——基本格式

本节介绍的内容摘自国家标准GB/T 17825.2—1999《CAD文件管理　基本格式》，该标准规定了采用计算机辅助设计技术所编制产品或工程设计的图与有关设计文件的基本格式。

该标准适用于CAD过程中所形成的CAD文件，常规设计中所形成的图样和设计文件也可参照使用。

25.2.1　CAD图的基本格式

用计算机绘制CAD图时，应配置相应的图纸幅面、标题栏、代号栏和附加栏。装配图或安装图上一般还应配有明细栏。

1. 图纸幅面

1）用计算机绘制图样时，其图框的形式尺寸要符合GB/T 14689《技术制图　图纸幅面和格式》的有关规定。

2）用计算机绘制的图框中可按需要分别配置对中符号、方向符号、剪切符号以及图幅分区和米制参考分度，其形式尺寸与格式要符合GB/T 14689《技术制图　图纸幅面和格式》的有关规定。

3）图纸幅面的基本格式见本手册第1章。

2. 标题栏

1）每张CAD图的右下角必须设有标题栏。

2）标题栏在CAD图中的方位应符合GB/T 14689《技术制图　图纸幅面和格式》的有关规定。

3）CAD图中标题栏的格式，如名称及代号区、标记区、更改区、签字区等的形式与尺寸应按GB/T 10609.1《技术制图　标题栏》的有关规定绘制，格式中的内容可视需要允许适当调整。

4）标题栏的推荐格式见有关规定。

3. 明细栏

1）CAD的装配图或工程设计施工图中明细栏的格式应符合GB/T 10609.2《技术制图　明细栏》的有关要求，其格式中的内容可视需要做适当调整。

2）明细栏一般配置在 CAD 的装配图或工程设计施工图中标题栏的上方，其配置方法应符合 GB/T 10609.2《技术制图　明细栏》的有关规定。

3）CAD 的装配图或工程设计施工图中明细栏的形式与尺寸应按照 GB/T 10609.2《技术制图　明细栏》的有关规定进行绘制。

4）明细栏的推荐格式见有关规定。

4. 代号栏

1）代号栏应设置在图样的左上角。

2）代号栏中的图样代号及存储代号应与标题栏中的图样代号和存储代号相一致。

3）代号栏中的文字应与 CAD 图中标题栏中的文字成 180°。

5. 附加栏

1）附加栏应配置在图框外，裁剪线内。

2）附加栏通常由“借（通）用件登记”“旧底图总号”“底图总号”“签字”“日期”等项目组成。

6. 存储代号

1）存储代号应按 GB/T 17825.10《CAD 文件管理　存储与维护》的有关规定进行编制。

2）存储代号在 CAD 图标题栏中应配置在名称及代号区中代号的下方。

3）存储代号在 CAD 产品装配图或工程设计施工图等的明细栏中应配置在代号栏中代号的后面或下面。

25.2.2　CAD 设计文件格式

CAD 文件中的文件目录、图样目录、汇总表、明细表以及设计文件的封面、首页、续页等的格式与书写，应遵循有关标准的要求。

25.3　CAD 文件管理——编号原则

本节介绍的内容摘自国家标准 GB/T 17825.3—1999《CAD 文件管理　编号原则》，该标准规定了计算机辅助设计文件编号的总体原则、基本要求、分类编号和隶属编号。

该标准适用于 CAD 文件的编号管理。各行业或企业可参照该标准的要求制定其细则。

25.3.1　总体原则

1. CAD 文件在进行编号时，一般可以采用下列字符：

1）0~9 阿拉伯数字。

2）A~Z 拉丁字母（O、I 除外）。

3）-短横线。

4）·圆点。

5）/除号。

2. CAD 文件在进行编号时应该考虑以下原则：

1）科学性。

2）系统性。

3）唯一性。

4）可延性。

5）规范性。

25.3.2　基本要求

1）每一个 CAD 图或设计文件均应单独编号。

2）采用表格图时，表中每种规格都应单独编号。

3）同一 CAD 文件使用两种以上的存储介质时，各种存储介质中同一内容的 CAD 文件都应标注同一代号。

4）CAD 图及设计文件一般可采用分类编号或隶属编号，也可按各行业有关标准或要求编号。

25.3.3　分类编号

1）CAD 文件的分类编号，按对象（产品、零部件、工程项目）、功能、形状等的相似性，采用十进位分类法进行编号。

2）分类编号，其代号的基本部分由分类号和特征号两部分组成，中间以圆点或短横线分开，圆点在下方，短横线在中间。必要时，可以在首部加识别号，在尾部加尾注号。

3）十进位分类编号法是将需要编号的 CAD 文件等按其特征、结构或用途分为十级(0~9)，每级分十类（0~9），并根据需要按级、类、型、种、项五位数串组成特征号，见示例 1、示例 2。

示例 1

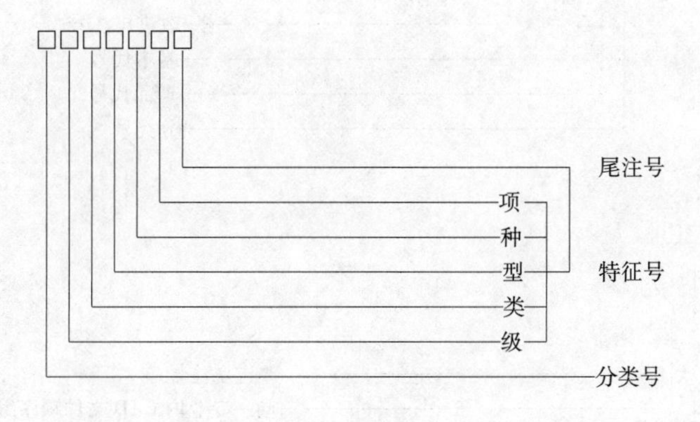

示例 2

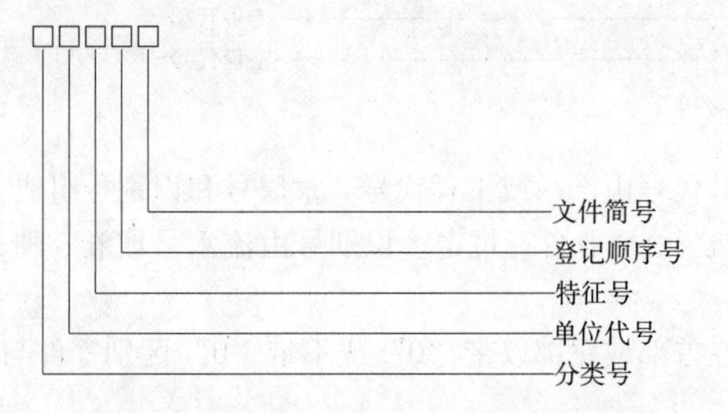

25.3.4　隶属编号

CAD 文件的隶属编号，即按产品项目或工程项目的隶属关系编号，隶属编号分全隶属编号和部分隶属编号两种形式。

1. 全隶属编号

1）全隶属编号，其代号由产品代号或工程代号和隶属号组成，中间可用圆点或短横线隔开，必要时可加尾注号，见示例 3、示例 4、示例 5。

2）产品或工程代号一般由拉丁字母和数字组成。

3）隶属号由数字组成，其级数与位数应按产品结构或工程项目的复杂程度而定。

4）产品或工程项目改进和设计文件种类用字母组成的尾注号表示。如改进尾注号或设计文件尾注号同时出现时，两者所用字母应当区别，改进尾注号在前，设计尾注号在后，并在两者之间空一字间隔（或加一短横线）。

示例 3

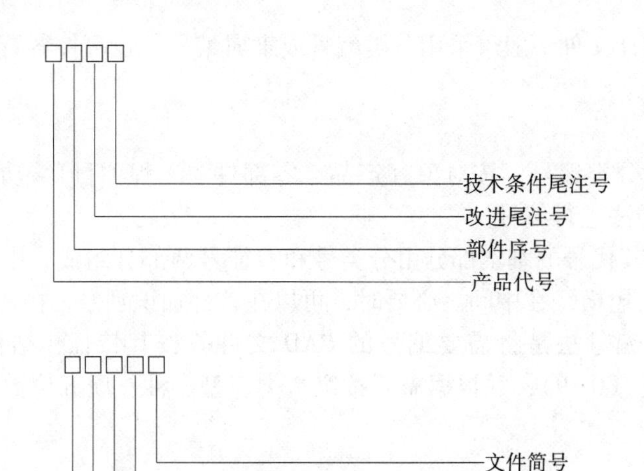

示例 5

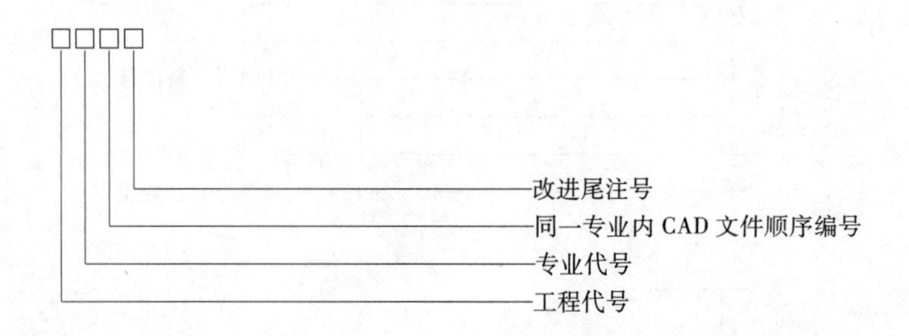

2. 部分隶属编号

部分隶属编号，其代号由产品或工程代号、隶属号和识别号组成，其隶属号按部件序号或专业序号编到哪一级，由企业自行规定。识别号由流水号或卷、册号组成，见示例 6、示例 7。

编流水号时，可在首部或尾部以带“0”或不带“0”区别零件与部件。

示例 6

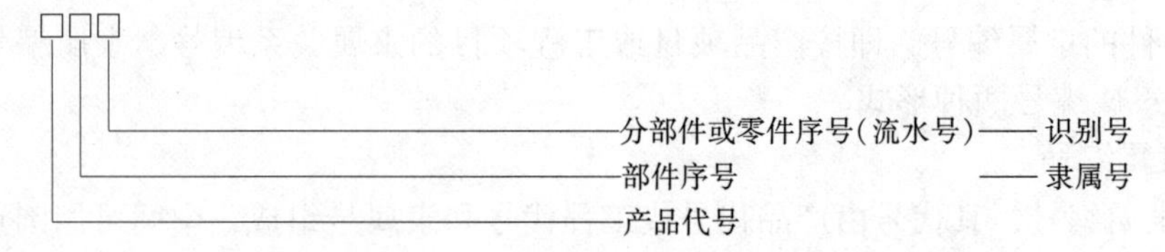

示例 7

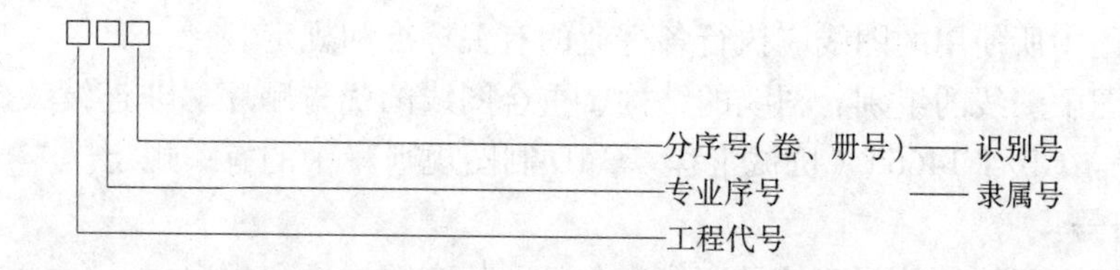

25.4 CAD 文件管理——编制规则

本节介绍的内容摘自国家标准 GB/T 17825.4—1999《CAD 文件管理　编制规则》，该标准规定了计算机辅助设计技术编制设计文件的一般要求，其中包括 CAD 图的绘制以及文字文件的编制和表格文件的编制。

该标准适用于 CAD 文件的编制。

25.4.1 一般要求

1）编制 CAD 文件时，应正确地反映该产品或工程项目的有关要求。

2）编制 CAD 文件时，应正确地贯彻有关标准的规定。

3）CAD 文件中的计量单位，应符合 GB 3100 的有关规定。

4）提供 CAD 设计文件使用的各种工程数据库、图形符号库、标准件库等应符合现行标准的相关规定。

5）同一代号的 CAD 文件上的字型与字体应协调一致。

6）必要时，允许 CAD 文件与常规设计的图样和设计文件同时存在。

25.4.2 CAD 图的绘制

1. 比例

1）CAD 图中所采用的比例应按 GB/T 14690《技术制图　比例》的有关规定。

2）CAD 图中所采用比例的标注方法应按照 GB/T 14690《技术制图　比例》中的有关规定。

2. 字体

1）CAD 图中的字体应按 GB/T 13362.4 的有关要求，做到字体端正、笔画清楚、排列整齐、间隔均匀，并要求采用长仿宋矢量字体。

2）在 CAD 图中输出字体时应符合 GB/T 14665《机械工程　CAD 制图规则》的有关规定。

3. 投影

1）CAD 图应采用第一角投影法配置视图。

2）按照第一角投影法绘制 CAD 图时，应符合 GB/T 14692《技术制图　投影法》的有关规定。

4. 箭头

1）CAD 图中箭头（尺寸线的终端形式）的选用、标注和绘制，应符合 GB/T 14665《机械工程　CAD 制图规则》的有关规定。

2）CAD 设计文件中所使用的箭头形式应执行各行业的有关标准和规定。

5. 图线

1）CAD 图中所使用的图线应执行各行业的有关标准和规定。

2）CAD 图中图线的组别、图线的结构、重合图线的优先顺序、非连续线的画法和图线的颜色，应符合 GB/T 14665《机械工程　CAD 制图规则》中的有关规定。

6. 剖面符号

1）CAD 图中所使用的剖面符号应执行各行业的有关标准和规定。

2）CAD 图中剖面符号的画法应执行各行业的有关标准和规定。

7. 图样画法

1）在绘制 CAD 图时，首先应考虑看图方便，根据产品结构特点选用适当的表达方法。在完整清晰地表达产品各部分形状尺寸的前提下力求制图简便。

2）CAD 图的视图、剖视、断面（截面）局部放大图以及简化画法，应按照有关标准的规定配制与绘制。

8. 尺寸注法

1）在 CAD 图中尺寸大小应以图上所注的尺寸数值为依据，与图形大小及绘图的准确程度无关。

2）CAD 图中（包括技术要求和其他说明）的尺寸，以毫米（mm）为单位时，不需要标注计量单位的代号或名称。

3）CAD 图中所标注的尺寸，为该图所示产品的最后完工尺寸或为工程设计某阶段完成后的尺寸，否则应另加说明。

4）CAD 图中每一尺寸一般只标注一次，并应标注在反映该结构最清晰的图形上。

5）CAD 图中的尺寸数字、尺寸线和尺寸界线应按照各行业的有关标准规定绘制。

6）CAD 图中标注尺寸的符号，如 ϕ、R、S 等应按照有关标准或规定绘制。

7）CAD 图中尺寸的简化注法应按各行业的有关标准或规定绘制。

9. 图形符号

CAD 图中图形符号的绘制、标注等表示，应遵守有关标准或规定的要求。

10. 技术要求的书写

1）CAD 图中当不能用视图充分表达清楚时，应在“技术要求”标题下用文字进行说明，其位置尽量置于标题栏上方或左方。

2）CAD 图中“技术要求”的条文，应编顺序号，仅一条时，可不写顺序号。

3）CAD 图中的“技术要求”的内容，应符合有关标准的要求。

4）CAD 图中“技术要求”中的字体，应根据图幅大小按如下规定选用：

A0 图幅——汉字字高 7mm，字母与数字字高 5mm；

A1 图幅——汉字字高 7mm，字母与数字字高 5mm；

A2 图幅——汉字字高 5mm，字母与数字字高 3. 5mm；

A3 图幅——汉字字高 5mm，字母与数字字高 3. 5mm；

A4 图幅——汉字字高 5mm，字母与数字字高 3. 5mm。

25. 4. 3　文字文件的编制

1）文字文件如技术条件、技术说明、使用说明等的编制应符合有关标准和规定的要求。

2）文字文件中章、条的编号方法、排列格式应符合有关规定。

3）文字文件一般采用五号宋体，各行之间的距离不得小于2mm。

25.4.4 表格文件的编制

1）表格文件的编制要求、填写顺序以及填写方法，应符合有关标准的要求。

2）各种表格（指明细表、汇总表等）的框格线一般采用实线绘制。

3）表格中的文字及代号、符号一般采用五号宋体。

4）设计文件的内容需要采用分数填写时，其分数线应用“/”表示。

5）明细表及汇总表中标准件、外购件的填写方法及顺序应符合有关规定。

25.5 CAD文件管理——基本程序

本节介绍的内容摘自国家标准GB/T 17825.5—1999《CAD文件管理　基本程序》，该标准规定了用计算机进行辅助设计时，CAD文件形成的基本阶段、CAD图与设计文件形成的基本过程和CAD软件开发的基本过程。

该标准适用于CAD过程的基本程序要求。

25.5.1 形成CAD文件的基本阶段

CAD文件形成的基本阶段，如图25-2所示。

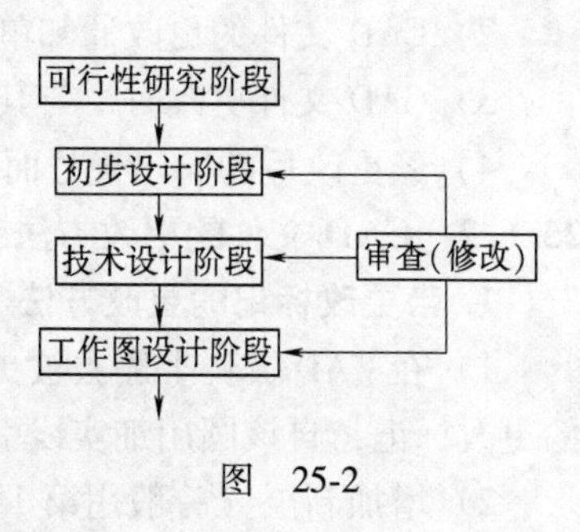

图　25-2

25.5.2 CAD图与设计文件形成的基本过程

CAD图与设计文件按图25-2中所示的各阶段形成了CAD文件的基本过程，在这一过程中应通过CAD设计、计算及必要的试验来完成全部设计的工作，一般的基本过程如图25-3所示。

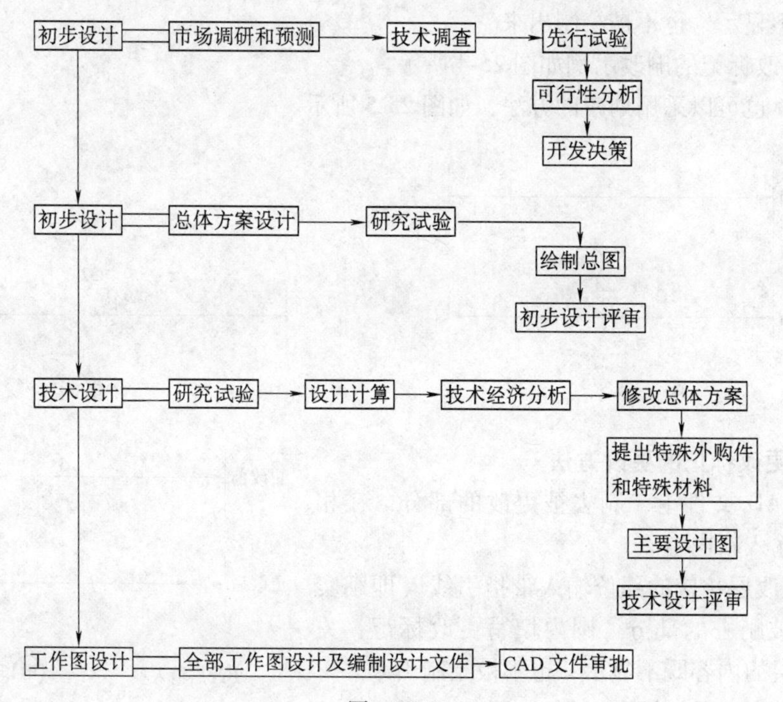

图　25-3

注：不同生产类型产品的CAD基本过程应有差异。

25.5.3 CAD 软件开发的基本过程

CAD 软件开发的基本过程，见 GB/T 8566《信息技术　软件生存周期过程》中的有关规定。

25.6 CAD 文件管理——更改规则

本节介绍的内容摘自国家标准 GB/T 17825.6—1999《CAD 文件管理　更改规则》，该标准规定了归档以前计算机辅助设计文件的更改原则、更改方法、更改程序、更改通知单的填写及更改后的文件名管理。

该标准适用于经过签字或批准以后 CAD 文件的更改管理。

25.6.1 CAD 文件的更改原则

1）CAD 文件需要更改时，应由负责该项目的设计人员填写更改通知单，并经有关部门按技术责任制规定签署和有关领导审批后，才能对 CAD 文件进行更改。

2）CAD 文件的更改通知单应按有关规定进行设置。

3）CAD 文件更改时，与其相关的设计文件应同时发出更改通知单进行相应的更改。

4）经更改后的同一代号而不同媒体介质的 CAD 文件应保持完整、正确、协调、统一。

25.6.2 CAD 文件的更改方法

1. 带更改标记的更改方法

1）在 CAD 文件上删去被更改的部分，输入新内容，靠近更改部位画圆，圆内填写相应的更改标记，自该圆用细实线引至更改部位。

2）增加新层（一般用第 15 层），命名为更改层，存放已被更改的部分。关闭此层，则该层内容既不显示，也不被绘制出来。

3）带更改标记的删改示例如图 25-4 所示。

必要时，也可以采用划改的方法，如图 25-5 所示。

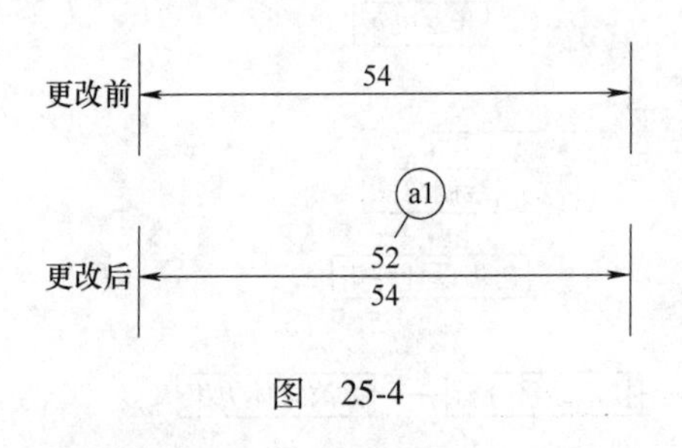

图　25-4　　　　图　25-5

2. 不带更改标记的更改方法

1）在 CAD 文件上，删去被更改的部分，在相应的位置上输入新内容。

2）在更改层相应的部位输入带指引线（即细实线）的圆及被删去的部分，圆内填写更改标记，关闭此层，该层的内容既不显示，也不被绘制出来。

3）不带更改标记的删改示例如图 25-6 所示。

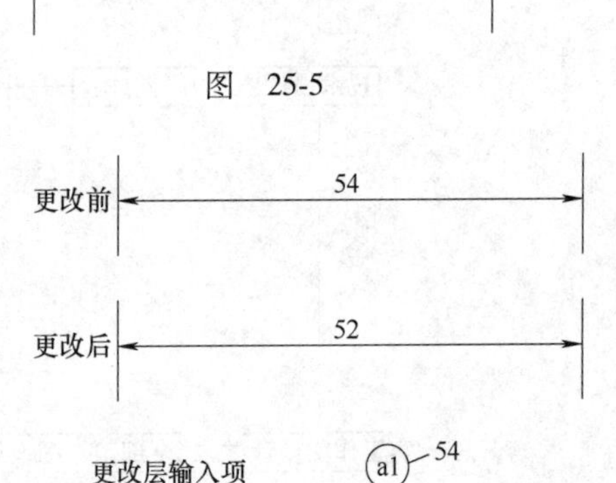

图　25-6

3. 文字说明的更改

根据更改的复杂程度和具体情况，在对 CAD 文件进行更改时，在更改的相关部位也可采用文字说明的办法进行更改。

25.6.3 CAD 文件的更改程序

1）CAD 文件的更改，应依据经过审批的更改通知单进行。

2）CAD 操作人员按更改通知单的更改要求更改 CAD 文件，经更改通知单的编制人员复核后，在 CAD 文件更改记录栏分别填入“更改标记”“数量”“签名”和“日期”各栏。

3）CAD 操作人员在更改 CAD 文件后，应在有关 CAD 文件中的其他相应更改栏中及时填写更改信息。

4）CAD 操作人员用更改后的 CAD 文件，打印或复制出生产文件，供有关部门使用。

25.6.4 更改通知单的填写

1）更改通知单的推荐格式见标准 GB/T 17825.6—1999《CAD 文件管理　更改规则》。

2）被更改设计文件的存储代号、更改通知单号及更改通知单的存储代号应填写在 CAD 更改通知单的规定位置上。

3）更改通知单的其他填写事项应按有关标准或规定执行。

25.6.5 CAD 文件更改后的文件名管理

经过更改后的 CAD 文件，其文件名称可根据需要在后面增加“更改 1”“更改 2”“更改××”。其中“更改 1”为第一次更改；“更改 2”为第二次更改；“更改××”为第××次更改，以示区别。

25.7 CAD 文件管理——签署规则

本节介绍的内容摘自国家标准 GB/T 17825.7—1999《CAD 文件管理　签署规则》，该标准规定了计算机辅助设计过程中 CAD 文件签署的一般要求、技术责任、签署方法、签署单及填写和签署的完整性要求。

该标准适用于 CAD 文件的签署。

25.7.1 签署的一般要求

1）CAD 文件的签署必须完整。

2）签署应采取分级负责的原则，签署者应承担签署的技术责任。

3）签署时，一般一人只能签署一项，而且应字迹清晰。

4）签署者的姓名不允许省略，日期应完整签署年、月、日。

5）各种媒体的 CAD 文件的签署应一致。

6）同一代号的 CAD 文件由多页组成时，在不影响使用的情况下可以只在第一页上签署。

25.7.2 签署人员的技术责任

1. 设计（编制）人员的责任

1）CAD 的产品性能指标、工作原理或工程设计各项指标均应达到设计任务书要求，并应贯彻各级现行标准。各种数据、尺寸应准确无误。

2）在满足 CAD 要求的前提下，产品的使用、维护、操作等应方便、可靠。

3）在进行 CAD 过程中，应尽量采用标准件、通用件。

4）在进行 CAD 过程中，应考虑到加工、装配、施工、安装、调试、维修的简单方便性。

5）CAD 的技术产品或工程项目，应具有一定的寿命和安全可靠性。

6）CAD 技术产品的材料、零部件、元器件、冷热加工与装配等或工程项目的建设，在满足使用要求的前提下要考虑降低成本。

7）相关的 CAD 文件应完整、成套，应能满足加工、装配、施工、安装、调试和使用等方面的需求。

2. 设计审核人员的责任

1）CAD 设计方案选择是否合理，能否满足设计要求。

2）CAD 设计文件内容的正确性。

3）设计人员不在时，应承担设计的技术责任。

3. 工艺审查人员的责任

审查设计文件的工艺性，加工的可能性，实现的经济性。

4. 标准化审查的责任

标准化审查的责任应符合 GB/T 17825.8《CAD 文件管理　标准化审查》的规定。

5. 批准的责任

1）产品的总体结构、主要性能应达到设计任务书或技术协议书的要求。

2）保证 CAD 文件的质量及其完整性。

3）在批准的过程中应贯彻现行标准和有关法规文件。

25.7.3　签署的方法

1）CAD 文件一般应按照标题栏中的要求进行签署。

2）纸质 CAD 文件可按照有关规定和要求进行手工形式的签署。

3）CAD 电子文件应在确保密级或安全情况下，一般采用光笔或数字化仪进行签署。在没有光笔或数字化仪的情况下，应在签署单的签名栏中设置口令进行授权签署。

4）设计者根据签署完整、修改后的原图更改 CAD 文件、编制设计文件底图。底图经各级签署或由设计者（或 CAD 操作人员）按原图将签署者的姓名直接录入，并经确认后按规定归档。

25.7.4　签署单及填写

1）CAD 文件的签署单应以同一代号的设计文件为单位，每份 CAD 文件附一份相应的签署单。

2）签署单是相应 CAD 设计文件签署的凭证，应同基准 CAD 文件一起保存。

3）签署单所含项目内容格式如图 25-7 所示。

4）签署单中项目填写要求如下：

——存储代号栏：按照有关规定和要求，填写软盘的代号。

——名称栏：填写该软盘中相应 CAD 文件的名称。

——代号栏：填写相关 CAD 文件名称相对应的代号。

——签名日期栏：按有关规定和要求填写签署人的姓名和签署日期。

5）签署单中的内容可根据需要增加或减少。

6）签署单的尺寸一般为110mm×80mm。

签　署　单

<table>
<tr><td>存储代号</td><td></td><td>文件名称</td><td></td><td>文件代号</td><td></td></tr>
<tr><td>CAD</td><td colspan="2">（签名、日期）</td><td>工艺审查</td><td colspan="2">（签名、日期）</td></tr>
<tr><td></td><td colspan="2"></td><td></td><td colspan="2"></td></tr>
<tr><td>设计审核</td><td colspan="2">（签名、日期）</td><td>标审</td><td colspan="2">（签名、日期）</td></tr>
<tr><td></td><td colspan="2"></td><td></td><td colspan="2"></td></tr>
<tr><td></td><td colspan="2"></td><td>批准</td><td colspan="2">（签名、日期）</td></tr>
</table>

图　25-7

注：1. 格式中括号内文字表示填写内容。

2. 软盘也可为其他存储介质。

7）签署的完整性要求。

CAD文件签署的完整性应遵照各行业或企业的有关规定和要求。

25.8　CAD文件管理——标准化审查

本节介绍的内容摘自国家标准GB/T 17825.8—1999《CAD文件管理　标准化审查》，该标准规定了对计算机辅助设计中所涉及的图和文件进行标准化审查的一般要求、范围和内容、程序和办法以及职责和权限。

该标准适用于CAD文件的标准化审查管理。

25.8.1　标准化审查的一般要求

1）在进行CAD的初步设计、技术设计、工作图设计的各阶段中，应进行CAD图及设计文件的标准化审查。

2）标准化审查是检查与核对CAD图及设计文件是否正确有效地贯彻现行标准的重要手段。

经标准化审查的CAD文件应达到：

① 用CAD技术所设计的产品或工程项目等要符合现行标准的有关规定。

② CAD所用的各种工程数据库、图形符号库、标准件库等所有软件，应通过有关机构或本单位标准化部门的标准化审查。

③ 优先采用定型的设计方案和结构方案，并最大限度地采用标准设计库、通用件库、借用件库和工程图库、工程数据库，以提高设计的继承性和标准化程度。

④ 合理采用有关CAD专家系统，如优先数系、结构要素等基础标准库和原材料标准库的选用。

⑤ CAD图及设计文件应符合有关标准规定，达到正确、完整、清晰、统一。

3）标准化审查是在设计、审核人员自觉执行各类标准的前提下进行的，标准化审查的依据是现行标准及有关技术法规。

25.8.2　标准化审查的范围和内容

1. 标准化审查的范围

凡是用CAD进行的项目设计和整顿与改进项目中的CAD图和设计文件等都必须进行标

准化审查。

2. 标准化审查的内容（见表 25-1）

表 25-1　标准化审查的内容

CAD 文件形成的基本过程	审查的主要内容	CAD 文件形成的基本过程	审查的主要内容
可行性研究	市场调研和预测报告 技术调查报告 先行试验报告 可行性分析报告 等	技术设计	研究试验报告 设计计算书 技术经济分析 修改后的总体方案 主要设计图 等
初步设计	总体方案及技术任务书或技术建议书 研究试验报告 绘制的总图 等	工作图设计	全部设计图 全部设计文件 等

注：各行业或企业可根据自己的情况确定审查的内容。

25.8.3　标准化审查的程序和办法

1. 标准化审查的程序

1）CAD 图及设计文件绘制完毕，并经设计、审核、工艺签署后，应送交标准化审查。

2）标准化审查应在原图上进行，并填写“标准化审查记录单”，然后将 CAD 图及设计文件返回设计部门。

3）CAD 人员根据“标准化审查记录单”进行修改后，送标准化审查人员复审并签字。

2. 标准化审查办法

标准化审查人员在审查过程中，一般在需要修改的部分打上标记或指明部位，并将审查意见简要地填写在“标准化审查记录单”上。

25.8.4　标准化审查人员的职责和权限

1. 标准化审查人员的职责

标准化审查人员必须按照现行标准对 CAD 图及设计文件进行标准化审查，对设计人员是否正确贯彻标准，标准化审查人员负有严格监督、提出意见、要求修改的责任。

2. 标准化审查人员的权限

1）在下列情况下，标准化审查人员有权拒绝审查。

——使用的软件、数据库等未经标准化审查。

——产品或工程的 CAD 图及设计文件不成套。

——责任签署不完整。

——编制粗糙，字体不规范，被审查的 CAD 图及设计文件不整齐清楚。

2）有权要求 CAD 人员对审查时发现的问题给予说明或作必要的修改补充。

3）对违反有关标准规定而又坚持不修改的 CAD 图和设计文件，标准化审查人员有权拒绝签字。

25.8.5　其他

1）标准化审查人员与 CAD 人员发生意见分歧时，由主管领导组织双方协商解决，如仍不能解决，则提请企业（单位）技术负责人做出决定。

2）对 CAD 图及设计文件标准化审查的全部记录是评价设计质量的依据之一。

25.9 CAD 文件管理——完整性

本节介绍的内容摘自国家标准 GB/T 17825.9—1999《CAD 文件管理　完整性》，该标准规定了计算机辅助设计过程中，CAD 图及设计文件的完整成套性要求及其主要内容。各行业或企业也可根据各自的情况进行规定。

该标准适用于 CAD 全过程中对 CAD 文件完整性的要求。

25.9.1　一般要求

1）产品或工程项目采用计算机进行设计以及试制鉴定和生产或施工的各阶段，应具有相应要求的 CAD 文件。

2）CAD 文件的完整性应按各行业的要求成技术合同进行设计编写，不可缺少，并应符合国家及各行业的有关标准规定。

3）CAD 文件的完整性，应作为标准化审查和其他有关检查、验收的依据。

25.9.2　CAD 文件的范围

CAD 文件在产品的整个研制、开发过程中应包括可行性研究阶段、CAD 设计阶段所形成的全部 CAD 图和设计文件，对某些行业也包括试制阶段中形成的全部 CAD 图和设计文件，如图 25-8 所示。

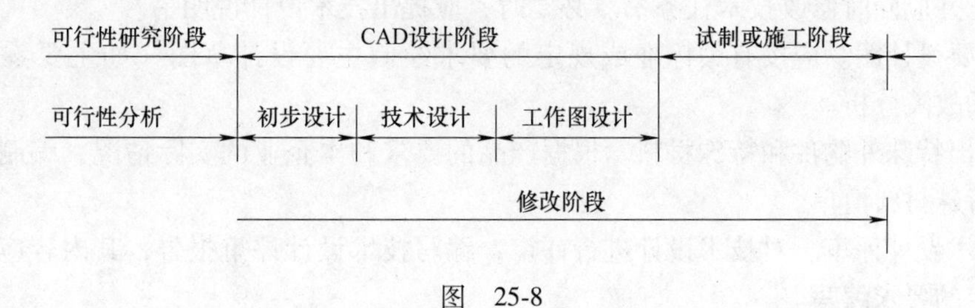

图　25-8

25.9.3　CAD 文件的完整性

各行业或企业可以根据自身的条件和现状规定 CAD 文件的完整性要求。一般包括以下内容：

1. 可行性研究

可行性研究中包括以下内容：

1）市场调研和预测。根据国家建设和社会需要与本企业的情况，通过对市场和用户进行调查研究，科学地预测产品的发展动向，寻求产品开发方向和目标。

2）技术调查。通过调查、分析、对比，编写技术调查报告。

3）先行试验。先行试验是技术调查的配套内容，根据先行试验大纲进行试验，并编写先行试验报告。

4）可行性分析。根据调研、预测、技术调查和先行试验提出的报告资料，进行产品设计、生产的可行性分析，并写出可行性分析报告。

5）开发决策。对可行性分析报告等文件进行评审，提出评审报告及开发项目建议书等。

2. 初步设计

初步设计中包括以下内容：

1）总体方案设计。在总体方案设计中要编制技术任务书或技术建议书。技术任务书或技术建议书应按有关标准或规定的内容与格式要求进行编制。

2）研究试验。根据提出的攻关项目及需要编制研究试验大纲，进行新原理、新结构、新材料试验，并编写研究试验报告，应按有关标准或规定的要求进行编制。

3）绘制总图。按照总体设计方案及绘制总图的有关标准或规定进行绘制。

4）初步设计评审。对初步设计进行评审并编写初步设计评审报告，应按有关标准或规定的要求编写。

3. 技术设计

技术设计中包括以下内容：

1）研究试验。在研究试验中应根据产品使用需要提出研究试验大纲，进行主要部件结构试验，编写研究试验报告，应按有关标准或规定的要求编写。

2）设计计算。要根据产品及其零部件设计和工程项目的需要进行设计计算，并应按照有关标准或规定编写计算书。

3）技术经济分析。根据需要，进行技术经济分析，并按有关标准或规定的要求编制技术经济分析报告。

4）修改总体方案。修改、绘制总图时，应按照初步设计评审意见和有关标准或规定的要求进行，并应同时修改技术任务书。必要时，应提出技术设计说明书。

5）主要设计图。应按有关标准或规定的要求绘制主要设计草图（如主要零部件等），并进行早期故障分析。

6）提出特殊外购件和特殊材料。根据产品的要求和本企业的实际情况，编制特殊外购件清单和特殊材料清单。

7）技术设计评审。对技术设计进行评审，编写技术设计评审报告，其内容应按照有关标准或规定的要求编写。

4. 工作图设计

工作图设计中包括以下内容：

1）全部工作图设计及编制设计文件。在此过程中应按有关标准或规定提出全部工作图、包装图、安装图及设计文件（如合格证明书、使用说明书、质量证明书、装箱单等），并进行产品质量特性重要度分级，以便进行早期故障分析并采取相应措施。

2）CAD文件审批。对全部CAD文件进行设计评审，编写工作图设计评审报告，其内容应按照有关标准或规定的要求编写。

按照有关标准或规定的要求，并按规定程序对CAD图及设计文件进行会签、审批以及标准化审查和工艺性审查等。

5. 产品试制

各行业或企业可以根据自身的条件和现状来决定是否进行产品的试制。但一般的产品试制应该包括工艺方案设计及评审，工艺和工装设计、生产准备、形式试验、用户试用、试制鉴定以及设计改进、最终设计评审并定型等内容。

25.10 CAD 文件管理——存储与维护

本节介绍的内容摘自国家标准 GB/T 17825.10—1999《CAD 文件管理　存储与维护》，该标准规定了计算机辅助设计文件的存储介质（磁盘、磁带、光盘等）在管理上的一般要求、分类与编号，以及登记、保管与使用。

该标准适用于 CAD 图及设计文件在入档以前的存储与维护管理。

25.10.1 存储与维护的一般要求

1）每一个 CAD 图与设计文件在设计开发过程中都必须存放在磁盘或磁带及光盘等存储介质中。

2）磁盘、磁带、光盘等存储介质都应分类与编号。

3）在设计开发 CAD 图与设计文件时，一定要进行备份。备份的时间和份数可根据具体情况自定，但要确保系统安全。建议一般最少每 4 小时（半天）或 8 小时（一天）备份一次，并至少备份一份（套）。

4）所备份的 CAD 文件应与正在设计开发的 CAD 文件分开，不要放在一个系统中，最好以磁盘、磁带、光盘等形式单独备份。

5）在设计开发过程中的备份视情况而定，第二次可在第一次备份的基础上进行备份，第三次可在第二次的基础上进行备份，以此类推产生新的 CAD 文件。

6）备份好的磁盘、磁带、光盘等应按有关要求妥善保管，一般应存放在环境温度为 14~24℃、相对湿度 45%~60%，并远离磁场、热源及酸碱等有害气体的场所。

7）设计开发完成的 CAD 文件存放在介质中时，在存储介质上应对所存储 CAD 文件编制索引文件，并列出存储代号、项目名称和序号、CAD 文件号、CAD 文件名称、设计人员、备注等目次。

其中：

存储代号——见 25.10.2　存储编号中的 4）；

项目名称——指该存储介质中所存放的产品或工程项目名称；

序号——指该存储介质中所存储的 CAD 文件个数的顺序号；

CAD 文件号——指该 CAD 文件的编号，如图号或设计文件号等；

CAD 文件名称——指该 CAD 文件的名称，如图样名称或设计文件名称等；

设计人员——指该 CAD 文件的设计人员；

备注——指对该 CAD 文件应说明的其他内容。

8）产品开发过程或工程项目设计过程中的 CAD 文件存放在磁盘或磁带及光盘中后，其存储介质应有标签，并贴放在明显部位。

25.10.2 存储编号

1）CAD 文件存放于介质中，在归档前必须进行编号。

2）产品研制或工程设计的一套完整 CAD 文件，一般只允许存放在一个或多个磁盘、磁带、光盘等存储介质中。

3）一个磁盘、磁带、光盘等存储介质中一般不许同时存放两种以上产品研制或工程设计的 CAD 文件。

4）存储代号示例如图 25-9 所示。

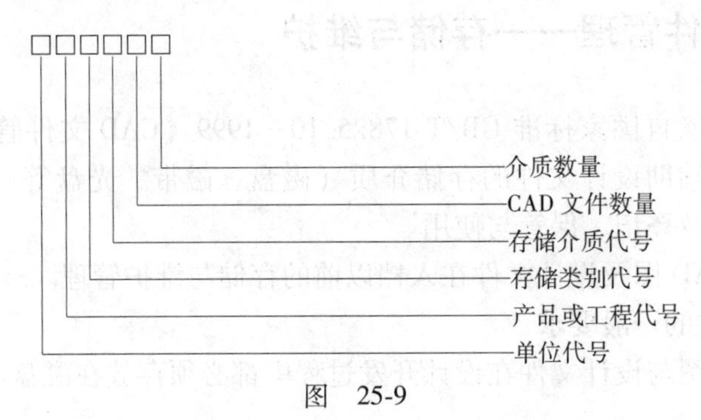

图 25-9

其中：

单位代号——应根据有关规定输入单位的代号，表示是哪一个单位或哪一个部门。

产品或工程代号——应根据有关规定输入产品或工程的编号。

存储类别代号——应根据有关规定输入本存储介质中所存放的内容是属产品开发或工程设计的哪一个阶段，如 S 表示试制；A 表示小批量；B 表示正式生产。

存储介质代号——软盘（floppy disk）用 FD 表示；
磁带（magnetic tape）用 MT 表示；
磁盘（magnetic disk）用 MD 表示；
硬盘（hard disk）用 HD 表示；
光盘（optical disk）用 OD 表示。

CAD 文件数量——指存储介质中存放 CAD 文件的个数，用阿拉伯数字表示，如 01，02，…，12，13，…，90，…。

介质数量——指该产品或工程所需要存储介质的总数和本介质所在总数中的第几张，如 1/1 表示共 1 张第 1 张；1/2 表示共 2 张第 1 张；2/3 表示共 3 张第 2 张。

25.10.3 提交归档前存储介质的条件

磁盘、磁带、光盘等存储介质中的 CAD 图和设计文件归档，应符合 GB/T 17678.1《CAD 电子文件光盘存储、归档与档案管理要求 第 1 部分：电子文件归档与档案管理》~GB/T 17678.2《CAD 电子文件光盘存储、归档与档案管理要求 第 2 部分：光盘信息组织结构》的有关要求。

1）必要时 CAD 图和设计文件的磁盘、磁带、光盘等存储介质，可与纸质存储介质同时提交归档。纸质存储介质的归档可参照有关规定进行。

2）磁盘、磁带、光盘等存储介质在归档前应按照 GB/T 17678.1《CAD 电子文件光盘存储、归档与档案管理要求 第 1 部分：电子文件归档与档案管理》的有关要求填写登记表。

3）提交归档的磁盘、磁带、光盘中的 CAD 文件，一般不需加密，如加密应将密钥同时归档。

4）提交归档的所有 CAD 文件，归档前必须进行杀毒处理，不得带有任何计算机病毒。

5）归档的存储介质不得带有任何划痕，盘片应清洁，衬套应完整，标签内容应填写清楚。

6）存储介质在归档前，所规定的签署及日期等应填写齐全。

7）磁性介质应与纸质性介质内容完全一致。

8）按照需要，在归档的磁盘、磁带、光盘中可存放运行环境与系统等有关的软件程序。

附　　录

附录 A　优先数和优先数系

摘自 GB/T 321—2005《优先数和优先数系》。

1）优先数系是由公比为 $\sqrt[5]{10}$、$\sqrt[10]{10}$、$\sqrt[20]{10}$、$\sqrt[40]{10}$ 和 $\sqrt[80]{10}$，且项值中含有 10 的整数幂的几何级数的常用圆整值。各数列分别用符号 R5、R10、R20、R40 和 R80 表示，称为 R5 系列、R10 系列、R20 系列、R40 系列和 R80 系列。

2）R5、R10、R20 和 R40 四个系列是优先数系中的常用系列，称为基本系列（见附表 1）。各个系列的公比为：

R5：　　$q_5=\sqrt[5]{10}\approx 1.60$

R10：　　$q_{10}=\sqrt[10]{10}\approx 1.25$

R20：　　$q_{20}=\sqrt[20]{10}\approx 1.12$

R40：　　$q_{40}=\sqrt[40]{10}\approx 1.06$

3）R80 系列称为补充系列（见附表 2），它的公比 $q_{80}=\sqrt[80]{10}\approx 1.03$，仅在参数分级很细或基本系列中的优先数不能适应实际情况时，才可考虑采用。

4）各个系列中的项值即通常所称的优先数，是把理论计算所得优先数系的项值进行适当圆整后而统一规定的数值。

5）各个系列中的项值可按 10 进法向两端无限延伸，所有大于 10 和小于 1 的优先数，均可用 10 的整数幂（如 10、100、1000、…或 0.1、0.01、0.001、…）乘以附表 1、附表 2 中的优先数求得。

附表 1　基本系列的优先数

R5	R10	R20	R40	R5	R10	R20	R40
1.00	1.00	1.00	1.00		3.15	3.15	3.15
			1.06				3.35
		1.12	1.12			3.55	3.55
			1.18				3.75
	1.25	1.25	1.25	4.00	4.00	4.00	4.00
			1.32				4.25
		1.40	1.40			4.50	4.50
			1.50				4.75
1.60	1.60	1.60	1.60		5.00	5.00	5.00
			1.70				5.30
		1.80	1.80			5.60	5.60
			1.90				6.00
	2.00	2.00	2.00	6.30	6.30	6.30	6.30
			2.12				6.70
		2.24	2.24			7.10	7.10
			2.36				7.50
2.50	2.50	2.50	2.50		8.00	8.00	8.00
			2.65				8.50
		2.80	2.80			9.00	9.00
							9.50
			3.00	10.00	10.00	10.00	10.00

附表 2　补充系列 R80 的优先数

1.00	1.60	2.50	4.00	6.30
1.03	1.65	2.58	4.12	6.50
1.06	1.70	2.65	4.25	6.70
1.09	1.75	2.72	4.37	6.90
1.12	1.80	2.80	4.50	7.10
1.15	1.85	2.90	4.62	7.30
1.18	1.90	3.00	4.75	7.50
1.22	1.95	3.07	4.87	7.75
1.25	2.00	3.15	5.00	8.00
1.28	2.06	3.25	5.15	8.25
1.32	2.12	3.35	5.30	8.50
1.36	2.18	3.45	5.45	8.75
1.40	2.24	3.55	5.60	9.00
1.45	2.30	3.65	5.80	9.25
1.50	2.35	3.75	6.00	9.50
1.55	2.43	3.85	6.15	9.75

附录 B　常用单位的换算

常用单位的换算见附表 3~附表 11。

附表 3　长度单位换算

千米 (km)	米 (m)	厘米 (cm)	毫米 (mm)	英里 (mile)	码 (yd)	英尺 (ft)	英寸 (in)	海里（国际）(nmile)
1	1000			0.6214	1093.6	3280.8		0.53996
0.001	1	100	1000		1.0936	3.2808	39.37	0.00054
	0.01	1	10			0.0328	0.3937	
	0.001	0.1	1			0.00328	0.03937	
1.6093				1	1760	5280		0.869
	0.9144				1	3	36	
	0.3048	30.48	304.8		0.3333	1	12	
	0.0254	2.54	25.4		0.0278	0.0833	1	
1.852	1852			1.1508		6076.12		1

附表 4　分数英寸、小数英寸与毫米对照

英寸（in）		毫米（mm）	英寸（in）		毫米（mm）	英寸（in）		毫米（mm）
1/64	0.015325	0.396875	9/64	0.140625	3.571875	17/64	0.265625	6.746875
1/32	0.03125	0.793750	5/32	0.15625	3.968750	9/32	0.28125	7.143750
3/64	0.046875	1.190625	11/64	0.171875	4.365625	19/64	0.296875	7.540625
1/16	0.0625	1.587500	3/16	0.1875	4.762500	5/16	0.3125	7.937500
5/64	0.078125	1.984375	13/64	0.203125	5.159375	21/64	0.328125	8.334375
3/32	0.09375	2.381250	7/32	0.21875	5.556250	11/32	0.34375	8.731250
7/64	0.109375	2.778125	15/64	0.234375	5.953125	23/64	0.359375	9.128125
1/8	0.125	3.175000	1/4	0.25	6.350000	3/8	0.375	9.525000

（续）

英寸（in）		毫米（mm）	英寸（in）		毫米（mm）	英寸（in）		毫米（mm）
25/64	0.390625	9.921875	39/64	0.609375	15.478125	53/64	0.828125	21.034375
13/32	0.40625	10.318750	5/8	0.625	15.875000	27/32	0.84375	21.431250
27/64	0.421875	10.715625	41/64	0.640625	16.271875	55/64	0.859375	21.828125
7/16	0.4375	11.112500	21/32	0.65625	16.668750	7/8	0.875	22.225000
29/64	0.453125	11.509375	43/64	0.671875	17.065625	57/64	0.890625	22.621875
15/32	0.46875	11.906250	11/16	0.6875	17.462500	29/32	0.90625	23.018750
31/64	0.48475	12.303125	45/64	0.703125	17.859375	59/64	0.921875	23.415625
1/2	0.5	12.700000	23/32	0.71875	18.256250	15/16	0.9375	23.812500
33/64	0.515625	13.096875	47/64	0.734375	18.653125	61/64	0.953125	24.209375
17/32	0.53125	13.493750	3/4	0.75	19.050000	31/32	0.96875	24.606250
35/64	0.546875	13.890625	49/64	0.765625	19.446875	63/64	0.984375	25.003125
9/16	0.5625	14.287500	25/32	0.78125	19.843750	1	1.000000	25.400000
37/64	0.578125	14.684375	51/64	0.796875	20.240625			
19/32	0.59375	15.081250	13/16	0.8125	20.637500			

附表 5　面积单位换算

平方千米（km^2）	公顷（ha）	公亩（a）	平方米（m^2）	平方厘米（cm^2）	平方毫米（mm^2）	平方英里（$mile^2$）	英亩（acre）	平方码（yd^2）	平方英尺（ft^2）	平方英寸（in^2）
1	10^2	10^4	10^6			0.3861				
	1	10^2	10^4							
		1	10^2				0.02471			
			1	10^4	10^6			1.196	10.7639	1550
			10^{-4}	1	10^2			1.196×10^{-4}	10.7639×10^{-4}	0.1550
			10^{-6}	10^{-2}	1			1.196×10^{-6}	10.7639×10^{-6}	0.00155
2.5900						1	640			
			4047				1		43560	
			0.8361	0.8361×10^4	0.8361×10^6			1	9	1296
			0.0929	0.0929×10^4	0.0929×10^6			0.1111	1	144
			6.4516×10^{-4}	6.4516	645.16			7716×10^{-7}	6944×10^{-6}	1

附表 6　体积和容积单位换算

立方米（m^3）	升（L）	立方厘米（cm^3）	英加仑（UKgal）	美加仑（USgal）	立方码（yd^3）	立方英尺（ft^3）	立方英寸（in^3）
1	1000	1000000	220	264.2	1.308	35.315	61024
0.001	1	1000	0.22	0.2642	0.0013	0.0353	61.02
	0.001	1					0.061
0.0045	4.546	4546.1	1	1.201	0.006	0.1605	277.42
0.0038	3.7854	3785.4	0.8327	1	0.00495	0.1337	231
0.7646	764.6	764554	168	202	1	27	46656
0.0283	28.317	28317	6.2288	7.4805	0.037	1	1728
	0.0164	16.387				5.787×10^{-4}	1

1 毫升（mL）= 1 立方厘米（cm^3）

附表 7　质量单位换算

吨（t）	千克（kg）	克（g）	英吨（ton）	美吨（shton）	磅（lb）	盎司（oz）
1	1000		0. 9842	1. 1023	2204. 6	
0. 001	1	1000			2. 2046	35. 274
	0. 001	1				0. 0353
1. 0161	1016. 05		1	1. 12	2240	
0. 9072	907. 18		0. 8929	1	2000	
	0. 4536	453. 59			1	16
	0. 0284	28. 35			0. 0625	1

注：1. 英吨又名长吨（long ton），美吨又名短吨（short ton）。

2. 此表的换算关系也适用于重力单位的换算，如 1 千克力(kgf) = 2. 2046 磅力(lbf)。

附表 8　度、分、秒与弧度对照

秒（″）	弧度（rad）	分（′）	弧度（rad）	度（°）	弧度（rad）	度（°）	弧度（rad）	度（°）	弧度（rad）	度（°）	弧度（rad）
1	0. 000005	1	0. 000291	1	0. 017453	16	0. 279253	31	0. 541052	70	1. 221730
2	0. 000010	2	0. 000582	2	0. 034907	17	0. 296706	32	0. 558505	75	1. 308997
3	0. 000015	3	0. 000873	3	0. 052360	18	0. 314159	33	0. 575959	80	1. 396263
4	0. 000019	4	0. 001164	4	0. 069813	19	0. 331613	34	0. 593412	85	1. 483530
5	0. 000024	5	0. 001454	5	0. 087266	20	0. 349066	35	0. 610865	90	1. 570796
6	0. 000029	6	0. 001745	6	0. 104720	21	0. 366519	36	0. 628319	100	1. 745329
7	0. 000034	7	0. 002036	7	0. 122173	22	0. 383972	37	0. 645772	120	2. 094395
8	0. 000039	8	0. 002327	8	0. 139626	23	0. 401426	38	0. 663225	150	2. 617994
9	0. 000044	9	0. 002618	9	0. 157080	24	0. 418879	39	0. 680678	180	3. 141593
10	0. 000048	10	0. 002909	10	0. 174533	25	0. 436332	40	0. 698132	200	3. 490659
20	0. 000097	20	0. 005818	11	0. 191986	26	0. 453786	45	0. 785398	250	4. 363323
30	0. 000145	30	0. 008727	12	0. 209440	27	0. 471239	50	0. 872665	270	4. 712389
40	0. 000194	40	0. 011636	13	0. 226893	28	0. 488692	55	0. 959931	300	5. 235988
50	0. 000242	50	0. 014544	14	0. 244346	29	0. 506145	60	1. 047198	360	6. 283185
				15	0. 261799	30	0. 523599	65	1. 134464		

附表 9　弧度与度对照

弧度（rad）	度（°）	弧度（rad）	度（°）	弧度（rad）	度（°）	弧度（rad）	度（°）	弧度（rad）	度（°）
1	57. 2958	9	515. 6620	0. 7	40. 1071	0. 05	2. 8648	0. 003	0. 1719
2	114. 5916	10	572. 9578	0. 8	45. 8366	0. 06	3. 4378	0. 004	0. 2292
3	171. 8873	0. 1	5. 7296	0. 9	51. 5662	0. 07	4. 0107	0. 005	0. 2865
4	229. 1831	0. 2	11. 4592	1. 0	57. 2958	0. 08	4. 5837	0. 006	0. 3438
5	286. 4789	0. 3	17. 1887	0. 01	0. 5730	0. 09	5. 1566	0. 007	0. 4011
6	343. 7747	0. 4	22. 9183	0. 02	1. 1459	0. 1	5. 7296	0. 008	0. 4584
7	401. 0705	0. 5	28. 6479	0. 03	1. 7189	0. 001	0. 0573	0. 009	0. 5157
8	458. 3662	0. 6	34. 3775	0. 04	2. 2918	0. 002	0. 1146	0. 01	0. 5730

附表 10　分、秒与小数度对照

分 (′)	度 (°)	分 (′)	度 (°)	分 (′)	度 (°)	分 (′)	度 (°)	秒 (″)	度 (°)	秒 (″)	度 (°)	秒 (″)	度 (°)	秒 (″)	度 (°)
1	0.0167	16	0.2667	31	0.5167	46	0.7667	1	0.0003	16	0.0044	31	0.0086	46	0.0128
2	0.0333	17	0.2833	32	0.5333	47	0.7833	2	0.0006	17	0.0047	32	0.0089	47	0.0131
3	0.0500	18	0.3000	33	0.5500	48	0.8000	3	0.0008	18	0.0050	33	0.0092	48	0.0133
4	0.0667	19	0.3167	34	0.5667	49	0.8167	4	0.0011	19	0.0053	34	0.0094	49	0.0136
5	0.0833	20	0.3333	35	0.5833	50	0.8333	5	0.0014	20	0.0056	35	0.0097	50	0.0139
6	0.1000	21	0.3500	36	0.6000	51	0.8500	6	0.0017	21	0.0058	36	0.0100	51	0.0142
7	0.1167	22	0.3667	37	0.6167	52	0.8667	7	0.0019	22	0.0061	37	0.0103	52	0.0144
8	0.1333	23	0.3833	38	0.6333	53	0.8833	8	0.0022	23	0.0064	38	0.0106	53	0.0147
9	0.1500	24	0.4000	39	0.6500	54	0.9000	9	0.0025	24	0.0067	39	0.0108	54	0.0150
10	0.1667	25	0.4167	40	0.6667	55	0.9167	10	0.0028	25	0.0069	40	0.0111	55	0.0153
11	0.1833	26	0.4333	41	0.6833	56	0.9333	11	0.0031	26	0.0072	41	0.0114	56	0.0156
12	0.2000	27	0.4500	42	0.7000	57	0.9500	12	0.0033	27	0.0075	42	0.0117	57	0.0158
13	0.2167	28	0.4667	43	0.7167	58	0.9667	13	0.0036	28	0.0078	43	0.0119	58	0.0161
14	0.2333	29	0.4833	44	0.7333	59	0.9833	14	0.0039	29	0.0081	44	0.0122	59	0.0164
15	0.2500	30	0.5000	45	0.7500	60	1.0000	15	0.0042	30	0.0083	45	0.0125	60	0.0167

附表 11　钢铁洛氏与布氏硬度对照

布氏 HS	96.6	95.6	94.6	93.5	92.6	91.5	90.5	89.4	88.4	87.6	86.5	85.7	84.8	84.0	83.1	82.2
洛氏 HRC	68	67.5	67	66.5	66	65.5	65	64.5	64	63.5	63	62.5	62	61.5	61	60.5
布氏 HS	81.4	80.6	79.7	78.9	78.1	77.2	76.5	75.6	74.9	74.2	73.5	72.6	71.9	71.2	70.5	69.8
洛氏 HRC	60	59.5	59	58.5	58	57.5	57	56.5	56	55.5	55	54.5	54	53.5	53	52.5
布氏 HS	69.1	68.5	67.7	67.0	66.3	65.0	63.7	62.3	61.0	59.7	58.4	57.1	55.9	54.7	53.5	52.3
洛氏 HRC	52	51.5	51	50.5	50	49	48	47	46	45	44	43	42	41	40	39
布氏 HS	51.1	50.0	48.8	47.8	46.6	45.6	44.5	43.5	42.5	41.6	40.6	39.7	38.8	37.9	37.0	36.3
洛氏 HRC	38	37	36	35	34	33	32	31	30	29	28	27	26	25	24	23
布氏 HS	35.5	34.7	34.0	33.2	32.6	31.9	31.4	30.7	30.1	29.6						
洛氏 HRC	22	21	20	19	18	17	16	15	14	13						

附录 C　几何图形的计算公式

平面图形的计算公式见附表 12。

附表 12　平面图形的计算公式

名称	计算公式	名称	计算公式
直角三角形 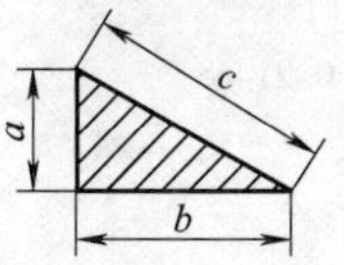 	$A=\frac{ab}{2}$ $c=\sqrt{a^2+b^2}$ $a=\sqrt{c^2-b^2}$ $b=\sqrt{c^2-a^2}$	锐角三角形 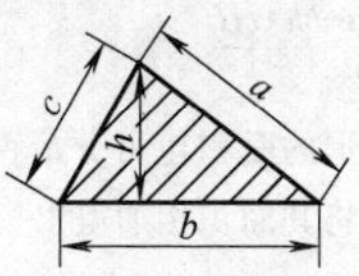 	$A=\frac{bh}{2}$ $=\frac{b}{2}\sqrt{a^2-\left(\frac{a^2+b^2-c^2}{2b}\right)^2}$ 设 $S=\frac{1}{2}(a+b+c)$ 则 $A=\sqrt{S(S-a)(S-b)(S-c)}$

（续）

名称	计算公式	名称	计算公式
钝角三角形 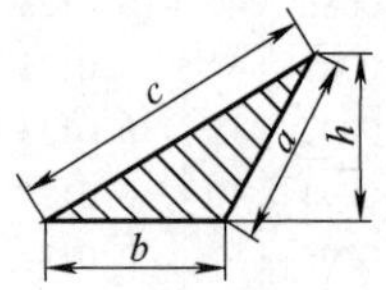	$A=\frac{bh}{2}$ $=\frac{b}{2}\sqrt{a^2-\left(\frac{c^2-a^2-b^2}{2b}\right)^2}$ 设 $S=\frac{1}{2}(a+b+c)$ 则 $A=\sqrt{S(S-a)(S-b)(S-c)}$	正六角形 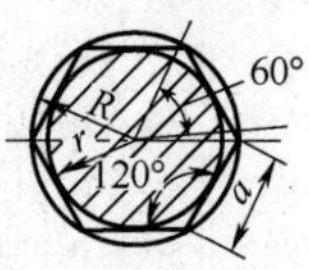	$A=2.598a^2=2.598R^2$ $r=0.866a=0.866R$ $a=R=1.155r$
正方形 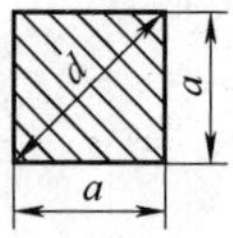	$A=a^2$ $A=\frac{1}{2}d^2$ $a=0.7071d$ $d=1.414a$	正多角形 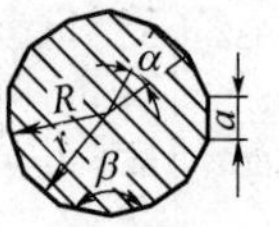	$A=\frac{nar}{2}=\frac{na}{2}\sqrt{R^2-\frac{a^2}{4}}$ $R=\sqrt{r^2+\frac{a^2}{4}}$，$r=\sqrt{R^2-\frac{a^2}{4}}$ $a=2\sqrt{R^2-r^2}$ n—边数
矩形 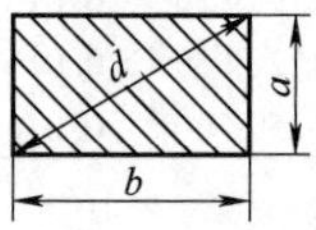	$A=ab$ $A=a\sqrt{d^2-a^2}=b\sqrt{d^2-b^2}$ $d=\sqrt{a^2+b^2}$ $a=\sqrt{d^2-b^2}$ $b=\sqrt{d^2-a^2}$	圆 	$A=\pi r^2=3.1416r^2=0.7854d^2$ $C=2\pi r=6.2832r=3.1416d$ C—圆周长
平行四边形 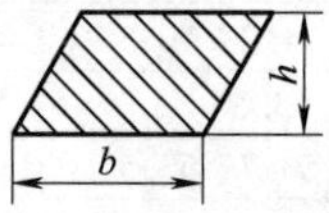	$A=bh$	扇形 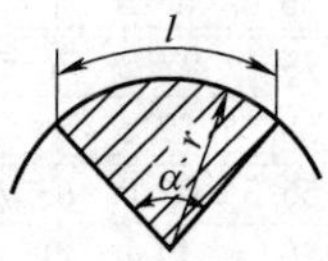	$A=\frac{1}{2}rl=0.008727\alpha r^2$ $l=\frac{3.1416r\alpha}{180}$ $=0.01745r\alpha$
菱形 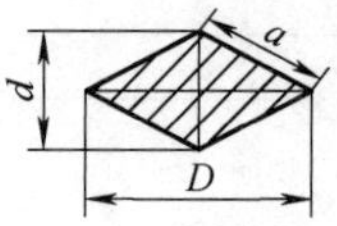	$A=\frac{Dd}{2}$ $D^2+d^2=4a^2$	环形 	$A=\pi(R^2-r^2)$ $=3.1416(R^2-r^2)$ $=3.1416(R+r)(R-r)$ $=0.7854(D^2-d^2)$ $=0.7854(D+d)(D-d)$
梯形 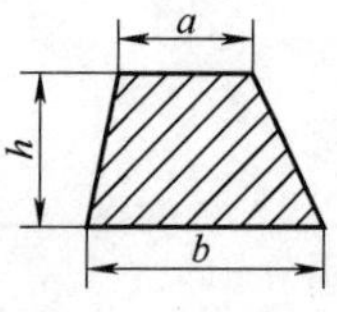	$A=\frac{(a+b)h}{2}$	环式扇形 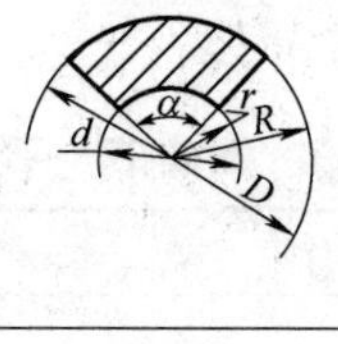	$A=\frac{\alpha\pi}{360}(R^2-r^2)$ $=0.00873\alpha(R^2-r^2)$ $=\frac{\alpha\pi}{4\times360}(D^2-d^2)$ $=0.00218\alpha(D^2-d^2)$
任意四边形 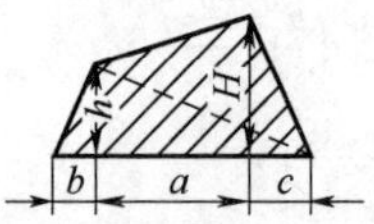	$A=\frac{(H+h)\ a+bh+cH}{2}$ 任意四边形的面积也可分成两个三角形，将其面积相加得出	角椽 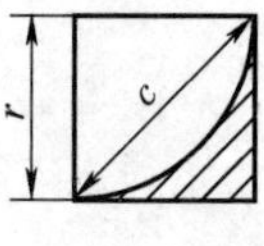	$A=r^2-\frac{\pi r^2}{4}=0.2146r^2$ $=0.1073c^2$

（续）

名称	计算公式	名称	计算公式
椭圆 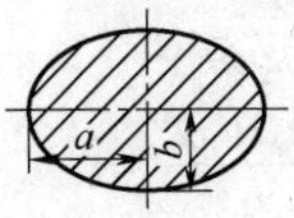	$A=\pi ab=3.1416ab$ $P=\pi(a+b)\left[1+\frac{1}{4}\left(\frac{a-b}{a+b}\right)^2+\frac{1}{64}\left(\frac{a-b}{a+b}\right)^4\cdots\right]$ 或 $P\approx 3.1416\sqrt{2(a^2+b^2)}$ （当 a 与 b 相差很小时可用此公式） P—椭圆周长	抛物线 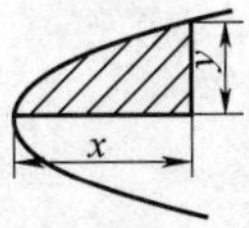	$A=\frac{2}{3}xy$
双曲线 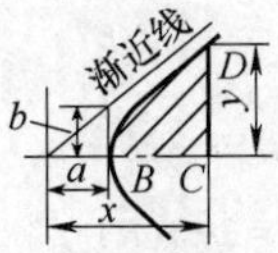	$A=\frac{xy}{2}-\frac{ab}{2}\ln\left(\frac{x}{a}+\frac{y}{b}\right)$	抛物线弓形 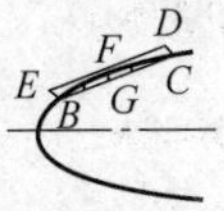	$A=$面积 $BFC=\frac{2}{3}\square BCDE$ 设 FG 是弓形的高，$FG\perp BC$ 则 $A=\frac{2}{3}BC\times FG$
抛物线 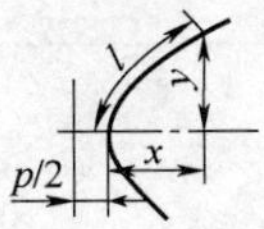	$l=\frac{p}{2}\left[\sqrt{\frac{2x}{p}\left(1+\frac{2x}{p}\right)}+\ln\left(\sqrt{\frac{2x}{p}}+\sqrt{1+\frac{2x}{p}}\right)\right]$ $l\approx y\left[1+\frac{2}{3}\left(\frac{x}{y}\right)^2-\frac{2}{5}\left(\frac{x}{y}\right)^4\right]$ 或 $l\approx\sqrt{y^2+\frac{4}{3}x^2}$	摆线 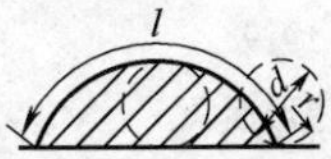	$A=3\pi r^2=9.4248r^2$ $=2.3562d^2$ $l=8r=4d$

注：式中 A 为面积。

附录 D　几何体的计算公式

几何体的计算公式见附表 13。

附表 13　几何体的计算公式

名称	计算公式	名称	计算公式
正方体 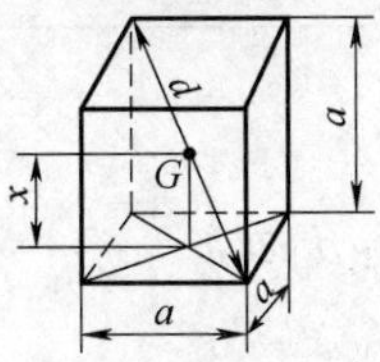	$V=a^3$ $A_n=6a^2$ $A_0=4a^2$ $A=A_s=a^2$ $x=a/2$ $d=\sqrt{3}a=1.7321a$	正六角体 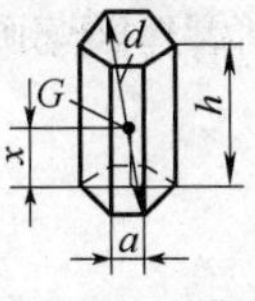	$V=2.598a^2h$ $A_n=5.1963a^2+6ah$ $A_0=6ah$ $x=\frac{h}{2}$ $d=\sqrt{h^2+4a^2}$
长方体 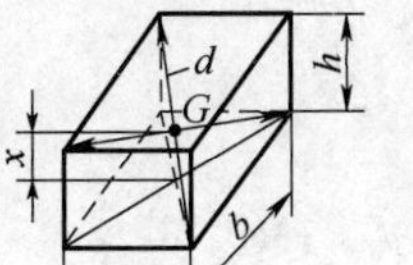	$V=abh$ $A_n=2(ab+ah+bh)$ $A_0=2h(a+b)$ $x=\frac{h}{2}$ $d=\sqrt{a^2+b^2+h^2}$	平截四角锥体 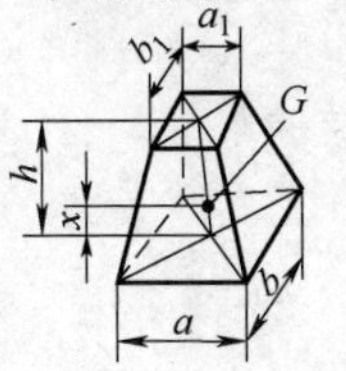	$V=\frac{h}{6}(2ab+ab_1+a_1b+2a_1b_1)$ $x=\frac{h(ab+ab_1+a_1b+3a_1b_1)}{2(2ab+ab_1+a_1b+2a_1b_1)}$ 底为矩形

（续）

名称	计算公式
正角锥体 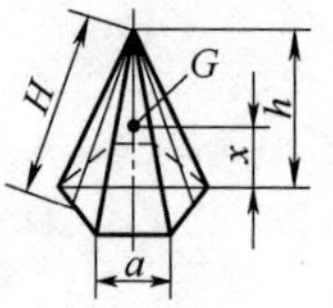	$V=\dfrac{hA_s}{3}$ ① $A_0=\dfrac{1}{2}pH=\dfrac{1}{2}naH$ $x=\dfrac{h}{4}$ p—底面周长 n—侧面的面数
平截正角锥体 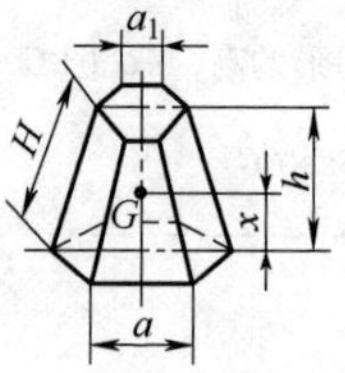	$V=\dfrac{h}{3}(A+\sqrt{AA_s}+A_s)$ ② $A_0=\dfrac{1}{2}H(na_1+na)$ $x=\dfrac{h}{4}\ \dfrac{A_s+2\sqrt{AA_s}+3A}{A_s+\sqrt{AA_s}+A}$ n—侧面的面数
楔形体 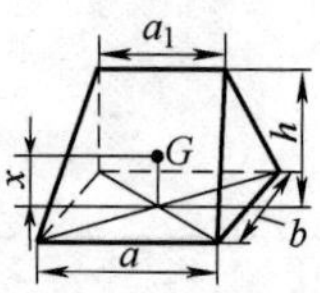	$V=\dfrac{bh}{6}(2a+a_1)$ A_n = 两个梯形面积 + 两个三角形面积 + 底面积 $x=\dfrac{h(a+a_1)}{2(2a+a_1)}$ 底为矩形
四面体 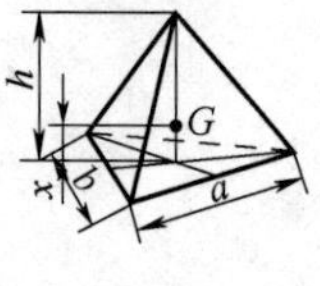	$V=\dfrac{1}{6}abh$ A_n = 四个三角形面积之和 $x=\dfrac{1}{4}h$ $a\perp b$
矩形棱锥体 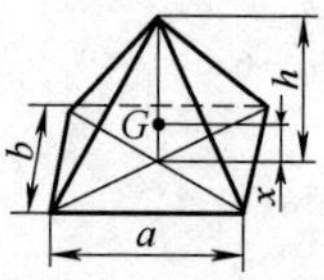	$V=\dfrac{1}{3}abh$ A_n = 四个三角形面积 + 底面积 $x=\dfrac{1}{4}h$ 底为矩形
圆柱体 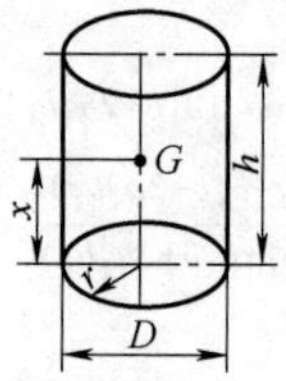	$V=\dfrac{\pi}{4}D^2h=0.785D^2h$ $=\pi r^2h$ $A_0=\pi Dh=2\pi rh$ $x=\dfrac{h}{2}$ $A_n=2\pi r(r+h)$
斜截圆柱 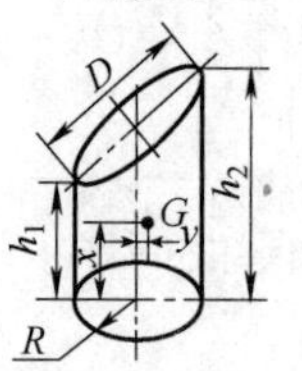	$V=\pi R^2\ \dfrac{h_1+h_2}{2}$ $A_0=\pi R(h_1+h_2)$ $D=\sqrt{4R^2+(h_2-h_1)^2}$ $x=\dfrac{h_2+h_1}{4}+\dfrac{(h_2-h_1)^2}{16(h_2+h_1)}$ $y=\dfrac{R(h_2-h_1)}{4(h_2+h_1)}$
空心圆柱 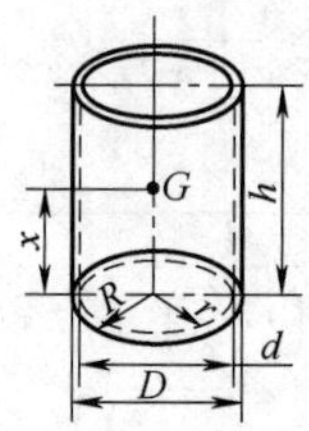	$V=\dfrac{\pi}{4}h(D^2-d^2)$ $A_0=\pi h(D+d)=2\pi h(R+r)$ $x=\dfrac{h}{2}$
圆锥体 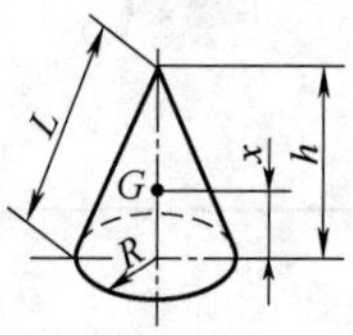	$V=\dfrac{\pi R^2h}{3}$ $A_0=\pi RL=\pi R\sqrt{R^2+h^2}$ $x=\dfrac{h}{4}$ $L=\sqrt{R^2+h^2}$
平截圆锥体 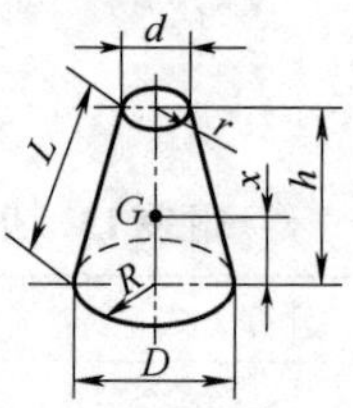	$V=\dfrac{\pi}{12}h(D^2+Dd+d^2)$ $=\dfrac{\pi}{3}h(R^2+r^2+Rr)$ $A_0=\dfrac{\pi}{2}L(D+d)=\pi L(R+r)$ $L=\sqrt{\left(\dfrac{D-d}{2}\right)^2+h^2}$ $x=\dfrac{h(D^2+2Dd+3d^2)}{4(D^2+Dd+d^2)}$
平截空心圆锥体 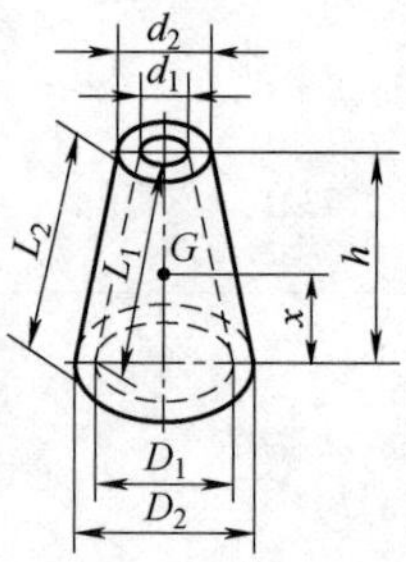	$V=\dfrac{\pi h}{12}(D_2^2-D_1^2+D_2d_2-D_1d_1+d_2^2-d_1^2)$ $A_0=\dfrac{\pi}{2}[L_2(D_2+d_2)+L_1(D_1+d_1)]$ $x=\dfrac{h}{4}\left(\dfrac{D_2^2-D_1^2+2(D_2d_2-D_1d_1)^2+3(d_2^2-d_1^2)}{D_2^2-D_1^2+D_2d_2-D_1d_1+d_2^2-d_1^2}\right)$

（续）

名称	计算公式
圆球 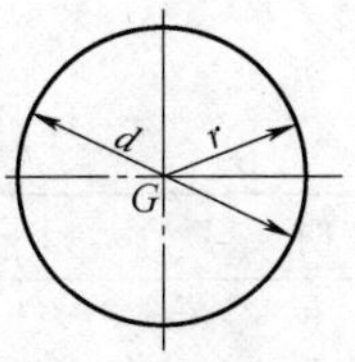 	$V=\frac{4}{3}\pi r^3=\frac{\pi d^3}{6}=0.523d^3$ $A_n=4\pi r^2=\pi d^2$
半圆球体 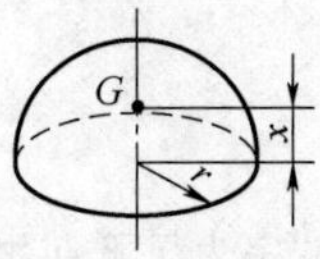 	$V=\frac{2}{3}\pi r^3$ $A_n=3\pi r^2$ $x=\frac{3}{8}r$
球楔体 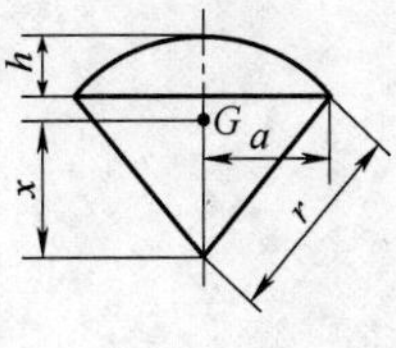 	$V=\frac{2\pi r^2 h}{3}$ $A_n=\pi r(a+2h)$ $x=\frac{3}{8}(2r-h)$
缺球体 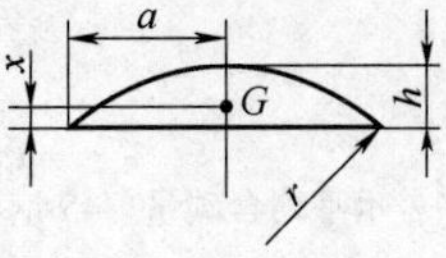 	$V=\frac{\pi h}{6}(3a^2+h^2)$ $=\frac{\pi h^2}{3}(3r-h)$ $A_n=\pi(2a^2+h^2)=\pi(2rh+a^2)$ $x=\frac{h(2a^2+h^2)}{2(3a^2+h^2)}$ 或 $x=\frac{h(4r-h)}{4(3r-h)}$ $A_0=2\pi rh=\pi(a^2+h^2)$
平截球台体 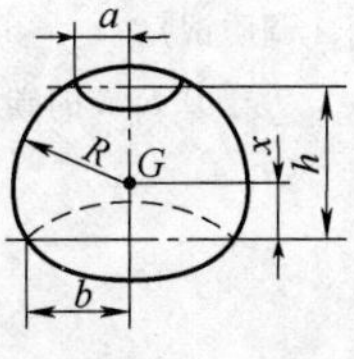 	$V=\frac{\pi h}{6}(3a^2+3b^2+h^2)$ $A_0=2\pi Rh$ $R^2=b^2+\left(\frac{b^2-a^2-h^2}{2h}\right)^2$ $x=\frac{3(b^4-a^4)}{2h(3a^2+3b^2+h^2)}$ $\pm\frac{b^2-a^2-h^2}{2h}$ 式中　“+”号为球心在球台体之内；“-”号为球心在球台体之外
抛物线体 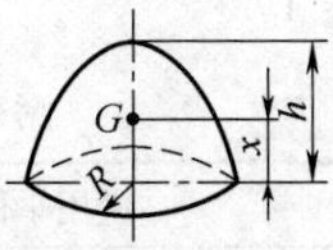 	$V=\frac{\pi R^2 h}{2}$ $A_0=\frac{2\pi}{3P}[\sqrt{(R^2+P^2)^3}-P^3]$ $P=\frac{R^2}{2h}$ $x=\frac{1}{3}h$
平截抛物线体 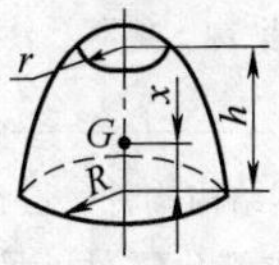 	$V=\frac{\pi}{2}(R^2+r^2)h$ $A_0=\frac{2\pi}{3P}[\sqrt{(R^2+P^2)^3}-\sqrt{(r^2+P^2)^3}]$ $P=\frac{R^2-r^2}{2h}$ $x=\frac{h(R^2+2r^2)}{3(R^2+r^2)}$
半椭圆球体 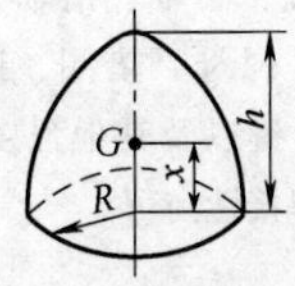 	$V=\frac{2}{3}\pi hR^2$ $A_0=\pi R^2+\frac{\pi hR}{e}\arcsin e$ $\approx\pi R\left(h+R+\frac{h^2-R^2}{6h}\right)$ $e=\frac{\sqrt{h^2-R^2}}{h}$ $x=\frac{3}{8}h$ h—长半轴；R—短半轴；e—离心率
圆环体 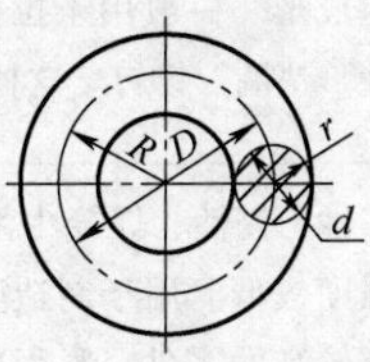 	$V=2\pi^2Rr^2=\frac{1}{4}\pi^2Dd^2$ $=2.4674Dd^2$ $A_n=4\pi^2Rr=\pi^2Dd$
椭圆体 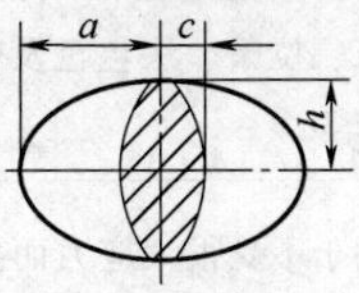 	$V=\frac{4}{3}\pi abc$
桶形体 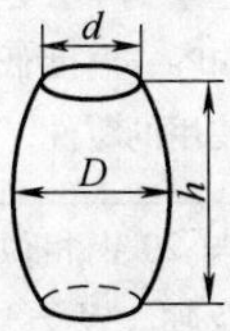 	对于抛物线形桶： $V=\frac{\pi h}{15}\left(2D^2+Dd+\frac{3}{4}d^2\right)$ 对于圆形桶： $V=\frac{1}{12}\pi h(2D^2+d^2)$

注：式中，V—容积；A_n—全面积；A_0—侧面积；A_s—底面积；A—顶面积；G—重心的位置。

① 此公式也适用于底面积为任意多边形的角锥体。

② 此公式也适用于底面积为任意多边形的平截角锥体。

附录E　常用材料

常用材料见附表14~附表17。

附表14　钢

标准	名称	牌号	应用举例	说明
GB/T 700—2006	碳素结构钢	Q215A Q215B	金属结构构件；拉杆、套圈、铆钉、螺栓、短轴、心轴、凸轮（载荷不大的）、吊钩、垫圈；渗碳零件及焊接件	Q表示屈服点，数字为屈服点数值（MPa）。其后的字母为质量等级符号（A、B、C、D）
		Q235A	金属结构构件；心部强度要求不高的渗碳或氰化零件；吊钩、拉杆、车钩、套圈、气缸、齿轮、螺栓、螺母、连杆、轮轴、楔、盖及焊接件	
		Q275	转轴、心轴、销轴、链轮、刹车杆、螺栓、螺母、垫圈、连杆、吊钩、楔、齿轮、键以及其他强度较高的零件。这种钢焊接性尚可	
GB/T 699—2015	优质碳素结构钢	10	这种钢的屈服点和抗拉强度比值较低，塑性和韧性均较高，在冷状态下，容易模压成形。一般用于拉杆、卡头、钢管垫片、垫圈、铆钉。这种钢焊接性甚好	牌号的两位数字表示平均含碳量。45钢即表示平均含碳量（质量分数）为0.45% 含锰量较高的钢，须加注化学元素符合“Mn” 含碳量（质量分数）≤0.25%的碳钢是低碳钢（渗碳钢） 含碳量（质量分数）在0.25%~0.60%之间的碳钢是中碳钢（调质钢） 含碳量（质量分数）大于0.60%的碳钢是高碳钢
		15	塑性、韧性、焊接性和冷冲性均良好，但强度较低。用于制造受力不大、韧性要求较高的零件、紧固件、冲模锻件及不需要热处理的低载荷零件，如螺栓、螺钉、拉条、法兰盘及化工贮器、蒸汽锅炉等	
		20	用于不受很大应力而要求很大韧性的各种机械零件，如杠杆、轴套、螺钉、拉杆、起重钩等。也用于制造在压力小于6.08MPa、温度低于450°C的非腐蚀介质中使用的零件，如管子、导管等	
		25	性能与20钢相似，用于制造焊接设备，以及轴、辊子、连接器、垫圈、螺栓、螺钉、螺母等。焊接性及冷应变塑性均好	

（续）

标准	名称	牌号	应用举例	说明
GB/T 699—2015	优质碳素结构钢	35	用于制造曲轴、转轴、轴销、杠杆、连杆、横梁、星轮、圆盘、套筒、钩环、垫圈、螺钉、螺母等。一般不作焊接用	牌号的两位数字表示平均含碳量。45 钢即表示平均含碳量为 0.45% 含锰量较高的钢，须加注化学元素符合“Mn” 含碳量≤0.25%的碳钢是低碳钢（渗碳钢） 含碳量在 0.25%~0.60%之间的碳钢是中碳钢（调质钢） 含碳量大于 0.60%的碳钢是高碳钢
		40	用于制造辊子、轴、曲柄销、活塞杆、圆盘等	
		45	用于制造强度要求较高的零件，如汽轮机的叶轮、压缩机、泵的零件等	
		50	用于制造耐磨性要求较高、动载荷及冲击作用不大的零件，如锻造齿轮、拉杆、轧辊、轴、摩擦盘、次要弹簧、农业机械上用的掘土犁铧、重载荷心轴与轴等。这种钢焊接性不好	
		55	用于制造齿轮、连杆、轮圈、轮缘、扁弹簧及轧辊等	
		60	这种钢的强度和弹性相当高，用于制造轧辊、轴、弹簧圈、弹簧、离合器、凸轮、钢绳等	
		20Mn	用于制造凸轮轴、齿轮、联轴器、铰链、拖杆等	
		40Mn	用于制造承受疲劳载荷的零件，如轴、万向联轴器、曲轴、连杆及在高应力下工作的螺栓、螺母等	
		60Mn	适于制造弹簧、弹簧垫圈、弹簧环和片以及冷拔钢丝（直径≤7mm）和发条	
GB/T 1299—2014	工模具钢	T7 T7A	能承受振动和冲击的工具，硬度适中时有较大的韧性。用于制造凿子、钻软岩石的钻头、冲击式打眼机钻头、大锤等	用“T”后附以平均含碳量（质量分数）的千分数表示，有 T7~T13。高级优质钢须在牌号后加注“A” 平均含碳量（质量分数）约为 0.7%~1.3%
		T8 T8A	有足够的韧性和较高的硬度，用于制造能承受振动的工具，如钻中等硬度岩石的钻头、简单模子、冲头等	
GB/T 1591—2018	低合金高强度结构钢	Q355	用于桥梁、造船、厂房结构、储油罐、压力容器、机车车辆、起重设备、矿山机械及其他代替 Q235 的焊接结构	其力学性能较碳素钢高，焊接性、耐腐蚀性、耐磨性较碳素钢好，但经济指标与碳素钢相近
		Q390	用于制造中高压容器、车辆、桥梁、起重机等	
		Q420	用于制造大型罐车、蓄力器、储气球罐等	

（续）

标准	名称	牌号	应用举例	说明
GB/T 3077—2015	合金结构钢	20Mn2	对于制造截面较小的零件，相当于20Cr钢，可作渗碳小齿轮、小轴、活塞销、柴油机套筒、气门推杆、钢套等	钢中加入一定量的合金元素，提高了钢的力学性能和耐磨性，也提高了钢的淬透性，保证金属可在较大截面上获得高力学性能
		45Mn2	用于制造在较高应力与磨损条件下的零件。在直径≤60mm时，与40Cr相当。可用于制造万向接轴、齿轮、蜗杆、曲轴等	
		15Cr	用于制造船舶主机用螺栓、活塞销、凸轮、凸轮轴、汽轮机套环、机车用小零件等，以及心部韧性较高的渗碳零件	
		40Cr	用于制造较重要的调质零件，如汽车转向节、连杆、螺栓、进气阀、重要齿轮、轴等	
		35SiMn	除要求低温（-20°C）、冲击韧度很高时，可全面代替40Cr钢用于制造调质零件，也可部分代替40CrNi钢。此钢耐磨、耐疲劳性均佳，适用于制造轴、齿轮等重要紧固件	
		20CrMnTi	工艺性能特优，用于制造汽车、拖拉机上的重要齿轮和一般强度、韧性均高的减速器齿轮，供渗碳处理	
GB/T 20878—2007	耐热钢	12Cr13	用于制造在腐蚀条件下承受冲击载荷和塑性较高的零件，如水压机阀体、热裂设备管路附件、螺栓、螺母及汽轮机叶片等	能良好地抵抗大气腐蚀，尤其在热处理和磨光后，具有最大的稳定性
		12Cr18Ni9Ti	用于制造化工设备的各种锻件、航空发动机排气系统的喷管及集合器等零件	耐酸，在600°C以下耐热，在1000°C以下不起皮
GB/T 11352—2009	铸钢	ZG230-450（ZG25）	用于铸造平坦的零件，如机座、机盖、箱体，以及工作温度在450°C以下的管路附件等。焊接性良好	“ZG”为铸钢二字汉语拼音的第一个字母。后面第一组数字表示屈服强度（MPa），第二组数字表示抗拉强度（MPa）
		ZG310-570（ZG45）	用于铸造各种形状的机件，如联轴器、轮、气缸、齿轮、齿轮圈及重载荷机架等	

附表 15　铸铁

标准	名称	牌号	应用举例	说明
GB/T 9439—2010	灰铸铁	HT150	用于制造端盖、汽轮泵体、轴承座、阀壳、管子及管路附件、手轮，以及一般机床底座、床身、滑座、工作台等	“HT”为灰、铁二字汉语拼音的第一个字母。后面的数字表示抗拉强度（MPa）
		HT200	用于制造气缸、齿轮、底架、机体、飞轮、齿条、衬筒；一般机床铸有导轨的床身及中等压力（8MPa 以下）的液压筒、液压泵和阀体等	
		HT250	用于制造阀壳、液压缸、气缸、联轴器、机体、齿轮、齿轮箱外壳、飞轮、衬筒、凸轮、轴承座等	
		HT300 HT350	用于制造齿轮、凸轮、车床卡盘、剪床、压力机的机身；导板、转塔车床及其他重载荷机床铸有导轨的床身；高压液压筒、液压泵和滑阀的壳体等	
GB/T 1348—2019	球墨铸铁	QT500-7 QT450-10 QT400-18	具有较高的强度和塑性。广泛用于制造受磨损和受冲击的零件，如曲轴（一般用QT600-3）、齿轮（一般用 QT400-18）、气缸套、活塞环、摩擦片、中低压阀门、千斤顶座、轴承座等	“QT”是球墨铸铁代号。后面的数字分别为抗拉强度（MPa）和断后伸长率（%）
GB/T 9440—2010	可锻铸铁	KTH300-06 KTH330-08 KTZ450-06	用于制造受冲击、振动等的零件，如汽车零件、机床附件（如扳手）、各种管接头、低压阀门、农具等	“KTH”和“KTZ”分别是黑心和珠光体可锻铸铁的代号。它们后面的数字分别为抗拉强度（kgf/mm^2）和延伸率（%）的大小

附表 16　非铁金属

标准	名称	牌号	应用举例	说明
GB/T 5231—2012	普通黄铜	H62	用于制造散热器、垫圈、弹簧、螺钉等	“H”表示黄铜，后面数字表示含铜量，如 62 表示含铜（质量分数）60.5%~63.5%
YS/T 544—2009	铸黄铜	ZHMn58-2-2	用于制造轴瓦、轴套及其他减磨零件	ZHMn58-2-2 表示含铜（质量分数）57%~60%、锰（质量分数）1.5%~2.5%、铅（质量分数）1.5%~2.5%的铸黄铜锭

（续）

标准	名称	牌号	应用举例	说明
YS/T 544—2009	铸锡青铜	ZQSn6-6-3	用于制造受中等冲击载荷和在液体或半液体润滑及耐蚀条件下工作的零件，如轴承、轴瓦、蜗轮、螺母，以及承受 1.01×10^3kPa 以下的蒸气和水的配件	“Q”表示青铜。ZQSn6-6-3 表示含锡（质量分数）5%～7%、锌（质量分数）5.3%～7.3%、铅（质量分数）2%～3.8%的铸锡青铜锭
	铸造无锡青铜	ZQAl9-4	强度高、减磨性、耐蚀性、受压、铸造性均良好。用于制造在蒸气和海水条件下工作的零件及受摩擦和腐蚀的零件，如蜗轮衬套等	ZQAl9-4 表示含铝（质量分数）8.7%～10.7%、铁 2%～4%的铸造无锡青铜锭
GB/T 1173—2013	铸造铝合金	ZAlSi12	耐磨性中上等，用于制造载荷不大的薄壁零件	ZAlSi12 表示含硅（质量分数）10%～13%的铸造铝合金
GB/T 3190—2020	变形铝	2A11 2A12	适于制造中等强度的零件，焊接性能好	
GB/T 5231—2012	白铜	B19	用于制造医疗用具、网、精密机械及化学工业零件、日用品	白铜是铜镍合金。B19 为含 Ni+Co（质量分数）18%～20%的普通白铜

附表 17　非金属材料

标准	名称		牌号	应用举例	说明
GB/T 539—2008	石棉制品	耐油石棉橡胶板	HNY300	适用于温度 300℃以下的航空燃油、石油基润滑油及冷气系统的密封垫片	
JC/T 1019—2006		油浸石棉密封填料	YS350	适用于压力为 4.5MPa 以下、温度为 350℃以下，介质为蒸汽、空气、工业用水、重质石油产品的回转轴、往复泵的活塞和阀门杆上的密封材料	填料结构型式分为 F（方形）、Y（圆形）、N（圆形扭制）三种，按需选用，根据用户需要可夹金属丝
		橡胶石棉密封填料	XS450	适用于压力为 8MPa 以下、温度为 550℃以下的蒸汽机、往复泵的活塞和阀门杆上作密封材料	填料结构型式分为编织和卷制

（续）

标准	名称	牌号	应用举例	说明
FZ/T 25001—2012	工业用毛毡	T112 T122 T132	适用于密封、防漏油、防振、缓冲衬垫等	
QB/T 2200—1996	软钢纸板	—	适用于密封连接处垫圈	厚度为0.5~3.0mm
QB/T 5257—2018	聚四氟乙烯板材	PTFE车削板 PTFE模压板	用于腐蚀介质中，起密封和减磨作用，或用于垫圈等	耐腐蚀、耐高温（250°C），并具有一定的强度，能切削加工成各种零件
GB/T 7134—2008	浇铸型工业有机玻璃板材	PMMA	适用于耐腐蚀和需要透明的零件	耐盐酸、硫酸、草酸、烧碱和纯碱等一般酸碱以及二氧化硫、臭氧等气体腐蚀

参考文献

[1] 闻邦椿. 机械设计手册：第2卷［M］. 北京：机械工业出版社，2018.
[2] 天津大学机械零件教研室. 机械零件手册［M］. 北京：高等教育出版社，2001.
[3] 山东工学院等四院校制图教研室. 曲面制图［M］. 济南：山东科学技术出版社，1980.
[4] 柳克辛. 刀具设计的螺旋面理论［M］. 彭德祥，译. 北京：机械工业出版社，1984.
[5] 程玉兰，胡凤兰. 互换性与技术测量基础［M］. 北京：高等教育出版社，2019.
[6] 张良华. 公差配合与测量技术基础［M］. 北京：机械工业出版社，2017.
[7] 苏步青，刘鼎元. 计算几何［M］. 上海：上海科学技术出版社，1981.
[8] 孟宪铎. 解析画法几何［M］. 北京：机械工业出版社，1984.
[9] 兰文华. 钣金展开计算手册［M］. 北京：机械工业出版社，2012.
[10] 朱鼎勋，陈绍菱. 空间解析几何［M］. 北京：北京师范大学出版社，1981.
[11] 朱辉，曹桄，等. 高等画法几何学［M］. 上海：上海科学技术出版社，1985.
[12] 王景良. 钣金展开原理及应用图集［M］. 北京：冶金工业出版社，2014.
[13] 芮静康. 实用机床电路图集［M］. 北京：中国水利水电出版社，2000.
[14] 张琳娜，赵凤霞，郑鹏，等. 图解GPS几何公差规范及应用［M］. 北京：机械工业出版社，2017.

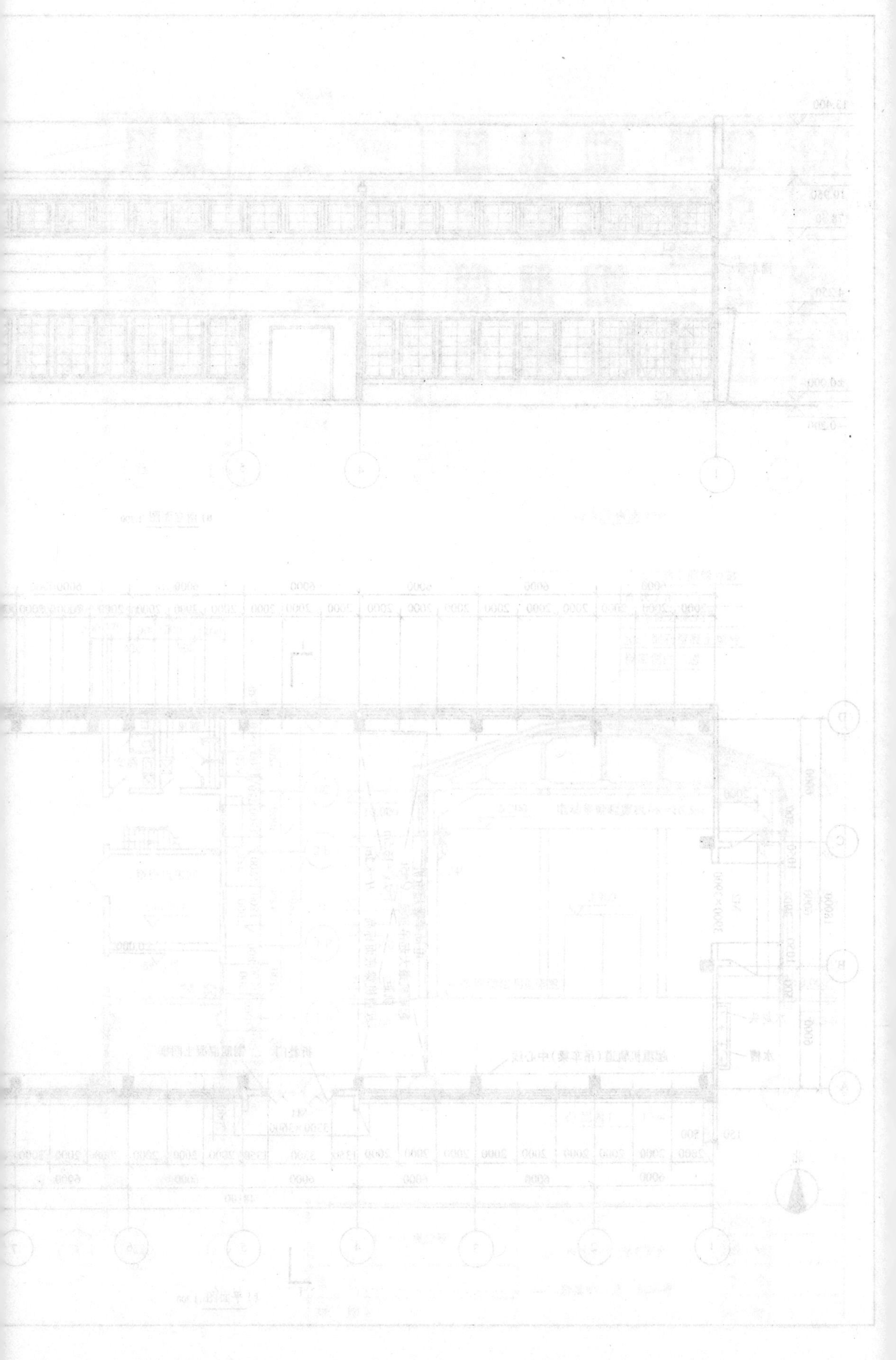